U0318089

贵州盘县八大山自然保护区科学考察研究

Scientific Survey of Bada Mountain Nature Reserve in Panxian County of Guizhou Province

主　编: 朱　军　付国祥　邓志宏　谢双喜
副主编: 姜运力　罗　扬　邓伦秀　雷帮元
张智标　李宗华

中国林业出版社

图书在版编目 CIP 数据

贵州盘县八大山自然保护区科学考察研究 / 朱军等主编. — 北京 : 中国林业出版社, 2013.12
ISBN 978 -7 -5038 -7333 -1

Ⅰ. ①贵…　Ⅱ. ①朱…　Ⅲ. ①自然保护区 - 科学考察 - 研究 - 盘县　Ⅳ. ①S759.992.734

中国版本图书馆 CIP 数据核字(2013)第 319080 号

出版　中国林业出版社(100009　北京西城区德内大街刘海胡同 7 号)
电话　(010)83225481
发行　新华书店北京发行所
印刷　北京中科印刷有限公司
版次　2013 年 12 月第 1 版
印次　2013 年 12 月第 1 次
开本　889mm × 1194mm　1/16
印张　35.25
印数　1300 册
字数　1092 千字

编辑委员会

贵州盘县八大山自然保护区科学考察团名单

考察团

团　长： 向守都（贵州省林业厅副厅长）
副团长： 陈少荣（六盘水市市委原常委、盘县县委原书记）
刘　浪（贵州省林业厅野生动植物保护与自然保护区管理处处长）
罗　扬（贵州省林业科学研究院院长、研究员、博士）
管彦鹤（六盘水市市委原书记）
杨昌显（六盘水市林业局局长）
谢承厚（盘县人大主任）
邓志宏（盘县人民政府县长）
张礼各（盘县政协主席）

组织小组

组　长： 邓志宏（盘县人民政府县长）
成　员： 张华海（贵州省野生动植物管理站 副站长、研究员）
李瑞霞（六盘水市林业局副局长）
朱　军（贵州省林业科学研究院副院长，研究员）
雷帮元（盘县县委副书记）
杨显龙（盘县人民政府常务副县长）
张　毅（盘县人民政府副县长）
张智标（盘县林业局局长）

各考察学科组

基础组：

朱　军　李兴中　穆　彪　朱惊毅　杨中甫　邓　强　李宗华　张　跃　吴　鹏

动物组：

冉景丞　魏　刚　李筑眉　雷孝平　田应洲　陈会明　余金勇　江亚猛　杨再华
杨婷婷　王青钦　匡中帆　吕敬才　蒋玄空　王　东　朱秀娥　刘永林　封怀礼
李兴荣　朱增明　陶正洪

植物组：

熊源新　张华海　吴兴亮　苟光前　杨传东　杨成华　左经会　杨荣和　魏鲁明
邓伦秀　李从瑞　姜运力　余登利　钱长江　龚光禄　桂　阳　孙中文　韩敏敏
杨　林　杨　冰　魏　奇　胡晓谅　李奇莲　何龙方　朱昌平　张建华　苏胜峰
罗忠兴　李　茂　杨加文　冯邦贤　吴　宪　韦意平　王修富　潘德权　王　港
田　凡　李　鹤　郭　应　路元礼　林　位　李　俊　杨胜江　刘　兰

资源生态组：

罗　扬　谢双喜　龙启德　陈东升　陈正仁　朱惊毅　王新宇　丁章超　崔　凯
李　应　姚世雄　徐　方　刘永林　张立富　陈才礼　卢　渊　甘世荣　肖本荣
彭景润　杨　萍　杨兆政

后勤组：

易正忠　陈万能　付　迁　柳修江　徐　鉴　安　振　廖光卫　柳远辉　邓文专
陈万能　张朝康　蒋敏关　李宗华　张祥合　杨兆雄　杜小康　朱嘉勇　唐　实
蒋　凤　李兴菊　吕　庆　曾　文　杨敦福　胡　涛　严　凯　徐　俊　贺　敏
张兴娇　石　坚　王武林　张杰荣　杨庆波　甘文凯　李自荣　何永芳　徐　厚
陶加付　彭稳学　胡昌国　段仕江　夏　学　刘　强　杨流海　王明甫　赵　鹏
廖稳娣　张考米　李从友　刘家亮　郭丙国　郭丙艳　惠兴周　邓施辉　张从文
罗　峰　李华明　邓维学　王　凯　李　翔　邓　承　杨　冰　姜方明　李美龄
代朝勇　张　元　杨子刚　杜龙海　易　勇　张从海　邓　祥　易列辉　王清尧
邓少甫　谢玉林　赵鹏宇　尤朝国　朱龙国　易列江　肖　俊　吴安翠　李华江
黄必文　张智江　罗奇林　匡奇江　赵兴学　朱　江　姚国统　黄　熙　胡家恒
刘胜兵　李跃成　黄定江　邓治兵　邓治巧　邓　黄　邓施朝　邓恩礼　秦光武
邓恩成　邓恩成　黄玉琪　刘凡情　陈大军　李孔芬　陈　康　黄跃兵　沈所华
姜方成　黄必贵　姜方亮　邓恩云　杨胜勇　王清秀

贵州盘县八大山自然保护区综合考察区域位置图

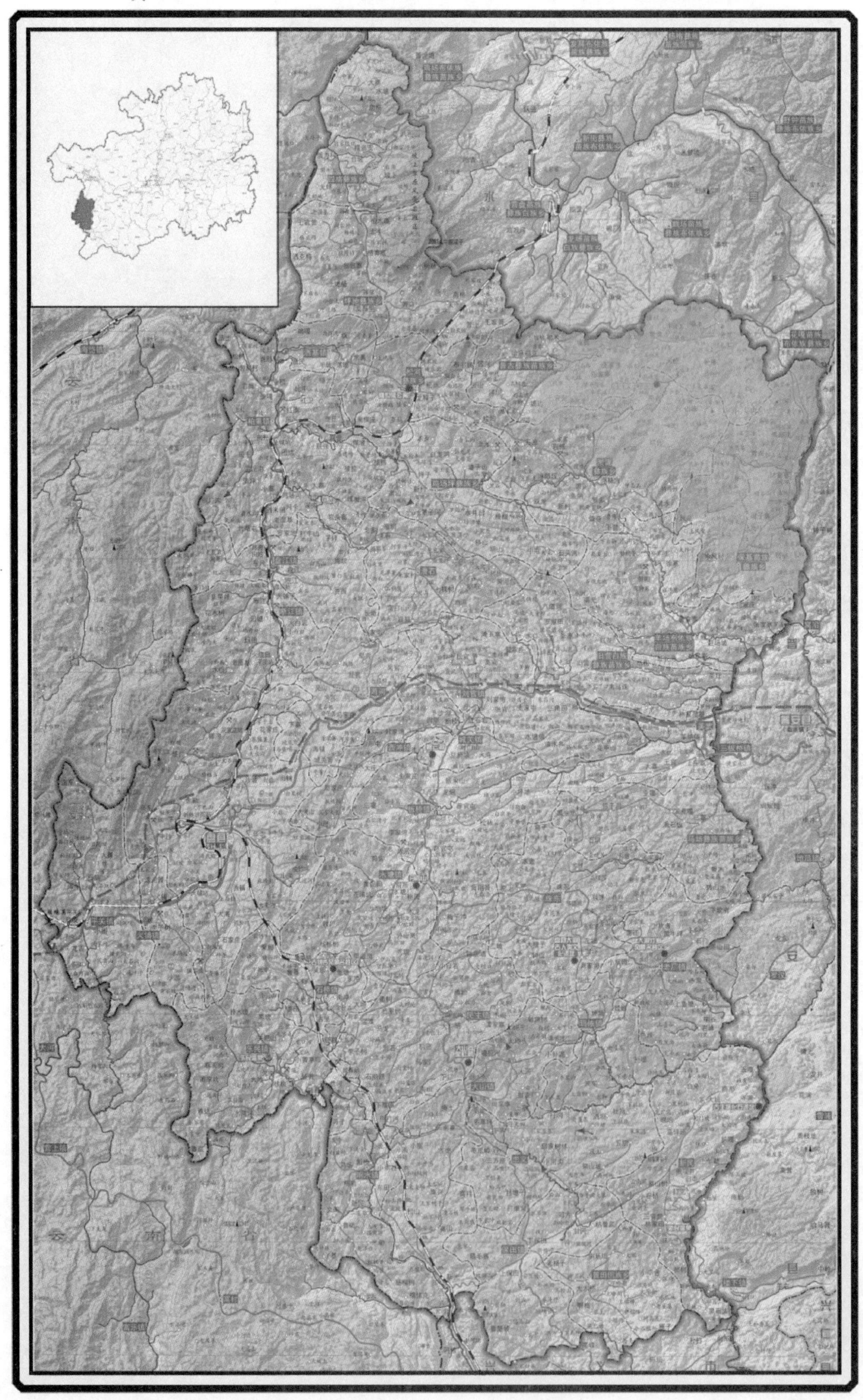

前　言

生物多样性是人类赖以生存的生物资源，而随着全球人口的增长，对自然资源需求的增加，特别是大规模的工业和商业行为，使得许多生物的生境丧失和破碎化，直接导致了生物多样性的丧失。自20世纪70年代以来，自然资源保护已成为国际上最受关注的全球性问题之一。目前自然资源的保护和持续利用已成为全球环境保护的热点，建立、发展和做好自然保护区的管理工作则是最重要的措施之一。自然保护区是指对有代表性的自然生态系统、珍稀濒危野生动植物种的天然集中分布区、有特殊意义的自然遗迹等保护对象所在的陆地、水体或者海域依法划出一定面积予以特殊保护和管理的区域。

盘县位于贵州省西部、六盘水市西南部，是贵州的西大门，素有“黔滇咽喉”之称。盘县物产丰富，现已探明的矿产有煤、铁、铜、铅、锌、硅砂、黄金、天然气等23种，都具有较高的开发利用价值。其中煤炭资源以储量大、煤种全、质量优、易开采等特点著称，被誉为“江南煤都”。盘县地处珠江流域，是珠江上游的重要生态屏障。作为贵州区域经济第一强县、“西部经济百强县”之一的盘县为贵州经济的发展作出了巨大的贡献。人们一般认为，盘县的主要优势就是丰富的矿产资源，而其丰富的生物多样性资源，还“养在深闺人未识”。一次偶然的发现改变了这种状况，2012年3月，保基乡乡长陈万能带着一些红豆杉植物标本到县林业局汇报，称在盘县保基乡老马冲有大量的野生植物群落，经县林业局专业技术人员和省林业厅专家多次现场踏勘，确认该区域不仅有野生红豆杉植物群落，还有濒危植物云南穗花杉等大量的国家级省级保护植物分布，范围涉及基乡、淤泥、普古三个乡的八大山、娘娘山、老马冲、格所河、六车河、文阁大山等地，面积2万多 hm^2。省林业厅专家认为在该区域内有如此规模的珍稀濒危野生资源分布并能较完好地保存实属罕见，有必要对该区域进行进一步详细的科学考察。

为了进一步掌握该区域的各种资源，使之得到规范性的保护管理、综合利用和合理开发，2012年7月，由贵州省林业厅组织，贵州省林业科学研究院牵头，邀请了贵州大学、贵州师范大学、贵州科学院、贵阳学院、贵州省地质工程勘察设计院、六盘水师范学院、贵州省梵净山国家级自然保护区、贵州省茂兰国家级自然保护区等十多个单位的植物学、动物学、微生物学、生态学、地质学、土壤学、气象学、社会经济、自然保护等有关学科的专家学者，组成贵州盘县八大山自然保护区科学考察团，对该区域进行了全面的综合性科学考察，经过近一年的外业考察、标本鉴定、样品分析、内业整理等辛苦工作，基本弄清了该保护区的自然生态环境、生物资源及生态旅游资源等状况，为自然保护区的申报与管理提供了科学依据。

本次考察野外工作历时8个月(包括集中考察和季节性补充考察)，共采集标本或现场观察记录约6 000余号，采集土壤分析样品近100个，拍摄照片近10 000张，同时还现场访问大量当地农户，收集大量二手资料。经内业鉴定分析整理和不完全统计，考察区域内现共有各类生物约514科1 647属3 162种，其中，列为国家Ⅰ级保护的野生植物有7种，Ⅱ级保护的植物有6种；兰科植物55种，其他有重要保护价值的植物12种；列为国家Ⅰ级保护的野生动物有2种，Ⅱ级保护的野生动物有20种。通过本次考察，发现了植物新种1个(待发表)，贵州新记录科1个，贵州新记录种21个；动物中国新记录1个，贵州新记录19个，是贵州西部生物多样性富集地区。由于气候的过渡性和地貌的复杂性，考察发现区域内森林类型在中国森林分类中占有重要地位，如马鞍树群落、云南穗花杉以及红豆杉群落具有一定的典型性与代表性。通过考察还发现，在海拔 2 300 多 m 的娘娘山顶部缓坡地带，分布有由藓类沼泽、草本沼泽、灌丛沼泽、森林沼泽等多种类型共同构成的高原沼泽湿地，在不利于湿地发育的负地貌条件下，形成了大面积垫状连片分布的沼泽湿地，这在国内也非常少见。考察区域内旅游资源组合了地文资源、人文资源、生物资源、水文资源，资源组合度高，互补性强，拥有世界级旅游资源 2 项，国家级旅游资源 8 项。本次科考的初步成果为六盘水市成功申报“中国红豆杉之乡”起到了积极的支撑和推动作用。通过本次科学考察，改变了人们对贵州西部生态环境状况的认识，也增强了我们构建两江上游生态屏障，实现既要金山银山，又要绿水青山的信心和决心。

中共盘县县委、盘县人民政府对本次科学考察工作高度重视，积极筹集资金、组织人力物力参与后勤保障工作。考察工作得到了贵州省林业厅、六盘水市林业局、考察区域当地乡（镇）的党委和政府的大力支持，也得到了考察专家派出单位的鼎力相助。贵州电视台、贵阳晚报、新华网、人民网、凤凰网等多家新闻媒体和网站对科考工作也给予了极大的关注，贵阳晚报派出随团记者连续跟踪报道，拉近了普通市民与原始森林的距离，增强了大众科普意识，产生了良好的社会效应。六盘水市原市委书记管彦鹤同志长期关注该区域红豆杉资源的保护和利用，曾多次深入林区进行调研，在本次科学考察期间，不顾年迈体弱，亲往考察现场看望考察队员，并对保护区的建设和管理、资源的保护和利用等提出了许多宝贵的意见和建议。在此，谨向有关单位、有关领导和专家表示诚挚的谢意。

由于时间仓促，涉及学科较多，编写过程中难免有不少疏漏和不足，望广大读者批评指正。

编　者

2013 年 8 月 8 日

目　录

第一章　贵州盘县八大山自然保护区科学考察研究综述

盘县地处贵州省西部、六盘水市西南部，是贵州的西大门，素有“黔滇咽喉”之称。东邻普安，南接兴义，西连云南省富源、宣威，北邻水城。位于东经104°17′46″~104°57′46″，北纬25°19′36″~26°17′36″之间，国土面积4 056km²。盘县八大山自然保护区(以下简称保护区)地处盘县东北部，范围包括普古彝族苗族乡、淤泥彝族乡、保基苗族彝族乡共3个乡，涉及39个行政村。保护区包括八大山保护区和文阁大山保护点，总面积26 000 hm²，其中：八大山保护区25 430 hm²，地理位置为北纬25°53′35″~26°6′12″，东经104°41′31″~104°57′47″，核心区7 625 hm²，缓冲区11 422 hm²，实验区6 383 hm²；文阁大山保护点位于普古彝族苗族乡，北纬26°4′34″~26°5′48″，东经104°42′6″~104°49′1″，面积570hm²。

第一节　自然地理环境

一、地质地貌特点

保护区内出露泥盆系、石炭系及二叠系地层，各时代地层岩性变化复杂。泥盆系仅出露于保护区东部边缘，呈狭窄的条带分布于格所河河谷底部，岩性主要为硅质岩及泥灰岩。石炭系在格所河西岸有较大面积分布，中上统岩性以灰岩、白云岩为主，下统为砂页岩间夹石灰岩。二叠系出露最广，大面积分布于保护区中西部，上统为巨厚的火山玄武岩，分布于南部八大山及北部娘娘山两片；下统为灰岩及白云质灰岩，连片分布于八大山与娘娘山之间的广阔地带。此外，下二叠统底部的砂页岩在沙河一带有所出露。区内地质构造分为东部格所背斜及西部沙河背斜两大系统，同时与之配套的断裂构造十分发育。格所背斜走向为南北向，区内长约25km，轴部地层为中上泥盆统，并发育与轴向平行的走向断层；翼部地层为石炭系，岩层倾斜平缓，南北向及北东向两组断层交错发育。沙河背斜为一走向东西的平缓背斜，轴部出露下二叠统石灰岩，其间发育走向东西的马场断层；两翼地层为上二叠统玄武岩，形成保护区内最高大的山岭。

保护区内喀斯特地貌发育分布广泛，主要分布在中西部海拔1 200m以上的地面，地貌组合形态以喀斯特峰林峰丛为主。喀斯特地貌在空间上有两大特点：①东部格所、陆家寨一带，喀斯特峰丛槽谷及峰丛峡谷空间深旷，其海拔高程为750~2 100m，两岸悬崖绝壁及谷坡台地连绵不断；西部窑上、马场等地，喀斯特峰林峰丛层层叠叠，一望无际，其间地表明流与地下伏流频繁交替。②西部喀斯特锥峰与东部喀斯特河谷海拔高程相差悬殊，东、西两部喀斯特地貌发育演化自成系统，互无关联，致使西部喀斯特峰林峰丛整体具有“悬挂喀斯特”的性质。

其次为火山玄武岩地貌，集中分布于娘娘山、八大山两片，是上二叠统玄武岩受流水线状侵蚀及面状剥蚀等作用形成的地貌，以高陡的悬崖绝壁叠加在喀斯特地貌之上，分布在东西向沙河背斜的南北两侧。北面形成娘娘山，南面形成八大山，两山南、北遥相对峙，相距10~12km。娘娘山最高山顶海拔2 315.8m，一般海拔为2 150~2 250m，山顶面向北西缓缓倾斜，形成辽阔坦荡的山原，其上灌丛沼泽湿地大面积分布。娘娘山顶南侧急转直下为高300~400m的玄武岩绝壁，东西向延伸长达10km以上，其下则为高400~600m的喀斯特峰丛山地陡坡。八大山是一座走向东西的单面山，山顶海拔2 558.2m，是保护区的最高峰。山顶呈脊状，一般宽100~300m，山顶面起伏平缓。山脊北侧之逆向坡为高500~600m的玄武岩绝壁，叠置在起伏跌宕的喀斯特峰林之上，山势极为雄险；山脊南侧之顺向坡比较平整，坡面倾角15~20°，在杨梅树一带顺坡面发育几条平行的平直沟谷，坡面的完整性较差。

此外，在格所河河谷中，尚有一小片以砂页岩及硅质岩为主的流水侵蚀地貌，面积不足10km²。地面海拔高程750~850m，地形相对高差50~150m。侵蚀沟谷发育，地貌形态为起伏不大的河谷丘陵，平缓的小丘上有梯田及村寨分布。

二、气候条件

保护区年日照时数在1 453~1 704h之间，年日照百分率在33%~39%，太阳辐射年总量在4 125.7~4 408.8MJ/m²之间，是贵州省内日照和太阳辐射较多且各月差异较小地区之一。该区年均温在9.1~17.3℃之间，冬冷夏热，春温略高于秋温，表现出春季升温和秋季降温都较快的云南高原气候特色。年极端最高气温29.2~36.7℃之间，无对植物的伤害性高温。年极端最低温0.6℃~-18.2℃。高大山顶已构成贵州省最低气温地区之一。该区日均温≥10℃的持续日数在118~309d之间，稳定高于10℃的积温在1 451.4~6 002.1℃-d之间。故保护区主体区域属北亚热带高原季风湿润气候，海拔1 800m以上高山地区属暖温带高原湿润季风气候区。该区年降水量1 200~1 400mm之间，具有南部多于北部，夏季最多，冬季最少，秋季略多于春季的季节分布规律。尤其是有干季(11月~4月)降水量占年雨量的12%~17%，湿季(5~10月)降水量占年雨量的83%~88%的干、湿季明显的云南高原气候特征。

三、土壤条件

保护区的土壤以山地土壤为主，另有少量的耕作土壤分布。山地土壤主要是玄武岩及风化物发育的山地黄棕壤，在部分喀斯特灌木林下也有石灰土分布。保护区的土壤主要为酸性土壤，pH值在4.10~6.49之间变动，基本上都是随土层深度的增加而递增。

总体来说，保护区森林土壤比较疏松、通气性能良好。土壤有机质的含量极为丰富，平均值达101.85g/kg；土壤全N含量十分充足，为4.73g/kg；土壤的全P含量在0.44~2.57g/kg之间，含量相对充足；土壤的全K为7.81g/kg。土壤有机质、全N、全P的含量均随土层深度的增加而减小，全K含量随土层深度的加深无明显的变化规律；土壤有机质、全N、全K的含量都随海拔高度的增高而递增的趋势，全P含量随海拔的增高无明显变化规律。土壤容重其平均值为0.88g/cm³，且随土层深度的增加而增加，随海拔高度的增加而递减；土壤总孔隙度平均值64.54%，除个别土壤剖面以外，土壤总孔隙度和非毛管孔隙度基本上都是随土层深度的增加而减小，随海拔高度增高而递增，毛管孔隙度随土层深度的增加无明显变化规律；土壤的平均初渗速率和稳渗速率分别为8.08mm/min和3.35mm/min，均随着土层深度的增加而减小，随海拔高度增高而递增。

通过对保护区内海拔高度基本相同的4种典型的森林植被类型(柳杉林、檫木林、金竹林和马缨杜鹃灌丛)林下土壤的理化性状进行比较，综合其比较结果：以金竹林林下土壤容重较小，土壤总孔隙度、土壤最大持水量、土壤初渗和稳渗速率表现为最好，土壤平均有机质、全N、水解N、全P含量也为最高，说明该森林植被类型下土壤较疏松、通气性能好，具有较高的水源涵养和水土保持功能，森林土壤的肥力状况也较好；马缨杜鹃灌丛在土壤的理化性状方面综合表现则为最差。

四、森林植被

保护区总面积26 000hm²，其中，林业用地19 575 hm²，占总面积的75.3%；非林地6 425 hm²，占总面积的24.7%。森林覆盖率73.0%。活立木总蓄积26.06万m³。

据调查，保护区林业用地中，有林地8 955 hm²，占林业用地的45.8%；灌木林地8 808 hm²，占林业用地的45.0%；其他林地1 812 hm²，占林业用地的9.2%。在有林地中，乔木林8 912 hm²，(全部为纯林)，占有林地面积的99.5%；竹林45 hm²，占有林地面积的0.5%。按龄组划分，其中幼龄林

5 594hm^2，占乔木林总面积的62.7%；中龄林2 360hm^2，占乔木林总面积的26.5%；近熟林454hm^2，占乔木林总面积的5.1%；成熟林505hm^2，占乔木林总面积的5.7%。按优势树种组划分，保护区乔木林以柳杉为主，面积为2 479hm^2，占乔木林总面积的27.8%。其他树种(组)分布面积和所占比例分别为，栎类1 740hm^2(19.5%)、杉木1446hm^2(16.2%)，柏木820hm^2(9.2%)、桦类628hm^2(7.0%)、软阔577hm^2(6.5%)、枫香384hm^2(4.3%)、云南松310hm^2(3.5%)、阔叶混167hm^2(1.9%)，檫木131hm^2(1.5%)，华山松95hm^2(1.1%)，板栗45hm^2(0.5%)，核桃37hm^2(0.4%)，硬阔30hm^2(0.3%)，杜仲17hm^2(0.2%)。森林郁闭程度调查显示，保护区乔木林中，密郁闭度(≥0.70)乔木林575hm^2，占乔木林总面积的6.5%；中郁闭度(0.40～0.69)乔木林4 208hm^2，占乔木林总面积的47.2%；疏郁闭度(0.20～0.39)乔木林4 129hm^2，占46.3%。

保护区森林健康状况较好，健康度为Ⅰ级的林地面积为16 952hm^2，占保护区有林地的86.6%；健康度为Ⅱ级的林地面积为2 279hm^2，占保护区有林地的11.6%；健康度为Ⅲ级的林地面积为344hm^2，占保护区有林地的1.8%；没有健康度为Ⅳ级的林地。保护区森林群落原生性不强，森林群落类型以次生森林群落为主，自然度为Ⅰ级的面积为1 495hm^2，占保护区林地总面积的7.6 %；Ⅱ级的面积为1 600hm^2，占林地总面积的8.2 %；Ⅲ级的面积为3 257hm^2，占总面积的16.6 %；Ⅳ级的面积为8 787hm^2，占总面积的44.9%；Ⅴ级面积为4 436hm^2，占总面积的22.7 %。保护区森林物种多样性比较丰富，林层结构多数比较完整，森林中生态功能等级为Ⅰ级的面积为10 468hm^2，占林地总面积的53.5%；生态功能等级为Ⅱ级的面积为5 350hm^2，占林地总面积的27.3%；生态功能等级为Ⅲ级的面积为2 003hm^2，占林地总面积的10.2%；生态功能等级为Ⅳ级的面积为1 754hm^2，占林地总面积的9.0%。

该区地带性植被为贵州西部(偏干性)常绿阔叶林地带，但由于该区海拔高差较大，是典型的喀斯特山地，其森林生态系统以喀斯特山地森林生态系统为主，也有常态地貌的森林生态系统。按照生态外貌，该区内的森林植被类型主要由针阔混交林、常绿、落叶阔叶林、山地矮林、竹林，以及少量的人工针叶林组成。主要森林群落类型有：飞蛾槭＋云南穗花杉林；化香＋青榨槭＋红豆杉林；红豆杉＋青榨槭＋川桂林；柳杉林；杉木林；云贵鹅耳枥＋青榨槭林；川桂＋水青树林＋红果黄肉楠林；黄葛榕林；枫香林；光皮桦林；化香林；檫木林；珙桐林；鹅耳枥＋旌节花林；马鞍树＋八角枫林；旌节花＋槲栎林；映山红＋金丝桃林；桃叶杜鹃林；马缨杜鹃林；箭竹林；金竹林等21种群落类型。

第二节　生物资源

一、植物与大型真菌资源

保护区有种子植物共计162科614属1 571种，其中野生种子植物141科608属1 523种，而种子植物区系呈以下特征：

在科的地理分布上：保护区有野生种子植物141科，依地理分布划分为4大分布区类型。其中世界或亚世界分布有43科，占总科数的30.50%；热带分布有61科(包含吴征镒、王荷生教授的地理分布的二至七分布类型，即泛热带、热带亚洲和热带美洲间断、旧世界热带、热带亚洲至热带大洋洲、热带亚洲至热带非洲和热带亚洲的分布类型及变型，下同)，占保护区总科数43.26%；温带分布有37科(包含吴征镒、王荷生教授的地理分布的八至十四分布类型，即北温带、东亚和北美洲间断、旧世界温带、温带亚洲、地中海区、西亚和中亚、东亚的分布类型及变型，下同)，占保护区总科数26.25%。如果除去世界或亚世界分布类型，该保护区野生种子植物科以热带成分占优势。但在热带成分中又缺乏典型的热带分布植物，这就是盘县八大山自然保护区地理位置处于北亚热带高原湿润季风气候区所致。

在属的地理分布上：保护区有野生种子植物608属。保护区世界分布有49属；热带分布有259

属，占保护区(减去世界分布)总属数的46.33%；温带分布有281属，占保护区总属数的50.27%；中国特有分布19属，占保护区总属数的3.40%。以上分析发现保护区野生种子植物区系温带成分占有明显优势，故该区域植物区系是属于温带性质。

在种的地理分布上：保护区有野生种子植物1 523种，保护区野生种子植物区系世界分布62种；热带分布，共456种，占全区(减去世界分布)总种数的31.21%；温带分布598种，占全区总种数的40.93%；中国特有分布407种，占全区总种数的27.86%。保护区温带成分明显，表明本区植物区系的来源以温带性为主，同时受到热带植物区系的一定影响，具有亚热带过渡到温带并明显体现出温带的区系性质。

保护区位于云贵高原中部，种子植物区系中的植物绝大多数和云南植物、广西植物以及湖南植物交叉分布，说明保护区植物区系和周边的植物区系联系紧密。特有种多，中国特有种407种，贵州特有种11种，这与该地特殊的喀斯特地质地貌与气候有很大的关系。

保护区共有木本植物100科293属833种。其中，野生种类有785种，栽培及外来种共37种；发现贵州新记录木本植物19种，1个新种(待发表)；贵州特有10种。依据当前木材商品市场的标准，可将区内274种野生乔木类树种分为：红木类5种，白木类11种，硬木类41种，一般用材202种，不作材用的有15种。

草本被子植物有78科358属738种(双子叶植物65科279属583种，单子叶植物13科79属155种)，其中，野生种727种，栽培种及外来种11种。其中，国家Ⅰ级保护种类3种，国家Ⅱ级保护植物1种；中国特有种9种，贵州特有种1种；贵州分布新记录6种。

珍稀植物有77种，其中国家Ⅰ级保护植物有云南穗花杉 *Amentotaxus yunnanensis*、红豆杉 *Taxus chinensis*、光叶珙桐 *Davidia involuclata* var. *vilmoriniana*、硬叶兜兰 *Paphiopedilum micranthum*、杏黄兜兰 *Paphiopedilum dianthum*、长瓣兜兰 *Paphiopedilum armeniacum* 6种；国家Ⅱ级保护植物有西康玉兰 *Magnolia wilsonii*、香樟 *Cinnamomum camphora*、楠木 *Phoebe zhennan*、水青树 *Tetracentron sinense*、榉树 *Zelkora schenidieriana*、香果树 *Emmenopterys henryi*、金荞 *Fagopyrum dibotrys* 7种；贵州省省级保护植物有三尖杉 *Cephalotaxus fortunei*、红花木莲 *Manglietia insignis*、领春木 *Euptelea pleiospermum*、川桂 *Cinnamomum wilsonii*、檫木 *Sassafras tzumu*、青檀 *Pteroceltis tatarinowic*、刺楸 *Kalopanax septemlobus*、青钱柳 *Cyclocarya paliurus*、银鹊树 *Tapiscia sinensis*、蓝果树 *Nyssa sinensis*、清香木 *Pistacia weinmannifolia*、八角莲 *Dysosma versipellis* 12种；列为《濒危野生动植物种国际贸易公约》(CITES) 附录Ⅰ兰科 Orchidaceae 兜兰属 *Paphiopedilum* 3种，附录Ⅱ兰科白芨 *Bletilla striata*、虾脊兰 *Calanthe discolor* 等52种。

蕨类植物有29科62属137种(含种以下分类单位)，其中以鳞毛蕨科、水龙骨科、蹄盖蕨科等为主；蕨类植物区系成分复杂，区内温带种占绝对优势，为总种数的73.3%，具温带性质。其中，东亚分布有94种，占总种数的69.6%，说明为东亚区系。热带分布种33种，世界广布种3种，说明区内蕨类植物与热带有一定的联系，并且有较广泛的地理联系性。

苔藓植物有54科125属277种。其中藓类植物35科100属216种，占贵州省藓类植物科的63.64%，属的36.23%，种的19.00%；苔类植物19科25属61种，占贵州省苔类植物科的51.35%，属的28.74%，种的12.08%。其中优势科有丛藓科 Pottiaceae、青藓科 Brachytheciaceae、灰藓科 Hypnaceae、羽苔科 Plagiochilaceae 及地萼苔科 Geocalyaceae 等；优势属有青藓属 *Brachythecium*、匐灯藓属 *Plagiomnium* 和真藓属 *Bryum* 等。

保护区大型真菌种类共有193种和变种，其中子囊菌14种，担子菌179种，显示了保护区大型真菌资源多样性非常丰富，根据区内植被类型和海拔高度的特点，将保护区的大型真菌分为针阔混交林中的大型真菌、阔叶林中的大型真菌、竹林中的大型真菌和低山林带大型真菌、中山林带大型真菌、山顶林带大型真菌。

二、动物资源

两栖动物有2目7科13属16种，其中大鲵(*Andrias davadainus*)为IUCN濒危物种红皮书中的极度濒危物种，中国濒危物种红皮书的濒危物种，《中华人民共和国野生动物保护法》的Ⅱ级野生保护动物；棘腹蛙(*Paa boulengeri*)为IUCN濒危物种，棘胸蛙(*Paa spinosa*)为IUCN易危物种；黑点树蛙(*Rhacophorus nigropunctatus*)为贵州特有种。

鱼类有39种，隶属于4目11科36属，占贵州鱼类总种数的19.3%。该区鱼类组成中鲤形目种类最多，有3科26属29种，占该区鱼类总数的74.4%，同时包含了我国鲤科鱼类12个亚科中9个亚科的种类，从地理分布上看，具有东亚类群和南亚类群的种类。在39种鱼类中主要经济鱼类有25种，占该区鱼类总数的64.1%，资源较为丰富。

爬行动物有14种及亚种，隶属2目4科10属。其中4种列入中国濒危动物红皮书易危级，即王锦蛇、玉斑锦蛇、紫灰锦蛇指名亚种和黑眉锦蛇；2种珍稀爬行动物在贵州行政区域分布≤3个县，即昆明攀蜥和福建钝头蛇。

鸟类资源本次调查共记录鸟类13目31科92属154种。其中有国家二级重点保护野生动物14种。

兽类共计31种，隶属8目17科26属，约占贵州兽类总数(142种)的21.8%。从分布型来看，东洋型19种，占总数(31种)的61.2%，古北型6种，占总数19.4%，南中国型6种，占总数19.4%。有国家Ⅰ级重点保护的野生动物2种，国家Ⅱ级重点保护的野生动物5种。

昆虫资源有649种，分属于15目130科516个属，从区系成分分析，保护区的昆虫在世界动物地理区划中以东洋界+古北界类型为主，在中国动物地理区划中以华中区+华南区+西南区类型所占比例最大。

蜘蛛目动物种类较为丰富，目前已知有23科，其中优势科为园蛛科Araneidae(8属17种)、球蛛科Theridiidae(9属14种)、狼蛛科Lycosidae(7属13种)、跳蛛科Salticidae(11属13种)和肖蛸科Tetragnathidae(4属10种)。由此说明了该区蜘蛛生态类群以空间拉网型(园蜘科、球蛛科、肖蛸科)的蜘蛛为主，主要因为该区的植被覆盖较好，生物多样性丰富，给此类蜘蛛提供了较多的适宜生境。其中盘县特有种有5种，贵州特有种有3种，贵州新记录种有18种，中国新记录种有1种(窗暗蛛*Amaurobius fenestralis*)

第三节　社会经济条件

保护区涉及三个乡镇，其中普古彝族苗族乡6 563hm^2，涉及塘边村、七宜客村、陈家寨村、王家寨村、水坝村、坡脚村、勒米村、哈麻朱克村、新寨村、播秋村、天桥村、卧落村、舍烹村、嘎木村和厂上村共15个村；淤泥彝族乡8 573 hm^2，涉及中心村、中合村、山峰村、联合村、嘿白村、大拨村、岩博村、苏座村、淤泥村、落脉穴村、罗多村和清水村共12个村；保基苗族彝族乡10 864 hm^2，涉及雨那洼村、黄兴村、陆家寨村、厨子寨村、风座村、冷风村和桎腊村共7个村。其中文阁大山保护点属于普古彝族苗族乡，涉及水坝村、坡脚村、勒米村、哈麻朱克村、新寨村共5个村。

在保护区所涉及的39个行政村内，有299个村民组，343个自然村寨，15 728户，50 256人。以彝族、苗族为主要民族，少数民族人口占总人口76%以上。定居在保护区内有137个自然村寨，129个村民组，6 115户，20 974人。在缓冲、核心区分布有114个自然村寨，包括22个行政村，103个村民组，4914户，16 166人；实验区分布有23个自然村寨，26个村民组，1 201户，4 808人。

保护区内农作物以玉米为主，兼有洋芋、红薯，其中小乌洋芋为本地特产，地势较低河谷地带种植少量水稻，在保基乡一带出产红米。田间劳动主要依靠人畜力，耕地多为望天田，产量低，不具备灌溉条件。林业基础好，发展迅速，资源保护管理有力，特别是实施退耕还林、珠防林、石漠化治理、公益林等国家林业重点工程后，石漠化得到有效遏制，所有宜林地变为有林地，绝大部分25°以上坡耕地退耕种植茶叶、柑橘、梨、桃、板栗、核桃等。森林覆盖率高于全县平均水平43.06%近36个百分点。畜牧业一直没有形成规模和产业，各家养殖的牲畜仅供自用。养殖种类为牛、羊、猪、鸡等，管理粗放，每年4 ~9月，基本是以自然村寨为单位轮流放养，每年10月 ~翌年3月间，农户早晨把牲畜赶上山散养，傍晚时分再赶回圈或顺其自然，部分牲畜为圈养，吃干草或粉碎饲料等。

据统计，2012年保护区内社区人均收入4 369元，人均产粮300kg，吃粮基本能自给，一般情况下，村民家庭收支基本平衡。家庭收入主要是外出务工和常规种养殖业，无劳动力家庭基本靠政府性政策支助。家庭支出分为生产性支出和生活支出两部分。生产性支出主要用于购置农具、化肥、种子和农药等。生活支出主要用于日常支出，包括购买生活必需品、子女教育、治病养老、子女婚嫁及建房等。

保护区内村民大多择地而居，只要地势相对平缓，有可耕种的土地，便就近建房而居。村庄分布呈分散状况，村民受教育水平普遍不高，多数有文化的村民只是小学毕业，中学毕业的人数不多。上年纪的村民多为文盲和半文盲，甚至不懂汉话。区内有中、小学校15所，在校学生7 421人，教师421人，孩子在村里只能接受小学教育，中学必须到乡(镇)或县城就读。

第四节　湿地及生态旅游资源

一、湿地资源

保护区湿地分布在海拔2 300多m的娘娘山顶部缓坡地带，主要包括藓类沼泽、草本沼泽、灌丛沼泽、森林沼泽四种类型，面积约2 000多hm^2。在不利于湿地发育的负地貌条件下，形成了大面积垫状连片分布的沼泽湿地，这在国内也非常少见。

保护区湿地拥有丰富的生物多样性，分布有5个植被型组、10个植被(亚)型、34个群系，各类植物物种140种。藓类沼泽主要优势物种是金发藓和泥炭藓。草本沼泽包括莎草型湿地植被型、禾草型湿地植被型以及杂草类湿地植被型，优势植物包括水莎草、灯心草等。灌丛沼泽由常绿阔叶灌丛湿地植被型、落叶阔叶灌丛湿地植被型组成，优势物种有马缨杜鹃、云南含笑、箭竹等。森林沼泽主要由亚高山温性针叶林和亚热带山地暖性针叶林组成，优势物种包括柳杉、华山松、杉木等。

丰富的植被为动物提供了良好的栖息生境和食物来源，孕育了丰富的动物多样性。保护区湿地分布有哺乳动物31种，两栖爬行动物30种，土著鱼类39种，鸟类154种。

二、生态旅游资源

保护区地处高原面，温度日变化和年变化都比较大，没有噪音和大气污染，空气负氧离子含量高，生态环境幽雅，气候凉爽，森林繁茂，高差明显，生物多样性丰富。境内地形复杂多变，地貌破碎，溶洞、溶沟、峰丛、峰林、石林、竖洞、狭谷星罗棋布散布于其间，地文景观奇特丰富。旅游资源以地文景观和生物景观相互融合，互为增辉。

保护区旅游资源处于较好水平。根据国家相关标准对保护区旅游资源单体的观赏游憩价值、历史文化科学艺术价值、珍稀奇特程度、规模(丰度)与几率、完整性、知名度和影响力、适游期、环境保护与环境安全等因素进行评价，保护区拥有世界级旅游资源2项，国家级旅游资源8项，分别是脚踩洞、六车河峡谷、格所河峡谷、陆家寨布依村、保基田园风光、龙天佑总兵墓、陆家寨枫香林、沙河龙潭口溶洞、娘娘山、八大山等。雄奇的喀斯特地文景观、茂密的森林景观、险峻的峡谷风光、恬静的田园风光，构成类型丰富、整体品质较好的保护区旅游资源。

第五节　评价与建议

一、评价

(1)作为云贵高原面的一重要生态交错区，具有丰富的生物多样性

保护区地处云贵高原向黔中山原的过渡地带，其地质地貌构造复杂，主体属北亚热带高原湿润季风气候并有干、湿季明显的云南高原气候特征。区域内动、植物资源丰富，是科学研究的物种基因库。保护区共有木本植物100科293属833种，草本被子植物78科358属738种，有苔藓植物54科125属277种，其中藓类植物35科100属216种，蕨类植物29科62属137种，大型真菌47科92属193种。由于较好的森林植被，也为动物的生存提供了良好的栖息地，保护区内有兽类8目17科26属31种，两栖动物2目7科13属16种，鸟类13目31科92属154种，爬行动物2目4科10属14种(亚种)，鱼类4目11科36属39种，昆虫种类共有15目130科516属649种。因此，保护区也是贵州西部生物多样性富集地区。

(2)生境的异质性与复杂性，形成该区生物物种的稀有性与特有性

由于该区处于云贵高原向黔中山原的过渡区，这种生态交错区的边缘效应加之海拔高差形成的垂直性差异，使该区内生物多样性表现出其稀有性与特有性。该区共有珍稀植物77种，其中国家Ⅰ级保护植物有云南穗花杉、红豆杉、光叶珙桐等6种；国家Ⅱ级保护植物有西康玉兰、香樟、楠木、水青树、榉树、香果树等7种。国家保护动物Ⅰ级2种，Ⅱ级20种。保护区位于云贵高原中部，种子植物区系中的植物绝大多数和云南植物、广西植物以及湖南植物交叉分布，说明保护区植物区系和周边的植物区系联系紧密。该区特有种多，中国特有种406种，而盘县特有植物共计11种(含变种，下同)，隶属于5科7属，在这些特有种中仅盘县分布的特有植物2种，隶属于2科2属；在盘县分布的贵州特有植物9种，隶属于5科5属。八大山保护区蜘蛛种类中，盘县特有种有5种，贵州特有种有3种，贵州新记录种有18种，中国新记录种有1种(窗暗蛛 *Amaurobius fenestralis*)。

(3)作为典型的喀斯特山地，具有森林生态系统代表性与群落多样性

保护区地处云南高原向贵州山原过渡地带，是典型的喀斯特山地，其森林生态系统以喀斯特山地森林生态系统为主，也有常态地貌的森林生态系统；同时由于海拔落差大，沟谷的纵深，气候整体属于亚热带季风湿润气候，同时又有暖温带及南亚热带沟谷气候特点，使该保护区的气候表现了一定的复杂性与垂直差异性，高大的山体也表现出一定的垂直带谱，如在海拔700m左右的河谷季雨林生态系统中的黄葛榕林群落，在八大山顶上的杜鹃矮林、箭竹群落。保护区森林类型在中国森林分类中占有重要地位，如马鞍树群落、云南穗花杉以及红豆杉群落具有一定的典型性与代表性，因此该自然保护区是亚热带山地森林生态系统研究的重要研究基地。

(4)生态景观多样化，使保护区具有独特的感染力

保护区生态景观奇美秀丽，生物群落结构较为复杂，拥有成片分布的红豆杉，结果时节，一颗颗红豆点缀在万绿丛中，甚是秀美。区内空气清新、色彩斑斓，古朴纯真，具有超然尘世的意境，同时生物资源也较为丰富，珍稀野生动物引人注目，野生红豆杉、云南穗花杉是珍稀保护植物，在喀斯特山地上与其他物种形成共优群落。保护区野生观赏植物资源种类较丰富，有较好的观赏价值的野生植物共152科494属1 243种。其中木本植物101科274属766种，草本植物63科220属477种。木本观赏植物种数占保护区野生观赏植物总种数的61.63%，草本植物只占38.37%，木本观赏植物占绝对优势。同时观赏植物种类型齐全，即有木本，也有草本。木本观赏中林木类、花木类、果木类、叶木类、荫木类和蔓木类各类型齐全；在6类观赏植物中，以叶木类种数最多；各类型中林木类观赏植物以樟科、壳斗科和竹类植物为主，其种数占该类观赏植物总种数的65.59%；花木类观赏植物以蔷薇科、杜鹃花科、蝶形花科与金丝科为主导，这4科植物占花木类观赏植物总种数近一半；果木类观赏植物

则以蔷薇科、忍冬科、胡桃科与大戟科引领，这4个科种数占总种数的68.62%；叶木类观赏植物蔷薇科、樟科、冬青科与大槭树科4个科占叶木类观赏植物总种数的三分之一左右，而名列前茅；荫木类观赏植物以榛科、榆科，和桑科为主；蔓木类观赏植物以蔷薇科、葡萄科和菝葜科为主，这3个科占蔓木类观赏植物总种数的三分之一以上。

保护区旅游资源组合了地文资源、人文资源、生物资源、水文资源，其中格所河将溶洞、竖洞、天坑、峡谷风光、古朴布依民居民俗、田园风光、生物景观融为一体，资源组合度高，互补性强，保护区范围有世界级旅游资源2项，国家级旅游资源8项。保护区的同类地貌在世界各地分布极少，观赏价值大。六车河旅游小区点缀于其间，河水汹涌，奇峰异石，自然环境优美，气候条件优越，景观资源不仅类型多样，而且特色鲜明，集山、水、林、泉、洞为一体，具雄、奇、野、俊、幽等特色，另有秀丽的湿地景观点缀其中，使保护区具有独特的感染力。

(5)喀斯特小生境的严酷性与脆弱性，保持了森林群落的自然性

保护区所处的气候带和特殊的地理位置决定了保护区生物多样性较为丰富。森林群落总体处于演替中期，在森林分布上，具有破碎性。群落类型上由于主要以喀斯特森林生态系统为主，其生境的严酷性与脆弱性，树木着生的小生境多为石沟、石缝、土面较少，森林群落结构层次分化不明显，萌生性较强。由于人为活动的干扰，特别是一些喀斯特植被退化，喀斯特森林退化为喀斯特灌丛，因此应加强对森林植被的保护，促使其森林群落的正向演替，充分发挥其森林生态系统的功能作用。

(6)保护区的生物多样性、特有性、代表性，表征了该保护区的科研潜力与生态示范性

自然保护区内丰富的生物多样性、珍稀濒危物种的稀有性与特有性以及喀斯特森林植被类型的代表性，表征了保护区具有潜在的科研潜力，所以加强对保护区的建设十分重要。并且该自然保护区是国家Ⅱ级保护植物红豆杉的集中分布区，区内红豆杉的群落类型、种群结构、数量在全国具有一定的地位，该保护区是开展这些珍稀濒危生物物种生物学、生态学、繁殖生物学研究的重要基地，也是该自然保护区保护价值的重要体现。对自然保护区的资源进行合理的开发与保护，从而为森林资源的保护提供良好环境。同时也可为六盘水市的生态建设与生态修复起到示范作用。

二、建议

(1)尽快建立自然保护区管理机构，扩大森林覆盖率恢复良好的自然生态环境

保护区内地势起伏大，格所河与八大山两地相距不足10km，但海拔高程却从760m急剧增大至2 558m，区内这种地形地势大达1 800m的高差，营造出湿热河谷与温凉山地两种截然不同的自然生态系统，由此构成十分有利于生物多样性繁衍的自然环境本底，在历史上该区具有丰富的生物多样性是毋庸置疑的。但目前区内人口密度相对较大，大部分地区森林覆盖率较底，特别是在八大山与娘娘之间广大的喀斯特峰林峰丛区，石漠化现象还比较严重，因此应尽快建立自然保护区的管理机构，扩大森林覆盖率，全面恢复自然生态系统。保护区建设必须处理好自然保护与社区发展之间的关系，对目前社区启动的娘娘山喀斯特特色农业开发项目应给以积极支持，社区群众物质文化生活水平的提高将对恢复良好的自然生态环境产生重要影响。

(2)搭建科研平台，加强科学研究和监测

保护区地处云贵高原向黔中山原的过渡地带，地质地貌构造复杂，沟谷纵深，其地貌类型的多样性，造就了该区域气候的多样性和生物的多样性，是开展科学研究的绝佳场所。保护区内动、植物资源丰富，濒危、特有植物集中分布，森林类型在中国森林分类中占有重要地位，许多的未知事物需要进一步的研究和探索。科学研究不仅要进行自然科学方面的研究，也要进行社区经济方面的研究，研究成果不仅为保护、管理、共建提供科学依据，同时，让保护区成为开放的研究基地，为国家的保护事业、为人类的保护事业作出贡献。

(3)采用社区共管模式进行保护区管理，缓解资源保护与利用冲突

由于拟建保护区均为集体林，如若把社区排斥在保护区管理之处，就等于将其所属的自然资源从

一个完整的生态环境系统中割裂出去，必然造成生态系统完整性的破坏。因此，要实现自然资源有效管理，实行社区共管是必要的。建议保护区成立后采取小机构大社区的格局，建立开放的保护区管理体制，依靠政府与社区的力量开展保护区管护工作。可设立一个编制人数较少的保护区管理机构处理日常事务，组建由盘县政府、县林业局、县农业局等相关单位共同组成的保护区共管委员会，形成"共管委员会——乡（镇）共管领导组——村级领导小组"三级管理网络体系，只有让社区成为保护区的管理者和主人，才能缓解资源保护与利用的冲突，使自然资源和环境得到有效保护。

（4）适度开展生态旅游，让当地社区受益，增进社区保护自然的主动性

八大山自然保护区内高品位的山水旅游资源，是大自然给人们留下的一笔宝贵的自然财富，是贵州"国家公园省"中锁在深闺人未识的一块"风水宝地"。当地流传着这样一首民谣："头顶娘娘山，脚踏六车河，谁能识得破，银子用马驮"。此次自然保护区多学科综合考察，正是在"识破"该区自然景观的科学和美学价值上迈出了坚实的步伐，可以预言，娘娘山这处深藏不露的山水风光，必将在"多彩贵州"旅游强省的建设中大放异彩。从旅游发展的角度上看，良好的自然生态环境与旅游开发是密不可分的，景区建设首当其冲的任务是要加强自然环境保护。因此用旅游资源开发来促进自然生态环境保护是切实可行的。拟建保护区应依托优美秀丽自然风光、众多的人文景观和农村优美的田园风光等资源优势，适度开展生态旅游，在拟建保护区实验区内扎实推进新农村建设，鼓励和支持村民以自家民居为经营场地开展农家乐，为游客提供食宿、娱乐、体验农事和简朴农家生活、品尝新鲜瓜果蔬菜等服务，展示保护区人与自然互惠互利、和谐共处的自然生态和极富特色的乡土文化，促进农村的生态效益转化为经济效益，使村民体会到生态效益与经济效益的联系，从而增强其对生态建设和生态保护的自觉性和积极性。

（朱　军　谢双喜　姜运力　罗　扬）

第二章　贵州盘县八大山自然保护区自然环境基础

第一节　地貌考察报告

八大山自然保护区位于盘县东北角，北盘江支流格所河的西岸，区域地貌为滇东高原与黔西高原峡谷两大地貌单元的结合部位。区内新构造大幅度抬升，河流侵蚀切割强烈，地形高差大达1 800m，具有湿热河谷与温凉山地两种截然不同的生态系统，自然环境十分有利于生物多样性的繁衍。区内地层岩性复杂，断裂构造发育，地貌类型丰富，喀斯特峰林峰丛景观独树一帜，旅游开发潜力巨大。八大山自然保护区的建立，森林覆盖率的提高，不独对改善自然生态环境及生物多样性的保护具有重要意义，而且对旅游资源开发及社区经济发展将产生十分重要的影响。

一、地质环境概况

（一）岩性及构造

自然保护区内出露泥盆系、石炭系及二叠系地层，各时代地层岩性变化复杂。泥盆系仅出露于保护区东部边缘，呈狭窄的条带分布于格所河河谷底部，岩性主要为硅质岩及泥灰岩。石炭系在格所河西岸有较大面积分布，中上统岩性以灰岩、白云岩为主，下统为砂页岩间夹石灰岩。二叠系出露最广，大面积分布于保护区中西部，上统为巨厚的火山玄武岩，分布于南部八大山及北部娘娘山两片；下统为灰岩及白云质灰岩，连片分布于八大山与娘娘山之间的广阔地带。此外，下二叠统底部的砂页岩在沙河一带有所出露。区内地质构造分为东部格所背斜及西部沙河背斜两大系统，同时与之配套的断裂构造十分发育。格所背斜走向为南北向，区内长约25km，轴部地层为中上泥盆统，并发育与轴向平行的走向断层；翼部地层为石炭系，岩层倾斜平缓，南北向及北东向两组断层交错发育。沙河背斜为一走向东西的平缓背斜，轴部出露下二叠统石灰岩，其间发育走向东西的马场断层；两翼地层为上二叠统玄武岩，形成保护区内最高大的山岭。

（二）地形及地貌

八大山自然保护位于盘县东北角，北与水城县相邻，东与普安县接壤，地理区位为贵州西部滇黔接壤地带的北盘江支流格所河西岸。区域地貌上为滇东高原与黔西高原峡谷两大地貌单元的转换部位，区内新构造运动大幅度抬升，河流侵蚀切割强烈，地形相对高差多大于1 000m。保护区东、西两部海拔高程相差甚大，东部格所河河谷深切，一般地面海拔760～2 100m，河谷切割度1 000～1 300m；西部八大山、娘娘山高高耸立于群山之间，一般地面海拔1 160～2 300m，最高海拔2 558m，地形相对高差800～1 100m。保护区东、西两部海拔高程大达1 800m的差异，营造出高山与深谷两种截然不同的自然地理景观，对于生物多样性的繁衍是十分有利的。

保护区内喀斯特地貌发育分布广泛，约占全区总面积75%，主要分布在中西部海拔1 200m以上的地面，地貌组合形态以喀斯特峰林峰丛为主。次为火山玄武岩地貌，集中分布于娘娘山、八大山两片，地貌形态为高耸的山原及单面山，海拔高程多在1 800m以上。此外，在格所河河谷中，尚有一小片以砂页岩及硅质岩为主的流水侵蚀地貌，海拔多在850m以下，形态为起伏和缓的丘陵。

二、区域地貌条件

（一）地貌类型

1. 喀斯特地貌

喀斯特地貌是发育在可溶碳酸盐岩上的地貌，水对岩石的化学溶蚀是其形成的主导营力，其最大的特点是具有地表、地下双层结构。八大山自然保护区内石炭系、二叠系地层中可溶碳酸盐岩（石灰岩及白云质灰岩）大面积出露，喀斯特地貌发育分布遍及全区。受新构造大幅度抬升、河流强烈切割及地质构造格架的影响，区内喀斯特发育分布在空间上有两大特点：①东、西两部喀斯特地貌景观反差强烈：东部格所、陆家寨一带，喀斯特峰丛槽谷及峰丛峡谷空间深旷，其海拔高程为750～2 100m，两岸悬崖绝壁及谷坡台地连绵不断；西部窑上、马场等地，喀斯特峰林峰丛层层叠叠，一望无际，其间地表明流与地下伏流频繁交替。②西部喀斯特锥峰与东部喀斯特河谷海拔高程相差悬殊，东、西两部喀斯特地貌发育演化自成系统，互无关联，致使西部喀斯特峰林峰丛整体具有“悬挂喀斯特”的性质（图2-1）。

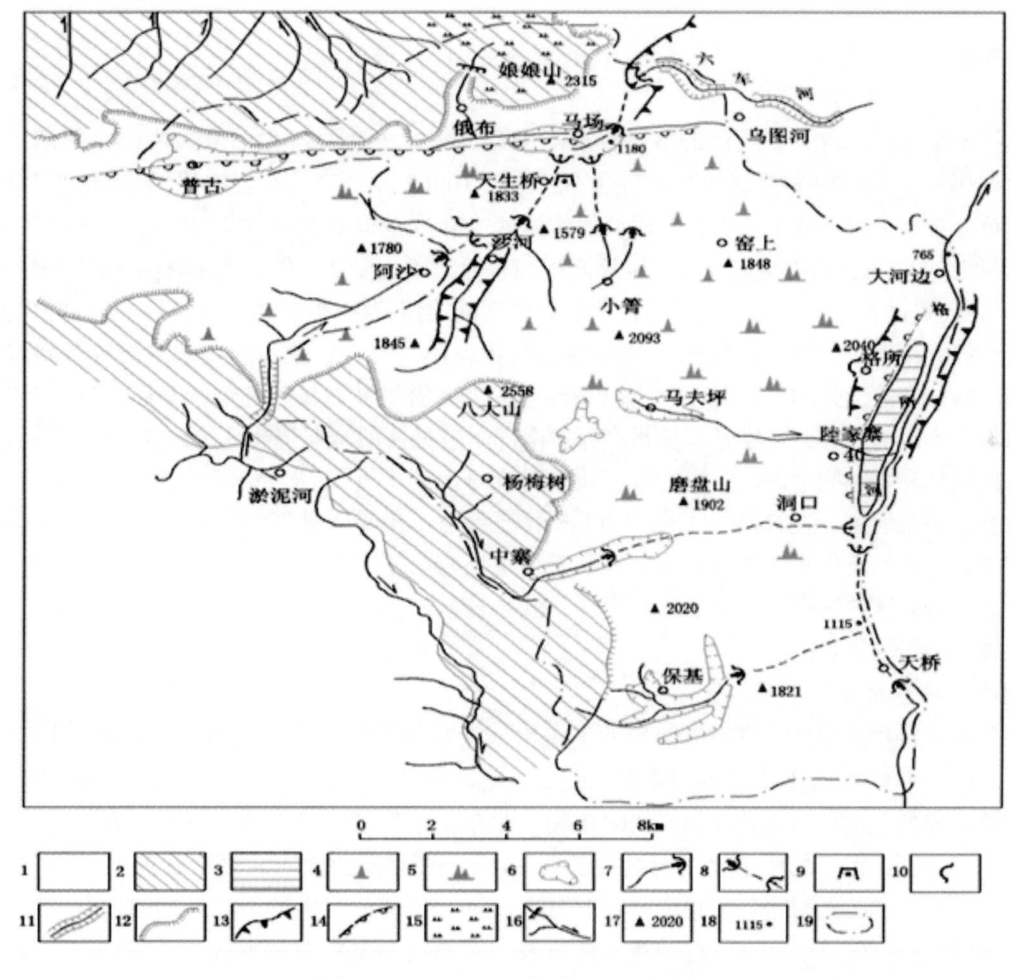

图2-1　盘县八大山自然保护区地貌图

1. 喀斯特地貌；2. 玄武岩侵蚀剥蚀山原及山地；3. 碎屑岩侵蚀剥蚀河谷丘陵；4. 喀斯特峰林；5. 喀斯特峰丛；6. 喀斯特谷地及洼地；7. 清水洞；8. 地下河及伏流；9. 天生桥；10. 溶洞；11. 峡谷及嶂谷；12. 玄武岩悬崖峭壁；13. 喀斯特峭壁锥峰；14；晚近活动性断层；15. 山原沼泽湿地；16. 河流及瀑布；17. 山峰海拔高程（m）；18. 河谷海拔高程（m）；19. 保护区界线。

2. 玄武岩侵蚀剥蚀地貌

上二叠统玄武岩受流水线状侵蚀及面状剥蚀等作用形成的地貌，以高陡的悬崖绝壁叠加在喀斯特地貌之上，分布在东西向沙河背斜的南北两侧。北面形成娘娘山，南面形成八大山，两山南、北遥相对峙，相距10～12km。娘娘山最高山顶海拔2 315.8m，一般海拔为2 150～2 250m，山顶面向北西缓缓倾斜，形成辽阔坦荡的山原，其上灌丛沼泽湿地大面积分布。娘娘山顶南侧急转直下为高300～400m的玄武岩绝壁，东西向延伸长达10km以上，其下则为高400～600m的喀斯特峰丛山地陡坡。八大山是一座走向东西的单面山，山顶海拔2 558.2m，是保护区的最高峰。山顶呈脊状，一般宽100～300m，山顶面起伏平缓。山脊北侧之逆向坡为高500～600m的玄武岩绝壁，叠置在起伏跌宕的喀斯特峰林之上，山势极为雄险；山脊南侧之顺向坡比较平整，坡面倾角15～20°，在杨梅树一带顺坡面发育几条平行的平直沟谷，坡面的完整性较差。

3. 碎屑岩侵蚀剥蚀地貌

仅分布在格所河谷泥盆系砂页岩及硅质岩区，面积不足10km^2。地面海拔高程750～850m，地形相对高差50～150m。侵蚀沟谷发育，地貌形态为起伏不大的河谷丘陵，平缓的小丘上有梯田及村寨分布。

（二）喀斯特形态类型

1. 喀斯特峰林峰丛

峰林峰丛是保护区内分布最广的喀斯特形态类型，集中分布在八大山与娘娘山之间的广阔地带，面积可达110km^2。构成峰林峰丛的锥峰高度一般小于100m，形态多为“金字塔”状及坡度较缓的圆锥状，其发育分布有个以下几个特点：①成群的锥峰兀立在向北倾斜的高大斜坡面上，北部娘娘山麓锥峰海拔高程为1 200m，向南至八大山脚锥峰海拔高程逐级增高到2 000m，锥峰林立的宽展斜坡高度大达800m。②大致以天生桥南北一线为界，东侧为典型的喀斯特峰林地貌，分散林立的锥峰之间发育有较宽敞的沟谷及洼地；西侧为锥峰密集分布的冠丛状山体，宏观景象为起伏跌宕的喀斯特峰丛山地。③喀斯特锥峰之间缺乏封闭状的漏斗、洼地等形态，锥峰沿斜坡面排列的层次清晰，这是该区喀斯特峰林峰丛与众不同的地方，特别是与贵州高原中南部司空见惯的喀斯特峰丛洼地等组合形态截然不同。

喀斯特峰林峰丛之间地表河时出时没，地表明流与地下伏流（暗河）频繁交替。发源于保护区南部淤泥河附近的一条河流，在自南向北长约30km的流程中三次潜入地下，并在疙瘩河、沙河等地的下方形成盲谷、暗河、天生桥、天坑及溶洞等一系列喀斯特形态，在马场地表明流段则形成宽阔的喀斯特河谷盆地。所有这些喀斯特个体形态的存在，既是该区喀斯特强烈发育的表象，也为喀斯特峰林峰丛增添了神秘清新的景色。

2. 喀斯特峰丛槽谷

集中分布于保护区南部，格所河西岸的磨盘山、保基及中寨一带，面积约60km^2。地面海拔高程一般为1 550～2 000m，地形相对高差200～400m。喀斯特锥峰个体比较高大，分布也比较稀疏，甚至一些喀斯特山峰的顶部还戴有残存的玄武岩山帽。北东向喀斯特槽谷及盲谷发育，宽坦的谷床中沙土覆盖深厚。过中寨、保基的两条北东向槽谷长3～4km，来自南西面玄武岩山地的两条小河沿槽谷径流，谷地中土肥水丰，是村寨田园集中分布的富庶之区。该两槽谷中的小河在槽谷的北东端突然潜入地下，旋即形成谷壁陡立、来去无踪的喀斯特盲谷。该地貌类型中森林植被覆盖率较高，自然生态环境比较良好。

3. 喀斯特深切河谷

保护区东部边缘的格所河，是一条河谷空间深旷、河谷地貌结构复杂的喀斯特深切河谷。格所河沿走向南北的背斜轴部发育，自南向北径流，在保护区内河段长约22km。大致以伏流出口附近的岩脚寨为界，河谷地貌形态分为南、北截然不同的两段。北段河谷谷底海拔750～850m，谷缘海拔2 000～2 100m，河谷切割深度为1 100～1 200m。河谷空间开阔，谷底为宽展的丘陵，两岸陡峭的谷坡上发育一级缓坡台地。河谷西岸的台地海拔高程为1 400～1 500m，长约4km，一般宽150～300m，其上分布有格所、新寨等村寨及梯田、梯地。台地的下方为千仞绝壁，上方为绵长的峭壁山峰，河谷空间结构十分雄伟壮观。南段河谷则为典型的喀斯特峡谷，河谷切割深度600～800m，其中嵌入一段长约5km的伏流，形成具有地表、地下双层结构的河谷地貌。伏流入口附近为一段陡峭的喀斯特盲谷，气势十分雄险；伏流顶部为格所河早期形成的古河道，其间喀斯特漏斗、洼地及天坑呈串珠状分布，峡谷中喀斯特作用极为强烈。

三、喀斯特发育条件及演化历史

(一)喀斯特形成条件及影响因素

1. 隔水层顶托形成独特的浅成喀斯特景观

娘娘山与八大山之间大面积分布的喀斯特峰林峰丛，发育在缓倾斜的下二叠统石灰岩中，所处构造部位为沙河东西向背斜的北翼。区内下二叠统底部砂页岩隔水层埋藏甚浅，且不少地段已露出地表，有效阻止了喀斯特地下水向深部入渗。这种浅埋藏隔水层形成的“顶托型”水文地质结构，一方面强烈限制了喀斯特向地下纵深发育，使漏斗、洼地等封闭状的喀斯特形态难以形成；另一方面又使隔水层以上石灰岩中喀斯特作用强烈，形成宽展斜坡上锥峰林立、锥峰海拔层层升高的浅成喀斯特景观。在沙河沿岸及天生桥以东的地区，揭露出地表的砂页岩常构成喀斯特锥峰的基座，这种下软上硬的岩性结构导致崩塌作用十分强烈，形成一系列峭壁锥峰或“半边山”锥峰，整整齐齐地排列在宽展斜坡及谷坡两岸，展现出一幅宏伟壮观的浅成喀斯特锥峰景观。该区“顶托型”水文地质结构形成的这种“半边山”状的峰林峰丛景观，在贵州高原喀斯特地貌中是独树一帜的。

2. 外源水强烈的侵蚀作用促使峰林峰丛形成

沙河背斜两翼上二叠统玄武岩及煤系岩层大面积出露，出自这些岩层中的外源水pH值及碳酸钙饱和指数低，对于石灰岩具有很强的侵蚀能力，在保护区喀斯特峰林峰丛的形成中发挥了十分重要的作用。早在背斜区下二叠统石灰岩剥露出地表的初期，背斜两翼非可熔岩区的外源水就开始向石灰岩凹地汇集，其强烈的侵蚀作用使喀斯特快速发育并导致地形迅速降低。随后外源水不断向喀斯特低地汇集，其强烈的侵蚀作用使喀斯特化的石灰岩体不断被溶蚀掏空，覆盖其上的玄武岩旋即发生崩塌，形成一系列陡壁，于是八大山与娘娘山之间喀斯特低地的雏形得以形成。随着时间推移，源源不断的外源水大量涌入该喀斯特低地中，驱动喀斯特强烈发育而成现今所见之峰林峰丛地貌。在海拔1 850～1 950m的喀斯特溶洞中，在海拔1 550～1 600m喀斯特剥夷面上的古河道中，从玄武岩区搬运而来的砂砾石层随处可见，足证外源水的作用对于该区峰林峰丛的形成是影响至深的。发源于淤泥附近煤系岩层中的马场河，就是一条外源水流量充沛的侵蚀作用很强的河流，它自南西向北东穿过喀斯特峰林峰丛区，沿途三次潜入地下形成一连串的盲谷、伏流、天生桥、天坑及溶洞等形态，再现了历史上外源水促使喀斯特强烈发育的情景。

3. 喀斯特深切河谷受背斜构造及活动断层控制

保护区东部由泥盆系、石炭系碳酸盐岩构成的格所背斜，是一个走向南北的陡倾背斜，轴部二次纵张裂隙发育。格所河沿轴部大纵深切割，形成强烈喀斯特化的十分典型的背斜河谷。河谷底部为上泥盆统碎屑岩形成的缓丘，两岸谷坡高大陡峭，河谷空间十分深旷。顺背斜轴部发育的一条大断裂晚近活动十分明显，断裂两侧新构造差异抬升使河谷两岸海拔高程相差悬殊。西岸格所一带谷缘海拔高程2 000～2 100m，而东岸竹柳坪一带谷缘海拔高程则骤然降至1 400～1 500m，河谷西岸谷缘高出东岸600m；同时东、西两岸的Ⅱ级剥夷面亦发生显著变位，两者海拔高程相差约200m。在格所背后的陡壁上，见有海拔1 850m的喀斯特溶洞，其中保存有古地下河的砂土及细砾沉积物(图2-2)。

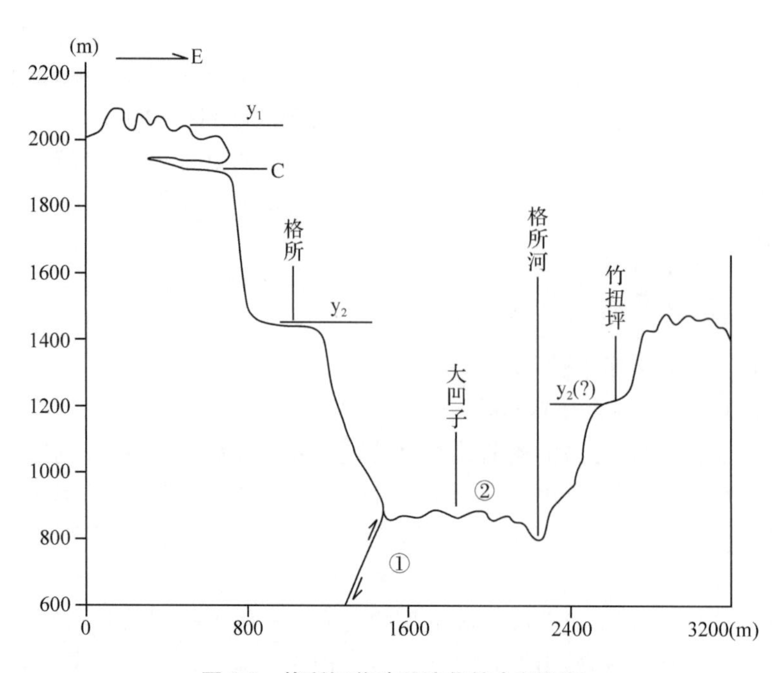

图 2-2 格所河谷地貌演化综合剖面图

y_1—I 级夷平面；y_2—II 级剥夷面；C—年代测定洞穴

①晚近活动断裂；②碎屑岩剥蚀缓丘

格所河南段是沿晚近活动断裂发育而成的喀斯特深切峡谷，新构造快速抬升导致河谷地下水位急剧下降，在峡谷中形成一段长约 5km 的伏流。伏流顶部为格所河早期形成的古河道，其间喀斯特漏斗、洼地及天坑呈串珠状分布。格所河南段这种具有地表、地下双层结构的峡谷地貌景观，是断层晚近活动驱动喀斯特强烈发育的产物，对于喀斯特地貌形成演化机制的研究具有重要的科学意义。

4. *新构造活动对区域喀斯特地貌发育演化影响至深*

八大山自然保护区所在之北盘江上游地区，地处滇东高原与黔西北高原峡谷两大地貌单元的转换部位，断裂褶皱发育，地质构造复杂，晚新生代以来新构造运动十分活跃，对喀斯特发育演化的影响十分深刻，主要表现在以下几个方面：

(1)新构造间歇性抬升导致喀斯特层状地貌发育：在娘娘山与八大山之间的广大喀斯特区，普遍发育两级不同海拔高程的剥夷面，其地貌特征是：① I 级夷平面，海拔 2 000 ~ 2 100m，是夷平程度最高的喀斯特古准平原地面，由区内最高一级大致等高的喀斯特锥峰组成；② II 级剥夷面，在西部天生桥一带海拔 1 550 ~ 1 600m，高出马场盆地 350 ~ 400m，地貌形态为平缓起伏的喀斯特丘陵洼地；在东部格所河西岸，其海拔高程为 1 450 ~ 1 500m，高出谷底 600 ~ 700m，地貌形态为喀斯特深切河谷上方的高位台地。

(2) 断裂的晚近活动控制着喀斯特河谷及盆地的形成，并使两侧同级剥夷面高程发生明显变位：区内有两条至关重要的活动性断裂：第一条是沿格所背斜轴部发育的南北向大断裂。其强烈的晚近活动不仅控制着格所河大纵深喀斯特河谷的形成，同时还使断裂两侧新构造发生不等量抬升，造成河谷两岸 II 级剥夷面(Y_2)的海拔高程发生显著变位，西岸 II 级剥夷面较东岸高出 200m。第二条是过马场、普古一线的东西向大断裂。根据贵州地质工程勘察院近期在该区开展地热资源勘察所获资料，其晚近活动迹象有三：①断层带土壤地温异常(较常温高 3 ~ 3. 5℃)；②断层带有温泉出露，水温 21 ~ 22℃(较附近泉水高 4 ~ 5℃)；③断层有两次明显的活动年代(详见下文)。马场东西向断裂的晚近活动，有力促进了喀斯特作用的强烈进行，在茫茫群山之中形成了宽广的马场喀斯特盆地；同时活动断层两侧的差异抬升，还使马场河谷南北两岸 II 级剥夷面(Y_2)的海拔高程发生明显变位，北岸 II 级剥夷面较南岸高出约 100m(图 2-3)。

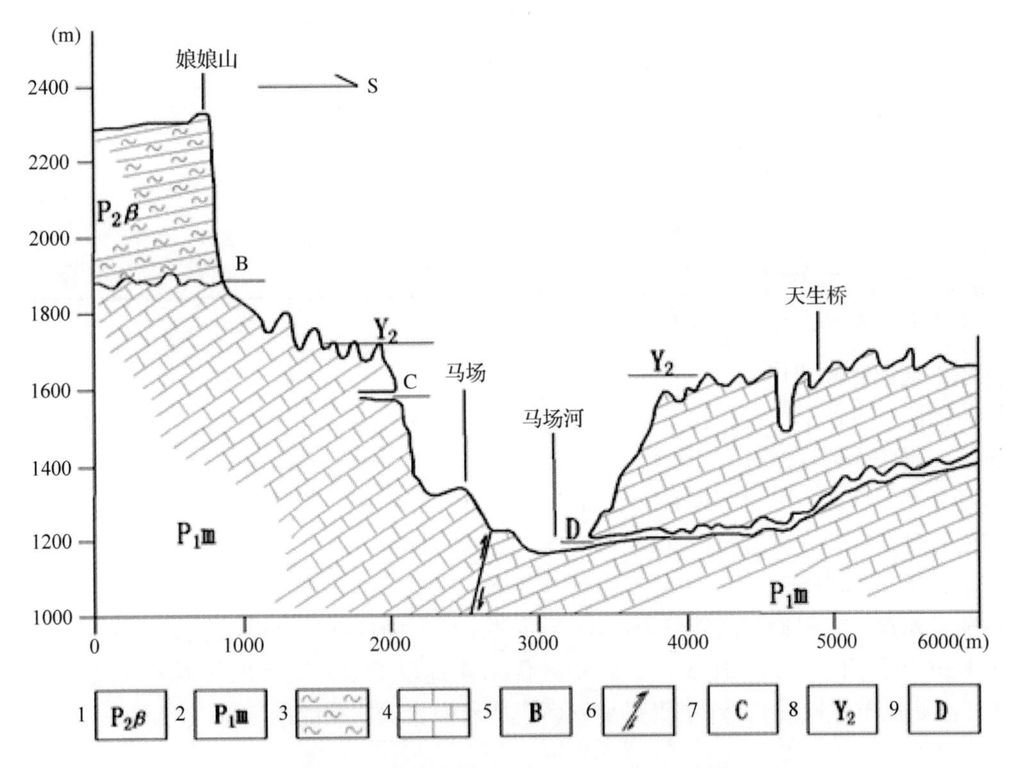

图 2-3　马场河谷-娘娘山地质地貌综合剖面图

1. 上二叠峨眉山组；2. 下二叠统茅口组；3. 火山玄武岩；4. 石灰岩；
5. 不整合面；6. 晚近活动断层；7. 洞穴；8. Ⅱ级测夷面；9. 地下河

（3）新构造快速抬升导致深切河谷两岸悬崖绝壁连绵不断：格所河所在之北盘江上游地区，喀斯特深切峡谷的一大特点就是绵延不断的悬崖峭壁高悬在河谷两岸，构成贵州高原独树一帜的喀斯特河谷地貌景观。这种地貌景观是黔西北高原山区特定地质构造与新构造快速抬升相结合的产物，其形态特征及控制因素在格所河两岸表现得尤为明显。根据河谷斜坡变形破坏的一般规律，谷坡上部受力以拉张为主，岩体中卸荷裂隙十分发育，变形破坏以崩塌作用为主导；河谷下部受力以剪切为主，岩体中剪切裂隙密集交错，剪切破坏是斜坡变形的主导营力。谷坡上这两种应力作用强度随河谷深度而变化，河谷切割愈深，这两种应力作用越强，谷坡变形破坏也越快，谷坡上部的崩塌作用也越易于发生。格所河在新构造大幅度快速抬升的驱动下，切割深度大达 800 ~ 1 200m，因而发生崩塌作用的几率大大增加，加之格所背斜区下石炭统碎屑岩（软质岩）又平缓产出在谷坡上部，这种岩性上硬下软的斜坡地质结构，极易导致斜坡岩体失稳，最终使崩塌作用强烈发育，年深日久，遂形成绵延不断的悬崖峭壁高悬在深切河谷两岸的谷缘上。

（二）喀斯特地貌发育演化历史

1. 喀斯特剥夷面年代测定

喀斯特剥夷面是新构造间歇性抬升形成的自然历史产物，它蕴含着喀斯特地貌发育演化的时间信息，通过剥夷面上相关沉积物的年代测定，可以准确把握地貌形成演化的历史。但是由于剥夷面形成年代久远，其上的相关沉积物经过后来长期的侵蚀破坏都已荡然无存，因此剥夷面年代测定绝非易事。所以在贵州高原（乃至全国）长达大半个世纪的喀斯特研究中，喀斯特地貌演化历史的年代测定迄今仍然是一片空白。此次八大山科学考察十分幸运，不仅在剥夷面上发现了相关的古河流沉积，而且还对沉积物进行了成功的年代测定，为喀斯特发育演化历史的定量研究跨出了坚实的一步。采样鉴定的具体情况详见表 2-1。

表 2-1 剥夷面沉积物取样及 ESR 测年表

样品编 号	取样地点	所处地貌部位	沉积物类型	测定年代(万年)
1	格所	格所河西岸谷缘剥夷面，海拔 1 850 ~ 1 900m，与谷底高差 1 050m。	洞穴，古地下河砂砾层沉积，钙质胶结，钙华沉积。总厚 1. 1m。	77. 5
2				23. 5
3				16. 2
4	马场天生桥	Ⅱ级喀斯特剥夷面，海拔 1 550 ~ 1 600 m，与马场河谷底高差 440m。	古河流，砂砾石沉积。总厚 4m。	37. 7
5				32. 6

注：样品测试单位，成都理工大学应用核技术研究所，梁兴中。

两地沉积物剖面取样的情况如下：

（1）格所剖面：古地下河沉积物，砂质细砾层，厚 1. 1m ，剖面为不连续沉积。样品编号自下而上为 1、2、3 号 ，取样间隔 0. 5m。

（2）马场天生桥剖面：Ⅱ级喀斯特剥夷面上古河流沉积物，砂砾石层，厚 4m，剖面为连续沉积。样品取自剖面底部及中部，编号自下而上为 4、5 号，取样间隔 2m。

2. 断层活动性年代测定

作者参加贵州地质工程勘察院地热资源勘查研究，对马场晚近活动断层破碎带上的石英、方解石脉取样做了 ESR 年代测定。共取样 3 件，其中一件未获鉴定结果，其余两件测定年代为 108. 3 万年、34. 1 万年(样品测试单位同前)。这是贵州高原新构造研究首次取得的断层活动年代数据，填补了贵州省新构造研究年代测定的空白。

3. 喀斯特地貌演化历史

贵州高原喀斯特地貌演化历史，自 20 世纪 40 年代以来一直沿用三个地文期(大娄山期、山盆期及乌江期)来表述，其时间跨度从白垩纪末至今长达 6 000 余万年。但近年来大量溶蚀、剥蚀速率研究资料表明，长达数千至数百万年的地貌形态要保存至今是绝无可能的。此次八大山自然保护区科学考察所作两级剥夷面的年代测定数据，为重新认识贵州高原喀斯特地貌演化历史提供了全新的资料。

（1）I 级剥夷面年代数据分析：格所古地下河沉积物剖面海拔高程为 1 850m，而谷缘 I 级剥夷面海拔高程为 2 000 ~2 100m，两者之间存在着下切深度为 250m 的时间差。根据格所古地下河与马场 II 级剥夷面之间的下蚀速率为每万年 7. 53m 推算，I 级剥夷面的定型年代为距今 110. 7 万年。

（2）II 级剥夷面稳定年代讨论：马场 II 级剥夷面上的古河流沉积剖面厚 4m，根据 4、5 号两件样品的沉积速率每万年 2. 55m 推算，此级剥夷面经历了长达 10. 2 万年的稳定期，即距今 37. 7 万 ~27. 5 万年之间，该区一直是一片河流坡降平缓的喀斯特丘陵平原。

（3）区域喀斯特地貌演化历史：八大山自然保护区内，两级剥夷面及断层两次活动的 ESR 测年数据十分相近，表明控制地貌发育演化的内、外营力作用强度在时空转换上高度一致。从剥夷面年代测定资料结合区域地貌条件分析，第四纪初期(约 250 万年)新构造大幅度抬升形成高原山地的过程中，区内喀斯特地貌演化经历了构造抬升→稳定、再抬升→再稳定两个构造 - 地貌旋回，两次旋回的时间上限依次为 110. 7 万年及 27. 5 万年，分别属于下更新世后期及中更新世中后期。自 27. 5 万年以来，新构造快速抬升及河谷强烈下切一直持续至今。在 I 级剥夷面定型以来长达 110 万年的地貌演化过程中，不同水文地貌单元的侵蚀速率差别极大。例如格所河主流水量大，其下蚀速率为 13. 55m/万年；格所河支流马场河水量小，其下蚀速率为 7. 53m/万年。两条河流由于水量的差异，其侵蚀速率几乎相差一倍。据此可以认为，在远离深切河谷的高原区，那些流量很小的河流及溪流，其侵蚀速率无疑将成倍减小，面状的剥蚀作用则占有主导地位，因而高原面上古老地貌的成分残存较多。

（三）第四纪冰川遗迹

20 世纪 70 年代初期，作者在八大山自然保护区西部的坪地一带进行区域地质调查时，在盆地中发现了典型的第四纪冰川沉积物，并在沉积物中采集到了喜冷的云杉球果化石，这两份资料都公开发表在第四纪冰川地质论文集上。此次科学考察过程中，在八大山、娘娘山一带又发现了保存比较完好的冰蚀地貌，为进一步确认贵州西部确有第四纪冰川流行提供了充分依据。现将所见几种冰川地貌简述如下：

（1）冰川 U 谷：见于八大山主峰南面的平阱、杨梅等地的玄武岩山地中，分布的海拔高程 1 800 ~ 2 000m，横剖面呈典型的 U 形，在卫星遥感图像上为长约 1 ~ 3km的平直线性影像。

（2）冰川刃脊：见于娘娘山主峰下，海拔 1 900 ~ 2 000m，形态为顺坡向延伸的薄如刀刃的山脊，长约 600 ~ 800m，尖峭的山脊与两侧的 U 形山谷展现出完整的冰川侵蚀图像。从娘娘山顶鸟瞰，刃脊与 U 谷相伴而生的冰川侵蚀地貌形态十分清晰。

（3）冰斗：在娘娘山玄武岩峭壁的下部，海拔约 2 100m 的高程上发育一个冰斗，底部直径 > 150m，出口处横着一道小坎，远眺具有典型的围椅状形态。

以上这些冰蚀地貌形态，相当于大理冰期（或末次冰期）的产物，其发育年代大致在 10 万年左右。

四、地貌旅游景观

（一）格所河片区地貌景观

（1）格所河北段深谷景观：河谷空间深旷，从谷底至谷缘依次出现古榕树群、梯田农舍、悬崖绝壁、台地梯田村寨、高大绝壁及峭壁山峰。河谷景观层次丰富，步移景换，气势恢宏。

（2）格所河南段喀斯特峡谷景观：一段长约 5km的地下伏流嵌入深邃峡谷中，伏流顶部为格所河早期形成的古河道，其间喀斯特盲谷、漏斗、洼地及天坑呈串珠状分布，地上地下双层河谷地貌充满神秘色彩。

（3）格所河悬崖绝壁景观：该区特定的地质地貌结构，滋生出千姿百态的悬崖绝壁，它们连绵不断地悬挂在深旷河谷空间之上，营造出一幅幅神奇壮美、雄浑飘逸的风光画面，成为河谷景观的一大亮点。

（4）格所河云海雾浪景观：区内山高谷深的自然地理环境，是成云致雾的极佳场所，云海雾浪频繁可见。云雾弥漫的峰峦、河谷及悬崖绝壁景观，瞬息万变，忽而似龙游大海、虎跃深山，忽而又像仙山琼阁、海市蜃楼，飘逸灵动的自然风光使人目不暇接，美不胜收。

（二）娘娘山片区地貌景观

区内出露二叠系石灰岩及火山玄武岩，断裂构造发育，地貌类型丰富，喀斯特峰林峰丛广泛分布。该区特定的地质地貌条件，形成了以马场盆地为中心的景色各异的六大景观单元，山水风光绮丽多姿。

（1）马场盆地风光：盆地左岸是高耸入云的娘娘山，右岸是层层叠叠的喀斯特峰林峰丛。盆地山环水绕，良田纵横，林木掩映着村庄，弯弯小河静静流淌，山水田园秀美恬静。

（2）六车河风光：马场河向北潜入地下形成暗河，再从绝壁下奔腾而出，遂成深切割的喀斯特嶂谷，具有“抬头望天天一线，俯首足下百丈渊”的雄奇意境。暗河顶部地面上，峭壁锥峰鳞次栉比，形态奇丽多姿。六车河嶂谷尽头，峭壁锥峰层层环绕，构图精妙绝伦。

（3）沙河风光：位于马场河上游下二叠统砂页岩出露区，河谷两岸梯田层层，梯田上方喀斯特峭壁锥峰参差林立、挺拔俊俏。山水风光画面层次丰富，如诗如歌，风景这边独好。

（4）天生桥地下河景观：沙河明流潜入地下形成暗河，其顶部发育一连串的溶洞、天生桥及天坑。地下河于马场盆地边缘复出地表，出口峡谷中林木森森，流水潺潺，蓝天白云下的水光山色分外妖娆。

（5）布俄飞龙瀑景观：马场盆地西侧，火山玄武岩山原面下的千刃绝壁上，悬挂三条银链般的瀑布，云雾飘渺中酷似苍龙从天上飞来，再跃入下方深旷的喀斯特槽谷中。瀑布远眺神奇壮丽，近观气贯长虹。

（6）娘娘山风光：娘娘山从马场盆地北岸拔地而起，高出盆地 1 200 余 m。山地垂直景观自下而上分河流田园、喀斯特锥峰、玄武岩绝壁及玄武岩山原（高原）四个层次。一望无际的山原面上，沼泽清莹，芳草连天；春光明媚的季节，山花烂漫，盛开的红杜鹃就是一片红色花海。远眺娘娘山，高耸入云，飘逸俊美，“娘娘”直出浮云端。站在娘娘山顶鸟瞰，山下峰峦、河流、田园、村庄如诗如画，美不胜收；喀斯特峰林峰丛浩如烟海、气势磅礴，令人震撼！

综上所述，八大山自然保护区景象万千的自然风光，具有大气磅礴、江山多娇的诱人魅力，地貌景观资源品位及美誉度绝不亚于贵州各大旅游景区，确是“贵州国家公园省”中还锁在深山人未识的一块“风水宝地”。此外，该区自然环境还有两大优势：一是气候清爽，年平均气温12.3℃，盛夏酷暑颇有“阳春三月”之感，同时很少受到苍蝇、蚊子的困扰，旅游气候环境十分宜人；二是云海雾浪频繁可见，致使山水风光飘逸灵动，目不暇接。

五、地貌资源环境的保护及利用建议

（一）扩大森林覆盖率恢复良好的自然生态环境

八大山自然保护区内地势起伏大，格所河与八大山两地相距不足10km，但海拔高程却从760m急剧增大至2 558m，区内这种地形地势大达1 800m的高差，营造出湿热河谷与温凉山地两种截然不同的自然生态系统，由此构成十分有利于生物多样性繁衍的自然环境本底，在历史上该区具有丰富的生物多样性是毋庸置疑的。但目前区内人口密度相对较大，大部分地区森林覆盖率较底，特别是在八大山与娘娘之间广大的喀斯特峰林峰丛区，石漠化现象还比较严重，因此自然保护区的首要任务就是扩大森林覆盖率，全面恢复自然生态系统。保护区建设必须处理好自然保护与社区发展之间的关系，对目前社区启动的娘娘山喀斯特特色农业开发项目应给以积极支持，社区群众物质文化生活水平的提高将对恢复良好的自然生态环境产生重要影响。

（二）开发旅游资源促进自然生态环境保护

八大山自然保护区内高品位的山水旅游资源，是大自然给人们留下的一笔宝贵的自然财富，是贵州“国家公园省”中锁在深闺人未识的一块“风水宝地”。当地流传着这样一首民谣：“头顶娘娘山，脚踏六车河，谁能识得破，银子用马驮”。此次自然保护区多学科综合考察，正是在“识破”该区自然景观的科学和美学价值上迈出了坚实的步伐，可以预言，娘娘山这处深藏不露的山水风光，必将在“多彩贵州”旅游强省的建设中大放异彩。从旅游发展的角度上看，良好的自然生态环境与旅游开发是密不可分的，景区建设首当其冲的任务是要加强自然环境保护。因此用旅游资源开发来促进自然生态环境保护是切实可行的。建议八大山自然保护区的规划中，将娘娘山片区旅游资源集中的地方划分出“旅游开发试验区”。事实上，娘娘山喀斯特特色农业生态旅游观光园的建设，娘娘山国家湿地公园的申报，已跨出旅游资源开发实质性的一步。展望未来，一个“白云故乡娘娘山，峰林芳菲花果园”的旅游形象，必将出现在自然保护区的碧水青山之中。

（三）保护区是开展喀斯特科学研究和科普旅游的良好场所

浅成喀斯特峰林峰丛的发现及剥夷面年代测定，是八大山自然保护区多学科综合考察取得的一项重要成果。区内喀斯特地貌发育条件、演化历史及影响因素清晰，具有以下几个显著的特征：①喀斯特洞穴成层性明显，洞穴中保存有古地下河沉积物；②层状喀斯特地貌明显，喀斯特剥夷面上古河流沉积物保存完好；③断层的晚近活动、外源水的强烈补给以及特定的地质构造条件，形成了景象万千的浅成喀斯特峰林峰丛景观；④第四纪冰川遗迹的存在，表明气候冷暖波动对喀斯特地貌发育演化有不容忽视的影响。所有这些都使之成为开展喀斯特科学研究的良好场所，就目前所知，具备这种研究条件的地方至少在贵州高原是独一无二的。同时此次所取得的喀斯特地貌演化历史的年代测定数据，在国内喀斯特区也是前所未有的。因此八大山自然保护区是开展喀斯特科学研究、大专院校教学实习十分理想的场所，是开展地学科普旅游十分难得的旅游目的地。

（李兴中）

参考文献

贵州省地质局．贵州省区域地质志[M]·北京：地质出版社，1987．

李兴中．贵州高原晚新生代喀斯特地貌演进及其影响因素[J]。贵州地质，2001，18(1).

李兴中. 滇东黔西第四纪冰川地质初步研究[C]. 中国第四纪冰川地质文集，北京：地质出版社. 1977.
孔昭辰等. 滇东黔西第四纪古植被的发现及其植物群和古气候探讨[C]·中国第四纪冰川地质文集，北京：地质版社. 1977.

第二节　水文地质考察报告

八大山自然保护区内广泛出露石炭系、二叠系碳酸盐岩地层，上二叠统火山玄武岩亦有较大分布，由此形成喀斯特水及玄武岩裂隙水两大水文地质系统。玄武岩裂隙水系统内山地海拔高，森林植被茂密，地表地下径流充沛。喀斯特水系统内碎屑岩隔水层阻水作用明显，地下水多埋藏较浅而且丰富，喀斯特大泉频繁出露。加之区内地势起伏大，地下水的补径排条件复杂，因此构成十分有利于生物多样性繁衍的地质生态环境本底。八大山自然保护区的建立，通过扩大森林覆盖率和重建良好的地质生态环境，不独对于红豆杉、珙桐等珍稀植物及生物多样性的保护具有重要科学意义，而且对于北盘江流域水源涵养，尤其是对于贫困山区生态文明建设将产生十分重要的影响。

一、地下水形成的地质环境

(一)地层岩性

1. 第四系(Q)

主要有残积坡积及洪积冲积两种成因类型。

(1)残坡积及崩积：基岩遭受风化剥蚀及重力崩塌形成的松散沉积物，广泛覆盖在火山玄武岩及碎屑岩山地斜坡的表面，其岩性主要为黏土及亚黏土充填的岩屑、角砾及岩块。在八大山、娘娘山的山顶面上，以黏土、亚黏土岩屑为主的残积物分布广泛，一般厚度为1~5m，局部可达10m以上；但在陡崖下的山麓斜坡地带，以岩块、岩屑及亚黏土为主的崩塌堆积十分发育，例如普古—马场公路沿线的山麓地带，其厚度一般可达15m以上。在格所河、沙河等河谷的斜坡台地上，崩塌作用十分强烈，大量石灰岩崩塌岩块堆积如山，厚度可达20m以上。

(2)洪积冲积：河流及间隙性流水冲刷、搬运形成的沉积物，岩性以砂土夹碎屑角砾砂为主，次有砂及砂砾石等。此类沉积物分布极为广泛，几乎所有的喀斯特谷地、洼地中都有分布。在马场盆地向西至俄布长约5km、宽200~400m的喀斯特槽谷中，全部充满砂土碎屑角砾层，形成连片分布面积约$2km^2$的旱地。在南部保基、中寨等宽坦的喀斯特槽谷中，其连片分布面积亦接近$1km^2$。

2. 二叠系(P)

二叠系出露齐全，分布最广，大面积分布在保护区中西部。

(1)下二叠统梁山组(P1L)：灰黑色泥岩、炭质页岩及石英砂岩，中下部夹灰至深灰色中厚层石灰岩，下部偶含煤线。沙河沿岸出露较多。

(2)下二叠统栖霞组(P1q)：上段上部为灰、深灰色块状灰岩，中部浅灰色厚层块状白云质灰岩，下部灰、灰黑色中厚层灰岩夹黑色页片状泥灰岩；下段为黄褐色中厚层石英砂岩夹灰黑色页岩、炭质页岩及薄煤层，有灰绿岩侵入体。

(3)下二叠统茅口组(P1m)：上段为灰白色至深灰色块状灰岩，向下为浅灰色至深灰色中至厚层灰岩、燧石灰岩夹生物灰岩，底部为深灰色燧石灰岩夹燧石层。下段上部为深灰色厚层灰岩常具白云质斑块，下部为浅灰色厚层灰岩，有灰绿岩侵入体(岩墙及岩床)。

(4) 上二叠统峨眉山玄武岩(P2β)：上段为深灰色拉斑玄武岩，夹多层杂色凝灰岩或玄武土、少量玄武质熔岩集块岩、玄武质火山角砾岩及玄武质凝灰熔岩等，顶部夹玄武屑砂岩、黏土岩及煤层。全段包括2~9个喷发层。中段为深灰色厚层至块状拉斑玄武岩，夹少量玄武质熔岩角砾岩及凝灰岩。顶部多为凝灰岩及褐红色、灰白色玄武土。全段包括3~7个喷发层。下段为为深灰色玄武质熔岩集块岩、玄武质火山集块岩及深灰色拉斑玄武岩。全段包括3~10个喷发层。

3. 石炭系(C)

石炭系出露齐全，集中在分布格所河西岸。

(1)下石炭统岩关组－大塘组(C1y－d)：顶部为深灰色薄至中厚层硅质岩；上部为灰绿、黄绿色砂质页岩，夹少量黑色页岩及燧石层；下部为深灰色细晶灰岩，夹鲕状灰岩及生物灰岩；底部深灰色中厚层硅质岩。

(2)下石炭统摆佐组(C1b)：上部为灰白色厚层灰岩夹介壳灰岩、白云质灰岩；下部为块状白云岩、白云质灰岩。

(3)中石炭统黄龙群(C2hn)：上部为浅灰色厚层至块状致密灰岩夹生物碎屑灰岩、泥质灰岩及鲕状灰岩；下部浅灰色块状白云岩夹透镜状灰岩。

(4)上石炭统马平群(C3mp)：上部为浅灰色中厚层致密灰岩，局部含白云质；下部浅灰色中厚层结晶灰岩；底部时夹瘤状灰岩。

4. 泥盆系(D)

泥盆系分布于保护区东部边缘，呈狭窄的条带分布于格所河河谷底部，仅出露中、上泥盆统。

(1)中泥盆统火烘组(D2h)：深灰、黑色块状泥灰岩，顶部为生物灰岩及灰岩。

(2)上泥盆统桑朗组－代化组(D3s－d)：桑朗组为黑色薄至中厚层燧石层及硅质岩；代化组为浅灰色中厚层条带状含泥质灰岩，上部夹深灰色薄层灰岩，底部夹硅质灰岩及硅质岩透镜体。

(二)地质构造

区域构造单元属六盘水断陷中的普安旋扭构造变形区，断裂褶皱的最大特征是呈旋扭型展布。保护区地质构造分为南北向及东西向两个构造系统。

(1)南北向褶皱构造：以东部的格所背斜为主体，在区内长约25km，轴部出露中上泥盆统地层，并发育与背斜轴向平行的一条走向断层，其晚近活动性明显，控制着格所河深切河谷的形成。翼部地层为石炭系，背斜西翼岩层倾斜平缓，在马夫坪至保基一带近南北向及近东西向两组断层十分发育。

(2)东西向构造：以沙河背斜为主体，轴部出露下二叠统石灰岩，岩层倾斜平缓。两翼地层为上二叠统玄武岩，但南北两翼岩层产状不对称。北翼岩层倾角多$<15°$，在娘娘山一带形成宽旷的玄武岩山原；南翼岩层倾角多$>20°$，在八大山南侧形成高大绵延的单面山。一条长约55km的区域性东西向断层，在背斜北翼娘娘山麓的马场一带通过，并被一系列北东向断层切割，其晚近活动性十分明显。根据贵州地质工程勘察院所做ESR年代测顶资料，该断层在晚近期有过两次活动，其年代分别为距今108.3万年、34.1万年。断层的晚近活动对喀斯特发育及地下水储存、运移及富集条件影响甚深。

(三)地形地貌

八大山自然保护区东、西两部地势相差悬殊，地形变化复杂，地貌类型多样。东部为格所河深切河谷区，谷底至谷缘海拔760～2 100m，河谷切割度1 000～1 300m；西部八大山至娘娘山一带，一般地面海拔1 160～2 300m，最高海拔2 558m，地形相对高差800～1 100m。保护区东、西两部平距约10km的范围内，地面海拔高程的高差达到1 800m，由此造成山地、河谷垂直景观的巨大变化，致使区域地下水的补给、径流及排泄条件十分复杂。

保护区内有以下三种地貌类型：

(1)喀斯特地貌。发育分布广泛，约占全区总面积75%，包括三种喀斯特形态类型：①喀斯特峰林峰丛，主要分布在普古、马场及沙河等地，一般地面海拔1 200～2 100m，喀斯特锥峰之间普遍缺乏洼地、漏斗等封闭状的负向形态；②喀斯特峰丛槽谷，分布于保护区东南部格所河西岸的磨盘山、保基及中寨一带，地面海拔高程一般为1 550～2 000m，地形相对高差200～400m；③喀斯特深切河谷，主要是走向南北的格所河谷，北段河谷空间深旷，河谷切割深度为1 100～1 200m；南段为典型的喀斯特峡谷，河谷切割深度600～800m。

(2)火山玄武岩侵蚀剥蚀地貌。分布于娘娘山、八大山两个片区，地貌形态为高耸的山原及单面山，海拔高程多在1 600m～2 500m之间。

(3) 碎屑岩侵蚀地貌。分布在格所河河谷中，海拔多在850m以下，形态为起伏和缓的丘陵。

(四)水文气象

八大山自然保护区位于北盘江支流格所河西岸，区内喀斯特地貌分布广泛，地表水网稀疏。保护区及其周边主要有三条河流：①东部格所河，从南北向深切峡谷中自南向北径流，，是保护区的东部边界，河谷最低海拔高程为760m；②南部淤泥河，是格所河上段的一条支流，自北西向南东径流，接近保护区南部边界；③六车河(中、上段又称马场、沙河)，自北西向南东斜穿保护区西部，是格所河下段的支流，在保护区内的流程长约32km，河谷最低海拔高程873m。保护区及其边界的这三条河流，均属高原山区的雨源性河流，水力坡降较大，具有大涨大落的水文特性。六车河流域喀斯特地下水丰富，枯水季节地下水对河流的补给占有重要地位。根据区域水文资料，该区年平均径流模数为18.9l/S.km^2，年平均径流深596mm。

保护区整体属北亚热带高原湿润季风气候，具有干、湿季节分明的特征。区内年平均气温9.1~17.3℃，其中八大山、娘娘山高海拔地带(2 300~2 580m)，年均温9.1~10.3℃；格所河谷低海拔地带(760~800m)，年均温17.3℃。7月最热，月均温15.8~24.9℃；1月最冷，月均温0.9~7.4℃。该区年降水量1 200~1 400mm，但降水量年内分布不均，其中6~8月(夏季)降水量最多，为597.0~798.6mm，占年雨量的52%~55%；12~1月(冬季)降水量最少，仅为50.7~94.5mm，占年雨量的4%~6%。区内这些气候特征，使水资源的天然补给量丰富，地表地下径流充沛，丰水期与枯水期的季节性变化十分明显。

二、区域水文地质条件

(一)地下水类型及含水岩组

根据保护区地层岩性及其含水性质，可划分出松散岩类孔隙水、碳酸盐岩喀斯特水、火山玄武岩裂隙水及碎屑岩裂隙水四种地下水类型，及其相应的四个含水岩组。各含水岩组的分布状况详见图2-4。

1. *松散岩类孔隙含水岩组*

含水介质为第四系残坡积及冲洪积等，岩性多为碎屑、角砾、块石、粉砂质土、砂土及砂砾石层等，其结构疏松多孔，胶结程度差，是地下水赋存的良好场所。这类松散含水介质主要覆盖在喀斯特谷地、洼地及山地斜坡表面，其发育分布、岩土结构及富水性强弱等均受地貌条件的影响而变化甚大。在火山玄武岩侵蚀剥蚀单面山坡上，其中尤其是娘娘山缓倾斜的山顶表面，残坡积物覆盖广泛，其厚度一般为1~5m，岩性主要为黏土及亚黏土充填的碎屑、角砾及岩块，岩土结构比较紧密，其透水性较弱，含水性较差。在山麓斜坡、喀斯特槽谷、洼地及沟谷中，坡积、崩积、洪积、冲积物发育，其厚度可>10m，岩性以亚砂土夹碎屑、角砾及块石为主，结构十分疏松，透水性强。由于该岩组多覆盖在溶孔、溶隙强烈发育的喀斯特岩组之上，喀斯特包气带中大量的孔洞很快将上覆孔隙含水岩组中的潜水疏干，因而该岩组中的地下水很难蓄存，地表很少有泉水出露。例如在马场以西长约5km的喀斯特槽谷中，洪积冲积物大面积覆盖，从玄武岩峭壁上飞流直下的三条瀑布注入其中，很快就潜入下伏喀斯特包气带内迅速流走，除洪水季节外地表很难见到流水的踪迹。在保护区南部的中寨、丫口寨及保基等地的喀斯特槽谷中，洪积冲积物中的孔隙潜水被下伏喀斯特包气带中的洞穴、裂隙迅速疏干的现象亦十分普遍。

2. *碳酸盐岩喀斯特水岩组*

地层岩性主要为泥盆系上统、石炭系中上统及二叠系下统石灰岩、白云岩及燧石灰岩等，分布十分广泛，约占全区总面积的75%。喀斯特强烈发育，地下水主要赋存于溶洞、管道及溶蚀裂隙中，岩石含水极不均一。在格所河西岸的台地上，该含水岩组中的喀斯特大泉频繁出露，其流量多大于10 l/s，成为格所、李家寨、新寨等众多村寨的生活及梯田的供水源泉。在普古、马场、卧落及沙河等地，地下水赋存于百孔千疮的溶洞、管道中，喀斯特大泉、暗河、伏流及消水洞等水文现象屡有所见。在

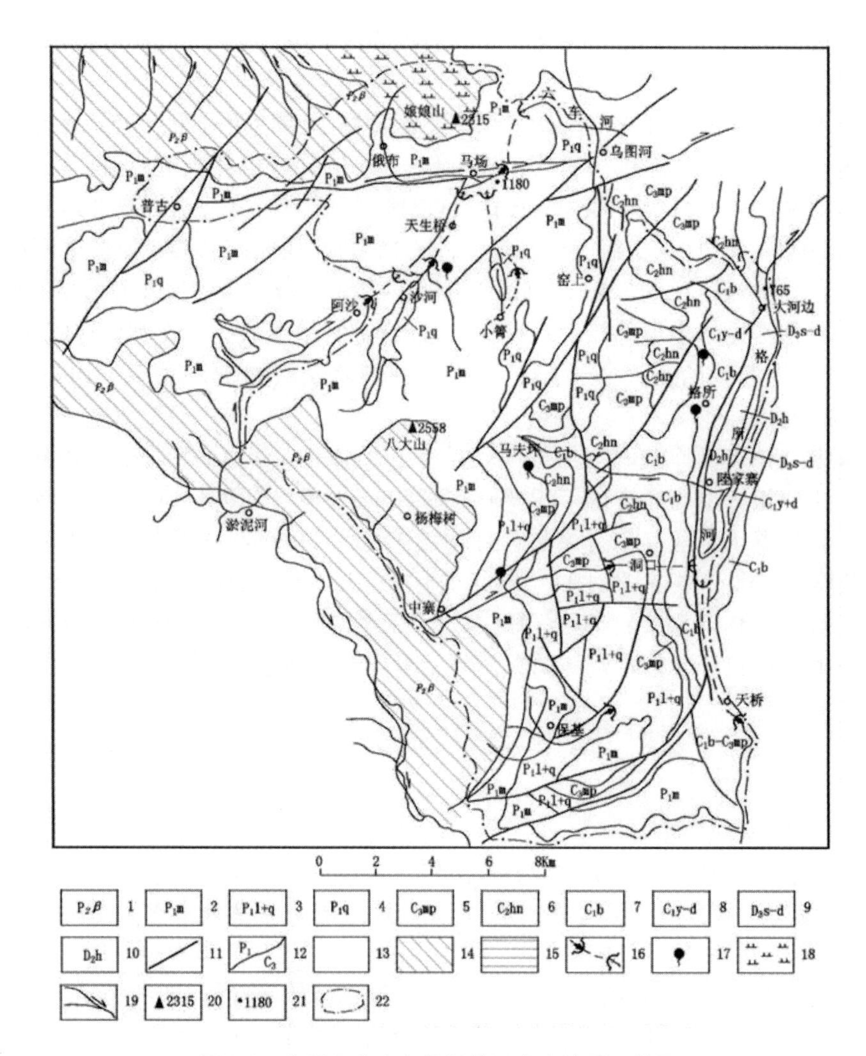

图 2-4　盘县八大山自然保护区水文地质环境图

1. 上二叠统峨眉山玄武岩；2. 下二叠统茅口组；3. 下二叠统梁山组—栖霞组；4. 下二叠统栖霞组；5. 上石炭统马平群；6. 中石岩统黄龙群；7. 下石炭统摆佐组；8. 下石炭统岩关组—大塘组；9. 上泥盆统桑郎组—代化组；10. 中泥盆统水烘组；11. 断层；12. 地层界线；13. 喀斯特含水岩组；14. 火山玄武岩裂隙水岩组；15. 碎屑岩裂隙水岩组；16. 地下河及伏流 17. 喀斯特大泉（流量 >10L/s）；18. 沼泽湿地；19. 河流；20. 山峰海拔高程（m）；21. 河谷海拔高程（m）；22. 保护区界线

保护区南部的中寨、丫口寨及保基等地，喀斯特大泉、暗河及伏流等喀斯特水文现象亦很常见。根据区域水文地质普查资料，该含水岩组的枯季地下水径流模数为 4 ~ 7l/s·km²，属强富水性的喀斯特含山岩组。

3. 火山玄武岩裂隙水岩组

火山玄武岩中柱状节里、构造裂隙及风化裂隙发育，是玄武岩地下水赋存的重要场所。柱状节里是成岩时熔岩冷却收缩而成，构造裂隙则是在构造应力作用下岩石发生破裂形变的产物。在玄武岩侵蚀剥蚀山地区，由于各种物理、化学风化的长期作用，山地表面的岩石中风化裂隙十分发育，它们常沿构造裂隙及柱状节里向下延伸，其发育深度一般为 10 ~ 30m，因此成为玄武岩裂隙水最主要的赋存空间。在八大山、娘娘山一带的玄武岩单面山及山原区，该裂隙含水岩组的顶部常有残坡积孔隙含水岩组覆盖，两者具有密切的水力联系，因而随处可见涓涓细流汇集而成的小溪，其流量由每秒数公升至十余公升不等，具有十分明显的山高水高的特点。根据区域水文地质普查资料，该含水岩组的枯季地下水径流模数为 2 ~ 3l/s · km²，由此形成的地表径流是比较丰富的。但必须着重指出的是，玄武岩风化裂隙带以下的新鲜基岩（一般在地表 30m 以下）透水性都很弱，这不独有效防止了上覆风化裂隙带的地下水向深部入渗，而且还迫使这些地下水发生侧向径流并排出地表，娘娘山山原面上大面积沼泽湿地的形成就与火山玄武岩整体的弱透水性密切相关。

4. 碎屑岩裂隙水岩组

地层为下二叠统梁山组、下石炭统岩关组 - 大塘组、上泥盆统桑朗组 - 代化组，岩性主要有炭质页岩、石英砂岩、砂质页岩及硅质岩等，地下水主要赋存于岩石表层的风化裂隙带中。该含水岩组虽然出露不多，但却散布于全区，因面积太小在水文地质图上未予表示。岩石表层风化裂隙带一般较薄，岩石泥质及粉砂质含量较重，地表残坡积物中粘土质含量也较多，致使风化裂隙多被黏土物质充填，因而其含水性较差。根据区域水文地质普查资料，该含水岩组的枯季径流模数一般为0.5 ~2l/s · km^2。该含水岩组的新鲜基岩透水性十分微弱，在区域水文地质上常构成喀斯特地下水的隔水底板及阻水边界。

(二)地下水物理化学性质

区内地下水的物理性质一般为无色、无味、无嗅、透明。但地下水的化学成分因受地层岩性的影响，地下水类型各地有所变化。根据区域水文地质普查资料，区内喀斯特地下水主要化学成分为：pH值6.8 ~7.5，总硬度150 ~290mg/l($CaCO_3$ 计，下同)，水化学类型为重碳酸钙及重碳酸钙镁型水。玄武岩裂隙水化学成分为：pH值一般为5.45 ~7.30，硬度46.2mg/l左右，水化学类型为重碳酸钠钙型及重碳酸钙型。但在保护区南部靠近淤泥河一带，上二叠统煤系地层大面积出露，因此下伏玄武岩裂隙地下水常偏酸性，pH值最低达4.5 ~5，水化学类型有重碳酸硫酸钙型出现。

自然保护区内山高谷深，自然生态环境比较良好，特别是八大山、娘娘一带的玄武岩山原山地区，人烟稀少，森林植被茂密，灌丛沼泽湿地大面积分布，地下水水质良好，适宜于生活饮用。但在淤泥河下游阿沙至马场一带的喀斯特河谷盆中，由于上游煤矿开采大量的矿坑废水排入河中，致使区内喀斯特地下水受到一定程度的污染。

(三)地下水补给、径流及排泄条件

1. 格所河谷水文地质区

格所河是自然保护区的东部边界，它沿走向南北的格所背斜轴部大纵深切割，构成保护区喀斯特地下水的最低排泄基准面。按河谷水文地质结构及地貌条件的差异，分为以下两个水文地质单元：

(1) 河谷北段(下段)水文地质单元：河谷空间深旷，河谷切割深度1 100 ~1 200m。背斜轴部河谷中岩层倾斜平缓，从谷底至谷缘依次出现中、上泥盆统(D2h、D3s - d)及石炭系各组地层(C1y - d、C1b、C2hn、C3mp)，其中D3s - d及C1y - d以碎屑岩隔水层为主，其余各组岩层均为透水性强的喀斯特含水岩组。深切河谷中喀斯特含水层与碎屑岩隔水层相互叠置的水文地质结构，使之在高大的河谷斜坡上发育而成绵延的碎屑岩台地，碎屑岩的隔水性能使上覆喀斯特含水岩组中的地下水大量排泄出地表，于是在台地后缘形成众多的喀斯特大泉，成为格所、李家寨、新寨等村寨的生活供水源泉。该水文地质单元的补给径流区面积较小，其补给边界距谷缘不远，与西面的马场—沙河水文地质单元之间有一条地下分水岭存在。河谷两岸的喀斯特地下水不是集中在深切河谷底部排泄，其中大部分是沿高大河谷斜坡上的碎屑岩隔水层台面流出地表，这是该单元喀斯特地下水排泄的最大特点。

(2) 河谷南段(上段)水文地质单元：地貌上为地下伏流贯通的喀斯特峰丛峡谷，河谷切割深度600 ~800m。出露C1b、C2hn及C3mp喀斯特含水岩组，有南北向及近东西向两组断裂切割，喀斯特强烈发育。峡谷伏流顶部及其沿岸，喀斯特天坑、漏斗、洼地及落水洞众多。自西部中寨、保基一带径流而来的喀斯特地下水，都以地下河的形式排泄于深切峡谷之中。两岸喀斯特石山光秃，森林植被稀少，地表干旱缺水，石漠化现象严重。

2. 马场—沙河水文地质区

位于东西向沙河背斜区，轴部岩层倾斜平缓，P1m、P1q喀斯特含水岩组大面积分布，地势低洼处P1L碎屑岩隔水层亦有所出露。在背斜南、北两翼的八大山及娘娘山等地，P2β玄武岩裂隙水岩组广泛覆盖在喀斯特含水岩组之上。在娘娘山麓的马场一带，有一条区域性的东西向晚近活动性断层通过，并被一系列北东向断层切割。区内地下水有以下两个截然不同的补径排系统：

(1)喀斯特水文地质系统。以六车河峡谷为排泄基准面的喀斯特地下水系统，是自然保护区内最大的地下水系统，其中仅喀斯特峰林峰丛面积就达 110km²。一般地面海拔 1 160～2 100m，六车河峡谷海拔最低为 873m。六车河中上游分为南、西两支：南支发源于淤泥河一带的玄武岩山区，沿途地表明流与地下伏流数度交替；西支发源于普古以西的喀斯特区，全为沿东西向断裂带发育的地下暗河。两者于马场附近交汇形成河谷盆地，通过一段地下伏流再跌落于六车河峡谷之中，峡谷两岸喀斯特地下水埋藏很深。但从大范围看，由于该系统内 P1L 碎屑岩隔水层埋藏浅，且在不少地段已直接出露地表，因此不少沟谷、洼地中都可见到地表河溪时出时没，其间还有大块小块的梯田及村寨分布。在卧落、窑上、小箐一带平缓斜坡上的峰林区，在马场盆地东段岩脚寨、瓦房寨一带的峰林谷地区，梯田、村寨、河流、小溪互为映衬，构成一道天人合一的喀斯特景观，自然风光别具洞天，由此反映出该喀斯特水文系统具有良好的地质生态环境本底。

娘娘山麓的马场盆地，是一个喀斯特地下水的富集区。马场盆地形成于东西向活动性断裂与北东向断裂的交汇部位，地下溶洞、管道及裂隙十分发育，加之又位于六车河峡谷裂点带以上，因此盆地中喀斯特地下水埋藏甚浅。根据区域水文地质资料分析，马场河谷盆地上游喀斯特地下水的补给面积不小于 280km²，如此大范围的地表地下径流向盆地汇集，使喀斯特地下水的动储量大为增加，因此盆地中地下水十分丰富。

过普古—马场的区域性东西向断裂，是一条晚近活动明显的导热断裂，它沟通了浅部地下水与地壳深部热源的联系，地下水得以进行深循环而使水温升高，断裂带上见有地热迹象。根据贵州地质工程勘察院不久前所做的调查，其主要表现是有温泉(水温 21～23℃)及地温异常，深部物探具有明显的水热显示。从活动断层与地热流相关的区域水文地质规律分析，该区极有可能打出丰富的地下热水。

(2)玄武岩裂隙水系统。大面积分布于沙河背斜南北两翼的八大山及娘娘山一带，一般地面海拔 2 000～2 500m，八大山最高达 2 558m。

娘娘山山顶面起伏平缓，高出山下马场盆地 1 000 余 m，呈现出直插云天的辽阔山原景观。此间地下水形成有三个重要条件：①大气降水降落到广阔的山原面上，不是很快形成地表径流迅速流走，而是沿起伏平缓的地面有充分的时间缓缓向地下入渗，因而十分有利于地下水的补给；②山原面上玄武岩风化裂隙发育深厚，残坡积松散岩屑广泛覆盖，基岩风化裂隙水与松散岩类孔隙水两类含水岩组有密切的水力联系，两者合二而一有效增大了地下蓄水空间；③高山顶上经常云雾缭绕，空气湿度大，降雨量丰沛，再加之森林植被覆盖率高，林下凝结水(露水)丰富，从而使地下水的补给量大为增加。以上三种因素的综合，既有效延长了地表地下径流过程，又使地下水的天然补给量成倍增加，因此山原面上地表水及地下水资源丰富。

娘娘山山原面上缓慢运移的地表地下径流，使地面长年累月保持着积水状态，由此滋生出大面积的沼泽湿地。据国家林业局昆明勘察设计院调查资料，山原面上有沼泽湿地 1 053hm²，主要包括藓类沼泽、森林沼泽、灌丛沼泽及草本沼泽四种类型。沼泽湿地植被强大的蓄水保水功能，又使山原面上地表水及地下水资源剧增，其中绝大部分都向北面的龙场、顺场等地径流排泄而去，仅有极少部分才向南落入山下马场一带的喀斯特区。在分水线南侧玄武岩绝壁上方狭窄的沼泽地带，可见数条流量不小的瀑布飞流直下，成为山下喀斯特谷地中地下水长年不断的补给源泉。特别是发源于蚂蚁地附近沼泽湿地中的三条瀑布，具有"飞流直下三千尺"的雄伟气概，但其补给区的面积还不足 4km²，足证沼泽湿地植被蓄水保水的功能非同凡响。

八大山玄武岩单面山区的裂隙水系统，其补径排条件则是另外一番景象。由于单面山山脊比较狭窄(一般宽不及 150m)，顺向坡坡度较陡(多 > 20°)，山地斜坡上残坡积松散沉积物覆盖厚度较小，所有这些因素的综合，使大气降水到达地面后不易停积而沿地表迅速流走，因此玄武岩裂隙水的补给及蓄存条件较差，山地中难于见到较大面积的沼泽湿地。八大山单面山区的地表水及地下水主要向南东方向径流，是保基、中寨一带喀斯特地下水重要的补给源泉。

3. 中寨—保基水文地质区

位于保护区南部格所河峡谷西岸，地面海拔高程 1 550 ~ 2 000m，保基西北之长山箐海拔最高 2 363m。地质构造为格所背斜西翼，出露下二叠统（P1m、P1q）喀斯特含水岩组及上二叠统玄武岩（P2β）裂隙水含水岩组，岩层整体向西倾斜，倾角一般 <20°。区内有以下两个地下水系统：

（1）玄武岩裂隙水系统：分布在该水文地质区的西部，黑白、中寨、保基等地的上水方向，属八大山玄武岩裂隙水系统向南延伸的部分。玄武岩单面山区森林植被较茂密，地下水的补给及蓄存条件亦相对较好。在向西倾斜的顺向坡上发育几条平行的小溪，它们于山麓汇集成一条流向南东的小河，再折向北东沿中寨喀斯特槽谷径流而去，逐步消失在槽谷末端的落水洞中。该玄武岩裂隙水系统内山体高大，自然生态环境比较良好，地表地下径流比较丰沛，是东部喀斯特地下水十分重要的补给区。

（2）喀斯特地下水系统：大面积分布于马夫坪以南的洞口、保基等地，南北向与东西向两组断裂呈网格状发育，P1m、P1q 喀斯特含水岩组广泛出露，P1L 碎屑岩隔水层埋藏较浅。地貌类型以喀斯特峰丛槽谷及峰丛洼地为主，局部见有峰林洼地。该区喀斯特地下水自西向东径流，地下水的埋藏深度自西向东增大，最后排泄于格所河上段的喀斯特峡谷之中。区内地下水的补给、径流及排泄具有以下几个鲜明的特点：①西侧上水方向玄武岩山地中的地表地下径流丰沛，喀斯特地下水能获得常年不断的补给，因而中寨、保基一带喀斯特谷地中的河溪很少断流；②受 P1L 碎屑岩隔水层的顶托，大部分地区的喀斯特地下水埋藏甚浅，地下水水力坡降小，径流排泄缓慢，不少沟谷和洼地中都有喀斯特泉、潭（井）出露，为村民生产生活用水提供了重要水源，因而区内村寨比较密集；③P1L 碎屑岩隔水层的存在，有效阻隔了该区喀斯特地下水与格所河峡谷地下水的直接水力联系，因此峡谷的急剧下切不能全面导致区内喀斯特地下水位迅速降低，只是在断裂通过的地方产生局部性的影响。以上三种因素的综合，加之谷地、洼地中洪积冲积物覆盖广泛，因此该喀斯特地下水系统总体具有土肥水丰的地质环境特征，森林植被覆盖率较高，自然生态环境比较良好。

三、水文地质环境的保护及治理建议

（一）娘娘山沼泽湿地必须进行有效保护

娘娘山山原沼泽湿地的发现，是此次八大山自然保护区多科学综合考察获得的一项重要成果。贵州省西部有大面积的上二叠统火山玄武岩分布，玄武岩裂隙水对区域地质生态环境具有什么样的作用，目前学术界对此还知之甚少。此次科学考察、研究资料表明，玄武岩山原面上沼泽湿地的形成，具有以下几个方面的地质生态环境意义：

（1）位居群山之巅的娘娘山沼泽湿地，是玄武岩裂隙水系统与山原地貌相结合的自然历史产物，其丰沛的地表地下径流是众多河溪的补给源泉，对于山下广大喀斯特区地下水的补给，对于解决喀斯特区村寨人口的生产生活用水，对于维系地区良好的自然生态环境，都发挥了十分重要的作用。

（2）山原上沼泽湿地大面积分布，有藓类沼泽、森林沼泽、灌丛沼泽及草本沼泽四种类型，沼泽湿地生态系统、生态环境及生物多样性具有典型性及代表性，加之沼泽湿地植被强大的蓄水保水功能，因此对于玄武岩地质生态环境的科学研究具有十分重要意义。

（3）娘娘山沼泽湿地及其四周色彩斑斓的杜鹃花海，沼泽积水从千仞绝壁跌落而成的瀑布，山原沼泽湿地与山下峰林峰丛相映生辉的自然风光，构成一幅大气磅礴、江山多娇的立体画卷，确是当代极为罕见的一种旅游资源精髓。这在贵州“国家公园省”中是绝无仅有的。

以上三点充分说明，娘娘山沼泽湿地具有十分重要的科学研究、环境保护及旅游开发价值。因此在自然保护区的建设中，必须采取有力措施对娘娘山沼泽湿地进行有效保护，同时必须处理好自然保护与旅游开发的关系。从长远上看，建立娘娘山国家湿地公园是搞好环境保护与资源开发最有效的方式，应积极努力申报建成国家湿地公园。

（二）马场盆地河流水质污染必须进行有效治理

马场盆地是自然保护区内喀斯特水资源最丰富的地区，盆地及其四周集中分布着地貌景观资源的精华，因此在生态环境保护及旅游资源开发中占有十分重要的地位。马场盆地中一条弯弯的河流，在山环水绕之间来无影、去无踪，是该区自然山水风光的画龙点睛之笔。但由于上游淤泥河一带煤矿开采矿坑废水大量排放，马场盆地中的河流水质已遭受到重度污染，一条乌黑浑浊的河流穿过美丽的峰林田园，这不仅使和谐的自然山水风光大煞风景，而且还造成了水资源及生态环境的严重破坏。这是自然保护区内存在的一个最大的环境问题，无论是从生态环境保护还是从旅游资源开发的角度，都是绝对不能容忍的，必须采取有力措施对污染河流进行治理。从目前的技术经济条件看，治理河流污染的措施有两种选择：一是限制上游煤矿开采量，把矿坑废水排放量控制在河流自净能力的范围内；二是在河流上游建库蓄水净化水质，增强河水的自净能力。但无论采取哪种治理措施，其涉及面都很广，资金投入都不少，绝非自然保护区的能力所能为。因此建议六盘水市政府，着眼于六盘水市生态文明建设的战略高度，把该项治理工程尽快列入议事日程，统筹规划、统一实施，力争“十二．五”末把该区复原成一个人见人爱的碧水青山之乡。

（李兴中）

参考文献

贵州省地质局·贵州省区域地质志·北京：地质出版社，1987
贵州省地质局·贵州省水文地质志·北京：地震出版社，1996

第三节 气 候

一、地理环境与环流背景

（一）地理环境

盘县八大山自然保护区位于贵州省西部，以贵州省六盘水市盘县特区的东北部八大山地区为主体，八大山保护区北纬25°53′35″～26°6′12″，东经104°41′31″～104°57′47″之间，总面积25 430 hm^2，其中核心区7 625 hm^2，缓冲区11 422hm^2，实验区6 383 hm^2；文冲阁大山保护点北纬26°4′34″～26°5′48″，东经104°42′6″～104°49′1″，总面积570 hm^2。保护区北邻水城县，东连普安县，地势西高东低，山高谷深，峰峦起伏，谷地纵横，自西部高原台地向东部河谷逐渐降低，以该区西北部盘县与水城县交界处的牛棚梁子（亦称甘家屋基大山）海拔2 807m最高。以该区东部的北盘江支流乌都河出境河口海拔740m最低，该区土壤以黄壤和山地黄棕壤为主，保水蓄水性强。该区森林覆盖率高，区内八大山、娘娘山等地有国家一级保护植物红豆杉5万余株、云南穗花杉1 000余株、光叶珙桐近千株和其他野生珍稀动植物分布，是祖国大西南宝贵的自然遗产。盘县特区境内内河流均属珠江流域西江水系，南盘江和北盘江支流密布全境，以其中部偏南地区自东向西的老厂—中山—山岚—火铺—石脑一线为南、北盘江的分水岭，其南部属南盘江，其北部属北盘江。北盘江又自北向南以雨格—鸡场坪—滑石—海铺—鲁番一线为拖长江支流和乌都河支流的分水岭，乌都河干支流总长284.9km，流域面积占盘县国土面积的42%，八大山自然保护区主体就分布在盘县特区东北部的北盘江之乌都河支流地区（图2-5）。该区距海较近，直线距离不足500km，水汽容易达到，加之海拔较高，气候表现为冬暖夏凉，冬无严寒，夏无酷暑。

（二）环流背景

盘县八大山自然保护区地处北纬26°左右。应是副热带高压控制之下易形成沙漠的纬度带，但该区位于欧亚大陆东南岸，冬夏季风均可到达，故气候季风性显著，干、湿季明显。该区地处贵州高原西部低纬度、高海拔山区，纬度低则太阳高度角大；海拔高则空气稀薄，阳光容易到达地面，当阳光普照大地时，以上两大优势突显使到达地面的太阳辐射能量多，所以即便是隆冬放晴也温暖如春。一旦阴雨，以上两大优势均不能表现，而海拔高气温低的劣势就凸显出来，所以即便是盛夏阴雨也凉爽如秋。

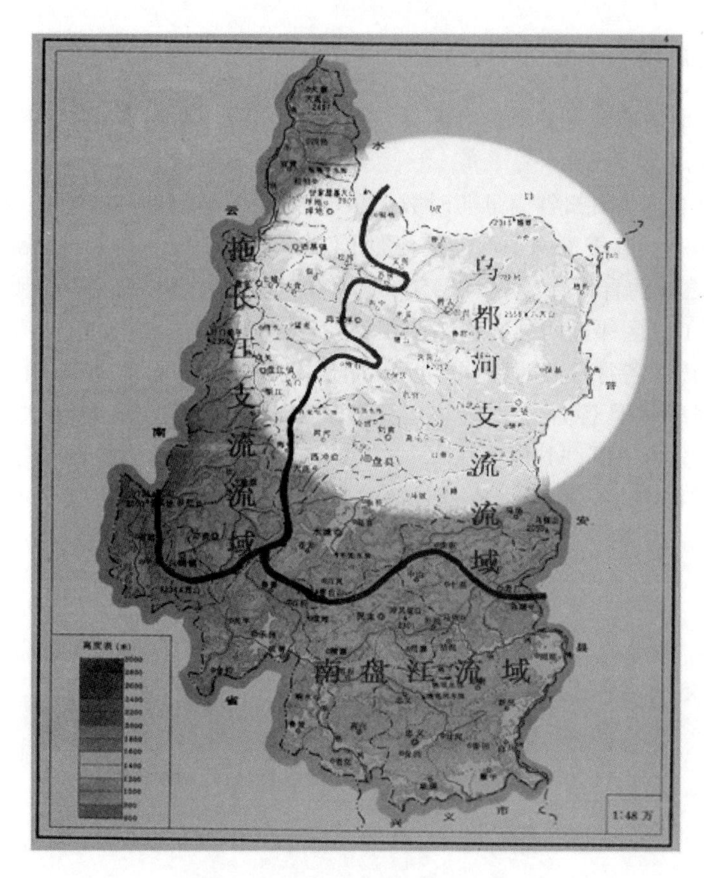

图 2-5　盘县境内河流流域分布图

11 月中旬至次年 2 月中旬，北方冷空气与西南暖湿空气常在该区交汇形成滇黔静止锋，该区处在滇黔静止锋的冷气团一侧，常出现毛毛细雨的阴冷天气；若北方冷空气有源源不断补充，则可形成较长时段的雨雪凝冻天气；若冷空气薄而弱，未到达或超过当地海拔高度，故该区处在滇黔静止锋的暖气团一侧，则出现晴朗少云天气；若有强寒潮入侵，其冷锋移动速度较快，当地很快就处在锋后强冷高压控制下，天气转晴，夜间和早晨，因辐射冷却而常出现霜冻。

2 月下旬至 5 月上、中旬，正值西藏高原南支气流日益增强时期，当其越过高原而下，由于下沉增温，使该区上空的大气层特别干燥，多晴朗天气，有时还伴有强劲的西南大风，该区出现气候性干旱—春旱。随着副热带高压的不断增强且西伸北进，并因由孟加拉湾随西南气流输送来的水汽不断增多，大气层结的不稳定性也逐渐增大，若遇有北方南下的冷锋低槽或有南支波动东移，加上因地形影响所造成的局地性对流比较旺盛，使该区 3 月下旬以后常有较大范围的雷雨发生，且常夹降冰雹。

5 月下旬至 10 月上旬夏季风自东南海洋上长驱直入，温高湿重，是该区雨水集中期。这段时间，该区常受来自北方的冷锋低槽或冷锋切变，长江横切变加上高原西部的低涡或气旋曲度沿切变东移，西太平洋副热带高压与西藏高压之间的两高辐合区；西太平洋副热带高压西伸时该区上空，常受其西部边缘的不稳定气层控制。并往往与南支波动叠加影响。当这些系统的强度较大时，常产生暴雨，造成局地性的洪涝灾害。该区虽有较多大雨、暴雨天气，但较大面积森林的滞洪作用大大减轻了暴雨洪涝危害。

当西太平洋副热带高压特别强盛或与西藏高压打通后，该区上空受稳定的高压系统控制，可出现持续时间较长的晴天，有时还会发生干旱。

10 月中旬至 11 月底，正值夏季季风和冬季季风交替影响的时期，多受静止锋影响，致使市内秋季绵雨盛行，阴雨天气逐渐增多。山顶常出现云雾缭绕天气。

二、日照与太阳辐射

日照和太阳辐射能量是该区气候形成的能量基础。本文引用邻近台站气候资料进行分析。

（一）日照及日照百分率

该区位于贵州省西部，属贵州省内日照时数最多地区之一，年日照时数在1 453～1 704h之间，年日照百分率在33%～39%。高于贵州中部地区（贵阳1 285.3h，29%）和贵州北部地区（遵义1 106.4h，25%）。但与全国日照之冠的青海冷湖站（3 550.6h，80%）相比，仅为该站日照时数和日照百分率的45%左右。图2-6显示了该区邻近四县气象站多年平均日照时数逐月变化状况。

图2-6显而易见，该区各月日照时数均接近和高于100h，3～5月和7、8两月均接近和高于150h，说明当地日照时数相对较多且各月差异较小。其西部云南富源县，12月至次年5月均接近和高于150h，3、4月达200h，而6月至11月均在100～150h之间，表现了明显的干、湿季气候特征。在植物旺盛生长及雨热资源丰富的4～9月，各月日照时数均在100h以上，生长季内光热水资源较丰富且配合好，有利植物生长。但3、4两月晴朗少云的春旱天气对植物生长不利。

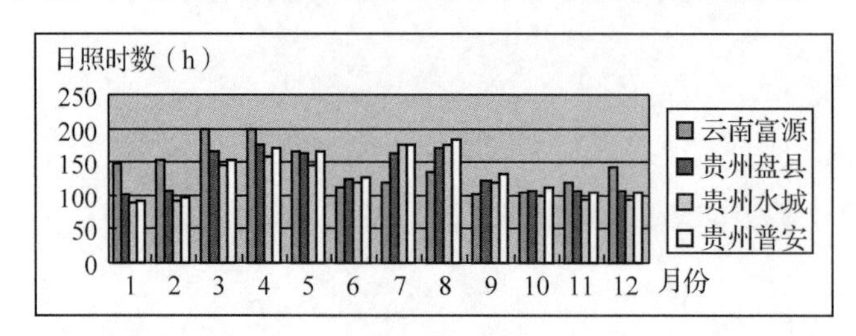

图2-6 盘县八大山自然保护区逐月日照时数分布图

（二）太阳辐射量

太阳辐射能量是地球上一切物质的能量源泉，也是气候形成的重要因素，表2-2可见，该区太阳辐射年总量在4 125.7～4 408.8MJ/m²之间，高于中部地区（贵阳4 017.7 MJ/m²）和北部（遵义3 624.2 MJ/m²）。该区虽是贵州省太阳辐射最多地区之一，也仅为全国日照之冠（青海冷湖站7 323.9 MJ/m²）的56%～60%。表2-2可见，该区春季4、5两月和夏季7、8两月太阳的辐射量最多，月太阳辐射量接近和超过400 MJ/m²，在389.9～499.6 MJ/m²之间，3、6、9月太阳辐射量次多，月太阳辐射量在300～400 MJ/m²之间，3月太阳辐射量部分超过400 MJ/m²。其余各月太阳辐射量均在200～MJ/m²之间，4～9月各月太阳辐射量均在300 MJ/m²以上，正是该区植物生长季内光能资源较丰富才使得物种资源丰富多样和植被繁茂。

表2-2 盘县八大山自然保护区年、月太阳辐射量

地名	太阳辐射												
	1	2	3	4	5	6	7	8	9	10	11	12	年
富源	296.8	334.9	469.8	499.6	463.1	373.8	389.9	406.2	322.1	294.1	274.9	283.7	4 408.8
盘县	236.6	276.5	414.0	472.4	464.3	382.0	461.8	453.1	355.8	264.3	265.5	225.8	4 272.2
水城	213.2	248.1	365.5	459.2	435.7	382.6	490.6	486.7	377.7	268.0	229.4	215.2	4 171.9
普安	233.0	262.9	390.2	479.3	478.0	375.7	483.5	473.6	379.1	285.9	270.2	222.3	4 333.7
晴隆	220.3	231.9	349.5	440.5	442.8	389.4	489.8	466.3	379.1	269.8	240.3	206.0	4 125.7

注：表中太阳辐射能据实测日照率按文献［7］公式推算。

三、温度状况

温度是该区动植物生长发育的重要环境因素，也是该区动植物群落分布的重要依据。应用该区邻近台站历史气候资料逐月逐旬建立海拔与平均温度相关方程推算该区各点月平均气温，其相关系数经检验达极显著水平。并用考察期实测资料、邻近站同步自动站观测资料、调查访问和物候资料进行验证，数据可靠，效果理想。

（一）年、月均温特征

盘县八大山自然保护区及周边地区海拔较高，高差较大，年均温在9.1～17.3℃之间，其中区内高大山体：八大山(海拔2 558m)、娘娘山(海拔2 315m)和文冲阁大山(海拔2 560m)地区地势较高，林木郁闭，故多云、雾、雨日，云雾缭绕天气而气温低，年均温在10.3℃以下，较距离最近的普安县站低3.4～4.6℃。从月均温看，该区最冷月是1月，月均温在0.9～7.4℃之间；最热月在7月，月均温在15.8～24.9℃之间。从气温季节分布看：春季4月均温达10.1～19.2℃之间，秋季10月均温达9.4～18.5℃之间，该区春温温略高于秋温，表现出春季升温和秋季降温都较快的云南高原气候特色。

（二）极端温度特征

由于该区海拔较高，加之林木枝繁叶茂对温度的调节作用强，故夏季凉爽宜人，由表2-3可见，年最高气温在29.2℃～36.7℃之间，无对植物的伤害性高温。冬季则不然，海拔高加之林木落叶后对温度调节作用减弱，故冬温较低，年最低气温0.6℃～－18.2℃。八大山顶(海拔2 558m)和文冲阁大山顶(海拔2 560m)达－18.2℃低温，已低于贵州省气象台站最低温之冠(威宁海拔2 237.5m，－15.3℃)，构成贵州省最低气温地区之一。温度低，雨凇、雾凇多，凝冻大是该区气候特征之一。

表2-3　八大山自然保护区年、月均温及极端温度(℃)

地名	海拔(m)	月均温												年均温	年最高温	年最低温
		1	2	3	4	5	6	7	8	9	10	11	12			
娘娘山	2 315	1.9	3.7	7.7	11.5	14.0	15.3	17.2	16.6	14.0	10.8	6.3	3.3	10.3	30.3	－15.4
舍烹	1 330	5.8	7.5	12.6	17.0	20.2	21.3	22.6	22.0	19.8	16.3	11.7	7.6	15.3	34.9	－4.0
普古乡	1 780	4.0	5.7	10.4	14.5	17.4	18.6	20.1	19.5	17.1	13.8	9.3	5.7	13.0	32.8	－9.2
沙河	1 670	4.5	6.2	10.9	15.1	18.0	19.2	20.8	20.1	17.8	14.4	9.9	6.2	13.6	33.3	－7.9
格所	1 530	5.0	6.7	11.6	15.9	18.9	20.1	21.5	20.9	18.6	15.2	10.6	6.8	14.3	33.9	－6.3
八大山	2 558	0.9	2.8	6.6	10.1	12.5	13.8	15.8	15.3	12.5	9.5	5.0	2.3	9.1	29.2	－18.2
淤泥乡	1 650	4.5	6.2	11.0	15.2	18.2	19.4	20.9	20.2	17.9	14.5	10.0	6.2	13.7	33.4	－7.7
九村	1 465	5.3	6.9	11.9	16.2	19.3	20.5	21.9	21.2	19.0	15.5	11.0	7.0	14.6	34.2	－5.6
保基乡	1 680	4.4	6.1	10.9	15.0	18.0	19.2	20.7	20.1	17.7	14.3	9.8	6.1	13.5	33.2	－8.1
文冲阁	2 560	0.9	2.8	6.5	10.1	12.5	13.8	15.8	15.3	12.5	9.4	5.0	2.3	9.1	29.2	－18.2
陆家寨	930	7.4	9.0	14.5	19.2	22.7	23.8	24.9	24.1	22.1	18.5	13.9	9.4	17.3	36.7	0.6

（三）各级界限温度持续日数和积温

各级界限温度初、终日、持续日数及积温是气候分析的重要指标。以邻近气象台站为基本站，利用基本站各级界限温度初、终日与相应月平均气温的相关关系建立相关方程推算出各考察点的界限温度初、终日，从而求算积温，经相关系数检验达极显著水平，求算结果(表2-4)与物候观测和调查访前结果吻合极好。

由表2-4可见，盘县八大山自然保护区日均温≥10℃的持续日数在118～309d之间，稳定高于10℃的积温在1 451.4～6 002.1℃－d之间。稳定高于0℃的积温在2 720.7～6 789.2℃－d之间。日均温≥15℃持续日数在4～232d之间。稳定高于10℃～20℃的持续日数除八大山顶和文冲阁大山顶外在37～218d之间。据文献气候带划分指标，盘县八大山自然保护区主体区域属北亚热带高原湿润季风气候区，海拔1 800m以上八大山和文冲阁大山区等高山地区属暖温带高原湿润季风气候区，乌都河峡谷1 200m以下狭小区域属于中亚热带高原湿润季风气候区。

表 2-4 各级界限温度初、终日、持续日数及积温

地名	海拔(m)	≥0℃积温	≥10℃				≥15℃				10～20℃		
			初日	终日	日数	积温	初日	终日	日数	积温	初日	终日	日数
娘娘山	2 315	3 332.2	6/5	28/9	147	2 135.4	11/7	18/8	38	542.2	6/5	11/6	37
舍烹	1 330	5 790.8	12/3	26/11	262	4 885.4	21/4	14/10	176	3 583.7	12/3	24/8	166
普古乡	1 780	4 667.6	6/4	31/10	209	3 629.0	28/5	18/9	113	2 194.2	6/4	21/7	107
沙河	1 670	4 942.2	31/3	7/11	222	3 936.1	19/5	24/9	129	2 533.8	31/3	29/7	121
格所	1 530	5 291.6	1/2	15/11	238	4 327.0	8/5	2/10	148	2 966.1	1/2	9/8	140
八大山	2 558	2 725.7	19/5	12/9	118	1 457.0	31/7	3/8	4	--	19/5	--	--
淤泥乡	1 650	4 992.1	30/3	7/11	224	3 992.0	18/5	20/9	132	2 595.6	30/3	31/7	124
九村	1 465	5 453.8	19/3	19/11	246	4 508.5	2/5	6/10	157	3 166.8	19/3	13/8	148
保基乡	1 680	4 917.2	31/3	6/11	221	3 908.2	20/5	23/9	127	2 503.0	31/3	28/7	120
文冲阁	2 560	2 720.7	20/5	13/9	118	1 451.4	31/7	3/8	4	--	20/5	--	--
陆家寨	930	6 789.2	17/2	22/12	309	6 002.1	20/3	6/11	232	4 818.8	17/2	23/9	218

注：八大山顶和文冲阁大山顶海拔较高，已几乎无日均温高于15℃以上的日数。

四、降水状况

在水平距离不太远的各站点，可以认为同处在相同大气环流背景下，降水量的多年平均变化趋势是基本稳定的。本书除引用有关文献资料外应用盘县八大山自然保护区及其周边直线距离50km范围内气象站多年降水实测资料进行统计分析。

（一）年降水量分布

本书引用文献中盘县特区年降水量分布图(图2-7)可见：盘县特区距以晴隆为中心的贵州省年降水量最多地区较近，特区的老厂、乐民为多雨中心，年降雨量大于1 600mm，有自南向北递减自趋势。图2-7显而易见，八大山自然保护区位于盘县东北部，该区年降水量在1 200～1 400mm之间。

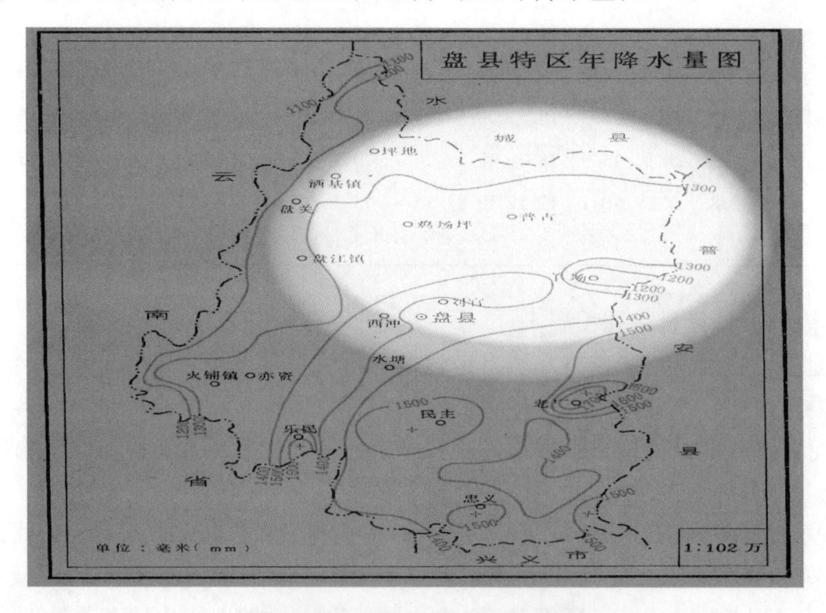

图 2-7 盘县特区年降水量分布图

（二）降水量的月、季分布

盘县八大山自然保护区邻近台站年降水量为单峰型变化曲线，最少降水月在1月，月雨量仅16.8～30.9mm，占年雨量的1%～2%；最大降水月在6月，月雨量达243.1～306.4mm，占年雨量的20%～22%。该区11月至次年3月月降水量均不高于50mm，4月中旬降雨量有所增加，但4月降雨量仍未高出80mm，5～10月月降水量均在100mm以上，说明该地区具有云南高原气候特征，雨季降雨丰沛，冬春季严重干旱，干、湿季明显(见图2-8)。

由表2-5可见，该区降水量以夏季最多，冬季最少，秋季多于春季。夏季(6～8月)降水量597.0～798.6mm，占年雨量的52%～55%；冬季(12～1月)降水量仅50.7～94.5mm，占年雨量的4%～6%；春季(3～5月)降水量为187.0～302.2mm，占年雨量的17%～20%；

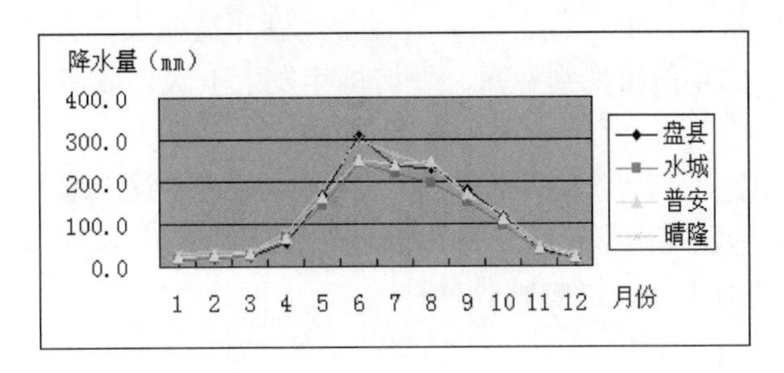

图2-8　盘县八大山自然保护区邻近台站降水量年变化图

秋季(9～11月)降水量246.0～343.1mm，占年雨量的22%～24%。分析该区干、湿季降雨量分布也明显反映该区具有云南高原气候特征，该区干季(11～4月)降水量161.0～264.2mm，占年雨量的12%～17%，湿季(5～10月)降水量923.0～1 274.2mm，占年雨量的83%～88%。干、湿季极其明显，冬春降雨稀少，干旱严重，影响春季植物生长，严重时人畜饮水困难。雨季降水过于丰沛，多大雨、暴雨，易产生山洪暴发，引发泥石流等地质灾害。这种灾害天气是动植物生长发育的不利气候条件。

表2-5　盘县八大山自然保护区邻近台站降水量的季节分布

地名	春季(3～5月)		夏季(6～-8月)		秋季(9～11月)		冬季(12～2月)		干季(11～4月)		雨季(5～10月)	
	总量	%	总量	%	总量	%	总量	%	总量	%	总量	%
富源	187.0	17	597.0	55	246.0	23	54.0	5	161.0	15	923.0	85
盘县	245.1	17	776.4	55	336.9	24	55.2	4	174.1	12	1 239.5	88
水城	232.2	19	658.4	54	285.9	23	50.7	4	177.7	14	1 049.5	86
普安	265.6	19	739.0	52	330.7	23	76.4	5	220.0	16	1 191.7	84
晴隆	302.2	20	798.6	52	343.1	22	94.5	6	264.2	17	1 274.2	83

五、气象灾害

据文献，盘县八大山自然保护区主要气象灾害有春旱、暴雨、低温冷害、秋绵雨、凌冻和冰雹灾害，常给当地农林牧生产、动植物生长发育和人民生活造成重大损失。

1. 春旱

由于该区位于贵州省西部，冬春季节易受西南暖湿气流控制而晴朗少云，春季，北方冷空气到达该地区较少，冷暖气团相遇成云致雨的机遇减少，气候性干旱－春旱严重，有时伴有西南大风加剧了春旱。据当地多年气候资料，每年3～5月均有20天以上旱情，连续30天以上旱象的年份占72%，4月份出现严重干旱的几率为44%。

2. 暴雨

由于该区雨季降雨量比较丰沛，加之海拔高差大，空气对流旺盛，形成暴雨强度大，次数多，年均暴雨日数4.2天，最多年份达8天(1 965年)，暴雨引发山洪暴发、泥石流等地质灾害，造成植被破坏和人民生命财产损失。如2007年5月31日晚至6月1日晨，保基、羊场、旧营三乡镇日降雨量突破该县历史记录，保基乡达179mm。虽无人员伤亡，据县民政局统计，全县13.88万人受灾，农作物受灾面积6 477hm^2，其中绝收面积520hm^2，毁坏耕地210hm^2，毁损房屋330间，冲毁桥梁12座，毁损河堤35km，毁损公路38km，因灾直接经济损失3 880万元，其中农业直接经济损失1 440万元.

3. 低温冷害

由于该区海拔较高，在本身温度比较低的情况下一遇冷空气南下就易形成低温冷害，秋季导致喜温植物不能正常扬花授粉，即为秋风。据当地多年气候资料，秋风出现几率84%，重秋风出现几率42.2%，8月15～31日出现秋风的频率高达73%。春季倒春寒造成农作物烂秧烂种和已萌发的植物幼芽遭冻坏冻伤，当地67.8%的年份出现倒春寒，平均每年发生1次，最多3次。

4. 秋绵雨

由于该区海拔较高，秋季只要冷空气南下就易形成静止锋面导致当地秋绵雨天气。以9月中旬至11月上旬连续≥5日阴雨天为秋绵雨指标统计，出现秋绵雨年份几率为86.2%，历年出现秋绵雨最多最重的时段为9月上旬至10月上旬，影响秋收秋种。

5. 凌冻

该区海拔高，凌冻是该区常见气象灾害天气，1月中下旬常有发生，对农、林植物生长影响较大，造成植物断枝断梢，翻根倒树，对交通运输、邮电通信、电力设施均破坏严重。

6. 冰雹

由于该区地形复杂，海拔高差大，加之该区处在贵州西部向云南高原的地势爬升过渡地带，空气对流旺盛，故该区多冰雹发生，平均每年2.8天。

六、结语与讨论

盘县八大山自然保护区位于贵州西部，是南盘江流域水源涵养地，是红豆杉、穗花杉和珙桐等珍稀植物聚集分布地。该区年日照时数在1 453～1 704h之间，年日照百分率在33%～39%，太阳辐射年总量在4 125.7～4 408.8MJ/m^2之间，是贵州省内日照和太阳辐射较多且各月差异较小地区之一。该区年均温在9.1～17.3℃之间，冬冷夏热，春温略高于秋温，表现出春季升温和秋季降温都较快的云南高原气候特色。年极端最高气温29.2～36.7℃之间，无对植物的伤害性高温。年极端最低温0.6～－18.2℃。高大山顶已构成贵州省最低气温地区之一。该区日均温≥10℃的持续日数在118～309d之间，稳定高于10℃的积温在1 451.4～6 002.1℃－d之间。故保护区主体区域属北亚热带高原季风湿润气候，海拔1 800m以上高山地区属暖温带高原湿润季风气候区。该区年降水量1 200～1 400mm之间，具有南部多于北部，夏季最多，冬季最少，秋季略多于春季的季节分布规律。尤其是有干季(11～4月)降水量占年雨量的12%～17%，湿季(5～10月)降水量占年雨量的83%～88%的干、湿季明显的云南高原气候特征，该区具有丰富的动、植物资源，是科学研究的物种基因库。

（穆　彪　李建成　刘　博）

参考文献

《盘县特区县综合农业区划》编写组．盘县特区县综合农业区划[M]．贵阳：贵州人民出版社，1989.4～122.
《六盘水市综合农业区划》编写组，六盘水市综合农业区划[M]．贵阳：贵州人民出版社，1989.5～36，148～171.
《普安县综合农业区划》编写组．普安县综合农业区划[M]．贵阳：贵州人民出版社，1989.5～123.
《晴隆县综合农业区划》编写组．晴隆县综合农业区划[M]．贵阳：贵州人民出版社，1990.4～122.
穆　彪，张邦混．农业气象学[M]．贵阳：贵州科技出版社，1997，128：233～239.
《贵州省农业气候区划》编写组．贵州省农业气候区划[M]．贵阳：贵州人民出版社，1989.205～209.

第四节　土壤理化性状研究

森林土壤是森林植被生存的重要环境因子，是森林生态系统的一个重要组成部分：一方面，森林土壤可为森林植被的存在和发展提供必要的物质基础；另一方面，森林植被的存在及其演替反过来也在不断地影响森林土壤的形成与发育。因此，研究森林土壤的理化性状，摸清森林植被与森林土壤理化性状间的相互关系，对于该地森林植被的更新、保护与管理等都具有重要意义。本文以贵州盘县八大山自然保护区的森林生态系统为调查对象，探讨了不同母质、不同海拔高度和不同植被类型的土壤理化性状及其规律，旨在为该区域森林土壤资源的科学评价与管理及森林植被的恢复与更新提供参考依据和基础数据。

一、研究区自然概况

盘县八大山保护区包括八大山保护区和文阁大山保护点，总面积26 000hm^2。其中，八大山保护区25 430 hm^2(包括核心区7 625hm^2，缓冲区11 422hm^2，实验区6 383 hm^2)，共涉及3个乡镇34个自然村，地理位置北纬25°53′35″~26°6′12″，东经104°41′31″~104°57′47″之间；文阁大山保护点570 hm^2，涉及1个乡镇5个自然村，地理位置北纬26°4′34″~26°5′48″，东经104°42′6″~104°49′1″。

八大山自然保护位于盘县东北角，北与水城县相邻，东与普安县接壤，地理区位为贵州西部滇黔接壤地带的北盘江支流格所河西岸。区域地貌上为滇东高原与黔西高原峡谷两大地貌单元的转换部位，区内新构造运动大幅度抬升，河流侵蚀切割强烈，地形相对高差多大于1 000m。保护区东、西两部海拔高程相差甚大，东部格所河河谷深切，一般地面海拔760~2 100m，河谷切割度1 000~1 300m；西部八大山、娘娘山高高耸立于群山之间，一般地面海拔1 160~2 300m，最高海拔2 558m，地形相对高差800~1 100m。

保护区内喀斯特地貌发育分布广泛，约占全区总面积75%，主要分布在中西部海拔1 200m以上的地面，地貌组合形态以喀斯特峰林峰丛为主。次为火山玄武岩地貌，集中分布于娘娘山、八大山两片，地貌形态为高耸的山原及单面山，海拔高程多在1 800m以上。

二、研究方法

（一）样地设置及土壤样品的采集

根据自然保护区森林植被的垂直分布状况，选择具有代表性的森林植被类型设置标准样地(表2-6)，每个样地20m×20m。在样地内进行每木检尺，测定其树高、胸径，调查记录植物种类、郁闭度、盖度等。剖面的挖掘和土壤样品的采集：在设置的样地内，选择典型剖面地点(记录每个剖面的位置、地形地貌、植被及形态特性)，然后开挖剖面。剖面挖好后，观察记录各土层的厚度、颜色、质地、结构、坚实度等剖面特征。根据实地所划分的土壤剖面层次，每层取500g以上土样，装入布袋，贴上标签，运回室内自然风干，供土壤理化性质分析用；同时分层采集相应的土壤环刀样品分析测定土壤空隙特征。

（二）土壤理化性状的测定

土壤容重和土壤水分-物理性质的测定采用环刀法《LY/T1215-1999》；土壤渗透率的测定采用环刀法《LY/T1218-1999》；土壤全氮的测定采用扩散法《LY/T1228-1999》；土壤全钾采用的测定采用碱熔-火焰光度法《LY/T1234-1999》；土壤全磷的测定采用碱熔法《LY/T1232-1999》；土壤水解性氮的测定采用碱解-扩散法《LY/T1229-1999》；土壤速效钾的测定采用乙酸浸提-火焰光度法《LY/T1236-1999》；土壤有效磷的测定采用盐酸和硫酸溶液浸提法《LY/T1233-1999》；土壤pH值的测定《LY/T1239-1999》；土壤有机质采用外加热重铬酸钾-浓硫酸氧化-容量法《LY/T1237-1999》；土

壤颗粒组成(机械组成)的测定采用吸管法《LY/T1225 - 1999》。

表 2-6　盘县八大山自然保护区土壤调查样地基本情况表

样地号	植被类型	东经	北纬	海拔(m)	土壤类型	母质	坡度(°)
1	飞蛾槭 - 云南穗花杉	104°26′23″	26°00′38″	1 655	黄棕壤	石灰岩盖层	10 ~ 15
2	云贵鹅耳枥 - 青榨槭	104°55′48″	26°01′47″	2 045	黄棕壤	石灰岩盖层	20 ~ 25
4	川桂 - 水青树 - 红果黄肉楠	104°55′38″	26°01′43″	2 067	黄棕壤	石灰岩盖层	30 ~ 35
6	榕树	104°56′20″	25°58′43″	992	黄棕壤	玄武岩	0 ~ 5
7	枫香	104°57′09″	26°01′16″	1 169	黄棕壤	玄武岩	10 ~ 13
9	化香	104°54′43″	25°59′03″	1 579	黄棕壤	石灰岩盖层	8 ~ 10
11	鹅耳枥 - 旌节花	104°54′42″	25°59′00″	1 610	黄棕壤	石灰岩盖层	10 ~ 15
12	箭竹	104°50′00″	25°59′07″	2 375	黄棕壤	玄武岩	5 ~ 7
13	映山红 - 金丝桃	104°50′04″	25°59′10″	2 451	黄棕壤	玄武岩	5 ~ 8
16	柳杉	104°49′50″	25°58′56″	2 146	黄棕壤	玄武岩	2 ~ 3
18	檫木	104°50′17″	26°05′52″	2 116	黄棕壤	玄武岩	3 ~ 5
19	马缨杜鹃	104°50′42″	26°05′51″	2 265	黄棕壤	玄武岩	5 ~ 8
20	金竹	104°43′25″	26°04′53″	1 968	黄棕壤	玄武岩	20 ~ 25
21	珙桐	104°43′08″	26°04′54″	2 103	黄棕壤	玄武岩	10 ~ 15
22	马缨杜鹃 - 槲栎	104°42′13″	26°00′49″	2 003	黄棕壤	玄武岩	3 ~ 5
23	马缨杜鹃 - 麻栎	104°42′08″	26°00′51″	2 040	黄棕壤	玄武岩	5 ~ 10
24	马鞍树 - 八角枫	104°55′30″	26°01′55″	2 018	黄棕壤	石灰岩盖层	15 ~ 20

三、结果与分析

(一) 不同母质和不同海拔的土壤理化性状

盘县八大山自然保护区 17 块调查样地的森林土壤理化性质的测定结果见表 2-7、表 2-8。

1. 土壤容重

土壤容重表征了土壤的疏松程度与通气性，该值的大小可说明土壤涵蓄水分以及供应林木生长所需水分的能力。由表 2-7 可知：保护区各土壤剖面的容重在 0.50 ~ 1.57g/cm³之间变动，其平均值为 0.88g/cm³；土壤表层(A)的容重在 0.48 ~ 1.50g/cm³之间变动，平均值为 0.78g/cm³，其下层(即 B、C 层)的容重在 0.50 ~ 1.62g/cm³之间，平均值为 0.94g/cm³，土壤容重随土层深度的增加而递增。这可能与土壤有机质的含量和土壤的结构有关，表层土壤的有机质含量高、比重小，总孔隙度大，使得表层土壤较疏松，容重也相对较小，有利于水分的下渗和植物根系的生长，在剖面形态特征上也可以看出该层集中着大量的植物根系；B 层和 C 层的土壤紧实、孔隙度小，容重也相对较大，有利水分的保存，但由于紧实而不利于植物根系的生长，从剖面形态上看，在该层无根系或仅有少量较粗的根系。

母质为石灰岩盖层的土壤其平均容重(0.90g/cm³)要高于母质为玄武岩的土壤(0.86g/cm³)。

表 2-7　自然保护区各调查样地土壤物理性状

样地号	发生层次	深度(cm)	土壤容重(g/cm³)	孔隙度(%)			持水量(g/kg)			蓄水量(t/hm²)		渗透速率(mm/min)	
				非毛管	毛管	总	最大	毛管	最小	最大	非毛管	初渗	稳渗
1	A	5 ~ 20	0.87	8.90	71.80	80.70	930.80	852.36	757.79	1 210.50	133.50	12.25	6.00
	B	20 ~ 30	1.05	7.30	53.30	60.60	578.80	509.07	425.02	606.00	73.00	1.90	1.15
	C	30 ~ 50	1.09	6.80	34.10	40.90	376.61	294.66	209.94	818.00	136.00	0.00	0.00
2	A	10 ~ 25	0.87	12.50	51.40	63.90	700.69	598.62	542.43	958.50	187.50	18.60	7.90
	B	25 ~ 45	1.01	8.90	52.20	61.10	635.82	511.44	465.67	1 222.00	178.00	6.50	3.10
	C	45 ~ 60	1.10	2.40	55.60	58.00	527.75	505.91	469.52	870.00	36.00	0.10	0.00

（续）

样地号	发生层次	深度(cm)	土壤容重(g/cm³)	孔隙度(%)			持水量(g/kg)			蓄水量(t/hm²)		渗透速率(mm/min)	
				非毛管	毛管	总	最大	毛管	最小	最大	非毛管	初渗	稳渗
4	A	10～22	0.62	9.70	66.30	76.00	1 221.86	1 065.92	937.30	912.00	116.40	9.15	6.15
	B	22～35	0.62	7.80	66.00	73.80	1 184.59	1 059.39	908.51	959.40	101.40	8.90	5.80
	C	35～60	0.73	5.60	63.80	69.40	949.38	872.78	811.22	1 735.00	140.00	4.50	1.95
6	A	3～13	1.50	3.80	40.00	43.80	292.78	272.73	240.64	438.00	38.00	0.30	0.12
	B	13～50	1.58	3.00	39.30	42.30	267.89	243.83	220.39	1 565.10	111.00	0.00	0.00
	C	50～80	1.62	3.10	34.40	37.50	231.34	212.21	190.01	1 125.00	93.00	0.00	0.00
7	A	10～20	1.16	9.70	41.70	51.40	419.83	290.52	177.59	514.00	97.00	4.30	1.01
	B	20～60	1.32	5.10	43.60	48.70	382.16	215.05	178.57	1948.00	204.00	1.35	0.62
	C	60～80	1.35	5.00	43.00	48.00	364.74	195.54	159.85	960.00	100.00	0.80	0.39
9	A	4～14	0.92	8.40	54.50	62.90	683.70	592.39	495.65	629.00	84.00	10.95	8.74
	B	14～22	0.97	7.10	54.10	61.20	631.58	558.31	493.29	489.60	56.80	2.00	0.65
	C	22～27	1.05	4.80	52.30	57.10	545.89	500.00	416.83	285.50	24.00	0.10	0.08
11	A	3～20	0.99	12.30	51.10	63.40	643.65	518.78	392.89	1 077.80	209.10	2.10	1.03
	B	20～60	1.19	6.00	51.00	57.00	480.61	430.02	371.84	2 280.00	240.00	2.00	0.80
	C	60～80	1.27	5.50	45.40	50.90	401.10	357.76	311.27	1 018.00	110.00	1.65	0.58
12	A	10～25	0.48	10.10	67.70	77.80	1 637.89	1 471.58	1 115.79	1 167.00	151.50	57.50	22.80
	B	25～55	0.50	7.90	68.20	76.10	1 515.94	1 358.57	1 123.51	2 283.00	237.00	32.05	10.80
	C	55～80	0.52	7.90	66.00	73.90	1 413.00	1 219.89	797.32	1 847.50	197.50	5.50	2.80
13	A	3～20	0.75	5.60	63.50	69.10	923.80	862.30	747.33	1 174.70	95.20	3.50	1.50
	B	20～30	0.89	4.80	60.20	65.00	727.07	684.56	636.47	650.00	48.00	0.45	0.75
	C	30～37	1.05	2.80	58.30	61.10	582.46	555.77	526.22	427.70	19.60	0.10	0.00
16	A	3～25	0.75	11.10	58.00	69.10	921.33	804.00	678.67	1 520.20	244.20	3.50	2.65
	B	25～60	0.81	8.80	59.80	68.60	844.83	708.13	442.12	2 401.00	308.00	3.55	1.35
	C	60～80	0.87	2.70	54.60	57.30	655.61	624.71	505.72	1 146.00	54.00	1.30	0.34
18	A	5～25	0.56	6.90	70.40	77.30	1 370.57	1 248.23	1 021.28	1 546.00	138.00	4.00	2.70
	B	25～55	0.60	5.00	68.00	73.00	1 208.61	1 145.70	995.03	2 190.00	150.00	2.00	0.84
	C	55～80	0.83	3.80	57.60	61.40	742.44	681.98	568.32	1 535.00	95.00	0.40	0.08
19	A	7～17	0.48	5.70	74.00	79.70	1 656.96	1538.46	1 340.96	797.00	57.00	28.00	12.90
	B	17～40	0.51	5.80	73.90	79.70	1 559.69	1446.18	1 252.45	1 833.10	133.40	15.30	9.00
	C	40～65	0.69	4.70	61.90	66.60	959.65	891.93	821.33	1 665.00	117.50	5.70	1.50
20	A	2～10	0.59	7.40	62.40	69.80	1 189.10	919.93	470.19	558.40	59.20	80.00	24.30
	B	10～30	0.77	5.80	66.30	72.10	936.36	840.26	545.45	1 442.00	116.00	11.00	4.20
22	A	3～10	0.68	10.40	63.70	74.10	1096.15	994.08	714.50	518.70	72.80	2.55	1.70
	B	10～40	0.83	6.90	65.20	72.10	869.72	744.27	539.20	2 163.00	207.00	1.70	1.41
	C	40～70	1.16	1.80	57.60	59.40	513.40	497.84	474.50	1 782.00	54.00	0.25	0.04
23	A	5～25	0.70	5.20	66.60	71.80	1 024.25	964.34	851.64	1 436.00	104.00	6.50	2.70
	B	25～45	0.75	4.20	64.40	68.60	917.11	847.59	707.22	1 372.00	84.00	1.20	1.82
	C	45～70	0.91	3.00	56.60	59.60	652.08	619.26	573.30	1 490.00	75.00	0.20	0.10

（续）

样地号	发生层次	深度(cm)	土壤容重(g/cm³)	孔隙度(%)			持水量(g/kg)			蓄水量(t/hm²)		渗透速率(mm/min)	
				非毛管	毛管	总	最大	毛管	最小	最大	非毛管	初渗	稳渗
24	A	7~15	0.54	13.10	64.10	77.20	1 434.94	1 191.45	960.97	617.60	104.80	22.00	6.30
	B	15~40	0.67	12.90	61.50	74.40	1 078.26	1 036.23	953.62	1 860.00	322.50	10.30	1.42
	C	40~70	0.69	11.40	52.40	63.80	946.59	777.45	646.88	1 914.00	342.00	0.30	0.05

表 2-8 自然保护区各调查样地土壤化学性状

样地号	发生层次	pH 值	全氮(g/kg)	水解氮(mg/kg)	全磷(g/kg)	有效磷(mg/kg)	全钾(g/kg)	速效钾(mg/kg)	有机质(g/kg)
1	A	5.60	4.64	386.54	2.17	5.46	7.85	120.02	85.64
	B	5.66	2.31	156.79	1.69	2.42	7.89	86.43	33.62
	C	6.04	1.56	105.08	1.67	2.13	7.89	91.53	20.64
2	A	5.78	3.68	155.31	0.60	1.83	6.25	107.60	84.63
	B	6.62	1.74	147.85	0.43	1.25	7.52	60.89	36.24
	C	6.70	1.36	47.09	0.31	0.91	9.35	45.08	25.03
4	A	5.82	5.99	611.24	2.39	2.16	9.60	134.59	135.89
	B	6.23	5.69	441.70	1.99	1.02	10.37	110.22	66.49
	C	6.44	4.65	305.82	1.83	1.09	10.92	69.03	52.28
6	A	6.39	3.83	132.87	0.76	10.24	6.43	179.89	38.23
	B	6.50	2.00	83.91	0.71	7.94	7.02	97.59	16.21
	C	6.59	0.86	25.43	0.68	7.31	6.96	62.56	14.32
7	A	4.16	2.83	132.15	0.81	15.05	6.77	68.87	53.71
	B	4.36	0.97	39.17	0.70	4.10	7.34	59.02	26.01
	C	4.55	0.85	29.20	0.59	2.78	9.23	29.92	20.48
9	A	5.90	6.43	356.66	0.85	1.04	5.49	149.89	146.45
	B	5.99	3.38	337.20	0.78	0.88	4.83	68.41	95.50
	C	6.14	3.14	216.13	0.80	0.79	5.35	48.91	56.33
11	A	4.78	2.27	271.03	0.66	1.29	4.31	122.90	51.68
	B	5.50	1.50	196.95	0.67	0.82	4.40	74.48	48.73
	C	5.87	0.62	113.88	0.67	0.76	4.39	75.88	37.24
12	A	4.00	8.11	468.71	1.89	1.65	6.99	199.21	227.88
	B	4.02	4.84	391.95	1.88	1.68	7.05	190.14	222.92
	C	4.27	3.41	417.12	1.42	1.18	8.68	136.89	137.35
13	A	4.47	8.75	460.55	1.92	1.49	6.99	234.68	241.41
	B	4.68	5.53	341.19	1.58	1.25	10.67	158.89	162.59
	C	4.96	2.80	275.38	1.52	0.90	12.21	91.69	46.40
16	A	5.05	6.21	341.44	2.27	1.41	9.94	163.17	123.88
	B	4.84	5.55	288.30	2.01	1.23	11.12	158.73	97.29
	C	5.22	4.00	201.97	1.78	0.93	11.08	140.89	77.33

（续）

样地号	发生层次	pH 值	全氮(g/kg)	水解氮(mg/kg)	全磷(g/kg)	有效磷(mg/kg)	全钾(g/kg)	速效钾(mg/kg)	有机质(g/kg)
18	A	4.07	8.16	389.04	0.92	3.27	10.63	168.41	143.22
	B	4.31	3.69	280.94	0.89	2.44	7.73	159.30	128.66
	C	4.48	3.67	150.50	0.87	0.68	7.96	142.69	82.48
19	A	4.08	10.94	359.80	1.42	1.74	7.21	235.36	254.13
	B	4.18	5.87	306.34	1.23	1.35	8.34	169.29	163.02
	C	4.43	2.44	199.72	1.06	1.17	11.09	107.44	94.37
20	A	4.45	7.34	484.92	2.30	1.87	9.16	140.58	124.36
	B	4.59	6.44	317.88	2.25	1.34	9.24	134.11	121.64
21	A	4.63	14.95	896.99	3.66	3.06	7.50	304.22	235.38
	B	4.65	11.32	830.08	2.24	2.25	7.91	194.57	229.93
	C	5.08	7.99	752.05	1.66	0.96	7.82	168.72	172.60
22	A	4.56	5.73	178.35	1.56	2.65	4.70	170.91	139.35
	B	4.46	2.63	166.59	1.56	1.34	4.30	143.55	65.17
	C	4.92	0.58	48.89	1.55	1.31	3.88	57.44	22.16
23	A	4.36	5.29	229.02	1.29	3.08	6.52	106.13	109.99
	B	4.48	4.85	247.89	1.20	1.41	6.86	103.12	85.31
	C	4.68	2.40	122.85	1.03	1.21	7.16	86.90	52.32
24	A	4.62	9.20	598.54	3.27	1.30	8.78	197.90	159.13
	B	5.07	8.15	460.19	2.23	1.15	8.72	179.50	152.48
	C	5.36	7.36	391.11	2.20	0.80	8.55	149.64	109.08

从不同海拔高度来看，保护区内各土壤剖面的平均容重都有随海拔高度的增加而递减的趋势。母质为石灰岩盖层的土壤：1.04g/cm^3(海拔 1 500～1 700m)＞0.76g/cm^3(海拔 2 000～2 100m)；母质为玄武岩的土壤：1.42g/cm^3(海拔 900～1 200m)＞0.77g/cm^3(海拔 1 900～2 200m)＞0.65g/cm^3(海拔 2 200m 以上)；土壤表层(A)的容重亦有相同趋势。

2. 土壤孔隙度

土壤的孔隙状况直接影响着土壤的通气透水性及根系穿插的难易程度，对土壤中水、肥、气、热以及生物活性等发挥着不同的功能，也是评价土壤结构特征的重要指标。经研究表明(表 2-7)：保护区内各土壤剖面的总孔隙度为 41.20～75.93%，平均值 64.54%。除个别土壤剖面以外，其总孔隙度和非毛管孔隙度基本上都是随土层深度的增加而减小，毛管孔隙度随土层深度的增加无明显变化规律；各土壤剖面不同层次(A、B、C)的非毛管孔隙度其平均值分别为：8.80%、6.71%和 4.75%；毛管孔隙度的平均值分别为：60.45%、59.19%和 52.91%；土壤总孔隙度是非毛管孔隙度和毛管孔隙度的综合表现：保护区内各土壤剖面不同层次的平均总孔隙度依次为：69.25%、65.89%和 57.66%。

母质为玄武岩的土壤平均总孔隙度(64.86%)要稍高于母质为石灰岩盖层的土壤(64.02%)；平均非毛管孔隙度则为母质为石灰岩盖层的土壤(8.41%)高于母质为玄武岩的土壤(5.82%)。

从不同海拔高度来看，各土壤剖面的平均总孔隙度和非毛管孔隙度均随着海拔高度的增加而递增。母质为石灰岩盖层的土壤，平均总孔隙度和非毛管孔隙度分别为：海拔 2 000～2 100m(68.62%、9.37%)＞海拔 1 500～1 700m(59.41%、7.46%)；母质为玄武岩的土壤：海拔 2 200m 以上(72.11%、6.14%)＞海拔 1 900～2 200m(68.34%、5.97%)＞海拔 900～1 200m(45.28%、4.95%)。

3. 土壤蓄水性能

土壤的持水能力是评价土壤涵养水源及调节径流的一个重要指标，它主要取决于土壤毛管孔隙度及非毛管孔隙度的大小。保护区内各土壤剖面总的最大、最小和毛管持水量分别为：2 530. 43g/kg、1 855. 31g/kg和2 244. 95g/kg，且基本上都是随着土层深度的增加而减小。

母质为玄武岩的土壤其最大、最小和毛管持水量(2 653. 42g/kg、1 911. 44g/kg、2 368. 66g/kg)均要高于母质为石灰岩盖层的土壤(2 325. 44g/kg、1 761. 77g/kg、2 038. 76g/kg)。

从不同海拔高度来看，保护区内各土壤剖面的最大、最小和毛管持水量都有随海拔高度增高而递增趋势。母质为石灰岩盖层的土壤，最大、最小和毛管持水量分别为：海拔 2 000 ~ 2 100m (2 893. 29g/kg、2 232. 04g/kg、2 539. 73g/kg) > 海拔 1 500 ~ 1 700m(1 757. 58g/kg、1 291. 51g/kg、1 537. 78g/kg)；母质为玄武岩的土壤分别为：海拔 2 200m 以上(3 658. 82g/kg、2 787. 13g/kg、3 343. 08g/kg) > 海拔 1 900 ~ 2 200m(2 719. 81g/kg、1 917. 19g/kg 、2 445. 50g/kg) > 海拔 900 ~ 1 200m(979. 37g/kg、583. 53g/kg、714. 94g/kg)。

土壤总贮水量是毛管孔隙与非毛管孔隙水分储蓄量之和，是反映土壤储蓄和调节水分的潜在能力，它是土壤涵蓄潜力的最大值；而土壤非毛管孔隙能较快容纳降水并及时下渗，更加有利于涵养水源。保护区内各土壤剖面总的最大蓄水量在 1 404. 10 ~ 5 297. 50t/hm^2 之间波动，平均最大蓄水量为 3 762. 47t/hm^2；不同层次(A、B、C 层)的平均最大蓄水量分别为 942. 21 t · hm^{-2}、1 579. 01t/hm^2 和 1 241. 25t/hm^2。保护区内各土壤剖面总的非毛管蓄水量最低为 162. 80t/hm^2，最高为 769. 30t/hm^2，平均非毛管蓄水量为 385. 13t/hm^2。

4. 土壤渗透性能

土壤的渗透性能是土壤重要的水分物理性质之一，也是林分水源涵养功能的重要指标。土壤渗透性能的好坏，直接关系到地表产生径流的大小，渗透性能越好，地表径流越少，土壤理水调洪的功能越强，土壤的侵蚀量也会相应减少。保护区内各土壤剖面的平均初渗速率和稳渗速率分别为 8. 08mm/min 和 3. 35mm/min；除个别剖面以外，土壤的初渗速率和稳渗速率基本上都是随着土层深度的增加而减小；各土壤剖面不同土层(A、B、C)的平均初渗速率分别为：16. 58mm/min、6. 26mm/min 和 1. 39mm/min，土壤表层(A)的初渗速率分别是 B、C 层的 2. 7 和 11. 9 倍；随着时间的推移，入渗速率逐渐减慢，当达到一定时间时，土壤的入渗速率趋于一个定值，最终 A、B、C 三层的稳渗速率分别为：6. 78mm/min、2. 73mm/min 和 0. 53mm/min。

母质为玄武岩的土壤它的初渗速率和稳渗速率(9. 15mm/min、3. 63mm/min)均要高于母质为石灰岩盖层的土壤(6. 29mm/min、2. 87mm/min)。

从不同海拔高度来看，保护区内各土壤剖面的初渗速率和稳渗速率都有随海拔高度增高而递增趋势。母质为石灰岩盖层的土壤，初渗速率和稳渗速率分别为：海拔 2 000 ~ 2 100m(8. 93mm/min、3. 66mm/min) > 海拔 1 500 ~ 1 700m(3. 63mm/min、2. 11mm/min)；母质为玄武岩的土壤分别为：海拔 2 200m 以上(16. 46mm/min、6. 89mm/min) > 海拔 1 900 ~ 2 200m(7. 97mm/min、2. 98mm/min) > 海拔 900 ~ 1 200m(1. 13mm/min、0. 36mm/min)；其产生差异的原因，主要是非毛管孔隙度的不同所致，高海拔地区土壤剖面的非毛管孔隙度数量多，有利于土壤水分的快速下渗，土壤的渗透性能最大，随着海拔的降低，非毛管孔隙数量最少，初渗速率和稳渗速率也最小，土壤的渗透性能最差，因此它的固土保水的功能也最弱。

5. 土壤 pH 值

土壤 pH 值主要取决于土壤溶液中的 H^+ 浓度，它直接影响着植物的生长和微生物的活动以及土壤的其它性质与肥力状况。由表 2-8 可以看出，保护区内的土壤主要为酸性土壤，各土壤剖面的 pH 值在 4. 10 ~ 6. 49 之间变动，其平均值为 5. 08；表层土壤的 pH 平均值为 4. 87，而母质层的 pH 平均值为 5. 36，除个别土壤剖面以外，pH 值随土壤深度的增加而增大，其原因可能是植物残体等有机物质分解会产生有机酸，从而使表层土壤的 pH 值下降，同时，盐基离子随着水分下移至心土层使其 pH 值略有升高。母质为石灰岩盖层的土壤其 pH 值(5. 78)要显著高于母质为玄武岩的土壤(4. 70)。

6. 土壤有机质

土壤有机质含量是土壤固相的一个重要组成部分，它与土壤矿质部分共同作为植物营养的来源，直接影响着土壤的理化及生物性状。不同植被下地表凋落物厚度、组成成分的差异以及部分动物、微生物的残体差异，导致其有机质含量不同。保护区内各土壤剖面的有机质含量在22.92～212.64 g/kg之间，平均值为101.85g/kg，比习水保护区土壤的有机质平均含量(74.83g/kg)要高；总体来说，该区森林土壤有机质含量极为丰富，其原因可能是是森林凋落物长期积累而形成的结果。各土壤剖面有机质的含量基本上都是随土层深度的增加而下降，土壤表层(A层)的有机质含量(138.53g/kg)分别是其下层(B、C层)的1.39倍和2.06倍，其原因可能是因为表层土壤是植物根系的集中分布区，植物根系的分布直接影响了土壤中有机质的垂直分布，因为大量死根的腐解归还，为土壤提供了丰富的碳源。

母质为玄武岩的土壤有机质含量(115.08g/kg)要显著高于母质为石灰岩盖层的土壤(77.62g/kg)。

从不同海拔高度来看，保护区内各土壤剖面的有机质含量随海拔高度增高而递增；母质为石灰岩盖层的土壤：海拔2 000～2 100m(91.25g/kg) >海拔1 500～1 700m(63.98g/kg)；母质为玄武岩的土壤：海拔2 200m以上(172.23g/kg) >海拔1 900～2 200m(115.47g/kg) >海拔900～1 200m(28.16g/kg)。土壤有机质的积累主要取决于腐殖化和矿质化过程，一般来说，海拔较高的山体上部，年均温较低，降水量较大，土壤中好气性微生物的活性较弱，有机质的矿质化较弱，而腐殖化较强，因此，海拔较高的山体上部的土壤有机质含量通常比山体下部的要高一些。

7. 土壤氮素状况

土壤的全N含量是衡量土壤氮素供应状况的重要指标，其含量的大小主要决定于土壤有机质的积累与作用的相对强度；土壤水解N是指可以被水溶解的土壤养分，是易淋失和被植物直接吸收和利用的部分，其有效含量对植物生长具有决定性意义。由表2-8可知，保护区内各土壤剖面的全N和水解N的平均含量分别为4.73g/kg和295.77mg/kg，表层土壤的全N和水解N的平均含量分别为6.73g/kg和379.60mg/kg；各土壤剖面全N和水解N的含量均随土层深度的增加而下降，这与有机质的分布规律是一致的；除了11号和7号样地土壤剖面全N的平均含量(1.46和1.55 g/kg)处在中等水平(参考标准为1.0～1.5g/kg)和高水平上(参考标准为1.5～2.0 g/kg)，其余各土壤剖面的全N含量(2.23g/kg～13.09g/kg)均处在极高水平上(参考标准为大于2.0g/kg)；各土壤剖面水解N含量在66.84mg/kg～826.37mg/kg之间，水解N的含量极高的有13个剖面(参考标准为大于150 mg/kg)，有1个剖面的含量在高含量水平上(参考标准为120～150 mg/kg)，有1个剖面的含量在中等水平以下(参考标准为90～120 mg/kg)，仅有2个剖面的含量在低水平(参考标准为<90mg/kg)。

母质为玄武岩的土壤其全N和水解N的含量(5.09g/kg、296.52mg/kg)均要高于母质为石灰岩盖层的土壤(4.09g/kg、294.39mg/kg)。

从不同海拔高度来看，保护区内各土壤剖面全N与水解N的含量都有随海拔增高而递增的规律；母质为石灰岩盖层的土壤：全N和水解N的含量分别为：海拔2 000～2 100m(5.31g/kg、350.98mg/kg) >海拔1 500～1 700m(2.87g/kg、237.81mg/kg)；母质为玄武岩的土壤：海拔2 200m以上(5.85g/kg、357.86mg/kg) >海拔1 900～2 200m(5.77g/kg、340.09mg/kg) >海拔900～1 200m(1.89g/kg、73.79mg/kg)。

8. 土壤磷素状况

磷是构成植物体多种有机化合物的组分，在植物体的新陈代谢、生长发育等方面都具有十分重要的作用，而植物体中的磷主要从其所生长的土壤中通过吸收获得。一般情况下，当土壤中的全P含量低于0.08%～0.10%时，表征土壤中的磷素对植物的供应不足。研究结果表明(表2-8)，保护区各土壤剖面的全P含量在0.44～2.57g/kg之间，其平均含量为1.44g/kg，表明该自然保护区土壤磷素相对充足。土壤中所含的有效P量是能为当季植物吸收的磷量；由表2-8可知，该自然保护区各剖面土壤有效P含量在0.90～8.50mg/kg之间波动，平均含量为2.33mg/kg；土壤表层有效P的含量在1.04mg/kg～15.05 mg/kg之间变动，其中：仅有1个剖面的土壤表层有效P含量处在中等水平上(参考标准为

10mg/kg ~ 15mg/kg)，有 2 个剖面土壤表层有效 P 含量在偏低水平上(参考标准为 5mg/kg ~ 10mg/kg)，有 3 个剖面土壤表层有效 P 含量处在低水平上(参考标准为 3 mg/kg ~5mg/kg)，其余 11 个剖面土壤表层有效 P 含量都处在极低水平上(参考标准为 <3 mg/kg)；总体来看，保护区内各剖面表层土壤有效 P 的含量大部分处于低水平和极低水平上，有效 P 缺乏。除个别剖面以外，其余各土壤剖面的全 P 和有效 P 含量均随剖面深度的加深而降低。

母质为玄武岩的土壤其全 P 和有效 P 的含量(1. 47g/kg、2. 78mg/kg)均要高于母质为石灰岩盖层的土壤(1. 40g/kg、1. 51mg/kg)。

从不同海拔高度来看，保护区内各土壤剖面的全 P 和有效 P 含量随海拔的增高无明显的变化规律

9. 土壤钾素状况

土壤全 K 含量是土壤的又一重要理化指标，土壤中所含的钾是植物吸收最多的营养元素之一，而土壤中的钾主要来自土壤的含钾矿物。由表 3 可知，保护区内各土壤剖面的全 K 含量在 4. 29 ~ 10. 71g/kg 之间波动，平均含量为 7. 81g/kg；土壤全 K 含量随土层深度的加深无明显变化规律。土壤中的速效 K 含量是土壤 K 素的现实供应指标，它能被植物直接吸收与利用。经测定(表 2-8)，该自然保护区森林土壤速效 K 含量在 52. 60 ~ 222. 51mg/kg 之间波动，平均含量为 129. 32mg/kg；各剖面土壤速效 K 的含量有随土层深度加深而降低的趋势；根据速效 K 含量的分级标准，从保护区内各剖面土壤速效 K 的含量来看：有 7 个剖面表层土壤速效 K 含量属于高含量水平(参考标准为 150 ~ 200 mg/kg)，有 4 个剖面表层土壤速效 K 含量处于中等水平(参考标准为 100 ~ 150 mg/kg)，有 6 个剖面表层土壤速效 K 含量在中等偏低水平上(参考标准为 50 ~ 100 mg/kg)，土壤速效 K 含量在高水平和中等水平的剖面个数基本占了总数 2/3，保护区内速效 K 的含量相对充足。

母质为玄武岩的土壤其全 K 和速效 K 的含量(8. 05g/kg、142. 49mg/kg)均要高于母质为石灰岩盖层的土壤(7. 39g/kg、105. 16mg/kg)。

从不同海拔高度来看，保护区内各土壤剖面全 K 与速效 K 的含量都有随海拔增高而递增的规律；母质为石灰岩盖层的土壤全 K 和速效 K 的含量分别为：海拔 2 000 ~ 2 100m(8. 90g/kg、117. 16mg/kg) > 海拔 1 500 ~ 1 700m(5. 82g/kg、93. 16mg/kg)；母质为玄武岩的土壤：海拔 2 200m 以上(8. 80g/kg、169. 29mg/kg) > 海拔 1 900 ~ 2 200m(7. 93g/kg、148. 93mg/kg) > 海拔 900 ~ 1 200m(7. 29g/kg、82. 97mg/kg)。

（二）森林与土壤

根据保护区森林植被类型的分布状况，选择了母质同为玄武岩、海拔高度基本相同，且具有代表性的森林植被类型设置标准样地，主要包括：16 号的柳杉林、18 号的檫木林、20 号的金竹林和 22、23 号的马缨杜鹃灌丛等样地，分别测定其土壤理化性状(见表 2-7 和表 2-8)。

1. 不同植被类型的土壤物理性状

通过对保护区内柳杉林、檫木林、金竹林和马缨杜鹃灌丛这 4 种不同植被类型的土壤物理性状比较可知(表 2-7)：各土壤剖面的平均土壤容重大小排序为：马缨杜鹃灌丛(0. 84g/cm^3) > 柳杉林(0. 81g/cm^3) > 金竹林(0. 68g/cm^3) > 檫木林(0. 66g/cm^3)，其表层土壤容重为：柳杉林(0. 75g/cm^3) > 马缨杜鹃灌丛(0. 69g/cm^3) > 金竹林(0. 59g/cm^3) > 檫木林(0. 56g/cm^3)；各土壤剖面的平均总孔隙度为：金竹林(70. 95%) > 檫木林(70. 57%) > 马缨杜鹃灌丛(67. 60%) > 柳杉林(65. 00%)；各土壤剖面的平均最大持水量为：檫木林(1 107. 21g/kg) > 金竹林(1 062. 73g/kg) > 马缨杜鹃灌丛(845. 45g/kg) > 柳杉林(807. 26g/kg)；各土壤剖面每厘米土层深度的平均最大蓄水量为：金竹林(71. 44t/hm^2) > 檫木林(70. 28t/hm^2) > 马缨杜鹃灌丛(66. 37t/hm^2) > 柳杉林(65. 81t/hm^2)；保护区内 4 种不同森林植被类型土壤表层的初渗和稳渗速率分别为：金竹林(80. 00mm/min) > 马缨杜鹃灌丛(4. 53mm/min) > 檫木林(4. 00mm/min) > 柳杉林(3. 50mm/min)和金竹林(24. 30mm/min) > 檫木林(2. 70mm/min) > 柳杉林(2. 65mm/min) > 马缨杜鹃灌丛(2. 20mm/min)。

2. 不同植被类型的土壤化学性状

通过对保护区内柳杉林、檫木林、金竹林和马缨杜鹃灌丛这4种不同植被类型的土壤化学性状比较可知(表2-8)：各土壤剖面的平均pH值为：柳杉林(5.14)>马缨杜鹃灌丛(4.58)>金竹林(4.52)>檫木林(4.29)；不同植被类型各土壤剖面的平均有机质含量以金竹林为最高(123.00g/kg)，檫木林次之(118.12g/kg)，马缨杜鹃灌丛含量为最低(79.05 g/kg)，其原因可能是由于金竹林和檫木林林下土壤腐殖质积累较多所致。土壤养分包括全量养分和速效养分，全N和水解N的含量能较好地反映出近期内土壤氮素供应水平。由表2-8可看出，4种不同植被类型各土壤剖面的平均全N和水解N的含量均表现为：金竹林(6.89 g/kg、401.40 mg/kg)>柳杉林(5.25 g/kg、277.24 mg/kg)>檫木林(5.17 g/kg、273.49 mg/kg)>马缨杜鹃灌丛(3.58 g/kg、165.60 mg/kg)，其原因可能是因为由于森林植被类型的不同，其凋落物含氮量、固氮微生物数量、林下植被差异较大等造成的。全P和有效P的含量标志着土壤供磷能力的大小，4种不同森林植被类型的全P含量为：金竹林(2.28 g/kg)>柳杉林(2.02 g/kg)>马缨杜鹃灌丛(1.37 g/kg)>檫木林(0.89 g/kg)，有效P的含量为：檫木林(2.13 mg/kg)>马缨杜鹃灌丛(1.83 mg/kg)>金竹林(1.61 mg/kg)>柳杉林(1.19 mg/kg)，总体来说，该自然保护区森林土壤磷素相对充足，有效P含量则相对缺乏。4种不同森林植被类型的全K含量为：柳杉林(10.71 g/kg)>金竹林(9.20 g/kg)>檫木林(8.77g/kg)>马缨杜鹃灌丛(5.57 g/kg)，速效K的含量为：檫木林(156.80 mg/kg)>柳杉林(154.26 mg/kg)>金竹林(137.35 mg/kg)>马缨杜鹃灌丛(111.34 mg/kg)。

四、小结

(1)盘县八大山自然保护区的土壤容重在0.50~1.57g/cm^{3}之间变动，其平均值为0.88g/cm^3，且随土层深度的增加而增加；土壤总孔隙度为41.20~75.93%，平均值64.54%，除个别土壤剖面以外，土壤总孔隙度和非毛管孔隙度基本上都是随土层深度的增加而减小，毛管孔隙度随土层深度的增加无明显变化规律；土壤的最大蓄水量在1 404.10~5 297.50t/hm^{2}之间波动，平均最大蓄水量为3 762.47t/hm^2，其蓄水能力较强；土壤的平均初渗速率和稳渗速率分别为8.08mm/min和3.35mm/min，均随着土层深度的增加而减小；母质为玄武岩的土壤其总孔隙度、最大、最小和毛管持水量、初渗和稳渗速率均要高于母质为石灰岩盖层的土壤；从不同海拔高度来看：各剖面的平均土壤容重随海拔高度的增加而递减，土壤总孔隙度、非毛管孔隙度、最大、最小和毛管持水量、初渗和稳渗速率都随海拔高度增高而递增。

(2)盘县八大山自然保护区的土壤主要为酸性土壤，pH值在4.10~6.49之间变动，基本上都是随土层深度的增加而递增。土壤有机质的含量极为丰富：在22.92~212.64 g/kg之间，平均值为101.85g/kg；土壤全N和水解N含量十分充足，分别为4.73g/kg和295.77mg/kg；土壤的全P含量在0.44~2.57g/kg之间，含量相对充足；各剖面土壤有效P含量在0.90~8.50mg/kg之间波动，平均含量为2.33mg/kg，大部分处于低水平和极低水平上的状态，有效P相对缺乏；土壤的全K和速效K含量分别为7.81g/kg和129.32mg/kg，土壤速效K含量在高水平和中等水平的剖面个数基本占了总数2/3，保护区内速效K的含量相对充足。土壤有机质、全N、水解N、全P、有效P、速效K的含量均随土层深度的增加而减小，全K含量随土层深度的加深无明显的变化规律；母质为玄武岩的土壤其有机质、全N、水解N、全P、有效P、全K和速效K的含量均要高于母质为石灰岩盖层的土壤；从不同海拔高度来看：各土壤剖面的有机质、全N、水解N、全K与速效K的含量都随海拔高度的增高而递增的趋势，全P和有效P含量随海拔的增高无明显变化规律。

(3)通过对盘县八大山自然保护区内海拔高度基本相同的4种典型的森林植被类型(柳杉林、檫木林、金竹林和马缨杜鹃灌丛)林下土壤的理化性状进行比较，综合其比较结果：以金竹林林下土壤容重较小，土壤总孔隙度、土壤最大持水量、土壤初渗和稳渗速率表现为最好，土壤平均有机质、全N、水解N、全P含量也为最高，说明该森林植被类型下土壤较疏松、通气性能好，具有较高的水源涵养和水土保持功能，森林土壤的肥力状况也较好；马缨杜鹃灌丛在土壤的理化性状方面综合表现则为最差。

(4)总体来说，盘县八大山自然保护区森林土壤比较疏松、通气性能良好。土壤有机质含量极为丰富，全N和水解N含量十分充足，全P和速效K的含量相对充足，有效P的含量则比较缺乏。保护区内所分布的森林植被类型在改良其森林土壤的物理特性，提高土壤的贮水能力，丰富土壤有机质含量，增强和维护土壤肥力等方面都具有较显著的生态功能，它对于维护和保障周边地区的生态安全以及对该自然保护区的森林更新、恢复等都具有重要作用及参考应用价值。

（吴 鹏 朱 军）

参考文献

黄承标，吴仁宏，何斌，等．三匹虎自然保护区森林土壤理化性质的研究[J]．西部林业科学，2009，38(3)：16～21.

宋会兴，苏智先，彭远英．山地土壤肥力与植物群落次生演替关系研究[J]．生态学杂志，2005，24(12)：1531～1533.

韦国富，黄承标，覃文更，等．木论自然保护区森林土壤的理化特性[J]．亚热带农业研究，2009，5(3)：180～183.

中华人民共和国林业行业标准．森林土壤分析方法[M]．国家林业局发布，1999.

于发展，尤海梅，李保杰，等．山东枣庄抱犊崮自然保护区森林土壤特性研究[J]．水土保持研究，2007，14(6)：365～366，378.

王燕，王兵，赵广东，等．江西大岗山3种林型土壤水分物理性质研究[J]．水土保持学报，2008，22(1)：151～153.

巍强，张秋良，代海燕，等．大青山不同林地类型土壤特性及其水源涵养功能[J]．水土保持学报，2008，22(2)：111～115.

丁访军，王兵，钟洪明，等．赤水河下游不同林地类型土壤物理特性及其水源涵养功能[J]．水土保持学报，2009，23(3)：179～183.

黄承标，罗远周，张建华，等．广西猫儿山自然保护区森林土壤化学性质垂直分布特征研究[J]．安徽农业科学，2009，37(1)：245～247，354.

Mercik S, Nemeth K. Effects of 60～year N, P, K and Ca fertilization on EUF－nutrient fractions in the soil and on yields of rye and potato crops [J]. Plant and soil, 1985, 83(1): 151～159.

第三章　贵州盘县八大山自然保护区森林植被

第一节　森林资源

盘县八大山自然保护区(以下简称“保护区”)位于贵州省西部盘县北部，地处滇、黔、桂三省结合部，东邻普安县，南连兴义市，西与云南省宣威和富源县交界，北与水城县接壤。所辖范围有盘县普古彝族苗族乡、淤泥彝族乡和保基苗族彝族乡，地理位置为北纬25°53′35″～26°6′12″，东经104°41′31″～104°57′47″之间，总面积26 000hm^2，是贵州省天然红豆杉资源最丰富的地区，并有较大面积的天然次生林生态系统以及奇特秀美的山河景观。按照就近区划、方便管理的原则，将保护区划分为普古管理站、淤泥管理站和保基管理站。其中，普古管理站由八大山核心区、缓冲区、水坝实验区的一部分以及整个厂上实验区、文阁大山保护点组成；淤泥管理站包括八大山核心区的主体部分及部分缓冲区；保基管理站包括雨那凹核心区、冷风核心区、厨子寨实验区及部分缓冲区。保护区处于亚热带气候区，冬无严寒，夏无酷暑，光热水资源丰富，适合林木生长。本次综合科学考察对保护区内森林资源状况进行了详细调查。

一、调查方法

本次保护区森林资源调查主要根据《贵州省第三次森林资源规划设计调查工作细则》(以下简称“细则”)的有关规定，结合保护区森林资源特点，提出相应的技术标准和调查研究方法。

(一) 主要技术标准

1. 地类划分

根据《盘县林地保护利用规划(2010～2020年)》以及森林资源调查的相关规定，将保护区土地类型分为林地和非林地两大类。林地划分为纯林、混交林、竹林、灌木林、疏林地、未成林地、无立木林地、宜林地和其他林地；非林地划分为25°以上坡耕地和其他非林地。

2. 森林类别划分

森林类别的划分以林地为区划对象，参照盘县公益林区划界定成果资料，将保护区林地分为生态公益林和商品林两大类别。生态公益林地按照其区位、发挥作用的不同，又划分为重点公益林和一般公益林。

3. 林种划分

根据有林地主导功能的不同划分林种。

(二) 调查及数据处理

根据细则规定，以地形图(比例尺1:10 000)和最新拍摄的SPOT5卫星影像图(比例尺1:10 000)为工作底图，小(细)班区划采用“对坡”勾绘法进行，采用自然区划或综合区划，在片区范围内，对地域相连、经营方向、措施相同的林地划为同一林班，在林班内进行区划。深入小(细)班进行调查因子的调查记录，最后采用地理信息系统软件以及相关统计软件进行数据处理。本次调查主要是以保护区已完成并通过验收评审的森林资源调查成果为基础和本底，以区划的保护区范围为调查研究对象，并对森林资源的质量和功能进行深入研究和分析。

二、调查结果

盘县八大山自然保护区总面积26 000hm^2，其中林业用地19 575 hm^2，占总面积的75.3%；非林地6 425 hm^2，占总面积的24.7%。森林覆盖率73.0%。活立木总蓄积26.06万m^3。

（一）各地类面积

在林业用地中按地类划分，有林地8 955 hm^2，占林业用地的45.8%；灌木林地8 808 hm^2，占林业用地的45.0%；其他林地1 812 hm^2，占林业用地的9.2%。在有林地中，乔木林8 912 hm^2（全部为纯林），占有林地面积的99.5%；竹林45hm^2，占有林地面积的0.5%。各片区各地类分布情况见表3-1。

表3-1 保护区各管理站各地类面积统计表 单位：hm^2

统计单位	总面积	乔木林	竹林	疏林地	灌木林地	未成林造林地	森林覆盖率(%)
合计	26 000	8 911	44	59	8 808	1 162	73.0
普古	6 563	2 355	43	0	2 424	153	75.8
淤泥	8 573	2 419	0	0	3 427	141	69.8
保基	10 864	4 137	1	59	2 957	868	73.8

从表3-1可以看出，各片区均有较高的森林覆盖率。其中，淤泥管理站是八大山核心区的主体，是红豆杉分布集中连片的区域，还有大量的珙桐、云南穗花杉、红豆树等国家级保护树种以及天然次生林生态系统；普古管理站尤以旅游资源较为突出，管理站内规划了六车河旅游小区，峭岩绝壁，风景秀美；保基管理站内也是红豆杉分布集中连片的区域，还分布有大面积的古榕树群。

（二）乔木林资源

1. 按林种划分

保护区乔木林总面积为8 911hm^2，占保护区总面积的34.3%，由防护林、用材林和经济林组成。其中，防护林面积为6 847hm^2，占乔木林地总面积的76.8%；用材林面积为2 042hm^2，占乔木林总面积的22.9%；经济林地面积为24hm^2，占乔木林地总面积的0.3%。可以看出，保护区有大于四分之三的乔木林资源为公益林，用材林约占四分之一，经济林所占比例极小。大量生态公益林的存在体现了当地对保护区乔木林资源的重视，有利于未来保护区地森林资源保护，辅以大量的宣传教育，加大保护力度，保护区乔木林资源将得到更好的保护。

2. 按龄组划分

保护区乔木林包括幼龄林、中龄林、近熟林和成熟林。其中幼龄林5 594hm^2，占乔木林总面积的62.7%；中龄林2 360hm^2，占乔木林总面积的26.5%；近熟林454hm^2，占乔木林总面积的5.1%；成熟林505hm^2，占乔木林总面积的5.7%；可以看出，保护区内乔木林以幼龄林、中龄林为主，二者面积之和占乔木林总面积的89.2%，近熟林和成熟林较少。这样的林龄结构并不利于森林生态效益的发挥，应该加强中、幼龄林的管理和保护，使林分能正向发展。

3. 按优势树种组划分

保护区乔木林以柳杉为主，面积为2 479hm^2，占乔木林总面积的27.8%。其他树种（组）分布面积和所占比例分别为，栎类1 740hm^2（19.5%）、杉木1 446hm^2（16.2%），柏木820hm^2（9.2%）、桦类628hm^2（7.0%）、软阔577hm^2（6.5%）、枫香384hm^2（4.3%）、云南松310hm^2（3.5%）、阔叶混167hm^2（1.9%），檫木131hm^2（1.5%），华山松95hm^2（1.1%），板栗45hm^2（0.5%），核桃37hm^2（0.4%），硬阔30hm^2（0.3%），杜仲17hm^2（0.2%）而银杏、漆树、花椒等树种（组）分布面积均不足乔木林总面积的0.1%。

4. 按起源分

保护区乔木林主要为人工林。其中人工乔木林5 220hm^2，占乔木林总面积的58.6%；天然乔木林

3 692hm^2，占41.4%。

5. 按郁闭度级分

森林郁闭程度调查显示，保护区乔木林中，密郁闭度（≥0.70）乔木林575hm^2，占乔木林总面积的6.5%；中郁闭度（0.40~0.69）乔木林4 208hm^2，占乔木林总面积的47.2%；疏郁闭度（0.20~0.39）乔木林4 129hm^2，占46.3%。

（三）竹林资源

保护区有林地中分布有竹林44hm^2，总株数13.2万株，全为人工起源的杂竹林。竹林林种为防护林和一般用材林，林龄包括幼龄林和成熟林。

（四）灌木林资源

保护区灌木林地总面积为8 806hm^2，占保护区林地总面积的33.9%。其中，以淤泥管理站灌木林地面积最大为3 427hm^2，占灌木林地总面积的38.9%；保基管理站灌木林地面积为2 957hm^2，占灌木林地总面积的33.6%；普古管理站灌木林地面积为2 424hm^2，占灌木林地总面积的27.5%。由以上数据可以看出，保护区内森林资源具有乔灌比例相近的特点，二者均为保护区的主要构成地类。

根据植被资源调查，保护区内灌木树种主要有云南穗花杉、云南含笑、西南红山茶、金丝桃、刺梨等，构成了保护区灌木林地的主要群落类型。其中，灌木林资源最丰富的淤泥管理站以刺梨、西南红山茶构成的群落类型为主。灌木林平均高度为1.0~1.5m，具备良好的正向演替趋势。丰富的灌木林资源，虽然展现出了保护区乔木林资源的短板，但同时也形成了保护区独具一格的森林资源特点和奇美的高山灌木林景观。

（五）活立木蓄积

据调查，保护区活立木总蓄积257 994m^3（全为林分蓄积），权属均为集体。

保护区乔木林蓄积按龄组划分主要集中在中龄林和幼龄林。其中，中龄林蓄积最大为109 245m^3，占总蓄积的42.3%；幼龄林96 324m^3，占总蓄积的37.3%；近熟林22 636m^3，占总蓄积的8.8%；成熟林29 789m^3，占总蓄积的11.5%。

按起源分，天然林蓄积156 013m^3，占总蓄积的60.5%；人工林蓄积101 981m^3，占总蓄积的39.5%。

从各树种（组）分布上看，栎类所占比例最大，蓄积达70 091m^3，占总蓄积的27.2%。其他树种（组）蓄积量以及所占比例分别为，杉木64 913m^3（25.2%），软阔29 148m^3（11.3%），桦类21 965m^3（8.5%），枫香21 181m^3（8.2%），柳杉19 463m^3（7.5%），云南松11 486m^3（4.5%），阔叶混6 937m^3（2.7%），檫木6 391m^3（2.5%），华山松3 156m^3（1.2%），硬阔1 677m^3（0.7%），核桃1 134m^3（0.4%），漆树225m^3（0.1%），柏木210m^3（0.1%），板栗17m^3，蓄积量均不足蓄积总量的0.1%。

（六）森林生态系统功能分析

1. 自然度

自然度是反映森林类型演替过程或阶段的指标。按照现实森林类型与地带性顶极群落（或原生乡土植物群落）的差异程度，或次生群落位于演替中的阶段，按人为干扰强度、林分类型、树种组成、层次结构、年龄结构等把自然度划分为五级，从Ⅰ级到Ⅴ级反映森林原始群落向人工森林群落、灌丛草坡的逆向演替过程。

在保护区林业用地中，自然度分为5个级别（Ⅰ、Ⅱ、Ⅲ、Ⅳ、Ⅴ）。其中，Ⅰ级的面积为1 495hm^2，占保护区林地总面积的7.6 %；Ⅱ级的面积为1 600hm^2，占林地总面积的8.2 %；Ⅲ级的面积为3 257hm^2，占总面积的16.6 %；Ⅳ级的面积为8 787hm^2，占总面积的44.9%；Ⅴ级面积为4 436hm^2，占总面积的22.7 %。分析表明，保护区森林群落中具有较强原生性的Ⅰ、Ⅱ级较少，仅占15.8 %，森林群落类型以人工森林群落为主（Ⅳ级），需要对保护区内森林资源加强保护，促进森林群落正向演替；各片区林业用地自然度分布见表3-2。

表 3-2 各片区林业用地自然度按等级面积、比例统计表

单位：hm^2、%

统计单位	合计	Ⅰ		Ⅱ		Ⅲ		Ⅳ		Ⅴ	
		面积	比例	面积	比例	面积	比例	面积	比例	面积	比例
保护区	19 575	1 495	7.6	1 600	8.2	3 257	16.6	8 787	44.9	4 436	22.7
普古	5 230	575	11.0	680	13.0	1 260	24.1	2 045	39.1	670	12.9
淤泥	6 068	862	14.2	746	12.3	789	13.0	2 512	41.4	1 159	19.1
保基	8 277	58	0.7	174	2.1	1 208	14.6	4 230	51.1	2 607	31.6

表 3-2 显示，从整体上看，保护区森林群落次生性较强，森林群落的演替趋势以原始群落向人工林群落的逆向演替为主。从各个管理站来看，普古管理站的群落原生性相对较强，这与该片区得天独厚的地理位置、保护力度、周边环境以及内在生态系统结构息息相关。而保基管理站由于人工林面积较大，经营活动频繁，交通便利，导致总体上自然度评价最差。

2. *森林健康度*

森林健康度是指森林的健康状况。其通过森林(林地)受虫害、病害、火灾、自然灾害和空气污染五因子危害的程度的调查，分析林分受害立木株数百分率和影响生长程度，分别打分，综合评定。评价等级从好到差依次为Ⅰ、Ⅱ、Ⅲ、Ⅳ级。

经调查，在保护区有林地中，健康度为Ⅰ级的林地面积为 16 952hm^2，占保护区有林地的 86.6%；健康度为Ⅱ级的林地面积为 2 279hm^2，占保护区有林地的 11.6%；健康度为Ⅲ级的林地面积为 344hm^2，占保护区有林地的 1.8%；没有健康度为Ⅳ级的林地。可以看出，保护区森林总体状况是健康的。各片区森林健康度分布详见表 3-3。

表 3-3 各片区森林健康度等级面积、比例统计表

单位：hm^2、%

统计单位	合计	Ⅰ		Ⅱ		Ⅲ		Ⅳ	
		面积	比例	面积	比例	面积	比例	面积	比例
保护区	19 575	16 952	86.6	2 279	11.6	344	1.8	0	0.0
普古	5 230	5 102	97.6	125	2.4	3	0.1	0	0.0
淤泥	6 068	5 816	95.8	250	4.1	2	0	0	0.0
保基	8 277	6 034	72.9	1 904	23.0	339	4.1	0	0.0

由表 3-3 可以看出，保护区森林健康状况大部分为健康，只有极小面积的病虫害。经调查，保基管理站发现了轻微的病虫害，经专家鉴定，多为森林鼠害。存在的病虫害虽然面积较小，但应该引起当地林业管护部门重视，及时采取有效措施，防止病虫害面积进一步扩大。森林健康度在一定程度上还反映着森林生物多样性状况，结合对保护区的植被调查情况，保护区的生物多样性良好，有利于保持森林健康。

3. *森林生态功能等级*

本次调查通过对森林的物种多样性的丰富程度、郁闭度、林层结构的完整性、植被盖度和枯枝落叶层厚度进行评价分析，确定其森林生态功能等级。评价等级从好到差依次为 I、II、III、IV 级。

据调查，保护区森林中生态功能等级为 I 级的面积为 10 468hm^2，占林地总面积的 53.5%；生态功能等级为 II 级的面积为 5 350hm^2，占林地总面积的 27.3%；生态功能等级为Ⅲ级的面积为 2 003hm^2，占林地总面积的 10.2%；生态功能等级为Ⅳ级的面积为 1 754hm^2，占林地总面积的 9.0%。各片区森林生态功能等级分布详见表 3-4。

表 3-4　各片区森林生态功能等级面积、比例统计表　单位：hm^2、%

统计单位	合计	Ⅰ		Ⅱ		Ⅲ		Ⅳ	
		面积	比例	面积	比例	面积	比例	面积	比例
保护区	19 575	10 468	53.5	5 350	27.3	2 003	10.2	1 754	9.0
普古	5 230	3 290	62.9	1 328	25.4	340	6.5	272	5.2
淤泥	6 068	3 428	56.5	936	31.9	455	7.5	249	4.1
保基	8 277	3750	45.3	2086	25.2	1 208	14.6	1 233	14.9

由表3-4可见，保护区森林物种多样性比较丰富，林层结构多数比较完整，不过也有相当数量的森林生物多样性、林层结构、枯枝落叶层受到了破坏。据调查，这种情况多数集中在人畜活动频繁的保基管理站，而普古管理站、淤泥管理站生态功能等级较高，保护较好。可以看出，人类活动将对未来自然保护区工作带来很大困难，所以，如何做好保护区内居民迁移和安置工作将是未来保护区建设工作的重中之重。

4. 森林景观等级

本次调查根据森林群落结构特征、层次、古树分布、林相及色彩等森林景观构成要素，评价森林景观等级。评价等级从好到差依次为Ⅰ、Ⅱ、Ⅲ、Ⅳ级。

经调查，在保护区有林地中，森林景观等级为Ⅰ级的林地面积为4 209hm^2，占林地总面积的21.5%；森林景观等级为Ⅱ级的林地面积为6 051hm^2，占林地总面积的23.6%；森林景观等级为Ⅲ级的林地面积为7 522hm^2，占林地总面积的38.4%；森林景观等级为Ⅳ级的林地面积为1 793hm^2，占林地总面积的9.2%。各片区森林景观资源质量等级分布详见表3－5。

表 3-5　各片区森林景观资源质量等级面积、比例统计表　单位：hm^2、%

统计单位	合计	Ⅰ		Ⅱ		Ⅲ		Ⅳ	
		面积	比例	面积	比例	面积	比例	面积	比例
保护区	19 575	4 209	21.5	6 051	23.6	7 522	38.4	1 793	9.2
普古	5 230	1 120	21.4	1 550	29.6	2 453	46.9	107	2.0
淤泥	6 068	1 238	20.4	1 415	23.3	2 824	46.5	591	9.7
保基	8 277	1 851	22.4	3 086	25.2	2 245	39.2	1 095	13.2

结合森林景观调查可知，整体上看保护区内植物资源较为丰富，境内有壳斗科、山茶科等常绿阔叶林分布，乔木树种主要有华山松、云南松、红豆杉、领春木、润楠、楠木、檫木、杉木、柳杉、杨树、桦木、香樟、猴樟等，灌木树种主要有三尖杉、云南穗花杉、云南含笑、香叶树、山胡椒、木姜子等。其中国家Ⅰ、Ⅱ级保护野生珍稀植物有十几种，特别是国家一级保护珍稀植物红豆杉、云南穗花杉等在保护区内有多点连片分布，有大量香果树、领春木等国家Ⅱ级保护树种分布。林相和季相色彩较为丰富，有集中成片的古榕树、重点保护树种资源。

保护区内还存有多处优美景观，其中以普古管理站的六车河旅游小区最具特点。该区风景奇丽秀美，河水汹涌，奇峰异石，自然环境优美，气候条件优越，景观资源不仅类型多样，而且特色鲜明，集山、水、林、泉、洞为一体，具雄、奇、野、俊、幽等特色。

（七）核心区重点保护动植物资源

保护区的八大山、雨那凹和冷风核心区，以国家Ⅰ级保护树种红豆杉、云南穗花杉成优势群落，作为重点保护树种。此外，保护区内有大量连香树、香果树、岭春木等国家Ⅱ级保护树种。境内有壳斗科、山茶科等常绿阔叶林分布，乔木树种主要有华山松、云南松、红豆杉、领春木、润楠、楠木、檫木、杉木、柳杉、杨树、桦木、香樟、猴樟等，灌木树种主要有三尖杉、云南穗花杉、云南含笑、香叶树、山胡椒、木姜子等。经调查和专家鉴定，国家Ⅰ、Ⅱ级保护野生珍稀植物有十几种，野生动物方面，有蝾螈、红腹锦鸡、猕猴、穿山甲、白鹭等大量国家级保护动物分布。

三、森林资源特点及存在问题

(一)森林覆盖率较高，乔木林与灌木林地为主要地类

根据大量的外业调查和内业统计，保护区总面积为26 000hm^2，其中森林面积18 984hm^2，森林覆盖率73.0%。在森林面积中，乔木林面积所占比例较小，面积为8 911hm^2，占森林总面积的46.9%；灌木林面积为8 808hm^2，占森林总面积的46.4%。保护区应该加强对境内森林资源保护力度，保护现有乔木林资源，并促进保护区森林植被的正向演替，努力提高乔木林比例，实现乔、灌结构平衡。

(二)生物多样性丰富，人工林比重较大，残次林较多

据调查，保护区内生物多样性非常丰富，有丰富的野生动植物资源。境内有壳斗科、山茶科等常绿阔叶林分布，乔木树种主要有华山松、云南松、红豆杉、领春木、润楠、楠木、檫木、杉木、柳杉、杨树、桦木、香樟、猴樟等，灌木树种主要有三尖杉、云南穗花杉、云南含笑、香叶树、山胡椒、木姜子等。其中国家Ⅰ、Ⅱ级保护野生珍稀植物有十几种，特别是国家一级保护珍稀植物红豆杉、云南穗花杉等在保护区内有多点连片分布，有大量香果树、领春木等国家Ⅱ级保护树种分布。但在丰富的乔木林资源中，人工林所占比例较大，占乔木林总面积的58.6%，有41.4%为天然林。另外，受人为活动影响，多处森林植被已遭到破坏，出现了一定数量的萌生林和残次林。所以，急需对境内宝贵的乔木林资源加强保护并合理利用。

(三)红豆杉资源分布面积大，数量多，人为干扰威胁较大

在保护区内，有大量的国家一级保护树种红豆杉的集中连片分布，八大山、雨那凹、冷水核心区分布最为集中。红豆杉分布最集中的地方可达42株/hm^2，结果时节，一颗颗红豆点缀在万绿丛中，非常秀美。但调查中发现，有部分红豆杉都有人为破坏现象，应及时加以保护。不难看出，人类活动对红豆杉的保护威胁较大，应该加强对保护区重点树种的保护力度，杜绝或减少核心区内的人为活动，保持保护区内森林的原生性。

(四)森林资源保护力度不够，分布不平衡

调查结果显示，保护区内森林资源受人为干扰较大。根据社区调查结果，造成此结果的原因主要有：一是管护力度不够，管护条件艰苦，管护人员待遇较低，没有管护的积极性。二是没有解决周围居民的利益问题以及其他的生活根本保障问题。三是森林资源保护的宣传力度不够，居民没有形成较强的森林保护意识。另外，森林资源分布不平衡也是保护区森林资源的显著特点。包括乔木林资源分布的不平衡、森林起源状况不平衡和林种结构的不平衡。

四、森林资源保护利用建议

(一)建立自然保护区

本次拟建的盘县八大山自然保护区地处云贵高原向黔中山原的过渡地带，属典型的喀斯特地貌类型，平均海拔1 650m，最低海拔格所河谷725m，最高海拔八大山2 558m，相对高差1 800m，境内地形复杂多样，地貌破碎，地形落差大、切割深，溶洞、溶沟、峰丛、峰林、石林、天坑、狭谷随处可见，是风光绮丽的天然风景区。保护区属中亚热带季风气候，雨量充沛，气候温和，无霜期长，有雨热同季的特点，冬无严寒，夏无酷暑。盘县八大山自然保护区生物多样性较为丰富。境内有壳斗科、山茶科等常绿阔叶林分布，乔木树种主要有华山松、云南松、红豆杉、领春木、润楠、楠木、檫木、杉木、柳杉、杨树、桦木、香樟、猴樟等，灌木树种主要有三尖杉、云南穗花杉、云南含笑、香叶树、山胡椒、木姜子等。其中国家Ⅰ、Ⅱ级保护野生珍稀植物有十几种，特别是国家一级保护珍稀植物红豆杉、云南穗花杉等在保护区内有多点连片分布，有大量香果树、领春木等国家Ⅱ级保护树种分布。并有大量的蝾螈、红腹锦鸡、猕猴、穿山甲、白鹭等国家级保护动物分布，具备了建立保护区的重要条件。同时，由于调查区域人为活动频繁，不利于这些珍贵野生动植物的保护，突出了建立自然保护

区的必要。根据多学科专家研究和讨论，建议建立自然保护区，以加强对该地区珍稀野生动植物资源的保护。

（二）加强资源保护

保护是自然保护区的核心工作。保护的目标是最大限度的保护生物多样性、原生性和特有性，保护生态系统平衡与和谐，减少环境恶化与资源破坏，探索合理利用自然资源和自然环境的途径，促进生物圈进入良性循环与自然演替，达到人与自然共生、和谐。盘县八大山自然保护区地块大部分连片，设有一个独立的保护点。由于地形的限制，总体上划分为三个管理站，因此也将是保护难度最大的保护区之一。

本次调查发现，盘县八大山自然保护区森林主体上还处于正向演替的关键阶段，森林生态系统自然度、生态功能等级、健康度等指标尚有待提高，森林动植物资源急需得到有效的保护，提高森林生态环境质量的贡献率还有较大的潜力可挖，保护与培育仍是一项艰巨而长期的常规性工作。因此，要严格按照国家、省有关自然保护区管理、环境保护等相关法律法规，建立完善的保护管理体系，进一步加强森林各种资源的保护工作。

首先，解决农民依赖森林资源生存的问题，一是要积极争取国家财政资金，对集体林和自留山进行整体购买，依靠地方政府解决林区群众易地搬迁，实现区内的良好森林环境状态；二是要积极争取生态公益林补偿资金，解决林区群众的基本生活；三是要积极建立社区共管，缓解自然保护区与社区之间在自然资源利用上的矛盾，鼓励林区群众参与自然保护区生物多样性保护，寻求改进社区生产、生活条件，通过以煤代柴、以沼气代柴等技术和资金扶持，提高林区群众的生活水平。

其次，强化森林管护、增强森林防火和病虫害防治意识，建立健全防火责任制度，病虫害防治措施，巡山护林制度，在主要路段设立护林防火标牌，所有入口设立入山须知告示牌，主要路口设卡守护，对主要路段实行巡山护林制度，切实保护好森林资源。

第三，建立健全森林生态系统多样性和野生动植物的监测体系，实行监测手段现代化。

（三）积极开展科学研究工作

拟建的盘县八大山自然保护区作为我国目前保存的红豆杉资源集中分布的区域之一，具有十分重要的科学研究价值。从目前情况来看，还有很多东西值得研究，潜力巨大。要以本次科学考察为基础，以保护区主要保护对象和特色资源为对象，有计划、有组织地开展野生动植物和森林生态学的科学研究工作，进行重点攻关，进一步探究中亚热带常绿阔叶林森林生态系统及高山天然次生林演替的内在机理和发展规律。积极拯救濒危物种，保护生物多样性，促进野生动物资源的增加，扩大珍稀动植物种群数量。探索自然资源发展、消退的演替规律及合理利用自然资源的途径，以提高森林资源质量，促进自然生态系统良性循环，实现生物物种和自然的持续发展和永续利用。

（四）适度开展森林生态旅游

盘县八大山自然保护区生态景观奇美秀丽，生物群落结构较为复杂，拥有成片分布的红豆杉，结果时节，一颗颗红豆点缀在万绿丛中，甚是秀美。区内空气清新、色彩斑斓，古朴纯真，具有超然尘世的意境，同时生物资源也较为丰富，珍稀野生动物引人注目，野生红豆杉、云南穗花杉是珍稀保护植物，形成单优势群落，同类地貌在世界各地分布极少，观赏价值大。六车河旅游小区点缀于其间，河水汹涌，奇峰异石，自然环境优美，气候条件优越，景观资源不仅类型多样，而且特色鲜明，集山、水、林、泉、洞为一体，具雄、奇、野、俊、幽等特色。另有秀丽的湿地景观点缀其中，具有开展森林生态旅游得天独厚的良好条件。

通过生态旅游开发，充分利用保护区独特的自然环境和森林景观资源，迎合人们“回归大自然”的需求，激发人们认识大自然、热爱大自然的生态环境意识，同时可增加就业机会，促进自然保护区与周边地区产业结构调整，加速二、三产业的发展，促进区域社会经济的可持续发展，从而保障保护区总体目标的实现。

（王新宇　罗　扬）

第二节 森林群落类型研究

一、自然地理背景

保护区位于盘县的北部，地处滇、黔、桂三省结合部，东邻普安县，南连兴义市，西与云南省宣威和富源县交界，北与水城县接壤。所辖范围有盘县普古彝族苗族乡、淤泥彝族乡和保基苗族彝族乡，总面积26 000hm^2，八大山保护区和文阁大山保护点，其中：八大山保护区25 430hm^2，地理位置为北纬25°53′35″~26°6′12″，东经104°41′31″~104°57′47″之间，其中核心区7 625hm^2，缓冲区11 422hm^2，实验区6 383hm^2；文阁大山保护点570hm^2，北纬26°4′34″~26°5′48″，东经104°42′6″~104°49′1″。

保护区地貌上为滇东高原与黔西高原峡谷两大地貌单元的转换部位，区内新构造运动大幅度抬升，河流侵蚀切割强烈，地形相对高差多大于1 000m。保护区东、西两部海拔高程相差甚大，东部格所河河谷深切，一般地面海拔760~2 100m，河谷切割度1 000~1 300m；西部八大山、娘娘山高高耸立于群山之间，一般地面海拔1 160~2 300m，最高海拔2 558m，地形相对高差800~1 100m。

保护区内喀斯特地貌发育分布广泛，约占全区总面积75%，主要分布在中西部海拔1 200m以上的地面，地貌组合形态以喀斯特峰林峰丛为主。次为火山玄武岩地貌，集中分布于娘娘山、八大山两片，地貌形态为高耸的山原及单面山，海拔高程多在1 800m以上。

二、材料和研究方法

（一）材料来源

调查采用线路调查与群落学调查相结合，根据调查地区地形地貌特点，在典型地段设置样地，面积为20m×20m(400m^2)，并在样地中均匀设置10个小样方，在样地调查记录乔木种名、树高、枝下高、胸径、株数等指标，同时调查灌木及草本植物，并测量和记录样地所处的位置、坡度、坡向等各种生境因子以及人为活动影响因子。

（二）重要值计算方法

密度＝个体数/样地面积；

相对密度＝(一个种的密度/所有种的密度和)×100；

显著度＝胸高断面积；

相对显著度＝(一个种的显著度/所有种的显著度和)×100；

频度＝该种出现的样方数/样方总数；

相对频度＝(一个种的频度/所有种的频度和)×100；

重要值＝相对密度＋相对显著度＋相对频度。

三、主要森林群落类型

保护区森林生态系统主要由针阔混交林、常绿、落叶阔叶林、高山矮林、竹林，以及少量的人工针叶林组成。主要森林群落类型有：

(1)飞蛾槭—云南穗花杉林

(2)化香+青榨槭—红豆杉林
(3)红豆杉—青榨槭—川桂林
(4)柳杉林
(5)杉木林
(6)云贵鹅耳枥—青榨槭林
(7)川桂—水青树林—红果黄肉楠林
(8)黄葛榕林
(9)枫香林
(10)光皮桦林
(11)化香林
(12)檫木林
(13)光叶珙桐林
(14)鹅耳枥—旌节花林
(15)马鞍树—八角枫林
(16)旌节花—槲栎林
(17)映山红—金丝桃林
(18)桃叶杜鹃林
(19)马缨杜鹃林
(20)箭竹林
(21)金竹林

四、各类型森林群落描述

(一) 针阔叶混交林

1. 飞蛾槭 — 云南穗花杉林

飞蛾槭(*Acer oblongum*)，属于常绿乔木，高 10 ~ 20m，树皮灰色或深灰色，粗糙，裂成薄片脱落。小枝细瘦，近于圆柱形；当年生嫩枝紫色或紫绿色，近于无毛；多年生老枝褐色或深褐色。生长于海拔 1 000 ~ 1 800m 的阔叶林中。主要分布于陕西南部、甘肃南部、湖北西部、四川、贵州、云南和西藏南部。

云南穗花杉(*Amentotaxus yunnanensis*)，常绿小乔木，高 5 ~ 12m。叶条形或披针状条形，端直，叶背气孔带淡褐色或淡黄白色，宽度为绿色边 2 ~ 3 倍。雄球花对生成穗状，4 ~ 6 穗聚生枝顶。种子椭圆形，假种皮红紫色。木材纹理均匀，结构细致。可供建筑、家具、农具及雕刻等用材。又可作庭园树。零星分布于云南东南部及贵州西南部。由于森林采伐过度，致使数量明显减少，有灭绝的危险，被列为国家 I 级保护植物。

该群落位于保基乡雨那凹村登山坡的石灰岩山地，样地位于坡中上部，海拔 1 645m，坡度 20°，坡向东，群落郁闭度 0.9。乔木层密度 76 株/400m^2，该群落以飞蛾槭占一定优势，飞蛾槭平均树高 6.6m，平均胸径 10cm，重要值 79.1。云南穗花杉平均树高 3.4m，平均胸径 5.2cm，重要值 30.27。余下为木姜子、野八角、川桂、香叶树、云南紫荆、麻楝等乔木树种，形成了一种共优群落。灌木层则以方竹层片占优势，高度 2.5m，盖度 0.8。草本层稀少，主要为冷水花、鸢尾等(表 3-6)。

表 3-6 飞蛾槭 — 云南穗花杉林乔木层种群重要值表

物种	株数	相对密度	相对显著度	频度	相对频度	重要值
飞蛾槭 *Acer oblongum*	22	28. 57	30. 12	1. 00	20. 41	79. 10
云南穗花杉 *Amentotaxus yunnanensis*	12	15. 58	4. 48	0. 50	10. 20	30. 27
木姜子 *Litsea elonagta*	6	7. 79	7. 12	0. 60	12. 24	27. 16
野八角 *Illicium simonsii*	6	7. 79	6. 00	0. 60	12. 24	26. 04
宜昌润楠 *Machilus ichangensis*	6	7. 79	12. 82	0. 20	4. 08	24. 70
川桂 *Cinnamomum wilsonii*	7	9. 09	5. 62	0. 30	6. 12	20. 83
朴树 *Celtis sinensis*	5	6. 49	1. 76	0. 50	10. 20	18. 46
多脉青冈 *Cyclobalanopsis multiervis*	2	2. 60	11. 57	0. 10	2. 04	16. 21
香叶树 *Lindera communis*	3	3. 90	2. 58	0. 30	6. 12	12. 60
石山木莲 *Manglietia calcarea*	1	1. 30	5. 18	0. 10	2. 04	8. 52
大果蜡瓣花 *Corylopsis multiflora*	1	1. 30	3. 74	0. 10	2. 04	7. 08
桦木 *Betula luminifera*	1	1. 30	3. 45	0. 10	2. 04	6. 78
鞘柄木 *Toricellia tiliifolia*	1	1. 30	1. 97	0. 10	2. 04	5. 31
山桐子 *Idesia polycarpa*	1	1. 30	1. 76	0. 10	2. 04	5. 10
云南紫荆 *Cercis chinensis*	1	1. 30	1. 35	0. 10	2. 04	4. 69
麻楝 *Chukrasia tabularis*	1	1. 30	0. 28	0. 10	2. 04	3. 62
卫矛 *Euonymus alatus*	1	1. 30	0. 21	0. 10	2. 04	3. 54
合计	77	100. 00	100. 00	4. 90	100. 00	300. 00

2. 化香 — 青榨槭 — 红豆杉林

化香(*Platycarya strobilacea*)，属于落叶小乔木，高 2 ~ 6m；树皮灰色，老时则不规则纵裂。二年生枝条暗褐色，具细小 皮孔；芽卵形或近球形，芽鳞阔，边缘具细短睫毛；嫩枝被有褐色柔毛，不久即脱落而无毛。分布于我国甘肃、陕西和河南的南部及山东、安徽、江苏、浙江、江西、福建、台湾、广东、广西、湖北、云贵川。朝鲜、日本也有分布。常生长在海拔 600 ~ 1 300 m、有时达 2 200m 的向阳山坡及杂木林中，也有栽培。树皮、根皮、叶和果序均含质，作为提制栲胶的原料，树皮亦能剥取纤维，叶可作农药，根部及老木含有芳香油，种子可榨油。

红豆杉(*Taxus chinesis*)，属浅根植物，其主根不明显、侧根发达，是世界上公认的濒临灭绝的天然珍稀抗癌植物，是经过了第四纪冰川遗留下来的古老树种，在地球上已有 250 万年的历史。由于在自然条件下红豆杉生长速度缓慢，再生能力差，所以很长时间以来，世界范围内还没有形成大规模的红豆杉原料林基地。中国已将其列为一级珍稀濒危保护植物，联合国也明令禁止采伐。红豆杉是 常绿乔木，小枝秋天变成黄绿色或淡红褐色，叶条形，雌雄异株，种子扁圆形。种子用来榨油，也可入药。

该群落位于保基乡雨那凹村，海拔 2 080m，山上部。群落郁闭度 0. 7，乔木层密度 73 株/400 m^2，主要以化香、青榨槭、红豆杉、云贵鹅耳枥等树种形成一种共优群落，其重要值分别为 52. 76、46. 77、41. 05、38. 90。其中化香平均树高 5. 2m，平均胸径 9. 6cm，青榨槭平均树高 4. 6m，平均胸径 7. 9cm，红豆杉平均树高 2. 3m，平均胸径 4cm。除上述树种外，该样地还有川桂、中华槭、杜鹃、罗浮槭、黄丹木姜子、圆果花楸等树种。灌木层盖度 0. 4，平均高度 1. 3m，主要有金丝桃、十大功劳、蜡瓣绣球、檵木等。草本层稀少，有莎草、菊等(表 3-7)。

表 3-7　化香 — 青榨槭 — 红豆杉林乔木层种群重要值表

物种	株数	相对密度	相对显著度	相对频度	重要值
化香 *Platycarya strobilacea*	11	15.07	23.11	14.58	52.76
青榨槭 *Acer davidii*	11	15.07	17.12	14.58	46.77
红豆杉 *Taxus chinesis*	15	20.55	5.92	14.58	41.05
云贵鹅耳枥 *Carpinus pubescens*	9	12.33	16.15	10.42	38.90
川桂 *Cinnamomum wilsonii*	6	8.22	9.06	8.33	25.62
中华槭 *Acer sinense*	5	6.85	1.79	8.33	16.98
杜鹃 *Rhododendron simsii*	5	6.85	1.52	6.25	14.62
罗浮槭 *Acer fabri*	2	2.74	5.54	4.17	12.44
圆果花楸 *Sorbus globosa*	1	1.37	7.04	2.08	10.49
黄丹木姜子 *Litsea elongate*	2	2.74	2.77	4.17	9.67
鞘柄木 *Toricellia tiliifolia*	2	2.74	2.31	4.17	9.22
樟树 *Cinnamomum camphora*	1	1.37	2.96	2.08	6.41
滇青冈 *Cyclobalanopsis glaucoides*	1	1.37	2.22	2.08	5.68
灯台树 *Bothrocaryum controversum*	1	1.37	2.02	2.08	5.47
川榛 *Corylus heterophylla*	1	1.37	0.47	2.08	3.93
合计	73	100.00	100.00	100.00	300.00

3. 红豆杉 — 青榨槭 — 川桂林

青榨槭(*Acer davidii*)，属于落叶乔木，高约 10 ~ 15m，稀达 20m。树皮黑褐色或灰褐色，常纵裂成蛇皮状。小枝细瘦，圆柱形，无毛；当年生的嫩枝紫绿色或绿褐色，具很稀疏的皮孔，多年生的老枝黄褐色或灰褐色。主要分布于华北、华东、中南、西南各省区。在黄河流域长江流域和东南沿海各省区，常生于海拔 500 ~ 1 500m 的疏林中。本种生长迅速，树冠整齐，可用为绿化和造林树种。树皮纤维较长，又含丹宁，可作工业原料。

川桂(*Cinnamomum wilsonii*)，属乔木，高 25m，胸径 30cm。枝条圆柱形，干时深褐色或紫褐色。叶互生或近对生，卵圆形或卵圆状长圆形，长 8.5 ~ 18cm，宽 3.2 ~ 5.3cm，先端渐尖，尖头钝，基部渐狭下延至叶柄，但有时为近圆形，革质，边缘软骨质而内卷，上面绿色，光亮，无毛，下面灰绿色。分布于陕西、四川、湖北、湖南、广西、广东及江西。生于山谷或山坡阳处或沟边，疏林或密林中，海拔 800 ~ 2 400m。枝叶和果均含芳香油，油供作食品或皂用香精的调和原料。川桂树皮入药，功效补肾 和散寒祛风，治风湿筋骨痛、跌打及腹痛吐泻等症。

该群落位于保基乡雨那凹村，海拔 2 084m。郁闭度 0.7，该样地位于坡上部，由于人为等因素的影响，红豆杉多数曾被砍伐，近几年由于加大保护力度，生态得以恢复，一些红豆杉得以萌生，也在群落形成一定的优势。

该群落乔木层密度 64 株/400m^2，主要优势树种有红豆杉、青榨槭、川桂、中华槭等乔木树种，其多度与重要值分别为 16 株/400 m^2、9 株/400 m^2、11 株/400m^2、9 株/400 m^{2}和 73.45、43.27、41.07、36.05。红豆杉平均树高 4.2m，平均胸径 9.1cm，青榨槭平均树高 5m，平均胸径 9cm。除上述树种外，该样地还有圆果花楸、化香、灯台树、滇榛、黄丹木姜子、云贵鹅耳枥等树种。该群落为典型的喀斯特森林群落(表 3-8)。

表3-8　红豆杉 — 青榨槭 — 川桂乔木层种群重要值表

物种	株数	相对密度	相对显著度	相对频度	重要值
红豆杉 *Taxus chinesis*	16	25.00	27.86	20.59	73.45
青榨槭 *Acer davidii*	9	14.06	14.50	14.71	43.27
川桂 *Cinnamomum wilsonii*	11	17.19	12.12	11.76	41.07
中华槭 *Acer sinense*	9	14.06	7.28	14.71	36.05
圆果花楸 *Sorbus globosa*	7	10.94	15.09	8.82	34.85
化香 *Platycarya strobilacea*	5	7.81	12.27	11.76	31.85
灯台树 *Bothrocaryum controversum*	3	4.69	7.28	8.82	20.79
滇榛 *Corylus yunnanensis*	2	3.13	2.13	2.94	8.20
黄丹木姜子 *Litsea elongate*	1	1.56	1.23	2.94	5.74
云贵鹅耳枥 *Carpinus pubescens*	1	1.56	0.22	2.94	4.73
合计	64	100.00	100.00	100.00	300.00

（二）针叶林

1. 柳杉林

柳杉（*Cryptomeria fortunei*），属于高大乔木，高达40m，胸径可达2m多；树皮红棕色，纤维状，裂成长条片脱落；大枝近轮生，平展或斜展；小枝细长，常下垂，绿色，枝条中部的叶较长，常向两端逐渐变短。叶钻形略向内弯曲，先端内曲，四边有气孔线，长1～1.5cm，果枝的叶通常较短，幼树及萌芽枝的叶长达2.4cm。

柳杉林位于八大山中上部，海拔2 200m，郁闭度0.8，柳杉纯林于2003年人工栽培，平均胸径10cm，平均树高7m。该群落水分、阳光充足，长势较好。

2. 杉木林

杉木（*Cunninghamia Lanceolata*）是我国特有的速生商品材树种，生长快，材质好。木材纹理通直，结构均匀，不翘不裂。主要产于中国，长江以南广泛用之造林，长江以北也有不少地区引种栽培；此树在土层肥厚，气候温暖多雨，排水良好的山地或河堤生长迅速。

杉木林位于八大山里白村，海拔1 600m，郁闭度0.75，杉木纯林于2003年人工栽培，平均胸径10cm，平均树高7.5m。

（三）阔叶林

1. 云贵鹅耳枥 — 青榨槭林

云贵鹅耳枥属于乔木，高约5～10m；树皮棕灰色；小枝暗褐色，被短柔毛或渐变无毛。叶厚纸质，长椭圆形、矩圆状披针形、卵状披针形，少有椭圆形。主要分布于云南东南部、贵州、四川南川、陕西等地。生于海拔450～1 500m的山谷或山坡林中，也生于山顶或石山坡的灌木林中；越南北部也有。

该群落位于保基乡雨那凹村，海拔2 050m，坡度45°，样地位于坡上部。群落郁闭度0.8，乔木层密度138株/400m^2，由于喀斯特地区的小生境异质性，群落内乔木树种在400 m^2内有30余种，以云贵鹅耳枥与青榨槭、红豆杉等树种形成一种共优群落。样地中作为优势种的云贵鹅耳枥（图3-1），胸径最小2cm，最大10.5cm，胸径集中在2～6cm之间，平均胸径4.7cm，平均树高4.5m，胸径偏小和树高偏矮，表明了群落曾受过干扰破坏。为促进演替的正常发展，必须加强保护，减少人为活动的干扰。马缨杜鹃平均树高3.4m，平均胸径3.9cm。除上述树种外，该样地还有化香、多脉青冈、川桂、构树、宜昌润楠、灯台树等乔木树种。灌木层盖度0.3，主要有方竹、十大功劳、金丝桃及红豆杉幼树。草本盖度0.2，主要为莎草、荩草、冷水花、鸢尾等（表3-9）。

表 3-9　云贵鹅耳枥 — 青榨槭林乔木层种群重要值表

物种	株数	相对密度	相对显著度	相对频度	重要值
云贵鹅耳枥 *Carpinus pubescens*	39	28.26	21.89	14.08	64.24
青榨槭 *Acer davidii*	16	11.59	19.41	9.86	40.86
马缨杜鹃 *Rhododendron delavayi*	14	10.14	4.92	9.86	24.93
红豆杉 *Chinese yew*	13	9.42	4.84	8.45	22.71
化香 *Platycarya strobilacea*	9	6.52	8.56	5.63	20.71
川桂 *Cinnamomum wilsonii*	8	5.80	3.06	5.63	14.49
多脉青冈 *Cyclobalanopsis multiervis*	5	3.62	5.74	2.82	12.18
宜昌润楠 *Machilus ichangensis*	3	2.17	3.92	4.23	10.32
构树 *Broussonetia papyrifera*	4	2.90	3.42	2.82	9.13
灯台树 *Bothrocaryum controversum*	3	2.17	2.24	4.23	8.64
树参 *Dendropanax dentiger*	3	2.17	1.01	4.23	7.41
川榛 *Corylus heterophylla*	2	1.45	2.46	2.82	6.72
滇青冈 *Cyclobalanopsis glaucoides*	2	1.45	2.22	2.82	6.48
杜英 *Elaeocarpus prunifolioides*	2	1.45	2.00	2.82	6.27
青冈栎 *Cyclobalanopsis glauca*	2	1.45	1.61	1.41	4.47
构树 *Broussonetia papyrifera*	1	0.72	2.26	1.41	4.40
黄绵木 *Metadina trichotoma*	1	0.72	1.65	1.41	3.78
野芭蕉 *Musa balbisiana*	1	0.72	1.54	1.41	3.67
柳杉 *Cryptomeria fortunei*	1	0.72	1.40	1.41	3.53
石砾 *Lithocarpus glaber*	1	0.72	0.99	1.41	3.12
山矾 *Symplocos sumuntia*	1	0.72	0.90	1.41	3.03
新木姜子 *Neolitsea aurata*	1	0.72	0.77	1.41	2.90
黄心夜合 *Michelia martini*	1	0.72	0.77	1.41	2.90
山杜英 *Elaeocarpus sylvestris*	1	0.72	0.74	1.41	2.88
飞蛾槭 *Acer oblongum*	1	0.72	0.69	1.41	2.83
小果南烛 *Lyonia ovalifolia*	1	0.72	0.45	1.41	2.58
鞘柄木 *Toricellia tiliifolia*	1	0.72	0.32	1.41	2.46
柿 *Diospyros vaccinioides*	1	0.72	0.21	1.41	2.34
合计		100.00	100.00	100.00	300.00

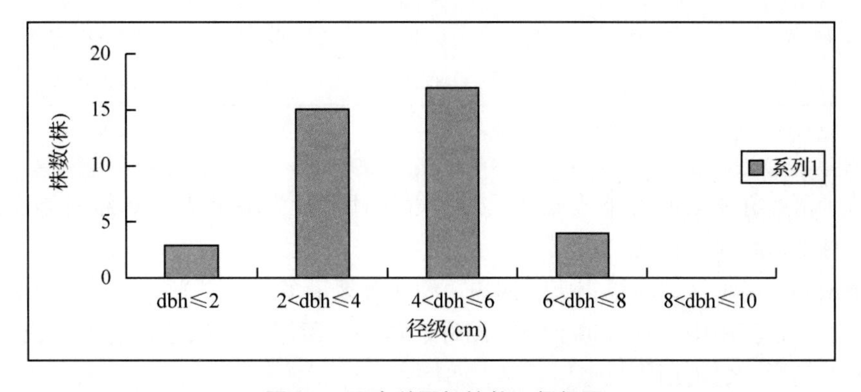

图 3-1　云贵鹅耳枥株数—径级图

2. 川桂 — 水青树 — 红果黄肉楠林

水青树(*Tetracentron sinense*)属于落叶乔木，第三纪古老孑遗珍稀植物，分布于陕西南部、甘肃东南部、四川中南部和北部等地，生于海拔1 600～2 200m的沟谷或山坡阔叶林中。分布于中国的陕西、甘肃、湖北、四川、贵州、云南等省及印度的北部、缅甸北部、尼泊尔和不丹。水青树的木材无导管，对研究中国古代植物区系的演化、被子植物系统和起源具有重要科学价值。该种属于濒危物种，已被列为国家Ⅱ级重点保护野生植物。

该样地位于保基乡雨那凹村，海拔2 060m，样地位于坡中上部。乔木层密度57株/400m^2，郁闭度0.7，以川桂、水青树、红果黄肉楠等树种形成一种共优群落，其多度与重要值分别为13株/400 m^2、7株/400 m^2、8株/400 m^2和60.00、40.18、31.30。其中川桂平均树高5.5m，平均胸径10.5cm，水青树树高4.5m，平均胸径11cm。除上述树种外，该样地还有灯台树、红山茶、云贵鹅耳枥、轮叶木姜子、青榨槭、青冈栎等树种(表3-10)。

表3-10 川桂—水青树—红果黄肉楠林乔木层种群重要值表

物种	株数	相对密度	相对显著度	相对频度	重要值
川桂 *Cinnamomum wilsonii*	13	22.81	19.70	17.50	60.00
水青树 *Tetracentron sinense*	7	12.28	12.89	15.00	40.18
红果黄肉楠 *Actinodaphne cupularis*	8	14.04	4.77	12.50	31.30
灯台树 *Bothrocaryum controversum*	5	8.77	15.35	5.00	29.12
红山茶 *Camellia pitardii*	4	7.02	2.26	7.50	16.78
云贵鹅耳枥 *Carpinus pubescens*	2	3.51	8.13	5.00	16.64
轮叶木姜子 *Litsea verticillata*	3	5.26	1.99	7.50	14.76
青榨槭 *Acer davidii*	2	3.51	8.33	2.50	14.34
青冈栎 *Cyclobalanopsis glauca*	2	3.51	5.00	5.00	13.51
鞘柄木 *Toricellia tiliifolia*	1	1.75	7.34	2.50	11.60
珙桐 *Davidia involucrata*	1	1.75	4.58	2.50	8.84
猫耳屎 *Decaisnea insignis*	1	1.75	3.97	2.50	8.23
野樱桃 *Cerasus clarofolia*	2	3.51	2.09	2.50	8.10
黄丹木姜子 *Litsea elongata*	2	3.51	1.21	2.50	7.22
紫荆 *Cercis chinensis*	1	1.75	1.25	2.50	5.50
中华槭 *Acer sinense*	1	1.75	0.53	2.50	4.79
圆果花楸 *Sorbus globosa*	1	1.75	0.34	2.50	4.59
西南绣球 *Hydrangea davidii*	1	1.75	0.26	2.50	4.52
合计	57	100.00	100.00	100.00	300.00

3. 黄葛榕林

桑科落叶或半落叶乔木。叶薄革质或坚纸质，近披针形，先端渐尖，基部圆形或近心形，全缘，无毛。隐花果近球形，熟时黄色或红色。

原产我国华南和西南地区，尤以重庆、四川、湖北等地最多。它喜光，耐旱，耐瘠薄，有气生根，适应能力特别强。园林应用中适宜栽植于公园湖畔、草坪、河岸边、风景区，孤植或群植造景，提供人们游憩、纳凉的场所，也可用作行道树。

该群落位于保基乡雨那凹村陆家寨，地形属于河谷地带，海拔990m，该样地属于低海拔河谷地区，气候条件较好，水分充足，该群落树种长势较好。该样地调查树木共18株，其中榕树14株，其余为香椿(*Toona sinensis*)、喜树(*Camptotheca acuminata*)和酸枣。榕树最高的有33m左右的，冠幅在40m×45m左右。

4. 枫香

枫香，又名枫香树，为金缕梅科落叶乔木植物，落叶乔木，生于海拔220～2 000m之丘陵及平原或山地常绿阔叶林中。喜温暖湿润气候，性喜光，幼树稍耐阴，耐干旱瘠薄土壤，不耐水涝。在湿润肥沃而深厚的红黄壤土上生长良好。深根性，主根粗长，抗风力强，不耐移植及修剪。种子有隔年发芽的习性，不耐寒，黄河以北不能露地越冬，不耐盐碱及干旱。树脂供药用，能解毒止痛，止血生肌；根、叶及果实亦入药，有祛风除湿，通络活血功效。木材稍坚硬，可制家具及贵重商品的装箱。

该群落位于保基乡雨那凹村峡谷中段，海拔1 163m，坡度50°，该样地主要有枫香、杨树、紫花泡桐、山合欢等树种，枫香为优势树种，平均胸径19cm，平均树高有20m。样地中作为优势种的枫香(图3-2)，胸径最小2.5cm，最大37cm。径级分布比较分散，主要集中10～30cm之间；郁闭度0.7。

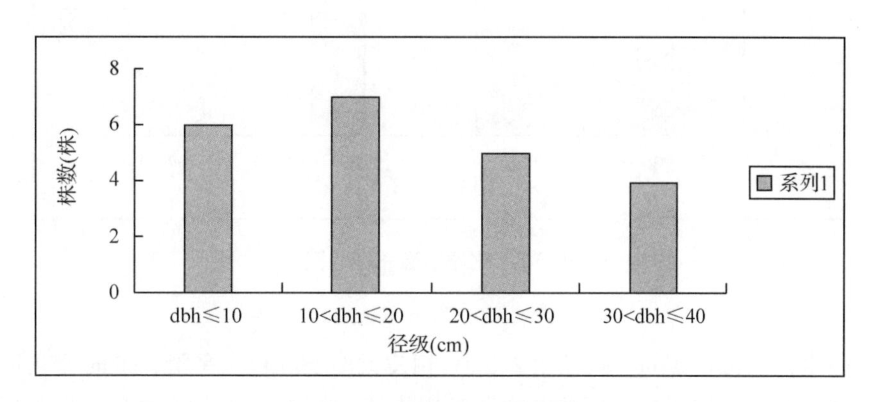

图3-2　枫香株数—径级图

5. 光皮桦林

光皮桦属于落叶乔木，高可达20m，胸径可达80cm；树皮红褐色或暗黄灰色，坚密，平滑；枝条红褐色，无毛，有蜡质白粉；小枝黄褐色，密被淡黄色短柔毛，疏生树脂腺体；芽鳞无毛，边缘被短纤毛。叶矩圆形、宽矩圆形、矩圆披针形、有时为椭圆形或卵形，长4.5～10cm，宽2.5～6cm。多生长在海拔800～1 900m的山坡，与灯台树、响叶杨、杉木等多种树种混生。产于云南、贵州、四川、陕西、甘肃、湖北、江西、浙江、广东、广西。生于海拔500～2 500 m之阳坡杂木林内。模式标本采自四川城口。

该样地位于保基乡雨那凹村峡谷地区山体中上部，海拔1 403m，坡度15°，该样地主要有光皮桦、化香、槲栎、杉木、青榨槭等树种，光皮桦为优势树种，平均树高9m，平均胸径8cm。郁闭度0.8。灌木层主要有鼠李、滇白珠、悬钩子、映山红等组成，盖度0.3；草本层主要有莎草、臭牡丹等。该群落为典型的次生性群落。

6. 化香林

该样地位于保基乡小黄兴村，海拔1 577m，郁闭度0.9，该样地位于石灰岩地区，该样地乔木层密度58株/400m^2，灌木层密度23株/400 m^2，该群落以化香主要优势树种、此外还有旌节花、冬青等树种。优势树种化香胸径大部分集中在6～10cm之间，平均树高6m，平均胸径7.9cm，除优势树种外，该样地还有滇青冈、槲栎、鹅耳枥、等乔木树种。该群落为典型的喀斯特山地森林群落(表3-11)。

表 3-11 化香林重要值表

物种	株数	相对密度	相对显著度	相对频度	重要值
化香 *Platycarya strobilacea*	51	62.96	60.29	36.36	159.62
旌节花 *Stachyurus himalaicus*	13	16.05	15.31	18.18	49.54
冬青 *Ilex yunnanensis*	10	12.35	11.49	18.18	42.02
紫荆 *Cercis chinensis*	3	3.70	4.95	13.64	22.29
滇青冈 *Cyclobalanopsis glaucoides*	2	2.47	7.14	4.55	14.15
槲栎 *Quercus aliena*	1	1.23	0.76	4.55	6.54
鹅耳枥 *Carpinus turczaninowii*	1	1.23	0.05	4.55	5.83
合计	81	100.00	100.00	100.00	300.00

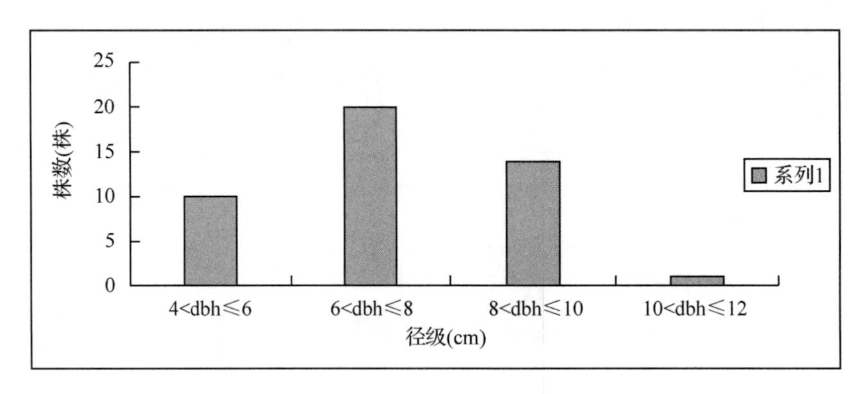

图 3-3 化香株数—径级图

7. 檫木林

檫木属落叶乔木，高可达35m，胸径达2.5m；树皮幼时黄绿色，平滑，老时变灰褐色，呈不规则纵裂。本种木材浅黄色，材质优良，细致，耐久，用于造船、水车及上等家具；根和树皮入药，功能活血散瘀，祛风去湿，治扭挫伤和腰肌劳伤；果、叶和根尚含芳香油，根含油1%以上，油主要成分为黄樟油素。四川乐山及湖南、安徽常有栽培。该样地位于普古乡播秋村蚂蚁地鱼塘边，属于娘娘山中下部，海拔2 130m，檫木平均胸径10.5cm，平均树高5m。除优势树种外该样地还有桦木、木姜子、杜鹃、盐肤木等乔木树种。

8. 光叶珙桐林

光叶珙桐为落叶乔木。可生长到20~25m高，叶子广卵形，边缘有锯齿。本科植物只有一属两种，两种相似，只是一种叶面有毛，另一种是光面。花奇色美，是1 000万年前新生代第三纪留下的孑遗植物，在第四纪冰川时期，大部分地区的珙桐相继灭绝，只有在我国南方的一些地区幸存下来，成为了植物界今天的“活化石”。

分布于湖北西部、湖南西部、四川以及贵州和云南两省的北部。在四川西部的宝兴、天全、峨眉、马边、峨边等县极常见；生于海拔1 500~2 200m的润湿的常绿阔叶落叶阔叶混交林中。

该群落主要分布于普古乡坡秋村大弯头的之阁大山的山中上部，海拔2 080m，由于地势险要、远离村庄，受人为干扰较少，因而珙桐长势相对较好，形成以珙桐占优势的群落，该群落样地400m^2中有珙桐20余丛，其丛生3~12株，平均胸径11cm，平均树高6.2m。该群落除优势树种珙桐外，还有卫矛、野花椒、香叶树、构树等树种组成该群落。

9. 鹅耳枥—旌节花林

鹅耳枥属于乔木，高5~10m；树皮暗灰褐色，粗糙，浅纵裂；枝细瘦，灰棕色，无毛；小枝被短柔毛。属耐阴，喜肥沃湿润土壤，也耐干旱瘠薄。属于鹅耳枥属。该属植物全世界约有40余种，我国约30种。分布相当广泛，在华北、西北、华中、华东、西南一带都曾有过它们的足迹。其中有些种类木材坚硬，纹理致密美观，可制家具、小工具及农具等。鹅耳枥种子可榨油，供食用以及工业用。有些种类叶形秀丽，果穗奇特，枝叶茂密，为著名园林观赏植物。生长于海拔500～2 000m的山坡或山谷林中，山顶及贫瘠山坡亦能生长。

旌节花属常绿灌木，高1～3m；树皮暗灰色，光滑；枝条圆形，当年生枝为绿黄色，二年生枝棕色或棕褐色，具皮孔。产湖南、湖北、四川、贵州、云南和广东北部。生于海拔800～1 800m的山坡常绿阔叶林下，或林缘灌丛中。

该群落位于保基乡小黄兴村，海拔1 620m，郁闭度0.9，该样地乔木层密度83株/400㎡，主要优势树种有鹅耳枥、化香等乔木树种和旌节花等灌木树种，其多度与重要值分别为53株/400 m^2、13株/400m^2、27株/400m^2和121.43、31.96、70.06。其中优势种鹅耳枥平均树高7.6m，平均胸径8.2cm，径级主要分布在5～15cm之间(图3-4)，除优势树种外，该样地还有刺楸、猴樟、香叶树等乔木树种(表3-12)。

表3-12　鹅耳枥—旌节花林重要值表

物种	株数	相对密度	相对显著度	相对频度	重要值
鹅耳枥 *Carpinus turczaninowii*	53	48.18	46.93	26.32	121.43
旌节花 *Stachyurus himalaicus*	27	24.55	19.19	26.32	70.06
化香 *Platycarya strobilacea*	13	11.82	4.36	15.79	31.96
刺楸 *Kalopanax septemlobus*	5	4.55	18.88	5.26	28.69
猴樟 *Cinnamomum bodinieri*	4	3.64	6.76	7.89	18.30
香叶树 *Lindera communis*	3	2.73	0.97	5.26	8.96
桦木 *Betula alnoides*	2	1.82	1.71	5.26	8.79
杜鹃 *Rhododendron simsii*	2	1.82	1.07	5.26	8.15
小叶楠 *Phoebe microphylla*	1	0.91	0.14	2.63	3.68
合计	110	100.00	100.00	100.00	300.00

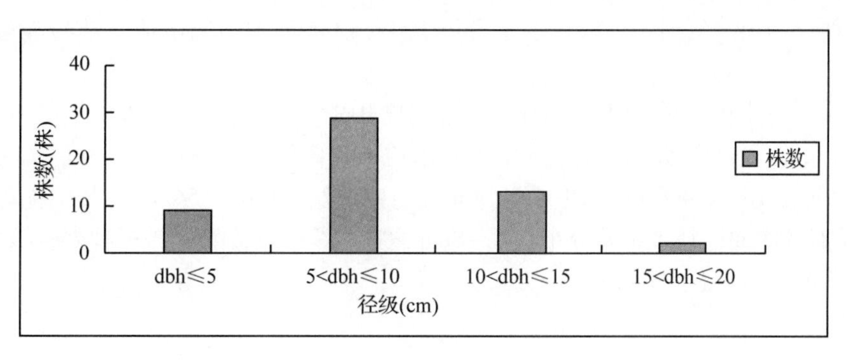

图3-4　鹅耳枥株数—径级图

10. 马鞍树—八角枫林

马鞍树是豆科马鞍树属的一种乔木。高5～23m，胸径20～80cm；树皮绿灰色或灰黑褐色，平滑；花期6～7月，果期8～9月。这种植物分布于低中海拔地区，生长于山坡、溪边、谷地，海拔550～2 300m，在中国大部分地区有分布。

八角枫落叶乔木，高达15m，胸径40cm。常成灌木状。树皮淡灰色、平滑，小枝呈"之"字形曲折，疏被毛或无毛。叶柄下芽，红色。单叶互生，卵圆形，基部偏斜。阳性树。稍耐阴，对上壤要求不严，喜肥沃、疏 松、湿润的土壤，具一定耐寒性，萌芽力强，耐修剪，根系发达，适应性强，我国长江流域以南各地均有分布。本种药用，根名白龙须，茎名白龙条，治风湿、跌打损伤、外伤止血等。

树皮纤维可编绳索。木材可作家具及天花板。

该群落位于保基乡雨那凹村登山坡大水池，海拔2040m，郁闭度0.9. 该样地灌木层密度38株/400m^2，主要优势树种有马鞍树、八角枫、红豆杉等乔木树种，其多度与重要值分别为13株/400m^2、7株/400m^2、5株/400m^{2}和119.54、46.65、29.41。除优势树种外，该样地还有川桂、中华槭、鞘柄木等乔木树种。由于该群落生境严酷，主要多为石沟、石缝，灌木层主要为方竹，其1丛7~8株，盖度0.7，还有少量十大功劳、叶上珠等(表3-13)。

表3-13 马鞍树 — 八角枫林层种群重要值表

物种	株数	相对密度	相对显著度	相对频度	重要值
马鞍树 *Maackia hupehensis*	13	34.21	63.59	21.74	119.54
八角枫 *Alangium chinense*	7	18.42	10.84	17.39	46.65
红豆杉 *Chinese yew*	5	13.16	3.21	13.04	29.41
川桂 *Cinnamomum wilsonii*	4	10.53	5.17	13.04	28.74
中华槭 *Acer sinense*	3	7.89	2.17	13.04	23.11
鞘柄木 *Toricellia tiliifolia*	2	5.26	1.25	8.70	15.21
灯台树 *Bothrocaryum controversum*	1	2.63	7.97	4.35	14.95
滇青冈 *Cyclobalanopsis glaucoides*	2	5.26	5.24	4.35	14.85
化香 *Platycarya strobilacea*	1	2.63	0.56	4.35	7.54
合计	38	100.00	100.00	100.00	300.00

11. 旌节花 — 槲栎林

槲栎属于落叶乔木，高达30m；树皮暗灰色，深纵裂。老枝暗紫色，具多数灰白色突起的皮孔；小枝灰褐色，近无毛，具圆形淡褐色皮孔；芽卵形，芽鳞具缘毛。木材坚硬，耐腐，纹理致密，供建筑、家具及薪炭等用材；种子富含淀粉，可酿酒，也可制凉皮、粉条和做豆腐及酱油等，又可榨油。壳斗、树皮富含单宁。槲栎叶片大且肥厚，叶形奇特、美观，叶色翠绿油亮、枝叶稠密，属于美丽的观叶树种。适宜浅山风景区造景之用。分布于陕西、山东、江苏、安徽、浙江、江西、河南、湖北、湖南、广东、广西、四川、贵州、云南。生于海拔100~2 000m的向阳山坡，常与其他树种组成混交林或成小片纯林。

该样地位于保基乡小黄兴村，海拔1 600m，郁闭度0.9，样地位于坡上部，坡度40°。该样地灌木层密度93株/400 m^2，主要优势树种有旌节花等灌木树种和槲栎、化香等乔木树种，其多度与重要值分别为91株/400 m^2、18株/400 m^2、19株/400 m^{2}和142.37、61.62、54.23。其中优势种旌节花平均树高5m，平均胸径5.5cm，径级主要分布在4~8cm之间(图3-5)，除优势树种外，该样地还有麻栎、鹅耳枥、盐肤木等乔木树种(表3-14)。

表3-14 旌节花 — 槲栎林层种群重要值表

物种	株数	相对密度	相对显著度	相对频度	重要值
旌节花 *Stachyurus himalaicus*	91	66.42	44.69	31.25	142.37
槲栎 *Quercus aliena*	18	13.14	26.60	21.88	61.62
化香 *Platycarya strobilacea*	19	13.87	15.37	25.00	54.23
麻栎 *Quercus acutissima*	4	2.92	10.09	6.25	19.26
鹅耳枥 *Carpinus turczaninowii*	2	1.46	2.48	6.25	10.19

（续）

物种	株数	相对密度	相对显著度	相对频度	重要值
滇榛 *Corylus yunnanensis*	1	0.73	0.35	3.13	4.21
杜鹃 *Rhododendron simsii*	1	0.73	0.24	3.13	4.09
盐肤木 *Rhus chinensis*	1	0.73	0.18	3.13	4.04
合计	137	100.00	100.00	100.00	300.00

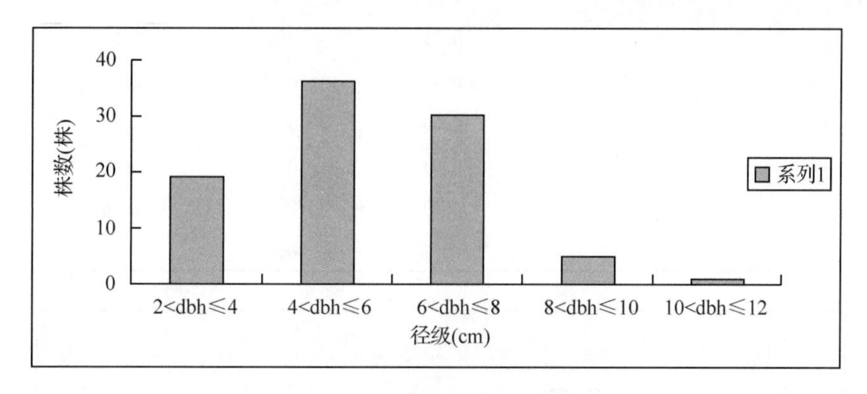

图 3-5　旋节花株数—径级图

12. 马缨杜鹃林

马缨杜鹃，杜鹃花科杜鹃花属的一种。属常绿灌木或小乔木，高 3～8m，最高可达 12m 以上。树皮棕色，呈不规则片状剥裂，枝条直立，幼枝被灰白色绵毛。单叶革质，簇生于枝顶，叶柄长 1～2cm，被毡毛，叶片长圆状披针形，全缘微波状，叶面深绿色，无毛，无皱，背面淡棕色，密被灰白色至淡棕色海绵状薄毡毛，花簇生于枝顶，呈伞形花序式的总状花序，有花 10～20 朵，具毛，大而美丽。花冠钟状，深红色。分布于云贵高原海拔 200～3 100m 的灌木丛中或松林下。喜凉爽、湿润气候，恶酷热干燥。要求通风良好的半阴环境，夏季应防晒遮荫，冬季则应注意保暖防寒。原产地是酸性土壤，故栽培用土的 pH 应为 5.5～6.5，富含腐殖质、疏松、排水良好的酸性土壤。本种为喜肥花木，但忌浓肥，否则会导致烂根死亡。一般常用矾肥水，每月 2～3 次。花芽分化孕蕾期，应加施磷、钾肥。还有，浇水也应注意，本种虽喜湿润，但不耐渍水，水分过多易烂根，故浇水的原则是，见干浇水，保持土壤湿润即可。马缨花入药，性味苦、凉，有小毒，功能清热拔毒，止血，调经。主治骨髓炎、消化道出血、咯血、月经不调。木材淡红色，质脆，当地人用来制木碗（图 3-6）。

两样地均位于盘县普古乡土地丫口，海拔 2 010m 和 2 039m，坡度 20°，郁闭度 0.9 和 0.8。其中马缨杜鹃－槲栎林样地乔木层密度 150 株/400m^2，主要优势树种有马缨杜鹃、槲栎等乔木树种其多度与重要值分别为 106 株/400m^2、22 株/400m^2 和 176.49、41.33。其中优势种马缨杜鹃的平均树高 2.6m，平均胸径 8.4cm，径级主要分布在 5～15cm 之间。除优势树种外，样地还有麻栎、木姜子、小果南烛等乔木或灌木树种，其群落属于落叶乔木林（表 3-15）。

马缨杜鹃－麻栎林样地乔木层密度 130 株/400m^2，主要优势树种有马缨杜鹃、麻栎、槲栎等乔木树种其多度与重要值分别为 42 株/400 m^2、37 株/400 m^2、21 株/400 m^2 和 107.67、70.33、48.4。除优势树种外，样地还有桦木、小果南烛、楠木、栓木等乔木树种，其群落属于落叶乔木林（表 3-16）。

表 3-15 马缨杜鹃 — 槲栎林层种群重要值表

物种	株数	相对密度	相对显著度	相对频度	重要值
马缨杜鹃 *Rhododendron delavayi*	106	66. 25	84. 60	25. 64	176. 49
槲栎 *Quercus aliena*	22	13. 75	4. 50	23. 08	41. 33
麻栎 *Quercus acutissima*	17	10. 63	7. 79	17. 95	36. 37
小果南烛 *Lyonia ovalifolia*	7	4. 38	1. 19	12. 82	18. 38
木姜子 *Litsea elongata*	3	1. 88	1. 02	7. 69	10. 58
杨梅 *Myrica rubra*	1	0. 63	0. 32	2. 56	3. 51
山槐 *Albizia kalkora*	1	0. 63	0. 17	2. 56	3. 36
硬斗石栎 *Lithocarpus hancei*	1	0. 63	0. 17	2. 56	3. 36
美丽马醉木 *Pieris formosa*	1	0. 63	0. 14	2. 56	3. 33
红皮树 *Styrax suberifolius*	1	0. 63	0. 11	2. 56	3. 30
合计	160	100. 00	100. 00	100. 00	300. 00

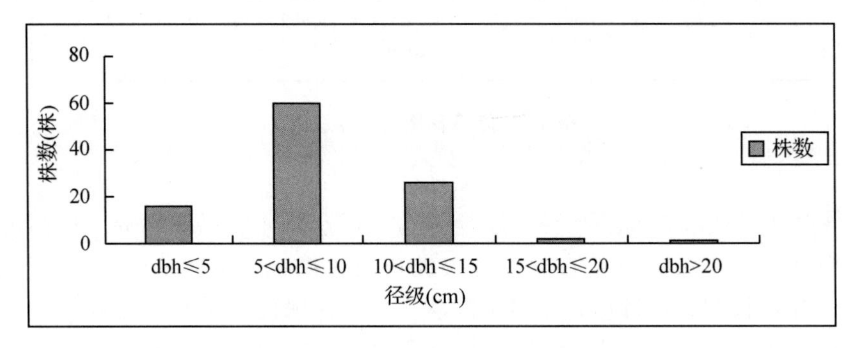

图 3-6 马缨杜鹃株数—径级图

表 3-16 马缨杜鹃 — 麻栎林层种群重要值表

物种	株数	相对密度	相对显著度	相对频度	重要值
马缨杜鹃 *Rhododendron delavayi*	42	32. 31	59. 90	15. 56	107. 76
麻栎 *Quercus acutissima*	37	28. 46	19. 64	22. 22	70. 33
槲栎 *Quercus aliena*	21	16. 15	12. 25	20. 00	48. 40
桦木 *Betula alnoides*	15	11. 54	3. 92	17. 78	33. 24
小果南烛 *Lyonia ovalifolia*	2	1. 54	0. 58	4. 44	6. 56
楠木 *Phoebe zhennan*	3	2. 31	0. 77	2. 22	5. 30
柃木 *Eurya japonica*	2	1. 54	0. 81	2. 22	4. 57
大果蜡瓣花 *Corylopsis multiflora*	2	1. 54	0. 52	2. 22	4. 28
华山矾 *Symplocos chinensis*	1	0. 77	0. 66	2. 22	3. 65
野鸭椿 *Euscaphis japonica*	1	0. 77	0. 30	2. 22	3. 29
楤木 *Aralia elata*	1	0. 77	0. 28	2. 22	3. 27
旌节花 *Stachyurus himalaicus*	1	0. 77	0. 15	2. 22	3. 14
美丽马醉木 *Pieris formosa*	1	0. 77	0. 11	2. 22	3. 10
木姜子 *Litsea elongata*	1	0. 77	0. 11	2. 22	3. 10
合计	130	100. 00	100. 00	100. 00	300. 00

13. 桃叶杜鹃林

该样地位于八大山顶部，海拔 2 460 ~2 470m，属于盘县海拔最高的山，该群落主要由桃叶杜鹃为主要优势种组成，还有箭竹、木姜子、旌节花、杨梅、花楸等灌木林和草本植物构成该群落。是典型的高山矮林。同时由于有大量的金发癣及泥炭癣存在，也是属于较为典型的森林湿地群落。

14. 映山红— 金丝桃林

该群落主要位于八大山山顶，是盘县境内海拔最高的山脉，八大山山顶地势开阔，由于海拔较高，2 400m 以上，高大乔林难以生长，因而主要生长映山红、金丝桃等，此外还有大量的箭竹分布。

（四）竹林

1. 箭竹林

箭竹，秆小型，少数为中型，粗可达 5cm。高 1 ~4m。壁厚，节隆起，每节具多枝。箨鞘厚纸质，绿或紫红色，背面常密被暗棕色直立刺毛。秆挺直，壁光滑，故又称滑竹。主要分布于湖北、四川、云南南部和滇东南。多生于海拔 2 000 ~2 800m 处的针叶林缘，海拔 2 000m 以下的部分山顶悬崖亦有分布，为大熊猫食物。竹材厚实，是制作笔杆、筷子、帐杆及编制筐篮棚架等的材料。

该样地位于八大山山顶（坡上部），海拔 2 385m，该群落由箭竹和其他少数的灌木和乔木树种组成，箭竹密度较大，在 $25m^2$ 范围内总株数为 165 株。箭竹平均地径为 0. 8cm，平均高 3m，除箭竹外，该样地还混生少量的硬斗石栎、杜鹃、海桐、石灰花楸等植物。

2. 金竹林

金竹林均系人工经营，因此都是单层纯林。立地条件的差异，经营水平的不同，竹林的密度和生长状况都不相同。荒芜的竹林，很少采伐利用，密度很大，枯立竹多，生长较差；乱砍的竹林，立竹稀疏，所留竹秆较细，林内杂草灌木丛生，竹林生长亦较差；在集约经营的情况下，竹林平均高可达 15m 或更高，粗 5 ~10cm。分布长江流域各省，西南地区亦广为栽培。金竹喜温凉气候，在滇中地区主要分布在海拔 1 600 ~2 100m 的坝区和半山区。

该样地位于普古乡坡秋村大浮头，海拔 1 940m，对竹林设置了 5m ×5m 的样方，分别为金竹为 24 株，竹平均胸径为 1. 8cm，平均高 7m，郁闭度 0. 98。

五、小结与建议

（1）该自然保护区具有丰富的物种多样性，是珍稀植物的“避难所”。保护区地处云南高原向贵州山原过渡地带，海拔落差大，沟谷纵深，具有自然地理条件复杂，森林植被生境多样性的特点，从而润育了较为丰富的生物多样性，特别是国家Ⅰ级保护植物红豆杉、云南穗花杉、珙桐在此的分布，也表征了该自然保护区过渡性、稀有性的特点。

（2）具有森林生态系统多样性，为亚热带森林生态系统的研究提供了重要依据。保护区地处云南高原向贵州山原过渡地带，是典型的喀斯特山地，其森林生态系统以喀斯特山地森林生态系统为主，也有常态地貌的森林生态系统；同时由于海拔落差大，沟谷的纵深，气候整体属于亚热带季风湿润气候，同时又有暖温带及南亚热带沟谷气候特点，使该保护区的气候表现了一定的复杂性与垂直差异性，高大的山体也表现出一定的垂直带谱，如在海拔 700m 左右的河谷季雨林生态系统中的黄葛榕林群落，在八大山顶上的杜鹃矮林、箭竹群落。森林群落的片段化，也使森林垂直带谱出现不连续性，如常绿阔叶林较为缺乏。

（3）森林群落总体处于演替中期，应促进其正向演替。保护区生境的多样性为生物群落的多样性提供了基础。群落类型上由于主要以喀斯特森林生态系统，其生境的严酷性与脆弱性，树木着生的小生境多为石沟、石缝、土面较少，森林群落结构层次分化不明显，萌生性较强。由于人为活动的干扰，特别是一些喀斯特植被退化，喀斯特森林退化为喀斯特灌丛，因此应加强对森林植被的保护，促使其森林群落的正向演替，充分发挥其森林生态系统的作用。

（4）建议建立省级自然保护区。贵州盘县八大山自然保护区森林类型在中国森林分类中占有重要地位，如马鞍树群落、云南穗花杉以及红豆杉群落具有一定的典型性，因此加强保护区的建设是十分必要的。从现有群落的调查整体看，所调查地区的森林的原生性不是很强，这与当地农民的负干扰有关。但群落的重要值和优势种群分析表明，其群落大多数都是处在群落演替的过渡阶段，因此应尽快建立省级自然保护区，加大资金投入，加强对该自然保护区的保护、管理和经营，从而为森林资源的保护提供一个良好环境。

(5)保护区青山绿水，鸟语花香，气候宜人，并且有喀斯特地区罕见的峡谷和洞穴，是旅游休息、徒步探险的好去处。同时保护区内其他资源很丰富，对这些宝贵资源的开发利用能产生很好的经济利益。自然保护区的核心是保护，不能只顾眼前的利益而过度开发保护区的资源。保护区的目标是最大限度地保护生物多样性、原生性和珍稀特有性，保护生态系统的平衡与和谐，寻找一种最好的利用自然资源和自然环境的方法，达到保护区资源的可持续发展。

（崔　凯　谢双喜　陈正仁　丁章超　李　应）

参考文献

罗扬，刘浪，等．贵州习水中亚热带常绿阔叶林国家级自然保护区科学考察研究[M]．贵阳：贵州科技出版社，2012.
罗杨，刘浪，等．贵州望谟苏铁自然保护区科学考察集[M]．贵阳：贵州科技出版社，2010
郭勤峰，任海，殷柞云．生物多样性的生态系统功能：质与量的综合评价[J]．植物生态学报，2006，30(6)：1064～1066.
万本太，徐海根，丁晖，等．生物多样性综合评价方法研究[J]．生物多样性，2007，15(1)：97～106.
任晓东，黄明杰．参与性在贵州自然保护领域中的应用与影响[J]．贵州农业科学，2001，29(2)：56～58.
张华海，周庆，张金国，等．湄潭白面水自然保护区综合科学考察集[M]．贵阳：贵州科技出版社，2006.
陈谦海．贵州植物志(第10卷)[M]．贵阳：贵州科技出版社，2004.
邹天才．贵州特有种子植物种质资源与利用评价研究[J]．林业科学，2001，(3)：46～57.
雷相东，李希菲．混交林生长模型研究进展[J]．北京林业大学学报，2003，(3)：105～110.
汪殿蓓，暨淑仪，陈飞鹏．植物群落物种多样性研究综述[J]．生态学杂志，2001，20，(4)：55～60.
李冬，唐建维，罗成坤，等．西双版纳季风常绿阔叶林的群落学特征[J]．山地学报，2006，24，(3)：257～267.
苏孝良，于曙明，陈波涛．贵州木本生物质能资源[M]．贵阳：贵州科技出版社，2007.
吴征镒．中国种子植物属分布区类型[J]．云南植物研究(增刊ⅳ)，1991.
中国科学院植物研究所．中国植物志(种子植物各卷)[M]．北京：科学出版社，1978～2002.
中国科学院植物研究所．中国高等植物(3～11，13)[M]．青岛：青岛出版社，1999～2005.
赵志模，郭依泉．群落生态学原理与方法[M]．重庆：科学技术文献出版社重庆分社，1990.

第三节　盘县湿地初步调查

湿地(Wet lands)是地球上水陆相互作用形成的独特生态系统，是重要的生态环境和自然界最富生物多样性的生态景观之一。湿地研究是近年来国际众多学科学者们关注的热点，在国内的研究则刚刚起步。

随着人们对生态环境认识水平的不断提高，社会各界对湿地的关注程度日益增强，保护和管理好湿地资源迫在眉睫、任重道远。据此，盘县林业局湿地调查组在贵州省第二次全国湿地资源调查工作的基础上，对全县湿地资源进行了全面、细致的调查。目的是查清全县范围的湿地资源及其环境现状，掌握湿地资源的动态消长规律，建立湿地资源数据库和管理信息平台，对湿地资源进行分析评价，为湿地资源的保护、管理和合理利用提供基础资料和决策依据。

一、调查区域概况

盘县位于贵州西部，是贵州西大门。地处东经104°17′46″－104°57′46"，北纬25°19′36"　－26°17′31"之间。全县总面积4 056km^2，地貌类型交错分布，形态多样复杂，有侵蚀地貌、溶蚀地貌、构造地貌和溶蚀侵蚀地貌；以高原山地为主体，地势西北高，东南低，中南部隆起。气候属于亚热带春干夏湿温和气候区，热量丰富，雨日较多，雨热基本同季，干湿季节明显，春秋季长，冬无严寒，夏无酷暑；多年平均气温为15.2℃，年平均无霜期为271d，历年平均年日照时数为1 594.3h，空气相对湿度平均为76.0%，平均风速为1.6m/s。县域内年平均降雨量1 411.7㎜，日最大降水量148.8㎜，是全省雨量丰沛县之一。植被类型属中亚热带云贵高原半干性常绿阔叶林地带，滇黔边缘高原、山地常绿栎林、云南松林植物区，全县总体以云南植物区系为主。

二、调查内容与方法

(一)调查范围

根据国家湿地调查规范，全县境内除稻田以外面积1hm^{2}以上湖泊湿地、沼泽湿地、人工湿地以及宽度10m以上、长度5㎞以上河流湿地都属于调查范围。

(二)调查内容

对全县所有符合要求的湿地调查其湿地类型、面积、分布(行政区、中心点坐标)、平均海拔、所属流域、水源补给状况；湿地植被类型及面积、植物种类、动物种类及分布；湿地保护与管理、湿地利用状况和受威胁状况等。

(三)调查方法

根据湿地调查技术要求，对全县湿地区内面状、线状湿地进行调查，利用遥感影像及1∶10 000地形图现场勾绘，确定面状湿地面积及线状湿地长度。利用GPS定位，建立起直观影像特征和地面实况的对应关系，现场填写湿地斑块调查表，调查植物群系及种类、分布情况及保护现状与利用情况，动物类型及种类，现地拍照记录湿地现状及动、植物现状。并采集标本进行鉴定、分析、整理，数据处理用Excel等。

三、调查结果与分析

(一)湿地类型和分布

通过统计，全县拥有的湿地类型多样而丰富(表3-17)。其中河流湿地为1 292.84hm^2，包括永久性河流和季节性或间歇性河流两种湿地型，主要分布在南北盘江支流，涉及全县37个乡镇，分布区域最广泛，占总湿地面积的54.76%，是区域内湿地比例最大的类型；湖泊湿地属永久性淡水湖湿地型，主要分布在普古乡、旧营乡；沼泽湿地有藓类、森林、灌木、草本沼泽四种湿地型，主要分布在普古乡娘娘山、淤泥乡八大山、牛棚梁子、红果镇东湖；人工湿地类主要是库塘湿地型，分布在刘官等8个乡镇。

表3-17　湿地各类型面积统计

湿地类型	河流湿地(hm^2)	湖泊湿地(hm^2)	沼泽湿地(hm^2)	人工湿地(hm^2)	总计(hm^2)
全县	1 292.84	9.58	699.79	358.67	2 360.88
占有比例(%)	54.76	0.41	29.64	15.19	100.00

(二)湿地特点

(1)按土地权属分，国有权属湿地面积2 360.88hm^2，占全县湿地面积的100%，这十分有利于湿地的保护和建设。

(2)湿地水源补给以综合补给为主，包涵地表、径流两类。湿地的存在不仅需要人类的保护，还需要适应周围环境，水源的补给无疑是非常重要的，综合性的补给方式更有利于湿地的存在。

(3)河流湿地分布于海拔800～2 200m之间，呈线状分布。湖泊湿地仅两块，海拔分别为1 589m和2 280m。沼泽湿地分布于海拔1 750～2 750m之间，呈大块状集中分布。人工湿地分布于海拔1 294～2 524m之间，零星块状分布。自然存在的湿地是长期地貌变化逐渐形成的，河流湿地的海拔范围大，海拔高的主要是二级支流和三级支流，海拔低的主要是干流和一级支流。

(三)湿地多样性

1. 地貌类型多样性

全县地貌类型交错分布，形态多样复杂，有侵蚀地貌、溶蚀地貌、构造地貌和溶蚀侵蚀地貌；以高原山地为主体，地势西北高，东南低，中南部隆起。境内山脉众多，绵延纵横，山高谷深。最低海拔格所河峡谷730m，最高海拔牛棚梁子2 865m。复杂的地形地貌形成了湿地类型的多样性，类型的多样性为生物多样性打下了基础。

2. 植物多样性

据调查统计，全县湿地区域内常见的维管束植物(部分为非湿地生长植物)有139种，隶属于56科101属。包括苔藓植物2科2属2种；蕨类植物6科6属6种；裸子植物3科4属4种；被子植物45科89属127种，其中双子叶植物39科60属88种，单子叶植物6科29属39种(表3-18)。常见湿地植物有16科20属24种，包括湿生植物12科16属16种，挺水植物3科3属7种，沉水植物1科1属1种。结合湿地类型看，沼泽湿地和湖泊湿地中的植物多样性比河流湿地和人工湿地的丰富。

表3-18 盘县湿地植物科、属、种统计

类别	科数	占总科数(%)	属数	占总属数(%)	种数	占总种数(%)
苔藓植物	2	3.57%	2	1.98%	2	1.44%
蕨类植物	6	10.71%	6	5.94%	6	4.32%
裸子植物	3	5.36%	4	3.96%	4	2.88%
被子植物	45	80.36%	89	88.12%	127	91.37%
总计	56	100.00 %	101	100.00%	139	100.00%

注：数据来源于娘娘山湿地调查。

全县湿地植被可划分为5个植被型组、10个植被(亚)型和77个群系。由表3-19可以看出湿地植被类型以草丛湿地植被型为主，占群系总和的66.23%，包括竹类灌丛植被型，有箭竹 *Fargesia spathacea* 群系、平竹 *Qiongzhuea communis* 群系等；莎草型湿地植被型有水莎草 *Juncellus serotinus* 群系、水葱 *Scirpus validus* 群系、藨草 *Scirpus triquete* 群系等；禾草型湿地植被型，有狗牙根 *Cynodon dactylon* 群系、画眉草 *Eragrostis pilosa* 群系等；杂类草湿地植被型，有灯心草 *Juncus effusus* 群系、水芹 *Oenanthe javanica* 群系、水蓼 *Polygonum hydropiper* 群系等。

表3-19 盘县湿地植被类型统计

植被型组	植被(亚)型	群系	群系占有比例(%)
针叶林湿地	2	3	3.90
阔叶林湿地	1	5	6.49
灌丛湿地	2	15	19.48
草丛湿地	4	51	66.23
苔藓湿地	1	3	3.90
合计	10	77	100.00

近年来，随着湿地水环境的污染，部分湿地植物正逐渐消失，加之河流河堤的修建、人为的开沟沥水、开渠引洪积淤等，天然湿地面积逐步呈减少的趋势，原有的植物群落分布格局也被打破，湿地泥沙淤积状况发生变化，湿地生态环境遭受破坏，致使湿地植物群落出现了越来越单一的状况。经全面调查发现，对湿地植被的保护没有受到足够的重视，对湿地的重要性多数人并不了解，对湿地资源的开发利用缺乏科学性。

3. 动物多样性

通过实地调查和历史资料的整理，全县湿地发现脊椎动物共计174种，隶属于4纲5目55科。

(1)鱼类

共记录有4目11科36属39种，其中，鲤形目3科26属29种，占记录鱼类总数的74.4%；鲇形目次之，有4科6属6种，占保护区鱼类总数的15.4%，鲈形目第三，有3科3属3种，占保护区鱼类总数的7.7%；合鳃目仅有黄鳝一个代表性种类。

(2)两栖爬行类

两栖爬行类动物共有4目11科23属30种。其中，两栖类有2目7科13属16种，占该区两栖爬行动物总种数的53.3.48%，爬行类有2目4科10属14种，占总种数的46.7%。

两栖动物无尾目的蛙科有5属7种，占该区两栖动物总种数的43.7%；姬蛙科有2属3种，占18.75%；树娃科2属2种12.5%。

爬行动物有鳞目蜥蜴亚目的蜥蜴科有2属2种，占该区爬行动物种数的14.29%；壁虎科和鬣蜥科各有1属1种，各占种数的7.14%；蛇亚目有7属11种，占总种数的78.57%。蝰科有1属1种，占种数的7.14%。

(3)鸟类13目31科92属154种

该地区共记录到鸟类154种，隶属于13目31科92属。其中湿地鸟类9种，分属于5目5科。包括鹈鹕目1科(鹈鹕科)1种，鹳形目1科(鹭科)3种，鹤形目1科(秧鸡科)1种；鸻形目1科2种；佛法僧目1科(翠鸟科)2种。在96种繁殖鸟中，东洋种有48种，占繁殖鸟总数的53.9%，充分显示出该区域的鸟类组成成分富于东洋界特征。本地区共发现列入国际自然保护联盟(IUCN)濒危物种红色名录(近危级别以上)中的物种2种，其中易危(VU)级1种，为暗色鸦雀(*Paradoxornis zappeyi*)；近危(NT)1种，为滇鳾(*Sitta yunnanensis*)。列入《国家重点保护野生动物名录》中的物种14种，均为国家Ⅱ类保护动物，包括黑鸢 *Milvus migrans lineatus*、苍鹰 *Accipiter gentilis schvedowi*、赤腹鹰 *Accipiter soloensis*、雀鹰 *Accipiter nisus nisosimilis*、普通鵟 *Buteo buteo japonicus*、游隼 *Falco peregrinus peregrinator*、红隼 *Falco tinnunculus interstinctus*、白腹锦鸡 *Chrysolophus amherstiae*、褐翅鸦鹃 *Centropus sinensis sinensis*、领角鸮 *Otus bakkamoena erythrocampe*、鵰鸮 *Bubo bubo kiautschensis*、领鸺鹠 *Glaucidium brodiei brodiei*、斑头鸺鹠 *Glaucidium cuculoides whiteleyi*、灰林鸮 *Strix aluco nivicola*。

(4)哺乳类

共记录到哺乳动物8目17科26属31种。其中啮齿目10种，占总数的33.3%；食肉目9种，占总数的30/%。在记录的31哺乳动物中，属国家Ⅰ级重点保护动物的有黑叶猴 *Presbytis francoisi*、林麝 *Moschus berezovskii*，国家Ⅱ级重点保护动物的有猕猴 *Macaca mulatto*、中国穿山甲 *Manis pentadactyla*、小灵猫 *Viverricula indica*、斑灵狸 *Prionodon pardicolor*、斑羚 *Naemorhedus goral* 共5种。列入中国濒危动物红皮书"濒危"物种的有黑叶猴，"易危"物种的有猕猴、藏酋猴、穿山甲和豹猫(*Felis bengalensis*)。列入世界自然联盟(IUCN)"濒危"等级的有穿山甲和豹猫。列入濒危野生动植物种国际贸易公约(CITES)附录Ⅰ的有斑羚，附录Ⅱ的有猕猴、藏酋猴、黑叶猴、穿山甲和豹猫。

四、结论

(1)全县湿地总面积2 360.88hm^2，类型丰富，以河流湿地为主，占54.76%。在全县均有不同程度的分布，但在类型方面有一定的区别。

(2)湿地的权属全部是国有，湿地水源补给以综合补给为主。湿地类型的不同，分布海拔的高度和范围不同。河流湿地的海拔跨度比较大，沼泽湿地处于盘县比较高的地势，海拔较高。

(3)湿地的地貌类型和动植物种类比较丰富，动植物种类在沼泽湿地中丰富程度较高。有维管束植物56科101属139种；有脊椎动物共计174种，隶属于4纲5目55科。

五、湿地保护建议

（一）保护现状

目前，全县湿地尚没有纳入专门的保护范围，管理体系不完善。没有专门的保护机构，更没能将湿地生态与资源保护列入政府的政绩考核指标中，广大干群对湿地保护意识还非常淡薄，人与湿地资源存在着保护与发展的矛盾，人为破坏湿地资源现象还广泛存在，不合理的开发利用是造成湿地退化的主要原因。资金严重不足是本县湿地保护与管理面临的主要问题，在湿地调查与监测、保护与建设、湿地研究和宣教、执法队伍建设等方面都缺乏专门的资金扶持，严重制约了盘县湿地的保护与合理利用。

（二）保护措施

加强对全县湿地的机构和基础设施体系建设，加强社区共管，加大监测、监控、宣传力度，加大巡护执法力度，防止非法侵占湿地行为的发生，切实保护湿地内的野生动植物资源。

积极开展湿地宣教，是发挥湿地资源社会效益的重要途径。对于普及湿地知识、推广生态保护理念及倡导和谐社会都具有积极的意义。

（三）利用

通过不同类型的湿地进行功能区划，具体分为以下模式：

（1）水禽保护，湿地成为大多季节性候鸟的栖息地，将部分湿地打造成为观鸟者的观鸟、爱鸟、护鸟等最佳场所。

（2）利用湿地特殊的自然环境和湿地保护和开发的重要意义，建成一批湿地公园或湿地保护区，为湿地保护和开发提供广阔的前景。

（郭　应　路元礼　张建华　李　鹤　杨成华）

参考文献

杨永兴．国际湿地科学研究的主要特点、进展与展望[J]．地理科学与进展，2002，2(21)：110～120.

王宪礼，李秀珍．湿地的国内外研究进展[J]．生态学杂志，1997，16(1)：58～62.

殷康前，倪晋仁．湿地研究综述[J]．生态学报志，1998，18(5)：539～546.

王泊，刘军辉，杨本芸．河北省沽源县湿地调查[J]．河北林业科技，2009，4：30～31.

代新平，陈军等．京山县吴岭鹭鸟自然保护区湿地调查初报[J]．湖北林业科技，2012，6：39～41.

刘子刚，马学慧．湿地的分类[J]．湿地科学与管理，2006，1(2)：60～63.

王瑞山，王毅勇等．我国湿地资源现状、问题及对策[J]．资源科学，2000，22(1)：9～13.

杨朝飞．中国湿地现状及其保护对策[J]．中国环境科学，1995，15(6)：407～412.

第四章　贵州盘县八大山自然保护区大型真菌

第一节　种类及其生态分布

贵州盘县八大山自然保护区生态环境多样，境内有保存较好的阔叶林及发育较好的次生林，大型真菌的生长发育与自然环境状况密切相关，其中与温度和水分因素的关系尤为密切。在如此优越而多样的生态环境下，必然会繁育有丰富的大型真菌资源。为摸清贵州盘县八大山自然保护区自然地理状况和生物物种资源本底，提供该区的生态保护和开发利用的科学依据，2012 年 7 月，作者参加了贵州省林业厅组织的综合多学科考察团对该保护区进行了科学考察。通过这次考察和标本采集，现已初步鉴定到种的大型真菌有 193 种和变种（Ainsworth *et al*. 1973；Kirk *et al*. 2008，邓叔群 1963；戴芳澜，1979；卯晓岚，2000；吴兴亮等，1997；吴兴亮等，2005；吴兴亮等，2011；杨祝良，2005）。现将贵州盘县八大山自然保护区大型真菌考察结果报告如下。

一、研究方法

贵州盘县八大山自然保护区植物资源丰富，地带性植被为亚热带常绿阔叶林，森林植被类型较为丰富，优越的气候条件，为各种各样的大型真菌提供了多种多样的生境条件。根据保护区森林的特点，按照不同的季节进行点与面相结合的采集，详细记录大型真菌的采集地点、时间、数量、海拔高度、植被类型等相关的生态数据。同时，在室内通过大量的大型真菌标本微观结构和宏观诸特征的分类鉴定，对所获得的数据进行统计分析。

二、结果与分析

（一）贵州盘县八大山自然保护区大型真菌与植被的关系

保护区森林生态系统主要由针阔混交林、常阔叶林、竹林，以及少量的人工针叶林组成。并根据区内植被类型的特点，将保护区的大型真菌分为针阔混交林中的大型真菌、阔叶林中的大型真菌、竹林中的大型真菌。

1. 针阔混交林中的大型真菌

该区内林下常见种类有白黄小脆柄菇 *Psathyrella candolleana*（Fr.）Maire,、栎裸伞 *Gymnopus dryophilus*（Bull.）Murrill、小果蚁巢伞 *Termitomyces microcarpus*（Berk. et Broome）R. Heim、小托柄鹅膏 *Amanita farinosa* Schwein.、小鸡油菌 *Cantharellus minor* Peck.、点柄乳牛肝菌 *Suillus granulatus*（L.）Snell、隆纹黑蛋巢 *Cyathus striatus*（Huds.）Willd.、梨形马勃 *Lycoperdon pyriforme* Schaeff.、小灰球菌 *Bovista pusilla*（Batsch）Pers.、豆包菌 *Pisolithus tinctorius*（Pers.）Coker et Couch、紫晶蜡蘑 *Laccaria amethystea*（Bull.）Murrill、绒白乳菇 *Lactarius vellereus*（Fr.）Fr.、烟色红菇 *Russula adusta*（Pers.）Fr.、蓝黄红菇 *Russula cyanoxantha*（Schaeff.）Fr.、绿红菇 *Russula virescens*（Schaeff.）Fr.、怡人拟琐瑚菌 *Clavulinopsis amoena*（Zoll. et Moritzi）Corner 等。

2. 阔叶林中的大型真菌

该群落主要有云贵鹅耳枥与青榨槭、化香、多脉青冈、川桂、构树、宜昌润楠、灯台树等乔木树种。常见大型真菌有漏斗多孔菌 *Polyporus arcularius*（Batsch）Fr.、相邻小孔菌 *Microporus affinis*（Blume et T. Nees）Kuntze、四川灵芝 *Ganoderma sichanense* J. D. Zhao et X. Q. Zhang、烟色烟管菌 *Bjerkandera fu-*

mosa（Pers.）P. Karst.、轮纹韧革菌 *Stereum ostrea*（Blume et T. Nees）Fr.、红孔菌 *Pycnoporus cinnabarinus*（*Jacq.*）P. Karst.、杯盖大金钱菌 *Megacollybia clitocyboidea* R. H. Petersen，Takehashi et Nagas.、林地蘑菇 *Agaricus silvaticus* Schaeff.、蘑菇 *Agaricus* sp.、鬼伞 *Coprinus* sp.、毡绒垂幕菇 *Lacrymaria lacrymabunda*（Bull.）Pat.、钟形花褶伞 *Panaeolus campanulatus*（L.）Quél.、红鳞垂幕菇 *Hypholoma cinnabarinum* Teng、圆孢毛锈耳 *Crepidotus applanatus* var. *applanatus*（Pers.）P. Kumm.、香菇 *Lentinula edodes*（Berk）Pegler、白微皮伞 *Marasmiellus candidus*(Bolton）Singer、长根小奥德蘑 *Oudemansiella radicata*（Relhan）Singer、角鳞白鹅膏 *Amanita solitaria*（Bull.）Fr.、格纹鹅膏 *Amanita fritillaria*（Berk.）Sacc.、小托柄鹅膏 *Amanita farinosa* Schwein.、黄粉末牛肝菌 *Pulveroboletus ravenelii*（Berk. et M. A. Curtis）Murrill、小果蚁巢伞 *Termitomyces microcarpus*（Berk. et Broome）R. Heim、网纹灰包 *Lycoperdon perlatum* Pers.、状秃马勃 *Calvatia craniiformis*（Schwein）Fr.、金针菇 *Flammulina velutipes*（M. A. Curtis）Singer 等。

3. 竹林中的大型真菌

该群落由箭竹和其他少数的灌木和乔木树种组成，箭竹密度较大。除箭竹外，该样地还混生少量的硬斗石栎、杜鹃、海桐、石灰花楸等植物。常见大型真菌有云芝 *Trametes versicolor*（L.）Pilát、裂褶菌 *Schizophyllum commune* Fr.、栎裸伞 *Gymnopus dryophilus*（Bull.）Murrill、网纹灰包 *Lycoperdon perlatum* Pers.、梨形马勃 *Lycoperdon pyriforme* Schaeff.、豆包菌 *Pisolithus tinctorius*（Pers.）Coker et Couch、疣革菌 *Thelephora terrestris* Ehrh、小鸡油菌 *Cantharellus minor* Peck.。

（二）贵州盘县八大山自然保护区大型真菌的垂直分布

盘县八大山自然保护区地处云南高原向贵州山原过渡地带，是典型的喀斯特山地，其森林生态系统以喀斯特山地森林生态系统为主，也有常态地貌的森林生态系统；同时由于海拔落差大，沟谷的纵深，气候整体属于北亚热带季风湿润气候，同时又有暖温带及南亚热带沟谷气候特点，使该保护区的气候表现了一定的复杂性与垂直差异性，高大的山体也表现出一定的垂直带谱。保护区森林群落在垂直分异上明显，平均海拔 1 650m，最低海拔格所河谷 725m，最高海拔八大山 2 556m，相对高差 1800m。从考察及其他学科获得到的资料分析，现该区大型真菌可划分为 3 个垂直带，即低山林带大型真菌、中山林带大型真菌、山顶林带大型真菌。

1. 低山林带的大型真菌

本带森林植被以次生林为主，生长在本带的大型真菌常见的种类有美味牛肝菌 *Boletus edulis* Bull.、马勃状硬皮马勃 *Scleroderma areolatum* hrenb. 波状滑锈伞 *Hebeloma sinuosu*（Fr.）Quél.、层炭球菌 *Daldinia concentrica*（Bolton）Ces. et De Not.、钹孔菌 *Coltricia perennis*（L.）Murrill、漏斗多孔菌 *Polyporus arcularius*（Batsch）Fr.、扇形小孔菌 *Microporus flabelliformis*（Klotzsch）Pat.、相邻小孔菌 *Microporus affinis*（Blume et T. Nees）Kuntze、栎裸伞 *Gymnopus dryophilus*（Bull.）Murrill、假芝 *Amauroderma rugosum*（Blume et T. Nees）Torrend、四川灵芝 *Ganoderma sichuanense* J. D. Zhao et X. Q. Zhang、香菇 *Lentinula edodes*（Berk.）Pegler、拟臭红菇 *Russula grata* Britzelm.、角鳞白鹅膏 *Amanita solitaria*（Bull.）Fr.、土红粉盖鹅膏 *Amanita rufoferruginea* Hongo、绒白乳菇 *Lactarius vellereus*（Fr.）Fr.、烟色红菇 *Russula adusta*（Pers.）Fr.、白红菇 *Russula albida* Peck、壳状红菇 *Russula crustosa* Peck.、蓝黄红菇 *Russula cyanoxantha*（Schaeff.）Fr.、绒柄松塔牛肝菌 *Strobilomyces floccopus*（Vahl）P. Karst.、锥鳞松塔牛肝菌 *Strobilomyces polypyramis* J. M. Hook、林地蘑菇 *Agaricus silvaticus* Schaeff.、鸡油菌 *Cantharellus cibarius* Fr. 等。

2. 中山林带的大型真菌

本带植被自然恢复较好，生态环境得以重建，森林茂密，郁闭度较大，枯枝落叶层较厚，土层深，肥力高，形成了相对完善的森林生态系统，大型真菌种类明显增多。常见种类有近果生炭角菌 *Xylaria liquidambaris* J. D. Rogers，Y. M. Ju et F. San Martín、梨形马勃 *Lycoperdon pyriforme* Schaeff.、点柄乳牛肝菌 *Suillus granulatus*（L.）Snell、粘小奥德蘑 *Oudemansiella mucida*（Schrad.）Höhn.、裸香菇 *Lentinus subnudus* Berk.、假蜜环菌 *Armillariella tabescens*（Scop.）Singer、烟色烟管菌 *Bjerkandera fumosa*（Pers.）

P. Karst.、桦褶孔菌 *Lenzites betulina*（L.）Fr.、盏芝小孔菌 *Microporus xanthopus*（Fr.）Kuntze、扇形小孔菌 *Microporus flabelliformis*（Klotzsch）Pat.、蜂窝菌 *Hexagonia tenuis* J. M. Hook、白微皮伞 *Marasmiellus candidus*（Bolton）Singer、四川灵芝 *Ganoderma sichuanense* J. D. Zhao et X. Q. Zhang、银朱拟琐瑚菌 *Clavulinopsis miniata*（Berk.）Corner、林地蘑菇 *Agaricus silvaticus* Schaeff.、盾尖鸡枞菌 *Termitomyces clypeatus* R. Heim、鸡油菌 *Cantharellus cibarius* Fr. 等。

3. 山顶林带的大型真菌

本带由于海拔升高，年平均气温低，常年风大，水分少，土层较薄，肥力不高，植物种类少，树种组成较简单。在本带采集到的大型真菌标本中常见种类有红孔菌 *Pycnoporus cinnabarinus*（Jacq.）P. Karst.、裂褶菌 *Schizophyllum commune* Fr.、白微皮伞 *Marasmiellus candidus*（Bolton）Singer、相邻小孔菌 *Microporus affinis*（Blume et T. Nees）Kuntze、云芝 *Trametes versicolor*（L.）Pilát、漏斗多孔菌 *Polyporus arcularius*（Batsch）Fr.、长根小奥德蘑 *Oudemansiella radicata*（Relhan）Singer 等。

三、真菌资源评价

（一）食用菌

保护区常见的可食用的种类有鸡油菌 *Cantharellus cibarius* Fr.、皱木耳 *Auricularia delicata*（Fr.）Henn.、毛木耳 *Auricularia polytricha*（Mont.）Sacc.、盾尖鸡枞菌 *Termitomyces clypeatus* R. Heim、头状马勃 *Calvatia craniiformis*（Schw.）Fr.、短裙竹荪 *Dictyophora duplicate*（Bosc）Fisch.、长裙竹荪 *Dictyophora indusaita*（Vent.）Desv.、香菇 *Lentinula edodes*（Berk.）Pegler、小果蚁巢伞 *Termitomyces microcarpus*（Berk. et Broome）R. Heim、松乳菇 *Lactarius deliciosus*（L.）Gray、红汁乳菇 *Lactarius hatsudake* Tanaka、白乳菇 *Lactarius piperatus*（L.）Pers.、近裸香菇 *Lentinus subnudus* Berk.、蓝黄红菇 *Russula cyanoxantha*（Schaeff.）Fr.，绿红菇 *Russula virescens*（Schaeff.）Fr. 茶褐红菇 *Russula sororia* Fr. 等。

（二）药用菌

保护区药用菌有具有抗凝、抗血栓、促纤溶、抗惊厥、抗癌、催眠、降糖、降脂、抑菌等作用的球孢白僵菌 *Beauveria bassiana*（Bals. - Criv.）Vuill。灵芝 *Ganoderma sichuanense* J. D. Zhao et X. Q. Zhang、紫芝 *Ganoderma sinense* J. D. Zhao，L. W. Hsu et X. Q. Zhang、树舌灵芝 *Ganoderma applanatum*（Pers.）Pat. 主要含灵芝三萜酸 *ganolucidic acid* A ~ T、*lucidenic acid* A ~ E、灵芝三萜醇 *ganoderiol* A *ganoderiol* B、多糖 ganoderan A 和 ganoderiol B 等，有抗肿瘤、免疫抑制、抗氧化、抗病毒性、抗炎性和抗溶血等活性，以及生长在倒木上云芝 *Trametes versicolor*（L.）Pilát 有抗癌作用；到处可见的栎裸柄伞 *Gymnopus dryophilus*（Bull.）Murrill 有良好的抗氧化作用，可延缓衰老作用；还有红菇属 *Russula* 中的臭红菇、蓝黄红菇种类对小白鼠肉瘤 180 及艾氏癌的抑制均在 60%~80%。有用于止血，头状秃马勃 *Calvatia craniiformis*（Schwein）Fr.、小静灰球菌 *Bovista pusilla*（Batsch）Pers.、金孢菌寄生菌 *Hypomyces chrysospermus* Tul. et C. Tul. 等。具有消炎、抗氧化和抗肿瘤的活性的袋形地星 *Geastrum saccatum* Fr.，绒柄裸柄伞 *Gymnopus confluens*（Pers.）Antonín 所含倍半萜 collybial 化合物对真菌和病毒（VSV）有抑制活性；毛韧革菌 *Stereum hirsutum*（Willid.）Pers. 抗菌活性、抗氧化活性和抑肿瘤作用等等。常见药用菌的还有传统的药用真菌香菇、金针菇、桦褶孔、银耳、木耳等。

（三）毒菌

本地区毒菌不多，其中以残托鹅膏有环变型 *Amanita sychnopyramis* Corner et Bas f. *subannulata* Hongo 极毒，本菌中毒发生率较高，其死亡率也高，是防治毒菌中毒的重点。常见还有钟形花褶伞 *Panaeolus campanulatus*（L.）Quél.、格纹鹅膏 *Amanita fritillaria*（Berk.）Sacc.、簇生垂幕菇 *Hypholoma fasciculare* var. *fasciculare*（Huds.）P. Kumm、黄粉末牛肝菌 *Pulveroboletus ravenelii*（Berk. et M. A. Curtis）Murrill、绿褐裸伞 *Gymnopilus aeruginosus*（Peck）Sing.、鳞皮扇菇 *Panellus stipticus*（Bull.）P. Karst.、绒白乳菇 *Lactarius vellereus*（Fr.）Fr. 等。

五、小结

(1)保护区大型真菌种类极为丰富，计193种。其中担子菌179种，子囊菌14种。

(2)该地区的大型真菌可分为3个垂直带，以中山带中的大型真菌最多，低山带次之，山顶带最少。可见海拔的垂直变化，直接影响着大型真菌的生长。

(3)森林植被类型的不同，反映出大型真菌的种类组成不同。

第二节　重要食用、药用真菌描述

(一)球孢白僵菌(别名：白僵菌、僵蚕、天虫)

Beauveria bassiana (Bals. -Criv.) Vuill., Bull. Soc. Bot. Fr. 12：40, 1912；—*Beauveria densa* (Link) F. Picard, Ann. Ecole Nat. Agr. Montpell. 13：200, 1914；—*Beauveria doryphorae* R. A. Poiss. et Patay, Compt. Rend. Assoc. Franç. Avancem. Sci. 200 (11)：961, 1935；—*Beauveria stephanoderis* (Bally) Petch, Trans. Br. mycol. Soc. 10 (4)：249, 1926；—*Botrytis bassiana* Bals. - Criv., Arch. Triennale Lab. Bot. Crittog. 79：127, 1836；—*Botrytis stephanoderis* Bally, inFriederichs et Bally 6：106, 1923；—*Penicillium bassianum* (Bals. -Criv.) Biourge, La Cellule 33 (1)：101, 1923.

生态习性：寄生于多种昆虫的幼虫、蛹及成虫上。

地理分布：黑龙江、吉林、辽宁、河北、陕西、青海、安徽、江苏、江西、四川、西藏、广东、福建。

食、药用状况：含有2α, 13, 18 - trihydroxystemodane、13, 18 - dihydroxystemodan - 2 - one、1β, 13, 19 - trihydroxystemarane、13 - hydroxystemarane - 19 - carboxylic acid、2 - hydroxy - 3 - methylpentanoic acid、棕榈酸酰胺和stearimide、环肽：piperazine - 2, 5 - diones、cyclo - (L - Ile - L - Val)、cyclo - (L - Ile - L - Ile)、cyclo - (L - Ala - L - Pro)、白僵菌素A、白僵菌素B、bassianolide、1 - aminoanthracene、4 - hydroxy - 2 - (n - indolinyl) butane。具有抗凝、抗血栓、促纤溶、抗惊厥、抗癌、催眠、降糖、降脂、抑菌等作用。球孢白僵菌(僵蚕)最早记载于《神农本草经》，列为中品，具有退热、止咳、化痰、镇静、镇惊、消肿等功效，临床上用僵蚕、蝉蜕、柴胡、连翘、麻黄等组方治疗外感发热等，或用于治疗癫痫、高热惊厥、流行性腮腺炎、上呼吸道感染、遗尿、头痛、偏头痛等症。球孢白僵菌(僵蚕)的不良反应有过敏反应、腹胀不良反应，有出血倾向者和肝昏迷患者应慎用。球孢白僵菌所含毒素对革兰氏阳性细菌有较强的抑菌作用，而对革兰氏阴性细菌抑菌作用则很小。

(二)长裙竹荪

Dictyophora indusiata (Vent.：Pers.) Fisch., Ann. Myc. 25：472, 1927；— *Phallus indusiatus* Vent.：Pers. Syn. Meth. Fung. 244, 1801；— *Dictyophora phalloidea* Desv. J. Bot. 2：92, 1809；— *Dictyophora radicata* Mont. Ann. Sci. Nat. Bot. Ser. Ⅲ, 3：137, 1855；— *Phallus moelleri* Lloyd Myc. Writ. 3, Syn. Phall. 20, 1909.

生态习性：生于竹林或阔叶林中地上。

地理分布：河北、安徽、江苏、浙江、江西、湖南、四川、贵州、云南、台湾、福建、广东、广西、海南。

食、药用状况：食用菌。抗氧化活性；降血脂；抑菌作用。从竹荪得到的大部分多糖和糖蛋白均表现出了明显的抗肿瘤活性，体外细胞毒性试验也表明对小白鼠肉瘤S-180也有一定的抑制作用。

(三)四川灵芝

Ganoderma sichuanense J. D. Zhao et X. Q. Zhang, in Zhao, Xu et Zhang, Acta Mycol. Sin. 2(3)：159, 1983；—*Ganoderma lingzhi* Sheng H. Wu, Y. Cao et Y. C. Dai, in Cao, Wu et Dai, Fungal Diversity 56(1)：54, 2012.

生态习性：生于阔叶林中地下腐木上或腐木桩周围地上。

地理分布：河南、陕西、浙江、江西、湖南、四川、贵州、云南、福建、台湾、广东、广西、海南。

食、药用状况：有抗肿瘤、免疫抑制、抗氧化、抗病毒活性、抗炎活性和抗溶血活性。

（四）栎裸柄伞（别名：栎裸伞、栎金钱菌）

Gymnopus dryophilus (Bull.) Murrill, N. Amer. Fl. (New York) 9(5): 362, 1916; —*Agaricus dryophilus* Bull., Herb. Fr. 10: tab. 434, 1790; —Collybia dryophila (Bull.) P. Kumm., Führ. Pilzk. (Zwickau): 115, 1871; —*Marasmius dryophilus* (Bull.) P. Karst., Bidr. Känn. Finl. Nat. Folk 48: 103, 1889; —*Marasmius dryophilus* var. *alvearis* (Cooke) Rea, Brit. basidiomyc. (Cambridge): 525, 1922; —*Marasmius dryophilus* var. *auratus* (Quél.) Rea, Brit. basidiomyc. (Cambridge): 524, 1922; —*Omphalia dryophila* (Bull.) Gray, Nat. Arr. Brit. Pl. (London) 1: 612, 1821.

生态习性：生于阔叶林或针阔混交林中地上。

地理分布：黑龙江、辽宁、河南、贵州、云南、西藏、福建、广西、海南。

食、药用状况：有良好的抗氧化作用，可延缓衰老。但记载有微毒。

（五）蝉棒束孢

Isaria cicadae Miq., Bull. Sci. phys. nat. Néerl.: 85, 1838; —*Cordyceps cicadae* (Miq.) Massee, 9: 38, 1895; —*Paecilomyces cicadae* (Miq.) Samson, Stud. Mycol. 6: 52, 1974.

生态习性：寄生于蝉的蛹上。

地理分布：贵州、福建、广西、台湾等地。

食、药用状况：又名大蝉草，蝉花，是一种传统中药，现代药理学研究表明，该菌具有滋补强壮，抗疲劳，抗应激，镇静催眠，解热镇痛，免疫调节，改善肾功能，调节神经系统，调节脂类代谢，促进造血，提升营养状况，抗肿瘤等作用。

（六）覆鳞褶孔牛肝菌

Phylloporus imbricatus N. K. Zeng, Zhu L. Yang et L. P. Tang, Fungal Divers. 58: 84, 2013.

地理分布：贵州、云南、四川。

食、药用状况：可食用。

（七）盾尖蚁巢伞

Termitomyces clypeatus R. Heim, Bull. Jard. Bot. État 21: 207, 1951; —*Sinotermitomyces taiwanensis* M. Zang et C. M. Chen, Fungal Science, Taipei 13(1, 2): 25, 1998.

生态习性：生于地下蚁巢上。

地理分布：贵州、云南广东、广西、海南。

食、药用状况：是著名的食用菌，肉质细嫩，洁白无瑕，营养丰富，味美而鲜。

（八）真根蚁巢伞

Termitomyces eurhizus (Berk.) R. Heim, Arch. Mus. Hist. Nat. Paris, ser. 6 18: 140, 1942; —*Rajapa eurhiza* (Berk.) Singer, Lloydia 8: 143, 1945; —*Termitomyces albiceps* S. C. He, Acta Mycol. Sin. 4(2): 1061985; —*Termitomyces macrocarpus* Z. F. Zhang et x. Y. Ruan, Acta Mycol. Sin. 5(1): 10, 1986; —*Termitomyces poonensis* Sathe et S. D. Deshp., Maharashtra Association for the Cultivation of Science, Monograph No. 1 Agaricales (Mushrooms) of South West India (Pune): 36, 1981.

生态习性：生于白蚁巢上。

地理分布：江苏、浙江、安徽、贵州、云南、广东、广西、海南。

食、药用状况：是著名的食用菌，肉质细嫩，洁白无瑕，营养丰富，味美而鲜。报道多糖具有抗肿瘤和免疫抑制活性。

（九）鸡油菌

Cantharellus cibarius Fr.，Syst. Mycol.（Lundae）1：318，1821；—*Agaricus chantarellus* L.，Sp. pl. 2：1171，1753；—*Cantharellus vulgaris* Gray，Nat. Arr. Brit. Pl.（London）1：636，1821；—*Craterellus cibarius*（Fr.）Quél.，Fl. Mycol. France（Paris）：37，1888；—*Cantharellus cibarius* f. *neglectus* Souché，Bull. Soc. Mycol. Fr. 20：39，1904；—*Cantharellus cibarius* f. *pallidus* R. Schulz，in Michael et Schulz，Führer für Pilzfreunde（Zwickau）1：pl. 82，1924；—*Cantharellus pallens* Pilát，Acad. Republ. Pop. Romine：600，1959.

生态习性：生于阔叶林中地上。

地理分布：陕西、甘肃、安徽、湖南、湖北、四川、贵州、云南、西藏、福建、广东、广西、海南。

食、药用状况：食用菌。鸡油菌多糖具有降血糖作用；具抗氧化作用；清目、利肺、益肠胃、用于维生素 A 缺乏症，如皮肤干燥、角膜软化症、眼干燥；可抵抗某些呼吸及消化道感染的疾病；提取物对小白鼠肉瘤有抑制作用。

第三节　大型真菌名录

子囊菌门 Ascomycota

锤舌菌纲 Leotiomycetes

锤舌菌亚纲 Leotiomycetidae

柔膜菌目 Helotiales

柔膜菌科 Helotiaceae

1. 黄小孢盘菌 *Bisporella citrina*（Batsch）Korf et S. E. Carp.，生于阔叶林中枯枝上。

锤舌菌目 Leotiales

锤舌菌科 Leotiaceae

2. 黄地锤菌 *Cudonia lutea*（Peck）Sacc.，生于林中地上。

盘菌亚纲 Pezizomycetidae

盘菌目 Pezizales

粪盘菌科 Ascobolaceae

3. 牛粪盘菌 *Ascobolus stercorarius*（Bull.）J. Schröt.，生于林中牛粪上。

马鞍菌科 Helvellaceae

4. 盘状马鞍菌 *Helvella pezizoides* Afzel.，生于林中地上。

盘菌科 Pezizaceae

5. 森地盘菌 *Peziza arvernensis* Boud.，生于阔叶林中地上。
6. 疣孢褐盘菌 *Peziza badia* Pers.，生于阔叶林中地上。
7. 红毛盘 *Scutellinia scutellata*（L.）Lambotte，生于阔叶林中地上。

粪壳菌亚纲 Sordariomycetidae

肉座菌目 Hypocreales

麦角菌科 Claviciptaceae

8. 下垂虫草 *Cordyceps nutans* Pat.，生于阔叶林地埋在土中的半翅目昆虫成虫上。
9. 蝉棒束孢 *Isaria cicadae* Miq.，寄生于蝉的蛹上。

肉座菌科 Hypocreaceae

10. 金孢菌寄生菌 *Hypomyces chrysospermus* Tul. et C. Tul.，生于牛肝菌等大型真菌子实体上。

炭团菌目 Xylariales

炭团菌科 Xylariaceae

11. 炭球菌 *Daldinia concentrica*（Bolton）Ces. et De Not.，生于阔叶树的枯干及树皮上。
12. 果生炭角菌 *Xylaria liquidambaris* J. D. Rogers, Y. M. Ju et F. San Martín，生于枫香等落果上。
13. 多型炭角菌 *Xylaria* sp.，生于阔叶树腐木上。
14. 炭角菌 *Xylari* sp.，生于阔叶树腐木上。

担子菌门 Basidiomycota

担子菌纲 Basidiomycetes

伞菌亚纲 Agaricomycetidae

伞菌目 Agaricales

伞菌科 Agaricaceae

15. 林地蘑菇 *Agaricus silvaticus* Schaeff.，生于混交林中空地上。
16. 蘑菇一种 *Agaricus* sp.，生于林中地上。
17. 小静灰球菌 *Bovista pusilla*（Batsch）Pers.，生于林中地上。
18. 隆纹黑蛋巢 *Cyathus striatus*（Huds.）Willd.，生于地上的落枝上。
19. 黑蛋巢 *Cyathus* sp.，生于地上的落枝上。
20. 栗色环柄菇 *Lepiota castanea* Quél.，生于林中地上。

粉褶菌科 Entolomataceae

21. 粉褶菌 *Entoloma depluens*（Batsch）Hesler，生于地上的落枝上。
22. 纯黄白鬼伞 *Leucocoprinus birnbaumii*（Corda）Singer，生于林中地上。
23. 易碎白鬼伞 *Leucocoprinus fragilissimus*（Berk. et M. A. Curtis）Pat.，生于林中地上。
24. 白绒红蛋巢 *Nidula niveotomentosa*（Henn.）Lloyd.，群生于腐木上。

粪锈伞科 Bolbitiaceae

25. 粪锈伞 *Bolbitius vitellinus*(Pers.)Fr.，生于堆肥上。
26. 钟形花褶伞 *Panaeolus campanulatus*（L.）Quél.，生于草地上。
27. 花褶伞 *Panaeolus retirugis*（Fr.）Gillet，生于林中牛粪上。

鬼伞科 Coprinaceae

28. 墨汁鬼伞 *Coprinus atramentarius*（Bull.）Fr.，生于菜园边地上。

珊瑚菌科 Clavariaceae

29. 怡人拟琐瑚菌 *Clavulinopsis amoena*（Zoll. et Moritzi）Corner，生于林中地上。
30. 银朱拟琐瑚菌 *Clavulinopsis miniata*（Berk.）Corner，生于林上地上。
31. 纤细拟锁瑚菌 *Clavulinopsis tenella*（Boud.）Corner，生于林上地上。
32. 枝瑚菌 *Ramaria* sp.，生于林中地上。
33. 枝瑚菌 *Ramaria* sp.，生于林中地上。

丝膜菌科 Cortinariaceae

34. 黄棕丝膜菌 *Cortinarius cinnamo*meus（L.）Fr.，生于林中地上。
35. 绿褐裸伞 *Gymnopilus aeruginosus*（Peck）Sing.，生于针叶树腐木或树皮上。
36. 裸伞 *Gymnopilus* sp.，生于阔叶或针叶树腐木上或树皮上。

靴耳科 Crepidotaceae

37. 圆孢毛锈耳 *Crepidotus applanatus* var. *applanatus*（Pers.）P. Kumm.，生于倒木上或树桩上。

角齿菌科 Hydnangiaceae

38. 紫晶蜡蘑 *Laccaria amethystea*（Bull.）Murrill，生于阔叶林中地上。
39. 双色蜡蘑 *Laccaria bicolor*（Maire）P. D. Orton，生于林地上。

40. 红蜡蘑 *Laccaria laccata*（Scop.）Cooke，生于林地上。

蜡伞科 Hygrophoraceae

41. 细红鳞小湿伞 *Hygrocybe firma*（Berk. et Broome）Singer

丝盖伞科 Inocybaceae

42. 黑黄丝盖伞 *Inocybe flavella* P. Karst.，生于林地上。

43. 低矮丝盖伞 *Inocybe humilis* J. Favre，生于林地上。

44. 马勃科 Lycoperdaceae

45. 头状秃马勃 *Calvatia craniiformis*（Schwein）Fr.，生于林中地上。

46. 网纹灰包 *Lycoperdon perlatum* Pers.，生于林中地上。

47. 梨形马勃 *Lycoperdon pyriforme* Schaeff.，生于林中地上。

48. 马勃 *Lycoperdon* sp.，生于林中地上。

49. 马勃 *Lycoperdon* sp.，生于林中地上。

小皮伞科 Marasmiaceae

50. 栎裸伞 *Gymnopus dryophilus*（Bull.）Murrill，生于林地上。

51. 盾盖裸脚菇 *Gymnopus peronatus*（Bolton）Antonín，生于林地上。

52. 蜜环菌 *Armillaria mellea*（Vahl）P. Kumm.，生于混交林的倒木上。

53. 假蜜环菌 *Armillariella tabescens*（Scop.）Singer，生于倒木上根部。

54. 金针菇 *Flammulina velutipes*(M. A. Curtis) Singer，生于腐木上。

55. 香菇 *Lentinula edodes*（Berk.）Pegler，生于倒木上。

56. 白微皮伞 *Marasmiellus candidus*（Bolton）Singer，生于枯枝上。

57. 脐顶皮伞 *Marasmius chordalis* Fr.，生于枯枝上。

58. 小皮伞 *Marasmius* sp.，生于枯枝上。

59. 小皮伞一种 *Marasmius* sp.，生于林地上。

60. 杯盖大金钱菌 *Megacollybia clitocyboidea* R. H. Petersen, Takehashi et Nagas.，生于林地上。

61. 大金钱菌 *Megacollybia* sp.，生于埋于土中的腐木上。

62. 粘小奥德蘑 *Oudemansiella mucida*（Schrad.）Höhn.，生于倒木上。

63. 长根小奥德蘑 *Oudemansiella radicata*（Relhan）Singer，生于埋于土中的腐木上。

64. 小奥德蘑 *Oudemansiella* sp.，生于埋于土中的腐木上。

侧耳科 Pleurotaceae

65. 侧耳 *Pleurotus ostreatus*（Jacq.）P. Kumm.，生于倒木上。

鹅膏科 Amanitaceae

66. 小托柄鹅膏 *Amanita farinosa* Schwein.，生于针叶林或针阔混交林中地上。

67. 格纹鹅膏 *Amanita fritillaria*（Berk.）Sacc.，生于阔叶林中地上。

68. 角鳞白鹅膏 *Amanita solitaria*（Bull.）Fr.，生于阔叶林中地上。

69. 东方褐盖鹅膏 *Amanita orientifulva* Zhu L. Yang, M. Weiss et Oberw.，生于林中地上。

70. 红托鹅膏 *Amanita rubrovolvata* S. Imai，生于林中地上。

71. 土红粉盖鹅膏 *Amanita rufoferruginea* Hongo，生于林地上。

72. 鹅膏一种 *Amanita* sp.，生于林地上。

73. 鹅膏一种 *Amanita* sp.，生于林地上。

74. 鹅膏一种 *Amanita* sp.，生于林地上。

75. 黄盖鹅膏白变种 *Amanita subjunquillea* S. Imai var. *alba* Zhu L. Yang，生于林中地上。

76. 残托鹅膏有环变型 *Amanita sychnopyramis* Corner et Bas f. *subannulata* Hongo，生于阔叶林或针阔混交林地上。

77. 灰鹅膏 *Amanita vaginata*（Bull.）Fr.，生于林中地上。

小脆柄菇科 Psathyrellaceae

78. 白黄小脆柄菇 *Psathyrella candolleana*（Fr.）Maire，生于草地上。

裂褶菌科 Schizophyllaceae

79. 裂褶菌 *Schizophyllum commune* Fr.，生于倒木上。

球盖菇科 Strophariaceae

80. 波状滑锈伞 *Hebeloma sinuosu*（Fr.）Quél.，生于林中地上。

81. 簇生垂幕菇 *Hypholoma fasciculare* var. *fasciculare*（Huds.）P. Kumm，生于腐木上。

82. 红鳞垂幕菇 *Hypholoma cinnabarinum* Teng，生于麻栎树旁地上。

83. 毡绒垂幕菇 *Lacrymaria lacrymabunda*（Bull.）Pat.，生于林中地上。

84. 黄伞 *Pholiota adiposa*（Batsch）P. Kumm.，生于腐木上。

白蘑科 Tricholomataceae

85. 鳞皮扇菇 *Panellus stipticus*（Bull.）P. Karst.，生于腐木上。

86. 盾尖鸡枞菌 *Termitomyces clypeatus* R. Heim，生于白蚁巢上。

87. 根蚁巢伞 *Termitomyces eurhizus*（Berk.）R. Heim，生于白蚁巢上。

88. 小果蚁巢伞 *Termitomyces microcarpus*（Berk. et Broome）R. Heim，生于林缘地下白蚁巢上。

89. 蚁巢伞 *Termitomyces* sp.，生于白蚁巢上。

90. 赭红拟口蘑 *Tricholomopsis rutilans*（Schaeff.）Singer，生于针栎林地上。

牛肝菌目 Boletales

牛肝菌科 Boletaceae

91. 美味牛肝菌 *Boletus edulis* Bull.，生于阔叶树林地上。

92. 短管牛肝菌 *Boletus brevitubus* M. Zang，生于阔叶树林地上。

93. 钉头牛肝菌 *Boletus minutus* W. F. Chiu，生于针栎林地上。

94. 牛肝菌 *Boletus* sp.，生于针栎林地上。

95. 牛肝菌 *Boletus* sp.，生于针栎林地上。

96. 黄褐牛肝菌 *Boletus subsplendidus* W. F. Chiu，生于针栎林地上。

97. 褐疣柄牛肝菌 *Leccinum scabrum*（Bull.）Cray，生于混交林中地上。

98. 褐盖褶孔牛肝菌 *Phylloporus bruneceps* N. K. Zeng, Zhu L. Yang et L. P. Tang，生于混交林中地上。

99. 覆鳞褶孔牛肝菌 *Phylloporus imbricatus* N. K. Zeng, Zhu L. Yang et L. P. Tang，生于混交林中地上。

100. 黄粉末牛肝菌 *Pulveroboletus ravenelii*（Berk. et M. A. Curtis）Murrill，生于林地上。

101. 绒柄松塔牛肝菌 *Strobilomyces floccopus*（Vahl）P. Karst.，生于林中地上。

102. 松塔牛肝菌 *Strobilomyces strobilaceus*（Scop.）Berk.，生于混交林中地上。

103. 粉孢牛肝菌 *Tylopilus* sp.，生于林地上。

桩菇科 Paxillaceae

104. 波纹桩菇 *Paxillus curtisii* Berk.，生于阔叶林等树木桩上。

105. 绒毛网褶菌 *Paxillus rubicundulus* P. D. Orton，生于林地上。

106. 耳状小塔氏菌 *Tapinella panuoides*（Fr.）E. Gilber，生于阔叶林等树木桩上。

硬皮马勃科 Sclerodermataceae

107. 硬皮地星 *Astraeus hygrometricus*（Pers.）Morgan，生于林地上。

108. 豆包菌 *Pisolithus tinctorius*（Pers.）Coker et Couch，生于混交林中地上。

109. 马勃状硬皮马勃 *Scleroderma areolatum* Ehrenb.，生于林地上。

110. 多根硬皮马勃 *Scleroderma polyrhizum*（J. F. Gmel.）Pers.，生于混交林中地上。

111. 硬皮马勃 *Scleroderma* sp.，生于混交林中地上。

乳牛肝菌科 Suillaceae

112. 乳牛肝菌 *Suillus bovinus*（Pers.）Kuntze，生于林中地上。
113. 褐乳牛肝菌 *Suillus collinitus*（Fr.）Kuntze，生于混交林中地上。
114. 点柄乳牛肝菌 *Suillus granulatus*（L.）Snell，生于混交林中地上。
115. 褐环乳牛肝菌 *Suillus luteus*（L.）Cray，生于松林地上。
116. 虎皮乳牛肝菌 *Suillus pictus*（Peck.）A. H. Sm. et Thiers，生于松林地上。
117. 乳牛肝菌 *Suillus* sp.，生于松林地上。
118. 乳牛肝菌 *Suillus* sp.，生于松林地上。

鸡油菌目 Cantharellales

鸡油菌科 Cantharellaceae

119. 鸡油菌 *Cantharellus cibarius* Fr.，生于林地上。
120. 小鸡油菌 *Cantharellus minor* Peck.，生于林地上。

喇叭菌科 Craterellaceae

121. 金黄喇叭菌 *Craterellus aureus* Berk. et M. A. Curtis，生于林地上。

刺革菌目 Hymenochaetales

刺革菌科 Hymenochaetaceae

122. 钹孔菌 *Coltricia perennis*（L.）Murrill，生于林地上。

裂孔菌科 Repetobasidiaceae

123. 瘦脐菇 *Rickenella fibula*（Bull.）Raithelh.

革菌目 Thelephorales

革菌科 Thelephoraceae

124. 头花革菌 *Thelephora anthocephala*（Bull.）Fr.，生于林地上。
125. 疣革菌 *Thelephora terrestris* Ehrh，生于林地上。

鬼笔目 Phallales

鬼笔科 Phallaceae

126. 短裙竹荪 *Dictyophora duplicate*（Bosc）Fisch.，生于树林或竹林地上。
127. 长裙竹荪 *Dictyophora indusaita*（Vent.）Desv.，生于阔叶林地上。

多孔菌目 Polyporales

韧革菌科 Stereaceae

128. 烟色韧革菌 *Stereum gausapatum*（Fr.）Fr.，生于树木桩上。
129. 毛韧革菌 *Stereum hirsutum*（Willid.）Pers.，生于林中倒木上。
130. 扁韧革菌 *Stereum ostrea*（Blume et T. Nees）Fr.，生于林中倒木上。

灵芝科 Ganodermataceae

131. 假芝 *Amauroderma rugosum*（Blume et T. Nees）Torrend，.，生于腐根上。
132. 树舌灵芝 *Ganoderma applanatum*（Pers.）Pat.，生于阔叶树腐木上。
133. 有柄灵芝 *Ganoderma gibbosum*（Blume et T. Nees）Pat.，生于阔叶树腐根上。
134. 灵芝 *Ganoderma sichuanense* J. D. Zhao et X. Q. Zhang，生于树木桩上。
135. 紫芝 *Ganoderma sinense* J. D. Zhao，L. W. Hsu et X. Q. Zhang，生于倒木上。
136. 灵芝一种 *Ganoderma* sp.，生于树木桩上。
137. 灵芝一种 *Ganoderma* sp.，生于树木桩上。

粘褶菌科 Gloeophyllaceae

138. 篱边粘褶菌 *Gloeophyllum sepiarium*（Wulfen）P. Karst.，生于菜园边木桩上。

彩孔菌科 Hapalopilaceae

139. 烟色烟管菌 *Bjerkandera fumosa*（Pers.）P. Karst.，生于阔叶树木桩上。

多孔菌科 Polyporaceae

140. 一色齿毛菌 *Cerrena unicolor*（Bull.）Murrill，生于腐木上。
141. 蜂窝菌 *Hexagonia tenuis* J. M. Hook，生于枯枝上。
142. 近裸香菇 *Lentinus subnudus* Berk.，生于木桩、倒木上。
143. 硬毛香菇 *Lentinus strigosus* Fr.，生于倒木上。
144. 香菇属一种 *Lentinus* sp.，生于倒木上。
145. 桦褶孔菌 *Lenzites betulina*（L.）Fr.，生于倒木上。
146. 相邻小孔菌 *Microporus affinis*（Blume et T. Nees）Kuntze，生于阔叶树的腐木上。
147. 扇形小孔菌 *Microporus flabelliformis*（Klotzsch）Pat.，生于倒木上。
148. 小孔菌 *Microporellus* sp.，生于阔叶树腐木上。
149. 盏芝小孔菌 *Microporus xanthopus*（Fr.）Kuntze，生于腐木上。
150. 漏斗多孔菌 *Polyporus arcularius*（Batsch）Fr.，生于倒木上。
151. 多孔菌 *Polyporus* sp.，生于倒木上。
152. 桑多孔菌 *Polyporus mori*（Pollini：Fr.）Fr.，生于阔叶林倒木上。
153. 红孔菌 *Pycnoporus cinnabarinus*（Jacq.）P. Karst.，生于倒木上。
154. 血红孔菌 *Pycnoporus sanguineus*（L.）Murrill，生于倒木上。
155. 云芝 *Trametes versicolor*（L.）Pilát，生于腐木上。
156. 冷杉囊孔菌 *Trichaptum abietinum*（Dicks.）Ryvarden，生于腐木上。
157. 干酪菌一种 *Tyromyces* sp.，生于阔叶树腐朽处。

齿耳科 Steccherinaceae

158. 耙齿菌 *Irpe* sp.，生于倒木上。

皱孔菌科 Meruliaceae

159. 伯特拟韧革菌 *Stereopsis burtianum*（Peck）D. A. Reid，生于阔叶树腐朽处。

红菇目 Russulales

红菇科 Russulaceae

160. 松乳菇 *Lactarius deliciosus*（L.）Gray，生于阔叶林中地上。
161. 脆香乳菇 *Lactarius fragilis*（Burl.）Hesler et A. H. Sm.，生于阔叶林中地上。
162. 纤细乳菇 *Lactarius gracilis* Hongo，生于阔叶林中地上。
163. 红汁乳菇 *Lactarius hatsudake* Tanaka，生于林中地上。
164. 稀褶乳菇 *Lactarius hygrophoroides* Berk. et M. A. Curtis，生于阔叶林中地上。
165. 黑乳菇 *Lactarius lignyotus* Fr.，生于阔叶林中地上。
166. 白乳菇 *Lactarius piperatus*（L.）Pers.，生于阔叶林中地上。
167. 绒白乳菇 *Lactarius vellereus*（Fr.）Fr.，生于林中地上。
168. 乳菇 *Lactarius* sp.，生于林中地上。
169. 烟色红菇 *Russula adusta*（Pers.）Fr.，生于阔叶林或针叶林中地上。
170. 白红菇 *Russula albida* Peck，生于林中地上。
171. 粉粒白菇 *Russula alboareolata* Hongo，生于林中地上。
172. 壳状红菇 *Russula crustosa* Peck.，生于阔叶林或混交林中地上。
173. 蓝黄红菇 *Russula cyanoxantha*（Schaeff.）Fr.，生于混交林或阔叶林中地上。
174. 大白菇 *Russula delica* Fr.，生于阔叶林中地上。
175. 密褶红菇 *Russula densifolia* Secr. ex Gillet，生于阔叶林或混交林中地上。

176. 臭红菇 *Russula foetens*（Pers.）Pers.，生于壳斗科林下或针叶林或混交林中地上。

177. 拟臭红菇 *Russula grata* Britzelm.，生于壳斗科林下或针叶林或混交林中地上。

178. 汉德尔红菇 *Russula handelii* Singer，生于阔叶林中地上。

179. 红菇 *Russula rosea* Pers.，生于阔叶林或混交林中地上。

180. 赭菇 *Russula mustelina* Fr.，生于阔叶林竹林混交地上。

181. 点柄黄红菇 *Russula senecis* S. Imai，生于阔叶林或混交林中地上。

182. 茶褐黄菇 *Russula sororia* Fr.，生于阔叶林或混交林中地上。

183. 粉红菇 *Russula subdepallens*Peck，生于阔叶林中地上。

184. 绿红菇 *Russula virescens*（Schaeff.）Fr.，生于阔叶林或混交林中地上。

185. 红菇 *Russula* sp.，生于阔叶林或混交林中地上。

186. 红菇 *Russula* sp.，生于阔叶林或混交林中地上。

银耳亚纲 Tremellomycetidae

木耳目 Auriculariales

木耳科 Auriculariaceae

187. 木耳 *Auricularia auricula*（L.）Underw.，生于阔叶林中枯立木上。

188. 皱木耳 *Auricularia delicata*（Fr.）Henn.，生于阔叶树倒木上。

189. 毛木耳 *Auricularia polytricha*（Mont.）Sacc.，生于林中枯木上。

银耳目 Tremellales

银耳科 Tremellaceae

190. 朱砂银耳 *Tremella cinnabarina* Bull.，生于阔叶树倒木上。

花耳目 Dacrymycetales

花耳科 Dacrymycetaceae

191. 银耳 *Tremella fuciformis* Berk.，生于阔叶树腐木上。

192. 桂花耳 *Dacryopinax spathularia*（Schwein.）G. W. Martin，生于阔叶林中腐木桩上。

鬼笔亚纲 Phallomycetidae

地星目 Geastrales

地星科 Geastraceae

193. 毛嘴地星 *Geastrum fimbriatum* Fr.，生于阔叶林中地上。

（吴兴亮　邓春英　桂　阳）

参考文献

邓叔群. 中国的真菌[M]. 北京：科学出版社，1963. 1 ~ 808

戴芳澜. 中国真菌总汇[M]. 北京：科学出版社，1979. 1 ~ 1527

应建浙，卯晓岚，马启明，宗毓臣，文华安. 中国药用真菌图鉴[M]. 北京：科学出版社，1987. 1 ~ 579.

卯晓岚. 中国大型真菌[M]. 郑州：河南科学技术出版，2000. 1 ~ 719

吴兴亮，臧穆，夏同珩. 灵芝及其他真菌彩色图志[M]. 贵阳：贵州科技出版社，1997. 1 ~ 347

吴兴亮，戴玉成. 中国灵芝图鉴[M]. 北京：科学出版社，2005. 1 – 229

吴兴亮，戴玉成. 李泰辉，杨祝良，宋斌. 中国热带真菌[M]. 北京：科学出版社，2011. 1 ~ 548

吴兴亮，卯晓岚，图力古尔，宋斌，李泰辉等，中国药用真菌[M]. 北京：科学出版社，2013. 1 ~ 950

Ainsworth GC, *et al*. The Fungi on Advanced Treatise.（Vol. IV A and Vol. IV B）[M]. Academic Press. New York and London. 1973. 1 ~ 621；1 ~ 504

Kirk PM, Geoffrey CA, Cannon P F, Minter DW. Ainsworth et Bisby's Dictionary of the Fungi [M]. 10th ed. Wallingford：CAB International, 2008, 1 ~ 771。

第五章　贵州盘县八大山自然保护区植物资源

第一节　苔藓植物研究

盘县八大山保护区包括八大山保护区和文阁大山保护点，总面积26 000hm²。其中，八大山保护区25 430 hm²，地理位置为北纬25°53′35″～26°6′12″，东经104°41′31″～104°57′47″之间。文阁大山保护点570 hm²，北纬26°4′34″～26°5′48″，东经104°42′6″～104°49′1″。涉及普古、淤泥和保基三个乡镇的36个村，此前，未见任何有关于八大山保护区苔藓植物的研究。2012年7月，我们对盘县八大山保护区进行了苔藓植物物种多样性调查，以期为该地区的苔藓植物物种多样性提供本底资料。

一、物种组成成分分析

根据2012年7月采自盘县八大山地区（采集地点主要包括八大山、娘娘山、养马寨、老马冲、陆家寨、保基乡等地）1 000余号苔藓植物标本的鉴定，统计得到该地区共有苔藓植物54科125属277种（含种以下分类单位、下同），其中藓类35科100属216种，苔类19科25属61种。所有凭证标本均保存于贵州大学南区生命科学学院植物学教研室标本室（GACP）。

（一）八大山苔藓植物科的统计分析

在对八大山苔藓植物多样性的分析中，以种的丰富性为标准，含9种以上的优势科有丛藓科Pottiaceae、青藓科Brachytheciaceae、灰藓科Hypnaceae、羽苔科Plagiochilacea及地萼苔科Geocalyaceae等共11科，共含53个属，155个种。这11个优势科所含种属情况见表5-1。

表5-1　八大山苔藓植物科的组成

种数范围	科数（占本区总科数%）	属数（占本区总属数%）	种数（占本区总种数%）
≥9	11（20.37）	53（42.40）	155（55.96）
4～8	13（24.07）	32（25.60）	67（24.19）
2～3	17（31.49）	27（21.60）	42（15.16）
1	13（24.07）	13（10.40）	13（4.69）
合计	54	125	277

从表5-1可以看出，该地区具有相当数量的寡种科（所含种数低于4种），占本区科总数的55.56%，苔藓植物含9种以上的优势科共有11科，占本区总科数的20.37%，集中了本地区42.40%的属和55.96%的种。

表 5-2 八大山苔藓植物优势科排列情况

顺序	科名	属数	种数
1	丛藓科 Pottiaceae	13	29
2	真藓科 Bryaceae	6	21
3	青藓科 Brachytheciaceae	6	19
4	提灯藓科 Minaceae	4	14
5	灰藓科 Hypnaceae	8	13
6	羽藓科 Thuidiaceae	4	12
7	绢藓科 Entodontaceae	2	10
8	锦藓科 Sematophyllaceae	6	10
9	凤尾藓科 Fissidentiacea	1	9
10	地萼苔科 Geocalyaceae	2	9
11	羽苔科 Plagiochilaceae	1	9
合计(占本区%)	11(20.37)	53 (42.40)	155 (55.96)

由表 5-2 可以看出，八大山苔藓植物的优势科共有 11 个科，占本区总科数的 20.37%。11 个优势科的总属数占本区藓类植物总属数的 42.40%，并且总种数占本区藓类植物总种数的 55.96%。表明该区优势科的苔藓植物在总属数和总种数上都占据了主导地位。

(二)八大山苔藓植物属的统计分析

把种数超过 5 种(含 5 种)的属列为优势属，则在八大山的苔藓植物中，含 5 种以上的优势属有 14 个，共含 105 个种，占该区总种数的 32.84%。

表 5-3 八大山苔藓植物属的组成

属内种数	属数(占本区总属数%)	种数(占本区总种数%)
≥5	14(11.20)	105(37.91)
3~4	17(13.60)	57(20.58)
2	21(16.80)	42(15.16)
1	73(58.40)	73(26.35)
合计	125	277

从 5-3 表可以看出：八大山 125 属苔藓植物中，优势属的苔藓植物占据本县苔藓植物总属数的 11.20%，优势属的总种数占据本地苔藓植物种数的 37.91%。而属内种数大于 3 种的苔藓植物总种数占有本地苔藓植物总种数的 3/5 左右，其比例为：58.49%。

表 5-4 八大山苔藓植物优势属

顺序	属名	种数
1	青藓属 *Brachythecium*	11
2	真藓属 *Bryum*	10
3	匐灯藓属 *Plagiomnium.*	10
4	凤尾藓属 *Fissidens*	9
5	绢藓属 *Entodon*	9
6	羽苔属 *Plagiochila*	9
7	扭口藓属 *Barbula*	7
8	棉藓属 *Plagiothecium*	7
9	光萼苔属 *Porella*	7
10	羽藓属 *Thuidium*	6
11	白发藓属 *Leucobryum*	5
12	丝瓜藓属 *Pohlia*	5
13	小锦藓属 *Brotherella*	5
14	裂萼苔属 *Chiloscyphus*	5
合计(占本区%)	14(11.20%)	105(37.91%)

从表 5-4 中可见，八大山苔藓植物中优势属共有 14 个属，占本区总属数的 11.20%，14 个属总种数占本区总种数的 37.91%。其中属内种数大于 9 个的属分别是：青藓属 *Brachythecium*、匐灯藓属 *Plagiomnium* 和真藓属 *Bryum*。

（三）单种科、属的统计分析

八大山苔藓植物科中仅1种的科有13科，占总科数的24.07%（见表5-1），属中仅1种的属有73属，占总属数的58.40%（见表5-3）。出现单科单属单种的有：紫萼藓科 Grimmiaceae 砂藓属 *Racomitrium* 黄砂藓 *R. anomodontoides* Card.，卷柏藓科 Racopilaceae 卷柏藓属 *Racopilum* 薄壁卷柏藓 *R. cuspidigerum*（Schwaegr.）Aongstr.，虎尾藓科 Hedwigiaceae 虎尾藓属 *Hedwigia* 虎尾藓 *H. ciliata*（Hedw.）Ehrh. ex P. Beauv.，油藓科 Hookeriaceae 油藓属 *Hookeria* 尖叶油藓 *H. acutifolia* Hook. et Grev.，合叶苔科 Scapaniaceae 合叶苔属 *Scapania* 短合叶苔 *S. curta*（Mart.）Dumort.，绿片苔科 Aneuraceae 片叶苔属 *Riccardia* 羽枝片叶苔 *Riccardia multifida*（L.）Gray.，光苔科 Cythodiaceae 光苔属 *Cythodium* 光苔 *C. smaragdinum* Schiffn. ex Keissler。等。大量科中仅1属和属中仅1种的存在，说明本区内苔藓植物在科和属组成上的复杂性。科中仅1属和属中仅1种的特性，反映出该区植物进化过程中的两个相反方向：一是产生新的科、属，其属种尚未分化；另一个是演化终极的科、属，只有少数残遗种类。这些都与本地区的地质历史、气候特点和植被演化过程有着密不可分的联系。

二、结论与讨论

（一）结论

对盘县八大山地区的标本进行了鉴定后得到该地区共有苔藓植物54科，125属，277种及变种、亚种，体现了该区苔藓植物的丰富性。通过对八大山地区的苔藓植物物种组成的分析，得出该区有11个优势科，14个优势属。优势科所含有的总种数占据了本地区种数的主导地位，而占本区总属数不到1/8的优势属所含有的种数却占据了总种数的1/3左右。其次，本地区含有大量的单种科属，13个单种科占有本区总科数1/4左右，但其总种数却仅占本区总种数的4.69%，而73个单种属占有本区总属数的3/5，其种数仅为总种数的不到1/3。

（二）讨论

苔藓植物一般都比较矮小，结构简单，多生长与阴暗潮湿的地方，但也有相当多数的种类具有很强的耐旱能力。因此某个地区内苔藓植物物种数的多少直接反映出本地区的环境条件。八大山地区的苔藓植物共计为277种，从物种多样性的角度来看，本地区的环境条件并不好，这也与八大山地区地处云贵高原的过渡地带，大部分地区海拔处于1 500m～2 500m之间，森林植被覆盖率较低这一地理条件吻合；虽然标本采集地有海拔为700m左右的保基乡的低热河谷，但是整个河谷为农业用地，森林覆盖率极低，因此种类也相当少。不同的苔藓对生长基质要求不同，如丛藓科的植物多生长于较为干燥且阳光充足的地方，相对于藓类，苔类适应干燥环境的能力更低。通过对八大山地区苔藓植物的优势科属情况统计发现，优势科为丛藓科和青藓科等9个藓类科和羽苔科、地萼苔科2个苔类科，优势属为青藓属、真藓属等12个藓类属和羽苔、裂萼苔2个苔类属。从优势科的情况来看，丛藓科为属数和种数均为最多的科，其中的扭口藓属多达7种，而扭口藓属是钙土苔藓群落的指示种，在优势属中，虽然青藓属种类最多，但是由于青藓属本身对生长基质及环境条件的要求不是很严，因此对该地区的地理条件并没有太大的指示作用。真藓属种类较多而且生长基质要求不高，从湿润水土到干燥岩石皆有其分布类群，因此，真藓属在本地区的种类也较多，苔类优势属中种类最多的为羽苔属，但是羽苔属在中国分布的种类极多，达80余种，且偶尔的一个稍好的小生境即可满足其生长条件。其次为光萼苔属，为7种，但光萼苔属植物属于较为耐旱的种类。因此，从优势科属和物种多样性等两个方面讨论，均可以得到相同的结果：八大山地区苔藓植物生长的地理环境条件并不好，而且干旱程度较高。

三、贵州省盘县八大山地区苔藓植物名录*

1. 泥炭藓科 Sphagnaceae 泥炭藓属 *Sphagnum* 加萨泥炭藓 *S. khasianum* Mitt. PX20120729012；多纹

* 此名录中藓类按照中国苔藓志英文版排序，苔类按照 R. Grolle 1983 系统排序，所有标本都保存于贵州大学植物标本馆内

泥炭藓 *S. multifibrosum*X. J. Li et M. Zang PX20120729016。

2. 曲尾藓科 Dicranaceae 曲柄藓属 *Campylopus* 黄曲柄藓 *C. saureus* Bosch et Lac. PX20120724002；曲柄藓 *C. flexosus*（Hedw.）Bird. PX20120725080；拟脆枝曲柄藓 *C. subfragilis* Ren. et Card. PX20120724043；节茎曲柄藓 *C. umbellatus*（Arnoth.）Par. PX20120729033；小曲尾藓属 *Dicranella* 南亚小曲尾藓 *D. coarctata*（C. Muell.）Boesch et Lac. PX20120724114；小曲尾藓 *D. grevilleana*（Brid.）Schimp PX20120726238；曲尾藓属 *Dicranum* 曲尾藓 *D. scoparium* Hedw. PX20120726123；长蒴藓属 *Trematodon* 长蒴藓 *T. longicollis* Michx. PX20120727161。

3. 白发藓科 Leucobryaceae 白发藓属 *Leucobryum* 狭叶白发藓 *L. bowringii* Mitt. PX20120724095；绿叶白发藓 *L. chlorophyllosum* C. Muell PX20120724046b；白发藓 *L. glaucum*（Hedw.）Aongstr. PX20120726016；桧叶白发藓 *L. juniperoideum*（Brid.）C. Muell. PX20120724065；南亚白发藓 *L. neilgherrense* C. Muell. PX20120725001。

4. 凤尾藓科 Fissidentiacea 凤尾藓属 *Fissidens* 南京凤尾藓 *F. adelphinus* Besch. PX20120727077；异形凤尾藓 *F. anomalus* Mont. PX20120726241；网孔凤尾藓 *F. areolatus* Griff. PX20120725054a；卷叶凤尾藓 *F. critatus* Wils. ex Mitt. PX20120723005b；二形凤尾藓 *F. geminiflorns* Doz. et Molk. PX20120723074a；裸萼凤尾藓 *F. gymnogynus* Besch. PX20120728014；羽叶凤尾藓 *F. plagiochloides* Besch. PX20120726095；暖地凤尾藓 *F. splagiochiloides* Besch. PX20120727094；鳞叶凤尾藓 *F. taxifolius* Hedw. 。

5 丛藓科 Pottiaceae 扭口藓属 *Barbula* 红扭口藓 *B. asperifolia* Mitt. PX20120723095a；长尖扭口藓 *B. ditrichoides* Broth. PX20120726050；北地扭口藓 *B. fallax* Hedw.；反叶扭口藓 *B. reflexa* Brid. PX20120725082a；硬叶扭口藓 *B. rigidula*(Hedw.) Mild. PX20120726161；狭叶扭口藓 *B. subcontorta* Broth. PX20120728009；土生扭口藓 *B. vinealis* Brid PX20120725078；美叶藓属 *Bellibarbula* 尖叶美叶藓 *B. obtusicuspis*(Besch.) Chen PX20120723098；红叶藓属 *Bryoerythrophyllum* 高山红叶藓 *B. alpigenum*（Vent.）P. C. Chen. PX20120725034 PX20120725034；链齿藓属 *Desmatodon* 云南链齿藓 *D. yunnanensis* Broth. PX20120725028；净口藓属 *Gymnostomum* 硬叶净口藓 *G. subrigidulum*(Broth.) Chen. PX20120723117；湿地藓属 *Hyophila* 卷叶湿地藓 *H. involuta*（Hook.）Jaeg. PX20120727099b；芽孢湿地藓 *H. propagulifera* Broth. PX20120728039；花状湿地藓 *H. rosea* Williams PX20120730005；酸土藓属 *Oxystegus* 酸土藓 *O. cylindricus*(Brid.) Hilp. PX20120727042；锯齿藓属 *Prionidium* 粗锯齿藓 *P. erosodenticulatum*(C. Muell) Chen PX20120724037；拟合睫藓属 *Pseudosymblepharis* 狭叶拟合睫藓 *P. angustata*（Mitt.）P. C. Chen. PX20120725066；细拟合睫藓 *p. duriuscula*（Mitt.）P. - C chen PX20120727030；硬叶拟合睫藓 *p. subduriuscula*（C. Muell.）Chen PX20120725060；纽藓属 *Tortella* 纽藓 *T. humilis*（Hedw.）Jenn. PX20120724048a；墙藓属 *Tortula* 平叶墙藓 *T. planifolia* Li PX20120723095b；毛口藓属 *Trichostomum* 毛口藓 *T. brachydontium* Bruch. PX20120728046；卷叶毛口藓 *T. hattorianum* Tan. et Iwats. PX20120725107；阔叶毛口藓 *T. platyphyllum*（Ihs.）Chen PX20120723003；芒尖毛口藓 *T. zanderi*（Broth.）Redf. et Tan. PX20120725082b；小石藓属 *Weisia* 小石藓 *W. controversa* Hedw. PX20120724101；东亚小石藓 *W. exserta*（Broth.）P. C. Chen. PX20120724075；阔叶小石藓 *W. planifolia* Dix. PX20120723109；短叶小石藓 *W. semipallida* C. Muell. PX20120729020。

6. 缩叶藓科 Ptychomitriaceae 缩叶藓属 *Ptychomitrium* 齿边缩叶藓 *P. dentatum*（Mitt.）Jaeg. PX20120723056b；东亚缩叶藓 *P. fauriei* Besch. PX20120725056；多枝缩叶藓 *P. gardneri* Lesq. PX20120727099a。

7. 紫萼藓科 Grimmiaceae 砂藓属 *Racomitrium* 黄砂藓 *R. anomodontoides* Card. PX20120724027。

8. 葫芦藓科 Funariaceae 葫芦藓属 *Funaria.* 葫芦藓 *F. hygrometrica* Hedw. PX20120725072；中华葫芦藓 *F. sinensis* Dix. PX20120729026a 立碗藓属 *Physcomitrium* 立碗藓 *P. sphaericum*（Ludw.）Fuernr. PX20120726101。

9. 真藓科 Bryaceae 银藓属 *Anomobryum* 银藓 *A. filiforme* ssp. *concinnatum*（Spruce.）Loes. PX20120727039；短月藓属 *Brachymenium* 饰边短月藓 *B. longidens* Ren et Gard. PX20120727086；短月藓 *B. nepalense* Hook. PX20120727093；真藓属 *Bryum* 狭网真藓 *B. algovicum* Sendt. PX20120723119；真藓 *B. argenteum* Hedw. PX20120724011；比拉真藓 *B. billardieri* Schwaegr. PX20120724048b；丛生真藓 *B. caespiticium* Hedw. PX20120730017；细叶真藓 *B. capillare* Hedw. PX20120726202；黄色真藓 *B. pallescens* Schleicher et

Schwaegr PX20120724085；拟纤枝真藓 *B. petelotii* Thér. et Henr. PX20120730015；拟大叶真藓 *B. salakense* Card. PX20120729009；球蒴真藓 *B. turbinatum*（Hedw.）Turner. PX20120725052b；垂蒴真藓 *B. uliginosum*（Brid.）B. S. G. PX20120725024 平蒴藓属 *Plagiobryum* 平蒴藓 *P. zierii*（Hedw.）Lindb. PX20120723101a；丝瓜藓属 *Pohlia.* 丝瓜藓 *P. elongata* Hedw. PX20120727121；南亚丝瓜藓 *P. gedeana*（Bosch. ettac.）Gang. PX20120730019；疣齿丝瓜藓 *P. flexuosa* Hook. PX20120729003；异芽丝瓜藓 *P. leucostoma*（Bosch. et Lac.）Fleisch. PX20120727160；黄丝瓜藓 *P. nutans*（Hedw.）Lindb. PX20120724007；大叶藓属 *Rhodobryum* 暖地大叶藓 *R. giganteum*（Schwaegr.）Par. PX20120723085；狭边大叶藓 *R. ontariense*（Kindb.）Kindb. PX20120727029。

10. 提灯藓科 Minaceae 提灯藓属 *Mnium* 平肋提灯藓 *M. laevinerve* Card. PX20120723015 具缘提灯藓 *M. marginatum*（With.）P. Baeuv. PX20120725097；匐灯藓属 *Plagiomnium.* 尖叶匐灯藓 *P. acutum*（Lindb.）T. Kop. PX20120725011；树形匐灯藓 *P. arbusculum*（C. MULL）PX20120726028；匐灯藓 *P. cuspidatum*（Hedw.）T. Kop. PX20120728019；全缘匐灯藓 *P. integrum*（Bosch. etSande Lac.）T. Kop. PX20120730023；侧枝匐灯藓 *P. maximoviczii*（Lindb.）T. Kop. PX20120726223；多蒴匐灯藓 *P. Medium*（B. S. G.）T. Kop. PX20120730021；具喙匐灯藓 *P. rhynchophorum*（Hook.）T. Kop. PX20120726071b；钝叶匐灯藓 *P. rostratum*（Schrad.）T. Kop. PX20120725109；大叶匐灯藓 *P. succulentnm*（Mitt）T. Kop. PX20120730016；圆叶匐灯藓 *P. vesicatum*（Besch.）T. Kop. PX20120728021；毛灯藓属 *Rhizomnium* 扇叶毛灯藓 *R. hattorii* T. Kop. PX20120724040；疣灯藓属 *Trachycystis* 树形疣灯藓 *T. ussuriensis*（Maack et Regel.）T. Kop. PX20120727003a。

11. 珠藓科 Bartramiaceae 珠藓属 *Bartramia.* 直叶珠藓 *B. ithyphylla* Brid PX20120723061；泽藓属 *Philonotis* 泽藓 *P. fontana*（Hedw.）Brid. PX20120728018；柔叶泽藓 *P. mollis*（Dozy. et Molk.）Mitt. PX20120730028；细叶泽藓 *P. thwaitesii* Mitt. PX20120724080。

12. 卷柏藓科 Racopilaceae 卷柏藓属 *Racopilum.* 薄壁卷柏藓 *R. cuspidigerum* Aongstr. PX20120728043。

13. 虎尾藓科 Hedwigiaceae 虎尾藓属 *Hedwigia* 虎尾藓 *H. ciliata*（Hedw.）Ehrh. ex P. Beauv. PX20120724088。

14. 白齿藓科 Leucodontaceae 白齿藓属 *Leucodon* 朝鲜白齿藓 *L. coreensis* Card. PX20120726017。

15. 扭叶藓科 Trachypodaceae 绿锯藓属 *Duthiella* 软枝绿锯藓 *D. flaccida*（Card.）Broth. PX20120726034；美绿锯藓 *D. speciosissima* Broth. ex Card. PX20120725036；拟扭叶藓属 *Trachypodopsis* 拟扭叶藓卷叶变种 *T. serrulata* var. *crispatula*（Hook.）Zant. PX20120726216；扭叶藓属 *Trachypus* 扭叶藓 *T. bicolor* Reinw. et Hornsch. PX20120723013。

16. 蔓藓科 Meteoriaceae 气藓属 *Aerobryum* 气藓 *A. speciosum* Dozy et Molk. PX20120726208；丝带藓属 *Floribundaria* 四川丝带藓 *F. setschwanica* Broth. PX20120726220；粗蔓藓属 *Meteoriopsis* 粗蔓藓 *M. squarrosa*（Hook.）Fleisch. PX20120727002；蔓藓属 *Meteorium* 蔓藓 *M. miquelianum*（C. Muell.）Fleisch. PX20120727067。

17. 平藓科 Neckeraceae 拟扁枝藓属 *Homaliadelphus* 拟扁枝藓 *H. targionianus*（Mitt.）Dix. et P. Varde. PX20120727023；树平藓属 *Homaliodendron* 刀叶树平藓 *H. scalpellifolium*（Mitt.）Fleisch. PX20120726191；平藓属 *Neckera* 延叶平藓 *N. decurrens* Broth. PX20120726042。

18. 木藓科 Thamnobryaceae 羽枝藓属 *Pinnatella* 东亚羽枝藓 *P. makinoi*（Broth）Broth. PX20120726185b；木藓属 *Thamnobryum* 匙叶木藓 *T. subseriatum*（Mitt. ex Sande Lac.）B. C. Tan PX20120726217；南亚木藓 *T. subserratum*（Hook.）Nog. et Iwats. PX20120723045。

19. 船叶藓科 Lembophyllaceae 拟船叶藓属 *Dolichomitriopsis* 尖叶拟船叶藓 *D. diversiformis*（Mitt.）Nog. PX20120727008。

20. 油藓科 Hookeriaceae 油藓属 *Hookeria* 尖叶油藓 *H. acutifolia* Hook. et Grev. PX20120726228。

21. 刺果藓科 Symphyodontaceae 刺果藓属 *Symphyodon* 长刺刺果藓 *S. echinatus*(Mitt.)Jaeg PX20120726102b。

22. 孔雀藓科 Hypopterygiaceae 孔雀藓属 *Hypopterygium* 毛尖孔雀藓 *H. aristatum* Bosch et Lac. PX20120726058；西藏孔雀藓 *H. tibetanum* Mitt. PX20120726184。

23. 鳞藓科 Theliaceae 粗疣藓属 *Fauriella* 小粗疣藓 *F. tenerrima* Broth. PX20120726126a。

24. 碎米藓科 Fabroniaceae 碎米藓属 *Fabronia* 东亚碎米藓 *F. matsumurae* Besch. PX20120726023；附干藓属 *Schwetschkea* 缺齿附干藓 *S. gymnostonia* Thér. PX20120727038。

25. 薄罗藓科 Leskeaceae 褶藓属 *Okamuraea* 长枝褶藓 *O. haloniensis*(Mitt.)Broth. PX20120727051；拟草属 *Pseudoleckeopsis* 尖叶拟草藓 *P. tosana* Card. PX20120726030；假细罗藓属 *Pseudoleskeella* 假细罗藓 *P. catenulata*(Schrad.)Kindb. PX20120723064。

26. 牛舌藓科 Anomodontaceae 牛舌藓属 *Anomodon* 小牛舌藓原亚种 *A. minor*(Hedw.)Fuernr. ssp. *minor* PX20120728045；皱叶牛舌藓 *A. rugelii*(C. Muell.)Keissler. PX20120728027a；牛舌藓 *A. viticulosus*(Hedw.)Hook. et Tayl. PX20120726046；多枝藓属 *Haplohymenium* 台湾多枝藓 *H. formosanum* Nog. PX20120727092；羊角藓属 *Herpetineuron* 羊角藓 *H. toccoae*(Sull. et Lesq.)Card. PX20120728027b。

27. 羽藓科 Thuidiaceae 麻羽藓属 *Claopodium* 狭叶麻羽藓 *C. aciculum*(Broth.)Broth. PX20120723123；皱叶麻羽藓 *C. rugulosifolium* S. Y. Zhen. PX20120724084；细羽藓属 *Cyrtohypnum* 密毛细羽藓 *C. gratum*(P. Beauv.)Buck et Crum；PX20120727100；密枝细羽藓 *C. tamariscellum*(C. Muell.)Buck et CrumPX20120726167a；小羽藓属 *Haplocladium* 狭叶小羽藓 *H. angustifolium*(Hampe etC. Muell.)Broth. PX20120727031；细叶小羽藓 *H. microphyllum*(Hedw.)Broth. PX20120723010；羽藓属 *Thuidium* 大羽藓 *T. cymbifolium*(Dozy. et Molk.)Dozy. et Molk. PX20120725055；细枝羽藓 *T. delicatulum*(Hedw.)MittPX20120723113b；灰羽藓 *T. glaucinum*(Mitt.)Brsch. et Sande Lac. PX20120728035；短肋羽藓 *T. kanedae* Sak. PX20120730008；毛尖羽藓 *T. plumulosum*(Dozy et Molk.)Dozy et Molk. PX20120727106；短枝羽藓 *T. submicropteris* Crad. PX20120723026。

28. 柳叶藓科 Amblystegiaceae 柳叶藓属 *Amblystegium* 柳叶藓 *A. serpens*(Hedw.)B. S. G. PX20120726218；大湿原藓属 *Calliergonella* 大湿原藓 *C. cuspidata*(Hedw.)Loescke. PX20120723088a；牛角藓属 *Cratoneuron* 牛角藓 *C. filicinum*(Hedw.)Spruce. PX20120723112；水灰属 *Hygrohypnum* 扭叶水灰藓 *H. eugyrium*(B. S. G.)Broth. PX20120725018b。

29. 青藓科 Brachytheciaceae 青藓属 *Brachythecium* 灰白青藓 *B. albicans*(Hedw.)B. S. G. PX20120723037；多褶青藓 *B. buchananii*(Hook.)Jaeg. PX20120728012；多枝青藓 *B. fasciculirameum* C. Muell. PX20120730024；圆枝青藓 *B. garovaglioides* C. Muell. PX20120726207；冰川青藓 *B. glaciale* B. S. G. PX20120727013；野口青藓 *B. noguchii* Takaki. PX20120730010；悬垂青藓 *B. pendulum* Takaki. PX20120725084；小青藓 *B. perminusculum* C. Muell. PX20120727026；羽枝青藓 *B. plumosum*(Hedw.)B. S. G. PX20120727103；毛尖青藓 *B. Piligerum* Card. PX20120725003；卵叶青藓 *B. rutabulum*(Hedw.)B. S. G. PX20120723042；美喙藓属 *Eurhynchium* 小叶美喙藓 *E. filiforme*(C. Muell). Y. F. Wang et R. L. Hu. PX20120723065；密叶美喙藓 *E. savatieri* Schimp. et Besch. PX20120726181；同蒴藓属 *Homalothecium* 白色同蒴藓 *H. leucodonticaule*(C. Muell.)Broth. PX20120727037 鼠尾藓属 *Myuroclada* 鼠尾藓 *M. maximowiczii*(Borszcz.)Steere. et Schof. PX20120727146 褶叶藓 *Palamocladium* 深绿褶叶藓 *P. euchloron*(C. Muell.)Wijk. et Marg. PX20120723052；褶叶藓 *P. nilgheriense*(Mont.)C. Muell. PX20120727113；长喙藓属 *Rhynchostegium* 水生长喙藓 *R. riparioides*(Hesw.)Card. In Tourret. PX20120724051；匐枝长喙藓 *R. serpenticaule* C. Muell. PX20120726081。

30. 绢藓科 Entodontaceae 绢藓属 *Entodon* 绢藓 *E. cladorrhizans*（Hedw.）C. Muell. PX20120723132a；长叶绢藓 *E. longifolius*（C. Muell.）jaeg. PX20120723092；长柄绢藓 *E. macropodus*（Hedw.）C. Muell. PX20120725094；短柄绢藓 *E. micropodus* Besch. PX20120730015；钝叶绢藓 *E. obtusatus* Broth. PX20120730011；娇美绢藓 *E. pulchellus*（Griff.）JeagPX20120724077；宝岛绢藓 *E. taiwanensis* C. -K. Wang et S. -H. Lin. PX20120728026；绿叶绢藓 *E. viridulus* Card. PX20120723041；云南绢藓 *E. yunnanensis* Ther. PX20120728010；赤齿藓属 *Erythrodontium* 穗枝赤齿藓 *E. julaceum*（Schwaegr.）Par. PX 20120723006。

31. 棉藓科 Plagiotheciaceae 棉藓属 *Plagiothecium* 棉藓 *P. denticulatum*（Hedw.）Schimp. PX20120726085；直叶棉藓 *P. eurphyllum*（Card. et Thér.）Iwats. PX20120726126b；台湾棉藓 *P. formosicum* Broth. et Yas. PX20120723050；扁平棉藓原变种 *P. neckeroideum* B. S. G. var. *neckeroideum* PX20120724048c；垂蒴棉藓 *P. nemorale*（Mitt.）Jaeg. PX20120723093；阔叶棉藓 *P. paltyphyllum* Moenk. PX20120729007；长喙棉藓 *P. succulentum*（Wil.）Limdb. PX20120725113a。

32. 锦藓科 Sematophyllaceae 顶胞藓属 *Acroporium* 疣柄顶胞藓 *A. strepsiphyllum*（Mont.）Tan in Touw PX20120724081a；小锦藓属 *Brotherella* 曲叶小锦藓 *B. curvirostris*（Schwaegr.）Fleisch. PX20120726237；弯叶小锦藓 *B. falcate*（Dozy et Molk.）Fleisch. PX20120727068；东亚小锦藓 *B. fauriei*（Card.）Broth. PX20120725065；南方小锦藓 *B. henonii*（Duby）Fleisch. PX20120724028；垂蒴小锦藓 *B. nictans*（Mitt.）Broth. PX20120727089a；拟疣胞藓属 *Clastobryopsis* 粗枝拟疣胞藓 *C. robusta*（Broth.）Fleisch. PX20120724020；疣胞藓属 *Clastobryum* 三列疣胞藓 *C. glabrescens*（Iwats.）Tan PX20120723068；锦藓属 *Sematophyllum* 矮锦藓 *S. subhumile*（C. Muell.）Fleisch. PX20120725052a；刺枝藓属 *Wijkia* 角状刺枝藓 *W. hornschuchii*（Dozy et Molk.）Crum PX20120724081b。

33. 灰藓科 Hypnaceae 梳藓属 *Ctenidium* 羽枝梳藓 *C. pinnatum*（Broth. et Par.）Broth. PX20120725067；偏蒴藓属 *Ectropothecium* 密枝偏蒴藓 *E. wangianum* ChenPX20120726210b；平叶偏蒴藓 *E. zollingeri*（C. Mull.）Jaeg. PX20120723124b；美灰藓属 *Eurohypnum* 美灰藓 *E. leptothallum*（C. Muell.）Ando. PX20120725068；粗枝藓属 *Gollania* 大粗枝藓 *G. robusta* Broth. PX20120726200a；灰藓属 *Hypnum* 灰藓 *H. cupressiforme* L. ex Hedw. PX20120725035；东亚灰藓 *H. fauriei* Card. PX20120724060；卷叶灰藓 *H. revolutum*（Mitt.）Lindb. PX20120723034b；直叶灰藓 *H. vaucheri* Lesq. PX20120723096；同叶藓属 *Isopterygium* Mitt. 南亚同叶藓 *I. bancanum*（Lac.）Jaeg. PX20120727105；拟鳞叶藓属 *Pseudotaxiphyllum* 东亚拟鳞叶藓 *P. pohliaecarpum*（Sull. Et Lesq.）Iwats. PX20120727151；鳞叶藓属 *Taxiphyllum* 细尖鳞叶藓 *T. Aomriense*（Besch.）Iwats. PX20120725091；鳞叶藓 *T. taxirameum*（Mitt.）Fleisch. PX20120724005。

34. 塔藓科 Hylocomiaceae 假蔓藓属 *Loeskeobryum* 假蔓藓 *L. brevirostre*（brid.）Fleisch. PX20120726192；拟垂枝藓属 *Rhytidiadelphus* 疣拟垂枝藓 *R. tiquetrus*（Hedw.）Warnt. PX20120724035。

35. 金发藓科 Polytrichaceae 仙鹤藓属 *Atrichum* 小仙鹤藓 *A. crispulum* Schimp. ex. Besch. PX20120727167；小胞仙鹤藓 *A. rhystophyllum*（C.. Muell.）Par. PX20120724105；东亚仙鹤藓 *A. yakushimense*（Horik.）Miz. PX20120725104；小金发藓属 *Pogonatum* 扭叶小金发藓 *P. contortum*（Brid.）Lesq. PX20120724061；东北小金发藓 *P. japonicum* Sull. et Lesq. PX20120724092；东亚小金发藓 *P. inflexum*（Lindb.）Sande Lac. PX20120723074b；金发藓属 *Polytrichum* 金发藓 *P. commne* Hedw. PX20120727143。

36. 指叶苔科 Lepidoziaceae 鞭苔属 *Bazzania* 三裂鞭苔 *B. tridens*（Reiw. et Al.）Trey. PX20120726148；指叶苔属 *Lepidozia* 指叶苔 *L. reptans*（L.）Dum PX20120724012。

37. 护蒴苔科 Calypogiaceae 护蒴苔属 *Calypogia* 护蒴苔 *C. fissa*（L.）Raddi. PX20120724026；沼生护蒴苔 *C. sphagnicola* Warnst et Loesk. PX20120724024；双齿护蒴苔 *C. tosana*（Steph.）Steph. PX20120726138；假护蒴苔属 *Metacalypogeia* 疏叶假护蒴苔 *M. alternifolia*（Nees）Grolle. Hatt. PX20120724015。

38. 叶苔科 Jungermanniaceae 叶苔属 *Jungermannia* 透明叶苔 *J. hyaline* Lyell. PX20120727127b；被蒴苔属 *Nardia* 南亚被蒴苔 *N. assamica*（Mitt.）Amak PX20120724009。

39. 合叶苔科 Scapaniaceae 合叶苔属 *Scapania* 短合叶苔 *S. curta*（Mart.）Dumort. PX20120724132。

40. 地萼苔科 Geocalyaceae 裂萼苔属 *Chiloscyphus* 尖叶裂萼苔 *C. cuspidatus*（Nees.）Engel et Schus PX20120726108；圆叶裂萼苔 *C. horikawana*（S. Hatt.）J. J. Engel. PX20120728023；双齿裂萼苔 *C. latifolius*（Nees.）Engel et Schust PX20120726053；芽孢裂萼苔 *C. minor*（Nees.）Engel et Schus-tPX20120726039；裂萼苔 *C. polyanthus*（L.）Card. PX20120726057b；异萼苔属 *Heteroscyphus* 四齿异萼苔 *H. argustus*（Reinw. Bl. et Nees.）SchiffnPX20120727019；双齿异萼苔 *H. coalitus*（Hook.）Schiffn［E］，LB. PX20120726146；平叶异萼苔 *H. planus*（Mitt.）Schiffn. PX20120727110b 圆叶异萼苔 *H. tener*（Steph.）Schiffn. PX20120727020。

41. 羽苔科 Plagiochilacea 羽苔属 *Plagiochila* 树生羽苔 *P. corticola* Steph. PX20120724130；陈氏羽苔 *P. chenii* Groll et M. L. So. PX20120725123；纤细羽苔 *P. gracilis* Lindb et Gott. PX20120727010；背瓣羽苔 *P. kurzii* Steph. PX20120726163；粗齿羽苔 *P. pseudofirma* Herz. PX20120726233a；尖齿羽苔 *P. pseudorenitens* Schiffn. PX20120727059；刺叶羽苔 *P. sciophila* Nees ex Lindenb. PX20120724023；四川羽苔 *P. sichuanensis* Groll. et M. L. So. PX20120724120a；司氏羽苔 *P. steven*Siana Steph. PX20120726009。

42. 扁萼苔科 Radulaceae 扁萼苔属 *Radula* 美丽扁萼苔 *R. amoena* Herzog. PX20120726084；芽孢扁萼苔 *R. constricta* Steph. PX20120727022；尖叶扁萼苔 *R. kojana* Steph. PX2012072705。

43. 光萼苔科 Porellaceae 光萼苔属 *Porella* 长叶光萼苔 *P. longifolia*（Steph.）Hatt. PX20120726180；亮叶光萼苔 *P. nitens*（Steph.）Hatt. PX20120726042b；钝叶光萼苔鳞叶变种 *P. obtusata* var. *macroloba*（Steph.）Hatt. PX20120727081；毛边光萼苔 *P. perrottetiana*（Mont.）Trev. PX20120724242；毛边光萼苔齿叶变种 *P. perrottetiana* var. *ciliatodentata*（Chen. et Wu.）Hatt. PX20120727053；小瓣光萼苔 *P. plumosa*（Mitt.）Inoue. PX20120724050b；卷叶光萼苔 *P. revolute*（Lehm.）Trev. PX20120726158。

44. 耳叶苔科 Frullaniaceae 耳叶苔属 *Frullania* 列胞耳叶苔 *F. moniliata*（Reinw. et al.）Mont. PX20120726142。

45. 细鳞苔科 Lejeuneaceae 细鳞苔属 Lejeunea 角萼细鳞苔 *L. alata* Gott. PX20120723002；暗绿细鳞苔 *L. obscura* Mitt. PX20120723057；小叶细鳞苔 *L. parva*（Hatt.）Mizut. PX20120730021；喜马拉雅细鳞苔 *L. stevensiana*（Steph.）Mizut. PX20120727006。

46. 溪苔科 Pelliaceae 溪苔属 *Pellie* 花叶溪苔 *P. endiviaefolia*（Dicks.）Dum. PX20120727075a；溪苔 *P. epiphylla*（L.）Cord. PX20120727074。

47. 带叶苔科 Pallaviciniaceae 带叶苔属 *Pallavicinia* 带叶苔 *P. lyellia*（Hook.）Gray. PX20120726121；长刺带叶苔 *P. subcilliata*（Aust.）Steph. PX20120726115。

48. 绿片苔科 Aneuraceae 片叶苔属 *Riccardia* 羽枝片叶苔 *R. multifida*（L.）Gray. PX20120727102。

49. 叉苔科 Metzgeriaceae 叉苔属 *Metzgeria* 平叉苔 *M. conjugata* Lindb. PX20120724046a；狭尖叉苔 *M. consanguinea* Schiff. PX20120723016；背胞叉苔 *M. novicrassipilis* Kuwah. PX20120726099。

50. 光苔科 Cythodiaceae 光苔属 *Cythodium* 光苔 *C. smaragdinum* Schiffn. ex Keissler. PX20120725124。

51. 魏氏苔科 Wiesnerellaceae 毛地钱属 *Dumortiera* 毛地钱 *D. hirsute*（Sw.）Reinw et al. PX20120726129。

52. 蛇苔科 Conocephalaceae 蛇苔属 *Conocephalum* 蛇苔 *C. conicum*（L.）Dum. PX20120725009；小蛇苔 *C. japonicum*（Thumb.）Grolb. PX20120726090。

53. 瘤冠苔科 Aytoniaceae 瘤冠苔属 *Mannia* 瘤冠苔 *M. fragrans*（Balb.）Frye et Clark. PX20120728008；紫背苔属 *Plagiochasma* 无纹紫背苔 *P. intermedium* Lindb. et Gott. PX20120723103；紫背苔 *P. rupestre*（Forst.）Steph. 。

PX20120726049；石地钱属 *Reboulia* 石地钱 *R. hemisphaerica*（L.）Raddi PX20120726022

54. 地钱科 Marchantiaceae 地钱属 *Marchantia* 楔瓣地钱 *M. emarginata* Reinw ssp. PX20120725118；粗裂地钱 *M. paleacea* Bertol. ssp. PX20120725087；地钱 *M. polymorpha* Li. PX20120729013。

（孙中文　熊源新　曹　威　杨　冰　刘正东）

参考文献

HE S, GAO C. Moss Flora of China English Version Vol. 1 [M]. Science Press (Beijing, New York) & Missouri Botanical Garden Press (St. Louis) 1999: 1 – 273.

HE S, LI X J. Moss Flora of China English Version Vol. 2 [M]. Science Press (Beijing, New York) & Missouri Botanical Garden Press (St. Louis) 2001: 1 – 283.

HE S, GAO C. Moss Flora of China English Version Vol. 3 [M]. Science Press (Beijing, New York) & Missouri Botanical Garden Press (St. Louis) 2003: 1 – 141.

HE S, LI X J. Moss Flora of China English Version Vol. 4 [M]. Science Press (Beijing, New York) & Missouri Botanical Garden Press (St. Louis) 2007: 1 – 211.

HE S, WU P C. Moss Flora of China English Version Vol. 5 [M]. Science Press (Beijing, New York) & Missouri Botanical Garden Press (St. Louis) 2011: 1 – 422.

HE S, WU P C. Moss Flora of China English Version Vol. 6 [M]. Science Press (Beijing, New York) & Missouri Botanical Garden Press (St. Louis) 2002: 1 – 221.

HE S, HU R L, WANG Y F. Moss Flora of China English Version Vol. 7 [M]. Science Press (Beijing, New York) & Missouri Botanical Garden Press (St. Louis) 2008: 1 – 258.

HE S, WU P C. Moss Flora of China English Version Vol. 8 [M]. Science Press (Beijing, New York) & Missouri Botanical Garden Press (St. Louis) 2005: 194 – 198.

Aaron J. Sharp, Howard Crum, Patricia M. Eckel. The Moss Flora Mexico [M]. New York: The New York Botanical Garden, 1 994.

M L So. Plagioehila (Hepatieae, Plagioehilaceae) in China [M]. Michigan: The American society of plant taxonomists, 2001: 11 – 200.

Akira Noguchi. Illustrated Moss Flora of Japan Volumes 4 [M]. Japan: Hattori Botanical Laboratory, 1991.

高谦. 中国苔藓志第九卷[M]. 北京：科学出版社, 2003: 1 – 323.

高谦, 吴玉环. 中国苔藓志第十卷[M]. 北京：科学出版社, 2008: 1 – 464.

中国科学院昆明植物研究所. 云南植物志：十七卷[M]. 北京：科学出版社, 2000: 1 – 648.

胡仁亮. 苔藓植物学[M]. 北京：高等教育出版社, 1987: 424 – 433.

吴鹏程. 苔藓植物生物学[M]. 北京：科学出版社, 1998: 131 – 140.

高谦, 吴玉环. 中国苔纲和角苔纲植物属志[M]. 北京：科学出版社, 2010: 212 – 248.

第二节　苔藓植物区系研究

一、苔藓植物物种组成

2012 年 7 月到 8 月份期间，笔者对盘县八大山地区苔藓植物进行了野外调查和采集，共获得苔藓植物标本 1 000 余号。通过鉴定，现知该地区共有苔藓植物 54 科 125 属 277 种。其中藓类植物 35 科 100 属 216 种，占贵州省藓类植物科的 63. 64%，属的 36. 23%，种的 19. 00%；苔类植物 19 科 25 属 61 种，占贵州省苔类植物科的 51. 35%，属的 28. 74%，种的 12. 08%。该区的苔藓植物名录另外发表。

二、区系成分分析

根据吴征镒在对中国种子植物属的分布类型的研究中所界定的范围（吴征镒，2003），并结合盘县八大山苔藓植物的实际地理分布，现将该地区的苔藓植物区系分为 14 个类型，其中，东亚成分又进一步分为东亚广布，中国—喜马拉雅和中国—日本成分。

表 5-5 贵州省盘县八大山地区苔藓植物区系成分统计

区系分成	种数	占总种数百分比(%)
世界广布成分*	40	—
泛热带成分	12	5. 22
热带亚洲和热带美洲间断成分	5	2. 17
旧世界热带成分	2	0. 87
热带亚洲至热带大洋洲成分	8	3. 48
热带亚洲至热带非洲成分	5	2. 17
热带亚洲(印度—马来西亚)成分	30	13. 04
北温带成分	40	17. 39
东亚及北美间断成分	5	2. 17
旧世界温带成分	7	3. 04
温带亚洲成分	5	2. 17
地中海区、西亚至中亚成分	1	0. 43
东亚成分	88	38. 26
东亚广布	29	12. 61
中国—喜马拉雅成分	10	4. 35
中国—日本成分	49	21. 30
中国特有成分	29	12. 61

注：* 百分比不包括世界广布种。

(一)世界广布成分(Cosmopolitan)

世界广布成分包括几乎遍布世界各大洲而没有特殊分布中心的属，或虽有一个或数个分布中心而包含世界分布种的属。本区世界广布的苔藓植物共40种，其中藓类35种隶属15科28属，主要有曲柄藓 *Campylopus flexosus*、小曲尾藓 *Dicranella grevilleana*、长蒴藓 *Trematodon longicollis*、真藓 *Bryaceae argenteum*、卷叶湿地藓 *Hyophi lainvoluta*、灰藓 *Hypnum cupressiforme* 等。苔类5种隶属5科5属，有平叶异萼苔 *Heteroscyphus planus*、带叶苔 *Pallavicinia lyellia*、毛地钱 *Dumortiera hirsute*、石地钱 *Reboulia hemisphaerica* 和地钱 *Marchantia polymorpha*。由于该区系地理成分分布世界各地，难以体现其区系特征，因此未计算其区系成分的比例。

(二) 泛热带成分(Pantropic)

泛热带成分包括普遍分布于东、西两半球热带，和在全世界热带范围内有一个或数个分布中心，但在其它地区也有一些种类分布的热带属。本区的10种藓类属于该分布类型：绿叶白发藓 *Leucobryum chlorophyllosum*、卷叶凤尾藓 *Fissidens critatus*、黄砂藓 *Racomitrium anomodontoides*、比拉真藓 *Bryum billardieri*、狭叶小羽藓 *Haplocladium angustifolium*、水生长喙藓 *Rhynchostegium riparioides*、长柄绢藓 *Entodon macropodus* 等，它们隶属于8科8属；苔类2种分别为钝叶光萼苔鳞叶变种 *Porella obtusata* var. *macroloba* 和光苔 *Cyathodium smaragdinum*。

(三)热带亚洲和热带美洲间断成分(Trop. Asia et Trop. Amer. Disjuncted)

这一分布区类型包括间断分布于美洲和亚洲温暖地区的热带属，在东半球从亚洲可能延伸到澳大利亚东北部或西南太平洋岛屿。本区属于此分布类型的有5种，藓类2种为鳞叶藓 *Taxiphyllum taxirameum* 和拟纤枝真藓 *Bryum petelotii*；苔类3种隶属3科3属，分别为平叉苔 *Metzgeria conjugata*、纤细羽苔 *Plagiochila gracilis* 和粗裂地钱原亚种 *Marchantia paleacea*。

（四）旧世界热带成分（Old World Tropics）

旧世界热带是指亚洲、非洲和大洋洲热带地区及邻近岛屿（也称为古热带 Paleoropics），以与美洲新大陆相区别。该地区属于此分布类型的只有苔类植物，共计 2 种，隶属 2 科 2 属，尖叶裂萼苔 *Chiloscyphus cuspidatus* 和楔瓣地钱原亚种 *Marchantia emarginata*。

（五）热带亚洲至热带大洋洲成分（Trop. Asia et Trop. Australasia）

热带亚洲至热带大洋洲成分是旧世界热带分布区的东翼，其西端有时可达马达加斯加，但一般不到非洲大陆。本区该成分的藓类有 6 科 6 属 6 种：疣柄顶胞藓 *Acroporium strepsiphyllum*、南亚小曲尾藓 *Dicranella coarctata*、平叶偏蒴藓 *Ectropothecium zollingeri*、具喙匐灯藓 *Plagiomnium rhynchophorum* 等，苔类有 2 科 2 属 2 种：四齿异萼苔 *Heteroscyphus argustus*、双齿异萼苔 *Heteroscyphus coalitus*。

（六）热带亚洲至热带非洲成分（Trop. Asia toTrop. Africa）

这一分布类型是旧世界热带分布区类型的东翼，即从热带非洲至印度一马来西亚，特别是其西部（西马来西亚），有的属也分布到斐济等南太平洋岛屿，但不见于澳大利亚大陆。本区属于该成分的藓类有 2 科 2 属 3 种：黄曲柄藓 *Campylopus aureus*、暖地大叶藓 *Rhodobryum giganteum* 和狭边大叶藓 *Rhodobryum ontariense*，苔类 2 种隶属 2 科 2 属，有羽枝片叶苔 *Riccardia multifida* 和狭尖叉苔 *Metzgeria consanguinea*。

（七）热带亚洲成分（Tropical Asian）

热带亚洲（印度一马来西亚）是旧世界热带的中心部分。这一类型分布区的范围包括印度，斯里兰卡，中南半岛，印度尼西亚，加里曼丹岛，菲律宾及新几内亚等。东面可到斐济等南太平洋岛屿，但不到澳大利亚大陆。其分布区的北部边缘，到达我国西南、华南及台湾，甚至更北地区。该分布类型在本区的分布共 30 种。其中藓类 18 种隶属 13 科 15 属，有异形凤尾藓 *Fissidens anomalus*、狭叶扭口藓 *Barbula subcontorta*、南亚丝瓜藓 *Pohlia gedeana*、大叶匐灯藓 *Plagiomnium succulentnm*、柔叶泽藓 *Philonotis mollis*、四川丝带藓 *Floribundaria setschwanica*、刀叶树平藓 *Homaliodendron scalpellifolium*、曲叶小锦藓 *Brotherella curvirostris*、三列疣胞藓 *Clastobryum glabrescens*、矮锦藓 *Sematophyllum subhumile*、南亚同叶藓 *Isopterygium bancanum* 等；苔类有 12 种隶属 5 科 5 属，有双齿裂萼苔 *Chiloscyphus latifolius*、背瓣羽苔 *Plagiochila kurzii*、美丽扁萼苔 *Radula amoena*、长叶光萼苔 *Porella longifolia*、卷叶光萼苔 *Porella revolute*、暗绿细鳞苔 *Lejeunea obscura* 等。

（八）北温带成分（North Temperate）

北温带分布区类型一般是指广泛分布于欧洲、亚洲和北美洲温带地区的属。由于地理和历史原因，有些属沿山脉向南伸延到热带山区，甚至远达南半球温带，但其原始类型或分布中心仍在北温带。该分布类型在本区的分布共 40 种，其中藓类 14 科 21 属 28 种，有曲尾藓 *Dicranum scoparium*、白发藓 *Leucobryum glaucum*、土生扭口藓 *Barbula vinealis*、立碗藓 *Physcomitrium sphaericum*、球蒴真藓 *Bryum turbinatum*、丝瓜藓 *Pohlia elongata*、钝叶匐灯藓 *Plagiomnium rostratum*、树形疣灯藓 *Trachycystis ussuriensis*、直叶珠藓 *Bartramia ithyphylla*、泽藓 *Philonotis fontana*、假细罗藓 *Pseudoleskeella catenulata*、卷叶灰藓 *Hypnum revolutum* 等，苔类 12 种 9 科 10 属，有指叶苔 *Lepidozia reptans*、沼生护蒴苔 *Calypogia sphagnicola*、芽孢裂萼苔 *Chiloscyphus minor*、溪苔 *Pellie epiphylla*、蛇苔 *Conocephalum conicum*、瘤冠苔 *Mannia fragrans*、紫背苔 *Plagiochasma rupestre* 等

（九）东亚及北美间断成分（E. Asia et N. Amer. Disjuncted）

指间断分布于东亚和北美洲温带及亚热带地区的类群。本区属于此分布类型的苔藓植物有 5 科 5 属 5 种，有透明叶苔 *Jungermannia hyaline*、无纹紫背苔 *Plagiochasma intermedium*、疣齿丝瓜藓 *Pohlia flexuosa*、扭叶小金发藓 *Pogonatum contortum* 和绢藓 *Entodon cladorrhizan*。

（十）旧世界温带成分（OldWorld Temperate）

这一成分一般是指广泛分布于欧洲、亚洲中一高纬度的温带和寒温带，或最多有个别种延伸到北非及亚洲—非洲热带山地，或澳大利亚的属。本区属于此分布类型的藓类有 5 科 5 属 7 种，有硬叶扭

口藓 *Barbula rigidula*、丛生真藓 *Bryum caespiticium*、具缘提灯藓 *Mnium marginatum*、密毛细羽藓 *Cyrtohypnum gratum*、美灰藓 *Eurohypnum leptothallum* 等。

（十一）温带亚洲成分（Temp. Asia）

温带亚洲成分是指分布区主要局限于亚洲温带地区的属。它们分布区的范围一般包括从苏联中亚（或南俄罗斯）至东西伯利亚和东北亚，南部界线至喜马拉雅山区，我国西南、华北至东北，朝鲜和日本北部。也有一些属种分布到亚热带，个别属种到达亚洲热带，甚至到新几内亚，表现这一类型与热带或古南大陆很微弱的联系。本区属于此分布类型的藓类有3科3属3种，有加萨泥炭藓 *Sphagnum khasianum*、节茎曲柄藓 *Campylopus umbellatus* 和东北小金发藓 *Pogonatum japonicum*；苔类有2科2属2种：护蒴苔 *Calypogia fissa* 和三裂鞭苔 *Bazzania tridens*。

（十二）地中海区、西亚至中亚成分（Mediterranea, W. Asia to C. Asia）

指分布于现代地中海周围，经过西亚或西南亚至苏联中亚和我国新疆、青藏高原及蒙古高原一带的干旱地带。该成分在本区仅有卵叶青藓 *Brachythecium rutabulum* 一种。

（十三）东亚成分（E. Asia）

东亚成分指东喜马拉雅一直分布到日本的类群。本成分中除广泛分布喜马拉雅至日本的类型外，因种的分布中心不同，还可划分为中国—喜马拉雅成分和中国—日本成分。

1. 东亚广布（E. Asia）

本区典型的东亚广布成分有29种，藓类有南亚白发藓 *Leucobryum neilgherrense*、羽叶凤尾藓 *Fissidens plagiochloides*、细拟合睫藓 *Pseudosymblepharis duriuscula*、东亚小石藓 *Weisia exserta*、平肋提灯藓 *Mniumlaevinerve*、侧枝匐灯藓 *Plagiomnium maximoviczii*、软枝绿锯藓 *Duthiella flaccida*、气藓 *Aerobryum speciosum*、粗蔓藓 *Meteoriopsis squarrosa*、拟扁枝藓 *Homaliadelphus targionianus*、南亚木藓 *Thamnobryum subserratum*、毛尖孔雀藓 *Hypopterygium aristatum*、粗枝拟疣胞藓 *Clastobryopsis robusta*、东亚拟鳞叶藓 *Pseudotaxiphyllum pohliaecarpum* 等，共15科20属27种。苔类2种隶属2科2属，有圆叶异萼苔 *Heteroscyphus tener* 和小瓣光萼苔 *Porella plumosa*。

2. 中国—日本成分（Sino-Japan）

其分布中心位于东亚区系成分的东部，物种向东不延至喜马拉雅。本区属于此分布类型的种类较多，有49种，其中藓类40种，有南京凤尾藓 *Fissidensadelphinus*、硬叶净口藓 *Gymnostomum subrigidulum*、芽孢湿地藓 *Hyophila propagulifera*、东亚缩叶藓 *Ptychomitrium fauriei*、长枝褶藓 *Okamuraea halonicensis*、狭叶麻羽藓 *Claopodium aciculum*、毛尖青藓 *Brachythecium piligerum*、钝叶绢藓 *Entodon obtusatus*、东亚小锦藓 *Brotherella fauriei*、角状刺枝藓 *Wijkia hornschuchii*、细尖鳞叶藓 *Taxiphyllum aomriense* 等，苔类有9种，有双齿护蒴苔 *Calypogia tosana*、背胞叉苔 *Metzgeria novicrassipilis*、圆叶裂萼苔 *Chiloscyphus horikawana*、尖叶扁萼苔 *Radula kojana*、小叶细鳞苔 *Lejeunea parva*、长刺带叶苔 *Pallavicinia subcilliata*、小蛇苔 *Conocephalum japonicum* 等。

3. 中国—喜马拉雅成分（Sino-Himalaya）

其分布中心位于东亚成分的西部，物种延伸不到日本。本区属于该成分的有6种藓类隶属5科6种，有拟脆枝曲柄藓 *Campylopus subfragilis*、东亚小金发藓 *Pogonatum inflexum*、薄壁卷柏藓 *Racopilum cuspidigerum*、拟大叶真藓 *Bryum salakense* 等；苔类4种隶属于4科4属，分别为南亚被蒴苔 *Nardia assamica*、司氏羽苔 *Plagiochila stevensiana*、亮叶光萼苔 *Porella nitens* 和喜马拉雅细鳞苔 *Lejeunea stevensiana*。

4. 中国特有成分（Endemic to China）

本区属于中国特有的种类有29种，其中藓类27种隶属13科24属，有小叶美喙藓 *Ehrhynchium filiforme*、多纹泥炭藓 *Sphagnum multifibrosum*、尖叶美叶藓 *Bellibarbula obtusicuspis*、中华葫芦藓 *Funaria sinensis*、西藏孔雀藓 *Hypopterygium tibetanum*、卷叶毛口藓 *Trichostomum hattorianum*、皱叶麻羽藓 *Claopodium rugulosifolium*、多枝青藓 *Brachythecium fasciculirameum*、白色同蒴藓 *Homalothecium leucodonticaule*、

云南绢藓 *Entodon yunnanensis*、台湾棉藓 *Plagiotheciumformosicum* 等；苔类 2 种隶属 1 科 1 属，为陈氏羽苔 *Plagiochila chenii* 和四川羽苔 *Plagiochila sichuanensis*。

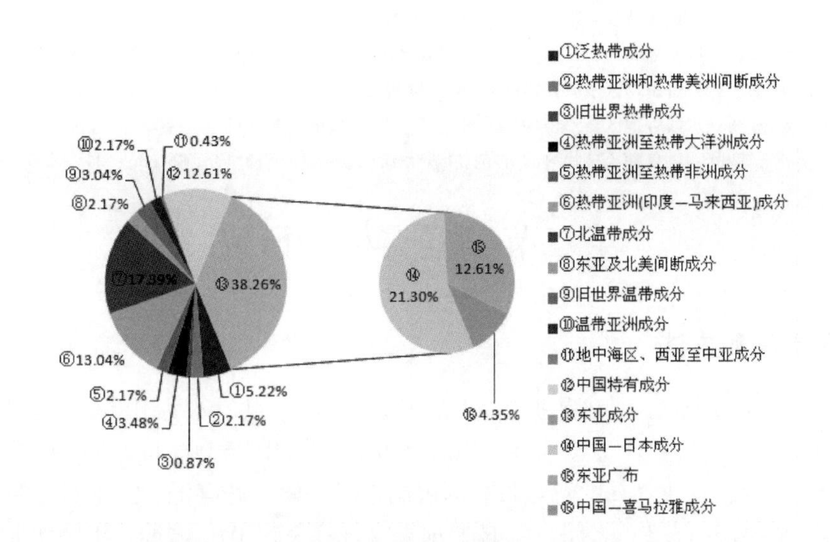

图 5-1　贵州盘县八大山苔藓植物区系成分统计图

三、总结

盘县八大山地区东亚成分(包括东亚广布成分、中国—喜马拉雅成分和中国—日本成分)在本区苔藓植物区系成分中占主导地位，共 88 种，占总数的 31.77%。在东亚成分中，中国—日本成分 49 种，占东亚成分的 55.68%；东亚广布成分 29 种，占东亚成分的 32.95%；而中国—喜马拉雅成分相对较少，只占到东亚成分的 11.36%。具有热带性质的区系成分(泛热带、古热带、热带亚洲至热带大洋洲、热带亚洲至热带非洲、热带亚洲太平洋、热带亚洲成分)的苔藓植物共 62 种，占总数的 22.38%；而具有温带性质的区系成分(北温带、旧大陆温带、温带亚洲成分)的苔藓共 52 种，占总数的 18.77%。与此同时，本区有着浓厚的东亚色彩，且中国—日本成分在东亚成分中占很大比重，说明该地区苔藓植物起源在中国和日本的历史渊源。另外，本区中国特有成分也占有较大比重，有 29 种，占总数的 10.47%，这在一定程度上说明该地区区系成分的特殊性。除此之外，东亚及北美间断成分及地中海区、西亚至中亚成分共 6 种，只占总数的 2.17%，对该地区成分的影响相对较小。

由以上分析可知，本区的热带亚热带成分和温带成分都占有很大的比重，但前者比例较高，说明该地区区系成分主要由温带向热带过渡。

(刘正东　熊源新　孙中文　曹　威　黎小兵　周书芹)

参考文献

高谦. 1994. 中国苔藓植物志第一卷[M]. 北京：科学出版社.
高谦. 1996. 中国苔藓植物志第二卷[M]. 北京：科学出版社.
黎兴江. 2000. 中国苔藓植物志第三卷[M]. 北京：科学出版社.
黎兴江. 2006. 中国苔藓植物志第四卷[M]. 北京：科学出版社.
吴鹏程. 2002. 中国苔藓植物志第六卷[M]. 北京：科学出版社.
胡人亮，王幼芳. 2005. 中国苔藓植物志第七卷[M]. 北京：科学出版社.
吴鹏程，贾渝. 2004. 中国苔藓植物志第八卷[M]. 北京：科学出版社.
吴鹏程，贾渝. 2011. 中国苔藓植物志第五卷[M]. 北京：科学出版社.
高谦. 2003. 中国苔藓植物志第九卷[M]. 北京：科学出版社.
高谦，吴玉环. 2008. 中国苔藓植物志第十卷[M]. 北京：科学出版社.

吴征镒.2002. 云南植物志第十八卷[M]. 北京：科学出版社.
吴征镒.2005. 云南植物志第十九卷[M]. 北京：科学出版社.
何林.2005. 渝东南地区苔藓植物物种多样性研究[D]. 贵阳：贵州大学.
杨宁.2007. 麻阳河黑叶猴自然保护区苔藓植物区系研究[D]. 贵阳：贵州大学.
贾鹏，熊源新，王美会.2010. 广西猫街鸟类自然保护区苔藓植物初步研究[J]. 贵州大学学报(自然科学版)，27(6)：55－62.
周艳.2007. 雷公山自然保护区苔藓植物区系研究[D]. 贵阳：贵州大学.
熊源新，闫晓丽.2008. 贵州红水河谷地区苔藓植物区系研究[J]. 广西植物，28(1)：37－46.
吴征镒，周浙昆，李德铢.2003. 世界种子植物科的分布区类型系统[J]. 云南植物研究，25 (3)：245－257.

第三节 蕨类植物研究

一、调查区概况和方法

盘县八大山保护区包括八大山保护区和文阁大山保护点，八大山保护区地理位置为北纬25°53′35″～26°6′12″，东经104°41′31″～104°57′47″之间，总面积26 000 hm^2，涉及普古、淤泥和保基三个乡镇的36个村。保护区主体属北亚热带高原湿润季风气候，并有干、湿季明显的云南高原气候特征，年平均气温在9.1℃～17.3℃之间，年日照时数1 453～1 704h之间，年降水量为1 200mm～1 400mm。该区属典型的喀斯特地貌类型，平均海拔1 650m，最低海拔格所河谷725m，最高海拔八大山2 558m，相对高差1 800m，境内地形复杂多样，地貌破碎，地形落差大、切割深，溶洞、溶沟、峰丛、峰林、石林、天坑、狭谷随处可见。

此前，未见任何有关于八大山保护区蕨类植物的研究。2012年7月，我们对该地区内蕨类植物进行生态多样性调查，研究其区系特征，以期为该地区的蕨类植物物种多样性提供本底资料。

二、蕨类植物组成

根据2012年7月采自盘县八大山地区(采集地点主要包括八大山、娘娘山、养马寨、老马冲、陆家寨、保基乡等地)161号蕨类植物标本的鉴定，统计得到该地区共有蕨类植物29科，62属，137种(含种以下分类单位)。参照1978年秦仁昌系统中国现有蕨类植物63科，224属，2 200种，贵州省现有蕨类植物54科，153属，931种，区境内蕨类植物占全国科、属、种的46.0%、27.7%、6.2%；占贵州省科、属、种的53.7%、40.5%、14.7%。其区系组成较为丰富。

贵州省盘县八大山地区蕨类植物优势科(表5-6)依次为鳞毛蕨科 Dryopteridaceae、水龙骨科 Polypodiaceae、蹄盖蕨科 Athyriaceae、金星蕨科 Thelypteridaceae、凤尾蕨科 Pteridaceae、中国蕨科 Sinopteridaceae 和铁角蕨科 Aspleniaceae；优势属(表5-7)依此为凤尾蕨属 *Pteri*、铁角蕨属 *Asplenium*、鳞毛蕨属 *Dryopteris*、耳蕨属 *Polystichum*、蹄盖蕨属 *Athyrium*、卷柏属 *Selaginella*、铁角蕨属 *Asplenium*、和贯众属 *Cyrtomium*，其余各属内种数均不足5种，其中只含有1个种的属多达30个，占总属数的48.4%和总种数的21.9%。

表5-6 贵州盘县八大山地区蕨类植物主要科所含属、种统计

序号	科名	属数	种数
1	鳞毛蕨科 Dryopteridaceae	7	27
2	水龙骨科 Polypodiaceae	9	20
3	蹄盖蕨科 Athyriaceae	5	12
4	金星蕨科 Thelypteridaceae	8	10
5	凤尾蕨科 Pteridaceae	1	9

（续）

序号	科名	属数	种数
6	中国蕨科 Sinopteridaceae	4	9
7	铁角蕨科 Aspleniaceae	1	7
合计	7	35	94
占全区	24.1%	56.5%	68.6%

表 5-7　贵州盘县八大山地区蕨类植物主要属所含种统计

序号	属名	种数
1	凤尾蕨属 *Pteri*	9
2	铁角蕨属 *Asplenium*	7
3	鳞毛蕨属 *Dryopteris*	7
4	耳蕨属 *Polystichum*	7
5	蹄盖蕨属 *Athyrium*	6
6	卷柏属 *Selaginella*	5
7	铁角蕨属 *Asplenium*	5
8	贯众属 *Cyrtomi – um*	5
总计	8	51
全区	12.9%	37.2%

从该区蕨类植物科、属组成情况来看，从相对原始的木贼科 Equisetaceae 到比较进化的水龙骨科 Polypodiaceae 在区内均有分布，说明该区蕨类起源古老，在历史变迁中逐渐进化；但是其中多种科，多种属相对较少，说明区内蕨类植物的分化程度也相对较低，只包含一个种的属大量存在，也说明了盘县八大山地区植物处在热带亚洲和东亚两大植物分布区的过渡地段上，这与贵州省蕨类区系特点是相符的。

三、贵州盘县八大山地区蕨类植物区系

（一）属的区系成分及特点

表 5-8　贵州盘县八大山地区蕨类植物科、属分布区类型

分布类型	科数	占科总数(%)	属数	占属总数(%)
1. 世界分布	10	34.5	10	16.1
2. 泛热带	12	41.4	13	21.0
2－1 热带亚洲、大洋洲、南美洲(墨西哥)间断			1	1.6
2－2 热带亚洲、非洲、南美洲间断	1	3.4	4	6.5
3. 热带亚洲、热带美洲间断			1	1.6
4. 旧世界热带			1	1.6
4－1 热带亚洲、非洲、太平洋间断			1	1.6
5. 热带亚洲至大洋洲			1	1.6
6. 热带亚洲至热带非洲	1	3.4	6	9.7
6－2 热带亚洲和东非间断			1	1.6

（续）

分布类型	科数	占科总数(%)	属数	占属总数(%)
7. 热带亚洲(印度—马来西亚)	2	6.9	5	8.1
7-1 爪哇、喜马拉雅和华南、西南间断			1	1.6
8. 北温带分布	3	10.4	7	11.3
11. 温带亚洲分布			2	3.2
14. 东亚(东喜马拉雅—日本)			4	6.5
14-2 中国—日本(SJ)			2	3.2
15. 中国特有			2	3.2
总计	29	100	62	100

从地理分布上看(见表5-8)，参照吴征镒“中国种子植物属的分布区类型”中的分类方法，贵州盘县八大山地区蕨类植物中，科的分布上以泛热带分布(12科)为主，占该地区植物总科数的41.4%，体现了在科的起源上盘县八大山地区蕨类植物具有热带性质；从属的角度来看，主要以泛热带分布(27属)为主，占到属总数的43.5%，这也进一步说明了盘县地区蕨类植物历史上具有热带性质。此外，世界分布科(10科)，世界分布属(10属)，温带分布属(17属)也占到一定的比重，说明区内蕨类植物在分布上地理联系广泛。含有一个种的属大量存在，说明盘县八大山地区具有地理过渡性。盘县八大山地区还有2个中国特有分布属即黔蕨属 *Phanerophlebiopsis* 和柳叶蕨属 *Cyrtogonellum* 的分布，表明区内蕨类植物既具有广泛的地理联系，同时具有一定的独特性。

（二）种的区系成分及特点

从种的组成上看，盘县八大山地区具有20个中国特有分布种，占总种数的14.6%，分别为蜈蚣草 *Pteris vittata*、粉背蕨 *Aleuritopteris pseudofarinosa*、短羽蹄盖蕨 *Athyrium contingens*、斜基柳叶蕨 *Cyrtogonellum inaequalis*、秦岭贯众 *Cyrtomium tsinglingense*、华西复叶耳蕨 *Arachniodes simulans*、鳞轴小膜盖蕨 *Araiostegia perdurans*、披针骨牌蕨 *Lepidogrammitis diversa*、抱石莲 *L. drymoglossoides*、庐山石韦 *Pyrrosia sheareri*、蟹爪叶盾蕨 *Neolepisorus ovatus* f. *doryopteris*、西南石韦 *P. gralla*、川拟水龙骨 *Polypodiastrum dielseanum*、粗齿黔蕨 *Phanerophlebiopsis blinii*、中间黔蕨 *P. Intermedia*、角状耳蕨 *Polystichum alcicorne*、克氏耳蕨 *P. christii*、峨眉耳蕨 *P. omeiense*、硕大凤尾蕨 *P. majestic* 和裸叶粉背蕨 *Aleuritopteris duclouxii*，其中后9种为西南特有种，而蟹爪叶盾蕨仅见于贵州，说明盘县八大山地区蕨类植物具有一定的地域特殊性。

表5-9 贵州盘县八大山地区蕨类植物种的分布区类型

分布类型	种数	占总种数(%)
1. 世界分布	3	2.2
2. 泛热带	2	1.5
2-2 热带亚洲、非洲、南美洲间断	1	0.7
5. 热带亚洲至大洋洲	4	3.0
6. 热带亚洲至热带非洲	1	0.7
6-1 华南、西南到印度和热带非洲间断	1	0.7
7. 热带亚洲(印度—马来西亚)	16	11.7
7-4 越南(或中南半岛)至华南(或西南)	8	5.8
8. 北温带分布	4	2.9
9. 东亚和北美间断	1	0.7
14. 东亚(东喜马拉雅—日本)	26	19.0

（续）

分布类型	种数	占总种数(%)
14－1 中国—喜马拉雅(SH)	17	12.4
14－2 中国—日本(SJ)	33	24.1
15. 中国特有	20	14.6
总计	137	100

在地理分布(表5-9)上，温带成分较多，共有101种，占总种数的73.7%，说明该地区蕨类植物具有温带性质；在温带分布中，最多的分布区类型是东亚分布，共有96种，占总种数的70.1%，说明贵州盘县八大山地区蕨类植物属于东亚区系；热带成分种共有33种，占总种数的24.1%，表明了该区内蕨类植物具有温带成分向热带成分过渡的性质；同时有世界广布种和多种热带成分，体现了该区内蕨类植物的广泛的地理联系性。在东亚成分中，中国—日本分布亚型共有33种，占东亚成分的24.1%，而中国—喜马拉雅分布亚型有17种，占东亚成分的12.4%，表面了该区内蕨类植物区系与日本的关系较为密切；同时根据吴征镒先生在种子植物区系分类中提出了云南，金沙江河谷为中国－日本分布这种分布区类型的西界，贵州西部接近这条分界线，所以贵州盘县八大山地区蕨类植物也处于中国－日本分布与中国－喜马拉雅分布的过渡区段上，体现了过渡性质。

(三)盘县八大山地区与其他地区蕨类植物比较

盘县八大山地区位于贵州西部，为了探究其与周边地区的联系，选取毕节国家森林公园、纳雍大坪箐湿地自然保护区与独山都柳江源湿地自然保护区蕨类植物区系进行比较，从丰富度方面研究四者之间的内在联系。

毕节国家森林公园蕨类植物共有27科47属98种，大坪箐湿地自然保护区共有蕨类植物24科43属79种(未发表)，佛顶山自然保护区共有蕨类植物共有27科61属161种，本书采用 $Si = \sum_{k=1}^{m}[(x_{ik} - \bar{x}_{ik})/\bar{x}_{ik}]$ 公式，式中，x_{ik}表示植物区系中第 i 个植物区系 m 个分类单位中第 k 个单位的数值；$x_{ik} = 1\sum_{k=1}^{m} x_{ik}$ 表示 n 个区系、m 个分类单位中第 k 个分类单位的平均。

表5-10　贵州盘县八大山地区蕨类植物与其他地区蕨类植物丰富性比较

地区	科数	属数	种数	Si	Si 排序
佛顶山自然保护区	27	61	161	0.51068	1
盘县地区	29	62	137	0.40210	2
毕节国家森林公园	27	47	98	－0.26354	3
大坪箐湿地自然保护区	24	47	79	－0.63003	4

从丰富性分析反映出的结果来看(表5-10)，贵州盘县八大山地区蕨类植物资源的丰富性仅次于佛顶山自然保护区，而高于毕节国家森林公园和纳雍大坪箐湿地自然保护区，直接地反映出贵州盘县八大山地区蕨类植物资源丰富多样，区系结构复杂，具有很高的研究及保护、开发、利用价值；从Si值排序上来看，贵州盘县八大山地区蕨类植物与佛顶山自然保护区区系特征一致性较高，从与其他地区的区系特征比较来看，贵州省内的四个地区的蕨类植物区系特征基本保持一致；贵州盘县八大山地区、纳雍大坪箐湿地自然保护区、毕节国家森林公园和佛顶山自然保护区均属于温带性质，东亚植物区系；在东亚分布类型中以中国—日本分布亚型为主，同时亦有中国—喜马拉雅分布亚型物种的存在，体现了地理上的过渡性，与贵州省整体植物区系类型保持一致，同时也与热带、亚热带关系紧密，存在一定的起源性，并存在世界范围的广泛地理联系性。

四、结论与讨论

(1)贵州盘县八大山地区蕨类植物共计29科，62属，137种(含种以下分类单位)，占全国科、属、种的46.0%、27.7%、6.2%；占贵州省科、属、种的53.7%、40.5%、14.7%。其区系组成较为丰富。

(2)贵州盘县八大山地区蕨类植物优势科为鳞毛蕨科、水龙骨科、蹄盖蕨科，该区内蕨类植物起源古老，分化程度相对较低；从属上看，只含有1个种的属多达30个，占总属数的48.4%和总种数的21.9%，直接体现出该地区蕨类植物具有较强的过渡性，也印证了盘县八大山地区处在热带亚洲和东亚两大植物分布区的过渡地段上的植被特点，这与贵州省蕨类区系特点是相符的。

(3)贵州盘县八大山地区蕨类植物中，从属的分布上来看，以泛热带分布的属占优势，世界分布、北温带分布所占比重大，与热带亚洲至热带非洲与热带亚洲分布及东亚分布这三个分布区类型有一定的联系；与其他几种分布区类型联系相对较少。表明了贵州盘县八大山地区蕨类植物区系特点为具有热带起源性，同时地理联系广泛。

从种的分布上来看，温带成分最多，占总种数的73.7%，热带成分种共有33种，世界广布种共有3种，说明该地区植物具有温带性质，同时属于东亚植物区系，并有广泛的地理联系性。贵州盘县八大山地区蕨类植物处于中国－日本分布与中国－喜马拉雅分布的过渡区段上，但在东亚成分中，中国－日本分布亚型所占比重最大，表明了该区内蕨类植物区系与日本的关系较为密切。

(4)贵州盘县八大山地区蕨类植物与独山、佛顶山、纳雍地区相比，表明盘县八大山地区蕨类植物资源丰富多样，区系结构复杂，具有很高的研究及保护、开发、利用价值。

(5)贵州省盘县八大山地区有中国特有蕨类植物20种，其中9种为西南特有种而蟹爪叶盾蕨仅见于贵州，以及中国特有分布属黔蕨属和柳叶蕨属的存在，都说明盘县地区蕨类植物具有一定的特殊性和特有性[17]。

(6)该地区蕨类植物较为丰富，但丰富程度仍比不上贵州许多地区。一方面由于当地人为开发力度较大，导致原生态森林植被破坏，蕨类植物种群结构失衡，说明有必要较强保护，进行生态恢复；另一方面由于这次调查的时间短，采集可能不够全面和彻底，需要在今后的工作中进一步进行深入的调查研究。

(吴菲菲　苟光前　魏　奇　胡晓谅)

参考文献

王培善，王筱英．贵州蕨类植物志[M]．贵阳：贵州科学出版社，2001：1－727.

吴征镒．云南植物志(第20卷)[M]．北京：科学出版社，2006：20－785.

吴征镒．云南植物志(第21卷)[M]．北京：科学出版社，2006：21－477.

张宪春．中国石松类和蕨类植物[M]．北京大学出版社，2012.

李茂，陈景艳，罗扬，等．贵州蕨类植物整理研究[J]．贵州林业学报，2009，37(1)：32－38.

臧得奎．中国蕨类植物区系的初步研究[J]．西北植物学报，1998，18(3)：459－465.

吴征镒．中国种子植物属的分布区类型[J]．云南植物研究，1991(增刊)：1－139.

吴世福，张伟江，周 伟，等．中国蕨类植物属的分布区类型及区系特征[J]．考察与研究，1993，13：63－77.

薛高亮，王韶敏，苟光前，等．黔北丹霞地貌蕨类植物初步研究[J]．山地农业生物学报，2011，30(2)：110－114.

莫 非，杨 龙，陈 训．贵州喀斯特地区蕨类植物区系特征[J]．贵州科学，2005，9(3)：56－59.

何林建，苟光前，胡晓谅，等．贵州省独山都柳江源湿地自然保护区蕨类植物区系研究[J]．山地农业生物学报，2012，31(6)：485－489.

骆 强，叶国莲．赫章国家森林公园蕨类植物区系研究[J]．资源与利用，2011，30(6)：67－71.

骆强，王传忠．毕节国家森林公园蕨类植物区系研究[J]．安徽农业科学，2010，38(23)：12309－12311，12322.

魏奇，苟光前，何林建，等．佛顶山自然保护区蕨类植物区系初探[J]．山地农业生物学报，2012，31(5)：424－427.

苟光前，王培善．贵州蕨类植物资料[J]．云南植物研究，2005，27(2)：144－146.

苟光前．蕨类植物[C]．南宫自然保护区科学考察集．贵阳：贵州科技出版社，2003：54－63.

孔宪需．四川蕨类植物地理特点兼论“耳蕨—鳞毛蕨类植物区系”[J]．云南植物研究，1984，6(1)：27－38.

盘县八大山保护区蕨类植物名录

一、石松科 Lycopodiaceae

1. 石松属 *Lycopodium* L.

1. 石松 *L. japonicum* Thunb　PX－015
2. 笔直石松 *L. obscunmi* L. f. *strictum*（Milde）Nakai ex Hara　PX－002

2. 扁枝石松属 *Diphasiastrum* Holub

3. 扁枝石松 *D. complanatum*（L.）Holub　PX－005

二、卷柏科 Selaginellaceae

3. 卷柏属 *Selaginella* Beauv

4. 薄叶卷柏 *S. delicatula*（Desv.）Alston　PX－020
5. 兖州卷柏 *S. involvens*(Sw.）Spring　PX－022
6. 江南卷柏 *S. moellendorffii* Hieron.　PX－010
7. 疏叶卷柏 *S. remotifolia* Spring　PX－012
8. 翠云草 *S. uncinata*（Desv.）Spring　PX－007

三、木贼科 Equisetaceae

4. 木贼属 *Hippochaete* MIlde

9. 笔管草 *H. debilis*(Roxb. Ex Vancher）Holub　PX－018
10. 节节草 *H. ramosissima*（Desf.）Boern　PX－016

5. 问荆属 *Equisetum* Linn

11. 披散问荆 *E. diffusum* Don　PX－033
12. 犬问荆 *E. palustre* L.　PX－035

四、阴地蕨科 Botrychiaceae

6. 阴地蕨属 *Sceptridium* Lyon

13. 阴地蕨 *S. ternatum*（Thunb）Lyon　PX－036

五、紫萁科 Osmundaceae

7. 紫萁属 *Osmunda* L.

14. 分株紫萁 *O. cinnamomea* L.　PX－038
15. 紫萁 *O. japonica* Thunb.　PX－025

六、里白科 Gleicheniaceae

8. 芒萁属 *Dicranopteris* Bernh

16. 大芒萁 *D. ampla* Ching et Chiu　PX－024
17. 芒萁 *D. pedata*（Houtt.）Nakaike　PX－043

9. 里白属 *Diplopterygium*（Diels）Nakai.

18. 里白 *D. glaucum*（Thunb. ex Houtt）Nakai　PX－045

七、海金沙科 Lygodiaceae

10. 海金沙属 *Lygodium* Sw.

19. 海金沙 *L. japonicum*（Thunb.）Sw.　PX－047

八、膜蕨科 Hymenophyllaceae

11. 膜蕨属 *Hymenophyllum* Sm.

20. 小叶膜蕨 *H. oxyodon* Bak　PX－062

12. **蕗蕨属 *Mecodium* Presl**

21. 长柄蕗蕨 *M. polyanthos*（Sw.）Copel. PX－050

九、稀子蕨科 Monachosoraceae

13. **稀子蕨属 *Monachosorum* Kze.**

22. 稀子蕨 *M. henryi* Christ PX－061

十、碗蕨科 Dennstaedtiaceae

14. **碗蕨属 *Dennstaedtia* Bernh.**

23. 碗蕨 *D. scabra*（Wall. ex Hook.）Moore PX－039

15. **鳞盖蕨属 *Microlepia* Presl**

24. 边缘鳞盖蕨 *M. marginata*（Houtt.）C. Chr. PX－060

十一、鳞始蕨科 Lindsaeaceae

16. **乌蕨属 *Sphenomeris* Maxon**

25. 乌蕨 *S. chinensis*（L.）Maxon PX－059

十二、姬蕨科 Dennstaedtiaceae

17. **姬蕨属 *Hypolepis* Bernh.**

26. 姬蕨 *H. punctata*（Thunb.）Mett. PX－056

十三、蕨科 Pteridiaceae

18. **蕨属 *Pteridium* Scop.**

27. 蕨 *P. aquilinum*（L.）Kuhn var. *latiusuculum*（Desv.）Underw. PX－042

28. 毛轴蕨 *P. revolutum*（Bl.）Nakai PX－029

十四、凤尾蕨科 Pteridaceae

19. **凤尾蕨属 *Pteris* L.**

29. 凤尾蕨 *P. cretica* L. PX－074

30. 岩凤尾蕨 *P. deltodon* Bak. PX－075

31. 刺齿凤尾蕨 *P. dispar* Kunze PX－－88

32. 溪边凤尾蕨 *P. excelsa* Gaud PX－086

33. 傅氏凤尾蕨 *P. fauriei* Hieron. PX－085

34. 狭叶凤尾蕨 *P. henryi* Christ PX－071

35. 硕大凤尾蕨 *P. majestica* Ching ex Ching et S. H. Wu PX－076

36. 井栏边草 *P. multifida* Poir. ex Lam. PX－078

37. 蜈蚣草 *P. vittata* L. PX－090

十五、中国蕨科 Sinopteridaceae

20. **粉背蕨属 *Aleuritopteris* Fée**

38. 银粉背蕨 *A. argentea*（Gmel.）Fée PX－091

39. 裸叶粉背蕨 *A. duclouxii*（H. Christ）Ching PX－100

40. 粉背蕨 *A. pseudofarinosa* Ching et S. K. Wu PX－097

41. 棕毛粉背蕨 *A. rufa*（D. Don）Ching PX－109

21. **碎米蕨属 *Cheilosoria* Trev.**

42. 毛轴碎米蕨 *C. chusana*（Hook.）Ching et Shing PX－112

22. **金粉蕨属 *Onychium* Kaulf.**

43. 黑足金粉蕨 *O. contiguum* Wall. ex C. Hope PX－113

44. 野雉尾金粉蕨 *O. japonicum*（Thunb.）Kze. PX－102

45. 栗柄金粉蕨 *O. japonicum*（Thunb.）Kze. var. *lucidum*（Don）Christ. PX－103

23. 薄鳞蕨属 ***Leptolepidium* Hsing et S. K. Wu**

46. 绒毛薄鳞蕨 *L. subvillosum*（Hook.）K. H. Shing et S. K. Wu　PX－114

十六、铁线蕨科 Adiantaceae

24. 铁线蕨属 ***Adiantum* L.**

47. 铁线蕨 *A. capillusveneris* L.　PX－127

48. 团羽铁线蕨 *A. capillus－junonis* Rupr.　PX－128

49. 马来铁线蕨 *A. malesianum* Ghatak　PX－072

50. 灰背铁线蕨 *A. myriosorum* Bak.　PX－087

51. 半月形铁线蕨 *A. philippense* L.　PX－069

十七、裸子蕨科 Hemionitidaceae

25. 凤了蕨属 ***Coniogramme* Fee**

52. 普通凤了蕨 *C. intermedia* Hieron　PX－070

53. 光叶凤了蕨 *C. intermedia* Hieron. var. *glabra* Ching　PX－057

十八、蹄盖蕨科 Athyriaceae

26. 蹄盖蕨属 ***Athyrium* Roth**

54. 宿蹄盖蕨 *A. anisopterum* Roth.　PX－055

55. 短羽蹄盖蕨 *A. contingens* Ching et S. K. Wu　PX－111

56. 疏叶蹄盖蕨 *A. dissitifolium*（Baker）C. Chr.　PX－135

57. 蹄盖蕨 *A. filix－femina*（L.）Roth　PX－138

58. 长江蹄盖蕨 *A. iseanum* Rosenst.　PX－082

59. 华中蹄盖蕨 *A. wardii*（Hook.）Makino　PX－067

27. 介蕨属 ***Dryoathyrium* Ching**

60. 华中介蕨 *D. okuboanum*（Makino）Ching　PX－053

61. 峨眉介蕨 *D. unifurcatum*（Bak.）Ching　PX－041

28. 角蕨属 ***Cornopteris* Nakai**

62. 黑叶角蕨 *C. opaca*（D. Don）Tagawa　PX－028

29. 双盖蕨属 ***Diplazium* Sw.**

63. 单叶双盖蕨 *D. subsinuatum*（Wall. ex Hook. et Grev.）Tagawa　PX－108

30. 短肠蕨属 ***Allantodia* R. Br.**

64. 假耳羽短肠蕨 *A. okudairai*（Makino）Ching　PX－094

65. 淡绿短肠蕨 *A. virescens*（Kunze）Ching　PX－110

十九、肿足蕨科 Hypodematiaceae

31. 肿足蕨属 ***Hypodematium* Kze.**

66. 肿足蕨 *H. crenatum*（Forssk.）Kuhn　PX－119

二十、金星蕨科 Thelpteridaceae

32. 金星蕨属 ***Parathelypteris*（H. Ito）Ching**

67. 长根金星蕨 *P. beddomei*（Bak.）Ching　PX－137

68. 光脚金星蕨 *P. japonica*（Bak.）Ching　PX－125

33. 针毛蕨属 ***Macrothelypteris*（H. Ito）Ching**

69. 普通针毛蕨 *M. torresiana*（Gaud.）Ching　PX－136

34. 卵果蕨属 ***Phegopteris* Fee**

70. 延羽卵果蕨 *P. decursivepinnata*（van Hall）Fee　PX－099

35. 紫柄蕨属 *Pseudophegopteris* Ching

71. 紫柄蕨 *P. pyrrhorachis*（Kunze）Ching PX－140

36. 钩毛蕨属 *Cyclogramma* Tagawa

72. 狭基钩毛蕨 *C. leveillei*（Christ）Ching PX－129

37. 假毛蕨属 *Pseudocyclosorus* Ching

73. 西南假毛蕨 *P. esquirolii*（Christ.）Ching PX－101

74. 溪边假毛蕨 *P. ciliatus*（Benth.）Ching PX－021

38. 毛蕨属 *Cyclosorus* Link

75. 渐尖毛蕨 *C. acuminatus*（Houtt.）Nakai PX－019

39. 新月蕨属 *Pronephrium* Presl

76. 披针新月蕨 *P. penangianum*（Hook.）Holtt. PX－004

二十一、铁角蕨科 Aspleniaceae

40. 铁角蕨属 *Asplenium* L.

77. 线柄铁角蕨 *A. capillipes* Makino PX－139

78. 虎尾铁角蕨 *A. incisum* Thunb. PX－141

79. 北京铁角蕨 *A. pekinense* Hance PX－151

80. 华中铁角蕨 *A. sarelii* Hook. PX－148

81. 铁角蕨 *A. trichomanes* L. PX－145

82. 三翅铁角蕨 *A. tripteropus* Nakai PX－006

83. 变异铁角蕨 *A. varians* Wall. ex Hook. et Grev. PX－011

二十二、球子蕨科 Onocleaceae

41. 荚果蕨属 *Matteuccia* Todaro

84. 东方荚果蕨 *M. orientalis*（Hook.）Trev. PX－026

二十三、乌毛蕨科 Blechnaceae

42. 狗脊属 *Woodwardia* Sm.

85. 狗脊 *W. japonica*（L. f.）Sm. PX－084

86. 单芽狗脊 *W. unigemmata*（Makino）Nakai PX－122

二十四、鳞毛蕨科 Dryopteridaceae

43. 鳞毛蕨属 *Dryopteris* Adans.

87. 两色鳞毛蕨 *D. bissetiana*（Bak.）C. Chr. PX－079

88. 桫椤鳞毛蕨 *D. cycadina*（Franch. et Sav.）C. Chr. PX－081

89. 迷人鳞毛蕨 *D. decipiens*（Hook.）O. Ktze. PX－031

90. 红盖鳞毛蕨 *D. erythrosora*（Eaton）O. Ktz PX－123

91. 黑足鳞毛蕨 *D. fuscipes* C. Chr. PX－133

92. 稀羽鳞毛蕨 *D. sparsa*（Buch. －Ham. ex D. Don）O. Ktze. PX－115

93. 瓦氏鳞毛蕨 *D. wallichiana*（Spreng.）Hyl. PX－160

44. 毛枝蕨属 *Leptorumohra*（H. Ito）H. Ito

94. 四回毛枝蕨 *L. quadripinnata*（Ha.）H. Ito PX－142

45. 耳蕨属 *Polystichum* Roth

95. 角状耳蕨 *P. alcicorne*（Baker）Diels PX－120

96. 克氏耳蕨 *P. christii* Ching PX－144

97. 黑鳞耳蕨 *P. makinoi*（Tagawa）Tagawa PX－118

98. 斜羽耳蕨 *P. obliquum*（D. Don）T. Moore PX－093

99. 峨眉耳蕨 *P. omeiense* C. Chr. PX－147

100. 乌鳞耳蕨 *P. piceopaleaceum* Tagawa PX－134

101. 对马耳蕨 *P. tsussimense*（Hook.）J. Sm. PX－096

46. 黔蕨属 *Phanerophlebiopsis* Ching

102. 粗齿黔蕨 *P. blinii*（Levl.）Ching PX－150

103. 中间黔蕨 *P. intermedia* Ching PX－153

47. 柳叶蕨属 *Cyrtogonellum* Ching

104. 斜基柳叶蕨 *C. inaequalis* Ching PX－130

105. 柳叶蕨 *C. fraxinellum*（H. Christ）Ching PX－058

48. 贯众属 *Cyrtomium* Presl

106. 镰羽贯众 *C. balansae*（Christ）C. Chr. PX－156

107. 刺齿贯众 *C. caryotideum*（Wall. ex HK. et Grev.）Presl PX－131

108. 贯众 *C. fortunei* J. Sm. PX－106

109. 大叶贯众 *C. macrophyllum*（Makino）Tagawa PX－124

110. 秦岭贯众 *C. tsinglingense* Ching et Shing PX－044

49. 复叶耳蕨属 *Arachniodes* Bl.

111. 中华复叶耳蕨 *A. chinensis*（Rosenst.）Ching PX－149

112. 细裂复叶耳蕨 *A. coniifolia*（T. Moore）Ching PX－032

113. 华西复叶耳蕨 *A. simulans*（Ching）Ching PX－121

二十五、三叉蕨科 Aspidiaceae

50. 三叉蕨属 *Tectaria* Cav.

114. 大齿三叉蕨 *T. coadunata*（Wall. ex Hook. et Grev.）C. Chr. PX－049

二十六、肾蕨科 Nephrolepidaceae

51. 肾蕨属 *Nephrolepis* Schott

115. 肾蕨 *N. auriculata*（L.）Trimen PX－152

二十七、骨碎补科 Davalliaceae

52. 小膜盖蕨属 *Araiostegia* Cop.

116. 鳞轴小膜盖蕨 *A. perdurans*（H. Christ）Copel. PX－051

二十八、水龙骨科 Polypodiaceae

53. 水龙骨属 *Polypodiodes* Ching

117. 友水龙骨 *P. amoena*（Wall. ex Mett.）Ching PX－064

118. 水龙骨 *P. niponica*（Mett.）Ching PX－023

54. 拟水龙骨属 *Polypodiastrum* Ching

119. 川拟水龙骨 *P. dielseanum*（C. Chr.）Ching PX－073

55. 盾蕨属 *Neolepisorus* Ching

120. 盾蕨 *N. ovatus*（Bedd.）Ching PX－126

121. 蟹爪叶盾蕨 *N. ovatus* Ching f. *doryopteris*（H. Christ）Ching PX－159

56. 瓦韦属 *Lepisorus*（J. Sm.）Ching

122. 瑶山瓦韦 *L. kuchenensis*（Y. C. Wu）Ching PX－098

123. 大瓦韦 *L. macrosphaerus*（Baker）Ching PX－117

124. 拟瓦韦 *L. tosaensis*（Makino）H. Ito PX－146

57. 骨牌蕨属 *Lepidogrammitis* Ching

125. 披针骨牌蕨 *L. diversa*（Rosenst.）Ching PX－158

126. 抱石莲 *L. drymoglossoides*（Baker）Ching PX－030

58. 石韦属 *Pyrrosia* Mirbel

127. 光石韦 *P. calvata*（Baker）Ching PX－132

128. 西南石韦 *P. gralla*（Giesenh.）Ching PX－157

129. 石韦 *P. lingua*（Thunb.）Farwell PX－161

130. 柔软石韦 *P. porosa*（C. Presl）Hovenk PX－154

131. 庐山石韦 *P. sheareri*（Bak.）Ching PX－001

59. 假瘤蕨属 *Phymatopteris* Pichi－Serm.

132. 紫柄假瘤蕨 *P. crenatopinnata*（C. B. Clarke）Pic. Serm. PX－155

133. 金鸡脚 *P. hastata*（Thunb.）Pic. Serm PX－092

60. 星蕨属 *Microsorum* Link

134. 江南星蕨 *M. henryi*（Christ）C. M. Kuo PX－077

135. 攀援星蕨 *M. brachylepis*(Bak.）Nakaike Px－003

61. 鳞果星蕨属 *Lepidomicrosorum* Ching et Shing

136. 滇鳞果星蕨 *L. subhemionitideum*（Christ）P. S. Wang PX－104

二十九、剑蕨科 Loxogrammaceae

62. 剑蕨属 *Loxogramme*（Bl.）Presl

137. 褐柄剑蕨 *L. duclouxii* Christ PX－004

第四节 盘县八大山保护区草本被子植物名录

根据2012年6月25日至7月2日带领学生野外实习和7月24～29日的野外考察，我们对所采集的标本、拍摄的照片进行鉴定，对考察记录进行整理，结果显示：盘县八大山区域共有草本被子植物77科，334属，683种(双子叶植物64科256属528种，单子叶植物13科79属155种；不包括兰科植物)。其中，中国特有种9种；贵州分布新记录5种，其中1个新记录科，2个新记录属。

一、金粟兰科 Chloranthaceae

金粟兰属 *Chloranthus* Swartz

1. 宽叶金粟兰 *Chloranthus henryi* Hemsl. 牟家地海拔1 701m；黄家麻窝海拔1 658m。

2. 及已 *Chloranthus serratus*（Thunb.）Roem. et Schult. 黄新村养马寨海拔1 686m。

二、三白草科 Saururaceae

蕺菜属 *Houttuynia* Thumb.

1. 蕺菜 *Houttuynia cordata* Thumb. 大坪海拔1 158m；黄新村蔡子冲海拔1 831m；普古乡蚂蚁地海拔2 084m。

三、马兜铃科 Aristolochiaceae

细辛属 *Asarum* L.

1. 五岭细辛 *Asarum wulingense* C. F. liang 黄家麻窝海拔1 658m。

2. 单叶细辛 *Asarum himalaicum* Hook. f. et Thmos ex Klotzsch. 牟家地海拔1 700m。

四、毛茛科 Ranunculaceae

(一)毛茛属 *Ranunculus* L.

1. 毛茛 *Ranunculus japonicus* Thunb. 大云上海拔1 906m；大坪海拔1 158m；黄家麻窝海拔1 598m；普古乡场上村岩头寨海拔1 890m。

2. 钩柱毛茛 *Ranunculus silerifolius* Lévl. 杨保地海拔 1 893m；榕树村海拔 989m；黄新村蔡子冲海拔 1 831m；黄家麻窝 1598m。

3. 扬子毛茛 *Ranunculus sieboldii* Miq. 杨保地海拔 1 893m；大坝地海拔 1 776m。

（二）唐松草属 *Thalictrum* L.

1. 偏翅唐松草 *Thalictrum delavayi* Franch. 黄新村蔡子冲海拔 1 831m。

2. 爪哇唐松草 *Thalictrum javanicum* Bl. 保基乡林场海拔 1 700m；杨保地海拔 1 893m。

3. 东亚唐松草 *Thalictrum minus* L. var. *hypoleucum*（Sieb. et Zucc.）Miq. 黄新村蔡子冲海拔 1 831m；淤泥八大山海拔 2 274m。

4. 盾叶唐松草 *Thalictrum ichangense* Lecoy. ex Oliv. 保基乡老马冲海拔 2 012m.

5. 西南唐松草 *Thalictrum fargesii* Franch. ex Finet et Gagnep. 黄新村蔡子冲海拔 1 831m。

（三）乌头属 *Aconitum* L.

1. 黄草乌 *Aconitum vilmorinianum* Kom. 黄家麻窝海拔 1 720m；老马冲大包后面海拔 2 080m。

2. 深裂黄草乌 *Aconitum vilmorinianum* var. *altifidum* W. T. Wang 老马冲大包后面海拔 2 080m。

（四）翠雀属 *Delphinium* L.

1. 滇川翠雀花 *Delphinium delavayi* Franch. 淤泥乡八大山海拔 2 174m。中国特有药用植物。

（五）升麻属 *Cimicifuga* L.

1. 升麻 *Cimicifuga foetida* L. 保基大包后面海拔 2 080m。

（六）铁线莲属 *Clematis* L.

1. 钝齿铁线莲 *Clematis apiifolia* var *Argentilucida*（Lévl et. Van.）W. T. Wang. 簸箕岩海拔 1 776m。

2. 安顺铁线莲 *Clematis anshunensis* M. Y. Fang 牟家地海拔 1 700m。

3. 毛木通 *Clematis buchananiana* DC. 保基乡林场海拔 1 700m。

4. 粗齿铁线莲 *Clematis argentilucida*（Levl. et Vant.）W. T. Wang 划龙船海拔 2 015m。

5. 平坝铁线莲 *Clematis charkeana* Lévl. et Vant. 黄家麻窝海拔 1 598m。

6. 小木通 *Clematis armandii* Franch. 黄家麻窝海拔 1 598m。

（七）天葵属 *Semiaquilegia* Makino

1. 天葵 *Semiaquilegia adoxoides*（DC.）Makino 大坝地海拔 1 776m。

（八）类叶升麻属 *Actaea* L.

1. 类叶升麻 *Actaea asiatica* Hare. 划龙船海拔 2 015m。

（九）银莲花属 *Anemone* L.

1. 打破碗花花 *Anemone hupehensis* Lem. 保基乡林场海拔 1 700m；杨保地海拔 1 893m；黄新村蔡子冲海拔 1 895m；淤泥乡八大山海拔 2 174m；黄家麻窝海拔 1 598m；普古乡蚂蚁地海拔 2 084m。

2. 草玉梅 *Anemone rivularis* Buch－Ham. ex DC. 大坪海拔 1 158m。

3. 野棉花 *Anemone vitifolia* Buch. －Ham. ex DC. 普古乡场上村岩头寨海拔 1 890m。

五、小檗科 Berberidaceae

（一）八角莲属 *Dysosma* R. E. Woodson.

1. 川八角莲 *Dysosma veitchii*（Hemsl. et Wils）Fu ex Ying 老马冲大包后面海拔 2 028m。

（二）淫羊藿属 *Epimedium* L.

1. 贵州淫羊藿 *Epimedium sagittatum*（Sieb. Et Zucc.）*Maxim*. var. *guizhouense* S. Z. He et B. L. Guo 老马冲大包后面海拔 2 080m。

2. 粗毛淫羊藿 *Epimedium acuminatum* Franch. 老马冲大包后面海拔 2 080m。

六、防己科 Menispermaceae

千金藤属 *Stephania* Lour.

1. 金线吊乌龟 *Stephania cepharantha* Hayata 黄家麻窝海拔 1 598m。

七、紫堇科 Fumariaceae

紫堇属 *Corydalis* DC.

1. 紫堇 *Corydalis edulis* Maxim. 冷风村海拔 1 693m。

2. 南黄堇 *Corydalis davidii* Franch. 冷风村海拔 1 693m；淤泥八大山海拔 2 174 – 2 285m；娘娘山海拔 2 150m。

八、大麻科 Cannabaceae

(一) 葎草属 *Humulus* L.

1. 葎草 *Humulus scandens* (Lour.) Merr. 黄新村蔡子冲海拔 1 831m。

(二) 大麻属 *Cannabis* L.

1. 大麻 *Cannabis sativa* L. Sp. Pl. 保基中学旁海拔 1 700m。

九、荨麻科 Urticaceae

(一) 蝎子草属 *Girardinia* Caudich

1. 蝎子草 *Girardinia suborbiculata* C. J. Chen 冷风村海拔 1 693m。

(二) 糯米团属 *Gonostegia* Turcz.

1. 糯米团 *Gonostegia hirta* (Blume.) Miq. 杨保地海拔 1 893m；榕树村海拔 989m；黄新村蔡子冲海拔 1 831m；淤泥乡八大山海拔 2 174m；黄家麻窝海拔 1 598m。

(三) 冷水花属 *Pilea* Lindl.

1. 石筋草 *Pilea plataniflora* C. H. Wright 黄新村蔡子冲海拔 1 831m。

2. 冷水花 *Pilea notata* C. H. Wright 黄新村蔡子冲海拔 1 831m。

3. 大叶冷水花 *Pilea martinii* (Levl.) Hand. – Mazz. 黄家麻窝海拔 1 598m；娘娘山海拔 2 150m。

(四) 赤车属 *Pellionia* Gaudich

1. 赤车 *Pellionia radicans* (Sieb. et Zucc.) Wedd. 保基大包后面海拔 2 100m。

(五) 苎麻属 *Boehmeria* Jacq.

1. 苎麻 *Boehmeria nivea* (L.) Gaudich. 黄新村蔡子冲海拔 1 831m。

(六) 楼梯草属 *Elatostema* J. R.

1. 对叶楼梯草 *Elatostema sinense* H. Schroter 黄家麻窝海拔 1 598m。

2. 聚尖楼梯草 *Elatostema cuspidatum* Wight 保基野马冲大包后面海拔 2 100m。

3. 异叶楼梯草 *Elatostema monandrum* (D. Don) Hara f. *monandrum*

4. 楼梯草 *Elatostema involucratum* Franch. et sav. 普古乡蚂蚁地海拔 2 084m。

5. 长圆楼梯草 *Elatostema oblongifolium* Fu ex W. T. Wang 保基大包后面海拔 2 100m。

6. 锐齿楼梯草 *Elatostema cyrtandrifolium* (Zoll. et Mor.) Miq. var. *cyrtandrifolium* 黄新村蔡子冲海拔 1 831m。

十、商陆科 Phytolaccaceae

商陆属 *Phytolacca* L.

1. 垂序商陆 *Phytolacca americana* L. 黄新村大洞口海拔 1 895m。

2. 商陆 *Phytolacca acinosa* Roxb. 冷风村海拔 1 700m。

十一、紫茉莉科 Nyctaginaceae

紫茉莉属 *Mirabilis* L.

1. 紫茉莉 *Mirabilis jalapa* L. 黄新村大洞口海拔 1 895m；黄新村蔡子冲海拔 1 831m。

十二、藜科 Chenopodiaceae

藜属 *Chenopodium* L.

1. 藜(灰灰菜) *Chenopodium alba* L. 大云上海拔 1 840m；榕树村海拔 989m；黄新村养马寨海拔 1 720m；黄家麻窝海拔 1 598m；普古乡蚂蚁地海拔 2 084m。

2. 小藜 *Chenopodium serotinum* L. 普古乡蚂蚁地海拔 2 084m。

3. 土荆芥 *Chenopodium ambrosioides* L. 榕树村海拔 989m。

十三、苋科 Amaranthaceae

(一)牛膝属 *Achyranthes* L.

1. 土牛膝 *Achyranthes aspera* L. 黄新村蔡子冲海拔 1 895 m；淤泥乡八大山海拔 2 174m；黄家麻窝海拔 1 598m；普古乡场上村岩头寨海拔 1 890m。

2. 牛膝 *Achyranthes bidentata* Bl. 杨保地海拔 1 893m；黄新村蔡子冲海拔 1 895m；普古乡场上村岩头寨海拔 1 890m；老马冲海拔 2 080m。

(二)苋属 *Amaranthus* L.

1. 凹头苋 *Amaranthus lividus* L. 大坝地海拔 1 700m。

2. 尾穗苋 *Amaranthus caudatus* L. 大云上海拔 1 906m；榕树村海拔 989m。

(三)莲子草属 *Alternanthera* Forsk.

1. 喜旱莲子草 *Alternanthera philoxeroides*（mart.）Griseb. 冷风村海拔 1 693m。

十四、落葵科 Basellaceae

落葵属 *Basella* L.

1. 落葵 *Basella alba* L. 冷风村海拔 1 693m。

十五、石竹科 Caryophyllaceae

(一)蝇子草属(麦瓶草属)*Silene* L.

1. 掌脉蝇子草 *Silene asclepiadea* Franch. 黄新村养马寨海拔 1 686m。

2. 石生蝇子草 *Silene tatarinowii* Regel 淤泥八大山海拔 2 174m。

(二)狗筋蔓属 *Cucubalus* L.

1. 狗筋蔓 *Cucubalus baccifer* L. 划龙船海拔 2 015m。

(三)漆姑草属 *Sagina* L.

1. 根叶漆姑草 *Sagina maxima* A. Gray 老马冲海拔 1 900m。

(四)无心菜属 *Arenaria* L.

1. 无心菜 *Arenaria serpyllifolia* L. 冷风村海拔 1 693m。

(五)繁缕属 *Stellaria* L.

1. 箐姑草 *Stellaria vestita* Kurz 淤泥八大山海拔 2 174m。

2. 繁缕 *Stellaria media*（Linn.）Cyr. 淤泥八大山海拔 2 174m；黄家麻窝海拔 1 598m。

3. 中国繁缕 *Stellaria chinensis* Regel 普古乡蚂蚁地海拔 2 080m。

4. 巫山繁缕 *Stellaria wushanensis* Williams 黄家麻窝海拔 1 658m。

十六、蓼科 Polygonaceae

(一)蓼属 *Polygonum* L.

1. 尼泊尔蓼 *Polygonum nepalese* Meisn. 杨保地海拔 1 893m；黄家麻窝海拔 1 598m；普古乡蚂蚁地海拔 2 084m。

2. 头花蓼 *Polygonum capitatum* Buch. - Ham. ex D. Don 榕树村海拔 989m；普古乡蚂蚁地海拔 2 084m。

3. 丛枝蓼 *Polygonum posumbu* Buch. –Ham. ex D. Don 野马冲大包后面海拔 2 080m。

4. 酸模叶蓼 *Polygonum lapathifolium* Linn. 黄新村蔡子冲海拔 1 831m。

5. 水蓼 *Polygonum hydropiper* L. 榕树村海拔 989m；黄新村蔡子冲海拔 1 831m；黄新村大洞口海拔 1 895m；漏风垭口海拔 1 960m；普古乡蚂蚁地海拔 2 080m；娘娘山海拔 2 200m。

6. 稀花蓼 *Polygonum dissitiflorum* Hemsl. 普古乡蚂蚁地海拔 2 084m；娘娘山海拔 2 150m。

7. 蚕茧草 *Polygonum japonicum* Meisn. 冷风村海拔 1 693m。

8. 长鬃蓼 *Polygonum longisetum* De Br. 普古乡蚂蚁地海拔 2 084m。

9. 小头蓼 *Polygonum microcephalum* D. Don 冷风村海拔 1 693m。

10. 小蓼花 *Polygonum muricatum* Meisn. 冷风村海拔 1 693m。

11. 珠芽蓼 *Polygonum viviparum* L. 普古乡蚂蚁地海拔 2 084m。

12. 戟叶蓼 *Polygonum thunbergii* Sieb. et Zucc. 普古乡蚂蚁地海拔 2 084m。

13. 萹蓄 *Polygonum aviculare* L. 普古乡蚂蚁地海拔 2 084m。

14. 火炭母 *Polygonum chinense* L. 榕树村海拔 989m；黄家麻窝海拔 1 598m；娘娘山海拔 2 200m；格所海拔 1 780m。

15. 狭叶火炭母 *Polygonum chinense* var. *paradoxum*（Lévl.）A. J. Li 普古乡蚂蚁地海拔 2 084m；格所海拔 1 780m。

16. 杠板归 *Polygonum perfoliatum* L. 普古乡蚂蚁地海拔 2 084m；娘娘山海拔 2 250m。

17. 圆穗蓼 *Polygonum macrophyllum* D. Don 冷风村海拔 1 693m；娘娘山海拔 2 250m。

18. 羽叶蓼 *Polygonum runcinatum* Buch. – Ham. ex D. Don. 淤泥乡八大山海拔 2 264m；普古乡蚂蚁地海拔 2 084m

19. 赤胫散 *Polygonum runcinatum* var. *sinense* Hemsl. 冷风村海拔 1 693m；黄新村蔡子冲海拔 1 831m。

（二）何首乌属 *Fallopia* Adans.

1. 何首乌 *Fallopia multiflora*（Thunb.）Harald. 冷风村 1693m；大云上海拔 1 874m；榕树村海拔 989m；黄新村蔡子冲海拔 1 895m；淤泥八大山海拔 2 174m；黄家麻窝海拔 1 598m；普古乡蚂蚁地海拔 2 084m。

（三）荞麦属 *Fagopyrum* Mill.

1. 荞麦 *Fagopyrum esculentum* Moench. 冷风村海拔 1 693m。

2. 细柄野荞麦 *Fagopyrum gracilipes*（Hemsl.）Damm. ex Diels 大云上海拔 1 874m；黄家麻窝海拔 1 598m；黄新村蔡子冲海拔 1 895m。

3. 苦荞麦 *Fagopyrum tataricum*（L.）Gaertn. 大云上海拔 1 906m。

4. 金荞麦 *Fagopyrum dibotrys*（D. Don）Hare 大云上海拔 1 906m；榕树村海拔 989m；黄新村蔡子冲海拔 1 895m；黄家麻窝海拔 1 658m；普古乡蚂蚁地海拔 2 084m。国家二级重点保护植物。

（四）虎杖属 *Reynoutria* Houtt.

1. 虎杖 *Fagopyrum cuspidatum* Sieb. et Zucc. 保基乡后背山海拔 1 700m；黄新村蔡子冲海拔 1 831m。

（五）酸模属 *Rumex* L.

1. 尼泊尔酸模 *Rumex nepalensis* Spreng. 淤泥八大山海拔 2 174m。

2. 酸模 *Rumex acetosa* L. 大云上海拔 1 906m。

3. 齿果酸模 *Rumex dentatus* L. 淤泥乡八大山海拔 2 174m。

4. 小酸模 *Rumex acetosella* L. 淤泥乡八大山海拔 2 174m。

5. 皱叶酸模 *Rumex crispus* L. 冷风村海拔 1 698m。

（六）金线草属 *Antenoron* Rafin.

金线草属 *Antenoron* Rafin.

1. 短毛金线草 *Antenoron filiforme*（Thunb.）Rob. et Vaut. var. *neofiliforme*（Nakai）A. J. Li 黄家麻窝海拔 1 658m。

十七、藤黄科 Guttiferae

金丝桃属 *Hypericum* L.

1. 地耳草 *Hypericum japonicum* Thunb. ex Murray 普古乡蚂蚁地、场上村岩头寨海拔 1 890m – 2 084m；

2. 小连翘 *Hypericum erectum* Thunb. ex Murray 淤泥八大山海拔 2 174m；娘娘山海拔 2 250m。

3. 扬子小连翘 *Hypericum faberi* R. Keller 娘娘山海拔 2 150m；黄新村蔡子冲海拔 1 831m。

4. 挺茎遍地金 *Hypericum elodeoides* Choisy 八大山海拔 2 174m；普古乡蚂蚁地海拔 2 084m；娘娘山海拔 2 250m。

5. 遍地金 *Hypericum wigbtianum* Wall. ex Wight et Arn. 大坝地海拔 1 776m。

十八、锦葵科 Malvaceae

(一)锦葵属 *Malva* L.

1. 冬葵 *Malva crispa* L. 大云上海拔 1 906m。

2. 野葵 *Malva verticillata* L. 大坝地海拔 1 776m。

(二)梵天花属 *Urena* L.

1. 地桃花 *Urena lobata* L. 榕树村海拔 989m。

2. 中华地桃花 *Urena lobata* L. var. *chinensis*（Osbeck）S. Y. Hu

(三)蜀葵属 *Althaea* L.

1. 蜀葵 *Althaea rosea*（L.)Cavan. 冷风村海拔 1 698m。

十九、堇菜科 Violaceae

堇菜属 *Viola* L.

1. 紫花地丁 *Viola philippica* Car Icons et. Descr. 杨保地海拔 1 893m；黄新村蔡子冲海拔 1 831m.

2. 浅圆齿堇菜 *Viola schneideri* W. Beck. 黄新村蔡子冲海拔 1 831m；黄家麻窝海拔 1 658m；杨保地海拔 1 893m。

3. 柔毛堇菜 *Viola principis* H. de Boiss. 黄家麻窝海拔 1 658m；普古乡场上村岩头寨海拔 1 890m。

4. 长萼堇菜 *Viola inconspicua* Bl. 黄新村蔡子冲海拔 1 831m。

5. 心叶堇菜 *Viola concordifolia* C. J. Wang 保基乡后背上海拔 1 710m；淤泥乡八大山海拔 2 245m；大坝地海拔 1 850m；普古乡蚂蚁地海拔 2 084m；簸箕岩海拔 1 776m；老马冲海拔 2 080m。

6. 早开堇菜 *Viola prionantha* Bunge 簸箕岩海拔 1 776m。

7. 堇菜 *Viola verecunda* A. Gray 簸箕岩海拔 1 776m。

8. 鸡腿堇菜 *Viola acuminata* Ledeb. 普古乡蚂蚁地海拔 2 084m；娘娘山海拔 2 150m。

二十、葫芦科 Cucurbitaceae

(一)雪胆属 *Hemsleya* Cogn.

1. 蛇莲 *Hemsleya sphaerocarpa* Kuang et A. M. Lu 保基乡后背山海拔 1 710m。

2. 雪胆 *Hemsleya chinensis* Cogn. ex Forbes et Hemsl. 簸箕岩海拔 1 776m。

(二)绞股蓝属 *Gynostemma* Bl.

1. 绞股蓝 *Gynostemma pentaphyllum*（Thunb. ）Makino 黄家麻窝海拔 1 598m；黄新村蔡子冲海拔 1 831m。

(三)栝楼属 *Trichosanthes* L.

1. 中华栝楼 *Trichosanthes rosthornii* Harms 黄家麻窝海拔 1 598m。

2. 王瓜 *Trichosanthes cucumeroides*（Ser. ）Maxim. var. *cucumeroides* 野马冲大包后面海拔 1 800m。

(四)赤爬属 *Thladiantha* Bunge

1. 皱果赤瓟 *Thladiantha henryi* Hemsl. 野马冲大包后面海拔 2 080m；大云上海拔 1 874m。黄家麻窝海拔 1 720m。

2. 鄂赤瓟 *Thladiantha oliveri* Cogn. ex Mottet 淤泥乡八大山海拔 2 245m。

3. 齿叶赤瓟 *Thladiantha dentata* Cogn. 野马冲大包后面海拔 2 080m。

4. 川赤瓟 *Thladiantha davidii* Franch. 保基后背山海拔 1 700m。

5. 异叶赤瓟 *Thladiantha hookeri* C. B. Clarke 保基后背山海拔 1 700m；黄家麻窝海拔 1 598m。

6. 南赤瓟 *Thladiantha nudiflora* Hemsl. ex Forbes et Hemsl. 黄家麻窝海拔 1 700m。

7. 五叶赤瓟 *Thladiantha hookeri* C. B. Clarke var. *pentadactyla*（Cogn.）A. M. Lu et Z. Y. Zhang 杨保地海拔 1 893m。

二十一、秋海棠科 Begoniaceae

秋海棠属 *Begonia* L.

1. 秋海棠 *Begonia grandis* Dry. 大云上海拔 1 906m；淤泥乡八大山海拔 2 174m。

2. 裂叶秋海棠 *Begonia palmata* D. Don 黄家麻窝海拔 1 598m。

3. 掌裂叶秋海棠 *Begonia pedatifida* lévl. 黄新村蔡子冲海拔 1 980m；黄家麻窝海拔 1 658m。

4. 长柄秋海棠 *Begonia smithiana* Yu ex Irmsch. 保基乡后背山海拔 1 710m。

5. 中华秋海棠 *Begonia grandis* Dry ssp. *sinensis*（A. DC.）Irmsch 大坝地海拔 1 776m。

二十二、十字花科 Cruciferae

（一）荠属 *Capsella* Medic.

1. 荠菜 *Capsella bursa – pastoris*（Linn.）Medic. 大坝地海拔 1 776m。

（二）蔊菜属 *Rorippa* Scop.

1. 蔊菜 *Rorippa indica*（Linn.）Hiern. 大坝地海拔 1 776m。

（三）碎米荠属 *Cardamine* L.

1. 碎米荠 *Cardamine hirsuta* L. 黄新村蔡子冲海拔海拔 1 980m。

（四）独行菜属 *Lepidium* L.

1. 独行菜 *Lepidium apetalum* Willd. 大坝地海拔 1 776m。

（五）南芥属 *Arabis* L.

1. 箭叶南芥 *Arabis sagittata*（Bertol.）DC. 保基后背山海拔 1 700m。

2. 圆锥南芥 *Arabis paniculata* Franch. 大坝地海拔 1 776m。

二十三、水晶兰科 Monotropaceae

（一）沙晶兰属 *Eremotropa* H. Andr.

沙晶兰 *Eremotropa Sciaphila* H. Andr.

（二）水晶兰属 *Monotropa* L.

1. 水晶兰 *Monotropa uniflora* L. 老马冲海拔 2 100m。

2. 毛花松下兰 *Monotropa hypopitya* var. *hisuta* Roth 大坝地海拔 1 776m。

二十四、报春花科 Primulaceae

珍珠菜属 *Lysimachia* L.

1. 长蕊珍珠菜 *Lysimachia lobelioide* Wall. 普古乡蚂蚁地海拔 2 084m；杨保地海拔 1 893m。

2. 点腺过路黄 *Lysimachia hemsleyana* Maxim. 黄新村蔡子冲海拔 1 831m；黄家麻窝海拔 1 658m；普古乡场上村岩头寨海拔 1 890m；娘娘山海拔 2 150m；簸箕岩海拔 1 780m。

3. 过路黄 *Lysimachia christinae* Hance. 杨保地海拔 1 893m；淤泥乡八大山海拔 2 245m；黄家麻窝海拔 1 658m；普古乡蚂蚁地海拔 2 084m；娘娘山海拔 2 250m。

4. 山萝过路黄 *Lysimachia melampyroides* R. Knuth 杨保地海拔 1 893m。

5. 聚花过路黄 *Lysimachia congestiflora* Hemsl. 杨保地海拔 1 893m；淤泥乡八大山海拔 2 174m；普古乡蚂蚁地海拔 2 084m；娘娘山海拔 2 250m。

6. 狭叶落地梅 *Lysimachia paridiformis* Franch. var. *stenophylla* Franch. 老马冲海拔 2 150m.

7. 叶头过路黄 *Lysimachia phyllocephala* Hand – Mazz. 杨保地海拔 1 893m；漏风垭口海拔 1 960m；普古乡蚂蚁地海拔 2 084m；格所海拔 1 780m；杨保地海拔 1 893m。

8. 显苞过路黄 *Lysimachia rubiginosa* Hemsl.

9. 腺药珍珠菜 *Lysimachia stenosepala* Hemsl. 普古乡蚂蚁地海拔 2 084m。

10. 矮桃 *Lysimachia clethroides* Duby. 后背山海拔 1 700m；杨保地海拔 1 893m；黄新村蔡子冲海拔 1 980m。

二十五、景天科 Crassulaceae

(一)景天属 *Sedum* L.

1. 垂盆草 *Sedum sarmentosum* Bunge 黄家麻窝海拔 1 598m；黄新村养马寨海拔 1 686m

2. 日本景天 *Sedum japonicum* Sieb. ex Miq. 淤泥乡八大山海拔 2 245m。

3. 佛甲草 *Sedum lineare* Thunb. 黄新村蔡子冲海拔 1 831m。

4. 凹叶景天 *Sedum emarginatum* Migo 黄家麻窝海拔 1 598m；黄新村蔡子冲海拔 1 831m。

5. 费菜 *Sedum aizoon* L. 后背山海拔 1 700m；簸箕岩海拔 1 776m。

6. 珠芽景天 *Sedum bulbiferum* Makino 簸箕岩海拔 1 776m。

7. 多茎景天 *Sedum multicaule* Wall. 淤泥乡八大山海拔 2 245m。

8. 安龙景天 *Sedum taiangii* Fröd. var. *taiangii* 黄新村蔡子冲海拔 1 831m。

9. 细叶景天 *Sedum elatinoides* Franch. 黄新村蔡子冲海拔 1 831m。

(二)石莲属 *Sinocrassula* Berger.

1. 石莲 *Sinocrassula indica*（Decne.）Berger 普古乡场上村岩头寨海拔 1 890m。

二十六、虎耳草科 Saxifragaceae

(一)黄水枝属 *Tiarella* L.

1. 黄水枝 *Tiarella polyphylla* D. Don. 野马冲大包后面海拔 2 080m；黄家麻窝海拔 1 658m。

(二)虎耳草属 *Saxifraga* Tourn ex L.

1. 虎耳草 *Saxifraga stolonifera* Cutt. 老马冲大包后面海拔 2 080m；冷风村海拔 1 693m；黄家麻窝海拔 1 658m。

(三)金腰属 *Chrysosplenium* Tourn ex L.

1. 大叶金腰 *Chrysosplenium macrophyllum* Oliv. 划龙船海拔 2 015m；黄家麻窝海拔 1 658m。

(四)鬼灯檠属 *Rodaersia* Gray.

1. 西南鬼灯檠 *Rodaersia buergeri* Miq. 老马冲划龙船海拔 2 015m；老马冲海拔 2 080m。

(五)落新妇属 *Astilbe* Buch. – Ham. ex D. Don

1. 落新妇 *Astilbe chinensis*（Maxim.）Franch. et Savat. 黄新村蔡子冲海拔 1 831m。

2. 大落新妇 *Astilbe grandis* Stapf ex Wils. 淤泥乡八大山海拔 2 245m。

(四)岩白菜属 *Bergenia* Moench

1. 岩白菜 *Bergenia purpurascens*（Hook. f. et Thoms.）Engl. 黄新村蔡子冲海拔 1 831m。

二十七、蔷薇科 Rosaceae

(一)委陵菜属 *Potentilla* L.

1. 西南委陵菜 *Potentilla fulgens* Wall. ex Hook. 保基乡林场、冷风村海拔 1 693m；黄新村蔡子冲海拔 1 831m；淤泥乡八大山海拔 2 174m。

2. 蛇莓委陵菜 *Potentilla centigrana* Maxim. 大云上海拔 1 874m；榕树村海拔 989m；普古乡场上村岩头寨海拔 1 890m。

3. 三叶委陵菜 *Potentilla freyniana* Bornm. 黄家麻窝海拔 1 720m；普古乡蚂蚁地海拔 2 084m。

4. 蛇含委陵菜 *Potentilla kleiniana* Wight et Arn. 淤泥乡八大山海拔 2 174m。

(二)草莓属 *Fragaria* L.

1. 野草莓 *Fragaria vesca* L. 冷风村海拔 1 690m。

2. 黄毛草莓 *Fragaria nilgerrensis* Schlecht. ex Gay 杨保地海拔 1 893m；黄新村蔡子冲海拔 1 895m；娘娘山海拔 2 150m。

(三)蛇莓属 *Duchesnea* J. E. Smith.

1. 蛇莓 *Duchesnea indica*(Andr.) Focke. 杨保地海拔1 893m；榕树村海拔989m；大坪海拔1 158m；黄新村蔡子冲海拔1 895m；淤泥乡八大山海拔2 174m；娘娘山海拔2 150m。

(四)水杨梅属(路边青属)*Geum* L.

1. 水杨梅 *Geum aleppicum* Jacq. 老马冲海拔2 012m；杨保地海拔1 893m；淤泥乡八大山海拔2 174m；黄新村蔡子冲海拔1 895m。

(五)龙牙草属 *Agrimonia* L.

1. 龙牙草 *Agrimonia pilosa* Ledeb. 杨保地海拔1 893m；榕树村海拔989m；黄新村蔡子冲海拔1 831m；淤泥乡八大山海拔2 174m；黄家麻窝海拔1 598m。

2. 小花龙牙草 *Agrimonia nipponica* Koidz var. *occidentalis* Skalicky 榕树村海拔989m；黄新村蔡子冲海拔1 831m。

二十八、云实科 Caesalpiniaceae

决明属 *Cassia* L.

1. 含羞草决明 *Cassia mimosoides* L. 娘娘山海拔2 150m。

二十九、蝶形花科 Papilionaceae

(一)车轴草属 *Trifolium* L.

1. 白花车轴草 *Trifolium repens* L. 杨保地海拔1 893m，黄新村海拔1 800m；黄新村蔡子冲海拔1 831m；淤泥乡八大山海拔2 174m；娘娘山海拔2 250m。

2. 红车轴草 *Trifolium pratense* L. 大坪海拔1 158m。

(二)紫雀花属 *Parochetus* Buch. –Ham. ex D. Don

1. 紫雀花 *Parochetus communis* Buch. –Ham. ex D. Don. 普古乡蚂蚁地海拔2 084m。

(三)胡枝子属 *Lespedeza* Michx.

1. 截叶铁扫帚 *Lespedeza cuneata*(Dum. – Cours.) G. Don 大云上海拔1 874m；普古乡蚂蚁地海拔2 084m。

(四)野豌豆属 *Vicia* L.

1. 歪头菜 *Vicia unijuga* A. Br. 大坝地海拔1 776m。

2. 广布野豌豆 *Vicia cracca* L. 大云上海拔1 906m；大坪海拔1 158m；淤泥乡八大山海拔2 174m。

3. 大叶野豌豆 *Vicia pseudorobus* Fisch. et C. A. Meyer 大坝地海拔1 776m。

4. 长柔毛野豌豆 *Vicia villosa* Roth 大坝地海拔1 776m。

5. 野豌豆 *Vicia sepium* L. 大云上海拔1 906m。

(五)山蚂蝗属 *Desmodium* Desv.

1. 小叶三点金 *Desmodium microphyllum*(Thunb.) DC. 榕树村海拔989m。

(六)鸡眼草属 *Kummerowia* Schindl.

1. 鸡眼草 *Kummerowia striata*(Thunb.) Schindl. 大坝地海拔1 776m。

2. 长萼鸡眼草 *Kummerowia stipulacea*(Maxim.) Makino 榕树村海拔989m。

(七)合萌属 *Aeschynomene* L.

1. 合萌 *Aeschynomene indica* L. 大坝地海拔1 776m。

(八)苜蓿属 *Medicago* L.

1. 南苜蓿 *Medicago polymorpha* L. 大坝地海拔1 776m。

2. 紫苜蓿 *Medicago sativa* L. 冷风村海拔1 690m。

(九)百脉根属 *Lotus* L.

1. 百脉根 *Lotus corniculatus* L. 冷风村海拔1 693m.

(十)舞草属 *Codariocalyx* Hassk.

1. 舞草 *Codariocalyx motorius* (Houtt.) H. Ohashi

(十一)长柄山蚂蝗属 *Podocarpium* (Benth.) Yang et Huang

1. 长柄山蚂蝗 *Podocarpium podocarpum* (DC.) Y. C. Yang et P. H. Huang 黄新村蔡子冲海拔 1 831m。

(十二)千斤拔属 *Flemingia* Roxb. ex W. T. Ait.

1. 大叶千斤拔 *Flemingia macrophylla* (Willd.) Prain 大坝地海拔 1 776m。

三十. 小二仙草科 Haloragaceae

小二仙草属 *Haloragis* Forst.

1. 小二仙草 *Haloragis micrantha* (Thunb.) R. Br. ex Sieb. et Zucc. 冷风村海拔 1 693m；淤泥乡八大山海拔 2 400m；普古乡蚂蚁地海拔 2 084m；娘娘山海拔 2 250m。

三十一. 千屈菜科 Lythraceae

(一)千屈菜属 *Lythrum* L.

1. 千屈菜 *Lythrum salicaria* L. 冷风村海拔 1 690m。

(二)节节菜属 *Rotala* L.

1. 圆叶节节菜 *Rotala rotundifolia* (Buch. – Ham. ex Roxb.) Koehne 大坝地海拔 1 776m；榕树村海拔 989m；普古乡场上村岩头寨海拔 1 890m。

三十一. 瑞香科 Thymelaeaceae

狼毒属 *Stellera* L.

1. 狼毒 *Stellera chamaejasme* L. 冷风村海拔 1 690m。

三十二. 柳叶菜科 Onagraceae

(一)丁香蓼属 *Ludwigia* L.

1. 假柳叶菜 *Ludwigia epilobioides* Maxim. 黄新村蔡子冲海拔 1 895m。

(二)露珠草属 Circaea L.

1. 南方露珠草 *Circaea mollis* Sieb. et Zucc. 黄家麻窝海拔 1 598m；黄新村蔡子冲海拔 1 895m。
2. 谷蓼 *Circaea erubescens* Franch. et Sav. 淤泥乡八大山海拔 2 245m。

(三)柳叶菜属 *Epilobium* L.

1. 柳叶菜 *Epilobium hirsutum* L. 黄新村海拔 1 800m；淤泥乡八大山海拔 2 174m；娘娘山海拔 2 150m。
2. 腺茎柳叶菜 *Epilobium brevifolium* D. Don ssp. *trichoneurum* (Hausskn.) Raven 牟家地海拔 1 700m；淤泥乡八大山海拔 2 174m。
3. 长籽柳叶菜 *Epilobium pyrricholophum* Franch. et Savat. 大云上海拔 1 906m。
4. 滇藏柳叶菜 *Epilobium wallichianum* Hausskn. 牟家地海拔 1 700m；
5. 短叶柳叶菜 *Epilobium brevifolium* D. Don 牟家地海拔 1 700m；
6. 毛脉柳叶菜 *Epilobium amurense* Hausskn. 普古乡蚂蚁地海拔 2 084m；娘娘山海拔 2 250m。

(四)月见草属 *Oenothera* L.

1. 月见草 *Oenothera biennis* L. 榕树村海拔 989m。
2. 黄花月见草 *Oenothera glazioviana* Mich. 大云上海拔 1 906m；榕树村海拔 989m。
3. 粉花月见草 *Oenothera rosea* L'Her. ex Ait. 牟家地海拔 1 700m；

三十三、野牡丹科 Melastomataceae

(一)肉穗草属 *Sarcopyramis* Wall.

1. 楮头红 *Sarcopyramis nepalensis* Wall. 普古乡蚂蚁地海拔 2 084m。
2. 肉穗草 *Sarcopyramis bodinieri* Lévl. et Van. 簸箕岩海拔 1 776m。

(二)野牡丹属 ***Melastoma*** **L.**

1. 地菍 *Melastoma dodecandrum* Lour. 簸箕岩海拔 1 776m。

(三)蜂斗草属 ***Sonerila*** **Roxb.**

1. 直立蜂斗草 *Sonerila erecta* Jack 簸箕岩海拔 1 776m。

(四)金锦香属 ***Osbeckia*** **L.**

1. 假朝天罐 *Osbeckia crinita* Benth. 白岩磬海拔 1 780m；黄新村蔡子冲海拔 1 831m。

2. 朝天罐 *Osbeckia opipara* C. Y. Wu. et C. Chen. 冷风村海拔 1 693m；黄新村蔡子冲海拔 1 831m；普古乡蚂蚁地海拔 2 084m；淤泥乡八大山海拔 2 284m。

(五)异药花属 ***Fordiophyton*** **Stapf**

1. 异药花 *Fordiophyton faberi* Stapf 淤泥乡八大山海拔 2 174m；娘娘山海拔 2 150m。

三十四、蛇菰科 Balanophoraceae

蛇菰属 *Balanophora* Forst. et Forst. f.

1. 红冬蛇菰 *Balanophora harlandii* Hook. f. 老马冲大包后面海拔 2 080m。

2. 穗花蛇菰 *Balanophora spicata* Hayata. 老马冲大包后面海拔 2 080m。

三十五、大戟科 Euphorbiaceae

(一)铁苋菜属 ***Acalypha*** **L.**

1. 铁苋菜 *Acalypha australis* Linn. 保基乡大包后面海拔 2 080m。

(二)大戟属 ***Euphorbia*** **Linn.**

1. 泽漆 *Euphorbia helioscopia* Linn. 保基乡大包后面海拔 2 080m。

三十六、葡萄科 Vitaceae

(一)乌蔹莓属 ***Cayratia*** **Juss.**

1. 乌蔹莓 *Cayratia japonica* (Thunb.) Gagnep. 保基乡大包后面海拔 2 080m。

(二)崖爬藤属 ***Tetrastigma*** **(Miq.) Planch**

1. 狭叶崖爬藤 *Tetrastigma serrulatum*(Roxb.)Planch. 大坝地海拔 1 776；黄新村蔡子冲海拔 1 831m。

三十七、亚麻科 Linaceae

石海椒属 *Reinwardtia* Dum.

1. 石海椒 *Reinwardtia indica* Dum. 榕树村

三十八、远志科 Polygalaceae

远志属 *Polygala* L.

1. 瓜子金 *Polygala japonica* Houtt. 冷风村海拔 1 693m。

2. 小扁豆 *Polygala tatarinowii* Regel 簸箕岩海拔 1 776m。

3. 蓼叶远志 *Polygala persicariifolia* DC. 榕树村海拔 989m。

4. 西伯利亚远志 *Polygala sibirica* L. 大坝地海拔 1 776m。

5. 贵州远志 *Polygala dunniana* Lévl. 普古乡蚂蚁地海拔 2 084m

三十九、芸香科 Rutaceae

石椒草属 *Boenninghausenia* Reichb. ex Meisn.

1. 臭节草 *Boenninghausenia* albiflora Reichb. 簸箕岩海拔 1 776m；大云上海拔 1 906m；黄新村蔡子冲海拔 1 930m。

四十、酢浆草科 Oxalidaceae

酢浆草属 *Oxalis* L.

1. 黄花酢浆草 *Oxalis pes - caprae* L. 榕树村海拔 989m；黄新村蔡子冲海拔 1 980m；普古乡蚂蚁地海拔 2084m。

2. 山酢浆草 *Oxalis griffithii* Edgew. et Hook. f. 划龙船海拔 2 015；淤泥乡八大山海拔 2 285m；黄家

麻窝海拔 1 598m；杨保地海拔 1 893m。

3. 酢浆草 *Oxalis corniculata* L. 大云上海拔 1 840m

四十一、牻牛儿苗科 Geraniaceae

（一）牻牛儿苗属 *Erodium* L’hér.

1. 牻牛儿苗 *Erodium stephanianum* Willd. 淤泥乡八大山海拔 2 285m。

（二）老鹳草属 *Geranium* L.

1. 老鹳草 *G. wilfordii* Maxim. 榕树村海拔 989m；黄新村蔡子冲海拔 1 895m；普古乡蚂蚁地海拔 2 084m。

2. 鼠掌老鹳草 *G. sibiricum* L. 大云上海拔 1 874m；淤泥八大山海拔 2 174m。

3. 汉荭鱼腥草 *Geranium robertianum* L. 黄新村蔡子冲海拔 1 831m；大坝地海拔 1 850m。

4. 尼泊尔老鹳草 *Geranium nepalense* Sweet 老马冲海拔 2 012m；大云上海拔 1 906m；黄家麻窝海拔 1 598m。

四十二、凤仙花科 Balsaminaceae

凤仙花属 *Impatiens* L.

1. 凤仙花 *Impatiens balsamina* L. 榕树村海拔 989m。

2. 蓝花凤仙花 *Impatiens cyanantha* Hook. f. 黄新村蔡子冲海拔 1 831m。

3. 黄金凤 *Impatiens siculifer* Hook. f. 老马冲大包后面海拔 2 080m；淤泥八大山海拔 2 174m；普古乡蚂蚁地海拔 2 084m；娘娘山海拔 2 250m。

4. 路南凤仙花 *Impatiens loulanensis* Hook. f. 大坝地海拔 1 776m。

5. 红纹凤仙花 *Impatiens rubro－striata* Hook. f. 黄家麻窝海拔 1 598m。

四十三、五加科 Araliaceae

（一）楤木属 *Aralia* L.

1. 食用土当归 *Aralia cordata* Thunb. 大包后面；大云上海拔 1 874m；黄新村养马寨海拔 1 686m；黄家麻窝海拔 1 598m；普古乡场上村岩头寨海拔 1 890m。

（二）人参属 *Panax* L.

1. 竹节参 *Panax japonicus* C. A. Mey. 大包后面海拔 2 080m；黄家麻窝海拔 1 658m。

四十四、伞形科 Umbelliferae

（一）鸭儿芹属 *Cryptotaenia* DC.

1. 鸭儿芹 *Cryptotaenia japonica* Hassk 大坝地海拔 1 776m、杨保地海拔 1 893m；榕树村海拔 989m；黄家麻窝海拔 1 658m；普古乡蚂蚁地海拔 2 084m。

（二）窃衣属 *Torilis* Adans

1. 小窃衣 *Torilis japonica*（Houtt.）DC. 杨保地海拔 1 893m；淤泥八大山海拔 2 274m。

2. 窃衣 *Torilis scabra*(Thunb)DC 淤泥乡八大山海拔 2 174m;；黄家麻窝海拔 1 598m。

（三）天胡荽属 *Hydrocotyle* L.

1. 红马蹄草 *Hydrocotyle nepalensis* Hook. 普古乡蚂蚁地海拔 2 084m。

2. 天胡荽 *Hydrocotyle sibthorpioides* Lam. 淤泥八大山海拔 2 174m；普古乡蚂蚁地海拔 2 084m。

（四）变豆菜属 *Sanicula* L.

1. 变豆菜 *Sanicula chinensis* Bunge 后背山海拔 1 700m。

（五）柴胡属 *Bupleurum* L.

1. 小柴胡 *Bupleurum tenue* Buch. －Ham. ex D. Don 后背山海拔 1 700m。

（六）茴芹属 *Pimpinella* L.

1. 革叶茴芹 *Pimpinella coriacea*（Franch.）de Boiss. 后背山海拔 1 700m。

(七)前胡属 *Peucedanum* L.

1. 华中前胡 *Peucedanum medicum* Dunn 普古乡蚂蚁地海拔 2 084m。

(八)水芹属 *Oenanthe* L.

1. 细叶水芹 *Oenanthe dielsii* de Boiss. var. *stenophylla* de Boiss. 保基海拔 1 775m。
2. 西南水芹 *Oenanthe dielsii* de Boiss. 保基海拔 1 775m。

(九)藁本属 *Ligusticum* L.

1. 匍匐藁本 *Ligusticum reptans*（Diels）Wolff 娘娘山海拔 2250m。
2. 短片藁本 *Ligusticum brachylobum* Franch. 大坝地海拔 1 776m。

(十)积雪草属 *Centella* L.

1. 积雪草 *Centella asiatica*（Linn.）Urban. 大坝地海拔 1 776m。

(十一)当归属 *Angelica* L.

1. 拐芹 *Angelica polymorpha* Maxim. 黄家麻窝海拔 1 658m。
2. 当归 *Angelica sinensis*（Oliv.）Diels 普古乡蚂蚁地海拔 2084m。
3. 狭叶当归 *Angelica anomala* Ave. - Lall. 黄家麻窝海拔 1 658m。
4. 紫花前胡 *Angelica decursiva*(Miq)Franch. et Sav 后背山 1700m。

(十二)胡萝卜属 *Daucus* L.

1. 野胡萝卜 *Daucus carota* L. 淤泥八大山海拔 2 174m. 黄家麻窝海拔 1 658m；娘娘山海拔 2 250m。

四十五、龙胆科 Gentianaceae

(一)龙胆属 *Gentiana*（Tourn.）L.

1. 滇龙胆草 *Gentiana rigescens* Franch. ex Hemsl. 淤泥乡八大山海拔 2 245m，海拔 2 400m。
2. 头花龙胆 *Gentiana cephalantha* Franch. ex Hemsl. 冷风村海拔 1 693m。
3. 流苏龙胆 *Gentiana panthaica* Prain et Burk. 淤泥乡八大山海拔 2 300m - 2 400m。
4. 红花龙胆 Gentiana rhodantha Franch. ex Hemsl. 保基格所、簸箕岩海拔 1 776m
5. 草甸龙胆 *Gentiana praticola* Franch. 冷风村 1693m；淤泥乡八大山海拔 2 400m；普古乡蚂蚁地海拔 2 084m。

(二)獐牙菜属 *Swertia* L.

1. 狭叶獐牙菜 *Swertia angustifolia* Buch. - Ham. ex D. Don 普古乡蚂蚁地海拔 2 084m。
2. 贵州獐牙菜 *Swertia Kouitchensis* Franch. 普古乡蚂蚁地海拔 2 084m。
3. 西南獐牙菜 *Swertia cincta* Burk. 淤泥乡八大山海拔 2 400m。

(三)花锚属 *Halenia* Borkh.

1. 椭圆叶花锚 *Halenia elliptica* D. Don 大云上海拔 1 906m；杨保地海拔 1 893m。

四十六、萝藦科 Asclepiadaceae

(一)鹅绒藤属 *Cynanchum* L.

1. 竹灵消 *Cynanchum inamoenum*（Maxim.）Loes. 淤泥乡八大山海拔 2 200m。
2. 大理白前 *Cynanchum forrestii* Schltr. 普古乡蚂蚁地海拔 2 084m。
3. 青羊参 *Cynanchum otophyllum* Schneid. 大坝地海拔 1 776m。
4. 白薇 *Cynanchum atratum* Bunge 冷风村海拔 1 693m。

(二)吊灯花属 *Ceropegia* L.

1. 西藏吊灯花 *Ceropegia pubescens* Wall. 黄新村养马寨海拔 1 720m。
2. 长叶吊灯花 *Ceropegia dolichophylla* Schltr. 黄家麻窝海拔 1 598m；

四十七、茄科 Solanaceae

(一)茄属 *Solanum* L.

1. 珊瑚樱 *Solanum pseudocapsicum* L. 大云上海拔 1 840m。

2. 龙葵 *Solanum nigrum* L. 保基白岩磬海拔 1 780m；榕树村海拔 989m。

3. 刺天茄 *Solanum indicum* L. 冷风村海拔 1 693m。

4. 牛茄子 *Solanum surattense* Burm. F. 大坝地海拔 1 776m。

5. 白英 *Solanum lyratum* Thunb. 大包后面海拔 2 080m。

(二) 红丝线属 *Lycianthes* (Dunal) Hassl.

1. 单花红丝线 *Lycianthes lysimachioides*（Wall.）Bitter 老马冲大包后面海拔 2 080m；黄新村蔡子冲海拔 1 831m；格所海拔 1 780m；漏风垭口海拔 1 960m。

(三) 颠茄属 *Atrope* L.

1. 颠茄 *Atrope belladonna* L. 榕树村海拔 989m。

(四) 假酸浆属 *Nicandreae* Wettst.

1. 假酸浆 *Nicandreae physaloides*（L.）Gaertn. 冷风村海拔 1 693m；牟家地海拔 1 701m；大云上海拔 1 840m；黄家麻窝海拔 1 658m；普古乡蚂蚁地海拔 2 084m。

(五) 酸浆属 *Physalis* L.

1. 挂金灯 *Physalis alkekengi* L. var. *franchetii*（Masters）Makino 老马冲大包后面海拔 2 080m。

四十八、旋花科 Convolvulaceae

(一) 马蹄金属 *Dichondra* J. R. et G. Forst.

1. 马蹄金 *Dichondra repens* Forst. 黄新村海拔 1 800m；榕树村海拔 989m；黄家麻窝海拔 1 598m；普古乡场上村岩头寨海拔 1 890m；娘娘山海拔 2250m。

(二) 打碗花属 *Calystegia* R. Br.

1. 打碗花 *Calystegia hederacea* Wall. ex. Roxb 娘娘山海拔 2 200m；黄新村蔡子冲海拔 1 831m。

(三) 飞蛾藤属 *Porana* Burm. f.

1. 飞蛾藤 *Porana racemosa* Roxb. 白岩磬海拔 1 780m。

(四) 牵牛属 *Pharbitis* Choisy

1. 牵牛 *Pharbitis nil*（L.）Choisy. 黄新村大洞口海拔 1 895m。

四十九、菟丝子科 Cuscutaceae

菟丝子属 *Cuscuta* L.

1. 金灯藤 *Cuscuta japonica* Choisy 白岩磬海拔 1 780m。

2. 菟丝子 *Cuscuta chinensis* Lam. 大坝地海拔 1 760m。

五十、紫草科 Boraginaceeae

琉璃草属 *Cynoglossum* L.

1. 小花琉璃草 *Cynoglossum lanceolatum* Forsk. 杨保地海拔 1 893m；榕树村海拔 989m；黄家麻窝海拔 1 598m。

2. 琉璃草 *Cynoglossum zeylanicum*（Vahl）Thunb. ex Lehm. 大坪海拔 1 158m；淤泥乡八大山海拔 2 174m；娘娘山海拔 2 050m。

3. 倒提壶 *Cynoglossum amabile* Stapf et Drumm. 保基海拔 1 750m；黄新村海拔 1 800m；榕树村海拔 989m；黄家麻窝海拔 1 598m。

五十一、马鞭草科 Verbenaceae

(一) 马鞭草属 *Verbena* L.

1. 马鞭草 *Verbena officinalis* L. 大云上海拔 1 906m；榕树村海拔 989m；黄新村蔡子冲海拔 1 831m；黄家麻窝海拔 1 598m；娘娘山海拔 2 250m。

(二) 透骨草属 *Phryma* L.

1. 透骨草 *Phryma leptostachya* L. ssp. *asiatica*（Hara）Kitamura 黄新村蔡子冲海拔 1 831m。

五十二、唇形科 Labiatae

(一)风轮菜属 *Clinopodium* L.

1. 寸金草 *Clinopodium megalanthum* (Diels) C. Y. Wu et Hsuan ex H. W. Li 黄新村蔡子冲海拔 1 831m；淤泥乡八大山海拔 2 174m。

2. 匍匐风轮菜 *Clinopodium repens* (Buch. – Ham. ex D. Don) Wall ex Bench 黄新村蔡子冲海拔 1 831m。

3. 细风轮菜 *Clinopodium gracile* (Benth.) Matsum. 榕树村海拔 989m。

4. 灯笼草 *Clinopodium polycephalum* (Vaniot) C. Y. Wu et Hsuan 淤泥乡八大山海拔 2 174m。

5. 风轮菜 *Clinopodium chinense* (Benth.) Kuntze. 杨保地海拔 1 893m；淤泥乡八大山海拔 2 174m。

(二)绣球防风属 *Leucas* R. Br.

1. 白绒草 *Leucas mollissima* Wall 杨保地海拔 1 893m。

(三)香科科属 *Teucrium* L.

1. 长毛香科科 *Teucrium pilosum* (Pamp.) C. Y. Wu et S. Chow 大坪海拔 1 158m。

2. 香科科 *Teucrium simplex* Vant. 冷风村

3. 穗花香科科 *Teucrium japonicum* Houtt.

(四)筋骨草属 *Ajuga* L.

1. 金疮小草 *Ajuga decumbens* Thunb. 白岩磬海拔 1 780m。

2. 紫背金盘 *Ajuga nipponensis* Makino 白岩磬海拔 1 780m。

3. 筋骨草 *Ajuga ciliata* Bunge 白岩磬海拔 1 780m。

(五)夏枯草属 *Prunella* L.

1. 夏枯草 *Prunella vulgaris* L. 杨保地海拔 1 893m；大坪海拔 1 158m；黄新村蔡子冲海拔 1 831m；淤泥乡八大山海拔 2 174m；普古乡蚂蚁地海拔 2 084m。

(六)冠唇花属 *Microtoena* Prain

1. 大萼冠唇花 *Microtoena megacalyx* C. Y. Wu 白岩磬海拔 1 780m。

2. 南川冠唇花 *Microtoena Prainiana* Diels 淤泥乡八大山海拔 2 285m。

(七)紫苏属 *Penrilla* Linn.

1. 紫苏(原变种) *Penrilla frutescens* var. *frutescens* (L.) Britt. 黄新村大洞口海拔 1 895m；普古乡蚂蚁地海拔 2 084m；黄新村蔡子冲海拔 1 831m。

2. 野生紫苏 *Perilla frutescens* (L.) Britt. var. *acuta* (Thunb.) Kudo 杨保地海拔 1 893m；榕树村海拔 989m；黄新村蔡子冲海拔 1 831m；淤泥乡八大山海拔 2 174m；漏风垭口海拔 1 960m；普古乡蚂蚁地海拔 2 084m。

(八)水苏属 *Stachys* L.

1. 田野水苏 *Stachys arvensis* L. 漏风垭口海拔 1 960m。

2. 西南水苏 *Stachys kouyangensis* (Vaniot) Dunn 白岩磬海拔 1 780m。

(九)益母草属 *Leonurus* L.

1. 益母草 *Leonurus Artemisia* (Lour.) S. Y. Hu 白岩磬海拔 1 780m。

(十)香薷属 *Elsholtzia* Willd.

1. 野拔子 *Elsholtzia rugulosa* Hemsl. 杨保地海拔 1 893m。

2. 东紫苏 *Elsholtzia bodinieri* Vaniot 娘娘山海拔 2 250m。

3. 黄花香薷 *Elsholtzia flava* (Benth.) Benth. 黄新村大洞口海拔 1 895m。

4. 野草香 *Elsholtzia cypriani* (Pavol.) S. Chow ex Hsu 黄新村大洞口海拔 1 895m。

5. 香薷 *Elsholtzia ciliata* (Thunb.) Hyland. 杨保地 1893m；娘娘山海拔 2 250m。

（十一）广防风属 *Epimeredi* Adans.

1. 广防风 *Epimeredi indica*（L.）Rothm. 大坝地海拔 1 776m。

（十二）石荠苎属 *Mosla* Buch. – Ham. ex Maxim.

1. 小鱼仙草 *Mosla dianthera*（Buch. – Ham. ex Roxburgh）Maxim. 黄新村蔡子冲海拔 1 831m

（十三）香茶菜属 *Rabdosia*（Bl.）Hassk.

1. 线纹香茶菜 *Rabdosia lophanthoides*（Buch. – Ham. ex D. Don）Hara 大坝地海拔 1 776m。

2. 腺花香茶菜 *Rabdosia adenantha*（Diels）Hara 黄新村蔡子冲海拔 1 831m

3. 囊花香茶菜 *Rabdosia gibbosa* C. Y. Wu et H. W. Li 大坝地海拔 1 776m。

（十四）黄芩属 *Scutellaria* L.

1. 锯叶峨眉黄芩 *Scutellaria omeiensis* C. Y. Wu var. *serratifolia* C. Y. Wu et S. Chow 大坝地海拔 1 776m。

2. 滇黄芩 *Scutellaria amoena* C. H. Wright 黄家麻窝海拔 1 598m。

（十五）斜萼草属 *Loxocalyx* Hemsl.

1. 斜萼草 *Loxocalyx urticifolius* Hemsl. 黄家麻窝海拔 1 598m。

（十六）筒冠花属 *Siphocranion* Kudo

1. 光柄筒冠花 *Siphocranion nudipes*（Hemsl.）Kudo 黄新村蔡子冲海拔 1 831m。

2. 筒冠花 *Siphocranion macranthum*（Hook. f.）C. Y. Wu 黄新村蔡子冲海拔 1 831m；黄家麻窝海拔 1 598m。

（十七）野芝麻属 *Lamium* L.

1. 宝盖草 *Lamium amplexicaule* L. 黄新村蔡子冲海拔 1 831m。

（十八）活血丹属 *Glechoma* L.

1. 活血丹 *Glechoma longituba*（Nakai）Kupr 黄新村大洞口海拔 1 895m。

2. 白透骨消 *Glechoma biondiana*（Diels）C. Y. Wu et G. Chen 簸箕岩海拔 1 776m

（十九）牛至属 *Origanum* L.

1. 牛至 *Origanum vulgare* Linn. 簸箕岩海拔 1 776m；榕树村海拔 989m；黄新村大洞口海拔 1 895m。淤泥乡八大山 2285m；黄新村蔡子冲海拔 1 831m。

（二十）鼠尾草属 *Salvia* L.

1. 云南鼠尾草 *Salvia yunnanensis* C. H. Wright 老马冲大包后面海拔 2 080m。

2. 长冠鼠尾草 *Salvia plectranthoides* Griff. 划龙船海拔 2 015m。

3. 荔枝草 *Salvia plebeia* R. Br. 划龙船海拔 2 015m。

4. 一串红 *Salvia splendens* Ker Gawler 榕树村海拔 989m。

5. 短唇鼠尾草 *Salvia brevilabra* Franch. 大坝地海拔 1 790m。

（二十一）糙苏属 *Phlomis* L.

1. 南方糙苏 *Phlomis umbrosa* Turcz. var. *australis* Hemsl. 划龙船海拔 2 015。

（二十二）荆芥属 *Nepeta* L.

1. 荆芥 *Nepeta cataria* L. 大坝地海拔 1 790m。

（二十三）蜜蜂花属 *Melissa* L.

1. 蜜蜂花 *Melissa axillaris*（*Benth.*）*Bakh. f.* 娘娘山海拔 2 250m。

（二十四）地笋属 *Lycopus* L.

1. 地笋 *Lycopus lucidus* Turcz. ex Benth. 娘娘山海拔 2 250m。

（二十五）四轮香属 *Hanceola* Kudo

1. 贵州四轮香 *Hanceola cavaleriei*（Lévl.）Kudo 老马冲大包后面海拔 2 080m；划龙船海拔 2 015m；黄家麻窝海拔 1 598m。

五十三、车前科 Plantaginaceae

车前属 *Plantago* L.

1. 大车前 *Plantago major* L. 榕树村海拔 989m；黄新村蔡子冲海拔 1831m；黄家麻窝海拔 1700m；普古乡蚂蚁地海拔 2 084m。

2. 车前草 *Plantago asiatica* L. 杨保地海拔 1 893m；榕树村海拔 989m；黄新村蔡子冲海拔 1 831m；淤泥乡八大山海拔 2 174m；黄家麻窝海拔 1 598m。

五十四、玄参科 Scrophulariaceae

(一) 通泉草属 *Mazus* Lour.

1. 通泉草 *Mazus pumilus*（Burm. f.）Steenis 普古乡蚂蚁地海拔 2 084m。

2. 长蔓通泉草 *Mazus longipes* Bonati 杨保地海拔 1 893m；淤泥乡八大山海拔 2 174m；普古乡蚂蚁地海拔 2 084m；娘娘山海拔 2 150m。

(二) 马先蒿属 *Pedicularis* L.

1. 西南马先蒿 *Pedicularis labordei* Vant. ex Bonati 黄新村大洞口海拔 1 895m；淤泥乡八大山海拔 2 174m。我国特有种。

2. 纤裂马先蒿 *Pedicularis tenuisecta* Franch. 黄新村蔡子冲海拔 1 895m。

3. 亨氏马先蒿 *Pedicularis henryi* Maxim. 黄新村蔡子冲海拔 1 895m。

(三) 松蒿属 *Phtheirospermum* Bunge

1. 细裂叶松蒿 *Phtheirospermum tenuisectum* Bur. et Franch. 普古乡蚂蚁地海拔 2 084m。

2. 松蒿 *Phtheirospermum japonicum*（Thunb.）Kanitz 黄新村蔡子冲海拔 1 831m。

(四) 蝴蝶草属 *Torenia* L.

1. 光叶蝴蝶草 *Torenia glabra* Osbeck 普古乡蚂蚁地海拔 2 084m。

2. 毛叶蝴蝶草 *Torenia benthamiana* Hance 黄新村蔡子冲海拔 1 831m

3. 长叶蝴蝶草 *Torenia asiatica* L. 杨保地海拔 1 893m。

4. 紫萼蝴蝶草 *Torenia violacea*（Azaola）Pennell 杨保地海拔 1 893m。

(五) 阴行草属 *Siphonostegia* Benth.

1. 腺毛阴行草 *Siphonostegia laeta* S. Moore 大坝地海拔 1 776m。

(六) 沟酸浆属 *Mimulus* L.

1. 四川沟酸浆 *Mimulus szechuanensis* Pai 大坝地海拔 1 776m。

(七) 母草属 *Lindernia* All.

1. 母草 *Lindernia crustacea*（L.）F. Muell 黄新村养马寨海拔 1 686m。

2. 宽叶母草 *Lindernia nummularifolia*（D. Don）Wettst. 黄家麻窝海拔 1 720m。

3. 刺毛母草 *Lindernia setulosa*（Maxim.）Tuyama ex Hara 大云上海拔 1 906m。

(八) 幌菊属 *Ellisiophyllum* Maxim.

1. 幌菊 *Ellisiophyllum pinnatum*（Wall.）Makino 黄新村养马寨海拔 1 686m；淤泥乡八大山海拔 2 285m；黄家麻窝海拔 1 720m；黄新村蔡子冲海拔 1 831m。

(九) 鞭打绣球属 *Hemiphragma* Wall. 大云上海拔 1 906m。

1. 鞭打绣球 *Hemiphragma heterophyllum* Wall. 淤泥乡八大山海拔 2 174m；黄家麻窝海拔 1 598m；普古乡蚂蚁地海拔 2 084m。

(十) 钟萼草属 *Lindenbergia* Lehm.

1. 钟萼草 *Lindenbergia philippensis*（Cham.）Benth. 淤泥乡八大山海拔 2 174m。

2. 野地钟萼草 *Lindenbergia ruderalis*（Vahl）O. Ktze. 黄新村养马寨海拔 1 686m。

(十一) 婆婆纳属 *Veronica* L.

1. 疏花婆婆纳 *Veronica laxa* Benth. 淤泥乡八大山海拔 2 285m。

2. 婆婆纳 *Veronica polita* Fries 保基大坝地海拔 1 776m。

(十二)腹水草属 *Veronicastrum* Heist. ex Farbic.

1. 宽叶腹水草 *Veronicastrum latifolium*（Hemsl.）Yamazaki 黄新村养马寨海拔 1 686m。

2. 四方麻 *Veronicastrum caulopterum*（Hance）Yamazaki 黄家麻窝 1598m；杨保地海拔 1 893m。

五十五、苦苣苔科 Gesneriaceae

(一)半蒴苣苔属 *Hemiboea* Clarke

1. 华南半蒴苣苔 *Hemiboea follicularis* Clarke 格所海拔 1 770m；黄家麻窝海拔 1 598m。

2. 贵州半蒴苣苔 *Hemiboea cavaleriei* Lévl. 老马冲大包后面海拔 2 130m。

3. 纤细半蒴苣苔 *Hemiboea gracilis* Franch. 簸箕岩海拔 1 776m。

4. 降龙草 *Hemiboea subcapitata* Clarke 簸箕岩海拔 1 776m。

5. 半蒴苣苔 *Hemiboea henryi* Clarke　大云上 1906m；黄家麻窝海拔 1 598m；簸箕岩海拔 1 776m。

(二)唇柱苣苔属 *Chirita* Buch. – Ham. ex D. Don

1. 斑叶唇柱苣苔 *Chirita pumila* D. Don 杨保地海拔 1 893m

(三)吊石苣苔属 *Lysionotus* D. Don

1. 吊石苣苔 *Lysionotus pauciflorus* maxim. 杨保地海拔 1 893m；黄家麻窝海拔 1 598m；黄新村蔡子冲海拔 1 895m。冷风村海拔 1 693m；老马冲海拔 2 080m；杨保地海拔 1 893m。

(四)苦苣苔属 *Conandron* Sieb. et Zucc.

1. 苦苣苔 *Conandron ramondioides* Sieb. et Zucc. 老马冲海拔 2 080m。

(五)珊瑚苣苔属 *Corellodiscus* Batalin

1. 珊瑚苣苔 *Corellodiscus cordatulus*（Craib）Burtt 大坝地海拔 1 790m。

(六)蛛毛苣苔属 *Paraboea*(Clarke)Ridley

1. 蛛毛苣苔 *Paraboea sinensis*（Oliv.）Burtt 杨保地海拔 1 893m

2、锈色蛛毛苣苔 *Paraboea rufescens*（Franch.）Burtt. 杨保地海拔 1 893m。

五十六、爵床科 Acanthaceae

(一)黄猄草属 *Championella* Bremek.

1. 日本黄猄草 *Championella japonica*（Thunb.）Bremek. 大坪海拔 1 158m。

(二)马蓝属 *Pteracanthus*（Nees）Bremek.

1. 翅柄马蓝 *Pteracanthus alatus*（Nees）Bremek. 黄新村蔡子冲海拔 1 831m。

(三)山牵牛属 *Thunbergia* Retz.

1. 碗花草 *Thunbergia fragrans* Roxb. ssp. *fragrans* Roxb. 黄新村蔡子冲海拔 1 831m。

(四)孩儿草属 *Rungia* Nees

1. 毛叶孩儿草 *Rungia stolonifera* C. B. Clarke 大坪海拔 1 158m。

(五)钟花草属 *Codonacanthus* Nees

1. 钟花草 *Codonacanthus pauciflorus*（Nees）Nees 杨保地海拔 1 893m。

(六)南一笼鸡属 Strobilanthes H. P. Tsui

1. 南一笼鸡 *Strobilanthes henryi* Hemsl. 大坪 1158m；黄新村蔡子冲海拔 1 831m。

(七)爵床属 *Rostellularia* Reichenb.

1. 爵床 *Rostellularia procumbens*（L.）Nees 普古乡蚂蚁地海拔 1 084m。

(八)白接骨属 *Asystasiella* Lindau

1. 白接骨 *Systasiella neesiana*（Wall.）Lindau 黄新村养马寨海拔 1 686m。

五十七、紫葳科 Bignoniaceae

角蒿属 *Incarvillea* Juss.

1. 毛子草 *Incarvillea arguta*（Royle.）Royle. 冷风村海拔 1 693m。

五十八、狸藻科 Lentibulariaceae

狸藻属 *Utricularia* L.

1. 挖耳草 *Utricularia bifida* L. 黄新村蔡子冲海拔 1 831m。

五十九、桔梗科 Campanulaceae

(一)牧根草属 *Asyneuma* Grideb. et Schenk

1. 球果牧根草 *Asyneuma chinense* Hong 簸箕岩海拔 1 776m；保基后背山海拔 1 700m；淤泥八大山海拔 2 174m；大麻地海拔 1 850m；黄新村蔡子冲海拔 1 831m。

(二)铜锤玉带草属 *Pratia* Gaudish.

1. 铜锤玉带草 *Pratia nummularia*（Lam.）A. Br. et Aschers. 娘娘山海拔 2 150m。

(三)风铃草属 *Campanula* L.

1. 西南风铃草 *Campanula colorata* Wall. 冷风村海拔 1 693m；大坪海拔 1 158m；黄新村蔡子冲海拔 1 980m；淤泥八大山海拔 2 174m；黄家麻窝海拔 1 598m；普古乡蚂蚁地海拔 2 084m。

(四)半边莲属 *Lobelia* L.

1. 西南山梗菜 *Lobelia sequinii* Lévl. et Van. 大麻地海拔 1 850m。
2. 江南山梗菜 *Lobelia davidii* Franch. 娘娘山海拔 2 150m。
3. 山梗菜 *Lobelia sessilifolia* Lamb. 娘娘山海拔 2 150m。
4. 半边莲 *Lobelia chinensis* Lour. 大坪海拔 1 158m。

(五)沙参属 *Adenophora* Fisch.

1. 无柄沙参 *Adenophora stricta* Miq. ssp. sessilifolia Hong 大坝地海拔 1 776m。
2. 轮叶沙参 *Adenophora tetraphylla*（Thunb.）Fisch. 大坝地海拔 1 776m。

(六)党参属 *Codonopsis* Wall.

1. 鸡蛋参 *Codonopsis convolvulacea* Kurz. 大坝地海拔 1 776m。
2. 珠子参 *Codonopsis convolvulacea* Kurz. var. *forrestii*（Diels）Ballard 黄新村海拔 1 800m。
3. 管花党参 *Codonopsis tubulosa* Kom. 黄新村蔡子冲海拔 1 983m。

(七)蓝花参属 *Wahlenbergia* Schrad. ex Roth.

1. 蓝花参 *Wahlenbergia marginata*（Thunb.）A. DC. 黄新村海拔 1 800m。

(八)蓝钟花属 *Cyananthus* Wall. ex Benth.

1. 胀萼蓝钟花 *Cyananthus inflatus* Hook. f. et Thoms. 娘娘山海拔 2 250m。

(九)同钟花属 *Homocodon* Hong

1. 同钟花 *Homocodon brevipes*（Hemsl.）D. Y. Hong. 淤泥乡八大山海拔 2 264m。中国特有药用植物。

(十)桔梗属 *Platycodon* A. DC.

1. 桔梗 *Platycodon grandiflorus*（Jacq.）A. DC. 大坝地海拔 1 730m。

六十、茜草科 Rubiaceae

(一)鸡矢藤属 *Paederia* L.

1. 鸡矢藤 *Paederia scandens*（Lour.）Merr. 杨保地海拔 1 893m；榕树村海拔 989m。
2. 云南鸡屎藤 *Paederia yunnanensis*（Lévl.）Rehd. 普古乡蚂蚁地海拔 2 084m。

(二)耳草属 *Hedyotis* L.

1. 长节耳草 *Hedyotis uncinella* Hook. et Arn. 后背山海拔 1 700m；黄新村蔡子冲海拔 1 895m；普古乡场上村岩头寨海拔 1 890m。
2. 金毛耳草 *Hedyotis chrysotricha*（Palib.）Merr. 淤泥乡八大山海拔 2 264m；普古乡蚂蚁地海拔 2 084m；娘娘山海拔 2 250m。

（三）新耳草属 *Neanotis* Lewis

1. 臭味新耳草 *Neanotis ingrata*（Wall. ex Hook. f.）Lewis 榕树村海拔 989m；淤泥乡八大山海拔 2 174m－2 245m；普古乡蚂蚁地海拔 2 080m；娘娘山海拔 2 150m；黄新村蔡子冲海拔 1 831m。

（四）拉拉藤属（猪殃殃属）*Galium* L.

1. 六叶葎 *Galium asperuloides* Edgew. ssp. *hoffmeisteri*（Klotzsch）Hara 大云上海拔 1 906m。

2. 拉拉藤 *Galium aparine* L. var. *echinospermum*（Wallr.）Cuf. 黄新村蔡子冲海拔 1 831m；黄家麻窝海拔 1 598m；普古乡场上村岩头寨海拔 1 890m。

3. 小叶葎 *Galium asperifolium* Wall. ex Roxb. var. *sikkimense*（Gand.）Cuf. 黄新村蔡子冲海拔 1 831m。

4. 小红参 *Galium elegans* Wall. ex Roxb. 黄新村蔡子冲海拔 1 831m。

5. 线梗拉拉藤 *Galium comari* Lévl. et Van. 普古乡场上村岩头寨海拔 1 890m。

6. 猪殃殃 *Galium aparine* L. var. *tenerum*（Gren. et Godr）Rchb. 牟家地海拔 1 701m；黄新村蔡子冲海拔 1 831m；淤泥八大山海拔 2 174m。

7. 四叶葎 *Galium bungei* Steud. 杨保地 1893m；普古乡蚂蚁地海拔 2 084m。

（五）茜草属 *Rubia* L.

1. 茜草 *Rubia cordifolia* L 杨保地海拔 1 893m。

2. 柄花茜草 *Rubia podantha* Diels. 黄新村蔡子冲海拔 1 831m。我国特有种。

3. 金剑草 *Rubia alata* Roxb. 牟家地海拔 1 701m，我国特有种。

4. 钩毛茜草 *Rubia oncotricha* Hand－Mazz. 我国特有种。

5. 大叶茜草 *Rubia schumanniana* Pritz. 大包后面海拔 2 080m；冷风村海拔 1 693m；簸箕岩，划龙船海拔 2 015；杨保地海拔 1 893m；普古乡场上村岩头寨海拔 1 890m；黄新村大洞口海拔 1 895m；淤泥八大山海拔 2 174m。

6. 卵叶茜草 *Rubia ovatifolia* Z. Y. Zhang. 老马冲海拔 2 080m；黄家麻窝海拔 1 598m。我国特有种。

六十一、忍冬科 Caprifoliaceae

接骨木属 *Sambucus* L.

1. 接骨草 *Sambucus chinensis* Lindl. 大云上海拔 1 840m；黄新村养马寨海拔 1 720m；黄家麻窝海拔 1 598m；老马冲大包后面海拔 2 000m。

2. 血满草 *Sambucus adnata* Wall. 淤泥八大山海拔 2 174m；普古乡蚂蚁地海拔 2 080m；娘娘山海拔 2 250m。

六十二、败酱科 Valerianaceae

（一）败酱属 *Patrinia* Juss.

1. 少蕊败酱 *Patrinia monandra* C. B. Clarke 娘娘山海拔 2 150m。

2. 窄叶败酱 *Patrinia heterophylla* Bunge ssp. *angustifolia*（Hemsl.）H. J. Wang

3. 攀倒甑 *Patrinia villosa*（Thunb.）Juss. 黄家麻窝 1658m。娘娘山海拔 2 250m。

4. 黄花败酱 *Patrinia scabiosaefolia* Fisch. ex Trev. 黄新村养马寨海拔 1 720m

5. 墓头回 *Patrinia heterophylla* Bunge 普古乡蚂蚁地海拔 2 080m。娘娘山海拔 2 250m。

6. 败酱 *Patrinia scabiosifolia* Fisch. ex Trevir. 大云上海拔 1 874m。

（二）缬草属 *Valeriana* L.

1. 长序缬草 *Valeriana hardwickii* Wall. 冷风村海拔 1 693m。

2. 蜘蛛香 *Valeriana jatamansi* Jones. 冷风村海拔 1 693m；杨保地海拔 1 893m；黄家麻窝海拔 1 598m；老马冲大包后面海拔 2 080m。

3. 缬草 *Valeriana officinalis* L. 黄家麻窝海拔 1 658m；娘娘山海拔 2 250m。

六十三、川续断科 Dipsacaceae

（一）双参属 *Triplostegia* Wall. ex DC.

1. 双参 *Triplostegia glandulifera* Wall. ex DC. 冷风村海拔 1 693m；

（二）川续断属 Dipsacus L.

1. 日本续断 *Dipsacus japonicus* Miq. 普古乡蚂蚁地海拔 2 084m.

2. 川续断 *Dipsacus asper* Wall. 杨保地海拔 1 893m；漏风垭口海拔 1 960m；普古乡蚂蚁地海拔 2 084m.

六十四、菊科 Compositae

（一）香青属 *Anaphalis* DC.

1. 黄腺香青 *Anaphalis aureo - punctata* Lingelsh et Borza var. *aureo - punctata* 黄新村蔡子冲海拔 1 831m；淤泥八大山海拔 2 174m；娘娘山海拔 2 250m。

2. 黄褐香青 *Anaphalis margaritacea*（L.）Benth. et Hook. f. var. *cinnamomea*（DC.）Herd. ex Maxim. 淤泥乡八大山海拔 2 174m。

3. 珠光香青 *Anaphalis margaritacea*（L.）Benth. et Hook. f. 杨保地 1 893m。淤泥乡八大山海拔 2 174m－2 245m；普古乡蚂蚁地海拔 2 084m；娘娘山海拔 2 250m；黄新村蔡子冲海拔 1 831m。

（二）橐吾属 *Ligularia* Cass.

1. 狭苞橐吾 *Ligularia intermedia* Nakai 普古乡蚂蚁地海拔 2 084m。

2. 大黄橐吾 *Ligularia duciformis*（C. Winkl.）Hand. －Mazz. 黄新村蔡子冲海拔 1 831m。

（三）鱼眼草属 *Dichrocephala* DC.

1. 小鱼眼草 *Dichrocephala benthamii* C. B. Clarke 黄新村蔡子冲海拔 1 895m；淤泥乡八大山海拔 2 174m；黄家麻窝海拔 1 598m。

2. 鱼眼草 *Dichrocephala auriculata*（Thunb.）Druce 大坝地，大云上海拔 1 840m；榕树村海拔 989m；淤泥乡八大山海拔 2 174m；普古乡蚂蚁地海拔 2 084m；娘娘山海拔 2 250m。

（四）泽兰属 *Eupatorium* L.

1. 紫茎泽兰 *Eupatorium adenophorum* Spreng 黄新村海拔 1 800m；榕树村海拔 989m；黄家麻窝海拔 1 598m。

2. 佩兰 *Eupatorium fortunei* Turcz. 黄新村蔡子冲海拔 1 895m；杨保地海拔 1 893m

3. 异叶泽兰 *Eupatorium adenophorum* Spreng 黄新村蔡子冲海拔 1 895m。

（五）马兰属 *Kalimeris* Cass

1. 马兰 *Kalimeris indica*（L.）Sch. －Bip. 大云上海拔 1 874m；大坪海拔 1 158m；黄新村蔡子冲海拔 1 980m；黄家麻窝海拔 1 598m。

（六）蟹甲草属 *Parasenecio* W. W. Smith et J. Small

1. 兔儿风花蟹甲草 *Parasenecio ainsliiflorus*（Franch）Y. L. Chen 黄家麻窝海拔 1 658m；普古乡蚂蚁地海拔 2 084m；黄新村蔡子冲海拔 1 895m。

（七）火绒草属 *Leontopldium* R. Br

1. 华火绒草 *Leontopodium sinense* Hemsl. 普古乡蚂蚁地海拔 2 084m。

2. 松毛火绒草 *Leontopodium andersonii* C. B. Clarke 大坪海拔 1 158m。

（八）鼠麹草属 *Gnaphalium* L.

1. 鼠麴草 *Gnaphalium affine* D. Don 娘娘山海拔 2 250m。

2. 细叶鼠麴草 *Gnaphalium japonicum* Thunb. 娘娘山海拔 2 250m。

3. 秋鼠麹草 *Gnaphalium hypoleucum* DC. 黄新村海拔 1 800m。

4. 宽叶鼠麴草 *Gnaphalium adnatum* Wall. ex DC. 黄新村海拔 1 800m。

（九）大丽花属 *Dahlia* Cav.

1. 大丽花 *Dahlia pinnata* Cav. 榕树村海拔 890m。

（十）千里光属 *Senecio* L

1. 菊状千里光 *Senecio laetus* Edgew. 老马冲海拔 2 012m；大云上海拔 1 874m；黄家麻窝海拔 1 598m。

2. 千里光 *Senecio scandens* Buch. －Ham. ex D. Don 黄新村海拔 1 800m；大坝地海拔 1 850m；普古乡蚂蚁地海拔 2 084m；娘娘山海拔 2 250m。

3. 西南千里光 *Senecio pseudomairei* H. Lév. 大坝地海拔 1 850m。

（十一）豨莶属 *Siegesbeckia* L.

1. 腺梗豨莶 *Siegesbeckia pubescens* Makino 黄家麻窝海拔 1 598m。

2. 豨莶 *Siegesbeckia orientalis* L. 大云上海拔 1 906m；榕树村海拔 989m；黄家麻窝海拔 1 598m。

（十二）牛膝菊属 *Galinsoga* Ruiz et Pav.

1. 辣子草 *Galinsoga parviflora* Cav. 杨保地海拔 1 893m；榕树村海拔 989m；黄新村蔡子冲海拔 1 980m；淤泥乡八大山海拔 2 174m；黄家麻窝海拔 1 598m；普古乡蚂蚁地海拔 2 080m。

（十三）天名精属 *Carpesium* L.

1. 天名精 *Carpesium abrotanoides* L. 杨保地海拔 1 893m；榕树村海拔 989m；黄新村蔡子冲海拔 1 831m；淤泥八大山海拔 2 174m；黄家麻窝 1598m；娘娘山海拔 2 150m。

2. 贵州天名精 *Carpesium faberi* Winkl. 榕树村海拔 989m；黄家麻窝海拔 1 720m。

3. 棉毛尼泊尔天名精 *Carpesium nepalense* Less. var. *lanatum*（Hook. f. et T. Thoms. ex C. B. Clarke）Kitamura 普古乡蚂蚁地海拔 2 084m。

4. 金挖耳 *Carpesium divaricatum* Sieb. et Zucc. 榕树村海拔 989m；

5. 烟管头草 *Carpesium cernuum* L. 黄家麻窝海拔 1 720m。

（十四）紫菀属 *Aster* L.

1. 紫菀 *Aster tataricus* L. f. 后背山海拔 1 700m；黄家麻窝海拔 1 598m；黄新村蔡子冲海拔 1 895m。

2. 耳叶紫菀 *Aster auriculatum* Franch. 淤泥八大山海拔 2 300m。

3. 三脉紫菀 *Aster ageratoides* Turcz. 后背山海拔 1 700m。

4. 微糙山白菊 *Aster ageratoides* Turcz. var. *scaberulus*（Miq.）Ling.

5. 石生紫菀 *Aster oreophilus* Franch. 黄新村蔡子冲海拔 1 895m。

6. 钻形紫菀 *Aster subulatus* Michx. 黄新村蔡子冲海拔 1 850m。

（十五）鬼针草属 *Bidens* L.

1. 鬼针草 *Bidens pilosa* L. 榕树村 989m；黄家麻窝海拔 1 598m。

2. 金盏银盘 *Bidens biternata*（Lour.）Merr. et Sherff 淤泥八大山海拔 2 174m。

3. 婆婆针 *Bidens bipinnata* L. 榕树村 989m；黄新村蔡子冲海拔 1 895m。

4. 白花鬼针草 *Bidens pilosa* var. *radiata*（Sch. Bip.）Sch. Bip. 大云上海拔 1 874m；黄新村蔡子冲海拔 1 895m。

（十六）苦荬菜属 *Ixeris* Cass.

1. 苦荬菜 *Ixeris polycephala* Cass. 冷风村海拔 1 693m。

（十七）小苦荬属 *Ixeridium*（A. Gray）Tzvel.

1. 细叶小苦荬 *Ixeridium gracile*（DC.）Shih 冷风村海拔 1 693m。

2. 中华小苦荬 *Ixeridium chinensis*（Thunb.）Tzvel. 黄新村蔡子冲海拔 1 895m。

（十八）蒲公英属 *Taraxacum* F. H. Wigg.

1. 华蒲公英 *Taraxacum borealisinense* Kitam. 大坪海拔 1 158m；普古乡蚂蚁地海拔 2 084m。

2. 蒲公英 *Taraxacum mongolicum* Hand. －Mazz. 榕树村海拔 989m；黄新村蔡子冲海拔 1 895m；淤

泥八大山海拔 2 174m。

(十九) 蒿属 *Artemisia* L.

1. 艾 *Artemisia argyi* Lévl. et Van 杨保地海拔 1 893m。

2. 青蒿 *Artemisia carvifolia* Buch. – Ham. ex Roxb. 黄家麻窝海拔 1 598m。

3. 灰苞蒿 *Artemisia roxburghiana* Wall. 杨保地海拔 1 893m。

4. 黄花蒿 *Artemisia annua* L. 榕树村海拔 989m。

(二十) 白酒草属 *Conyza* Less.

1. 白酒草 *Conyza japonica* (Thunb.) Less. 榕树村海拔 989m。

2. 香丝草 *Conyza bonariensis* (L.) Cronq. 杨保地海拔 1 893m; 榕树村海拔 989m; 黄新村蔡子冲海拔 1 831m; 黄家麻窝海拔 1 598m。

(二十一) 兔儿风属 *Ainsliaea* DC

1. 长穗兔儿风 *Ainsliaea henryi* Diels 淤泥八大山海拔 2 245m; 娘娘山海拔 2 150m。

2. 云南兔儿风 *Ainsliaea yunnanensis* Franch. 普古乡蚂蚁地海拔 2 084m。

3. 宽叶兔儿风 *Ainsliaea latifolia* (D. Don) Sch. – Bip. 簸箕岩海拔 1 776m; 淤泥八大山海拔 2 264m; 杨保地海拔 1 893m。

(二十二) 牛蒡属 *Arctium* L.

1. 牛蒡 *Arctium lappa* L. 大云上海拔 1 874m。

(二十三) 蟛蜞菊属 *Wedelia* Jacq.

1. 蟛蜞菊 *Wedelia chinensis* (Osbeck.) Merr 簸箕岩海拔 1 776m。

(二十四) 旋覆花属 *Inula* L.

1. 水朝阳 *Inula helianthus – aquatica* C. Y. Wu ex Ling 黄家麻窝海拔 1 658m; 普古乡蚂蚁地海拔 2 084m。

(二十五) 石胡荽属 *Centipeda* Lour.

1. 石胡荽 *Centipeda minima* (L.) A. Br. et Aschers. 簸箕岩海拔 1 776m。

(二十六) 万寿菊属 *Tagetes* L.

1. 万寿菊 *Tagetes erecta* L. 榕树村海拔 989m。

(二十七) 粘冠草属 *Myriactis* Less.

1. 圆舌粘冠草 *Myriactis nepalensis* Less. 簸箕岩海拔 1 776m。

2. 粘冠草 *Myriactis wightii* DC. 普古乡蚂蚁地海拔 2 084m。

(二十八) 秋分草属 *Rhynchospermum* Reinw.

1. 秋分草 *Rhynchospermum verticillatum* Reinw. 杨保地海拔 1 893m。

(二十九) 苍耳属 *Xanthium* L.

1. 苍耳 *Xanthium sibiricum* Patrin ex Widder 榕树村海拔 989m。

(三十) 菊属 *Chrysanthemum* L.

1. 野菊 *Dendranthema indicum* (L.) Des Moul. 杨保地海拔 1 893m; 格所海拔 1 760m。

(三十一) 飞蓬属 *Erigeron* L.

1. 一年蓬 *Erigeron annuus* (L.) Pers. 罗鹏新寨海拔 1 134m; 黄家麻窝海拔 1 598m。

2. 短葶飞蓬 *Erigeron breviscapus* (Vant.) Hand. – Mazz. 罗鹏新寨海拔 1 134m。

(三十二) 合耳菊属 *Synotis* (Clarke) C. Jeffrey et Y. L. Chen

1. 锯叶合耳菊 *Synotis nagensium* (C. B. Clarke) C. Jeffrey et Y. L. Chen 罗鹏新寨海拔 1 134m。

(三十三) 斑鸠菊属 *Vernonia* Schreb.

1. 夜香牛 *Vernonia cinerea* (L.) Less. 黄新村蔡子冲海拔 1 895m。

（三十四）蓟属 *Cirsium* Mill.

1. 蓟 *Cirsium japonicum* Fisch. ex DC. 簸箕岩海拔 1 776m；大云上海拔 1 906m；黄新村蔡子冲海拔 1 895m；淤泥乡八大山海拔 2 174m；黄家麻窝海拔 1 598m；普古乡蚂蚁地海拔 2 084m。

（三十五）六棱菊属 *Laggera* Sch. – Bip. ex Hochst.

1. 六棱菊 *Laggera alata*（D. Don）Sch. – Bip. ex Oliv. 淤泥八大山海拔 2 285m。

（三十六）大丁草属 *Gerbera* Gass.

1. 大丁草 *Gerbera anandria*（L.）Sch. – Bip. 黄新村蔡子冲海拔 1 895m。

2. 毛大丁草 *Gerbera piloselloides*（L.）Cass. 簸箕岩海拔 1 776m。

（三十七）、蒲儿根属 Sinosenecio B. Nord.

1. 蒲儿根 *Sinosenecio oldhamianus*（Maxim.）B. Nord. 淤泥乡八大山海拔 2 285m。

（三十八）黄鹌菜属 *Youngia* Cass.

1. 鼠冠黄鹌菜 *Youngia cineripappa*（Babcock）Babcock et Stebbins 黄家麻窝海拔 1 600m；杨保地海拔 1 893m。

2. 异叶黄鹌菜 *Youngia heterophylla*（Hemsl.）Babcock 黄家麻窝海拔 1 658m。

3. 卵裂黄鹌菜 *Youngia pseudosenecio*（Vaniot.）Shih. 普古乡蚂蚁地海拔 2 084m。

六十五、泽泻科 Alismataceae

慈姑属 *Sagittaria* L.

1. 慈姑 *Sagittaria trifolia* L. 榕树村海拔 989m。

六十六、眼子菜科 Potamogetonaceae

眼子菜属 *Potamogeton* L.

1. 眼子菜 *Potamogeton distinctus* A. Bennett 榕树村公路边海拔 989m。

六十七、天南星科 Araceae

（一）天南星属 *Arisaema* Mart.

1. 一把伞南星 *Arisaema erubescens*（Wall.）Schott 黄新村蔡子冲海拔 1 831m；黄家麻窝海拔 1 598m；淤泥乡八大山海拔 2 174m。

2. 象南星 *Arisaema elephas* Buchet. 黄新村蔡子冲海拔 1 895m；大坝地；杨保地海拔 1 893m；淤泥乡八大山海拔 2 174m。我国特有种。

3. 线叶南星 *Arisaema lineare* Buchet 簸箕岩海拔 1 780m。我国特有种。贵州分布新记录。

4. 象头花 *Arisaema frauchetianum* Engl. 大坝地海拔 1 776m；普古乡蚂蚁地海拔 2 084m。

5. 花南星 *Arisaema lobatum* Engl. 野马冲海拔 2 080m。我国特有种。

6. 山珠南星 Arisaema yunnanense 老马冲大包后面海拔 1 900m。我国特有种。

7. 天南星 Arisaema heterophyllum Blume 杨保地海拔 1 893m；漏风垭口海拔 1 960m。

（二）魔芋属 *Amorphophauus* Blume

1. 魔芋 *Amorphophallus rivieri* Durand ex Carrière 杨保地海拔 1 893m；黄家麻窝海拔 1 598m；黄新村蔡子冲海拔 1 831m。

（三）半夏属 *Pinellia* Tenore.

1. 半夏 *Pinellia ternata*（Thunb.）Breitenbach.

（四）芋属 *Colocasia* Schott

1. 芋 *Colocasia esculenta*（L.）Schott 杨保地海拔 1 893m；榕树村海拔 989m；黄新村蔡子冲海拔 1 980m；大坝地海拔 1 782m；淤泥乡八大山海拔 2 174m。

六十八、鸭跖草科 Commelinaceae

（一）竹叶吉祥草属 *Spatholirion* Ridl

1. 竹叶吉祥草 *Spatholirion longifolium*（Gagnep.）Dunn 大包海拔 2 080m；划龙船海拔 2 015m；冷风村海拔 1 693m；后背山海拔 1 700m；黄家麻窝海拔 1 658m。

（二）蓝耳草属 *Cyanotis* D. Don

1. 蛛丝毛蓝耳草 *Cyanotis arachnoidea* C. B. Clarke 黄新村蔡子冲海拔 1 831m；普古乡蚂蚁地海拔 2 084m。

2. 蓝耳草 *Cyanotis vaga*（Lour.）Koem et Schult. 冷风村海拔 1 693m；黄新村蔡子冲海拔 1 895m；淤泥乡八大山海拔 2 174，2 400m；普古乡场上村岩头寨海拔 1 890m。

（三）竹叶子属 *Streptolirion* Edgew.

1. 竹叶子 *Streptolirion volubile* Edgew. 八大山海拔 2 145m；普古乡蚂蚁地海拔 2 084m。

（四）水竹叶属 *Murdannia* Royle.

1. 裸花水竹叶 *Murdannia nudiflora*（L.）Brenan 普古乡蚂蚁地海拔 2 084m。

2. 根茎水竹叶 *Murdannia hookeri*（C. B. Clarke）Bruckn. 淤泥乡八大山海拔 2 174m。

（五）鸭跖草属 *Commelina* L.

1. 地地藕 *Commelina naculata* Edgew. 黄新村蔡子冲海拔 1 831m。

2. 鸭跖草 *Commelina communis* L. 后背山 1700m；大云上海拔 1 874m；榕树村海拔 989m；黄新村蔡子冲海拔 1 831m；淤泥八大山海拔 2 174m；普古乡蚂蚁地海拔 2 084m。

六十九、灯心草科 Juncaceae

灯心草属 *Juncus* L.

1. 野灯心草 *Juncus setchuensis* Buchen. ex Diels 榕树村公路 海拔 989m；普古乡蚂蚁地海拔 2 084m。

2. 灯心草 *Juncus effusus* L. 牟家地海拔 1 700m；娘娘山海拔 2 250m。

3. 翅茎灯心草 *Juncus alatus* Franch. et Savat. 普古乡蚂蚁地海拔 2 084m。

七十、莎草科 Cyperaceae

（一）砖子苗属 *Mariscus* Vahl

1. 砖子苗 *Mariscus umbellatus* Vahl 黄新村海拔 1 800m；普古乡蚂蚁地海拔 2 084m。

（二）球柱草属 *Bulbostylis* C. B. Clarke

1. 丝叶球柱草 *Bulbostylis densa*（Wall.）Hand. –Mazz. 普古乡蚂蚁地海拔 2 084m。

（三）苔草属 *Carex* L.

1. 大披针苔草 *Carex lanceolata* Boott 后背山海拔 1 700m。

2. 舌叶苔草 *Carex ligulata* Nees 冷风村海拔 1 693m。

3. 蕨状苔草 *Carex filicina* Nees 普古乡蚂蚁地海拔 2 084m。

4. 青绿苔草 *Carex breviculmis* R. Br. var. *breviculmis* 黄新村蔡子冲海拔 1 895m。

5. 狭穗苔草 *Carex ischnostachya* Steud. 陆家寨海拔 980m。

6. 葱状苔草 *Carex alliiformis* C. B. Clarke 牟家地海拔 1 700m。

7. 刺毛苔草 *Carex setosa* Boott. 冷风村海拔 1 693m。

8. 浆果苔草 *Carex baccans* Nees 黄新村蔡子冲海拔 1 831m。

8. 粉被苔草 *Carex pruinosa* Boott. 冷风村海拔 1 693m。

10. 高秆苔草 *Carex alta* Boott 娘娘山海拔 2 150m。

11. 云雾苔草 *Carex nubigena* D. Don *ssp. nubigena* 普古乡蚂蚁地海拔 2 084m。

12. 十字苔草 *Carex cruciata* Wahlenb. 后背山海拔 1 700m。

（四）水蜈蚣属 *Kyllinga* Rottb.

1. 短叶水蜈蚣 *Kyllinga brevifolia* Rottb. 普古乡蚂蚁地海拔 2 084m。

(五)扁莎属 *Pycreus* P. Beauv.

1. 红鳞扁莎 *Pycreus sanguinolentus*（Vahl）Nees 牟家地海拔 1 700m。

(六)藨草属 *Scirpus* L.

1. 茸球藨草 *Scirpus asiaticus* Beetle 娘娘山海拔 2 150m。

2. 藨草 *Scirpus triqueter* L. 普古乡蚂蚁地海拔 2 084m。

3. 水毛花 *Scirpus triangulatus* Roxb. 普古乡蚂蚁地海拔 2 084m。

(七)羊胡子草属 *Eriophorum* L.

1. 丛毛羊胡子草 *Eriophorum comosum* Nees 陆家寨海拔 980m。

(八)莎草属 *Cyperus* L.

1. 毛轴莎草 *Cyperus pilosus* Vahl 黄新村蔡子冲海拔 1 831m；黄家麻窝海拔 1 598m。

2. 香附子 *Cyperus rotundus* L. 杨保地海拔 1 893m。

3. 扁穗莎草 *Cyperus compressus* L. 黄新村蔡子冲海拔 1 831m。

4. 风车草 *Cyperus alternifolius subflabelliformis*（Rottb.）Kukenth. 榕树村海拔 989m。

七十一、禾本科 Gramineae

(一)野青茅属 *Deyeuxia* Clarion

1. 野青茅 *Deyeuxia arundinacea*（L.）Beauv. 杨保地海拔 1 893m；黄新村蔡子冲海拔 1 831m。

(二)甘蔗属 *Saccharum* L.

1. 斑茅 *Saccharum arundinaceum* Retz. 杨保地海拔 1 893m；冷风村海拔 1 693m。

(三)蔗茅属 *Saccharum* Michaux.

1. 蔗茅 *Saccharum rufipilum* Steud. 杨保地海拔 1 893m。

(四)油芒属 *Eccoilopus* Steud.

1. 油芒 *Eccoilopus cotulifer*（Thunb.）A. Camus 杨保地海拔 1 893m；

(五)水蔗草属 *Gramineae* L.

1. 水蔗草 *Apluda mutica* L. 杨保地海拔 1 893m；

(六)金发草属 *Pogonatherum* Beauv.

1. 金发草 *Pogonatherum paniceum*（Lam.）Hack. 后背山海拔 1 700m。

2. 金丝草 *Pogonatherum crinitum*（Thunb.）Kunth 黄新村蔡子冲海拔 1 831m。

(七)双花草属 *Gramineae* Willemet

1. 双花草 *Dichanthium annulatum*（Forssk.）Stapf；淤泥乡八大山海拔 2 285m。

(八)孔颖草属 *Bothriochloa* Kuntze

1. 臭根子草 *Bothriochloa bladhii*（Retz.）S. T. Blake var. bladhii 后背山海拔 1 700m。

2. 白羊草 *Bothriochloa ischaemum*（L.）Keng 黄新村蔡子冲海拔 1 831m。

(九)黄金茅属 *Eulalia* Kunth

1. 四脉金茅 *Eulalia quadrinervis*（Hack.）O. Kuntze 后背山海拔 1 700m。

2. 金茅 *Eulalia speciosa*（Debeaux）O. Kuntze 黄新村蔡子冲海拔 1 831m。

(十)拟金茅属 *Eulaliopsis* Honda

1. 拟金茅 *Eulaliopsis binata*（Retz.）C. E. Hubb. 后背山海拔 1 700m。

(十一)求米草属 *Oplismenus* Beauv.

1. 求米草 Oplismenus undulatifolius（Ard.）Roem. et Schult. 陆家寨海拔 980m；黄新村蔡子冲海拔 1 831m。

2. 狭叶求米草 *Oplismenus undulatifolius* var. *Imbecils*（R. Br.）Hack. 黄新村蔡子冲海拔 1 895m。

3. 竹叶草 *Oplismenus compositus*（L.）Beauv. 黄新村蔡子冲海拔 1 895m。

(十二)臂形草属 *Brachiaria* Griseb.

1. 毛臂形草(原变种)*Brachiaria villosa*(Lam.)A. Camus var. *villosa* 黄新村蔡子冲海拔1 895m。

2. 四生臂形草 *Brachiaria subquadripara*(Trin.)Hitchc. 黄新村蔡子冲海拔1 895m。

(十三)黍属 *Panicum* L.

1. 短叶黍 *Panicum brevifolium* L. 娘娘山海拔2 150m。

(十四)雀稗属 *Paspalum* L.

1. 雀稗 *aspalum thunbergii* Kunth ex Steud. 黄新村蔡子冲海拔1 895m;

(十五)野黍属 *Eriochloa* Kunth

1. 野黍 *Eriochloa villosa*(Thunb.)Kunth

(十六)黄茅属 *Heteropogon* Pers.

1. 黄茅 *Heteropogon contortus*(L.)Beauv. ex Roem. et Schult. 黄新村蔡子冲海拔1 831m。

(十七)荩草属 *Arthraxon* Beauv.

1. 荩草 *Arthraxon hispidus*(Thunb.)Makino 黄新村蔡子冲海拔1 831m。

2. 矛叶荩草 *Arthraxon lanceolatus*(Roxb.)Hochst. 黄新村蔡子冲海拔1 831m。

(十八)看麦娘属 *Alopecurus* L.

1. 看麦娘 *Alopecurus aequalis* Sobol. 黄新村蔡子冲海拔1 831m。

(十九)香茅属 *Cymbopogon* Spreng.

1. 芸香草 *Cymbopogon distans*(Nees)Wats. 普古乡蚂蚁地海拔2 084m。

(二十)马唐属 *Digitaria* Hall.

1. 升马唐 *Digitaria ciliaris*(Retz.)Koeler

2. 十字马唐 *Digitaria cruciata*(Nees)A. Camus 大坝地海拔1 760m。

3. 马唐 *Digitaria sanguinalis*(L.)Scop. 普古乡蚂蚁地海拔2 084m。

(二十一)稗属 *Echinochloa* Beauv.

1. 稗 *Echinochloa crusgalli*(L.)Beauv. 大坝地海拔1 760m。。

(二十二)穇属(蟋蟀草属)*Eleusine* Gaertn.

1. 牛筋草 *Eleusine indica*(L.)Gaertn. 大坝地海拔1 760m。

(二十三)狗尾草属 *Setaria* Beauv.

1. 棕叶狗尾草 *Setaria palmifolia*(Koen.)Stapf 淤泥乡八大山海拔2 245m;普古乡蚂蚁地海拔2 084m;黄新村蔡子冲海拔1 895m。

2. 狗尾草 *Setaria viridis*(L.)Beauv. 黄新村海拔1 800m;榕树村海拔989m;黄新村养马寨海拔1 686m。

(二十四)画眉草属 *Eragrostis* Wolf

1. 大画眉草 *Eragrostis cilianensis*(All.)Link. ex Vignolo - Lutati 普古乡蚂蚁地海拔2 084m。

2. 小画眉草 *Eragrostis minor* Host 普古乡蚂蚁地海拔2 084m。

3. 黑穗画眉草 *Eragrostis nigra* Nees ex Steud. 黄新村海拔1 800m;淤泥乡八大山海拔2 174m;普古乡蚂蚁地海拔2 084m。

4. 画眉草 *Eragrostis pilosa*(L.)Beauv. 黄新村海拔1 800m。

5. 宿根画眉草 *Eragrostis perennans* Keng 黄新村海拔1 800m。

6. 知风草 *Eragrostis ferruginea*(Thunb.)Beauv. 普古乡蚂蚁地海拔2 084m。

7. 乱草 *Eragrostis japonica*(Thunb.)Trin. 普古乡蚂蚁地海拔2 084m。

(二十五)白茅属 *Imperata* Cyrillo

1. 白茅 *Imperata cylindrical*(L.)Beauv. 淤泥乡八大山海拔2 174m。

（二十七）龙爪茅属 *Dactyloctenium* Willd.

1. 龙爪茅 *Dactyloctenium aegyptium*（L.）Willd. 淤泥乡八大山海拔 2 174m

（二十八）柳叶箬属 *Isachne* R. Br.

1. 平颖柳叶箬 *Isachne truncata* A. Camus 黄新村海拔 1 800m。

2. 白花柳叶箬 *Isachne albens* Trin. 黄新村海拔 1 800m。

3. 柳叶箬 *Isachne globosa*（Thunb.）Kuntze 牟家地海拔 1 700m。

（二十九）狼尾草属 *Pennisetum* Rich.

1. 狼尾草 *Pennisetum alopecuroides*（L.）Spreng. 牟家地海拔 1 700m。

（三十）狗芽根属 *Cynodon* Rich.

1. 狗芽根 *Cynodon dactylon*（L.）Pers. 榕树村公路边海拔 989m。

（三十一）淡竹叶属 *Lophatherum* Brongn.

1. 淡竹叶 *Lophatherum gracile* Brongn. 牟家地海拔 1 700m。

（三十二）囊颖草属 *Sacciolepis* Nash

1. 囊颖草 *Sacciolepis indica*（L.）A. Chase 黄新村蔡子冲海拔 1 895m。

（三十三）菅属 *Themeda* Forssk.

1. 苞子草 *Themeda caudata*（Nees ex Hook. et Arn.）A. Camus 黄新村蔡子冲海拔 1 895m。

2. 菅 *Themeda villosa*（Poir.）A. Camus 娘娘山海拔 2 150m。

（三十四）粽叶芦属 *Thysanolaena* Nees

1. 粽叶芦 *Thysanolaena maxima*（Roxb.）Kuntze 陆家寨海拔 980m。

（三十五）乱子草属 *Gramineae* Schreb.

1. 乱子草 *Muhlenbergia huegelii* Trin. 大坝地海拔 1 760m。

2. 日本乱子草 *Muhlenbergia japonica* Steud. 大坝地海拔 1 760m。

（四十六）芦苇属 *Phragmites* Adans.

1. 芦苇 *Phragmites communis* Trin. 陆家寨海拔 980m。

（四十七）野古草属 *Gramineae* Raddi

1. 刺芒野古草 *Arundinella setosa* Trin. 黄新村蔡子冲海拔 1 895m。

2. 野古草 *Arundinella anomala* Steud. 陆家寨海拔 980m。

3. 西南野古草 *Arundinella hookeri* Munro ex Keng 黄新村蔡子冲海拔 1 895m。

（四十八）芒属 *Miscanthus* Anderss.

1. 芒 *Miscanthus sinensis* Anderss. 杨保地海拔 1 893m。

2. 五节芒 *Miscanthus floridulus*（Lab.）Warb. ex Schum et Laut. 杨保地海拔 1 893m；黄新村蔡子冲海拔 1 895m；黄家麻窝 1598m。

七十二、姜科 Zingiberaceae

（一）山姜属 *Alpinia* Roxb.

1. 艳山姜 *Alpinia zerumbet*（Pers.）Burtt. et Smith 榕树村海拔 850m。

（二）姜花属 *Hedychium* Koen.

1. 草果药 *Hedychium spicatum* Ham. ex Smith 黄新村蔡子冲海拔 1 895m。

七十三、百合科 Liliaceae

（一）天门冬属 *Asparagus* L.

1. 羊齿天门冬 *Asparagus filicmus* Ham. ex D. Don. 簸箕岩海拔 1 776m；后背山海拔 1 700m；黄新村蔡子冲海拔 1 831m。

2. 短梗天门冬 *Asparagus lycopodineus* Wall. ex Baker 簸箕岩海拔 1 776m。

(二)葱属 *Allium* L.

1. 宽叶韭 *Allium hookeri* Thwaites 杨保地海拔 1 893m。

2. 三柱韭 *Allium humile* Kunth var. *trifurcatum* Wang et Tang 杨保地海拔 1 893m。贵州分布新记录。

(三)重楼属 *Paris* L.

1. 滇重楼 *Paris polyphylla* Sm. var. *yunnanensis* Hand. – Mazz. 大坝地海拔 1 760m。

2. 华重楼 *Paris polyphylla* Smith var. *chinensis*(Franch.)Hara 大包后面海拔 1 900m;杨保地海拔 1 893m。

3. 长药隔重楼 *Paris polyphylla* Smith var. *pseudothibetica* H. Li 簸箕岩海拔 1 780m。

4. 球药隔重楼 *Paris fargesii* Fr. 大包后面 2000m;大云上 1906m;杨保地海拔 1 893m。

(四)黄精属 *Polygonatum* Mill.

1. 多花黄精 *Polygonatum cyrtonema* Hua 老马冲海拔 2 080m;后背山海拔 1 700m;青龙山、簸箕岩海拔 1 780m;大云上海拔 1 906m;漏风垭口海拔 1 960m;普古乡蚂蚁地海拔 2 084m。

2. 玉竹 *Polygonatum odoratum*(Mill.)Druce 黄家麻窝海拔 1 658m。

3. 卷叶黄精 *Polygonatum cirrhifolium*(Wall.)Royle 黄家麻窝海拔 1 658m。

4. 轮叶黄精 *Polygonatum verticillatum*(L.)All. Fl. Pedem. 黄家麻窝海拔 1 598m。

5. 点花黄精 *Polygonatum punctatum* Royle ex Kunth 漏风垭口海拔 1 960m。

(五)百合属 *Lilium* L.

1. 淡黄花百合 *Lilium sulphureum* Baker apud Hook. f. 簸箕岩海拔 1 780m。

2. 单花百合 *Lilium stewartianum* Balf. f et W. W. Sm. 杨保地海拔 1 893m。

3. 野百合 *Lilium brownie* F. E. Br. ex Miellez 簸箕岩海拔 1 780m。

(六)玉簪属 *Hosta* Tratt.

1. 紫萼 *Hosta ventricosa*(Salisb.)Stearn 牟家地海拔 1 700m。;榕树村海拔 989m;普古乡蚂蚁地海拔 2 080m。

2. 玉簪 *H. plantaginea*(Lam.)Aschers.

(七)油点草属 *Tricyrtis* Wall.

1. 油点草 *Tricyrtis macropoda* Miq.

(八)开口箭属 *Tupistra* Ker – Gawl.

1. 弯蕊开口箭 *Tupistra wattii*(C. B. Clarke.)Hook. f. 大包后面海拔 2 130m;划龙船海拔 2 015m;大云上海拔 1 906m;漏风垭口海拔 1 960m;娘娘山海拔 2 250m。

2. 开口箭 Campylandra chinensis Baker 杨保地海拔 1 893m。

(九)大百合属 *Cardiocrinum* Endl.

1. 大百合 *Cardiocrinum giganleum*(Wall.)Makino var *yunnanense*(Leichtlin ex Elwes.)Stearn. 黄家麻窝海拔 1 598m。

(十)吉祥草属 *Reineckia* Kunth

1. 吉祥草 *Reineckia carnea*(Andr.)Kunth 淤泥八大山海拔 2 174m;普古乡蚂蚁地海拔 2 084m。

(十一)粉条儿菜属 *Aletris* L.

1. 狭瓣粉条儿菜 *Aletris stenoloba* Franch. 簸箕岩、后背山海拔 1 700m;杨保地海拔 1 893m。

(十二)萱草属 *Hemerocallis* L.

1. 折叶萱草 *Hemerocallis plicata* Stapf 冷风村海拔 1 693m。

(十三)万寿竹属 *Disporum* Salisb.

1. 宝铎草 *Disporum sessile* D. Don 冷风村海拔 1 693m;黄新村养马寨海拔 1 720m;漏风垭口海拔 1 960m;普古乡蚂蚁地海拔 2 084m。

2. 万寿竹 *Disporum cantoniense*(Lour.)Merr. 冷风村海拔 1 693m;后背山海拔 1 700m;杨保地海

拔 1 893m；黄新村蔡子冲海拔 1 831m；黄家麻窝海拔 1 598m；老马冲大包后面海拔 2 080m。

(十四)沿阶草属 *Ophiopogon* Ker - Gawl.

1. 麦冬 *Ophiopogon japonicus*（L. f.）Ker - Ganl. 老马冲、牟家地海拔 1 700m；青龙山海拔 1 760m；黄新村蔡子冲海拔 1 831m；普古乡蚂蚁地海拔 2 084m。

2. 间型沿阶草 *Ophiopogon intermedius* D. Don 青龙山海拔 1 760m。

3. 长茎沿阶草 *Ophiopogon chingii* Wang et Tang 黄新村蔡子冲海拔 1 831m。

4. 沿阶草 *Ophiopogon bodinieri* Lèvl. 簸箕岩、后背山海拔 1 700m、牟家地海拔 1 700m；杨保地海拔 1 893m；淤泥八大山海拔 2 285m。

5. 西南沿阶草 *Ophiopogon mairei* Lévl. 老马冲大包后面海拔 2 080m。

6. 大沿阶草 Ophiopogon grandis W. W. Sm. 老马冲大包后面海拔 2 080m。

(十五)鹿药属 *Smilacina* Desf.

1. 窄瓣鹿药 *Smilacina paniculata*（Baker）F. T. Wang et Tang 大坝地海拔 1 760m。

七十四、石蒜科 Amaryllidaceae

仙茅属 *Curculigo* Gaertn.

1. 仙茅 *Curculigo orchioides* Gaertn. 普古乡蚂蚁地海拔 2 084m。

七十五、鸢尾科 Iridaceae

(一)鸢尾属 *Iris* L.

1. 鸢尾 *Iris tectorum* Maxim. 大云上海拔 1 906m；黄家麻窝海拔 1 598m；簸箕岩海拔 1 780m。

2. 蝴蝶花 *Iris japonica* Thunb. 簸箕岩海拔 1 780m。

(二)唐菖蒲属 *Gladiolus* L.

1. 唐菖蒲 *Gladiolus gandavensis* Van Houtte. 簸箕岩海拔 1 780m。

七十六、薯蓣科 Dioscoreaceae

薯蓣属 *Dioscorea* L

1. 褐苞薯蓣 *Dioscorea pertsimilis* Prain et Burkil 杨保地海拔 1 893m；榕树村海拔 989m；黄家麻窝海拔 1 598m；黄新村蔡子冲海拔 1 831m。

2. 蜀葵叶薯蓣 *Dioscorea althaeoides* R. Kunth 普古乡场上村岩头寨海拔 1 890m。

3. 黄独 *Dioscorea bulbifera* L. 后背山海拔 1 700m。

4. 参薯 *Dioscorea alata* L. 黄新村蔡子冲海拔 1 831m。

5. 高山薯蓣 *Dioscorea henryi*（Prain et Burkill）C. T. Ting 黄新村蔡子冲海拔 1 831m。

6. 毛胶薯蓣 *Dioscorea subcalva* Prain et Burkil 淤泥八大山海拔 2 174m；普古乡蚂蚁地海拔 2 084m。

7. 黄山药 *Dioscorea panthaica* Prain et Burkill 黄新村蔡子冲海拔 1 831m。

8、薯蓣 *Dioscorea opposita* Thunb. 黄新村蔡子冲海拔 1 831m。

（左经会　罗忠兴）

第五节　木本植物资源研究

2012 年 7 ~ 8 月，我们一行参加了盘县八大山自然保护区科学考察，对自然保护区的木本植物种类资源进行了调查采集，其后又多次进行补充调查，共采集植物标本约 800 号，常见种类分布记录约 1 500 号。通过本次系统地调查采集和结合前人的研究资料，保护区内共有木本植物 100 科 293 属 833 种（包括变种、变型及栽培种类，下同），其中裸子植物 8 科 14 属 19 种，被子植物 92 科 279 属 814 种。在这些木本植物中，有野生国家Ⅰ级保护植物 3 种，国家Ⅱ级保护植物 6 种；贵州省重点保护树种 11 种。在本次调查中，还发现了 17 个贵州新记录种，分别是密刚毛菝葜 *Smilax densibarbata*、粉背绣球 *Hydrangea glaucophylla*、中国绣球 *H. chinensis*、窄叶野扇花 *Sarcococca ruscifolia*、中华地桃花 *Urena loba-*

ta var. *chinensis*、滇素馨 *Jasminum subhumile*、多果槭 *Acer prolificum* 、两型叶网脉槭 *A. reticulatum* var. *dimorphifolium*、山荆子 *Malus baccata*、革叶清风藤 *Sabia coriacea*、红果对叶榕 *Ficus hispida* var. *rubra*、川柿 *Diospyros sutchuensis*、多脉鹅掌柴 *Schefflera multinervia*、异叶鹅掌柴 *Schefflera diversifoliolata*、刺五加 *Acanthopanax senticosus*、毛白杨 *Populus tomentosa*、锈叶新木姜子 *Neolitsea cambodiana*。

一、科属分析

通过本次系统地科学考察和结合前人的研究资料，保护区内共有木本植物100科293属833种(包括变种、变型及栽培种类，下同)，其中裸子植物8科14属19种，被子植物92科279属814种。被子植物中，双子叶植物89科269属788种，单子叶植物3科10属26种。

保护区木本植物种类组成共有100科，含种数超过20种(含20种)的科有蔷薇科Rosaceae99种，其次为豆科Leguminosae 45种、樟科Lauraceae 44种、杜鹃花科Ericaceae 42种、壳斗科Fagaceae 34种、忍冬科Caprifoliaceae25种、桑科Moraceae22种、鼠李科Rhamnaceae和五加科Araliaceae各20种，这9个大科共含351种，占总种数的41.89%，只含1种的科有25个。含属数超过7个(含7个)的科有豆科24属、蔷薇科20属、五加科10属、禾本科8属、樟科和大戟科Euphorbiaceae各8属、壳斗科7属，这8个大科共含86属，占总属数的29.15%，只含1属的科有44个。

保护区木本植物种类组成共有293属，含种数超过10种的有杜鹃属 *Rhododendron*27种，悬钩子属 *Rubus*23种，榕属 *Ficus*17种，槭属 *Acer*14种，冬青属 *Ilex*14种，栎属 *Quercus*、荚蒾属 *Viburnum* 各13种，木姜子属 *Litsea*、蔷薇属 *Rosa*、花椒属 *Zanthoxylum*、菝葜属 *Smilax* 各11种，山胡椒属 *Lindera* 10种。这12个属共含175个种，占总种数的21.03%。只含1种的属有135个。

二、用途分类

保护区内的木本植物，按照用途，可以区分为用材纤维类、珍稀类、油脂类、园林观赏类、淀粉树胶类、药用类、香料色素果胶类、干鲜水果类、森林蔬菜类、蜜源类10类。

1. 用材纤维类

用材纤维类植物干形(通直度、尖削度)、节疤(数量、大小)及材性(木材物理-力学特性、纤维素含量和特性等)等方面表现优良，适合工业应用。保护区内的用材纤维类木本植物共有292种，如华山松 *Pinus armandii*、云南松 *P. yunnanensis* 、宜昌润楠 *Machilus ichangensis*、木姜润楠 *M. litseifolia*、凤凰润楠 *M. phoenicis*、狭叶润楠 *M. rehderi*、球果藤 *Aspidocarya uvifera*、西南轮环藤 *Cyclea wattii*、圆果化香树 *Platycarya longipes*、化香树 *P. strobilacea*、华西枫杨 *Pterocarya insignis* 等。

2. 珍稀类

珍稀类植物珍贵稀有，具有较高的研究和保护价值。保护区内的珍稀类木本植物共有20种，如西康玉兰 *Magnolia wilsonii*、樟树 *Cinnamomum camphora*、川桂 *C. wilsonii*、楠木 *Phoebe zhennan*、檫木 *Sassafrsa tsumu*、领春木 *Euptelea pleiospermum*、水青树 *Tetracentron sinense*、杜仲 *Eucommia ulmoides*、青檀 *Pteroceltis tatarinowii*、榉树 *Zelkora serrata* 等。

3. 油脂类

油脂类植物是指植物体内富含油脂，可开发为生物能源。保护区内的油脂类木本植物共有33种，如贵州连蕊茶 *Camellia costei*、油茶 *C. oleifera*、西南红山茶 *C. pitardii*、怒江红山茶 *C. saluenensis*、老鸹铃 *Styrax hemsleyanus*、灯台树 *Bothrocaryum controversa*、蓖麻 *Ricinus communis*、油桐 *Vernicia fordii*、野鸦椿 *Euonymus japonica*、野漆 *Toxicodendron succedaneum*、木蜡漆 *T. sylvestre* 等。

4. 园林观赏类

园林观赏类植物形态、冠型、枝、叶、花、果等方面具有观赏价值，可开发作为园林观赏植物。保护区内的园林观赏类植物共有324种，如桃叶杜鹃 *Rhododendron annae*、长柱睫萼杜鹃 *Rh. ciliicalyx*、马缨杜鹃 *Rh. delavayi*、密花树 *Rapanea neriifolia*、西南绣球 *Hydrangea davidii*、粉背绣球 *H. glaucophylla*、

乐思绣球 *H. rosthornii*、狭叶黄杨 *Buxus stenophylla*、板凳果 *Pachysandra axillaris*、野扇花 *Sarcococca ruscifolia* 等

5. 淀粉树胶类

淀粉树胶类植物体内富含淀粉、树胶、树脂等成分，能作为化工原料。保护区内的淀粉树胶类木本植物有38种，如绒毛山胡椒 *Lindera nacusua*、威宁小檗 *Berberis weiningensis*、猫儿屎 *Decaisnea insignis*、川榛 *Corylus heterophylla* var. *sutchuenensis*、滇榛 *C. yunnanensis*、川柿 *Diospyros sutchuensis*、香花崖豆藤 *Millettia dielsiana*、厚果崖豆藤 *M. pachycarpa*、苦葛 *Pueraria peduncularis* 等。

6. 药用类

药用类植物是指医学上用于防病、治病的植物，其植株的全部或一部分供药用或作为制药工业的原料。保护区内的药用类木本植物共有283种，羽脉新木姜子 *Neolitsea pinninervis*、石南藤 *Piper wallichii*、卵叶马兜铃 *Aristolochia ovatifolia*、南五味子 *Kadsura longipedunculata*、铁箍散 *Schisandrar propinqua* var. *sinensis*、安顺铁线莲 *Clematis anshunensis*、五月瓜藤 *Holboellia faragesii*、金线吊乌龟 *Stephania cepharantha*、细柄百两金 *Ardisia crispa* var. *dielsii*、杜茎山 *Maesa japonica* 等。

7. 香料色素果胶类

香料色素果胶类植物是指植物体内富含天然的香料、色素、果胶类成分，可以提取用于各种食品、饮料的添加剂以及用作染料的一些植物。保护区内香料色素果胶类木本植物共有61种，如香粉叶 *Lindera pulcherrima* var. *attenuata*、山鸡椒 *Litsea cubeb*、石木姜子 *L. elongata* var. *faberi*、木姜子 *L. pungens*、石南藤 *Piper wallichii*、卵叶马兜铃 *Aristolochia ovatifolia*、八角 *Illicium verum*、南五味子 *Kadsura longipedunculata*、铁箍散 *Schisandrar propinqua* var. *sinensis*、安顺铁线莲 *Clematis anshunensis* 等。

8. 干鲜水果类

干鲜水果类植物是指植物的果实营养丰富，甘甜可口，可供人们食用。保护区内的干鲜水果类木本植物有115种，如牛姆瓜 *Holboellia grandiflora*、天仙果 *Ficus erecta var. beecheyana*、茅栗 *Castanea seguinii*、硬齿猕猴桃 *Actinidia callosa*、野山楂 *Crataegus cuneata*、麻梨 *Pyrus serrulata*、粗叶悬钩子 *Rubus alceaefolius*、毛萼红果树 *Stranvaesia amphidoxa*、蔓胡颓子 *Elaeagnus glabra*、东南葡萄 *Vitis chunganensis* 等。

9. 森林蔬菜类

森林蔬菜类植物的芽、茎、叶、花都可以作为蔬菜食用，不仅野味诱人，而且营养丰富，具有独特的价值。保护区内的森林蔬菜类木本植物共有24种，如香椿 *Toona sinensis*、刺五加 *Acanthopanax senticosus*、楤木 *Aralia chinensis*、刺通草 *Trevesia palmata*、乳纹方竹 *Chimonobambusa lactistriata*、麻竹 *Dendrocalamus latiflorus*、毛金竹 *Phyllostachys nigra* var. *henonis*、鄂西玉山竹 *Yushania confusa*、疣枝菝葜 *Smilax aspericaulis*、地果 *Ficus tikoua* 等。

10. 蜜源类

蜜源类植物指供蜜蜂采集花蜜和花粉的植物，是养蜂的物质基础。保护区内的蜜源类木本植物共有64种。如桤叶蜡瓣花 *Corylopsis alnifolia*、贵州毛柃 *Eurya kueichowensis*、绢毛山梅花 *Philadelphus sericanthus*、龙须藤 *Bauhinia championii*、西南杭子梢 *Campylotropis delavayi*、假地豆 *Desmodium heterocarpon*、大叶千斤拔 *Flemingia macrophylla*、西南木蓝 *Indigofera monbeigii*、葛 *Pueraria lobata*、小蜡 *Ligustrum sinense* 等。

三、木本植物名录

本目录植物中文名和拉丁名以《中国植物志》为准，分类系统为：裸子植物采用郑万钧1978年系统；被子植物采用柯朗奎斯特1998年系统；科以下属、种按拉丁字母先后顺序排列。

裸子植物 GYMNOSPERMAE

一、苏铁科 Cycadaceae

(一)苏铁属 *Cycas* Linn.

1. 苏铁 *C. revoluta* Thunb. 园林观赏类、药用类

二、银杏科 Ginkgoaceae

(一)银杏属 *Ginkgo* Linn.

1. 银杏 *G. biloba* Linn. 用材纤维类、园林观赏类、药用类干鲜水果

三、松科 Pinaceae

(一)油杉属 *Keteleeria* Carr.

1. 云南油杉 *K. evelyniana* Mast. 罗棚新寨海拔 1 122m；用材纤维类、园林观赏类

(二)松属 *Pinus* Linn.

1. 华山松 *P. armandi* Franch. 八大山海拔 2 435m、娘娘山蚂蚁地海拔 2 084m；用材纤维类
2. 云南松 *P. yunnanensis* Franch. 用材纤维类、
3. 高山松 *P. densata* Mast. 用材纤维类、园林观赏类

四、杉科 Taxodiaceae

(一)柳杉属 *Cryptomeria* D. Don

1. 柳杉 *C. fortunei* Hooibrenkex Otto et Dietr. 杨宝地海拔 1 898m、普古乡厂上村下寨海拔 1 810m、格所祭风坡 1645m；用材纤维类、园林观赏

(二)杉木属 *Cunninghamia* R. Br.

1. 杉木 *C. lanceolata*（Lamb.）Hook. 格所洼子头海拔 1 524m、吴家冲海拔 2 048m；用材纤维类
2. 灰叶杉木 *C. lanceolata* var. *glauca* Dall. and Jack. 用材纤维类

(三)水杉属 *Metasequoia* Miki

1. 水杉 *M. glyptostroboides* Hu et Cheng 用材纤维类、园林观赏类

五、柏科 Cupressaceae

(一)柏木属 *Cupressus* L.

1. 干香柏 *C. duclouxiana* Hickel 格所洼子头海拔 1 524m；用材纤维类、园林观赏类
2. 柏木 *C. funebris* Endl. 养马寨海拔 1 694m、格所洼子头海拔 1 524m；用材纤维类、园林观赏类

(二)侧柏属 *Platycladus* Spach

1. 侧柏 *P. orientalis*（ L. ）Lranco. 用材纤维类、园林观赏类、药用类

(三)圆柏属 *Sabina* Mill.

1. 圆柏 *S. chinensis*（ L. ）Ant. 用材纤维类、园林观赏类
2. 龙柏 *S. chinensis* cv. Kaizuca 园林观赏类

六、三尖杉科 Cephalotaxaceae

(一)三尖杉属 *Cephalotaxus* Sieb. et Zucc.

1. 三尖杉 *C. fortunei* Hook. f. 格所洼子头海拔 1 524m、杨宝地海拔 1 874m、大冲头海拔 1 840m、川洞海拔 1 905m、张家岩海拔 1 729m；用材纤维类、园林观赏类、药用类

七、红豆杉科 Taxaceae

(一)穗花杉属 *Amentotaxus* Pilg. er

1. 云南穗花杉 *A. yunnanensis* Li 格所洼子头海拔 1 524m、普古乡厂上村下寨海拔 1 750m；用材纤维类、园林观赏类

(二)红豆杉属 *Taxus* L.

1. 红豆杉 *T. chinensis*（Pilger）Rehd. 漏风垭口海拔 2 031m；用材纤维类、园林观赏类、药用类

八、麻黄科 Ephedraceae

(一)麻黄属 *Ephedra* Tourn ex L.

1. 丽江麻黄 *E. likiangensis* Florin. 园林观赏类、药用类

被子植物 ANGIOSPERMAE

九、木兰科 Magnoliaceae

(一)木兰属 *Magnolia* L.

1. 红花木莲 *M. insignis*(Wall.)Bl. 用材纤维类、园林观赏类、

2. 西康玉兰 *M. wilsonii*（Finet et Gagnep）Rehd. 八大山海拔 2 271m、两朵箐水库海拔 2 390m、用材纤维类、珍稀类

(二)含笑属 *Michelia* L.

1. 黄心夜合 *M. martinii*（Levl.）Levl. 格所祭风坡海拔 1 691m、大冲头海拔 1 840m、养马寨海拔 1 694m、用材纤维类、园林观赏类

2. 云南含笑 *M. yunnanensis* Franch. ex Finet et Gagnep. 娘娘山蚂蚁地海拔 1 990m、坪地乡牛棚梁子海拔 2 508m、牛棚梁子海拔 2 580m；园林观赏类、药用类

十、蜡梅科 Calycanthaceae

(一)蜡梅属 *Chimonanthus* Lindl.

1. 蜡梅 *C. praecox*（L.）Link. 园林观赏类、药用类

十一、樟科 Lauraceae

(一)黄肉楠属 *Actinodaphne* Nees

1. 红果黄肉楠 *A. cupularis*(Hemsl.)Gamble 用材纤维类、园林观赏类、

2. 毛尖树 *A. forrestii*（Allen）Kosterm 石包地海拔 1 780m、漏风垭口海拔 2 045m；用材纤维类

3. 黄肉楠 *A. reticulata* Mleissn. 用材纤维类、园林观赏类、

4. 毛果黄肉楠 *A. trichocarpa* Allen 格所祭风坡海拔 1 645m；用材纤维类、淀粉树胶类

(二)樟属 *Cinnamomum* Trew

1. 猴樟 *C. bodinieri* Levl. 张家岩海拔 1 655m、普古乡厂上村下寨海拔 1 750m；用材纤维类、香料色素果胶类

2. 樟树 *C. camphora*（L.）Presl 格所祭风坡海拔 1 691m、养马寨海拔 1 694m；用材纤维类、珍稀类

3. 云南樟 *C. glanduliferum*（Wall.）Nees 格所祭风坡海拔 1 645m、杨宝地海拔 1 898m、罗棚新寨海拔 1 122m、张家岩 1655m；用材纤维类、香料色素果胶类

4. 少花桂 *C. pauciflorum* Nees 杨宝地海拔 1 874m、张家岩海拔 1 655m；用材纤维类、香料色素果胶类

5. 川桂 *C. wilsonii* Gamble 格所祭风坡海拔 1 691m、川洞海拔 1 905m、张家岩海拔 1 655m、普古乡厂上村下寨海拔 1 744m；用材纤维类、珍稀类、香料色素果胶类

(三)山胡椒属 *Lindera* Thunb.

1. 香叶树 *L. communis* Hemsl. 园林观赏类、药用类香料色素果胶类、

2. 绒毛钓樟 *L. floribunda*（Allen.）H. P. Tsui 园林观赏类、药用类

3. 香叶子 *L. fragrana* Oliv. 格所洼子头海拔 1 524m、菜籽冲海拔 1 860m、普古乡厂上村下寨海拔 1 750m；用材纤维类、香料色素果胶类

4. 绿叶甘橿 *L. fruticosa* Hemsl. 园林观赏类、药用类

5. 山胡椒 *L. glauca*（Sieb. et Zucc.）Bl. 园林观赏类、药用类

6. 毛黑壳楠 *L. megaphylla* f. *touyunensis*（Levl.）Rehd. 格所洼子头海拔 1 524m、张家岩海拔 1 655m；用材纤维类、淀粉树胶类

7. 黑壳楠 *L. megaphylla* Hemsl. 用材纤维类、园林观赏类

8. 绒毛山胡椒 *L. nacusua*（D. Don.）Merr. 张家岩海拔 1 720m、漏风垭口海拔 1 985m；淀粉树胶类、香料色素果胶类

9. 香粉叶 *L. pulcherrima*（Wall.）Benth. var. *attenuata* Allen. 张家岩海拔 1 729m、格所洼子头海拔 1 504m、石包地海拔 1 780m、榕树村海拔 970m、黄家麻窝海拔 1 598m；香料色素果胶类

10. 川钓樟 *L. pulcherrima*（Wall.）Benth. var. *hemsleyana*（Diels.）H. P. Tsui 石包地海拔 1 780m；用材纤维类、园林观赏类

（四）木姜子属 Litsea L.

1. 毛豹皮樟 *L. coreana* Lévl. var. *lanuginosa*（Miq.）Yang et P. H. Huang 用材纤维类、园林观赏类、药用类香料色素果胶类

2. 山鸡椒 *L. cubeb*（Lour.）Pers. 格所洼子头 1504m、杨宝地海拔 1 898m、菜籽冲海拔 1 860m、八大山海拔 2 266m、格所洼子头海拔 1 504m、普古乡厂上村下寨海拔 1 810m、八大山海拔 2 234m；香料色素果胶类

3. 石木姜子 *L. elongata*（Wall. et Nees）Benth. et Hook. f. var. *faberi*（Hemsl.）Yang et P. H. Huang 八大山海拔 2 435m；香料色素果胶类

4. 近轮叶木姜子 *L. elongata*（Wall. et Nees）Benth. et Hook. f. var. *subverticillata*（Yang）Yang et P. H. Huang 大冲头海拔 1 840m、八大山海拔 2 266m；用材纤维类、香料色素果胶类

5. 黄丹木姜子 *L. elongata*（Wall. ex Nees）Benth. et Hook. f. 用材纤维类、园林观赏类、油脂类

6. 清香木姜 *L. euosma* W. W. Smith. 用材纤维类、油脂类、园林观赏类、药用类香料色素果胶类

7. 木姜子 *L. pungens* Hemsl. 菜籽冲海拔 1 860m、普古乡厂上村下寨海拔 1 744m；香料色素果胶类

8. 红叶木姜子 *L. rubescens* Lec. 张家岩海拔 1 729m；香料色素果胶类

9. 桂北木姜子 *L. subcoriacea* Yang et P. H. Huang 大云上海拔 1 877m；用材纤维类、园林观赏类、油脂类

（五）润楠属 Machilus Nees

1. 安顺润楠 *M. cavaleriei* Lévl. 用材纤维类、园林观赏类

2. 黔桂润楠 *M. chienkweiensis* S. Lee 格所洼子头海拔 1 504m、黄家麻窝海拔 1 598m；用材纤维类、淀粉树胶类

3. 宜昌润楠 M. ichangensis Rehd. et Wils. 八大山海拔 2 274m、漏风垭口海拔 2 015m；用材纤维类

4. 木姜润楠 *M. litseifolia* S. Lee 养马寨海拔 1 694m；用材纤维类

5. 凤凰润楠 *M. phoenicis* Dunn. 张家岩海拔 1 655m；用材纤维类

6. 狭叶润楠 *M. rehderi* Allen 川洞海拔 1 905m；用材纤维类

7. 贵州润楠 *M. rehderii* Allen 用材纤维类、园林观赏类

（六）新木姜子属 *Neolitsea* Merr.

1. 大叶新木姜子 *N. levinei* Merr. 用材纤维类、园林观赏类

2. 锈叶新木姜子 *N. cambodiana* Lec. 黄家麻窝海拔 1 598m

3. 羽脉新木姜子 *N. pinninervis* Yang et P. H. Huang 药用类

4. 巫山新木姜子 *N. wushanica*（Chun）Merr. 大云上海拔 1 877m、漏风垭口海拔 2 015m；用材纤维类

（七）楠属 *Phoebe* Nees

1. 光枝楠 *Ph. neuranthoides* S. Lee et F. N. Wei 用材纤维类、园林观赏类

2. 楠木 *Ph. zhennan* S. Lee et F. N. Wei 榕树村海拔 970m；用材纤维类、珍稀类

（八）檫木属 *Sassafras* Trew

1. 檫木 *S. tsumu*（Hemsl.）Hemsl. 娘娘山蚂蚁地海拔 2 100m；用材纤维类、珍稀类、园林观赏类

十二、胡椒科 Piperaceae

（一）胡椒属 *Piper* L.

1. 石南藤 *P. wallichii*（Miq）Hand. –Mazz. 药用类

十三、马兜铃科 Aristolochiaceae

（一）马兜铃属 *Aristolochia* L.

1. 卵叶马兜铃 *A. ovatifolia* S. M. Hwang 药用类

十四、八角科 Illiciaceae

（一）八角属 *Illicium* L.

1. 小花八角 *I. micranthum* Dunn 园林观赏类、药用类

2. 短梗八角 *I. pachyphyllum* A. C. Smith 园林观赏类、药用类

3. 八角 *I. verum* Hook. f. 张家岩海拔 1 720m；香料色素果胶类

十五、五味子科 Schisandraceae

（一）南五味子属 *Kadsura* Juss.

1. 南五味子 *K. longipedunculata* Finet 罗棚新寨海拔 1 122m；药用类

（二）五味子属 *Schiandra* Michx.

1. 翼梗五味子 *S. henryi* Clarke 杨宝地 1898m、张家岩海拔 1 655m、普古乡厂上村下寨海拔 1 750m；园林观赏类、药用类干鲜水果类

2. 滇五味子 *S. henryi* var. *yunnanensis* A. C. Smith 园林观赏类、药用类干鲜水果类

3. 华中五味子 *S. sphenanthera* Rehd. et Wils. 杨宝地海拔 1 898m；园林观赏类、药用类干鲜水果类

4. 绿叶五味子 *S. viridis* A. C. Smith 漏风垭口海拔 2 031m；园林观赏类、药用类干鲜水果类

5. 铁箍散 *S. propinqua*（Wall.）Baill. var. sinensis Oliv. 黄家麻窝海拔 1 598m；药用类

十六、毛茛科 Ranunculaceae

（一）铁线莲属 *Clematis* L.

1. 安顺铁线莲 *C. anshunensis* M. Y. F ang 药用类

2. 钝齿铁线莲 *C. apiifolia* DC. var. *obtusidentata* Rehd. et Wils. 药用类

3. 粗齿铁线莲 *C. argentilucida*（Levl. et Vant.）W. T. Wang 杨宝地海拔 1 874m、普古乡厂上村下寨海拔 1 810m；药用类

4. 小木通 *C. armandii* Franch. 杨宝地海拔 1 874m；药用类

5. 毛木通 *C. buchananiana* DC. Syst. 药用类

6. 平坝铁线莲 *C. clarkeana* Levl. et Vant. 药用类

7. 贵州铁线莲 *C. kweichowensis* Pei 药用类

8. 毛柱铁线莲 *C. meyeniana* Walp. 养马寨海拔 1 694m；药用类

9. 绣球藤 *C. montana* Buch. –Ham. ex DC. Syst. 娘娘山蚂蚁地海拔 1 990m；药用类

十七、领春木科 Eupteleaceae

（一）领春木属 *Euptelea* Sieb. et Zucc.

1. 领春木 *E. pleiospermum* Hook. f. et Thoms. 杨宝地海拔 1 898m、黄家麻窝海拔 1 598m、漏风垭口海拔 2 015m、普古乡厂上村下寨海拔 1 744m；用材纤维类、珍稀类

十八、小檗科 Berberidaceae

（一）小檗属 *Berberis* L.

1. 渐尖叶小檗 *B. acuminanta* Franch. 张家岩海拔 1 729m；药用类

2. 锐齿小檗 *B. arguta*（Franch.）Schneid. 娘娘山蚂蚁地海拔 2 084m；药用类

3. 滇西小檗 *B. deinacantha* Schneid. 八大山海拔 2 234m；药用类

4. 毕节小檗 *B. guizhouensis* Ying. 普古乡厂上村下寨海拔 1 810m、普古乡厂上村下寨海拔 1 744m；园林观赏类、药用类香料色素果胶类

5. 豪猪刺 *B. jnlianae* Schneid. 药用类

6. 粉叶小檗 *B. pruinosa* Franch. 八大山海拔 2 435m；园林观赏类、药用类

7. 永思小檗 *B. tsienii* Ying 园林观赏类、药用类

8. 威宁小檗 *B. weiningensis* Ying. 普古乡厂上村下寨海拔 1 810m；淀粉树胶类

（二）十大功劳属 *Mahonia* L.

1. 小果十大功劳 *M. bodinieri* Gagnep. 杨宝地海拔 1 911m；药用类

2. 宽苞十大功劳 *M. eurybracteata* Fedde 格所祭风坡海拔 1 645m；园林观赏类、药用类

3. 亮叶十大功劳 *M. nitens* Schneid. 菜籽冲海拔 1 860m、八大山海拔 2 174m；药用类香料色素果胶类

4. 阿里山十大功劳 *M. oiwakensis* Hayata. 漏风垭口海拔 2 045m、娘娘山蚂蚁地海拔 1 990m；园林观赏类、药用类

（三）南天竹属 *Nandina* Thunb.

1. 南天竹 *N. domestica* Thunb. 大云上海拔 1 877m；园林观赏类、药用类

十九、木通科 Lardizabalaceae

（一）木通属 *Akebia* Decne

1. 三叶木通 *A. trifolia*（Thunb.）Koidz. 杨宝地海拔 1 911m、黄家麻窝海拔 1 598m、张家岩海拔 1 729m；药用类干鲜水果类

2. 白木通 *A. trifolia*（Thunb.）Koidz. var. *australis*（Diles）Rehd. 格所洼子头海拔 1 504m、普古乡厂上村下寨海拔 1 750m；园林观赏类、药用类干鲜水果、

（二）猫儿子属 *Decaisnea* Hook. f. et Thoms.

1. 猫儿屎 *D. insignis*（Griff.）Hook. f. et Thoms 杨宝地海拔 1 874m、八大山海拔 2 274m、张家岩海拔 1 720m；淀粉树胶类

（三）八月瓜属 *Hoiboellia* Wall.

1. 五月瓜藤 *H. faragesii* Reaub. 八大山海拔 2 234m；药用类

2. 牛姆瓜 *H. grandiflora* Reaub. 漏风垭口海拔 2 015m；干鲜水果类、

3. 八月瓜 *H. latifolia* Wall. 药用类干鲜水果类、

二十、防己科 Menispermaceae

（一）球果藤属 *Aspidocarya* Hook.

1. 球果藤 *A. uvifera* Hook. f. et Thoms. 普古乡厂上村下寨海拔 1 750m；用材纤维类、

（二）轮环藤属 *Cyclea*Arn. ex Wight

1. 西南轮环藤 *C. wattii Diels* 大云上海拔 1 877m；用材纤维类、

（三）风龙属 *Sinomenium* Diels

1. 风龙 *S. acutum*（Thunb.）Rehd. et Wils. 格所祭风坡海拔 1 691m、张家岩海拔 1 729m；用材纤维类、药用类

（四）千金藤属 *Stephania* Lour.

1. 金线吊乌龟 *S. cepharantha* Hayata 药用类

2. 千金藤 *S. japonica*（Thunb.）Miers 药用类

二十一、水青树科 Tetracentraceae

(一)水青树属 *Tetracentron* Oliv.

1. 水青树 *T. sinense* Oliv. 八大山海拔 2 271m、漏风垭口海拔 1 985m；用材纤维类、珍稀类、

二十二、悬铃木科 Platanaceae

(一)悬铃木属 *Platanus* L.

1. 二球悬铃木 P. × acerifolia（*P. orientalis* × *ocidentalis Ait.*）Willd. 用材纤维类、园林观赏类、

二十三、金缕梅科 Hamamelidaceae

(一)蜡瓣花属 *Corylopsis* Sieb. et Zucc.

1. 桤叶蜡瓣花 *C. alnifolia*（Lévl.）Schneid. 张家岩海拔 1 720m；蜜源类
2. 黔蜡瓣花 *C. obovata* Chang 园林观赏类
3. 峨眉蜡瓣花 *C. omeiensis* Yang 吴家冲海拔 2 048m、杨宝地海拔 1 898m；园林观赏类、蜜源类
4. 圆叶蜡瓣花 *C. rotundifolia* Chang 园林观赏类
5. 蜡瓣花 *C. sinensis* Hemsl. 漏风垭口海拔 1 985m；用材纤维类

(二)蚊母树属 *Distylium* Sieb. et Zucc.

1. 杨梅叶蚊母树 *D. myricoides* Hemsl. 张家岩海拔 1 655m；园林观赏类

(三)枫香树属 *Liquidambar* L.

1. 枫香树 *L. formosana* Hance 格所洼子头海拔 1 524m、榕树村海拔 970m、大洞口海拔 1 830m、黄家麻窝 海拔 1 598m、普古乡厂上村下寨海拔 1 750m；用材纤维类、香料色素果胶类
2. 山枫香树 *L. formosana* Hance var. *monticola* Rehd. et Wils. 榕树村海拔 970m、普古乡厂上村下寨海拔 1 810m；用材纤维类、园林观赏类、药用类

二十四、虎皮楠科 Daphniphyllaceae

(一)虎皮楠属 *Daphniphyllum* Blume

1. 交让木 *D. macropodum* Miq. 川洞海拔 1 905m、八大山海拔 2 266m；用材纤维类
2. 虎皮楠 *D. oldhamii*（Hemsl.）Rosenth. 用材纤维类、园林观赏类

二十五、杜仲科 Eucommiaceae

(一)杜仲属 *Eucommia* Oliv.

1. 杜仲 *E. ulmoides* Oliver 格所洼子头海拔 1 504m、杨宝地海拔 1 898m、吴家冲海拔 2 048m、普古乡厂上村下寨海拔 1 750m；用材纤维类、珍稀类、药用类

二十六、榆科 Ulmaceae

(一)糙叶树属 *Aphananthe* Planch.

1. 糙叶树 *A. aspera*（Thunb Bl.）Planch. 格所祭风坡海拔 1 691m、张家岩海拔 1 655m；用材纤维类、园林观赏类

(二)朴树属 *Celtis* L.

1. 紫弹树 *C. biondii* Pamp. 榕树村 970m、张家岩海拔 1 655m；用材纤维类
2. 珊瑚朴 *C. julianae* Schneid. 格所洼子头 1 504m、榕树村海拔 970m；用材纤维类
3. 朴树 *C. tetrandra* Pers. 格所祭风坡海拔 1 645m、石包地海拔 1 780m、张家岩海拔 1 655m；用材纤维类、园林观赏类

(三)青檀属 *Pteroceltis* Maxim

1. 青檀 *P. tatarinowii* Maxim. 榕树村海拔 970m；用材纤维类、珍稀类

(四)山黄麻属 Trema Lour.

1. 异色山黄麻 *T. orientalis*（L.）Bl. 榕树村海拔 970m；用材纤维类
2. 山黄麻 *T. tomentosa*（Roxb.）Hara 用材纤维类

（五）榆树属 ***Ulmus* L.**

1. 榆树 *U. s pumila* L. 川洞海拔 1 905m；用材纤维类、森林蔬菜类

（六）榉树属 ***Zelkora* Spach**

1. 大叶榉树 *Z. schneideriana* Hand. – Mazz. 用材纤维类、园林观赏类

2. 榉树 *Z. serrata*（Thunb.）Makino 杨宝地海拔 1 898m；用材纤维类、珍稀类

二十七、桑科 **Moraceae**

（一）构属 ***Broussonetia* L.**

1. 构树 *B. papyrifera*（L.）L'Hert. ex Vent. 格所洼子头海拔 1 504m、石包地海拔 1 780m、榕树村海拔 970m、川洞海拔 1 905m、大洞口海拔 1 830m、张家岩海拔 1 729m、普古乡厂上村下寨海拔 1 744m；用材纤维类、香料色素果胶类

2. 葡蟠 *B. raempferi* Sieb. et Zucc. 张家岩 1655m；用材纤维类、

（二）柘属 ***Cudrania* Trec.**

1. 柘 *C. tricuspidata*（Carr.）Bur. ex Lavallee 格所洼子头海拔 1 504m；用材纤维类、药用类

（三）榕属 ***Ficus* L.**

1. 大果榕 *F. auriculata* Lour. 榕树村海拔 970m；园林观赏类

2. 无花果 *F. carica* L. 药用类、干鲜水果类

3. 雅榕 *F. concinna* Miq. 榕树村海拔 970m；园林观赏类

4. 歪叶榕 *F. cyrtophylla* Wall. ex Miq. 罗棚新寨海拔 1 122m；园林观赏类

5. 天仙果 *F. erecta* Thunb. var. *beecheyana*（Hook. et Arn.）King 黄家麻窝海拔 1 598m、张家岩海拔 1 720m、榕树村海拔 970m；干鲜水果类

6. 狭叶天仙果 *F. erecta* Thunb. Var. *beecheyana* f. koshunensis 格所祭风坡海拔 1 645m；干鲜水果类

7. 异叶榕 *F. heteromorpha* Hemsl. 菜籽冲海拔 1 860m、漏风垭口海拔 1 985m、普古乡厂上村下寨海拔 1 744m；药用类

8. 红果对叶榕 *F. hispida* L. var. *rubra* Corner 罗棚新寨海拔 1 122m

9. 琴叶榕 *F. pandurata* Hance 药用类

10. 滇葡茎榕 *F. sarmentosa* Buch. – Ham. ex J. E. Sm. var. *duclouxii*（Levl. et Vant）Corner 罗棚新寨海拔 1 122m；香料色素果胶类

11. 白背爬藤榕 *F. sarmentosa* Buch. – Ham. ex J. E. Sm. var. *niponica*（Fr. et Sav.）Corner 园林观赏类、药用类

12. 珍珠莲 *F. sarmentosa* var. *henryi*（King ex Oliv）Corner

13. 爬藤榕 *F. sarmentosa* var. *impressa*（Champ.）Corner 园林观赏类、药用类

14. 尾尖爬藤榕 *F. sarmentosa* var. *lacrymans*（Lévl. Vant）Corner 格所洼子头海拔 1 504m、普古乡厂上村下寨海拔 1 750m；园林观赏类、香料色素果胶类

15. 地果 *F. tikoua* Bur. 格所洼子头海拔 1 504m、菜籽冲海拔 1 860m、黄家麻窝海拔 1 598m、普古乡厂上村下寨海拔 1 750m；园林观赏类、森林蔬菜类

16. 白肉榕 *F. vasculosa* Wall. ex Miq. 榕树村海拔 970m；用材纤维类、园林观赏类

17. 绿黄葛树 *F. virens* Ait. 用材纤维类、园林观赏类

（四）桑属 ***Morus* L.**

1. 桑 *M. alba* Linn. 榕树村海拔 970m、张家岩海拔 1 729m、娘娘山蚂蚁地海拔 2 084m；药用类、干鲜水果类

2. 鸡桑 *M. australis* Poir. 罗棚新寨海拔 1 122m、八大山海拔 2 435m、娘娘山蚂蚁地海拔 2 100m、普古乡厂上村下寨海拔 1 750m、药用类干鲜水果类

二十八、荨麻科 Urticaceae

(一) 苎麻属 *Borhmeria* Jacq.

1. 序叶苎麻 *B. clidemioides* Miq. Var . *diffusa*（Wedd. ）Hand. – Mazz. 格所洼子头海拔 1 504m、张家岩海拔 1 655m；用材纤维类

2. 苎麻 *B. nivea*（L. ）Gaud. 用材纤维类、药用类

3. 长叶苎麻 *B. penduflora* Wedd. 黄家麻窝海拔 1 598m；用材纤维类、干鲜水果类、

(二) 水麻属 *Debregeasia* Gaud.

1. 长叶水麻 *D. longifolia* Wedd. 罗棚新寨海拔 1 122m；用材纤维类、干鲜水果类、

2. 水麻 *D. orientalis* C. J. Chen 格所祭风坡海拔 1 645m、榕树村海拔 970m、普古乡厂上村下寨海拔 1 750m；用材纤维类、干鲜水果类、

二十九、胡桃科 Juglandaceae

(一) 青钱柳属 *Cyclocarya* Iljinsk

1. 青钱柳 *C. paliurus*（Batal. ）Iljinskaja 养马寨海拔 1 709m；用材纤维类、珍稀类、药用类

(二) 黄杞属 *Engelhardtia* Leschex Bl

1. 云南黄杞 *E. spicata* Lesch. ex Bl. 罗棚新寨海拔 1 122m；用材纤维类、香料色素果胶类

(三) 胡桃属 *Juglans* L.

1. 野核桃 *J. cathayensis* Dode 大洞口海拔 1 830m、八大山海拔 2 435m、吴家冲海拔 2 048m、娘娘山蚂蚁地海拔 2 084m；用材纤维类

2. 胡桃 *J. regia* L. 杨宝地海拔 1 898m、黄家麻窝海拔 1 598m；用材纤维类、油脂类、干鲜水果类

3. 泡核桃 *J. sigillata* Dode. 用材纤维类、油脂类、药用类干鲜水果类

(四) 化香树属 *Platycarya* Sieb. et Zucc.

1. 圆果化香树 *P. longipes* Wu 格所祭风坡海拔 1 645m、石包地海拔 1 780m、石包地海拔 1 780m、普古乡厂上村下寨海拔 1 750m、普古乡厂上村下寨海拔 1 750m；用材纤维类

2. 化香树 *P. strobilacea* Sieb. et Zucc. 杨宝地海拔 1 911m、大冲头海拔 1 840m、榕树村海拔 970m、榕树村海拔 970m、川洞海拔 1 905m；用材纤维类

(五) 枫杨属 *Pterocarya*. Kunth

1. 华西枫杨 *P. insignis* Rehd. et Wils. 用材纤维类

三十、杨梅科 Myricaceae

(一) 杨梅属 *Myrica* L.

1. 云南杨梅 *M. nana* Cheval. 八大山海拔 2 234m、娘娘山蚂蚁地海拔 2 100m、普古乡厂上村下寨海拔 1 744m；园林观赏类、香料色素果胶类、干鲜水果类

2. 杨梅 *M. rubra*（Lour. ）Sieb. et Zucc. 榕树村海拔 970m；用材纤维类、干鲜水果类

三十一、壳斗科 Fagaceae

(一) 栗属 *Castanea*. Mill.

1. 板栗 *C. mollissima* Bl. 格所洼子头海拔 1 524m、罗棚新寨海拔 1 122m、普古乡厂上村下寨海拔 1 750m；用材纤维类、淀粉树胶类

2. 茅栗 *C. seguinii* Dode. 干鲜水果类、淀粉树胶类、药用类用材纤维类

(二) 锥属 *Castanopsis* Spach.

1. 短刺米槠 *C. carlesii* Hayata var. *spinulosa* Cheng et C. S. Chao 川洞海拔 1 905m；用材纤维类

2. 厚皮锥 *C. chunii* Cheng 菜籽冲海拔 1 860m；用材纤维类、油脂类

3. 甜槠 *C. eyrei*（Champ. ）Tutch. 用材纤维类、淀粉树胶类、干鲜水果类

4. 罗浮锥 *C. fabri* Hance 用材纤维类、淀粉树胶类、干鲜水果类

5. 栲 *C. fargesii* Franch. 用材纤维类、淀粉树胶类、干鲜水果类

6. 湖北锥 *C. hupehensis* C. S. Chao 八大山海拔 2 234m；用材纤维类、淀粉树胶类

（三）青冈属 *Cyclobalanopsis* Oerst.

1. 栎子青冈 *C. blakei*（Skan）Schott. 大洞口海拔 1 830m；用材纤维类、淀粉树胶类

2. 黄毛青冈 *C. delavayi*（Franch.）Schott. 用材纤维类、淀粉树胶类、干鲜水果类

3. 青冈 *C. glauca*（Thunb.）Oerst. 用材纤维类、淀粉树胶类、干鲜水果类

4. 滇青冈 *C. glaucoides* Schott. 杨宝地海拔 1 898m、杨宝地海拔 1 911m、榕树村海拔 970m、吴家冲海拔 2 048m；用材纤维类、淀粉树胶类

5. 多脉青冈 *C. multinervis* Cheng et T. Hong 漏风垭口海拔 2 015m、；用材纤维类、淀粉树胶类

6. 曼青冈 *C. oxyodon*（Miq.）Oerst. 格所祭风坡海拔 1 691m；用材纤维类、淀粉树胶类

7. 长叶粉背青冈 *C. pseudoglauca* Y. K. Li et X. M. Wang 普古乡厂上村下寨海拔 1 750m；用材纤维类、淀粉树胶类

（四）水青冈属 *Fagus* L.

1. 光叶水青冈 *F. lucida* Rehd. et Wils.

（五）柯属 *Lithocarpus* Bl.

1. 包果柯 *L. cleistocarpus* Rehd. et Wils. 川洞海拔 1 905m、八大山海拔 2 174m、漏风垭口海拔 1 985m；用材纤维类、淀粉树胶类

2. 白柯 *L. dealbatus*（Hook f. et Thoms. ex DC.）Rehd. 八大山海拔 2 234m；用材纤维类、淀粉树胶类

3. 硬壳柯 *L. hancei*（Benth.）Rehd. 杨宝地海拔 1 874m、大云上海拔 1 877m、养马寨海拔 1 694m、漏风垭口海拔 2 045m；用材纤维类、淀粉树胶类

4. 多穗石栎 *L. polystachyus*（Wall.）Rehder 用材纤维类、淀粉树胶类、干鲜水果类

（六）枫杨属 *Pterocarya* Kunth

1. 枫杨 *P. stenoptera* C. DC. 用材纤维类

（七）栎属 *Quercus* L.

1. 岩栎 *Q. acrodonta* Seem. 漏风垭口海拔 2 031m；用材纤维类

2. 麻栎 *Q. acutissima* Carruth 罗栅新寨海拔 1 122m、格所洼子头海拔 1 524m；用材纤维类

3. 槲栎 *Q. aliena* Bl. 格所祭风坡海拔 1 691m、石包地海拔 1 780m、八大山海拔 2 435m、娘娘山蚂蚁地海拔 1 990m、普古乡厂上村下寨海拔 1 744m、罗栅新寨海拔 1 122m；用材纤维类、淀粉树胶类

4. 锐齿槲栎 *Q. aliena* var. *acuteserrata* Maxim. 罗栅新寨海拔 1 122m、川洞海拔 1 905m；用材纤维类、淀粉树胶类

5. 川滇高山栎 *Q. aquifolioides* Rehd. et Wils. 大冲头海拔 1 842m、坪地乡长海子水库海拔 2 733m、长海子水库海拔 2 733m；用材纤维类、淀粉树胶类

6. 巴东栎 *Q. engleriana* Seem. 大洞口海拔 1 830m；用材纤维类、淀粉树胶类

7. 白栎 *Q. fabri* Hance 格所祭风坡海拔 1 691m、石包地海拔 1 780m、罗栅新寨海拔 1 122m、娘娘山蚂蚁地海拔 2 082m、娘娘山蚂蚁地海拔 1 990m、普古乡厂上村下寨海拔 1 744m；用材纤维类、淀粉树胶类

8. 乌冈栎 *Q. phillyraeoides* A. Gray 石包地海拔 1 780m、养马寨海拔 1 694m；用材纤维类

9. 毛脉高山栎 *Q. rehderiana* Hand. - Mazz. 杨宝地海拔 1 898m；用材纤维类

10. 灰背栎 *Q. senescens* Hand. - Mazz. 关鸠坪祭龙海拔 2 508m、八大山海拔 2 435m、平关镇大箐村关鸠坪祭龙海拔 2 508m；用材纤维类

11. 短柄枹栎 *Q. serrata* Thunb var. *brevipetiolata*（A. DC.）Nakai. 罗栅新寨海拔 1 122m

12. 炭栎 *Q. utilis* Hu et Cheng 石包地海拔 1 780m、养马寨海拔 1 694m；用材纤维类

13. 栓皮栎 *Q. variabilis* Bl. 格所祭风坡海拔 1 691m；用材纤维类

三十二、桦木科 Betulaceae

(一)桤木属 *Alnus* Mill

1. 尼泊尔桤木 *A. nepalensis* D. Don 榕树村海拔970m、八大山海拔2 234m；用材纤维类

(二)桦木属 *Betula* L.

1. 亮叶桦 *B. luminifera* H. Winkl 榕树村海拔970m、娘娘山蚂蚁地海拔2 084m、普古乡厂上村下寨海拔1 810m；用材纤维类

(三)鹅耳枥属 *Carpinus* L.

1. 贵州鹅耳枥 *C. kweichowensis* Hu. 用材纤维类
2. 宝兴鹅耳枥 *C. paoshingensis* Hsia. 用材纤维类
3. 多脉鹅耳枥 *C. polyneura* Franch. 菜籽冲海拔1 860m；用材纤维类
4. 厚叶鹅耳枥 *C. pubescens* Burk. var. *firmifolia*（H. Winkl.）Hu 杨宝地海拔1 911m；用材纤维类
5. 云贵鹅耳枥 *C. pubescens* Burk. var. pubescens. 用材纤维类
6. 岩生鹅耳枥 *C. rupestris* A. Camus 格所祭风坡海拔1 691m、杨宝地海拔1 911m；用材纤维类
7. 鹅耳枥 *C. turczaniowii* Hance 川洞海拔1 905m；用材纤维类
8. 雷公鹅耳枥 *C. viminea* Wall. 川洞海拔1 905m；用材纤维类

(四)榛属 *Corylus*. L.

1. 刺榛 *C. ferox* var. *thibetica*（Batal.）Franch. 用材纤维类、干鲜水果类
2. 川榛 *C. heterophylla* Fisch. Trautv. var. *sutchuenensis* Franch. 杨宝地海拔1 898m、八大山海拔2 435m、娘娘山蚂蚁地海拔2 084m、娘娘山蚂蚁地海拔1 990m、普古乡厂上村下寨海拔1 744m；淀粉树胶类
3. 滇榛 *C. yunnanensis* A. Camus 川洞海拔1 905m；淀粉树胶类

(五)铁木属 *Ostrya* Scop.

1. 多脉铁木 *O. multinervis* Rehd. 漏风垭口海拔2 031m；用材纤维类

三十三、山茶科 Theaceae

(一)山茶属 *Camellia* L.

1. 普洱茶 C. assamica（Masters）Chang. 油脂类、药用类香料色素果胶类
2. 贵州连蕊茶 *C. costei* Levl. 格所祭风坡海拔1 691m、普古乡厂上村下寨海拔1 744m；油脂类、蜜源类
3. 毛蕊红山茶 *C. mairei*（Levl.）Melch. 菜籽冲海拔1 860m；园林观赏类
4. 油茶 *C. oleifera* Abel. 石包地1780m；油脂类
5. 寡瓣红山茶 *C. paucipetala* Chang. 园林观赏类
6. 西南红山茶 *C. pitardii* Cohen. 普古乡厂上村下寨海拔1 744m、八大山海拔2 174m；油脂类、园林观赏类
7. 怒江红山茶 *C. saluenensis* Stapf ex Bean. 油脂类、园林观赏类

(二)红淡比属 *Cleyera* Thunb.

1. 红淡比 *C. japonica* Thunb. 川洞海拔1 905m；用材纤维类、园林观赏类

(三)柃木属 *Eurya* Thunb.

1. 贵州毛柃 *E. kueichowensis* Hu et L. K . Ling 榕树村海拔970m、罗棚新寨海拔1 122m；蜜源类
2. 细枝柃 *E. loquaiana* Dunn. 菜籽冲海拔1 860m、蜜源类
3. 细齿叶柃 *E. nitida* Korthals 川洞海拔1 905m、娘娘山蚂蚁地海拔2 084m；蜜源类
4. 半齿柃 *E. semiserrata* Chang. 园林观赏类

(四)木荷属 *Schima* Reinw.

1. 木荷 *S. superba* Gardn. et Champ. 八大山海拔2 274m；用材纤维类、蜜源类

（五）厚皮香属 Ternstroemia Mutis et L. f.

1. 厚皮香 *T. gymnanthera*（Wight et Arn.）Seddome. 格所祭风坡海拔 1 691m；用材纤维类、园林观赏类

2. 阔叶厚皮香 *T. gymnanthera* var. *weghtii*（Cloisy）Hand. – Mazz. 大云上海拔 1 877m；用材纤维类、园林观赏类

3. 四川厚皮香 *T. sichuanensis* L. K. Ling 八大山海拔 2 266m；用材纤维类、园林观赏类

三十四、猕猴桃科 Actinidiaceae

（一）猕猴桃属 *Acttindia* Lindl.

1. 硬齿猕猴桃 *A. callosa* Lindl. 黄家麻窝海拔 1 598m；干鲜水果类

2. 中华猕猴桃 *A. chinensis* Planch. 吴家冲海拔 2 048m、八大山海拔 2 234m、娘娘山蚂蚁地海拔 2 084m、罗棚新寨海拔 1 122m；珍稀类、干鲜水果类、蜜源类

3. 毛花猕猴桃 *A. eriantha* Benth. 八大山海拔 2 274m；干鲜水果类、蜜源类

4. 阔叶猕猴桃 *A. latifolia*（Gardn. et Champ.）Merr. 普古乡厂上村下寨海拔 1 751m；干鲜水果类

5. 革叶猕猴桃 *A. rubricaulis* var. *coriacea*（Finet et Gagnep.）C. F. Liang 园林观赏类、药用类干鲜水果类

（二）水东哥属 *Saurauia* Willd.

1. 聚锥水东哥 *S. thyrsiflora* C. F. Liang et Y. S. Wang 园林观赏类、蜜源类

2. 水东哥 *S. tristyla* DC. Mem. Ternstroem 榕树村海拔 970m；园林观赏类、蜜源类

三十五、藤黄科 Guttiferae

（一）金丝桃属 *Hypericum* L.

1. 尖萼金丝桃 *F. acmosepalum* N. Robson 园林观赏类、药用类

2. 贵州金丝桃 *F. kouytchense* Levl. 格所洼子头海拔 1 524m、杨宝地海拔 1 898m、八大山海拔 2 313m、普古乡厂上村下寨海拔 1 810m；园林观赏类

3. 金丝桃 *F. monogynum* L. 杨宝地海拔 1 874m、罗棚新寨海拔 1 122m、八大山海拔 2 234m、黄家麻窝海拔 1 598m、娘娘山蚂蚁地海拔 2 084m、普古乡厂上村下寨海拔 1 810m、普古乡厂上村下寨海拔 1 744m、药用类

4. 金丝梅 *F. patulum* Thunb. ex Murray 格所洼子头海拔 1 524m、大洞口海拔 1 830m；园林观赏类、药用类

5. 匙萼金丝桃 *F. uralum* Buch. – Ham. ex D. Don 园林观赏类、药用类

三十六、杜英科 Elaeocarpaceae

（一）杜英属 *Elaeocarpus* L.

1. 日本杜英 *E. japonicus* Sieb. et Zucc. 用材纤维类、园林观赏类

三十七、椴树科 Tlilaceae

（一）椴树属 *Tilia* L.

1. 椴树 *T. tuan* Szyszyl. 用材纤维类、蜜源类

三十八、梧桐科 Sterculiaceae

（一）梧桐属 *Firmiana* Marsigli

1. 梧桐 *F. platanifolia*（L. f.）Marsili 格所洼子头海拔 1 504m、榕树村海拔 970m、罗棚新寨海拔 1 122m；用材纤维类

（二）苹婆属 *Sterculia* L.

1. 假苹婆 *S. lanceolata* Cav. 石包地海拔 1 780m；用材纤维类

2. 苹婆 *S. nobili* Smith 石包地海拔 1 780m；用材纤维类

三十九、锦葵科 Malvaceae

(一)木槿属 *Hibiscus* L.

1. 白花重瓣朱槿 *H. rosa - sinensis* L. f. *rbrus - plenus* Loudon Tree et Shrubs. 榕树村海拔 970m；园林观赏类、森林蔬菜类

2. 木槿 *H. syriacus* L. 格所洼子头海拔 1 504m；园林观赏类、森林蔬菜类、

(二)黄花稔属 *Sida* L.

1. 白背黄花稔 *S. rhombifolia* L. Sp. Pl. 园林观赏类、药用类

2. 拔毒散 *S. szechuensis* Matsuda. 园林观赏类、药用类

(三)梵天花属 *Urena*L.

1. 中华地桃花 *U. lobata* L. var. *chinensis*(Osbeck)S. Y. Hu 园林观赏类、药用类

2. 地桃花 *U. lobata* L. 榕树村海拔 970m；园林观赏类、药用类

四十、大风子科 Flacourtiaceae

(一)山羊角树属 *Carrierea* Franch.

1. 山羊角树 *C. calycina* Franch. 养马寨海拔 1 694m；用材纤维类

2. 贵州嘉丽树 *C. dunniana* Levl. 杨宝地海拔 1 911m、大洞口海拔 1 830m、张家岩海拔 1 720m；用材纤维类

(二)山桐子属 Idesia Maxim.

1. 山桐子 *I. polycarpa* Maxim. 杨宝地海拔 1 911m、菜籽冲海拔 1 860m、普古乡厂上村下寨海拔 1 810m、普古乡厂上村下寨海拔 1 750m；用材纤维类、油脂类

(三)山拐枣属 *Poliothyrsis*Oliv.

1. 山拐枣 *P. sinensis* Oliv. 榕树村海拔 970m、普古乡厂上村下寨海拔 1 750m；用材纤维类

(四)柞木属 *Xylosma* G. Forst.

1. 柞木 *X. racemosum* (Sieb. Et Zucc.) Miq. 用材纤维类、园林观赏类

四十一、旌节花科 Stachyuraceae

(一)旌节花属 *Stachyurus* Sieb. et Zucc.

1. 中国旌节花 *S. chinensis* Franch. 菜籽冲海拔 1 860m、漏风垭口海拔 2 015m、普古乡厂上村下寨海拔 1 750m；药用类

2. 西域旌节花 *S. himalaicus* Hook. f. et Thoms. ex Benth. 药用类

3. 倒卵叶旌节花 *S. obovatus* (Rehd.) Li. 格所洼子头海拔 1 504m、杨宝地海拔 1 874m、石包地海拔 1 780m、养马寨海拔 1 694m；药用类

4. 披针叶旌节花 *S. salicifolius* Franch. var. *lancifolius* C. Y. Wu 杨宝地海拔 1 911m；药用类

5. 云南旌节花 *S. yunnanensis* Franch. 格所洼子头海拔 1 504m、杨宝地海拔 1 911m、黄家麻窝海拔 1 598m、张家岩海拔 1 655m；药用类

四十二、杨柳科 Salicaceae

(一)杨属 *Populus* L.

1. 响叶杨 *P. adenopoda* Maxim 格所祭风坡海拔 1 645m、杨宝地海拔 1 898m、榕树村 970m；用材纤维类

2. 山杨 *P. davidiana* Dode 娘娘山蚂蚁地海拔 2 084m；用材纤维类

3. 大叶杨 *P. lasiocarpa* Oliv 菜籽冲海拔 1 860m、八大山海拔 2 435m、普古乡厂上村下寨海拔 1 744m；用材纤维类

4. 清溪杨 *P. rotundifolia* Griff. var. *duclouxiana* (Dode) Gomb. 园林观赏类

5. 毛白杨 *P. tomentosa* Carr. 格所祭风坡海拔 1 645m、普古乡厂上村下寨海拔 1 744m；用材纤维类

6. 滇杨 *P. yunnanensis* Dode 格所洼子头海拔 1 524m、普古乡厂上村下寨海拔 1 750m；用材纤维类

(二)柳属 *Salix* L.

1. 垂柳 *S. babylonica* L. 罗棚新寨海拔 1 122m；用材纤维类、园林观赏类、

2. 小叶柳 *S. hypoleuca* Seemen 园林观赏类、药用类

3. 皂柳 *S. wallichiana* Anderss. 杨宝地海拔 1 898m、菜籽冲海拔 1 860m、菜籽冲海拔 1 860m、八大山海拔 2 234m、漏风垭口海拔 2 015m、娘娘山蚂蚁地海拔 2 084m、普古乡厂上村下寨海拔 1 810m；园林观赏类、药用类

四十三、桤叶树科 Clethraceae

(一)桤叶树属 *Clethra* Gronov. ex L.

1. 贵定桤叶树 *C. cavaleriei* Levl.

四十四、杜鹃花科 Ericaceae

(一)树萝卜属 *Agapetes* D. Don ex G. Don

1. 红苞树萝卜 *A. rubrobracteata* R. C. Fang et S. H. Huang. 园林观赏类、药用类

(二)白珠树属 *Gaultheria* Kalm. ex L.

1. 滇白珠 *G. leucocarpa* Bl. var. *crenulata*（Kurz）T. Z. Hsu 川洞海拔 1 905m、娘娘山蚂蚁地海拔 2 100m、普古乡厂上村下寨海拔 1 750m；干鲜水果类

2. 四裂白珠 *G. tetramera* W. W. Smith. 园林观赏类、药用类

(三)珍珠花属 Lyonia Nutt.

1. 秀丽珍珠花 *L. compta* Hand. – Mazz. Symb. Sin.

2. 小果珍珠花 *L. ovalifolia* Drude var. *elliptica*（Sieb. et Zucc.）Hand. – Mazz. 菜籽冲海拔 1 860m、八大山海拔 2 234m、八大山海拔 2 266m、娘娘山蚂蚁地海拔 2 084m、普古乡厂上村下寨海拔 1 810m、菜籽冲海拔 1 860m

3. 狭叶南烛 *L. ovalifolia* Drude var. *lanceolata*（WalLyonia）Hand. – Mazz. 园林观赏类、药用类

(四)马醉木属 *Pieris* D. Don

1. 美丽马醉木 *P. formosa*（Wall.）D. Don 园林观赏类、药用类

(五)杜鹃属 *Rhododendron* L.

1. 光柱迷人杜鹃 *Rh. agastum* Balf. f. et W. W. Smith var. *pennivenium*（Balf. f. et W. W. Smith）T. L. Ming 两朵箐水库海拔 2 400m

2. 桃叶杜鹃 *Rh. annae* Franch. 八大山海拔 2 435m、园林观赏类

3. 树形杜鹃 *Rh. arboreum* Smith. 淤泥乡两朵箐水库海拔 2 270m、两朵箐水库海拔 2 400m

4. 大关杜鹃 *Rh. atrovirens* Franch. 平关镇大箐村关鸠坪祭龙海拔 2 508m、娘娘山海拔 2 150m、蚂蚁地娘娘山海拔 2 280m

5. 毛肋杜鹃 *Rh. augustinii* Hemsl. 平关镇大箐村关鸠坪祭龙海拔 2 508m、关鸠坪祭龙海拔 2 508m

6. 长柱睫萼杜鹃 *Rh. ciliicaly*x Franch. ssp. lyi（Lévl.）R. C. Fang 杨宝地海拔 1 911m；园林观赏类

7. 粗脉杜鹃 *Rh. coeloneurum* Diels 坪地乡牛棚梁子海拔 2 508m、淤泥乡两朵箐水库海拔 2 270m、牛棚梁子海拔 2 580m、两朵箐水库海拔 2 400m

8. 秀雅杜鹃 *Rh. concinuum* Hemsl. 娘娘山海拔 2 150m、蚂蚁地娘娘山海拔 2 280m

9. 大白杜鹃 *Rh. decorum* Franch. 大云上海拔 1 877m、菜籽冲海拔 1 860m、淤泥乡两朵箐水库海拔 2 270m、两朵箐水库海拔 2 400m；用材纤维类、园林观赏类

10. 马缨杜鹃 *Rh. delavayi* Franch. 川洞海拔 1 905m、八大山海拔 2 313m、娘娘山蚂蚁地海拔 2 082m、普古乡厂上村下寨海拔 1 744m、普古乡厂上村下寨海拔 1 750m、平关镇大箐村关鸠坪祭龙海拔 2 508m、关鸠坪祭龙海拔 2 508m；园林观赏类

11. 狭叶马缨花 *Rh. delavayi* Franch. var. *peramoenum*（Balf. F. et Forrest）T. L. Ming. 蚂蚁地娘娘山海拔 2 280m、娘娘山蚂蚁地海拔 1 990m；园林观赏类

12. 皱叶杜鹃 *Rh. denudatum* Levl. 八大山海拔 2 266m、八大山海拔 2 435m；园林观赏类

13. 大云锦杜鹃 *Rh. faithae* Chun. 娘娘山海拔 2 150m、蚂蚁地娘娘山海拔 2 280m

14. 云锦杜鹃 *Rh. fortunei* Lindl.

15. 富源杜鹃 *Rh. fuyuanense* Z. H. Yang 平关镇大箐村关鸠坪祭龙海拔 2 508m、牛棚梁子海拔 2 580m、两朵箐水库海拔 2 400m、

16. 露珠杜鹃 *Rh. irroratum* Franch. 菜籽冲海拔 1 860m、娘娘山蚂蚁地海拔 2 082m；园林观赏类

17. 百合花杜鹃 *Rh. liliiflorum* Levl. 娘娘山海拔 2 150m；园林观赏类

18. 马银花 *Rh. ovatum*（*Lindl.*）Planch. ex Maxim.

19. 云上杜鹃 *Rh. pachypodum* Balf. F. et W. W. Smith 坪地乡牛棚梁子海拔 2 508m、牛棚梁子海拔 2 580m

20. 溪畔杜鹃 *Rh. rivulare* Hand. – Mazz. 养马寨海拔 1 694m；园林观赏类

21. 滇红毛杜鹃 *Rh. rufohirtum* Hand. – Mazz. 川洞海拔 1 905m、八大山海拔 2 435m、淤泥乡两朵箐水库海拔 2 320m、两朵箐水库海拔 2 400m；园林观赏类

22. 锈叶杜鹃 *Rh. siderophyllum* Franch. 杨宝地海拔 1 911m、菜籽冲海拔 1 860m、漏风垭口海拔 2 015m、坪地乡牛棚梁子海拔 2 508m、娘娘山海拔 2 180m、牛棚梁子海拔 2 580m、蚂蚁地娘娘山海拔 2 280m；园林观赏类

23. 杜鹃 *Rh. simsii* Planch. 八大山海拔 2 234m、黄家麻窝海拔 1 598m、娘娘山蚂蚁地海拔 2 084m、普古乡厂上村下寨海拔 1 810m、娘娘山海拔 2 180m、蚂蚁地娘娘山海拔 2 280m；园林观赏类

24. 红花杜鹃 *Rh. spanotrichum* Balf. f. et W. W. Smith. 园林观赏类

25. 长蕊杜鹃 *Rh. stamineum* Franch. 园林观赏类

26. 圆叶杜鹃 *Rh. williamsianum* Rehd. et Wils. 淤泥乡两朵箐水库海拔 2 540m、两朵箐水库海拔 2 400m

27. 云南杜鹃 *Rh. yunnanensis* Franch. 养马寨海拔 1 694m、八大山海拔 2 435m、坪地乡牛棚梁子海拔 2 508m、牛棚梁子海拔 2 580m、园林观赏类

（六）越橘属 *Vaccinium* L.

1. 南烛 *V. bracteatum* Thunb. 杨宝地海拔 1 911m；香料色素果胶类

2. 短尾越橘 *V. carlesii* Dunn. 八大山海拔 2 435m；香料色素果胶类

3. 尾叶越橘 *V. dunalianum* Wight. var. *urphyllum* Rehd. et Wils 杨宝地海拔 1 911m、菜籽冲海拔 1 860m、普古乡厂上村下寨海拔 1 750m；香料色素果胶类

4. 乌鸦果 *V. fragile* Franch. 园林观赏类、药用类、干鲜水果类

5. 西南越橘 *V. laetum* Diels. 园林观赏类、药用类、干鲜水果类

6. 江南越橘 *V. mandarinorum* Diels 八大山海拔 2 271m；香料色素果胶类

7. 广西越橘 *V. sinicum* Sleumer 大云上海拔 1 877m、漏风垭口海拔 2 031m；园林观赏类

8. 刺毛越橘 *V. trichocladum* Merr. et Metcalf. 八大山海拔 2 266m；香料色素果胶类

四十五、柿科 Ebenaceae

（一）柿属 *Diospyros* L.

1. 柿 *D. kaki* Thunb. 榕树村海拔 970m；香料色素果胶类、干鲜水果类

2. 君迁子 *D. lotus* L. 杨宝地海拔 1 898m、石包地海拔 1 780m、川洞海拔 1 905m；香料色素果胶类、干鲜水果类

3. 油柿 *D. oleifera* Cheng 普古乡厂上村下寨海拔 1 744m；香料色素果胶类、干鲜水果类

4. 川柿 *D. sutchuensis* Yang 张家岩海拔 1 655m；淀粉树胶类、干鲜水果类

四十六、安息香科(野茉莉科)Styracaceae

(一)安息香属 *Styrax* L.

1. 垂珠花 *S. dasyanthus* Perk 用材纤维类、园林观赏类、药用类

2. 老鸹铃 *S. hemsleyanus* Diels 格所祭风坡海拔 1 691m、张家岩海拔 1 655m、娘娘山蚂蚁地海拔 2 082m；油脂类、蜜源类

3. 野茉莉 *S. japonicus* Sieb. et Zucc. 大冲头海拔 1 840m、川洞海拔 1 905m、娘娘山蚂蚁地海拔 1 990m、普古乡厂上村下寨海拔 1 744m；用材纤维类、油脂类、蜜源类

4. 粉花安息香 *S. roseus* Dunn 八大山海拔 2 274m；用材纤维类、园林观赏类、蜜源类

四十七、山矾科 Symplocaceae

(一)山矾属 *ymplocus* Jacq.

1. 薄叶山矾 *S. anomala* Brand. 用材纤维类、园林观赏类

2. 华山矾 *S. chinensis*(Lour.)Druce. 用材纤维类、药用类

3. 黄牛奶树 *S. laurina* Wall. var. *laurina* ex G. Don 杨宝地海拔 1 911m；用材纤维类

4. 白檀 *S. paniculata* (Thunb.) Miq. 娘娘山蚂蚁地海拔 2 084m；用材纤维类、药用类

5. 叶萼山矾 *S. phyllocalyx* Clarke 八大山海拔 2 435m；园林观赏类、香料色素果胶类

6. 山矾 *S. sumuntia* Buch. -Ham. ex D. Don 八大山海拔 2 274m、娘娘山蚂蚁地海拔 1 990m；用材纤维类

四十八、紫金牛科 Myrsinaceae

(一)紫金牛属 *Ardisia* Swartz.

1. 百两金 *A. crispa* (Thunb.) Ardisia 园林观赏类、药用类

2. 细柄百两金 *A. crispa* (Thunb.) Ardisia DC. var. *dielsii* (Levl.) Walker 漏风垭口海拔 2 031m；药用类

3. 紫金牛 *A. japonica* (Thunb.) Blume. 园林观赏类、药用类

(二)酸藤子属 Embelia Burm. f.

1. 网脉酸藤子 *E. rudis* Hand. -Mazz. 园林观赏类、药用类

(三)杜茎山属 Maesa Forsk.

1. 杜茎山 *M. japonica* (Thunb.) Moritzi. ex Zoll. 罗棚新寨海拔 1 122m；药用类

2. 金珠柳 *M. montana* A. DC. 罗棚新寨海拔 1 122m；药用类

(四)铁仔属 Myrsine L.

1. 尖叶铁仔 *M. africana* L. var. *acuminate* C. Y. Wu et C. Chen 罗棚新寨海拔 1 122m

2. 铁仔 *M. africana* L. 园林观赏类、药用类

3. 针齿铁仔 *M. semiserrata* Wall. 格所祭风坡海拔 1 645m、石包地海拔 1 780m、罗棚新寨海拔 1 122m；园林观赏类

(五)密花树属 *Rapanea* Aubl.

1. 密花树 *R. neriifolia* (Sieb. et Zucc.) Mez 园林观赏类

四十九、海桐花科 Pittosporaceae

(一)海桐花属 *Pittosporum* Banks ex Soland.

1. 狭叶海桐 *P. glabratum* Lindl. var. *neriifolium* Rehd. et Wils. 吴家冲海拔 2 048m；园林观赏类、药用类

2. 海金子 *P. illicioides* Mak. 八大山海拔 2 274m；香料色素果胶类

五十、绣球花科 Hydrangeaceae

(一)溲疏属 *Deutzia* Thunb.

1. 齿叶溲疏 *D. crenata* Sieb. et Zucc. 大洞口海拔 1 830m

2. 四川溲疏 *D. setchuenensis* Franch. 园林观赏类、药用类

(二) 绣球属 *Hydrangea* L.

1. 中国绣球 *H. chinensis* Maxim. 园林观赏类、药用类

2. 西南绣球 *H. davidii* Franch. 八大山海拔 2 174m、娘娘山蚂蚁地海拔 2 084m、普古乡厂上村下寨海拔 1 810m；园林观赏类

3. 粉背绣球 *H. glaucophylla* C. C. Yang 娘娘山蚂蚁地海拔 2 084m；园林观赏类

4. 莼兰绣球 *H. longipes* Franch. 药用类

5. 乐思绣球 *H. rosthornii* Diels 张家岩海拔 1 720m、漏风垭口海拔 1 985m；园林观赏类

6. 腊连绣球 *H. strigosa* Rehd. 榕树村海拔 970m、普古乡厂上村下寨海拔 1 810m；园林观赏类

7. 柔毛绣球 *H. villosa* Rehd. 杨宝地海拔 1 898m；园林观赏类

8. 挂苦绣球 *H. xanthoneura* Diels 八大山海拔 2 266m；园林观赏类

9. 独龙绣球 *H. yunnanensis* Rehd. 黄家麻窝海拔 1 598m；园林观赏类、药用类

(三) 钻地风属 *Schizophragma* Sieb. et Zucc.

1. 白背钻地风 *S. hypoglaucum* Rehd. 吴家冲海拔 2 048m；园林观赏类、药用类

五十一、虎耳草科 Saxifragaceae

(一) 鼠刺属 *Itea* L.

1. 冬青叶鼠刺 *I. ilicifolia* Oliv. 格所祭风坡海拔 1 645m、石包地海拔 1 780m、普古乡厂上村下寨海拔 1 750m；用材纤维类

2. 滇鼠刺 *I. yunnanensis* Franch. 园林观赏类、药用类

(二) 山梅花属 *Philadelphus* L.

1. 绢毛山梅花 *Ph. sericanthus* Koehne 杨宝地海拔 1 911m、八大山海拔 2 234m、娘娘山蚂蚁地海拔 2 084m；蜜源类

(三) 冠盖藤属 *Pileostegia* Hook. f. et Thoms

1. 冠盖藤 *P. viburnoides* Hook. f. et Thoms. 漏风垭口海拔 2 045m；园林观赏类

(四) 茶藨子属 *Ribes* L.

1. 革叶茶藨子 *R. davidii* Franch. 漏风垭口海拔 2 031m

2. 贵州茶藨子 *R. fasciculatum* var. *guizhouense* L. T. Lu

3. 宝兴茶藨子 *R. moupinense* Franch. 大云上海拔 1 877m；园林观赏类、药用类

五十二、蔷薇科 Rosaceae

(一) 桃属 *Amygdalus* L.

1. 桃 *A. persica* L. Sp. Pl. 格所洼子头海拔 1 504m、罗棚新寨海拔 1 122m、大洞口海拔 1 830m、普古乡厂上村下寨海拔 1 750m；干鲜水果类、蜜源类

2. 山桃 *A. davidiana*（Carrière）de Vos ex Henry 园林观赏类、药用类、干鲜水果类

(二) 樱属 *Cerasus* Mill.

1. 细齿樱 *C. serrula*（Franch.）Yu et Li 普古乡厂上村下寨海拔 1 750m；用材纤维类、蜜源类

2. 微毛樱桃 *C. clarofolia*（Schneid.）Yu et Li 张家岩海拔 1 729m、普古乡厂上村下寨海拔 1 750m；用材纤维类、干鲜水果类、蜜源类

3. 锥腺樱 *C. conadenia* Koehne Yu et Li 黄家麻窝海拔 1 598m；用材纤维类、干鲜水果类、蜜源类

4. 尾叶樱 *C. dielsiana* Schneid. Yu et Li 普古乡厂上村下寨海拔 1 744m；用材纤维类、干鲜水果类、蜜源类

5. 樱桃 *C. pseudocerasus*（Lindl.）G. Don ex London 格所洼子头海拔 1 504m；干鲜水果类、蜜源类

6. 崖樱桃 *C. scopulorum*（Koehne）Yu et Li 漏风垭口海拔 2 031m；用材纤维类、干鲜水果类、蜜源类

7. 山樱花 *C. serrulata*（Lindl.）G. Don ex London 养马寨海拔 1 694m；园林观赏类

（三）栒子属 *Cotoneaster* B. Ehrhart.

1. 匍匐栒子 *C. adpressus* Bois 八大山海拔 2 435m、娘娘山蚂蚁地海拔 2 084m；园林观赏类
2. 黄杨叶栒子 *C. buxifolius* Lindl. 石包地海拔 1 780m；园林观赏类
3. 矮生栒子 *C. dammerii* Schneid. 普古乡厂上村下寨海拔 1 750m；园林观赏类
4. 西南栒子 *C. franchetii* Bois 八大山海拔 2 234m；园林观赏类
5. 粉叶栒子 *C. glaucophyllus* Franch. 吴家冲海拔 2 048m；园林观赏类
6. 小叶粉叶栒子 *C. glaucophyllus* Franch. var. *meiophyllus* W. W. Smith. 园林观赏类
7. 平枝栒子 *C. horizontalis* Dcne. 园林观赏类
8. 宝兴栒子 *C. moupinensis* Franch. 园林观赏类
9. 麻叶栒子 *C. rhytidophyllus* Rehd. et Wils. 八大山海拔 2 234m；园林观赏类

（四）山楂属 *Crataegus* L.

1. 野山楂 *C. cuneata* Sieb. et Zucc. 大洞口海拔 1 830m；干鲜水果类
2. 云南山楂 *C. scabrifolia*（Franch.）Rehd. 格所洼子头海拔 1 524m；用材纤维类、干鲜水果类

（五）枇杷属 *Eriobotrya* Lindl.

1. 大花枇杷 *E. cavaleriei*（Levl.）Rehd. 格所洼子头海拔 1 524m；用材纤维类、淀粉树胶类、蜜源类
2. 枇杷 *E. japonica*（Thunb.）Lindl. 格所洼子头海拔 1 504m、杨宝地海拔 1 874m、罗棚新寨海拔 1 122m、黄家麻窝海拔 1 598m；用材纤维类、园林观赏类、干鲜水果类

（六）棣棠花属 *Kerria* DC.

1. 棣棠花 *K. japonica*（L.）DC 园林观赏类、药用类

（七）桂樱属 *Laurocerasus* Tourn. ex Duh.

1. 南方桂樱 *L. australis* Yu et Lu 格所祭风坡海拔 1 691m；用材纤维类
2. 大叶桂樱 *L. zippenliana*（Miq.）Yu et Lu 格所祭风坡海拔 1 691m；用材纤维类
3. 毛枝桂樱 *L. phaeosticta*（Hance）Schneid. f. *puberula* Q. H. Chen 杨宝地海拔 1 898m；用材纤维类
4. 腺叶桂樱 *L. phaeosticta*(Hance)Schneid. 用材纤维类、园林观赏类

（八）苹果属 *Malus* Mill.

1. 花红 *M. asiatica* Nakai 园林观赏类、药用类、干鲜水果类
2. 湖北海棠 *M. hupehensis*（Pamp.）Rehd. 罗棚新寨海拔 1 122m；园林观赏类、干鲜水果类
3. 毛山荆子 *M. manshurica*（Maxim）Kom. 园林观赏类、药用类、干鲜水果类
4. 西蜀海棠 *M. prattii*（Hemsl）Schneid 罗棚新寨海拔 1 122m；园林观赏类、干鲜水果类
5. 苹果 *M. pumila* Mill. Gard. Dict. ed. 普古乡厂上村下寨海拔 1 750m；园林观赏类、药用类、干鲜水果类
6. 三叶海棠 *M. sieboldii*（Regel.）Rehd. 园林观赏类、药用类、干鲜水果类、
7. 山荆子 *M. baccata*（L.）Borkh. 格所祭风坡海拔 1 645m；用材纤维类、干鲜水果类、蜜源类

（九）绣线梅属 *Neillia* D. Don

1. 中华绣线梅 *N. sinensis* Oliv. 园林观赏类、药用类

（十）稠李属 *Padus* Mill.

1. 短梗稠李 *P. brachypoda*（Batal.）Schneid. 八大山海拔 2 274m；用材纤维类
2. 细齿稠李 *P. obtusata*(Koehne)Yu et Ku 用材纤维类、园林观赏类
3. 锈毛稠李 *P. rufomicans*(Koehne)F. H. Zhang 用材纤维类、园林观赏类
4. 绢毛稠李 *P. wilsonii* Schneid. 漏风垭口海拔 1 985m；用材纤维类

（一一）石楠属 *Photinia* Lindl.

1. 中华石楠 *Ph. beauverdiana* Schneid. 八大山海拔 2 234m；用材纤维类、园林观赏类

2. 厚叶石楠 *Ph. crassifolia* Levl. 石包地海拔 1 780m；用材纤维类

3. 窄叶石楠 *Ph. stenophylla* Hand. – Mazz. Symb. Sin. 格所祭风坡海拔 1 691m；用材纤维类

4. 独山石楠 *Ph. tushanensis* Yu 杨宝地海拔 1 911m、养马寨海拔 1 694m；珍稀类、蜜源类

5. 毛叶石楠 *Photinia villosa*（Thunb.）DC. Prodr. 川洞海拔 1 905m；用材纤维类

（一二）李属 *Prunus* L.

1. 野李 *P. salicina* Lindl. 罗棚新寨海拔 1 122m、张家岩海拔 1 655m、娘娘山蚂蚁地海拔 2 084m；用材纤维类、干鲜水果类、蜜源类

（一三）火棘属 *Pyracantha* Roem.

1. 火棘 *P. fortuneana*（Maxim.）Li 格所洼子头海拔 1 524m、杨宝地海拔 1 898m、川洞海拔 1 905m、黄家麻窝海拔 1 598m、娘娘山蚂蚁地海拔 2 084m、普古乡厂上村下寨海拔 1 810m；园林观赏类、淀粉树胶类、干鲜水果类

（一四）梨属 *Pyrus* L.

1. 杜梨 *P. betulaefolia* Bge. 用材纤维类、园林观赏类、药用类、干鲜水果类、

2. 川梨 *P. pashia* Buch. – Ham. ex D. Don 普古乡厂上村下寨海拔 1 810m；用材纤维类、干鲜水果类、蜜源类

3. 麻梨 *P. serrulata* Rehd. 格所洼子头海拔 1 504m；干鲜水果类、蜜源类

4. 野梨 *P.* sp. 普古乡厂上村下寨海拔 1 810m；用材纤维类、干鲜水果类、蜜源类

（一五）蔷薇属 *Rosa* L.

1. 伞房蔷薇 *R. corymbulosa* Rolfe 格所祭风坡海拔 1 645m、黄家麻窝海拔 1 598m；用材纤维类、干鲜水果类、蜜源类

2. 小果蔷薇 *R. cymosa* Tratt. 药用类

3. 软条七蔷薇 *R. henryi* Boulenger. 八大山海拔 2 174m；药用类

4. 贵州缫丝花 *R. kweichowensis* Yu et Ku 格所洼子头海拔 1 504m、石包地海拔 1 780m、榕树村海拔 970m、黄家麻窝海拔 1 598m、普古乡厂上村下寨海拔 1 810m；香料色素果胶类、干鲜水果类、蜜源类

5. 金樱子 *R. laevigata* Michx. 园林观赏类、药用类、干鲜水果类、

6. 毛萼蔷薇 *R. lasiosepala* Metc. 娘娘山蚂蚁地海拔 2 084m、普古乡厂上村下寨海拔 1 810m；香料色素果胶类

7. 亮叶月季 *R. lucidissima* Levl. 园林观赏类、药用类、干鲜水果类

8. 扁刺峨眉蔷薇 *R. omeiensis* Rolfe f. *pteracantha* Rehd. et Wils. 园林观赏类、药用类、干鲜水果类

9. 缫丝花 *R. roxburghii* Tratt. 园林观赏类、药用类、干鲜水果类

10. 单瓣缫丝花 *R. roxburghii* Tratt. f. *normalis* Rehd. et Wils. 园林观赏类、药用类、干鲜水果类、

11. 悬钩子蔷薇 *R. rubus* Lévl. et Vant. 药用类、干鲜水果类

（一六）悬钩子属 *Rubus* L.

1. 柔毛尖叶悬钩子 *R. acuminatus* Smith. var. *puberulus* Yu et Lu 八大山海拔 2 274m；药用类干鲜水果类

2. 粗叶悬钩子 *R. alceaefolius* Poir. 娘娘山蚂蚁地海拔 2 084m；干鲜水果类

3. 西南悬钩子 *R. assamensis* Focke 药用类、干鲜水果类

4. 竹叶鸡爪茶 *R. bambusarum* Focke 黄家麻窝海拔 1 598m、张家岩海拔 1 655m；药用类、干鲜水果类

5. 粉枝莓 *R. biflorus* Buch. – Ham. ex Smith 格所洼子头海拔 1 524m、黄家麻窝海拔 1 598m；干鲜水果类

6. 小柱悬钩子 *R. columellaris* Tutcher 格所洼子头海拔 1 504m、普古乡厂上村下寨海拔 1 750m；药用类、干鲜水果类

7. 山莓 *R. corchorifolius* L. f. 娘娘山蚂蚁地海拔 2 084m、普古乡厂上村下寨海拔 1 810m；干鲜水果类

8. 插田泡 *R. coreanus* Miq. 张家岩海拔 1 655m；干鲜水果类

9. 毛梗长叶悬钩子 *R. dolichophylla* Hand. – Mazz. var. *pubescens* Yu et Lu 药用类、干鲜水果类

10. 宜昌悬钩子 *R. ichangensis* Hemsl. et Ktze. 药用类、干鲜水果类、

11. 白叶莓 *R. innominatus* S. Moore 八大山海拔 2 435m、漏风垭口海拔 2 015m；干鲜水果类

12. 红花悬钩子 *R. inopertus*（Diels）Focke 娘娘山蚂蚁地海拔 2 084m、格所祭风坡海拔 1 645m、张家岩海拔 1 655m；干鲜水果类

13. 高粱泡 *R. lambertianus* Ser. 菜籽冲海拔 1 860m、张家岩海拔 1 655m、吴家冲海拔 2 048m、普古乡厂上村下寨海拔 1 744m；干鲜水果类

14. 腺毛高粱泡 *R. lambertianus* Seringe var. *glandulosus* Card. 杨宝地海拔 1 898m；干鲜水果类

15. 白花悬钩子 *R. leucanthus* Hance 娘娘山蚂蚁地海拔 2 084m、普古乡厂上村下寨海拔 1 810m；干鲜水果类

16. 角裂悬钩子 *R. lobophyllus* Shih ex Metc. 张家岩海拔 1 729m；干鲜水果类

17. 茅莓 *R. parvifolius* L. 药用类、干鲜水果类

18. 红毛悬钩子 *R. pinfaensis* Lévl. et Vant. 药用类、干鲜水果类

19. 香莓 *R. pungens* Camb. var. *oldamii*（Miq.）Maxim. 八大山海拔 2 274m；药用类、干鲜水果类

20. 川莓 *R. setchuenensis* Bureau et Franch. 漏风垭口海拔 2 015m、娘娘山蚂蚁地海拔 1 990m；干鲜水果类

21. 木莓 *R. swinhoei* Hance 八大山海拔 2 435m、黄家麻窝海拔 1 598m；干鲜水果类

22. 三花悬钩子 *R. trianthus* Focke 八大山海拔 2 274m；药用类、干鲜水果类

23. 西畴悬钩子 *R. xichouensis* Yu et Li 普古乡厂上村下寨海拔 1 810m；药用类、干鲜水果类

（一七）珍珠梅属 *Sorbaria*（Ser.）A. Br. ex Aschers.

1. 高丛珍珠梅 *S. arborea* Schneid. 娘娘山蚂蚁地海拔 2 082m；园林观赏类、蜜源类

（一八）花楸属 *Sorbus* L.

1. 水榆花楸 *S. alnifolia*（Sieb. et Zucc.）K. Koch 漏风垭口海拔 2 045m；用材纤维类、蜜源类

2. 美脉花楸 *S. caloneura*（Stapf.）Rehd 大云上海拔 1 877m、八大山海拔 2 435m、张家岩海拔 1 655m；用材纤维类、园林观赏类、蜜源类

3. 冠萼花楸 *S. coronta*（Card.）Yu et Tsai 用材纤维类、园林观赏类、药用类干鲜水果类

4. 石灰花楸 *S. folgneri*（Schneid.）Rehd 杨宝地海拔 1 911m；用材纤维类

5. 圆果花楸 *S. globosa* Yu et Tsai 普古乡厂上村下寨海拔 1 750m；用材纤维类、蜜源类

6. 江南花楸 *S. hemsleyi*（Schneid.）Rehd 八大山海拔 2 435m；用材纤维类、园林观赏类、蜜源类

7. 大果花楸 *S. megalocarpa* Rehd. 漏风垭口海拔 2 031m；用材纤维类、园林观赏类、蜜源类

8. 四川花楸 *S. setschwanensis*（Schneid.）Koehne 八大山海拔 2 435m；园林观赏类、

（一九）绣线菊属 Spiraea L.

1. 中华绣线菊 *S. chinensis* Maxim. 八大山海拔 2 234m、娘娘山蚂蚁地海拔 2 084m；园林观赏类、药用类

2. 粉花绣线菊 *S. japonica* L. f. 杨宝地海拔 1 898m、八大山海拔 2 274m、张家岩海拔 1 655m、漏风垭口海拔 2 015m、普古乡厂上村下寨海拔 1 810m；园林观赏类、蜜源类

3. 鄂西绣线菊 *S. veitchii* Hemsl. 吴家冲海拔 2 048m；园林观赏类、蜜源类

(二十)红果树属 *Stranvaesia* Lindl.

1. 毛萼红果树 *S. amphidoxa* Schneid. 娘娘山蚂蚁地海拔 2 084m；干鲜水果类

2. 红果树 *S. davidiana* Dcne. 杨宝地海拔 1 911m；用材纤维类、园林观赏类

3. 波叶红果树 *S. davidiana* Dcne. var. *undulata*（Dene）Rehd. et Wils. 八大山海拔 2 266m、娘娘山蚂蚁地海拔 2 100m；用材纤维类、园林观赏类

五十三、豆科 Leguminosae

(一)金合欢属 *Acacia*Mill.

1. 金合欢 *A. farnesiana*（L.）Willd. Sp. Pl. 用材纤维类、园林观赏类

(二)合欢属 *Albizia* Durazz.

1. 楹树 *A. chinensis*（Osbeck.）Merr. 普古乡厂上村下寨海拔 1 750m；用材纤维类

2. 合欢 *A. julibrissin* Duraz. 川洞海拔 1 905m；用材纤维类、园林观赏类

3. 山槐 *A. kalkora*（Roxb.）Prain 榕树村海拔 970m、罗棚新寨海拔 1 122m、普古乡厂上村下寨海拔 1 744m、八大山海拔 2 435m；用材纤维类、蜜源类

(三)羊蹄甲属 *Bauhinia* L.

1. 龙须藤 *B. championii* Benth. 普古乡厂上村下寨海拔 1 750m；蜜源类

2. 粉叶羊蹄甲 *B. glauca* Wall. ex Benth. 格所祭风坡海拔 1 691m、张家岩海拔 1 655m；药用类、蜜源类

3. 囊托羊蹄甲 *B. touranensis* Gagnep. 榕树村海拔 970m；园林观赏类

(四)云实属 *Caesalpinia* L.

1. 云实 *C. decapetala*（Roth）Alston 榕树村海拔 970m、罗棚新寨海拔 1 122m、黄家麻窝海拔 1 598m、张家岩海拔 1 655m；香料色素果胶类

(五)木豆属 *Cajanus* DC.

1. 木豆 *C. cajan*（L.）Millsp. 榕树村海拔 970m；园林观赏类、药用类

(六)杭子梢属 Campylotropis Bge

1. 西南杭子梢 *C. delavayi*（Franch.）Schindl. 格所祭风坡海拔 1 645m；蜜源类

2. 三棱枝杭子梢 *C. trigonoclada*（Franch.）Schindl. 园林观赏类、药用类

(七)紫荆属 Cercis L.

1. 紫荆 *C. chinensis* Bunge 格所洼子头海拔 1 504m、石包地海拔 1 780m、大洞口海拔 1 830m；用材纤维类、园林观赏类

2. 湖北紫荆 *C. glabra* Pampan. 杨宝地海拔 1 874m、罗棚新寨海拔 1 122m、普古乡厂上村下寨海拔 1 750m；用材纤维类、园林观赏类

(八)香槐属 *Cladrastis* Raf.

1. 翅荚香槐 *C. platycarpa*（Maxim.）Makino 榕树村海拔 970m、罗棚新寨海拔 1 122m、川洞海拔 1 905m；用材纤维类、蜜源类

2. 小花香槐 *C. sinensis* Hemsl. 吴家冲海拔 2 048m；用材纤维类

3. 香槐 *C. wilsonii* Takeda 格所洼子头海拔 1 524m、张家岩海拔 1 655m；用材纤维类、蜜源类

(九)舞草属 *Codariocalyx* Hassk.

1. 圆叶舞草 *C. gyroides*（Roxb. ex Link）Hassk. 园林观赏类、药用类

(十)黄檀属 *Dalbergia* L. f.

1. 藤黄檀 *D. hancei* Benth. 榕树村海拔 970m、普古乡厂上村下寨海拔 1 744m；用材纤维类

(一一)老虎刺属 *Pterolobium* R. Br.

1. 老虎刺 *P. punctatum* Hemsl. 榕树村海拔 970m、罗棚新寨海拔 1 122m；园林观赏类

(一二)山蚂蝗属 *Desmodium* Desv.

1. 小槐花 *D. caudatum*（Thunb.）DC. Prodr. 普古乡厂上村下寨海拔 1 810m
2. 假地豆 *D. heterocarpon*（L.）DC. 石包地海拔 1 780m；蜜源类
3. 饿蚂蝗 *D. multiforum* DC. 园林观赏类、药用类
4. 长波叶山蚂蝗 *D. sinuatum* Blume ex Baker 罗棚新寨海拔 1 122m、漏风垭口海拔 2 015m；蜜源类

(一三)刺桐属 *Erythrina*L.

1. 乔木刺桐 *E. arborescens* Roxb. 用材纤维类、园林观赏类、药用类
2. 刺桐 *E. variegata* L. 格所洼子头海拔 1 524m；园林观赏类、蜜源类

(一四)千斤拔属 *Flemingia* Roxb. et Ait. f.

1. 大叶千斤拔 *F. macrophylla*（Willd.）Prai 罗棚新寨海拔 1 122m；蜜源类

(一五)皂荚属 *Gleditsia* L.

1. 皂荚 *G. sinensis* Lam. 格所洼子头海拔 1 524m、养马寨海拔 1 694m；用材纤维类、药用类

(一六)木蓝属 *Indigofera* L.

1. 河北木蓝 *I. bungeana* Steud. 娘娘山蚂蚁地海拔 2 100m、普古乡厂上村下寨海拔 1 810m；药用类
2. 西南木蓝 *I. monbeigii* Craib. 格所洼子头海拔 1 504m、张家岩海拔 1 655m；蜜源类
3. 马棘 *I. pseudotinctoria* Matsum. 榕树村海拔 970m；蜜源类
4. 网叶木蓝 *I. reticulata* Franch. Pl. Delav. 药用类

(一七)胡枝子属 *Lespedeza* Michx.

1. 截叶铁扫帚 *L. cuneata*（Dum. – Cours.）G. Don 药用类

(一八)马鞍树属 Maackia *Rupr. et Maxim*.

1. 马鞍树 *M. hupehensis* Takeda. 用材纤维类

(一九)崖豆藤属 *Millettia* Wight. et Arn

1. 香花崖豆藤 *M. dielsiana* Harms ex Diels 格所祭风坡海拔 1 691m、杨宝地海拔 1 898m、菜籽冲海拔 1 860m、张家岩海拔 1 655m；淀粉树胶类、蜜源类
2. 滇缅崖豆藤 *M. nitida* Benth 养马寨海拔 1 694m、黄家麻窝海拔 1 598m、漏风垭口海拔 2 045m；园林观赏类、淀粉树胶类、
3. 毛亮叶崖豆藤 *M. nitida* var. *mollifolia* Q. W. Yao. 用材纤维类、园林观赏类、药用类
4. 厚果崖豆藤 *M. pachycarpa* Benth. 榕树村海拔 970m、罗棚新寨海拔 1 122m；淀粉树胶类、蜜源类

(二十)红豆属 *Ormosia* Jacks.

1. 岩生红豆 *O. saxatilis* K. M. Lan. 榕树村海拔 970m；用材纤维类、珍稀类、

(二一)长柄山蚂蝗属 *Podocarpium*（Benth.）Yang et Huang

1. 尖叶长柄山蚂蝗 *P. podocarpum* var. *oxyphyllum*(DC.)Yang et Huang 药用类
2. 长柄山蚂蝗 *P. podocarpum*(DC.)Yang et Huang. 大云上海拔 1 877m；蜜源类

(二二)葛属 *Pueraria* DC.

1. 葛 *P. lobata*（Willd.）Ohwin Bull. 张家岩海拔 1 729m；蜜源类
2. 苦葛 *P. peduncularis*（Grah. ex Benth.）Benth. 娘娘山蚂蚁地海拔 2 084m；淀粉树胶类、蜜源类

(二三)刺槐属 *Robina* L.

1. 刺槐 *R. pseudoacacia* L. 用材纤维类、园林观赏类、药用类、蜜源类

(二四)槐属 *Sophora* L.

1. 槐 *S. japonica* L. Mant. 罗棚新寨海拔 1 122m；用材纤维类、蜜源类
2. 越南槐 *S. tonkinensis* Gagnep 榕树村海拔 970m

五十四、胡颓子科 Elaeagnaceae

(一)胡颓子属 *Elaeagnus* L.

1. 铜色叶胡颓子 *E. cupies* Rehd. 漏风垭口海拔 2 045m；园林观赏类、干鲜水果类

2. 蔓胡颓子 *E. glabra* Thunb. 杨宝地海拔 1 911m；干鲜水果类

3. 银果羊奶子 *E. magna* Rehd. 八大山海拔 2 234m、八大山海拔 2 313m、漏风垭口海拔 1 985m；园林观赏类、干鲜水果类

五十五、千屈菜科 Lythraceae

(一)紫薇属 *Lagerstroemia* L.

1. 紫薇 *L. indica* L. 格所洼子头海拔 1 504m；园林观赏类

五十六、瑞香科 Thymelaeaceae

(一)瑞香属 *Daphne* L.

1. 白瑞香 *D. papyracea* Wall. ex Steud. 菜籽冲海拔 1 860m；用材纤维类、园林观赏类、香料色素果胶类

五十七、桃金娘科 Myrtaceae

(一)蒲桃属 *Syzygium* Gaertn.

1. 华南蒲桃 *S. austrosinense*（Merr. et Perry）Chang et Miau 八大山海拔 2 435m；用材纤维类

五十八、石榴科 Punicaceae

(一)石榴属 *Punica* L.

1. 石榴 *P. granatum* L. 格所洼子头海拔 1 524m、罗棚新寨海拔 1 122m；园林观赏类、干鲜水果类

五十九、野牡丹科 Melastomataceae

(一)野牡丹属 *Melastoma* L.

1. 地菍 *M. dodecandrum* Lour. 园林观赏类、药用类

2. 展毛野牡丹 *M. normale* D. Don Prodr. 榕树村海拔 970m、罗棚新寨海拔 1 122m；园林观赏类

(二)金锦香属 *Osbeckia* L.

1. 朝天罐 *O. crinita* Benth. 园林观赏类、药用类

六十、八角枫科 Alangiaceae

(一)八角枫属 *Alangium* Lam.

1. 八角枫 *A. chinense*（Lour.）Harms 格所洼子头海拔 1 504m、大冲头海拔 1 840m、罗棚新寨海拔 1 122m、张家岩海拔 1 655m、漏风垭口海拔 1 985m、普古乡厂上村下寨海拔 1 750m；用材纤维类、药用类

2. 稀花八角枫 *A. chinense*（Lour.）Harms ssp. *pauciflorum* Fang 罗棚新寨海拔 1 122m；药用类

3. 深裂八角枫 *A. m chinense*（Lour.）Harms ssp. *triangulare*（Wanger.）Fang 川洞海拔 1 905m；用材纤维类、药用类

4. 瓜木 *A. platanifolium*（Sieb. et Zucc.）Harms. 用材纤维类

六十一、蓝果树科 Nyssaceae

(一)喜树属 *Camptotheca* Decne.

1. 喜树 *C. acuminata* Decne. 格所洼子头海拔 1 524m；用材纤维类、药用类

(二)珙桐属 Davidia Baih.

1. 光叶珙桐 *D. involucrata* Baill. var. *vilmoriniana*（Dode）Wanger. 吴家冲海拔 2 048m；用材纤维类、珍稀类

(三)蓝果树属 *Nyssa* Gronov. ex L.

1. 蓝果树 *N. sinensis* Oliv. 普古乡厂上村下寨海拔 1 810m；用材纤维类

六十二、山茱萸科 Cornaceae

(一)灯台树属 *Bothrocaryum*(Koehne) Pojark.

1. 灯台树 *B. controversa*(Hemsl.)Pojark 格所洼子头海拔 1 504m、杨宝地海拔 1 874m、菜籽冲海拔 1 860m、黄家麻窝海拔 1 598m、漏风垭口海拔 1 985m、普古乡厂上村下寨海拔 1 744m；油脂类、蜜源类

(二)四照花属 *Dendrobenthamia* Hutch.

1. 四照花 *D. japonica* var. *chinensis*(Osborn) Fang 用材纤维类、园林观赏类、药用类、干鲜水果类

(三)青荚叶属 *Helwingia* Willd.

1. 中华青荚叶 *H. chinensis* Batal 格所洼子头海拔 1 504m、格所祭风坡海拔 1 645m、吴家冲海拔 2 048m；药用类

2. 小叶青荚叶 *H. chinensis* Batal var. *microphylla* Fang et Soong 榕树村海拔 970m、罗棚新寨海拔 1 122m；药用类

3. 小型青荚叶 *H. himalaica* Hook. f. et Thoms ex Clarke var. *parvifolia* Li. 园林观赏类、药用类

4. 西域青荚叶 *H. himalaica* Hook. f. et Thoms. ex C. B. Clarke 黄家麻窝海拔 1 598m；药用类

5. 青荚叶 *H. japonica*(Thunb.) Dietr. 黄家麻窝海拔 1 598m；药用类

(四)梾木属 *Swida*L.

1. 梾木 *S. macrophylla*(Wall.)Sojak 大洞口海拔 1 830m、普古乡厂上村下寨海拔 1 744m；用材纤维类、油脂类

2. 长圆叶梾木 *S. oblonga*(Wall.) Sojak 石包地海拔 1 780m；油脂类

3. 小梾木 *S. paucinervis*(Hance)Sojak in Novit. 园林观赏类

4. 宝兴梾木 *S. scabrida*(Franch.)Holub 格所祭风坡海拔 1 645m、杨宝地海拔 1 911m、大洞口海拔 1 830m；用材纤维类、油脂类

5. 光皮梾木 *S. wilsoniana*(Wanger.)Sojak 格所洼子头海拔 1 524m、榕树村海拔 970m、罗棚新寨海拔 1 122m；用材纤维类、油脂类

(五)鞘柄木属 *Torricellia* DC.

1. 角叶鞘柄木 *T. angulata* Oliv. 榕树村海拔 970m、娘娘山蚂蚁地海拔 2 084m；药用类

2. 有齿鞘柄木 *T. angulata* Oliv. var. *intermedia*(Harms) Hu 格所洼子头海拔 1 524m、石包地海拔 1 780m、川洞海拔 1 905m、张家岩海拔 1 729m、药用类

六十三、桑寄生科 Loranthaceae

(一)桑寄生属 *Loranthus* Jacq.

1. 贵州桑寄生 *L. guizhouensis* H. S. Kiu 八大山海拔 2 234m；药用类

(二)鞘花属 Macrosolen(Blume)Reichb.

1. 双花鞘花 *M. bibracteolatus*(Hance) Danser 榕树村海拔 970m；药用类

2. 鞘花 *M. cochinchinensis*(Lour.) Van Tiegh. 罗棚新寨海拔 1 122m；药用类

(三)梨果寄生属 *Scurrula* L.

1. 红花寄生 *S. parasitica* L. 八大山海拔 2 174m；药用类

(四)钝果寄生属 *Taxillus* Van. Tiegh.

1. 毛叶钝果寄生 *T. rigrans*(Hance) Danser. 药用类

2. 灰毛桑寄生 *T. sutchuenensis* var. *duclouxii*(Lecomte) H. S. Kiu 药用类

3. 白毛寄生 *T. thibetensis*(Lecomte) Danser var. *albus* Jiarong Wu 药用类

(五)大苞寄生属 *Tolypanthus*(Blume) Reichb.

1. 大苞寄生 *T. maclurei*(Merr.) Danser 罗棚新寨海拔 1 122m；药用类

六十四、卫矛科 Celastraceae

(一) 南蛇藤属 *Celastrus* L.

1. 苦皮藤 *C. angulatus* Maxim. 八大山海拔 2 234m；八大山海拔 2 274m；油脂类
2. 大芽南蛇藤 *C. gemmatus* Loes. 川洞海拔 1 905m、娘娘山蚂蚁地海拔 2 084m；药用类
3. 灰叶南蛇藤 *C. glaucophyllus* Rehd. et Wils. 普古乡厂上村下寨海拔 1 750m；油脂类
4. 粉背南蛇藤 *C. hypoleucus*（Oliv.）Warb. ex Loes. 八大山海拔 2 234m；油脂类
5. 短梗南蛇藤 *C. rosthornianus* Loes. 杨宝地海拔 1 874m；油脂类

(二) 卫矛属 *Euonymus* L.

1. 刺果卫矛 *E. acanthocarpus* Franch. 吴家冲海拔 2 048m；园林观赏类、药用类
2. 软刺卫矛 *E. aculeatus* Hemsl. 园林观赏类
3. 扶芳藤 *E. fortunei*（Turcz.）Hand. – Mazz. Symb. Sin. 张家岩海拔 1 720m、普古乡厂上村下寨海拔 1 744m、格所祭风坡海拔 1 645m；园林观赏类
4. 爬行卫矛 *E. fortunei*（Turcz.）Hand. – Mazzt. 园林观赏类、药用类
5. 西南卫矛 *E. hamiltonianus* Wall. Ex Roxb 格所洼子头海拔 1 524m、八大山海拔 2 174m；用材纤维类、园林观赏类、药用类
6. 短翅卫矛 *E. rehderianus* Loes. 张家岩海拔 1 729m；园林观赏类
7. 长刺卫矛 *E. wilsonii* Sprague. 漏风垭口海拔 2 015m；园林观赏类
8. 冬青卫矛 *Euonymus japonicus* Thunb. 园林观赏类

(三) 假卫矛属 *Microtropis* Wall. ex Meisn.

1. 三花假卫矛 *M. triflora* Merr. et Freem. 园林观赏类、药用类

六十五、冬青科 Aquifoliaceae

(一) 冬青属 *Ilex* L.

1. 刺叶冬青 *I. bioritsensis* Hayata 八大山海拔 2 234m、漏风垭口海拔 2 015m；用材纤维类、园林观赏类
2. 沙坝冬青 *I. chapaensis* Merr. 普古乡厂上村下寨海拔 1 744m；用材纤维类
3. 冬青 *I. chinensis* Sims
4. 纤齿枸骨 *I. ciliospinosa* Loes. 八大山海拔 2 234m；园林观赏类
5. 珊瑚冬青 *I. corallinan* Franch. 漏风垭口海拔 2 045m；园林观赏类
6. 广东冬青 *I. kwangtungensis* Merr. 园林观赏类
7. 大果冬青 *I. macrocarpa* Oliv. 格所洼子头海拔 1 524m、罗棚新寨海拔 1 122m、罗棚新寨海拔 1 122m、张家岩海拔 1 655m、普古乡厂上村下寨海拔 1 744m；用材纤维类
8. 小果冬青 *I. micrococca* Maxim. 用材纤维类、园林观赏类
9. 猫儿刺 *I. pernyi* Franch. 园林观赏类、药用类
10. 香冬青 *I. suaveolens*（Levl.）Loes. 漏风垭口海拔 2 015m；用材纤维类、园林观赏类、
11. 四川冬青 *I. szechwanensis* Loes. 八大山海拔 2 274m；园林观赏类、香料色素果胶类
12. 三花冬青 *I. triflora* Bl.
13. 紫果冬青 *I. tsoii* Merr. et Chun 普古乡厂上村下寨海拔 1 750m；园林观赏类、
14. 云南冬青 *I. yunnanensis* Franch. Pl. Delavy. 园林观赏类

六十六、黄杨科 Buxaceae

(一) 黄杨属 *Buxus* L.

1. 小叶黄杨 *B. sinica*（Rehd. et Wils）Cheng var. *parvifolia* M. Cheng 普古乡厂上村下寨海拔 1 750m；用材纤维类
2. 狭叶黄杨 *B. stenophylla* Hance 园林观赏类

（二）板凳果属 Pachysandra Michx.

1. 板凳果 *P. axillaris* Franch. 普古乡厂上村下寨海拔 1 750m；园林观赏类

（三）野扇花属 *Sarcococca* Lindl.

1. 野扇花 *S. ruscifolia* Stapf 格所洼子头海拔 1 504m、养马寨海拔 1 694m、八大山海拔 2 266m；园林观赏类、

2. 窄叶野扇花 *S. ruscifolia* Stapf 八大山海拔 2 274m；园林观赏类、

六十七、大戟科 Euphorbiaceae

（一）秋枫属 *Bischofia* Bl.

1. 秋枫 *B. javanica* Bl. 用材纤维类、园林观赏类

（二）白饭树属 *Flueggea* Willd.

1. 一叶萩 *F. suffruticosa*（Pall.）Rehd. 杨宝地海拔 1 911m、

（三）算盘子属 *Glochidion* Forst.

1. 算盘子 *G. puberum*（L.）Hutch. 药用类

2. 湖北算盘子 *G. wilsonii* Hutch 格所祭风坡海拔 1 645m、石包地海拔 1 780m、张家岩海拔 1 720m、普古乡厂上村下寨海拔 1 810m；药用类

（四）野桐属 Mallotus Lour.

1. 毛桐 *M. barbatus*（Wall.）Muell. – Arg. 榕树村海拔 970m；用材纤维类、园林观赏类、药用类

2. 野梧桐 *M. japonicus*（Thunb.）Muell. – Arg. 用材纤维类、园林观赏类、药用类

3. 野桐 *M. japonicus*（Thunb.）Muell. – Arg. var. *floccosus*（Muell. – Arg.）S. Mallotus Huang. 杨宝地 1874m、菜籽冲海拔 1 860m、普古乡厂上村下寨海拔 1 750m；用材纤维类、

4. 粗糠柴 *M. philippensis*（LaM）Muell. – Arg. 用材纤维类、园林观赏类、药用类

5. 云南野桐 *M. yunnanensis* Pax et Hoffm. 格所祭风坡海拔 1 691m、黄家麻窝海拔 1 598m、普古乡厂上村下寨海拔 1 744m；用材纤维类、园林观赏类、药用类

6. 石岩枫 *M. repandus*（Willd.）Muell. – Arg. 药用类

（五）叶下珠属 *Phyllanthus* L.

1. 余甘子 *Ph. emblica* L. 罗棚新寨海拔 1 122m；香料色素果胶类、干鲜水果类、

2. 青灰叶下珠 *Ph. glaucus* Wall. ex Muell. – Arg. 菜籽冲海拔 1 860m、黄家麻窝海拔 1 598m、漏风垭口海拔 2 031m；药用类

（六）蓖麻属 RicinusL.

1. 蓖麻 *R. communis* L. 罗棚新寨海拔 1 122m；油脂类

（七）乌桕属 *Sapium* P. Br.

1. 山乌桕 *S. discolor*（Champ. ex Benth.）Muell. – Arg. 榕树村海拔 970m；用材纤维类、油脂类

2. 圆叶乌桕 *S. rotundifolium* Hemsl. 榕树村海拔 970m；用材纤维类、油脂类

3. 乌桕 *S. sebiferum*（L.）Roxb. 用材纤维类、油脂类、园林观赏类、药用类

（八）油桐属 *Vernicia* Lour.

1. 油桐 *V. fordii*（Hemsl.）Airy shaw 榕树村海拔 970m；油脂类

六十八、鼠李科 Rhamnaceae

（一）勾儿茶属 *Berchemia* Neck.

1. 多花勾儿茶 *B. floribunda*（Wall.）Brongn. 园林观赏类、药用类

2. 光枝勾儿茶 *B. polyphylla* Wall. ex Laws. var. *leioclada* Hand. – Mazz. 漏风垭口海拔 1 985m、普古乡厂上村下寨海拔 1 810m、罗棚新寨海拔 1 122m；园林观赏类、药用类

3. 云南勾儿茶 *B. yunnanensis* Franch. 格所洼子头海拔 1 504m；园林观赏类、药用类

(二)枳椇属 *Hovenia* Thunb.

1. 枳椇 *H. acerba* Lindl. 罗棚新寨海拔 1 122m；用材纤维类、干鲜水果类

2. 毛果枳椇 *H. trichocarpa* Chun et Tsiang 罗棚新寨海拔 1 122m；用材纤维类、干鲜水果类

(三)猫乳属 RhamnellaMiq.

1. 多脉猫乳 *Rh. martinii*(Levl.)Schneid. 普古乡厂上村下寨海拔 1 750m；用材纤维类

(四)鼠李属 Rhamnus L.

1. 革叶鼠李 *Rh. coriophylla* Hand. －Mazz. 格所洼子头海拔 1 524m、黄家麻窝海拔 1 598m 养马寨海拔 1 694m、漏风垭口海拔 2 015m；药用类

2. 长叶冻绿 *Rh. crenata* Sieb. et Zucc. 杨宝地海拔 1 911m；园林观赏类

3. 亮叶鼠李 *Rh. hemsleyana* Schneid.

4. 异叶鼠李 *Rh. heterophylla* Oliv.

5. 薄叶鼠李 *Rh. leptophylla* Schneid. 格所洼子头海拔 1 524m、黄家麻窝海拔 1 598m、普古乡厂上村下寨海拔 1 744m、吴家冲海拔 2 048m；园林观赏类

6. 小冻绿树 *Rh. rosthornii* Pritz. 格所洼子头海拔 1 504m

7. 冻绿 *Rh. utilis* Decne. 杨宝地海拔 1 898m、漏风垭口海拔 2 031m；园林观赏类

8. 毛冻绿 *Rh. utilis* Decne. var. *hypochrysa*（Schneid.）Rehd. 黄家麻窝海拔 1 598m；园林观赏类

9. 帚枝鼠李 *Rh. virgata* Roxb. 黄家麻窝海拔 1 598m、

(五)雀梅藤属 *Sageretia* Brongn.

1. 纤细雀梅藤 *S. gracilis* Drumm et Sprague. 漏风垭口海拔 2 031m；园林观赏类

2. 钩刺雀梅藤 *S. hamosa*（Wall.）Brongn. 普古乡厂上村下寨海拔 1 750m；园林观赏类

3. 梗花雀梅藤 *S. henryi* Drumm et Sprangue. 园林观赏类

4. 疏花雀梅藤 *S. laxiflora* Hand. －Mazz. 园林观赏类

5. 皱叶雀梅藤 *S. rugosa* Hance. 格所洼子头海拔 1 504m、黄家麻窝海拔 1 598m；园林观赏类

六十九、葡萄科 Vitaceae

(一)蛇葡萄属 *Ampelopsis* Michx.

1. 羽叶蛇葡萄 *A. chaffanjoni*（Levl.)Rehd. 园林观赏类、药用类

2. 大叶蛇葡萄 *A. megalophylla* Diels et Gilg. 园林观赏类

(二)乌蔹莓属 *Cayratia* Juss.

1. 乌蔹莓 *C. japonica*（Thunb.）Gagnep. 园林观赏类、药用类

2. 华中乌蔹莓 *C. oligocarpa*（Levl. et Vant.）Gagnep. 园林观赏类、药用类

(三)地锦属 *Parthenocissus* Planch.

1. 花叶地锦 *P. henryana*（hemsl.)Diels et Gilg 八大山海拔 2 234m、漏风垭口海拔 2 045m、普古乡厂上村下寨海拔 1 750m；园林观赏类

2. 三叶地锦 *P. semicordata*（Wall.)Planch.

3. 地锦 *P. tricuspidata*（Sieb. et Zucc.）Planch. 杨宝地海拔 1 874m、罗棚新寨海拔 1 122m；园林观赏类

(四)俞藤属 *Yua* C. L. Li

1. 俞藤 *Y. thomsoni*（Laws.)C. L. Li 杨宝地海拔 1 898m；园林观赏类

(五)崖爬藤属 *Tetrastigma* Planch.

1. 叉须崖爬藤 *T. hypoglaucum* Planch. 园林观赏类、药用类

2. 崖爬藤 *T. obtectum*（Wall.）Planch. 格所洼子头海拔 1 524m；园林观赏类

3. 无毛崖爬藤 *T. obtectum*（Wall.）Planch. var. *glabrum*（Levl. et Vant.）Gegnep. 张家岩海拔 1 729m；园林观赏类、药用类

(六)葡萄属 *Vitis* L.

1. 东南葡萄 *V. chunganensis* Hu 八大山海拔 2 234m；干鲜水果类
2. 刺葡萄 *V. davidii*（Roman.）Foex. 张家岩海拔 1 655m；干鲜水果类
3. 葛藟葡萄 *V. flexuosa* Thunb. 药用类、干鲜水果类
4. 毛葡萄 *V. heyneana* Roem. et Schult 普古乡厂上村下寨海拔 1 750m；干鲜水果类
5. 葡萄 *V. vinifera* L. 罗棚新寨海拔 1 122m；干鲜水果类

七十、亚麻科 Linaceae

(一)石海椒属 *Reinwardtia* Dum.

1. 石海椒 *R. indica* Dum.

(二)青篱柴属 *Tirpitzia* Hallier.

1. 箐篱柴 *T. sinensis*（Hemsl.）Hall. 榕树村海拔 970m；园林观赏类、药用类

七十一、远志科 Polygalaceae

(一)远志属 *Polygala* L.

1. 荷苞山桂花 *P. arillata* Buch. – Ham. ex D. Don 园林观赏类、药用类
2. 尾叶远志 *P. caudata* Rehd. et Wils. 杨宝地海拔 1 911m、石包地海拔 1 780m、张家岩海拔 1 655m；药用类
3. 贵州远志 *P. dunniana* Levl. 普古乡厂上村下寨海拔 1 750m；药用类
4. 黄花倒水莲 *P. fallax* Hemsl. 杨宝地海拔 1 874m、川洞海拔 1 905m、养马寨海拔 1 694m、张家岩海拔 1 720m、普古乡厂上村下寨海拔 1 750m；药用类

七十二、省沽油科 Staphyleaceae

(一)野鸦椿属 *Euscaphis* Sieb. et Zucc.

1. 野鸦椿 *E. japonica*（Thunb.）Dippel 菜籽冲海拔 1 860m、八大山海拔 2 435m、普古乡厂上村下寨海拔 1 744m；油脂类、园林观赏类

(二)省沽油属 *Staphylea* L.

1. 嵩明省沽油 *S. forrestii* Balf. f. 漏风垭口海拔 1 985m、吴家冲海拔 2 048m；用材纤维类

(三)瘿椒树属 *Tapiscia* Oliv.

1. 瘿椒树 *T. sinensis* Oliv. 大洞口海拔 1 830m；用材纤维类、珍稀类

七十三、伯乐树科 Bretschneideraceae

(一)伯乐树属 *Bretschneidera* Hemsl.

1. 伯乐树 *B. sinensis* Hemsl. 用材纤维类、园林观赏类

七十四、无患子科 Sapindaceae

(一)栾树属 *Koelreuteria* Laxm.

1. 复羽叶栾树 *K. bipinnata* Franch. 川洞海拔 1 905m；用材纤维类、园林观赏类
2. 栾树 *K. paniculata* Laxm. 格所祭风坡海拔 1 645m、杨宝地海拔 1 911m；用材纤维类、园林观赏类

七十五、清风藤科 Sabiaceae

(一)泡花树属 *Meliosma* Bl.

1. 珂楠树 *M. beaniana* Rehd. et Wils. 用材纤维类
2. 垂枝泡花树 *M. flexuosa* Pamp. 漏风垭口海拔 1 985m；用材纤维类
3. 腺毛泡花树 *M. glandulosa* Cufod. 吴家冲海拔 2 048m；用材纤维类
4. 红枝柴 *M. oldhamii* Maxim. 用材纤维类
5. 腋毛泡花树 *M. rhoifolia* Maxim var. *barbulata*（Cufod.）Law 大洞口海拔 1 830m；用材纤维类
6. 山様叶泡花树 *M. thorelii* Lecomte

(二)清风藤属 *Sabia* Colebr.

1. 革叶清风藤 *S. coriacea* Rehd. et Wils. 药用类

2. 鄂西清风藤 *S. campanulata* Wall. ex Roxb. ssp. *ritchieae*（Rehd. et WilSabia）Y. F. Wu 格所祭风坡海拔 1 691m、罗栅新寨海拔 1 122m；药用类

3. 平伐清风藤 *S. dielsii* Levl. 格所祭风坡海拔 1 645m、普古乡厂上村下寨海拔 1 750m；药用类

4. 灰背清风藤 *S. discolor* Dunn 格所洼子头海拔 1 524m；药用类

5. 凹萼清风藤 *S. emarginata* Lecome 大洞口海拔 1 830m、八大山海拔 2 174m；园林观赏类、药用类

6. 四川清风藤 *S. schumanniana* Diels 八大山海拔 2 234m；药用类

7. 尖叶清风藤 *S. swinhoei* Hemsl. ex Forb. et Hemsl. 药用类

七十六、槭树科 Aceraceae

(一)槭属 *Acer* L.

1. 革叶槭 *A. coriaceifolium* Levl. 用材纤维类、药用类

2. 青榨槭 *A. davidii* Franch. 格所祭风坡海拔 1 645m、杨宝地海拔 1 911m、张家岩海拔 1 720m、、娘娘山蚂蚁地海拔 2 082m、普古乡厂上村下寨海拔 1 750m；用材纤维类

3. 毛花槭 *A. erianthum* Schwer. 用材纤维类、园林观赏类

4. 罗浮槭 *A. fabri* Hance 大冲头海拔 1 840m、普古乡厂上村下寨海拔 1 750m、大洞口海拔 1 830m、格所祭风坡海拔 1 691m、大云上海拔 1 877m、八大山海拔 2 271m；用材纤维类、园林观赏类

5. 红果罗浮槭 *A. fabri* Hance var. *rubrocarpum* Metc. 格所祭风坡海拔 1 691m、大云上海拔 1 877m；用材纤维类、园林观赏类

6. 扇叶槭 *A. flabellatum* Rehd. 用材纤维类、园林观赏类

7. 建始槭 *A. henryi* Pax 普古乡厂上村下寨海拔 1 750m；用材纤维类

8. 疏花槭 *A. laxiflorum* Pax 八大山海拔 2 435m；用材纤维类

9. 苗山槭 *A. miaoshanicum* Fang 漏风垭口海拔 2 031m、吴家冲海拔 2 048m；用材纤维类

10. 纳雍槭 *A. nayongense* Fang 漏风垭口海拔 2 045m；用材纤维类、珍稀类

11. 五裂槭 *A. oliverianum* Pax 张家岩海拔 1 729m；用材纤维类

12. 多果槭 *A. prolificum* Fang et Fang F. 漏风垭口海拔 2 015m；用材纤维类

13. 两型叶网脉槭 *A. reticulatum* Champ. var. *dimorphifolium*（Metc.）Fang et W. K. Hu 格所祭风坡海拔 1 691m；用材纤维类

14. 中华槭 *A. sinense* Pax 八大山海拔 2 234m；用材纤维类、园林观赏类

七十七、漆树科 Anacardiaceae

(一)南酸枣属 *Choerospondias* Burtt et Hill

1. 南酸枣 *Ch. axillaris*（Roxb.）Burtt et Hill 石包地海拔 1 780m、黄家麻窝海拔 1 598m、普古乡厂上村下寨海拔 1 744m；用材纤维类、药用类

(二)黄连木属 *Pistacia* L.

1. 黄连木 *P. chinensis* Bunge 石包地海拔 1 780m；用材纤维类、油脂类

2. 清香木 *P. weinmanifolia* J. Poisson ex Franch. 榕树村海拔 970m、罗栅新寨海拔 1 122m；用材纤维类、珍稀类

(三)盐肤木属 *Rhus*(Tourn.)L.

1. 盐肤木 *R. chinensis* Mill. 格所洼子头海拔 1 524m、杨宝地海拔 1 898m、榕树村海拔 970m、菜籽冲海拔 1 860m、黄家麻窝海拔 1 598m、娘娘山蚂蚁地海拔 2 084m、格所洼子头海拔 1 504m；药用类

2. 青麸杨 *R. potaninii* Maxim. 张家岩海拔 1 720m；药用类

3. 红麸杨 *R. punjabensis* Stew. var *sinica*（Diels.）Rehd. et Wils. 张家岩海拔 1 655m、普古乡厂上村

下寨海拔 1 744m；药用类

(四)漆属 *Toxicodendron* (Tourn.) Mill.

1. 野漆 *T. succedaneum* (L.) O. Kuntze 杨宝地海拔 1 898m、八大山海拔 2 271m；油脂类、

2. 木蜡漆 *T. sylvestre* (Sieb. et Zucc.) O. Kuntze. 张家岩海拔 1 655m、普古乡厂上村下寨海拔 1 750m；油脂类

3. 漆树 *T. vernicifluum* (Stokes.) F. A. Barkl. 格所洼子头海拔 1 524m；用材纤维类、油脂类

七十八、苦木科 Simaroubaceae

(一)臭椿属 *Ailanthus* Desf.

1. 臭椿 *A. altissima* (Mill) Swingle 用材纤维类、药用类

(二)苦树属 *Picrasma* Bl.

1. 苦树 *P. quassioides* (D. Don) Benn. 格所洼子头海拔 1 524m、张家岩海拔 1 655m、普古乡厂上村下寨海拔 1 750m；用材纤维类、药用类

七十九、马桑科 Coriariaceae

(一)马桑属 *Coriaria* L.

1. 马桑 *C. nepalensis* Wall. Pl. As. Rar. 格所祭风坡海拔 1 645m、杨宝地海拔 1 898m、黄家麻窝海拔 1 598m、普古乡厂上村下寨海拔 1 744m；药用类

八十、楝科 Meliaceae

(一)浆果楝属 *Cipadessa* Bl.

1. 灰毛浆果楝 *C. cinerascens* (Pell.) Hand. – Mazz. Symb. Sin. 榕树村海拔 970m；药用类

(二)楝属 *Melia* L.

1. 楝 *M. azdarach* L. 用材纤维类、药用类

(三)香椿属 Toona Roem.

1. 香椿 *T. sinensis* (A. Juss.) Roem. Fam. 格所洼子头海拔 1 504m、石包地海拔 1 780m、榕树村海拔 970m、大洞口海拔 1 830m、张家岩海拔 1 720m、漏风垭口海拔 2 015m、普古乡厂上村下寨海拔 1 810m；用材纤维类、森林蔬菜类

八十一、芸香科 Rutaceae

(一)柑橘属 *Citrus* L.

1. 柚 *C. maxima*(Burm.)Osbeck. 石包地海拔 1 780m；干鲜水果类

2. 甜橙 *C. sinensis* (L.)Osb. 园林观赏类、药用类干鲜水果类

(二)吴茱萸属 *Evodia* Forst.

1. 臭辣吴萸 *E. fargesii* Dode

2. 楝叶吴茱萸 *E. glabrifolia* (Champ. ex Benth.) Huang 罗棚新寨海拔 1 122m；用材纤维类、园林观赏类、药用类

3. 吴茱萸 *E. rutaecarpa* (Juss.) Benth. 杨宝地海拔 1 874m、大冲头海拔 1 841m、罗棚新寨海拔 1 122m、八大山海拔 2 274m、漏风垭口海拔 2 015m、娘娘山蚂蚁地海拔 2 084m、普古乡厂上村下寨海拔 1 810m；用材纤维类、香料色素果胶类

(三)茵芋属 *Skimmia* Thunb.

1. 乔木茵芋 *S. arborescens* T. Anders. ap. Gamble 八大山海拔 2 274m；香料色素果胶类

2. 茵芋 *S. reevesiana* Fortune 八大山海拔 2 266m；园林观赏类、香料色素果胶类

(四)花椒属 *Zanthoxylum* L.

1. 刺花椒 *Z. acathopodium* DC. 药用类

2. 竹叶花椒 *Z. armatum* D C. 格所洼子头海拔 1 524m、黄家麻窝海拔 1 598m、普古乡厂上村下寨海拔 1 744m；香料色素果胶类

3. 毛竹叶花椒 *Z. armatum* D C. var. *ferrugineum*（Rehd. Et Wils.）Huang. 榕树村海拔970m、八大山海拔2 174m；药用类

4. 花椒 *Z. bungeanum* Maxim. 格所洼子头海拔1 504m；香料色素果胶类、

5. 石山花椒 *Z. calcicolu* Huang. 养马寨海拔1 694m；香料色素果胶类、

6. 蚬壳花椒 *Z. dissitum* Hemsl. 张家岩海拔1 655m；香料色素果胶类、

7. 贵州花椒 *Z. esquirolii* Levl. 石包地海拔1 780m；香料色素果胶类、

8. 小花花椒 *Z. micranthum* Hemsl. 格所洼子头海拔1 524m；香料色素果胶类、

9. 花椒簕 *Z. scandens* Bl. 大冲头海拔1 840m、养马寨海拔1 694m、黄家麻窝海拔1 598m、普古乡厂上村下寨海拔1 750m；香料色素果胶类

10. 青花椒 *Z. schinifolium* Sieb. et Zucc. 格所洼子头海拔1 524m、漏风垭口海拔2 015m；香料色素果胶类

11. 狭叶花椒 *Z. stenophllum* Hemsl. 石包地海拔1 780m、榕树村海拔970m；香料色素果胶类

八十二、五加科 Araliaceae

（一）五加属 *Acanthopanax* Miq.

1. 五加 *A. gracilistylus* W. W. Smith. 药用类

2. 刺五加 *A. senticosus*（Rupr. Maxim.）Harms 榕树村海拔970m、养马寨海拔1 694m；药用类、森林蔬菜类

3. 白簕 *A. trifoliatus*（L.）Merr. 药用类

（二）楤木属 *Aralia* L.

1. 楤木 *A. chinensis* L. 杨宝地海拔1 898m、张家岩海拔1 729m、普古乡厂上村下寨海拔1 750m；森林蔬菜类

2. 毛叶楤木 *A. chinensis* var. *dasyphylloides* Hand. - Mazz. 药用类、森林蔬菜类

3. 头序楤木 *A. dasyphylla* Miq. 八大山海拔2 274m；森林蔬菜类

4. 棘茎楤木 *A. echinocaulis* Hand. - Mazz. 菜籽冲海拔1 860m；森林蔬菜类

（三）罗伞属 *Brassaiopsis* Decne. et Planch.

1. 罗伞 *B. glomerulata*（Bl.）Regel 园林观赏类

（四）树参属 *Dendropanax* Decne. et Planch.

1. 树参 *D. dentigerus*（Harms）Merr. 普古乡厂上村下寨海拔1 750m；药用类

（五）常春藤属 *Hedera* L.

1. 常春藤 *H. nepalensis* K. Koch var. *sinensis*（Tobl.）Rehd. 格所洼子头海拔1 504m、张家岩海拔1 655m、漏风垭口海拔2 015m、普古乡厂上村下寨海拔1 744m；园林观赏类、药用类

（六）刺楸属 *Kalopanax* Miq.

1. 刺楸 *K. septemlobus*（Thunb.）Koidz. 格所洼子头海拔1 504m、杨宝地海拔1 874m、石包地海拔1 780m、榕树村海拔970m；用材纤维类

（七）梁王茶属 *Nothopanax* Miq.

1. 异叶梁王茶 *N. davidii*（Franch.）Harms ex Diels. 格所祭风坡海拔1 691m、杨宝地海拔1 911m、张家岩海拔1 729m；药用类

（八）鹅掌柴属 *Schefflera* J. R. et G. Forst.

1. 短序鹅掌柴 *S. bodinieri*（Levl.）Rehd. 格所洼子头海拔1 504m；园林观赏类

2. 穗序鹅掌柴 *S. delavayi*（Franch.）Harms ex Diels. 罗棚新寨海拔1 122m；园林观赏类

3. 异叶鹅掌柴 *S. diversifoliolata* Li 罗棚新寨海拔1 122m；园林观赏类

4. 星毛鸭脚木 *S. minutistellata* Merr. ex Li. 罗棚新寨海拔1 122m；园林观赏类

5. 多脉鹅掌柴 *S. multinervia* Li 八大山海拔2 266m；园林观赏类

6. 鹅掌柴 *S. octophylla*（Lour.）Harms. 园林观赏类、药用类

(九)通脱木属 *Tetrapanax* K. Koch

1. 通脱木 *T. papyriferus*（Hook.）K. Koch. 罗棚新寨海拔 1 122m；园林观赏类、药用类

(十)刺通草属 *Trevesia* Vis.

1. 刺通草 *T. palmata*（Roxb.）Vis. 张家岩海拔 1 729m；药用类、森林蔬菜类

八十三、马钱科 Loganiaceae

(一)醉鱼草属 *Buddleja* L.

1. 大叶醉鱼草 *B. davidii* Franch. ex. Sinarum Imp. 格所祭风坡海拔 1 691m、娘娘山蚂蚁地海拔 2 084m；园林观赏类、药用类、蜜源类

八十四、夹竹桃科 Apocynaceae

(一)富宁藤属 *Parepigynum* Tsiang et P. T. Li

1. 富宁藤 *P. funingense* Tsiang et P. T. Li. 药用类

(二)络石属 *Trachelospermum* Lem.

1. 紫花络石 *T. axillare* Hook. f. 张家岩海拔 1 729m、吴家冲海拔 2 048m；园林观赏类
2. 细梗络石 *T. gracilipes* Hook. f. 普古乡厂上村下寨海拔 1 750m；药用类
3. 络石 *T. jasminoides*（Lindl.）Lem. 罗棚新寨海拔 1 122m；园林观赏类、药用类

八十五、萝藦科 Asclepiadaceae

(一)白叶藤属 *Cryptolepis* R. Br.

1. 古钩藤 *C. buchananii* Roem. et Schult. Syst. 榕树村海拔 970m；药用类

(二)杠柳属 *Periploca* L.

1. 杠柳 *P. sepium* Bunge 罗棚新寨海拔 1 122m；药用类

八十六、茄科 Solanaceae

(一)枸杞属 *Lycium*L.

1. 枸杞 *L. chinense* Mill. 大冲头 1840m；药用类

(二)茄属 *Solanum* L.

1. 珊瑚豆 *S. pseudo－capsicum* L. var. *diflorum*（Vell.）Bitter 大冲头海拔 1 840m
2. 假烟叶树 *S. verbascifolium* L. 罗棚新寨海拔 1 122m；药用类

八十七、紫草科 Boraginaceae

(一)厚壳树属 *Ehretia* P. Br.

1. 光叶粗糠树 *E. macrophylla* var. *glabrescens* Nakai 普古乡厂上村下寨海拔 1 750m；用材纤维类

八十八、马鞭草科 Verbenaceae

(一)紫珠属 *Callicarpa* L.

1. 紫珠 *C. bodinieri* Levl. 罗棚新寨海拔 1 122m；园林观赏类、药用类
2. 杜虹花 *C. formosana* Rolfe 榕树村海拔 970m；园林观赏类

(二)大青属 *Clerodendrum* L.

1. 臭牡丹 *C. bungei* Steud. 格所洼子头海拔 1 504m、杨宝地海拔 1 874m、川洞海拔 1 905m、吴家冲海拔 2 048m；药用类
2. 大青 *C. cyrtophyllum* Turcz. 川洞海拔 1 905m、八大山海拔 2 234m；药用类
3. 海通 *C. mandarinorum* Diels. 八大山海拔 2 274m、娘娘山蚂蚁地海拔 1 990m；用材纤维类
4. 海州常山 *C. trichotomum* Thunb. 格所洼子头海拔 1 504m、八大山海拔 2 234m、普古乡厂上村下寨海拔 1 750m；用材纤维类

(三)豆腐柴属 *Premna* L.

1. 豆腐柴 *P. microphylla* Turcz. 罗棚新寨海拔 1 122m；香料色素果胶类

(四)牡荆属 Vitex L.

1. 牡荆 *V. negundo* var. *cannabifolia* (Sieb. et Zucc.) Hand. – Mazz. 园林观赏类、药用类

八十九、唇形科 Labiatae

(一)香薷属 *Elsholtzia* Willd.

1. 鸡骨柴 *E. fruticosa* (D. Don) Rehd. 八大山海拔 2 234m

2. 野拔子 *E. rugulosa* Hemsl. 娘娘山蚂蚁地海拔 2 084m

(二)糙苏属 *Phlomis* L.

1. 糙苏 *Ph. umbrosa* Turcz. 娘娘山蚂蚁地海拔 2 084m、普古乡厂上村下寨海拔 1 744m；香料色素果胶类

九十、醉鱼草科 Buddlejaceae

(一)醉鱼草属 *Buddleja* L.

1. 白背枫 *B. asiatica* Lour. Fl. Cochin. 园林观赏类、药用类

2. 大叶醉鱼草 *B. davidii* Franch. ex. Sinarum Imp. 园林观赏类、药用类

3. 醉鱼草 *B. lindleyana* Fort. 榕树村海拔 970m；园林观赏类

4. 密蒙花 *B. officinalis* Maxim. 园林观赏类、药用类

九十一、木犀科 Oleaceae

(一)梣属 *Fraxinus* L.

1. 白蜡树 *F. chinensis* Roxb. 格所祭风坡海拔 1 645m、漏风垭口海拔 2 045m；用材纤维类

2. 苦枥木 *F. insularis* Hemsl. 罗棚新寨海拔 1 122m、用材纤维类

(二)素馨属 *Jasminum* L.

1. 红素馨 *J. beesianum* Forrest et Diels. 格所洼子头海拔 1 504m；园林观赏类、药用类

2. 矮素馨 *J. humile* L. 园林观赏类、药用类

3. 野迎春 *J. mesnyi* Hance. 漏风垭口海拔 2 015m；园林观赏类、药用类

4. 迎春花 *J. nudiflorum* Lindl. 榕树村海拔 970m；园林观赏类

5. 多花素馨 *J. polyanthum* Franch. 园林观赏类、药用类

6. 滇素馨 *J. subhumile* W. W. Smith 普古乡厂上村下寨海拔 1 750m；园林观赏类、药用类

(三)女贞属 *Ligustrum* L.

1. 散生女贞 *L. confusum* Decne. 药用类

2. 女贞 *L. lucidum* Ait. 格所洼子头海拔 1 524m、大洞口海拔 1 830m；用材纤维类、药用类、蜜源类

3. 小叶女贞 *L. quihoui* Carr. 药用类

4. 粗壮女贞 *L. robustum* Bl. 格所洼子头海拔 1 524m；香料色素果胶类

5. 小蜡 *L. sinense* Lour. 八大山海拔 2 435m、格所洼子头海拔 1 524m、黄家麻窝海拔 1 598m、吴家冲海拔 2 048m、娘娘山蚂蚁地海拔 2 084m、普古乡厂上村下寨海拔 1 744m；蜜源类

6. 光萼小蜡 *L. sinense* var. *myrianthum* (Diels) Hofk. 杨宝地海拔 1 874m；香料色素果胶类

(四)木犀属 *Osmanthus* Lour.

1. 佛顶珠 *O. fragrans*'Xiaoye Fodingzhu'养马寨海拔 1 694m；园林观赏类

2. 香花木犀 *O. suavis* King ex C. B. Clarke. 园林观赏类

九十二、玄参科 Scrophulariaceae

(一)来江藤属 *Brandisia* Hook. f. et Thoms.

1. 来江藤 *B. hancei* Hook. f. 石包地海拔 1 780m；园林观赏类

(二)泡桐属 *Paulownia* Sieb. et Zucc.

1. 川泡桐 *P. fargesii* Franch. 用材纤维类、园林观赏类、药用类

2. 白花泡桐 *P. fortunei*（Seem.）Hemsl. 大冲头海拔 1 840m、张家岩海拔 1 655m、娘娘山蚂蚁地海拔 2 084m；用材纤维类

九十三、苦苣苔科 Gesneriaceae

（一）吊石苣苔属 *Lysionotus* D. Don

1. 吊石苣苔 *L. pauciflorus* Maxim. 漏风垭口海拔 1 985m、张家岩海拔 1 655m；药用类

九十四、爵床科 Acanthaceae

（一）金足草属 *Goldfussia* Nees

1. 圆苞金足草 *G. pentstemonoides* Nees 张家岩海拔 1 720m；园林观赏类、香料色素果胶类

九十五、紫葳科 Bignoniaceae

（一）梓属 *Catalpa* Scop.

1. 滇楸 *C. fargesii* bureau f. *duclouxii* Gilmour 格所洼子头海拔 1 504m、大冲头海拔 1 840m；用材纤维类、园林观赏类

2. 梓 *C. ovata* G. Don Hort. ex Dippel. 格所洼子头海拔 1 504m；用材纤维类

九十六、茜草科 Rubiaceae

（一）虎刺属 *Damnacanthus* Rehd.

1. 虎刺 *D. indicus* Gaertn. f. 普古乡厂上村下寨海拔 1 750m；园林观赏类、药用类

（二）香果树属 *Emmenopterys* Oliv.

1. 香果树 *E. henryi* Oliv. 格所祭风坡海拔 1 691m、杨宝地海拔 1 874m、罗棚新寨海拔 1 122m、养马寨海拔 1 694m、黄家麻窝海拔 1 598m、吴家冲海拔 2 048m；用材纤维类、珍稀类、园林观赏类

（三）玉叶金花属 *Mussaenda* L.

1. 玉叶金花 *M. pubescens* Ait. f. 罗棚新寨海拔 1 122m；园林观赏类

（四）鸡矢藤属 *Paederia* L.

1. 鸡矢藤 *P. scandens*（Lour.）Merr. 药用类

2. 绒毛鸡矢藤 *P. scandens*（Lour.）Merr. var. *tomentosa*（Bl.）Hand. -Mazz. 药用类

3. 云南鸡矢藤 *P. yunnanensis*（Levl.）Rehd. 药用类

（五）白马骨属 *Serissa* Comm. ex Juss.

1. 白马骨 *S. serissoides*（DC.）Druce. 石包地海拔 1 780m；园林观赏类

九十七、忍冬科 Caprifoliaceae

（一）六道木属 Abelia R. Br.

1. 小叶六道木 *A. parvifolia* Hemsl. 张家岩海拔 1 655m；园林观赏类

（二）双盾木属 *Dipelta* Maxim.

1. 云南双盾木 *D. yunnanensis* Franch. 漏风垭口海拔 2 031m；园林观赏类

（三）忍冬属 *Lonicera* L.

1. 匍匐忍冬 *L. crassifolia* Batal. 吴家冲海拔 2 048m、普古乡厂上村下寨海拔 1 750m；园林观赏类

2. 锈毛忍冬 *L. ferruginea* Rehd. 园林观赏类、药用类

3. 忍冬 *L. japonica* Thunb. 罗棚新寨海拔 1 122m；香料色素果胶类

4. 女贞忍冬 *L. ligustrina* Wall. 石包地海拔 1 780m；园林观赏类、药用类

5. 云雾忍冬 *L. nubium*（Hand. -Mazz.）Hand. -Mazz. 八大山海拔 2 435m；园林观赏类、药用类

6. 蕊帽忍冬 *L. pileata* Oliv. 大云上海拔 1 877m

7. 袋花忍冬 *L. saccata* Rehd. 漏风垭口海拔 2 015m；园林观赏类

8. 川黔忍冬 *L. subaequalis* Rehd. 园林观赏类、药用类

（四）接骨木属 *Sambucus* L.

1. 血满草 *S. adnata* Wall. Ex DC. 娘娘山蚂蚁地海拔 2 084m；药用类

2. 接骨木 *S. williamsii* Hance. 普古乡厂上村下寨海拔 1 750m；药用类

（五）荚蒾属 *Viburnum* L.

1. 桦叶荚蒾 *V. betulifolium* Batal. 八大山海拔 2 266m；药用类

2. 金佛山荚蒾 *V. chinshanense* Graebn. 园林观赏类、药用类

3. 水红木 *V. cylindricum* Buch. - Ham. ex D. Don. 格所洼子头海拔 1 524m、杨宝地海拔 1 898m、张家岩海拔 1 720m、娘娘山蚂蚁地海拔 2 084m、普古乡厂上村下寨海拔 1 810m；香料色素果胶类

4. 紫药红荚蒾 *V. erubescens* Wall. var. *prattii*（Graebn.）Rehd. 八大山海拔 2 234m；园林观赏类、药用类

5. 珍珠荚蒾 *V. foetidum* Wall. var. *ceanothoides*（C. H. Wright）Hand. - Mazz. 格所洼子头海拔 1 504m、杨宝地海拔 1 911m、石包地海拔 1 780m、大洞口海拔 1 830m、黄家麻窝海拔 1 598m、娘娘山蚂蚁地海拔 2 084m；干鲜水果类

6. 直角荚蒾 *V. foetidum* Wall. var. *rectangulatum*（Graeb.）Rehd. 杨宝地海拔 1 911m、川洞海拔 1 905m、大洞口海拔 1 830m、黄家麻窝海拔 1 598m、娘娘山蚂蚁地海拔 2 084m、普古乡厂上村下寨海拔 1 744m；干鲜水果类

7. 南方荚蒾 *V. fordiae* Hance 格所祭风坡海拔 1 691m、娘娘山蚂蚁地海拔 2 084m、八大山海拔 2 435m；园林观赏类、药用类

8. 蝶花荚蒾 *V. hanceanum* Maxim. 八大山海拔 2 435m、娘娘山蚂蚁地海拔 2 084m、普古乡厂上村下寨海拔 1 810m；园林观赏类、蜜源类

9. 旱禾树 *V. odoratissimum* Ker - Gawl. 张家岩海拔 1 729m；用材纤维类、园林观赏类、

10. 狭叶球核荚蒾 *V. propinquum* Hemsl var. *mairei* W. W. Simth. 大云上海拔 1 877m；园林观赏类

11. 球核荚蒾 *V. propinquum* Hemsl. 黄家麻窝海拔 1 598m、漏风垭口海拔 2 015m、普古乡厂上村下寨海拔 1 750m；干鲜水果类

12. 茶荚蒾 *V. setigerum* Hance 园林观赏类、药用类、干鲜水果类

13. 烟管荚蒾 *V. utile* Hemsl. 药用类

九十八、棕榈科 Palmea

（一）棕榈属 *Trachycarpus* H. Wendl.

1. 棕榈 *T. fortunei*（Hook. f.）H. Wendl. 格所洼子头海拔 1 504m、杨宝地海拔 1 874m、大洞口海拔 1 830m、张家岩海拔 1 655m、吴家冲海拔 2 048m；用材纤维类、园林观赏类

九十九、禾本科 Gramineae

（一）簕竹属 *Bambusa* Schreb.

1. 撑蒿竹 *B. pervariabilis* McClure. 用材纤维类、园林观赏类

2. 车筒竹 *B. sinospinosa* McClure. 用材纤维类、园林观赏类

3. 木竹 *B. rutila* McClure. 园林观赏类

（二）寒竹属 *Chimonobambusa* Makino

1. 乳纹方竹 *C. lactistriata* W. D. Li et Q. X. Wu 八大山海拔 2 435m；用材纤维类、森林蔬菜类

2. 方竹 *C. quadrangularis*（Fenzi）Makino 杨宝地海拔 1 911m、漏风垭口海拔 1 985m；用材纤维类、森林蔬菜类

（三）牡竹属 *Dendrocalamus* Nees

1. 麻竹 *D. latiflorus* Munro 榕树村海拔 970m；用材纤维类、森林蔬菜类

（四）箬竹属 *Indocalamus* Nakai

1. 箬叶竹 *I. longiauritus* Hand. - Mazz. 园林观赏类、药用类

（五）慈竹属 *Neosinocalamus* Keng f.

1. 慈竹 *N. affinis*（Rendle）Keng f. 用材纤维类、园林观赏类

(六)少穗竹属 *Oligostachyum* Z. P. Wang et G. H. Ye

1. 糙花少穗竹 *O. scabriflorum*（McClure）Z. P. Wang et G. H. Ye

(七)刚竹属 *Phyllostachys* Sieb. et Zucc.

1. 水竹 *P. heterocalada* Oliv. 罗棚新寨海拔 1 122m；用材纤维类

2. 毛金竹 *P. nigra* var. *henonis*（Mitf）Stapf ex Rendl. 园林观赏类、森林蔬菜类

3. 金竹 *P. sulphurea*（Carr.）A. et C. Riv. 格所洼子头海拔 1 524m、大洞口海拔 1 830m、养马寨海拔 1 694m、普古乡厂上村下寨海拔 1 810m；用材纤维类

(八)玉山竹属 *Yushania* Keng f.

1. 仁昌山玉山竹 *Y. chingii*（Yi）K. M. Lan. 园林观赏类

2. 鄂西玉山竹 *Y. confusa*（McClure）Z. P. Wang et G. H. Ye 格所祭风坡海拔 1 691m；用材纤维类、森林蔬菜类

一百、百合科 Liliaceae

(一)菝葜属 *Smilax* L.

1. 密刚毛菝葜 *S. densibarbata* Wang et Tang. 药用类

2. 疣枝菝葜 *S. aspericaulis* Wall. ex A. DC. 八大山海拔 2 234m；药用类、森林蔬菜类

3. 圆锥菝葜 *S. bracteata* Presl 格所洼子头海拔 1 524m；药用类、森林蔬菜类

4. 菝葜 *S. china* L. 吴家冲海拔 2 048m、娘娘山蚂蚁地海拔 2 084m；药用类、森林蔬菜类

5. 柔毛菝葜 *S. chingii* Wang et Tang 菜籽冲海拔 1 860m、普古乡厂上村下寨海拔 1 744m、普古乡厂上村下寨海拔 1 744m；药用类、森林蔬菜类

6. 土茯苓(光叶菝葜)*S. glabra* Roxb. 吴家冲海拔 2 048m；药用类森林蔬菜类

7. 粗糙菝葜 *S. lebrunii* Levl. Fl. Kouy - Tcheou 娘娘山蚂蚁地海拔 2 084m、娘娘山蚂蚁地海拔 1 990m、普古乡厂上村下寨海拔 1 810m；药用类、森林蔬菜类

8. 无刺菝葜 *S. mairei* Levl. 药用类

9. 红果菝葜 *S. polycolea* Warb. 普古乡厂上村下寨海拔 1 744m；药用类森林蔬菜类

10. 牛尾菜 *S. riparia* A. DC. Monogr. 药用类

11. 短梗菝葜 *S. scobinicaulis* C. H. Wright 格所洼子头海拔 1 524m；药用类、森林蔬菜类

第六节　林木种质资源调查研究

盘县八大山自然保护区保护区共有木本植物 107 科 288 属 793 种。其中，野生种类有 756 种，包括乔木类树种有 274 种，灌木类树种 363 种，木质藤本 119 种；栽培种类有 37 种。依据当前木材商品市场的标准，将区内 274 种野生乔木类树种分为：红木类 5 种，白木类 11 种，硬木类 41 种，一般用材 202 种，不作材用的有 15 种。

一、林木种质资源概述

贵州省盘县八大山保护区地理位置为东径 104°41′31″～104°57′47″；北纬 25°53′35″～26°06′12″。总面积 26 000hm^2。我们植物资源专题组通过本次系统地野外采集调查，加上前人资料的总结，保护区内共有木本植物 107 科 288 属 793 种(包括变种、变型及栽培种类，下同)。其中，野生乔木类树种有 274 种，野生灌木类树种 363 种，野生木质藤本 119 种，引进栽培树种 37 种。本文主要讨论乔木类型的用材部分，其他如观赏花卉、药用及其他经济植物等，均有专题研究。

二、保护区野生乔木类习性及主要用途

（一）乔木类简述

保护区野生乔木类树种有274种。用树种的习性来分，常绿乔木98种，落叶乔木176种。以市场用材标准来分，红木类5种，白木类或柴木类11种，硬木类41种，一般用材202种；因木材耐腐性差，一般不作材用的有15种。

1. 红木类　依据商用标准，木材鲜艳夺目，起码心材为红色、紫色、黑褐色，有光泽，纹理直，结构细致，花纹美观，不变形等。保护区红木的代表种类仅有红豆树属 *Ormosia* 1种，即岩生红豆树 *Ormosia saxatilia*。还有其木材或心材呈红色或褐色种类如红豆杉 *Taxus chinensis*、黄丹木姜子 *Litsea elongata*、大叶桂樱 *Laurocerasus zippeliana*、榉木 *Zelkora schenidieriana*、香椿 *Toona sinensis* 等5种。岩生红豆树的模式标本产地在贵阳市黔灵山，一度作为黔中地区石灰岩山地的特有种，后来研究在黔南、黔西南及黎平均有发现，这次在盘县的发现，将此种的自然分布向西移径度约2°；香椿是此类木材在保护区资源量最大的一种，多出现在村寨周围，也是区内重要的用材树种；榉木生长于喀斯特山地，区内村寨周围保存有少量的古树；红豆杉在区内分布数量较多，主要生长在喀斯特山地，生长缓慢，由于其木材优良，长期以来为人们采伐作各种用材，导致大树十分稀少，但幼树常见。

2. 白木或柴木类　木材色泽较浅，黄褐色、褐色、白色，有光泽，纹理直，结构细致，花纹美观，不变形，耐腐朽等。保护区有云南油杉 *Keteleeria evelyniana*、柏木 *Cupressus funebris*、猴樟 *Cinnamomum bodinieri*、香樟 *C. camphora*、云南樟 *C. glanduliferum*、少花桂 *C. pauciflorum*、川桂 *C. wilsonii*、光枝楠 *Phoebe neuranthoides*、楠木 *Ph. zhennan*、檫木 *Sassafras tzumu*、香果树 *Emmenopterys henryi* 等11种。

3. 硬木类　木材比重大于0.6，色泽较深，结构细致，花纹美观，有光泽，纹理直，不变形，耐磨损等。保护区有41种，枇杷 *Eriobotrya japonica*、杜梨 *Pyrus betulaefolia*、皂荚 *Gleditsia sinensis*、青檀 *Pteroceltis tatarinowii*、光叶榉 *Zelkora serrata* 及壳斗科 Fagaceae 所有种，共41种。以厚皮栲 *Castanopsis chunii*、滇青冈 *Cyclobalanopsis glaucoides*、青冈栎 *C. glauca*、多脉青冈 *C. multinervis*、蛮青冈 *C. oxyodon*、包石栎 *Lithocarpus cleistocarpus*、白皮石栎 *L. dealbatus*、硬斗石栎 *L. hancei*、岩栎 *Quercus acrodonta*、麻栎 *Q. acutissima*、西南高山栎 *Q. aquifolioides*、巴东栎 *Q. engleriana*、乌冈栎 *Q. phillyraeoides*、光叶高山栎 *Q. rehderiana*、灰背栎 *Q. senscens*、灰栎 *Q. utilis*、清香木 *Pistacia weinmanniifolia* 等为代表。

4. 一般用材　保护区有202种，代表种类如云南松 *Pinus yunnanensis*、杉木 *Cunninghamia lanceolata*、黄心夜合 *Michelia martinii*、宜昌润楠 *Machilus ichangensis*、贵州润楠 *M. rehderii*、翅荚香槐 *Cladrastis platycarpa*、大花枇杷 *Eriobotrya cavaleriei*、灯台树 *Corus controversa*、枫香 *Liquidambar formosana*、响叶杨 *Populus adenopoda*、山杨 *P. davidiana*、野核桃 *Juglans cathayensis*、紫弹朴 *Celtis biondii*、薯豆 *Elaeocarpus japonicus*、木荷 *Schima superba*、珊瑚冬青 *Ilex coralliana*、冬青 *I. purpurea*、苦楝 *Melia azdarach*、南酸枣 *Choerospondias axillaries*、黄连木 *Pistacia chinensis*、革叶槭 *Acer coriaceifolium*、五裂槭 *A. oliverianum*、中华槭 *A. sinense*、泡桐 *Paulownia fortunei*、撑篙竹 *Bambusa pervariabilis*、车筒竹 *B. sinospinosa*、麻竹 *Dendrocalamus latiflorus* 等。

5. 一般不作材用　区内有15种。如乔木刺桐 *Erythrina arborescens*、垂柳 *Salix babylonica*、华西枫杨 *Pterocarya insignis*、枫杨 *P. stenoptera*、毛桐 *Mallotus barbatus*、油桐 *Vernicia fordii*、盐肤木 *Rhus chinensis*、红肤杨 *Rh. punjabensis* var. *sinica*、海通 *Clerodendrum mandarinorum*、海州常山 *C. trichotomum* 等。这些种类生长快，木材结构粗，极易腐朽，未经特殊处理，一般不作材用。

（二）乔木类名录及主要用途

松科 Pinaceae

1. 云南油杉 *Keteleeria evelyniana* Mast. 常绿，用材、观赏。
2. 华山松 *Pinus armandi* Franch. 常绿，用材。
3. 高山松 *P. densata* Mast. 常绿，用材、观赏。

4. 云南松 *P. yunnanensis* Franch. 常绿，用材。

杉科 Taxodiaceae

5. 杉木 *Cunninghamia lanceolata*(Lamb.)Hook. 常绿，用材。

柏科 Cupressaceae

6. 柏木 *Cupressus funebris* Endl. 常绿，用材、观赏。

红豆杉科 Taxaceae

7. 红豆杉 *Taxus chinensis*(Pilg.)Rehd. 常绿，用材、观赏、药用。

木兰科 Magnoliaceae

8. 西康玉兰 *Magnolia wilsonii*(Finet et Gagnep.)Rehd. 落叶，用材、观赏。

9. 红花木莲 *Manglietia insignis*(Wall.)Bl. 常绿，用材、观赏。

10. 黄心夜合 *Michelia martinii*(Lévl.)Lévl. 常绿，用材、观赏。

领春木科 Eupteleaceae

11. 领春木 *Euptelea pleiosperma* Hook. f. et Thoms. 落叶，用材、观赏。

樟 科 Lauraceae

12. 红果黄肉楠 *Actinodaphne cupularis*(Hemsl.)Gamble 常绿，用材、观赏。

13. 毛尖树 *A. forrestii*(Allen)Kosterm 常绿，用材、观赏。

14. 黄肉楠 *A. reticulata* Mleissn. 常绿，用材、观赏。

15. 毛果黄肉楠 *A. trichocarpa* Allen 常绿，用材、观赏。

16. 猴樟 *Cinnamomum bodinieri* Lévl. 常绿，用材、观赏、药用、香料、油脂。

17. 香樟 *C. camphora*(L.)Presl. 常绿，用材、观赏、药用、香料、油脂。

18. 云南樟 *C. glanduliferum*(Wall.)Nees 常绿，用材、观赏、药用、香料、油脂。

19. 少花桂 *C. pauciflorum* Nees 常绿，用材、观赏、药用、香料。

20. 川桂 *C. wilsonii* Gamble 常绿，用材、观赏、药用、香料、油脂。

21. 黑壳楠 *Lindera megaphylla* Hemsl. 常绿，用材、观赏。

23. 毛叶黑壳楠 *L. megaphylla* f. *touyunensis*(Lévl.)Rehd. 常绿，用材、观赏。

24. 毛豹皮樟 *Litsea coreana* Lévl. var. *lanuginosa*(Miq.)Yang et P. H. Huang 常绿，用材、观赏、药用、饮料。

25. 黄丹木姜子 *L. elongata*(Wall. ex Nees)Benth. et Hook. f. 常绿，用材、观赏、油脂。

26. 石木姜子 *L. elongata* var. *faberi*(Hemsl.)Yang et P. H. Huang 常绿，用材、观赏、油脂。

27. 近轮叶木姜子 *L. elongata* var. *subverticillata*(Yang)Yang et P. H. Huang 常绿，用材、观赏、油脂。

28. 清香木姜 *L. euosma* W. W. Smith 落叶，用材、观赏、药用、香料、油脂。

29. 红叶木姜子 *L. rubescens* Lec. 落叶，用材、观赏、药用、香料、油脂。

30. 桂北木姜子 *L. subcoriacea* Yang et P. H. Huang 常绿，用材、观赏、油脂。

31. 钝叶木姜子 *L. veitchiana* Gamble 落叶，用材、观赏、药用、香料。

32. 安顺润楠 *Machilus cavaleriei* Lévl. 常绿，用材、观赏。

33. 黔桂润楠 *M. chienkweiensis* S. Lee 常绿，用材、观赏。

34. 宜昌润楠 *M. ichangensis* Rehd. et Wils. 常绿，用材、观赏。

35. 木姜润楠 *M. litseifolia* S. Lee 常绿，用材、观赏。

36. 凤凰润楠 *M. phoenicis* Dunn 常绿，用材、观赏。

37. 贵州润楠 *M. rehderii* Allen 常绿，用材、观赏。

38. 大叶新木姜子 *Neiolitsea levinei* Merr. 常绿，用材、观赏。

39. 羽脉新木姜子 *N. pinninervis* Yang et P. H. Huang 常绿，药用。

40. 巫山新木姜子 *N. wushanica*(Chun)Merr. 常绿，药用。
41. 光枝楠 *Phoebe neuranthoides* S. Lee et F. N. Wei 常绿，用材、观赏。
42. 楠木 *Ph. zhennan* S. Lee et F. N. Wei 常绿，用材、观赏。
43. 檫木 *Sassafras tzumu*(Hemsl.)Hemsl. 落叶，用材、观赏、药用。

蔷薇科 Rosaceae

44. 微毛樱桃 *Cerasus clarofolia*(Schneid.)Yu et Li 落叶，用材、观赏、药用、水果。
45. 锥腺樱桃 *C. conadenia*(Koehne)Yu et Li 落叶，用材、观赏、药用、水果。
46. 尾叶樱 *C. dielsiana*(Schnid.)Yu et Li 落叶，用材、观赏、药用、水果。
47. 樱桃 *C. pseudocerasus*(Lindl.)G. Don 落叶，用材、观赏、药用、水果。
48. 崖樱桃 *C. scopulorum*(Roehne)Yu et Li 落叶，用材、观赏、药用、水果。
49. 细齿樱桃 *C. serrula*(Franch.)Yu et Li 落叶，用材、观赏、药用、水果。
50. 山樱花 *C. serrulata* var. *spontanea* Maxim. 落叶，用材、观赏、药用。
51. 大花枇杷 *Eriobotrya cavaleriei*(Lévl.)Rehd. 常绿，用材、观赏。
52. 枇杷 *E. japonica*(Thunb.)Lindl. 常绿，用材、观赏、水果。
53. 南方桂樱 *Laurocerasus australis* Yu et Lu 常绿，用材、观赏。
54. 腺叶桂樱 *L. phaeosticta*(Hance)Schneid. 常绿，用材、观赏。
55. 毛枝桂樱 *L. phaeosticta* f. *puberula* Q. H. Chen 常绿，用材、观赏。
56. 大叶桂樱 *L. zippeliana*(Miq.)Yu et Lu 常绿，用材、观赏。
57. 短梗稠李 *Padus brachypoda*(Batal.)Schneid. 落叶，用材、观赏。
58. 细齿稠李 *P. obtusata*(Koehne)Yu et Ku 落叶，用材、观赏。
59. 锈毛稠李 *P. rufomicans*(Koehne)F. H. Zhang 落叶，用材、观赏。
60. 绢毛稠李 *P. wilsonii* Schneid. 落叶，用材、观赏。
61. 厚叶石楠 *Photinia crassifolia* Lévl. 常绿，用材、观赏。
62. 窄叶石楠 *Ph. stenophylla* Hand. -Mazz. 常绿，用材、观赏。
63. 独山石楠 *Ph. tushanensis* Yu 常绿，用材、观赏。
64. 李 *Prunus salicina* Lindl. 落叶，用材、观赏、药用、水果。
65. 杜梨 *Pyrus betulaefolia* Bge. 落叶，用材、观赏、药用、水果。
66. 川梨 *P. pashia* D. Don 落叶，用材、观赏、药用、水果。
67. 麻梨 *P. serrulata* Rehd. 落叶，用材、观赏、药用、水果。
68. 水榆花楸 *Sorbus alnifolia*(Sieb. et Zucc.)K. Koch 落叶，用材、药用、水果。
69. 美脉花楸 *S. caloneura*(Stapf.)Rehd. 落叶，用材、观赏、药用、水果。
70. 冠萼花楸 *S. coronta*(Card.)Yu et Tsai 落叶，用材、观赏、药用、水果。
71. 石灰花楸 *S. folgneri*(Schneid.)Rehd. 落叶，用材、观赏、药用、水果。
72. 圆果花楸 *S. globosa* Yu et Tsai 落叶，用材、观赏、药用、水果。
73. 江南花楸 *S. hemsleyi*(Schneid.)Rehd. 落叶，用材、观赏、药用、水果。
74. 大果花楸 *S. megalocarpa* Rehd. 落叶，用材、观赏、药用、水果。
75. 四川花楸 *S. setchwanensis*(Schneid.)Koehne 落叶，用材、观赏、药用、水果。

苏木科 Caesalpiniaceae

76. 紫荆 *Ceris chinensis* Bunge 落叶，用材、观赏、药用。
77. 湖北紫荆 *C. glabra* Pampan. 落叶，用材、观赏、药用。
78. 皂荚 *Gleditsia sinensis* Lam. 落叶，用材、药用。

含羞草科 Mimosaceae

79. 楹树 *Albizzia chinensis*(Osb.)Merr. 落叶，用材、观赏。

80. 合欢 *A. julibrissin* Durazz. 落叶，用材、观赏、药用。

81. 山合欢 *A. macrophylla*(Bge.)P. C. Huang 落叶，用材、观赏、药用。

蝶形花科 Papilionaceae

82. 翅荚香槐 *Cladrastis platycarpa*(Maxim.)Makino 落叶，用材。

83. 小花香槐 *C. sinensis* Hemsl. 落叶，用材。

84. 香槐 *C. wilsonii* Takeda. 落叶，用材。

85. 乔木刺桐 *Erythrina arborescens* Roxb. 落叶，用材、观赏、药用。

86. 马鞍树 *Maackia hupehensis* Takeda. 落叶，用材。

86. 岩生红豆树 *Ormosia saxatilia* K. M. Lan 常绿，用材、观赏。

87. 国槐 *Sophora japonica* L. 落叶，用材、观赏、药用。

野茉莉科 Styracaceae

88. 垂珠花 *Styrax dasyanthus* Perk 落叶，用材、观赏、药用。

90. 老鸦玲 *S. hemsleyanus* Diels 落叶，用材、观赏、药用。

91. 野茉莉 *S. japonicus* Sieb. et Zucc. 落叶，用材、观赏、药用。

92. 粉花野茉莉 *S. roseus* Dunn 落叶，用材、观赏、药用。

山矾科 Symplocaceae

93. 华山矾 *Symplocos chinensis*(Lour.)Druce. 落叶，用材、药用。

94. 茶条果 *S. lucida*(Thunb.)Sieb. et Zucc. 常绿，用材、观赏。

95. 百檀 *S. paniculata*(Thunb.)Miq. 落叶，用材、药用。

96. 山矾 *S. sumuntia* Buch. 常绿，用材、观赏。

四照花科 Cornaceae

97. 灯台树 *Corus controversa* Hemsl. 落叶，用材、观赏、药用、油脂。

98. 梾木 *C. macrphylla* Wall. 落叶，用材、观赏、药用、油脂。

99. 宝兴梾木 *C. scabrida* Franch. 落叶，用材、观赏、药用、油脂。

100. 光皮树 *C. wilsoniana* Wanger. 落叶，用材、观赏、药用、油脂。

101. 四照花 *Dendrobenthaia japonica*(A. P. DC.)Fang var. *chinensis*(Osborn.)Fang 落叶，用材、观赏、药用、水果。

八角枫科 Alangiaceae

102. 八角枫 *Alangium chinense*(Lour.)Harms 落叶，用材、观赏、药用。

103. 稀花八角枫 *A. chinense* ssp. *pauciflorum* Fang 落叶，用材、观赏、药用。

104. 深裂八角枫 *A. chinense* ssp. *triangulare*(Wanger)Fang 落叶，用材、观赏、药用。

105. 瓜木 *A. platanifolium* Harms. 落叶，用材。

紫树科 Nyssaceae

106. 紫树 *Nyssa sinensis* Oliv. 落叶，用材、观赏。

珙桐科 Davidiaceae

107. 光叶珙桐 *Davidia involucrata* Baill. var. *vilmoriniana*(Dode)Wanger 落叶，用材、观赏。

五加科 Araliaceae

108. 罗伞 *Brassaiopsis glomerulata*(Bl.)Regel. 常绿，观赏。

109. 树参 *Dendropanax dentiger*(Harms)Merr. 常绿，用材、观赏。

110. 刺楸 *Kalopanax septemlobus*(Thunb.)Koidz. 落叶，用材、森林蔬菜、药用。

111. 穗序鹅掌紫 *Schefflera delavayi*(Franch.)Harms et Diels 落叶，观赏、药用。

水青树科 Tetracentraceae

112. 水青树 *Tetracentron sinense* Oliv. 落叶，观赏、用材。

金缕梅科 Hamamelidaceae

113. 枫香 *Liquidambar formosana* Hance 落叶，观赏、药用、用材。

114. 山枫香 *L. formosana* var. *monticola* Rehd. et Wils. 落叶，观赏、药用、用材。

交让木科 Daphniphyllaceae

115. 交让木 *Daphniphyllum macropodum* Miq. 常绿，用材、观赏。

116. 虎皮楠 *D. oldhamii*(Hemsl.)Rosenth 常绿，用材、观赏。

杨柳科 Salicaceae

117. 响叶杨 *Populus adenopoda* Maxim. 落叶，药用、用材。

118. 山杨 *P. davidiana* Dode 落叶，药用、用材。

119. 大叶杨 *P. lasiocarpa* Oliv. 落叶，用材。

120. 清溪杨 *P. rotundifola* Griff. var. *duclouxiana*(Dode)Gamb. 落叶，用材。

121. 滇杨 *P. yunnanensis* Dode 落叶，观赏、用材。

122. 垂柳 *Salix babylonica* L. 落叶，观赏、药用、用材。

杨梅科 Myricaceae

123. 杨梅 *Myrica rubra* Sieb. et Zucc. 常绿，用材、观赏、水果。

桦木科 Betulaceae

124. 旱冬瓜 *Alnus nepalensis* D. Don 落叶，药用、用材。

125. 光皮桦 *Betula luminifera* H. Winkl. 落叶，药用、用材。

壳斗科 Fagaceae

126. 板栗 *Castanea mollissima* Bl. 落叶，干果、淀粉、药用、用材。

127. 茅栗 *C. seguinii* Dode 落叶，干果、淀粉、药用、用材。

128. 西南米槠 *Castanopsis carlesii* Hayata var. *spinulosa* Cheng et C. S. Chao 常绿，用材、干果、淀粉。

129. 厚皮栲 *C. chunii* Cheng 常绿，用材、干果、淀粉。

130. 甜槠栲 *C. eyrei*(Champ.)Tutch. 常绿，用材、干果、淀粉。

131. 罗浮栲 *C. fabri* Hance 常绿，用材、干果、淀粉。

132. 丝栗栲 *C. fargesii* Franch. 常绿，用材、干果、淀粉。

133. 湖北栲 *C. hupehensis* C. S. Chao 常绿，用材、干果、淀粉。

134. 广东青冈 *Cyclobalanopsis blackei*(Skan)Schott. 常绿，用材、干果、淀粉。

135. 西南青冈 *C. delavayi* Franch. et Schott 常绿，用材、干果、淀粉。

136. 滇青冈 *C. glaucoides* Schott 常绿，用材、干果、淀粉。

137. 青冈栎 *C. glauca*(Thunb.)Oerst. 常绿，用材、干果、淀粉。

138. 多脉青冈 *C. multinervis* Cheng et T. Hong 常绿，用材、干果、淀粉。

139. 蛮青冈 *C. oxyodon*(Miq.)Oerst. 常绿，用材、干果、淀粉。

140. 长叶粉背青冈 *C. pseudoglauca* Y. K. Li et X. M. Wang 常绿，用材、干果、淀粉。

141. 亮叶水青冈 *Fagus lucida* Rehd. et Wils. 落叶，干果、淀粉、用材、观赏。

142. 包石栎 *Lithocarpus cleistocarpus* Rehd. et Wils. 常绿，用材、干果、淀粉。

143. 白皮石栎 *L. dealbatus* Rehd. 常绿，用材、干果、淀粉。

144. 硬斗石栎 *L. hancei*(Benth.)Rehd. 常绿，用材、干果、淀粉。

145. 多穗石栎 *L. polystachyus*(Wall.)Rehd. 常绿，用材、干果、淀粉。

146. 岩栎 *Quercus acrodonta* Seem. 常绿，用材、干果、淀粉。

147. 麻栎 *Q. acutissima* Carr. 落叶，用材、干果、淀粉。

148. 槲栎 *Q. aliena* Bl. 落叶，用材、干果、淀粉。

149. 锐齿槲栎 *Q. aliena* var. *acuteserrata* Maxim. 落叶，用材、干果、淀粉。

150. 西南高山栎 *Q. aquifolioides* Rehd. et Wils. 常绿，用材、干果、淀粉。
151. 巴东栎 *Q. engleriana* Seem. 常绿，用材、干果、淀粉。
152. 白栎 *Q. fabri* Hance 落叶，用材、干果、淀粉。
153. 短柄枹树 *Q. glandulifera* Bl. var. *brevipetiolata* Nakai 落叶，用材、干果、淀粉。
154. 乌冈栎 *Q. phillyraeoides* A. Gray 常绿，用材、干果、淀粉。
155. 光叶高山栎 *Q. rehderiana* Hand. -Mazz. 常绿，用材、干果、淀粉。
156. 灰背栎 *Q. senscens* Hand. -Mazz. 常绿，用材、干果、淀粉。
157. 灰栎 *Q. utilis* Hu et Cheng 常绿，用材、干果、淀粉。
158. 栓皮栎 *Q. variabilis* Bl. 落叶，用材、干果、淀粉。

榛科 Corylaceae

159. 厚叶鹅耳枥 *Carpinus firmifolia* 落叶，用材。
160. 贵州鹅耳枥 *C. kweichowensis* Hu 落叶，用材。
161. 宝兴鹅耳枥 *C. paoshingensis* Hsia 落叶，用材。
162. 多脉鹅耳枥 *C. polyneura* Franch. 落叶，用材。
163. 云贵鹅耳枥 *C. pubesceens* Burkill 落叶，用材。
164. 岩生鹅耳枥 *C. rupestris* A. Camus 落叶，用材。
165. 雷公鹅耳枥 *C. viminea* Wall. 落叶，用材。
166. 藏刺榛 *Corylus ferox* Wall. var. *thibetica* (Batal.) Franch. 落叶，用材、干果。
167. 滇榛 *C. yunnanensis* A. Camus 落叶，用材、干果。
168. 多脉铁木 *Ostrya multinervis* Rehd. 落叶，用材。

胡桃科 Juglandaceae

169. 青钱柳 *Cyclocarya paliurus* (Batal.) Iljinsk 落叶，用材、观赏、药用。
170. 云南黄杞 *Eugelhardia spicata* Bl. 落叶，用材、药用。
171. 野核桃 *Juglans cathayensis* Dode 落叶，用材、干果、油料。
172. 圆果化香 *Platycarya longipes* Wu 落叶，用材、药用。
173. 化香 *P. strobilacea* Sieb. et Zucc. 落叶，用材、药用。
174. 华西枫杨 *Pterocarya insignis* Rehd. et Wils. 落叶，用材。
175. 枫杨 *P. stenoptera* DC. 落叶，用材。

榆科 Ulmaceae

176. 糙叶树 *Aphananthe aspera* (Bl.) Planch. 落叶，用材。
177. 紫弹朴 *Celtis biondii* Pamp. 落叶，用材。
178. 珊瑚朴 *C. julianae* Schneid. 落叶，用材。
179. 朴树 *C. sinensis* Pers. 落叶，用材、药用。
180. 青檀 *Pteroceltis tatarinowii* Maxim. 落叶，用材、纤维。
181. 山黄麻 *Trema orientalis* (L.) Bl. 落叶，用材、纤维。
182. 榆树 *Ulmus pumila* L. 落叶，用材、纤维、药用。
183. 榉树 *Zelkora schenidieriana* Hand. -Mszz. 落叶，用材、纤维、观赏。
184. 光叶榉 *Z. serrata* (Thunb.) Makino 落叶，用材、纤维、观赏。

桑科 Moraeeae

185. 构树 *Broussonatia papyrifera* (L.) L ′ Her. ex Vent. 落叶，用材、纤维、药用。
186. 大果榕 *Ficus auriculata* Lour. 常绿，用材、观赏。
187. 小叶榕 *F. concinna* Miq. 常绿，用材、观赏。
188. 歪叶榕 *F. cyrtophylla* Wall. ex Miq. 常绿，用材、观赏。

189. 黄果榕 *F. vasculosa* Wall. ex Miq. 常绿，用材、观赏。

190. 黄葛榕 *F. virens* Ait. 常绿，用材、观赏。

191. 柘树 *Machura tricuspidata*(Carr.)Bur. 落叶，用材、药用。

192. 桑 *Morus alba* L. 落叶，用材、纤维、药用。

大风子科 Flacourtiaceae

193. 山羊角树 *Carrierea calycina* Franch. 落叶，用材、观赏。

194. 云贵山羊角树 *C. dunniana* Levl. 落叶，用材、观赏。

195. 山桐子 *Idesia polycarpa* Maxim. 落叶，用材、观赏、油料。

196. 山拐枣 *Poliothyrsis sinensis* Oliv. 落叶，用材。

197. 柞木 *Xylosma japonicum*(Walp.)A. Gray 落叶，用材、观赏。

椴树科 Tiliaceae

198. 椴树 *Tilia tuaa* Szysz. 落叶，用材、纤维、蜜源。

杜英科 Elaeocarpaceae

199. 薯豆 *Elaeocarpus japonicus* Sieb. et Zucc. 落叶，用材、观赏。

梧桐科 Sterculiaceae

200. 梧桐 *Firmiana simplex*(L.)F. W. Wight 落叶，用材、观赏、油料、纤维。

201. 假苹婆 *Sterculia lanceolata* Cav. 落叶，用材、观赏。

202. 苹婆 *S. nobili* Smith. 落叶，用材、观赏。

大戟科 Euphorbiaceae

203. 秋枫 *Bischofia javanica* Bl. 常绿，用材、观赏。

204. 毛桐 *Mallotus barbatus*(Wall.)Muell. - Arg. 落叶，用材、观赏、药用、纤维。

205. 野梧桐 *M. japonicus* Muell. - Arg. 落叶，用材、观赏、药用、纤维。

206. 粗糠柴 *M. philippinensis*(Lam.)Muell. - Arg. 落叶，用材、观赏、药用、纤维。

207. 山乌桕 *Sapium discolor*(Champ.)Muell. - Arg. 落叶，用材、观赏、药用、油料。

208. 圆叶乌桕 *S. rotundifolium* Hemsl. 落叶，用材、观赏、药用、油料。

209. 乌桕 *S. sebiferum*(L.)Roxb. 落叶，用材、观赏、药用、油料。

210. 油桐 *Vernicia fordii*(Hemol.)Airy - Shaw. 落叶，观赏、药用、油料。

山茶科 Theaceae

211. 木荷 *Schima superba* Gardn. et Chang 常绿，用材、观赏、药用。

212. 厚皮香 *Ternstroemia gymnanthera*(Wight. et Arn.)Sprague. 常绿，用材、观赏。

213. 阔叶厚皮香 *T. gymnanthera* var. *wightii*(Choisy)Hand. - Mazz. 常绿，用材、观赏。

214. 四川厚皮香 *T. sichuanensis* L. K. Ling 常绿，用材、观赏。

杜鹃花科 Ericaceae

215. 大白杜鹃 *Rhododendron decorum* Franch. 常绿，用材、观赏。

216. 马缨花 *Rh. delavayi* Franch. 常绿，用材、观赏。

冬青科 Aquifoliaceae

217. 珊瑚冬青 *Ilex coralliana* Franch. 常绿，用材、观赏。

218. 大果冬青 *I. macrocarpa* Oliv. 落叶，用材、药用。

219. 小果冬青 *I. micrococca* Maxim. 落叶，用材、观赏。

220. 冬青 *I. purpurea* Hassk. 常绿，用材、观赏。

卫矛科 Celastraceae

221. 西南卫矛 *Euonymus hamiltonianus* Wall. 落叶，用材、观赏、药用。

鼠李科 Rhamnaceae

222. 枳椇 *Hovenia acerba* Lindl. 落叶，用材、观赏、药用、水果。

223. 黄毛枳椇 *H. trichocarpa* Chun et Tsiang var. *fulvotomentosa*(Hu et Chen) Y. L. Cen et P. K. Chou 落叶，用材、观赏、药用、水果。

柿树科 Ebenaceae

224. 柿树 *Diospyros kaki* L. f. 落叶，用材、观赏、药用、水果。

225. 君迁子 *D. lotus* L. 落叶，用材、观赏、药用、水果。

226. 油柿 *D. oleifera* Cheng 落叶，用材、观赏、药用、水果。

芸香科 Rutaceae

227. 楝叶吴萸 *Evodia meliaefolia*(Hance) Benth. 落叶，用材、观赏、药用。

苦木科 Simaroubaceae

228. 臭椿 *Ailanthus altissima*(Mill.) Swingle. 落叶，用材、药用。

229. 苦木 *Picrasma quassioides* Benn 落叶，用材、观赏、药用。

楝科 Meliaceae

230. 苦楝 *Melia azdarach* L. 落叶，用材、药用。

231. 香椿 *Toona sinensis*(A. Juss.) Roem. 落叶，用材、观赏、药用。

无患子科 Sapindaceae

232. 复羽叶栾树 *Koelreuteria bipinnata* Franch. 落叶，用材、观赏、药用。

233. 栾树 *K. paniculata* Laxm. 落叶，用材、观赏、药用。

钟萼木科 Bretschneideraceae

234. 钟萼木 *Bretschneidera sinensis* Hemsl. 落叶，用材、观赏。

清风藤科 Sabiaceae

235. 珂楠树 *Meliosma alba*(Schl.) Walp. 落叶，用材。

236. 红枝柴 *M. oldhamii* Maxim. 落叶，用材。

237. 腋毛泡花树 *M. rhoifolia* Maxim. var. *barbulata*(Cufod.) Law 落叶，用材。

漆树科 Anacardiaceae

238. 南酸枣 *Choerospondias axillaries*(Roxb.) Burtt et Hill 落叶，用材、药用。

239. 黄连木 *Pistacia chinensis* Bunge 落叶，用材、观赏、药用、油料。

240. 清香木 *P. weinmanniifolia* Poiss. 常绿，用材、观赏。

241. 盐肤木 *Rhus chinensis* Mill. 落叶，药用。

242. 红肤杨 *Rh. punjabensis* Stew. var. *sinica*(Diels) Rehd. et Wils. 落叶，观赏、药用。

243. 野漆树 *Toxicodendron succedaneum*(L.) O. Kuntze 落叶，用材、观赏、药用。

244. 木蜡漆 *T. sylvestre*(Sieb. et Zucc.) O. Kuntze 落叶，用材、观赏、药用。

245. 漆树 *T. vernicifluum*(Stokes) F. A. Barkl. 落叶，用材、药用、涂料。

槭树科 Aceraceae

246. 革叶槭 *Acer coriaceifolium* Lévl. 常绿，用材、观赏。

247. 青榨槭 *A. davidii* Franch. 落叶，用材、观赏、药用。

248. 毛花槭 *A. erianthum* Schwer. 落叶，用材、观赏。

249. 罗浮槭 *A. fabri* Hance 常绿，用材、观赏。

250. 红果罗浮槭 *A. fabri* var. *rubocarpum* Metc. 常绿，用材、观赏。

251. 扇叶槭 *A. flabellatum* Rehd. 落叶，用材、观赏。

252. 建始槭 *A. henryi* Pax 落叶，用材、观赏。

253. 疏花槭 *A. laxiflorum* Pax 落叶，用材、观赏。

254. 苗山槭 *A. miaoshanicum* Fang 落叶，用材、观赏。

255. 盘县八大山槭 *A. nayongense* Fang 落叶，用材、观赏。

256. 五裂槭 *A. oliverianum* Pax 落叶，用材、观赏。

257. 多果槭 *A. prolificum* 落叶，用材、观赏。

258. 两型叶网脉槭 *A. reticulatum* Champ. var. *dimorphifolium*(Metc.)Fang et W. K. H 落叶，用材、观赏。

259. 中华槭 *A. sinense* Pax 落叶，用材、观赏。

省沽油科 Staphyleaceae

260. 野鸦椿 *Euscaphis japonica*(Thunb.)Dippel. 落叶，用材、观赏、药用。

261. 银鹊树 *Tapiscia sinensis* Oliv. 落叶，用材、观赏。

木犀科 Oleaceae

262. 梣 *Fraxiuus chinensis* Roxb. 落叶，用材、药用、观赏。

263. 苦枥木 *F. floribunda* Wall. ssp. *insularis*(Hemsl.)S. S. Sun 落叶，用材、药用、观赏。

264. 女贞 *Ligustrum lucidum* Ait. 常绿，用材、观赏。

茜草科 Rubiaceae

265. 香果树 *Emmenopterys henryi* Oliv. 落叶，用材、观赏。

厚壳树科 Ehretiaceae

266. 光叶粗糠树 *Ehretia dicksonii* Hance var. *glabrescens* Nakai 落叶，用材、药用。

马鞭草科 Verbenaceae

267. 大青 *Clerodendrum cyrtophyllum* Turcz. 落叶，药用、观赏。

268. 海通 *C. mandarinorum* Diels 落叶，药用、观赏。

269. 海州常山 *C. trichotomum* Thunb. 落叶，药用、观赏。

玄参科 Scrophulariaceae

270. 川泡桐 *Paulownia fargesii* Franch. 落叶，用材、药用、观赏。

271. 泡桐 *P. fortunei*(Seem.)Hemsl. 落叶，用材、药用、观赏。

禾本科 Gramineae

272. 撑篙竹 *Bambusa pervariabilis* McClure 落叶，用材、观赏。

273. 车筒竹 *B. sinospinosa* McClure 落叶，用材、观赏。

274. 麻竹 *Dendrocalamus latiflorus* Munro 落叶，用材、药用、观赏、森林蔬菜。

三、保护区野生灌木类树种习性及主要用途

(一)灌木类简述

保护区野生灌木类树种有363种。用树种的习性来分，常绿灌木117种，落叶灌木246种。

1. 大部分种类也作用材，只是树干较小，不宜作板材、方材，多用作农具或工具柄材或雕刻，如三尖杉 *Cephalotaxus fortunei*、香叶树 *Lindera communis*、山胡椒 *L. glauca*、火棘 *Pyracantha fortuneana*、狭叶黄杨 *Buxus stenophylla*、油茶 *Camellia oleifera* 等为优良工艺用材。

2. 药用类代表种有三尖杉、小花八角 *Illicium micranthum*、香叶树、香粉叶 *Lindera pulocherrima*、山鸡椒 *Litsea cubeba*、青荚叶 *Helwingia japonica*、五加 *Acanthopanax gracilistylus*、接骨木 *Sambucus williamsii*、中国旌节花 *Stahyurus chinensis*、卫矛 *Euonymus alatus*、百两金 *Ardisia crispa*、紫金牛 *A. japonica*、臭辣树 *Evodia fargesii*、吴萸 *E. rutaecarpa*、花椒 *Zanthoxylum bungeanum*、驳骨丹 *Buddleja asiatica* 等。

3. 观赏类代表种有云南穗花杉 *Amentotaxus yunnanensis*、云南含笑 *Michelia yunnanensis*、匍匐栒子 *Cotoneaster adpressus*、棣棠花 *Kerria japonica*、火棘、舞草 *Codariocalyx motorius*、小叶六道木 *Abelia parvifolia*、西南红山茶 *Camellia pitardii*、怒江红山茶 *C. saluenensis*、美花南烛 *Lyonia compta*、桃叶杜鹃 *Rho-*

dodendron annae、皱叶杜鹃 *Rh. denudatum*、云锦杜鹃 *Rh. fortunei*、露珠杜鹃 *Rh. irroratum*、百合花杜鹃 *Rh. liliflorum*、马银花 *Rh. molle*、红毛杜鹃 *Rh. rufohirtum*、锈叶杜鹃 *Rh. siderophyllum*、狭叶金丝桃 *Hypericum acmosepalum*、贵州金丝桃 *H. kouytcheouense*、金丝桃 *H. monogynu*、猫儿刺 *Ilex pernyi*、南天竹 *Nandina domestica*、小果十大功劳 *Mahonia bodinieri*、棕榈 *Trachycarpus fortunei*、慈竹 *Bambusa emeiensis*、方竹 *Chimonobambusa quadrangularis*、罗汉竹 *Phyllostachys aurea*、毛金竹 *P. nigra* var. *henonis* 等。

4. 水果类代表种有山桃 *Amygdalus davidiana*、野山楂 *Crataegus cuneata*、湖北海棠 *Malus hupenhensis*、刺梨 *Rosa roxburghii*、三月泡 *Rubus corchorifolius*、插田泡 *R. coreanus*、矮杨梅 *Myrica nana*、余甘子 *Phyllathus emblica*、乌饭树 *Vaccinium bracteatum*、铜色胡颓子 *Elaeagnus cupies*、蔓胡颓子 *E. glabra*、银果胡颓子 *E. msgna*、猫儿屎 *Decaisnea fargesii* 等。

(二)灌木类名录及主要用途

三尖杉科 Cephalotaxaceae

1. 三尖杉 *Cephalotaxus fortunei* Hook. f. 常绿，药用、用材、观赏。

红豆杉科 Taxaceae

2. 云南穗花杉 *Amentotaxus yunnanensis* Li 常绿，用材、观赏。

麻黄科 Ephedraceae

3. 丽江麻黄 *Ephedra likiangensis* Florn. 常绿，药用、观赏。

木兰科 Magnoliaceae

4. 云南含笑 *Michelia yunnanensis* Franch. ex Finet et Gagnep. 常绿，药用、观赏。

八角科 Illiciaceae

5. 小花八角 *Illicium micranthum* Dunn 常绿，药用、观赏。
6. 短梗八角 *I. simonsii* Maxim. 常绿，药用、观赏。

樟科 Lauraceae

7. 香叶树 *Lindera communis* Hemsl. 常绿，药用、观赏、香料。
8. 绒毛钓樟 *L. floribunda*(Allen)H. P. Tsui 常绿，药用、观赏。
9. 香叶子 *L. fragrans* Oliv. 常绿，药用、香料。
10. 绿叶甘橿 *L. fruticosa* Hemsl. 常绿，药用、观赏。
11. 山胡椒 *L. glauca*(Sieb. et Zucc.)Bl. 落叶，药用、观赏。
12. 香粉叶 *L. pulocherrima*(Wall.)Benth. var. *attenuata* Allen 常绿，药用、观赏。
13. 川钓樟 *L. pulocherrima* var. *hemsleyana*(Diels)H. P. Tsui 常绿，药用、观赏。
14. 山鸡椒 *Litsea cubeba*(Lour.)Pers. 落叶，药用、观赏、香料。
15. 木姜子 *L. pungens* Hemsl. 落叶，药用、观赏、香料。

马桑科 Coriariaceae

16. 马桑 *Coriaria sinica* Maxim. 落叶，药用。

蔷薇科 Rosaceae

17. 山桃 *Amygdalus davidiana*(Carr.)C. de Vos ex Henry 落叶，药用、观赏、水果。
18. 匍匐栒子 *Cotoneaster adpressus* Bois. 落叶，观赏。
19. 黄杨叶栒子 *C. buxifolius* Lindl. 落叶，观赏。
20. 矮生栒子 *C. dammerii* Schneid. 落叶，观赏。
21. 西南栒子 *C. franchetii* Bois. 落叶，观赏。
22. 粉叶栒子 *C. glaucophyllus* Franch. 落叶，观赏。
23. 小叶粉叶栒子 *C. glaucophyllus* var. *meiophyllus* W. W. Smith 落叶，观赏。
24. 平枝栒子 *C. horizontalis* Dence. 落叶，观赏。
25. 宝兴栒子 *C. moupinensis* Franch. 落叶，观赏。

26. 麻叶栒子 *C. rhytidophyllus* Rehd. et Wils. 落叶，观赏。
27. 野山楂 *Crataegus cuneata* Sieb. et Zucc. 落叶，水果、药用、观赏。
28. 云南山楂 *C. scabrifolia*(Franch.)Rehd. 落叶，水果、药用、观赏。
29. 棣棠花 *Kerria japonica*(L.)DC. 落叶，药用、观赏。
30. 湖北海棠 *Malus hupenhensis*(Pamp.)Rehd. 落叶，水果、药用、观赏。
31. 山荆子 *M. manshurica*(Maxim.)Kom. 落叶，水果、药用、观赏。
32. 三叶海棠 *M. sieboldii*(Regel.)Rehd. 落叶，水果、药用、观赏。
33. 中华绣线梅 *Neillia sinensis* Oliv. 落叶，药用、观赏。
34. 中华石楠 *Photinia beauverdiana* Schneid. 落叶，水果、药用、观赏。
35. 窄叶石楠 *Ph. stenophylla* Hand. – Mazz. 落叶，水果、药用、观赏。
36. 毛叶石楠 *Ph. villosa*(Thunb.)DC. 落叶，水果、药用、观赏。
37. 火棘 *Pyracantha fortuneana*(Maxim)Li 常绿，水果、药用、观赏。
38. 小果蔷薇 *Rosa cymosa* Trtt. 落叶，药用。
39. 软条七蔷薇 *R. henryi* Bouleng. 落叶，药用。
40. 贵州刺梨 *R. kweichowensis* Yu et Ku 落叶，水果、观赏、药用。
41. 金樱子 *R. laevigata* Michx. 落叶，水果、观赏、药用。
42. 毛萼蔷薇 *R. lasiosepala* Metc. 落叶，观赏、药用。
43. 亮叶月季 *R. lucidissima* Lévl. 常绿，水果、观赏、药用。
44. 扁刺峨眉蔷薇 *R. omeiensis* Rolfe f. *pteracantha* Rehd. et Wils. 落叶，水果、观赏、药用。
45. 刺梨 *R. roxburghii* Tratt. 落叶，水果、观赏、药用。
46. 单辨刺梨 *R. roxburghii* f. *normalis* Rehd. et Wils. 落叶，水果、观赏、药用。
47. 悬钩子蔷薇 *R. rubus* Lévl. et Vant. 落叶，观赏、药用。
48. 柔毛尖叶悬钩子 *Rubus acuminatus* Smith. var. *puberulus* Yu et Lu 落叶，水果、药用。
49. 粗叶悬钩子 *R. alceaefolius* Poir. 落叶，水果、药用。
50. 西南悬钩子 *R. assamensis* Focke 落叶，水果、药用。
51. 竹叶鸡爪茶 *R. bambusarus* Focke 落叶，水果、药用。
52. 粉枝莓 *R. biflorus* Buch. – Ham. ex Smith. 落叶，水果、药用。
53. 小柱悬钩子 *R. columelaris* Tutch. 落叶，水果、药用。
54. 三月泡 *R. corchorifolius* L. f. 落叶，水果、药用。
55. 插田泡 *R. coreanus* Miq. 落叶，水果、药用。
56. 毛梗长叶悬钩子 *R. dolichophyllus* var. *pubescens* Yu et Lu 落叶，水果、药用。
57. 宜昌悬钩子 *R. ichangensis* Hemsl. et Ktze. 落叶，水果、药用。
58. 白叶莓 *R. innominatus* S. Moore 落叶，水果、药用。
59. 红花悬钩子 *R. inopertus*(Diels)Focke 落叶，水果、药用。
60. 高粱泡 *R. lambertianus* Ser. 落叶，水果、药用。
61. 腺毛高果泡 *R. lambertianus* var. *glandulosus* Card. 落叶，水果、药用。
62. 白花悬钩子 *R. leucanthus* Hance 落叶，水果、药用。
63. 角裂悬钩子 *R. lobophyllus* Shih. et Metc. 落叶，水果、药用。
64. 茅莓 *R. parvifolius* L. 落叶，水果、药用。
65. 红毛悬钩子 *R. pinfaensis* Lévl. et Vant. 落叶，水果、药用。
66. 香莓 *R. pungens* Card. var. *oldhamii*(Miq.)Maxim. 落叶，水果、药用。
67. 川莓 *R. setchuenensis* Bureau et Franch. 落叶，水果、药用。
68. 木莓 *R. swinhoei* Hance 落叶，水果、药用。

69. 三花悬钩子 *R. trianthus* Focke 落叶，水果、药用。
70. 西畴悬钩子 *R. xichouensis* Yu et Lu 落叶，水果、药用。
71. 高丛珍珠梅 *Sorbaria arbora* Schneid. 落叶，药用。
72. 中华绣线菊 *Spiraea chinensis* Maxim. 落叶，观赏、药用。
73. 粉花绣线菊 *S. japonica* L. f. 落叶，观赏、药用。
74. 鄂西绣线菊 *S. veitchii* Hemsl. 落叶，观赏、药用。
75. 毛萼红果树 *Stranvaesia amphidoxa* Schneid. 常绿，观赏。
76. 红果树 *S. davidiana* Decne. 常绿，观赏。
77. 波叶红果树 *S. davidiana* var. *undulata*(Decne.)Rehd. et Wils. 常绿，观赏。

蜡梅科 Calycanthaceae

78. 蜡梅 *Chimonanthus praecox*(L.)Link. 落叶，观赏、药用。

苏木科 Caesalpiniaceae

79. 越南羊蹄甲 *Bauhinia touranensis* Gagnep. 落叶，观赏。
80. 云实 *Caesalpinia decapetala*(Roth.)Alston 落叶，观赏、药用。

蝶形花科 Papilionaceae

81. 西南杭子梢 *Campylotropis delaveyi*(Franch.)Schindl. 落叶，观赏、药用。
82. 三棱枝杭子梢 *C. trigonoclada*(Franch.)Schindl. 落叶，观赏、药用。
83. 舞草 *Codariocalyx motorius*(Houtt.)Ohashi 落叶，观赏、药用。
84. 饿蚂蝗 *Desmodium multiflorum* DC. 落叶，观赏、药用。
85. 波叶山蚂蝗 *D. seguax* Wall. 落叶，观赏、药用。
86. 大叶千斤拔 *Flemingia macrophylla* O. Ktze. et Prain 落叶，观赏、药用。
87. 铁扫帚 *Indigofera bungeana* Steud. 落叶，药用。
88. 西南木兰 *I. monbeigii* Craib. 落叶，药用。
89. 马棘 *I. pseudotinctoria* Mats. 落叶，药用。
90. 网叶木兰 *I. reticulata* Franch. 落叶，药用。
91. 截叶胡枝子 *Lespedeza cuneata* G. Don 落叶，药用。
92. 长柄山蚂蝗 *Podocarpium podocarpum*(DC.)Yang et Huang 落叶，药用。
93. 尖叶长柄山蚂蝗 *P. podocarpum* var. *oxyphyllum*(DC.)Yang et Huang 落叶，药用。
94. 柔枝槐 *Sophora subprostrata* Chun et T. Chen 落叶，药用。

山梅花科 Philadelphaceae

95. 溲疏 *Deutzia scabra* Thunb. 落叶，药用、观赏。
96. 川溲疏 *D. setchuenensis* Franch. 落叶，药用、观赏。
97. 绢毛山梅花 *Philadelphus sericanthus* Koehne 落叶，药用、观赏。

八仙花科 Hydrangeaceae

98. 马桑绣球 *Hydrangea aspera* D. Don 落叶，药用、观赏。
99. 中国绣球 *H. chinensis* Maxim. 落叶，药用、观赏。
100. 西南绣球 *H. davidii* Franch. 落叶，药用、观赏。
101. 长柄绣球 *H. longipes* Franch. 落叶，药用。
102. 乐思绣球 *H. rosthornii* Diels 落叶，药用、观赏。
103. 腊莲绣球 *H. strgosa* Rehd. 落叶，药用、观赏。
104. 伞形绣球 *H. umbellata* Rehd. 落叶，药用、观赏。
105. 柔毛绣球 *H. villosa* Rehd. 落叶，药用、观赏。
106. 桂苦绣球 *H. xanthoneura* Diels 落叶，药用、观赏。

107. 云南绣球 *H. yunnanensis* Rehd. 落叶，药用、观赏。

醋栗科 Grossulariaceae

108. 华茶藨子 *Ribes fasciculatum* Sieb. et Zucc. var. *chinense* Maxim. 落叶，药用、观赏。

109. 宝兴茶藨子 *R. moupinensis* Franch. 落叶，药用、观赏。

鼠刺科 Escalloniaceae

110. 月月青 *Itea ilicifolia* Oliv. 落叶，药用、观赏。

111. 滇鼠刺 *I. yunnanensis* Franch. 落叶，药用、观赏。

山矾科 Symplocaceae

112. 薄叶山矾 *Symplocos anomala* Band. 常绿，用材、观赏。

113. 黄牛奶树 *S. laurina*(Retz.)Wall. 常绿，用材、观赏。

四照花科 Cornaceae

114. 小梾木 *Corus paucinervis* Hance 落叶，观赏。

115. 中华青荚叶 *Helwingia chinensis* Batal 落叶，药用、观赏。

116. 小叶青荚叶 *H. chinensis* var. *microphylla* Fang et Soong 落叶，药用、观赏。

117. 喜马拉维青荚叶 *H. himalaica* Hook. f. et Thoms. ex Clarke 落叶，药用、观赏。

118. 小型青荚叶 *H. himalaica* var. *parvifolia* Li 落叶，药用、观赏。

119. 青荚叶 *H. japonica*(Thunb.)Dietr. 落叶，药用、观赏。

120. 广阴茎 *Yinquania oblong*(Wall.)Z. Y. Zhu 落叶，药用、观赏。

鞘柄木科 Toricelliaceae

121. 角叶鞘柄木 *Toricellia angulata* Oliv. 落叶，药用。

122. 有齿角叶鞘柄木 *T. angulata* var. *intermedia*(Harms)Hu 落叶，药用。

五加科 Araliaceae

123. 五加 *Acanthopanax gracilistylus* W. W. Smith 落叶，药用。

124. 白簕 *A. trifoliatus*(L.)Merr. 落叶，药用。

125. 楤木 *Aralia chinensis* L. 落叶，药用、森林蔬菜。

126. 毛叶楤木 *A. chinensis* var. *dasyrhylloides* Hand. -Mazz. 落叶，药用、森林蔬菜。

127. 头序楤木 *A. dasyphylla* Miq. 落叶，药用、森林蔬菜。

128. 棘茎楤木 *A. echinocaulis* Hand. -Mazz. 落叶，药用、森林蔬菜。

129. 异叶梁王茶 *Nothopanax davidii*(Franch.)Harms 常绿，药用、观赏。

130. 短序鹅掌紫 *Schefflera bodinieri*(Lévl.)Rehd. 落叶，药用、观赏。

131. 异叶鹅掌柴 *S. diversifoliolata* Li 落叶，药用、观赏。

132. 星毛鸭脚本 *S. minutistellata* Merr. et Li 落叶，药用、观赏。

133. 多脉鹅掌柴 *S. multinervia* Li 落叶，药用、观赏。

134. 鹅掌紫 *S. octophylla*(Lour.)Harms 落叶，药用、观赏。

135. 通脱木 *Tetrapanax papyrifer*(Hook.)K. Koch 落叶，药用、观赏。

136. 刺通草 *Trevesia palmata*(Roxb.)Vis. 落叶，药用、观赏。

忍冬科 Caprifoliaceae

137. 小叶六道木 *Abelia parvifolia* Hemsl. 落叶，药用、观赏。

138. 云南又双盾木 *Dipelta yunnanensis* Franch. 落叶，药用、观赏。

139. 女贞叶忍冬 *Lonicera ligustrina* Wall. 落叶，观赏、药用。

140. 袋花忍冬 *L. saccata* Rehd. 落叶，观赏、药用。

141. 接骨木 *Sambucus williamsii* Hance 落叶，药用。

142. 桦叶荚蒾 *Viburnum betulifolium* Batal. 落叶，药用。

143. 金山荚蒾 *V. chinshanense* Graebn. 落叶，药用、观赏。

145. 水红木 *V. cylindricum* Buch. －Ham. ex Don 落叶，药用、观赏。

146. 紫药荚蒾 *V. eruboscens* Wall. var. *prattii*(Graebn.)Rehd. 落叶，药用、观赏。

147. 珍珠荚蒾 *V. foetidum* Wall. var. *ceanothoides*(C. H. Wright) Hand. － Mazz. 落叶，药用、观赏、水果。

148. 直角荚蒾 *V. foetidum* var. *restangulatum*(Graebn.)Rehd. 落叶，药用、观赏、水果。

149. 南方荚蒾 *V. fordiae* Hance 落叶，药用、观赏。

150. 蝶花荚蒾 *V. hanceanum* Maxim. 落叶，观赏。

151. 旱禾树 *V. odoratissimum* Ker. －Gaul. 常绿，观赏。

152. 球核荚蒾 *V. propinquum* Hemsl. 常绿，观赏。

153. 狭叶球核荚蒾 *V. propinquum* var. *mairei* W. W. Smith 常绿，观赏。

154. 汤饭子 *V. setigerum* Hance 落叶，药用、观赏、水果。

155. 烟管荚蒾 *V. utile* Hemsl. 常绿，观赏。

金缕梅科 Hamamelidaceae

156. 桤叶蜡瓣花 *Corylopsis alnifolia*(Lévl.)Schneid. 落叶，观赏。

157. 黔蜡瓣花 *C. obovata* Chang 落叶，观赏。

158. 峨眉蜡瓣花 *C. omeiensis* Yang 落叶，观赏。

159. 圆叶蜡瓣花 *C. rotundifolia* Chang 落叶，观赏。

160. 华蜡瓣花 *C. sinensis* Hemsl. 落叶，观赏。

161. 杨梅叶蚊母树 *Distylium myricoides* Hemsl. 落叶，观赏。

旌节花科 Stachyuraceae

162. 中国旌节花 *Stahyurus chinensis* Franch. 落叶，药用。

163. 西域旌节花 *S. himalaicus* Hook. f. et Thoms. 落叶，药用。

164. 倒卵叶旌节花 *S. obovatus*(Rehd.)Li 落叶，药用。

165. 云南旌节花 *S. yunnanensis* Frarch. 常绿，观赏。

黄杨科 Buxaceae

166. 狭叶黄杨 *Buxus stenophylla* Hance 常绿，观赏。

167. 板凳果 *Pachysandra axillaris* Franch. 常绿，药用。

168. 野扇花 *Sarcococca ruscifolia* Stapf. 常绿，观赏、药用。

169. 窄叶野扇花 *S. ruscifolia* var. *chinensis* Rehd. et Wils. 常绿，观赏、药用。

杨柳科 Salicaceae

170. 翻白柳 *Salix hypoleuca* Seem. 落叶，观赏、药用。

171. 皂柳 *S. wallichiana* Anderss. 落叶，观赏、药用。

杨梅科 Myricaceae

172. 矮杨梅 *Myrica nana* Cheval. 常绿，水果、观赏、药用。

榛科 Corylaceae

173. 川榛 *Corylus heterophylla* Fisch. et Bess. var. *sutchuenensis* Franch. 落叶，干果、药用。

桑科 Moraeeae

174. 小构树 *Broussonatia raempferi* Sieb. et Zucc. 落叶，纤维、药用。

175. 天仙果 *Ficus erecta* Thunb. 落叶，药用。

176. 披针叶天仙果 *F. erecta* var. *beechegana*(Hook. et Arn.)King 落叶，药用。

177. 异叶天仙果 *F. heteromorpha* Hemsl. 落叶，药用。

178. 琴叶榕 *F. pandurata* Hance 落叶，药用。

179. 珍珠榕 *F. sarmentosa* B. Ham. var. *henryi*(King ex D. Oliv.) Corner. 落叶，药用。

180. 鸡桑 *Morus australis* Poir. 落叶，纤维、药用。

荨麻科 Urticaceae

181. 长叶苎麻 *Boehmeria macrophylla* D. Don 落叶，纤维、药用。

182. 苎麻 *B. nivea*(L.) Gaud. 落叶，纤维、药用。

183. 水麻 *Debregeasis edulis*(Sieb. et Zucc.) Wadd. 落叶，纤维、药用。

184. 长叶水麻 *D. longifolia*(Burm. f.) Wedd. 落叶，纤维、药用。

大风子科 Flacourtiaceae

185. 荷包山桂花 *Bermettiodendron brevipes* Merr. 落叶，药用。

瑞香科 Thymelaeaceae

186. 白瑞香 *Daphne papyracea* Wall. ex Steud. 常绿，纤维、药用、观赏。

海桐花科 Pittosporaceae

187. 狭叶海桐 *Pittosporum glabratum* var. *neriifolium* Rehd. et Wils. 常绿，观赏、药用。

188. 海金子 *P. illiciodes* Mak. 常绿，观赏、药用。

远志科 Polygalaceae

189. 黄花远志 *Polygala arillata* Buch. – Ham. 落叶，观赏、药用。

190. 尾叶远志 *P. caudate* Rehd. et Wils. 落叶，观赏、药用。

191. 贵州远志 *P. dunniana* Lévl. 落叶，观赏、药用。

192. 黄花倒水莲 *P. fallax* Hemsl. 落叶，观赏、药用。

锦葵科 Malvaceae

193. 白背黄花捻 *Sida rhombifolia* L. 落叶，观赏、药用。

194. 拔毒散 *S. szechuensis* Matsuda 落叶，观赏、药用。

195. 地桃花 *Urena lobata* L. 落叶，观赏、药用。

196. 中华地桃花 *U. lobata* L. var. *chinensis*(Osbeck) S. Y. Hu 落叶，观赏、药用。

亚麻科 Linaceae

197. 石海椒 *Reinwaratia trigyna* Planch. 落叶，观赏、药用。

198. 青篱柴 *Tirpitzia sinensis*(Hemsl.) Hallier. 落叶，观赏、药用。

大戟科 Euphorbiaceae

199. 算盘子 *Glochidion puberum*(L.) Hutch. 落叶，药用。

200. 湖北算盘子 *G. wilsonii* Hutch. 落叶，药用。

201. 石岩枫 *Mallotus repandus*(Willd.) Muell. – Arg. 落叶，药用。

202. 野桐 *M. japonicus* var. *floccosus*(Muell. – Arg.) S. M. Hwang 落叶，用材、观赏、药用、纤维。

203. 云南野桐 *M. yunnanensis* Pax et Hoffm. 落叶，用材、观赏、药用、纤维。

204. 余甘子 *Phyllathus emblica* L. 常绿，水果、药用。

205. 青灰叶下珠 *P. glaucus* Wall. ex Muell. – Arg. 常绿，药用。

206. 叶底珠 *Securinega suffruticos*(Pall.) Rehd. 常绿，药用。

山茶科 Theaceae

207. 贵州连蕊茶 *Camellia costei* Lévl. 常绿，观赏、药用。

208. 秃苞红山茶 *C. grabriperulata* Chang 常绿，观赏。

209. 毛蕊红山茶 *C. mairei*(Lévl.) Melchior. 常绿，观赏。

210. 油茶 *C. oleifera* Abel. 常绿，观赏、药用、油料。

211. 寡瓣红山茶 *C. paucipetala* Chang 常绿，观赏。

212. 西南红山茶 *C. pitardii* Coh. Stuarr. 常绿，观赏、油料。

213. 怒江红山茶 *C. saluenensis* Stapf ex Benn. 常绿，观赏、油料。
214. 普洱茶 *C. sinensis* O. Ktze. var. *assamica* Kifamura. 常绿，饮料、药用、油料。
215. 红淡比 *Cleyera japonica* Thunb. 常绿，观赏、蜜源。
216. 贵州毛柃 *Eurya kweichowensis* Hu et L. K. Ling 常绿，观赏、蜜源。
217. 细枝柃 *E. loquaina* Dunn 常绿，观赏、蜜源。
218. 细齿叶柃 *E. nitida* Korth. 常绿，观赏、蜜源。
219. 半齿柃 *E. semiserrulata* Chang 常绿，观赏、蜜源。

水冬哥科 Saurauiaceae

210. 聚锥水冬哥 *Saurauia thyrsiflora* C. F. Liang et Y. S. Wang 落叶，观赏、蜜源。
211. 水冬哥 *S. tristyla* DC. 落叶，观赏、蜜源。

山柳科 Clethraceae

212. 江南山柳 *Clethra cavalerie* Lévl. 落叶，观赏。

杜鹃花科 Ericaceae

213. 红苞树萝卜 *Agapetes rubrobracteata* R. C. Fang et S. H. Huang 落叶，观赏、药用。
214. 滇白珠 *Gaulfhedria leucocarpa* Rl. var. *crenulata*(Kurz.)T. Z. Hsu 落叶，观赏、药用。
215. 四裂白珠 *G. tetramera* W. W. Smith 落叶，观赏、药用。
216. 美花南烛 *Lyonia compta*(W. W. Smith et J. F. Jeffrey)Hand. -Mazz. 落叶，观赏。
217. 小果南烛 *L. ovatifolia* var. *elliptica*(Sieb. et Zucc.)Hand. -Mazz. 落叶，观赏、药用。
218. 狭叶南烛 *L. ovatifolia* var. *lanceolata*(Wall.)Hand. -Mazz. 落叶，观赏、药用。
219. 美丽马醉木 *Pieris formosa*(Wall.)D. Don 常绿，观赏、药用。
220. 桃叶杜鹃 *Rhododendron annae* Franch. 常绿，观赏。
221. 狭叶马缨花 *Rh. delavayi* Franch. var. *peramoenum*(Balf. f. et Forrest)T. L. Ming 常绿，观赏。
222. 皱叶杜鹃 *Rh. denudatum* Lévl. 常绿，观赏。
223. 云锦杜鹃 *Rh. fortunei* Lindl. 常绿，观赏。
224. 露珠杜鹃 *Rh. irroratum* Franch. 常绿，观赏。
225. 百合花杜鹃 *Rh. liliflorum* Lévl. 常绿，观赏。
226. 长柱杜鹃 *Rh. lyi* Lévl. 常绿，观赏。
227. 马银花 *Rh. molle* D. Don 常绿，观赏。
228. 红毛杜鹃 *Rh. rufohirtum* Hand. -Mazz. 常绿，观赏。
229. 锈叶杜鹃 *Rh. siderophyllum* Franch. 常绿，观赏。
230. 映山红 *Rh. simsii* Planch. 落叶，观赏、药用。
231. 光柱杜鹃 *Rh. spanotrichum* Balf. f. et W. W. Smith 常绿，观赏。
232. 长蕊杜鹃 *Rh. stamineum* Franch. 常绿，观赏。
233. 溪畔杜鹃 *Rh. vivulare* Hand. -Mazz. 常绿，观赏。
234. 云南杜鹃 *Rh. yunnanense* Franch. 常绿，观赏。

越橘科 Vacciniaceae

235. 乌饭树 *Vaccinium bracteatum* Thunb. 落叶，观赏、药用、水果。
236. 短尾越橘 *V. carlesii* Dunn 常绿，观赏、药用、水果。
237. 尾叶越橘 *V. dunnlianum* var. *urophyllum* Rehd. et Wils. 常绿，观赏、药用、水果。
238. 乌鸦果 *V. fragile* Franch. 常绿，观赏、药用、水果。
239. 刺毛越橘 *V. trichocladum* Merr. et Metc. 常绿，观赏、药用、水果。
240. 西南越橘 *V. laetum* Diels 常绿，观赏、药用、水果。
241. 广西越橘 *V. sinicum* Sleumer 常绿，观赏、药用、水果。

金丝桃科 Hypericaceae

242. 狭叶金丝桃 *Hypericum acmosepalum* N. Rob. 落叶，观赏、药用。
243. 贵州金丝桃 *H. kouytcheouense* Lévl. 落叶，观赏、药用。
244. 金丝桃 *H. monogynu* L. 落叶，观赏、药用。
245. 金丝梅 *H. potulum* Thunb. 落叶，观赏、药用。
246. 匙萼金丝桃 *H. uralum* Buch. – Ham. ex D. Don 落叶，观赏、药用。

桃金娘科 Myrtaceae

247. 华南蒲桃 *Syzygium austro – sinense* Chang et Miau 落叶，观赏、药用。

野牡丹科 Melastomataceae

248. 地菍 *Melastoma dodecandrum* Lour. 落叶，观赏、药用。
249. 展毛野牡丹 *M. normale* D. Don 落叶，观赏、药用。
250. 朝天罐 *Osbeckia crinita* Benth. 落叶，观赏、药用。
251. 阔叶金锦香 *O. opipara* C. Y. Wu et C. Chen 落叶，观赏、药用。

冬青科 Aquifoliaceae

252. 刺叶冬青 *Ilex bioritsensis* Hayata 常绿，观赏、药用。
253. 巨果冬青 *I. chapaensis* Sims. 常绿，观赏。
254. 睫刺冬青 *I. cilliopinosa* Loes. 常绿，观赏。
255. 广东冬青 *I. kwangtungensis* Merr. 常绿，观赏。
256. 猫儿刺 *I. pernyi* Franch. 常绿，观赏、药用。
257. 香冬青 *I. suaveolens*(Lévl.)Loes. 常绿，观赏、药用。
258. 四川冬青 *I. szechwanensis* Loes. 常绿，观赏、药用。
259. 茶果冬青 *I. theicarpa* Hand. – Mazz. 常绿，观赏。
260. 紫果冬青 *I. tsoii* Merr. et Chun 常绿，观赏。
261. 云南冬青 *I. yunnanensis* Franch. 常绿，观赏。

卫矛科 Celastraceae

262. 卫矛 *Euonymus alatus*(Thunb.)Sieb. 落叶，观赏、药用。
263. 长翅卫矛 *E. elongantissimus* Loes. et Rehd. 落叶，观赏、药用。
264. 短翅卫矛 *E. rehderianus* Loes. 常绿，观赏。
265. 长刺卫矛 *E. wilsonii* Sprae. 落叶，观赏。
266. 三花假卫矛 *Micretropsis triflora* Merr. et Freem. 常绿，观赏、药用。

桑寄生科 Loranthaceae

267. 贵州桑寄生 *Loranthus guizhouensis* H. S. Kiu 落叶，药用。
268. 双花鞘花 *Macrosolen bibracteolatus*(Hance)Danser 落叶，药用。
269. 鞘花 *M. cochinchinensis*(Lour.)Van Tiegh. 落叶，药用。
270. 红花寄生 *Scurrula parasitica* L. 落叶，药用。
271. 毛叶寄生 *Taxillus nigrans*(Hance)Danser 落叶，药用。
272. 四川寄生 *T. sutchuenensis*(Lec.)Danser 落叶，药用。
273. 灰毛寄生 *T. sutchuenensis* var. *duclouxii*(Lec.)Kiu 落叶，药用。
274. 白毛寄生 *T. thibetensis*(Lec.)Danser 落叶，药用。
275. 大苞寄生 *Tolypsnthus maclurei*(Merr.)Danser 落叶，药用。

胡颓子科 Elaeagnaceae

276. 铜色胡颓子 *Elaeagnus cupies* Rehd. 常绿，水果、药用。
277. 蔓胡颓子 *E. glabra* Thunb. 落叶，水果、药用。

278. 银果胡颓子 *E. msgna*(Serv.)Rehd. 常绿，水果、药用。

鼠李科 Rhamnaceae

279. 多脉猫乳 *Rhamnella martinii*(Lévl.)Schneid. 落叶，药用。
280. 革叶鼠李 *Rhamnus coriophyllus* Hand. -Mazz. 常绿，药用。
281. 长叶冻绿 *Rh. crenata* Sieb. et Zucc. 落叶。
282. 亮叶鼠李 *Rh. hemsleyana* Schneid. 落叶。
283. 异叶鼠李 *Rh. heterophylla* Oliv. 落叶。
284. 薄叶鼠李 *Rh. leptophylla* Schneid. 落叶。
285. 小冻绿树 *Rh. rosthornii* Pritz. 落叶。
286. 冻绿 *Rh. utilis* Decne. 落叶，药用。
287. 毛冻绿 *Rh. utilis* var. *hypochrysa*(Schneid.)Rehd. 落叶。
288. 帚枝鼠李 *Rh. virgata* Roxb. 落叶。

紫金牛科 Myrsinaceae

289. 百两金 *Ardisia crispa*(Thunb.)A. DC. 常绿，药用、观赏。
290. 细柄百两金 *A. crispa* var. *dielsii*(Lévl.)Walker 常绿，药用、观赏。
291. 紫金牛 *A. japonica*(Thunb.)Bl. 常绿，药用、观赏。
292. 网脉酸藤果 *Embelia rudis* Hand. -Mazz. 常绿，药用、观赏。
293. 杜茎山 *Maesa japonica*(Thunb.)Moritzi ex Zoll. 落叶，药用。
294. 山地杜茎山 *M. montana* A. DC. 落叶，药用。
295. 铁仔 *Myrsina africana* L. 落叶，药用、观赏。
296. 针齿铁仔 *M. semiserrata* Wall. 落叶，观赏。
297. 密花树 *Rapanea neriifolia*(Cseb. et Zucc.)Mez. 常绿，观赏。

芸香科 Rutaceae

298. 臭辣树 *Evodia fargesii* Dode 落叶，药用。
299. 吴萸 *E. rutaecarpa*(Juss.)Benth. 落叶，药用。
300. 乔木茵芋 *Skimmia arborescens* Gamble 常绿，观赏、药用。
301. 茵芋 *S. reevesiana* Fortune 常绿，观赏、药用。
302. 刺花椒 *Zanthoxylum acanthopodium* DC. 落叶，药用。
303. 花椒 *Z. bungeanum* Haxim. 落叶，香料、药用。
304. 石山花椒 *Z. calciolum* Huang 常绿，香料、药用。
305. 山枇杷 *Z. dissitum* Hemsl. 常绿，药用。
306. 贵州花椒 *Z. esquirolii* Lévl. 常绿，香料、药用。
307. 小花花椒 *Z. micranthum* Hemsl. 常绿，药用。
308. 竹叶椒 *Z. planispinum* Sieb. et Zucc. 常绿，药用。
309. 毛竹叶椒 *Z. planispinum* f. *ferrugineum*(Rehd. et Wils.)Huang 常绿，药用。
310. 花椒簕 *Z. scandens* Bl. 常绿，药用。
311. 香椒子 *Z. schinifolium* Sieb. et Zucc. 常绿，药用。
312. 狭叶花椒 *Z. stenophyllum* Hemsl. 落叶，药用。

楝科 Meliaceae

313. 灰毛浆果楝 *Cipadessa cinerascens*(Pell.)Hand. -Mazz. 落叶，药用。

清风藤科 Sabiaceae

314. 垂枝泡花树 *Meliosma flexuosa* Pamp. 落叶。
315. 山檨叶泡花树 *M. thorelii* Lec. 落叶。

省沽油科 Staphyleaceae

316. 嵩明省沽油 *Staphylea forrestii* Balf. f. 落叶，药用、观赏。

醉鱼草科 Buddlejaceae

317. 驳骨丹 *Buddleja asiatica* Lour. 落叶，药用、观赏。
318. 大叶醉鱼草 *B. davidii* Franch. 落叶，药用、观赏。
319. 醉鱼草 *B. lindleyana* Fort. 落叶，药用、观赏。
320. 密蒙花 *B. officinalis* Maxim. 落叶，药用、观赏。

木犀科 Oleaceae

321. 混女贞 *Ligustrum confusum* Decne. 落叶，药用。
322. 小叶女贞 *L. quihoui* Carr. 落叶，药用。
323. 小蜡 *L. sinense* Lour. 落叶，药用。
324. 光萼小蜡 *L. sinense* var. *myrianthum*(Diels)Hook. f. 落叶，药用。
325. 粗壮女贞 *L. robustum* Bl. 落叶，药用、饮料。
326. 香管木犀 *Osmanthus suavis* King ex C. B. Clarke. 常绿，观赏。

茜草科 Rubiaceae

327. 虎刺 *Damnacanthus indicus*(L.)Gaertn. f. 落叶，药用、观赏。
328. 玉叶金花 *Mussaenda pubescens* Ait. f. 落叶，药用、观赏。
329. 白马骨 *Serissa serissoides*(DC.)Druce. 落叶，药用、观赏。

马鞭草科 Verbenaceae

330. 紫珠 *Callicarpa bodinieri* Lévl. 落叶，药用、观赏。
331. 杜虹花 *C. formosana* Rolfe 落叶，药用、观赏。
332. 臭牡丹 *Clerodendrum bungei* Sleud. 落叶，药用、观赏。
333. 豆腐柴 *Premna microphylla* Turcz. 落叶，药用、观赏。
334. 牡荆 *Vitex negundo* L. var. *cannabifolia*(Sieb. et Zucc.)Hand. -Mazz. 落叶，药用、观赏。

木通科 Lardizabalaceae

335. 猫儿屎 *Decaisnea fargesii* Franch. 落叶，水果、观赏、药用。

南天竹科 Nandinaceae

336. 南天竹 *Nandina domestica* Thunb. 落叶，药用、观赏。

小檗科 Berberdaceae

337. 渐尖叶小檗 *Berberis acuminanta* Franch. 落叶，药用、观赏。
338. 锐齿小檗 *B. arguta*(Franch.)Schneid. 落叶，药用、观赏。
339. 壮刺小檗 *B. deinacantha* Schneid. 落叶，药用、观赏。
340. 毕节小檗 *B. guizhouensis* Ying 落叶，药用、观赏。
341. 蠔猪刺 *B. julianae* Schneid. 落叶，药用。
342. 粉叶小檗 *B. pruinosa* Franch. 常绿，药用、观赏。
343. 永思小檗 *B. tsienii* Ying 落叶，药用、观赏。
344. 威宁小檗 *B. weiningensis* Ying 落叶，药用、观赏。
345. 小果十大功劳 *Mahonia bodinieri* Gagnep. 常绿，药用、观赏。
346. 宽苞十大功劳 *M. eurybracteata* Fedde 常绿，药用、观赏。
347. 十大功劳 *M. fortunei*(Lindl.)Fedde. 常绿，药用、观赏。
348. 亮叶十大功劳 *M. nitens* Schneid. 常绿，药用、观赏。
349. 阿里山十大功劳 *M. oiwakensis* Hayata 常绿，药用、观赏。

茄科 Solanaceae

350. 枸杞 *Lycium chinensis* Mill. 落叶，药用。

351. 假烟叶树 *Solanum verbascifolium* L. 落叶，药用。

玄参科 Scrophulariaceae

352. 来江藤 *Brandisia hancei* Hook. f. 落叶，药用、观赏。

棕榈科 Palmae

353. 棕榈 *Trachycarpus fortunei*(Hook. f.)H. Wendl. 常绿，纤维、观赏、药用。

禾本科 Gramineae

354. 斑若竹 *Arundinaria macalata*(McClure)Chu et Chao 常绿，纤维、观赏、森林蔬菜。

355. 慈竹 *Bambusa emeiensis* Chia et H. L. Fung 常绿，纤维、观赏。

356. 木竹 *B. rutila* McClure 常绿，观赏。

357. 乳纹方竹 *Chimonobambusa lactistriata* W. D. Li et Q. X. Wu 常绿，观赏、森林蔬菜。

358. 方竹 *C. quadrangularis*(Fenzi)Makino 常绿，观赏、森林蔬菜。

359. 箬叶竹 *Indocalamus lonfiauritus* Hand. -Mazz. 常绿，观赏、药用。

360. 罗汉竹 *Phyllostachys aurea* Carr. ex A. C. Riviere. 常绿，观赏。

361. 水竹 *P. heteroclada* Oliv. 常绿，观赏、森林蔬菜。

362. 毛金竹 *P. nigra* var. *henonis*(Mitf.)Stapf ex Rendl. 常绿，观赏、森林蔬菜。

363. 秦氏箭竹 *Sinarundinaria chingii*(Yi)K. M. Lan 常绿，观赏。

四、保护区野生木质藤本及藤状灌木类习性及主要用途

(一)木质藤本及藤状灌木类简述

保护区木质藤本及藤状灌木有 119 种。用树种的习性来分，常绿藤本 33 种，落叶藤本 86 种。

1. 水果代表种有南五味子 *Kadsura longipedunculata*、棱枝五味子 *Schiandra henryi*、地瓜 *Ficus tikoua*、硬齿猕猴桃 *Actinidia callosa*、中华猕猴桃 *A. chinensis*、三叶木通 *Akebia trifoliate* 等。

2. 观赏代表种有香花崖豆藤 *Milletia dielsiana*、光叶崖豆藤 *M. nitida*、常春藤 *Hedera nepalensis* var. *sinensis*、匍匐忍冬 *Lonicera crassifolia*、忍冬 *L. japonica*、三叶爬山虎 *Parthenocissus himalayana*、红茉莉 *Jasminum beesianum*、紫花络石 *Trachelospermum axillare* 等。

(二)木质藤本及藤状灌木类名录和主要用途

五味子科 Schisandraceae

1. 南五味子 *Kadsura longipedunculata* Finet et Gagnep. 常绿，水果、药用、观赏。

2. 棱枝五味子 *Schiandra henryi* Clarke. 落叶，水果、药用、观赏。

3. 云南五味子 *S. henryi* var. *yunnanesis* A. C. Smith 落叶，水果、药用、观赏。

4. 绿叶五味子 *S. viridis* A. C. Smith 落叶，水果、药用、观赏。

5. 华中五味子 *S. sphenanthera* Rehd. et Wils. 落叶，水果、药用、观赏。

苏木科 Caesalpiniaceae

6. 龙须藤 *Bauhinia championii* Benth. 落叶，纤维、药用、观赏。

7. 粉叶羊蹄甲 *B. glauca*(Wall. et Benth.)Benth. 落叶，纤维、药用、观赏。

8. 老虎刺 *Pterolobium punctatum* Hemsl. 落叶，药用、观赏。

蝶形花科 Papilionaceae

9. 藤黄檀 *Dalbergia hancei* Benth. 落叶，纤维、药用、观赏。

10. 香花崖豆藤 *Milletia dielsiana* Harms ex Diels 常绿，纤维、药用、观赏。

11. 光叶崖豆藤 *M. nitida* Benth. 常绿，纤维、药用、观赏。

12. 毛亮叶崖豆藤 *M. nitida* var. *mollifolia* Q. W. Yao 落叶，纤维、药用、观赏。

13. 厚果崖豆藤 *M. pachycarpa* Benth. 落叶，纤维、药用、观赏。
14. 野葛 *Pueraria lobata*(Willd.)Ohwin 落叶，纤维、药用、淀粉。
15. 苦葛藤 *P. peduncularis*(Benth.)Grah. 落叶，纤维、药用、淀粉。

八仙花科 Hydrangeaceae

16. 冠盖滕 *Pileostegia viburnoides* Hook. f. et Thoms. 落叶，观赏、药用。
17. 白背钻地风 *Schizophragma hypoglaucum* Rehd. 落叶，观赏、药用。

五加科 Araliaceae

18. 常春藤 *Hedera nepalensis* K. Koch var. *sinensis*(Tobl.)Rehd. 常绿，观赏、药用。

忍冬科 Caprifoliaceae

19. 匍匐忍冬 *Lonicera crassifolia* Batal. 常绿，观赏、药用。
20. 锈毛忍冬 *L. ferruginea* Rehd. 落叶，观赏、药用。
21. 忍冬 *L. japonica* Thunb. 落叶，观赏、药用。
22. 云雾忍冬 *L. nubium*(Hand. – Mazz.)Hand. – Mazz. 落叶，观赏、药用。
23. 川黔忍冬 *L. subaequalis* Rehd. 落叶，观赏、药用。

桑科 Moraeeae

24. 滇匍匐榕 *Ficus sarmentosa* var. *duclouxii*(Lévl. et Vant.)Corner. 落叶，观赏、药用。
25. 爬藤榕 *F. sarmentosa* var. *impressa*(Champ.)Corner. 落叶，观赏、药用。
26. 薄叶匍匐榕 *F. sarmentosa* var. *lacrymans*(Lévl.)Corner. 落叶，观赏、药用。
27. 日本匍匐榕 *F. sarmentosa* var. *nipponica*(Fnanch. et Sav.)Corner. 落叶，观赏、药用。
28. 地爪 *F. tikoua* Bur. 常绿，观赏、药用、水果。

猕猴桃科 Actinidiaceae

29. 硬齿猕猴桃 *Actinidia callosa* Lindl. 落叶，观赏、药用、水果。
30. 中华猕猴桃 *A. chinensis* Planch. 落叶，观赏、药用、水果。
31. 毛花猕猴桃 *A. eriantha* Bentlc. 落叶，观赏、药用、水果。
32. 多花猕猴桃 *A. latifolia*(Gardn. et Champ.)Merr. 落叶，观赏、药用、水果。
33. 革叶猕猴桃 *A. rubricaulis* Dunn var. *coriacea*(Finet et Gagnep.)C. F. Liang 常绿，观赏、药用、水果。

卫矛科 Celastraceae

34. 苦皮藤 *Celastrus angulatus* Maxim. 落叶，纤维、药用。
35. 哥兰叶 *C. gemmatus* Loes. 落叶，纤维、药用。
36. 灰叶南蛇藤 *C. glaucophyllus* Rehd. et Wils. 落叶，纤维、药用。
37. 粉背南蛇藤 *C. hypoleucus*(Oliv.)Warb. 落叶，纤维、药用。
38. 短梗南蛇藤 *C. rosthornianus* Loes. 落叶，纤维、药用。
39. 刺果卫矛 *Euonymus acanthocarpus* Franch. 常绿，观赏、药用。
40. 黄刺卫矛 *E. aculeatus* Hemsl. 常绿，观赏。
41. 扶芳藤 *E. fortunei*(Turctz.)Hand. – Mazz. 落叶，观赏、药用。
42. 爬行卫矛 *E. fortunei* var. *radicans*(Sieb. ex Miq.)Rehd. 落叶，观赏、药用。

鼠李科 Rhamnaceae

43. 多花勾儿茶 *Berchemia floribunda*(Wall.)Brongn. 常绿，观赏、药用。
44. 光枝勾儿茶 *B. polyphylla* var. *leioclada* Hand. – Mazz. 常绿，观赏、药用。
45. 云南勾儿茶 *B. yunnanensis* Franch. 常绿，观赏、药用。
46. 纤细雀梅藤 *Sageretia gracilis* Drumm. 落叶，观赏。
47. 钩刺雀梅藤 *S. hamosa*(Wall.)Brongn. 落叶，观赏。

48. 梗花雀梅藤 *S. henryi* Drumm. et Sprague 落叶，观赏。

49. 疏花雀梅藤 *S. laxiflora* Hand. – Mazz. 落叶，观赏。

50. 皱叶雀梅藤 *S. rugosa* Hance 落叶，观赏。

葡萄科 Vitaceae

51. 羽叶蛇葡萄 *Ampelopsis chaffanjonii*(Lévl.)Rehd. 落叶，观赏、药用。

52. 大叶蛇葡萄 *A. megalophylla* Diels et Gilg. 落叶，观赏.

53. 乌蔹莓 *Cayratia japonica*(Thunb.)Gagnep. 落叶，观赏、药用。

54. 大叶乌蔹莓 *C. oligocarpa*(Lévl. et Vant.)Gaghep. 落叶，观赏、药用。

55. 川鄂爬山虎 *Parthenocissus henryana*(Hemsl.)Diels et Gilg. 落叶，观赏、药用。

56. 三叶爬山虎 *P. himalayana*(Royle)Planch. 落叶，观赏、药用。

57. 粉叶爬山虎 *P. thomsonii*(Laws.)Planch. 落叶，观赏、药用。

58. 爬山虎 *P. tvicuspidata*(Sieb. et Zucc.)Planch. 落叶，观赏、药用。

59. 狭叶崖爬藤 *Tetrastigma hypoglaucum* Planch. 落叶，观赏、药用。

60. 崖爬藤 *T. obovatum*(Laws.)Gagnep. 落叶，观赏、药用。

61. 无毛崖爬藤 *T. obovatum* var. *glabrum*(Lévl. et Vant.)Gagnep. 落叶，观赏、药用。

62. 东南葡萄 *Vitis chunganensis* Hu 落叶，水果、药用。

63. 刺葡萄 *V. davidii*(Roman.)Foex. 落叶，药用。

64. 葛藟 *V. flexuosa* Thunb. 落叶，药用、水果。

65. 毛葡萄 *V. quinquangularis* Rehd. 落叶，观赏、药用。

清风藤科 Sabiaceae

66. 鄂西清风藤 *Sabia campanulata* ssp. *ritchieae*(Rehd. et Wils.)Y. F. Wu 落叶，药用。

67. 革叶清风藤 *S. coriacea* Rehd. et Wils. 落叶，药用。

68. 云雾清风藤 *S. dielsii* Lévl. 落叶，药用。

69. 灰背清风藤 *S. discolor* Dunn 落叶，药用。

70. 凹萼清风藤 *S. emarginata* Leco. 落叶，药用。

71. 四川清风藤 *S. schumanniana* Diels 落叶，药用。

72. 尖叶清风藤 *S. swinhoei* Hemsl. 落叶，药用。

木犀科 Oleaceae

73. 红茉莉 *Jasminum beesianum* Forrest. et Diels 落叶，药用、观赏。

74. 矮素馨 *J. humile* L. 落叶，药用、观赏。

75. 野迎春 *J. mesnyi* Hance 落叶，药用、观赏。

76. 迎春花 *J. nudiflorum* Lindl. 落叶，药用、观赏。

77. 素兴花 *J. polyanthum* Franch. 落叶，药用、观赏。

78. 滇素馨 *J. subhumile* 落叶，药用、观赏。

夹竹桃科 Apocynaceae

79. 富宁藤 *Parepigynum funingense* Tsiang et P. T. Li 落叶，药用。

80. 紫花络石 *Trachelospermum axillare* Hook. f. 落叶，药用、观赏。

81. 细梗络石 *T. gracilipes* Hook. f. 落叶，药用、观赏。

82. 络石 *T. jasminoides*(Lindl.)Lem. 落叶，药用、观赏。

杠柳科 Periplocaceae

83. 杠柳 *Periplos sepium* Bunge. 常绿，药用、观赏。

萝藦科 Asclepiadaceae

84. 古钩藤 *Cryptolepis buchananii* Roem. et Schult. 落叶，药用、观赏。

茜草科 Rubiaceae

85. 鸡矢藤 *Paederia scandens*(Lour.)Merr. 落叶，药用。
86. 绒毛鸡矢藤 *P. scandens* var. *tomentosa*(Bl.)Hand. -Mazz. 落叶，药用。
87. 云南鸡矢藤 *P. yunnanensis*(Lévl.)Rehd. 落叶，药用。

毛茛科 Ranunculaceae

88. 安顺铁线莲 *Clematis anshunensis* M. Y. Fang 落叶，药用。
89. 钝齿铁线莲 *C. apiifolia* DC. var. *obtusidentata* Rehd. et Wils. 落叶，药用。
90. 粗齿铁线莲 *C. argentilucida*(Lévl. et Vant.)W. T. Wang 落叶，药用。
91. 小木通 *C. armandii* Franch. 常绿，药用。
92. 毛木通 *C. buchananiana* DC. 落叶，药用。
93. 平坝铁线莲 *C. charkeana* Lévl. et Vant. 落叶，药用。
94. 贵州铁线莲 *C. kweichowensis* Pei 落叶，药用。
95. 毛柱铁线莲 *C. meyeniana* Walp. 落叶，药用。
96. 绣球藤 *C. montana* Buch. -Ham. ex DC. 落叶，药用、观赏。

木通科 Lardizabalaceae

97. 三叶木通 *Akebia trifoliate*(Thunb.)Koidz. 落叶，药用、水果。
98. 白木通 *A. trifoliate* var. *australis*(Diels)Rehd. 落叶，药用、水果。
99. 五风藤 *Holboellia fargesii* Reaub. 常绿，药用、水果。
100. 牛姆瓜 *H. grandiflora* Reaub. 常绿，药用、水果。
101. 八月爪 *H. latifolia* Wall. 常绿，药用、水果。

防己科 Menispermaceae

102. 球果藤 *Aspidocarya uvifera* Hook. f. et Thoms. 常绿，药用。
103. 西南轮环藤 *Cyclea wattii* Diels 常绿，药用。
104. 防己 *Sinomenium acufum*(Thunb.)Rehd. et Wils. 常绿，药用。
105. 金线吊乌龟 *Stephania cepharantha* Hayata 常绿，药用。
106. 千金藤 *S. japonica*(Thunb.)Miers 常绿，药用。

马兜铃科 Aristolochiaceae

107. 卵叶马兜铃 *Aristolochia ovatifolia* S. M. Hwang 常绿，药用。

胡椒科 Piperaceae

108. 石南藤 *Piper wallichii*(Miq.)Hand. -Mazz. 常绿，药用。

菝葜科 Smilacaceae

109. 圆锥菝葜 *Smilax bracteata* Presl 常绿，药用。
110. 疣枝菝葜 *S. aspericaulis* Wall. ex A. DC. 常绿，药用。
111. 菝葜 *S. china* L. 常绿，药用。
112. 柔毛菝葜 *S. chingii* Wang et Tang 常绿，药用。
113. 密刚毛菝葜 *S. densibarbata* Wang et Tang 常绿，药用。
114. 土茯苓 *S. glabra* Roxb. 常绿，药用、森林蔬菜。
115. 粗糙菝葜 *S. lebrunii* Lévl. 常绿，药用。
116. 无刺菝葜 *S. mairei* Lévl. 落叶，药用。
117. 红果菝葜 *S. polgcolea* Warb. 常绿，药用。
118. 牛尾菜 *S. riparia* A. DC. 落叶，药用。
119. 短梗菝葜 *S. scobinicaulis* C. H. Wright 常绿，药用。

五、保护区引进栽培树种习性及主要用途

(一)引进栽培树种简述

保护区引进栽培树种有37种。按照树种的习性来分，常绿性15种，落叶性22种。

1. 重要造林及材用树种有柳杉 *Cryptomeria fortunei*、灰叶杉木 *Cunninghamia lanceolata* cv. *Glauca*、干香柏 *Cupressus duclouxiana*、刺槐 *Robinia pseudoacacia*、滇楸 *Catalpa fargesii* f. *duclouxii*、梓树 *C. ovata* 等。滇楸、梓树生长迅速，材质优良，易加工，用途广泛，在区内的村落周围、农地周围广泛种植，是区内村民主要自用材树种，由于历史长，常逸为野生。

2. 观赏代表种类有银杏 *Ginkgo biloba*、雪松 *Cedrus deodara*、圆柏 *Sabina chinensis*、二球悬铃木 *Platanus acerifolia*、冬青卫矛 *Euonymus japonicus*、桂花 *Osmanthus fragrans*、紫薇 *Lagerstroemia indica* 等。银杏的栽培历史最长，可达千年；雪松是近年引进作观赏植物栽培，出现在集镇和单位绿地；桂花则普遍种植，在村镇还保留一些桂花古树。

3. 干果、水果代表种类有桃 *Amygdalus persica*、樱桃 *Cerasus pseudocerasus*、花红 *Malus asiatica*、石榴 *Punica granatum*、柚 *Citrus grandis*、甜橙 *C. sinensis* 及核桃 *Juglans regia*、泡核桃 *J. sigillata* 等。核桃、泡核桃在区内广泛栽培，且历史悠久；柚、甜橙只在低海拔沟谷有栽培。

(二)引进栽培树种名录及主要用途

苏铁科 Cycadaceae

1. 苏铁 *Cycas revoluta* Thunb. 常绿灌木，观赏、药用。

银杏科 Ginkgoaceae

2. 银杏 *Ginkgo biloba* L. 落叶乔木，观赏、用材、干果、药用。

松科 Pinaceae

3. 雪松 *Cedrus deodara*(Roxb.)G. Don 常绿乔木，观赏、用材。

杉科 Taxodiaceae

4. 柳杉 *Cryptomeria fortunei* Hooib ex Otto et Dietr. 常绿乔木，观赏、用材。

5. 灰叶杉木 *Cunninghamia lanceolata* cv. Glauca Dall. and Jack. 常绿乔木，用材。

6. 水杉 *Metaseguoia glyptostroboides* Hu et Cheng 落叶乔木，观赏、用材。

柏科 Cupressaceae

7. 干香柏 *Cupressus duclouxiana* Hickel. 常绿乔木，观赏、用材。

8. 侧柏 *Platycladrus orientalis*(L.)Franch. 常绿乔木，观赏、用材、药用。

9. 圆柏 *Sabina chinensis*(L.)Ant. 常绿乔木，观赏、用材。

10. 龙柏 *S. chinensis* cv. *Kaizuca* 常绿乔木，观赏。

蔷薇科 Rosaceae

11. 桃 *Amygdalus persica* L. 落叶乔木，观赏、用材、水果、药用。

12. 樱桃 *Cerasus pseudocerasus*(Lindl.)G. Don 落叶乔木，观赏、水果、药用。

13. 花红 *Malus asiatica* Nakai 落叶灌木，观赏、水果、药用。

14. 苹果 *M. pumila* Mill. 落叶灌木，观赏、水果、药用

含羞草科 Mimosaceae

15. 金合欢 *Acacia farnesiana*(L.)Willd. 落叶乔木，观赏、用材

蝶形花科 Papilionaceae

16. 木豆 *Cajanus cajan*(L.)Mill. 落叶灌木，观赏、药用。

17. 刺槐 *Robinia pseudoacacia* L. 落叶乔木，观赏、蜜源、药用、用材。

紫树科 Nyssaceae

18. 旱莲 *Camptotheca acuminata* Decne. 落叶乔木，观赏、药用、用材。

悬铃木科 Platanaceae

19. 二球悬铃木 *Platanus acerifolia*(Ait.)Willd. 落叶乔木，观赏、用材。

胡桃科 Juglandaceae

20. 核桃 *Juglans regia* L. 落叶乔木，干果、油料、药用、用材。

21. 泡核桃 *J. sigillata* Dode 落叶乔木，干果、油料、药用、用材。

桑科 Moraeeae

22. 无花果 *Ficus carica* L. 落叶灌木，水果、药用。

杜仲科 Eucommiaceae

23. 杜仲 *Eucommia ulmoides* Oliv. 落叶乔木，药用、用材。

锦葵科 Malvaceae

24. 木槿 *Hibiscus syriacus* L. 落叶灌木，药用、观赏。

25. 白花重瓣木槿 *H. syriacus* f. *albus－plenus* Loudon. 落叶灌木，药用、观赏。

山茶科 Theaceae

26. 茶 *Camellia sinensis* O. Ktze. 常绿灌木，饮料、药用、观赏。

石榴科 Punicaceae

27. 石榴 *Punica granatum* L. 落叶乔木，水果、药用、观赏。

卫矛科 Celastraceae

28. 冬青卫矛 *Euonymus japonicus* L. 常绿灌木，观赏。

葡萄科 Vitaceae

29. 葡萄 *Vitis vinifera* L. 落叶藤本，水果、药用、观赏。

芸香科 Rutaceae

30. 柚 *Citrus grandis*(L.)Osb. 常绿乔木，水果、药用、观赏。

31. 柑橘 *C. reticulata* Bl. 常绿灌木，水果、药用、观赏。

32. 甜橙 *C. sinensis*(L.)Osbeck 常绿灌木，水果、药用、观赏。

木犀科 Oleaceae

33. 桂花 *Osmanthus fragrans* Lour. 常绿乔木，观赏、药用、用材。

34. 佛顶珠 *O. fragrans*'Xiaoye Fodingzhu' 常绿灌木，观赏。

紫葳科 Bignoniaceae

35. 滇楸 *Catalpa fargesii* Bureau. f. *duclouxii* Gilmour. 落叶乔木，用材、药用、观赏。

36. 梓树 *C. ovata* Don. 落叶乔木，用材、药用、观赏。

紫薇科 Lyfhraceae

37. 紫薇 *Lagerstroemia indica* L. 落叶乔木，观赏、药用、用材。

（张建华 郭　应 杨中甫 张华海）

第七节　野生种子植物区系研究

贵州盘县八大山自然保护区位于云贵高原的中部，贵州与云南交界处，地理位置为东径104°41′31″～104°57′47″；北纬25°53′35″～26°06′12″。总面积26 000hm²。境内高原面发育完整，有海拔2 200m以上的八大山、娘娘山，最高点为八大山，海拔2 558m；也有北盘江深切河谷，最低点为格所河谷海拔约725m，相对高差约1 800m。植物种类和森林植被垂直分异十分明显，在北盘江河谷两侧低海拔地段，多为热带成分如黄葛榕 *Ficus virens*、大果榕 *F. auriculata*、麻竹 *Dendrocalamus latiflorus*、秋枫 *Bischofia javanica*、越南羊蹄甲 *Bauhinia touranensis*。而高海拔的山原上却为大白杜鹃 *Rhododendron decorum*、云南含笑 *Michelia yunnanensis* 等。2012年8月，我们有幸参加由贵州省林业厅组织的综合科学考察队，对其种子植物资源进行了为期10天的综合考察，结合历史资料总结而成。

一、野生种子植物分布的基本特征

保护区有野生种子植物141科608属1 523种。其中，裸子植物6科8属12种，被子植物135科600属1 512种。

（一）盘县八大山自然保护区野生种子植物“科”的分布特征分析

保护区有野生种子植物141科。包括裸子植物6科、被子植物135科。其中，仅产1属的科有58科171种，占保护区植物总科数的41.13%，总属数的9.56%，总种数的11.23%；产2～5属的科有57科192属472种，占保护区植物总科数的41.43%，总属数的31.63%，总种数的30.99%；产6～10属的科有16科121属349种，占保护区植物总科数的11.35%，总属数的19.93%，总种数的22.92%；产11～20属的科有4科53属113种，占保护区植物总科数的2.84%，总属数的8.73%，总种数的7.42%；产21属以上的科有6科184属418种，占保护区植物总科数的4.26%，总属数的30.31%，总种数的27.45%。由多至少的排序为：

1. 含21属以上有6科。这6科均为为世界广布科，菊科 Compositae、蔷薇科 Rosaceae、豆科 Leguminosae、唇形科 Labiatae、兰科 Orchidaceae 和禾本科 Gramineae 是种子植物中有名大科，每科的植物种数在万种以上，菊科有近3万种。这6科中共含有184属418种，占保护区总属数的30.31%。前3科植物的大部分种类是保护区内森林植被优势种。

2. 含11～20属的科有4科。该4科植物中，伞形科 Umbelliferae、五加科 Araliaceae、玄参科 Scrophulariaceae 3个科在世界分布较广，百合科 Liliaceae 属于北温带分布。这3科保护区有53属，多为草本植物。在区内森林组成中，除伞形科和我玄参科中的部分属种在林下湿润处成为草本层的优势种类外，余为零星分布。

3. 含6～10属的科有16科，共有121属。草本或以草本为主的科有毛茛科 Ranunculaceae、莎草科 Cyperaceae、蓼科 Polygonaceae、虎耳草科 Saxifragaceae、桔梗科 Campanulaceae、荨麻科 Urticaceae、马鞭草科 Verbenaceae、爵床科 Acanthaceae、苦苣苔科 Gesneriaceae 9科，前7科分布较广，为亚广布类型，是保护区林下植被的主要优势种类。后2科主产热带到亚热带，其种类散生于保护区内的各种森林植被中。木本或以木本为主的有壳斗科 Fagaceae、樟科 Lauraceae、葡萄科 Vitaceae、榆科 Ulmaceae、芸香科 Rutaceae、杜鹃花科 Ericaceae、茜草科 Rubiaceae 7科。壳斗科、杜鹃花科和樟科是保护区森林植被的主要组成成分。

4. 含2～5属的科有57科192属。其中，广布或亚广布有14科，且多为草本植物；热带及热带至亚热带，少数延伸至温带分布有26科，木本或以木本为主有19科，占有一定的优势；温带有17科，以木本植物为主有13科。这些科中，木兰科 Magnoliaceae、忍冬科 Caprifoliaceae、松科 Pinaceae、胡桃科 Juglandaceae、金缕梅科 Hamamelidaceae 等，是保护区森林的重要组成成分之一。胡桃科、忍冬科、金缕梅科是保护区大面积次生林的重要组成成分。

5. 仅含1属的科有57科。它们多数是单属或少属的科或中国仅一属的科，如三尖杉科 Cephalotaxaceae、八角科 Illiciaceae、马桑科 Coriariaceae、领春木科 Eupteleaceae、八角枫科 Alangiaceae、山矾科 Symplocaceae、水青树科 Tetracentraceae、旌节花科 Stachyuraceae、交让木科 Daphniphyllaceae、杨梅科 Myricaceae、海桐花科 Pittosporaceae、山柳科 Coethraceae、堇菜科 Violaceae、远志科 Polygalaceae、秋海棠科 Begoniaceae、猕猴桃科 Actinidiaceae、冬青科 Aquifoliaceae、铁青树科 Olacaceae、七叶树科 Hippocastanaceae、柿树科 Ebenaceae、醉鱼草科 Buddlejaceae 等，这些单属科中木本有38科，多为热带至亚热带分布，大部分延伸带温带，是保护区森林植被的主要组成部分。草本植物有19科，大多是保护区林下草本层常见种类。

（二）盘县八大山自然保护区野生种子植物“属”的分布特征分析

保护区野生种子植物有608属。其中：特大型属（含21种以上）2属，大型属（含11～20种）10属，中型属（含6～10种）47属，小型属（含2～5种）252属，单型属（仅含1种）297属。

1. 特大型属(21种以上)共2属50种

杜鹃属 *Rhododendron* 有27种，是保护区含种类最多的属；其次是悬钩子属 *Rubus* 有23种。这两属是世界广布种类，杜鹃属在山体上部或山脊成为森林的主要优势种，悬钩子在区内多出现在林缘、路边或次生林中。

2. 大型属(11～20种)共10属135种

在保护区的大型属中，木本植物有8属，多为林下灌木层组成种类如：荚蒾属 *Viburnum*、花椒属 *Zanthoxylum*、冬青属 *Ilex* 等，草本植物仅蓼属 *Polygonum* 和苔草属 *Carex*。

3. 中型属(含6～10种)共有47属341种

在保护区的中型属中，木本植物26属，草本21属。含10种的属有山胡椒属 *Lindera* 和珍珠菜属 *Lysimachia*；含9种的属有栒子属 *Cotoneaster*、鼠李属 *Rhamnus*、铁线莲属 *Clematis*、景天属 *Sedum*、木姜子属 *Litsea*、兰属 *Cymbidium* 和绣球属 *Hydrangea*7属；含8种的属有鹅耳枥属 *Carpinus*、薯蓣属 *Dioscorea*、卫矛属 *Euonymus*、堇菜属 *Viola*、花楸属 *Sorbus*、忍冬属 *Lonicera*、小檗属 *Berberis*、远志属 *Polygala* 和越橘属属 *Vaccinium*；含7种的有樱属 *Cerasus*、青冈属 *Cyclobalanopsis*、茜草属 *Rubia*、清风藤属 *Sabia* 等12属；含6种的属有水青冈属 Fagus、锥属 Castanopsis、柳叶菜属 *Epilobium*、山矾属 *Symplocos* 等17属，其中木本植物9属，草本植物8属。在这47属植物中，花楸属、木姜子属、蔷薇属、锥属、山茶属等是保护区森林的主要组成种类，锥属、山茶属还是保护区森林的建群树种。

4. 小型属(2～5种)共有252属700种。

(1)含5种的属有26属。木本植物15属，其中樟属 *Cinnamomum*、梾木属 *Corus*、楤木属 *Aralia*、泡花树属 *Meliosma* 4属多为乔木种类，樟属是保护区森林的重要组成种类。灌木类有山蚂蝗属 *Desmodium*、石楠属 *Photinia*、蜡瓣花属 *Corylopsis*、青荚叶属 *Helwingia* 等，多为石山灌丛组成种类；藤本有五味子属 *Schiandra*、猕猴桃属 *Actinidia*、南蛇藤属 *Celastrus*、雀梅藤属 *Sageretia*、葡萄属 *Vitis*；其余为草本，如龙胆属 *Gentiana*、凤仙花属 *Impatiens*、天名精属 *Carpesium*、酸模属 *Rumex* 等，他们是保护区常见的地被植物。

(2)含4种的属有29属。乔木或灌木的黄肉楠属 *Actinodaphne*、桂樱属 *Laurocerasus*、柯属 *Lithocarpus*、柃木属 *Eurya*、叶下珠属 *Phyllathus*、八角枫属 *Alangium* 等；本质藤本或藤状灌木有崖豆藤属 *Milletia* 等；草本有繁缕属 *Stellaria*、鬼针草属 *Bidens*、老鹳草属 *Geranium*、莎草属 *Cyperus*、荞麦属 *Fagopyrum* 等。

(3)含3种的属有60属。乔木类有松属 *Pinus*、朴树属 *Celtis*、漆树属 *Toxicodendron*、红果树属 *Stranvaesia*、盐肤木属 Rhus、胡桃属 *Juglans* 等，是保护区大面积保存较好的次生林的重要构成种类。朴树属、胡桃属是保护区保存较好的次生林重要种类，松属则是区内主要的针叶树。灌木紫金牛属 *Ardisia*、榛属 *Corylus*、胡颓子属 *Elaeagnus*、勾儿茶属 *Berchemia* 等多出现在阳坡的次生林中或林下。

本质藤本或藤状灌木有络石属 *Trachelospermum*、鸡矢藤属 *Paederia*、八月瓜属 *Holboellia* 等，是保护区人为干扰较重的沟谷、次生林及林缘的常见种类。

草本有29属。在林下草本层的组成中占优势的种类很少，只有酢浆草 *Oxalis*、冷水花属 *Pilea*、藜属 *Chenopodium* 等在局部地段成为优势种类，余均为零星分布。

(4)含2种的属有137属。乔木及灌木有58属，如含笑属 *Michelia*、鼠刺属 *Itea*、栗属 *Castanea*、算盘子属 *Glochidion*、杜茎山属 *Maesa*、杭子梢属 *Campylotropis*、紫珠属 *Callicarpa*、化香属 *Platycarya*、虎皮楠属 *Daphniphyllum*、桑属 *Morus* 是保护区次生林的重要组成成分，野扇花属 *Sarcococca* 等则多出现在保护区内较陡峭的沟谷。

有藤本植物3属。葛藤属 *Pueraria*、蛇葡萄属 *Ampelopsis*、千金藤属 *Stephania* 多见于阳坡的次生林。乌蔹莓属 *Cayratia* 多见生山谷林中或阴坡。

草本植物有76属。蒲公英属 *Taraxacum*、沙参属 *Adenophora*、鸡眼草属 *Kummerowia*、婆婆纳属 *Veronica*、芒属 *Miscanthus* 多出现在阳坡草地。玉簪属 *Hosta*、鸢尾属 *Iris*、鸭跖草属 *Commelina*、水芹属 *Oenanthe* 多出现在沟谷两侧阴湿地段或林下。

5. 在保护区仅有1种或单型属

保护区分布仅1种的属有297属。其中乔木及灌木有106属，木质藤本或藤状灌木有13属，草本植物178属。这些属相当部分是单型属或少型属，如穗花杉属 *Amentotaxus*、红豆杉属 *Taxus*、三尖杉属 *Cephalotaxus*、领春木属 *Euptelea*、檫木属 *Sassafras*、青檀属 *Pteroceltis*、刺楸属 *Kalopanax*、香果树属 *Emmenopterys*、珙桐属 *Davidia*、水青树属 *Tetracentron* 等，部分是我国特有植物和国家重点保护植物。

如红豆杉属、穗花杉属、水青树属、珙桐属、香果树属等。

乔木中的一些如杉木属 *Cunninghamia*、赤杨叶属 *Alniphyllum*、紫树属 *Nyssa* 等是保护区森林的重要组成种类，柏木属 *Cupressus*、火棘属 *Pyracantha*、老虎刺属 *Pterolobium*、胡枝子属 *Lespedeza*、云实属 *Caesalpinia*、浆果楝属 *Cipadessa* 等多出现在石灰岩山地，在沟谷则以蚊母树属 *Distylium*、猫儿屎属 *Decaisnea*、棕榈属 *Trachycarpus* 常见，在山脊则是桤叶树属 *Clethra*、马醉木属 *Pieris* 等。

藤本植物有以南五味子属 *Kadsura*、冠盖藤属 *Pileostegia*、常春藤属 *Hedera*、钻地风属 *Schizophragma*、球果藤属 *Aspidocarya* 等较常见，多出现在林缘或陡峭沟谷岩石地段。

草本植物有虎耳草属 *Saxifraga*、蛇莓属 *Duchesnea*、蝎子草属 *Girardinia*、升麻属 *Cimicifuga*、花锚属 *Halenia*、马鞭草属 *Verbena*、葎草属 *Humulus*、蕺菜属 *Houttuynia*、鸭儿芹属 *Cryptotaenia*、慈姑属 *Sagittaria* 等常见于保护区的草地、低海拔沟谷湿地或水域。

二、种子植物区系成分分析

(一)盘县八大山自然保护区种子植物“科”的区系成分分析

保护区有野生种子植物 141 科，依吴征镒、王荷生教授的地理分布理论划分为十五大分布区类型。该区域植物区系缺乏温带亚洲分布及其变型，地中海区、西亚至中亚分布及其变型，中亚分布及其变型等三种类型(表 5-11)。

表 5-11 盘县八大山自然保护区野生种子植物科的地理分布区类型

序号	分布类型	科数	科数率(%)
一	世界分布	43	30.50
二	泛热带及其变型	45	31.91
三	热带亚洲和热带美洲间断分布	9	6.38
四	旧世界热带分布及其变型	2	1.42
五	热带亚洲至热带大洋洲分布及其变型	2	1.42
六	热带亚洲至热带非洲分布及其变型	1	0.71
七	热带亚洲分布及其变型	2	1.42
八	北温带分布及其变型	25	17.73
九	东亚与北美洲间断分布及其变型	6	4.26
十	旧世界温带分布及其变型	1	0.71
十一	温带亚洲分布及其变型	0	0.00
十二	地中海区、西亚至中亚分布及其变型	0	0.00
十三	中亚分布及其变型	0	0.00
十四	东亚分布及其变型	5	3.55
十五	中国特有分布	0	0.00
	合　计	141	100.00

1. 世界分布

世界分布类型包括几乎遍布世界各大洲而没有特殊的分布中心的科，或虽有一个或数个分布中心而包括世界分布属的科。保护区有世界分布 43 科，占总科数的 30.50%。其中，草本或草本植物占优势的有 32 科，常见有禾本科 Gramineae、莎草科 Cyperaceae、菊科 Compositae、唇形科 Labiatae、伞形科 Umbelliferae、荨麻科 Urticaceae、紫草科 Boraginaceae、百合科 Liliaceae、兰科 Orchidaceae；木本或以木本植物为主的有鼠李科 Rhamnaceae、蔷薇科 Rosaceae、豆科 Leguminosae、木犀科 Oleaceae、瑞香科 Thymelaeaceae、榆科 Ulmaceae 等 11 科。本类型中囊括了所有世界性大科和一些较大科，它们绝大多数是温带和热带、亚热带山区的代表科，而且都是早就被认识和普遍使用的。

2. 泛热带分布及其变型

泛热带分布指广布于两半球热带，和在全世界热带范围内有一个或数个分布中心，但在其它地区也有一些种类分布的热带科，有不少科广布于热带、亚热带甚至温带。保护区有该类型45科，占保护区种子植物总科数的31.91%。常见的有樟科 Lauraceae、山茶科 Theaceae、萝藦科 Asclepiasaceae、野牡丹科 Melastomataceae、天南星科 Araceae、荨麻科 Urticaceae、卫矛科 Celastraceae、芸香科 Rutaceae、大戟科 Euphorbiaceae、薯蓣科 Dioscoreaceae 等，这些植物是保护区常绿落叶混交林中的重要组成之一，也是林下草本层常见的植物。如此多泛热带成分的出现显示出保护区植物区系与泛热带各区在历史上的渊源，也表明了该区区系在科级水平上的古老性。

此外，泛热带分布类型在该区还包括2个变型：

热带亚洲—大洋洲和热带美洲(南美洲或/和墨西哥)1科，如山矾科 Symplocaceae；山矾科虽仅单属，却有些相似于冬青科的冬青属，是热带、亚热带常绿阔叶林下常见和带标志性的成分。

热带亚洲—热带非洲—热带美洲(南美洲)3科，如椴树科 Tiliaceae、鸢尾科 Iridaceae 和醉鱼草科 Buddleiaceae。鸢尾科分布直到温带，但以南非，东地中海，中、南美为几个分布中心，说明该区域与这些地区的相关性。

3. 热带亚洲和热带美洲间断分布

这一分布区类型包括间断分布于美洲和亚洲温暖地区的热带科，在东半球从亚洲可能延伸至澳大利亚东北部或西南太平洋岛屿，但它们的分布中心都局限于亚洲和美洲热带地区。保护区有该类型9科，占保护区种子植物总科数的6.38%。如野茉莉科 Styracaceae、五加科 Araliaceae、冬青科 Aquifoliaceae、省沽油科 Staphyleaceae、杜英科 Elaeocarpaceae、马鞭草科 Verbenaceae、木通科 Lardizabalaceae、苦苣苔科 Gesneriaceae、山柳科 Coethraceae 等。这些科所含的种多是乔木和灌木，为保护区常绿落叶阔叶林组成的重要成分之一。杜英科的环太平洋分布格局，省沽油科的古北大陆起源—古南大陆的现代分布中心等事实，为该区植物区系与南美洲植物区系曾有过共同的渊源提供了一定的证据。

4. 旧世界热带分布

该分布式指热带亚洲、大洋洲、非洲及其邻近岛屿为旧热带，便于与美洲新大陆热带区别。保护区有该类型2科，即八角枫科 Alangiaeae 和海桐花科 Pittosperaceae。按照吴征镒院士的观点该类型的发源最早可能在古北大陆东部，但发展和近代分布则在古南大陆的东部至中部，这就是本类型的性质和意义所在，说明了该区与古南大陆植物区系的联系。

5. 热带亚洲至热带大洋洲分布

这一分布区类型包括以热带亚洲至热带澳洲洲际连续或间断分布的科。保护区该类型的有虎皮楠科 Daphniphyllaceae 和姜科 Zingiberaceae 2科。这一类型在该区虽少，但仍反映了该区植物区系与热带大洋洲的联系。

6. 热带亚洲至热带非洲分布

该分布式包括热带亚洲至热带非洲连续或间断分布的科，保护区有该分布式1科，即杜鹃花科 Ericaceae。

7. 热带亚洲分布

它是旧世界热带的中心部分，包括印度、斯里兰卡、中南半岛、印度尼西亚、加里曼、菲律宾及新几内亚等。保护区有该类型2科，即清风藤科 Sabiaceae 和伯乐树科 Bretschneideraceae。

8. 北温带分布

一般是指那些广泛分布于欧洲、亚洲和北美洲温带地区的科，由于地理和历史的原因，有些属沿山脉向南延伸至热带山区，甚至远达南半球温带，但其原始类型或分布中心仍在北温带。保护区北温带分布有25科，占总科数的17.73%。该类型主要有下面4个变型：

北温带广布类型有6科。如松科 Pinaceae、忍冬科 Caprifoliaceae、百合科 Liliaceae、亚麻科 inaceae、大麻 Cannabaceae、水晶兰科 Monotropaceae。其中松科，尤其是松属 *Pinus* 是白垩纪以来，温带各区系区的标志和植被主要建群树种，其他如百合科等也多起源和分化于古北大陆，证明了这一区域的古北大陆起源大背景。

北温带和南温带间断分布类型有16科。包括杉科 Taxodiaceae、柏科 Cupressaceae、红豆杉科 Taxaceae、金缕梅科 Hamamelidaceae、黄杨科 Buxaceae、杨柳科 Salicaceae、桦木科 Betulaceae、壳斗科 Fagaceae、胡桃科 Juglandaceae、胡颓子科 Elaeagnaceae、槭树科 Aceraceae、牻牛儿苗科 Geraniaceae 等。其中柏科分布广泛，有较多的单种属和寡种属，反映出它在起源上的古老性；红豆杉科我国有4属12种，占属的80%和种的75%，体现了中国植物区系中裸子植物多样化的重要方面，甚至可能设想中国为现代裸子植物发源地(至少是保存中心)的重要证据。这两个古老科的存在说明该保护区植物区系的古老性。

欧亚和南美洲温带间断分布有小檗科 Berberdaceae 和麻黄科 Ephedraceae 2科。

地中海、东亚、新西兰和墨西哥——智利间断分布仅马桑科 Coriariaceae，起源于较早的古大陆。

9. 东亚与北美洲间断分布

这一分布区类型指间断分布于东亚和北美洲温带及亚热带地区的科。保护区该类型有6科，木兰科 Magnoliaceae、八角科 Illiciaceae、五味子科 Schisandraceae、蜡梅科 Calycanthaceae、蓝果树科 Nyssaceae、三白草科 Saururaceae。这一类型的科虽然在数量上不占优势，但都是原始类群或较进步类群中的原始科或起始科，在区系和植物起源研究上具有重要意义。

10. 旧世界温带分布及其变型

这一分布区类型一般广泛分布于欧洲、亚洲中-高纬度的温带和寒温带，或最多有个别种延伸到亚洲-非洲热带山地或甚至澳大利亚。该分布区类型系统中原有3个变型，保护区的川续断科 Dipsacaceae 是属于该变型的第3类型，即欧亚和南非(有时也在澳大利亚)分布类型。该科在第一次至第二次泛古大陆时已经扩散到旧世界的南北温带，但并未扩展到新世界，说明该区与南非植物区系的联系。

14. 东亚分布

14.1 东亚分布 该分布式指从喜马拉雅一直分布到日本的科。保护区该类型有4科，如三尖杉科 Cephalotazaceae、旌节花科 Stachyuracea、猕猴桃科 Actinidiaceae、领春木科 Eupteleaceae。

14.2 东亚分布变型

中国—喜马拉雅变型(SH)中国至喜马拉雅山区的分布变型，保护区有1科，即水青树科 Tetracentraceae。

保护区中缺乏温带亚洲分布及其变型、地中海区、西亚至中亚分布及其变型、中亚分布及其变型和中国特有分布。

(二)盘县八大山自然保护区野生种子植物“属”的区系分析

保护区野生种子植物共608属，按吴征镒院士的《中国种子植物属的分布区类型》划分为15个分布区类型(表5-12)。

表5-12 盘县八大山自然保护区野生种子植物属的地理分布统计

地理分布类型	属数	占保护区总属数(%)
一、世界分布	49	8.06
1. 世界分布	49	8.06
二、泛热带分布及其变型	107	17.60
2. 泛热带分布	99	16.28
2-1. 热带亚洲、大洋洲和南美洲(墨西哥)间断	4	0.66
2-2. 热带亚洲、非洲和南美洲间断	4	0.66

（续）

地理分布类型	属　数	占保护区总属数(%)
三、热带亚洲和热带美洲间断分布	13	2.14
3. 热带亚洲和热带美洲间断分布	13	2.14
四、旧世界热带分布及其变型	34	5.59
4. 旧世界热带分布	32	5.26
4-1. 热带亚洲、非洲和大洋洲间断	2	0.33
五、热带亚洲至热带大洋洲分布及变型	22	3.62
5. 热带亚洲至热带大洋洲分布	21	3.45
5-1. 中国(西南)亚热带和新西兰间断分布	1	0.16
六、热带亚洲至热带非洲分布及变型	26	4.28
6. 热带亚洲至热带非洲分布	24	3.95
6-2. 热带亚洲和东非间断分布	2	0.33
七、热带亚洲分布及其变型	57	9.38
7. 热带亚洲(印度—马来西亚)	44	7.24
7-1. 爪哇、喜马拉雅和华南、西南星散	4	0.66
7-2. 热带印度至华南	4	0.66
7-3. 缅甸、泰国至华西南	2	0.33
7-4. 越南(或中南半岛)至华南(或西南)	3	0.49
八、北温带分布及其变型	112	18.42
8. 北温带分布	87	14.31
8-4. 北温带和南温带(全温带)间断	22	3.62
8-5. 欧亚和南美洲温带间断	2	0.33
8-6. 地中海、东亚、新西兰和墨西哥到智利间断	1	0.16
九、东亚和北美洲间断分布及其变型	41	6.74
9. 东亚和北美洲间断分布	40	6.58
9-1. 东亚和墨西哥间断	1	0.16
十、旧世界温带分布及其变型	34	5.59
10. 旧世界温带分布	23	3.78
10-1. 地中海区、西亚和东亚间断	7	1.15
10-2. 地中海区和喜马拉雅间断	1	0.16
10-3. 欧亚和南非洲(有时也在大洋洲)间断	3	0.49
十一、温带亚洲分布	7	1.15
11. 温带亚洲分布	7	1.15
十二、地中海区、西亚至中亚分布及其变型	2	0.33
12-3. 地中海区至温带、热带亚洲、大洋洲和南美洲间断	2	0.33
十三、中亚分布及其变型	1	0.16
13-2. 中亚东部至喜马拉雅和中国西南部	1	0.16
十四、东亚分布及其变型	84	13.82

（续）

地理分布类型	属　数	占保护区总属数(%)
14. 东亚分布	39	6.41
14-I. 中国—喜马拉雅(SH)	24	3.95
14-II. 中国—日本(SJ)	21	3.45
十五、中国特有分布	19	3.13
15. 中国特有分布	19	3.13
合　计	608	100

1. 世界分布

指分布遍及世界各大洲，没有特殊分布中心，或虽有一个或数个分布中心而包含世界分布种的属。因此，在作一个区域性的植物区系分析中，重要性不明显，通常减去该分布类型。保护区有49属，其中木本植物4属，木质藤本1属，草本44属。草本占明显优势，它们是一些繁殖能力很强且种类很多的属，单型和少型属贫乏。在保护区尽管出现种类较多，但在森林植被的组成上处于从属地位，如悬钩子属 *Rubus*、蓼属 *Polygonum*、苔草属 *Carex*、珍珠菜属 *Lysimachia*、堇菜属 *Viola*、马唐属 *Digitaria*、繁缕属 *Stellaria*、毛茛属 *Ranunculus*、铁线莲属 *Clematis*、鼠李属 *Rhamnus* 等。只有在水域或湿地这种特定环境中生长的植物如眼子菜属 *Potamogeton*、灯心草属 *Juncus* 等，借助水力广泛传播成为优势种。

2. 泛热带分布

指广泛分布于东、西两半球热带地区的属，在世界热带范围内有一个或数个分布中心，有的属广布于热带、亚热带甚至到温带。这些属都以热带为分布中心，在我国已达到或接近其分布区边缘。保护区有该分布型107属，占保护区总属数的17.60%。其中乔木及灌木40属，木质藤本2属，草本植物65属。乔木种类有榕属 *Ficus*、红豆树属 *Ormosia*、黄檀属 *Dalbergia*、野茉莉属 *Styrax*、朴树属 *Celtis* 等。灌木或小乔木在该分布式较为丰富，如山矾属 *Symplocos* 约300种，分布于亚洲、美洲、大洋洲热带和亚热带地区，我国有125种，分布于长江以南，保护区有6种；冬青属 *Ilex* 约400种，我国有118种，分布于长江以南，保护区有14种；还有花椒属 *Zanthoxylum*、紫金牛属 *Ardisia* 和卫矛属 *Euonymus* 等，是保护区常绿阔叶林中主要下层林木之一。木质藤本有南蛇藤属 *Celastrus*、菝葜属 *Smilax*、胡椒属 *Piper* 等，是保护区林缘及次生灌丛的常见种类。林下常见有冷水花属 *Pilea*、秋海棠属 *Begonia*、金粟兰属 *Chloranthus*、凤仙花属 *Impatiens*、薯蓣属 *Dioscorea*、求米草属 *Oplismenus*、虾脊兰属 *Calanthe* 等。保护区典型的泛热带属有99属，它们的分布中心主要是全球热带地区，但其中一部分散布到亚热带和温带，如花椒属、榕属、菝葜属和冬青属等。

该分布型还有两个变型：

(1)热带亚洲、大洋洲和南美洲(墨西哥)间断。保护区有4属，其中木本植物仅糙叶树属 *Aphananthe* 属；草本植物有小二仙草属 *Haloragis*、铜锤玉带草属 *Pratia*、石胡荽属 *Centipeda* 3属。

(2)热带亚洲、非洲和南美洲间断。保护区有4属，其中木本植物有桂樱属 *Laurocerasus* 和簕竹属 *Bambusa*；草本有绣球防风属 *Leucas* 和蔗茅属 *Erianthus*。

泛热带成分主要起源于古南大陆，其现代分布中心都在热带范围内，而且许多属的分布中心在南半球。保护区有如此多样的泛热带属出现，在很大程度上表明该地区植物区系与泛热带各地区在历史上的广泛联系。

3. 热带亚洲和热带美洲间断分布

指间断分布于美洲与亚洲温暖地区的属，在东半球从亚洲地区可延伸到澳大利亚东北部或西南太平洋岛屿。该类型保护区有13属，占该区总属数的2.14%。这些属多为乔木和灌木类型。如柃木属 *Eurya* 约有400种，我国约80种，产秦岭以南，主要集中在长江以南省区，贵州有23种，保护区有4种，是贵州常态地貌上灌木层的重要组成种类；木姜子属 *Litsea* 约400种，我国约64种，主产长江以南省区，贵州有27种，保护区有9种，是贵州常绿阔叶林边缘或次生林的重要组成种类；桤叶树属 *Clethra* 约100种，我国约16种，产秦岭以南省区，贵州8种，保护区有1种，是保护区常绿落叶阔叶混交或次生林的重要组成种类。还有白珠树属 *Gaultheria*、雀梅藤 *Sageretia*、苦木属 *Picrasma*、泡花树属 *Meliosma*、青篱竹属 *Arundinaria*、楠木属 *Phoebe*、紫茉莉属 *Mirabilis*、水东哥属 *Saurauia*、假卫矛属 *Micritripis*。保护区与热带美洲共有的属不多，但在森林植被的组成中占有一定的地位。

4. 旧世界热带分布

该分布范围包括亚洲、非洲和大洋洲热带地区及其邻近岛屿，常称古热带。保护区有34属，占该区总属数的5.59%。其中乔木及灌木型11属，木质藤本6属，草本植物17属。合欢属 *Albizia*、海桐属 *Pittosporum*、八角枫属 *Alangium* 是保护区林缘沟谷次生林组成种类之一；林下湿润处以楼梯草属 *Elaostema* 为优势，散生水竹叶属 *Murdannia*、天门冬属 *Asparagus*、山姜属 *Alpina* 等。在林缘较干燥地段，杜茎山属 *Maesa*、黄皮属 *Clausena* 较常见。木质藤本有崖豆藤属 *Millettia*、酸藤子属 *Embelia*、白叶藤属 *Cryptolepis* 等。

该分布型还有一个热带亚洲、非洲和大洋洲间断变型。共2属，其中飞蛾藤属 *Porana* 属是木质藤本，爵床属 *Rostelluaria* 为草本。

该类型起源于古南大陆，分布于保护区的34属说明了该区区系与古南大陆起源的植物区系的相关性。

5. 热带亚洲至热带大洋洲分布

该分布位于旧世界热带分布区的东部，其西端有时可达马达加斯加，但一般不到非洲大陆。保护区有22属，占该区总属数的3.62%。其中乔木及灌木型7属，木质藤本1属，草本植物14属。木本种类中樟属 *Cinnamamum*、香椿属 *Toona* 是保护区森林中常见的乔木树种之一；木质藤本以崖爬藤属 *Tetrastigma* 常见；草本植物以通泉草属 *Mazus*、兰属 *Cymbidium*、新耳草属 *Neanotis*、白接骨属 *Asystasiella* 较多。

该分布型还有一个中国(西南)亚热带和新西兰间断分布变型。仅梁王茶属 *Nothopanax* 属，出现在沟谷湿润处的岩石上。

该类型是一个古老的洲际分布类型，亚洲和大洋洲共同属的存在，通常标志着两大洲在地质史上曾有过陆块的连接，使两地的物种得以交流。

6. 热带亚洲至热带非洲分布

该类型位于旧世界热带的西侧，一般指热带非洲至印度—马来西亚，有些属也分布到斐济等南太平洋岛屿，但不见于澳大利亚。保护区有该分布26属，占保护区总属数的4.28%。其中乔木及灌木型6属，木质藤本2属，草本植物12属。该分布型缺乏乔木种类，灌木型有铁仔属 *Myrsine*、浆果楝属 *Cipadessa*、水麻属 *Debregoasia* 等，木质藤本有常春藤属 *Hedera*、杠柳属 *Periploca*；寄生植物有钝果寄生属 *Taxillus*；草本植物有鱼眼草属 *Dichrocephala*、蓝耳草属 *Cyanotis*、芒属 *Miscanthus*、菅属 *Themeda* 等，常出现于路边、荒坡和草地等非林的次生地带。

该分布型还有一个热带亚洲和东非或马达加斯加间断分布变型。保护区有2属，他们是马蓝属 *Strobilanthes* 和姜花属 *Hedychium*。

7. 热带亚洲(印度—马来西亚)分布

该类型是旧世界热带的中心部分，它包括印度、斯里兰卡、中南半岛、马来西亚、印度尼西亚、加里曼丹、菲律宾及新几内亚，东面到斐济等南太平洋，但不到澳大利亚大陆，其分布区的北缘到我国华南、西南及台湾。保护区有57属，占保护区总属数的9.38%。其中乔木及灌木型28属，木质藤本7属，草本植物22属。

热带亚洲保存着许多第三纪古热带植物区系的后裔或残遗，其中有不少古老或原始的属，它们在保护区植物区系中的代表有含笑属 *Mechilia*、刺通草属 *Trevesia*、新木姜子属 *Neolitsea* 等。该分布型的青冈栎属 *Cyclobalanopsis*、润楠属 *Machilus*、山茶属 *Camellia*、山胡椒属 *Lindera*、新木姜子属、交让木

属 *Daphniphyllum* 等，是保护区常绿阔叶林的主要组成。草本植物有蛇莓属 *Duchesnea*、赤车属 *Pellionia*、唇柱苣苔属 *Chirita*、独蒜兰属 *Pleione*、肉穗草属 *Sarcopyramis* 等；藤本植物有清风藤属 *Sabia*、葛藤属 *Pueraria*、鸡矢藤属 *Paedria* 等，是保护区林缘及次生林的常见种类。

该分布型还有4个变型：

(1)爪哇或苏门答腊间断或星散分布到喜马拉雅和我国华南、西南变型。保护区有4属，其中乔木及灌木型有木荷属 *Schima*、树萝卜属 *Agapetes*，草本植物钟花草属 *Codonacanthus* 和冠唇花属 *Microtoena* 2属。

(2)热带印度至我国华南，特别是西南分布。该变型保护区有4属。其中寄生植物有大苞寄生 *Tolypanthus* 属，木质藤本有球果藤属 *Aspidocarya* 属，草本植物有独蒜兰属 *Pleione*、肉穗草属 *Sarcopyramis* 2属。

(3)缅甸、泰国至我国西南变型。该变型保护区有2属，其中乔木仅有香果树属 *Emmenopterys* 属，木质藤本仅有来江藤属 *Brandisia* 属。

(4)越南或中南半岛至我国华南或西南分布变型。该变型保护区有3属。其中乔木及灌木型有穗花杉属 *Amentotaxus*、山羊角树属 *Carrierea* 等2属，草本植物仅有半蒴苣苔 *Hemiboea* 属。该类型基本是单型或少型属，木本属多为孑遗植物。

8. 北温带分布

该类型广泛分布于欧洲、亚洲和北美洲温带地区。保护区有112属，占保护区总属数的18.42%。其中乔木及灌木型45属，木质藤本2属，草本植物65属。该分布型的特点是多为中型属，单型属和少型属很贫乏，木本植物较丰富。松属 *Pinus*、柏木属 *Cupressus*、杨属 *Populus*、桦木属 *Betula*、栗属 *Castanea*、栎属 *Quercus*、鹅耳枥属 *Carpinus*、榛属 *Corylus*、盐肤木属 *Rhus*、槭树属 *Acer*、花楸属 *Sorbus*、水青冈属 *Fagus*、樱属 *Cerasus*、荚蒾属、蔷薇属 *Rosa*、越橘属 *Vaccinium*、小檗属 *Berberis*、栒子属 *Cotoneaster* 等及木质藤本葡萄属 *Vitis*、忍冬属 *Lonicera* 是保护区种子植物区系的重要组成成分。松属约80余种，从北极附近至北非、中美洲及南亚到赤道以南，我国有22种，南北均产，保护区2种，是保护区边缘大面积针叶林的建群植物；槭树属是典型的北温带植物，约200种，主产我国和日本，我国有150种以上，南北均分布，向南延伸到菲律宾、苏门答腊、爪哇和苏拉威西等热带山地，也是保护区海拔1 600m以上落叶阔叶林的主要构成成分；鹅耳枥属主产我国亚热带至热带，延伸至中南半岛。

草本植物种类较多，有71属。如龙芽草属 *Agrimonia*、委陵菜属 *Potentilla*、乌头属 *Aconitum*、细辛属 *Asarum*、紫堇属 *Corydlis*、露珠草属 *Circaea*、虎耳草属 *Saxifraga*、紫菀属 *Aster*、蓟属 *Cirsium*、蒲公英属 *Taraxacum*、报春花属 *Pimula*、夏枯草属 *Prunella*、百合属 *Lilium*、黄精属 *Polygonatum*、天南星属 *Arisaema*、画眉草属 *Eragrostis* 等。它们是保护区林下及林间草地的重要组成部分。

该分布型还有3个变型：

(1)北温带和南温带(全温带)间断分布，包括主要分布于北温带，而在南温带往往有一定种群或另成分布中心。本变型保护区有22属。乔木及灌木型有稠李属 *Padus*、接骨木属 *Sambucus*、杨梅属 *Myrica*、越橘属4属。稠李属约20余种，主产北温带，我国有14种，全国各地均有分布；接骨木属约20种，分布于两半球的温带至亚热带，我国有4种，南北均分布。草本有水杨梅属 *Geum*、金腰属 *Chrysosplenium*、柳叶菜属 *Epilobium*、景天属 *Sedum*、野豌豆属 *Vicia*、茜草属 *Rubia*、当归属 *Angelia*、花锚属 *Halenia*、缬草属 *Valerinna*、雀麦属 *Bromus* 等20属。

(2)欧、亚和南美洲温带间断分布，在我国几乎广布全国。本变型保护区有火绒草属 *Leontopodium*、看麦娘属 *Alopecurus* 2属，其间断分布于欧、亚和南美洲温带，维系着欧亚温带和南美温带之间的历史，起着联系美洲植物区系的作用。

(3)地中海、东亚、新西兰和墨西哥到智利间断分布，本变型保护区仅有马桑属 *Coriaria*，其间断分布于地中海西部沿岸，喜马拉雅至温带、热带亚洲东部至菲律宾；伊里安、新西兰及南太平洋诸岛；美洲的墨西哥至南美洲智利；维系着南北温带和两极之间的历史，起着联系南北两大古陆的纽带作用。

该类型的特点是木本属比较丰富，几乎包括了北温带分布所有典型乔木和灌木属，如松属、杨属、柳属 *Salix*、胡颓子属、樱属、红豆杉属、椴属和榆属 *Ulmus* 等，其中部分乔灌木种类往往是保护区常绿阔叶林的重要组成成分；本类型另一特点是草本属丰富多样。该类型是保护区分布最多的一类，这可从该区地理位置和气候的过渡性质得到解释，地理位置处于云贵高原中段，气候类型则是亚热带和暖温带共存，结合北温带分布类型在该区的显著优势，充分表明了该区的在属级上的温带性质。

9. 东亚和北美洲间断分布属

该类型指间断分布于东亚与北美洲温带、亚热带的属。保护区有 41 属，占保护区总属数的 6.74%。其中乔木及灌木型 27 属，木质藤本 3 属，草本植物 11 属。木本植物有木兰属、八角属、檫木属 *Sassafras*、石楠属 *Photinia*、皂荚属、香槐属 *Cladrastis*、紫树属 *Nyssa*、楤木属 *Aralia*、枫香属 *Liquidambar*、栲属 *Castanopsis*、八仙花属 *Hydrangea*、山蚂蝗属 *Dsmodium*、南烛属 *Lyonia*、马醉木属、十大功劳属 *Mahonia*、漆树属 *Toxicodendron*、五味子属 *Schisandra* 等。木质藤本有爬山虎属 *Parthenocissus*、蛇葡萄属 *Ampelopsis* 和络石属 *Trachelospermum*。草本植物有透骨草属、金线草属 *Antenoron*、粉条儿菜属 *Aletris*、万寿竹属 *Disporum*、乱子草属 *Muhlenbergia* 等。木兰属约 90 种，间断分布于北美至南美的委内瑞拉东南部和亚洲的热带至温带，我国约 30 种，南北均产，保护区有 1 种，出现在八大山海拔 2 200m 左右的落叶阔叶林中；八角属约 50 种，间断分布于亚洲东南部和美洲，一些较原始的类群在东亚分布于我国西南、台湾及菲律宾、日本，在北美则间断分布于美国佛罗里达和古巴、海地，而较特化的类群则由东喜马拉雅沿我国长江流域连续分布加里曼丹，我国有 30 种，产西南至东部省区，保护区有 3 种，出现在八大山海拔 2 000m 以上的山脊杜鹃林中；檫木属共 3 种，1 种产北美，我国 2 种，其中 1 种产台湾，1 种产长江流域以南，保护区内亦产；紫树属约 10 种，间断分布于美国东部和墨西哥，在东亚分布到苏门答腊和爪哇，我国有 6 种，产长江流域及以南省区，保护区内 1 种；枫香属约 5 种，我国产 2 种 1 变种，分布西南至台湾，保护区产 1 种 1 变种，是次生林的重要构成成分；人参属约 5 种，间断分布于北美、中亚和东亚，我国约 3 种，产东北至西南，保护区产 1 种，为重要的药用植物；五味子属约 25 种，大多数种类产东亚，美国东南部有 1 种，我国约 19 种，产东部至西南省区，保护区产 4 种。上述分析，足以说明东亚与北美洲在地史的密切联系。

该分布型还有一个东亚和墨西哥间断分布变型，仅六道木属 *Abelia*，全属共 30 种，多数种类产东亚，少数产墨西哥。我国约 9 种，主产西南至中部，贵州 6 种，常见于黔南、黔中石灰岩山地。保护区产 1 种，多见于山脊干燥地段。

10. 旧世界温带分布

该类指广泛分布于欧洲、亚洲中高纬度的温带和寒温带，个别可延伸到北非及亚洲—非洲热带山地或澳大利亚。保护区有 34 属，占保护区总属数的 5.59%。其中乔木及灌木型 7 属，草本植物 27 属。草本植物占明显优势。木本植物榉属、梨属 *Pyrus* 为乔木且不常见外，女贞属 *Ligustrum*、火棘属 *Pyracantha* 是保护区石灰岩地区常见种类。草本植物有淫羊藿属 *Epimedium*、重楼属 *Paris*、沙参属 *Adenophora*、菊属 *Dendranthema*、益母草属 *Leonurus*、窃衣属 *Torilis* 等 29 属。榉属约 10 种，分布高加索至东亚，我国 3 种，产西北、西南至台湾，保护区有 2 种，常见于岩石裸露地段；梨属的近代分布中心在地中海区、西亚或中亚，共有 25 种，一些种类延伸到北非，我国有 14 种，主产华北，保护区有 4 种；淫羊藿属有 21 种，主要分布于温带亚洲和东亚，少数种延伸至北非及东非，我国有 14 种，主产中部，保护区有 3 种。

这一类型具有丰富的草本类型，具有北温带区系的一般特色，这些草本植物是保护区林下、山地草甸和灌草丛的重要组成。该分布型的属还具有许多主要分布于地中海区、西亚至中亚的属，或以此为分布区中心，如川续断属 *Dipsacus*。本分布类型兼具地中海和中亚植物区系特色，说明旧大陆温带区系和地中海 - 中亚植物区系可能有共同起源及古南大陆的密切联系。

11. 温带亚洲分布

该分布型局限于亚洲温带地区，包括俄罗斯的中亚至东西伯利亚和东北亚，南部至喜马拉雅山区，我国西南、华北至东北，朝鲜和日本北部，有一些属分布到亚热带，个另达亚洲热带。保护区有 7 属，占总属数的 1. 15% 。其中乔木及灌木型有杭子梢属 *Campylotropis* 1 属，草本植物有狼毒属 *Stellera*、虎杖属 *Reynoutria*、岩白菜属 *Bergenia*、马兰属 *Kalimeria*、粘冠草属 *Myriactis* 6 属。本分布型的特点是分布于亚洲温带的北部，即从中亚到西伯利亚或东北亚，属、种少，多数是起源于古北大陆，在保护区也较少，且多是草本类型。

12. 地中海区、西亚至中亚分布

指分布于现代地中海周围，经西亚或西南亚至中亚和我国新疆、青藏高原及蒙古高原一带，相当于世界植物区系分区中地中海区和西亚 - 中亚地区的范围。保护区有 2 属，占保护区总属数的 0. 33% 。其中乔木 1 属，草本 1 属。黄连属 *Pistacia*、牻牛儿苗属 *Erodium* 为地中海区至温带 - 热带亚洲、大洋洲和南美洲间断分布，前属为乔木，约 10 种，产地中海区、亚洲和美洲，我国 3 种，分布较广，保护区 2 种，是保护区常见种类；牻牛儿苗属为草本，约 90 种，广布于温带和亚热带，我国有 3 种，产东北至西南，保护区 1 种，常见于林缘草地或路旁。

13. 中亚分布属

该分布类型是指分布于中亚而不见于西亚及地中海周围的属。保护区仅有角蒿属 *Incarvillea*，属于中亚至喜马拉雅和中国西南分布，该属约 15 种，我国产 11 种 3 变种，保护区 1 种，常见于林缘草地或路旁。

14. 东亚分布

该类型指分布区从东喜马拉雅一直到日本的属。其分布区一般向东北不超过俄罗斯境内的阿穆尔州，并从日本北部至萨哈林；向西南不超过越南北部和喜马拉雅东部；向南达菲律宾、苏门答腊和爪哇；向西北一般以我国各类森林边界为界。保护区有 84 属，占保护区总属数的 13. 82% 。其中乔木及灌木型 36 属，木质藤本 4 属，草本植物 44 属。乔木及灌木型有三尖杉属 *Cephalotaxus*、枇杷属 *Eriobtrya*、绣线梅属 *Neillia*、四照花属 *Dendrobenthania*、溲疏属 *Deutzia*、五加属 *Acanthopanax*、青荚叶属 *Helwingia*、旌节花属 *Stachyurus*、茵芋属 *Skimmia*、刚竹属 *Phyllostachys* 等。

木质藤本有猕猴桃属 *Actinidia*、冠盖藤属 *Pileostegia*、钻地风属 *Schizophragma* 等。

草本有蕺菜属 *Houttuynia*、败酱属 *Patrinia*、兔儿风属 *Ainsliaea*、沿阶草属 *Ophipogon*、紫苏属 *Perilla*、大百合属 *Cardiocrinum*、白芨属 *Bletilla* 等。

该分布型有两个分布变型：

(1)中国—喜马拉雅分布，指主要分布于喜马拉雅至我国西南诸省区，有的达陕、甘、华东或台湾，向南延伸到中南半岛，但不见于日本。保护区有 24 属，如乔木及灌木型油杉属 *Keteleeria*、红果树属 *Stranvaesia*、鞘柄木属 *Toricellia*、水青树属 *Tetracentron*、猫儿屎属 *Decaisnea* 等。

草本有雪胆属 *Hemsleya*、竹叶子属 *Streptolirion*、筒冠花属 *Siphocranion*、珊瑚苣苔属 *Corallodiscus*、鞭打绣球属 *Hemiphragma*、竹叶吉祥草属 *Spatholirion* 等。

(2)中国—日本分布，指我国的滇、川金沙江河谷以东直至日本或琉球，但不见于喜马拉雅。保护区有 21 属。如乔木及灌木型棣棠花属 *Kerria*、刺楸属 *Kalopanax*、化香属 *Platycarya*、枫杨属 *Pterocarya*、山桐子属、枳椇属 *Hovenia*、野鸭椿属 *Euscaphis*、泡桐属 *Paulownia* 等

草本有桔梗属 *Platycodon*、苦苣苔属 *Conandron*、玉簪属 *Hosta*、半夏属 *Pinellia* 等。

该类型单型属、少型属极为丰富，如比较著名的水青树属、猫儿屎属 *Decaisnea*、刺楸属、化香属、山桐子属、野鸦椿属、南天竹属、蕺菜属 *Houttuynia*、防己属 *Sinimenium*、桔梗属、万年青属等，这些属主要是第三纪古热带区系的残遗或后裔，都是比较古老、原始的类群或是进化科中原始的类群。

15. 中国特有分布

保护区有中国特有属 19 个属，占保护区总属数的 3. 13%(表 5-13)。其中乔木及灌木型 11 属，草本植物 7 属。

表 5-13　盘县八大山自然保护区中国特有属统计

植物名称	中国种数	贵州种数	盘县种数
杉木属 *Cunnighamia*	2	2	1
蜡梅属 *Chimonanthus*	3	2	1
通脱木属 *Tetrapanax*	2	1	1
珙桐属 *Davidia*	1	1	1
青钱柳属 *Cyclocarya*	1	1	1
青檀属 *Pteroceltis*	1	1	1
山拐枣属 *Poliothyrsis*	1	1	1
伯乐树属 *Bretschneidera*	1	1	1
银鹊树属 *Tapiscia*	2	1	1
富宁藤属 *Parepigynum*	1	1	1
喜树属 *Camptotheca*	1	1	1
慈竹属 *Neosinocalamus*	2	1	1
同钟花属 *Homocodon*	1	1	1
南一笼鸡属 *Paragutzlaffia*	2	2	1
四轮香属 *Hanceola*	8	3	1
斜萼草属 *Loxocalyx*	2	1	1
箬竹属 *Indocalamus*	18	6	1
少穗竹属 *Oligostachyum*	15	2	1
沙晶兰属 *Eremotropa*	2	1	1

从表 5-13 中可以知道，保护区有单种特有属：珙桐属 *Davidia*、青钱柳属 *Cyclocarya*、青檀属 *Pteroceltis*、山拐枣属 *Poliothyrsis*、伯乐树属 *Bretschneidera*、富宁藤属 *Parepigynum*、喜树属 *Camptotheca*、同钟花属 *Homocodon* 8 属。

少种特有属（含 2～4 种）有杉木属 *Cunnighamia*、腊梅属 *Chimonanthus*、通脱木属 *Tetrapanax*、银鹊树属 *Tapiscia*、慈竹属 *Neosinocalamus*、沙晶兰属 *Eremotropa*、南一笼鸡属 *Paragutzlaffia*、斜萼草属 *Loxocalyx* 8 属。

多种特有属（含 5 种以上）有箬竹属 *Indocalamus*、四轮香属 *Hanceola* 和少穗竹属 *Oligostachyum* 4 属。

保护区特有属成分较高，占中国特有属 243 属的 7.82%，反映了被子植物特有属的古老性和孑遗性。其中多属是国家珍稀濒危保护植物，如珙桐属、伯乐树属等，他们对研究保护区和周边植物区系具有重要意义。

（三）盘县八大山自然保护区种子植物“种”的区系成分分析

一个自然区域和一个行政区的植物区系，是由各自的植物种类组成的。研究种的地理分布区类型，可以确定该区域的植物区系地带性质和起源。

保护区有野生种子植物 1 523 种，划分为 13 个地理分布区类型，其中缺乏地中海区，西亚至中亚分布和中亚分布（表 5-14）。

表 5-14 盘县八大山自然保护区种子植物种的地理分布统计

序号	分布区类型	种数	占全区种数(%)
1	世界分布	62	4.07
2	泛热带分布	105	6.89
3	热带亚洲至热带和热带美洲间断分布	21	1.38
4	旧世界热带分布	33	2.17
5	热带亚洲至热带大洋洲分布	27	1.77
6	热带亚洲至热带非洲分布	61	4.01
7	热带亚洲分布	209	13.72
8	北温带分布	187	12.28
9	东亚和北美洲间断分布	50	3.28
10	旧世界温带分布	42	2.76
11	温带亚洲分布	52	3.41
12	地中海区，西亚至中亚分布	0	0.00
13	中亚分布	0	0.00
14	东亚分布	267	17.53
15	中国特有分布	407	26.72
合计		1 523	100

1. 世界分布

保护区有世界分布种62种，占保护区总种数4.07%，多为世界性广布或亚世界分布的草本植物。如地耳草 *Hypericum japonicum*、毛茛 *Ranunculus japonicus*、车前草 *Plantago asiatica*、升马唐 *Digitaria adscendens*、繁缕 *Stellaria media* 等。本分布式特点：草本占绝对优势；真正的世界分布种没有，亚世界分布较多，如欧亚分布种。这与农业开发和人类的活动有关。

2. 泛热带分布

保护区泛热带分布种105种，占总种数6.89%。如云实 *Caesalpinia decapetala*，分布于热带和温带地区，我国广布南北各省区；生于山坡灌丛中及平原、丘陵、河旁等地。含羞草决明 *Cassia mimosoides*，广布于世界热带和亚热带地区，我国分布于东南部、南部至西南部，生坡地或空旷地的灌木丛或草丛中。还有马鞭草 *Verbena officinalis*、白茅 *Imperata cylindrica* 等。泛热带植物分布于全球热带地区，保护区该类型植物种类比较多，说明该区植物区系与热带性质有联系密切。

3. 热带亚洲至热带美洲间断分布

这一分布区类型包括间断分布于美洲和亚洲温暖地区的热带属，在旧世界(东半球)从亚洲可能延伸的到澳大利亚东北部或西南太平洋岛屿。保护区有热带亚洲至热带美洲间断分布21种，占总种数1.38%。如鬼针草 *Bidens pilosa*，广布于亚洲和美洲的热带和亚热带地区，中国分布于华东、华中、华南、西南省区，生于村旁、路边及荒地中。还有鸡眼草 *Kummerowia striata* 等。

4. 旧世界热带分布

旧世界热带指亚洲、非洲和大洋洲热带地区及其邻近岛屿(也常称为古热带)，与美洲新大陆热带相区别。保护区有旧世界热带分布33种，占总种数2.17%。如合萌 *Aeschynomene indica*，分布于非洲、大洋洲及亚洲热带地区，除草原、荒漠外，我国林区及其边缘均有分布。乌蔹莓 *Cayratia japonica*，产日本，菲律宾、越南、缅甸、印度、印度尼西亚和澳大利亚中国分布于陕西、河南、山东、安徽、江苏、浙江、湖北、湖南、福建、台湾、广东、广西、海南、四川、贵州、云南，生山谷林中或山坡灌丛，海拔300～2 500m。还有野桐 *Mallotus japonicus* var. *floccosus* 等。该分布类型的种类大多是草本类型，常常表现出不同程度的喜干热生境特点。

5. 热带亚洲至热带大洋洲分布

该分布式位于旧世界热带东部，其西端有时可达玛达加斯加，但一般不到非洲大陆。保护区有热带亚洲至热带大洋洲分布27种，占总种数1.77%。如小二仙草 *Haloragis micrangtha*，在澳大利亚、新西兰、马来西亚、印度、越南、泰国、日本、朝鲜等国亦有分布，中国产河北、河南、山东、江苏、浙江、安徽、江西、福建、台湾、湖北、湖南、四川、贵州、广东、广西、云南等省区，生于荒山草丛中。铜锤玉带草 *Pratia nummularia*，分布于印度、尼泊尔、缅甸至巴布亚新几内亚等地，中国产西南、华南、华东及湖南、湖北、台湾和西藏，生于田边、路旁以及丘陵、低山草坡或疏林中的潮湿地。还有粗糠柴 *Mallotus philippensis*、糯米团 *Gonostegia hirta*、爵床 *Justicia procumbens* 等。该分布型的特点是：都是草本植物，其适应能力比较强，远达我国东北及日本、朝鲜。

6. 热带亚洲至热带非洲分布

该分布式位于旧世界西部，通常指从热带非洲到印度－马来西亚，特别是其西部（西马来西亚），也有些种分布到斐济等南太平洋岛屿，但不见于澳大利亚。保护区有该分布类型61种，占总种数的4.01%。如山黄麻 *Trema tomentosa*，分布于非洲东部、不丹、尼泊尔、印度、斯里兰卡、孟加拉国、缅甸、中南半岛、马来半岛、印度尼西亚、日本和南太平洋诸岛，中国分布于福建南部、台湾、广东、海南、广西、四川西南部和贵州、云南和西藏东南部至南部，生于海拔100～2 000m湿润的河谷和山坡混交林中，或空旷的山坡。矛叶荩草 *Arthraxon lanceolatus*，分布于东非、印度、巴基斯坦至中国东部沿岸，从喜马拉雅及中国北部至亚洲东南部以及马来西亚与苏丹，中国产于华北、华东、华中、西南、陕西等地，多生于山坡、旷野及沟边阴湿处。还有十字苔草 *Carex cruciata*、铁仔 *Myrsine africana* 等。

7. 热带亚洲分布

该分布包括印度半岛、斯里兰卡、中南半岛、马来西亚、印度尼西亚、菲律宾及新几内亚，东到萨摩群岛，西到马尔代夫群岛。保护区有热带亚洲分布种209种，占总种数13.72%。其中木本植物山矾 *Symplocos sumuntia*，分布于尼泊尔、不丹、印度等地，中国产江苏、浙江、福建、台湾、广东、广西、江西、湖南、湖北、四川、贵州，云南，生于海拔200～1 500m的山林间。粉叶羊蹄甲 *Bauhinia glauca*，分布于印度、中南半岛、印度尼西亚，中国分布于广东、广西、江西、湖南、贵州、云南，生于山坡阳处疏林中或山谷蔽荫的密林或灌丛中。还有细齿叶柃木 *Eurya nitida* 等。藤本或攀援状灌木，如龙须藤 *Bauhinia championii*，分布于印度、越南和印度尼西亚，中国产浙江、台湾、福建、广东、广西、江西、湖南、湖北和贵州，生于低海拔至中海拔的丘陵灌丛或山地疏林和密林中。还有鸡矢藤 *Paederia scandens* 等。草本植物如长萼堇菜 *Viola inconspica*，分布于缅甸、菲律宾、马来西亚，中国分布于陕西、甘肃（南部）、江苏、安徽、浙江、江西、福建、台湾、湖北、湖南、广东、海南、广西、四川、贵州、云南，生于林缘、山坡草地、田边及溪旁等处。还有土茯苓 *Smilax glabra* 等。

8. 北温带分布种

该分布指欧洲、亚洲和北部非洲热带以外，部分种可以延伸到热带山地，甚至到达南半球温带。保护区有187种，占总种数12.28%。如婆婆纳 *Veronica polita*，广布于欧亚大陆北部，中国在华东、华中、西南、西北及北京常见，生于荒地。还有荠 *Capsella bursapastoris*、杨梅 *Myrica rubra* 等。

9. 东亚与北美洲间断分布

欧亚大陆和北美大陆早在第三纪以后，靠着白令地区这个“陆桥”通道，促使两大陆物种相互交流。由于晚第三纪时，白令地区太冷，导致大量物种灭绝，加之第四纪冰川和间冰期交替，白令海峡形成，断绝两大陆物种交流，形成了东亚与北美间断分布。保护区有50种，占总种数3.28%。如苦荞麦 *Fagopyrum tataricum*，分布于亚洲、欧洲及美洲，我国东北、华北、西北、西南山区有栽培或为野生，生田边、路旁、山坡、河谷，海拔500～3 900m。鸭跖草 *Commelina communis*，分布于越南、朝鲜、日本、俄罗斯远东地区以及北美，中国分布云南、四川、甘肃以东的南北各省区，生于湿地。还有椭圆叶花锚 *Halenia elliptica* 等。

10. 旧世界温带分布分布

指分布于欧亚大陆和北部非洲的种类。保护区有42种，占总种数2.76%。如牛蒡 *Arctium lappa*，广布欧亚大陆，全国各地普遍分布，生于山坡、山谷、林缘、林中、灌木丛中、河边潮湿地、村庄路旁或荒地，海拔750～3 500m。还有天名精 *Carpesium abrotanoides* 等。

11. 温带亚洲分布

这一分布区类型是指主要局限于亚洲温带地区的种类，它们分布区的范围一般包括从苏联中亚（或南俄罗斯）至东西伯利亚和亚洲东北部，南部界限至喜马拉雅山区，我国西南、华北至东北、朝鲜和日本北部，也有一些分布到亚热带，个别种到达亚洲热带，甚至到新几内亚。保护区有52种，占总种数3.41%，如香薷 *Elsholtzia ciliata*，分布于前苏联西伯利亚，蒙古，朝鲜，日本，印度，中南半岛，中国除新疆、青海外几产全国各地，生于路旁、山坡、荒地、林内、河岸，海拔达3 400m。野菊 *Dendranthema indicum*，分布于印度、日本、朝鲜、前苏联，我国广布东北、华北、华中、华南及西南各地，生于山坡草地、灌丛、河边水湿地、滨海盐渍地、田边及路旁。还有马兰 *Kalimeris indica* 等。

14. 东亚分布

该分布范围指东经83°以东的喜马拉雅、印度东北部边境地区，缅甸北部山区，北部湾北部山区，中国大部分，朝鲜半岛、琉球群岛、九州岛、四国岛、本州岛、北海道、小笠原群岛和硫黄列岛、千岛群岛南部岛屿、哈萨林南部和北部。东亚植物区系是北温带植物区系的一部分，保护区有267种，占总种数17.53%，依据塔赫他间分类法，把保护区东亚分布植物与相应的东亚地区分为5个区系省（表5-15）。

表5-15 盘县八大山自然保护区东亚分布植物区系统计

序号	与保护区联系的植物省	种 数	占东亚区系种数（%）
1	东北植物省	29	10.86
2	哈萨林—北海道植物省	39	14.61
3	日本—朝鲜植物省	67	25.09
4	东喜马拉雅植物省	89	33.33
5	卡西—曼尼普尔植物省	43	16.10
	合 计	267	100

（1）与东北植物省联系的29种

该省分布黑龙江流域至阿穆尔地区、朝鲜北部、中国鸭绿江中上游地区，外贝加尔、蒙古东北部和兴安岭山前的蒙古东部边界东经40°到达日本海鱼郎滩角。保护区有瓜木 *Alangium platanifolium*、刺楸 *Kalopanax septemlobus*、栓皮栎 *Quercus variabilis* 等，它们基本上呈连续分布区，表现为远东、东北至西南山区的有机联系，个别种分布中南半岛、菲律宾、印度尼西亚。远东分布到我国西南山区的种，称为东亚广布种。

（2）与哈萨林—北海道植物省联系的39种

该省指萨哈林，东经51°30′以南、北海道、国后、色丹、择捉诸岛等，与东北省、日本—朝鲜植物省相邻。保护区有枫杨 *Pterocarya stenoptera*、圆果化香 *Platycarya longipes* 等。

（3）与日本—朝鲜植物省联系67种

该省除朝鲜大部分外，还包括本洲岛、屋久岛、对马岛等。保护区有半夏 *Pinellia ternate*、枳椇 *Hovenia acerba*、接骨草 *Sambucus chinensis*、野茉莉 *Styrax japonicus*、紫弹朴 *Celtis biondii*、天仙果 *Ficus erecta* 等。

（4）与东喜马拉雅植物省联系89种

该植物省包括尼泊尔、不丹，我国西藏南部和东南部。保护区有冠盖藤 *Pileostegia viburnoides*、猫

儿屎 *Decaisnea insignis*、青荚叶 *Helwingia japonica* 等。

(5)与卡西—曼尼普尔植物省联系43种

该植物省分布印度东部、东北部，其界限包括西隆高原大部分，即卡西山、贾因提亚山和曼尼普尔及那加山、帕特凯山、米基尔丘陵。保护区有白檀 *Symplocos paniculata*、野鸦椿 *Euscaphis japonica* 等。

15. 中国特有分布

限于分布在中国境内的植物种，称为中国特有种。保护区中国特有种有406种，都是属于泛北极东亚植物区系，占该保护区总种数26.72%。划分为4个地区分布亚型：南北片、南方片、西南片、贵州特有(表5-16)。

表5-16　盘县八大山自然保护区中国特有种分布统计

序号	与保护区联系的植物	种　数	该区中国特有比例
一	南北片		
	广布或亚广布	31	7.64
	西南、西北、华中	15	3.69
	西南、西北、中南、华东	29	7.14
	西南、中南、华东	34	8.37
	西南、中南、西北	16	3.94
二	南方片		
	西南、华中	16	3.94
	西南、华南	38	9.36
	西南、华中、华东	10	2.46
	西南、华南、华东	21	5.17
	西南、中南	35	8.62
三	西南—盘县八大山自然保护区分布		
	黔、滇	31	7.64
	黔、川	25	6.16
	黔、桂	13	3.20
	黔、滇、川	41	10.10
	黔、滇、川、桂	18	4.43
	黔、滇、川、藏	16	3.94
四	贵州特有	17	4.19
	合　计	406	100

(1)南北片　指分布于长江以南和以北的植物种，长江以北包括华北、东北、西北，也称为中国特有种的广布种或亚广布种。保护区有125种，占本类型种数的30.71%，分为5个变型。

1)广布或亚广布　保护区有该变型31种，占本分布区类型种数的7.62%。如青檀 *Pteroceltis tatarinowii*，产辽宁(大连蛇岛)、河北、山西、陕西、甘肃南部、青海东南部、山东、江苏、安徽、浙江、江西、福建、河南、湖北、湖南、广东、广西、四川和贵州，常生于山谷溪边石灰岩山地疏林中，海拔100～1 500m。还有粗齿铁线莲 *Clematis argentilucida* 等。

2)西南、西北、华中变型　保护区有该变型15种，占本分布区类型种数的3.69%。如云南双盾木 *Dipelta yunnanensis*，产陕西、甘肃、湖北、四川、贵州和云南等地，生于海拔880～2 400m的杂木林下或山坡灌丛中。野扇花 *Sarcococca ruscifolia*，产云南、四川、贵州、广西、湖南、湖北、陕西、甘肃，生于山坡、林下或沟谷中，耐阴性强，海拔200～2 600m。还有小蜡 *Ligustrum sinense*、贵州獐牙菜 *Swertia kouitchensis*、鄂西绣线菊 *Spiraea veitchii* 等。

3)西南、华东、中南、西北变型　保护区有该变型29种，占本分布区类型种数的7.13%。如川

桂 *Cinnamomum wilsonii*，陕西、四川、湖北、湖南、广西、广东及江西，生于山谷或山坡阳处或沟边，疏林或密林中，海拔 800 ~ 2 400m。中华石楠 *Photinia beauverdiana*，产陕西、河南、江苏、安徽、浙江、江西、湖南、湖北、四川、云南、贵州、广东、广西、福建，生于山坡或山谷林下，海拔 1 000 ~ 1 700m。还有钝齿铁线莲 *Clematis apiifolia* var. *obtusidentata*、湖北紫荆 *Cercis glabra*、山拐枣 *Poliothyrsis sinensis*、五月瓜藤 *Holboellia fargesii* 等。

4）西南、中南、华东变型　保护区有该变型 34 种，占本分布区类型种数的 8.35%。如杉木 *Cunninghamia lanceolata*、三尖杉 *Cephalotaxus fortunei*，产于浙江、安徽南部、福建、江西、湖南、湖北、河南南部、陕西南部、甘肃南部、四川、云南、贵州、广西及广东等省区，在东部各省生于海拔 200 ~ 1 000m 地带，在西南各省区分布较高，可达 2 700 ~ 3 000m，生于阔叶树、针叶树混交林中。贵州半蒴苣苔 *Hemiboea cavaleriei*，产江西南部、福建、湖南（道县）、广东、广西、四川（叙永）和贵州南部，生于海拔 250 ~ 1 500m 山谷林下石上。青钱柳 *Cyclocarya paliurus*，产于安徽、江苏、浙江、江西、福建、台湾、湖北、湖南、四川、贵州、广西、广东和云南东南部，常生长在海拔 500 ~ 2 500m 的山地湿润的森林中。还有藤黄檀 *Dalbergia hancei*、华山矾 *Symplocos chinensis*、穗序鹅掌柴 *Schefflera delavayi* 等。

5）西南、中南、西北变型　保护区有该变型 16 种，占本分布区类型种数的 3.93%。如黑壳楠 *Lindera megaphylla*，产陕西、甘肃、四川、云南、贵州、湖北、湖南、安徽、江西、福建、广东、广西等省区，生于山坡、谷地湿润常绿阔叶林或灌丛中，海拔 1 600 ~ 2 000m 处。川钓樟 *Lindera pulcherrima* var. *hemsleyana*，产陕西、四川、湖北、湖南、广西、贵州、云南等省区，生于海拔 2 000m 左右的山坡、灌丛中或林缘。粗糙菝葜 *Smilax lebrunii*，产甘肃（南部）、四川、湖南（西部）、广西（东北部）、贵州和云南（西南部），生于海拔 950 ~ 2 900m 的林下、灌丛中或山坡、路旁阴处。

（2）南方片　指分布于长江以南广大地区的植物种。保护区有 120 种，占该区中国特有种分布类型的 29.48%。分为 5 个变型。

1）西南、华中变型　保护区有该变型 16 种，占本分布区类型种数的 3.93%。如白背钻地风 *Schizophragma hypoglaucum*，产四川、湖南、贵州，生于山坡密林中或旷地岩石旁，海拔 1 000 ~ 1 200m。红果黄肉楠 *Actinodaphne cupularis*，产湖北、湖南、四川、云南（富宁）、贵州，生于山坡密林、溪旁及灌丛中，海拔 360 ~ 1 300m。

2）西南、华南变型　保护区有该变型 38 种，占本分布区类型种数的 9.34%。如长茎沿阶草 *Ophiopogon chingii*，产广东、海南岛、广西、云南（南部）、贵州至四川（东南部），生于海 拔 1 000 ~ 2 100m 山坡灌丛下、林下或岩石缝中。华南半蒴苣苔 *Hemiboea follicularis*，产广东北部、广西和贵州，生于海拔 240 ~ 1 500m 林下阴湿石上或沟边石缝中。长瓣兜兰 *Paphiopedilum dianthum*，产广西西南部（靖西）、贵州西南部（兴义）和云南东南部（麻栗坡），生于海拔 1 000 ~ 2 250m 的林缘或疏林中的树干上或岩石上。

3）西南、华中、华东变型　保护区有该变型 10 种，占本分布区类型种数的 2.46%。如腺药珍珠菜 *Lysimachia stenosepala*，产于陕西南部、四川、贵州、湖北，湖南、浙江，生于山谷林缘、溪边和山坡草地湿润处，海拔 850 ~ 2 500m。还有毛萼红果树 *Stranvaesia amphidoxa* 等。

4）西南、华南、华东变型　保护区有该变型 21 种，占本分布区类型种数的 5.16%。如灰背清风藤 *Sabia discolor*，分布于浙江、福建、江西、广东、广西等省区，生于海拔 1 000m 以下的山地灌木林间。还有蜡瓣花 *Corylopsis sinensis*、瘦椒树 *Tapiscia sinensis* 等。

5）西南、中南（包括华南、华中）变型　保护区有该变型 35 种，占本分布区类型种数的 8.60%。如贵州连蕊茶 *Camellia costei*，产广西、广东西部、湖北、湖南、贵州。还有云南旌节花 *Stahyurus yunnanensis*、广西越橘 *Vaccinium sinicum*、桂北木姜子 *Litsea subcoriacea*、小柴胡 *Bupleurum tenue* 等。

（3）西南片　分布于云南、贵州、西藏、四川、重庆、广西的植物。保护区共 162 种，占本分布区类型种数的 39.80%。分 6 个变型：

1）黔、滇变型　保护区有该变型 33 种，占本分布区类型种数的 8.11%。如富宁藤 *Parepigynum funingense*，产于云南富宁、马关、西畴、麻栗坡和贵州等地，生于海拔 1 000 ~ 1 600m 山地密林中。云南含笑 *Michelia yunnanensis*，产于云南中部、南部和贵州，生于海拔 1 100 ~ 2 300m 的山地灌丛中。贵州远志 *Polygala dunniana*、西畴悬钩子 *Rubus xichouensis* 等。

2）黔、川变型　保护区有该变型 27 种，占本分布区类型种数的 6.63%。如川黔忍冬 *Lonicera subaequalis*，产四川西部至南部和贵州，生于山坡林下阴湿处，海拔 1 500 ~ 2 450m。圆叶蜡瓣花 *Corylopsis rotundifolia*，分布于四川的南川金佛山及贵州印江。还有黔蜡瓣花 *C. obovata*、峨眉蜡瓣花 *C. omeiensis*、四川花楸 *Sorbus setschwanensis* 等。

3）黔、桂变型　保护区有该变型 14 种，占本分布区类型种数的 3.44%。如苗山槭 *Acer miaoshanicum*，产广西北部，生于海拔 900 ~ 1 200m 的疏林中。黔桂润楠 *Machilus chienkweiensis*，产广西北部、贵州东南部和盘县，生海拔 800 ~ 1 100m 的山谷阔叶混交密林或疏林中或见于沟边。

4）黔、滇、川变型　保护区有该变型 41 种，占本分布区类型种数的 10.07%。如倒卵叶旌节花 *Stachyurus obovatus*，产四川西部和西南部、贵州北部、云南东北部，生于海拔 500 ~ 2 000m 的山坡常绿阔叶林下或林缘。川八角莲 *Dysosma veitchii*，产于四川、贵州、云南，生于山谷林下、沟边或阴湿处，海拔 1 200 ~ 2 500m。还有石木姜子 *Litsea elongate* var. *fabri*、牛姆瓜 *Holboellia garndiflora*、滇川翠雀花 *Delphinium delavayi*、西南栒子 *Cotoneaster franchetii* 等。

5）黔、滇、川、桂变型　保护区有该变型 18 种，占本分布区类型种数的 4.42%。如云南鸡矢藤 *Paederia yunnanensis*，产广西、贵州、四川、云南等省区，生于海拔 2 700m 的山谷林缘。还有西南悬钩子 *Rubus assamensis*、云南山楂 *Crataegus scabrifolia*、肉穗草 *Sarcopyramis bodinieri* 等。

6）黔、滇、川、藏变型　保护区有该变型 16 种，占本分布区类型种数的 3.93%。如丽江麻黄 *Ephedra likiangensis*，产云南西北部、贵州西部、四川西部及西南部、西藏东部海拔 2 400 ~ 4 000m 之高山及亚高山地带，多生于石灰岩山地。还有滇鼠刺 *Itea yunnanenis*、川滇高山栎 *Quercus aquifolioides* 等。

（4）贵州特有种　限于分布在贵州省内的植物种，称为贵州特有种。保护区有贵州特有种 13 种，占本分布式种数的 3.19%。如桤叶蜡瓣花 *Corylopsis alnifolia*、贵州刺梨 *Rosa kweichowensis*、贵州四轮香 *Hanceola cavaleriei*、毛梗长叶悬钩子 *Rubus dolichophyllus* var. *pubescens*、乳纹方竹 *Chimonobambusa lactistriata*、毕节小檗 *Berberis guizhouensis* 等。

三、结论

通过初步分析，盘县八大山自然保护区野生种子植物区系呈以下特征：

1. 科的地理分布

保护区有野生种子植物 141 科，依地理分布划分为 4 大分布区类型。其中世界或亚世界分布有 43 科，占保护区总科数 30.71%；热带分布有 61 科（包含吴征镒、王荷生教授的地理分布的二至七分布类型，即泛热带、热带亚洲和热带美洲间断、旧世界热带、热带亚洲至热带大洋洲、热带亚洲至热带非洲和热带亚洲的分布类型及变型，下同），占保护区总科数 43.26%；温带分布有 37 科（包含吴征镒、王荷生教授的地理分布的八至十四分布类型，即北温带、东亚和北美洲间断、旧世界温带、温带亚洲、地中海区、西亚和中亚、东亚的分布类型及变型，下同），占保护区总科数 26.24%；缺中国特有分布科，如果除去世界或亚世界分布类型，该保护区野生种子植物科以热带成分占优势。但在热带成分中又缺乏典型的热带分布植物，这就是盘县八大山自然保护区地理位置处于北亚热带高原湿润季风气候区所致。

2. 属的地理分布

保护区有野生种子植物 608 属。保护区世界分布有 49 属；热带分布有 259 属，占保护区（减去世界分布）总属数的 46.33%；温带分布有 281 属，占保护区总属数的 50.27%；中国特有分布 19 属，占保护区总属数的3.40%。以上分析发现保护区野生种子植物区系温带成分占有明显优势，故该区域植物区系是属于温带性质。

3. 种的地理分布

保护区有野生种子植物1 523种，经过植物区系地理分布的分析结果：

(1)保护区野生种子植物区系世界分布62种；热带分布，共456种，占全区(减去世界分布)总种数的31.21%；温带分布598种，占全区总种数的40.93%；中国特有分布407种，占全区总种数的27.86%。保护区温带成分明显，表明本区植物区系的来源以温带性为主，同时受到热带植物区系的一定影响，具有亚热带过渡到温带并明显体现出温带的区系性质。

(2)保护区位于云贵高原中部，种子植物区系中的植物绝大多数和云南植物、广西植物以及湖南植物交叉分布，说明保护区植物区系和周边的植物区系联系紧密。

(3)特有种多，中国特有种406种，贵州特有种13种，这与该地特殊的喀斯特地质地貌与气候有很大的关系。

(陈志萍、冯邦贤、杨加文、张建华、郭　应、张　耀、张华海)

参考文献

李永康．贵州植物志1－9卷[M]．贵阳：贵州人民出版社；成都：四川民族出版社，1982－1989

汪劲武．种子植物分类学[M]．北京：高等教育出版社，1985

中国植物志．有关各卷[M]．北京：科技出版社

郑万钧　中国树木志1—2册[M]．北京：中国林业出版社，1983～1985

吴征镒，周浙昆，李德铢，彭华，孙航．世界种子植物科的分布区类型系统[J]．云南植物研究，2003，25　3：245—257

吴征镒．《世界种子植物科的分布区类型系统》的修订[J]．云南植物研究，2003，25 5：535—238

吴征镒．中国种子植物属分布区类型[J]．云南植物研究(增刊Ⅳ)，1991

吴征镒．"中国种子植物属分布区类型"的增订和勘误[J]．云南植物研究(增刊Ⅳ)，1993，147－178

吴征镒，王荷生．中国自然地理．植物地理(上册)[M]．北京：科学出版社，1983

阎传海．植物地理学[M]．北京：科学出版社，2001

路安民．种子植物科属地理[M]．北京：科学出版社，1999

王荷生．植物区系地理[M]．北京：科学出版社，1992

邹天才．贵州特有及稀有种子植物[M]．贵阳：贵州科技出版社，2001

第八节　野生观赏植物资源调查

盘县八大山保护区由二片组成，即八大山保护区和文阁大山保护点，总面积26 000hm^2。其中，八大山保护区25 430hm^2，文阁大山保护点570hm^2。保护区属典型的喀斯特地貌类型，平均海拔1 650m，最低海拔格所河谷725m，最高海拔八大山2 558m，相对高差1 800m，境内地形复杂多样，地貌破碎，地形落差大、切割深，溶洞、溶沟、峰丛、峰林、石林、天坑、狭谷随处可见。保护区主体属北亚热带高原湿润季风气候并有干、湿季明显的云南高原气候特征。年降水量为1 200～1 400mm，年平均气温在9.1～17.3℃之间，≥10℃的活动积温1 451.4～6 002.1℃·d。由于其独特的气候，孕育了种类繁多的观赏植物。

一、调查方法

采用线路调查方法，线路覆盖整个八大山自然保护区和文阁保护点所有山头。一座山体的具体调查，则沿植被保存完好的地段以及地形较特殊的地段进行调查。调查过程中记录植物所处生境、植物外观形态，如干枝形态、叶形、叶色、花形、花色、芳香味、果色、芽的特性等，拍摄植物的实地照片，并采集标本。通过植物生长环境、实地拍摄的照片对观赏特征进行仔细筛选，结合调查记录及相关参考资料筛选出保护区内的野生观赏植物。

二、观赏植物资源

通过调查该保护区内野生维管束植物共计达1 440余种，具有较高观赏价值的野生植物1 243种，隶属152科494属。其中木本植物101科274属766种(含变种及变型)，草本植物63科220属477种(含变种及变型)。这些观赏植物各有各的特色，形态各异，争艳夺目，相当一部分植物，不但花色鲜艳，而且形态美观，果实艳丽，具有观花、观形、观果的效果。

(一)野生木本观赏植物资源

根据观赏树木学(陈植，1981)分类系统，将八大山野生木本观赏植物768种分成六类，即林木类、花木类、果木类、叶木类、荫木类和蔓木类。现分述如下。

1. 林木类观赏植物

林木类观赏植物没有鲜艳的色彩，主要观赏特性为单纯的色相，以形成郁郁葱葱林相，构成森林之美。这类观赏植物在八大山保护区内有23科50属136种。如云南油杉、马尾松、云南松、高山松、柳杉、杉木、柏木、圆柏、三尖杉等。这类观赏植物主要适于片植、列植、点缀等，宜营造大面积、大体量的较粗犷景观。八大山保护区林木类观赏植物如表5-17。

表5-17　林木类观赏植物组成表

序号	科名	属数	种数	种数所占比例(%)	备注
1	松科	3	5	3.68	
2	杉科	3	4	2.94	
3	柏科	3	5	3.68	
4	三尖杉科	1	1	0.74	
5	红豆杉科	2	2	1.47	
6	领春木科	1	1	0.74	
7	樟科	7	25	18.38	
8	蔷薇科	1	4	2.94	
9	八角枫科	1	4	2.94	
10	水青树科	1	1	0.74	
11	金缕梅科	2	6	4.41	
12	桦木科	1	1	0.74	
13	壳斗科	5	24	17.65	
14	榛科	1	1	0.74	
15	胡桃科	1	2	1.47	
16	大戟科	1	1	0.74	
17	山茶科	2	4	2.94	
18	越橘科	1	7	5.15	
19	鼠李科	1	9	6.62	
20	芸香科	1	2	1.47	
21	清风藤科	2	12	8.82	
22	马鞭草科	2	2	1.47	
23	竹类	7	13	9.56	
合计		50	136	100	

由表5-17可见，八大山林木类观赏植物种数最多的是樟科，其种数占林木类观赏植物总种数的

38.38%，其次是壳斗科，占17.65%，竹类种数居第三位，占9.56%。这2个科和竹类，其种数占总种数的65.59%，种数占林木类观赏植物的绝大多数。

2. 花木类观赏植物

花木类观赏植物有艳丽清香的花冠，开花时节，花冠五彩缤纷，芬芳扑鼻。此类观赏植物主要观赏特性是花，其中绝大部分植物的花千姿百态，绚丽多彩具有很高的观赏价值。在园林造景中应用最普遍，对景观色彩起着重要的作用。花木类观赏植物有木本和草本植物，其中木本植物27科56属146种。详细情况如表5-18。

表5-18 花木类观赏植物组成表

序号	科名	属数	种数	种数所占比例(%)	备注
1	木兰科	3	4	2.740	
2	蔷薇科	12	30	20.548	
3	蜡梅科	1	1	0.685	
4	苏木科	2	3	2.055	
5	含羞草科	2	4	2.740	
6	蝶形花科	6	12	8.219	
7	山梅花科	2	3	2.055	
8	八仙花科	1	10	6.849	
9	野茉莉科	1	4	2.740	
10	四照花科	1	1	0.685	
11	珙桐科	1	1	0.685	
12	远志科	1	4	2.740	
13	锦葵科	5	9	6.164	
14	亚麻科	2	2	1.370	
15	山茶科	1	5	3.425	
16	杜鹃花科	1	17	11.644	
17	金丝桃科	1	12	8.219	
18	野牡丹科	2	3	2.055	
19	省沽油科	1	1	0.685	
20	醉鱼草科	1	4	2.740	
21	木犀科	1	3	2.055	
22	萝藦科	1	1	0.685	
23	茜草科	2	3	2.055	
24	紫葳科	1	1	0.685	
25	马鞭草科	1	4	2.740	
26	紫薇科	1	1	0.685	
27	玄参科	2	3	2.055	
合计		56	146	100	

由表5-18可见，八大山花木类观赏植物种数蔷薇科数量最多，其种数占花木类观赏植物总种数的20.55%，其次是杜鹃花科，占11.64%，蝶形花科与金丝桃科并列第三位，分别占8.22%。这4个科，其种数占总种数的48.63%。这4个科占花木类观赏植物总种数近一半。

3. 果木类观赏植物

果木类观赏植物其果实鲜艳、醒目。果实色彩以红、紫为最佳，黄色、白色次之。因此，只要树木具有这类果实，均列为果木类观赏植物。如一种树可同时列入两类以上时，则以一类为主。如银杏，叶形奇特，秋色叶金黄色，十分艳丽醒目，果实黄色，叶和果均具有较高的观赏性。本次调查中将银杏列入叶木类。八大山自然保护区果木类木本植物共14科20属51种，组成的科属数量如表5-19。

表5-19　果木类观赏植物组成表

序号	科名	属数	种数	种数所占比例(%)	备注
1	蔷薇科	5	14	27.451	
2	蝶形花科	1	1	1.961	
3	忍冬科	1	13	25.49	
4	杨梅科	1	2	3.922	
5	胡桃科	2	4	7.843	
6	桑科	1	1	1.961	
7	大风子科	1	1	1.961	
8	大戟科	2	4	7.843	
9	石榴科	1	1	1.961	
10	柿树科	1	3	5.882	
11	芸香科	1	3	5.882	
12	省沽油科	1	1	1.961	
13	马鞭草科	1	2	3.922	
14	茄科	1	1	1.961	
合计		20	51	100	

由表5-19可见，八大山果木类观赏植物种数蔷薇科数量最多，其种数占果木类观赏植物总种数的27.45%，其次是忍冬科，占25.49%，胡桃科与大戟科并列第三位，分别占7.84%。这4个科，其种数占总种数的68.62%。这4个科占花木类观赏植物总种数的绝大多数。

4. 叶木类观赏植物

叶木类观赏植物是一类叶形奇异，形色独特的观赏植物。如属常绿树，则枝叶茂密，或叶形与众不同，适宜于园林中用于装饰及隐蔽造景；而落叶树，则秋季叶需色鲜艳夺目。常于园林造景中用于点缀与渲染环境。叶木类观赏植物共48科80属228种。

表5-20　叶木类观赏植物种类组成表

序号	科名	属数	种数	种数所占比例(%)	备注
1	苏铁科	1	1	0.44	
2	银杏科	1	1	0.44	
3	麻黄科	1	1	0.44	
4	八角科	1	2	0.88	
5	樟科	3	15	6.58	
6	蔷薇科	4	19	8.33	
7	苏木科	1	1	0.44	
8	蝶形花科	2	3	1.32	
9	鼠刺科	1	2	0.88	

（续）

序号	科名	属数	种数	种数所占比例(%)	备注
10	山矾科	1	6	2.63	
11	四照花科	2	7	3.07	
12	鞘柄木科	1	2	0.88	
13	五加科	6	11	4.82	
14	忍冬科	3	5	2.19	
15	金缕梅科	1	2	0.88	
16	黄杨科	3	4	1.75	
17	交让木科	1	2	0.88	
18	杨柳科	1	3	1.32	
19	壳斗科	1	7	3.07	
20	胡桃科	1	1	0.44	
21	榆科	1	1	0.44	
22	桑科	1	8	3.51	
23	荨麻科	1	2	0.88	
24	大风子科	1	1	0.44	
25	瑞香科	1	1	0.44	
26	海桐花科	1	2	0.88	
27	杜英科	1	1	0.44	
28	大戟科	3	11	4.82	
29	山茶科	3	9	3.95	
30	水冬哥科	1	2	0.88	
31	山柳科	1	1	0.44	
32	杜鹃花科	4	7	3.07	
33	桃金娘科	1	1	0.44	
34	冬青科	1	14	6.14	
35	卫矛科	2	10	4.39	
36	胡颓子科	1	3	1.32	
37	紫金牛科	4	8	3.51	
38	楝科	1	1	0.44	
39	无患子科	1	2	0.88	
40	漆树科	3	7	3.07	
41	槭树科	1	14	6.14	
42	木犀科	2	8	3.51	
43	茜草科	2	2	0.88	
44	厚壳树科	1	1	0.44	
45	木通科	1	1	0.44	
46	南天竹科	1	1	0.44	
47	小檗科	2	13	5.70	
48	棕榈科	1	1	0.44	
合计		80	228	100	

由表5-20可见，八大山叶木类观赏植物种数最多是蔷薇科，其种数占叶木类观赏植物总种数的8.33%，其次是樟科，占6.58%，冬青科与大槭树科并列第三位，分别占6.14%。这4个科，其种数占总种数的27.19%。这4个科占叶木类观赏植物总种数的三分之一左右。也由此说明叶木类的种类较为分散。其分散性又为园林造景树种选择提供了较多的选择空间，为园林中的物种多样性奠定了物质基础。

5. 荫木类观赏植物

荫木类观赏植物是在园林上可作为庭荫树和行道树应用的一类观赏植物，其树叶茂密、树形挺秀、树冠整齐、花果香艳，并无臭味；树干光滑且无棘刺落叶植物。荫木类观赏植物共24科43属71种。

表5-21　荫木类观赏植物种类组成表

序号	科名	属数	种数	种数所占比例(%)	备注
1	蝶形花科	5	5	7.246	
2	四照花科	1	4	5.797	
3	紫树科	2	2	2.899	
4	杨柳科	1	5	7.246	
5	桦木科	1	1	1.449	
6	壳斗科	1	2	2.899	
7	榛科	2	10	14.493	
8	胡桃科	1	2	2.899	
9	榆科	6	8	11.594	
10	桑科	3	7	10.145	
11	大风子科	3	4	5.797	
12	椴树科	1	1	1.449	
13	梧桐科	2	3	4.348	
14	大戟科	1	1	1.449	
15	鼠李科	2	3	4.348	
16	芸香科	2	4	5.797	
17	苦木科	2	2	2.899	
18	楝科	1	1	1.449	
19	钟萼木科	1	1	1.449	
20	漆树科	1	1	1.449	
21	省沽油科	1	1	1.449	
22	紫葳科	1	1	1.449	
合计		41	69	100	

由表5-21可见，八大山荫木类观赏植物种数最多是榛科，其种数占果木类观赏植物总种数的14.49%，其次是榆科，占11.59%，桑科位居第三位，占10.15%。这3个科，其种数占总种数的36.23%。这3个科占荫木类观赏植物总种数的三分之一以上。

6. 蔓木类观赏植物

蔓木类观赏植物即具有较好观赏价值的藤蔓植物。一般用于墙壁、花架、花格等绿化中。八大山保护区共有蔓木类观赏植物24科40属136种。

表 5-22 蔓木类观赏植物种类组成表

序号	科名	属数	种数	种数所占比例(%)	备注
1	五味子科	2	5	3.68	
2	蔷薇科	2	26	19.12	
3	苏木科	3	5	3.68	
4	蝶形花科	2	5	3.68	
5	八仙花科	2	2	1.47	
6	五加科	1	1	0.74	
7	忍冬科	1	7	5.15	
8	旌节花科	1	4	2.94	
9	桑科	1	4	2.94	
10	猕猴桃科	1	5	3.68	
11	卫矛科	1	5	3.68	
12	鼠李科	2	8	5.88	
13	葡萄科	5	14	10.29	
14	紫金牛科	1	1	0.74	
15	木犀科	1	6	4.41	
16	夹竹桃科	2	4	2.94	
17	杠柳科	1	1	0.74	
18	萝藦科	1	1	0.74	
19	紫葳科	1	1	0.74	
20	毛茛科	1	9	6.62	
21	木通科	2	5	3.68	
22	防己科	4	5	3.68	
23	胡椒科	1	1	0.74	
24	菝葜科	1	11	8.09	
合计		40	136	100	

由表 5-22 可见，八大山蔓木类观赏植物种数最多是蔷薇科，其种数占果木类观赏植物总种数的 19.12%，其次是葡萄科，占 10.29%，菝葜科位居第三位，占 8.09%。这 3 个科，其种数占总种数的 37.5%。这 3 个科占蔓木类观赏植物总种数的三分之一以上。

7. 野生木本观赏植物各类资源种类分布

六类木本观赏植物中，各类观赏植物资源科属分布的情况如表 5-23。

表 5-23 各类观赏植物种类组成情况表

观赏植物类型	科		属		种		备注
	数量	比例(%)	数量	比例(%)	数量	比例(%)	
林木类	23	14.56	50	17.42	136	17.75	
花木类	27	17.09	56	19.51	146	19.06	
果木类	14	8.86	20	6.97	51	6.66	
叶木类	48	30.38	80	27.87	228	29.77	

（续）

观赏植物类型	科		属		种		备注
	数量	比例(%)	数量	比例(%)	数量	比例(%)	
荫木类	22	13.92	41	14.29	69	9.01	
蔓木类	24	15.19	40	13.94	136	17.75	
合计	158	100	287	100	766	100	

由表5-23可见，八大山木本观赏植物种类最多是叶木类，其种数占木本观赏植物总种数的29.77%，近三分之一。其次是花木类，占19.06%，林木类与蔓木类并列第三位，分别占17.75%；科的组成情况，叶木类数量最多，占木本观赏植物科数的30.38%，其次是花木类，占17.09%，蔓木类科数位居第三，占15.19%；木本观赏植物属的分布情况，叶木类属数最多，占木本观赏植物总属数的27.87%，其次是花木类，占19.51%，第三是林木类，占17.42%。科、属、种叶木类均为第一位，说明八大山保护区叶木类观赏植物较几个类别多。

（二）草本观赏植物

根据调查结果统计分析，将适于开发为园林绿化用的草本植物筛选出来，八大山野生草本观赏植物共477种，隶属84科225属。分成观花类、观果类、观叶类、草质藤四类。现分述如下：

1. 草本观花植物资源

此类植物，花色较美观，可作为观花植物开发。详细情况如表5-24。

表5-24　八大山草本类观花植物种类组成表

序号	科名	属数	种数	种数所占比例(%)	备注
1	蝶形花科	3	4	1.810	
2	紫茉莉科	1	1	0.452	
3	堇菜科	1	8	3.620	
4	秋海棠科	1	6	2.715	
5	水晶兰科	1	3	1.357	
6	野牡丹科	2	3	1.357	
7	茜草科	1	1	0.452	
8	毛茛科	5	12	5.430	
9	马兜铃科	1	1	0.452	
10	金粟兰科	1	3	1.357	
11	紫堇科	1	2	0.905	
12	蓼科	1	3	1.357	
13	苋科	1	2	0.905	
14	紫薇科	1	1	0.452	
15	柳叶菜科	4	12	5.430	
16	龙胆科	3	7	3.167	
17	报春花科	1	10	4.525	

（续）

序号	科名	属数	种数	种数所占比例(%)	备注
18	虎耳草科	3	4	1. 810	
19	败酱科	2	8	3. 620	
20	桔梗科	7	9	4. 072	
21	半边莲科	1	4	1. 810	
22	菊科	10	17	7. 692	
23	旋花科	3	3	1. 357	
24	玄参科	4	10	4. 525	
25	爵床科	3	7	3. 167	
26	苦苣苔科	6	11	4. 977	
27	牻牛儿苗科	1	1	0. 452	
28	凤仙花科	1	6	2. 715	
29	紫草科	1	3	1. 357	
30	唇形科	4	9	4. 072	
31	姜科	1	1	0. 452	
32	百合科	6	16	7. 240	
33	鸢尾科	3	4	1. 810	
34	兰科	14	29	13. 122	
合计		99	221	100	

由表 5-24 可见，八大山草本观花植物种类最多是兰科，其种数占草本观花植物总种数的 13. 12%，其次是菊科，占 7. 69%，位居第三位的百合科，占 7. 24%。这 3 个科植物占八大山自然保护区草本观花植物总数的 28. 05%。

2. 草本观果植物资源

观果植物与果木类观赏植物一样，果实艳丽，有较高的观赏价值。一般可盆栽观赏。详细情况见表 5-25。

表 5-25 八大山草本类观果植物种类组成表

序号	科名	属数	种数	备注
1	蔷薇科	2	3	
2	茄科	5	10	
合计		7	13	

由表 5-25 可见，八大山草本观果植物种类较少，仅 2 科 17 种。

3. 草本观叶植物资源

草本观叶植物与木本观叶植物有较大的差别，草本观叶植物主要用作地被或草坪，部分可作盆栽观赏。八大山保护区草本观叶植物共 42 科 109 属 214 种。科属分布如表 5-26。

表 5-26　八大山草本类观叶植物表

序号	科名	属数	种数	种数所占比例(%)	备注
1	蝶形花科	3	5	2.34	
2	五加科	1	1	0.47	
3	大麻科	1	1	0.47	
4	荨麻科	5	16	7.48	
5	瑞香科	1	1	0.47	
6	大戟科	1	1	0.47	
7	野牡丹科	1	1	0.47	
8	毛茛科	2	7	3.27	
9	鬼臼科	1	1	0.47	
10	小檗科	1	3	1.40	
11	马兜铃科	2	2	0.93	
12	三白草科	1	1	0.47	
13	罂粟科	1	1	0.47	
14	马齿苋科	1	1	0.47	
15	蓼科	5	27	12.62	
16	藜科	1	2	0.93	
17	紫薇科	1	1	0.47	
18	柳叶菜科	1	1	0.47	
19	车前草科	1	3	1.40	
20	景天科	1	10	4.67	
21	虎耳草科	2	2	0.93	
22	伞形科	7	9	4.21	
23	桔梗科	1	1	0.47	
24	菊科	9	16	7.48	
25	旋花科	1	1	0.47	
26	玄参科	3	4	1.87	
27	爵床科	1	1	0.47	
28	狸藻科	1	1	0.47	
29	酢浆草科	1	3	1.40	
30	唇形科	2	4	1.87	
31	泽泻科	1	1	0.47	
32	眼子菜科	1	1	0.47	
33	鸭跖草科	2	3	1.40	
34	芭蕉科	1	1	0.47	
35	姜科	4	4	1.87	
36	百合科	8	12	5.61	
37	延龄草科	1	4	1.87	
38	天南星科	4	9	4.21	
39	仙茅科	1	1	0.47	
40	灯心草科	1	2	0.93	
41	莎草科	3	15	7.01	
42	禾本科	22	33	15.42	
合计		109	214	100	

由表5-26可见，八大山草本观叶植物种类最多是禾本科，其种数占草本观叶植物总种数的15.42%，其次是蓼科，占12.62%，荨麻与菊科并列第三位，分别占7.48%，三个科的种类占草本观叶植物总数35.52%。

4. 草质藤本观赏植物资源

草质藤蔓植物，是一类有较好观赏价值的草本藤蔓植物。这类植物有一个共同的特点，就是观赏方式或绿化的方式相近，如可用于墙壁、花架、花格等绿化中。八大山保护区共有草质藤类观赏植物6科10属29种(详见表5-27)。

表5-27 八大山草质藤蔓植物种类组成表

序号	科名	属数	种数	种数所占比例(%)	备注
1	蝶形花科	1	2	6.90	
2	葫芦科	4	12	41.38	
3	茜草科	1	3	10.34	
4	蓼科	2	2	6.90	
5	落葵科	1	1	3.45	
6	薯蓣科	1	9	31.03	
合计		10	29	100	

由表5-27可见，八大山草质藤本植物共科，种数最多为葫芦科，其种数占草质藤本植物总种数的41.38%，仅此一科种数就占总的草质藤本种数的近二分之一。其次是薯蓣科，占31.03%，2个科的种数占全部草质藤本总种数的72.41%。

三、小结

(1)盘县八大山自然保护区野生观赏植物资源种类较丰富，有较好的观赏价值的野生植物共152科494属1243种。其中木本植物158科287属766种，草本植物84科225属477种。木本观赏植物种数占保护区野生观赏植物总种数的61.63%，草本植物只占38.37%，木本观赏植物占绝对优势。

(2)观赏植物种类型齐全，即有木本，也有草本。木本观赏中林木类、花木类、果木类、叶木类、荫木类和蔓木类各类型齐全；在6类观赏植物中，以叶木类种数最多；各类型中林木类观赏植物以樟科、壳斗科和竹类植物为主，其种数占该类观赏植物总种数的65.59%；花木类观赏植物以蔷薇科、杜鹃花科、蝶形花科与金丝科为主导，这4科植物占花木类观赏植物总种数近一半；果木类观赏植物则以蔷薇科、忍冬科、胡桃科与大戟科引领，这4个科种数占总种数的68.62%；叶木类观赏植物蔷薇科、樟科、冬青科与大槭树科4个科占叶木类观赏植物总种数的三分之一左右，而名列前茅；荫木类观赏植物以榛科、榆科，和桑科为主；蔓木类观赏植物以蔷薇科、葡萄科和菝葜科为主，这3个科占蔓木类观赏植物总种数的三分之一以上。

(3)草本观花植物以兰科、菊科和百合科为主。这3个科植物占八大山自然保护区草本观花植物总数的28.05%；草本观果植物种类较少，仅2科17种；草本观叶植物以禾本科、蓼科、荨麻与菊科为主，3个科的种类占草本观叶植物总数35.52%；草质藤本植物以葫芦科和薯蓣科为主，2个科的种数占全部草质藤本总种数的72.41%。

四、建议

盘县八大山自然保护区野生观赏植物资源种数多，但每种的数量则相对较少，因此，野生观赏植物目前的重点还在于保护而在于开发，首先对保护区的珍稀、特有、名贵的观赏植物资源就地保护，尽量减少不必要的人为干扰，使这些资源得到休养生息。其次，对保护区内某些生物学特性较特殊而脆弱，生境较恶化的种类进行重点研究，通过研究，找到致濒的原因，然后有针对性地提出切实可行的保护措施，使这类野生资源得以繁衍与恢复。

保护是为了更好开发利用，对观赏价值高的野生资源种，如珙桐、兰科植物、杜鹃花属植物、红豆杉等，先进行驯化与扩繁，扩大资源量，并在保护区择址建立植物园，作为驯化与保护研究基地，即提升保护区的研究水平，又可作为科普教育基地，宣传和展示保护区的成果与风采，还可可供游人观光游赏，增加经济收入。

附录

表 5-28　木本观赏植物名录

植物名称	林木类	花木类	果木类	叶木类	荫木类	蔓木类
苏铁科 Cycadaceae						
苏铁属 *Cycas* L.						
苏铁 *C. revolute* Thunb.				1		
银杏科 Ginkgoaceae						
银杏属 *Ginkgo* L.						
银杏 *G. biloba* L.				1		
松 科 Pinaceae						
雪松属 *Cedrus* Trew						
雪松 *C. deodara*(Roxb.)G. Don	1					
油杉属 *Keteleeria* Carr.						
云南油杉 *K. evelyniana* Mast.	1					
松属 *Pinus* L.						
华山松 *P. armandii* Franch.	1					
高山松 *P. densata* Mast.	1					
云南松 *P. yunnanensis* Franch.	1					
杉科 Taxodiaceae						
柳杉属 *Cryptomeria* D. Don						
柳杉 *C. fortunei* Hooib ex Otto et Dietr.	1					
杉木属 *Cunninghamia* R. Br.						
杉木 *C. lanceolata*(Lamb.)Hook.	1					
灰叶杉木 *C. lanceolata* cv. Glauca Dall. et Jack.	1					
水杉属 *Metaseguoia* Miki ex Hu et Cheng						
水杉 *M. glyptostroboides* Hu et Cheng	1					
柏 科 Cupressaceae						
柏木属 *Cupressus* L.						
干香柏 *C. duclouxiana* Hickel.	1					
柏木 *C. funebris* Endl.	1					
侧柏属 *Platycladrus* Spach						
侧柏 *P. orientalis* (L.) Franch.	1					
圆柏属 *Sabina* Mill.						
圆柏 *S. chinensis*(L.)Ant.	1					

（续）

植物名称	林木类	花木类	果木类	叶木类	荫木类	蔓木类
龙柏 *S. chinensis* cv. Kaizuca	1					
三尖杉科 Cephalotaxaceae						
三尖杉属 *Cephalotaxus* Sieb. et Zucc. ex Endl.						
三尖杉 *C. fortunei* Hook. f.	1					
红豆杉科 Taxaceae						
穗花杉属 *Amentotaxus* Pilg.						
云南穗花杉 *A. yunnanensis* Li	1					
红豆杉属 *Taxus* L.						
红豆杉 *T. chinensis*(Pilg.) Rehd.	1					
麻黄科 Ephedraceae						
麻黄属 *Ephedra* L.						
丽江麻黄 *E. likiangensis* Florn.				1		
木兰科 Magnoliaceae						
木兰属 *Magnolia* L.						
西康玉兰 *M. wilsonii*(Finet et Gagnep.) Rehd.		1				
木莲属 *Manglietia* Bl.						
红花木莲 *M. insignis* (Wall.) Bl.		1				
含笑属 *Michelia* L.						
黄心夜合 *M. martinii*(Lévl.) Lévl.		1				
云南含笑 *M. yunnanensis* Franch. ex Finet et Gagnep.		1				
八角科 Illiciaceae						
八角属 *Illicium* L.						
小花八角 *I. micranthum* Dunn				1		
短梗八角 *I. simonsii* Maxim.				1		
五味子科 Schisandraceae						
南五味子属 *Kadsura* Juss.						
南五味子 *K. longipedunculata* Finet et Gagnep.						1
五味子属 *Schiandra* Michx.						
棱枝五味子 *S. henryi* Clarke.						1
云南五味子 *S. henryi* var. *yunnanesis* A. C. Smith						1
绿叶五味子 *S. viridis* A. C. Smith						1
华中五味子 *S. sphenanthera* Rehd. et Wils.						1
领春木科 Eupteleaceae						
领春木属 *Euptelea* Sieb. et Zucc.						
领春木 *E. pleiosperma* Hook. f. et Thoms.	1					
樟科 Lauraceae						
黄肉楠属 Actinodaphne Nees						
红果黄肉楠 *A. cupularis* (Hemsl.) Gamble	1					
毛尖树 *A. forrestii*(Allen) Kosterm	1					
黄肉楠 *A. reticulata* Mleissn.	1					

（续）

植物名称	林木类	花木类	果木类	叶木类	荫木类	蔓木类
毛果黄肉楠 *A. trichocarpa* Allen	1					
樟属 *Cinnamomum* Trew						
猴樟 *C. bodinieri* Lévl.	1					
香樟 *C. camphora*（L.）Presl.	1					
云南樟 *C. glanduliferum*（Wall.）Nees	1					
少花桂 *C. pauciflorum* Nees	1					
川桂 *C. wilsonii* Gamble	1					
山胡椒属 *Lindera* Thunb.						
香叶树 *L. communis* Hemsl.				1		
绒毛钓樟 *L. floribunda*（Allen）H. P. Tsui				1		
香叶子 *L. fragrans* Oliv.				1		
绿叶甘橿 *L. fruticosa* Hemsl.				1		
山胡椒 *L. glauca*(Sieb. et Zucc.)Bl.				1		
黑壳楠 *L megaphylla* Hemsl.	1					
毛叶黑壳楠 *L megaphylla* f. *touyunensis*(Lévl.)Rehd.	1					
香粉叶 *L. pulocherrima*(Wall.)Benth. var. attenuata Allen				1		
川钓樟 *L. pulocherrima* var. *hemsleyana*(Diels)H. P. Tsui	1					
木姜子属 *Litsea* Lam.						
毛豹皮樟 *L. coreana* Lévl. var. *lanuginosa*(Miq.)Yang et P. H. Huang	1					
山鸡椒 *L. cubeba*（Lour.）Pers.				1		
黄丹木姜子 *L. elongata*(Wall. ex Nees)Benth. et Hook. f.				1		
石木姜子 *L. elongata* var. *faberi*(Hemsl.)Yang et P. H. Huang	1					
近轮叶木姜子 *L. elongata* var. *subverticillata*(Yang)Yang et P. H. Huang				1		
清香木姜 *L. euosma* W. W. Smith				1		
木姜子 *L. pungens* Hemsl.				1		
红叶木姜子 *L. rubescens* Lec.				1		
桂北木姜子 *L. subcoriacea* Yang et P. H. Huang				1		
钝叶木姜子 *L. veitchiana* Gamble				1		
润楠属 *Machilus* Nees						
安顺润楠 *M. cavaleriei* Lévl.	1					
黔桂润楠 *M. chienkweiensis* S. Lee	1					
宜昌润楠 *M. ichangensis* Rehd. et Wils.	1					
木姜润楠 *M. litseifolia* S. Lee	1					
凤凰润楠 *M. phoenicis* Dunn	1					
贵州润楠 *M. rehderii* Allen	1					
新木姜子属 *Neiolitsea* Merr.						
大叶新木姜子 *N. levinei* Merr.	1					
羽脉新木姜子 *N. pinninervis* Yang et P. H. Huang	1					
巫山新木姜子 *N. wushanica*(Chun)Merr.	1					
楠木属 *Phoebe* Nees						

（续）

植物名称	林木类	花木类	果木类	叶木类	荫木类	蔓木类
光枝楠 *Ph. neuranthoides* S. Lee et F. N. Wei	1					
楠木 *Ph. zhennan* S. Lee et F. N. Wei	1					
檫木属 *Sassafras* Trew						
檫木 S. tzumu(Hemsl.)Hemsl.				1		
蔷薇科 Rosaceae						
桃属 *Amygdalus* L.						
山桃 *A. davidiana*(Carr.)C. de Vos ex Henry		1				
桃 *A. persica* L.		1				
樱属 *Cerasus* Mill.						
微毛樱桃 *C. clarofolia*(Schneid.)Yu et Li		1				
锥腺樱桃 *C. conadenia*(Koehne)Yu et Li		1				
尾叶樱 *C. dielsiana*(Schnid.)Yu et Li		1				
樱桃 *C. pseudocerasus*(Lindl.)G. Don		1				
崖樱桃 *C. scopulorum* (Roehne)Yu et Li		1				
细齿樱桃 *C. serrula*(Franch.)Yu et Li		1				
山樱花 *C. serrulata* var. *spontanea* Maxim.		1				
栒子属 *Cotoneaster* B. Ehrhart.						
匍匐栒子 *C. adpressus* Bois.				1		
黄杨叶栒子 *C. buxifolius* Lindl.				1		
矮生栒子 *C. dammerii* Schneid.				1		
西南栒子 *C. franchetii* Bois.				1		
粉叶栒子 *C. glaucophyllus* Franch.				1		
小叶粉叶栒子 *C. glaucophyllus* var. *meiophyllus* W. W. Smith				1		
平枝栒子 *C. horizontalis* Dence.				1		
宝兴栒子 *C. moupinensis* Franch.				1		
麻叶栒子 *C. rhytidophyllus* Rehd. et Wils.				1		
山楂属 *Crataegus* L.						
野山楂 *C. cuneata* Sieb. et Zucc.			1			
云南山楂 *C. scabrifolia*(Franch.)Rehd.			1			
枇杷属 *Eriobotrya* Lindl.						
大花枇杷 *E. cavaleriei*(Lévl.)Rehd.		1				
枇杷 *E. japonica*(Thunb.)Lindl.			1			
水杨梅属 *Geum* L.						
水杨梅 *G. aleppicum* Jacq.				1		
柔毛水杨梅 *G. japonicum* Thunb. var. *chinense* Bolle				1		
棣棠花属 *Kerria* DC.						
棣棠花 *K. japonica*(L.)DC.		1				
桂樱属 *Laurocerasus* Tourn. ex Duh.						
南方桂樱 *L. australis* Yu et Lu	1					
腺叶桂樱 *L. phaeosticta*(Hance)Schneid.	1					

（续）

植物名称	林木类	花木类	果木类	叶木类	荫木类	蔓木类
毛枝桂樱 *L. phaeosticta* f. *puberula* Q. H. Chen	1					
大叶桂樱 *L. zippeliana*(Miq.) Yu et Lu	1					
苹果属 *Malus* Mill.						
花红 *M. asiatica* Nakai			1			
湖北海棠 *M. hupenhensis*(Pamp.) Rehd.		1				
山荆子 *M. manshurica*(Maxim.) Kom.		1				
苹果 *M. pumila* Mill.			1			
三叶海棠 *M. sieboldii*(Regel.) Rehd.		1				
绣线梅属 *Neillia* D. Don						
中华绣线梅 *N. sinensis* Oliv.		1				
稠李属 *Padus* Mill.						
短梗稠李 *P. brachypoda*(Batal.) Schneid.		1				
细齿稠李 *P. obtusata*(Koehne) Yu et Ku		1				
锈毛稠李 *P. rufomicans*(Koehne) F. H. Zhang		1				
绢毛稠李 *P. wilsonii* Schneid.		1				
石楠属 *Photinia* Lindl.						
中华石楠 *Ph. beauverdiana* Schneid.				1		
厚叶石楠 *Ph. crassifolia* Lévl.				1		
窄叶石楠 *Ph. stenophylla* Hand. – Mazz.				1		
独山石楠 *Ph. tushanensis* Yu				1		
毛叶石楠 *Ph. villosa*(Thunb.) DC.				1		
李属 *Prunus* L.						
李 *P. salicina* Lindl.		1				
火棘属 *Pyracantha* Roem.						
火棘 *P. fortuneana*(Maxim.) Li			1			
梨属 *Pyrus* L.						
杜梨 *P. betulaefolia* Bge.		1				
川梨 *P. pashia* D. Don		1				
麻梨 *P. serrulata* Rehd.		1				
蔷薇属 *Rosa* L.						
小果蔷薇 *R. cymosa* Trtt.						1
软条七蔷薇 *R. henryi* Bouleng.						1
贵州刺梨 *R. kweichowensis* Yu et Ku		1				
金樱子 *R. laevigata* Michx.						1
毛萼蔷薇 *R. lasiosepala* Metc.						1
亮叶月季 *R. lucidissima* Lévl.						1
扁刺峨眉蔷薇 *R. omeiensis* Rolfe f. *pteracantha* Rehd. et Wils.						1
刺梨 *R. roxburghii* Tratt.		1				
单辨刺梨 *R. roxburghii* f. *normalis* Rehd. et Wils.		1				
悬钩子蔷薇 *R. rubus* Lévl. et Vant.						1

（续）

植物名称	林木类	花木类	果木类	叶木类	荫木类	蔓木类
悬钩子属 *Rubus* L.						
粉枝莓 *R. biflorus* Buch. – Ham. ex Smith.						1
小柱悬钩子 *R. columelaris* Tutch.						1
三月泡 *R. corchorifolius* L. f.						1
插田泡 *R. coreanus* Miq.						1
毛梗长叶悬钩子 *R. dolichophyllus* var. *pubescens* Yu et Lu						1
宜昌悬钩子 *R. ichangensis* Hemsl. et Ktze.						1
白叶莓 *R. innominatus* S. Moore						1
红花悬钩子 *R. inopertus*(Diels) Focke						1
高粱泡 *R. lambertianus* Ser.						1
腺毛高果泡 *R. lambertianus* var. *glandulosus* Card.						1
白花悬钩子 *R. leucanthus* Hance						1
角裂悬钩子 *R. lobophyllus* Shih. et Metc.						1
茅莓 *R. parvifolius* L.						1
红毛悬钩子 *R. pinfaensis* Lévl. et Vant.						1
香莓 *R. pungens* Card. var. *oldhamii*(Miq.) Maxim.						1
川莓 *R. setchuenensis* Bureau et Franch.						1
木莓 *R. swinhoei* Hance						1
三花悬钩子 *R. trianthus* Focke						1
西畴悬钩子 *R. xichouensis* Yu et Lu						1
珍珠梅属 *Sorbaria*(Ser.) A. Br. ex Aschers.						
高丛珍珠梅 *S. arbora* Schneid.		1				
花楸属 *Sorbus* L.						
水榆花楸 *S. alnifolia*(Sieb. et Zucc.) K. Koch			1			
美脉花楸 *S. caloneura*(Stapf.) Rehd.			1			
冠萼花楸 *S. coronta*(Card.) Yu et Tsai			1			
石灰花楸 *S. folgneri*(Schneid.) Rehd.			1			
圆果花楸 *S. globosa* Yu et Tsai			1			
江南花楸 *S. hemsleyi*(Schneid.) Rehd.			1			
大果花楸 *S. megalocarpa* Rehd.			1			
四川花楸 *S. setchwanensis*(Schneid.) Koehne			1			
绣线菊属 *Spiraea* L.						
中华绣线菊 *S. chinensis* Maxim.		1				
粉花绣线菊 *S. japonica* L. f		1				
鄂西绣线菊 *S. veitchii* Hemsl.		1				
红果树属 *Stranvaesia* Lindl.						
毛萼红果树 *S. amphidoxa* Schneid.				1		
红果树 *S. davidiana* Dcne.				1		
波叶红果树 *S. davidiana* var. *undulata*(Decne.) Rehd. et Wils.				1		
蜡梅科 Calycanthaceae						

（续）

植物名称	林木类	花木类	果木类	叶木类	荫木类	蔓木类
蜡梅属 *Chimonanthus* Lindl.						
蜡梅 *Ch. praecox*(L.)Link.		1				
苏木科 Caesalpiniaceae						
羊蹄甲属 *Bauhinia* L.						
龙须藤 *B. championii* Benth.						1
粉叶羊蹄甲 *B. glauca*(Wall. et Benth.)Benth.						1
越南羊蹄甲 *B. touranensis* Gagnep.						1
云实属 *Caesalpinia* L.						
云实 *C. decapetala*(Roth.)Alston						1
决明属 *Cassia* L.						
含羞草决明 *C. minosoides* L.		1				
紫荆属 *Ceris* L.						
紫荆 *C. chinensis* Bunge		1				
湖北紫荆 *C. glabra* Pampan.		1				
皂荚属 *Gleditsia* L.						
皂荚 *G. sinensis* Lam.				1		
老虎刺属 *Pterolobium* R. Br.						
老虎刺 *P. punctatum* Hemsl.						1
含羞草科 Mimosaceae						
金合欢属 *Acacia* Mill.						
金合欢 *A. farnesiana*(L.)Willd.		1				
合欢属 *Albizzia* Durazz.						
楹树 *A. chinensis*(Osb.)Merr.		1				
合欢 *A. julibrissin* Durazz.		1				
山合欢 *A. macrophylla*(Bge.)P. C. Huang		1				
蝶形花科 Papilionaceae						
杭子梢属 Campylotropis Bunge						
西南杭子梢 *C. delaveyi*(Franch.)Schindl.		1				
三棱枝杭子梢 *C. trigonoclada*(Franch.)Schindl.		1				
香槐属 *Cladrastis* Raf.						
翅荚香槐 *C. platycarpa*(Maxim.)Makino					1	
小花香槐 *C. sinensis* Hemsl.		1				
香槐 *C. wilsonii* Takeda.		1				
黄檀属 *Dalbergia* L. f.						
藤黄檀 *D. hancei* Benth.						1
山蚂蝗属 *Desmodium* Desv.						
小槐花 *D. caudatum*(Thunb.)DC.		1				
刺桐属 *Erythrina* L.						
乔木刺桐 *E. arborescens* Roxb.		1				
千斤拔属 *Flemingia* Roxb. et Ait. f.						

（续）

植物名称	林木类	花木类	果木类	叶木类	荫木类	蔓木类
大叶千斤拔 *F. macrophylla* O. Ktze. et Prain			1			
木蓝属 *Indigofera* L.						
铁扫帚 *I. bungeana* Steud.		1				
西南木蓝 *I. monbeigii* Craib.		1				
马棘 *I. pseudotinctoria* Mats.		1				
网叶木蓝 *I. reticulata* Franch.		1				
胡枝子属 *Lespedeza* Michx.						
截叶胡枝子 *L. cuneata* G. Don				1		
马鞍树属 *Maackia* Rupr.						
马鞍树 *M. hupehensis* Takeda.					1	
崖豆藤属 *Milletia* Wight et Arn.						
香花崖豆藤 *M. dielsiana* Harms ex Diels						1
光叶崖豆藤 *M. nitida* Benth.						1
毛亮叶崖豆藤 *M. nitida* var. *mollifolia* Q. W. Yao						1
厚果崖豆藤 *M. pachycarpa* Benth.						1
红豆树属 *Ormosia* G. Jacks.						
岩生红豆树 *O. saxatilia* K. M. Lan					1	
长柄山蚂蝗属 *Podocarpium*(Benth.)Yang et Huang						
长柄山蚂蝗 *P. podocarpum*(DC.)Yang et Huang				1		
尖叶长柄山蚂蝗 *P. podocarpum* var. *oxyphyllum*(DC.)Yang et Huang				1		
刺槐属 *Robinia* L.						
刺槐 *R. pseudoacacia* L.					1	
槐属 Sophora L.						
苦参 *S. flavescens* Ait.		1				
国槐 *S. japonica* L.					1	
柔枝槐 *S. subprostrata* Chun et T. Chen		1				
山梅花科 Philadelphaceae						
溲疏属 *Deutzia* Thunb.						
溲疏 *D. scabra* Thunb.		1				
川溲疏 *D. setchuenensis* Franch.		1				
山梅花属 *Philadelphus* L.						
绢毛山梅花 *Ph. sericanthus* Koehne		1				
八仙花科 Hydrangeaceae						
八仙花属 *Hydrangea* L.						
马桑绣球 *H. aspera* D. Don		1				
中国绣球 *H. chinensis* Maxim.		1				
西南绣球 *H. davidii* Franch.		1				
长柄绣球 *H. longipes* Franch.		1				
乐思绣球 *H. rosthornii* Diels		1				
腊莲绣球 *H. strgosa* Rehd.		1				

（续）

植物名称	林木类	花木类	果木类	叶木类	荫木类	蔓木类
伞形绣球 *H. umbellata* Rehd.		1				
柔毛绣球 *H. villosa* Rehd.		1				
桂苦绣球 *H. xanthoneura* Diels		1				
云南绣球 *H. yunnanensis* Rehd.		1				
冠盖滕属 *Pileostegia* Hook. f. et Thoms.						
冠盖滕 *P. viburnoides* Hook. f. et Thoms.						1
钻地风属 *Schizophragma* Sieb. et Zucc.						
白背钻地风 *Schizophragma hypoglaucum* Rehd.						1
鼠刺科 Escalloniaceae						
鼠刺属 *Itea* L.						
月月青 *I. ilicifolia* Oliv.				1		
滇鼠刺 *I. yunnanensis* Franch.				1		
野茉莉科 Styracaceae						
野茉莉属 *Styrax* L.						
垂珠花 *S. dasyanthus* Perk		1				
老鸦玲 *S. hemsleyanus* Diels		1				
野茉莉 *S. japonicus* Sieb. et Zucc.		1				
粉花野茉莉 *S. roseus* Dunn		1				
山矾科 Symplocaceae						
山矾属 *Symplocos* Jacq.						
薄叶山矾 *S. anomala* Band.				1		
华山矾 *S. chinensis*(Lour.) Druce.				1		
黄牛奶树 *S. laurina*(Retz.) Wall.				1		
茶条果 *S. lucida*(Thunb.) Sieb. et Zucc.				1		
百檀 *S. paniculata*(Thunb.) Miq.				1		
山矾 *S. sumuntia* Buch.				1		
四照花科 Cornaceae						
梾木属 *Corus* L.						
灯台树 *C. controversa* Hemsl.					1	
梾木 *C. macrphylla* Wall.					1	
小梾木 *C. paucinervis* Hance				1		
宝兴梾木 *C. scabrida* Franch.					1	
光皮树 *C. wilsoniana* Wanger.					1	
四照花属 *Dendrobenthaia* Hutch.						
四照花 *D. japonica*(A. P. DC.) Fang var. *chinensis*(Osborn.) Fang		1				
青荚叶属 *Helwingia* Willd.						
中华青荚叶 *H. chinensis* Batal.				1		
小叶青荚叶 *Helwingia chinensis* Batal var. *microphylla* Fang et Soong				1		
喜马拉维青荚叶 *H. himalaica* Hook. f. et Thoms. ex Clarke				1		
小型青荚叶 *H. himalaica* var. *parvifolia* Li				1		

（续）

植物名称	林木类	花木类	果木类	叶木类	荫木类	蔓木类
青荚叶 *H. japonica*(Thunb.) Dietr.				1		
阴茎属 *Yinquania* Z. Y. Zhu						
广阴茎矩圆叶梾木 *Y. oblong*(Wall.)Z. Y. Zhu				1		
鞘柄木科 Toricelliaceae						
鞘柄木属 *Toricellia* DC.						
角叶鞘柄木 *T. angulata* Oliv.				1		
有齿角叶鞘柄木 *T. angulata* var. *intermedia*(Harms) Hu				1		
八角枫科 Alangiaceae						
八角枫属 *Alangium* Lam.						
八角枫 *A. chinense*(Lour.) Harms	1					
稀花八角枫 *A. chinense* ssp. *pauciflorum* Fang	1					
深裂八角枫 *A. chinense* ssp. *triangulare*(Wanger) Fang	1					
瓜木 *A. platanifolium* Harms.	1					
紫树科 Nyssaceae						
旱莲属 *Camptotheca* Decne.						
旱莲 *C. acuminata* Decne.					1	
紫树属 *Nyssa* L.						
紫树 *N. sinensis* Oliv.					1	
珙桐科 Davidiaceae						
珙桐属 *Davidia* Baill.						
光叶珙桐 *D. involucrata* Baill. var. *vilmoriniana*(Dode) Wanger		1				
五加科 Araliaceae						
罗伞属 *Brassaiopsis* Decne. et Planch.						
罗伞 *B. glomerulata*(Bl.) Regel.				1		
树参属 *Dendropanax* Decne. et Planch.						
树参 *D. dentiger*(Harms) Merr.				1		
常春藤属 *Hedera* L.						
常春藤 *H. nepalensis* K. Koch var. *sinensis*(Tobl.) Rehd.						1
梁王茶属 *Nothopanax* Miq.						
异叶梁五茶 *N. davidii*(Franch.) Harms				1		
鹅掌紫属 *Schefflera* J. R. et G. Forst.						
短序鹅掌紫 *S. bodinieri*(Lévl.) Rehd.				1		
异叶鹅掌柴 *S. diversifoliolata* Li				1		
穗序鹅掌紫 *S. delavayi*(Franch.) Harms et Diels				1		
星毛鸭脚本 *S. minutistellata* Merr. et Li				1		
多脉鹅掌柴 *S. multinervia* Li				1		
鹅掌紫 *S. octophylla* (Lour.) Harms				1		
通脱本属 *Tetrapanax* K. Koch						
通脱木 *T. papyrifer*(Hook.) K. Koch				1		
刺通草属 *Trevesia* Vis.						

（续）

植物名称	林木类	花木类	果木类	叶木类	荫木类	蔓木类
刺通草 *T. palmata*(Roxb.) Vis.				1		
忍冬科 Caprifoliaceae						
六道木属 *Abelia* R. Br.						
小叶六道木 *A. parvifolia* Hemsl.				1		
双盾木属 *Dipelta* Maxim.						
云南又双盾木 *D. yunnanensis* Franch.				1		
忍冬属 *Lonicera* L.						
匍匐忍冬 *L. crassifolia* Batal.						1
锈毛忍冬 *L. ferruginea* Rehd.						1
忍冬 *L. japonica* Thunb.						1
女贞叶忍冬 *L. ligustrina* Wall.						1
云雾忍冬 *L. nubium*(Hand. - Mazz.) Hand. - Mazz.						1
袋花忍冬 *L. saccata* Rehd.						1
川黔忍冬 *L. subaequalis* Rehd.						1
接骨木属 *Sambucus* L.						
血满草 *S. adnata* Wall.				1		
接骨草 *S. chinensis* L.				1		
接骨木 *S. williamsii* Hance				1		
荚蒾属 *Viburnum* L.						
桦叶荚蒾 *V. betulifolium* Batal.			1			
金山荚蒾 *V. chinshanense* Graebn.			1			
水红木 *V. cylindricum* Buch. - Ham. ex Don			1			
紫药荚蒾 *V. eruboscens* Wall. var. *prattii*(Graebn.) Rehd.			1			
珍珠荚蒾 *V. foetidum* Wall. var. *ceanothoides*(C. H. Wright) Hand. - Mazz.			1			
直角荚蒾 *V. foetidum* var. *restangulatum*(Graebn.) Rehd.			1			
南方荚蒾 *V. fordiae* Hance			1			
蝶花荚蒾 *V. hanceanum* Maxim.			1			
旱禾树 *V. odoratissimum* Ker. - Gaul.			1			
球核荚蒾 *V. propinquum* Hemsl.			1			
狭叶球核荚蒾 *V. propinquum* var. *mairei* W. W. Smith			1			
汤饭子 *V. setigerum* Hance			1			
烟管荚蒾 *V. utile* Hemsl.			1			
水青树科 Tetracentraceae						
水青树属 *Tetracentron* Oliv.						
水青树 *T. sinense* Oliv.	1					
金缕梅科 Hamamelidaceae						
蜡瓣花属 *Corylopsis* Sieb. et Zucc.						
桤叶蜡瓣花 *C. alnifolia*(Lévl.) Schneid.	1					
黔蜡瓣花 *C. obovata* Chang	1					
峨眉蜡瓣花 *C. omeiensis* Yang	1					

（续）

植物名称	林木类	花木类	果木类	叶木类	荫木类	蔓木类
圆叶蜡瓣花 *C. rotundifolia* Chang	1					
华蜡瓣花 *C. sinensis* Hemsl.	1					
蚊母树属 *Distylium* Sieb. et Zucc.						
杨梅叶蚊母树 *D. myricoides* Hemsl.	1					
枫香属 *Liquidambar* L.						
枫香 *L. formosana* Hance				1		
山枫香 *L. formosana* var. *monticola* Rehd. et Wils.				1		
旌节花科 Stachyuraceae						
旌节花属 *Stahyurus* Sieb. et Zucc.						
中国旌节花 *S. chinensis* Franch.						1
西域旌节花 *S. himalaicus* Hook. f. et Thoms.						1
倒卵叶旌节花 *S. obovatus*(Rehd.)Li						1
云南旌节花 *S. yunnanensis* Frarch.						1
黄杨科 Buxaceae						
黄杨属 *Buxus* L.						
狭叶黄杨 *B. stenophylla* Hance				1		
板凳果属 *Pachysandra* Michx.						
板凳果 *P. axillaris* Franch.				1		
野扇花属 *Sarcococca* Lindl.						
野扇花 *S. ruscifolia* Stapf.				1		
窄叶野扇花 *S. ruscifolia* var. *chinensis* Rehd. et Wils.				1		
交让木科 Daphniphyllaceae						
交让木属 *Daphniphyllum* Bl.						
交让木 *D. macropodum* Miq.				1		
虎皮楠 *D. oldhamii*(Hemsl.)Rosenth				1		
杨柳科 Salicaceae						
杨属 *Populus* L.						
响叶杨 *P. adenopoda* Maxim.					1	
山杨 *P. davidiana* Dode					1	
大叶杨 *P. lasiocarpa* Oliv.					1	
清溪杨 *P. rotundifola* Griff. var. *duclouxiana*(Dode)Gamb.					1	
滇杨 *P. yunnanensis* Dode					1	
柳属 *Salix* L.						
垂柳 *S. babylonica* L.				1		
翻白柳 *S. hypoleuca* Seem.				1		
皂柳 *S. wallichiana* Anderss.				1		
杨梅科 Myricaceae						
杨梅属 *Myrica* L.						
矮杨梅 *M. nana* Cheval.			1			
杨梅 *M. rubra* Sieb. et Zucc.			1			

（续）

植物名称	林木类	花木类	果木类	叶木类	荫木类	蔓木类
桦木科 Betulaceae						
桤木属 *Alnus* Mill.						
旱冬瓜 *A. nepalensis* D. Don	1					
桦木属 *Betula* L.						
光皮桦 *B. luminifera* H. Winkl.					1	
壳斗科 Fagaceae						
栗属 *Castanea* Mill.						
板栗 *C. mollissima* Bl.					1	
茅栗 *C. seguinii* Dode					1	
栲属 *Castanopsis* Spach						
西南米槠 *C. carlesii* Hayata var. *spinulosa* Cheng et C. S. Chao	1					
厚皮栲 *C. chunii* Cheng	1					
甜槠栲 *C. eyrei*(Champ.)Tutch.	1					
罗浮栲 *C. fabri* Hance	1					
丝栗栲 *C. fargesii* Franch.	1					
湖北栲 *C. hupehensis* C. S. Chao	1					
青冈栎属 *Cyclobalanopsis* Oerst.						
广东青冈 *C. blackei*(Skan)Schott.	1					
西南青冈 *C. delavayi* Franch. et Schott	1					
滇青冈 *C. glaucoides* Schott	1					
青冈栎 *C. glauca*(Thunb.)Oerst.	1					
多脉青冈 *C. multinervis* Cheng et T. Hong	1					
蛮青冈 *C. oxyodon*(Miq.)Oerst.	1					
长叶粉背青冈 *C. pseudoglauca* Y. K. Li et X. M. Wang	1					
水青冈属 *Fagus* L.						
亮叶水青冈 *F. lucida* Rehd. et Wils.	1					
石栎属 *Lithocarpus* Bl.						
包石栎 *L. cleistocarpus* Rehd. et Wils.	1					
白皮石栎 *L. dealbatus* Rehd.	1					
硬斗石栎 *L. hancei*(Benth.)Rehd.	1					
多穗石栎 *L. polystachyus*(Wall.)Rehd.	1					
栎属 *Quercus* L.						
岩栎 *Q. acrodonta* Seem.	1					
麻栎 *Q. acutissima* Carr.				1		
槲栎 *Q. aliena* Bl.				1		
锐齿槲栎 *Q. aliena* var. *acuteserrata* Maxim.				1		
西南高山栎 *Q. aquifolioides* Rehd. et Wils.	1					
巴东栎 *Q. engleriana* Seem.				1		
白栎 *Q. fabri* Hance				1		
短柄枹栎 *Q. glandulifera* Bl. var. *brevipetiolata* Nakai				1		

（续）

植物名称	林木类	花木类	果木类	叶木类	荫木类	蔓木类
乌冈栎 *Q. phillyraeoides* A. Gray	1					
光叶高山栎 *Q. rehderiana* Hand. – Mazz.	1					
灰背栎 *Q. senscens* Hand. – Mazz.	1					
灰栎 *Q. utilis* Hu et Chen	1					
栓皮栎 *Q. variabilis* Bl.				1		
榛科 Corylaceae						
鹅耳枥属 *Carpinus* L.						
厚叶鹅耳枥 *Carpinus firmifolia* Burk. var. *firmifolia*（H. Winkl.）Hu					1	
贵州鹅耳枥 *C. kweichowensis* Hu					1	
宝兴鹅耳枥 *C. paoshingensis* Hsia					1	
多脉鹅耳枥 *C. polyneura* Franch.					1	
云贵鹅耳枥 *C. pubesceens* Burkill					1	
岩生鹅耳枥 *C. rupestris* A. Camus					1	
雷公鹅耳枥 *C. viminea* Wall.					1	
榛属 *Corylus* L.						
藏刺榛 *C. ferox* Wall. var. *thibetica*(Batal.)Franch.					1	
川榛 *C. heterophylla* Fisch. et Bess. var. *sutchuenensis* Franch.					1	
滇榛 *C. yunnanensis* A. Camus					1	
铁木属 *Ostrya* Scop.						
多脉铁木 *O. multinervis* Rehd.	1					
胡桃科 Juglandaceae						
青钱柳属 *Cyclocarya* Iljinsk						
青钱柳 *C. paliurus*(Batal.)Iljinsk				1		
黄杞属 *Eugelhardia* Lesch. ex Bl.						
云南黄杞 *E. spicata* Bl.			1			
胡桃属 *Juglans* L.						
野核桃 *J. cathayensis* Dode			1			
核桃 *J. regia* L.			1			
泡核桃 *J. sigillata* Dode			1			
化香属 Platycarya Sieb. et Zucc.						
圆果化香 *P. longipes* Wu	1					
化香 *P. strobilacea* Sieb. et Zucc.	1					
枫杨属 *Pterocarya* Kunth						
华西枫杨 *P. insignis* Rehd. et Wils.					1	
枫杨 *P. stenoptera* DC.					1	
榆科 Ulmaceae						
糙叶树属 *Aphananthe* Planch.						
糙叶树 *A. aspera*(Bl.)Planch.					1	
朴树属 Celtis L.						
紫弹朴 *C. biondii* Pamp.					1	

（续）

植物名称	林木类	花木类	果木类	叶木类	荫木类	蔓木类
珊瑚朴 *C. julianae* Schneid.				1		
朴树 *C. sinensis* Pers.					1	
青檀属 *Pteroceltis* Maxim.						
青檀 *P. tatarinowii* Maxim.					1	
山黄麻属 *Trema* Lour.						
山黄麻 *T. orientalis*(L.) Bl.					1	
榆属 *Ulmus* L.						
榆树 U. pumila L.					1	
榉树属 *Zelkora* Spach.						
榉树 *Z. schenidieriana* Hand. – Mszz.					1	
光叶榉 *Z. serrata*(Thunb.) Makino					1	
桑科 Moraeeae						
构树属 *Broussonatia* Vent.						
构树 *B. papyrifera*(L.) L ′ Her. ex Vent.					1	
榕属 *Ficus* L.						
大果榕 *F. auriculata* Lour.					1	
无花果 *F. carica* L.				1		
小叶榕 *F. concinna* Miq.					1	
歪叶榕 *F. cyrtophylla* Wall. ex Miq.				1		
天仙果 *F. erecta* Thunb.				1		
披针叶天仙果 *F. erecta* var. *beechegana*(Hook. et Arn.) King				1		
异叶天仙果 *F. heteromorpha* Hemsl.				1		
琴叶榕 *F. pandurata* Hance				1		
珍珠榕 *F. sarmentosa* B. Ham. var. *henryi*(King ex D. Oliv.) Corner.				1		
滇匍匐榕 *F. sarmentosa* var. *duclouxii*(Lévl. et Vant.) Corner.				1		
爬藤榕 *F. sarmentosa* var. *impressa*(Champ.) Corner.						1
薄叶匍匐榕 *F. sarmentosa* var. *lacrymans*(Lévl.) Corner.						1
日本匍匐榕 *F. sarmentosa* var. *nipponica*(Fnanch. et Sav.) Corner.						1
地爪 *F. tikoua* Bur.						1
黄果榕 *F. vasculosa* Wall. ex Miq.					1	
黄葛榕 *F. virens* Ait.					1	
柘属 *Machura* Nutt.						
柘树 *M. tricuspidata*(Carr.) Bur.			1			
桑属 *Morus* L.						
桑 *M. alba* L.					1	
鸡桑 *M. australis* Poir.					1	
荨麻科 Urticaceae						
水麻属 *Debregeasis* Gaud.						
水麻 *D. edulis*(Sieb. et Zucc.) Wadd.				1		
长叶水麻 *D. longifolia*(Burm. f.) Wedd.				1		

（续）

植物名称	林木类	花木类	果木类	叶木类	荫木类	蔓木类
大风子科 Flacourtiaceae						
山桂花属 *Bermettiodendron* Merr.						
荷包山桂花 *B. brevipes* Merr.					1	
山羊角树属 *Carrierea* Franch.						
山羊角树 *C. calycina* Franch.					1	
云贵山羊角树 *C. dunniana* Levl.					1	
山桐子属 Idesia Maxim.						
山桐子 *I. polycarpa* Maxim.			1			
山拐枣属 *Poliothyrsis* Oliv.						
山拐枣 *P. sinensis* Oliv.					1	
柞木属 *Xylosma* G. Forst.						
柞木 *X. japonicum*(Walp.) A. Gray				1		
瑞香科 Thymelaeaceae						
瑞香属 *Daphne* L.						
白瑞香 *D. papyracea* Wall. ex Steud.				1		
海桐花科 Pittosporaceae						
海桐花属 *Pittosporum* Banks.						
狭叶海桐 *P. glabratum* var. *neriifolium* Rehd. et Wils.				1		
海金子 *P. illiciodes* Mak.				1		
远志科 Polygalaceae						
远志属 *Polygala* L.						
黄花远志 *P. arillata* Buch. – Ham.		1				
尾叶远志 *P. caudate* Rehd. et Wils.		1				
贵州远志 *P. dunniana* Lévl.		1				
黄花倒水莲 *P. fallax* Hemsl.		1				
椴树科 Tiliaceae						
椴树属 *Tilia* L.						
椴树 *T. tuaa* Szysz.					1	
杜英科 Elaeocarpaceae						
杜英属 *Elaeocarpus* L.						
薯豆 *E. japonicus* Sieb. et Zucc.				1		
梧桐科 Sterculiaceae						
梧桐属 *Firmiana* Marsigli						
梧桐 *F. simplex*(L.) F. W. Wight					1	
苹婆属 *Sterculia* L.						
假苹婆 *S. lanceolata* Cav.					1	
苹婆 *S. nobili* Smith.					1	
锦葵科 Malvaceae						
蜀葵属 *Althaea* L.						
蜀葵 *Althaea rosea* （L.) Cavan.		1				

（续）

植物名称	林木类	花木类	果木类	叶木类	荫木类	蔓木类
木槿属 *Hibiscus* L.						
木槿 *H. syriacus* L.		1				
白花重瓣木槿 *H. syriacus* f. *albus – plenus* Loudon.		1				
锦葵属 *Malva* L.						
冬葵 *M. crispa* L.		1				
野葵 *M. verticillata* L.		1				
黄花捻属 *Sida* L.						
白背黄花捻 *S. rhombifolia* L.		1				
拔毒散 *S. szechuensis* Matsuda		1				
梵天花属 *Urena* L.						
地桃花 *U. lobata* L.		1				
中华地桃花 *U. lobata* L. var. *chinensis*(Osbeck)S. Y. Hu		1				
亚麻科 Linaceae						
石海椒属 *Reinwaratia* Dunn						
石海椒 *R. trigyna* Planch.		1				
青篱柴属 Tirpitzia Hallier.						
青篱柴 *T. sinensis*(Hemsl.)Hallier.		1				
大戟科 Euphorbiaceae						
重阳木属 *Bischofia* Bl.						
秋枫 *B. javanica* Bl.					1	
算盘子属 *Glochidion* J. R. et G. Forst.						
算盘子 *G. puberum*(L.)Hutch.				1		
湖北算盘子 *G. wilsonii* Hutch.				1		
野桐属 *Mallotus* Lour.						
毛桐 *M. barbatus*(Wall.)Muell. – Arg.				1		
野梧桐 *M. japonicus* Muell. – Arg.				1		
野桐 *M. japonicus* var. *floccosus*(Muell. – Arg.)S. M. Hwang				1		
粗糠柴 *M. philippinensis*(Lam.)Muell. – Arg.				1		
野桐 *M. tenuifolius* Pax.				1		
云南野桐 *M. yunnanensis* Pax et Hoffm.				1		
叶下珠属 *Phyllathus* L.						
余甘子 *P. emblica* L.			1			
青灰叶下珠 *P. glaucus* Wall. ex Muell. – Arg.			1			
叶下珠 *P. urinaria* L.			1			
乌桕属 *Sapium* P. Br.						
山乌桕 *S. discolor*(Champ.)Muell. – Arg.				1		
圆叶乌桕 *S. rotundifolium* Hemsl.				1		
乌桕 *S. sebiferum* (L.)Roxb.				1		
叶底珠属 *Securinega* Comm. ex Juss.						
叶底珠 *S. suffruticos*(Pall.)Rehd.			1			

（续）

植物名称	林木类	花木类	果木类	叶木类	荫木类	蔓木类
油桐属 *Vernicia* Lour.						
油桐 *V. fordii*(Hemol.) Airy - Shaw.	1					
山茶科 Theaceae						
山茶属 Camellia L.						
贵州连蕊茶 *C. costei* Lévl.				1		
秃苞红山茶 *C. grabriperulata* Chang		1				
毛蕊红山茶 *C. mairei*(Lévl.) Melchior.		1				
油茶 *C. oleifera* Abel.				1		
寡瓣红山茶 *C. paucipetala* Chang		1				
西南红山茶 *C. pitardii* Coh. Stuarr.		1				
怒江红山茶 *C. saluenensis* Stapf ex Benn.		1				
茶 *C. sinensis* O. Ktze.				1		
普洱茶 *C. sinensis* var. *assamica* Kifamura.				1		
红淡比属 *Cleyera* Thunb.						
红淡比 *C. japonica* Thunb.				1		
柃木属 *Eurya* Thunb.						
贵州毛柃 *E. kweichowensis* Hu et L. K. Ling				1		
细枝柃 *E. loquaina* Dunn				1		
细齿叶柃 *E. nitida* Korth.				1		
半齿柃 *E. semiserrulata* Chang.				1		
木荷属 *Schima* Reinw.						
木荷 *S. superba* Gardn. et Chang	1					
厚皮香属 *Ternstroemia* Mutis et L. f.						
厚皮香 *T. gymnanthera*(Wight. et Arn.) Sprague.	1					
阔叶厚皮香 *T. gymnanthera* var. *wightii*(Choisy) Hand. - Mazz.	1					
四川厚皮香 *T. sichuanensis* L. K. Ling	1					
水冬哥科 Saurauiaceae						
水冬哥属 *Saurauia* Willd.						
聚锥水冬哥 *S. thyrsiflora* C. F. Liang et Y. S. Wang				1		
水冬哥 *S. tristyla* DC.				1		
猕猴桃科 Actinidiaceae						
猕猴桃属 *Actinidia* Lindl.						
硬齿猕猴桃 *A. callosa* Lindl.						1
中华猕猴桃 *A. chinensis* Planch.						1
毛花猕猴桃 *A. eriantha* Bentlc.						1
多花猕猴桃 *A. latifolia*(Gardn. et Champ.) Merr.						1
革叶猕猴桃 *A. rubricaulis* Dunn var. *coriacea*(Fiet et Gagnep.) C. F. Liang						1
山柳科 Clethraceae						
山柳属 Clethra Gronov. ex L.						
江南山柳 *C. cavalerie* Lévl.				1		

（续）

植物名称	林木类	花木类	果木类	叶木类	荫木类	蔓木类
杜鹃花科 Ericaceae						
树萝卜属 *Agapetes* D. Don et G. Don						
红苞树萝卜 *A. rubrobracteata* R. C. Fang et S. H. Huang				1		
白珠树属 *Gaulfhedria* Kalm. ex L.						
滇白珠 *G. leucocarpa* Rl. var. *crenu – lata*(Kurz.)T. Z. Hsu				1		
四裂白珠 *G. tetramera* W. W. Smith				1		
南烛属 *Lyonia* Nutt.						
美花南烛 *L. compta*(W. W. Smith et J. F. Jeffrey)Hand. – Mazz.				1		
小果南烛 *L. ovatifolia* var. *elliptica*(Sieb. et Zucc.)Hand. – Mazz.				1		
狭叶南烛 *L. ovatifolia* var. *lanceolata*(Wall.)Hand. – Mazz.				1		
马醉木属 *Pieris* D. Don						
美丽马醉木 *P. formosa*(Wall.)D. Don				1		
杜鹃花属 *Rhododendron* L.						
桃叶杜鹃 *Rh. annae* Franch.		1				
大白杜鹃 *Rh. decorum* Franch.		1				
马缨花 *Rh. delavayi* Franch.		1				
狭叶马缨花 *Rhododendron delavayi* Franch. var. *peramoenum*		1				
皱叶杜鹃 *Rh. denudatum* Lévl.		1				
云锦杜鹃 *Rh. fortunei* Lindl.		1				
露珠杜鹃 *Rh. irroratum* Franch.		1				
百合花杜鹃 *Rh. liliflorum* Lévl.		1				
长柱杜鹃 *Rh. lyi* Lévl.		1				
马银花 *Rh. molle* D. Don		1				
红毛杜鹃 *Rh. rufohirtum* Hand. – Mazz.		1				
锈叶杜鹃 *Rh. siderophyllum* Franch.		1				
映山红 *Rh. simsii* Planch.		1				
光柱杜鹃 *Rh. spanotrichum* Balf. f. et W. W. Smith		1				
长蕊杜鹃 *Rh. stamineum* Franch.		1				
溪畔杜鹃 *Rh. vivulare* Hand. – Mazz.		1				
云南杜鹃 *Rh. yunnanense* Franch.		1				
越橘科 Vacciniaceae						
越橘属 *Vaccinium* L.						
乌饭树 *V. bracteatum* Thunb.	1					
短尾越橘 *V. carlesii* Dunn	1					
尾叶越橘 *V. dunnlianum* var. *urophyllum* Rehd. et Wils.	1					
乌鸦果 *V. fragile* Franch.	1					
刺毛越橘 *V. trichocladum* Merr. et Metc.	1					
西南越橘 *V. laetum* Diels	1					
广西越橘 *V. sinicum* Sleumer	1					
金丝桃科 Hypericaceae						

（续）

植物名称	林木类	花木类	果木类	叶木类	荫木类	蔓木类
金丝桃属 *Hypericum* L.						
狭叶金丝桃 *H. acmosepalum* N. Rob.		1				
黄海棠 *H. ascyron* L.		1				
挺茎金丝桃 *H. elodeoides* Choisy		1				
小连翘 *H. erectum* Thunb. ex Murray		1				
扬子小连翘 *H. faberi* R. Keller		1				
地耳草 *H. japonicum* Thunb. ex Murray		1				
贵州金丝桃 *H. kouytcheouense* Lévl.		1				
金丝桃 *H. monogynu* L.		1				
贯叶连翘 *H. perforatum* L.		1				
金丝梅 *H. potulum* Thunb.		1				
匙萼金丝桃 *H. uralum* Buch. －Ham. ex D. Don		1				
遍地金 *H. wightianum* Wall. ex Wight et Arn.		1				
桃金娘科 Myrtaceae						
蒲桃属 *Syzygium* Gaertn.						
华南蒲桃 *S. austro－sinense* Chang et Miau				1		
石榴科 Punicaceae						
石榴属 *Punica* L.						
石榴 *P. granatum* L.			1			
野牡丹科 Melastomataceae						
野牡丹属 *Melastoma* L.						
展毛野牡丹 M. normale D. Don		1				
金锦香属 *Osbeckia* L.						
朝天罐 *O. crinita* Benth.		1				
阔叶金锦香 *O. opipara* C. Y. Wu et C. Chen		1				
冬青科 Aquifoliaceae						
冬青属 *Ilex* L.						
刺叶冬青 *I. bioritsensis* Hayata				1		
巨果冬青 *I. chapaensis* Sims.				1		
睫刺冬青 *I. cilliopinosa* Loes.				1		
珊瑚冬青 *I. coralliana* Franch.				1		
广东冬青 *I. kwangtungensis* Merr.				1		
大果冬青 *I. macrocarpa* Oliv.				1		
小果冬青 *I. micrococca* Maxim.				1		
猫儿刺 *I. pernyi* Franch.				1		
冬青 *I. purpurea* Hassk.				1		
香冬青 *I. suaveolens*（Lévl. ）Loes.				1		
四川冬青 *I. szechwanensis* Loes.				1		
茶果冬青 *I. theicarpa* Hand. －Mazz.				1		
紫果冬青 *I. tsoii* Merr. et Chun				1		

（续）

植物名称	林木类	花木类	果木类	叶木类	荫木类	蔓木类
云南冬青 *I. yunnanensis* Franch.				1		
卫矛科 Celastraceae						
南蛇藤属 *Celastrus* L.						
苦皮藤 *C. angulatus* Maxim.						1
哥兰叶 *C. gemmatus* Loes.						1
灰叶南蛇藤 C. glaucophyllus Rehd. et Wils.						1
粉背南蛇藤 *C. hypoleucus*(Oliv.)Warb.						1
短梗南蛇藤 *C. rosthornianus* Loes.						1
卫矛属 *Euonymus* L.						
刺果卫矛 *E. acanthocarpus* Franch.				1		
黄刺卫矛 *E. aculeatus* Hemsl.				1		
卫矛 *E. alatus*(Thunb.)Sieb.				1		
长翅卫矛 *E. elongantissimus* Loes. et Rehd.				1		
扶芳藤 *E. fortunei*(Turctz.)Hand. - Mazz.				1		
西南卫矛 *E. hamiltonianus* Wall.				1		
冬青卫矛 *E. japonicus* L.				1		
短翅卫矛 *E. rehderianus* Loes.				1		
长刺卫矛 *E. wilsonii* Sprae.				1		
假卫矛属 *Micretropsis* Wall. ex Meissn.						
三花假卫矛 *M. triflora* Merr. et Freem.				1		
胡颓子科 Elaeagnaceae						
胡颓子属 *Elaeagnus* L.						
铜色胡颓子 *E. cupies* Rehd.				1		
蔓胡颓子 *E. glabra* Thunb.				1		
银果胡颓子 *E. msgna*(Serv.)Rehd.				1		
鼠李科 Rhamnaceae						
勾儿茶属 *Berchemia* Neck						
多花勾儿茶 *B. floribunda*(Wall.)Brongn.						1
光枝勾儿茶 *B. Polyphylla* var. *leioclada* Hand. - Mazz.						1
云南勾儿茶 *B. yunnanensis* Franch.						1
枳椇属 *Hovenia* Thunb.						
枳椇 *H. acerba* Lindl.					1	
黄毛枳椇 *H. trichocarpa* Chun et Tsiang var. *fulvotomentosa*(Hu et Chen) Y. L. Cen et P. K. Chou					1	
猫乳属 *Rhamnella* Miq.						
多脉猫乳 *Rh. martini*(Lévl.)Schneid.					1	
鼠李属 *Rhamnus* L.						
革叶鼠李 *Rh. coriophyllus* Hand. - Mazz.	1					
长叶冻绿 *Rh. crenata* Sieb. et Zucc.	1					
亮叶鼠李 *Rh. hemsleyana* Schneid.	1					
异叶鼠李 *Rh. heterophylla* Oliv.	1					

（续）

植物名称	林木类	花木类	果木类	叶木类	荫木类	蔓木类
薄叶鼠李 *Rh. leptophylla* Schneid.	1					
小冻绿树 *Rh. rosthornii* Pritz.	1					
冻绿 *Rh. utilis* Decne.	1					
毛冻绿 *Rh. utilis* var. *hypochrysa*(Schneid.)Rehd.	1					
帚枝鼠李 *Rh. virgata* Roxb.	1					
雀梅藤属 *Sageretia* Brongn.						
纤细雀梅藤 *S. gracilis* Drumm.						1
钩刺雀梅藤 *S. hamosa*(Wall.)Brongn.						1
梗花雀梅藤 *S. henryi* Drumm. et Sprague						1
疏花雀梅藤 *S. laxiflora* Hand. – Mazz.						1
皱叶雀梅藤 *S. rugosa* Hance						1
葡萄科 Vitaceae						
蛇葡萄属 *Ampelopsis* Michx.						
羽叶蛇葡萄 *A. chaffanjonii*(Lévl.)Rehd.						1
乌蔹莓属 *Cayratia* Juss.						
乌蔹莓 *C. japonica*(Thunb.)Gagnep.						1
大叶乌蔹莓 *C. oligocarpa*(Lévl. et Vant.)Gaghep.						1
爬山虎属 *Parthenocissus* Pl.						
川鄂爬山虎 *P. henryana*(Hemsl.)Diels et Gilg.						1
三叶爬山虎 *P. himalayana*(Royle)Planch.						1
粉叶爬山虎 *P. thomsonii*(Laws.)Planch.						1
爬山虎 *P. tvicuspidata*(Sieb. et Zucc.)Planch.						1
崖爬藤属 *Tetrastigma* Planch.						
狭叶崖爬藤 *T. hypoglaucum* Planch.						1
崖爬藤 *T. obovatum*(Laws.)Gagnep.						1
无毛崖爬藤 *T. obovatum* var. *glabrum*(Lévl. et Vant.)Gagnep.						1
葡萄属 *Vitis* L.						
东南葡萄 *V. chunganensis* Hu						1
刺葡萄 *V. davidii*(Roman.)Foex.						1
葛藟 *V. flexuosa* Thunb.						1
葡萄 *V. vinifera* L.						1
紫金牛科 Myrsinaceae						
紫金牛属 *Ardisia* Swarz.						
百两金 *A. crispa*(Thunb.)A. DC.				1		
细柄百两金 *A. crispa* var. *dielsii*(Lévl.)Walker				1		
紫金牛 *A. japonica*(Thunb.)Bl.				1		
酸藤果属 *Embelia* Burm. f.						
网脉酸藤果 *E. rudis* Hand. – Mazz. 产						1
杜茎山属 *Maesa* Forsk.						
杜茎山 *M. japonica*(Thunb.)Moritzi ex Zoll.				1		

（续）

植物名称	林木类	花木类	果木类	叶木类	荫木类	蔓木类
山地杜茎山 *M. montana* A. DC.				1		
铁仔属 *Myrsina* L.						
铁仔 *M. africana* L.				1		
针齿铁仔 *M. semiserrata* Wall.				1		
密花树属 *Rapanea* Aubl.						
密花树 *R. neriifolia*(Cseb. et Zucc.)Mez.				1		
柿树科 Ebenaceae						
柿树属 *Diospyros* L.						
柿树 *D. kaki* L. f.			1			
君迁子 *D. lotus* L.			1			
油柿 *D. oleifera* Cheng			1			
芸香科 Rutaceae						
柑橘属 *Citrus* L.						
柚 *C. grandis*(L.)Osb.			1			
柑橘 *C. reticulata* Bl.			1			
甜橙 *C. sinensis*(L.)Osbeck			1			
吴茱萸属 *Evodia* Forst.						
臭辣树 *E. fargesii* Dode					1	
楝叶吴萸 *E. meliaefolia*(Hance)Benth.					1	
吴萸 *E. rutaecarpa*(Juss.)Benth.					1	
茵芋属 *Skimmia* Thunb.						
乔木茵芋 *S. arborescens* Gamble	1					
茵芋 *S. reevesiana* Fortune	1					
花椒属 *Zanthoxylum* L.						
小花花椒 *Z. micranthum* Hemsl.					1	
苦木科 Simaroubaceae						
臭椿属 *Ailanthus* Desf.						
臭椿 *A. altissima*(Mill.)Swingle.					1	
苦木属 *Picrasma* Bl.						
苦木 *P. quassioides* Benn					1	
楝科 Meliaceae						
楝属 *Melia* L.						
苦楝 *M. azdarach* L.					1	
香椿属 *Toona* Roem.						
香椿 *T. sinensis* (A. Juss.)Roem.				1		
无患子科 Sapindaceae						
栾树属 *Koelreuteria* Laxm.						
复羽叶栾树 *K. bipinnata* Franch.				1		
栾树 *K. paniculata* Laxm.				1		
钟萼木科 Bretschneideraceae						

（续）

植物名称	林木类	花木类	果木类	叶木类	荫木类	蔓木类
钟萼木属 *Bretschneidera* Hemsl.						
钟萼木 *B. sinensis* Hemsl.					1	
清风藤科 Sabiaceae						
泡花树属 *Meliosma* Bl.						
珂楠树 *M. alba*(Schlechtend.)Walp.	1					
垂枝泡花树 *M. flexuosa* Pamp.	1					
红枝柴 *M. oldhamii* Maxim.	1					
腋毛泡花树 *M. rhoifolia* Maxim. var. *barbulata*(Cufod.)Law	1					
山様叶泡花树 *M. thorelii* Lec.	1					
清风藤属 *Sabia* Colebr.						
鄂西清风藤 *S. campanulata* ssp. *ritchieae*(Rehd. et Wils.)Y. F. Wu	1					
革叶清风藤 *S. coriacea* Rehd. et Wils.	1					
云雾清风藤 *S. dielsii* Lévl.	1					
灰背清风藤 *S. discolor* Dunn	1					
凹萼清风藤 *S. emarginata* Leco.	1					
四川清风藤 *S. schumanniana* Diels	1					
尖叶清风藤 *S. swinhoei* Hemsl.	1					
漆树科 Anacardiaceae						
南酸枣属 *Choerospondias* Burtt et Hill						
南酸枣 *Ch. axillaries*(Roxb.)Burtt et Hill					1	
黄连木属 *Pistacia* L.						
黄连木 *P. chinensis* Bunge				1		
清香木 *P. weinmanniifolia* Poiss.				1		
盐肤木属 *Rhus*(Tourh.)L.						
盐肤木 *Rh. chinensis* Mill.				1		
红肤杨 *Rh. punjabensis* Stew. var. *sinica*(Diels)Rehd. et Wils.				1		
漆树属 *Toxicodendron*(Tourn.)Mill.						
野漆树 *T. succedaneum*(L.)O. Kuntze				1		
木蜡漆 *T. sylvestre*(Sieb. et Zucc.)O. Kuntze				1		
漆树 *T. verniciflluum*(Stokes)F. A. Barkl.				1		
槭树科 Aceraceae						
槭树属 *Acer* L.						
革叶槭 *A. coriaceifolium* Lévl.				1		
青榨槭 *A. davidii* Franch.				1		
毛花槭 *A. erianthum* Schwer.				1		
罗浮槭 *A. fabri* Hanc				1		
红果罗浮槭 *A. fabri* var. *rubocarpum* Metc.				1		
扇叶槭 *A. flabellatum* Rehd.				1		
建始槭 *A. henryi* Pax.				1		
疏花槭 *A. laxiflorum* Pax				1		

（续）

植物名称	林木类	花木类	果木类	叶木类	荫木类	蔓木类
苗山槭 *A. miaoshanicum* Fang				1		
纳雍槭 *A. nayongense* Fang				1		
五裂槭 *A. oliverianum* Pax				1		
多果槭 *A. prolificum*				1		
两型叶网脉槭 *A. reticulatum* *Champ.* var. *dimorphifolium* (Metc.) Fang et W. K. H				1		
中华槭 *A. sinense* Pax				1		
省沽油科 Staphyleaceae						
野鸦椿属 *Euscaphis* Sieb. et Zucc. 14sj						
野鸦椿 *E. japonica*(Thunb.) Dippel.			1			
省沽油属 *Staphylea* L.						
嵩明省沽油 *S. forrestii* Balf. f.		1				
银鹊树属 *Tapiscia* Oliv.						
银鹊树 *T. sinensis* Oliv.					1	
醉鱼草科 Buddlejaceae						
醉鱼草属 *Buddleja* L.						
驳骨丹 *B. asiatica* Lour.		1				
大叶醉鱼草 *B. davidii* Franch.		1				
醉鱼草 *B. lindleyana* Fort.		1				
密蒙花 *B. officinalis* Maxim.		1				
木犀科 Oleaceae						
梣属 *Fraxiuus* L.						
梣 *F. chinensis* Roxb.				1		
苦枥木 *F. floribunda* Wall. ssp. *insularis*(Hemsl.) S. S. Sun				1		
茉莉花属 *Jasminum* L.						
红茉莉 *J. beesianum* Forrest. et Diels						1
矮素馨 *J. humile* L.						1
野迎春 *J. mesnyi* Hance						1
迎春花 *J. nudiflorum* Lindl.						1
素兴花 *J. polyanthum* Franch.						1
滇素馨 *J. subhumile*						1
女贞属 *Ligustrum* L.						
混女贞 *L. confusum* Decne.				1		
女贞 *L. lucidum* Ait.				1		
小叶女贞 *L. quihoui* Carr.				1		
小蜡 *L. sinense* Lour.				1		
光萼小蜡 *L. sinense* var. *myrianthum*(Diels) Hook. f.				1		
粗壮女贞 *L. robustum* Bl.				1		
木犀属 *Osmanthus* Lour.						
桂花 *O. fragrans* Lour.		1				
佛顶珠 *O. fragrans*‘Xiaoye Fodingzhu		1				

（续）

植物名称	林木类	花木类	果木类	叶木类	荫木类	蔓木类
香管木犀 *O. suavis* King ex C. B. Clarke.		1				
夹竹桃科 Apocynaceae						
富宁藤属 *Parepigynum* Tsiang et P. T. Li						
富宁藤 *P. funingense* Tsiang et P. T. Li						1
络石属 *Trachelospermum* Lem.						
紫花络石 *T. axillare* Hook. f.						1
细梗络石 *T. gracilipes* Hook. f.						1
络石 *T. jasminoides*(Lindl.) Lem.						1
杠柳科 Periplocaceae						
杠柳属 *Periplos*						
杠柳 *P. sepium* Bunge.						1
萝藦科 Asclepiadaceae						
白叶藤属 *Cryptolepis* R. Br.						
古钩藤 *C. buchananii* Roem. et Schult.						1
夜来香属 *Telosma* Coville						
夜来香 *T. cordata*(Burm. f.) Merr.		1				
茜草科 Rubiaceae						
虎刺属 *Damnacanthus* Gaertn. f.						
虎刺 *D. indicus*(L.) Gaertn. f.				1		
香果树属 *Emmenopterys* Oliv.						
香果树 *E. henryi* Oliv.		1				
小红参 *G. elegans* Wall. ex Roxb.		1				
玉叶金花属 *Mussaenda* L.						
玉叶金花 *M. pubescens* Ait. f.		1				
六月雪属 *Serissa* Comm. ex Juss.						
白马骨 *S. serissoides*(DC.) Druce.				1		
紫葳科 Bignoniaceae						
梓树属 *Catalpa* Scop.						
滇楸 *C. fargesii* Bureau. f. *duclouxii* Gilmour.		1				
梓树 *C. ovata* Don.					1	
角蒿属 *Incarvillea* Juss.						
两头毛 *I. arguta*(Royle) Royle.						1
厚壳树科 Ehretiaceae						
厚壳树属 *Ehretia* P. Br						
光叶粗糠树 *E. dicksonii* Hance var. *glabrescens* Nakai				1		
马鞭草科 Verbenaceae						
紫珠属 *Callicarpa* L.						
紫珠 *C. bodinieri* Lévl.			1			
杜虹花 *C. formosana* Rolfe			1			
大青属 *Clerodendrum* L.						

（续）

植物名称	林木类	花木类	果木类	叶木类	荫木类	蔓木类
臭牡丹 *C. bungei* Sleud.		1				
大青 *C. cyrtophyllum* Turcz.		1				
海通 *C. mandarinorum* Diels		1				
海州常山 *C. trichotomum* Thunb.		1				
豆腐柴属 *Premna* L.						
豆腐柴 *P. microphylla* Turcz.	1					
牡荆属 *Vitex* L.						
牡荆 *V. negundo* L. var. *cannabifolia*(Sieb. et Zucc.) Hand. －Mazz.	1					
毛茛科 Ranunculaceae						
铁线莲属 *Clematis* L.						
安顺铁线莲 *C. anshunensis* M. Y. Fang						1
钝齿铁线莲 *C. apiifolia* DC. var. *obtusidentata* Rehd. et Wils.						1
粗齿铁线莲 *C. argentilucida*(Lévl. et Vant.) W. T. Wang						1
小木通 *C. armandii* Franch.						1
毛木通 *C. buchananiana* DC.						1
平坝铁线莲 *C. charkeana* Lévl. et Vant.						1
贵州铁线莲 *C. kweichowensis* Pei						1
毛柱铁线莲 *C. meyeniana* Walp.						1
绣球藤 *C. montana* Buch. －Ham. ex DC.						1
木通科 Lardizabalaceae						
木通属 *Akebia* Decne.						
三叶木通 *A. trifoliate*(Thunb.) Koidz.						1
白木通 *A. trifoliate* var. *australis*(Diels) Rehd						1
猫儿屎属 *Decaisnea* Hook. f. et Thoms.						
猫儿屎 *D. fargesii* Franch.				1		
八月瓜属 *Holboellia* Wall.						
五风藤 *H. fargesii* Reaub.						1
牛姆瓜 *H. grandiflora* Reaub.						1
八月爪 *H. latifolia* Wall.						1
防己科 Menispermaceae						
球果藤属 *Aspidocarya* Hook. f. et Thoms.						
球果藤 *A. uvifera* Hook. f. et Thoms.						1
轮环藤属 *Cyclea* Arnott						
西南轮环藤 *C. wattii* Diels						1
防己属 *Sinomenium* Diels						
防己 *S. acufum*(Thunb.) Rehd. et Wils.						1
千金藤属 *Stephania* Lour.						
金线吊乌龟 *S. cepharantha* Hayata						1
千金藤 *S. japonica*(Thunb.) Miers						1
南天竹科 Nandinaceae						

（续）

植物名称	林木类	花木类	果木类	叶木类	荫木类	蔓木类
南天竹属 *Nandina* Thunb.						
南天竹 *N. domestica* Thunb.				1		
小檗科 Berberdaceae						
小檗属 *Berberis* L.						
渐尖叶小檗 *B. acuminanta* Franch.				1		
锐齿小檗 *B. arguta*(Franch.)Schneid.				1		
壮刺小檗 *B. deinacantha* Schneid.				1		
毕节小檗 *B. guizhouensis* Ying				1		
蠔猪刺 *B. julianae* Schneid.				1		
粉叶小檗 *B. pruinosa* Franch.				1		
永思小檗 *B. tsienii*				1		
威宁小檗 *B. weiningensis* Ying				1		
十大功劳属 *Mahonia* L.						
小果十大功劳 *M. bodinieri* Gagnep.				1		
宽苞十大功劳 *M. eurybracteata* Fedde				1		
十大功劳 *M. fortunei*(Lindl.)Fedde.				1		
阿里山十大功劳 *M. oiwakensis* Hayata				1		
亮叶十大功劳 *M. nitens* Schneid.				1		
胡椒科 Piperaceae						
胡椒属 *Piper* L.						
石南藤 *P. wallichii*(Miq.)Hand. – Mazz.						1
紫薇科 Lyfhraceae						
紫薇属 *Lagerstroemia* L.						
紫薇 *L. indica* L.		1				
玄参科 Scrophulariaceae						
来江藤属 *Brandisia* Hook. f. et Thoms.						
来江藤 *B. hancei* Hook. f.		1				
泡桐属 *Paulownia* Sieb. et Zucc.						
川泡桐 *P. fargesii* Franch.		1				
泡 桐 *P. fortunei*(Seem.)Hemsl.		1				
菝葜科 Smilacaceae						
菝葜属 *Smilax* L.						
圆锥菝葜 *S. bracteata* Presl						1
疣枝菝葜 *S. aspericaulis* Wall. ex A. DC.						1
菝葜 *S. china* L.						1
柔毛菝葜 *S. chingii* Wang et Tang						1
密刚毛贼菝葜 *S. densibarbata* Wang et Tang						1
土茯苓 *S. glabra* Roxb.						1
粗糙菝葜 *S. lebrunii* Lévl.						1
无刺菝葜 *S. mairei* Lévl.						1

（续）

植物名称	林木类	花木类	果木类	叶木类	荫木类	蔓木类
红果菝葜 *S. polgcolea* Warb.						1
牛尾菜 *S. riparia* A. DC.						1
短梗菝葜 *S. scobinicaulis* C. H. Wright						1
禾本科 Gramineae						
青篱竹属 *Arundinaria* Michaux						
斑苦竹 *A. macalata*(McClure) Chu et Chao	1					
簕竹属 *Bambusa* Retz.						
慈竹 *B. emeiensis* Chia et H. L. Fung	1					
撑篙竹 *B. pervariabilis* McClure	1					
木竹 *B. rutila* McClure	1					
车筒竹 *B. sinospinosa* McChure	1					
方竹属 *Chimonobambusa* Makino						
乳纹方竹 *C. lactistriata* W. D. Li et Q. X. W	1					
方竹 *C. quadrangularis*(Fenzi) Makino	1					
牡竹属 *Dendrocalamus* Nee						
麻竹 *D. latiflorus* Munro	1					
箬竹属 *Indocalamus* Nakai						
篲叶竹 *I. lonfiauritus* Hand. – Mazz.	1					
刚竹属 *Phyllostachys* Sieb. et Zucc.						
罗汉竹 *P. aurea* Carr. ex A. C. Riviere.	1					
水竹 *P. heteroclada* Oliv.	1					
毛金竹 *P. nigra* var. *henonis*(Mitf.) Stapf ex Rendl.	1					
箭竹属 *Sinarundinaria* Nakai						
秦氏箭竹 *S. chingii*(Yi) K. M. Lan	1					

表 5-29　盘县八大山野生草本观赏植物名录

草本植物名称	观花类	观果类	观叶类	藤蔓类
蔷薇科 Rosaceae				
蛇莓属 *Duchesnea* J. E. Smith				
蛇莓 *D. indica*(Andr.) Focke.		1		
草莓属 *Fragaria* L.				
黄毛草莓 *F. nilgerrensis* Schlecht. ex Gay.		1		
野草莓 *F. vesca* L.		1		
蝶形花科 Papilionaceae				
舞草属 *Codariocalyx* Hassk.				
舞草 *C. motorius*(Houtt.) Ohashi			1	
鸡眼草属 *Kummerowia* Schindl.				
短萼鸡眼草 *K. stipulacea*(Maxim.) Makino			1	

（续）

草本植物名称	观花类	观果类	观叶类	藤蔓类
鸡眼草 *K. striata*(Thunb.) Schindl.			1	
百脉根属 *Lotus* L.				
百脉根 *L. corniculatus* L.	1			
苜蓿属 *Medicago* L.				
南苜蓿 *M. polymorpha* L.	1			
紫苜蓿 *M. sativa* L.	1			
金雀花属 *Parochetus* Buch. - Ham.				
金雀花 *P. communis* Buch. - Ham. ex. D. Don	1			
葛藤属 *Pueraria* DC.				
野葛 *P. lobata*(Willd.) Ohwin				1
苦葛藤 *P. peduncularis*(Benth.) Grah.				1
车轴草属 *Trifolium* L.				
红车轴草 *T. pratense* L.			1	
白车轴草 *T. repens* L.			1	
五加科 Araliaceae				
人参属 *Panax* L.				
竹节参(水三七) *P. japonicus* C. A. Meyer			1	
大麻科 Cannabinaceae				
大麻属 *Cannabis* L.				
大麻 *C. sativa* L.			1	
荨麻科 Urticaceae				
苎麻属 *Boehmeria* Jacq.				
序叶苎麻 *B. clidemioides* Miq. var. *diffusa*(Wedd.) Hand. - Mazz.			1	
长叶苎麻 *B. macrophylla* D. Don			1	
苎麻 *B. nivea*(L.) Gaud.			1	
悬铃叶苎麻 *B. platanifolia* Franch. et Sav.			1	
楼梯草属 *Elatostema* Forst.				
骤尖楼梯草 *E. cuspidatum* Wight.			1	
楼梯草 *E. involucratum* Franch. et Savat.			1	
异叶楼梯草 *E. monandrum*(D. Don) Hara			1	
钝叶楼梯草 *E. obtusum* Wedd.			1	
对叶楼梯草 *E. sinense* H. Schroter.			1	
赤车属 *Pellionia* Gaud.				
赤车 *P. radicans*(Sieb. et Zucc.) Wedd.			1	
冷水花属 *Pilea* Lindl.				
中华冷水花 *P.* ssp. *latiuscula* C. J.			1	
大叶冷水花 *P. martinii*(Lévl.) Hand. - Mazz.			1	
冷水花 *P. notata* C. H. Wright.			1	
西南冷水花 *P. plataniflora* C. H. Wright			1	
粗齿冷水花 *P. sinofasiata* C. T.			1	

（续）

草本植物名称	观花类	观果类	观叶类	藤蔓类
荨麻属 *Urtica* L.				
荨麻 *U. fissa* Pritz.			1	
瑞香科 Thymelaeaceae				
狼毒属 *Stellera* L.				
狼毒 *S. chamaejasma* L.			1	
紫茉莉科 Nyctaginaceae				
紫茉莉属 *Mirabilis* L.				
紫茉莉 *M. jalapa* L.	1			
堇菜科 Violaceae				
堇菜属 *Viola* L.				
鸡腿堇菜 *V. acuminata* Ledeb.	1			
心叶堇菜 *V. cordifolia* W. Beck	1			
长萼堇菜 *V. inconspica* Bl.	1			
柔毛堇菜 *V. principis* H. de Boiss.	1			
早开堇菜 *V. prionantha* Bunge	1			
浅圆齿堇菜 *V. schneideri* W. Beck	1			
堇菜 *V. verecunda* A. Gray	1			
紫花地丁 *V. yedoensis* Makino	1			
葫芦科 Cucurbitaceae				
绞股蓝属 *Gynostemma* Bl.				
绞股蓝 *G. pentaphyllum*(Thunb.)Mak.				1
雪胆属 *Hemsleya* Cogn.				
雪胆 *H. chinensis* Cogn. ex Hemsl.				1
蛇莲 *H. sphaerocarpa* Kuang et A. M. Lu				1
赤瓟属 *Thladiantha* Bunge				
川赤瓟 *T. davidii* Franch.				1
齿叶赤瓟 *T. dentata* Cogn.				1
球果赤瓟 *T. globicarpa* A. M. Lu et Z. Y. Zhang				1
皱果赤瓟 *T. henryi* Hemsl.				1
异叶赤瓟 *T. hookeri* C. B. Clarke				1
五叶赤瓟 *T. hookeri* var. *pentadactyla*(Cogn)A.				1
南赤瓟 *T. nudiflora* Hemsl. ex Forbes et Hemsl.				1
鄂赤瓟 *T. oliveri* Cogn. ex Mottet.				1
栝楼属 *Trichosanthes* L.				
中华栝楼 *T. rosthornii* Harms				
秋海棠科 Begoniaceae				
秋海棠属 *Begonia* L.				
盾叶秋海棠 *B. cavalerei* Lévl.	1			
秋海棠 *B. evansiana* Andr.	1			
裂叶秋海棠 *B. laciniata* Roxb.	1			

（续）

草本植物名称	观花类	观果类	观叶类	藤蔓类
掌裂叶秋海棠 *B. pedatifida* Lévl.	1			
中华秋海棠 *B. sinensis* DC.	1			
长柄秋海棠 *B. smithana* Yapud Irmsch.	1			
大戟科 Euphorbiaceae				
蓖麻属 *Ricinus* L.				
蓖麻 *R. communis* L.			1	
水晶兰科 Monotropaceae				
松下兰属 *Hypopitys* Hill.				
毛松下兰 *H. monotropa* L. var. *hirsuta* Roth.	1			
水晶兰属 *Monotropa* L.				
水晶兰 *M. uniflora* L.	1			
野牡丹科 Melastomataceae				
野牡丹属 *Melastoma* L.				
地菍 *M. dodecandrum* Lour.			1	
肉穗草属 *Sarcopyramis* Wall.				
肉穗草 *S. bodinieri* Lévl. et Van.	1			
楮头红 *S. nepalensis* Wall.	1			
蜂斗草属 *Sonerila* Roxb.				
直立蜂斗草 *S. erecta* Jack.	1			
茜草科 Rubiaceae				
蛇根草属 *Ophiorrhiza* L.				
日本蛇根草 *O. japonica* Bl.	1			
鸡矢藤属 *Paederia* L.				
鸡矢藤 *P. scandens*(Lour.) Merr.				1
绒毛鸡矢藤 *P. scandens* var. *tomentosa*(Bl.) Hand. – Mazz.				1
云南鸡矢藤 *P. yunnanensis*(Lévl.) Rehd.				1
毛茛科 Ranunculaceae				
乌头属 *Aconitum* L.				
乌头 *A. carmichaeli* Debx.	1			
拳距瓜乌头 *A. hemsleyanum* Pritz. var. *circinatum* W. T. Wang	1			
黄草乌 *A. vimorinianum* Kom.	1			
深裂黄草乌 *A. vimorinianum* var. *altifidum* W. T. Wang	1			
类叶升麻属 *Actaea* L.				
类叶升麻 *A. asiatica* Hare.	1			
银莲花属 *Anemone* L.				
打破碗花花 *A. hupehensis* Lem.	1			
草玉梅 *A. rivularis* Buch.	1			
升麻属 *Cimicifuga* L.				
升麻 *Cimicifuga foetida* L.	1			
翠雀花属 *Delphinium* L.				

（续）

草本植物名称	观花类	观果类	观叶类	藤蔓类
川黔翠雀花 *D. bonvalotii* Franch.	1			
滇川翠雀花 *D. delavayi* Franch.	1			
须花翠雀花 *D. delavayi* Franch. var. *pogonanthum*(Hand. －Mazz.) W. T. Wang	1			
云南翠雀花 *D. yunnanense* Franch.	1			
天葵属 *Semiaquilegia* Makino				
天葵 *S. adoxoides*(DC.) Makino			1	
唐松草属 *Thalictrum* L.				
偏翅唐松草 *T. delavayi* Franch.			1	
角药唐松草 *T. delavayi* var. *mucronatum*(Finet etGagnep.) W. T. Wang et S. H. Wang			1	
西南唐松草 *T. fargesii* Franch.			1	
盾叶唐松草 *T. ichangense* Lecoy. ex Oliv.			1	
爪哇唐松草 *T. javanicum* Bl.			1	
东亚唐松草 *T. minus* L. var. *hypoleucum*(Sieb. et Zucc.) Miq. 产			1	
鬼臼科 Podophyllaceae				
八角莲属 *Dysosma* R. E. Woodson				
川八角莲 *D. veitchii*(Hemsl. et Wils.) Fu ex Ying			1	
小檗科 Berberdaceae				
淫羊藿属 *Epimedium* L.				
粗毛淫羊藿 *E. acuminatum* Franch.			1	
德务淫羊藿 *E. dewuense* S. Z. He, Probst et W. F. Xu			1	
巫山淫羊藿 *E. wushanense* Ying			1	
马兜铃科 Aristolochiaceae				
马兜铃属 *Aristolochia* L.				
卵叶马兜铃 *A. ovatifolia* S. M. Hwang	1			
细辛属 *Asarum* L.				
尾花细辛 *A. caudigerum* Hance			1	
马蹄香属 *Saruma* Oliv.				
马蹄香 *Saruma henryi* Oliv.			1	
三白草科 Saururaceae				
蕺菜属 *Houttnynia* Tnunb.				
蕺菜 *H. cordata* Thunb.			1	
金粟兰科 Chloranthaceae				
金粟兰属 *Chloranthus* Sw.				
宽叶金粟兰 *C. henryi* Hemsl.	1			
多穗金粟兰 *C. multistachys*(Hand. －Mazz.) Pei	1			
及己 *C. serratus* Roem. et Schulte.	1			
罂粟科 Papaveraceae				
血水草属 *Eomecon* Hance				
血水草 *E. chionantha* Hance			1	
紫堇科 Fumariaceae				

（续）

草本植物名称	观花类	观果类	观叶类	藤蔓类
紫堇属 *Corydalis* Vent.				
南黄堇 *C. davidii* Franch.	1			
紫堇 *C. edulis* Maxim.	1			
马齿苋科 Portulacaeae				
土人参属 *Talinum* Aclans.				
土人参 *T. paniculatum*(Jacq.)Gaertn.			1	
蓼科 Polygonaceae				
金线草属 *Antenoron* Rafin				
金线草 *A. filiforme*(Thunb.)Roberty et Vautier.			1	
短毛金线草 *A. neofiliforme*(Nakai)Hara			1	
荞麦属 *Fagopyrum* Mill.				
金荞麦 *F. dibotrys*(D. Don)Hare.			1	
荞麦 *F. esculentum* Moench.			1	
细柄野荞麦 *F. gracilipes*(Hemsl.)Damm. ex Diels			1	
苦荞麦 *F. tataricum*(L.)Gaertn.			1	
何首乌属 *Fallopia* Adans.				
何首乌 *F. multiflora*(Thunb.)Harald.				1
蓼属 *Polygonum* L.				
萹蓄 *P. aviculare* L			1	
丛枝蓼 *P. caespitosum* Bl.			1	
头花蓼 *P. capitatum* Ham. ex Don	1			
狭叶火炭母 *P. chinense* var. *paradoxum*(Lévl.)A. J. Li			1	
火炭母 *P. chinense* L.			1	
革叶蓼 *P. coriaceum* Sam			1	
大马蓼 *P. lapathifolium* L			1	
水蓼 *P. hydropiper* L.			1	
蚕茧草 *P. japonicum* Meisn.			1	
长鬃蓼 *P. longisetum* De Bruyn.			1	
小头蓼 *P. microcephalum* D. Don			1	
小蓼花 *P. muricatum* Meisn.			1	
野荞麦草 *P. nepalense* Meis			1	
杠板归 *P. perfoliatum* L.				1
赤胫散 *P. runcinatum* Buch. - Ham. ex D. Don			1	
圆穗蓼 *P. sphaerostachyum* Meisn			1	
戟叶蓼 *P. thunbergii* Sieb. et Zucc.			1	
珠芽蓼 *P. viviparum* L.			1	
虎杖属 *Reynoutria* Houtt.				
虎杖 *Fagopyrum cuspidatum* Sieb. et Zucc.			1	
酸模属 *Rumex* L.				
酸模 *R. acetosa* L.			1	

（续）

草本植物名称	观花类	观果类	观叶类	藤蔓类
小酸模 *R. acetosella* L.			1	
羊蹄 *R. crispus* L.			1	
齿叶酸模 *R. dentatus* L			1	
戟叶酸模 *R. hastatus* D. Don			1	
尼泊尔酸模 *R. nepalensis* Spreng.			1	
藜科 Chenopodiaceae				
藜属 *Chenopodium* L.				
藜 *C. alba* L.			1	
小藜 *C. serotinum* L.			1	
苋科 Amaranthaceae				
苋属 *Amaranthus* L.				
尾穗苋 *A. caudatus* L.	1			
凹头苋 *A. lividus* L.	1			
落葵科 Basellaceae				
落葵属 *Basella* L.				
落葵 *B. rubra* L.				1
紫薇科 Lyfhraceae				
千屈菜属 *Lythrum* L.				
千屈菜 *L. salicaria* L.	1			
节节菜属 *Rotala* L.				
圆叶节节菜 *R. rotundifolia*(Roxb.)Koehne			1	
柳叶菜科 Onagraceae				
露珠草属 *Circaea* L.				
高原露珠草 *C. alpina* L. ssp. *imaicola*(Asch. et Mag.)Kitamura	1			
南方露珠草 *C. mollis* Sieb. et Zucc.	1			
柳叶菜属 *Epilobium* L.				
毛脉柳叶菜 *E. amurense* Hausskn	1			
短叶柳叶菜 *Epilobium brevifolium* D. Don	1			
腺茎柳叶菜 *E. brevifolium* D. Don ssp. *trichoneurum* (Hausskn.) Raven	1			
柳叶菜 *E. hirsutum* L.	1			
长籽柳叶菜 *E. pyrricholophum* Franch. et Savat.	1			
短叶柳叶菜 *E. sinense* ssp. *trichoneurum*(Hausskn.)Raven.	1			
大花柳叶菜 *E. wallichianum* Haussk.	1			
丁香蓼属 *Ludwigia* L.				
假柳叶菜 *Ludwigia epilobioides* Maxim.			1	
月见草属 *Oenothera* L.				
月见草 *Oenothera biennis* L.	1			
黄花月见草 *Oenothera glazioviana* Mich.	1			
粉花月见草 *Oenothera rosea* L'Her. ex Ait.	1			
龙胆科 Gentianaceae				

（续）

草本植物名称	观花类	观果类	观叶类	藤蔓类
龙胆属 *Gentiana* L.				
头花龙胆 *G. cephalantha* Franch. apud Hemsl.	1			
草甸龙胆 *G. praticola* Franch.	1			
流苏龙胆 *G. recurvata* C. B. Clarke	1			
红花龙胆 *G. rhodantha* Franch. ex Hemsl.	1			
坚龙胆 *G. rigescens* Franch.	1			
扁蕾属 *Gentianopsis* Ma				
大花扁蕾 *G. grandis*(H. Sm.) Ma	1			
花锚属 *Halenia* Horckh.				
椭圆叶花锚 *H. elliptica* D. Don	1			
报春花科 Primulaceae				
珍珠菜属 *Lysimachia* L.				
过路黄 *L. christinae* Hance	1			
珍珠菜 *L. clethroides* Duby.	1			
临时救 *Lysimachia congestiflora* Hemsl.	1			
点腺过路黄 *L. hemsleyana* Maxim.	1			
长蕊珍珠菜 *L. lobelioides* Wall	1			
山萝过路黄 *L. melampyroides* R. Knuth.	1			
叶落地梅 *L. paridiformis* Franch. var. *stenophylla* Franch	1			
狭叶头过路黄 *L. phyllocephala* Hand. - Mazz.	1			
显苞过路黄 *L. rubiginosa* Hemsl.	1			
腺药珍珠菜 *L. stenosepala* Hemsl.	1			
车前草科 Plantaginaceae				
车前草属 *Plantago* L.				
车前 *P. asiatica* L.			1	
大叶车前 *P. deptessa* ssp. *i*			1	
大车前 *P. major* L.			1	
景天科 Crassulaceae				
景天属 *Sedum* L.				
费菜 *S. aizoon* L.			1	
珠芽景天 *S. bulbiferum* Makino			1	
细叶景天 *S. elatinoides* Franch.			1	
凹叶景天 *S. emarginatum* Migo			1	
日本景天 *S. japonicum* Sieb. ex Miq.			1	
佛甲草 *S. lineare* Thunb.			1	
多茎景天 *S. multicaule* Wall.			1	
垂盆草 *S. sarmentosum* Bunge			1	
安龙景天 *S. tsiangii* Frod.			1	
石莲属 *Sinocrassula* Berger				
石莲 *S. indica*(Decne.) Berger			1	

（续）

草本植物名称	观花类	观果类	观叶类	藤蔓类
虎耳草科 Saxifragaceae				
落新妇属 *Astilbe* Buch. – Ham.				
落新妇 *A. chinensis*(Max.) Franch. et Savat.	1			
大落新妇 *A. grandis* Stapf. ex Wils.	1			
岩白菜属 *Bergenia* Moench				
岩白菜 *B. purpurascens*(Hook. f. et Thoms.) Engl.	1			
金腰属 *Chrysosplenium* L.				
大叶金腰 *Ch. macrophyllum* Oliv.			1	
虎耳草属 *Saxifraga* L.				
虎耳草 *S. stolonifera* Meerb.			1	
黄水枝属 *Tiarella* L.				
黄水枝 *T. polyphyila* D. Don	1			
伞形科 Umbelliferae				
积雪草属 *Centella* L.				
积雪草 *C. asiatica*(L.) Urban.			1	
细叶芹属 *Chaerophyllum* L.				
细叶芹 *Ch. villosum* Wall. ex DC.			1	
鸭儿芹属 *Cryptotaenia* DC.				
鸭儿芹 *C. japonica* Hasskarl.			1	
天胡荽属 *Hydrocotyle* L.				
红马蹄草 *H. nepalensis* Hook			1	
天胡荽 *H. sibthorpooides* Lam.			1	
水芹属 *Oenanthe* L.				
西南水芹 *O. dielsii* Boiss.			1	
细叶水芹 *O. dielsii* Boiss. var. *stenophylla* Boiss.			1	
茴芹属 *Pimpinella* L.				
革叶茴芹 *P. coriacea*(Franch.) Boiss			1	
变豆菜属 *Sanicula* L.				
变豆菜 *S. chinensis* Bunge			1	
败酱科 Valerianaceae				
败酱属 *Patrinia* Juss.				
窄叶败酱 *P. angustifolia* Hemsl.	1			
墓头回 *P. heterophylla* Bunge	1			
少蕊败酱 *P. monnandra* C. B. Clark	1			
败酱 *P. scabiosaefolia* Fisch. ex Trev.	1			
攀倒甑 *P. villosa*(Thunb.) Juss.	1			
缬草属 *Valeriana* L.				
长序缬草 *V. hardwickii* Wall.	1			
蜘蛛香 *V. jatamansi* Jones.	1			
缬草 *V. officinalis* L.	1			

（续）

草本植物名称	观花类	观果类	观叶类	藤蔓类
桔梗科 Campanulaceae				
沙参属 *Adenophora* Fisch.				
无柄沙参 *A. stricta* Miq. Subsp. *sessilifolia* Hong	1			
轮叶沙参 *A. tetraphylla*(Thunb.) Fisch.	1			
风铃草属 *Campanula* L.				
西南风铃草 *C. colorata* Wall.	1			
鸡蛋参 *C. convolvulacea* Kurz.	1			
党参属 *Codonopsis* Wall.				
管花党参 *C. tubulosa* Kom.	1			
蓝钟花属 *Cyananthus* Wall. ex Benth.				
胀萼蓝钟花 *C. inflatus* Hook. f. et Thoms.	1			
同钟花属 *Homocodon* Hong				
同钟花 *H. brevipes*(Hemsl.) Hong	1			
桔梗属 *Platycodon* A. DC.				
桔梗 *P. grandiflorus*(Jacq.) A. DC.	1			
铜锤玉带属 *Pratia* Gaudich.				
铜锤玉带草 *P. nummularia*(Lam.) A. Br.			1	
蓝花参属 *Wahlenbergia* Schrad. ex Roth				
蓝花参 *W. marginata*(Thunb.) A. DC.	1			
半边莲科 Lobeliaceae				
半边莲属 *Lobelia* L.				
半边莲 *L. chinensis* Lour.	1			
江南山梗菜 *L. davidii* Franch.	1			
西南山梗菜 *L. sequinii* Lévl. et Van.	1			
山梗菜 *Lobelia sessilifolia* Lamb.	1			
菊科 Asteraceae				
香青属 *Anaphalis* DC.				
黄腺香青 *A. aureopunctata* Lingelsh et Borza.			1	
珠光香青 *A. margaritacea*(L.) Benth. et Hook. f.			1	
黄褐珠光香青 *A. margaritacea* var. *cinnamomea*(DC.) Herd. ex Maxim.			1	
黄腺香青 *A. margaritacea* var. *tomentosa* Hand. – Mazz.			1	
牛蒡属 *Arctium* L.				
牛蒡 *A. lappa* L.	1			
蟹甲草属 *Cacalis* L.				
兔儿风花蟹甲草 *Cacalis ainsliaeflora*(Franch.) Hand. – Mazz.			1	
石胡荽属 *Centipeda* Lour.				
石胡荽 *C. minima*(L.) A. Br. et Aschers.			1	
大丽花属 *Dahlia* Cav				
大丽花 *D. pinnata* Cav.	1			
菊属 *Dendranthema*(DC.) Des Moul.				

（续）

草本植物名称	观花类	观果类	观叶类	藤蔓类
野菊 *D. indicum*(L.)Des Moul.	1			
鱼眼草属 *Dichrocephala* L' Herit. ex DC.				
鱼眼草 *D. integrfolia*(L. f.)O. Kuntz	1			
小鱼眼草 *D. benthamii* C. B. Clarke	1			
多须公 *E. chinense* L.	1			
白头婆 *E. japonicum* Thunb.	1			
鼠麹草属 *Gnaphalium* L.				
宽叶鼠麹草 *G. adnatum*(Wall. ex DC.)Kitam.			1	
鼠麹草 *G. affine* D. Don			1	
秋鼠麹草 *G. hypoleucum* DC.			1	
细叶鼠麹草 *G. japonicum* Thunb.			1	
水朝阳花 *I. helianthus – aquatica* C. Y. Wu ex Ling			1	
马兰属 *Kalimeris* Cass.				
马兰 *K. indica*(L.)Sch. – Bip.				
火绒草属 *Leontopodium* R. Br.				
松毛火绒草 *L. andersonii* C. B. Clark			1	
华火绒草 *L. sinense* Hemsl.			1	
橐吾属 *Ligularia* Cass				
肾叶橐吾 *L. fischerii*(Ledeb.)Turcz.			1	
大黄橐吾 *Ligularia duciformis*(C. Winkl.)Hand. – Mazz.			1	
狭苞橐吾 *L. intermedia* Nakai.			1	
羽叶千里光属 *Nemosenecio*(Kitam.)B. Nord.				
滇羽叶千里光 *N. yunnanensis* B. Nord.	1			
千里光属 *Senecio* L.				
菊状千里光 *S. laetus* Edgew.	1			
缺裂千里光 *S. laetus* var. *incisus* Franch.	1			
西南千里光 *S. pseudomairei* Lévl.	1			
千里光 *S. scandens* Buch. – Ham. ex D. Don	1			
万寿菊属 *Tagetes* L.				
万寿菊 *Tagetes erecta* L.	1			
蒲公英属 *Taraxacum* Weber.				
华蒲公英 *T. borealisinense* Kitam.	1			
蒲公英 *T. mongolicum* Mand. – Mazz.	1			
蟛蜞菊属 *Wedelina* Jacq.				
蟛蜞菊 *W. chinensis*(Osbeck.)Merr.	1			
茄科 Solanaceae				
颠茄属 *Atrope* L				
颠茄 *A. belladonna* L.		1		
红丝线属 *Lycianthes*(Dunal.)Hassl.				
红丝线 *L. biflora*(Lour.)Bitter.		1		

（续）

草本植物名称	观花类	观果类	观叶类	藤蔓类
单花红丝线 *L. lysimachioides*（Walll.）Bitter		1		
假酸浆属 *Nicandra* Adans				
假酸浆 *N. physaloides*（L.）Gaertn.		1		
酸浆属 *Physalis* L.				
挂金灯 *P. alkekengi* L. var. *franchetii*（Mast.）Makino		1		
茄属 *Solanum* L.				
白英 *Solanum lyratum* Thunb.		1		
刺天茄 *S. indicum* L.		1		
龙葵 *S. nigrum* L		1		
珊瑚豆 *S. pseudocapsicum* var. *diflorum*（Vell.）Bitter.		1		
牛茄子 *S. surattense* Burm. f.		1		
假酸浆 *N. physaloides*（L.）Gaertn.		1		
旋花科 Convolvulaceae				
打碗花属 *Calystegia* R. Br.				
打碗花 *C. hederacea* Wall.	1			
马蹄金属 *Dichondra* J. R. et G. Forst.				
马蹄金 *D. repens* Forst.			1	
牵牛属 *Pharbitis* Choisy				
牵牛 *P. nil*（L.）.	1			
飞蛾藤属 *Porana* Burm. f.				
飞蛾藤 *P. racemosa* Roxb.	1			
玄参科 Scrophulariaceae				
幌菊属 *Ellisiophyllum* Maxim.				
幌菊 *E. pinnatum*（Wall.）Makino.	1			
鞭打绣球属 *Hemiphragma* Wall.				
鞭打绣球 *H. heterophyllum* Wall.			1	
通泉草属 *Mazus* Lour.				
通泉草 *M. japonicus*（Thunb.）O. Kuntze			1	
长蔓通泉草 *M. longipes* Bonati.			1	
沟酸浆属 *Mimulus* L.				
四川沟酸浆 *M. szechuanensis* Pai			1	
马先蒿属 *Pedicularis* L.				
江南马先蒿 *P. henryi* Maxim.	1			
黑马先蒿 *P. nigra* Vaniot ex Bonat	1			
纤裂马先蒿 *P. tenuisecta* Franch. ex Maxim.	1			
西南马先蒿 *P. laborderi* Vant et Bonati	1			
松蒿属 *Phtheirospermum* Bunge				
松蒿 *P. japonicum*（Thunb.）Kanitz.	1			
细裂叶松蒿 *P. tenuisectum* Bur. et Franch.	1			
腹水草属 *Veronicastrum* Heist. ex Farbic.				

（续）

草本植物名称	观花类	观果类	观叶类	藤蔓类
美穗草 *Veronicastrum brunonianum*(Benth.) Hong	1			
四方麻 *V. caulopterum*(Hance) Yamazaki	1			
宽叶腹水草 *V. latifolium*(Hemsl.) Yamazaki	1			
爵床科 Acanthaceae				
白接骨属 *Asystasiella* Linda				
白接骨 *A. chinensis*(S. Moore) E. Hossain.	1			
爵床属 *Justicia* L.				
爵床 *J. procumbens* L			1	
马蓝属 *Strobilanthes* Bl.				
翅柄马蓝 *P. alatus*(Nees) Bremek.	1			
贵州马蓝 *S. chaffanjonii* Lévl	1			
马蓝 *S. cusia*(Nees) O. Kuntze	1			
叠苞马蓝 *S. equitans* Lévl.	1			
日本马蓝 *S. japonica*(Thunb.) Miq.	1			
山牵牛属 *Thunbergia* Retz.				
碗花草 *T. fragrans* Roxb.	1			
苦苣苔科 Gdsneriaceae				
唇柱苣苔属 *Chirita* Buch. – Ham. ex D. Don				
斑叶唇柱苣苔 *C. pumila* D. Don	1			
苦苣苔属 *Conandron* Sieb. et Zucc.				
苦苣苔 *Conandron ramondioides* Sieb. et Zucc.	1			
珊瑚苣苔属 *Corallodiscus* Batalin				
珊瑚苣苔 *C. cordatulus*(Craib) Burtt	1			
半蒴苣苔属 *Hemiboea* Clarke				
贵州半蒴苣苔 *H. cavaleriei* Lévl.	1			
华南半蒴苣苔 *H. follicularis* Clarke	1			
纤细半蒴苣苔 *H. gracilis* Franch.	1			
半蒴苣苔 *H. henryi* Clarke	1			
降龙草 *H. subcapitata* Clarke	1			
吊石苣苔属 *Lysionotus* D. Don				
吊石苣苔 *Lysionotus pauciflorus* Maxim.	1			
马铃苣苔属 *Oreocharis* Benth.				
锈色珠毛苣苔 *P. rufescens*(Franch.) Burtt	1			
宽萼珠毛苣苔 *P. sinensis*(Oliv.) Burtt	1			
狸藻科 Ientibulariaceae				
狸藻属 *Utricularia* L.				
挖耳草 *U. bifida* L.			1	
牻牛儿苗科 Geraniaceae				
牻牛儿苗属 *Erodium* L' Herit.				
牻牛儿苗 *E. stephanianum* Willd.	1			

（续）

草本植物名称	观花类	观果类	观叶类	藤蔓类
酢浆草科 Oxalidaceae				
酢浆草属 *Oxalis* L.				
酢浆草 *O. corniculata* L.			1	
山酢浆草 *O. griffithii* Edgew.			1	
黄花酢浆草 *O. pes - caprae* L.			1	
凤仙花科 Balsaminaceae				
凤仙花属 *Impatiens* L.				
凤仙花 *I. balsamina* L.	1			
蓝花凤仙花 *I. cyanantha* Hook. f.	1			
路南凤仙花 *I. loulanensis* Hook. f.	1			
块节凤仙花 *I. pinfanensis* Hook. f.	1			
辐射凤仙花 I. radiata Hook. f. et Thoms.	1			
黄金凤 *I. siculifer* Hook. f.	1			
紫草科 Boraginaceae				
琉璃草属 *Cynoglossum* L.				
倒提壶 *C. amabile* Stapf et Drumm.	1			
琉璃草 *C. zeylanicum*(Vahl) Thunb. ex. Lehm.	1			
小花琉璃草 *C. lanceolatum* Forsk.	1			
唇形科 Labiatae				
筋骨草属 *Ajuga* L.				
筋骨草 *A. ciliata* Bunge	1			
紫背金盘 *A. nipponensis* Makino	1			
活血丹属 *Glechoma* L.				
白透骨消 *G. biondiana*(Diels) C. Y. Wu et G. Chen			1	
活血丹 *G. longituba*(Nakai) Kupr.			1	
益母草属 *Leonurus* L.				
益母草 *L. artemisia*(Lour.) S. Y. Hu	1			
紫苏属 *Perilla* L.				
紫苏 *P. frutescens*(L.) Britt.			1	
野生紫苏 *P. frutescens* var. *acuta*(Thunb.) Kudo.			1	
夏枯草属 *Prunella* L.				
夏枯草 *P. vulgaris* L.	1			
黄芩属 *Scutellaria* L.				
滇黄芩 *S. amoena* C. H. Wright.	1			
锯叶峨眉黄芩 *S. omeiensis* C. Y. Wu var. *serratifolia* C. Y. Wu et S. Chow	1			
四裂花黄芩 *S. quadrilobulata* Sun ex C. H. Hu	1			
筒冠花属 *Siphocranion* Kudo				
筒冠花 *S. macranthum*(Hook. f.) C. Y. Wu	1			
光柄筒冠花 *S. nudipes*(Hemsl.) Kudo	1			
泽泻科 Alismatcaeae				

（续）

草本植物名称	观花类	观果类	观叶类	藤蔓类
慈姑属 *Sagittaria* L.				
慈姑 *S. trifolia* L.			1	
眼子菜科 Potamogetonaceae				
眼子菜属 *Potamogeton* L.				
眼子菜 *P. distinctus* A. Benn.			1	
鸭跖草科 Commelinaceae				
鸭跖草属 *Commelina* L.				
鸭跖草 *C. communis* L.			1	
地地藕 *Commelina naculata* Edgew.			1	
竹叶吉祥草属 *Spatholirion* Ridl.				
竹叶吉祥草 *S. longifolium*(Gagnep.)Dunn			1	
芭蕉科 Musaceae				
芭蕉属 *Musa* L.				
树头芭蕉 *M. wilsonii* Tutch.			1	
姜科 Zingiberaceae				
山姜属 *Alpinia* Roxb.				
艳山姜 *A. zerumbet*(Pers.)Burtt et Smith.			1	
豆蔻属 *Amomum* Roxb.				
草果 *A. tsao－ko* Crevost et Lemarie.			1	
距药姜属 *Cautleya* Royle				
距药姜 *C. gracilis*(Smith)Dandy			1	
姜黄属 *Curcuma* L.				
郁金 *C. aromatica* Sailisb.	1			
姜花属 *Hedychium* Koen.				
草果药 *H. spicatum* Ham. ex Smith.			1	
百合科 Liliaceae				
粉条儿菜属 *Aletris* L.				
狭瓣粉条儿菜 *A. stenoloba* Franch.			1	
葱属 *Allium* L.				
宽叶韭 *Allium hookeri* Thwaite			1	
三柱韭 *Allium humile* Kunth var. *trifurcatum* Wang et Tang			1	
天门冬属 *Asparagus* L.				
羊齿天门冬 *A. filicinus* Ham. ex DC.			1	
大百合属 *Cardiocrinum*(Endl.)Lindl.				
大百合 *C. giganteum*(Wall.)Makino.	1			
万寿竹属 *Disporum* Salisb.				
万寿竹 *D. cantoniense*(Lour.)Merr.	1			
宝铎草 *D. sessile* D. Don	1			
萱草属 *Hemerocallis* L.				
萱草 *H. fulva*(L.)L.	1			

（续）

草本植物名称	观花类	观果类	观叶类	藤蔓类
折叶萱草 *H. plicata* Stapf.	1			
玉簪属 *Hosta* Tratt.				
玉簪 *H. plantaginea*（Lam.）Aschers	1			
紫萼 *H. ventricosa*（Salisb.）Stearn.	1			
百合属 *Lilium* L.				
野百合 *L. brownii* F. E. Brown ex Miellez.	1			
小百合 *L. nanum* Klotz.	1			
单花百合 *L. stewartianum* Balf. f et W. W. Sm	1			
淡黄花百合 *L. sulphureum* Baker apud Hook. f.	1			
大理百合 *L. taliense* Franch.	1			
沿阶草属 *Ophiopogon* Ker – Gawl.				
沿阶草 *O. bodinieri* Lévl.			1	
长茎沿阶草 *O. chingii* Wang et Tang			1	
麦冬 *O. japonicus*（L. f.）Ker – Gawl.			1	
黄精属 *Polygonatum* Mill.				
卷叶黄精 *P. cirrhifolium*（Wall.）Royle.	1			
多花黄精 *P. cyrtonema* Hua	1			
玉竹 *P. odoratum*（Mill.）Druce	1			
轮叶黄精 *P. verticillatum*（L.）All.	1			
吉祥草属 *Reineckiea* Kunth				
吉祥草 *R. carnea*（Andr.）Kunth.			1	
万年青属 *Rohdea* Roth				
万年青 *R. japonica*（Thunb.）Roth			1	
油点草属 *Tricyrtis* Wall.				
油点草 *T. macropoda* Miq			1	
开口箭属 *Tupistra* Ker – Gawl.				
弯蕊开口箭 *T. wattii*（C. B. Clarke）Hook. f.			1	
延龄草科 Trilliaceae				
重楼属 *Paris* L.				
球药隔重楼 *P. fargesii* Franch.			1	
华重楼 *P. polyphylla* Smith. var. *chinensis*（Franch.）Hara			1	
滇重楼 *P. polyphylla* var. *yunnanensis*（Franch.）Hand. – Mazz.			1	
长药隔重楼 *P. polyphylla* var. *pseudothibetica* H. Li			1	
天南星科 Araceae				
海芋属 *Alocasia*（Schott）G. Don				
尖尾芋 *A. cucullata*（Lour.）Schott.			1	
海芋 *A. macrorrhiza*（L.）Schott.			1	
魔芋属 *Amorphophallus* Blume				
魔芋 *A. rivieri* Durieu.			1	
天南星属 *Arisaema* Mart.				

（续）

草本植物名称	观花类	观果类	观叶类	藤蔓类
天南星 *A. beterophyllum* Blume			1	
狭叶南星 *Arisaema brachyspathun* Hayata			1	
象南星 *A. elephas* Buchet.			1	
一把伞南星 *A. erubescens*（Wall. ）Schott.			1	
象头花 *A. franchetianum* Engl.			1	
芋属 *Colocasia* Schott				
芋 *C. eseulenta*（L. ）Schott.			1	
鸢尾科 Iridaceae				
射干属 *Belamcanda* Adans.				
射干 *B. chinensis*（L. ）DC.	1			
唐菖蒲属 *Gladiolus* L.				
唐菖蒲 *Gladiolus gandavensis* Van Houtte.	1			
鸢尾属 *Iris* L.				
蝴蝶花 *I. japonica* Thunb.	1			
鸢尾 *I. tectorum* Maxim.	1			
薯蓣科 Dioscoreaceae				
薯蓣属 *Dioscorea* L.				
参薯 *D. alata* L.				1
蜀葵叶薯蓣 *D. althaeoides* R. Knuth.				1
黄独 *D. bulbifera* L.				1
叉蕊薯蓣 *D. collettii* Hook. f.				1
高山薯蓣 *D. kamoonensis* Kunth				1
薯蓣 *D. opposita* Thunb.				1
黄山药 *D. panthaica* Prain et Burkill				1
褐苞薯蓣 *D. persimilis* Prain et Burkill				1
毛胶薯蓣 *D. subcalva* Prain et Burkill				1
仙茅科（长喙科）Hypoxidaceae				
仙茅属 *Curculigo* Gaertn.				
仙茅 *C. orchioides* Gaertn.			1	
兰科 Orchidaceae				
白芨属 *Bletilla* Rchb. f.				
白芨 *B. striata*（Thunb. ex A. Murray）Rchb. f.	1			
虾脊兰属 *Calanthe* R. Br.				
剑叶虾脊兰 *C. davidii* Franch.	1			
虾脊兰 *C. discolor* Lindl.	1			
天府虾脊兰 *C. fargesii* Finet.	1			
镰萼虾脊兰 *C. puberula* Lindl.	1			
头蕊兰属 *Cephalanthera* L. C. Rich				
头蕊兰 *C. longifolia*（L. ）Fritsch.	1			
兰属 *Cymbidium* Sw.				

（续）

草本植物名称	观花类	观果类	观叶类	藤蔓类
莎叶兰 *C. cyperifolium* Wall.	1			
蕙兰 *C. faberi* Rolfe	1			
春兰 *C. goeringii*(Rchb. f.)Rchb. f.	1			
黄蝉兰 *C. iridioides* D. Don	1			
兔耳兰 *C. lancifolium* Hook.	1			
大根兰 *C. macrorhizon* Lindl. 产	1			
邱北冬蕙兰 *C. qiubeiense* K. M. Fang et H. Li	1			
春剑 *C. tortisepalum* Fukuyama var. *longibracteatum*(Y. S. Wu et S. C. Chen) S. C. Chen et Z. J. Liu	1			
石斛属 *Dendrobium* Sw.				
束花石斛 *D. chrysanthum* Lindl.	1			
美花石斛 *D. lodigesii* Rolfe.	1			
火烧兰属 *Epipactis* Zinn				
火烧兰 *E. helleborine*(L.)Crantz.	1			
玉凤花属 *Habenaria* Willd.				
长距玉凤花 *H. davidii* Franch.	1			
厚瓣玉凤花 *H. delarayi* Finet.	1			
粉叶玉凤花 *H. glaucifolia* Bur. et Franch.	1			
莲座玉凤花 *H. plurifoliata* T. Tang et F. T. Wang	1			
线瓣玉凤花 *H. fordii* Rolfe	1			
羊耳蒜属 *Lipatis* L. C. Rich.				
羊耳蒜 *L. japonica*(Mig.)Maxim.	1			
山兰属 *Oreorchis* Lindl.				
山兰 *O. patens*(Lindl.)Lindl.	1			
兜兰属 *Paphiopedilum* Pfitz.				
长瓣兜兰 *P. dianthum* T. Tang et F. T. Wang	1			
蝴蝶兰属 *Phalaenopsis* Bl.				
华西蝴蝶兰 *P. wilsonii* Rolfe.	1			
独蒜兰属 *Pleione* D. Don				
云南独蒜兰 *P. yunnanensis*(Rolfe)Rolfe.	1			
苞舌兰属 *Spathoglottis* Bl.				
苞舌兰 *S. pubescens* Lindl.	1			
绶草属 *Spiranthes* L. C. Rich.				
绶草 *S. sinensis*(Pers.)Ames.	1			
灯心草科 Juncaceae				
灯心草属 *Juncus* L.				
灯心草 *J. effusus* L.			1	
野灯心草 *J. setchuensis* Buchen.			1	
莎草科 Cyperaceae				
球柱草属 *Bulbostylis* C. B. Clarke				
丝叶球柱草 *B. densa*(Wall.)Hand. -Mazz.			1	

（续）

草本植物名称	观花类	观果类	观叶类	藤蔓类
苔草属 *Carex* L.				
葱状苔草 *C. alliiformis* C. B. Clarke			1	
高秆苔草 *C. alta* Boot			1	
青绿苔草 *C. breviculmis* R. Br.			1	
十字苔草 *C. cruciata* Wahlenb			1	
蕨状苔草 *C. filicina* Nees			1	
长梗苔草 *C. glossostigma* Hand. – Mazz.			1	
珠穗苔草 *C. ischnostachya* Steud.			1	
披针苔草 *C. lanceolata* Boott			1	
云雾苔草 *C. nubigena* D. Don			1	
粉被苔草 *C. pruinosa* Boott			1	
刺毛苔草 *Carex setosa* Boott			1	
莎草属 *Cyperus* L.				
风车草 *C. alternifolius*(Rottb.) Kukenth.			1	
扁穗莎草 *C. compressus* L.			1	
毛轴莎草 *C. pilosus* Vahl.			1	
禾本科 Gramineae				
看麦娘属 *Alopecurus* L.				
看麦娘 *A. aequalis* Sohol.			1	
水蔗草属 *Apluda* L.				
水蔗草 *A. mutica* L.			1	
荩草属 *Arthraxon* Beauv.				
荩草 *A. hispidus*(Thunb.) Makino.			1	
矛叶荩草 *A. lanceolatus*(Roxb.) Hochst.			1	
香茅属 *Cymbopogon* Spreng.				
芸香草 *C. distans*(Nees) Wats.			1	
狗牙根属 *Cynodon* Rich.				
狗牙根 *C. dactylon*(L.) Pers.			1	
双花草属 *Dichanthium* Willeme				
双花草 *D. annulatum*(Forsk.) Stap			1	
油芒属 *Eccoilopus* Steud.				
油芒 *E. cotulifer*(Thunb.) A. Camus			1	
画眉草属 *Eragrostis* Beauv.				
大画眉草 *E. cilianensis*(All.) Vign.			1	
知风草 *E. ferruginea*(Thunb.) Beauv.			1	
乱草 *E. japonica*(Thunb.) Trin.			1	
黑穗画眉草 *E. nigra* Nees ex Steud.			1	
宿根画眉草 *E. perenmans* Keng			1	
画眉草 *E. pilosa*(L.) Beauv			1	
小画眉草 *E. poaeoides* Beauv.			1	

（续）

草本植物名称	观花类	观果类	观叶类	藤蔓类
蔗茅属 *Erianthus* Michx.				
蔗茅 *E. rufipilus*(Steud.)Griseb.			1	
野黍属 *Eriochloa* H. B. K.				
野黍 *E. villosa*(Thunb.)Knuth			1	
金茅属 *Eulalia* Kunth				
四脉金茅 *E. quadrinervis*(Hack.)Kuntze			1	
金茅 *E. speciosa*(Debeaux.)Kuntze			1	
拟金茅属 *Eulaliopsis* Honda				
拟金茅 *E. binata*(Retz.)C. E. Hubb			1	
黄茅属 *Heteropogon* Pres.				
黄茅 *H. contortus*(L.)Beauv. ex Roem. et Schult.			1	
白茅属 *Imperata* Cyrillo.				
白茅 *I. cylindrica*(L.)Beauv. var. *major*(Nees)C. E. Hubb.			1	
柳叶箬属 *Isachne* R. Br.				
白花柳叶箬 *Isachne albens* Trin.			1	
柳叶箬 *I. globosa*(Thunb.)Kuntze			1	
平颖柳叶箬 *I. truncata* A. Camus			1	
淡竹叶属 *Lophatherum* Brongn.				
淡竹叶 *L. gracile* Brongn.			1	
芒属 *Miscanthus* Anderss.				
五节芒 *M. floridulus*(Labill.)Warb.			1	
芒 *M. sinensis* Anderss.			1	
芦苇属 *Phragmites* Trin.				
芦苇 *P. communis* Trin.			1	
金发草属 *Pogonatherum* Reauv.				
金发草 *P. paniceum*(Lamk.)Hack.			1	
甘蔗属 *Saccharum* L.				
斑茅 *S. arundinaceum* Retz.			1	
菅属 *Themeab* Forsk.				
苞子草 *T. caudata*(Nees ex Hook. et Arn.)A. Camus			1	
粽叶芦属 *Thysanolaena* Nees				
粽叶芦 *T. maxima*(Roxb.)Kuntze			1	

（杨荣和 钱长江 吴 宪 韦意平）

参考文献

陈植．观赏树木学[M]．北京：中国林业出版社，1984.
徐来富，杨成华，陈茂祥．贵州野生木本花卉[M]．贵阳：贵州科技出版社，2006.

李慧，张华海．兴义坡岗自然保护区观赏植物//兴义坡岗自然保护区综合考察集[M]．贵阳：贵州科技出版社，2006.

龙俊，刘明，张华海．湄潭百面水自然保护区主要观赏植物//湄潭百面水自然保护区综合科学考察集[M]．贵阳：贵州科技出版社，2006.

欧定坤，张兴国，周庆．黎平太平山自然保护区观赏植物//黎平太平山自然保护区综合科学考察集[M]．贵阳：贵州科技出版社，2006.

钱长江，韦堂灵，黄江华，汤升虎．贵州望谟苏铁自然保护区野生观赏种子植物资源调查研究[M]．贵阳：贵州科技出版社，2010

贵州省林业厅．大沙河自然保护区本底调查[M]．贵阳：贵州科技出版社，2006.

第九节　药用植物资源考察

贵州盘县八大山自然保护区，位于乌蒙山山脉，地处滇、黔、桂三省结合部的盘县境内。境内气候温和，冬无严寒，夏无酷暑，年均温 15.2℃，年均降雨量 1 390mm，属我国亚热带湿润季风气候，地貌特征多变，全境地势西北高，东部和南部较低，中南部降起。北部的牛棚梁子主峰海拔 2865m，东北部的格所河谷海拔 735m。相对高差 2130m。由于地势的间隙抬升和南北盘江支流的切割，形成了境内层峦叠嶂，山高谷深的高原山地地貌。同时，境内岩溶地貌类型齐全，发育典型。山峦众多，延绵起伏；山势峥嵘、角峰悬谷，绝壁叠嶂，流云飞瀑。虽然该区域人为经济活动频繁，但由于水热条件好，地貌特征复杂，气温的垂直差异大，为各种生物提供了理想的繁衍栖息地，加上地处边缘，部分区域人迹罕至，仍然是贵州目前植物种类保留得较为完好的地区之一，也是野生中草药资源较为丰富的地区之一，同时部分区域林相保留完好，原生性强，还保存着大量的国家一级保护植物如红豆杉、二级保护植物香果树等；该区域也是目前已知我国红豆杉保存的较为集中、较为完好的地区之一。2012 年 8 月随贵州省林业厅组织的综合科学考察团，野外考察期间采集及拍摄记录植物标本近 2 500 余号，初步整理确定该区域有药用植物 1 228 种(含变种)，隶属于 185 科 653 属，其中：菌类植物 11 科 18 属 24 种，苔藓类 8 科 10 属 13 种，蕨类植物 29 科 51 属 91 种，裸子植物 7 科 13 属 16 种(含引种)，被子植物 130 科 561 属 1 084 种(含变种)。

一、珍稀濒危及大宗中草药

盘县八大山自然保护区药用资源植物种类十分丰富，不少种类是贵州地道药材，如天麻 *Gastrodia elata* 、杜仲 *Eucommia ulmoides* Oliv. 石斛 *Dendrobium* SW. 、黄檗、金银花 *Lonicera japonica* Thunb. 、白芨 *Bletilla striata*(Thunb. ex A. Murray)Rchb. f. 、多花黄精 *Polygonatum cyrtonema* 、湖北黄精 *Polygonatum zanlanscianense* 、何首乌 *Polygonum multiflorum*、管花党参 *Codonopsis tubulosa* 、党参 *Codonopsis pilosula* 、川续断 *Dipsacus asperoides* 、七叶一枝花 *Paris polyphylla* 等。

属我国珍稀濒危的保护植物和珍稀野生药用植物，一级：红豆杉 *Taxus chinensis* 、光叶珙桐 *Davidia involucrate* Baill var. *vilmoriniana* (Dode) Wagner. 、银杏 Ginkgo biloba L. ；国家二级及贵州珍稀植物的有三尖杉 *Cephalotaxus fortune*、榉木 *Zelkoua schendieriana* 福建柏 *Fokienia hodginsii*(Dunn)Henry、杜仲 *Eucommia ulmoides*、束花石斛 *Dendrobium chrysanthum* Lindl. 美花石斛 *Dendrobium lodigesii* Rolfe. 贵州八角莲 *Dysosma majorensis*、喜树 *Camptotheca acuminate* Decne. 竹节参 *Panax japonicas* 、珠子参 *panax japonicas* var. *major*，刺楸 *Kalopanax septemlobus* 灵芝 *Ganoderma lucidum* zhao，xu et zhang. 等。

盘县八大山自然保护区虽然药用植物种类丰富，但产量较大并具有规模性开发利用野生资源的种类不多，目前仅有蛇足石杉 *Huperzia serrata*，虎杖 *Polygonum cuspidatum* ，夏枯草 *Prunella vulgaris* L. 坚龙胆 *Gentiana rigescens* Franch. ex Hemsl. 石莲 *Sinocrassula. indica*(Decne.)Berger 头花蓼 *Polygonum capitatum* Ham. ex Don 淫阳藿 *Epimedium*、党参 *Codonopsis pilosula*，艳山姜 *Alpinia zerumbet*(Pers.)Burtt et Smith. 杜仲，青榨槭 *Acer davidii* 等少数几种有一定的量外，其他如黄连、竹节参、八角莲、天麻，白及、石斛等，由于过度地采挖在野外已经很难见到。

二、开发利用

盘县八大山自然保护区有药用植物 1 228 种，其中属种子植物类的有 1 099 种，多数种类是珍稀和具有较高经济价值的种类，如红豆杉，七叶一枝花、竹节参等，青钱柳 *Cyclocarya paliurus* (Batal.) Hjinsk. 石斛 *Dendrobium* 等；有的种类是我省地道药材和产量较大其经济效益较好的大宗药材，如白及，天麻，金银花，党参，黄精等；还有的是药用价值高、产量大，至今未被开发利用前景见好的种类有主治风湿痹痛，肢体麻木，关节不利，跌打瘀痛，泄泻，痢疾，小儿消化不良的青榨槭；有的种是现代从新认识发现对现代疾病具有较好疗效的种类，如主治糖尿病的青钱柳，治疗高血压、高血脂的黄花倒水莲 *Polygala furcata* Royle. 等。目前，当地仅有少数药师和传统认识在治疗某些疾病方面具有较好疗效并经济价值较高的少数几种、如朱砂莲 *Polygonum multiflorum* var. *ciliinerve*，竹节人参、七叶一枝花、、八角莲，蛇莲 *Hemsleya sphaerocarpa*、金线吊乌龟 *Stephania cepharantha* Hayata 等，少数农户家里种植有三、五株，多则十几株外，仅见坚龙胆有小规模的种植。该区域药用植物种类丰富，水热条件好，开发利用的前景广阔。

建立保护区后，如何解决好保护区与周边社区群众保护与利用的矛盾，如何促进周边社区社会经济的持续稳步快速发展，建议当地政府及保护区管理单位，结合本地大力发展核桃产业，做好林下药材种植这篇文章，首先针对在本地适宜并群众充分认可，又能耐荫、多年生的块茎种类，开展人工选育栽培，逐步形成规范化种植基地，逐步形成当地农民的增收支柱产业和传统优势产业；对七叶一枝花、竹节参、坚龙胆 *Gentiana rigescens*、黄连、黄精、白芨、石斛等经济价值高，市场需求量逐步增加，目前规模种植又有一定难度的种类开展专项引种培育方面的研究，突破规模种植技术，从而减少社区群众对野生资源的依赖，促进农民的增收，实现资源的有效保护；值得一提的是六车河谷底，高温高湿，最适宜石斛生长繁育。

三、药用植物名录

苔藓类植物

葫芦藓科 Funariaceae

葫芦藓 *Funaria hygrometrica* Hedw.

植物体入药。祛风除湿，止痛，止血。主治风湿痹痛，跌打损伤，湿气脚痛。

真藓科 Bryaceae

真藓 *Bryum argenteum* Hedw.

植物体入药。清热解毒，止血。主治细菌性痢疾，黄疸，痈疽肿毒，衄血，咳血。

暖地大叶藓 *Rhodobryum giganteum* (Schwaegr.) Par.

植物体入药。养心安神，清肝明目。主治心悸怔忡，神经衰弱，目赤肿痛，冠心病，高血压等。

狭边大叶藓 *Rhodobryum ontariense* (Kindb.) Kindb.

植物体入药。养心安神。主治心悸怔忡，神经衰弱等。

提灯藓科 Minaceae

尖叶匐灯藓 *Plagiomnium acutum* (Lindb.) T. Kop.

植物体入药。凉血止血。主治鼻衄，吐血，便血，妇科崩漏。

匐灯藓 *Plagiomnium cuspidatum* (Hedw.) T. Kop.

植物体入药。凉血止血。主治鼻衄，吐血，便血，妇科崩漏。

珠藓科 Bartramiaceae

泽藓 *Philonotis fontana* (Hedw.) Brid.

植物体入药。清热解毒。主治咽喉肿痛，感冒，咳嗽，痈肿疮疖等。

羽藓科 Thuidiaceae

大羽藓 *Thuidium cymbifolium*（Dozy. et Molk.）Dozy. et Molk.

清热，拔毒，生肌。主治各种烫伤。

柳叶藓科 Amblystegiaceae

牛角藓 *Cratoneuron filicinum*（Hedw.）Spruce

植物体入药。宁心安神。主治心神不安，惊悸怔忡等。

灰藓科 Hypnaceae

鳞叶藓 *Taxiphyllum taxirameum*(Mitt.)Fleisch.

植物体入药。消炎止血。主治外伤出血等。

金发藓科 Polytrichaceae

扭叶小金发藓 *Pogonatum contortum*（Brid.）Lesq.

植物体入药。清热解毒。主治疮毒，溃疡等。

东亚小金发藓 *Pogonatum inflexum*（Lindb.）Sande Lac.

植物体入药。镇痛安神，止痛，止血。主治心悸怔忡，失眠多梦，跌打损伤，吐血等。

金发藓 *Polytrichum commne* Hedw.

植物体入药。滋阴退热，凉血止血。主治阴虚潮热，盗汗，肺痨咳嗽，衄血，便血，吐血，崩漏等。

菌类植物

麦角菌科 Clavicipitaceae

蝉棒束孢 *Isaria cicadae* Miq.

疏散风热，透疹，熄风止痉，明目退翳。主治外感风热，发热，头昏，咽痛，麻疹初期，疹出不畅，小儿惊风，目赤肿痛，翳膜遮睛。

木耳科 Auriculariaceae

木耳 *Auricularia auricula* Uuderw.

子实体入药。补气养血，润肺止咳，止血，降压，抗癌。主治气虚血亏，肺虚久咳，咳血，衄血，血痢，痔疮出血，妇女崩漏，眼底出血，高血压，子宫颈癌等。

毛木耳 *Auricularia polytricha*(Mont.)Sacc.

子实体入药。补气养血，润肺止咳，止血，降压，抗癌。主治气虚血亏，肺虚久咳，咳血，衄血，血痢，痔疮出血，妇女崩漏，高血压，眼压出血，子宫颈癌，阴道癌，跌打伤痛。

皱木耳 *Auricularia delicata*（Fr.）Henn.

子实体入药。补气养血，润肺止咳，止血，降压，抗癌。主治气虚血亏，肺虚久咳，咳血，衄血，血痢，痔疮出血，妇女崩漏，高血压，眼压出血，子宫颈癌，阴道癌，跌打伤痛。

银耳科 Tremellaceae

银耳 *Tremella fuciformis* Berk.

子实体入药。滋补生津，润肺养胃。主治虚劳咳嗽，痰中带血，津少口渴，病后体虚，气短乏力。

鸡油菌科 Cantharellaceae

鸡油菌 *Cantharellus cibarius* Fr.，明目，润燥，益肠胃。主治夜盲症，结膜炎，皮肤干燥。

多孔菌科 Polyporaceae

云芝 *Coriolus versicolor*(L.)Pilát.

子实体入药。健脾利湿，止咳平喘，清热解毒，抗肿瘤。主治慢性、活动性肝炎，肝硬化，慢性支气管炎，咽喉肿痛，多种肿瘤，类风湿性关节炎，白血病等。

灵芝科 Ganodermataceae

树舌灵芝 *Ganoderma applanatum*(Pers.)Pat.

子实体入药。止痛，清热，消积，止血，化痰。主治肺结核，食道癌，鼻咽癌。

灵芝 *Ganoderma sichuanense* J. D. Zhao et X. Q. zhang

子实体入药。益气血，安心神，健脾胃。主治虚劳，心悸，失眠，头晕，久咳气喘，冠心病，胃痛，肿瘤。

紫芝 *Ganoderma sinense* J. D. Zhao，L. W. Hsu et X. Q Zhang

子实体入药。益气血，安心神，健脾胃。主治虚劳，心悸，失眠，头晕，久咳气喘，冠心病，胃痛，肿瘤。

桦褶孔菌 *Lenzites betulina*（L.）Fr.

子实体入药。祛风散寒，舒筋活络。主治手足麻木，腰腿痛。

红孔菌 *Pycnoporus cinnabarinus*（Jacq.）P. Karst.

子实体入药。清热除烦，消炎解毒，止血。主治风湿性关节炎，气管炎，外伤出血等。

血红孔菌 *Pycnoporus sanguineus*（L.）Murrill

子实体入药。解毒除湿，止血。主治痢疾，咽喉肿痛，跌打损伤，痈疮疔，痒疹，伤口出血。

白蘑科 Tricholomataceae

蜜环菌 *Armillariella mellea*（Vahl. ex Ft.）Karst.

子实体入药。熄风平肝，祛风通络，强筋壮骨。主治头晕，头痛，失眠，四肢麻木，腰腿疼痛，冠心病，高血压，眩晕综合症，癫痫。

金针菇 *Flammulina velutipe s*(Curt. ex Fr.）Sing.

子实体入药。补肝，益肠胃，抗癌。经常食用可以预防和治疗肝脏系统及肠胃道溃疡，学龄儿童可以有效增加身高和体重。

香菇 *Lentinus edodes*（Berk.）Sing.

子实体入药。扶正补虚，健脾开胃，祛风透疹，化痰理气，解毒，抗癌。主治正气衰弱，神倦乏力，消化不良，贫血，佝偻病，高血压，高脂血症，慢性肝炎，盗汗，小便不禁，水肿，麻疹透发不畅，荨麻疹，毒菇中毒，肿瘤。

长根小奥德蘑 *Oudemansiella radicata*（Relh. ex Fr.）Sing.

子实体入药。用于治高血压等。

侧耳 *Pleurotus ostreatus*（Jacq. ex Fr.）Quèl.

子实体入药。追风散寒，舒筋活络，补肾壮阳。主治腰腿疼痛，手足麻木，筋络不舒，阳痿遗精，腰膝无力。

牛肝菌科 Boletaceae

美味牛肝菌 *Boletus edulis* Bull.

子实体入药。祛风散寒，补虚止带。主治风湿痹痛，手足麻木，白带，不孕症。

红菇科 Russulaceae

绿红菇 *Russula virescens*（Schaeff.）Fr.

子实体入药。清热，明目，舒筋活络，泻肝火。主治视物不明，内热，妇女气郁。

鬼笔科 Phallaceae

短裙竹荪 *Dictyophora duplicate*（Bosc）Fisch.

子实体入药。补气养血，润肺止咳，清热利湿。主治肺虚热咳，喉炎，痢疾，高血压，高脂血症。

长裙竹荪 *Dictyophora indusiata*（Vent.）Desv.

子实体入药。补气养血，润肺止咳，清热利湿。主治肺虚热咳，喉炎，痢疾，高血压，高脂血症。

马勃科 Lycoperdaceae

头状秃马勃 *Calvatia craniiformis*（Schw）Fr.

子实体入药。消肿止血，清肺利喉，解毒。主治外伤出血，慢性扁桃体炎，喉炎。

网纹灰包 *Lycoperdon perlatum* Pers.

子实体入药。清肺利咽，消肿止血。主治咽喉痛，外伤出血。

蕨类植物药

石杉科 Huperziaceae

蛇足石杉 *Huperzia serrata*(Thunb.)Trev.

全草入药。散瘀消肿，止血生肌，镇痛，消肿，杀虱。主治瘀血肿痛，跌打损伤，坐骨神经痛，神经性头痛，烧、烫伤。民间用以灭虱，灭臭虫，治疗蛇咬伤等。

石松科 Lycopodiaceae

扁枝石松 *Diphasiastrum complanatum*（L.）Holub.

全草入药。舒筋活血，祛风散寒，通经，消炎。主治风湿骨痛，月经不调，跌打损伤，烧、烫伤。

石松 *Lycopodium japonicum* Thunb.

全草、孢子入药。祛风活络，镇痛消肿，调经。主治风寒湿痹，四肢麻木，跌打损伤，月经不调，外伤出血；孢子入药。主治小儿湿疹。

卷柏科 Selaginellaceae

薄叶卷柏 *Selaginella delicatula*(Desv.)Alston

全草入药。清热解毒，祛风退热，活血调经。主治小儿惊风，麻疹，跌打损伤，月经不调，烧、烫伤。

兖州卷柏 Selaginella involvens（Sw.）Spring.

全草入药。清热凉血，利水消肿，清肝利胆，化痰定喘，止血。主治急性黄疸，肝硬化腹水，咳嗽痰喘，风热咳喘，崩漏，烧、烫伤，外伤出血。

江南卷柏 Selaginella moellendorffii Hieron.

全草入药。清热解毒，利尿通淋，活血消肿，止血退热。主治急性黄疸，肝硬化腹水，淋症，跌打损伤，咯血，便血，刀伤出血，疮毒，烧、烫伤，毒蛇咬伤。

疏叶卷柏 *Selaginella remotifolia* Spring

全草入药。凉血止血。治吐血，咳血，刀伤出血，便血。

翠云草 *Selaginella uncinata*(Desv.)Spring

全草入药。清热解毒，利湿通络，化痰止咳，止血。主治黄疸，痢疾，高热惊厥，胆囊炎，水肿，泄泻，吐血，便血，风湿关节痛，乳痈，烧、烫伤。

木贼科 Equisetaceae

披散问荆 *Equisetum diffiusum* Don

全草入药。清热解毒，利湿，疏肝散结。

犬问荆 Equisetum palustre L.

全草入药。清热利尿，舒筋活血，明目，止血。主治淋症，风湿关节痛，跌打损伤，目翳，吐血。

笔管草 *Hippochaete debilis*(Roxb. ex Vaucher）Holub

全草入药。清肝明目。治风热感冒，眼翳，肾炎，咳嗽，血尿。

节节草 *Hippochaete ramosissima*（Desf.)Böern.

全草入药。清热明目，祛风除湿，止咳平喘，利尿，退翳。主治目赤肿痛，感冒咳喘，水肿，淋证，肝炎，骨折。

阴地蕨科 Botrychiaceae

阴地蕨 *Scepteridium ternatum*（Thunb.）Lyon

全草入药。清热解毒，平肝散结，润肺止咳。主治小儿惊风，疳积，肺热咳嗽，瘰疬，痈肿疮毒，毒蛇咬伤。

紫萁科 Osmundaceae

紫萁 *Osmunda japonica* Thunb.

根茎、叶柄残基入药。清热解毒，利湿散瘀，止血，杀虫。主治痄腮，痘疹，风湿痛，跌打损伤，衄血，便血，血崩，肠道寄生虫。

里白科 Gleicheniaceae

大芒萁 *Dicranopteris ampla* Ching et Chiu

嫩苗及髓心入药。解毒，止血。主治蜈蚣咬伤，鼻出血，外伤出血。

芒萁 *Dicranopteris pedata*（Houtt.）Nakaike

全草、根茎入药。清热解毒，化瘀止血，止咳利尿。主治肺热咳嗽，衄血，崩漏，小便涩痛，淋证，跌打损伤，烧、烫伤，外伤出血，狂犬及蛇虫咬伤。

里白 *Diplopterygium glaucum* Thunb. ex Houtt.) Nakai

根茎入药。行气止血。主治胃痛，衄血，接骨。发利用。

海金沙科 Lygodiaceae

海金沙 *Lygodium japonicum*(Thunb.)Sw.

孢子、地上部分入药。清热利湿，通淋止痛。主治热淋，砂淋，石淋，血淋，膏淋，尿道涩痛。

稀子蕨科 Monachosoraceae

稀子蕨 *Monachosorum henryi* Christ

全草入药。祛风除湿，止痛。主治风湿骨痛，跌打伤痛，疝气痛。

碗蕨科 Dennstaedtiaceae

碗蕨 *Dennstaedtia scabra*(Wall. ex Hook.)Moore

根状茎入药。清热解表。主治感冒头痛。

边缘鳞盖蕨 *Microlepia marginata*(Panzer)C. Chr.

地上部分入药。清热解毒，祛风活络。主治痈疮疖，风湿痹痛，跌打损伤。

鳞始蕨科 Lindsaeaceae

乌蕨 *Sphenomeris chinensis*(L.)Max

全草或根茎入药。清热解毒，利湿，止血。主治感冒发热，咳嗽，咽喉肿痛，肠炎，痢疾，肝炎，湿热带下，痈疮肿毒，痄腮，口疮，烫火伤，毒蛇咬伤，皮肤湿疹，吐血，尿血，便血，外伤出血。

姬蕨科 Hypolepidaceae

姬蕨 *Hypolepis punctata*（Thunb.）Mett.

全草入药。清热解毒，收敛止血。主治烧、烫伤，外伤出血。

蕨科 Pteridiaceae

蕨 *Pteridium aquilinum*(L.) Kuhn var. *latiusculum* Desv.)Underw. ex Heller

嫩苗、根状茎入药。清热解毒，祛风除湿，降气化痰，利水安神。主治感冒发热，痢疾，黄疸，肠风便血，风湿痹痛。

毛轴蕨 *Pteridium revolutum*(Bl.)Nakai

根状茎入药。祛风除湿，解热利尿，驱虫。主治风湿关节痛，淋症，脱肛，疮毒，蛔虫病。

凤尾蕨科 Pteridaceae

凤尾蕨 *Pteris cretica* L.

全草入药。清热利湿，活血止痛。主治跌打损伤，瘀血腹痛，黄疸，乳蛾，痢疾，淋症，水肿，烧、烫伤，犬、蛇咬伤。

岩凤尾蕨 *Pteris deltodon* Bak.

全草入药。清热解毒，消炎止泻。主治泄泻，痢疾，久咳不止，淋症。

刺齿凤尾蕨 *Pteris dispar* Kunze

全草入药。清热解毒，凉血祛瘀。主治痢疾，泄泻，痄腮，风湿痹痛，跌打损伤，痈疮肿毒，毒蛇咬伤。

溪边凤尾蕨 *Pteris excelsa* Gaud.

全草入药。清热解毒。主治淋症，烧、烫伤，狂犬咬伤。

傅氏凤尾蕨 *Pteris fauriei* Hieron.

叶入药。清热利湿，祛风定惊，敛疮止血。主治痢疾，泄泻，黄疸，小儿惊风，外伤出血，烫火伤。

狭叶凤尾蕨 *Pteris henryi* Christ

全草入药。清热解毒，利尿，生肌。主治烧、烫伤，刀伤，狂犬咬伤，淋症，带下病。

井栏边草 *Pteris multifida* Poir.

全草、根茎入药。清热解毒，消炎止血。主治痢疾，黄疸，泄泻，乳痈，带下病，崩漏，烧、烫伤，外伤出血。

蜈蚣草 *Pteris vittata* L.

全草、根茎入药。祛风除湿，清热解毒。主治流行感冒，痢疾，风湿疼痛，跌打损伤，虫、蛇咬伤，疥疮。

中国蕨科 Sinopteridaceae

银粉背蕨 *Aleuritopteris argentea*（Gmel.）Fée

全草入药。补虚止咳，调经活血，消肿解毒，止血。主治月经不调，肝炎，肺痨咳嗽，吐血，跌打损伤。

粉背蕨 *Aleuritopteris pseudofarinosa* Ching et S. K. Wu

全草入药。止咳化痰，健脾利湿，活血止血。主治咳嗽，泄泻，消化不良，月经不调，吐血，便血，白带，淋证，跌打损伤。

毛轴碎米蕨 *Cheilosoria chusana*(Hook.)Ching et Shing

全草入药。清热解毒，收敛止血。主治蛇咬伤，痢疾，咽喉痛，各种出血。

野鸡尾金粉蕨 *Onychium japonicum*(Thunb.)Ktze.

叶入药。清热解毒，止血，利湿。主治跌打损伤，烧、烫伤，泄泻，黄疸，痢疾，咳血，狂犬咬伤，食物、农药、药物中毒；根状茎入药。清热，凉血，止血。主治外感风热，咽喉痛，吐血，便血，尿血。

栗柄金粉蕨 *Onychium japonicum*(Thunb.)Kze. var. *lucidum*(Don) Christ

全草入药。清热解毒，祛风除湿，消炎。主治感冒，胃痛，风湿痛，跌打肿痛，外伤出血，木薯、砷等中毒。

绒毛薄鳞蕨 *Leptolepidium subvillosum*（Hook.）K. H. Shing et S. K. Wu

全草入药。清热解毒，利温。主治湿热黄疸，咽喉肿痛，泄泻，痢疾，小便涩痛。

黑足金粉蕨 *Onychium contiguum* Wall. ex C. Hope

全草入药。清热解毒，利尿，止血。主治疮毒，水肿，白带，崩漏，外伤出血。

铁线蕨科 Adiantaceae

铁线蕨 *Adiantum capillus - veneris* L.

全草入药。清热解毒，利湿消肿，利尿通淋。主治痢疾，瘰疬，肺热咳嗽，肝炎，淋症，毒蛇咬伤，跌打损伤。

羽铁线蕨 *Adiantum capillus - junonis Rupr*

全草入药。清热解毒，补虚止咳。治肺炎，痢疾，疮痈，毒蛇咬伤，烫伤。

灰背铁线蕨 Adiantum myriosorum Bak.

全草入药。清热，利水，活血。主治小便癃闭，跌打损伤，烫伤，冻疮。

半月铁线蕨 *Adiantum philippense L.*

全草入药。活血散瘀，利尿，止咳。治小便涩痛，发热咳嗽，血崩

裸子蕨科 Hemionitidaceae

普通凤了蕨 *Coniogramme intermedia* Hieron

根茎入药。清热湿热，祛风活血。主治痢疾，小便淋涩，泄泻，带下，风湿痹痛，疮毒，跌打损伤。

蹄盖蕨科 Athyriaceae

长江蹄盖蕨 *Athyrium iseanum* Rosenst.

全草入药。清热解毒，凉血止血。治内出血，无名肿毒。

华中介蕨 *Dryoathyrium okuboanum*(Makino)Ching

全草入药。清热消肿。主治疮疖，肿毒。

峨嵋介蕨 *Dryoathyrium nuifurcatum* (Bak.) Ching.

全草入药。清热利湿。

肿足蕨科 Hypodematiaceae

肿足蕨 *Hypodematium crenatum* (Forssk.) Kuhn

全株入药。清火，拔毒，止血，生肌。治痢疾，黄水疮，刀伤出血。

金星蕨科 Thelypteridaceae

狭基钩毛蕨 *Cyclogramma leveillei*(Christ)Ching

全草入药。用于清热利尿

渐尖毛蕨 *Cyclosorus acuminatus*(Houtt.)Nakai ex H. Ito

全草、根茎入药。泻火解毒，健脾，镇惊。主治消化不良，烧、烫伤，狂犬咬伤。

长根金星蕨 *Parathelypteria beddomei* (Bak.) Ching

全草入药。消炎止血。主治外伤出血。

延羽卵果蕨 *Phegopteris decursive-pinnata*(van Hall)Fée

根状茎入药。利湿消肿，收敛解毒。主治水湿胀满，痈毒溃烂久不收口。

西南假毛蕨 *Pseudocyclosorus esquirolii* Christ) hing

全草入药。清热解毒。

披针新月蕨 *Pronephrium penangianum*(Hook.)Holtt.

根状茎、叶入药。活血散瘀，利湿。主治风湿麻痹，痢疾，跌打腰痛。

铁角蕨科 Aspleniaceae

虎尾铁角蕨 *Asplenium incisum* Thunb.

全草入药。清热解毒，平肝镇惊，祛湿止痛。治小儿惊风，肝炎，肺热咳嗽，胃痛，小便淋痛，毒蛇咬伤。

北京铁角蕨 *Asplenium ekinense* Hance

全草入药，化痰止咳，利膈，止血。治感冒咳嗽，肺结核，外伤出血

华中铁角蕨 *Asplenium sarelii* Hook.

根茎或全草入药。清热解毒，利湿，止血，生肌。主治流行性感冒，目赤肿痛，扁桃体炎，咳嗽，黄疸，肠炎，痢疾，肠胃出血，跌打损伤，疮肿疔毒，烧烫伤。

铁角蕨 *Asplenium trichomanes* L.

全草入药，清热利湿，舒筋活络。治水肿，疔疮热疖，肝炎，咳嗽，蛇咬伤。

三翅铁角蕨 *Asplenium tripteropus* NaKai

全草入药。舒筋活络。主治腰痛，跌打损伤。

变异铁角蕨 *Asplenium varians* Wall. ex Hook. et Grev.

全草入药。清热止血，散瘀消肿。主治刀伤，骨折，小儿疳积及惊风，烧、烫伤，疮疡溃烂。

球子蕨科 Onocleaceae

东方荚果蕨 *Matteuccia orientalis* (Hook.) Trev.

根茎、叶入药。祛风，止血。主治风湿骨痛，创伤出血。

乌毛蕨科 Blechnaceae

狗脊蕨 *Woodwardia japonica*(L. f.) Sm.

根状茎入药。清热解毒，散瘀，杀虫。主治虫积腹痛，湿热便血，血崩，痢疾，疔疮痈肿。

单芽狗脊蕨 *Woodwardia unigemmata*(Makino)Nakai

根状茎入药。清热解毒，散瘀，杀虫。主治虫积腹痛，感冒，便血，血崩，痈疮肿毒。

鳞毛蕨科 Dryopteridaceae

柳叶蕨 *Cyrtogonellum fraxinellum* (H. Christ) Ching

根茎入药。清热解毒。主治内热腹痛。

镰羽贯众 *Cyrtomium balansae* (Christ) C. Chr.

根茎入药。清热解毒，驱虫。主治流行性感冒，肠道寄生虫病。

刺齿贯众 *Cyrtomium caryotideum*(Wall. ex Hook. et Grev.)Presl

根状茎入药。清热解毒，活血散瘀，利水。主治瘰疬，疔毒疖痛，感冒，崩漏，跌打损伤，水肿。

贯众 *Cyrtomium fortunei* J. Sm.

根状茎入药。清热平肝，止血，消炎，解毒，杀虫。主治感冒，温病斑疹，痧秽中毒，疟疾，痢疾，肝炎，血崩，带下病，乳痈，瘰疬，跌打损伤。

大叶贯众 *Cyrtomium macrophyllum*(Makino)Tagawa

根状茎入药。清热解毒，活血，止血，杀虫。主治崩漏，带下病，烧、烫伤，跌打损伤，蛔虫病。

两色鳞毛蕨 *Dryopteris bissetiana*(Bak.)C. Chr.

根状茎入药。清热解毒。主治流行感冒。

桫椤鳞毛蕨 *Dryopteris cycadina* (Franch. et Sav.) C. Chr.

根茎入药。凉血止血，驱虫。主治功能性子宫出血，蛔虫病。

黑足鳞毛蕨 *Dryopteris fuscipes* C. Chr.

根状茎入药。收敛消炎。主治疮毒溃烂久不收口。

稀羽鳞毛蕨 *Dryopteris sparsa*(Don)O. Ktze.

根茎入药。驱虫，解毒。

角状耳蕨 *Polystichum alcicorne* (Baker) Diels

全草入药。散瘀消肿，止血。主治外伤肿痛，出血。

黑鳞耳蕨 *Polystichum makinoi*(Tagawa)Tagawa

嫩叶、根状茎入药。清热解毒。主治痈肿疮疖，泄泻痢疾。

峨眉耳蕨 *Polystichum omeiense* C. Chr.

全草入药。清热，泻火，利尿。主治肺胃热盛之鼻肿，小便短赤，便秘，疮疖久不收口。

对马耳蕨 *Polystichum tsus - simense*(Hook.)J. Sm.

根状茎、嫩叶入药。清热解毒。主治目赤肿痛，痢疾，痈疮肿毒。

三叉蕨科 Aspidiaceae

大齿三叉蕨 *Tectaria coadunata*(J. Sm.)C. Chr.

根茎入药。清热解毒。

肾蕨科 Nephrolepidaceae

肾蕨 *Nephrolepis auriculata*(L.)Trimen

全草入药。清热利湿，消肿解毒。主治黄疸，淋浊，骨鲠喉，痢疾，乳痈，外伤出血，毒蛇咬伤；

块茎入药。清热利湿，止血。主治感冒发热，淋巴结炎，咳嗽吐血，泄泻，崩漏，带下病，乳痈，痢疾，血淋，子痈。

水龙骨科 Polypodiaceae

披针骨牌蕨 *Lepidogrammitis diversa*(Rosenst.)Ching

全草入药。清热利湿，止血止痛。主治肺热，咳嗽，风湿关节痛，小儿高热，跌打损伤，外伤出血。

抱石莲 *Lepidogrammitis drymoglossoides*(Bak.)Ching

全草入药。清热解毒，除湿化瘀。主治咽喉痛，肺热咳血，风湿关节痛，淋巴结炎，胆囊炎，石淋，跌打损伤，疔毒痈肿。

滇鳞果星蕨 *Lepidomicrosorium subhemionitideum* (Christ) P. S Wang.

根茎入药。清热止咳，活血通络，除湿止痛。主治咳嗽，骨折，跌打损伤，劳伤疼痛，风湿痹痛。

拟瓦韦 *Lepisorus. . tosaensis* (Makino) H. Ito

全草入药。清热利湿，消肿止痛。主治感冒咳嗽，腹泻，小便淋痛，跌打损伤。

大瓦韦 *Lepisorus. macrosphaerus* (Baker) Ching

全草入药。清热解毒，利尿祛湿，止血。主治翳膜遮睛，热淋，水肿，血崩，月经不调，疔疮痈毒，外伤出血。

江南星蕨 *Microsorium henryi* (Christ) C. M. Kuo.

全草。根状茎入药。清热解毒，祛风利湿，活血，止血。主治风湿关节痛，热淋，带下病，吐血，衄血，痔疮出血。肺痈，跌打损伤，疔毒痈肿，蛇咬伤。

盾蕨 Neolepisorus ovatus(Bedd.)Ching

全草入药。清热利湿，散瘀活血。主治劳伤吐血，血淋，跌打损伤，烧、烫伤，疔毒痈肿。

友水龙骨 *Polypodiodes amoena*(Wall. ex Hook.) Ching

根状茎入药。舒筋活络，消肿止痛。主治风湿关节痛，齿痛，跌打损伤。

水龙骨 *Polypodiodes niponica*(Mett.)Ching

根状茎入药。祛风除湿，清热，活血。主治痢疾，淋浊，风湿痹痛，腹痛，关节痛，目赤红肿，跌打损伤。

光石韦 *Pyrrosia calvata* (Bak.) Ching

草入药。清热除湿，利尿止血。治感冒咳嗽，小便不利，吐血，外伤出血。

西南石韦 *Pyrrosia . gralla* (Giesenh.) Ching

全草入药。利水通淋，清肺化痰，凉血止血。主治淋症，水肿，大便不利，痰热咳嗽，咯血，吐血，衄血，崩漏及外伤出血。

石韦 *Pyrrosia lingua*(Thunb.)Farw.

全草入药。利尿通淋，清热止血。主治热淋，血淋，石淋，小便淋痛，吐血，衄血，尿血，崩漏，肺热咳嗽

柔软石韦 *Pyrrosia porosa*(Presl) Hovenk. 全草入药。清热，利尿通淋，止血。治水肿，石淋，小便涩痛，外伤出血。

裸子植物

银杏科 Ginkgoaceae

银杏 *Ginkgo biloba* L.

叶入药。活血养心，敛肺涩肠。主治胸痹心痛，喘咳痰嗽，泄泻痢疾，白带；种子入药。敛肺定喘，止带缩尿。主治哮喘痰嗽，白带，白浊，遗精，尿频，无名肿毒等。

松科 Pinaceae

雪松 *Ccdrus deodara* (Rosxb.) G. Don.

叶、木材入药。清热利湿，散瘀止血。主治痢疾，便血，水肿，风湿痹痛等。

云南油杉 *Keteleeria evelyniana* Mast.

根皮入药。消肿止痛，活血祛瘀，解毒生肌。主治跌打损伤，骨折，疮痈。

华山松 *Pinus armandi* Franch.

针叶入药。祛风燥湿，杀虫止痒，活血安神。主治风湿痹痛，脚气，癣，风疹瘙痒，跌打损伤，神经衰弱，慢性肾炎。

云南松 *Pinus yunnanensis* Franch.

松球入药。祛风除痹，化痰，止咳，平喘，利尿，通便。主治风寒湿痹，慢性支气管炎，便秘等。

杉科 Taxodiaceae

柳杉 *Cryptomeria japonica*(Thunb. ex L. f.) D. Don var. *sinensis* Miq.

根皮、树皮入药。解毒，杀虫，止痒。主治癣疮，鹅掌风，烫伤等。

杉木 *Cunninghamia lanceolata*(Lamb.) Hook.

叶入药。祛风，化痰，活血，解毒。主治风疹，咳嗽，牙痛，脓疱疮，毒虫咬伤；树皮入药。利湿，消肿解毒。主治水肿，脚气，烫伤等；心材入药。除湿散毒，降逆气，活血止痛。主治脚气肿满，心腹胀痛，风湿毒疮；根入药。祛风利湿，行气止痛。主治风湿痹痛，胃痛，白带，痔疮，骨折等。

水杉 *Metaseguoia glyptostroboides* Hu et Cheng.

叶入药。清热解毒，消炎止痛。主治痈疮肿毒，癣疮等。

柏科 Cupressaceae

干香柏 *Cupressus ducloxiana* Hickel

叶入药。凉血，止血。主治跌打损伤。

柏木 *Cupressus fanebris* Endl.

球果入药。祛风，安神，止血。主治感冒发热，胃痛呕吐，失明，劳伤吐血等。

福建柏 *Fokienia hodginsii*(Dunn) Henry et Thomas

心材入药。行气止痛，降逆止呕。主治脘腹疼痛，恶心呕吐等。

侧柏 *Platycladus orientalis*(L.) Franch.

叶入药。凉血止血，止咳祛痰。主治咯血，吐血，尿血，咳嗽痰多，丹毒；枝入药。祛风除湿，解毒疗疮。主治风寒湿痹，牙齿肿痛等；种仁入药。养心安神，敛汗，润肠通便。主治惊悸怔忡，失眠健忘，盗汗，肠燥便秘。

圆柏 *Sabina chinensis* (L.) Ant. 叶入药。祛风散寒，活血解毒。治风寒感冒、风湿关节痛、荨麻疹、肿毒初期

三尖杉科 Cephalotaxaceae

三尖杉 *Cephalotaxus fortunei* Hook.

种子入药。消食积，驱蛔虫。治恶性肿瘤、淋巴肉瘤、蛔虫病、咳嗽、小儿疳积。

红豆杉科发 Taxaceae

红豆杉 *Taxus chinensis* (Pilg.) Rehd.

种子、根皮入药。种子：滋阴润燥，消积杀虫。治久咳、肠道寄生虫。根皮、嫩叶提取紫杉醇：化瘀止痛，抗癌。主治卵巢癌，乳腺癌等。

麻黄科 Ephedraceae

丽江麻黄 *Ephedra likiangensis* Flarin

茎入药。发汗散寒，宣肺平喘，利水消肿。主治风寒感冒，胸闷喘咳，水肿，哮喘等。

被子植物

双子叶植物

三白草科 Saururaceae

蕺菜 *Houttuynia cordata* Thunb.

全草入药。清热解毒，排脓消痈，利尿通淋。主治肺痈吐脓，痰热喘咳，喉蛾，热痢，痈肿疮毒，热淋。

三白草 *Saururus chinensis*（Lour.）Baill.

全草入药。清热利水，解毒消肿。主治热淋，血淋，水肿，脚气，黄疸，痢疾，带下，痈肿疮毒，湿疹，蛇咬伤。

胡椒科 Piperaceae

石南藤 *Piper wallichii*(Miq.) Hand. – Mazz.

茎叶、全草入药。祛风湿，强腰膝，补肾壮阳，止咳平喘，活血止痛。主治风寒湿痹，腰膝酸痛，痛经，阳痿，咳嗽气喘，跌打肿痛。

金粟兰科 Chloranthaceae

宽叶金粟兰 *Chloranthus henryi* Hemsl.

全草入药。祛风除湿，活血散瘀，解毒。主治风湿痹痛，肢体麻木，风寒咳嗽，跌打损伤，疮肿，毒蛇咬伤。

多穗金粟兰 *Chloranthus multistachys*（H. – M.）Pel.

全草入药。祛湿，顺气，活血。主治跌打损伤，劳伤等。

及己 *Chloranthus serratus*(Thumb.)Roem. et Schult.

全草入药。活血散瘀，祛风止痛，解毒杀虫。主治跌打损伤，骨折，经闭，风湿痹痛，疔疮疖肿，疥癣，皮肤瘙痒，毒蛇咬伤。

杨柳科 Salicaceae

响叶杨 *Populus adenopoda* Maxim.

根皮、树皮、叶入药。祛风止痛，活血通络。主治风湿痹痛，四肢不遂，龋齿疼痛，损伤瘀血肿痛。

山杨 *Populus davidiana* Dode

树皮入药。祛风活血，清热利湿，驱虫。主治风湿痹痛，脚气，跌打损伤，痢疾，肺热咳嗽，口疮，牙痛，小便淋沥，蛔虫痛。

大叶杨 *Populus lasiocarpa* Oliv.

根皮入药。止咳，消炎，驱虫。主治咳嗽，蛔虫病等。

垂柳 *Salix babylonica* L.

枝、树皮、根入药。枝及树皮：祛风利湿，解毒消肿。主治风湿痹痛，小便淋浊，黄疸，风疹瘙痒。根：清热解毒，利尿，平肝止痛，透疹。主治慢性气管炎，小便淋浊，尿道感染，高血压，风疹瘙痒，烧烫伤等。

皂柳 *Salix wallichiana* Anderss.

根入药。祛风除湿，活血化瘀。主治风湿性关节痛，头风头痛。

杨梅科 Myricaceae

云南杨梅 *Myrica nana* Cheval.

根皮、茎皮入药。涩肠止泻，收敛止血，通络止痛。主治痢疾，泄泻，脱肛，崩漏，消化道出血，风湿疼痛，跌打损伤，外伤出血，黄水疮，疥癣，水火烫伤。

杨梅 *Myrica rubra*（Lour.）Sieb. et Zucc.

根、树皮入药。散瘀止血，止痛。主治跌打损伤，骨折，痢疾，牙痛，创伤出血，烧烫伤；果实入药。生津止渴。主治口干，食欲不振。

胡桃科 Juglandaceae

青钱柳 *Cyclocarya paliurus* (Batal.) Hjinsk.

叶入药。祛风止痒，清热消肿，止痛。主治皮肤癣疾。

野胡桃 *Juglans cathayensis* Dode.

种仁入药。润肺止咳，温肾助阳，润肤，通便。主治燥咳无痰，虚喘，腰膝酸软，肠燥便秘，皮肤干燥。

胡桃 *Juglans regia* L.

胡桃仁、胡桃壳、根入药。胡桃仁：补肾益精，温肺定喘，润肠通便我。壳：止血，止痢，散结消费痈，杀虫止痒。根：止泻，止痛，乌须发。

圆果化香 *Platycarya longipes* Wu.

叶入药。清热解毒，杀虫止痒。主治疔疮，疮痈肿毒，骨痈流脓，顽癣。

化香树 *Platycarya strobilacea* Sieb. et Zucc.

叶、果入药。清热解毒，杀虫止痒。主治疔疮，疮痈肿毒，骨痈流脓，顽癣等。

华西枫杨 *Pterocarya insignis* Rehd. et Wils.

叶入药。杀虫。主治血吸虫病，皮肤疮癣。

风杨 *Pterocarya stenoptera* C. DC.

树皮、果实、叶入药。树皮：祛风止痛，杀虫，敛疮。主治风湿麻木，头颅伤痛，疥癣等。果实、叶：湿肺止咳，解毒敛疮。主治风寒咳嗽，疮疡肿毒。

桦木科 Betulaceae

亮叶桦 *Betula luminifera* H. Winkl.

根入药。清热利尿。主治小便不利，水肿；树皮入药。祛湿散寒，消滞和中，解毒。主治感冒，风湿痹痛，食积饱胀，小便短赤，乳痈，疮毒，风疹；叶入药。清热利尿，解毒。主治水肿，疖毒。

多脉动鹅耳枥 *Carpinus polyneura* Franch.

根皮入药。清热解毒。主治痈肿疮毒。

云贵鹅耳枥 *Carpinus pubescens* Burkill. ex Forb. et Hemsl.

根皮入药。用于治痢疾。

藏刺榛 *Corylus ferox* Wall. var. *thibetica* (Batal.) Franch.

种仁入药。滋补强壮。主治痢疾，咳喘。

川 榛 *Corylus heterophylla* Fisch. ex Trautv. var. *sutchuenensis* Franch.

种仁入药。健脾和胃，润肺止咳。主治病后体弱，脾虚泄泻，食欲不振，咳嗽；雄花入药。止血，消肿，敛疮。主治外伤出血，冻伤，疮疖。

滇 榛 *Corylus yunnanensis* (Franch.) A. Camus.

种仁入药。健胃开胃，润肺。主治脾虚泄泻，食欲不振，咳嗽。

壳斗科 Fagaceae

板栗 *Castanea mollissima* Bl.

种仁入药。益气健脾，补肾强筋，活血消肿，止血。主治脾虚泄泻，反胃呕吐，腰脚软弱，筋骨折伤肿痛，瘰疬，吐血，便血；树皮入药。解毒消肿，收敛止血。主治癞疮，丹毒，口疳，漆疮，便血，创伤出血，跌打伤痛；根入药。行气止痛，活血调经。主治疝气偏坠，牙痛，风湿关节痛，月经不调。

茅栗 *Castanea seguinii* Dode

根入药。清热解毒，消食。主治肺炎，肺结核，消化不良；种仁入药。安神。主治失眠。

甜槠栲 *Castanopsis eyrei* (Champ.) Tutch.

根皮入药。健胃燥湿，止泻。主治脾虚泄泻。

丝栗栲 *Castanopsis fargesii* Franch.

根皮、总苞入药。根皮：涩汤止泻。主治肠炎，腹泻。总苞：清热，消肿止痛。主治痈肿疮毒。

青 冈 *Cyclobalanopsis glauca* (Thunb.) Oerst.

树皮、叶入药。止血，敛疮。主治产后血崩等。

滇青冈 *Cyclobalanopsis glaucoides* Schott.

果仁入药。消乳肿。

水青冈 *Fagus longipetiolata* Seem.

壳斗入药。健胃，消炎，理气。主治食欲不振，消化不良。

麻栎 *Quercus acutissima* Carr.

果实入药。收敛固涩，止血，解毒。主治泄泻，痢疾，便血，痔血，脱肛，小儿疝气，疮痈久溃不敛等。

槲栎 *Quercus aliena* Bl.

全株入药。收敛，止痢，恶疮。主治痢疾。

白栎 *Quercus fabri* Hance

果实的虫瘿总苞入药。健脾消积，理气，清火，明目。主治疳积，疝气，火眼赤痛，急性结膜炎。

短柄枹树 *Quercus glandulifera* Bl. var. *brevipetiolata* Nakai

壳斗入药。止咳。主治咳嗽。

榆科 Ulmaceae

糙叶树 *Aphananthe aspera* (Thunb.) Planch.

树皮、根皮入药。主治腰肌损伤酸痛。

紫弹朴 *Celtis biondii* Pamp.

树根、树枝、叶入药。叶：清热解毒。主治疮毒溃烂。树皮：通络止痛。主治腰背酸疼。根皮：解毒消肿，祛痰止咳。主治乳痈肿痛，痰多咳喘。

珊瑚朴 *Celtis julianae* Schneid.

茎叶入药。用于治疗咳喘。

朴树 *Celtis sinensis* (Pers.) Y. C. Tang.

树皮、叶、果实入药。树皮：祛风透疹，消食化滞。主治麻疹透发不畅，消化不良。叶：清热，凉血，解毒。主治漆疮，荨麻疹。果实：清热利咽。主治感冒咳嗽音哑。

青檀 *Pteroceltis tatarinowii* Maxim.

根皮入药。解毒。主治疔疮。

光叶山黄麻 *Trema cannabina* Lour.

根皮入药。利水，解毒，活血祛瘀。主治水泻，流感，毒蛇咬伤，筋骨折伤。

山黄麻 *Trema orientalis* (L.) Bl. 根皮、叶入药。消肿止血，止泻。治小儿单纯性腹泻，跌打瘀痛，外伤出血。

榆树 *Ulmus pumila* L. 树皮、根皮入药。利尿通淋，消肿解毒，祛痰。主治水肿，小便不利，淋浊，带下，咳喘痰多，失眠，内外痔出血等。

榉木 *Zelkoua schendieriana* Hand. -Mazz. 树皮、叶入药。树皮：清热，利水。治头痛、热毒下痢、水肿。叶：治肿烂恶疮。

桑科 Moracea

构树 *Broussonetia papyrifera* (L.) L'Hert. ex Vent.

果实入药。滋胃益阴，清肝明目，健脾利水。主治肾虚腰膝酸软，阳痿，目昏花，水肿等；茎皮入药。利水止血。主治小便不利，便血等；根皮入药。凉血散瘀，清热利湿。主治崩漏，跌打损伤等；

叶入药。凉血止血，利尿解毒。主治吐血，毒疮等。

大麻 *Cannabis sativa* L.

种子、根、花、叶入药。种子、根：润燥滑肠，利水通淋，活血。主治肠燥便秘，风痹，消渴，月经不调，跌打损伤等。花：祛风活血，生发。主治肢体麻木，眉发脱落。叶：截疟，驱蛔，定喘。主治疟疾，蛔虫症，气喘等。

大果榕 *Ficus auriculata* Lour.

果实入药。祛风宣肺，补肾益精。治肺热咳嗽，遗精，吐血。

无花果 *Ficus carica* L.

果实、根、叶入药。果实：清热生津，解毒消胀。主治咽喉肿痛，乳汁稀少，食欲不振，痈肿等。叶、根：清热解毒，消肿止痛。主治肺热咳嗽，湿热泄泻，带下，痔疮，痈肿疼痛。

小叶榕 *Ficus concinna*（Miq.）Miq.

根入药。祛风除湿，行气活血。主治风湿痹痛，胃痛，跌打损伤。

天仙果 *Ficus ereta* var. *beecheyana*（Hook. et Arn.）Kign

果实、根、叶入药。果实：缓下，润肠。主治痔疮。根：健脾益气，活血，祛风除湿。主治劳倦无力，食少，乳难，月经不调，脾虚白带，脱肛，风湿关节炎。茎叶：补气健脾，祛风湿，活血通络。主治气虚无力，四肢酸软，风湿痹痛，筋骨不利，跌打损伤，经闭，乳汁不通。

异叶天仙果 *Ficus heteromorpha* Hemsl.

根、叶入药。祛风除湿，化痰止咳，活血，解毒。主治风湿痹痛，咳嗽，跌打损伤，毒蛇咬伤。

珍珠莲 *Ficus sarmentosa* Buch. – Ham. ex J. E. Smith var. *henryi*（King ex D. Oliv.）Corner

花托入药。主治睾丸偏坠、内痔、便血。

爬藤榕 *Ficus sarmentosa* Buch. – Ham ex J. E. Sm. var. *impressa*（Champ.）Corner.

根、茎入药。祛风除湿，行气活血，消肿止痛。主治风湿痹痛，神经性头痛，小儿惊风，胃痛，跌打损伤。

地 果 *Ficus tikoua* Bur.

全株入药。清热利湿，活血通络，解毒消肿。主治肺热咳嗽，痢疾，水肿，黄疸，风湿疼痛，经闭，带下，跌打损伤，无名肿毒等。

律草 *Humulus scandens*（Lour.）Merr.

全草入药。清热解毒，利尿通淋。主治肺热咳嗽，肺痈，虚热烦渴，热淋，水肿，小便不利，湿热泻痢，热毒疮疡，皮肤瘙痒。

柘树 *Machura tricuspidata*（Carr.）Bur. Ex Lavallee

树皮、根皮、枝叶入药。树皮、根皮：通络镇痛。主治虚损，妇女崩中血漏，疟疾。枝叶：清热解毒，舒筋活络。主治痄腮，痈肿，湿疹，跌打损伤，腰腿痛等。

桑树 *Morus alba* L.

叶、果实、根皮、嫩枝入药。叶：疏风清热，清肝明目。主治风热感冒，目赤，咽喉肿痛。果实：滋补肝肾，养血祛风。主治须发早白，神经衰弱等。根皮：泻肺平喘，利水消肿。主治肺热喘咳，面目浮肿，小便不利，高血压，糖尿病，跌打损伤寺。嫩枝：祛风清热，通络。主治风湿性关节炎，风热臂痛。

鸡 桑 *Morus australis* Poir.

根、叶入药。清肺，凉血，利湿。主治肺热咳嗽，鼻衄，水肿，腹泻，黄疸。

荨麻科 Urticaceae

序叶苎麻 *Boehmeria clidemioides* Miq. var. *diffusa*（Wedd.）Hand. – Mazz.

全草入药。祛风除湿。主治风湿痹痛。

水苎麻 *Boehmeria macrohylla* Hornem.

根入药。祛风除湿，通络止痛。主治跌打损伤，风湿痹痛等。

苎麻 *Boehmeria nivea*（L.）Gaudich.

根茎、茎皮、叶、花入药。根茎：凉血止血，清热安胎，利尿解毒。主治各种出血，胎动不安，小便淋沥，痈疮肿毒。茎皮、叶：清热凉血，散瘀止血，解毒利尿，安胎回乳。主治瘀热心烦，湿疹，产后血晕，月经不调，乳痈，跌打损伤等。花：清心除烦，凉血透疹。主治心烦失眠，疹透发不畅，风疹瘙痒。

悬铃叶苎麻 *Boehmeria tricuspis*（Hance）Makino.

根入药。活血止血，解毒消肿。主治跌打损伤，胎漏下血，痔疮肿痛，疖肿。

水 麻 *Debregeasia edulis* （Sieb. et Zucc.） Wedd.

全草入药。清热利湿，止血。治小儿惊风、风湿性关节炎、咳血、止咳。

长叶水麻 *Debregeasia longifolia*（Burm. f.）Wedd.

根入药。祛风止咳，清热得湿。主治伤风感冒，咳嗽热痹，膀胱炎，无名肿毒，牙痛。

骤尖楼梯草 *Elatostemancuspidatum* Wight.

全草入药。祛风除湿，散瘀消肿，解热毒。主治风湿热痹，目赤肿痛，黄疸，跌打损伤。

楼梯草 *Elatosteman involucratum* Franch. et. Sav.

全草入药。清热解毒，祛风除湿，利水消肿，活血止痛。主治赤白痢疾，高热惊风，黄疸，风湿痹痛，水肿，淋症，经闭，疮肿，痄腮，带状疱疹，毒蛇咬伤，跌打损伤，骨折。

糯米团 *Gonostegia hirta*（Bl.）Miq.

带根全株入药。健脾消积，清热解毒，利湿消肿，散瘀止血。主治乳痈，肿毒，痢疾，消化不良，食积腹痛，疳积，带下水肿，小便不利，痛经，跌打损伤，咳血，吐血，外伤出血。

赤车 *Pellionia radicans*（Sieb. et Zucc.）Wedd.

全草、根入药。祛风除湿，活血行瘀，解毒止痛。主治风湿骨痛，跌打肿痛，骨折，疮疖，牙痛，肝炎，支气管炎，毒蛇咬伤，烧烫伤等。

大叶冷水花 *Pilea martini*（Levl.）Hand. - Mazz.

全草入药。清热解毒，祛瘀止痛，利尿消肿。主治无名肿毒，跌打骨折，小便不利，浮肿。

冷水花 *Pilea notata* C. H. Wright

全草入药。清热利湿，退黄，消肿散结，健脾和胃。主治湿热黄疸，赤白带下，淋浊，尿血，跌打损伤等。

西南冷水花 *Pilea plataniflora* C. H. Wright.

全草、根入药。舒筋活络，利尿，解毒。主治风寒湿痹，筋骨疼痛，手足麻木，跌打损伤，水肿，小便不利，黄疸，痢疾，疮疡肿毒，烫伤。

粗齿冷水花 *Pilea sinofasciata* C. J. Chen.

全株入药。清热解毒，活血祛风，理气止痛。主治高热，喉蛾肿痛，鹅口疮，跌打损伤，骨折，风湿痹痛。

裂叶荨麻 *Urtica fissa* E. Pritz.

全草入药。祛风通络，平肝定惊，消积通便，解毒。主治风湿痹痛，产后抽风，小儿惊风，小儿麻痹后遗症，高血压，消化不良，大便不通，荨麻疹，跌打损伤，虫蛇咬伤。

桑寄生科 Loranthaceae

贵州桑寄生 *Loranthus guizhouensis* H. S. Kiu.

全株入药。强腰膝，补肝肾。主治风湿痹痛，腰膝疼痛，骨折。

双花鞘花 *Macrosolen bibracteolatus*（Hance.）Danser.

茎、叶入药。祛风湿。主治风湿痹痛。

鞘花 *Macrosolen cochinchinensis*（Lour.）Van Tiegh.

全株入药。祛风湿，补肝肾，活血止痛，止咳，止痢。主治风湿痹痛，肢体麻木，腰膝酸痛，头晕目眩，脱发，跌打损伤，痔疮肿痛，咳嗽，咳血，痢疾。

红花桑寄生 *Scurrula parasitica* L.

茎叶入药。祛风湿，强筋骨，活血解毒。主治风湿痹痛，腰膝酸痛，胃痛，乳少，跌打损伤，痔疮肿痛。

毛叶寄生 *Taxillus nigrans* (Hance) Danser.

枝叶入药。补肝肾，除风湿，强筋骨，安胎。主治腰膝酸痛，筋骨痿弱，肢体偏枯，风湿痹痛，头晕目眩，胎动不安，崩漏下血。

四川寄生 *Taxullus sutchuensis* (Lecomte) Danser

枝叶有消肿的功能。用于驱风湿、补腰肾、安胎。

灰毛寄生 *Taxillus sutchuenensis* var. *duclouxii* (Lecomte) H. S. Kiu.

全株入药。补肝肾，祛风湿，降血压，养血安胎。主治肝肾亏损，腰膝酸痛，风湿痹痛，坐骨补神经痛，四肢麻木，高血压，胎动不安，先兆流产。

大苞桑寄生 *Tolypsnthus maclurei* (Merr.) Danser.

茎叶入药。祛风除湿，补肝肾，强筋骨。主治头目眩晕，腰膝酸痛，风湿麻木。

马兜铃科 Aristolochiaceae

马兜铃 *Aristolochia dehllis* sieh. et Zuca.

根、茎叶、果实入药。根：行气止痛，解毒消肿，平肝降压。主治胸胁脘腹疼痛，疝气痛，肠炎，下痢腹痛，咳嗽痰喘，蛇虫咬伤，皮肤瘙痒，高血压。茎叶：行气活血，利水消肿，解毒。主治疝气痛，产后血气腹痛，风湿痹痛，妊娠水肿，蛇虫咬伤。清肺降气，止咳平喘，清泻大肠。主治肺热咳嗽，痰壅气促，肺虚久咳，肠热痔血，痔疮肿痛，水肿。

卵叶马兜铃 *Aristolochia ovatifolia* S. M. Hwang.

根入药。解毒，止痛。主治风湿热痹，痈肿恶疮，湿疹，毒蛇咬伤。

尾花细辛 *Asarum caudigerum* Hance.

全株入药。湿经散寒，化痰止咳，消肿止痛。主治风寒感冒，头痛，咳嗽哮喘，风湿痹痛，跌打损伤，口舌生疮，毒蛇咬伤，疮疡肿毒等。

马蹄香 *Saruma henryi* Oliv.

根、根茎入药。祛风散寒，理气止痛，消肿排脓。主治风寒感冒，咳嗽头痛，胃寒气滞，脘腹胀痛，胸痹疼痛，关节痛，劳伤身痛，痈肿疮毒。

蛇菰科 Balanophoraceae

蛇菰 *Balanophora harlandii* Hook. f .

全株入药。清热解毒，凉血止血。主治咳嗽，咯血，肠风下血，痔疮肿痛，梅毒，疔疮，小儿阴茎肿。

穗花蛇菰 *Balanophora spicata* Hayata.

全株入药。清热解毒，凉血止血。主治肺热咳嗽，吐血，肠风下血，血崩，风热斑疹，腰痛，小儿阴茎肿，痔疮，疔疮肿毒。

蓼科 polygonaceoce

金线草 *Antenoron filiforme*(Thunb.)Rob. et Vaut.

全草入药。凉血止血，清热利湿，散瘀止痛。主治咳血，吐血，便血，血崩，泄泻，痢疾，胃痛，经期腹痛，产后血瘀腹痛，跌打损伤等。

金荞麦 *Fagopyrum dibotrys*(D. Don)Hare.

根入药。清热解毒，活血化瘀，祛风除湿。主治肺痈，肺热咳喘，咽喉肿痛，痢疾，风湿痹证，跌打损伤等。

荞麦 *Fagopyrum esculentum* Moench.

种子，茎、叶入药。种子：健脾消积，下气宽中，解毒敛疮，主治肠胃积滞，泄泻，痢疾，白浊，带下，自汗等。茎、叶：利耳目，下气消积，清热解毒，止血降压，主治眼目昏糊，耳鸣重听，消化不良，高血压，糖尿病并发视网膜炎等。

细柄野荞麦 *Fagopyrum gracilipes*(Hemsl.) Damm. ex Diels

种子、全草入药。全草：清热解毒，活血化瘀，健脾利湿。种子：开胃，润肠。

苦荞麦 *Fagopyrum tataricum*(L.) Gaertn.

根、根茎入药。健脾行滞，理气止痛，解毒消肿。主治胃脘胀痛，消化不良，痢疾，腰腿痛，跌打损伤，痈肿疔疮，狂犬咬伤。

萹蓄 *Polygonum aviculare* L.

全草入药。利尿通淋，杀虫止痒。主治淋证，小便不利，黄疸，泻痢，蛔虫病，蛲虫病，钩虫病，妇女阴蚀，皮肤湿疮等。

头花蓼 *Polygonum capitatum* Ham. ex Don

全草入药。清热利湿，活血止痛。主治痢疾，肾盂肾炎，膀胱炎，尿路结石，风湿痛，跌打损伤，痄腮，疮疡，湿疹等。

火炭母 *Polygonum chinense* L.

茎叶入药。清热利湿，凉血解毒，平肝明目，补益脾肾，活血舒筋。主治痢疾，泄泻，肺热咳嗽，百日咳，肝炎，耳鸣耳聋，中耳炎，体虚乏力，跌打损伤等；根入药。清热解毒，平降肝阳，补益脾肾，活血消肿。主治体虚乏力，头目眩晕，耳鸣耳聋，白带，肺痈，乳痈，跌打损伤等。

革叶蓼 *Polygonum coriaceum* Sam.

根茎入药。清热解毒。主治湿热痢疾，口腔炎，牙龈炎，痈肿，痔疮，烫伤等。

虎杖 *Polygonum cuspidatum* Sieb. et Zucc.

根及根茎入药。活血散瘀，祛风通络，清热利湿，解毒。主治妇女经闭，痛经，产后恶露不下，跌打损伤，风湿痹痛，黄疸，淋浊，蛇咬伤，漆疮等；叶入药。祛风湿，解热毒。主治风湿关节疼痛，蛇咬伤，漆疮。

水 蓼 *Polygonum hydropiper* L.

茎叶、根入药。行滞化湿，散瘀止血，祛风止痒，解毒。主治湿滞内阻，脘闷腹痛，泄泻，痢疾，小儿疳积，血滞经闭，痛经，跌打损伤，皮肤瘙痒，风湿痹痛等；果实入药。利水化湿，破瘀散结，解毒。主治水肿，小便不利，急腹胀，痈肿疮疡等。

蚕茧草 *Polygonum9japonicum* Meisn.

全草入药。解毒，止痛，透疹。主治疮疡肿痛，诸虫咬伤，腹泻，痢疾，腰膝寒痛，麻疹透发不畅等。

长鬃蓼 *Polygonum longisetum* De Bruyn.

全草入药。解毒，除湿。主治肠炎，菌痢，无名肿毒，阴疳，瘰疬，毒蛇咬伤，风湿痹痛。

小蓼花 *Polygonum muricatum* Meisn.

根茎入药。化湿行滞，祛风消肿。主治消化不良，风湿痹痛。

大马蓼 *Polygonum lapathifolium* L.

全草入药。解毒，除湿，活血。主治疮疡肿痛，腹泻，痢疾，湿疹，疳积，风湿，腰痛，跌打损伤，月经不调等。

圆穗蓼 *Polygonum macrophyllum* D. Don.

根茎入药。清热解毒，止血，活血。主治咽喉肿痛，痈疮肿毒，湿热泄泻，痢疾，赤白带下，吐血，肠风下血，外伤出血，跌打损伤，腰痛，关节疼痛等。

何首乌 *Polygonum multiflorum* Thunb.

块根入药。养血滋阴，润肠通便，截疟，祛风，解毒。主治血虚头昏目眩，心悸，肝肾阴虚之腰膝酸软，须发早白，遗精，便秘，久疟体虚等；藤茎入药。养心安神，祛风，通络。主治失眠，多梦，血虚身痛，肌肤麻木，风湿痹痛等；叶入药。解毒散结，杀虫止痒。主治疮疡，瘰疬，疥癣等。漏，慢性胃炎，胃、十二指肠溃疡，食积，痢疾，疮毒等。

朱砂莲 *Polygonum multiflorum* var. *ciliinerve*（Nakai）Steward.

块根入药。清热解毒，止痛，止血，调经。主治小儿腹胀痛，劳伤，月经不调。

杠板归 *Polygonum perfoliatum* L.

全草入药。清热解毒，利湿消肿，散瘀止血。主治疔疮痈肿，丹毒，痄腮，乳腺炎，泻痢，黄疸，感冒发热，肺热咳嗽，瘰疬，痔瘘，肛瘘，水肿，蛇虫咬伤等；根入药。解毒消肿。主治对口疮，痔疮，肛瘘。

赤胫散 *Polygonum runcinatum* Buch. – Ham. ex D. Don

全草入药。清热解毒，活血舒筋。主治痢疾，泄泻，赤白带下，经闭，经痛，乳痈，疮疖，无名肿毒，毒蛇咬伤，跌打损伤等。

刺蓼 *Polygonum senticosum*（Meisn. ex Miq.）Franch. et Sav.

全草入药。清热解毒，利湿止痒，散瘀消肿。主治痈疮疔疖，毒蛇咬伤，湿疹，黄水疮，带状疱疹，跌打损伤，内外痔等。

戟叶蓼 *Polygonum thunergii* Sieb. et Zucc.

全草入药。祛风清热，活血止痛。主治风热头痛，咳嗽，痧疹，痢疾，跌打伤痛，干血痨。

珠芽蓼 *Polygonum viviparum* L.

根状茎入药。清热解毒，止血，活血。主治咽喉肿痛，乳蛾，肠风下血，外伤出血，跌打损伤，腰痛，关节疼痛。

酸模 *Rumex acetosa* L.

根入药。凉血止血，泄热通便，利尿，杀虫。主治吐血，便血，月经过多，热痢，目赤，便秘，小便不通，湿疹。

皱叶酸模 *Rumex crispus* L.

根、叶入药。根：清热解毒，凉血止血，通便杀虫。主治急慢性肝炎，肠炎，痢疾，慢性支气管炎，吐血，衄血，便血，崩漏，热结便秘，痈疽肿毒等。叶：清热通便，止咳。主治便秘，咳嗽等。

齿果酸模 *Rumex dentatus* L.

叶入药。清热解毒，杀虫止痒。主治乳痈，疮疡肿毒，疥癣等。

细叶酸模 *Rumex hastatus* D. Don.

叶入药。清热解毒，杀虫止痒。主治乳痈，疮疡肿毒，疥癣等。

尼泊尔酸模 *Rumex nepalensis* Spreng.

根、叶入药。清热通便，凉血止血，杀虫止痒。主治大便秘结，吐血衄血，肠风便血，痔血，崩漏，疥癣斑秃，跌打损伤等。

藜科 Chenopodiaceae

藜 *Chenopodium album* L.

幼嫩全草、果实入药。清热祛湿，解毒消肿，杀虫止痒。主治发热，咳嗽，痢疾，腹痛，疝气，小便不利，水肿，皮肤湿疮，头疮，耳聋，疮疡肿痛，毒虫咬伤等。

带果穗全草入药。祛风除湿，杀虫止痒，活血消肿。主治钩虫病，蛔虫病，蛲虫病，皮肤湿疹，疥癣，风湿痹痛，经闭，痛经，口舌生疮等。

小藜 *Chenopodium serotinum* L.

全草入药。疏风清热，解毒去湿，杀虫。主治风热感冒，腹泻，痢疾，荨麻疹，疮疡肿毒，疥癣，白癜风，虫咬伤等。

苋科 Amaranthaceae

土牛膝 *Achyranthes aspera* L.

根、全株入药。活血祛瘀，利尿通淋，清热解毒。主治经闭，痛经，月经不调，跌打损伤，风湿关节痛，淋病，肾炎水肿，外感发热，疟疾，咽痛。

牛 膝 *Achyranthes bidentata* Bl.

根入药。补肝肾，强筋骨，活血通经，利尿通淋。主治腰膝酸痛，高血压，闭经，胞衣不下，痈肿，跌打损伤，咽喉肿痛，热淋。

尾穗苋 *Amaranthus caudatus* L.

种子、根、叶入药。根：健脾，消积。主治脾胃虚弱，倦怠乏力，食少，小儿疳积。叶：解毒消肿。主治疔疮疖肿，风疹瘙痒。种子：清热透疹。小儿水痘，麻疹。

凹头苋 *Amaranthus lividus* L.

全株入药。清热利湿。主治肠炎，痢疾，咽炎，乳腺炎，痔疮肿痛出血，毒蛇咬伤，小便不利，水肿。

紫茉莉科 Nyctaginaceae

紫茉莉 *Mirabilis jalapa* L.

根、叶、花、种子入药。根、叶：清热利湿，解毒活血。主治热淋，白浊，水肿，赤白带下，关节肿痛，痈疮肿毒，跌打损伤。种子：清热化斑，利湿解毒。主治面生斑痣，脓疮。花：润肺凉血。主治咯血等。

商陆科 Phytolaccaceae

商陆 *Phytolacca acinosa* Roxb.

根、花、叶入药。逐水消肿，通利二便，解毒散结。主治水肿胀满，二便不通，疮毒等。

垂序商陆 *Phytolacca americana* L.

根入药。祛风除湿，催吐。主治风湿，腹胀，食物中毒；种子入药。利水消肿。主治水肿，小便不利。

石竹科 Caryophllaceae

蚤缀 *Arenaria serpyllifolia* L.

全草入药。清热，明目，止咳。主治肝热目赤，翳膜遮睛，肺痨咳嗽，咽喉肿痛等。

狗筋蔓 *Cucubalus baccifer* L.

全草入药。活血定痛，接骨生肌。主治跌打损伤，骨折，月经不调，风湿骨痛，痈疽等。

漆姑草 *Sagina japonica*(Sw.)Ohwi

全草入药。凉血解毒，杀虫止痒。主治漆疮，秃疮，湿疹，丹毒，瘰疬，无名肿毒，毒蛇咬伤等。

掌叶蝇子草 *Silene asclepiadea* Franch.

根入药。镇痛，清热，利尿，化痰。主治跌打损伤，风湿疼痛，胃脘痛，热淋，肺热咳嗽等。

中国繁缕 *Stellaria chinensis* Regel.

全草入药。清热解毒，活血止痛。主治乳痈，肠痈，跌打损伤，产后瘀痛，风湿骨痛等。

繁缕 *Stellaria media*（L.）Cyr.

全草入药。清热解毒，凉血消痈，活血止痛，下乳。主治痢疾，肠痈，肺痈，疔疮肿毒，跌打损伤，乳汁不下等。

星毛繁缕 *Stellaria vestita* Kurz.

全草入药。平肝，舒筋活血，利湿，解毒。主治中风不语，口眼歪斜，肢体麻木，风湿痹痛，跌打损伤，黄疸，疮疖等，

毛茛科 Ranunculaceae

川乌头 *Aconitum carmichaeli* Debx.

母根、子根入药。母根：祛风除湿，温经，散寒止痛。主治风寒湿痛，关节疼痛，半身不遂，肢体麻木，心腹冷痛，跌打瘀痛等。子根：回阳救逆，补火助阳，散寒除湿。主治亡欲脱，肢冷脉微，阳痿宫冷，阳虚外感，风寒湿痹等。

黄草乌头 *Aconitum vilmorinianum* Kom.

块根入药。祛风除湿，活血止痛，解毒消肿。主治风寒湿痹，手足厥冷，跌打损伤，疮毒等。

深裂叶乌头 *Aconitum vilmorinianum* Kom. var. *altifidum* W. T. Wang.

块根入药。祛风除湿，止痛，解毒消肿。主治风湿痹痛，疮毒。

类叶升麻 *Actaea asiatica* Hara.

根茎入药。祛风除湿，清热解表。主治感冒头痛，风湿疼痛等。

打破碗花花 *Anemone hupehensis* Lem.

根、全草入药。清热利湿，解毒杀虫，消肿散瘀。主治痢疾，泄泻，蛔虫病，疮疖痈肿，跌打损伤，黄疸等。

虎掌草 *Anemone rivularis* Buch. – Ham. ex DC.

根入药。清热解毒，活血舒筋，消肿，止痛。主治咽喉肿痛，痄腮，痈疽肿毒，风湿疼痛，跌打损伤等。

裂叶星果草 *Asteropyrum cavaleriei*（Lévl. Et Vnt.）Drumm. et Hutch.

根、根茎入药。清热解毒，利湿。主治湿热痢疾，泄泻，黄疸，水肿，火眼目赤肿痛。

钝齿铁线莲 *Clematis apiifolia* DC. var. *obtusidentata* Rehd. et Wils.

藤茎入药。消食止痢，利尿消肿，通经下乳。主治食滞腹胀，泄泻，淋症，闭经，乳汁不通。

粗齿铁线莲 *Clematis argenilucida*（Lévl. et Vant.）W. T. Wang

茎藤入药。利尿，解毒，祛风湿。主治小便不利，淋症，乳汁不通，疮疖肿毒。主治风湿关节疼痛，肢体麻木。

小木通 *Clematis armandii* Franch.

全株入药。利尿消肿，通经下乳。主治小便不利，水肿，闭经，乳汁不通。

毛木通 *Clematis buchananiana* DC.

根、根茎入药。祛风除湿，通络止痛。主治风湿痹痛，肢体麻木，筋脉拘挛，脚气肿痛，疟疾等。

平坝铁线莲 *Clematis clarkeana* Lévl. et Vant.

根入药。清热解毒，利尿消肿，通经下乳。主治咽喉肿痛，水肿脚气，湿热淋证，闭经，产妇乳汁不下。

毛柱铁线莲 *Clematis meyeniana* Walp.

全株入药。清热利尿，通经活络。主治水肿，小便不利，风湿痹痛，乳汁不通，疮痈疖肿等。

绣球藤 *Clematis montana* Buch. – Ham. ex DC.

藤茎入药。清热利尿，通经下乳。主治湿热癃闭，水肿，淋症，口舌生疮，湿热痹痛，关节不利，闭经，乳汁不通。

黄连 *Coptis chinensis* Franch.

根茎入药。清热泻火，燥湿，解毒。主治热病邪入心经之高热，泄泻，痢疾，肝火目赤肿痛，热毒疮疡，湿疹等。

川黔翠雀花 *Delphinium bonvalotii* Franch.

根入药。祛风除湿，通络止痛，消肿解毒。主治风湿筋骨疼痛，胃痛，跌打损伤肿痛，痈疮，癣癞，痔疮等。

滇川翠雀花 *Delphinium delavayi* Franch.

根入药。祛风除湿，止痛，定惊。主治风寒湿痹，胃痛，癫痫，小儿惊风，跌打损伤。

须花翠雀花 *Delphinium delavayi* Franch. var. *pogonanthum* (Hand. – Mazz.) W. T. Wang.

根入药。解表退热，升阳止泻。主治风热头痛，水泻。

云南翠雀花 *Delphinium yunnanense* Franch.

根入药。祛风除湿，补阳敛汗。主治风湿痹痛，盗汗，自汗等。

毛茛 *Ranunculus japonicus* Thunb.

全草入药。退黄，定喘，截疟，镇痛，消翳。主治黄疸，哮喘，疟疾，偏头痛，牙痛，风湿关节痛等。

扬子毛茛 *Ranunculus sieboldii* Miq.

全草入药。除痰截疟，解毒消肿。主治疟疾，毒疮，跌打损伤。

根、根茎入药。清热燥湿，泻火解毒。主治湿热泻痢，黄疸，白带，风火牙痛，目赤肿痛，疮疡肿毒。

天葵 *Semiaquilegia adoxoides* (DC.) Makino.

种子、全草、块根入药。解毒，散结。主治乳痈肿痛，瘰疬，疮毒，血崩，带下，小儿惊风。

偏翅唐松草 *Thalictrum delavayi* Franch.

根、根茎入药。清热解燥湿，泻火解毒。主治湿热泻痢，黄疸，白带，风火牙痛，目赤肿痛，疮疡肿毒。

西南唐松草 *Thalictrum fargesii* Franch. ex Finet. et Gagnep.

根入药。清热利湿，消肿解毒。主治肝炎，赤眼，漆疮，麻疹不出，丹毒，小儿惊风等。

盾叶唐松草 *Thalictrum ichangense* Lecoy. ex Oliv.

全草、根入药。清热解毒，燥湿。主治湿热黄疸，痢疾，小儿惊风，跌打损伤等。

爪哇唐松草 *Thalictrum javanicum* Bl.

根、根茎入药。清热解毒，燥湿。主治痢疾产，关节炎，跌打损伤等。

东亚唐松草 *Thalictrum minus* L. var. *hypoleucum* (Sieb. et Zucc.) Miq.

根、根茎入药。清热解毒，燥湿。主治百日咳，痈疮肿毒，牙痛，湿疹。

木通科 Lardizabalaceae

三叶木通 *Akebia trifoliate* (Thunb.) Koidz.

藤茎、果实、根入药。藤茎：清热利尿，活血林。主治小便短赤，水肿，风湿痹痛，乳汁不通，经闭。果实：疏肝和胃，活血止痛，软坚散结，利小便。主治脘腹胀痛，食积，疝气疼痛，恶性肿瘤。

白木通 *Akebia trifoliate* var. *australis* (Diels) T. Shimizu.

藤茎、果实、根入药。藤茎：清热利尿，活血通淋。主治小便短赤，淋浊，风湿痹痛，乳汁不通，经闭。果实：疏肝和胃，活血止痛，软坚散结，利小便。主治肝胃气滞，食积，疝气疼痛，恶性肿瘤等。

猫儿屎 *Decaisnea insignis* (Griff.) Hook. f. et Thoms.

根、果实入药。祛风除湿，清肺止咳。主治风湿痹痛，肛门湿烂，阴痒，肺痨咳嗽。

五风藤 *Holboellia angustifolia* Wall.

果实入药。清热利湿，活血通脉，行气止痛。主治小便短赤，淋浊，风湿痹痛，跌打损伤，乳汁不通，疝气痛等。

牛姆瓜 *Holboellia grandiflora* Reaub.

根入药。润肺止咳，理气止痛。主治劳伤咳喘，疝气，肾虚腰痛。

小檗科 Berberidaceae

渐尖叶小檗 *Berberis acuminate* Franch.

根入药。用于清热，利湿，止泻。

毕节小檗 *Berberis guizhouensis* Ying

根、根皮入药国。清热燥湿，泻火解毒。主治肠炎，痢疾。

豪猪刺 *Berberis julianae* Schneid.

根、茎入药。清热利湿，泻火解毒。主治湿热泻痢，热淋，目赤肿痛，牙龈肿痛，湿疹，热毒疮疡。

粉叶小檗 *Berberis pruinosa* Franch.

根入药。清热解毒，消炎，止泻止痢。主治痢疾，肠炎，上呼吸道炎症。

永思小檗 *Berberis tsienii* Ying

根、根皮入药。清热燥湿，泻火解毒。主治湿热痢疾，肠炎，黄疸，目赤红肿，咽痛。

威宁小檗 *Berberis weiningensis* Ying

根、根皮入药。清热燥湿，泻火解毒。主治湿热痢疾，腹泻，肠炎，黄疸，咽痛，口疮。

川八角莲 *Dysosma veitchii* (Hemsl. et Wils.) Fu ex Ying

根茎、叶入药。化痰散结，祛瘀止痛，清热解毒，止咳平喘，毒蛇咬伤。

粗毛淫羊藿 *Epimedium acuminatum* Franch.

全草入药。补肾壮阳，祛风镇痛，止咳。主治阳痿，肾虚劳咳，腰痛，风湿痹痛，头晕目眩。

德务淫阳藿 *Epimedium dewuense* S. Z. He. Probst et. W. F. Xu.

茎、叶入药。补肾壮阳，强筋健骨。主治虚劳咳嗽，腰膝酸软，阳痿，遗精。

巫山淫阳藿 *Epimedium wushanense* Ying

茎、叶入药。补肾壮阳，强筋健骨，祛风除湿。主治阳痿，肾虚喘咳，风湿痹痛，半身不遂等。

小果十大功劳 *Mahonia bodinieri* Gagnep.

根入药。清热解毒，活血消肿。主治肠炎，痢疾，跌打损伤。

宽苞十大功劳 *Mahonia eurybracteata* Fedde.

根入药。清热，消肿，解毒。主治黄疸，热痢，淋浊，目赤，肿痛，骨蒸劳热，头晕耳鸣，风湿痹痛，痈肿疮毒。

十大功劳 *Mahonia fortune* (Lindl.) Fedde.

茎、茎皮、根、叶、果实入药。清热，燥湿，解毒。主治肺热咳嗽，黄疸，泻痢，湿疹，疮疡等。

南天竹 *Nandina domestica* Thunb.

果实、茎枝、叶入药。果实：敛肺止咳，平喘。主治久咳，气喘，百日咳。茎枝：清湿热，降逆气。主治湿热黄疸，泻痢，目赤肿痛，食积等。

防己科 Menispermaceae

球果藤 *Aspidocarya uvifera* Hook. f. et Thoms.

根入药。调理气血，止血，通淋利水。主治风湿疼痛，劳伤疼痛，水肿等。

西南轮环藤 *Cyclea wattii* Diels.

根入药。理气止痛，除湿解毒。主治胸脘胀痛，腹痛吐泻，风湿疼痛，咽喉肿痛等。

防 己 *Sinomenium acutum* (Thumb.) Rehd. et Wils.

藤茎入药。祛风通络，除湿止痛。主治风湿痹痛，鹤膝风，脚气肿痛。

金线吊乌龟 *Stephania cepharantha* Hayata

块根入药。清热解毒，祛风止痛，凉血止血。主治咽喉肿痛，热毒痈肿，风湿痹痛，腹泻，衄血，外伤出血等。

青牛胆 *Tinospora sagitata* (Oliv.) Gagnep.

块根入药。清热解毒，消肿止痛。主治咽喉肿痛，口舌糜烂，白喉，脘腹疼痛，泻痢，痈疽疔毒，毒蛇咬伤。

木兰科 Magnoliaceae

短梗八角 *Illicium simonsii* Mxim.

果实、叶入药。生肌杀虫。主治疮疡久溃。

南五味子 *Kadsura longipedunculata* Finet et Gagnep.

根、根皮入药。理气止痛，祛风通络，活血消肿。主治胃痛，腹痛，风湿算痛，痛经，月经不调，咽喉肿痛等。

西康玉兰 *Magnolia wilsonii* (Finet et Gagnep.) Rehd.

树皮入药。行气消积，燥湿除满，降逆平喘。主治食积气滞，腹胀便秘，湿阻中焦，痰壅气逆，胸满喘咳等。

红花木莲 *Manglietia insignis* (Wall.) Bl.

树皮、树枝入药。燥湿健脾。主治脘腹痞满胀痛，宿食不化，呕吐，泻痢。

翼梗五味子 *Schisandra henryi* Clarke.

藤茎、根入药。祛风除湿，行气止痛，活血止血。主治风湿痹痛，心胃气痛，吐血，月经不调，疮疖肿毒。

云南五味子 *Schisandra henryi* var. *yunnanensis* A. C. Smith.

果实入药。敛肺健胃，益肾强体。主治久咳，自汗，盗汗，食欲不振，肾虚腰痛，神经衰弱。

华中五味子 *Schisandra sphenanthera* Rehd. et Wils.

藤茎、根入药。舒筋活血，理气止痛，健脾消食，敛肺生津。主治跌打损伤，胃痛，食积等；果实入药。收敛固涩，益气生津，宁心安神。主治久咳虚喘，梦遗滑精，自汗盗汗，心悸失眠等。

蜡梅科 Calycanthceae

蜡梅 *Chimonanthus praecox* (L.) Link.

花蕾、根入药。花蕾：解毒暑清热，理气开郁。主治暑热烦渴，头晕，胸闷脘痞等。根：祛风止痛，理气活血，止咳平喘。主治风湿痹痛，风寒感冒，跌打损伤，哮喘等。

樟科 Lauraceae

红果黄肉楠 *Actinodaphne cupularis* (Hemsl.) Gamble.

根、叶入药。解毒消肿，降逆止呕。主治水火烫伤，脚癣，痔疮，恶心呕吐。

猴樟 *Cinnamomum bodinieri* Lévl.

根、树皮、叶、果实入药。祛风除湿，温中散寒，行气止痛。主治风寒感冒，风湿痹痛，吐泻腹痛，腹中痞块，疝气疼痛。

香樟 *Cinnamomum camphora* (L.) Presl.

木材、根、树皮、叶、果实入药。祛风散寒，温中理气，活血通络，杀虫止痒。主治风寒感冒，寒湿吐泻，风湿痹痛，胃脘疼痛，跌打肿痛，皮肤瘙痒等。

云南樟 *Cinnamomum glanduliferum* (Wall.) Meissn.

果实、木材入药。祛风散寒，行气止痛。主治风寒感冒，咳嗽，风湿痹痛，脘腹胀痛，腹泻。

少花桂 *Cinnamomum pauciflorum* Nees.

树皮、根、根皮入药。开胃健脾，散寒。主治胃肠疼痛，食欲不振，胃寒。

川桂 *Cinnamomum wilsonii* Gamble.

树皮入药。温脾胃，暖肝肾，祛寒止痛，散瘀消肿。主治脘腹冷痛，呕吐泄泻，腰膝酸冷，寒湿痹痛，痛经，跌打肿痛等。

香叶树 *Lindera communis* Hemsl.

枝叶、茎皮入药。解毒消肿，散瘀止痛。主治跌打肿痛，外伤出血，疮痈疖肿。

绒毛钓樟 *Lindera floribunda* (Allen) H. P. Tsui.

根、根皮入药。祛风利湿，止血。主治泄泻，关节痛，跌打损伤，外伤出血。

香叶子 *Lindera fragrans* Oliv.

祛风散寒，行气温中。主治风寒感冒，胃脘疼痛，风湿痹痛。

绿叶柑橿 *Lindera fruticosa* Hemsl.

果实入药。温中行气，食积。主治腹胀疼痛，消化不良。

山胡椒 *Lindera glauca*（Sieb. et Zucc.）Bl.

果实、根、叶入药。温中散寒，行气止痛，平喘。主治脘腹冷痛，胸满痞闷，哮喘。

黑壳楠 *Lindera megaphylla* Hemsl.

根、树皮、枝入药。祛风除湿，温中行气，消肿止痛。主治风湿痹痛，肢体麻木疼痛，脘腹冷痛，咽喉肿痛等。

川钓樟 *Lindera pulcherrima*（Wall.）Benth. var. *hemsleyana*（Dies.）H. P. Tsui

树皮、叶入药。止血生肌，理气止痛。主治胃痛，腹痛，生肌，外伤出血。

毛豹皮樟 *Litsea coreana* Lévl. var. *lanuginosa*（Migo）Yang et. P. H. Huang.

根皮、树皮入药。温中止痛，理气行水。主治胃脘胀痛，水肿。

山鸡椒 *Litsea cubeba*（Lour.）Pers.

果实、根、叶入药。果实：温中止痛，行气活血，平喘，利尿。主治脘腹冷痛，食积气胀，呕吐，泻痢，哮喘，小便不利，寒湿痹痛等。

黄丹木姜子 *Litsea elongate*（Wall. ex Nees）Benth. Et Hook. f. Gen

根入药。祛风除湿。主治风湿关节疼痛。

清香木姜子 *Litsea euosma* W. W. Smith.

果实入药。温中行气止痛，燥湿健脾消食，解毒消肿。主治胃寒腹痛，暑湿吐泻，食滞饱胀，痛经。疝痛等。

木姜子 L*itsea pungens* Hemsl.

果实、根、茎、叶入药。温中行气止痛，燥湿健脾消食，解毒消肿。主治胃寒腹痛，暑湿吐泻，食滞饱胀，痛经，疝痛，疮疡肿痛。

红叶木姜子 *Litsea rubescens* Lecomte

根入药。祛风散寒止痛。主治感冒头痛，风湿骨痛，跌打损伤。果实入药。温中理气，消食化滞。主治脘腹疼痛，食滞腹胀，呕吐泄泻。

钝叶木姜子 *Litsea veitchiana* Gambie.

果实入药。行气，健胃消食。主治消化不良，脘腹胀痛。

宜昌润楠 *Machilus ichangensis* Rehs. Et . Wils.

根、枝入药。健脾胃，化署湿。主治风湿麻木，咽喉炎，风寒咳嗽。

大叶新木姜子 *Neolitsea Levine* Merr.

根、树皮入药。祛风除湿。主治风湿骨痛，痈肿疮毒。

楠木 *Phoebe zhennan* S. Lee et F. N. Wei

木材、枝叶入药。和中降逆，止吐止泻，利水消肿。主治暑湿霍乱，腹痛，吐泻，水肿。

檫木 *Sassafras tzumu*(Hemsl.)Hemsl.

根、茎叶入药。祛风除湿，活血散瘀，止血。主治风湿痹痛，跌打损伤，腰肌劳损，半身不遂，外伤出血。

罂粟科 Papaveraceae

南黄紫堇 *Corydalis davidii* Franch.

根茎入药。清热解毒，镇痛，止血。主治温病及流感发热，胃痛，咳血，骨折，跌打损伤，疮疖肿痛，牛皮癣，毒蛇咬伤。

紫堇 *Corydalis edulis* Maxim.

全草入药。清热解毒，杀虫止痒。主治疮疡肿毒，耳流脓水，咽喉疼痛，顽癣，秃疮，毒蛇咬伤。

血水草 *Eomecon chienantha* Hance.

全草入药。清热解毒，活血止痛，止血。主治目赤肿痛，咽喉疼痛，口腔溃疡，疔疮肿毒，毒蛇咬伤，癣疮，湿疹，跌打损伤，腰痛，咳血。

博落回 *Macleaya cordata*（Willd.）R. Br.

全草入药。散瘀，祛风，解毒，止痛，杀虫。主治痈疮疔肿，痔疮，湿疹，蛇虫咬伤，顽癣，滴虫性阴道炎，酒渣鼻等。

十字花科 Cruciferae

荠菜 *Capsella bursapastoris*（L.）Medic.

全草入药。凉肝止血，平肝明目，清热利湿。主治吐血，衄血，尿血，崩漏，目赤肿痛，高血压，赤白痢疾等。

碎米荠 *Cardamine hirsuta* L.

全草入药。清热利湿，安神，止血。主治湿热泻痢，热淋，白带，心悸，失眠，虚火牙痛，小儿疳积，吐血，便血，疔疮。

独行菜 *Lepidium apetalum* Willd.

种子入药。泻肺降气，祛痰平喘，利水消肿，泻热逐邪。主治痰涎壅肺，喘咳痰多，肺痈，水肿，胸腹积水，小便不利，肺源心脏病，心力衰竭，痈疽恶疮，瘰疬结核等。

焊菜 *Rorippa dubia*（Pers.）Hara

全草入药。祛痰止咳，解表散寒，活血解毒，利湿退黄。主治咳嗽痰喘，感冒发热，麻疹透发不畅，风湿痹痛，咽喉胀痛，疔疮痈肿，经闭，跌打损伤，黄疸，水肿。

景天科 Crassulaceae

费菜 *Sedum aizoon* L.

全草入药。散瘀，止血，宁心安神，解毒。主治吐血，咯血，便血，尿血，崩漏，心悸失眠，跌打损伤，水、火烫伤。

珠芽景天 *Sedum bultiferum* Makino

全草入药。清热解毒，凉血止血，截疟。主治热毒痈肿，牙龈肿痛，毒蛇咬伤，血热出血，外伤出血，疟疾。

细叶景天 *Sedum elatinoides* Franch.

全草入药。清热解毒，止痢。主治热毒痈肿，丹毒，睾丸炎，烫伤，湿疮，细菌性痢疾，阿米巴痢疾。

凹叶景天 *Sedum emarginatum* Migo

全草入药。清热解毒，凉血，止血，利湿。主治疔疮痈肿，带状疱疹，瘰疬，咯血，吐血，黄疸等。

日本景天 *Sedum japonicum* Sieb. ex Miq.

全草入药。用于消肿止血，祛湿热，抗癌。

佛甲草 *Sedum ineare* Thunb.

全草入药。清热解毒，利湿，止血。主治咽喉肿痛，目赤肿痛，热毒痈肿，疔疮，丹毒，毒蛇咬伤，外伤出血，黄疸，湿热泻痢，便血等。

多茎景天 *Sedum multicaule* Wall.

全草入药。清热解毒，凉血止血，祛风湿。主治咽喉肿痛，口腔溃疡，湿疹疮毒，鼻衄，咳血，风湿痹痛，风热头痛等。

垂盆草 *Sedum sarmentosum* Bunge.

全草入药。清热利湿，解毒。主治湿热黄疸，淋症，泻痢，肺痈，疮疖肿毒，蛇虫咬伤，水火烫伤，咽喉肿痛，带状疱疹。

安龙景天 Sedum *tsiangii* Frod.

全草入药。凉血，散瘀。主治痔疮，跌打损伤。

石莲 *Sinocrassula. indica*(Decne.) Berger

全草入药。清热解毒，凉血止血，收敛生肌，止咳。主治热毒疮毒，咽喉肿痛，烫伤，痢疾，热淋，血热出血，肺热咳嗽。

虎耳草科 Saxifragaceae

落新妇 *Astilbe chinensis* (Maxim.) Franch. et Savat.

全草入药。祛风，清热，止咳。主治风热感冒，头身疼痛，咳嗽。

岩白菜 *Bergenia purpurascens*(Hook. f. et Thoms.) Engl.

全草入药。滋补强壮，止咳止血。主治虚弱头晕，肺虚咳喘，劳伤咯血，吐血，淋浊，白带。

大叶金腰 *Chrysosplenium macrophyllum* Oliv.

全草入药。清热解毒，止咳，止带，收敛生肌。主治小儿惊风，无名肿毒，咳嗽，带下，烫火伤。

溲疏 *Deutzia scabra* Thunb.

果实入药。清热，利尿。主治发热，小便不利与遗尿。

川溲疏 *Deutzia setchuenensis* Franch.

枝叶、果实入药。清热除湿，利尿消积。主治外感暑热，身热烦渴，热淋涩痛，小儿疳积，风湿痹痛，湿热疮毒，毒蛇咬伤。

马桑绣球 *Hydrngea aspera* D. Don.

枝、树皮入药。祛湿，截疟，接骨续筋。主治痢疾，疟疾，骨折。

中国绣球 *Hydrangea chinensis* Maxim.

根入药。活血止痛，截疟，清热利尿。主治跌打损伤，骨折，疟疾，头痛，麻疹，小便淋痛。

西南绣球 *Hydrangea davidii* Franch.

叶及茎的髓心入药。根、叶：治疟疾；茎的髓心治麻疹、小便不通。

腊莲绣球 *Hydrangea strigosa* Rehd.

茎、叶入药。清热解毒，消暑止渴。治疟疾、肠中热结、胸腹胀满、外治皮癣。

伞形绣球 *Hydrangea umbellata* Rehd.

茎、叶入药。清热解毒，消暑止渴。治疟疾、肠中热结、胸腹胀满，外治皮癣。

柔毛绣球 *Hydrangea villosa* Rehd.

全株入药。止血，解毒，祛风除湿。主治外伤出血，疝气，乳痈，烧伤，烫伤，风湿疼痛，带下。

桂苦绣球 *Hydrangea xanthoneura* Diels

根入药。活血祛瘀，接骨续筋。主治骨折，风湿性腰痛。

月月青 *Itea illicifolia* Oliv.

根入药。清热止咳，滋补肝肾。主治虚劳咳嗽，咽喉干痛，火眼，肾虚眼瞀。

云南鼠刺 *Itea yunnanensis* Franch.

根入药。补益肝肾，止咳宁嗽，祛风止痛。主治身体虚弱，虚劳咳嗽，咽喉疼痛，产后关节疼痛，腰痛，跌打损伤。

西南鬼灯擎 *Rodgersia sambucifolia* Hemsl.

根茎入药。活血调经，祛风除湿，收敛止泻。主治跌打

鸡眼梅花草 *Philadelphus wightiana* Wall. ex Wight et Arn.

全草入药。清肺止咳，止血，利湿。主治肺热咳嗽，咯血，吐血，肾结石，白带，湿热疮毒。

根皮入药。活血，止痛，截疟。主治扭挫伤，腰肋疼痛，胃痛，头痛，疟疾。

绢毛山梅花 *Philadelphus sericanthus* Koehne

根皮入药。治疟疾，头痛，挫伤，腰胁痛，胃气痛。

宝兴茶藨子 *Ribes moupinensis* Franch.

根入药。舒筋活络，止血。主治筋骨疼痛，劳伤出血，外伤出血。

虎耳草 *Saxifraga stolonifera* Curt.

全草入药。疏风，清热，凉血，解毒。主治风热咳嗽，肺痈，吐血，耳中流脓，风火牙疼等。

钻地风 *Schizophragma integrifolium*(Franch.) Oliv.

根、茎藤入药。舒筋活络，祛风活血。主治风湿痹痛，四肢关节酸痛。

黄水枝 *Tiarella polyphylla* D. Don

全草入药。清热解毒，活血祛瘀，消肿止痛。主治疮疖，无名肿毒，咳嗽，气喘，肝炎，跌打损伤。

海桐花科 Pittosporaceae

狭叶海桐 *Pittosporum glabratum* Lindl. var. *neriifolium* Rehd. et Wils.

果实、全株入药。清热利湿。主治湿热黄疸。

海金子 *Pittosporum illicioides* Makino.

根、根皮入药。活络止痛，宁心益肾，解毒。主治风湿痹痛，骨折，胃痛，失眠，遗精，毒蛇咬伤。果实、全株入药。清热利湿。主治湿热黄疸。

金缕梅科 Hamamelidaceae

桤叶纳瓣花 *Corylopsis alnifolia* (Lévl.) Schneid.

根皮、叶入药。宁心健胃，清热祛风。主治恶心呕吐，心悸不安。

杨梅蚊母树 *Distylium myricoides* Hemsl.

根入药。利水渗湿，祛风活络。主治水肿，手足浮肿，风湿骨节疼痛，跌打损伤。

枫香树 *Liquidambar formosana* Hance

果实、树皮、根、叶入药。祛风除湿，疏肝通络，利水。主治风湿痹痛，肢体麻木，手足拘挛，脘腹疼痛，经闭，乳汁不通，水肿胀满，湿疹等。

杜仲科 Eucommiaceae

杜仲 *Eucommia ulmoides* Oliv.

树皮、叶入药。补肝肾，强筋骨，安胎。主治腰膝酸痛，高血压，胎动不安，阳痿，尿频等。

蔷薇科 Rosaceae

龙芽草 *Agrimonia pilosa* Ledeb.

全草入药。收敛止血，止痢，杀虫。主治咯血，吐血，尿血，便血，外伤出血，腹泻，痢疾，脱力劳伤，疟疾，滴虫性阴道炎等。

山桃 *Amygdalus davidiana* (Carr.) C. de Vos ex Henry

种子入药。活血祛瘀，润肠通便。主治痛经，血滞经闭，产后瘀滞腹痛，跌打损伤，瘀血肿痛，肺痈，肠痈，肠燥便秘等。

毛桃 *Amygdalus persica* L.

种子入药。活血祛瘀，润肠通便。主治痛经，血瘀经闭，产后瘀滞腹痛，跌打损伤，瘀血肿痛，肺痈，肠痈，肠燥便秘。

矮生栒子 *Cotoneaster dammerii* Schneid.

根入药。清热解毒，消肿除湿。主治风湿，脚气，红肿恶疮。.

西南栒子 *Cotoneaster franchetii* Boiss.

根入药。清热解毒，消肿止痛。主治痄腮，淋巴结炎，麻疹。

平枝栒子 *Cotoneaster horizontalis* Dcne

枝叶、根入药。清热利湿，化痰止咳，止血止痛。主治痢疾，泄泻，腹痛，咳嗽，吐血，痛经，白带。

宝兴泡叶栒子 *Cotoneaster moupinensis* Franch.

全株入药。祛风止痛。主治风湿关节痛。

云南山楂 *Crataegus scabrifolia*（Franch.）Rehd.

果实入药。健脾消食，活血化瘀。主治食滞内积，脘腹胀痛，产后瘀痛，漆疮，冻疮等。

蛇莓 *Duchesnea indica*（Andr.）Focke

全草入药。清热解毒，凉血止血，散瘀消肿。主治热病，惊痫，感冒，痢疾，黄疸，目赤，口疮，咽痛，痄腮，疖肿，毒蛇咬伤，吐血，崩漏，月经不调，烫火伤，跌打肿痛。

大花枇杷 *Eriobotrya cavaleriei*（Lévl.）Rehd.

果实入药。用于热病。

枇杷 *Eriobotrya japonica*（Thunb.）Lindl.

花、叶入药。润肺，止咳，下气。治肺痿、咳嗽吐血、衄血、燥渴、呕逆。

黄毛草莓 *Fragaria milgerrensis* Schlecht. ex Gay.

全草入药。清肺止咳，解毒消肿。主治肺热咳嗽，百日咳，口舌生疮，痢疾，小便淋痛，疮疡肿痛，毒蛇咬伤。

野草莓 *Fragaria vesca* L.

果实、全草入药。全草：清热解毒，收敛止血。主治感冒，咳嗽，咽痛，痢疾，口疮，血崩，血尿。

柔毛水杨梅 *Geum japonicum* Thunb. var. *chinense* F. Bolle.

全草、根入药。补肾平肝，活血消肿。主治头晕目眩，小儿惊风，阳痿，遗精，虚劳咳嗽，风湿痹痛，月经不调，疮疡肿痛，跌打损伤。

棣棠花 *Kerria japonica*（L.）DC.

花入药。化痰止咳，利湿消肿，解毒。主治咳嗽，风湿痹痛，产后劳伤痛，水肿，小便不利，消化不良，痈疽肿毒，湿疹，荨麻疹。

腺叶桂樱 *Laurocerasus phaeosticta*（Hance）Schneid.

种子入药。化痰，润肠。主治经闭，疮疡肿毒，大便燥结。

大叶桂樱 *Laurocerasus zippeliana*（Miq.）Yu et Lu

叶入药。祛风止痒，痛络止痛。主治全身瘙痒，鹤膝风，跌打损伤。

湖北海棠 *Malus hupehensis*（Pamp.）Rehd.

叶、果实入药。消积化滞，和胃健脾。主治食积停滞，消化不良，痢疾，疳积。

中华绣线梅 *Neillia thyrsiflora* D. Don.

根入药。利水消肿，清热止血。主治水肿，咳血。

中华石楠 *Photinia beauverdiana* Schneid.

根、叶入药。行气活血，祛风止痛。主治风湿痹痛，肾虚脚膝酸软，头风头痛，跌打损伤。

厚叶石楠 *Photinia crassifolia* Lévl.

果实入药。止咳。主治久咳不止。

独山石楠 *Photinia tushanensis* Yü.

根入药。活血化瘀。主治跌打肿痛。

毛叶石楠 *Photinia villosa*（Thunb.）DC.

果实、根入药。清热利湿，和中健脾。主治湿热内蕴，呕吐，泄泻，痢疾，劳伤疲乏。

委陵菜 *Potentilla chinensis* Ser.

全草入药。凉血止痢，清热解毒。主治赤痢腹痛，久痢不止，痔疮出血，疮痈肿毒。

三叶委陵菜 *Potentilla freyniana* Bornm.

全草入药。利湿止痛，活血化瘀。主治痢疾，跌打疼痛，咳嗽，毒蛇咬伤。

西南委陵菜 *Potentilla fulgens* Wall. ex Hook.

全草入药。清热解毒，涩肠止泻，凉血止血。主治赤白下痢，肠炎腹泻，肠风下血，肺痨咯血，吐血，外伤出血，烫伤等。

蛇含委陵菜 *Potentilla kleiniana* Wight et Arn

全草入药。祛风止咳，清热解毒，收敛镇静，止血。主治狂犬咬伤，小儿惊风，肺热 咳嗽，乳腺炎，百日咳 ，流感，肺痨，风湿关节炎。

李 *Prunus salicina* Lindl.

果、根、皮、叶、树胶入药。清肝祛热，生津利水，镇痛解毒。治跌打损伤、瘀血、痰饮、咳嗽、水气肿满、大便秘结、虫蝎螫伤。

火棘 *Pyracantha fortuneana* (Maxim.) Li

果实入药。健脾消食，收涩止痢，止痛。主治食积停滞，脘腹胀满，痢疾，泄泻，崩漏，带下，跌打损伤等。

杜梨 *Pyrus betulaefolia* Bunge.

果实入药。涩肠，敛肺，消食。主治食积，消化不良，咳嗽，泻痢。

川梨 *Pyrus pashia* Buch, －Ham. ex D. Don.

果实入药。消食化积，祛瘀止痛。主治肉食积滞，消化不良，泄泻，痛经，产后瘀血作痛。

麻梨 *Pyrus serrulata* Rehd.

果实入药。生津，润燥，化痰。主治口渴烦热，润肠通便，清肺热，咳嗽化痰。

小果蔷薇 *Rosa cymosa* Fratt.

根入药。散瘀，止血，消肿解毒。主治跌打损伤，外伤出血，月经不调，子宫脱垂，痔疮，风湿疼痛，腹泻，痢疾。

软条七蔷薇 *Rosa henryi* Boeleng.

根入药。活血调经，化瘀止血，主治月经不调，妇女不孕，外伤出血。

贵州缫丝花 *Rosa kweichowensis* Yu et Ku

花、根入药。清暑化湿，顺气和胃。主治暑热胸闷，口渴，呕吐，口疮，烫伤等。

金樱子 *Rosa laevigata* Michx.

果实入药。固精，缩尿，涩肠，止带。主治遗精，滑精，遗尿，尿频，久痢，白浊，白带，崩漏，脱肛，子宫下垂。

扁刺峨眉蔷薇 *Rosa omcicnsia* Rolfe .

果实、根入药。止血。止痢。主治吐血，衄血，崩漏，白带，赤白痢疾。

缫丝花 *Rosa roxburghii* Tratt.

果实、根入药。健胃消食，止痛，止血，收涩。主治胃脘胀满疼痛，牙痛，喉痛，久咳，泻痢，遗精，带下，崩漏。

悬钩子蔷薇 *Rora rubus* Lévl. et Vant.

叶入药。清热解毒。主治疔疮。

山莓 *Rubus corchorifolius* L. f.

果实入药。醒酒止渴，化痰解毒，收涩。主治醉酒，痛风，丹毒，烫火伤，遗精，遗尿。

插田泡 *Rubus coreanus* Miq.

根入药。根：活血止血，祛风除湿。主治跌打损伤，骨折，月经不调，吐血，衄血，风湿痹痛，水肿，小便不利，

宜昌悬钩子 *Rubus ichangensis* Hemgl. et Kuntze.

根、叶入药。收敛止血，通经利尿，解毒敛疮。主治吐血，衄血，痔血，尿血，便血，血滞痛经，

黄水疮，湿热疮毒。

白叶莓 *Rubus innominatus* S. Moore.

根入药。祛风散寒，平喘。主治小儿风寒，气喘。

高粱泡 *Rubus lambertianus* Ser.

根入药。祛风清热，凉血止血，活血祛瘀。主治风热感冒，风热痹痛，半身不遂，咳血，衄血，便血，经闭，痛经等。

茅莓 *Rubus parvifolius* L.

根入药。清热解毒，祛风利湿，活血凉血。主治感冒发热，咽喉肿痛，风湿痹痛，肝炎，肠炎，痢疾，肾炎水肿，尿路感染，跌打损伤，吐血，崩漏，疔疮肿毒等。

香莓 *Rubus pungens* Camb. var. *oldhamii*（Miq.）Maxim.

根入药。清热定惊。主治小儿惊风。

川莓 *Rubus setchuenensis* Bur. et Franch.

根入药。清热凉血，活血接骨。主治吐血，咯血，痢疾，月经不调，瘰疬，跌打损伤，骨折。

木莓 *Rubus swinhoel* Hance.

根入药。收敛。主治腹泻。

三花悬钩子 *Rubus trianthus* Focke.

根入药。活血散瘀。主治跌打损伤。

地榆 *Sanguisorba officinalis* L.

凉血止血，清热解毒，消肿敛疮。主治吐血，咯血，衄血，便血，痔血，赤白带下，疮痈肿痛，阴痒，水火烫伤，蛇虫咬伤。

水榆花楸 *Sorbus alnifolia*（Sieb. et Zucc.）K. Koch.

果实入药。用于体虚劳倦。

美脉花楸 *Sorbus caloneura*（Stapf）Rehd.

枝叶入药。清热解表，化瘀消肿。主治无名肿毒，刀伤出血，乳腺炎。

石灰花楸 *Sorbus folgneri*（Schneid.）Rehd.

茎枝入药。祛风除湿，舒筋活络。主治风湿痹痛，全身麻木。

圆果花楸 Sorbus globosa Yu et Tsai

根入药。生津止渴，涩肠止泻。主治口热烦渴，泄泻。

江南花楸 *Sorbus hemsleyi*（Schneid.）Rehd.

根、根皮、果实入药。镇咳，祛痰，健胃利水。主治咳嗽痰多，脾虚，小便不利，水肿。

大果花楸 *Sorbus megalocarpa* Rehd.

枝叶入药。清热解毒，化瘀消肿。主治无名肿毒，刀伤出血，乳腺炎。

中华绣线菊 *Spiraea chinensis* Maxim.

根入药。清热解毒。治咽喉肿痛。

粉花绣线菊 *Spiraea japonica* L. f.

根入药。祛风清热，明目退翳。主治咳嗽，头痛，牙痛，目赤翳障。

红果树 *Stranvaesia davidiana* Dcne.

叶入药。利尿，解热。主治小便不利。

豆科 Leguminosae

田皂角 *Aeschynomene indica* L.

全草入药。清热利湿，祛风明目，通乳。主治血淋，水肿，泄泻，痢疾，疮疥，眼生云翳，目赤肿痛，夜盲，关节疼痛，产妇乳少。

楹树 *Albizia chinensis*（Osbeck）Merr.

树皮入药。涩肠止泻，生肌，止血。主治痢疾，肠炎腹泻，疮疡溃烂久不收口，外伤出血。

合欢 *Albizia julibrissin* Durazz.

根皮入药。解郁，和血，宁心，消痈肿。治心神不安、忧郁失眠、肺痈、痈肿、瘰疬、筋骨折伤。

山合欢 *Albizia macrophylla* (Bge.) P. C. Huang

根皮、花入药。安神活血，消肿解毒。治惊悸失眠、抑郁、肺痈、跌打损伤花：催眠。

龙须藤 *Bauhinia championii* Benth.

根、茎入药。祛风除湿，行气活血。主治风湿痹痛，跌打损伤，偏瘫，胃脘痛，疳积，痢疾。

粉背羊蹄甲 *Bauhinia glauca* (Wall. ex Benth.) Benth.

根、茎叶入药。收敛固涩，解毒除湿。主治咳嗽咯血，吐血，便血，遗尿，尿频，白带，子宫脱垂，痹痛，疝气等。

云实 *Caesalpinia decapetala* (Roth) Alston

种子入药。解毒除湿，止咳化痰，杀虫。主治痢疾，疟疾，慢性气管炎，小儿疳积，虫积等；根入药。祛风除湿，解毒消肿。主治感冒发热，咳嗽，咽喉肿痛，风湿痹痛，肝炎等。

西南杭子梢 *Campylotropis delavayi* (Franch.) Schindl.

根入药。疏风清热。主治风热感冒，发热。

三棱杭子梢 *Campylotropis trigonoclada* (Franch.) Schindl.

根入药。清热利湿，活血解毒。主治感冒发热，湿热痢疾，黄疸，肠风下血，风湿痹痛，水肿，跌打损伤，乳痈。

含羞草决明 *Cassia mimosoides* L.

全草入药。清热解毒，健脾利湿，通便。主治黄疸，暑热吐泻，小儿疳积，水肿，小便不利，习惯性便秘，疔疮痈肿，毒蛇咬伤等。

紫荆 *Cercis chinensis* Bunge.

树皮入药。活血，通淋，解毒。主治月经不调，瘀滞腹痛，风湿痹痛，小便淋痛，喉痹，疥癣，跌打损伤等。

翅荚香槐 *Cladrastis platycarpa* (Maxim.) Makino.

根、果实入药。祛风止痛。主治疼痛。

小花香槐 *Cladrastis sinensis* Hemsl.

根入药。消肿，止痛。主治痈疮肿毒，跌打损伤。

香槐 *Cladrastis wilsonii* Takeda

根、果实入药。治关节疼痛、肠道寄生虫、催吐。

舞草 *Codariocalyx motorius* (Houtt.) Ohashi

全株入药。祛风活血，安神镇静。主治跌打损伤，骨折，风湿骨痛，风癣瘙痒，神经衰弱。

藤黄檀 *Dalbergia hancei* Benth.

根、茎入药。舒筋活络，强筋骨，消积止痛。治风湿关节痛、跌打损伤、胸痹刺痛、外伤出血。

小槐花 *Desmodium caudatum* (Thunb.) DC.

全株入药。清热利湿，消积散瘀。主治劳伤咳嗽，吐血，水肿，小儿疳积，痈疮溃疡，跌打损伤。

假地豆 *Desmodium heterocarpum* (L.) DC.

全草入药。清热，利尿，解毒。主治肺热咳喘，水肿，淋症，尿血，跌打损伤，毒蛇咬伤，痈疖，暑温，痄腮等。

小叶山蚂蝗 *Desmodium microphyllum* (Thunb.) DC.

全草入药。清热利湿，止咳平喘，消肿解毒。主治石淋，黄疸，痢疾，咳嗽，哮喘，小儿疳积，毒蛇咬伤，痈疮瘰疬，痔疮等。

饿蚂蝗 *Desmodium multiflorum* DC.

全草入药。活血止痛，解毒消肿。主治脘腹疼痛，小儿疳积，妇女干血痨，腰扭伤，创伤，尿道炎，腮腺炎，毒蛇咬伤等。

波叶山蚂蝗 *Desmodium sequax* Wall.

茎叶入药。清热泻火，活血祛瘀，敛疮。主治风热目赤，胞衣不下，血瘀经闭，烧伤等。

皂荚 *Gleditsia sinensis* Lam.

果实、不育果实、棘刺入药。祛痰止咳，开窍通闭，杀虫散结。主治痰咳喘满，中风口噤，痰涎壅盛，神昏不语，癫痫，二便不通，痈肿，疥癣等。

乔木刺桐 *Erythrina arborescens* Roxb.

树皮、根皮入药。祛风除湿，舒筋通络，杀虫止痒。主治风湿痹痛，关节拘挛，跌打损伤，疥癣，湿疹等。

大叶千斤拔 *Flemingia macrophylla* Kuntze ex Prain

根入药。祛风除湿，强筋壮骨。治风湿骨痛，腰肌劳损，四肢痿软，偏瘫，阳痿，月经不调，气虚足肿。

皂角 *Gleditsia sinensis* Lam.

果实、棘刺入药。果实：祛痰止咳，形容通闭，杀虫散结。主治痰咳喘满，中风口噤，痰涎壅盛，神昏不语，癫痫，二便不通，痈肿，疥癣等。

长柄山蚂蝗 *Hylodesmum podocarpum*(DC.)H. Ohashi et R. R. Mill.

根、叶入药。散寒解表，止咳，止血。主治风寒感冒，咳嗽，刀伤出血。

马棘 *Indigofera pseudotinctoria* Matsum.

全株入药。清热解表，化痰消积。主治风热感冒，肺热咳嗽，烧烫伤，疔疮，毒蛇咬伤，跌打损伤，食积腹胀。

短萼鸡眼草 *Kummerowia stipulacea* (Mxim.) Makino.

全草入药。清热解毒，健脾利湿，活血止血。主治感冒发热，暑湿吐泻，痈疖疔疮，疳积，血淋，跌打损伤，赤白带下。

鸡眼草 *Kummerowia striata*(Thunb.) Schindl.

全草入药。清热解毒，健脾利湿，活血止血。主治感冒，九热，暑湿吐泻，黄疸，痈疖疔疮，痢疾，血淋，咯血，跌打损伤，赤白带下等。

截叶铁扫帚 *Lespedeza cuneata*(Dum. -Cours.)G. Don

全株入药。清热消积，健脾益肾。主治小儿疳积，阳痿，脱肛，遗精，小儿夜尿，遗尿等。

百脉根 *Lotus corniculatus* L

根、全株。补虚，清热，止渴。主治虚劳，阴虚发热，口渴。

香花崖豆藤 *Millettia dielsiana* Harms.

藤茎入药。补血止血，活血通经。主治血虚体弱，劳伤筋骨，月经不调，闭经，产后腹痛，恶露不净，各种出血，风湿痹痛，跌打损伤等。

亮叶崖豆藤 *Millettia nitida* Benth.

藤茎入药。活血补血，舒筋活络。主治贫血，产后虚弱，头晕目眩，月经不调，风湿痹痛，四肢麻木。

厚果崖豆藤 *Millettia pachycarpa* Benth. 种子、果实入药。杀虫，攻毒，止痛。治疥疮、癣、癞，腹痛，小儿疳积。

金雀花(蓝花豆)*Parochetus communis* Buch. -Ham. ex D. Don.

全草入药。补肾壮阳，健脾开胃，止痛接骨。主治肾虚阳痿，气虚食少，小儿疳积，刀伤出血，跌打损伤。

老虎刺 Pterolobim punctatum Hemsl.

根、叶入药。清热解毒，祛风除湿，消肿止痛。主治肺热咳嗽，咽喉肿痛，风湿痹痛，牙痛，风疹瘙痒，疮疖，跌打损伤。

野　葛 *Pueraria lobata*（Willd.）Ohwin

花蕾、块根入药。花蕾：解酒醒脾。治伤酒发热烦躁、不思饮食，呕逆、吐酸、吐血，便血 。根：透疹止泻，除烦止渴。治伤寒，烦热消渴，泄泻，痢疾，瘢疹不透，高血压，心绞痛。

云南葛藤 *Pueraria peduncularis*（Benth.）Genah.

根入药。升阳，解表。主治阳痿，感冒。

刺槐 *Robinia psiudoacacia* L.

根入药。凉血止血，舒筋活络。主治便血，吐血，子宫出血。

苦　参 *Sophora flavescens* Aiton

根入药。清热利湿，祛风杀虫。治急性细菌性痢疾，阿米巴痢疾，肠炎，结核性腹膜炎，痔疮肿痛。

槐树 *Sophora japonica* L.

根、花蕾、果实入药。凉血止血，清肝明目。主治肠风便血，痔疮下血，血痢，尿血，崩漏，肝热头痛，目赤肿痛等。

红车轴草 *Trifolium pretense* L.

全草入药。清热止咳，散结消肿。主治感冒，咳喘，硬肿。

白车轴草 *Trifolium repens* L.

全草入药。清热，凉血，宁心。主治癫痫，痔疮出血，硬结肿块。

大野豌豆 *Vicia gigantean* Bunge.

全草入药。散风除湿，活血止痛。主治风湿痹痛，跌打损伤。

假香野豌豆 *Vicia pseudorobus* Fisch. et Meyer.

全草入药。祛同除湿，健脾消积。主治风湿痹痛，食积。

野豌豆 *Vicia sepium* L.

全草入药。祛风除湿，活血消肿。主治风湿关节疼痛，黄疸，阴囊湿疹，跌打损伤，腰痛，咳嗽痰多，疮疡肿毒。

歪头菜 *Vicia unijuga* A. Br.

全草入药。补虚，调肝，利尿，解毒。主治虚劳，头晕，胃痛，乳肿，疔疮。

长柔毛野豌豆 *Vicia villosa* Roth.

种子入药。调经通乳，消肿止痛。主治月经不调，经闭，消肿上，产后乳少。

酢浆草科 Oxalidaceae

山酢浆草 *Oxalis acetosella* L. ssp. *griffithii*（Edgew. Et Hook. f.）Har.

全草入药。活血化瘀，清热解毒，利尿通淋。主治跌打损伤，劳伤疼痛，无名肿毒，疥癣，烫伤，淋浊带下，尿闭。

酢浆草 *Oxalis corniculata* L.

全草入药。清热利湿，凉血散瘀，解毒消肿。主治湿热泄泻，痢疾，黄疸，淋证，带下，吐血，尿血，月经不调，跌打损伤，咽喉肿痛，痈肿疔疮，湿疹，蛇虫咬伤等。

牻牛儿苗科 Geraniaceae

牻牛儿苗 *Erodium stephanianum* Willd.

全草入药。祛风通络，活血，清热利湿。主治风湿痹痛，肌肤麻木，筋骨酸痛，跌打损伤，泄泻，痢疾，疮毒。

东亚老鹳草 *Geranium nepalense* Sweet var. *thubergii*（Sieb. et Zucc.）Kudo.

全草入药。祛风除湿，通络止痛。主治风湿痹痛，麻木拘挛，筋骨酸痛，泄泻，痢疾。

纤细老鹳草 *Geranium robertianum* L.

全草入药。祛风除湿，解毒消肿。主治风湿痹痛，跌打损伤，疮疖肿痛，麻疹，子宫脱垂。

鼠掌老鹳草 *geranium sibiricum* L.

全草入药。祛风通络，活血，清热利湿。主治风湿痹痛，肌肤麻木，筋骨酸痛，跌打损伤，泄泻，痢疾，疮毒。

老鹳草 *Geranium wilfordii* Maxim.

全草入药。祛风通络，活血，清热利湿。主治风湿痹痛，肌肤麻木，筋骨酸痛，跌打损伤，泄泻，痢疾，疮毒。

亚麻科 Linaceae

青篱柴 *Tirpitzia sinensis*（Hemsl.）Hall.

根、叶入药。活血理气，止血。主治劳伤，刀伤出血。

芸香科 Rutaceae

臭节草 *Boenninghausenia albiflora*（Hook.）Reichb. ex Meissn

茎叶、根入药。解表，截疟，活血，解毒。主治感冒发热，支气管炎，疟疾，跌打损伤，痈疽疮肿，烫伤。

柚 *Citrus maxima*（Burm.）Merr.

根、外果皮入药。根：理气止痛，散风寒。主治胃脘胀痛，疝气疼痛，风寒感冒。外果皮：理气，消食，化痰，醒酒。主治呕吐呃逆，消化不良，脘腹胀痛，风寒咳嗽痰多，醉酒。

柑橘 *Citrus reticulate* Blanco.

果皮、种子、橘络入药。理气降逆，和中开胃，燥湿化痰。主治脾胃气滞湿阻，肺气阻滞，咳嗽痰多等。

甜橙 *Citrus sinensis*（L.）Osbeck.

果皮、叶入药。果皮：行气健脾，降逆化痰。主治脘腹胀满，恶心呕吐，食欲不振等。叶：散瘀止痛。主治疮疡肿痛。

臭辣树 *Evodia fargesii* Dode.

果实入药。散寒，止痛，止咳。主治咳嗽，腹痛。

吴茱萸 *Evodia rutaecarpa*（Juss.）Benth.

未成熟果实入药。散寒止痛，疏肝理气，温中燥湿。主治脘腹冷痛，厥阴头痛，疝痛，痛经，呕吐吞酸，寒湿泄泻。

茵芋 *Skimmia reevesilana* Fort.

茎叶入药。祛风除湿。主治风湿痹痛，四肢挛急，两足软弱。

刺花椒 *Zanthoxylum acanthopodium* DC.

根、果实入药。温中散寒，杀虫止痛。主治风寒温痹，跌打损伤，胃脘冷痛，虫积腹痛。

花椒 *Zanthoxylum bungeanum* Maxim.

种子、根皮入药。种子：利水消肿，祛痰平喘。主治水肿胀满，哮喘。根：散寒，除湿，止痛，杀虫。

石生花椒 *Zanthoxylum calcicola* Huang.

果实、根入药。散寒除湿，活血止痛。主治风寒湿痛，脚气疼痛，跌打损伤。

蚬壳花椒 *Zanthoxylum dissitum* Hemsl.

果实、根及根皮入药。果实：散寒止痛，调经。主治疝气痛，月经过多。根：祛风散寒，理气活血。主治气滞脘痛，寒疝腹痛，跌打损伤。

贵州花椒 *Zanthoxylum esquirolii* Lévl.

果实入药。温中散寒，活血止痛。主治心腹冷痛，跌打损伤，瘀血肿痛，脚气痛。

小花花椒 *Zanthoxylum micranthum* Hemxl.

根皮、树皮、果实入药。温中散寒，行气止痛。主治心腹冷痛胀满，蛔虫腹痛。

花椒簕 *Zanthoxylum scandens* Bl.

枝叶、根入药。活血，散瘀，止痛。主治胃脘疼痛，跌打损伤。

香椒子 *Zanthoxylum schinifolium* Sieb. et Zucc.

根皮、茎皮、果实入药。散寒燥湿。主治寒湿脚气疼痛。

苦木科 Simaroubaceae

臭椿 *Ailanthus altissima*(Mill.) Swingle

茎皮、根皮入药。清热燥湿，涩肠，止血，止带，杀虫。主治泄泻，痢疾，便血，痔疮出血，崩漏，带下，蛔虫，疮癣。

苦木 *Picrasma quassioides* (D. Don) Benn.

木材、茎皮入药。清热解毒，燥湿杀虫。主治呼吸道感染，肺炎，急性胃炎，痢疾，胆道感染，疮疖，疥癣，湿疹，水火烫伤，毒蛇咬伤。

楝科 Meliaceae

灰毛浆果楝 *Cipadessa cinerascens* (Pell.) Hand. - Mazz.

根、枝皮、叶入药。祛风除湿，行气止痛。主治感冒发热，疟疾，痢疾，脘腹绞痛，风湿痹痛，跌打损伤，烫伤，皮炎，外伤出血。

苦楝 *Melia azedarach.* L.

茎皮、根皮、果实入药。茎皮、根皮：杀虫，疗癣。主治蛔虫，钩虫，晓虫，阴道滴虫，疥疮，头癣。果实：行气止痛，杀虫。主治脘腹肋疼痛，虫积腹痛，疝痛，冻疮等。

香 椿 *Toona sinensis*(A. Juss.) Roem.

树皮、根皮入药。清热燥湿，涩肠，止血，止带，杀虫。主治泄泻，痢疾，肠风便血，崩漏，带下，蛔虫病，丝虫病，疮癣等；果实入药。祛风，散寒，止痛。主治外感风寒，风湿痹痛，胃痛，疝气痛，痢疾。

远志科 Polygalaceae

黄花远志 *Polygala arillata* Buch. - Ham.

根入药。祛痰除湿，补虚健脾，宁民活血。主治咳嗽痰多，风湿痹痛，小便淋痛，水肿，脚气，肝炎，肺痨，产后虚弱，食欲不振，小儿疳积，失眠多梦，月经不调，跌打损伤。.

尾叶远志 *Polygala caudate* Rehd. et Wils.

根入药。清热利湿，化痰止咳。主治咽喉肿痛，湿热黄疸，支气管炎。

贵州远志 *Polygala fallax* Hemsl.

枝叶、根入药。补虚健脾，散瘀通络。主治劳倦乏力，子宫脱垂，小儿疳积，脾虚水肿，带下清稀，风湿痹痛，腰痛，月经不调，痛经，跌打损伤。

黄花倒水莲 *Polygala furcata* Royle.

带根全草入药。祛痰止咳，解毒，散瘀，止血。主治咳嗽痰多，咽喉肿痛，牙痛，疔疮，失眠多梦，跌打损伤，外伤出血。

瓜子金 *Polygala japonica* Houtt.

全草入药。祛痰止咳，散瘀止血，宁心安神，解毒消肿。主治咳嗽痰多，跌打损伤，风湿痹痛，吐血，便血，心悸，失眠，咽喉肿痛，痈肿疮毒，毒蛇咬伤等。

蓼叶远志 *Polygala persicarifolia* DC.

全草入药。化痰散结，解毒消肿。主治咽喉肿痛，咳嗽胸痛，咳痰不爽，毒蛇咬伤，跌打损伤。

卵叶远志 *Polygala sibirica* L.

根、根皮入药。宁心安神，祛痰开窍，解毒消肿。主治心神不安，惊悸失眠，健忘，惊痫，咳嗽痰多，痈疽发背，乳痈肿痛。

小扁豆 *Polygala tatarinowii* Regel.

根入药。祛风，活血止痛。主治跌打损伤，风湿骨痛。

大戟科 Euphorbiaceae

铁苋菜 *Acalypha australis* L.

全草入药。清热利湿，凉血解毒，消积。主治痢疾，泄泻，吐血，衄血，尿血，便血，崩漏，小儿疳积，痈疖疮疡，皮肤湿疹。

秋枫 *Bischofia javanica* Bl. Bijdr.

根、树皮、叶入药。祛风除湿，化瘀消积。主治风湿骨痛，反胃，痢疾。

泽漆 *Euphorbia helioscopia* L.

全草入药。行水消肿，化痰止咳，解毒杀虫。主治水气肿满，痰饮咳喘，疟疾，菌痢，结核性瘘管，骨髓炎。

地锦草 *Euphorbia humifusa* Willd. ex Schlecht.

全草入药。清热解毒，利湿退黄，活血止痛。主治痢疾，泄泻，黄疸，咳血，吐血，尿血，便血，崩漏，乳汁不下，跌打损伤。

算盘子 *Glochidion puberum*(L.)Hutch.

果实、根、叶入药。清热除湿，解毒利咽，行气和血。主治痢疾，泄泻，黄疸，咽喉肿痛，牙痛，淋浊，带下，风湿痹痛，湿疮等。

湖北算盘子 *Glochidion wilsonii* Hutch.

叶入药。清热利湿，消滞散瘀，解毒消肿。主治湿热泻痢，咽喉肿痛，疮疖，肿痛，毒蛇咬伤，跌打损伤。

毛桐 *Mallotus barbatus*(Wall. ex Baill.)Muell. – Arg.

根入药。清热，利湿。主治肺热吐血，湿热泄泻，小便淋痛，带下；叶入药。清热解毒，燥湿止痒，凉血止血。主治褥疮，下肢溃疡，湿疹，背癣，漆疮，外伤出血。

野梧桐 *Mallotus japonicus* (Thunb.)Muell. – Arg.

树皮、根、叶入药。清热解毒，收敛止血。主治胃、十二指肠溃疡，肝炎，血尿，带下，疮疡，外伤出血。

野 桐 *Mallotus japonicus* (Thunb.)Muell. – Arg. var. *floccosus* (Muell. – Arg.) S. M. Huang

树皮、根入药。生新解毒。主治骨折，骨痨，狂吠咬伤。

粗糠柴 *Mallotus philippinensis* (Lam.) Muell. – Arg.

根、叶入药。驱虫缓泻。治绦虫，蛔虫，蛲虫。

扛香藤 *Mallotus repandus* var. *chrysocarpus* (Pamp.) S. M. Hwang

根、茎、叶入药。祛风除湿，活血通经，解毒消肿。驱虫止痒。治风湿痹痛，腰腿疼痛，口眼歪斜，跌打损伤，绦虫等。

薄叶野桐 *Mallotus tenuifolius* Pax.

根、根皮、茎皮入药。清热湿，收敛固涩，消肿止痛。主治泄泻，赤白痢，脱肛，子宫脱垂，慢性肝炎，肝脾肿大，跌打损伤，产后腰腹疼痛，外伤出血。

余甘子 *Phyllanthus emblica* L.

果实、根、树皮入药。果实；清热利咽，润肺化痰，生津止渴。主治感冒发热，咳嗽，咽痛，白喉，烦热口渴，高血压。根：清热利湿，解毒散结。主治泄泻和，黄疸，皮肤湿疹，蜈蚣咬伤。树皮：清热利湿，凉血解毒。主治湿热泄泻，口疮，疔疮，痔疮，阴囊湿疹，跌打损伤，外伤出血。

青灰叶下珠 *Phyllanthus glaucus* Wall. ex Muell. – Arg.

根入药。祛风除湿，健脾消积。主治风湿痹痛，小儿疳积。

叶下珠 *Phyllanthus urinaria* L.

全草入药。清热解毒，利水消肿，明目，消积。主治痢疾，泄泻，黄疸，水肿，热淋，石淋，目赤，夜盲，疳积，痈肿，毒蛇咬伤等。

蜜柑草 *Phyllanthus ussuriensis* Rupr. et Maxim.

全草入药。清热利湿，清肝明目。主治黄疸，痢疾，泄泻，淋症，水肿，小儿疳积，目赤肿痛，痔疮，毒蛇咬伤。

蓖　麻 *Ricinus communis* L.

种子入药。消肿拔毒，泻下通滞。治痈疽肿毒，疥癣癞疮，水肿腹满，大便燥结。

山乌桕 *Sapium discolor*（Champ.）Muell. – Arg.

根入药。利水通便，去瘀消肿。治大便秘结，白浊，跌打损伤，蛇咬伤，痔疮，皮肤湿痒。

圆叶乌桕 *Sapium rotundifolium* Hemsl.

叶、果实入药。解毒消肿，杀虫。治蛇咬伤，疥癣，湿疹，疮毒。

乌　桕 *Sapium sebiferum*（L.）Roxb.

根皮、树皮、叶入药。杀虫，解毒，利尿。治血吸虫，肝硬化腹水，大小便不利，毒蛇咬伤。

油　桐 *Vernicia fordii*（Hemsl.）Airy Shaw

根、叶、花入药。根：消积杀虫，祛风利湿。治蛔虫病，食积腹胀，风湿筋骨疼痛。叶：解毒，杀虫。治疮疡，疥癣。花：清热解毒，生肌。治烧烫伤。

虎皮楠科 Daphniphyllaceae

交让木 *Daphniphyllum macropodum* Miq.

叶、种子入药。清热解毒。主治疮疖肿毒。

虎皮楠 *Daphniphyllum oldhami*（Hemsl.）Rosenth.

根、叶入药。清热解毒。活血散瘀。主治外感发热，咽喉肿痛，脾脏肿大，毒蛇咬伤，骨折创伤。

黄杨科 Buxaceae

板凳果 *Pachysandra axillaris* Franch.

全株入药。清热利湿，止咳平喘。主治湿热黄疸，咳嗽。

野扇花 *Sarcococca ruscifolia* Stapf

根入药。行气活血，祛风止痛。主治胃脘疼痛，风寒湿痹，跌打损伤；果实入药。养心安神。主治头晕目花，心悸，夜眠不安。

马桑科 Coriariaceae

马桑 *Coriaria sinica* Maxim.

根入药。祛风除湿，清热解毒。主治风湿麻木，痈疮肿毒，风火牙痛，痞块，瘰疬，痔疮等。

漆树科 Anacardiaceae

南酸枣 *Choerospondias axillaris*（Roxb.）Burtt et Hill

树皮入药。清热解毒，祛湿，杀虫。主治疮疡，烫火伤，阴囊湿疹，痢疾，白带，疥癣；果实入药。行气活血，养心安神，消积，解毒。主治气滞血瘀，胸痛，心悸气短，神经衰弱，失眠，支气管炎，食滞腹胀，腹泻，疝气痛，烫火伤。

黄连木 *Pistacia chinensis* Bunge.

根、叶入药。清暑生津，解毒，利湿。主治暑热口渴，咽喉肿痛，口舌糜烂，吐泻等。

清香木 *Pistacia weinmannifolia* J. Poiss. ex Franch.

嫩叶入药。清热，祛湿，导滞。主治痢疾，泄泻，食积，湿疹，风疹。

盐肤木 *Rhus chinensis* Mill.

根入药。祛风湿，利水消肿，活血散毒。主治风湿痹痛，水肿，跌打肿痛等；茎皮入药。止咳，止血，收敛，解毒。主治咳嗽，便血，血痢，痈疽等；五倍子蚜科昆虫角倍蚜或倍蛋蚜寄生在树上的虫瘿(五倍子)入药。敛肺，止汗，涩肠，固精，止血，解毒。主治肺虚久咳，自汗盗汗，久泻久痢，脱肛，遗精，白浊，各种出血，痈肿疮疖。

红肤杨 *Rhus punjabensis* Stew. var. *sinica* (Diels) Rehd. et Wils.

根入药。涩肠止泻。主治痢疾，热泻；五倍子蚜科昆虫角倍蚜或倍蛋蚜寄生在树上的虫瘿(五倍子)入药。敛肺，止汗，涩肠，固精，止血，解毒。主治肺虚久咳，自汗盗汗，久泻久痢，脱肛，遗精，白浊，各种出血，痈肿疮疖。

野漆树 *Toxicodendron succedaneum* (L.) O. Kuntze.

嫩叶、根入药。散瘀止血，解毒。主治咳血，吐血，外伤出血，毒蛇咬伤。

木蜡漆 *Toxicodendron sylvestre* (Sieb. et Zucc.) Kuntze.

叶、根入药。叶：祛瘀消肿上，杀虫，解毒。主治跌打损伤，创口出血，钩虫病，疥，疮毒，毒蛇咬伤。根：祛瘀，止痛止血。主治风湿腰痛，跌打损伤，伤口出血，毒蛇咬伤。

漆树 *Toxicodendron vernicifluum* (Stokes) F. A. Barkl.

根、根皮、树皮、树脂入药。根：活血散瘀，通经止痛。主治跌打损伤，瘀肿疼痛，经闭腹痛。树皮：接骨。主治跌打骨折。干漆：消积，破瘀，杀虫。主治妇女瘀血阻滞，闭经，虫积。生漆：杀虫》主治虫积。

冬青科 Aquifoliaceae

刺叶冬青 *Ilex bioritsensis* Hayata

根皮、叶入药。滋阴，补肾，清热，止血，活血。主治腰膝痿软，头风，牙痛。.

珊瑚冬青 *Ilex coralline* Franch.

根、叶入药。活血镇痛，清热解毒。主治劳伤疼痛，烫伤。

广东冬青 *Ilex kwangtungensis* Merr.

根入药。清热解毒，消肿止痛。主治风热感冒，跌打肿痛。

大果冬青 *Ilex macrocarpa* Oliv.

叶、根入药。清热解毒，消肿止痒。主治感冒发热，咽喉肿痛等。

小果冬青 *Ilex micrococca* Maxim.

叶、根入药。清热解毒，消肿止痛。主治感冒发热，咽喉肿痛。

猫儿刺 *Ilex pernyi* Franch.

根入药。清肺止咳，利咽，明目。主治肺热咳嗽，咯血，咽喉肿痛。

四川冬青 *Ilex szechwanensis* Loes.

根、茎、叶入药。开胸顺气，清热解毒，活血止痛。主治吐泻，胃痛，中暑腹痛，痢疾，无名肿毒，跌打损伤等。

云南冬青 *Ilex yunnanensis* Franch.

根、叶入药。清热解毒。主治烧烫伤。

卫矛科 Celastraceae

苦皮藤 *Celastrus angulatus* Maxim.

根、根皮入药。祛风除湿，活血通经，解毒杀虫。主治风湿痹痛，骨折伤痛，闭经，疮疡溃烂，头痛，阴痒等。

大芽南蛇藤 *Celastrus gemmatus* Loes.

根、茎、叶入药。祛风除湿，活血止痛，解毒消肿。主治风湿痹痛，跌打损伤，月经不调，经闭，产后腹痛，胃痛，疝气痛，疮痈肿痛，湿疹，毒蛇咬伤。

霜叶南蛇藤 *Celastrus glaudcophyllus* Rehd. et Wils.

根入药。散瘀，止血。主治跌打损伤，刀伤出血，肠风便血。

粉背南蛇藤 *Celastrus hypoleucus* (Oliv.) Warb. Ex Loes.

根、叶入药。根：化瘀消肿。主治跌打损伤；叶：止血生肌。主治刀伤出血。

短梗南蛇藤 *Celastrus rosthornianus* Loes.

根、茎叶、果实入药。祛风除湿，活血止痛，解毒消肿。主治风湿痹痛，跌打损伤，疝气，疮疡肿痛，带状疱疹，湿疹，毒蛇咬伤。

刺果卫矛 *Euonymus acanthocarpus* Franch.

藤、茎皮入药。祛风除湿，活血止痛，调经，止血。主治风湿痹痛，跌打损伤，骨折，月经不调，外伤出血。

黄刺卫矛 *Euonymus aculeatus* Hemsl.

根入药。祛风除湿，舒筋活络。主治风韵疼痛，跌打扭伤。

卫矛 *Euonymus alatus*(Thunb.)Sieb.

具翅状枝条入药。破血通经，解毒消肿，杀虫。主治癥瘕结块，闭经，痛经，崩中漏下，产后瘀滞腹痛，恶露不净，疝气，跌打伤痛，虫积腹痛，蛇虫咬伤等。

扶芳藤 *Euonymus fortunei*(Turcz.)Hand. -Mazz.

枝、叶入药。益肾壮腰，舒筋活络，止血，消瘀。主治肾虚腰膝酸痛，半身不遂，风湿痹痛，小儿惊风，咯血，吐血，血崩，月经不调，跌打骨折，创伤出血。

西南卫矛 *Euonymus hamiltonianus* Wall. ex Roxb.

根、茎皮入药。祛风湿，强筋骨，活血解毒。主治风寒湿痹，腰痛，跌打损伤，血栓闭塞性脉管炎，漆疮，痔疮。

冬青卫矛 *Euonymus japonicas* Thunb.

根、茎皮、枝、叶入药。活血调经，祛风湿。主治月经不调，痛经，风湿痹痛。

长刺卫矛 *Euonymus wilsonii* Sprague.

根入药。祛风除湿，活血止痛，利水消肿。主治风湿痹痛，劳伤，水肿。

省沽油科 Staphyleaceae

野鸦椿 *Euscaphis japonica*(Thunb.)Dippel

茎皮、根、果实入药。祛风散寒，行气止痛，消肿散结。主治胃痛，寒疝疼痛，泄泻，痢疾，月经不调，子宫下垂，睾丸肿痛。

槭树科 Aceraceae

青榨槭 *Acer davidii* Franch.

根树皮入药。祛风除湿，散瘀止痛，消食健脾。主治风湿痹痛，肢体麻木，关节不利，跌打瘀痛，泄泻，痢疾，小儿消化不良。

毛花槭 *Acer erianthum* Schwer.

根入药。清热解毒，祛风除湿。主治痈疽，丹毒，无名肿毒，湿疹，小儿头疮，风湿痹痛，跌打损伤。

罗浮槭 *Acer fabri* Hance

果实入药。清热解毒。主治咽喉肿痛，声音嘶哑，肝炎，肺结核。

建始槭 Acer henryi Pax

根入药。活络止痛。主治关节酸痛，跌打骨折。

五裂槭 *Acer oliverianum* Pax.

枝叶入药。清热解毒，理气止痛。主治背疽，痈疮，气滞腹痛。

中华槭 *Acer sinense* Pax

根、根皮入药。祛风除湿。主治扭伤，骨折，风湿痹痛。

钟萼木科 Bretschneideraceae

钟萼木 *Bertschneidera sinensis* Hemsl.

树皮入药。活血祛风。主治筋骨痛。

无患子科 Sapindaceae

复羽叶栾树 *Koelreuteria bipinnata* Franch.

根、根皮入药。祛风清热，止咳，散瘀，杀虫。主治风湿咳嗽，风湿热痹，跌打肿痛，蛔虫病。

栾树 *Koelreuteria paniculata* Laxm.

花入药。清肝明目。主治目赤肿痛，多泪。

清风藤科 Sabiaceae

垂枝泡花树 *Meliosma flexuosa* Pamp.

枝叶入药。滑肠通便。主治肠燥便秘。

红枝柴 *Meliosma oldhamii* Maxim.

根皮入药。利水解毒。主治水肿，小便淋痛，热毒肿痛。

山樣叶泡花树 *Meliosma thorelii* Lecomte.

根、枝叶入药。祛风除湿，消肿止痛。主治风湿骨痛，跌打损伤，腰膝疼痛。

萼西清风藤 *Sabia campanulata* Wall. ex Roxb. ssp. *ritchiece*（Rehd. et. Wlis.）Y. F. Wu.

茎藤、根、叶入药。活血解毒，祛风利湿。主治风湿痹痛，水肿，脚气，跌打肿痛，骨折，深部脓肿，骨髓炎，化脓性关节炎，疮疡肿毒，皮肤瘙痒。

灰背清风藤 *Sabia discolor* Dunn.

根、茎入药。活血止痛，祛风除湿。主治风湿骨痛，跌打损伤，肝炎。

凹萼清风藤 *Sabia emarginata* Leco.

全株入药。祛风，除湿，止痛。主治风湿关节痛。

四川清风藤 *Sabia schumanniana* Diels

根入药。祛风活血，化痰止咳。主治风湿痹痛，跌打损伤，腰痛，慢性咳嗽。

尖叶清风藤 *Sabia swinhoei* Hemsl

茎藤入药。舒筋活血，化瘀止痛。主治风湿痹痛，跌打肿痛，经闭，痛经等。

凤仙花科 Balsaminaceae

凤仙花 *Impatiens balsamina* L.

种子、全草入药。种子：化瘀降气，软坚散结。主治经闭，痛经，难产，产后胞衣不下，噎膈，痞块，疮疡肿毒等。全草祛风湿，活血止痛，解毒。主治风湿痹痛，跌打肿痛，经闭，痛经，蛇虫咬伤。

蓝花凤仙花 *Impatiens cyanantha* Hook. f.

全草入药。舒筋活血。主治跌打肿痛，蛇伤。

齿萼凤仙花 *Impatiens dicentra Franch. ex Hook. f.*

全草入药。祛瘀消肿，止痛渗湿。主治风湿筋骨疼痛，跌打瘀肿，阴囊湿疹，疥癞疮癣。

路南凤仙花 *Impatiens loulanensis* Hook. f.

全草入药。活血通络，解毒。主治跌打损伤，蛇咬伤。

块节凤仙花 *Impatiens pinfanensis* Hook. f.

地下膨大的块茎入药。祛风除湿，活血止痛。主治风寒感冒，喉蛾，风湿骨痛，骨折，经闭。

黄金凤 *Impatiens sicelifer*. Hook. f.

全草入药。祛风除湿，活血消肿，清热解毒。主治风湿骨痛，风湿麻木，跌打损伤，烧烫伤。

鼠李科 Rhamnaceae

多花勾儿茶 *Berchemia floribunda*（Wall.）Brongn.

茎叶、根入药。祛风除湿，活血止痛。主治风湿痹痛，胃痛，痛经，产后腹痛，骨关节结核，跌打损伤，骨髓炎，小儿疳积，肝炎，肝硬化.

光枝勾儿茶 *Berchemia polyphylla* Wall. ex Laws. var. *leioclada* Hand. – Mazz.

茎藤、根入药。消肿解毒，止血镇痛，祛风除湿。主治痈疽疔毒，咳嗽咯血，消化道出血，跌打损伤，烫伤，风湿骨痛，风火牙痛。

云南勾儿茶 *Berchemia yunnanensis* Franch.

根入药。清热利湿，活血解毒。主治热淋，黄疸，痢疾，带下，崩漏，跌打损伤，风湿疼痛，痈肿疮毒。

枳椇 *Hovenia acerba* Lindl.

成熟种子入药。解酒毒，止渴除烦，止呕，利大小便。主治醉酒，烦渴，呕吐，二便不利。

毛果枳椇 *Hovenia trichocarpa* Chun et Tsiang.

成熟种子入药。解酒毒，止渴除烦，止呕，利大小便。主治醉酒，烦渴，呕吐，二便不通。

多脉猫乳 *Rhamnella martini* (Levl.) Schneid.

根入药。用于治劳伤。

长叶冻绿 *Rhamnus crenata* Sieb. et Zucc.

根、根皮入药。清热解毒，杀虫利湿。主治疥疮，顽癣，疮疖，湿疹，荨麻疹，癞痢头，跌打损伤。

亮叶鼠李 *Rhamnus hemslyana* Schneid.

根入药。清热利湿，凉备止血。主治痢疾，吐血，咯血，崩漏。

异叶鼠李 *Rhamnus heterophylla* Oliv.

根、枝叶入药。清热解毒，凉血止血。主治痢疾，疮痈，吐血，咯血，痔疮出血，崩漏，白带，暑热烦渴。

溥叶鼠李 *Rhamnus leptophylla* Schneid.

果实、根入药。消食化滞，行水通便。主治食积腹胀，水肿，腹水，便秘。

冻绿 *Rhamnus utilis* Decne.

果实、根皮、树皮入药。果实：清热利湿，消积通便。主治水肿腹胀，瘰疬，便秘。根皮：清热解毒，凉血，止血，杀虫。主治风热瘙痒，疥疮，湿疹，腹痛，跌打损伤。

帚枝鼠李 *Rhamnus virgata* Roxb.

果实、根入药。消食化滞，行水通便。主治食积腹胀，水肿，腹水，便秘。

纤细雀梅藤 *Sageresia gracilis* Drumm. et Sprague.

根入药。用于治皮肤癌，乳腺癌，淋巴囊肿，水肿。

梗花雀梅藤 *Sageretia henryi* Drumm. et Sprague.

果实入药。清热，降火。主治胃热口苦，牙龈肿痛，口舌生疮。

皱叶雀梅藤 *Sageretia rugosa* Hance.

根入药。舒筋活络。主治风湿痹痛。

葡萄科 Vitaceae

羽叶蛇葡萄 *Ampelopsis chaffanjoni* (Lévl. et Vant.) Rehd.

藤茎入药。祛风除湿。主治气窜作痛，劳伤，风湿疼痛。

乌蔹莓 *Cayratia japonica*(Thunb.)Gagnep.

全草、根入药。清热利湿，解毒消肿。主治热毒痈肿，疔疮，丹毒，咽喉肿痛，蛇虫咬伤，水火烫伤，风湿痹痛，黄疸，泻痢，白浊，尿血。

大叶乌蔹莓 *Cayratia oligocarpa* (Lévll. et Vant.) Gaghep.

根、叶入药。祛风除湿，通络止痛。主治风湿痹痛，牙痛，无名肿毒。

川鄂爬山虎 *Parthenocissus henryana*（Hemsl.）et Gilg.

根入药。破血散瘀，消肿解毒。主治痛经，闭经，跌打损伤，风湿骨痛，疮毒。

地锦 *Parthenocissus tricuspidata*（Sieb. et Zucc.）Planch.

藤茎、根入药。祛风止痛，活血通络。主治风湿痹痛，中风半身不遂，偏头痛，产后血瘀，腹生结块，跌打损伤，痈肿疮毒，溃疡不敛。

三叶爬山虎 *Parthenocissus semicordata*（Wall.）Planch.

全株入药。祛风除湿，散瘀通络。主治风湿痹痛，跌打损伤，赔偿骨折。

狭叶崖爬藤 *Tetrastigma hypoglaucum* Planch. ex Franch.

根、全株入药。祛风除湿，接骨续筋，散瘀消肿。主治风湿痹痛，跌打损伤，骨折筋伤，水火烫伤，无名肿毒，皮肤湿烂。

崖爬藤 *Tetrastigma obtectum*（Wall. ew Laws）Planch.

根、茎藤入药。祛风除湿，活血通络。主治风湿痹痛，跌打损伤，劳伤，骨折。

东南葡萄 *Vitis chunganensis* Hu.

根、茎入药。祛风除湿。主治风湿痛。

刺葡萄 *Vitis davidii*（Roman.）Foex.

根入药。舒筋止痛，散瘀消积。主治吐血，腹胀，关节肿痛，筋骨伤痛。

葛藟葡萄 *Vitis flexuosa* Thunb.

根入药。利湿退黄，活血通络，解毒消肿。主治黄疸型肝炎，风湿痹痛，跌打损伤，肿痛；藤汁入药。益气生津，活血舒筋。主治乏力，口渴，跌打损伤；果实入药。润肺止咳，凉血止血，消食。主治肺燥咳嗽，吐血，食积，泻痢。

葡萄 *Vitis vinifera* L.

茎叶、根入药。祛风除湿，利水消肿，解毒。主治风湿痹痛，腹泻，风热目赤，痈肿疔疮等。

椴树科 Tiliaceae

椴树 *Tilia tuan* Szyszyl.

根入药。祛风除湿，活血止痛，止咳。主治风湿痹痛，四肢麻木，跌打损伤，久咳。

锦葵科 Malvaceae

蜀葵 *Althaea rosea*（L.）Cav.

花、根、茎叶入药。花：活血止血，解毒散结。主治吐血，衄血，月经过多，疟疾，痈疽疖肿。根：清热利湿，凉血止血，解毒排脓。主治带下，淋症，痢疾，血崩，疮疡肿毒，烫伤烧伤等。

木槿 *Hibiscus syriacus* L.

花、茎皮、根皮、叶、果实入药。花：清热利湿，凉血解毒。主治肠风下血，白带，疮疖痈肿等。茎、根皮：清热利湿，杀虫止痒。主治湿热泻痢，皮肤疥癣乖。果实：清肺化痰，止头痛，解毒。主治痰喘咳嗽，支气管炎，偏头痛等。

冬葵 *Malva crispa* L.

果实、嫩苗、叶、根入药。利水通淋，滑肠通便，下乳。主治淋症，水肿，大便不通，乳汁不行。

野葵 *Malva vertieillata* L.

果实、嫩苗、叶、根入药。清热利尿，消肿。主治尿闭，水肿，口渴，尿路感染等。

白背黄花捻 *Sida rhombifolia* L.

全草、根入药。清热利湿，解毒消肿。主治感冒高热，湿热泻痢，黄疸，痈疽疔疮等。

拔毒散 *Sida szechuensis* Matsuda.

枝叶入药。下乳，活血，利湿，解毒。主治乳汁不下，乳痈，痢疾，闭经，痈肿，跌打骨折等。

地桃花 *Urena lobata* L.

根、全草入药。祛风利湿，活血消肿，清热解毒。主治感冒，风湿痹痛，痢疾，泄泻，淋症，带下，月经不调，跌打肿痛，喉痹，乳痈，疮疖，毒蛇咬伤。

梧桐科 Sterculiaceae

梧桐 *Firmiara simplex*（L.）W. F. Wight.

种子、叶、根入药。种子：顺气和胃，健脾消食，止血。主胃脘疼痛，伤食腹泻，疝气，须发早白。叶：祛风除湿，解毒消肿，降血压。主治风湿痹痛，跌打损伤，痈疮肿毒，泻痢，高血压。

苹婆 *Sterculia nobilis* Smith.

种子、根入药。种子：和胃消食，解毒杀虫。主治反胃吐食，虫积腹痛，疝痛，小儿烂头疡；根主治胃溃疡。

猕猴桃科 Actinidiaceae

硬齿猕猴桃 *Actindia callosa* Lindl.

茎、叶入药。清热，消肿。治周身浮肿、肠绞痛。

猕猴桃 *Actinidia chinensis* Planch.

果实入药。解热，止渴，健胃，通淋。主治烦热消渴，肺热干咳，消化不良，湿热黄疸，石淋等；根入药。清热解毒，祛风利湿，活血消肿。主治肝炎，痢疾，风湿关节痛，水肿，跌打损伤，疮疖，乳腺癌等。

毛花猕猴桃 *Actinidia eriantha* Benth.

根、根皮、叶入药。根、根皮：解毒消肿，清热利湿。主治热痈肿，乳痈，湿热痢疾，胃癌。叶：祛瘀止痛，止血敛疮，解毒消肿。主治跌打损伤，骨折，冻疮溃破等。

多花猕猴桃 *Actinidia latifolia*（Gardn. et Champ.）Merr.

根、果实入药。根：清热除湿，消肿解毒。主治腰痛，筋骨疼痛，乳痈，疮疖。果实：益气养阴。主治久病虚弱，肺痨等。

革叶猕猴桃 *Actinidia rubricaulis* var. *coriaces*（Finet et Gagnep.）C. F. Liang 根，果实入药。根：活血止痛，止血。治跌打损伤，腰痛，内伤出血。果实治肿瘤。

聚锥水冬哥 *Saurauia thyrsiflora* C. F. Liang et Y. S. Wang.

根、茎皮、叶入药。根：用于治小儿麻疹。茎皮：用于治痢疾；叶：用于治烧伤、烫伤。

山茶科 Theaceae

贵州连蕊茶 *Camellia costei* Lévl

嫩枝叶入药。健脾消食，补虚。治脾虚食少。虚弱消瘦等。

油茶 *Camellia oleifera* Abel .

种子、 根入药。种子：行气疏滞。治气滞腹痛泄泻。根：治心脏病，高血压性及肺源性心脏病，口疮，牛皮癣。

西南红山茶 *Camellia pitardii* Cohen.

花、叶、根入药。有消化、止痢、调经的作用。治痢疾、月经不调、鼻衄、吐血、肠风下血、关节炎、脱肛。

茶 *Camellia sinwnsis*（L.）Kuntze.

嫩叶、花、果实、根入药。嫩叶：清头目，除烦温饱，消食，化痰，利尿，解毒。主治目昏，目赤，，感冒，心烦口渴，食积，小便不利，泻痢，疮疡疖肿等。花清肺平肝。主治鼻衄，高血压。果实：降火消痰平喘。主治痰热喘嗽，头脑鸣响。

普洱茶 *Camellia assamica*（Mast.）chang.

嫩叶、嫩芽入药。消肉食，逐风痰，泄热解毒，生津止渴。主治痧气腹痛，霍乱，痢疾。

红淡比 *Cleyera japonica* Thunb.

花入药。凉血，止血，消肿上。

贵州毛柃 *Eurya kweichouensis* Hu et L. K. Ling.

枝、叶入药。清热解毒，消肿止血，祛风除湿。

细枝柃 *Eurya loquaiana* Dunn.

茎、叶入药。祛风通络，活血止痛。主治风湿痹痛，跌打损伤。

木　荷 *Schima superba* Gardn. et Champ.

树皮入药。有大毒，治疔疮、无名肿毒。

厚皮香 *Ternstroemia gymnanthera* (Wight et Arn.) Beddome.

叶、花入药。叶：清热解毒。散瘀消肿。主治疮痈肿毒，乳痈。花：杀虫止痒。主治疥癣瘙痒。

藤黄科 Guttiferae

黄海棠 *Hypericum ascyron* L.

全草入药。凉血止血，活血调经，清热解毒。主治血热所致吐血，咯血，尿血，便血，跌打损伤，月经不调，肝炎，痢疾等。

挺茎金丝桃 *Hypericum elodeoides* Choisy.

全草入药。活血调经。主治月经不调。

小连翘 *Hypericum erectum* Thunb. Ex Murray.

全草入药。止血，调经，散瘀止痛，解毒消肿。主治吐血，崩漏，月经不调，跌打损伤，风湿关节痛，疮疖肿毒。

扬子小连翘 *Hypericum faeri* R. Keller.

全草入药。凉血止血，消肿止痛。主治风热感冒，风湿疼痛，跌打劳伤，内出血。

地耳草 *Hypericum japonicum* Thunb. ex Murray

全草入药。清热解毒，利湿，散瘀消肿，止痛。主治湿热黄疸，泄泻，痈疖肿毒，跌打损伤，目赤肿痛等。

贵州金丝桃 *Hypericum kouytchense* Lévl.

根、种子入药。清热利湿，活血止痛。主治黄疸，痢疾，月经不调，小儿疳积，跌打损伤。

金丝桃 *Hypericum monogynum* L.

全株入药。清热解毒，散瘀止痛，祛风湿。主治肝炎，急性咽喉炎，疮疖肿毒，跌打损伤，风湿性腰痛等；果实入药。润肺止咳。主治虚热咳嗽，百日咳。

金丝梅 *Hypericum patulum* Thunb. ex Murray.

全草入药。清热利湿，疏肝通络，祛瘀止痛，解毒。主治湿热淋症，肝炎，感冒，筋骨疼痛，跌打损伤等。

贯叶连翘 *Hypericum perforatum* L.

全草入药。收敛止血，调经通乳，清热解毒，利湿。主治咯血，吐血，崩漏，月经不调，催乳，黄疸，咽喉疼痛，痈疖肿毒等。

匙萼金丝桃 *Hypericum uralum* Buch. – Ham. ex D. Don.

全草入药。清热解毒，利尿，行瘀。主治肝炎，感冒，痢疾，淋症，疝气，筋骨痛，牙痛，流鼻血，黄水疮，跌打损伤。

遍地金 *Hypericum wightianum* Wall. ex Wight et Arn.

全草入药。清热解毒，止泻。主治小儿白口疮，小儿肺炎，乳痈，痢疾，毒蛇咬伤等。

堇菜科 Violaceae

鸡腿堇菜 *Viola acuminate* Ledeb.

全草入药。清热解毒，消肿止痛。主治肺热咳嗽，急性传染性肝炎，疮疖肿毒，跌打损伤。

心叶堇菜 *Viola concordifolia* C. J. Wang.

全草入药。清热解毒，散瘀消肿。主治风火眼肿，跌打损伤，无名肿毒，刀伤，蛇虫咬伤等。

长萼堇菜 *Viola inconspicua* Bl. ex Bijdr.

全草入药。清热解毒，凉血消肿，利湿化瘀。主治咽喉肿痛，乳痈，湿热黄疸，目赤，妇女产后瘀血腹痛，蛇虫咬伤。

柔毛堇菜 *Viola principis* H. De Boiss.

全草入药。清热解毒，祛瘀生新，止咳。主治骨折，跌打损伤，无名肿毒等。

浅圆叶堇菜 *Viola schneideri* W. Beck.

清热解毒，消肿散瘀。主治湿热黄疸，咽喉肿痛，疮疖肿毒，跌打损伤。

堇菜 *Viola verecunda* A.

全草入药。清热解毒，散瘀消肿，止咳。主治眼结膜炎，肺热咳嗽，百日咳，黄疸型肝炎，跌打损伤，毒蛇咬伤等。

大风子科 Flacourtiaceae

短柄山桂花 *Bennettiodendron brevipes* Merr.

全草入药。消积。主治消化不良。

山羊角树 *Carrierea calycina* Franch.

种子入药。补脑息风，定眩。主治头昏，目眩。

山桐子 *Idesia polycarpa* Maxim

叶、种子油入药。叶：清热凉血，散瘀消肿。主治骨折，烧烫伤，吐血，外伤出血。种子油：杀虫。主治疥癣。

柞木 *Xylosma racemosum*（Sieb. et Zucc.）Miq.

树皮、茎皮、叶入药。清热利湿，散瘀消肿，止血，止痛。主治黄疸，水肿，跌打损伤，骨折，死胎不下等。

旌节花科 Stachyuraceae

中国旌节花 *Stachyurus chinensis* Franch.

茎髓入药。清热，利水，通乳。主治热病烦渴，水肿，乳汁不通等；嫩茎叶入药。解毒，接骨。主治毒蛇咬伤，骨折等。

喜马拉雅旌节花 *Stachyurus himalaicus* Hook. f. et Thoms. ex Benth.

茎髓入药。清热，利水，通乳。主治热病烦渴，水肿，乳汁不通等；嫩茎叶入药。解毒，接骨。主治毒蛇咬伤，骨折等。

倒卵叶旌节花 *Stachyurus obovatus*（Rehd.）Hand. - Mazz.

茎髓入药。利尿渗湿，通窍，催乳。主治跌打损伤，风湿麻木，乳汁不通。

云南旌节花 *Stachyurus yunnanensis* Franch.

茎髓、根入药。茎髓：清热，利水，通乳。主治热病烦渴，水肿，乳汁不通等；嫩茎叶入药。解毒，接骨。主治毒蛇咬伤，骨折等。根：被祛风通络，利湿退黄。主治风湿痹痛不，黄疸性肝炎，跌打损伤等。

秋海棠科 Begoniaceae

盾叶秋海棠 *Begonia cavalerei* Lévl.

带根全草入药。舒筋活血，止痛。主治跌打损伤，瘀血肿痛。

秋海棠 *Begonia grandis* Dry.

块茎、叶、根、花、果实入药。解毒消肿，散瘀止痛，杀虫。主治咽喉痛，跌打瘀肿。

中华秋海棠 *Begonia grandis* Dry. ssp. *sinensis*（A. DC.）Irmsch.

茎、全草入药。活血调经，止血止痢，镇痛。主治崩漏，月经不调，胃痛，跌打瘀痛等。

掌裂叶秋海棠 *Begonia pedatifida* Lévl.

根状茎、全草入药。清热凉血，止痛止血。主治风湿关节痛，跌打损伤，水肿，尿血，蛇咬伤，痢疾。

长柄秋海棠 *Begonia smithana* Yu ex Irmsch.

根状茎入药。清热，止痛，止血。主治跌打损伤，筋骨疼痛，血崩，毒蛇咬伤。

瑞香科 Thymelaeaceae

白瑞香 *Daphne papyracea* Wall. ex Steud.

根皮、茎皮、全株入药。祛风止痛，活血调经。主治风湿痹痛，跌打损伤，月经不调等。

狼毒 *Stellera chamaejasme* L.

根入药。逐水祛痰，破积杀虫。主治水气胀肿，瘰疬，疥癣，外伤出血，疮疡，跌打损伤。

胡颓子科 Elaeagnceae

蔓胡颓子 *Elaeagnus glabra* Thunb.

果实、根、叶入药。果实：收敛止泻，止痢。主治肠炎，腹泻。叶：止咳平喘。主治咳嗽气喘，根：清热利湿，通淋止血，散瘀止痛。主治甲肝，石淋，跌打肿痛。

银果胡颓子 *Elaeagnus magna* Rehd.

根、叶入药。清热解毒，解表透疹。主治麻疹不透，无名肿毒。

千屈菜科 Lythraceae

紫薇 *Lagerstroemia indica* L.

根、根皮、茎皮、花、叶入药。清热解毒，利湿祛风，活血止血。主治痔疖痈疽，痢疾，跌打损伤，血崩，内外伤出血等。

千屈菜 *Lythrum salicaria* L.

全草入药。清热解毒，收敛止血。主治痢疾，血崩，疮疡溃烂，吐血等。

圆叶节节菜 *Rotala rotundifolia* (Buch. – Ham. ex Roxb.) Koehne

全草入药。清热利湿，消肿解毒。主治痢病，淋病，急性肝炎，痈肿疮毒等。

石榴科 Punicaceae

石榴 *Punica granatum* L.

果皮、花、叶、根入药。涩肠止泻，凉血止血，驱虫。主治泄泻，痢疾，崩漏，带下，虫积腹痛，烫伤等。

珙桐科 Davidiaceae

喜树 *Camptotheca acuminate* Decne.

果实、根、根皮入药。清热解毒，散结消肿。主治食道癌，贲门癌，肝癌，白血病，疮肿等。

蓝果树 *Nyssa sinensis* Oliv.

根入药。抗癌。

光叶珙桐 *Davidia involucrate* Baill var. *vilmoriniana* (Dode) Wagner.

根、果实入药。根：收敛止血，止泻。主治多种出血，泄泻。果实：清热解毒。主治痈肿疮毒。

八角枫科 Alangiaceae

八角枫 *Alangium chinense*(Lour.)Harms

根、须根、根皮入药。祛风除湿，舒筋活络，散瘀止痛。主治风湿痹痛，跌打损伤，骨折等。

瓜木 *Alangium platanifolium* (Sied. et Zucc.) Harms

根、须根、根皮入药。祛风除湿，舒筋活络，散瘀止痛。主治风湿痹痛，四肢麻木，跌打损伤。

桃金娘科 Myrtaceae

华南蒲桃 *Syzygium austrosinense* (Merr. Et Perry) Chang et Miau.

全株入药。收敛。主治泻痢。

野牡丹科 Melastomataceae

地菍 *Melastoma dodecandrum* Lour.

根、果实入药。清热解毒，活血止血。主治高热，赤白痢疾，黄疸，风湿痛，劳伤，痛经，吐血，毒蛇咬伤等。

展毛野牡丹 *Melastoma normale* D. Don,

根、叶入药。行气利湿，化瘀止血，解毒。主治脘腹胀痛，肠炎，痢疾，肝炎，淋浊，多种出血，血栓性脉管炎，疮疡溃烂，跌打肿痛。

朝天罐 *Osbeckia crinite* Benth. Ex riana.

全草入药。敛肺益肾，活血止血。主治久咳，虚喘，体虚头晕，风湿痹痛，便血，月经不调，白带等。

阔叶金锦香 *Osbeckia opipara* C. Y. Wu et C. Chen.

枝叶入药。清热利湿，止血调经。主治湿热泻痢，淋痛，久咳，痨嗽，咯血，月经不调，白带。

肉穗草 *Sarcopyramis bodinieri* Lévl. et Van.

全草入药。清热利湿，消肿解毒。主治热毒血痢，泄泻，肺热咳嗽，痈疮肿毒，毒蛇咬伤等。

楮头红 *Sarcopyramis nepalensis* Wall.

全草入药。清热平肝，利湿解毒。主治肺热咳嗽，头目眩晕，耳聋，肝炎，风湿痹痛，跌打伤肿，蛇头疔，无名肿毒。

柳叶菜科 Onagraceae

高原露珠草属 *Circaea alpina* L. ssp. *imaicola*(Asch. et Mag.) Kitamura

全草入药。养心安神，消食，止咳，解毒，止痒。主治心悸，失眠，多梦，咳嗽，疮疡浓肿，癣。

谷蓼 *Circaea erubescens* Franch. Et Sav.

全草入药。清热解毒，化瘀止血。主治无名毒疮，刀伤出血。疥疮。

南方露珠草 *Circaea mollis* Sieb. et Zucc.

全草入药。祛风除湿，活血消肿，清热解毒。主治风湿痹痛，跌打瘀肿，乳痈，瘰疬，疮肿等。

毛脉柳叶菜 *Epilobium*1*amurense* Hausskn

全草入药。疏风清热，凉血止血。主治风热声嘶，咽痛，水肿，多种出血等。

柳叶菜 *Epilobium hirsutum* L.

全草入药。清热解毒，利湿止泻，消食理气，活血，接骨。主治湿热泻痢，食积，脘腹胀痛，月经不调，跌打骨折，疮肿。

短叶柳叶菜 *Epilobium brevifolium* D. Don ssp. *erichoneurum* (Hausskn) Raven.

全草入药。化瘀，利水，降压，通便。主治静脉曲张，肾炎消肿上，高血压，习惯性便秘等。

长籽柳叶菜 *Epilobium pyrricholophum* Franch. et Savat.

全草入药。清热利湿，止血安胎，解毒消肿。主治痢疾，吐血，咳血，便血，月经过多，胎动不安，痈疮疖肿，烫伤，跌打损伤，外伤出血。

黄花月见草 *Oenothera glazioviana* Mich.

根、全草入药。解毒，化瘀，降压。主治热毒疮肿，冠心病，高血压。

小二仙草科 Haloragidaceae

小二仙草 *Haloragis micrantha*(Thunb.) R. Br. ex Sieb. et Zucc.

全草入药。止咳平喘，清热利湿，调经活血。主治咳嗽，哮喘，热林，便秘，痢疾，月经不调，跌损骨折等。

五加科 Araliaceac

五加 *Acanthopanax gracilistylus* W. W. Smith 根皮入药。功用同上。

刚毛五加 *Acanthopanax simonii* Schneid. 根皮入药。舒筋活络，祛风除湿。治风湿性关节炎、跌打损伤、无名肿毒。

白 勒 *Acanthopanax trifoliatus* (L.) Merr.

根、根皮、嫩枝叶、花入药。清热解毒，祛风利湿，活血舒筋。主治感冒发热，咳嗽胸痛，痢疾，黄疸，石淋，跌打损伤，风湿痹痛。

楤木 *Aralia chinensis* L.

茎皮或茎、根或根皮、嫩叶入药。祛风除湿，利水和中，活血解毒。主治风热感冒，风湿关节痛，肾虚水肿，胃脘痛，痢疾等。

毛叶楤木 *Aralia chinensis* L. var. *dasyphylloides* Hand. - Mazz.

茎皮、茎入药。祛风除湿，利水和中，活血解毒。主治风热感冒，风湿关节痛，肾虚水肿，胃脘痛，痢疾等。

食用土当归 *Aralia cordata* Thunb.

根、根茎入药。驱风除湿，舒筋活络，和血止痛。主治风湿疼痛，腰膝酸痛，四肢痿痹，腰肌劳损，鹤膝风，手足扭伤肿痛，骨折，头风，头痛，牙痛。

头序楤木 *Aralia dasyphylla* Miq.

茎皮、茎入药。抗菌消炎。

棘茎楤木 *Aralia echinocaulis* Hand. - Mazz.　根皮入药。祛风除湿，行气活血，消肿解毒。治风湿痹痛、溃疡病、跌打损伤、痈疽。

罗伞 *Brassaiopsis glomerulata* (Bl.) Regel.

根、树皮、叶入药。祛风除湿，散瘀止痛。主治感冒发热，咳嗽，风湿痹痛，腰肌劳损，脘腹痛，跌打肿痛。

树参 *Dendropanax dentigerus* (Harms ex Diels) Merr.

根、茎、树皮入药。祛风除湿，活血消肿。主治风湿痹痛，偏瘫，头痛，月经不调，跌打损伤，疮肿。

中华常青藤 *Hedera nepalensis* K. Koch var. *sinensis* (Tobl.) Rehd.

茎叶、果实入药。祛风，利湿，和血，解毒。主治风湿痹痛，瘫痪，月经不调，肝炎等。

刺楸 *Kalopanax septemlobus* (Thunb.) Koidz.

树皮、根、茎枝、叶入药。祛风除湿，活血止痛，解毒消肿，杀虫止痒。主治风湿痹痛，风火牙痛，跌打损伤，骨折，浮肿，疮疡肿毒等。

竹节参 *Panax japonicas* C. A. Mey.

根茎、叶入药。根茎：补虚强壮，止咳化痰，散瘀止血，消肿止痛。主治病后体弱，食欲不振，虚劳咳嗽，吐血，倒经等各种出血，跌打损伤，风湿关节痛，痈肿等。叶：清热解毒，生津利咽，主治口干唇燥，暑热伤津，咽痛音哑等。

异叶梁王茶 Pseudopanax davidii (Franch.) W. R. Philipson

茎皮、根皮、叶入药。祛风除湿，活血止痛。主治风湿痹痛，劳伤腰痛，跌打损伤，骨折，月经不调。

短序鹅掌柴 *Schefflera bodinieri* (Lévl.) Rehd.

根皮、茎皮入药。祛风除湿，行气止痛。主治风湿痹痛，肾虚腰痛，胃痛，跌打肿痛。

穗序鹅掌柴 *Schefflera delavayi* (Franch.) Harms ex Diels

根、根皮、枝条入药。祛风活络，强筋健骨，行气活血。主治风湿痹痛，腰膝酸痛，跌打肿痛，骨折等。

星毛鹅掌柴 *Schefflera minutistellata* Merr. Ex Li.

茎、根、根皮入药。发散风寒，活血止痛。主治风寒感冒，风湿痹痛，脘腹胀痛，跌打肿痛，骨折，劳伤疼痛。

鹅掌柴 *Schefflera octophylla* (Lour.) Harms.

根、根皮、茎皮、叶入药。根皮、茎皮：清热解毒表，祛风除湿，舒筋活络。主治感冒发热，咽喉肿痛，烫伤，无名肿毒，风湿痹痛，胃脘痛，跌打肿痛，骨折，外伤出血。叶：祛风除湿，解毒活血。根：舒风清热，除湿通络。

通脱木 *Tetrapanax papyriferus*（Hook.）K. Koch.

茎髓、根、花蕾、花粉入药。清热利水，通乳。主治淋症涩痛，小便不利，水肿，黄疸，产后乳少，经闭，带下等。

刺通草 *Tetrapanax palmate*（Roxb. ex Lindl.）Vis.

叶入药。化瘀止痛。主治跌打损伤，腰痛。

伞形科 Umbelliferae

拐芹 *Angelica polymorpha* Maxim.

根入药。发表祛风，温中散寒，理气止痛。主治风寒表证，风湿痹痛，胸胁疼痛，跌打损伤。

当归 *Angelica sinensis*（Oliv.）Diels

根入药。补血，活血，调经止痛，润燥滑肠。主治血虚萎黄，月经不调，经闭痛经，肠燥便难，痈疽疮疡，跌打损伤等。

竹叶柴胡 *Bupleurum marginatum* Wall. ex DC.

根、全草入药。解表清热，疏肝解郁。主治寒热往来，头痛目眩，月经不调，胃下垂。

窄竹叶柴胡 *Bupleurum marginatum* Wall. ex DC. var. *stenophyllum*（Wolf）Shan et Y. Li

根、全草入药。解表清热，疏肝解郁。主治寒热往来，头痛目眩，月经不调，胃下垂。

小柴胡 *Bupleurum tenue* Buch. – Ham. ex Don

全草入药。解表退热，疏肝解郁，升举阳气。主治外感，疟疾，头痛目眩，气虚下陷之脱肛，子宫脱垂，胃下垂等。

积雪草 *Centella asiatica*（L.）Urban

全草入药。清热利湿，活血止血，解毒消肿。主治发热，肠炎，痢疾，水肿，痛经，跌打肿痛，外伤出血等。

鸭儿芹 *Cryptotaenia japonica* Hassk.

全草入药。祛风止咳，利湿解毒，化瘀止痛。主治感冒咳嗽，月经不调，皮肤瘙痒，跌打肿痛等；果实入药。消积顺气。主治食积腹胀，尿闭及肿毒。

红马蹄草 *Hydrocotyle nepalensis* Hook.

全草入药。清热利湿，化瘀止血，解毒。主治感冒，月经不调，跌打伤肿等。

天胡荽 *Hydrocotyle sibthorpoides* Lam.

全草入药。清热利湿，解毒消肿。主治黄疸，痢疾，水肿，喉肿，痈肿疮毒，带状疱疹，跌打损伤。

短裂藁本 *Ligusticum brachy* lobum Franch.

根入药。祛风除湿，发表，镇痛。主治关节痛，外感，头痛昏眩，四肢拘挛，目赤疮疡。

川芎 Ligusticum chuanxiong Hort.

根茎入药。活血祛瘀，行气开郁，祛风止痛。主治月经不调，胸胁疼痛，头痛眩晕，风寒痹痛，跌打损伤等。

匍匐藁本 *Ligusticum reptans*(Diels) Wolff.

根茎、根入药。祛风除湿，散寒止痛。主治风寒头痛，巅顶疼痛，风湿痹痛，寒湿泄泻等。

西南水芹 *Oenanthe dielsii* Boiss.

全草入药。疏风清热，止痛降压。主治风热感冒，咳嗽，麻疹，胃痛，高血压。

细叶水芹 *Oenanthe dielsii* Boiss. var. *stenophylla* Boiss.

全草入药。疏风清热，止痛降压。主治风热感冒，咳嗽，麻疹，胃痛，高血压。

华中前胡 *Peucedanum medicum* Dunn

根入药。散寒，驱风除湿。主治风寒感冒，风湿痛，小儿惊风。

革叶茴芹 *Pimpinella coriacea*(Franch.)Boiss

根、全草入药。温中散寒，驱风除湿，活血调经。主治胃寒腹痛，风寒温痹，月经不调。

变豆菜 *Sanicula chinensis* Bunge

全草入药。解毒，止血。主治咽痛，咳嗽，月经过多，外伤出血，疮痈肿毒等。

竹叶西风芹 *Seseli mairei* Wolff.

根入药。驱风除湿，止痛镇痉。主治感冒头痛，牙痛，胃脘胀痛，泄泻，风湿痹痛，瘫痪，破伤风，惊风，风疹，湿疹，疮肿。

窃衣 *Torilis scabra* (Thunb.) DC.

果实、全草入药。杀虫止泻，收湿止痒。主治虫积腹痛，泻痢，疮疡溃烂，阴痒带下，风湿疹。

山茱萸科 Cornaceae

灯台树 *Bothrocaryum controversum* (Hemsl.) Pojark

树皮、根皮、叶、果实入药。清热平肝，消肿止痛。主治头痛，眩晕，咽喉肿痛，跌打肿痛等。

梾木 *Cornus macrophylla* (Wall.) Sojak

心材入药。活血止痛，养血安胎。主治跌打损骨折，血虚萎黄，胎动不安等。

小花梾木 *Cornus parviflora* Chien

树皮入药。清热解毒，散瘀止痛。治感冒头痛，风湿热痹，热毒疮肿，烧烫伤。

四照花 *Dendrobenthamia japonica* (A. P. DC.) Fang var. *chinensis* (Osbrn) Fang..

花、叶、果实入药。叶、花：收敛止血。主治痢疾，骨折，跌打损伤。果实：补肝肾，益精血。主治积滞，肝炎腹水，结核。

中华青荚叶 *Helwingia chnensis* Batal. 叶、果实入药。治痢疾，便血，痈疖疮肿，烫伤、蛇咬伤、胃痛。

喜马拉雅青荚叶 *Helwingia himalaica* Clarhe

叶、果实入药。功用同上。

小型青荚叶 *Helwingia himalaica* var. *parvifolia* Li.

叶、果实、根入药。叶或果实：祛风除湿，活血解毒。主治感冒咳嗽，风湿痹痛，月经不调。茎髓：通乳。主治乳少，乳汁不畅。

青荚叶 *Helwingia japonica* (Thunb.) Willd. 叶、果实入药。功用同上。

角叶鞘柄木 *Toricellia angulata* Oliv.

根、根皮、树皮、叶、花入药。活血舒筋，祛风利湿，接骨。主治跌打瘀肿，筋伤骨折，风湿痹痛，水肿等。

有齿鞘柄木 *Toricellia angulata* Oliv. var. *intermedia* (Harms) Hu.

根、根皮、根皮、叶入药。活血舒筋，祛风利湿。主治跌打瘀肿，筋伤骨折，风湿痹痛，水肿等。

水晶兰科 Monotropaceae

水晶兰 *Monotropa uniflora* L.

全草入药。补虚止咳。主治肺虚咳嗽。

普通鹿蹄草 *Pyrola decorata* H. Andr.

全草入药。祛瘀，止血，补肾，降压，调经，解毒。主治内外出血，痢疾，风湿痹痛，月经不调，产后瘀血，慢性肾炎，皮炎，蛇虫咬伤。

杜鹃花科 Ericaceae

滇白珠 *Gaultheria leucocarpa* Bl. var. *crenulata*(Kurz)T. Z. Hsu

全株、根入药。祛风除湿，活血通络，散寒止痛。主治风湿麻木，跌打损伤，胃寒疼痛等。

小果南烛 Lyonia ovalifolia (Wall.) Drude var. *elliptica* (Sieb. et Zucc.)Hand. -Mazz.

枝叶、果实、根入药。健脾益肾，活血强筋。主治脾虚腹泻，腰脚无力。跌打损伤等。

狭叶南烛 *Lyonia ovalifolia* (Wall.) Drude var. *lanceolata* (Wall.) Hand. - Mazz.

枝叶入药。活血散瘀，止痛。主治骨鲠在喉，疮疖等。

美丽马醉木 *Pieris formosa*(Wall.)D. Don

全株入药。消炎止痛，舒筋活络。主治跌打损伤，风湿麻木等。

桃叶杜鹃 *Rhododendron annae* Franch.

根皮入药。化痰止咳。主治痰多咳嗽。

大白杜鹃 *Rhododendron dexorum* Franch.

花、叶、根入药。根、叶：热利湿，活血止痛。主治白浊，带下，风湿痹痛。花：止咳，止痒，止血，调经，固精，杀虫。主治肾虚。

马缨杜鹃 *Rhododendron delavayi* Franch.

花、叶、根入药。花：清热解毒，止血，调经。主治衄血，咯血，消化道出血，骨髓炎，月经不调。叶：主治流感。根：主治痢疾。

云锦杜鹃 *Rhododendron fortune* Lindl.

花、叶、根入药。清热解毒，消炎，杀虫，敛疮。主治皮肤溃烂等。

百合花杜鹃 *Rhododendron liliiflorum* Lévl.

全株入药。清热利湿，活血，止血。

马银花(闹羊花)*Rhododendron molle* (Bl.) G . Don.

花、根入药。花：祛风除湿，杀虫定痛。主治风湿痹痛，偏、正头痛，皮肤顽癣等；根：驱风除湿，化痰止咳，散瘀止痛。主治风湿痹痛，痛风，咳嗽，跌打肿痛等。

杜鹃 *Rhododendron simsii* Planch.

花入药。和血调经，祛风除湿，化痰止咳，清热解毒。主治月经不调，咳嗽，疮毒等；根入药。和血止血，消肿止痛。主治吐血，崩漏，跌打损伤等；叶入药。清热解毒，止血，化痰止咳。主治痈肿疮毒，荨麻疮，外伤出血等。

长蕊杜鹃 *Rhododendron stamineum* Franch.

枝、叶、花入药。主治狂吠病。

云南杜鹃 *Rhododendron yunnanense* Franch.

花入药。清热，止血，调经。主治便血，咯血，月经不调等。

乌饭树 *Vaccinium bracteatum* Thunb.

根、叶、果实入药。根：散瘀，消肿，止痛。主治牙痛，跌打损伤。叶：益精气，强筋骨，明目，止泻。果实：固精益精，强筋明目。主治身体虚弱，久泻梦遗，久泻久痢，赤白带下。

短尾越橘 *Vaccinium carlesii* Dunn.

全株入药。清热解毒，止血，固精。

尾叶越橘 *Vaccinium dunalianum* Wriht var. *urophyllum* Rehd. et Wils.

全株入药。祛风除湿，舒筋活络。主治风湿麻木。

乌鸦果 *Vaccinium fragile* Franch.

根、叶、果实入药。根：舒筋通络，活血，止痛，消炎。主治风湿痹痛，筋骨挛痛，手足麻木，跌打损伤，目赤，痄腮，痢疾，胃痛，半身不遂。叶：主治疮毒。果实：主治久咳，失眠。

刺毛越橘 *Vaccinium trichocladum* Merr. et Metc.

果实入药。消积化滞。主治消化不良。全株入药。祛风除湿，舒筋活络。

紫金牛科 Myrsinacceae

百两金 *Ardisia crispa* (Thunb.) A. DC.

根、根茎入药。清热利咽，祛痰利湿，活血解毒。主治咽喉肿痛，风热咳嗽，湿热黄疸，牙痛，骨结核，无名肿毒，蛇咬伤。

细柄百两金 *Ardisia crispa* var. *dielsii*（Lél）Walk.

根、根茎入药。清热利咽，活血解毒。主治咽喉肿痛，风热咳嗽，湿热黄疸，无名肿毒，刀伤等。

紫金牛 *Ardisia japonica*(Thunb.)Bl.

全株入药。化痰止咳，清热利湿，活血止血。主治咳嗽，肿痛，跌打损伤，淋病，白带等。

网脉酸藤子 *Embelia rudis* Hand. - Mazz.

根、根茎入药。清凉解毒，滋阴补肾，行血，消肿。主治闭经，月经不调，风湿痛。

杜茎山 *Maesa japonica*（Thunb.）Moritzi.

根、茎叶入药。祛风邪，消肿胀，清热解毒，活血化瘀。主治热性传染病，烦渴，头痛，眩晕，腰痛，水肿，跌打肿痛，外伤出血。

山地杜茎山 *Maesa Montana* A. DC.

根、叶入药。消炎，止泻。主治痢疾。

铁仔 *Myrsine africana* L.

根、枝叶入药。清热利湿，收敛止血，祛风止痛。主治痢疾，肠炎，咯血，血崩，便血，风湿痹痛，牙痛。

齿叶铁子 *Myrsine semiserratan* Wall.

果实入药。驱虫。主治绦虫病。

密花树 *Rapanea neriifolia*（Sieb. et Zucc.）Mez.

根皮、叶入药。清热解毒，凉血，利湿。主治乳痈初起，湿疹，疮疖。

报春花科 Primulaceae

过路黄 *Lysimachia christinae* Hance

全草入药。利水通淋，清热解毒，散瘀消肿。主治肝、胆及泌尿系统结石，热淋，肾炎水肿，湿热黄疸，毒蛇咬伤，跌打损伤等。

珍珠菜 *Lysimachia clethroides* Duby

根、全草入药。清热利湿，活血散瘀，利水消肿，调经。主治水肿，热淋，黄疸，痢疾，月经不调，小儿疳积，风湿热痹，外伤出血，乳痈，蛇咬伤等。

聚花过路黄 *Lysimachia congestiflora* Hemsl.

全草入药。祛风散寒，化痰止咳，解毒利湿，消积排石。主治风寒头痛，痰多咳嗽，咽喉肿痛，黄疸，结石，小儿疳积，痈疽疔疮，毒蛇咬伤等。

山罗过路黄 *Lysimachia melampyroides* R. Knuth.

全草入药。主治跌打损伤，脓肿。

狭叶落地梅 *Lysimachia paridiformis* Franch. var. *stenophylla* Franch.

全草、根入药。活血止痛，祛风通络。主治跌打损伤，骨折，风湿痹痛，半身不遂，小儿惊风等。

叶头过路黄 *Lysimachia phyllocephala* Hand. - Mazz.

全草入药。清热解毒，散风。主治热毒疮疥，咽喉疼痛，风热咳嗽等。

显苞过路黄 *Lysimachia rubiginosa* Hemsl.

全草入药。清热除湿，止咳化痰。

腺药珍珠菜 *Lysimachiam stenosepala* Hemsl.

全草入药。清热解毒，止血，接骨。主治骨折，刀伤出血，烫伤，疮疡，蛇虫咬伤等。

柿树科 Ebenaceae

柿 *Diospyros kaki* Thunb.

果实、柿蒂、根、叶入药。果实：清热，润肺，生津，解毒。主治咳嗽，吐血，热渴，口疮，热痢，便血等，柿蒂：下气，降逆。主治呃逆，反胃等。根：清热解毒，凉血，止血。主治血崩，血痢，痔疮。叶：止咳定喘，生津止渴，活血止血。主治咳喘，各种出血。

君迁子 *Diospyros lotus* L.

果实入药。清热，止渴。主治烦热，消渴。

山矾科 Symplocaceae

薄叶山矾 *Symplocos anomala* Brand.

果实入药。清热解毒，平肝泻火。

黄牛奶树 *Symplocos laurina*(Retz.)Wall.

树皮入药。清热，解表。主治感冒发热，口燥头昏等。

白檀 *Symplocos paniculata* (Thunb.) Miq.

根、叶、花、种子入药。清热解毒，祛风止痒，调气散结。主治乳腺炎，肠痈，胃癌，疝气，皮肤瘙痒，疮疖等。

山矾 *Symplocos sumuntia* Buch. – Ham. ex D. Don.

叶、花、根入药。叶：清热解毒，收敛止血。主治久痢，风火赤眼，扁桃体炎，咳血，便血。花：化痰解郁，生津止渴。主治小儿消渴，咳嗽胸闷。根：清热利湿，凉血止血，祛风止痛。主治黄疸，泄泻，，风湿痹痛等。

安息香科 Styracaceae

垂株花 *Styrax dasyanthus* Perkins.

叶入药。止咳润肺。主治肺燥咳嗽。

老鸹铃 *Styrax hemsleyauns* Diels.

果实入药。止痛，驱虫。

野茉莉 *Styrax japonicas* Sieb. et. Zucc.

叶、果实入药。舒筋通络，祛风除湿。主治风湿麻木，瘫痪等。

粉花安息香 *Sryrax toseus* Dunn.

花、叶入药。消炎，止咳，润肺。.

木犀科 Oleaceae

白蜡树 *Fraxinus chinensis* Roxb.

树皮入药。清热燥湿，清肝明目，止咳平喘。主治湿热泻痢，目赤肿痛，带下，肺热气喘，咳嗽等。

苦枥木 *Fraxinus floribunda* Wall. ssp. *insularis* (Hemsl.) S. S. Sun.

树皮、枝、叶入药。树皮：清热燥湿。枝、叶：主治风湿痹痛。

红素馨 *Jasminum beesianum* Forrest et Diels.

全株入药。通经活络，利尿。主治闭经，风湿麻木，小便不利。

矮素馨 *Jasminum humili* L.

叶入药。清火解毒。主治烧烫伤，疮毒红肿。

迎春花 *Jasminum nudiflorum* Lindl.

花、叶、根入药。花：清热解毒，活血消肿。主治发热头痛，咽喉肿痛，恶疮肿毒，跌打损伤。叶：清热，利湿，解毒。主治感冒发烧，小便淋痛，肿毒恶疮，跌打损伤，外伤出血。根：清热熄风，活血调经。主治肺热咳嗽，小儿惊风，月经不调。

素兴花 *Jasminum polyanthum* Franch.

全株入药。清热散结，行气，调经，止痛，活血。主治胃痛，肝炎，痛经，带下，月经不调，皮肤瘙痒，淋巴结核。

女贞 *Ligustrum lucidum* Ait.

果实、皮、根、叶入药。果实：补益肝肾，明目，清虚热，主治头昏目眩，腰膝酸痛，遗精，须发早白，目暗不明等。叶：清热明目，解毒散瘀，消肿止咳。主治头昏目痛，风热赤眼，口舌生疮，牙龈肿痛，肺热咳嗽，皮：强筋健骨。主治腰膝酸痛，两腿乏力，水火烫伤。根：行气活血，止咳，祛湿。主治哮喘，咳嗽，经闭，带下。

小叶女贞 *Ligustrum quihoui* Carr. kf1tyax

叶入药。清热解毒。治烫伤、外伤。

粗壮女贞 *Ligustrum rpbustum* Bl.

枝叶入药。清头目，散风热，除烦渴。主治头痛，耳鸣，目赤，暑热烦渴等。

小蜡 *Ligustrum sinense* Lour.

树皮、枝叶入药。清热利湿，消肿解毒。主治感冒发热，湿热黄疸，咽喉肿痛，牙痛，湿疹等。

光萼小蜡 *Ligustrum sinense* Lour. var. *myrianthum*(Diels)H. Hook.

枝叶入药。泻火解毒。主治咽喉炎，口腔炎，疮痈等。

桂花 *Osmanthus fragrans* (Thunb.) Lour.

花、果实、根入药。花：散寒止痛，生津化痰。主治脘腹冷痛，牙痛，口臭，痰饮咳喘，肠风血痢。果实：祛风止痒，发表散寒。主治皮肤瘙痒，漆疮，外感风寒。根：祛风除湿，散寒止痛。主治风湿麻木，筋骨疼痛，胃痛，牙痛。

醉鱼草科 Loganiaceae

驳骨丹 *Buddleja asiatica* Lour.

根、茎、叶入药。祛风化湿，活血行气。主治风湿痹痛，脾虚腹胀，痢疾，跌打损伤，无名肿毒等。

大叶醉鱼草 *Buddleja davidii* Franch.

枝叶、根皮入药。祛风散寒，杀虫止痒，活血止痛。主治关节疼痛，脚癣，阴痒，跌打损伤等。

醉鱼草 *Buddleja lindleyana* Fort.

全草入药。祛风，杀虫，活血。治流行性感冒、咳嗽、哮喘、风湿关节痛、蛔虫痛、钩虫病、跌打、外伤出血、痄痒、瘰疬。

密蒙花 *Buddleja officinalis* Maxim.

花蕾、花序入药。清热退翳，清肝明目。主治目赤肿痛，视物不清，目翳，多泪等。

龙胆科 Gentianaceae

头花龙胆 *Gentiana cephalantha* Franch. ex Hemsl.

根入药。泻肝火，清下焦，除湿热。主治目赤肿痛，湿热黄疸，头痛，胆囊炎，疮疡肿毒，外阴瘙痒等。

流苏龙胆 *Gentiana recurvata* C. B. Clarke

清热解毒，利湿消肿。主治肺热咳嗽，咽喉肿痛，肝炎，阑尾炎，痢疾，白带，小便不利，疮疡肿毒等。

红花龙胆 *Gentiana rhodantha* Franch. ex Hemsl.

全草入药。清热利湿，凉血解毒。主治肺热咳喘，痨嗽痰血，黄疸，痢疾，便血，疳积，疮疡肿毒，烫伤，蛇咬伤。

坚龙胆 *Gentiana rigescens* Franch. ex Hemsl.

根、根茎入药。清热燥湿，泻肝定惊。主治湿热黄疸，小便淋痛，湿热带下，目赤肿痛，热痢等。

椭圆叶花锚 *Halenia elliptica* D. Don.

全草入药。清热解毒，疏风止痛，疏肝利胆。主治急、慢性肝炎，流感，中暑腹痛，外伤出血，胆囊炎，肠胃炎等。

狭叶獐牙菜 *Swertia* 1*angustifolia* Buch. – Ham. ex D. Don

全草入药。清热，健胃，利湿。主治消化不良，胃炎，黄疸，牙痛，口疮等。

獐牙菜 *Swertia bimaculata* (Sieb. et Zucc.) Hook. f. et Thomsl ex C. B. Clarke

全草入药。清热解毒，利湿。主治小儿口疮，肠胃炎，急、慢性肝炎，咽喉肿痛等。

西南獐牙菜 *Swertia cincta* Burkill.

全草入药。清热，健胃，利湿。主治消化不良，胃炎，黄疸，牙痛，口疮等。

贵州獐牙菜 *Swertia kouytchensis* Franch.

全草入药。清热解毒，利湿。主治小儿高烧，口苦潮热，湿热黄疸，咽喉肿痛，蛇咬伤等。

大籽獐牙菜 *Swertia macrosperma* C. B. Clark

全草入药。清热解毒，利湿。主治小儿口疮，肠胃炎，急、慢性肝炎，咽喉肿痛等。

夹竹桃科 Apocynaceae

紫花络石 *Trachelospermum* axillare Hook. f.

茎藤、茎皮入药。祛风解表，活络止痛。主治感冒头痛，，风湿痹痛，跌打损伤等。

络　石　*Trachelospermum jasminoides* (Lindl.) Lem.　茎叶入药。祛风，通络，止血，消瘀。治风湿痹痛、筋脉拘挛、痈肿、喉痹、吐血、跌打损伤、产后恶露不行。

萝藦科 Asclepiadaceae

长叶吊灯花 *Ceropegia dolichophylla* Schltr.

根入药。补虚，祛风除湿。主治劳伤虚弱，风湿关节痛，脚气病等。

金雀马尾参 *Ceropegia mairei* (Lévl.) H. Huber.

全草入药。祛风杀虫。主治癞疮，疥癣。

西藏吊灯花 *Cepopegia pubescens* Wall.

根、全草入药。杀虫，解毒。主治蛔虫病，疔疮肿毒。

白薇 *Cynanchum atratum* Bunge.

根入药。清热益阴，利尿通淋，解毒疗疮。主治肺热咳嗽，阴虚潮热，热淋，咽喉肿痛，疮痈，毒蛇咬伤等。

大理白前 *Cynanchum forrestii* Schltr.

根、根茎入药。清热凉血，利尿通淋。主治阴虚发热，产后发热，肺热咳嗽，水肿，淋症。

青羊参 *Cynanchum otophyllum* Schneid.

根入药。祛风湿，益肾健脾，解蛇毒。主治风湿痹痛，肾虚腰痛，腰肌劳损，食积，脘腹胀痛，小儿疳积，蛇咬伤。

杠柳 *Periploca sepium* Bunge.

根皮入药。祛风湿，利水消肿，强心。主治风湿痹痛，水肿，小便不利。

旋花科 Convolvulaceae

打碗花 *Calystegia hederacea* Wall.

全草入药。健胃消食，调经，利湿。主治脾胃虚弱，消化不良，疳积，月经不调，带下等。

鼓子花 *Calystegia silvatica* (Kitaib.) Griseb. ssp. *orientalis* Brummitt.

花、根、茎叶入药。花：养颜，益气，涩精。主治面皮班干燥，遗精，遗尿。根：接骨续筋，补中益气，杀虫解毒。主治跌打损伤，金疮，丹毒，蛔虫等。茎叶：清热解毒。主治丹毒。

菟丝子 *Cuscuta chinensis* Lam.

种子入药。补肾益精，养肝明目上，固胎止泄。主治腰膝酸痛，阳痿，遗精，不育，早泄，遗尿，耳鸣目昏，胎动不安，泄泻等。

金灯藤 *Cuscuta japonica* Choisy.

种子入药。补肾益精，养肝明目上，固胎止泄。主治腰膝酸痛，阳痿，遗精，不育，早泄，遗尿，耳鸣目昏，胎动不安，泄泻等。

马蹄金 *Dichondra repens* Forst.

全草入药。清热，利湿，解毒。主治黄疸，痢疾，水肿，跌打损伤，疔疮肿毒，毒蛇咬伤等。

牵牛 *Pharbitis nil*(L.).

种子入药。祛痰逐饮，利水通便，杀虫消积。主治腹水，水肿，痰多咳喘，便秘，食滞虫积，痈疽肿毒，痔漏便血等。

飞蛾藤 *Porana racemosa* Roxb.

全草、根入药。清热解毒，活血行气。主治风寒感冒，食滞腹胀，无名肿毒。

紫草科 Boraginaceae

倒提壶 *Cynoglossum amabile* Stapf et Drnmm.

根入药。清热解毒，止血散瘀。主治疮疖痈肿，咳血，崩漏，跌打肿痛，外伤出血，毒蛇咬伤。

琉璃草 *Cynoglossum furcatum* Wll.

根、叶入药。清热解毒，止血散瘀。主治疮疖痈肿，咳血，崩漏，跌打肿痛，外伤出血，毒蛇咬伤。

光叶粗糠树 *Ehretia dicksonii* Hance var. *glabrescens* Nakai.

树皮、叶、果实入药。树皮：散瘀消肿。主治跌打肿痛等，叶、果实：清热解毒，消食健脾。主治食积腹胀，小儿消化不良等。

滇紫草 *Onosma paniculatum* Bur. et Franch.

根、根皮入药。清热解毒，凉血活血。主治麻疹肺炎，热病发斑，疮疡溃烂，湿疹，烫伤等。

马鞭草科 Verbenaceae

紫珠 *Callicarpa bodinieri* Lévl.

根、茎叶入药。散瘀止血，祛风除湿，消肿解毒。主治血瘀痛经，咯血，吐血，崩漏，尿血，风湿痹痛，跌打瘀肿，丹毒，烫伤，外伤出血等；果实入药。发表散寒。主治风寒感冒。

杜虹花 *Callicarpa formosana* Rolfe.

清热解毒，收敛止血。主治外伤出血，咯血尿血，便血，崩漏，皮肤紫癜，痈疽肿毒，毒蛇咬伤等。

臭牡丹 *Clerodendrum bungei* Steud.

茎叶、根入药。茎叶：解毒消肿，祛风湿，降血压。主治痈疽，疔疮，湿疹，痔疮，风湿痹痛，高血压等。根：行气健脾，祛风除湿，消肿解毒降血压。主治食滞腹胀，虚咳，头晕，淋浊带下，痈疽肿毒。

大青 *Clerodendrum cyrtophyllum* Turez.

根入药。清热，解毒，祛风，除湿。治乙脑、流脑、感冒高热、头痛、肠炎、痢疾、黄疸、齿痛、鼻衄、咽喉肿痛。

海通 *Clerodendrum mandarinorum* Diels

枝叶入药。治小儿麻痹症。

海州常山 *Clerodendrum trichotomum* Thunb.

嫩枝、叶、花、果实、根入药。祛风除湿，平肝降压，解毒杀虫。主治风湿痹痛，半身不遂，高血压，偏头痛，疟疾，痢疾，痈疽疮毒，湿疹疥癣等。

豆腐柴 *Premna microphylla* Turcz.

茎、叶入药。清热解毒。主治疟疾，泄泻，痢疾，痈肿，疔疮，丹毒，蛇虫咬伤等。

马鞭草 *Verbena officinalis* L.

全草入药。清热解毒，活血通经，利水消肿，截疟。主治感冒发热，咽喉肿痛，湿热黄疸，水肿，小便不利，痢疾，血瘀经闭，痛经，跌打损伤，痈肿疮毒，疟疾等。

牡荆 *Vitex negundo* L. var. *cannabifolia* (Sieb. et Zucc.) Hand. - Mazz.

果实、叶、根入药。果实：化湿祛痰，止咳平喘，理气止痛。主治咳嗽气喘，胃痛，痢疾，疝气痛等。叶：解表化湿，祛痰平喘，解毒。主治伤风感冒，咳嗽哮喘，乳痈肿痛，蛇虫咬伤等。根：祛风除湿，止痛。主治风湿痹痛，头痛，牙痛，疟疾等。

唇形科 Labiatae

风轮菜 *Clinopodium chinense*（Benth.）O. Ktze.

全草入药。解毒消肿，疏风清热，止血。主治咽喉肿痛，疔疮肿毒，中暑，感冒发热，肝炎，痢疾，腮腺炎，乳腺炎，外伤出血，尿血。

邻近风轮菜 *Clinopodium confine*(Hance)O. Ktze.

全草入药。清热解毒，止血。主治咽喉肿痛，疔疮肿毒，乳痈，外伤出血，尿血等。

细风轮菜 *Clinopodium gracile*（Benth.）O. Ktze.

全草入药。祛风清热，消肿解毒，活血行气。主治感冒发热，咽喉肿痛，痈肿疮疖，毒蛇咬伤，跌打损伤，食积腹痛，痢疾，白喉，呕吐。

寸金草 *Clinopocium megalanthum*（Diels）C. Y. Wu et Hsuan ex H. W. Li

全草入药。活血消肿，清热解毒。主治跌打肿痛，疮痈肿毒，小儿疳积，风湿关节痛，牙痛等。

灯笼草 *Clinopodium polycephalum*(Vaniot)C. Y. Wu et Hsuan ex Hsu .

全草入药。清热解毒，凉血止血。主治风热感冒，咳嗽，咽喉肿痛，目赤肿痛，痢疾，外伤出血，吐血，咯血，尿血，肝炎，关节疼痛，疮疡肿痛，跌打肿痛等。

匍匐风轮菜 *Clinopodium repens*(D. Don)Wall.

全草入药。清热解毒凉血止血。主治咽喉肿痛，疔疮肿毒，黄疸，胆囊炎，结膜炎，吐血，尿血，崩漏，外伤出血，蛇虫咬伤等。

东紫苏 *Elsholtzia bodinieri* Vaniot.

全草入药。发散外邪，理气和胃。主治感冒，咽喉红肿，目赤肿痛，口腔炎，牙痛，肝炎，消化不良。

香薷 *Elsholtzia ciliate*（Thunb.）Hyland

全草入药。发汗解暑，化湿利尿。主治夏令感冒，中暑，泄泻，小便不利，湿疹，水肿等。

野草香 *Elsholtzia cypriani*(Pavol.)S. Chow ex Hsu

叶、茎叶入药。发表清热，解毒截疟。主治风热感冒，咽喉肿痛，风湿关节痛，疟疾，疔疮肿毒等。

野苏子 *Elsholtzia flava*（Benth.）Benth.

全草入药。清热解毒，发表宣肺。主治咽喉肿痛，疔疮肿毒，肺热咳嗽，风热感冒。

鸡骨柴 *Elsholtzia fruticosa*(D. Don)Rehd.

根、叶入药。根：祛风除湿，通络止痛。主治风湿痹痛。叶：杀虫止痒。主治疥疮，脚癣。

球穗香薷 *Elsholtzia strobilifera* Benth.

全草入药国。解表退热。主治感冒发热，头痛等。

活血丹 *Glechoma longituba*(Nakai)Kupr.

全草入药。清热解毒，散瘀消肿，利湿通淋。主治湿热黄疸，跌打损伤，疮痈肿痛，热淋，石淋，跌打损伤等。

宝盖草 *Lamium amplexicaule* L.

全草入药。活血通络，解毒消肿。主治跌打损伤，筋骨疼痛，四肢麻木，半身不遂，黄疸，面瘫，鼻渊，疮痈肿毒等。

益母草 *Leonurus japonicus* Houtt

全草入药。活血调经，利尿消肿，清热解毒。主治月经不调，经闭，难产，产后血晕，瘀血腹痛，跌打损伤，小便不利，水肿，痈肿疮疡等。

绣球防风 *Leucas ciliata* Benth.

全草、果实、根入药。全草：疏肝活血，祛风明目，解毒。主治妇女血瘀经闭，胁肋疼痛，小儿雀目，青盲翳障，痈肿疔毒，疥癣，皮疹等。果实：解表清肺，益肝健脾。主治感冒，小儿肺炎，疳积。根：祛风利湿，疏肝解毒。主治风湿痹痛，痢疾。

斜萼草 *Loxocalyx urticifolius* Hemsl.

全草入药。清热解毒，祛风除湿，杀虫。主治感冒，痢疾，痈肿疔毒，风湿疼痛，皮肤瘙痒。

蜜蜂花 *Melissa axillaris*(Benth.)Bakh. f.

全草入药。清热解毒，凉血止血。主治皮肤瘙痒，疥疮，虫蛇咬伤，口臭，鼻衄，崩漏，带下。

南川冠唇花 *Microtoena prainiana* Diels

全草入药。解表散寒，降气消痰。主治风寒感冒，痰多咳喘，胃脘寒痛，腹胀等。

小花仙草 *Mosla. dianthera*(Buch. －Ham.)Maxim.

全草入药。发表祛暑，利湿和中，消肿止血，散风止痒。主治感冒头痛，恶心，脘腹疼痛，痢疾，水肿，衄血，痔血，湿疹，蛇虫咬伤。

荆芥 *Nepeta cataria* L.

全草入药。疏风清热，活血止血。主治外感风热，头痛，咽喉肿痛，麻疹透发不畅，吐血，衄血，跌打肿痛，疮痈肿痛，毒蛇咬伤等。

牛至 *Origanum vulgare* L.

全草入药。解表，理气，清暑，利湿。主治感冒发热，中暑，胸膈胀满，腹痛吐泻，痢疾，黄疸，水肿，皮肤瘙痒，气虚食滞。

野生紫苏 *Perilla frutescens*(L.)Britt. var. *purpurascens* (Hayata) H. W. . Li.

果实、叶、茎入药。叶：散寒解表，宣肺化痰，行气和中，安胎，解毒。主治风寒感冒，咳嗽痰多，脘腹胀闷，食积，恶心呕吐，腹痛吐泻，胎气不和，食鱼蟹中毒。茎：理气宽中，安胎，止血。主治脾胃气滞，胎动不安，咯血，吐血。果实：降气，祛痰，平喘，润肠。主治咳嗽，气喘，肠燥便秘。

糙苏 *Phlomis umbrosa* Turcz.

全草入药。祛风化痰，利湿除痹，解毒消肿。主治感冒，咳嗽痰多，风湿痹痛，跌打损伤，痈疮肿毒。

南方糙苏 *Phlomis umbrosa* var. *australis* Hemsl.

带根全草入药。祛风止咳，活血通络，解毒消肿。主治感冒，咳嗽，风湿痹痛，四肢麻木，跌打瘀肿，骨折，痈疮肿毒。

夏枯草 *Prunella vulgaris* L.

果穗入药。清肝明目，散结解毒。主治目珠疼痛，目赤羞明，头痛眩晕，耳鸣，急、慢性肝炎，瘰疬，乳痈，痈疽肿毒等。

荔枝草 *Salvia plebeia* R. Br.

全草入药。清热解毒，凉血於，利水消肿。主治感冒发热，咽喉肿痛，肺热咳嗽，咳血，吐血，尿血，痔疮出血，肾炎水肿，痈肿疮毒，湿疹瘙痒，跌打损伤。

长冠鼠尾草 *Salvia plectranthoides* Griff.

根入药。补虚，调经，祛风止咳。主治劳伤虚弱，月经不调，崩漏，伤风咳嗽等。

云南鼠尾草 *Salvia yunnanensis* C. H. Wright

根入药。活血化瘀，凉血止血，养心安神，解毒消肿。主治月经不调，痛经，恶露腹痛，关节痛，崩漏，咳血，血虚肢麻，失眠，健忘，跌打瘀肿，乳痈，痈疮肿毒等。

滇黄芩 *Scutellaria amoena* C. H. Wright.

根茎、果实入药。清热泻火，燥湿解毒，止血，安胎。主治肺热咳嗽，肝火头痛，目赤肿痛，湿黄疸，泻痢，热淋，崩漏，胎热不安，痈肿疔疮等。

筒冠花 *Siphocranion macranthum*(Hook. f.)C. Y. Wu

全草入药。疏风清热，解毒消肿。主治风热感冒，头痛目赤，痈疮肿毒。

光柄筒冠花 *Siphocranion nudipes*(Hemsl.)Kudo

全草入药。疏风清热，解毒消肿。主治风热感冒，头痛目赤，痈疮肿毒。

西南水苏 *Stachys kouyangensis*(Vaniot)Dunn

全草入药。消炎解毒，止痒。主治疮疖，赤白痢，湿疹等。

穗花香科 *Teucrium japonicum* Houtt.

全草入药。发表散寒，利湿除痹。主治外感风寒，头痛，身痛，风寒痹痛。

长毛香科科 *Teucrium pilosum*(Pamp.)C. Y. Wu et S. Chow

全草入药。祛风发表，清热解毒。止痒。主治风热感冒，咽喉肿痛，肺痈，痢疾，湿疹，风疹，疥癣等。

香科科 *Teucrium simplex* Van.

全草入药。清热解毒。主治感冒痛，痢疾，痈疮肿毒等。

茄科 Solanaceae

颠茄 *Atrope belladonna* L.

全草入药。解痉止痛，抑制分泌。主治胃、十二指肠溃疡，胃、肾、肠绞痛，呕吐盗汗，流涎等。

红丝线 *Lycianthes biflora*(Lour.)Bitter.

全草入药。清热解毒，祛痰止咳。主治虚劳咳嗽，哮喘，痢疾，热淋，疔疮红肿，外伤出血。

单花红丝线 *Lycianthes lysimachioides*(Walll.)Bitter

全草入药。解毒消肿。主治痈肿疮毒，鼻疮，耳疮等。

枸杞 *Lycium. chinensis* Mill.

果实、根皮、叶入药。果实：滋养肝肾，润肺，明目。主治肝肾阴亏，腰膝酸软，头晕目眩，虚劳咳嗽，消渴引饮，目视不清，遗精等。根皮：清虚热，泻肺火，凉血。主治骨蒸盗汗，阴虚劳热，肺热咳嗽，小儿疳积发热，衄血，尿血，消渴等。

假酸浆 *Nicandra physaloides*(L.)Gaertn.

全草、果实、花入药。清热解毒，镇静，利尿。主治感冒发烧，热淋，鼻渊，痈肿疮疖，癫痫。

挂金灯 *Physalis alkekengi* L. var. *franchetii*(Mast.)Makino

全草、根、果实入药。全草：清热毒，利咽喉，通利二便。主治咽喉肿痛，肺热咳嗽，黄疸，痢疾，水肿，小便涩痛，便秘，湿疹，疝气等。果实：清肺利咽，化痰利水。主治咽喉肿痛，骨蒸劳热，小便不利等。

白英 *Solanum lyratum* Thunb.

全草、果实、根入药。全草和根：清热利湿，解毒消肿。主治湿热黄疸，胆囊炎，肾炎水肿，风湿关节痛，头痛，带下，小儿高热惊搐，痈疮肿毒，湿疹等。果实：明目，止痛肿。主治眼花目赤，迎风流泪，翳障，牙痛等。

龙 葵 *Solanum nigrum* L.

全草、果实、根入药。全草：清热解毒，活血消肿。主治痈肿，疔疮，丹毒，跌打扭伤。肾炎水肿等。颗粒：清热解毒，化痰止咳。主治痰多咳喘，咽喉肿痛，疔疮等，根：清热利湿，活血解毒。主治痢疾，尿路结石，疮痈肿痛等。

珊瑚豆 *Solanum pseudocapsicum* var. *diflorum*(Vell.)Bitter.

全草入药。祛风通络，消肿止痛。主治风湿痹痛，跌打损伤，腰背疼痛，无名肿毒。

玄参科 Scrophulariaceae

来江藤 *Brandisia hancei* Hook. f.

全株入药。祛风利湿，清热解毒。主治风湿筋骨痛，浮肿，痢疾，黄疸，吐血，骨髓炎，疮疖等。

幌菊 *Ellisiophyllum. pinnatum*(Wall.)Makino.

全草入药。滋阴润肺，平肝明目。主治头晕车目眩，肺热咳嗽，黄疸。

鞭打绣球 Hemiphragma heterophyllum Wall.

全草入药。祛风除湿，清热解毒，活血止痛。主治风湿痹痛，经闭腹痛，疮肿湿毒，咽痛，牙痛，跌打损伤，痢疾。

钟萼草 *Lindenbergia philippensis*(Cham.) Benth.

全草入药。祛风除湿，解毒敛疮。主治风湿痹痛，咽喉肿痛，骨髓炎，皮肤湿疹，疔疮肿毒等。

野地钟萼草 *Lindenbergia ruderalis*(Vahl) O. Ktze.

全草入药。解毒敛疮。主治皮肤湿疹，疔疮肿毒等。

母草 *Lindernia crustacea*(L.) F. Muell.

全草入药。清热利湿，活血止痛。主治油然热感冒，湿热泻痢，肾炎水肿，月经不调，跌打损伤，痈疖肿毒等。

宽叶母草 *Lindernia nummularifolian*(D. Don) Wettst.

全草入药。凉血解毒，散瘀消肿。主治咳血，疔疮肿毒，跌打损伤，蛇虫咬伤等。

通泉草 *Mazus japonicus*(Thunb.) O. kuntze

全草入药。清热解毒，利湿通淋，健脾消积。主治热毒痈肿，脓包疮，泌尿系统感染，腹水，黄疸，消化不良，小儿疳积等。

四川沟酸浆 *Mimulus szechuanensis* Pai

收敛，止痛，解毒。主治湿热痢疾，脾虚泄泻，无名肿毒。

川泡桐 *Paulownia fargesii* Franch.

树皮、果实、根入药。树皮：祛风除湿，消肿解毒。主治风湿热痹，丹毒，淋症，跌打肿痛，骨折。果实：止咳，化痰，平喘。主治慢性支1管炎，咳嗽痰多。根祛风止痛，活血解毒。主治风湿热痹，疮痈肿毒，跌打损伤等。

白花泡 桐 *Paulownia fortunei*(Seem.) Hemsl.

树皮、果实、根入药。树皮：祛风除湿，消肿解毒。主治风湿热痹，丹毒，淋症，跌打肿痛，骨折，果实：止咳，化痰，平喘。主治慢性支气管炎，咳嗽痰多等。根：祛风止痛中，活血解毒。主治风湿热痹，疮痈肿毒，跌打损伤等。

江南马先蒿 *Pedicularis henryi* Maxim.

根入药。补气血，强筋骨，健脾胃。主治头晕耳鸣，心慌气短，筋骨疼痛，手足痿软，小儿疳积。

西南马先蒿 *Pedicularis labordei* Vant. ex Bonati.

根入药。补虚益损，解毒。主治虚汗，盗汗，脾虚食少，疮痈肿毒。

黑马先蒿 *Pedicularis. nigra* Vaniot ex Bonati

根入药。补气血，强筋骨，健脾胃。主治头晕耳鸣，心慌气短，筋骨疼痛，手足痿软，小儿疳积等。

纤裂马先蒿 *Pedicularis tenuisecta* Franch，ex Maxim.

根入药。益气补血，止咳祛痰。主治肾虚，病后体虚，虚寒咳嗽，哮喘，虚热不退等。

松蒿 *Phtheirospermum japonicum* (Thunb.) Kanitz.

全草入药。清热利湿，解毒。主治黄疸，水肿，风热感冒等。

细裂叶松蒿 *Phtheirospermum tenuisectum* Bur. et Franch.

全草入药。散瘀解毒，养血安神。主治骨折肿痛，咳嗽，心悸，失眠，蛇犬咬伤。

疏毛翅茎草 *Pterygiella duclouxii* Franch.

全草入药。清热利湿，消肿止痛。主治急、慢性肝炎，胃肠炎，口腔炎，咽喉肿痛，牙痛。

腺毛阴行草 *Siphonostegia laeta* S. Moore

全草入药。清热利湿，凉血止血，散瘀止痛。主治湿热黄疸，痢疾，肠炎，小便淋浊，痈疽肿毒，尿血，便血，瘀血经闭，跌打肿痛，关节炎等。

毛叶蝴蝶草 *Torenia benthamiana* Hance.

全草入药。活血消肿，解毒。主治疔疮，小儿鹅口疮，跌打肿痛，腰腿痛等。

光叶蝴蝶草 *Torenia glabra* L.

全草入药。清热利湿，解毒，散瘀。主治热咳，黄疸，泻痢，血淋，疔疮肿毒，蛇咬伤，跌打肿痛等。

紫萼蝴蝶草 *Torenia violacea*(Azaola)Pennell.

全草入药。消食化积，解暑，清肝。主治小儿疳积，中暑呕吐，腹泻，目赤肿痛。

婆婆纳 *Veronica. didyma* Tenore.

全草入药。补肾强腰，消肿解毒。主治肾虚腰痛，痈肿，白带，疝气等。

疏花婆婆纳 *Veronica laxa* Benth.

全草入药。清热解毒，止血。主治外伤出血等。

美穗草 *Veronicastrum brunonianum*(Benth.)Hong

根状茎入药。清热解毒，化瘀止咳。主治咳嗽痰黄，咽喉肿痛，赤白痢疾，小便淋沥，痈肿疮毒。

四方麻 *Veronicastrum caulopterum*(Hance)Yamazaki

全草入药。清热解毒，消肿止痛。主治流行性腮腺炎，咽喉肿痛，肠炎，痢疾，痈疽肿毒，湿疹，跌打损伤等。

宽叶腹水草 *Veronicastrum latifolium*(Hemsl.)Yamazaki

全草入药。清热解毒，行水，散瘀。主治肺热咳嗽，痢疾，肝炎，水肿，跌打损伤，毒蛇咬伤，烫伤等。

紫葳科 Bignoniaceae

楸树 *Catalpa ovata* G. Don. 树皮入药。清热，止痛，消肿。治风湿潮热、肢体困痛、关节炎、浮肿、热毒、疥疮。

两头毛 *Incarvillea arguta* (Royle)Royle.

带根全草入药。活血行气，健脾利湿。主治风湿疼痛，骨折，痈肿，胃痛，月经不调，泄泻等。

苦苣苔科 Gesneriaceae

斑叶唇柱苣苔 *Chirita pumila* D. Don

全草入药。解表发汗，止咳止血。主治风寒感冒，咳喘吐血，白带，外伤出血等。

珊瑚苣苔 *Corallodiscus lanuginosus* (*Wall. ex R. Br.*) *Burtt.*

全草入药。健脾，止血，化瘀。主治小儿疳积，刀伤出血，跌打损伤。

贵州半蒴苣苔 *Hemiboea. cavaleriei* Lévl.

全草入药。清热解毒。主治感冒，痈肿疔毒，跌打损伤等。

华南半蒴苣苔 *Hemiboea follicularis* Clarke

全草入药。润肺止咳，接骨。主治风热咳喘，骨折等。

半蒴苣苔 *Hemiboea subcapitata* Clarke

全草入药。清热利湿，解毒消肿。主治湿热黄疸，咽喉肿痛，毒蛇咬伤等。

吊石苣苔 *Lysionotus pauciflorus* Maxim.

全草入药。祛风除湿，化痰止咳，祛瘀通络。主治风湿痹痛，咳喘痰多，月经不调，痛经，腰腿酸痛，跌打肿痛等。

锈色蛛毛苣苔 *Paraboea rufescens* (Franch.) Burtt.

全草入药。解毒，止咳，固脱。主治疮痈肿毒，咳嗽，骨折，子宫脱垂。

狸藻科 Ientibulariaceae

猩草 *Utricularia aurea Lour.*

全草入药。清热明目。主治目赤红肿。

挖耳草 *Utricularia bifida* L.

全草入药。主治感冒，痢疾，中耳炎等。

爵床科 Acanthaceae

白接骨 *Asystasiella chinensis*(S. Moore)E. Hossain

全草入药。化瘀止血，续筋接骨，利尿消肿，清热解毒。主治吐血，便血，跌打瘀肿，扭伤骨折，风湿肿痛，腹水，疮疡溃烂，咽喉肿痛等。

钟花草 *Codonacanthus pauciflorus*(Nees)Nees

全草入药。清心火，活血通络。主治口舌生疮，风湿痹痛，跌打损伤等。

南一鸡笼 *Paragutzlaffia henryi*(Hemsl.)H. P. Tsui .

根入药。散风热，清肺止咳，利湿解毒。主治感冒发热，肺热咳嗽，黄疸，痢疾，疮痈肿毒等。

爵床 *Rostellularia procumbens* L.

全草入药。清热解毒，活血止痛，利湿消积。主治感冒发热，咽喉肿痛，黄疸，疟疾，跌打肿痛，疳积，湿疹等。

毛叶孩儿草 *Rungia stolonifera* C. B. Clarke

疏风清热，凉血止血。主治风热感冒，吐血，外伤出血，肝炎，肠炎。

马蓝 *Strobilanthes cusia*(Nees)O. Kuntze.

根茎入药。清热解毒，凉血。主治风热感冒，咽喉肿痛，流脑肺炎，疮疹，目赤肿痛等。

日本马蓝 *Strobilanthes japonica*(Thunb.)Miq.

全草入药。活血通经，化瘀行水。主治月经不调，痛经，经闭，产后腹痛，浮肿，跌打损伤等。

碗花草 *Thunbergia fragrans* Roxb.

茎叶、根入药。茎叶：健胃消食，解毒消肿。主治消化不良，脘腹胀痛，腹泻，痈肿疮疖。根：消热利湿，泻肺平喘，解毒止痒。主治湿热黄疸，痰饮咳喘，皮肤瘙痒等。

透骨草科 Phrymataceae

透骨草 *Phryma leptostachya* L.

全草入药。清热解毒，杀虫。主治感冒，痢疾，黄疸，疥疮，脓泡疮，漆疮等。根用于杀蛆、蝇。

车前科 Plantaginaceae

车前 *Plantago asiatica* L.

全草入药。清热利尿，凉血解毒。主治小便不通，淋浊，尿血，黄疸，肝热目赤，咽喉肿痛，暑湿泻痢，痈肿疮毒等；种子入药。清热利尿，祛痰，明目。主治水肿胀满，带下，目赤障翳，痰热咳喘等。

平车前 *Plantago deptessa* ssp. *intermedia*(Gilib.)Arcan

全草、种子入药国。全草：清热利湿，凉血解毒。主治小便不通，淋浊，尿血，黄疸，肝热目赤，咽喉肿痛，暑湿泻痢，痈肿疮毒。种子：清热利尿，祛痰，明目。主治水肿胀满，带下，目赤障翳，痰热咳喘等。

大车前 *Plantago major* L.

全草入药。清热利尿，凉血解毒。主治小便不通，淋浊，尿血，黄疸，肝热目赤，咽喉肿痛，暑湿泻痢，痈肿疮毒等；种子入药。清热利尿，祛痰，明目。主治水肿胀满，带下，目赤障翳，痰热咳喘等。

茜草科 Rubiaceae

香果树 *Emmenopterys henryi* Oliv.

根皮入药。治反胃呕吐。

猪殃殃 *Galium aparine* L. var. *tenerum*(Gren. et Godr.)Reichb.

全草入药。清热解毒，消肿止痛，利尿通淋。主治感冒发热，痢疾，疮痈肿毒，水肿，尿路感染，跌打伤痛等。

六叶律 *Galium asperuloides* Edgew. ssp. *hoffmeisteri*（Klotzsch）Hara

全草入药。清热解毒，止痛，止血。主治痢疾，尿路感染，咳血等。.

四叶律 *Galium bungei* Steud.

全草入药。清热解毒，利尿消肿，止痛。主治痢疾，尿路感染，疮痈肿痛，跌打损伤，毒蛇咬伤。

小红参 *Galium elegans* Wall. ex Roxb.

根入药。舒筋活血，祛瘀生新。主治肺痨，内伤吐血，月经不调，带下，风湿骨痛，跌打损伤，骨折等。

金毛耳草 *Hedyotis chrysotricha*（Palib.）Merr.

全草入药。清热利湿，消肿解毒。主治湿热黄疸，泄泻，痢疾，水肿，跌打肿痛，带状疱疹，疮疡肿毒等。

玉叶金花 *Mussaenda pubescens* Ait. F.

茎叶、根入药。茎叶：清热利湿，消肿解毒。主治感冒，中暑，咽喉肿痛，疮疡脓肿，虫蛇咬伤等。根：截疟，解热。主治疟疾。

日本蛇根草 *Ophiorrhiza japonica* Bl.

全草入药。祛痰止咳，活血调经。主治咳嗽，劳伤吐血，月经不调，痛经，筋骨疼痛，跌打扭伤等。

鸡矢藤 *Paederia scandens*(Lour.)Merr.

全株、根入药。祛风除湿，健胃消食，补虚理气，活血消肿。主治风湿麻木，食积，小儿疳积，中暑，黄疸，气虚浮肿，湿疹，虫蛇咬伤等。

绒毛鸡矢藤 *Paederia scandens*(Lour.)Merr. var. *tomentosa*(Bl.)Hand. - Mazz.

根、全草入药。祛风除湿，清热解毒，活血消肿，理气化积。主治湿热黄疸，肝炎，痢疾，跌打肿痛，食积饱胀等。

云南鸡矢藤 *Paederia yunnanensis*（Lévl.）Rehd.

根入药。清热利湿，活血止痛，接骨。主治黄疸型肝炎，跌打损伤，骨折等。

披针叶茜草 *Rubia alata* Roxb.

根、根状茎入药。行血活血，通经活络，止痛。主治衄血，吐血，崩漏，经闭，月经不调，风湿骨痛，跌打损伤，牙痛。

茜草 *Rubia cordifolia* L.

根入药。凉血止血，活血化瘀。主治咯血，衄血，吐血，便血，崩漏，经闭，产后瘀阻腹痛，跌打损伤，风湿痹痛，疮痈等；地上部分入药。止血，行瘀。主治吐血，血崩，腰痛，跌打肿痛等。

大叶茜草 *Rubia schumanniana* Prizel.

全草入药。祛瘀止血，活络通经。主治跌打损伤，风湿腿痛，外伤出血等。

六月雪 *Serissa serissoides*（DC.）Druce.

茎叶、根入药。祛风除湿，清热解毒。主治感冒，痢疾，黄疸，咽喉痛，肾炎水肿，妇女闭经，风湿麻木，跌打损伤，疮痈肿毒等。

忍冬科 Caprifoliaceae

小叶六道木 *Abelia parvifolia* Hemsl.

茎、叶入药。祛风除湿，消肿解毒。主治风湿痹痛，跌打损肿痛，疮痈肿毒。

云南双盾木 *Dipelta yunnanensis* Franch.

根入药。发表透疹，解毒止痒。主治麻疹痘毒，湿热身痒。

匍匐忍冬 *Lonicera crassifolia* Batal.

花蕾入药。祛风除湿。主治风湿关节痛。

锈毛忍冬 *Lonicera ferruginea* Rehd.

花蕾、嫩枝入药。花蕾：清热解毒，舒筋活血。主治感冒，目赤，热痢便血，痈疽肿毒。

忍冬 *Lonicera japonica* Thunb.

花蕾、茎枝入药。花蕾：清热解毒。主治温病发热，痈肿，瘰疬等。茎枝：清热解毒，通络。主治温病发热，热毒血痢，筋骨疼痛。

血满草 *Sambucus adnata* Wall. ex . DC.

全草、根皮入药。祛风，利水，活血，通络。主治急、慢性肾炎，风湿疼痛，风疹瘙痒，小儿麻痹后遗症，慢性腰腿痛，伤痛，骨折。

接骨草 *Sambucus chinensis* Lindl.

茎叶入药。祛风除湿，舒筋活血。主治风湿痹痛，水肿，腰腿痛，跌打损伤等；根入药。祛风利湿，散瘀止血。主治风湿疼痛，头风，跌打瘀肿，骨折，吐血等。

接骨木 *Sambucus williamsii* Hance

茎枝、叶、根入药。茎枝：祛风利湿，活血止血。主治风湿筋骨疼痛，痛风，利湿，跌打肿痛，创伤出血等。叶：活血，舒筋，止血，利湿。主治跌打骨折，风湿痹痛，筋骨疼痛等。根：祛风除湿，舒筋活血，利尿消肿。主治风湿疼痛，黄疸，水肿，痰饮，跌打瘀痛，急、慢性肾炎等。

桦叶荚迷 *Viburnum betulifolium* Batal

根入药。调经，涩精。主治月经不调，梦遗滑精，肺热口臭，白浊带下等。

金佛山荚蒾 *Viburnum brachybotryum* Hemsl.

茎叶入药。清热解毒，止痢。主治感冒发热，热痢等。

水红木 *Viburnum cylindricum* Buch. – Ham. ex D. Don 叶入药。利湿解毒，活血。主治赤白痢疾，痛经，跌打损伤，痈肿疮毒，烫伤等；花入药。润肺止咳。主治肺燥咳嗽；根入药。祛风除湿，活血通络，解毒。主治风湿痹痛，跌打损伤，肝炎等。

紫药荚蒾 *Viburnum erubescens* Wall. var. *prattii*(Graebn.) Rehd.

根、根皮入药。止咳化痰，消积破瘀，止血，止泻。主治感冒咳嗽，痢疾，跌打肿痛，外伤出血等。

珍珠荚蒾 *Viburnum foetidum* var. *ceanothoides* (C. H. Wright) Hang. Mazz.

果实、叶、根入药。果实：清热解毒，解表，止咳。主治头痛，感冒，咳嗽，疮毒等。叶：消肿止痛，敛疮生肌，主治跌打肿痛，骨折，疖肿。根：止血，止泻，解毒。主治痢疾，肠炎，崩漏等。

直角荚蒾 *Viburnum foetidum* Wall. var. *rectangulatum*(Graebn.) Rehd.

叶、嫩枝入药。清热解毒，利湿。主治感冒，痢疾，疮疖肿毒，湿疹等。

南方荚蒾 *Viburnum fordiae* Hance.

根、茎叶入药。疏风解表，活血散瘀，消热解毒。主治感冒发热，月经不调，风湿痹痛，跌打损伤，疮疖，湿疹等。

球核荚蒾 *Viburnum propinquum* Hemsl.

叶、根入药。散瘀止血，接骨续筋。主治跌打肿痛，筋伤骨折，外伤出血。

汤饭子 *Viburnum setigerum* Hance. 根入药。清热解毒，健脾止痛。治白浊、刀伤出血、头痛、腰痛、脾胃虚弱、肺痈。

烟管荚蒾 *Viburnum utile* Hemsl.

茎叶、根入药。茎叶：接骨，止血。主治骨折，外伤出血。根：活血通络，利湿解毒。主治跌损伤，风湿痹痛，痢疾，痈疽肿毒，外伤出血。

水马桑 *Weigela japonica* Thunb. var. *sinica* (Rehd.) Bailey. 全株入药。补虚弱。健脾胃。治食差气弱、痢疾。

败酱科 Valerianaceae

窄叶败酱 *Patrinia. angustifolia* Hemsl.

根入药。发表散寒，燥湿理气。主治风寒感冒，泄泻，肠炎，小儿阴缩。

墓头回 *Patrinia heterophylla* Bunge

根入药。燥湿止带，收敛止血，清热解毒。主治赤白带下，崩漏，泄泻，黄疸，疟疾，肠痈，疮疡肿毒，子宫颈癌，胃癌。

少蕊败酱 *Patrinia monnandra* C. B. Clarke

全草入药。清热解毒，消肿排脓，止血止痛。主治痢疾，肝炎，肠痈，产后瘀血腹痛，痈肿疔疮等。

败酱 *Patrinia scabiosaefolia* Fisch. ex Trev.

全草入药。清热解毒，活血排脓。主治痈肿，肠痈，痢疾，肺痈，产后瘀滞腹痛。

长序缬草 *Valeriana hardwickii* Wall.

根、全草入药。活血调经，祛风利湿，健脾消积。主治月经不调，痛经，风湿痹痛，跌打伤痛，小儿疳积，食积腹胀等。

蜘蛛香 *Valeriana jatamansi* Jones

根茎入药。理气和中，散寒除湿，活血调经。主治胃气痛，脘腹胀痛，呕吐泄泻，小儿疳积，风寒湿痹，月经不调，跌打损伤等。

缬草 *Valeriana officinalis* L.

根、根茎入药。安心神，祛风湿，行气血，止痛。主治心神不安，心悸失眠，癫狂，风湿痹痛，脘腹胀痛，经闭，痛经，跌打损伤等。

川续断科 Dipsacaceae

川续断 *Dipsacus asperoides* C. Y. Cheng et T. M. Ai

根入药。补肝肾，强筋骨，活血止痛。主治腰膝酸软，肢节痿痹，遗精，带下，崩漏，风湿痛，骨折，跌打损伤等。

续断 *Dipsacus japonicus* Miq.

根入药。补肝肾，调血脉，敛疮止痛，接骨。主治腰背酸痛，足膝无力，风湿痛，带下，崩漏，痈疽疮肿，损筋折骨等。

双参 *Triplostegia glandulifera* Wall. ex DC.

根入药。健脾益肾，活血调经，解毒，止血。主治脾虚食积，肾虚腰痛，贫血，虚劳咳，遗精，阳痿，带下病，外伤出血等。

葫芦科 Cucurbitaceae

绞股蓝 *Gynostemma pentaphyllum* (Thunb.) Makino.

全草入药。清热，补虚，解毒。主治体虚乏力，虚劳失精，白细胞减少，高血脂，慢性肠胃炎等。

雪胆 *Hemsleya chinensis* Cogn.

块茎入药。清热解毒，利湿消肿，止痛止血。主治咽喉肿痛，牙痛，目赤肿痛，黄疸，尿路感染，痢疾，痈肿疔疮，前列腺炎，痔疮等。

蛇 莲 *Hemsleya sphaerocarpa* Kuang et A. M. Lu.

块根入药。清热解毒，消肿止痛，利湿。主治痢疾，咽喉肿痛，牙痛，黄疸，小便淋痛等。

川赤瓟 *Thladiantha davidii* Franch.

果实、根入药。清热，利胆，通乳。主治黄疸，痢疾，乳汁不通等。

齿叶赤瓟 *Thladiantha dentate* Cogn.

根入药。生津开胃，健脾补虚。主治体虚食少，脾虚厌食，胸膈满闷等。

球果赤瓟 *Thladiantha globicarpa* A. M. Lu et Z. Y. Zhang.

全草入药。敛疮，解毒。主治深部脓肿，疮疡肿毒。

皱果赤爬 *Thladiantha henryi* Hemsl.

根入药。清热解毒，理气止痛。主治感冒，痢疾，疮疡肿毒，胃痛。

五叶赤飑 *Thladiantha hookeri* C. B. Clarke var. *pentadactyla* (Cogn.) A. M. Lu et Z. Y. Zhang.

根入药。润肺化痰，散结，解毒。主治肺热咳嗽，咽喉痛，泄泻，蛇虫咬伤。

南赤飑 *Thladiantha nudiflora* Hemsl. ex Forbes et Hemsl.

根、叶入药。清热解毒，消食化滞。主治肠炎，痢疾，蛇虫咬伤，脘腹胀满，消化不良。

鄂赤爬 *Thladiantha oliveri* Cogn ex Mottet.

根、果实入药。清热，利胆，通乳，消肿。主治痢疾，黄疸，胆囊炎，乳汁不下，烧、烫伤，跌打损伤。

中华栝楼 *Trichosanthes rosthornii* Harms.

果实、种子、根、果皮入药。果实、种子：清热化痰，润肠通便，宽胸散结。主治肺热咳嗽，肺虚燥咳，肠燥便秘，胸痹。根：清热生津，润肺化痰，消肿排脓。主治热病口渴，消渴多饮，痰热咳嗽，疮疡肿毒等。

桔梗科 Campanulaceae

无柄沙参 *Adenophora stricta* Miq. ssp. *sessilifolia* Hong

根入药。养阴清肺是，化痰，益气。主治肺热咳嗽，口燥咽干，干咳痰粘，气阴不足。

轮叶沙参 *Adenophora tetraphylla* (Thunb.) Fisch.

根入药。清热养阴，润肺止咳，益胃生津。主治阴虚久咳，劳伤痰血，燥咳痰少，津伤口渴等。

球果牧根草 *Asyneuma. chinense* D. Y. Hong

根入药。益气健脾，润肺止咳。主治体虚自汗，食少，咳嗽，乳汁不足等。

西南风铃草 *Campanula colorata* Wall.

根入药。祛风除湿，补虚止血。主治风湿痹痛，破伤风，虚劳咳血，病后体虚等。

鸡蛋参 Codonopsis *convolvulacea* Kurz

根入药。补气养血，润肺生津。主治贫血，自汗，乳汁稀少，肺虚咳嗽，神经衰弱，疝气。

管花党参 *Codonopsis tubulosa* Kom.

根入药。健脾补气，益气生津。主治脾胃虚弱，全身乏力，食少便溏，气血两亏。

胀萼蓝钟花 *Cyananthus inflatus* Hook. f. et Thoms.

全草入药。清热解毒，舒肝解痉。主治小儿惊风，风湿痹痛。

同钟花 *Homocodon brevipes* (Hemsl.) Hong

全草入药。清热，止咳。主治肺热咳嗽，发热，口腔糜烂。

半边莲 *Lobelia. chinensis* Lour.

带根全草入药。清热解毒，利尿消肿。主治毒蛇咬伤，痈肿疔疮，湿疹，湿热黄疸，肠炎，痢疾，肾炎，肝硬化腹水，多种癌症等。

江南山梗菜 *Lobelia davidii.*

根、全草入药。宣肺化痰，清热解毒，利尿消肿。主治咳嗽痰多，水肿，痈肿疮毒，下肢溃烂，蛇虫咬伤。

西南山梗菜 *Lobelia sequinii* Lévl. et Vant.

根、茎叶入药。祛风活血，清热解毒。主治风湿疼痛，跌打损伤，痈肿疔疮，痄腮，虫蛇咬伤等. 。

桔梗 *Platycodon grandiflorus* (Jacq.) A. DC.

根入药。宣肺，祛痰，利咽，排脓。主治痰多咳嗽，咽喉肿痛，肺痈吐脓，胸满胁痛，痢疾腹痛等。

铜锤玉带草 *Pratia nummularia*(Lam.)A. Br. et Aschers.

全草、果实入药。祛风除湿，活血解毒，接骨生肌。主治风湿疼痛，跌打损伤，乳痈，月经不调，无名肿毒，骨折，刀伤等。

蓝花参 *Wahlenbergia marginata*(Thunb.)A. DC.

根、全草入药。健脾益气，祛痰止咳，止血。主治劳伤虚损，自汗，盗汗，小儿疳积，咳嗽，妇女白带，衄血，刀伤等。

菊科 Compositae

长穗兔儿风 *Ainsliaea henryi* Diels

全草入药。散瘀清热，止咳平喘。主治跌打损伤，血瘀肿痛，肺热咳嗽，哮喘，毒蛇咬伤等。

宽叶兔儿风 *Ainsliaea latifolia* (D. Don) Sch. –Bip.

全草入药。祛风散寒，活血消肿。主治风寒感冒，头痛，痢疾，跌打瘀肿，中耳炎，乳腺炎等。

云南兔儿风 *Ainsliaea yunnanensis* Franch.

全草入药。清热解毒，利湿消肿。主治口腔炎，小儿惊风，疮毒，赤白痢，水肿。

黄腺香青 *Anaphalis aureopunctata* Lingelsh et Borza.

全草入药。清热解毒，利湿消肿。主治口腔炎，小儿惊风，疮毒，赤白痢，水肿等。

珠光香青 *Anaphalis margaritacea*(L.)Benth. et Hook. f.

全草入药。清热泻火，燥湿，驱虫。主治吐血，胃火牙痛，湿热泻痢，蛔虫病等。

褐香青 *Anaphalis margaritacea* var. *cinnamomea* (DC.) Herd. ex Maxim.

全草入药。清热泻火，燥湿。主治感冒，牙痛，肝炎，黄疸等。

牛蒡 Arctium lappa L.

果实、根、茎叶入药。疏散风热，宣肺透疹，利咽散结，解毒消肿。主治风热咳嗽，咽喉肿痛，斑疹不透，风湿痹痛，痈疖恶疮等。

黄花蒿 *Artemisia. annua* L.

全草、果实、根入药。清热，解暑，除蒸，截疟。主治暑热，暑湿，阴虚发热，疟疾，黄疸等。

艾蒿 *Artemisia argyi* Lévl. et Van.

叶、果实入药。叶：温经止血，散寒止痛，祛湿止痒。主治吐血，便血，崩漏，月经不调，痛经，心腹冷痛，泄泻久痢，湿疹，痔疮，痈疡等。果实：温肾壮阳。主治肾虚腰酸，阳虚内寒。

青蒿 *Artemisia carvifolia* Buch. – Ham. ex Roxb.

全草、果实、根入药。全草：清热，解暑。主治暑热，温病，疟疾。果实：清热明目，杀虫。主治泄泻，风疹，疥癣等。

白苞蒿 *Artemisia lactiflora* Wall. ex DC.

全草、根入药。活血散瘀，理气化湿。主治血瘀痛经，经闭，产后瘀滞腹痛，慢性肝炎，食积腹胀，寒湿泄泻，跌打损伤等。

灰苞蒿 *Artemisia roxburghiana* Bess.

全草入药。清热解毒，除湿，止血。主治痈疽疮毒等。

三脉紫菀 *Aster ageratoides* Turcz.

全草入药。清热解毒，理气止痛，祛痰镇咳。主治风热感冒，头痛，痢疾，胸痛，咳嗽，蛇咬伤等。

微糙山白菊 *Aster ageratoides* Turcz. var. *scaberulus*(Miq.)Ling

全草入药。清热解毒。主治风热感冒，痢疾，蛇咬伤等。

耳叶紫菀 *Aster auriculatus* Franch.

根入药。发散风寒，止咳平喘。主治风寒感冒，咳嗽，哮喘。

石生紫菀 *Aster oreophilus* Franch.

花入药。清热解毒，消肿止痛。主治目赤肿痛，咽喉疼痛，口腔炎，牙痛。

钻形紫菀 *Aster subulatus* Michx.

全草入药。清热解毒。主治痈肿，湿疹。

紫菀 *Aster. tataricus* L. f.

根、根茎入药。润肺下气，化痰止咳。主治咳嗽，肺虚劳嗽，肺痿肺痈，咳吐脓血，小便不利。

金盏银盘 *Bidens biternata*(Lour.)Merr. et Sherff.

全草入药。清热解毒，凉血止血。主治感冒发热，黄疸，痢疾，血崩，痈肿疮毒等。

鬼针草 *Bidens pilosa* L.

全草入药。清热解毒，利湿健脾。主治时行感冒，咽喉肿痛，黄疸肝炎，暑湿吐泻，痢疾，小儿疳积，肠痈，蛇虫咬伤等。

白花鬼针草 *Bidens pilosa* var. *radiata* Sch. –Bip.

全草入药。清热解毒，利湿退黄。主治感冒发热，风湿痹痛，湿热黄疸，痈肿疮疖。

天名精 *Carpesium abrotanoides* L.

全草入药。清热，化痰，解毒，杀虫，破瘀，止血。主治乳蛾，喉痹，疔疮肿毒，虫积，皮肤痒疹，血淋，创伤出血等。

烟管头草 *Carpesium cernuum* L.

全草入药。清热解毒，消肿止痛。主治感冒发热，高热惊风，咽喉肿痛，牙痛，淋巴结结核，乳腺炎等。

金挖耳 *Carpesium divaricatum* Sieb. et Zucc.

全草入药。清热解毒，消肿止痛。主治感冒发热，头风，风火赤眼，咽喉肿痛，乳痈，疮疖肿毒，泄泻。

贵州天名精 *Carpesium faberi* C. Winkl.

全草入药。祛风除湿，驱虫。主治跌打损伤，头痛等。

棉毛尼泊尔天名精 *Carpesium nepalense* Less. var. *lanatum*(Hook. f. et Thoms. ex C. B. Clarke)Kitam.

全草入药。清热解毒。主治感冒，咽喉痛，痈肿疮毒，痔疮等。

石胡荽 *Centipeda minima*(L.)A. Br. et Aschers.

全草入药。祛风通窍，解毒消肿。主治感冒，头痛，鼻渊，哮喘，喉痹，风湿痹痛，肿毒，跌打损伤等。

大蓟 *Cirsium japonicum* Fisch. ex DC.

全草、根入药。凉血止血，行瘀消肿。主治吐血，咯血，便血，尿血，崩漏，外伤出血，肝炎，肾炎，疮疡肿痛等。

香丝草 *Conyza bonariensis* (L.) Cronq.

全草入药。清热解毒，除湿止痛，止血。主治感冒，疟疾，风湿性关节炎，疮疡脓肿，外伤出血等。

白酒草 *Conyza japonica* (Thunb.) Less. ex DC.

根入药。清热止痛，祛风化痰，主治肋膜炎，咽喉肿痛，小儿惊风等。

野菊 *Dendranthema indicum*(L.)Des Moul.

全草、花、根入药。清热解毒，疏风平肝。主治风热感冒，咽喉肿痛，气管炎，肝炎，高血压，痢疾，痈肿，疔疮等。

鱼眼草 *Dichrocephala integrfolia*(L. f.)O. Kuntze

全草入药。活血调经，解毒消肿。主治月经不调，扭伤肿痛，疔毒，毒蛇咬伤。

小鱼眼草 *Dichrocephala benthamii* C. B. Clarke.

全草入药。清热解毒，祛风明目。主治肝炎，肺炎，痢疾，消化不良，疮疡等。

一年蓬 *Erigeron annuus*（L.）pers

全草入药。消食止泻，清热解毒，截疟。主治消化不良，胃肠炎，疟疾，毒蛇咬伤。

短亭飞蓬 *Erigeron breviscapus*(Van.)Hand. - Mazz.

根、全草入药。散寒解表，祛风除湿，通络止痛，消积。主治感冒，风湿痹痛，瘫痪，胃痛，跌打损伤，小儿疳积等。

华泽兰 *Eupatorium chinensis* L.

全草、根入药。清热利咽，凉血散瘀，解毒消肿。主治咽喉肿痛，吐血，赤白下痢，跌打损伤，痈疮肿毒等。

辣子草 *Galinsoga parviflora* Cav.

全草入药。清热解毒，止咳平喘，止血。主治扁桃体炎，咽喉炎，黄疸型肝炎，咳喘，疔疮，外伤出血。

鼠曲草 *Gnaphalium affine* D. Don.

全草入药。化痰止咳，祛风除湿，解毒。主治咳喘痰多，风湿痹痛，泄泻，痈肿疔疮等。

秋鼠曲草 *Gnaphalium hypoleucum* DC.

全草入药。疏风清热，解毒，利湿。主治感冒，咳嗽，泄泻，痢疾，风湿痛，疮疡。

细叶鼠曲草 *Gnaphalium japonicum* Thunb.

全草入药。疏风清热，利湿，解毒。主治感冒，咳嗽，咽喉痛，目赤肿痛，带下，疮疡疔毒等。

羊耳菊 *Inula cappa*(Buch. - Ham. ex D. Don)DC.

全草入药。祛风散寒，行气利湿，解毒消肿。主治风寒感冒，咳嗽，风湿痹痛，泄泻，乳腺炎，痔疮等。

水朝阳 *Inula helianthusaquatica* C. Y. Wu ex Ling.

全草入药。降气化痰，祛风除湿。主治咳嗽痰多，胸闷气喘，风湿痹痛，疔疮肿毒等。

中华小苦荬 *Ixeridium chinense*（Thunb.）Tzvel.

全草、根入药。清热解毒，消肿排脓，凉血止血。主治肠痈，肺脓疡，肺热咳嗽，痢疾，疮疖肿毒，血崩等。

叶小苦荬 *Ixeridium gracile*(DC.)Shih

全草入药。清热解毒。主治黄疸型肝炎，结膜炎，疖肿。

马兰 *Kalimeris indica*(L.)Sch. - Bip.

全草、根入药。凉血止血，清热利湿，解毒消肿。主治吐血，血痢，黄疸，水肿，感冒咳嗽，咽痛喉痹，小儿疳积等。

松毛火绒草 *Leontopodium andersonii* C. B. Clarke

幼苗入药。清热解毒，活血祛瘀。主治痈疽疮疡，跌打损伤，虫蛇咬伤。

华火绒草 *Leontopodium sinense* Hemsl.

全草、根入药。清热解毒，消肿止痛。主治扁桃体炎，咽喉炎，痈疖肿毒等。

蹄叶橐吾 *Ligularia fischeri*（Ledeb.）Turcz.

根、根茎入药。祛痰，止咳，理气活血，止痛。主治咳嗽，痰多气喘，百日咳，劳伤，跌打损伤等。

圆舌粘冠草 *Myriactis nepalenisis* Less.

全草、根入药。清热解毒，透疹，止痛。主治痢疾，肠炎，中耳炎，麻疹透发不畅，关节肿痛等。

秋分草 *Rhynchospermum verticillatum* Reinw

全草入药。清湿热，利水消肿。主治湿热带下，急、慢性肝炎，肝硬化腹水。

菊叶千里光 *Senecio laetus* Edgew.

全草、根入药。清热解毒，散瘀消肿。主治疮疡肿毒，跌打肿痛等。

千里光 *Senecio scandens* Buch. －Ham. ex D. Don

全草入药。清热解毒，明目退翳，杀虫止痒。主治流感，菌痢，黄疸型肝炎，目赤肿痛翳障，滴虫性阴道炎等。

缺裂千里光 *Senecio scandens* var. *incisus* Franch.

全草入药。清热解毒，明目退翳，杀虫止痒。主治流感，菌痢，黄疸肝炎，目赤肿痛，翳障，滴虫性阴道炎等。

豨 *Siegesbeckia orientalis* L.

地上部分、果实、根入药。地上部分：祛风湿，通经络，清热解毒。主治风湿痹痛，半身不遂，黄疸，痈肿疮毒等。果实：驱蛔虫。主治蛔虫病。

腺梗豨莶 *Siegesbeckia pubescens*(Makino)Makino

地上部分。、果实、根入药。地上部分：祛风湿，通经络，清热解毒。主治风湿痹痛，半身不遂，黄疸，痈肿疮毒等。果实：驱蛔虫。主治蛔虫病。

万寿菊 *Tagetes erecta* L.

花入药。清热解毒，化痰止咳。主治上呼吸道感染，百日咳，结膜炎，痈疮肿毒。

蒲公英 *Taraxacum mongolicum* Hand. －Mazz.

全草入药。清热解毒，消痈散结。主治乳痈，肺痈，肠痈，目赤肿痛，感冒发热，咳嗽，痢疾等。

夜香牛 *Vernonia cinerea*(L.)Less.

全草、根入药。疏风清热，除湿，解毒。主治感冒发热，咳嗽，急性黄疸型肝炎，痢疾，白带，乳腺炎，鼻炎，疮疖肿毒等。

苍耳 *Xanthium sibiricum* Patrin ex Widd.

全草、果实、花入药。祛风，散热，除湿，解毒，止痒。主治感冒，头风，鼻渊，目赤，目翳，风湿痹痛，拘挛麻木，痢疾，皮肤瘙痒。

单子叶植物

眼子菜科 Potamogetonaceae

眼子菜 *Potamogeton distinctus* A. Benn.

全草入药。清热解毒，清肝名目，除湿利水，止血凉血。主治湿热黄疸，赤白痢，热淋，小便赤痛，疮痈肿毒，痔疮出血等。

泽泻科 Alismataceae

慈姑 *Sagittaria trifolia* L.

球茎入药。活血凉血，清热解毒，行血通淋。主治产后血晕，胎衣不下，咯血吐血，咳嗽痰血，目赤肿痛，骨膜炎等。

禾本科 Gramineae

看麦娘 *Alopecurus aequalis* Sobol.

全草入药。清热解毒，止泻，利湿。主治黄疸型肝炎，毒蛇咬伤，泄泻，水肿，水痘等。

水蔗草 *Apluda mutica* L.

全草入药。祛腐解毒，壮阳。主治下肢溃烂，毒蛇咬伤，阳痿。

茅叶荩草 *Arthraxon lanceolatus* (Roxb.) Hochst.

全草入药。止咳定喘，杀虫。主治上气喘逆，久咳，疮疡疥癣等。

荩草 *Arthraxon hispidus* (Thunb.)Makino

全草入药。解毒，止咳，润肺，杀虫。主治鼻炎，乳腺炎，咽喉炎，久咳，肺虚喘咳，疮疡疥癣等。

野古草 *Arundinella anomala* Steud.

全草入药。清热，凉血。主治风热感冒，鼻衄，小儿高热等。

车筒竹 *Bambusa sinospinosa* Mcchure

嫩茎、芽入药。清肠止痢，消积。主治痢疾，消化不良。

毛臂形草 *Brachiaria villosa*(L.)A. Camus

全草入药。清热，通便利尿。主治大便秘结，小便赤涩。

虎尾草 *Chloris virgata* Sw.

全草入药。清热除湿，止痒，杀虫。主治风湿痹痛，蚊虫叮咬等。

芸香草 *Cymbopogon distans*(Nees)Wats.

全草入药。解表，止咳平喘，利湿。主治风寒感冒，伤暑，咳嗽气喘，风寒湿痹，小便淋痛。

狗牙根 *Cynodon dactylon*(L.)Pers.

根茎入药。凉血止血，解毒，祛风活络。主治劳伤，吐血，便血，鼻衄，疮疡肿毒，风湿痹痛。

马唐 *Digitaria sanguinalis*(L.)Scop.

全草入药。明目润肺。主治耳目不明等。

油芒 *Eccoilopus cotulifer*(Thunb.)A. Camus

全草入药。清热，消炎。主治痢疾。

稗 *Echinochloa crusgalli*(L.)Beauv.

根、苗入药。止血生肌。主治外伤出血。

牛筋草 *Eleusine indica*(L.)Gaertn.

全草入药。清热解毒，利湿凉血。主治伤暑发热，疮疡肿痛，小儿惊风，淋症，黄疸，乙脑等。

大画眉草 *Eragrostis cilianensis*(All.)Vign.

全草入药。利尿通淋，疏风清热。主治热淋，石淋，目赤痒痛。

知风草 Eragrostis ferruginea (Thunb.) Beauv.

根入药。舒筋逐瘀。主治筋骨疼痛。

乱草 *Eragrostis japonica*(Thunb.)Trin.

全草入药。清热凉血，润肺止咳。主治咳血，吐血。

黑穗画眉草 Eragrostis nigra Nees ex Steud.

全草入药。清热，止咳，镇痛。主治头痛，腹痛，百日咳。

宿根画眉草 *Eragrostis perenmans* Keng

全草入药。清热，消炎。主治痢疾。

画眉草 *Eragrostis pilosa*(L.)Beauv.

全草入药。利尿通淋，清热活血。主治石淋，热淋，角膜炎，跌打损伤。

蔗茅 *Erianthus rufipilus*(Steud.)Griseb.

根入药。清热解毒。主治感冒，咳嗽等。

野黍 *Eriochloa villosa*(Hunb.)Knuth

全草入药。清热，凉血。主治目赤。

拟金茅 *Eulaliopsis binata*(Retz.)C. E. Hubb.

全草入药。清热解毒，凉血散瘀。主治肺痨咳血，感冒，小儿肺炎，乳腺炎，尿血，热淋，外伤出血等。

黄茅 *Heteropogon contortus*(L.)Beauv. ex Roem. et Schult.

全草入药。清热止渴，祛风除湿。主治内热消渴，风湿痹痛，咳嗽，吐泻。

白茅 *Imperata cylindrica*(L.)Beauv. var. *major*(Nees)C. E. Hubb.

根茎入药。凉血止血，清热生津，利尿通淋。主治血热出血，肺热咳嗽，胃热呕逆，水肿，小便淋沥涩痛，黄疸。

淡竹叶 *Lophatherum gracile* Brongn.

全草入药。清热，除烦，利尿。主治牙龈肿痛，烦热口渴，口舌生疮，小儿惊啼，小便赤涩，淋痛。

五节芒 *Miscanthus floridulus*(Labill.) Warb.

茎入药。清热通淋，祛风除湿。主治热淋，石淋，白浊，带下，风湿疼痛。

芒 *Miscanthus sinensis* Anderss.

茎入药。清热解毒，利尿，散血。主治小便不利，虫兽咬伤。

求米草 *Oplismenus undulatifolius* (Ard.) Beauv.

全草入药。活血化瘀。主治跌打损伤。

雀稗 *Paspalum thunbergii* Kunth ex.

全草入药。清热解毒，止咳平喘。主治肝炎，风热咳喘，目赤肿痛，跌打损伤。

狼尾草 *Pennisetum alopecuroides* (L.) Spreng.

全草入药。清肺止咳，明目，凉血。主治肺热咳嗽，目赤肿痛。

芦苇 *Phragmites. communis* Trin.

根茎入药。清热除湿，生津止渴。主治热病烦渴，胃热呕吐，肺热咳嗽，热淋等。

水竹 *Phyllostachys heteroclada* Oliv.

根入药。清热，凉血，化瘀。主治咳嗽，痰中带血。

金发草 *Pogonatherum paniceum*(Lamk.) Hack.

全草入药。清热解毒，凉血止血，利湿。主治热病烦渴，吐血，尿血，泻痢，淋浊带下。

金丝草 *Pogonatherum crinitum*(Thunb.) Kunth.

全草入药。清热，消积，利湿。主治黄疸型肝炎，热病烦渴，小儿疳积，消化不良等。

斑茅 *Saccharum arundinaceum* Retz.

根入药。利水，通窍，通经，破血。主治水肿臌胀，筋骨疼痛，经闭，跌打损伤。

囊颖草 *Sacciolepsis indica*(L.) A. Chase.

全草入药。清热解毒，消炎。主治跌打损伤，疮疡。

棕叶狗尾草 *Seteria palmaefolia*(Koen.) Stapf.

根入药。主治脱肛，子宫下垂。

狗尾草 *Seteria viridis*(L.) P. Beauv.

全草入药。清热利尿，除热去湿，祛风明目。主治风热感冒，黄疸，小儿疳积，痢疾，痈肿，目赤肿痛，疮癣等。

菅 *Themeab villosa*(Poir.) Dur. et Jacks.

根入药。除湿通络，祛风散寒，利尿消肿。主治风湿麻木，小便淋痛，风寒感冒，骨折，水肿。

粽叶芦 *Thysanolaena maxima*(Roxb.) Kuntze

根、笋入药。清热解毒，止咳平喘。主治腹泻，疟疾，咳喘等。

莎草科 Cyperaceae

丝叶球柱草 *Bulbostylis densa* (Wall.) Hand. – Mazz.

全草入药。清凉，解热。主治湿疹，腹泻，中暑，跌打肿痛，尿频。

十字苔草 *Carex cruciata* Wahlenb.

全草入药。解表透疹，理气健脾。主治麻疹不出，风热感冒，消化不良。

蕨状苔草 Carex filicina Nees.

全草入药。祛风除湿，通利关节。主治风湿关节痛。

云雾苔草 *Carex nubigena* D. Don.

全草入药。调经止痛。主治痛经，经闭。

风车草 *Cyperus alternifolius*(Rottb.) Kukenth.

全草入药。行气活血，解毒。主治瘀血作痛，产后恶露不净，蛇虫咬伤。

扁穗莎草 *Cyperus compressus* L.

根入药。养心，调经行气。主治月经不调，痛经。

毛轴莎草 *Cyperus pilosus* Vahl.

全草入药。活血散瘀，利水消肿。主治跌打损伤，浮肿。

莎草 *Cyperus rotundus* L.

根茎入药。理气解郁，调经止痛，安胎。主治乳房胀痛，疝气疼痛，月经不调，脘腹痞满，经行腹痛，胎动不安等。

丛毛羊胡子草 *Eriophorum comosum* Nees.

全草入药。通经活络。主治风湿骨痛，跌打损伤。

水蜈蚣 *Kyllinga brevifolia* Rottb.

全草入药。止咳化痰，祛风利湿，截疟。主治感冒咳嗽，关节酸痛，百日咳，皮肤瘙痒，疟疾。

砖子苗 *Mariscus umbellatus* Vahl

全草入药。止咳化痰，祛风解表，解郁调经。主治风寒感冒，咳嗽痰多，皮肤瘙痒，月经不调。

红鳞扁莎 *Pycreus sanguinolentus*(Vahl)Nees

全草入药。清热解毒。主治肝炎。

毛花 *Scirpus triangulatus* Roxb.

根、全草入药。根：清热利尿，解毒。主治热淋，带下，小便不利，牙痛。全草：宣肺止咳，清热解毒。主治咳嗽，感冒发热。

藨草 *Scirpus triqueter* L.

全草入药。清热利尿，开胃消食。主治热淋，小便不利，饮食积滞，胃纳不佳。

棕榈科 Palmae

棕榈 *Trachycarpus. fortunei*(Hook. f.)H. Wendl.

叶柄、叶鞘纤维入药。收敛止血。主治衄血，便血，尿血，功能性子宫出血，血崩等。

天南星科 Araceae

尖尾芋 *Alocasia cucullata*(Lour.)Schott.

根茎入药。清热解毒，散结止痛。主治流感，疮疡痈毒，慢性骨髓炎，毒蛇咬伤，毒蜂蜇伤等。

海芋 *Alocasia macrorrhiza*(L.)Schott.

根茎入药。清热解毒，散结消肿，行气止痛。主治感冒，流感，肺结核，腹痛，痈疽肿痛，疔疮，风湿骨痛，疥癣，蛇虫咬伤。

魔芋 *Amorphophallus rivieri* Durieu

块茎入药。解毒散结，行瘀止痛，化痰消积。主治痈疔肿毒，跌打损伤，疔疮，毒蛇咬伤，疟疾，痰嗽，积滞等。

象南星 *Arisaema elephas* Buchet.

块茎入药。清热止痛。主治腹痛。

天南星 *Arisaema erubescens* (Wall.)Schott

块茎入药。祛风止痉，化痰散结。主治中风痰壅，半身不遂，手足麻痹，癫痫，破伤风，痈肿，跌打损伤，毒蛇咬伤等。

象头花 *Arisaema franchetianum* Engl.

块茎入药。燥湿化痰，祛风定惊，散瘀消肿。主治风痰眩晕，咳嗽顽痰，半身不遂，惊风，癫痫，破伤风等。

半夏 *Pinellia ternata*(Thunb.)Breit.

块茎入药。燥湿化痰，降逆止呕，消痞散结。主治咳喘多痰，呕吐反胃，胸脘痞闷，眩晕头痛，痈疽肿毒等。

浮萍科 Lemnaceae

浮萍 *Lemna minor* L.

全草入药。清热解毒，发汗解表，利水消肿，透疹止痒。主治隐疹瘙痒，风热表证，麻疹不透，水肿，丹毒等。

紫萍 *Spirodela polyrrhiza*(L.)Schleid.

全草入药。清热解毒，发汗解表，利水消肿，透疹止痒。主治风热表证，隐疹瘙痒，麻疹不透，水肿，疮癣，丹毒，烫伤等。

鸭跖草科 Commelinaceae

鸭跖草 *Commelina communis* L.

全草入药。清热解毒，利水消肿。主治热风感冒，热病发热，咽喉肿痛，痈肿疔毒，水肿，小便热淋涩痛。

蛛丝毛蓝耳草 *Cyanotis arachnoides* C. B. Cl.

根入药。利水消肿，通络止痛。主治水肿，湿疹，腰腿痛，风湿痹痛，四肢麻木。

蓝耳草 *Cyanotis vaga*（Lour.）Roem. et Schult.

根、全草入药。祛风湿，舒筋络，利尿。主治风湿痹痛，水肿，跌打损伤，中耳炎，湿疹等。

竹叶吉祥草 *Spatholirion longifolium*（Gagnep.）Dunn

花入药。调治气血，止痛。主治月经不调，神经性头痛。

竹叶子 *Streptolirion volubile* Edgew.

全草入药。清热解毒，化瘀利水。主治感冒发热，肺痨咳嗽，热淋，咽喉肿痛，痈疮肿毒等。

灯心草科 Juncaceae

灯心草 *Juncus effusus* L.

茎髓、全草入药。清心降火，利尿通淋。主治水肿，淋病，小便不利，湿热黄疸，心烦不寐，小儿夜啼等。

野灯心草 *Juncus setchuensis* Buchen.

全草入药。利水通淋，泄热安神，凉血止血。主治肾炎水肿，热淋，心热烦躁，口舌生疮，咯血，尿血等。

百合科 Liliaceae

狭瓣粉条儿菜 *Aletris stenoloba* Franch.

全草入药。润肺，止咳。主治咳嗽，百日咳。

羊齿天门冬 *Asparagus filicinus* Ham. ex D. Don.

块根入药。润肺止咳，杀虫止痒。主治肺痨久咳，阴虚肺燥，痰中带血，咳痰不爽，疥癣瘙痒。

短梗天门冬 *Asparagus lycopodineus* Wall. ex Baker.

块根入药。化痰，平喘，止咳。主治咳嗽气喘，咳痰不爽。

大百合 *Cardiocrinum giganteum* var. *yunnanense*（Leichtlin ex Elwes）Stearn.

鳞茎入药。清肺止咳，宽胸利气。主治肺结核咯血，小儿高热，肺热咳嗽，胃痛，反胃呕吐。

万寿竹 *Disporum cantoniense* Lourr.

根、根茎入药。健脾消积，润肺止咳。主治食积胀满，肠风下血，痰中带血，虚损咳嗽。

宝铎草 *Disporum sessile* D. Don.

健脾消积，润肺止咳。主治食积胀满，肠风下血，痰中＝带血，虚损咳嗽喘。

萱草 *Hemerocallis fulva*(L.)L.

根入药。清热利湿，凉血止血，解毒消肿。主治水肿黄疸，淋漏，便血，乳汁不通，乳痈。

折叶萱草 *Hemerocallis plicata* Stapf.

根入药。养血，平肝，利尿，消肿。主治头昏，耳鸣，心悸，腰痛，衄血，咽喉肿痛，乳痈等。

紫萼 *Hosta vertricosa* (Salisb.) Stearn.

根入药。清热解毒，散瘀止痛，止血，下骨鲠等。

野百合 *Lilium brownii* F. E. Brown ex Miellez

鳞茎入药。润肺止咳，清心安神。主治咳嗽，虚烦惊悸。

大理百合 *Lilium taliense* Franch.

鳞茎入药。养阴润肺，清心安神。主治阴虚久咳，痰中带血，精神恍惚，虚烦惊悸，失眠多梦等。

沿阶草 *Ophiopogon bodinieri* Lévl.

块根入药。滋阴润肺，益胃生津，清心除烦。主治肺燥干咳，阴虚劳咳，消渴，咽喉疼痛，肠燥便秘，心烦失眠等。

长茎沿阶草 *Ophiopogon chingii* Wang et Tang

块根入药。滋服润肺，益胃生津，清心除烦。主治肺燥干咳，阴虚劳咳，消渴，肠燥便秘。

麦冬 *Ophiopogon japonicus*(L. f.)Ker－Gawl.

块根入药。滋阴润肺，益胃生津，止咳。主治肺燥干咳，阴虚劳咳，消渴，咽喉疼痛，肠燥便秘等。

球药隔重楼 *Paris fargesii* Franch.

根状茎入药。消肿止痛，清热解毒，平喘止咳，熄风定惊。主治咽肿喉痹，痈肿疮毒，咳嗽，小儿惊风抽搐等。

华重楼 *Paris polyphylla* Smith. var. *chinensis*(Franch.)Hara

根茎入药。清热解毒，消肿止痛，凉肝定惊。主治痈肿疮毒，乳痈，咽肿喉痹，蛇虫咬伤，跌打肿痛，肝热抽搐。

滇重楼 *Paris polyphylla* var. *yunnanensis* (Franch.) Hand. －Mazz.

根茎入药。清热解毒，消肿止痛，凉肝定惊。主治痈肿疮毒，乳痈，咽肿喉痹，蛇虫咬伤，跌打肿痛，肝热抽搐。外用于疖肿，痄腮。

卷叶黄精 *Polygonatum cirrihifolium* (Wall.) Royle.

根茎入药。润肺养阴，祛痰止血，消肿解毒，健脾益气。主治遗精，肺虚咳嗽，崩漏带下，衄血，肾虚眩晕，外伤出血等。

多花黄精 *Polygonatum cyrtonema* Hua

根茎入药。养阴润肺，补脾益气，滋肾填精。主治阴虚劳咳，肺燥咳嗽，脾虚乏力，消渴，阳痿遗精，须发早白，体虚羸瘦等。

点花黄精 *Polygonatum punctatum* Royle ex Kunth

根茎入药。解毒消肿，补脾益血。主治痈肿毒，头晕少食，倦怠乏力，脾虚血少。

轮叶黄精 *Polygonatum verticillatum*(L.)All.

根茎入药。润肺生津。主治热病伤津。

湖北黄精 *Polygonatum zanlanscianense* Pamp.

根茎入药。补脾润肺，生津止渴。主治热病伤津，口渴。

吉祥草 *Reineckia carnea* (Andr.)Kunth

全草入药。凉血止血，滋阴润肺，解毒利咽。主治吐血，便血，跌打损伤，肺热咳喘，阴虚咳嗽，咽喉肿痛等。

万年青 *Rohdea japonica* (Thunb.) Roth.

根、根茎入药。清热解毒，强心利尿，凉血止血。主治咽喉肿痛，疮疡肿毒，蛇虫咬伤，心力衰竭，咯血，吐血，崩漏。

圆锥菝葜 *Smilax bracteata* Presl.

根茎入药。祛风活血。主治风湿痹痛。

菝葜 *Smilax china* L.

根茎入药。祛风利湿，解毒消痈，利水。主治淋浊，带下，风湿痹痛，痢疾，泄泻，痈肿疮毒等。

柔毛菝葜 *Smilax chingii* Wang et Tang

根茎入药。解毒消肿，祛风利湿。主治痈肿疮毒，风湿痹痛，带下，淋浊，泄泻，痢疾，顽癣等。

光叶菝葜 *Smilax glabra* Roxb.

根茎入药。清热解毒，祛风除湿，利关节。主治湿热淋浊，梅毒，带下，泄泻，痈肿，疮癣，汞中毒，风湿关节疼痛。

牛尾菜 *Smilax riparia* A. DC.

根、根茎入药。通经络，祛风湿，祛痰止咳。主治劳伤腰痛，跌打损伤，筋骨疼痛，风湿痹痛，咳嗽气喘，支气管炎等。

短梗菝葜 *Smilax scobinicaulis* C. H. Wright.

根、根茎入药。祛风除湿，解毒散结，活血通络。主治风湿痹痛，关节不利，肿毒，疮疖。

油点草 *Tricyrtis macropoda* Miq.

根、全草入药。补肺止咳。主治肺虚咳嗽。

弯蕊开口箭 *Tupistra wattii*(C. B. Clarke) Hook. f.

根茎入药。清热解毒，消肿止痛，散瘀止血。主治扁桃体炎，感冒发热，咳嗽咽痛，外伤出血，跌打骨折，胃痛吐血。

藜芦 *Veratrum nigrum* L.

根茎入药。涌吐风痰，杀虫。主治中风痰壅，喉痹不通，癫痫，疟疾，疥癣，恶疮等。

仙茅科 Hypoxidaceae

仙茅 *Curculigo orchioides* Gaertn.

根茎入药。祛寒除湿，温阳益肾。主治小便失禁，阳痿精冷，心腹冷痛，崩漏，腰脚冷痛，痈疽，更年期综合症。

薯蓣科 Dioscoreaceae

参薯 *Dioscorea alata* L.

块茎入药。益肺滋肾，健脾止泻，解毒收敛。主治肾虚遗精，脾虚泄泻，小便频数，带下，消渴，虚劳，咳嗽，烫火伤，疮疡溃烂。

蜀葵叶薯蓣 Dioscorea althaeoides R. Kunth.

根茎入药。健脾消食，祛风除湿，活血消肿。主治食积饱胀，消化不良，感冒头痛，风湿痹痛，跌打损伤

黄独 *Dioscorea bulbifera* L.

块茎入药。清热解毒，凉血散积，止咳化痰。主治痈疮肿毒，蛇虫咬伤，咽喉肿痛，肺热咳喘等。

叉蕊薯蓣 *Dioscorea collettii* Hook. f.

根茎入药。通络止痛，祛风利湿，清热解毒。主治胃气痛，风湿痹痛，淋痛，白浊，带下，湿热黄疸，湿疹，湿疮肿毒，跌打损伤，毒蛇咬伤。

高山薯蓣 *Dioscorea henryi* (Prain et Burk.) C. T. Tin.

敛肺止咳，补脾益肾，解毒消肿。主治虚劳咳嗽，肾虚阳痿，脾虚腹泻，白带，遗精，无名肿毒。

薯蓣 *Dioscorea opposita* Thunb.

块茎入药。补脾养胃，生津益肺，益肾涩精。主治脾虚食少，脾虚泄泻，肺虚咳喘，食少浮肿，肾虚遗精，小便尿频，带下，消渴。外用于痈肿，瘰疬。

褐苞薯蓣 *Dioscorea persimilis* Prain et Burkill.

块茎入药。益肾固精，补脾肺。主治肾虚遗精，虚劳咳嗽，尿频，脾胃虚弱，食少倦怠，口渴。

毛胶薯蓣 *Dioscorea subcalva* Prain et Burkill

根茎入药。健脾祛湿，补肺益肾。主治脾虚食少，肾虚遗精，消渴，泄泻，肺结核。

鸢尾科 Iridaceae

射干 *Belamcanda chinensis*(L.)DC.

根茎入药。清热解毒，利咽祛痰，消瘀散结。主治咽喉肿痛，痰咳气喘，瘰疬结核，痢疾，痈疮肿毒等。

蝴蝶花 *Iris japonica* Thunb.

全草入药。清热解毒，消肿止痛。主治肝炎，肝肿大，咽喉肿痛，胃痛，便血，跌打损伤；根茎入药。活血止痛，解毒杀虫，消食，通便利水。主治疮肿，咽喉肿痛，牙痛，蛇犬咬伤，虫积腹痛，腹胀，水肿，热燥便秘等。

鸢尾 *Iris tectorum* Maxim.

根茎、叶入药。消积通便，利咽，泻热。主治食积胀满，便秘，咽喉肿痛，痔瘘，牙龈肿痛。

芭蕉科 Musaceae

树头芭蕉 *Musa wilsonii* Tutch.

全草入药。清热截疟。主治疟疾。

姜科 Zingiberaceae

艳山姜 *Alpinia zerumbet*(Pers.)Burtt et Smith.

根茎、果实入药。行气止痛，燥湿祛寒，截疟。主治消化不良，呕吐腹泻，胸腹胀满，心腹冷痛，疟疾。

草果 *Amomum tsao – ko* Crevost et Lemarie.

果实入药。温中燥湿，祛痰截疟。主治恶心呕吐，脘腹冷痛，食积，泻痢，疟疾。

郁金 *Curcuma aromatica* Sailisb.

根入药。破血行气，通经止痛。主治血气心痛，脘腹胀痛，血滞经闭，痛经，跌打肿痛。

草果药 *Hedychium spicatum* Ham. ex Smith.

果实、根茎入药。果实：理气消食，温中散寒。主治寒疝腹痛，胃寒腹胀痛，食积腹胀。根茎：温中理气，止痛。主治消化不良，胃寒痛，膝关节痛。

主治痛经，月经不调，咳嗽气喘，跌打损伤，痈疽肿毒。

兰科 Orchidaceae

白芨 *Bletilla striata*(Thunb. ex A. Murray)Rchb. f.

根茎入药。消肿生肌，收敛止血。主治痈疮肿毒，咯血，吐血，外伤出血，手足皲裂，烫灼伤，肛裂。

剑叶虾脊兰 *Calanthe davidii* Franch.

根入药。清热解毒，散瘀止痛。主治脘腹疼痛，咽喉肿痛，牙痛，关节痛，闭经，毒蛇咬伤。.

虾脊兰 *Calanthe discolor* Lindl.

全草、根茎入药。清热解毒，活血化瘀，消肿止痛。主治痈疮肿毒，瘰疬，咽喉肿痛，风湿痹痛，跌打损伤，痔疮。

镰萼虾脊兰 *Calanthe puberula* Lindl.

全草入药。消肿解毒，润肺止咳，活血散结。主治急性咽喉肿痛，慢性支气管炎，咳嗽，痔疮，跌打损伤，毒蛇咬伤。

头蕊兰 *Cephalanthera longifolia*(L.)Fritsch.

全草入药。主治咽喉肿痛，鹅口疮，跌打损伤，痈疖肿毒。

蕙兰 *Cymbidium faberi* Rolfe.

根入药。止咳，明目，调气和中，主治久咳，白内障，胸闷，腹泻。

春兰 *Cymbidium goeringii*(Rchb. f.)Rchb. f.

全草入药。止咳，明目，调气和中。主治久咳，白内障，胸闷，腹泻。

黄蝉兰 *Cymbidium. iridioides* D. Don

根、全草入药。全草：清肺，止咳。主治肺热咳嗽。根：收敛活血，消肿止痛。主治跌打肿痛。

束花石斛 *Dendrobium chrysanthum* Lindl.

茎入药。益胃生津，滋阴清热。主治阴伤津亏，口干烦渴，目暗不明，病后虚热，食少干呕。

美花石斛 *Dendrobium lodigesii* Rolfe.

茎入药。清热滋阴，润肺生津，益肾养胃，明目强腰。主治肺热干咳，热病伤津，胃痛干呕，胃阴不足，虚热不退。

火烧兰 *Epipactis helleborine*(L.)Crantz.

根入药。解毒，清肺，止咳，活血。主治肺热咳嗽，咽喉肿痛，牙痛，目赤肿痛，腰痛，跌打损伤等。

天麻 *Gastrodia elata* Bl.

块茎入药。平肝，息风止痉，祛风，通络。主治眩晕，头痛，抽搐拘挛，急慢惊风，肢麻，半身不遂，风湿痹痛。

小斑叶兰 *Goodyera repens* (L.) R. Br.

全草入药。润肺止咳，行气活血，消肿解毒，补肾益气。咽喉肿痛，肺痨咳嗽，气管炎，神经衰弱，跌打损伤，毒蛇咬伤，阳痿。

长距玉凤花 *Habenaria davidii* Franch.

块茎入药。补肾，止带，活血。主治肾虚腰痛，白带过多，跌打损伤。

厚瓣玉凤花 *Habenaria delarayi* Finet.

块茎入药。理气止痛，补肾强腰。主治气郁胃痛，疝气，肾虚腰痛。

粉叶玉凤花 *Habenaria glaucifolia* Bur. et Franch.

块茎入药。补肾健脾，行气活血，消炎止痛。主治病后体虚，肾虚阳痿，肾虚腰痛，胃痛，肺痨咳嗽，肾炎水肿，疝气，小便淋痛。

羊耳蒜 *Lipatis japonica*(Mig.)Maxim.

带根全草入药。消肿止痛，活血止血。主治扁桃体炎，产后腹痛，白带过多，崩漏，烧伤，跌打损伤。

山兰 *Oreorchis patens* (Lindl.) Lindl.

假鳞茎入药。清热解毒，消肿散结。主治痈肿疮毒，无名肿毒等。

华西蝴蝶兰 *Phalaenopsis wilsonii* Rolfe.

全草入药。舒筋活络，疏风解表，接骨止痛。主治头痛，感冒发热，骨折，跌打损伤，风湿痹痛。

云南独蒜兰 *Pleioneyunnanensis* (Rolfe) Rolfe.

假鳞茎入药。清热解毒，止咳化痰，止血生肌。主治肺结核，百日咳，气管炎，痈肿，消化道出血，外伤出血等。

绶草 *Spiranthes sinensis* (Pers.) Ames.

全草、根入药。滋阴凉血，润肺止咳，益气生津。主治咳嗽吐血，咽喉肿痛，肺痨咯血，病后体虚。

（杨传东　李奇莲　张建华）

第十节 珍稀濒危植物资源调查

2012 年 7 月至 11 月，笔者随考察团对盘县八大山自然保护区珍稀濒危植物资源进行了调查研究，查明了该保护区内珍稀濒危植物资源本底、分布概况，以期为保护区的科学规划和合理保护与利用提供一定的参考。

一、研究方法

（一）线路法

结合实际，对分布范围大而个体又零散分布的物种采用此法。根据访问和查阅现有资料，按照调查区域的地形、地貌，树种分布范围，从山脚到山顶选择有代表性的线路，按海拔每 100m 划分成段，详细记载该线路两则各 20m 水平距离范围内出现的目的物种数量，再根据调查队员每天发现的株数来推算每平方千米株数。在不同海拔不同坡向设立样线，样线长度一般不短于 2km，样线数目不少于 3 条。

（二）样方法

对于片状分布的树种，设置样方进行调查。样方分为主副样方，呈五点梅花状，主样方位于 4 个副样方对角线 20m 处。

（三）分布点定位及数据处理

1. 勾绘地图

统一采用 1：10 000 地形图，对坡勾绘面积，并以 GPS 辅助定位。

2. 数据处理

资源量 = 单位面积物种数量 × 出现度 × 分布面积

其中分布面积根据在地形图上勾绘物种的分布面积，采用 AUTO CAD 软件求出面积。

出现度公式为：$F = n/(N_1 + N_2)$，式中：F 表示目的物种在某种群落的出现度，n 表示在该群落中出现目的物种的主，副样方总数，N_1 表示在该群落中所设主样方数，N_2 表示在该群落中所设副样方数。

单位面积物种数量计算：$D = N/S$ 即样方内目的物种密度 = 样方内目的物种的数量/样方的合计面积。

（四）珍稀濒危植物依据

《国家重点保护植物名录（第一批）》1999. 8；

《中国珍稀濒危保护植物名录》1987；

《中国植物红皮书》1991；

《濒危野生动植物种国际贸易公约》（CITES），1997. 9. 18；

《贵州省重点保护树种名录》1993. 4. 19。

二、结果与分析

（一）珍稀濒危植物种类资源

该保护区共有珍稀濒危植物 16 科 43 属 76 种（包括变种）。其中国家Ⅰ级保护植物 2 科 3 属 3 种，国家Ⅱ级保护植物 5 科 6 属 6 种，贵州省重点保护树种 8 科 11 属 12 种（表 5-30）。《濒危野生动植物种国际贸易公约》附录Ⅰ兰科兜兰属 3 种，附录Ⅱ兰科 22 属 52 种。

（二）珍稀濒危植物种类

经过多次考察及采集的标本资料统计，盘县八大山自然保护区内有天然分布的野生珍稀濒危植物 21 种，隶属 15 科 20 属（不包括《濒危野生动植物种国际贸易公约》种类及兰科植物，兰科植物有专题研究报告)，其中：国家Ⅰ级保护植物2科3属3种，国家Ⅱ级保护植物5科6属6种，贵州省重点保护树种8科11属12种(表5-30)。

表5-30 盘县八大山自然保护区珍稀濒危植物种类、习性、现状统计

序号	植物名称	科名	习性	保护级别	现状
1	光叶珙桐 *Davidia involuclata* var. *vilmoriniana*	珙桐科 Davidia	落叶乔木	Ⅰ	渐危
2	红豆杉 *Taxus chinensis*	红豆杉科 Taxaceae	常绿乔木	Ⅰ	渐危
3	云南穗花杉 *Amentotaxus yunnanensis*	红豆杉科 Taxaceae	常绿乔木	Ⅰ	渐危
4	楠木 *Phoebe zhennan*	樟科 Lauraceae	常绿乔木	Ⅱ	渐危
5	水青树 *Tetracentron sinense*	水青树科 Tetracentraceae	落叶乔木	Ⅱ	稀有
6	西康玉兰 *Magnolia wilsonii*	木兰科 Magnoliaceae	落叶乔木	Ⅱ	稀有
7	榉木 *Zelkora schenidieriana*	榆科 Ulmaceae	落叶乔木	Ⅱ	稀有
8	香果树 *Emmenopterys henryi*	茜草科 Rubiaceae	落叶大乔木	Ⅱ	稀有
9	香樟 *Cinnamomum camphora*	樟科 Lauraceae	常绿乔木	Ⅱ	渐危
10	三尖杉 *Cephalotaxus fortunei*	三尖杉科 Cephalotaxaceae	常绿乔木	省级	渐危
11	领春木 *Euptelea pleiospermum*	领春木科 Eupteleaceae	落叶小乔木	省级	稀有
12	川桂 *Cinnamomum wilsonii*	樟科 Lauraceae	常绿乔木	省级	稀有
13	檫木 *Sassafras tzumu*	樟科 Lauraceae	落叶乔木	省级	稀有
14	青檀 *Pteroceltis tatarinowic*	榆科 Ulmaceae	落叶乔木	省级	稀有
15	刺　楸 *Kalopanax septemlobus*	五加科 Araliaceae	落叶乔木	省级	渐危
16	青钱柳 *Cyclocarya paliurus*	胡桃科 Juglandaceae	落叶乔木	省级	稀有
17	银鹊树 *Tapiscia sinensis.*	省沽油科 Staphyleaceae	落叶乔木	省级	稀有
18	蓝果树 *Nyssa sinensis*	蓝果树科 Nyssaceae	落叶乔木	省级	渐危
19	红花木莲 *Manglietia insignis*	木兰科 Magnoliaceae	常绿乔木	省级	渐危
20	清香木 *Pistacia weinmannifolia*	漆树科 Anacardiaceae	常绿乔木	省级	稀有
21	八角莲 *Dysosma versipellis*	鬼臼科 Podophyllaceae	多年生草本	省级	渐危

(二)珍稀濒危植物分布地点及资源数量

保护区内红豆杉、光叶珙桐、檫木、领春木、香果树等种的种群规模相对较大，个体数量较多；而水青树、青钱柳、三尖杉、八角莲等个体数量稀少(表5-31)。

1. 光叶珙桐：在保护区内保存有较大面积的光叶珙桐，这里的珙桐树与梵净山和桐梓柏箐保护区的珙桐林有很大差异，树干凸凹不平，分枝低矮，树冠庞大，这是一种对生态环境的适应，主要伴生树种有山茶 *Camellia japonica*、猫儿屎 *Decaisnea insignis*、冬青 *Ilex cornuta*、楤木 *Aralia chinensis*、青冈栎 *Cyclobalanopsis glauca*、野桐 *Mallotus japonicus* 等。灌木层主要有西南绣球 *Hydrangea davidii*、十大功劳 *Mahonia fortunei*、柃木 *Eurya japonica*、山矾 *Symplocos sumuntia* 等。草本主要有紫花凤仙花 *Impatiens purpurea*、蕨 *Pteridium aquilinum*、楼梯草 *Elatostema umbellatum*。

2. 红豆杉：多为零星混生、孤立，保护区普古乡、保基乡、淤泥乡、坪地乡等4个乡不同程度有分布，其中：最大胸径达34cm、最高树高超过8.5m、最大树龄超过100年。保基乡集中连片分布于雨那洼和冷风等两个村；普古乡集中连片分布于厂上村；散生分布在嘎木、播秋、勒米、哈麻猪克、坡脚等5个村，淤泥乡散生分布在嘿白、山峰两个村，坪地乡集中连片分布在小树林、王家寨两个村。平均胸径20cm有54株，平均高8m，18cm有108株，平均高7m；16cm有130株，平均高6m；14cm有324株，平均高5m；胸径12cm有540株，平均高4m；10cm有1 080株，平均高3m；8cm有2 160株，平均高3m；5cm有6 404株，平均高2.5m；胸径小于5cm的幼树及幼苗43 200株。散生分布胸径大于5cm的有304株，最高达8.5m，平均高3m；小于5cm的有1 220株；海拔在1 850~1 950m之间有204株，海拔1 950~2 050m之间有7400株，海拔2 050~2 150m之间有18 250株，海拔2 150~2 250m之间有28 020株，海拔2 250~2 350m之间有1 140株，海拔2 350~2 450m之间有470株，海拔大于 2 450m 有 40 株；共有 55 524 株。

主要伴生树种有：乔木层树种有香果树（*Emmenopterys henryi*）、蚊母树（*Distylium racemosum*）、黄檀（*Dalbergia hupeana*）、冬青（*Ilex chinensis*）、领春木（*Euptelea pleiosperma*）、香叶树（*Lindera communis*）、润楠（*Machilus nanmu*）、光叶珙桐（*Davidia involucrate* var. vilmoriniana）、水青树（*Tetracentron sinense*）、中华槭（*Acer sinense*）、青榨槭（*Acer davidii*）、光叶高山栎（*Quercus pseudosemecarpifolia*）、刺叶高山栎（*Quercus spinosa*）、川滇木莲（*Manglietia duclouxii*）等；灌木层常见植物有壮刺小檗（*Berberis deinacantha*）、方竹（*Chimonobambusa quadrangularis*）、鞘柄木（*Toricellia tiliifolia*）、楤木（*Aralia chinensis*）、化香树（*Platycarya strobilacea*）、猫儿屎（*Decaisnea insignis*）、阿里山十大功劳（*Mahonia oiwakensis*）、箭竹（*Fargesia spathacea*）、马缨杜鹃（*Rhododendron delavayi*）、云南含笑（*Michelia yunnanensis*）、西南绣球（*Hydrangea davidii*）；藤本植物常见有中华猕猴桃（*Actinidia chinensis*）、游藤卫矛（*Euonymus vagans*）；草本植物稀少。植被覆盖度 80%，平均高度 3m，平均胸径 12cm，红豆杉在群落中受乔灌影响，属弱势种群。

3. 云南穗花杉：在保护区格所洼子头海拔 1 524m；普古乡厂上村下寨，海拔 1 750m；保基乡海拔 1 850m 均有分布。主要以散生、混生为主，偶见群落分布，生存状况一般，以丛状为主，分枝低矮，小树或幼树居多，保基乡分布一片约 32 丛/5 亩，平均树高 1 ~ 4m，地径 2 ~ 4. 8cm，主要伴生树种有：主要伴生种类为苹婆属 *Sterculia* sp. 、榕属 *Ficus* sp. 、青檀 *Pteroceltis tatarinowii*、羊蹄甲属 *Bauhinia* sp. 、青冈栎 *Cyclobalanopsis glauca*、八角枫 *Alangium chinense*、通脱木 *Tetrapanax papyrifer*、木棉 *Gossampinus malabarica* 等。

4. 楠木：区内榕树村，海拔 970m ~ 1 200m，中部林中常呈零星或散生分布，长势一般。

5. 水青树：保护区分布在八大山，海拔 2 271m；漏风垭口，海拔 1 985m 林中；平均树高 7. 8m，胸径 8. 7cm，主要伴生树种：青冈栎 *Cyclobalanopsis glauca*、野桐 *Mallotus japonicus*、硬斗石栎 *Lithocarpus hancei*、小果南烛 *Lyonia lovalifolia*、卫矛 *Euonymus hamiltonianus* 等。

6. 西康玉兰：保护区主要分布在八大山，其他地方分布较少，树高 3m，地径 4. 7cm，具体生长状况一般。

7. 榉木：主要分布于保护区的杨堡地一带，海拔 1 890m 的林中。一般呈零星或散生分布，以小树居多，平均树高 0. 9m，地径 0. 8cm，生长旺盛；主要伴生树种：细齿叶柃木 *Eurya japonica*、响叶杨 *Populus adenopoda*、盐肤木 *Rhus chinensis* 等。

8. 香果树：零星或散生分布于保护区内杨堡地海拔 1 874m；罗棚新寨海拔 1 122m；养马寨海拔 1 694m；黄家麻窝海拔 1 598m；凹子头海拔 1 640m、吴家冲海拔 2 048m 林中，整体长势较好。较大的一株树高 15. 7m，胸径 29cm，枝下高 3. 2m，长势良好。主要伴生树种：青冈栎、红豆杉、鹅耳枥、小果润楠、香叶树、直角荚蒾 *Viburnum foetidum* var. *rectangulatum*、盐肤木 *Rhus chinensis*、朴树等。

9. 香樟：保护区内常散生于大冲沟、杨堡地各种林分中，分布海拔 1 580 ~ 1 890m。长势良好，其中马寨海拔 1 709m 处有一株树高为 14m，胸径 31. 7cm，是目前保护区内较大的一棵，其次在杨堡地有一株树高为 11. 5m，胸径 17. 4cm，生长态势较好。主要伴生树种：青冈栎、红豆杉、鹅耳枥、小果润楠、香叶树、角叶槭、直角荚蒾 *Viburnum foetidum* var. *rectangulatum*、盐肤木 *Rhus chinensis*、朴树等。

10. 三尖杉：保护区内分布于格所洼子头海拔 1 524m；杨堡地海拔 1 874m；大冲头海拔 1 840m；川洞海拔 1 905m；张家岩海拔 1 729m；长势一般，以幼树为主。

11. 领春木：保护区杨堡地海拔 1 898m；黄家麻窝海拔 1 598m；漏风垭口海拔 2 015m；普古乡厂上村下寨海拔 1 744m；箐门口海拔 1 880m 林缘或林中均有分布。平均树高 4. 5m，平均胸径 6. 2cm，生境土层深厚；乔木层主要伴生树种有枫香、杉木 *Cunninghamia lanceolata*、粗壮润楠 *Machilus robusta* 等。

12. 川桂：保护区内格所祭风坡海拔 1 691m；川洞海拔 1 905m；张家岩海拔 1 655m；普古乡厂上村下寨海拔 1 744m 一带均有分布，平均树高 17m，平均胸径 23. 2cm。主要伴生树种有：小果润楠、香叶树、女贞 *Ligustrum lucidum*、小叶女贞 *L. quihoui*、南酸枣 *Choerospondias axillaries*、枇杷叶荚蒾 *Viburnum rhytidophyllum* 等。

13. 檫木：保护区内娘娘山蚂蚁地海拔 2 100m；大箐头海拔 1 680m，小卧落海拔 1 635m 有分布。平均树高 8m，平均胸径 19.3cm，平均冠幅 7.5m。主要伴生树种为杉木、泡桐 *Paulownia fortunei*、枫香、白栎 *Quercus fabri*、硬斗石栎 *Lithocarpus hancei* 等。檫木生长迅速，材质优良。

14. 青檀：保护区内石灰岩山地常见种类，主要分布在榕树村垂直海拔 480 ~ 1 200m 处，常与香叶树、川钓樟、女贞、小叶女贞、南酸枣混生，林间仅有少量鹅耳枥、化香伴生。

15. 刺楸：保护区主要分布在格所洼子头海拔 1 504m；杨堡地海拔 1 874m；石包地海拔 1 780m；榕树村，970m 零星分布于青冈栎、香叶树、枇杷叶荚蒾、女贞、南酸枣、野漆树 *Toxicodendron succedaneum* 等树种组成的林分中，长势较好。

16. 青钱柳：保护区内保基乡黄兴村、养马寨，海拔 1 709 ~ 1 821m 的林缘、路边均有分布，散生于林中。前一分布点 3 株，平均树高 10.8m，胸径 18.7cm，冠幅 5m，长势良好；主要伴生树种：青冈栎、化香、青榨槭、鹅耳枥、香果树、珊瑚冬青 *Ilex corallina* 等。

17. 清香木：区内榕树村海拔 970m；罗棚新寨海拔 1 122m 均有分布。其中较大一棵的树高 3.5m，胸径 11.6m，冠幅 4m × 4.5m，长势一般。伴生树种主要有：青冈栎、化香、小果润楠、黄连木、鹅耳枥等。本种植物体有清香味，为有开发利用前景的观赏植物。

18. 银鹊树：区内大洞口海拔 1 830m，八大山零星分布，平均树高 8m，胸径 17.3cm。最大一棵在杨堡地，树高 25.3m，胸径 41.3cm，枝下高 10m，冠幅 3.5m × 4m，长势良好。伴生树种：大叶青冈 *Cyclobalanopsis jenseniana*、青檀、紫弹朴 *Celtis biondii*、南酸枣、小果润楠、香叶树、盐肤木、野漆树、亮叶崖豆藤等。

19. 红花木莲：保护区内分布在大箐头一带，海拔 1680m。林中，中下部，生长良好。数量不多，其中一棵树高 12.5m，胸径 17.6m，长势良好。

20. 蓝果树：区内普古乡厂上村下寨海拔 1810m 一带均有分布。生长良好，主要伴生树种有小果冬青、枫香、香果树、珊瑚冬青 *Ilex corallina* 等。

21. 八角莲：保护区内仅见于老马冲大包后面海拔 2 028m 处，有 30 余株，长势较好。主要伴生植物有：香叶树、长叶水麻 *Debregeasis longifolia*、火棘 *yracantha fortuneana*、悬钩子 *Rubus sp.*、楼梯草 *Elatostema involucratum*、细野麻 *Boehmeria gracilis*、贯众 *Cyrtomium fortunei* 等。八角莲为常见的药用植物，其生长条件要求苛刻且又过度采挖，在区内仅见这一片，所以野生资源数量处于濒危状态，急待保护。

表 5-31　盘县八大山自然保护区珍稀濒危植物的分布地点及资源数量

序号	植物名称	自然分布及生境	资源量（株）	分布格局
1	光叶珙桐	吴家冲，海拔 2 048m	300 丛(3 ~ 7 株/丛)	零星混生、丛状
2	红豆杉	漏风垭口海拔 2 031m，保基乡集中连片分布于雨那洼和冷风等两个村；普古乡集中连片分布于厂上村；散生分布在嘎木、播秋、勒米、哈麻猪克、坡脚等 5 个村，淤泥乡散生分布在嘿白、山峰两个村，坪地乡集中连片分布在小树林、王家寨两个村。	55 500	零星混生、片状、孤立
3	云南穗花杉	格所洼子头，海拔 1 524m；普古乡厂上村下寨海拔 1 750m；保基乡海拔 1 850m 均有分布	570 丛（2 ~ 3 株/丛）	散生，混生
4	楠木	榕树村，海拔 970m	530	零星散生
5	水青树	八大山，海拔 2 271m；漏风垭口，海拔 1 985m，林中	10	零星散生
6	西康玉兰	八大山，海拔 2 271m；淤泥乡两朵箐水库，海拔 2 390m，林中	30	零星
7	榉树	杨堡地一带海拔 1 890m 的林中	770	零星、混生
8	香果树	杨堡地，海拔 1 874m；罗棚新寨，海拔 1 122m；养马寨，海拔 1 694m；黄家麻窝，海拔 1 598m；凹子头，海拔 1 640m、吴家冲，海拔 2 048m，林中	1 720	散生、群聚

（续）

序号	植物名称	自然分布及生境	资源量（株）	分布格局
9	香樟	大冲沟、杨堡地、马寨各种林分中，分布海拔1 580～1 890m，长势良好。	100	散生
10	三尖杉	格所洼子头海拔1 524m；杨堡地海拔1 874m；大冲头海拔1 840m；川洞海拔1 905m；张家岩海拔1 729m；长势一般	230	零星 散生
11	红花木莲	大箐头一带，海拔1 680m林中	170	散生
12	领春木	杨堡地海拔1 898m；黄家麻窝海拔1 598m；漏风垭口海拔2 015m；普古乡厂上村下寨海拔1 744m；箐门口海拔1 880m林缘或林中均有分布	1 320	散生
13	川桂	格所祭风坡海拔1 691m；川洞海拔1 905m；张家岩海拔1 655m；普古乡厂上村下寨海拔1744m一带均有分布	1 630	零星 散生
14	檫木	娘娘山蚂蚁地海拔2 100m；大箐头海拔1 680m，小卧落海拔1 635m均有分布。	1 560	零星 群聚
15	青檀	榕树村沟边寨海拔900m，林中	430	散生
16	刺楸	格所洼子头海拔1 504m；杨堡地海拔1 874m；石包地海拔1 780m；榕树村海拔970m；	970	零星 散生
17	青钱柳	保基乡黄兴村、养马寨，海拔1 709～1 821m的林缘、路边均有分布	210	零星
18	银鹊树	大洞口海拔1 830m，八大山海拔2 017m有分布	140	零星
19	清香木	榕树村海拔970m；罗棚新寨海拔1 122m均有分布	760	零星
20	蓝果树	普古乡厂上村下寨海拔1 810m一带均有分布	90	零星
21	八角莲	老马冲大包后面海拔2 028m	30	零星

三、野生珍稀濒危植物的保护价值

（一）国家级保护植物的保护价值

保护区内国家级野生珍稀植物的保护价值分为我国特有、科学研究、园林观赏、珍贵用材、药用、轻工原料等方面的价值（见表5-32）。

（1）5种为我国特有，著名的有光叶珙桐、西康玉兰、红豆杉、楠木、香果树。

（2）在植物系统学研究价值显著的有：光叶珙桐、水青树、西康玉兰、红豆杉等6种。其中水青树的木材无导管，对研究中国古代植物区系的演化、被子植物系统和起源具有重要科学价值。

（3）孑遗植物有3种，其中光叶珙桐花奇色美，是1000万年前新生代第三纪留下的孑遗植物，在第四纪冰川时期，大部分地区的光叶珙桐相继灭绝，只有在中国南方的一些地区幸存下来，成为了植物界今天的“活化石”。

（4）可供园林观赏的有8种，如光叶珙桐、红豆杉、西康玉兰、水青树、香果树等；其中光叶珙桐因其花形酷似展翅飞翔的白鸽而被西方植物学家命名为“中国鸽子树”，常植于池畔、溪旁及疗养所、宾馆、展览馆附近，并有和平的象征意义。

（5）可作珍贵用材的有7种，如水青树、光叶珙桐、红豆杉、香果树等；其中光叶珙桐材质沉重，是建筑的上等用材，可制作家具和作雕刻材料；红豆杉边材黄白色，心材赤红，质坚硬，纹理致密，形象美观，不翘不裂，耐腐力强，可供建筑、高级家具、室内装修、车辆、铅笔杆等用。

（6）轻工原料的有5种，水青树、香樟、香果树等。香樟树的根、木材、枝、叶均可提取樟脑、樟脑油，油的主要成分为樟脑、松油二环烃、樟脑烯、柠檬烃、丁香油酚等。樟脑供医药、塑料、炸药、防腐、杀虫等用，樟油可作农药、选矿、制肥皂、假漆及香精等原料。

（7）药用的有3种，著名有红豆杉、八角莲等。其中红豆杉中含有的紫杉醇，具有独特的抗癌机制和较高的抗癌活性，能阻止癌细胞的繁殖、抑制肿瘤细胞的迁移，被公认是当今天然药物领域中最重要的抗癌活性物质；八角莲以根状茎入药，有消气化痰、解毒消肿的功效，特别是在治疗毒蛇咬伤、毒疮、顽癣有特效，还有抑制肿瘤的功能。

（二）省级保护植物的保护价值

12 种省级保护树种，其中具有重要药用价值的有：三尖杉、川桂、清香木；具有较高观赏价值的有蓝果树、银鹊树、檫木、红花木莲、三尖杉等；优良的用材树种有檫木、领春木、红花木莲、三尖杉。

表 5-32　盘县八大山自然保护区珍稀植物价值

保护级别	植物名称	我国特有	科学研究	孑遗植物	园林观赏	珍贵用材	药用	轻工原料
Ⅰ	光叶珙桐	+	+	+	+	+		
Ⅰ	红豆杉	+	+	+	+	+	+	+
Ⅰ	云南穗花杉		+		+			
Ⅱ	楠木	+			+	+		+
Ⅱ	水青树		+	+	+	+		+
Ⅱ	西康玉兰	+	+		+		+	
Ⅱ	榉木					+		
Ⅱ	香果树	+	+		+	+		+
Ⅱ	香樟				+	+	+	+
省级	三尖杉	+				+	+	
省级	红花木莲	+	+		+	+		
省级	领春木	+	+		+	+		+
省级	川桂	+			+		+	+
省级	檫木	+	+		+	+	+	+
省级	青檀		+			+		
省级	刺楸				+	+	+	
省级	青钱柳				+	+	+	
省级	银鹊树		+		+	+		
省级	清香木				+	+	+	+
省级	蓝果树				+	+	+	
省级	八角莲				+		+	

说明：不包括《濒危野生动植物种国际贸易公约》种类及兰科植物，兰科植物有专题研究报告。

四、珍稀濒危植物的保护、利用与引种驯化

（一）贵州盘县八大山自然保护区珍稀濒危植物的致濒原因

1. 自然因素

由于植物自身生物学特性及生态环境限制等原因，导致种群数量少，繁殖困难，如红豆杉种子需要一年休眠才能发芽，且种子多为鸟类取食传播；其次，某些珍稀植物种类生态适应幅度小，只能在特定的生境中才能生存，而过去对森林大面积的破坏，使现存生境破碎，形成分离小板块，而珍稀植物具有稀有性，扩散能力差等特性，破碎的生境导致其分布范围不断缩小，如八角莲，兰科各种等。再加之，全球性气候变化巨大，使植物得生存受到极大威胁，贵州虽未受到太大的影响，但资源量也在不断的缩减，这也是珍稀植物濒危的原因。

2. 人为因素

由于人口的剧增，工业的发展，城镇建设迅速扩大，人们向森林用材、药用植物、经济植物、观赏植物资源等自然植物资源索取越来越多，如保护区周围老百姓为了燃料、用材及生产的需要，对区内边缘地带的森林进行破坏，从而导致以下 3 方面后果：①森林面积缩减；②植被破坏；③生态环境

恶化。珍稀植物的生存环境受到很大威胁。另外，对一些药用及经济价值较高的珍稀植物，人为乱挖滥采还不同程度地存在，这也是造成一些物种处于濒危的主要原因。

(二)对区内珍稀濒危植物的评价及建议

1. 评价

(1)贵州盘县八大山自然保护区内的珍稀濒危植物种类资源是丰富多彩的，尤其是红豆杉和云南穗花杉，其资源量之多和贵州省首次新记录种的发现，就贵州其他自然保护区而言，盘县建立自然保护区有其必要性。

(2)区内珍稀植物的种类是丰富的，但各种的资源量差别很大，多者达几百近万公顷，如红豆杉、香果树；少的只有几株，如西康玉兰、八角莲；也就是说，稍不注意，这些种类很快就会灭绝。

2. 建议

(1)依法强化管理、保护好现有资源　当地政府应当制定相关的地方性的法规和文件，使当地的野生植物资源得到有效的保护，使野生珍稀植物资源的管理法制化。特别是对一些已经濒危的物种和生态脆弱的地段，乱挖滥采要坚决制止，将有限的个体及其生存环境保护下来，使这些珍稀物种不至于灭绝。

(2)加强宣传教育、提高人们科学素质　保护区由于地处偏僻，交通不便，文化教育、科学教育十分落后，特别是区内的村民文化科学知识更加贫乏，远远落后于时代发展的要求；只有通过长期的宣传教育和科普活动来提高人们的素质，认识到人与自然、人与环境、人与各类生物不可分割的境界，才能将对自然资源的被动保护变为主动保护的行为。

(3)提高护林人员的待遇，同时加强管理，最大限度调动其积极性，他们对保护区的发展、保护有实实在在的意义和不可或缺的作用。

(4)有关部门在加大管理力度的同时，对保护区未来和发展进行必要的关注，要在保护区的发展上积极工作，争取上级支持，在近几年内将保护区升级为省级以上的自然保护区，以争取财政的支持，从而达到保护各种珍稀濒危植物及其生态系统的最终目的。

(5)争取各方资金，拯救即将濒危的数量较少的珍稀濒危植物，将这些植物迁出异地保护，并对进行繁殖、引种和驯化方面研究；保存物种基因，为将来重建提供种源和范本。

(6)处理好保护区建设、发展规划与保护区民众之间的利益关系，在保护的基础上，扶持、指导保护区村民进行合理的开发利用，只有保护区的村民生活幸福、和谐才有可能性可持续发展。

(李从瑞　刘　兰　张建华　张立富)

参考文献

李瑞平，孟君朝等．小五台山区珍稀植物濒危成因及保护措施[J]，河北林业科技，2010 年 6 月，第三期

张蔚，彭银中等．鸡公山自然保护区珍稀植物资源现状及保护对策[J]，现代农业科技，2010 年第 21 期

国家环境保护局 中国科学院植物研究所．中国植物红皮书 - 稀有濒危植物．北京：科学出版社，1992

国家环境保护局 中国科学院植物研究所．中国珍稀濒危保护植物名录．(第一册)，北京：科学出版社，1987

宋朝枢，等主编．中国珍稀濒危保护植物．北京：中国林业出版社，1989

中国科学院植物研究所．中国高等植物图鉴 [M]．(1 - 5 册)，北京：科学出版社，1994

中国科学院植物研究所．中国高等植物[M]．(3、4、5、6、7、8、9、10、11、13 卷) 青岛：青岛出版社，1999 - 2005

中国科学院植物研究所主编．中国高等植物图鉴[M]．补编 1—2 册，北京：科学出版社，1994

中国科学院中国植物志编委会．中国植物志[M] (有关各卷)，北京：科学出版社，1958 - 2005

张华海主编．贵州野生珍贵植物资源．北京：中国林业出版社，2000

张华海，周庆，张金国主编．湄潭百面水自然保护区综合科学考察集．贵阳：贵州科学出版社，2006

张华海，龙启德，廖德平主编．兴义坡岗自然保护区综合科学考察集．贵阳：贵州科学出版社，2006

张礼安主编．贵州省野生动植物保护自然保护区管理工作手册．贵阳：贵州教育出版社，1993

周政贤主编．茂兰喀斯特森林科学考察集．贵阳：贵州人民出版社，1987

第十一节　兰科植物资源调查

2012 年 7 ~ 8 月，由贵州省林业厅主持，贵州林业科学研究院和盘县林业局组织了对盘县八大山保护区的综合考察，我们先后考察了保护区内的八大山、娘娘山、长山箐、阳堡地、老马冲、菜子冲、马夫坪、朱尤箐、六车河、哽木等地，对这些区域的兰科植物的种类、分布、习性、生境及资源量进行了全面调查。

一、种类组成

通过对多次采集到的标本进行整理和鉴定，已知八大山保护区有兰科植物 23 属 55 种。其中以兰属的种类最多，达 9 种，占贵州的兰属种类 17 种的 52. 9 %；其次是虾脊兰属和玉凤花属，各有 6 种，石斛属有 5 种；兜兰属、羊耳蒜属和白芨属各有 3 种；其余各属种类多为 1 ~ 2 种(见表 5-33)。

表 5-33　盘县八大山保护区兰科植物名录

中名　　学名	生活型	分布地点	海拔(m)	生境
1. 兜兰属 *Paphiopedilum* Pfitz				
1. 硬叶兜兰 *P. micranthum*	半附生	六车河	800 ~ 1 200	峡谷悬崖上
2. 杏黄兜兰 *P. dianthum* ⋆	半附生	六车河	800 ~ 1 200	峡谷悬崖上
3. 长瓣兜兰 *P. armeniacum*	半附生	六车河	800 ~ 1 200	林下岩石上
2. 兰属 *Cymbidium* Sw.				
4. 春兰 *C. goeringii*	地生	哽木 老马冲	1300 ~ 1700	山地林下
5. 春剑*C. goeringii* var. longibracteatum	地生	哽木 阳堡地	1 300 ~ 1 700	山地林下
6. 寒兰 *C. kanran*	地生	哽木 老马冲	1 300 ~ 1 700	山地林下
7. 蕙兰 *C. faberi*	地生	哽木 阳堡地	1 300 ~ 1 700	山地林下
8. 套叶兰 *C. cyperfolium*	地生	哽木 菜子冲	1 300 ~ 1 700	山地林下
9. 建兰 *C. ensifolium*	地生	哽木 阳堡地	1 300 ~ 1 700	山地林下
10. 多花兰 *C. floribundum*	地生	哽木 六车河	800 ~ 1 300	林下岩石上
11. 兔耳兰 *C. lancifolium*	地生	哽木 阳堡地	1 300 ~ 1 700	山地林下
12. 墨兰 *C. sinense*	地生	花哽 哽木	1 300 ~ 1 700	山地林下
3. 斑叶兰属 *Goodyera* R. Br.				
13. 大花斑叶兰 *G. biflora*	地生	全区广布	1 500 ~ 2 000	山地林下
14. 大斑叶兰 *G. schlechtendaliana*	地生	全区广布	1 500 ~ 2 000	山地林下
4. 白芨属 *Bletilla* Rchb. f.				
15. 白芨 *B. striata*	地生	全区广布	1 500 ~ 2 500	山地草坡上
16. 小白芨 *B. formosana*	地生	马夫坪 八大山	1 500 ~ 2 000	山地林下
17. 黄花白芨 *B. ochracea*	地生	老马冲 娘娘山	1 700 ~ 2 000	山地林下
5. 头蕊兰属 *Cephalanthera* L. C. Rich				
18. 金兰 *C. falcata*	地生	菜子冲 八大山	1 700 ~ 2 000	山地林下
19. 银兰 *C. erecta*	地生	八大山 娘娘山	1 700 ~ 2 200	山地林下
6. 绶草属 *Spiranthes* L. C. Rich.				
20. 绶草 *S. sinensis*	地生	全区广布	1 800 ~ 2 200	山地草坡上
7. 阔蕊兰属 *Peristylus* Bl.				
21. 小花阔蕊兰 *P. affinis*	地生	马夫坪 阳堡地	1 500 ~ 1 800	山地林下
22. 一掌参 *P. forceps*	地生	长山箐 娘娘山	1 700 ~ 2 000	山地草坡上

（续）

中名 学名	生活型	分布地点	海拔(m)	生境
8. 舌唇兰属 *Platanthera* L. C. Rich				
23. 二叶舌唇兰 *P. chlorantha*	地生	八大山	2 000～2 500	山地草坡上
24. 舌唇兰 *P. japonica*	地生	阳堡地 保基	1 500～1 800	山地林下
9. 杜鹃兰属 Cremastra Lindl.				
25. 杜鹃兰 *C. appendiculata*	地生	长山箐 娘娘山	1 700～2 000	山地草坡上
10. 火烧兰属 *Epipactis* Zinn				
26. 火烧兰 *E. helleborine*	地生	老马冲 朱尤箐	1 700～2 000	山地林下
11. 山兰属 *Oreorchis* Lindl				
27. 山兰 *O. patens*	地生	八大山 娘娘山	1 700～2 200	林下沟谷旁
12. 苞舌兰属 *Spathoglottis* Bl.				
28. 苞舌兰 *S. pubescens*	地生	老马冲 阳堡地	1 700～2 000	山地林下
13. 角盘兰属 *Herminium* Guett				
29. 裂瓣角盘兰 *H. alaschanicum*	地生	长山箐 娘娘山	1 700～2 000	山地草坡上
14. 独蒜兰属 *Pleione* D. Don				
30. 云南独蒜兰 *P. yunnanensis*	附生	八大山 娘娘山	2 000～2 200	林下岩石上
15. 玉凤花属 *Habenaria* Willd.				
31. 长距玉凤花 *H. davidii*	地生	朱尤箐 长山箐	1 700～2 000	山地林下
32. 坡参 *H. linguella*	地生	长山箐 娘娘山	1 700～2 000	山地草坡上
33. 鹅毛玉凤花 *H. dentata*	地生	马夫坪 八大山	1 500～2 000	山坡林下
34. 粉叶玉凤花 *H. gleaucifolia*	地生	长山箐 娘娘山	1 700～2 000	山地草坡上
35. 莲座玉凤花 *H. plurifoliata*	地生	马夫坪 黑白	1 500～1 800	山坡沟旁
36. 斧萼玉凤花 *H. commelinifolia* *	地生	花哽	1 500～2 000	山坡林下
16. 天麻属 *Gastrodia* R. Br.				
37. 天麻 *G. elata*	腐生	马夫坪 八大山	1 500～1 800	山地林下
17. 虾脊兰属 *Calanthe* R. Br.				
38. 虾脊兰 *C. discolor*	地生	马夫坪 阳堡地	1 500～1 800	山地林下
39. 三褶虾脊兰 *C. triplicata*	地生	老马冲 八大山	1 700～2 000	山地林下
40. 剑叶虾脊兰 *C. davidii*	地生	菜子冲 阳堡地	1 700～2 000	山地林下
41. 三棱虾脊兰 *C. tricarinata*	地生	老马冲 娘娘山	1 700～2 000	山地林下
42. 镰萼虾脊兰 *C. puberula*	地生	老马冲 阳堡地	1 700～2 000	山地林下
43. 天府虾脊兰 *C. fargesii*	地生	本区广布	1 500～1 800	山地林下
18. 羊耳蒜属 *Lipatis* L. C. Rich.				
44. 见血清 *L. nervosa*	地生	菜子冲 阳堡地	1 700～2 000	山地林下
45. 羊耳蒜 *L. japonica*	地生	保基 阳堡地	1 700～2 000	山地林下
46. 长茎羊耳蒜 *L. viridiflora*	附生	六车河 格所河	800～1 200	林下岩石上
19. 石斛属 *Dendrobium* Sw.				
47. 罗河石斛 *D. lohohense*	附生	老马冲 朱尤箐	1 700～2 000	林中树干上
48. 束花石斛 *D. chrysanthum*	附生	菜子冲 朱尤箐	1 700～2 000	林中树干上
49. 石斛 *D. nobile*	附生	菜子冲 朱尤箐	1 700～2 000	林中树干上
50. 美花石斛 *D. ioddigesii*	附生	菜子冲 阳堡地	1 700～2 000	林下岩石上

（续）

中名　学名	生活型	分布地点	海拔(m)	生境
51. 滇桂石斛 *D. guangxiense*	附生	菜子冲 阳堡地	1 700 ~ 2 000	林中树干上
20. 石仙桃属 *Pholidota* Hook.				
52. 云南石仙桃 *P. yunnanensis*	附生	哽木 岩口	1 200 ~ 1 400	林下石壁上
21. 石豆兰属 *Bulbophyllum* Thou.				
53. 梳帽卷瓣兰 *B. andersinii*	附生	六车河 格所河	8 00 ~ 1 200	河边石壁上
22. 曲唇兰属 *Panisea* (Lindl) Steud.				
54. 曲唇兰 *P. tricallosa* *	附生	哽木 岩口	1 200 ~ 1 400	林下石壁上
23. 蝴蝶兰属 *Phalaenopsis Bl.*				
55. 华西蝴蝶兰 *p. wilsonii*	附生	六车河 格所河	800 ~ 1 200	林下树干上

注：* 为贵州新分布。

从生活型上看，地生种类有 40 种，占 72.7%，而附生的种类为 14 种，仅占 25.5%，另有腐生 1 种，即天麻。八大山保护区的海拔已较高，平均海拔在 1 700 ~ 2 000m，为高原山地地貌，兰科植物中多以地生种类为主，附生种类中，除石斛属和羊耳蒜属的种类外，石仙桃属、石豆兰属、曲唇兰属和蝴蝶兰属等附生兰花种类已非常少，这与该地所处的海拔高度和地理位置的关系很大。

二、资源分布

八大山保护区属典型的喀斯特地貌类型，平均海拔 1 650m，最低海拔格所河谷 725m，最高海拔八大山 2 558m，相对高差 1 800m，由于地势的间隙抬升和北盘江支流六车河、格所河的切割，形成了层峦叠嶂，山高谷深的高原山地地貌。境内地形复杂多样，地貌破碎，地形落差大、切割深，峡谷、峰丛、峰林、石林、溶洞、溶沟、天坑等随处可见。植被类型主要为喀斯特阔叶林、针阔混交林、中山灌木林、中山灌丛、中山草甸等。因地貌类型和植被类型的差异，及兰花自身的生长习性的不同，其野生兰科植物的分布也不尽一致。部分地生兰如兰属、虾脊兰属、斑叶兰属、白芨属和羊耳蒜属等的种类和石斛等附生种类多分布在海拔 1 600 ~ 2 000m 的马夫坪 黑白、阳堡地、菜子冲、老马冲、朱尤箐、哽木等峰林峰丛地貌上残存的喀斯特阔叶林中；多数的地生兰如绶草、头蕊兰、阔蕊兰、舌唇兰、火烧兰、杜鹃兰、苞舌兰、角盘兰、玉凤花等多分成在海拔 2 000 ~ 2 500m 的八大山、娘娘山、长山箐等地的中山灌丛和中山草甸中。兜兰、石仙桃、石豆兰、曲唇兰、蝴蝶兰等附生和半附生兰花主要分布在海拔较低的六车河、格所河的河流峡谷两岸的森林树干和悬崖峭壁上；石斛属种类则多分布在老马冲、朱尤箐等海拔相对较高、原生植被保存较完好、雾气较重的山顶、山脊一带。

八大山保护区的兰科植物植物种类与贵州的其它保护区相比，其种类和数量都较少。但与其它地区有明显不同的是，其地生兰种类较多、附生兰种类较少，这与八大山为高原山地地貌有显著关系。除绶草、虾脊兰、玉凤花、斑叶兰、白芨等尚有一定的种群数量外，其它兰科植物种类的数量已非常稀少，有的在野外考察中只见到几株。特别是兰属和石斛属的一些种类，如春兰、寒兰、建兰、石斛、罗河石斛等，在野外已难寻踪迹。

三、珍稀种类

兜兰属是兰科植物中具有较高研究和观赏价值的种类，已列为国家一级保护植物。八大山现发现有三种兜兰：杏黄兜兰、硬叶兜兰和长瓣兜兰。杏黄兜兰原产于中国云南省西部的碧江、泸水等地，生于海拔 1 400 ~ 2 100m 的石灰岩壁积土处或多石而排水良好的草坡上。是我国植物学家张敖罗于 1979 年初次采集，1982 年经陈心启、刘方媛定名的新种。其花大，直径 7 ~ 9cm，整个花朵为金黄色，是野生矮种兜兰中极罕见的富于观赏价值的珍品。杏黄兜兰和硬叶兜兰都是我国的特有种，其花色明丽典雅，一个黄色绚丽夺目，一个粉红明媚照人，都是不可多得的好颜色，在香港被称作“金童玉女”，常被作为兜兰育种的极好亲本。此次在盘县考察期间，在集市上发现有群众采挖出售，问其来自六车河、格所河一带，量仅几株，已到灭绝的程度。杏黄兜兰此次在盘县发现，是为贵州的新分布，硬叶兜兰在我国分布于贵州、广西和云南的石灰岩地区，在贵州分布较广，是兜兰属中花色变异较大的一个种，以其作母本的栽培杂交种已有很多，具有极高的观赏价值。长瓣兜兰分布于广西西南部、云南东南部和贵州西南部，花淡绿色或淡黄绿色并有深色条纹或褐红色晕，姿态美观，花形优雅，为观赏花卉之上品，是中国仅有的几种多花性兜兰之一，也是育种专家作为杂交育种的优秀亲本之一。上述三种兜兰在盘县仅分布在八大山的六车河、格所河一带，数量极少，急需加强保护。

石斛是珍贵的药用兰科植物，八大山因处于高海拔地区，林深雾重，适宜石斛生长，过去曾是贵州石斛的主要产区。但由于原生性森林植被的破坏和人为的采挖，其资源量已急剧下降，此次考察在野外已很难看到野生的石斛，仅在花哽、哽木、黑白等地有少量的石斛种类被群众采回家中栽植。

蝴蝶兰是著名的切花种类，全属70多种。大多数产于潮湿的亚洲地区。蝴蝶兰花姿婀娜，花色高雅繁多，花形似蝴蝶而得名，为热带兰中的珍品，有"兰中皇后"之美誉，在世界各国广为栽培。蝴蝶兰在我国有6种，产南方诸省区，贵州仅华西蝴蝶兰一种，只分布于盘县和兴义。其花中等大，花白色带淡粉红色，具有较高的观赏和利用价值。华西蝴蝶兰在八大山仅分布于六车河、格所河峡谷中，数量极少，亟待加强保护。

四、面临的威胁

八大山保护区的野生兰科植物，其大部分种类资源数量贫乏，分布范围狭窄，正陷入渐危或濒危状态，究其原因，除兰科植物自身的生物学特性外，更主要的是人为原因。一是原生性森林植被的破坏。八大山境内的各种原生性的森林植被和中山草地植被，由于长期以来的采伐林木、土地开垦、薪材烧炭、放牧烧荒等人为原因，遭到了大面积的破坏，原生林已残存无几，现有的林分基本上为次生林，且极度破碎化，中山草地也因过度放牧和人为烧荒，草地资源退化，如八大山主峰在本世纪初曾发生大面积的火灾，致使这一带的山地矮林和山地草甸遭受到严重破坏，使兰科植物失去了赖以生存的自然环境。如珍稀兰花杓兰，贵州有三个种分布，在贵州的一些高海拔地区如梵净山、毕节等都能看到，盘县理应是杓兰的自然分布地，但长期以来及至此次考察，均未发现杓兰，究其原因，还是生态环境的破坏。二是具有重要经济价值的种类受到过度的采挖。受经济利益的驱使，当地群众对野生兰花的乱采滥挖的现象十分严重，特别是针对兰属植物和药用兰花，导致这些种类资源量急剧下降，濒于灭绝。盘县是贵州兰属植物的主产区，一些兰展中获奖的兰花品种，多来自盘县、毕节等高原地区，但现在野外，兰属中的春兰、建兰、寒兰等已很难看到，墨兰更是不见踪影，只是在当地养兰爱好者家中才能看到。药用种类石斛属就更不用说了，已基本采挖殆尽。兜兰属的种类，因近些年国内和国际市场的需求，遭受到疯狂的采控，已到灭绝的边缘。

五、保护对策与措施

(一) 加强对森林资源的保护管理

绝大多数兰科植物的生长都必须依托于森林，其与森林息息相关，一旦失去森林的庇护，兰科植物就会消失和灭绝。由于历史及其它原因，目前八大山保护区的森林植被多为次生林，林种结构单一，砍伐林木、薪材烧炭、土地开垦、放火烧荒等破坏森林资源的现象仍有一定程度的存在，八大山、娘娘山、长山箐等地的中山草甸也因过度放牧和人为烧荒，草地资源退化，对兰科植物的生长威胁很大，一些种群量小、栖息地狭窄的种濒临灭绝，因而必须加强对森林资源和草地资源，特别是原生性森林和中山草甸的保护力度，严禁砍伐天然林、土地开垦、樵采烧炭、放火烧荒等现象，以保护野生兰花赖以生存的自然环境。

(二) 加大对兰花集市贸易的市场管理

盘县是贵州省重要的兰花主产区，目前的野生兰花市场交易仍有一定的规模，每逢赶场天都会有农民将在野外采集到的一些野生兰花主要是兰属中的种类拿到盘县县城及邻近的云南和毕节、贵阳等地的集市上进行交易，一些药用兰花如石斛、独蒜兰、天麻、白芨等也有药商在收购，这些非法贸易致使野生兰花资源遭受了毁灭性的灾难。当地林业部门应积极会同工商管理部门，加强对农贸市场上的野生兰花交易的管理，严格禁止野生兰花上市交易，对非法采集、非法收购人员要按照相关的法律法规进行处罚。

（三）开展兰花保育的宣传教育工作

兰科植物的所有种类均已被国家列为重点保护植物，但对于在山区的广大农民群众，他们并不知晓何为国家重点保护植物，更不知道这些植物所具有的重大科研价值和保护价值，只知道兰草可以卖钱。因此林业部门要主动向广大人民群众开展宣传教育工作，宣传兰科植物所具有的重要保护价值，告诫他们采集和贩卖野生兰花是违法行为，会受到法律的处罚，以提高人民群众爱护兰花、保护兰花的自觉性。同时，要对林业部门工作人员进行野外兰花识别和保护技能等方面的专业培训，以提高他们的保护管理水平。

（四）开展兰花人工繁育的科学研究，进行科学合理利用

我国自唐代就开始栽培兰花，有着悠久的栽兰养兰历史，是世界上最早种植和拥有最多爱好者的国家。中国人对兰花的欣赏已远远超出兰花的本身，而是和文学、艺术、道德、情操结合在一起，成为中华民族传统文化的一个组成部分——兰花文化。但人们对兰花的需求和有限的野生兰花资源产生了矛盾，要解决这个矛盾，只有通过科学手段，开展人工繁育和人工栽培，满足市场对兰花资源的需求，实现兰花资源的可持续利用。目前国内的一些科研院所和养兰基地在部分兰花的组织培养技术上已取得成功，可对盘县的一些观赏价值大的种类进行人工繁育，以满足兰花爱好者的需要；此外，贵州省内一些地区如赤水、贵阳等地开展了铁皮石斛和金钗石斛的人工培植试验，并取得了成功。可学习和借鉴这些地区的经验，在保护区内开展药用兰科植物石斛、白芨、独蒜兰等的人工种植，既可满足社会对此类药用植物的需求，又可让区内群众脱贫致富。

（五）继续开展兰科植物的研究工作

八大山保护区地处贵州西部，是贵州高原的第一台阶，境内山高谷深，沟壑纵横，峡谷深切，峭壁耸立，峰高雾重，林密草茂，还有大面积的峰林景观和中山草甸，为兰科植物的生长繁育提供了良好的气候条件和生态环境。理论上兰科植物应较丰富，不应只有此次考察的50余种。主要原因是保护区的部分核心区，如六车河、格所河峡谷的部分地段，由于交通困难和其它原因，此次考察都未深入其中，也就难以得出全面的资料。如兜兰属的其他种类，在这些地段可能有分布，其他一些种类亦是如此。因而今后要在此次考察的基础上，在条件许可的情况下，深入保护区的核心区，进一步开展野生兰科植物的调查工作，以得出更加全面翔实的资料。

（魏鲁明　余登利）

参考文献

郎楷永，陈心启，罗毅波，等．1999．中国植物志(第17卷)〔M〕．北京：科学出版社．

陈心启，吉占和，郎楷永，等．1999．中国植物志(第18卷)〔M〕．北京：科学出版社．

吉占和，陈心启，罗毅波，等．1999．中国植物志(第19卷)〔M〕．北京：科学出版社．

陈谦海．2004．贵州植物志(第10卷)〔M〕．贵阳：贵州科技出版社．

Jin XH(金效华)，Tsi ZH(吉占和)，Qin HN( )覃海宁)，et al. 2002. Novelities of the Orchidaceae of Guizhou，china(贵州兰科植物增补)〔J〕. Acta Phytotax sin(植物分类学报)，40(1)：82—88

Wei LM(魏鲁明). Additions to the Orchidaceae of Guizhou Province(贵州兰科植物的新记录)〔J〕. Guihaia(广西植物)，2009. 29(4)：430—432

Wei LM(魏鲁明). Additions to the Orchidaceae of Guizhou Province(贵州兰科植物的新资料)〔J〕. Journal of Nanjing Forestry University (Natural Science Edition)(南京林业大学学报)(自然科学版)，2011. 35(4)：136—138

Chen Xinqi et al. 2009. Orchidaceae. In：Wu Z. H. et Raven P. H. (eds.). Flora of China 25 ：350, 357. Beijing ：Science Press et St. Louis ：Missouri Botanical Garden Press.

第十二节　主要经济植物资源调查研究

经济植物是植物与生产实际、市场经济及人民生活最密切联系的重要属性，研究与人类经济生活密切相关的各种植物，在植物科学发展史中占有重要位置。对保护区经济植物的调查与研究，是实现保护区经济植物可持续利用与开发的基础。

一、研究方法

此次盘县八大山自然保护区经济植物调查以路线调查与重点调查相结合，在调查过程中通过询问等方式，详细记录其在当地的主要应用。

为对经济植物科学合理而系统的分类汇总，达到科学性与实用性的统一。本节根据1961年科学出版社出版《中国经济植物志》(上、下册)及吴征益和董世林对植物经济价值分析与分类，结合盘县八大山植物实际和此次综合科学考察相关专题研究情况，对八大山植物的经济特性作如下分类。根据对植物利用方式分为成分功能和株体功能两大类型；成分功能按其应用范围又分为饮食用植物资源、药用植物资源(另见专题)、工业用植物资源、农业用植物资源4大类，再根据其利用营养器官及功用的不同进行下一级分类；株体功能按其作用分为寄主、环境指示、水土保持、蜜源植物资源4类(观赏植物另见专题)。其经济植物分类结构如表5-34。

表5-34　贵州盘县八大山自然保护区经济植物分类结构表

Ⅰ级分类		Ⅱ级分类		Ⅲ级分类		备注
编号	名称	编号	名称	编号	名称	
一	成分功用植物资源	1.1	食用植物资源	1.1.1	野果植物资源	
				1.1.2	野菜植物资源	
				1.1.3	油脂植物资源	
				1.1.4	淀粉植物资源	
				1.1.5	香料植物资源	
				1.1.6	饮料植物资源	
				1.1.7	色素植物资源	
		1.2	工业用植物资源	1.2.1	树胶植物资源	
				1.2.2	树脂植物资源	
				1.2.3	栲胶植物资源	
				1.2.4	染料植物资源	
				1.2.5	纤维植物资源	除木材以外的纤维应用
				1.2.6	香料植物资源	
				1.2.7	淀粉植物资源	
				1.2.8	油脂植物资源	
				1.2.9	活性炭植物资源	
		1.3	农业用植物资源	1.3.1	绿肥植物资源	
				1.3.2	土农药植物资源	
				1.3.3	饲料用植物资源	
二	株体功用植物资源			2.1	寄主植物资源	
				2.2	指示植物资源	
				2.3	蜜源植物资源	

二、结果与分析

(一)种类组成

根据研究方法，经统计与汇总，盘县八大山自然区共有主要经济植物 78 科 171 属 274 种，其中裸子植物 4 科 5 属 7 种，被子植物 75 科 166 属 267 种。各类经济植物统计如表 5-35。

表 5-35　贵州盘县八大山自然保护区经济植物统计汇总表

编号	名称	科	属	种
1.1.1	野果植物资源	15	30	49
1.1.2	野菜植物资源	18	27	30
1.1.3	油脂植物资源	7	7	8
1.1.4	淀粉植物资源	6	8	8
1.1.5	香料植物资源	6	6	8
1.1.6	饮料植物资源	13	16	18
1.1.7	色素植物资源	1	1	1
1.2.1	树胶植物资源	6	6	6
1.2.2	树脂植物资源	8	8	8
1.2.3	栲胶植物资源	22	34	43
1.2.4	染料植物资源	9	9	13
1.2.5	纤维植物资源	29	54	59
1.2.6	香料植物资源	21	28	38
1.2.7	淀粉植物资源	2	3	4
1.2.8	油脂植物资源	33	53	77
1.2.9	活性炭植物资源	3	3	3
1.3.1	饲料用植物资源	2	3	4
1.3.2	绿肥植物资源	13	19	24
1.3.3	土农药植物资源	10	12	16
2.1	寄主植物资源	2	2	2
2.2	指示植物资源	2	3	4
2.3	蜜源植物资源	11	35	60

表 5-35 表明，盘县八大山主要经济植物应用类型多样，种类较为丰富。

(二)重点经济植物分述

1. 银杏 *Ginkgo biloba* L.

银杏科 Ginkgoaceae 银杏属 *Ginkgo* Linn.

落叶乔木。

【经济用途】①药用价值：果入肺经、益脾气、定喘咳、缩小便。②食用价值：干果类，其经济结果年限可达数千年之久。在诸多的干果中，银杏的经济价值排名第三。③其他价值：桂花是传统的优良的庭园绿化树种。

2. 华山松 *Pinus armandii* Franch.

松科 Pinaceae 松属 *Pinus* L.

常绿乔木。

【经济用途】①食用价值：种子供食用或种子可榨油供食用。②工业价值：是传统主要用树种；种子可榨油可作工业用油或树干可割取树脂。③药用价值：针叶入药。祛风燥湿，杀虫止痒，活血安神。主治风湿痹痛，脚气，癣，风疹瘙痒，跌打损伤，神经衰弱，慢性肾炎等。

3. 云南松 *P. yunnanensis* Franch.

松科 Pinaceae 松属 *Pinus* L.

常绿乔木。

【经济用途】①工业价值：是传统主要用树种；树干可割取树脂。②药用价值：松球果入药。祛风除痹，化痰，止咳，平喘，利尿，通便。治风寒湿痹，慢性支气管炎，便秘等。

4. 红豆杉 *Taxus chinensis* (Pilg.) Rehd.

红豆杉科 Taxaceae 红豆杉属 *Taxus* L.

常绿乔木。

【经济用途】①工业价值：种子含油量67%，供制肥皂及润滑油用。②药用价值：枝叶入药。抗癌。治卵巢癌，乳腺癌等。

5. 八角 *Illicium verum* Hook. f.

八角科 Illiciaceae 八角属 *Illicium* L.

常绿乔木。

【经济用途】①食用价值：果为著名的调味香料，味香甜。②药用价值：果实入药。散寒，理气，止痛。主治寒疝腹痛，腰膝冷痛，胃寒呕吐，脘腹疼痛等。

6. 五味子 *Schisandra chinensis* (Turcz.) Baill.

五味子科 Schisandraceae 五味子属 *Schisandra* Michx.

落叶木质藤本。

【经济用途】工业价值：茎皮纤维柔韧，可供绳索；种仁含有脂肪油，榨油可作工业原料、润滑油。

7. 木姜子 *Litsea pungens* Hemsl.

樟科 Lauraceae 木姜子属 *Litsea* Lam.

落叶灌木或小乔木。

【经济用途】①食用价值：果含芳香油，可作食用香精。②工业价值：种子含脂肪油48.2%，可供制皂和工业用。

8. 清香木姜子 *Litsea euosma* W. W. Smith

樟科 Lauraceae 木姜子属 *Litsea* Lam.

落叶小乔木。

【经济用途】①食用价值：果实及叶、枝含芳香油约0.7%，可用于食用香精。②药用价值：果实入药。温中行气止痛，燥湿健脾消食，解毒消肿。治胃寒腹痛，暑湿吐泻，食滞饱胀，痛经，疝痛等。

9. 樟树 *C. camphora* (L.) J. Presl

樟科 Lauraceae 樟属 *Cinnamomum* Trew

常绿乔木。

【经济用途】①工业价值：果核含脂肪，含油量约40%，油供工业用；根、木材、枝、叶均可提取樟脑、樟脑油，可供塑料、炸药、防腐等用，樟油可作农药、选矿、制肥皂、假漆及香精等原料；②药用价值：根、木材、枝、叶均可提取樟脑、樟脑油，或供医药、杀虫。③其他价值：是有名的景观树种。

10. 川桂 *Cinnamomum wilsonii* Gamble

樟科 Lauraceae 樟属 *Cinnamomum* Trew

常绿乔木。

【经济用途】①食用价值：枝叶和果均含芳香油，油供食品香精的调和原料，是五香粉的成分之一。②药用价值：温经散寒，行气活血，止痛。用于感受风寒，胃腹冷痛，痛经，风湿关节疼痛；外用治跌打损伤，骨折。

11. 楠木 *Phoebe zhennan* S. Lee et F. N. Wei

樟科 Lauraceae 楠属 *phoebe* hees

常绿乔木。

【经济用途】①工业价值：传统优良高档家具用材；②药用价值：木材、枝叶入药。和中降逆，止吐止泻，利水消肿。主治暑湿霍乱，腹痛，吐泻，水肿；③其它价值：是优良的庭院绿化树种。

12. 山桃 *Amygdalus davidiana* (Carr.) C. de Vos ex Henry

蔷薇科 Rosaceae 桃属 *Amygdalus* L.

落叶灌木。

【经济用途】工业价值：种仁含油 45.95%，可榨油供食用。

13. 桃 *Amygdalus persica* L.

蔷薇科 Rosaceae 桃属 *Amygdalus* L.

落叶小乔木。

【经济用途】①食用价值：果实供食用。同时桃也是一种优良的庭园树种。②工业价值：. 树干上分泌的胶质，俗称桃胶，可用作粘接剂等。

14. 花红 *Malus asiatica* Nakai

蔷薇科 Rosaceae 苹果属 *Malus* L.

小乔木。

【经济用途】食用价值：果实多数不耐储藏运输，供鲜食用，并可加工制干果，是传统水果之一。

15. 李 *Prunus salicina* Lindl.

蔷薇科 Rosaceae 李属 *Prunus* L.

落叶乔木。

【经济用途】①食用价值：我国各省及世界各地均有栽培，为重要温带果树之一。②药用价值：种仁入药。降气化痰，止咳平喘，润肠通便。治外感咳嗽，喘咳，肠燥便秘。

16. 山莓 *Rubus corchorifolus* L. f.

蔷薇科 Rosaceae 悬钩子属 *Rubus* L.

落叶灌木。

【经济用途】①食用价值：果味甜美，含糖、苹果酸、柠檬酸及维生素 C 等，可供生食。②药用价值：根、茎、叶、果实均可入药，根性味微苦、辛、平，具有祛风除湿、活血化淤、解毒敛疮的功效，主治风湿腰痛、痢疾、遗精、毒蛇咬伤、闭经痛经、湿疹、小儿疳积等症，是一种苗族药的常用民间药。③工业价值：根皮、茎皮、叶可提取栲胶。

17. 刺梨 *Rosa roxburghii* Tratt

蔷薇科 Rosaceae 蔷薇属 *Rosa* L.

落叶灌木。

【经济用途】①食用价值：刺梨是营养极丰富的野生果树之一，果实的可食部分约占 72.6%，总含酸量 21.6%，总糖 3.7%，并含有蛋白质、脂肪、无机盐、粗纤维等，也含有极为丰富的维生素 A、B、C、P，尤以维生素 C、P 含量最高，是当今野生或栽培水果的“维生素之王”。鲜果是生产营养保健食品的重要原料，如果汁、果晶、果酒、果脯、果酱等，还可专门用来提取维生素产品。因此，在退耕还林中，刺梨不但作为退耕还林的理想树种，同时又可作为野生经济植物资源进行开发利用，开发天然绿色食品，参与国际市场竞争，具有重要意义。②药用价值：现代医学实践证明，鲜食刺梨能降低胆固醇和甘油三酯的含量，有降低血压、防止冠心病和动脉硬化作用，增强血管壁弹性，防止血管破裂出血。

18. 樱桃 *Cerasus pseudocerasus*(Lindl.)G. Don

蔷薇科 Rosaceae 樱属 *Cerasus* Mill.

落叶乔木。

【经济用途】①食用价值：是传统的著名水果。②药用价值：具有发汗、益气、祛风、透疹的功效，适用于四肢麻木和风湿性腰腿病的食疗。③工业价值：树胶植物。

19. 楤木 *Aralia chinensis* L.

五加科 Araliaceae 楤木属 *Aralia* L.

小乔木或灌木。

【经济用途】①食用价值：顶生嫩枝叶尖供作蔬菜。②药用价值：根皮、茎皮入药。祛风除湿，利尿消肿，活血止痛，治肝炎，淋巴结肿大，糖尿病，白带，胃痛，风湿关节痛，跌打损伤，骨折，无名肿毒。

20. 杨梅 *Myrica rubra* (Lour.) Sieb. et Zucc.

杨梅科 Myricaceae 杨梅属 *Myrica* L.

常绿乔木。

【经济用途】①食用价值：我国江南的著名水果。②药用价值：果实、根、树皮入药。果实：生津解竭，和胃消食。治烦渴，吐泻，痢疾，腹痛。根：理气，止血，化瘀。治胃痛，膈食呕吐，疝气，吐血，痔血跌打损伤，牙痛，水火烫伤。树皮：治痢疾，牙痛，恶疮疥癣。③工业价值：全株含鞣质，可提制栲胶；树皮富于单宁；树皮作赤褐色染料。

21. 锥栗 *Castanea henryi* (Skan) Rehd. et Wils.

壳斗科 Fagaceae 栗属 *Castanea* Mill.

落叶乔木。

【经济用途】①食用价值：果供食用或酿酒。②工业价值：壳斗含鞣质 6.5%，可提制栲胶。

22. 板栗 *Castanea mollissima* Bl.

壳斗科 Fagaceae 栗属 *Castanea* Mill.

落叶乔木。

【经济用途】①食用价值：果供食用或酿酒，含糖、淀粉、蛋白质、脂肪及多种维生素、矿物质。②工业价值：树皮、总苞合鞣质 12% 以上，可提制栲胶。

23. 茅栗 *Castanea sequinii* Dode

壳斗科 Fagaceae 栗属 *Castanea* Mill.

小乔木或灌木状。

【经济用途】①食用价值：果供食用或酿酒。坚果含淀粉 60% ~70%，味甘美，可供食用。②工业价值：树皮含鞣质可提制杆栲胶。

24. 核桃 *Juglans regia* L.

胡桃科 Juglandaceae 胡桃属 *Juglans* L.

落叶乔木。

【经济用途】①食用价值：种仁营养丰富，可生食，为优良干果，种仁可榨油。②药用价值：种仁、胡桃壳、根入药。胡桃仁：补肾益精，湿肺定喘，润肠通便。治腰痛脚弱，阳痿，遗精，久咳喘促，大便燥结。胡桃壳：止血，止痢，散结消痈，杀虫止痒。治妇女崩漏，痛经，乳痈，久痢。根：止泻，止痛，乌须发。治腹泻，牙痛，须发早白。③工业价值：果外皮及树皮含鞣质，可提制栲胶；同时树皮的韧皮纤维可作工业原料；另外内果皮可制活性炭。

25. 泡核桃 *Juglans sigillata* Dode

胡桃科 Juglandaceae 胡桃属 *Juglans* L.

落叶乔木。

【经济用途】①食用价值：泡核桃在西南地区是适宜种植的重要经济树种，种仁营养丰富，可生食，为优良干果，种仁可榨油，优良干果。②药用价值：核桃性温、味甘、无毒，有健胃、补血、润肺、养神等功效，可广泛用于治疗神经衰弱、高血压、冠心病、肺气肿、胃痛等症。③工业价值：是生产活性炭的优良材料。

26. 野核桃 *Juglans cathayensis* Dode

胡桃科 Juglandaceae 胡桃属 *Juglans* L.

落叶乔木。

【经济用途】①食用价值：为传统优良干果。②药用价值：核桃性温、味甘、无毒，有健胃、补血、润肺、养神等功效，可广泛用于治疗神经衰弱、高血压、冠心病、肺气肿、胃痛等症。③工业价值：是生产活性炭的优良材料。

27. 山桐子 *Idesia polycarpa* Maxim.

大风子科 Flacourtiaceae 山桐子属 *Idesia* Maxim.

落叶乔木。

【经济用途】①药用价值：叶、种子入药。叶：清热凉血，散瘀消肿。主治骨折，烧伤烫伤，吐血，外伤出血。种子油：杀虫。主治治疥癣。②工业价值：果实、种子均含油，是生物质能源树种之一。③其他价值：花多芳香，有蜜腺，为养蜂业的蜜源资源植物。

28. 梧桐 *Firmiana platanifolia*（L. f.）Marsili

梧桐科 Steroculiaceae 梧桐属 *Firmiana* Marsigli

落叶乔木。

【经济用途】①食用价值：种子炒熟可食。②药用价值：种子，叶，根入药。种子：顺气和胃，健脾消食，止血。治胃脘疼痛，伤食腹痛，疝气，须发早白等。叶：祛风除湿，解毒消肿，降血压。治风湿痹痛，跌打损伤，痈疮肿毒，高血压等。③工业价值：刨皮含胶，常用作刨花。同时树皮的纤维洁白，可用以制纸和编绳等。种子亦可榨油，油为不干性油。

29. 乌桕 *Sapium sebiferum*（L.）Roxb.

大戟科 Euphorbiaceae 乌桕属 *Sapium* P. Br.

落叶乔木。

【经济用途】①药用价值：根皮、树皮、叶入药。杀虫，解毒，利尿。治血吸虫，肝硬化腹水，大小便不利，毒蛇咬伤。②工业价值：是生物质能源树种之一，其种子油适于涂料，可涂油纸、油伞等，白色之蜡质层(假种皮)溶解后可制肥皂、蜡烛。叶为黑色染料，可染衣物。

30. 茶 *Camellia sinensis*（L.）Kuntze

山茶科 Theaceae 山茶属 *Camellia* L.

灌木或小乔木。

【经济用途】食用价值：叶为茶叶的加工原料。茶叶是世界著名饮，种子含油量高，可食用。

31. 油茶 *Camellia oleifera* Abel.

山茶科 Theaceae 山茶属 *Camellia* L.

灌木或中乔木。

【经济用途】①工业价值：从长江流域到华南各地广泛栽培，是主要木本油料作物。②药用价值：种子榨油后的茶枯能灭椎实螺和血吸虫，并可清除牛、羊肝吸虫。

32. 中华猕猴桃 *Actinidia chinensis* Planch.

猕猴桃科 Actinidiaceae 猕猴桃属 *Actinidia* Lindl.

木质藤本。

【经济用途】①食用价值：中华猕猴桃果肉甜酸适度，清香可口，营养丰富，是当今世界的一种新兴水果，维生素 C 含量高，被誉为“水果之王”。除鲜食外，还可制成果酱、果汁、果酒、果脯、果晶及配制各种饮料。②药用价值：根、茎、花、果实均可入药，1978年已被正式列为《中国药典》，对肝炎、癌症等症均有一定疗效。③其他价值：优良蜜源植物。

33. 花椒 *Zanthoxylum bungeanum* Maxim.

芸香科 Rutaceae 花椒属 *Zanthoxylum* L.

落叶灌木或小乔木

【经济用途】①食用价值：为我国传统佐料佳品。②药用价值：树皮、根、果实入药。树皮：祛风除湿，通络止痛，利小便。主治风寒湿痹，腰膝疼痛，跌打损伤，腹痛腹泻，小便不利，齿痛等。根：祛风除湿，活血散瘀，利水消肿。主治风湿痹痛，外伤出血，毒蛇咬伤。果实：温中，燥湿，健脾，杀虫。主治脘腹冷痛，食少，泄泻，久痢，虫积等。

34. 香椿 *Toona sinensis* (A. Juss.) Roem.

楝科 Meliaceae 香椿属 *Toona* Roem.

落叶乔木

【经济用途】①食用价值：嫩叶供蔬食，种子榨油或食用。②工业价值：种子可榨油制肥皂。

35. 漆树 *T Toxicodendron vernicifluum*(Stokes) F. A. Barkley

漆树科 Anncardiaceae 漆树属 *Toxicodendron* (Tourv.) Mill.

落叶乔木。

【经济用途】①工业价值：漆是天然树脂涂料，素有"涂料之王"的美誉，叶可提栲胶、种子油可制油墨，肥皂。②药用价值：树的汁液有毒，对生漆过敏者皮肤接触即引起红肿、痒痛，误食引起强烈刺激，如口腔炎、溃疡、呕吐、腹泻，严重者可发生中毒性肾病。③农业价值：叶、根可作土农药。

36. 盐肤木 *Rhus chinensis* Mill.

漆树科 Anncardiaceae 盐肤木属 *Rhus* (Tourv.) L.

落叶小乔木或灌木。

【经济用途】①药用价值：根、入药。消炎利尿。治肠炎，便血，疮毒，虫瘿。止泻止血，自汗盗汗，咳嗽，痈肿疮疖。②工业价值：种子可榨油，润滑油和制皂。幼枝和叶可作土农药。③其他价值：本种为五倍子蚜虫寄主植物，在幼枝和叶上形成虫瘿，即五倍子，可供鞣革、医药、塑料和墨水等工业上用。

37. 桂花 *Osmanthus fragrans* (Thunb.) Lour.

木犀科 Oleaceae 木犀属 *Osmanthus* Lour.

常绿灌木或小乔木

【经济用途】①药用价值：花、果实、根入药。化痰，散瘀。治痰饮喘咳，止肠风血痢，牙痛，口臭。②食用价值：花可提取芳香油，可直接作食品香料。③其他价值：桂花是传统的优良的庭园绿化树种。

38. 落葵 *Basella alba* L.

落葵科 Basellaceae 落葵属 *Basella* L.

一年生缠绕草本

【经济用途】①药用价值：叶、全草入药。滑肠通便，清热利湿，凉血解毒，活血。主治大便秘结，小便短涩，痢疾，热毒疮疡，跌打损伤。②食用价值：果汁可作无害的食品着色剂；同时叶含有多种维生素和钙、铁，栽培作蔬菜。

39. 方竹 *Chimonobambusa quadrangularis*(Fenzi) Makino

禾本科 Gramineae 方竹属 *Chimonobambusa*

【经济用途】①食用价值：笋味鲜美，可鲜食或加工为笋干及制罐头；②工业价值：杆可用于造纸；③其他价值：庭院常见观赏竹种。

40. 无花果 *Ficus carica* Linn.

桑科 Moraceae 无花果属 *Ficus*

落叶灌木。

【经济用途】①药用价值：主治健脾，止泻。亦可用于食欲减退、腹泻、乳汁不足。果：润肺止咳，清热润肠。用于咳喘，咽喉肿痛，便秘，痔疮。根、叶：肠炎，腹泻；外用治痈肿。水果、药用。②食用价值：果可食。

三、经济植物的可持续开发利用

经济植物是生态系统的重要组成部分，实现其可持续开发利用，是保护区加强种质资源保护的宗旨，同时也是加强保护区及周边地区社区发展的需要。因此，对经济植物的可持续开发利用具有极为重要的现实意义。

（一）加强对野生经济植物种质资源的保护性开发利用

保护区是以保护植物种质资源为核心，同时为其合理利用和可持续开发提供种质资源基础。因此，对经济植物种类的利用应在保护的前提下进行，必须实行保护性开发利用。例如：方竹虽然在保护分布较广，且资源量大，但对其利用应经过详尽的调查，弄清其资源及更新能力大小，利用程度应小于其更新程度。另外，在保护区实验区开展方竹的人工促进更新，以提高其更新能力，提高利用水平，以实现方竹的可持续开发利用。

（二）开展对优良经济植物优良类型选育及繁育技术研究

保护区经济植物种类丰富，不同种类资源现状且各异，因此，对保护区经济植物开发利用应根据不同植物的市场需求和应用程度情况，结合保护区的实际情况，进行选择性开发利用。同时，加强对不同经济植物优良类型进行选择，选择性状优良、品质较好且稳定的类型，作为开发利用的对象，建立种质资源圃，为可持续开发利用提供优良种质资源基础。如：在保护格所大冲沟，发现有 1 株香椿在 7 月才开始发新芽，并未有人采摘过的现象，香椿是中国传统的植物蔬菜种类，此植株可为香椿森林蔬菜的晚食优良类型，通过无性繁殖技术扩大其资源，为其开发利用储备优良种质资源。

（三）建立经济植物培育基地

在保护区的实验区，根据经济植物的不同特性及环境条件，结合培育目标，选择适宜的地段，建立相应的培育基地，以培育成品和苗木为主要方向，以辐射带动发展为思路，采取成片与零星（指四旁种植）相结合，建立经济植物培育基地。

（四）开展野生经济植物的林下经济发展技术及模式应用与推广

根据保护区的森林及植物现状，结合保护区人口结构情况，从生态结构、资源利用特点、操作便利性、副效应等方面，科学地选择林下经济的发展方向，合理地选择林药、林草、林禽、林菌、林虫等林下经济模式，通过引进并消化应用的策略，选择适宜的种类及相应的模式，并加大社区发展宣传与技术推广，促进保护事业的开展与社区发展。

（致谢：在保护区经济植物调查与研究过程中，得到张华海、杨成华、左经会、苟光前、熊源新等老师的指导并参考其相关专题资料，在此表示感谢。）

附：盘县八大山自然保护区主要经济植物名录

1　成分功用植物资源

1.1　食用植物资源

1.1.1　食用野果植物资源

一、木通科 Lardizabalaceae

木通属 *Akebia*

白木通 *A. trifoliata*（Thunb.）Koidz. var. *australis*（Diles）Rehd. 果也可食及酿酒。

三叶木通 *A. trifoliata*（Thunb.）Koidz. 果也可食及酿酒。

猫儿屎属 *Decaisnea*

猫儿屎 *D. fargesii* Franch. 果肉可食，亦可酿酒。

鹰爪枫属 *Holboellia*

五风藤 *H. fargesii* Reaub. 果可食。

二、桑科 Moraceae

榕属 *Ficus*

大果榕 *F. auriculata* Lour. 榕果成熟味甜可食。

尖叶榕 *F. henryi* Warb. ex Diels. 榕果成熟可食。

地果 *F. tikoua* Bur. 榕果成熟可食。

异叶榕 *F. heteromorpha* Hemsl. 榕果成熟可食或作果酱。

桑属 *Morus*

鸡桑 *M. austrails* Poir. 果实味甜可生食。

柘属 *Cudrania*

柘 *C. tricuspidata*（Carr.）Bur. ex Lavallee. 聚合果成熟可以生食，也可酿酒。

三、蓼科 Polygonaceae

蓼属 *Polygonum*

苦荞麦 *p. tataricum*（L.）Gaertn. 种子供食用。

四、葡萄科 Vitaceae

葡萄属 *Vitis*

毛葡萄 *V. quingquangularis* Rehd. 果可生食。

葡萄 *V. vinifera* L. 原产亚洲西部，现世界各地栽培，为著名水果。

山葡萄 *V. amurensis* Rupr. 果可鲜食和酿酒。

五、胡桃科 Juglandaceae

胡桃属 *Juglans* L.

胡桃 *J. regia* L. 种仁营养丰富，可生食，为优良干果。

泡核桃 *J. sigillata* Dode 种仁营养丰富，可生食，为优良干果。

六、壳斗科 Fagaceae

栗属 *Castanea*

栗 *C. mollissima* Blume. 果供食用或酿酒。

七、猕猴桃科 Actinidiaceae

猕猴桃属 *Actinidia*

多花猕猴桃 *A. laizfolia*(Gardn. etChamp.)Merr. 果可食，并酿酒、熬糖。

毛花猕猴桃 *A. eriantha* Benth. 果供食用。据称比中华猕猴桃还要好吃。

中华猕猴桃 *A. chinensis* Planch. 果实富含糖类和维生素，可生食。

八、紫金牛科 Myrsinaceae

紫金牛属 *Ardisia*

百两金 *A. crispa*（Thunb.）A. DC. 果可食。

细柄百两金 *A. crispa*（Thunb.）Ardisia DC. var. *dielsii*(Levl.)Walker. 果可食。

杜茎山属 *Maesa*

杜茎山 *M. japonica*（Thunb.）Zipp. ex Scheff. 果可食，微甜。

九、芸香科 Rutaceae

花椒属 *Zanthoxylum*

花椒 *Z. bungeanum* Maxim.

柑橘属 *Citrus*

柚 *C. maxima*（Burm.）Osbeck 果肉含维生素 C 较高，供食用，且有消食、解酒毒功效。

十、蔷薇科 Rosaceae

悬钩子属 *Rubus*

白叶莓 *R. innominatus* S. Moore. 果酸甜可食。

川莓 *R. setchuenensis* Bur. et Franch. 果可生食。

木莓 *R. swinhoei* Hance 果可食。

山莓 *R. corchorifolius* L. f. 果味甜美，含糖、苹果酸、柠檬酸及维生素 C 等，可供生食、制果酱及酿酒。

蔷薇属 *Rosa*

刺梨 *R. roxburghii* Tratt. 果实味甜酸，含大量维生素，可供食用，亦可作为熬糖酿酒的原料。

苹果属 *Malus*

花红 *M. asiatica* Nakai. 果实多数不耐储藏运输，供鲜食用，并可加工制果干，果丹皮。

火棘属 *Pyracantha*

火棘 *P. fortuneana*(Maxim.)Li　果实含淀粉、蛋白质、维生素 C，可食。

李属 *Prunus*

李 *P. salicina* Lindl. 我国各省及世界各地均有栽培，为重要温带果树之一。

桃属 *Amygdalus*

桃 *A. persica*(L.)Batsch 果实供食用。

山桃 *A. davidiana* (Carr.) C. de Vos 果实供食用。

樱属 *Cerasus*

毛樱桃 *C. tomentosa* (Thunb.) Wall. 果实微酸甜，可食及酿酒。

枇杷属 *Eriobotrya*

枇杷 *E. japonica* (Thunb.) Lindl. 果树，果味甘酸，供生食、蜜饯和酿酒用。

杏属 *Armeniaca*

杏 *A. vulgaris* Lam. 仁用，供食用。

山楂属 *Crataegus*

野山楂 *C. cuneata* Sieb. et Zucc. 果实多肉可供生食，酿酒或制果酱。

八、漆树科 Anacardiaceae

盐肤木属 *Rhus*

盐肤木 *R. chinensis* Mill. 果泡水代醋用，生食酸咸止渴。

十一、杨梅科 Myricaceae

杨梅属 *Myrica* L.

杨梅 *M. rubra* (Lour.) Siebold et Zucc. 我国江南的著名水果。

十二、杜鹃花科 Ericaceae

越橘属 *Vaccinium*

乌饭树 *V. bracteatum* Thunb. 果实供食用。

十三、胡颓子科 Elaeagnaceae

胡颓子属 *Elaeagnus*

蔓胡颓子 *E. glabra* Thunb. 果可食或酿酒。

银果胡颓子 *E. magna* Rehd. 果可食

十四、大戟科 Euphorbiaceae

野桐属 *Mallotus*

粗糠柴 *M. philippensis* (Lam.) Muell. Arg. 果实的红色颗粒状腺体有时可作染粒，但有毒，不能食用。

十五、鼠李科 Rhamnaceae

枳椇属 *Hovenia*

北枳椇 *H. dulcis* Thunb. 肥大的果序轴含丰富的糖，可生食、酿酒、制醋和熬糖。

枳椇 *H. acerba* Lindl. 果序轴肥厚、含丰富的糖，可生食、酿酒、熬糖，民间常用以浸制拐枣酒，能治风湿。

枣属 *Ziziphus*

南酸枣 *Z. jujuba* var. *spinosa*（Bunge）Hu ex H. F. Chow 果可生食或酿酒，果实肉薄，但含有丰富的维生素 C，生食或制作果酱。

1.1.2 食用野菜植物资源

一、菊科 Compositae

鬼针草属 *Bidens*

半蒴苣苔 *B. pilosa* var. *radiata*（Sch. Bip.）Sch. Bip. 嫩叶可食。

马兰属 *Kalimeris*

马兰 *K. indica*(L.)Sch. -Bip. 幼叶通常作蔬菜食用，俗称马兰头。

二、苦苣苔科 Gesneriaceae

半蒴苣苔属 *Hemiboea*

半蒴苣苔 *H. henryi* Clarke 叶作蔬菜。

三、禾本科 Gramineae

慈竹属 *Neosinocalamus*

慈竹 *N. affinis*（Rendle）Keng f. 笋味较苦，但水煮后仍有供蔬食者。

箭竹属 *Sinarundinaria*

箭竹 *S. uniramosa*（Hsueh et Yi）K. M. Lan. 笋供食用。

刚竹属 *Phyllostachys*

金竹 *P. sulphurea*（Carr.）A. et C. Riv. 笋供食用，惟味微苦。

毛金竹 *P. nigra* var. *henonis*（Mitf）Stapf ex Rendl. 笋供食用。

水竹 *P. heteroclada* Oliver. 笋供食用。

方竹属 *Chimonobambusa*

毛环方竹 *C. hirtinoda* C. S. Chao et K. M. Lan 本种笋味鲜美，可鲜食或加工为笋干及制罐头。

马唐属 *Digitaria*

十字马唐 *D. cruciata*（Nees）A. Camus. 印度和我国西南部有时栽培，其谷粒可供食用。

黄金茅属 *Eulalia*

四脉金茅 *E. quadrinervis*（Hack.）Kuntze. 叶幼嫩时为家畜食用。

野古草属 *Arundinella*

野古草 *A. hirta*（Thunb.）Tanaka. 幼嫩时牲畜喜食。

四、五加科 Araliaceae

楤木属 *Aralia*

楤木 *A. chinensis*. 顶生嫩枝叶尖供作蔬菜。

食用土当归 *A. cordata* Thunb. 嫩叶有香气，供食用。

五、十字花科 Cruciferae

独行菜属 *Lepidium*

独行菜 *L. apetalum* Willd. 嫩叶作野菜食用。

荠属 *Capsella*

荠 *C. bursapastoris*(L.)Medic. 茎叶作蔬菜食用。

六、石竹科 Caryophyllaceae

繁缕属 *Stellaria*

繁缕 *S. media*（L.）Villars. 嫩苗可食。

七、漆树科 Anncardiaceae

黄连木属 *Pistacia*

黄连木 *P. chinensis* Bunge. 幼叶可充蔬菜。

八、堇菜科 Violaceae

堇菜属 *Viola*

鸡腿堇菜 *V. acuminata* Ledeb. 嫩叶作蔬菜

九、三白草科 Saururaceae

蕺菜属 *Houttuynia* Thunb.

蕺菜 *H. cordata* Thunb. 嫩根茎可食，我国西南地区人民常作蔬菜或调味品。

十、百合科 Liliaceae

葱属 *Allium*

宽叶韭 *A. hookeri* Thwaites. 鳞茎、根和叶都供食用。

玉簪属 *Hosta*

玉簪 *H. plantaginea*（Lam.）Aschers. 花可供蔬食或作甜菜，但须去掉雄蕊。

十一、玄参科 Scrophulariaceae

婆婆纳属 *Veronica*

婆婆纳 *V. didyma* Tenore. 茎叶味甜，可食。

十二、山茱萸科 Cornaceae

四照花属 *Dendrobenthamia*

四照花 *D. japonica* var. *chinensis*(Osbrn)Fang. 味甜可食也可作为酿酒原料。

十三、伞形科 Umbellifera

水芹属 *Oenanthe*

西南水芹 *O. dielsii* Boiss. 幼苗可作蔬菜食用。

十四、楝科 Meliaceae

香椿属 *Toona*

香椿 *T. sinensis*(A. Juss.)Roem. 嫩叶供蔬食。

十五、樟科 Lauraceae

山胡椒属 *Lindera*

香叶树 *L. communis* Hemsl. 种仁可供食用，作可可豆脂代用品。

十六、蔷薇科 Rosaceae

樱属 *Cerasus*

樱桃 *C. pseudocerasus*（Lindl.）G. Don. 在我国久经栽培，品种颇多，供食用。

十七、罂粟科 Papaveraceae

紫堇属 *Corydalis*

紫堇 *C. edulis* Maxim. 可作蔬菜，并宜于栽培。

十八、棕榈科 Palmea

棕榈属 *Trachycarpus*

棕榈 *T. fortunei*(Hook. f.)H. Wendl. 未开放的花苞又称棕鱼，可供食用。

1.1.3　食用色素植物资源

一、茜草科 Rubiaceae

栀子属 *Gardenia*

栀子 *G. jasminoides* Ellis. 成熟果实可提取栀子黄色素，在民间作染料应用，在化妆等工业中用作天然着色剂原料，又是一种品质优良的天然食品色素，没有人工合成色素的副作用，且具有一定的医疗效果；它着色力强，颜色鲜艳，具有耐光、耐热、耐酸碱性、无异味等特点，可广泛应用于糕点、糖果、饮料等食品的着色上。

1.1.4 食用油脂植物资源

一、柏科 Cupressaceae

侧柏属 *Platycladus*

侧柏 *P. orientalis*（L.）Franco. 种子榨油供食用。

二、榛科 Corylaceae

榛属 *Corylus*

川榛 *C. heterophylla* Fisch. ex Bess. var. *sutchuenensis* Franch. 种子可食，并可榨油。

三、山茱萸科 Cornaceae

梾木属 *Cornus*

皮梾木 *C. Wilsoniana* Wanaer. 本种是一种木本油料植物。果肉和种仁均含有较多的油脂，用土法榨油，出油率为30%左右，其油的脂肪酸组成以亚油酸及油酸为主，食用价值较高。

四、松科 Pinaceae

松属 *Pinus* L.

华山松 *P. armandi* Franch. 种子供食用或工业用油，树干可割取树脂，针叶可提炼芳香油。

五、蔷薇科 Rosaceae

桃属 *Amygdalus*

山桃 *A. davidiana*（Carr.）C. de Vos 果实供食用。

六、胡桃科 Juglandaceae

胡桃属 *Juglans* L.

野核桃 *J. cathayensis* Dode. 种仁含油率达65%，可食用。

泡核桃 *J. sigillata* Dode 种仁含油率达65%，可食用。

七、荨麻科 Urticaceae

苎麻属 *Boehmeria*

苎麻 *B. nivea*（L.）Gaud. 种子可榨油，供制肥皂和食用。

1.1.5 食用淀粉植物资源

一、百合科 Liliaceae

百合属 *Lilium*

百合 *L. brownii* var. *viridulum* Baker. 鳞茎含丰富淀粉，是一种名贵食品。

大百合属 *Cardiocrinum*

大百合 *C. giganteum*（Wall.）Makino. 鳞茎富含淀粉，供食用。

二、壳斗科 Fagaceae

青冈栎属 *Cyclobalanopsis*

滇青冈 *C. glaucoides* Schott. 干种仁含淀粉55.51%，蛋白质4.50%，脂肪3.30%，纤维素1.13%，鞣质15.75%。

三、马鞭草科 Verbenaceae

豆腐柴属 *Premna*

豆腐柴 *P. microphylla* Turcz. 叶可制豆腐。

四、壳斗科 Fagaceae

栗属 *Castanea*

茅栗 *C. sequinii* Dode. 坚果含淀粉60%~70%，味甘美，可供食用。

栲属 *Castanopsis*

丝栗栲 *C. fargesii* Franch. 种子含淀粉23%，可供食用或酿酒。

五、菝葜科 Smilaceae

菝葜属 *Smilax*

土茯苓 *S. glabra* Roxb. 根状茎富含淀粉，可用来制糕点或酿酒。

六、榆科 Ulmaceae

榆树属 *Ulmus*

榆树 *U. pumila* L. 树皮内含淀粉及黏性物，磨成粉称榆皮面，为作醋原料。掺和面粉中可食用。幼嫩翅果与面粉混拌可蒸食。

1.1.6　食用香料植物资源

一、木兰科 Magnoliaceae

八角属 *Illicium*

八角 *I. verum*. 经济树种。果为著名的调味香料，味香甜。

二、樟科 Lauraceae

樟属 *Cinnamomum*

川桂 *C. wilsonii* Gamble. 枝叶和果均含芳香油，油供皂用香精的调和原料。

三、木犀科 Oleaceae

木犀属 *Osmanthus*

桂花 *O. fragrans*（Thunb.）Lour. 种子可榨油，花可提取芳香油。

四、芸香科 Rutaceae

花椒属 *Zanthoxylum*

花椒 *Z. bungeanum* Maxim. 为我国传统佐料佳品。

花椒簕 *Z. scandens* 可代花椒作调味品

五、樟科 Lauraceae

木姜子属 *Litsea*

木姜子 *L. pungens* Hemsl. 果含芳香油，可作食用香精。

清香木姜子 *L. euosma* W. W. Smith. 果实及叶、枝含芳香油约0.7%，可提取，用于配制化妆品及皂用香精，也用于食用香精。

六、猕猴桃科 Actinidiaceae

猕猴桃属 *Actinidia*

中华猕猴桃 *A. chinensis* Planch. 花可提制香精，供食品工业用。

1.1.7　饮料植物资源

一、木兰科 Magnoliaceae

八角属 *Illicium*

八角 *I. verum*. 果皮、种子、叶都含芳香油，称八角茴香油(简称茴油)，是制造甜香酒、啤酒和食品工业的重要原料。

二、山茶科 Theaceae

山茶属 *Camellia*

茶 *C. sinensis*（L.）O. Ktze. 叶为茶叶的加工原料。茶叶是世界著名饮料。

三、鼠李科 Rhamnaceae

勾儿茶属 *Berchemia*

多花勾儿茶 *B. floribunda*（Wall.）Brongn. 嫩叶代茶。

光枝勾儿茶 *B. polyphylla* Wall. ex Laws. var. *leioclada* Hand. -Mazz. 嫩叶可代茶。

四、蔷薇科 Rosaceae

苹果属 *Malus*

湖北海棠 *M. s hupehensis*（Pamp.）Rehd. 嫩叶晒干作茶叶代用品，味微苦涩，俗名花红茶。

花红 *M. asiatica* Nakai. 果实作酿果酒之用。

蔷薇属 *Rosa*

金樱子 *R. laevigata* Michx. 果实可熬糖及酿酒。

山楂属 *Crataegus*

野山楂 *C. cuneata* Sieb. et Zucc. 嫩叶可以代茶。

樱属 *Cerasus*

樱桃 *C. pseudocerasus*（Lindl.）G. Don 可酿樱桃酒。

五、漆树科 Anacardiaceae

黄连木属 *Pistacia*

黄连木 *P. chinensis* Bunge. 幼叶可充蔬菜并可代茶。

六、马桑科 Coriariaceae

马桑属 *Coriaria*

马桑 *C. sinica* Marim. 果可提酒精。

七、大戟科 Euphorbiaceae

秋枫属 *Bischofia*

秋枫 *B. javanica* BL. 果肉可酿酒。

八、桑科 Moraceae

桑属 *Morus*

桑 *M. alba* L. 桑椹可以酿酒，称桑子酒。

九、紫金牛科 Myrsinaceae

杜茎山属 *Maesa*

山地杜茎山 *M. montana* A. DC. 嫩叶可代茶。

十、山茱萸科 Cornaceae

四照花属 *Dendrobenthamia*

四照花 *D. japonica* var. *chinensis*(Osbrn)Fang. 味甜可食也可作为酿酒原料。

十一、木犀科 Oleaceae

女贞属 *Ligustrum*

小蜡 *L. sinense* Lour. 果实可酿酒。

十二、茜草科 Rubiaceae

玉叶金花属 *Mussaenda*

玉叶金花 *M. pubescens* W. T. Aiton. 晒干代茶叶饮用。

十三、山茱萸科 Cornaceae

青荚叶属 *Helwingia*

中华青荚叶 *H. chinensis* Batal. 嫩叶焙制可代茶。

1.2 工业用植物资源

1.2.1 树胶植物资源

一、猕猴桃科 Actinidiaceae

猕猴桃属 *Actinidia*

多花猕猴桃 *A. laizfolia*(Gardn. etChamp.)Merr. 鲜藤浸汁可作造纸胶料。

二、领春木科 Eupteleaceae

领春木属 *Euptelea*

领春木 *E. pleiosperma* Hook. f. et Thoms. 树皮可作制胶原料。

三、木通科 Lardizabalaceae

猫儿屎属 *Decaisnea*

猫儿屎 *D. fargesii* Franch. 果皮含橡胶，可制橡胶用品。

四、薯蓣科 Dioscoreaceae

薯蓣属 *Dioscorea*

毛胶薯蓣 *D. subcalva* Prain. 块茎含薯蓣胶，可作粘合剂。

五、蔷薇科 Rosaceae

李属 *Prunus*

桃 *P. persica*(Linn.)Batsch. 树干上分泌的胶质，俗称桃胶，可用作粘接剂等，为一种聚糖类物质，水解能生成阿拉伯糖、半乳糖、木糖、鼠李糖、葡糖醛酸等，可食用。

六、夹竹桃科 Apocynaceae

络石属 *Trachelospermum*

紫花络石 *T. axillare* Hook. f. 植株可提取橡胶。

1.2.2　树脂植物资源

一、松科 Pinaceae

松属 *Pinus* L.

华山松 *P. armandi* Franch. 树干可割取树脂。

二、桦木科 Betulaceae

桦木属 *Betula*

光皮桦(亮叶桦)*B. luminifera* Winkler. 具树脂。

三、马桑科 Coriariaceae

马桑属 *Coriaria*

马桑 *C. sinica* Marim. 种子榨油可作油漆和油墨。

四、松科 Pinaceae

松属 *Pinus* Linn.

云南松 *P. yunnanensis* Franch. 树干可割取树脂。

五、漆树科 Anacardiaceae

漆属 *Toxicodendron*

野漆 *T. succedaneum* (Linn.) O. Kuntze. 树干乳液可代生漆用。

六、省沽油科 Staphyleaceae

野鸦椿属 *Euscaphis*

野鸦椿 *E. japonica*(Thunb.)Dippel. 树皮提栲胶。

七、大戟科 Euphorbiaceae

油桐属 *Vernicia*

油桐 *V. fordii* (Hemsl.) Airy Shaw. 果实用于榨取桐油，是我国重要的工业油料植物

八、夹竹桃科 Apocynaceae

络石属 *Trachelospermum*

紫花络石 *T. axillare* Hook. f. 植株可提取橡胶。

1.2.3 栲胶植物资源

一、壳斗科 Fagaceae

栎属 *Quercus*

巴东栎 *Q. engleriana* Seem. 树皮含鞣质 11.5%，壳斗含 18.6%。

麻栎(红青冈)*Q. acutissima* Carr. 壳斗含单宁 20%。

槲栎 *Q. aliena* Blume. 壳斗、树皮富含单宁。

栓皮栎 *Q. variabilis* Bl. 壳斗、树皮富含单宁，可提取栲胶。

栗属 *Castanea*

栗 *C. mollissima* Blume. 树皮、总苞合鞣质 12% 以上，可提制栲胶。

茅栗 *C. sequinii* Dode. 树皮含鞣质可提制杆栲胶。

锥栗 *C. henryi* (Skan) Rehd. et Wils. 壳斗含鞣质 6.5%，可提制栲胶。

栲属 *Castanopsis*

丝栗栲 *C. fargesii* Franch. 树皮含单宁 6%，叶含 9.3%。

二、山茱萸科 Cornaceae

梾木属 *Cornus*

长圆叶梾木 *C. oblonga* Wall. 树皮可提取单宁。

三、五加科 Araliaceae

常春藤属 *Hedera*

常春藤 *H. nepalensis* var. *sinensis* (Tobl.) Rehd. 茎叶含鞣酸，可提制栲胶。

刺楸属 *Kalopanax*

刺楸 *K. septemlobus* (Thunb.) Koidz. 树皮及叶含鞣酸，可提制栲胶。

四、野牡丹科 Melastomataceae

金锦香属 *Osbeckia*

朝天罐 *O. crinita* Benth. 叶含单宁。

五、紫金牛科 Myrsinaceae

铁仔属 *Myrsine*

针齿铁仔 *M. semiserrata* Wall. 皮、叶可提栲胶。

铁仔 *M. africana* L. 皮和叶可提栲胶，皮含约 35%，叶含约 5%。

密花树属 *Rapanea*

密花树 *R. neriifolia* (Sieb. et Zucc.) Mez 树皮含鞣质 20.11%。

六、蔷薇科 Rosaceae

悬钩子属 *Rubus*

川莓 *R. setchuenensis* Bur. et Franch. 根可提制栲胶。

木莓 *R. swinhoei* Hance. 根皮可提取栲胶。

山莓 *R. corchorifolius* Linn. f. 根皮、茎皮、叶可提取栲胶。

蔷薇属 *Rosa*

金樱子 *R. laevigata* Michx. 根皮含鞣质可制栲胶。

委陵菜属 Potentilla

委陵菜 *P. chinensis* Ser. 根含鞣质，可提制栲胶。

七、杨柳科 Salicaceae

柳属 *Salix* L.

垂柳 *S. babylonica* L. 树皮含鞣质，可提制栲胶。

八、大戟科 Euphorbiaceae
野桐属 *Mallotus*
粗糠柴 *M. s philippensis* (Lam.) Muell. Arg. 树皮可提取栲胶。
算盘子属 Glochidion
湖北算盘子 *G. wilsonii* Hutch. 叶、茎及果含鞣质，可提取栲胶。
白饭树属 *Flueggea*
一叶萩 *F. suffruticosa* (Pall.) Baill. 根含鞣质。
九、金缕梅科 Hamamelidaceae
枫香树属 *Liquidambar*
枫香树 *L. formosana* Hance. 树皮及叶可作栲胶原料。
十、八角枫科 Alangium
八角枫属 *Alangium*
瓜木 *A. platanifolium* (Sieb. et Zucc.) Harms 树皮含鞣质。
十一、桦木科 Betulaceae
桤木属 *Alnus*
旱冬瓜 *A. nepalensis* D. Don 树皮含单宁 6.82% ~13.68%。
十二、胡桃科 Juglandaceae
胡桃属 *Juglans* L.
胡桃 *J. regia* L. 果外皮及树皮含鞣质，可提制栲胶。
野核桃 *J. cathayensis* Dode 树皮及外果皮含鞣质，可提制栲胶。
化香树属 *Platycarya*
化香树 *P. strobilacea* Sieb. et Zucc. 树皮、根皮、叶和果序均含质，作为提制栲胶的原料。
圆果化香树 *P. longipes* Wu. 树皮含鞣质，可提制栲胶。
青钱柳属 *Cyclocarya*
青钱柳 *C. paliurus* (Batal.) Iljinsk. 树皮含鞣质，可提制栲胶。
十三、楝科 Meliaceae
香椿属 *Toona*
红椿 *T. ciliata* Roem. 树皮含单宁，可提制栲胶。
十四、漆树科 Anacardiaceae
盐肤木属 *Rhus*
红肤杨 *R. punjabensis* Stew. var. *sinica* (Diels.) Rehd. et Wils. 叶和树皮可提栲胶。
漆属 *Toxicodendron*
漆树 *T. vericifluum* (Stokes.) F. A. Barl. 叶可提栲胶。
野漆 *T. succedaneum* (Linn.) O. Kuntze. 树皮可提栲胶。
十五、松科 Pinaceae
松属 *Pinus* L.
华山松 *P. armandi* Franch. 树皮可提取栲胶。
云南松 *P. yunnanensis* Franch. 树皮可提栲胶，松针可提炼松针油，木材干馏可得多种化工产品。
十六、鼠李科 Rhamnaceae
枣属 *Ziziphus*
南酸枣 *Z. jujuba* var. *spinosa* (Bunge) Hu ex H. F. Chow. 树皮和叶可提栲胶。
十七、马桑科 Coriariaceae
马桑属 *Coriaria*

马桑 *C. sinica* Marim 茎叶可提栲胶。

十八、槭树科 Aceraceae

槭属 *Acer*

青榨槭 *A. davidii* Franch. 树皮含丹宁，可作工业原料。

十九、榆科 Ulmaceae

山黄麻属 *Trema*

山黄麻 *T. tomentosa*（Roxb.）Hara 树皮含鞣质，可提栲胶。

二十、Taxodiaceae 杉科

杉木属 Cunninghamia

杉木 C. lanceolata（Lamb.）Hook. 树皮含单宁。

二十一、忍冬科 Caprifoliaceae

荚蒾属 *Viburnum*

水红木 *V. cylindricum* Buch. - Ham. ex D. Don. 树皮及果含鞣质，可提制栲胶。

二十二、杨梅科 Myricaceae

杨梅属 *Myrica* Linn.

杨梅 *M. rubra*（Lour.）Siebold et Zucc. 树皮富于单宁。

1.2.4 染料植物资源

一、鼠李科 Rhamnaceae

鼠李属 *Rhamnus*

长叶冻绿 *R. crenata* Sieb. et Zucc. 根和果实含黄色染料。

冻绿 *R. utilis* Decne 果实、树皮及叶可提取黄色染料。

异叶鼠李 *R. heterophylla* Oliv. 果实含黄色染料。

二、漆树科 Anacardiaceae

黄连木属 *Pistacia*

黄连木 *P. chinensis* Bunge. 木材鲜黄色，可提黄色染料。

三、大戟科 Euphorbiaceae

秋枫属 *Bischofia*

秋枫 *B. javanica* BL. 树皮可提取红色染料。

乌桕属 *Sapium*

乌桕 *S. sebiferum*（L.）Roxb. 叶为黑色染料，可染衣物。

四、紫金牛科 Myrsinaceae

杜茎山属 *Maesa*

山地杜茎山 *M. montana* A. DC. 可提制蓝色染料。

五、山矾科 Symplocaceae

山矾属 *Symplocos*

山矾 *S. sumuntia* Buch. - Ham. ex D. Don. 叶可作媒染剂。

六、山茶科 Theaceae

柃木属 *Eurya*

细齿叶柃木 *E. nitida* Korthals. 枝、叶及果实可作染料。

七、蝶形花科 Papilionaceae

香槐属 *Cladrastis*

香槐 *C. wilsonii* Takeda. 可提取黄色染料。

小花香槐 *C. sinensis* Hemsl. 可提取黄色染料。

八、杨梅科 Myricaceae

杨梅属 *Myrica* L.

杨梅 *M. rubra*（Lour.）Siebold et Zucc. 树皮作赤褐色染料。

九、桑科 Moraceae

柘属 *Cudrania*

柘 *Cudrania tricuspidata*（Carr.）Bur. ex Lavallee. 木材为黄色染料。

1.2.5 纤维植物资源

一、八角枫科 Alangium

八角枫属 *Alangium*

八角枫 *A. chinense*(Lour.)Harms. 树皮纤维可编绳索。

二、瑞香科 Thymelaeaceae

瑞香属 *Daphne*

白瑞香 *D. papyracea* Wall. ex Steud. 茎皮纤维可作打字蜡纸、皮纸及人造棉的原料。

三、禾本科 Gramineae

甘蔗属 *Saccharum*

斑茅 *S. arundinaceum* Retz. 秆可编席和造纸。

孔颖草属 *Bothriochloa*

臭根子草 *B. bladhii*（Retz.）S. T. Blake. 秆叶可供造纸。

野古草属 *Arundinella*

刺芒野古草 *A. setosa* Trin. 秆叶可作纤维原料。

野古草 *A. hirta*（Thunb.）Tanaka. 秆叶可作造纸原料。

黄金茅属 *Eulalia*

金茅 *E. speciosa*（Debeaux）Kuntze. 植株可作造纸原料。

四、莎草科 Cyperaceae

藨草属 *Scirpus*

藨草 *Scirpus triqueter* L. 在江苏、湖南一带用其稈代替细麻绳包扎东西。

狗尾草属 *Setaria*

狗尾草 *Setaria viridis*（Linn.）Beauv. 小穗可提炼糠醛，全草含粗脂肪 2.6%，粗蛋白 10.27%，无氮浸出物 34.55%，粗纤维 34.40%，粗灰分 10.60%。

狼尾草属 *Pennisetum*

狼尾草 *Pennisetum alopecuroides*（Linn.）Spreng. 秆为纤维原料。

芒属 *Miscanthus*

芒 *Miscanthus sinensis* Anderss. 秆及叶可为造纸原料，也供燃料。

刚竹属 *Phyllostachys*

毛竹 *Phyllostachys heterocycla*（Carr.）Mitford cv. Pubescens Mazel ex H. de leh. 嫩竹及竿箨作造纸原料。

五、榆科 Ulmaceae

糙叶树属 *Aphananthe*

糙叶树 *Aphananthe aspera*（Thunb.）Planch. 枝皮纤维供制人造棉、绳索用。

榉属 *Zelkova*

榉木 *Zelkova schneideriana* Hand. -Mazz. 树皮含纤维 46%，可供制人造棉、绳索和造纸原料。

青檀属 *Pteroceltis*

青檀 *P. tatarinowii* Maxim. 树皮纤维为制宜纸的主要原料。

山黄麻属 *Trema*

山黄麻 *T. tomentosa*（Roxb.）Hara. 韧皮纤维可作人造棉、麻绳和造纸原料。

榆树属 *Ulmus*

榆树 *U. pumila* L. 枝皮纤维坚韧，可代麻制绳索、麻袋或作人造棉与造纸原料。

六、荨麻科 Urticaceae

水麻属 *Debregeasia*

长叶水麻 *D. longifolia* Wedd. 野生纤维植物。

水麻 *D. edulis*(Sieb. et Zucc.)Wedd. 野生纤维植物。

糯米团属 *Gonostegia*

糯米团 *G. hirta*（Bl.）Miq. 茎皮纤维可制人造棉，供混纺或单纺。

苎麻属 *Boehmeria*

苎麻 *B. nivea*（L.）Gaud. 茎皮纤维细长，强韧，洁白，有光泽，拉力强，耐水湿，富弹力和绝缘性，可织成夏布(湖南浏阳及江西万载等地出产的夏布最为著名)、飞机的翼布，橡胶工业的衬布、电线包被、白热灯纱、渔网、制人造丝、人造棉等，与羊毛、棉花混纺可制高级衣料；短纤维可为高级纸张、火药、人造丝等的原料，又可织地毯、麻袋等。

七、蔷薇科 Rosaceae

悬钩子属 *Rubus*

川莓 *R. setchuenensis* Bur. et Franch. 茎皮作造纸原料。

八、灯心草科 Juncaceae

灯心草属 *Juncus*

灯芯草 *J. effusus* L. 茎皮纤维可作编织和造纸原料。

野灯芯草 *J. setchuensis* Buchen. 茎秆可作造纸原料。

九、锦葵科 Malvaceae

梵天花属 *Urena*

地桃花 *U. lobata* L. 茎皮富含坚韧的纤维，供纺织和搓绳索，常用为麻类的代用品。

木槿属 *Hibiscus*

木槿 *H. syriacus* L. 茎皮纤维可作编织和造纸原料。

蜀葵属 *Althaea*

蜀葵 *A. rosea*（L.）Cavan. 茎皮含纤维可代麻用。

十、卫矛科 Celastraceae

南蛇藤属 *Celastrus*

短梗南蛇藤 *C. rosthornianus* Loes. 茎皮纤维质量较好，茎皮含纤维 45% 可作人造棉原料。

十一、胡桃科 Juglandaceae

枫杨属 *Pterocarya*

枫杨 *P. stenoptera* C. DC. 树皮纤维质坚韧，可做绳索、麻袋、造纸和人造棉原料。

华西枫杨 *P. insignis* Rehd. et Wils. 树皮纤维可做人造棉原料。

化香树属 *Platycarya*

化香树 *P. strobilacea* Sieb. et Zucc. 树皮亦能剥取纤维。

圆果化香树 *P. longipes* Wu. 木材可做家具、车厢板、火柴杆及纤维工业用材。

青钱柳属 *Cyclocarya*

青钱柳 *C. paliurus*（Batal.）Iljinsk. 树皮含纤维可做造纸原料。

胡桃属 *Juglans* L.

野核桃 *J. cathayensis* Dode. 树皮的韧皮纤维可作工业原料。

十二、海桐花科 Pittosporaceae

海桐花属 *Pittosporum*

海金子 *P. illicioides* Makino. 茎皮纤维可制纸。

十三、忍冬科 Caprifoliaceae

荚蒾属 *Viburnum*

桦叶荚蒾 *V. betulifolium* Batal. 茎皮纤维可制绳索及造纸。

十四、卫矛科 Celastraceae

南蛇藤属 *Celastrus*

苦皮藤 *C. angulatus* Maxim. 树皮纤维可供造纸及人造棉原料。

十五、夹竹桃科 Apocynaceae

络石属 *Trachelospermum*

络石 *T. jasminoides*(Lindl.)Lem. 茎皮纤维坚韧，可制绳索及人造棉。

紫花络石 T. axillare Hook. f. 茎皮纤维拉力强，可代麻制绳和织麻袋。

十六、胡颓子科 Elaeagnaceae

胡颓子属 *Elaeagnus*

蔓胡颓子 *E. glabra* Thunb. 果可食或酿酒，茎皮可代麻、造纸、造人造纤维板。

十七、大戟科 Euphorbiaceae

野桐属 *Mallotus*

毛桐 *M. barbatus*（Wall.）Muell. Arg. 茎皮纤维可作制纸原料。

石岩枫 *M. repandus*（Willd.）Müll. Arg. 茎皮纤维可编绳用。

白饭树属 *Flueggea*

一叶萩 *F. suffruticosa*（Pall.）Baill. 根含鞣质，茎皮纤维坚韧。

十八、毛茛科 Ranunculaceae

铁线莲属 *Clematis*

毛柱铁线莲 *C. meyeniana* Walp. 茎皮纤维供造纸、搓绳等的原料。

十九、鼠李科 Rhamnaceae

枣属 *Ziziphus*

南酸枣 *Z. jujuba* var. *spinosa*（Bunge）Hu ex H. F. Chow. 茎皮纤维可作绳索。

二十、青风藤科 Sabiaceae

泡花树属 *Meliosma*

泡花树 *M. cuneifolia* Franch. 树皮可剥取纤维。

二十一、槭树科 Aceraceae

槭属 *Acer*

青榨槭 *A. davidii* Franch. 树皮纤维较长。

二十二、桑科 Moraceae

桑属 *Morus*

桑 *M. alba* L. 树皮纤维柔细，可作纺织原料、造纸原料。

榕属 *Ficus*

狭叶天仙果 *F. erecta* Thunb. var. *beecheyana* f. *koshunensis*（Hayata）Corner. 茎皮纤维可供造纸。

构属 *Broussonetia*

小构树 *B. kazinoki* Siebold et Zucc. 韧皮纤维可以造纸。

榕属 *Ficus*

异叶榕 *F. heteromorpha* Hemsl. 茎皮纤维供造纸。

柘属 *Cudrania*

柘 *C. tricuspidata* (Carr.) Bur. ex Lavallee. 韧皮纤维为优质造纸原料。

二十三、楝科 Meliaceae

香椿属 *Toona*

香椿 *T. sinensis*(A. Juss.)Roem. 茎皮纤维可制绳索。

二十四、茜草科 Rubiaceae

香果树属 *Emmenopterys*

香果树 *E. henryi* Oliv. 树皮纤维柔细，是制蜡纸及人造棉的原料。

二十五、木犀科 Oleaceae

女贞属 *Ligustrum*

小蜡 *L. sinense* Lour. 茎皮纤维可制人造棉。

二十六、蝶形花科 Papilionaceae

葛藤属 *Pueraria*

野葛 *P. lobata* (Willd.) Ohwi. 茎皮纤维供织布和造纸用。

二十七、山矾科 Symplocaceae

山矾属 *Symplocos*

叶萼山矾 *S. phyllocalyx* Clarke. 茎皮纤维可代麻用或作造纸原料。

二十八、猕猴桃科 Actinidiaceae

猕猴桃属 *Actinidia*

中华猕猴桃 *A. chinensis* Planch. 茎枝纤维可制高级纸。

二十九、棕榈科 Palmea

棕榈属 *Trachycarpus*

棕榈 *T. fortunei*(Hook. f.)H. Wendl. 未南方各地广泛栽培，主要剥取其棕皮纤维(叶鞘纤维)，作绳索，编蓑衣、棕绷、地毡，制刷子和作沙发的填充料等。

1.2.6 工业用香料植物资源

一、木兰科 Magnoliaceae

八角属 *Illicium*

八角 *I. verum* 果皮、种子、叶都含芳香油，称八角茴香油(简称茴油)是制造化妆品的重要原料。

含笑属 *Michelia*

黄心夜合 *M. martinii*(Levl.)Levl. 花可提取芳香油。

二、百合科 Liliaceae

百合属 *Lilium*

百合 *Lilium brownii* var. *viridulum* Baker. 鲜花含芳香油，可作香料。

三、柏科 Cupressaceae

柏木属 *Cupressus* Linn.

柏木 *C. funebris* Endl. 枝叶可提芳香油。

侧柏属 *Platycladus*

侧柏 *P. s orientalis* (Linn.) Franco. 枝叶提取芳香油，可作香料。

四、醉鱼草科 Buddlejaceae

醉鱼草属 *Buddleja*

驳骨丹 *B. asiatica* Lour. 花芳香，可提取芳香油。

大叶醉鱼草 *B. davidii* Franch. ex. Sinarum 花可提制芳香油

五、樟科 Lauraceae

檫木属 *Sassafrsa*

檫木 *S. tzumu*(Hemsl.) Hemsl. 果、叶和根含芳香油，根含油1% 以上，主要成分为黄樟油素。

木姜子属 *Litsea*

木姜子 *L. pungens* Hemsl. 果含芳香油，可作食用香精，干果含芳香油2% ~6%，鲜果含3% ~4%，主要成分为柠檬醛60% ~90%，香叶醇5% ~19%，可作化妆香精，现已广泛利用，于高级香料、紫罗兰酮和维生素甲的原料。

清香木姜子 *L. euosma* W. W. Smith 果实及叶、枝含芳香油约0.7%，可提取，用于配制化妆品及皂用香精，也用于食用香精

石木姜子 *L. elongata* Benth. et Hook. t. var. *faberi* (Hemsl.) Yang et P. H. Huang. 叶和果实可提取芳香油，种仁合脂肪油。

樟属 *Cinnamomum*

川桂 *C. wilsonii* Gamble. 枝叶和果均含芳香油。

猴樟 *C. bodinieri* Levl. 枝叶含芳香油。

少花桂 *C. pauciflorum* Nees 枝叶尚含芳香油，含芳香油约35%，油主要成分为黄樟油素，其含量达80 -95% 。由于其芳香油含黄樟油素相当高，而且比较单一，因而在香料工业应用上价值较大，故现已采用扦插营养繁殖大量栽培，建立生产基地。

山胡椒属 *Lindera*

黑壳楠 *L. megaphylla* Hemsl. 果皮、叶含芳香油，油可作调香原料。

山胡椒 *L. glauca* (Sieb. et Zucc.) Bl. 叶、果皮可提芳香油；种仁油含月桂酸，油可作肥皂和润滑油。

香粉叶 *L. pulcherrima* var. *attenuate* C. K. Allen. 枝、叶、树皮含芳香油及胶质。

香叶树 *L. communis* Hemsl. 果皮可提芳香油供香料，种仁含油供制皂、润滑油、油墨及医用栓剂原料，油粕可作肥料。

六、山茱萸科 Cornaceae

梾木属 *Cornus*

长圆叶梾木 *C. oblonga* Wall. 韧皮部含芳香油。

八、马兜铃科 Aristolochiaceae

细辛属 *Asarum*

单叶细辛 *A. himalaicum* Hook. f. et Thoms. ex Klotzsch. 根状茎可提芳香油。

九、金缕梅科 Hamamelidaceae

枫香树属 *Liquidambar*

枫香树 *L. formosana* Hance. 叶可提取枫油。

十、芸香科 Rutaceae

花椒属 *Zanthoxylum*

花椒 *Z. bungeanum* Maxim. 果皮富含油腺，贮藏芳香而微具辛辣的挥发性油类及其他化学物质，具有开胃健脾之功效。

柑橘属 *Citrus*

柚 *C. maxima* (Burm.) Osbeck. 叶、花和果皮都含有与香橼及柠檬类大致相同的芳香油。

十一、松科 Pinaceae

松属 *Pinus* Linn.

华山松 *P. armandi* Franch. 针叶可提炼芳香油。

十二、胡桃科 uglandaceae

化香树属 *Platycarya*

化香树 *P. strobilacea* Sieb. et Zucc. 根部及老木含有芳香油，种子可榨油。

十三、桦木科 Betulaceae

桦木属 *Betula*

光皮桦(亮叶桦)*B. luminifera* Winkler. 树皮、叶、芽可提取芳香油。

十四、夹竹桃科 Apocynaceae

络石属 *Trachelospermum*

络石 *T. jasminoides*(Lindl.)Lem. 花芳香，可提取芳香油，称络石浸膏。

十五、败酱草科 Valerianaceae

败酱属 *Patrinia*

墓头回 *P. heterophylla* Bunge. 根含挥发油。

缬草属 *Valeriana*

缬草 *V. officinalis* L. 根含挥发油0.5%～2%。

蜘蛛香 *V. jatamansi* Jones. 根含挥发油。

十六、楝科 Meliaceae

香椿属 *Toona*

香椿 *T. sinensis*(A. Juss.)Roem. 根的木屑可提芳香油作赋香剂。

十七、杨柳科 Salicaceae

杨属 *Populus* Linn.

响叶杨 *P. adenopoda* Maxim. 叶含挥发油0.25%，叶可作饲料。

十八、蔷薇科 Rosaceae

蔷薇属 *Rosa*

悬钩子蔷薇 *R. rubus* Lévl. et Vant. 鲜花可提制芳香油及浸膏。

十九、唇形科 Labiatea

香薷属 *Elsholtzia*

野拔子 *E. rugulosa* Hemsl. 全株含芳香油，鲜花序出油率0.8%，枝叶出油率0.26%～0.7%，醛酮含量5%。

野香草 *E. cypriani*（Pavol.）C. Y. Wu et S. Chow. 新鲜植株含芳香油，出油率0.51%～0.6%，油黄色。

二十、伞形科 Umbellifera

胡萝卜属 *Daucus*

野胡萝卜 *D. carota* L. 可提取芳香油。

二十一、菊科 Compositae

菊属 *Dendranthema*

野菊 *D. indicum*（L.）Des Moul. 花、叶可提取芳香油或浸膏，供配制各种皂用香精。

香青属 *Anaphalis*

珠光香青 *A. margaritacea*（L.）A. Gray. 茎叶和花含芳香油，可作调香原料。

1.2.7 工业淀粉植物资源

一、壳斗科 Fagaceae

栎属 *Quercus*

白栎(白青冈)*Q. fabri* Hance. 树叶含蛋白质11.80%；栎实含淀粉47.0%，单宁14.1%，蛋白质6.6%，油脂4.2%。

槲栎 *Q. aliena* Blum. 种子富含淀粉。

青冈栎属 *Cyclobalanopsis*

青冈 *C. glauca*（Thunb.）Oerst. 种子含淀粉60% ~70%，可作饲料、酿酒。

栓皮栎 *Q. variabilis* Bl. 栎实含淀粉59.3%，含单宁5.1%。

二、薯蓣科 Dioscoreaceae

薯蓣属 *Dioscorea*

毛胶薯蓣 *D. subcalva* Prain. 块茎可提取淀粉。

1.2.8　工业油脂植物资源

一、木通科 Lardizabalaceae

木通属 *Akebia*

白木通 *A. trifoliata*(Thunb.)Koidz. var. *australis*(Diles)Rehd. 种子可榨油。

三叶木通 *A. trifoliata*(Thunb.)Koidz. 种子可榨油。

猫儿屎属 *Decaisnea*

猫儿屎 *D. fargesii* Franch. 种子含油，可榨油。

鹰爪枫属 *Holboellia*

五风藤 *H. fargesii* Reaub. 种子含油40%，可榨油。

千金藤属 *Stephania*

金线吊乌龟 *S. cepharantha* Hayata. 种子含油达19%。

二、紫金牛科 Myrsinaceae

紫金牛属 *Ardisia*

百两金 *A. crispa*（Thunb.）A. DC. 种子可榨油，油可制肥皂。

细柄百两金 *A. crispa*（Thunb.）Ardisia DC. var. *dielsii*(Levl.)Walker. 种子可榨油，土榨出油率20% ~25%，油可供制肥皂。

朱砂根 *A. crenata* Sims. 果可榨油，土榨出油率20% ~25%，油可供制肥皂。

铁仔属 *Myrsine*

针齿铁仔 *M. semiserrata* Wall. 据说种子可榨油。

铁仔 *M. africana* L. 种子可榨油。

三、山茶科 Theaceae

柃木属 *Eurya*

半齿柃 *E. semiserrulata* Hung T. Chang. 种子可榨油。

四、山矾科 Symplocaceae

山矾属 *Symplocos*

薄叶山矾 *S. anomala* Brand. 种子可榨油，出油率不高，油可作润滑油。

黄牛奶树 *S. laurina*（Retz.）Wall. 种子油作滑润油或制肥皂。

五、山茱萸科 Cornaceae

梾木属 *Cornus*

长圆叶梾木 *C. oblonga* Wall. 果实可榨油。

六、蔷薇科 Rosaceae

悬钩子属 *Rubus*

川莓 *R. setchuenensis* Bur. et Franch. 种子可榨油。

宜昌悬钩子 *R. ichangensis* Hemsl. et Ktze. 种子可榨油。

七、五加科 Araliaceae

刺楸属 *Kalopanax*

刺楸 *K. septemlobus*（Thunb.）Koidz. 种子可榨油，供工业用.

楤木属 *Aralia*

楤木 *A. chinensis* 种子含油供制皂。
八、大戟科 Euphorbiaceae
野桐属 *Mallotus*
毛桐 *M. barbatus*（Wall.）Muell. Arg. 种子油可作工业用油。
粗糠柴 *M. philippensis*（Lam.）Muell. Arg. 种子的油可作工业用油。
乌桕属 *Sapium*
乌桕 *S. sebiferum*（Linn.）Roxb. 种子油适于涂料，可涂油纸、油伞等。
山乌桕 *S. discolor*（Champ. ex Benth.）Muell. Arg. 种子油可制肥皂。
九、山茱萸科 Cornaceae
梾木属 *Cornus*
长圆叶梾木 *C. oblonga* Wall. 果实可榨油。
小梾木 C. paucinervis Hance. 果实可榨油，供工业用。
青荚叶属 *Helwingia*
中华青荚叶 *H. chinensis* Batal. 种子可榨油。
灯台树属 *Bothrocaryum*
灯台树 *B. controversum*（Hemsl.）Pojark. 果实可以榨油，为木本油料植物。
十、鼠李科 Rhamnaceae
鼠李属 *Rhamnus*
冻绿 *R. utilis* Decne. 种子油作润滑油。
十一、十字花科 Cruciferae
行菜属 *Lepidium*
独行菜 *L. apetalum* Willd. 种子可榨油。
十二、胡桃科 Juglandaceae
胡桃属 *Juglans* L.
胡桃 *J. regia* Linn. 种仁可榨油。
化香树属 *Platycarya*
化香树 *P. strobilacea* Sieb. et Zucc. 种子可榨油。
枫杨属 *Pterocarya*
枫杨 *P. stenoptera* C. DC. 种子含油，可供工业用油。
十三、石竹科 Caryophyllaceae
狗筋蔓属 *Cucubalus*
狗筋蔓 *Cucubalus baccifer* L. 种子含油。
十四、木犀科 Oleaceae
女贞属 *Ligustrum*
小蜡 *L. sinense* Lour. 种子榨油供制皂。
木犀属 *Osmanthus*
桂花 *O. fragrans*（Thunb.）Lour. 种子可榨油。
十五、海桐花科 Pittosporaceae
海桐花属 *Pittosporum*
海金子 *P. illicioides* Makino. 种子含油提出油脂可制肥皂。
十六、红豆杉科 Taxaceae
红豆杉属 *Taxus* L.
红豆杉 *T. chinensis*（Pilger）Rehd. 种子含油量67%，供制肥皂及润滑油用。

十七、漆树科 Anacardiaceae

盐肤木属 *Rhus*

红肤杨 *R. punjabensis* Stew. var. *sinica* (Diels.) Rehd. et Wils. 种子油作润滑油和制皂。盐肤木 *R. chinensis* Mill. 种子可榨油。

漆属 *Toxicodendron*

漆树 *T. vericifluum*(Stokes.) F. A. Barl. 种子油可制油墨。

野漆 *T. succedaneum* (L.) O. Kuntze 种子油可制皂或掺和干性油作油漆。

木蜡漆 *T. sylvestre* (Sieb. et Zucc.) O. Kuntze "种子油可制肥皂、油墨和油漆。

山漆树 *T. delavayi* (Franch.) F. A. Barkl. 种子油可制肥皂或作润滑油。

黄连木属 *Pistacia*

黄连木 *P. chinensis* Bunge. 幼叶可充蔬菜并可代茶，种子榨油可作润滑油或制皂。

十七、樟科 Lauraceae

樟属 *Cinnamomum*

樟 *C. camphora* (L.) Presl. 果核含脂肪，含油量约 40%，油供工业用。

川桂 *C. wilsonii* Gamble. 油供皂用香精的调和原料。

猴樟 *C. bodinieri* Levl. 枝叶含芳香油，果仁含脂肪。

云南樟 *C. glanduliferum*(wall.) Xees. 枝叶可提取樟油和樟脑，果核油供工业用。

山胡椒属 *Lindera*

香叶树 *L. communis* Hemsl. 种仁含油供制皂、润滑油、油墨及医用栓剂原料。

山胡椒 *L. glauca* (Sieb. et Zucc.) Bl. 种仁油含月桂酸，油可作肥皂和润滑油。

香粉叶 *L. pulcherrima* var. *attenuata* C. K. Allen. 枝、叶、树皮含芳香油及胶质。

木姜子属 *Litsea*

山鸡椒 *L. cubeba*(Lour.) Pers. 核仁含油率 61.8%，油供工业上用。

木姜子 *L. pungens* Hemsl. 种子含脂肪油 48.2%，可供制皂和工业用。

黄丹木姜子 *L. elongata* (Wall. ex Nees) Benth. et Hook. f. 种子可榨油，供工业用。

毛叶木姜子 *L. mollis* Hemsl. 种子含脂肪油 25%，属不干性油，为制皂的上等原料。

黄肉楠属 *Actinodaphne*

红果黄肉楠 *A. cupularis* (Hemsl.) Gamble. 种子含油脂，榨油可供制皂及机器润滑等用。

十八、清风藤科 Sabiaceae

泡花树属 *Meliosma*

腋毛泡花树 *M. rhoifolia* Maxim. var. *barbulata* (Cufod.) Law. 种子可榨油。

红柴枝 *M. oldhamii* Maxim. 种子油可制润滑油。

十九、虎皮楠科 Daphniphyllaceae

虎皮楠属 *Daphniphyllum*

虎皮楠 *D. oldhamii*(Hemsl.) Rosenthal. 种子榨油供制皂。

二十、卫矛科 Celastraceae

南蛇藤属 *Celastrus*

苦皮藤 *C. angulatus* Maxim. 果皮及种子含油脂可供工业用。

灰叶南蛇藤 *C. glaucophyllus* Rehd. et Wils. 种子含油脂，可供制造原料。

二十一、忍冬科 Caprifoliaceae

接骨木属 *Sambucus*

接骨木 *S. willinmsii* Hance . 种子含油量达 27%，油供制皂和工业用。

荚蒾属 *Viburnum*

水红木 *V. cylindricum* Buch. – Ham. ex D. Don. 种子含油量达35%，油用于制皂或点灯。

二十二、桔梗科 Campanulaceae

桔梗属 *Platycodon*

桔梗 *P. grandiflorus*（Jacq.）A. DC. 种子可榨油。

二十二安息香科 Styracaceae

安息香属 *Styrax*

野茉莉 *S. japonicus* Sieb. et Zucc. 种子油可作肥皂或机器润滑油。

老鸹铃 *S. hemsleyanus* Diels. 种子油可制肥皂及机器滑润油。

二十四、芸香科 Rutaceae

吴茱萸属 *Evodia*

楝叶吴萸 *E. glabrifolia*（Champ. ex Benth.）Huang. 种子含油26.27%。

二十五、领春木科 Eupteleaceae

领春木属 *Euptelea*

领春木 *E. pleiosperma* Hook. f. et Thoms. 种子含油。

二十六、大风子科 Flacourtiaceae

山羊角树属 *Carrierea*

云贵山羊角树 *C. dunniana* Franch. 种子榨油供轻工用。

山桐子属 *Idesia*

山桐子 *I. polycarpa* Maxim. 果实、种子均含油。

毛叶山桐子 *I. polycarpa* var. *vestita* Diels. 果实含油率20%～30%，种子含油率20%～26%。

柞木属 *Xylosma*

柞木 *X. racemosum*（Sieb. et Zucc.）Miq. 种子含油。

二十七、榆科 Ulmaceae

青檀属 *Pteroceltis*

青檀 *P. tatarinowii* Maxim. 种子可榨油。

二十八、三尖杉科 Cephalotaxaceae

三尖杉属 *Cephalotaxus Sieb.* et Zucc. ex Endl.

三尖杉 *C. fortunei* Hook. f. 种仁可榨油，供工业用。种子含油30%以上，供制油漆、蜡烛、还可制硬化油、肥皂、鞋油等。

二十九、楝科 Meliaceae

香椿属 *Toona*

香椿 *T. sinensis*(A. Juss.)Roem. 种子可榨油制肥皂。

三十、荨麻科 Urticaceae

苎麻属 *Boehmeria*

苎麻 *B. nivea*（L.）Gaud. 种子可榨油，供制肥皂和食用。

三十一、蝶形花科 Papilionaceae

野豌豆属 *Vicia*

野豌豆 *V. sepium* L. 种子含油。

三十二、省沽油科 Staphyleaceae

野鸦椿属 *Euscaphis*

野鸦椿 *E. japonica*(Thunb.)Dippel. 树皮提栲胶，种子油可制皂。

三十三、山茶科 Theaceae

山茶属 *Camellia*

油茶 *C. oleifera* Abel. 从长江流域到华南各地广泛栽培，是主要木本油料作物。

1.2.9　活性炭植物资源

一、漆树科 Anacardiaceae

南酸枣属 *Choerospondias* Burtt et Hill

南酸枣 *Ch. axillaris*（Roxb.）Burtt et Hill 果皮可制活性炭。

二、大戟科 Euphorbiaceae

油桐属 *Vernicia* Lour.

油桐 *V. fordii*（Hemsl.）Airy shaw 果皮可制活性炭。

三、胡桃科 Juglandaceae

胡桃属 *Juglans* Linn.

野核桃 *J. cathayensis* Dode 内果皮可制活性炭。

1.3　农业植物资源

1.3.1　饲料植物资源

一、禾本科 Gramineae

甘蔗属 *Saccharum*

斑茅 *S. arundinaceum* Retz. 嫩叶可供牛马的饲料。

芒属 *Miscanthus*

芒 *M. sinensis* Anderss. 嫩叶供作饲料。

二、榆科 Ulmaceae

糙叶树属 *Aphananthe*

糙叶树 *Aphananthe aspera*（Thunb.）Planch. 叶可作马饲料。

三、杨柳科 Salicaceae

杨属 Populus L.

响叶杨 *P. adenopoda* Maxim. 叶可作饲料.

垂柳 *S. babylonica* L. 叶可作羊饲料。

四、缕梅科 Hamamelidaceae

枫香树属 *Liquidambar*

枫香树 *L. formosana* Hance. 叶可饲养枫蚕(天蚕)。

五、桑科 Moraceae

构属 *Broussonetia*

构 *B. papyrigera*(L.)L'Her. ex Vent. 叶是很好的猪饲料。

六、山茱萸科 Cornaceae

梾木属 *Cornus*

光皮梾木 *C. Wilsoniana* Wanaer. 叶作饲料，牲畜特别爱吃。

七、漆树科 Anacardiaceae

盐肤木属 *Rhus*

红肤杨 *R. punjabensis* Stew. var. *sinica*(Diels.)Rehd. et Wils. 种子榨油后的油饼为喂猪的良好饲料。

八、壳斗科 Fagaceae

栎属 *Quercus*

麻栎(红青冈)*Q. acutissima* Carr. 幼叶可养柞蚕。

栓皮栎 *Q. variabilis* Bl. 树皮含蛋白质10.56%。

九、荨麻科 Urticaceae

糯米团属 *Gonostegia*

糯米团 *G. hirta*（Bl.）Miq. 全草可饲猪。
水麻属 *Debregeasia*
水麻 *D. edulis*(Sieb. et Zucc.)Wedd. 叶可作饲料。
苎麻属 *Boehmeria*
苎麻 *B. nivea*（L.）Gaud. 嫩叶可养蚕，作饲料。
序叶苎麻 *B. clidemioides* var. *diffusa*（Wedd.）Hand. -Mazz. 茎、叶可饲猪。
悬铃木叶苎麻 *Boehmeria tricuspis*（Hance）Makino. 叶可作猪饲料。
冷水花属 *Pilea*
石筋草 *P. plataniflora* C. H. Wright. 茎叶可作猪饲料。
冷水花 *P. notata* C. H. Wright. 茎叶可作猪饲料。
大叶冷水花 *P. martinii*（Levl.）Hand. -Mazz. 茎叶可作猪饲料。
十、石竹科 Caryophyllaceae
漆姑草属 *Sagina*
漆姑草 *S. japonica*（Sw.）Ohwi. 嫩时可作猪饲料。
繁缕属 *Stellaria*
中国繁缕 *S. chinensis* Regel. 可作饲料。
十一、忍冬科 Caprifoliaceae
荚蒾属 *Viburnum*
水红木 *V. cylindricum* Buch. -Ham. ex D. Don. 嫩叶还可作猪饲料。
十二、苋科 Amaranthaceae
苋属 *Amaranthus*
尾穗苋 *A. caudatus* L. 可作家畜及家禽饲料。
莲子草属 *Alternanthera*
喜旱莲子草 *A. philoxeroides*（Mart.）Griseb. 可作饲料。
十三、樟科 Lauraceae
山胡椒属 *Lindera*
香叶树 *L. communis* Hemsl. 油粕可作肥料。

1.3.2 绿肥植物资源

一、马鞭草科 Verbenaceae
大青属 *Clerodendrum*
大青 *C. cyrtophyllum* Turcz. 叶作绿肥，肥效颇高。
二、山茱萸科 Cornaceae
梾木属 *Cornus*
光皮梾木 *C. Wilsoniana* Wanaer. 为良好的绿肥原料。
鞘柄木属 *Torricellia*
角叶鞘柄木 *T. angulata* Oliv. 幼枝和叶片民间常作为绿肥用。

1.3.3 土农药植物资源

一、卫矛科 Celastraceae
南蛇藤属 *Celastrus*
苦皮藤 *C. angulatus* Maxim. 树根皮及茎皮为杀虫剂和灭菌剂。
短梗南蛇藤 *C. rosthornianus* Loes. 树皮及叶做农药。
灰叶南蛇藤 *C. glaucophyllus* Rehd. et Wils. 叶及树皮作杀虫农药。
二、八角枫科 Alangium

八角枫属 *Alangium*

瓜木 *A. platanifolium* (Sieb. et Zucc.) Harms. 根叶可作农药。

三、漆树科 Anacardiaceae

盐肤木属 *Rhus*

盐肤木 *R. chinensis* Mill. 幼枝和叶可作土农药。

红肤杨 *R. punjabensis* Stew. var. *sinica*(Diels.)Rehd. et Wils. 树皮可作土农药。

漆属 Toxicodendron

木蜡漆 *T. sylvestre* (Sieb. et Zucc.) O. Kuntze. 叶、根煎水可作土农药，防治蔬菜及水稻害虫。有毒，易引起皮肤过敏。

漆树 *T. vericifluum*(Stokes.)F. A. Barl. 肥皂，叶、根可作土农药。

四、胡桃科 Juglandaceae

化香树属 *Platycarya*

化香树 *P. strobilacea* Sieb. et Zucc. 叶可作农药。

五、苦木科 Simaroubaceae

苦树属 *Picrasma*

苦树 *P. quassioides*(D. Don)Benn. 为园艺上著名农药，多用于驱除蔬菜害虫。

六、马桑科 Coriariaceae

马桑属 *Coriaria*

马桑 *C. sinica* Marim. 全株含马桑碱，有毒，可作土农药。

七、楝科 Meliaceae

楝属 *Melia*

楝 *M. azedarach* L. 用鲜叶可灭钉螺和作农药。

八、桑科 Moraceae

桑属 *Morus*

桑 *M. alba* L. 可作土农药。

九、毛茛科 Ranunculaceae

天葵属 *Semiaquilegia*

天葵 *S. adoxoides* (DC.) Makino. 根叫"天葵子"，是一种较常用的中药材，有小毒，可治疗疮疖肿、乳腺炎、扁桃体炎、淋巴结核、跌打损伤等症。块根也可作土农药，防治蚜虫、红蜘蛛、稻螟等虫害。

铁线莲属 *Clematis*

小木通 *C. armandii* Franch. 全草可制农药，防治桥虫、菜青虫、地老虎、瓢虫等。

十、猕猴桃科 Actinidiaceae

猕猴桃属 *Actinidia*

中华猕猴桃 *A. chinensis* Planch. 茎煮汁可治稻螟和茶毛虫。

2 株体功用植物资源

2.1 寄主植物资源

一、桑科 Moraceae

榕属 *Ficus*

小叶榕 *F. microcarpa* L. f. 为紫胶虫寄主。

二、漆树科 Anacardiaceae

盐肤木属 *Rhus*

盐肤木 *R. chinensis* Mill. 本种为五倍子蚜虫寄主植物，在幼枝和叶上形成虫瘿，即五倍子，可供鞣革、医药、塑料和墨水等工业上用。

2.2 指示植物资源

一、蓼科 Polygonaceae

荞麦属 *Fagopyrum* Mill.

荞麦 *F. esculentum* Moench. SO_2 污染指示植物；

金荞麦 *F. dibotrys* (D. Don) Hare SO_2 和氟化氢(HF 污染指示植物；

二、鸢尾科 Iridaceae

鸢尾属 *Iris*

鸢尾 *I. tectorum* Maxim. 对氟化物敏感，可用以监测环境污染。

唐菖蒲属 *Gladiolus* L.

唐菖蒲 *G. gandavensis* Van Houtte. 氟化氢(HF)污染指示植物

2.3 蜜源植物资源

一、金缕梅科 Hamamelidaceae

蜡瓣花属 *Corylopsis* Sieb. et Zucc.

峨眉蜡瓣花 *C. omeiensis* Yang 蜜源植物。

二、山茶科 Theaceae

山茶属 *Camellia* L.

贵州连蕊茶 *C. costei* Levl. 蜜源植物。

柃木属 Eurya Thunb.

贵州毛柃 *E. kueichowensis* Hu et L. K . Ling 优良蜜源植物。

细枝柃 *E. loquaiana* Dunn. 优良蜜源植物。

细齿叶柃 *E. nitida* Korthals 优良蜜源植物。

木荷属 *Schima* Reinw.

木荷 *S. superba* Gardn. et Champ. 蜜源植物

三、猕猴桃科 Actinidiaceae

猕猴桃属 *Acttindia* Lindl.

中华猕猴桃 *A. chinensis* Planch. 优良蜜源植物。

毛花猕猴桃 *A. eriantha* Benth. 优良蜜源植物。

水东哥属 *Saurauia* Willd.

聚锥水东哥 *S. thyrsiflora* C. F. Liang et Y. S. Wang. 蜜源植物。

水东哥 *S. tristyla* DC. Mem. Ternstroem 蜜源植物。

四、椴树科 Tlilaceae

椴树属 *Tilia* L.

椴树 *T. tuan* Szyszyl. 蜜源植物。

五、安息香科(野茉莉科)Styracaceae

安息香属 *Styrax* L.

老鸹铃 *S. hemsleyanus* Diels. 蜜源植物。

野茉莉 *S. japonicus* Sieb. et Zucc. 蜜源植物。

粉花安息香 *S. roseus* Dunn. 蜜源植物。

六、虎耳草科 Saxifragaceae

山梅花属 *Philadelphus* L.

绢毛山梅花 *Ph. sericanthus* Koehne. 蜜源植物。

七、蔷薇科 Rosaceae
桃属 *Amygdalus* L.
桃 *A. persica* L. Sp. Pl. 优良蜜源植物。
樱属 *Cerasus* Mill.
细齿樱 *C. serrula*（Franch.）Yu et Li 蜜源植物。
微毛樱桃 *C. clarofolia*（Schneid.）Yu et Li 蜜源植物。
锥腺樱 *C. conadenia* Koehne Yu et Li 蜜源植物。
尾叶樱 *C. dielsiana* Schneid. Yu et Li 蜜源植物。
樱桃 *C. pseudocerasus*（Lindl.）G. Don ex London 蜜源植物。
崖樱桃 *C. scopulorum*（Koehne）Yu et Li. 蜜源植物。
苹果属 *Malus* Mill.
山荆子 *M. baccata*（L.）Borkh. 蜜源植物。
石楠属 *Photinia* Lindl.
独山石楠 *Ph. tushanensis* Yu 蜜源植物。
梨属 *Pyrus* L.
川梨 *P. pashia* Buch. – Ham. ex D. Don 蜜源植物。
麻梨 *P. serrulata* Rehd. 蜜源植物。
蔷薇属 *Rosa* L.
伞房蔷薇 *R. corymbulosa* Rolfe 蜜源植物。
贵州缫丝花 *R. kweichowensis* Yu et Ku. 蜜源植物。
珍珠梅属 *Sorbaria*（Ser.）A. Br. ex Aschers.
高丛珍珠梅 *S. arborea* Schneid. 蜜源植物。
花楸属 *Sorbus* L.
水榆花楸 *S. alnifolia*（Sieb. et Zucc.）K. Koch. 蜜源植物。
美脉花楸 *S. caloneura*（Stapf.）Rehd 蜜源植物。
圆果花楸 *S. globosa* Yu et Tsai. 蜜源植物。
江南花楸 *S. hemsleyi*（Schneid.）Rehd. 蜜源植物。
大果花楸 *S. megalocarpa* Rehd. 蜜源植物。
绣线菊属 *Spiraea* L.
粉花绣线菊 *S. japonica* L. f. 蜜源植物。
鄂西绣线菊 *S. veitchii* Hemsl. 蜜源植物。
八、豆科 Leguminosae
合欢属 *Albizia* Durazz.
山槐 *A. kalkora*（Roxb.）Prain. 蜜源植物。
羊蹄甲属 *Bauhinia* L.
龙须藤 *B. championii* Benth. 蜜源植物。
粉叶羊蹄甲 *B. glauca* Wall. ex Benth. 蜜源植物。
杭子梢属 *Campylotropis* Bge
西南杭子梢 *C. delavayi*（Franch.）Schindl. 蜜源植物。
香槐属 *Cladrastis* Raf.
翅荚香槐 *C. platycarpa*（Maxim.）Makino. 蜜源植物。
小花香槐 *C. sinensis* Hemsl. 蜜源植物。
香槐 *C. wilsonii* Takeda. 蜜源植物。

山蚂蝗属 *Desmodium* Desv.

假地豆 *D. heterocarpon*（L.）DC. 蜜源植物。

长波叶山蚂蝗 *D. sinuatum* Blume ex Baker 蜜源植物。

刺桐属 *Erythrina*L.

刺桐 *E. variegata* L. 蜜源植物。

千斤拔属 *Flemingia* Roxb. et Ait. f.

大叶千斤拔 F. macrophylla（Willd.）Prain. 蜜源植物。

木蓝属 *Indigofera* L.

西南木蓝 *I. monbeigii* Craib. 蜜源植物。

马棘 *I. pseudotinctoria* Matsum. 蜜源植物。

崖豆藤属 *Millettia* Wight. et Arn

香花崖豆藤 *M. dielsiana* Harms ex Diels. 蜜源植物。

厚果崖豆藤 *M. pachycarpa* Benth. 蜜源植物。

长柄山蚂蝗属 *Podocarpium*（Benth.）Yang et Huang

长柄山蚂蝗 *P. podocarpum*（DC.）Yang et Huang. 蜜源植物。

葛属 *Pueraria* DC.

葛 *P. lobata*（Willd.）Ohwin Bull. 蜜源植物。

苦葛 *P. peduncularis*（Grah. ex Benth.）Benth. 蜜源植物。

刺槐属 *Robina* L.

刺槐 *R. pseudoacacia* L. 蜜源植物。

槐属 *Sophora* L.

槐 *S. japonica* L. Mant. 蜜源植物。

九、山茱萸科 Cornaceae

灯台树属 *Bothrocaryum*（Koehne）Pojark.

灯台树 *B. controversa*（Hemsl.）Pojark 蜜源植物。

醉鱼草属 *Buddleja* L.

大叶醉鱼草 *B. davidii* Franch. ex. Sinarum Imp. 蜜源植物。

十、木犀科 Oleaceae

女贞属 *Ligustrum* L.

小蜡 *L. sinense* Lour. 蜜源植物。

十一、忍冬科 Caprifoliaceae

荚蒾属 *Viburnum* L.

蝶花荚蒾 *V. hanceanum* Maxim. 蜜源植物。

（刘 兰 姜运力 田 凡 潘德权 路元礼）

参考文献

傅立国等. 2000.《中国高等植物》1—13 卷，青岛出版社

李永康.《贵州植物志》1—9 卷. 贵阳：贵州人民出版社 四川民族出版社

王培善. 1985. 贵州荔波蕨类植物，贵州科学，2：3～54

邱德方，杜江，等. 2006. 6《中华本草苗药卷彩色图谱》. 北京：中医古籍出版社

王培善. 1989. 雷公山自然保护区的蕨类植物，雷公山自然保护区科学考察集，贵阳：贵州人民出版社 302～341

王培善等，2001，贵州蕨类植物志，贵阳：贵州科技出版社

王荷生. 1992. 植物区系地理. 北京：科学出版社

吴兆洪. 1999. 中国植物志，第四卷第二分册，北京：科学出版社

吴兆洪. 1999. 中国植物志，第六卷第一分册，北京：科学出版社

吴征镒.1983. 西藏植物志，第一卷，北京：科学出版社。
武素功.2000. 中国植物志，第五卷第一分册，北京：科学出版社。
刑公侠.1999. 中国植物志，第四卷第一分册，北京：科学出版社。
陈家瑞.1994. 中国分类学史[A]. 中国植物学会. 中国植物学史[M]. 北京：科学出版社，145～194。
颜素珠.1995. 新经济植物学[M]. 广州：暨南大学出版社。
中国科学院植物研究所等，1974，秦岭植物志，第二卷，北京：科学出版社。
朱维明，1999，中国植物志，第三卷第二分册，北京：科学出版社。
中国科学院植物研究所.《中国高等植物图鉴》1—5册. 补编1～2册　北京：科学出版社
郑万钧.《中国树木志》1—3卷. 北京：中国林业出版社
许霖庆.2003. 论动态经济植物学[A]. 中国植物学会. 中国植物学会七十周年年会论文摘要汇编[C]. 北京：高等教育出版社，526～527.
朱秀敏.2010. 从藓科植物重金属含量对环境的指示作用[J]，安徽农业科学，38(33)：18 935～18 937.
王爱霞，方炎明.2011. 苔藓监测空气重金属污染技术的研究进展[J]. 西南林业大学学报，(10)：87～93.
彭纪鹏，卢龙.2008. 苔藓植物在环境中的监测指示作用[J]. 江西科学，26(3)：479～483.
崔明昆.2001. 附生苔藓植物对城市大气环境的生态监测[J]. 云南师范大学学报，21(3)：54～57.
曹同，路勇，吴玉环，等.1998. 苔藓植物对鞍山市环境污染生物指示的研究[J]. 应用生态学报，9(6)：635～639.
孙守琴，王定勇.2004. 苔藓植物对大气污染指示作用的研究进展[J]. 四川环境，23(5)：31～35.
马德J B，科兹洛夫斯基T T. 1984. 植物对空气污染的反应[M]. 刘富林，译. 北京：科学出版社：1～334.
陈龙，吴玉环，李微，等.2009. 苔藓植物对沈阳市大气质量的指示作用[J]. 生态学杂志，28(12)：2 460～2 465.

第十三节　特有植物研究

特有植物是指其只分布于一定的地理区域的植物种类，是每一地区的特有现象，对于这一地区都有重要意义，因为每一地区的特有种，是区域的最重要的特征表现和植物区系研究的重要内容之一。盘县特有植物的研究包含两个层次，一个层次是指仅分布在盘县地理区域内的植物，另一个层次是指在盘县分布的贵州特有植物，它们是盘县植物区系的重要组成成分。2012年7月24～29日，笔者跟随考察团对盘县八大山分布的植物资源开展了实地考察，通过标本采集和鉴定、文献资料检索等研究，以期为盘县特有植物的研究奠定基础，为进一步的开发利用与保护提供技术依据。

一、保护区特有植物的分类学特征

经初步统计分析，盘县特有植物共计11种(含变种，下同)，隶属于6科8属，在这些特有种中仅盘县分布的特有植物2种，隶属于2科2属；在盘县分布的贵州特有植物9种，隶属于6科7属(表5-36)。

表5-36

序号	科名	总属数	总种(变种)数	特有种		分布的特有种	
				属数	种(变种)数	属数	种(变种)数
1	小檗科 Berberidaceae	1	4	1	1	1	3
2	金缕梅科 Hamamelidaceae	1	1			1	1
3	蔷薇科 Rosaceae	3	3	1	1	2	2
4	豆科 Leguminosae	1	1			1	1
5	唇形科 Labiatae	1	1			1	1
6	禾本科 Gramineae	1	1			1	1
	合计	8	11	2	2	7	9

二、保护区特有植物种类组成及性状特征

(一)仅在盘县地理区域内分布的特有植物种类组成及分布特征

仅在盘县地理区域内分布的特有被子植物2种(形态特征祥见附录),隶属于2科2属(表5-37)。

表5-37 盘县特有植物的种类组成与分布特征

序号	科名	种名	性状特征	分布地点	海拔(m)
1	小檗科 Berberidaceae	永思小檗 *Berberis tsienii*	落叶灌木	普古乡厂上村下寨 大冲头	1 750 1 840
2	蔷薇科 Rosaceae	毛梗长叶悬钩子 *Rubus dolichophyllus* var. *pubescens*	藤状灌木	盘县八大山	2 100

(二)盘县分布的贵州特有植物种类组成及分布特征

盘县分布的贵州特有植物9种(形态特征祥见文后附录),隶属于6科7属(表5-38)。

表5-38

序号	科名	种名	性状特征	分布地点	海拔(m)
1	小檗科 Berberidaceae	毕节小檗 *Berberis guizhouensis*	常绿灌木	威宁、毕节、赫章	1 300~1 400
2	小檗科 Berberidaceae	盘县小檗 *Berberis panxianensis*	落叶灌木	盘县、兴仁	1 600~1 800
3	小檗科 Berberidaceae	威宁小檗 *Berberis weiningensis*	常绿灌木	威宁岩家坪	2 100~2 500
4	金缕梅科 Hamamelidaceae	桤叶蜡瓣花 *Corylopsis alnifolia*	落叶灌木	大方县	1 000~1 200
5	蔷薇科 Rosaceae	贵州刺梨 *Rosa kweichowensis*	攀援灌木	贵阳、清镇	1 000~1 100
6	蔷薇科 Rosaceae	独山石楠 *Photinia tushanensis*	常绿灌木	独山县	800~900
7	豆科 eguminosae	岩生红豆 *Ormosia saxatilis*	常绿乔木	贵阳黔灵山	1 140~1 185
8	唇形科 Labiatae	贵州四轮香 *Hanceola cavaleriei*	多年生草本	平坝	
9	禾本科 Gramineae	乳纹方竹 *Chimonobambusa lactistriata*	散生竹	册亨、罗甸	500

三、讨论

(1)文中特有植物的整理主要以"贵州维管束植物分类与代码(DB52/T 820-2013)"确定的学名为准,同时参考新种发表的相关文献。

(2)本次考察中没有采集到盘县小檗 *Berberis panxianensis* 的标本,但在相关文献中明确记录该种在盘县有分布,在文中列入留待以后备查。

(3)盘县分布的特有植物全部为被子植物,没有特有的裸子植物与蕨类植物的相关记录。

(郭 应 邓伦秀 潘德权 王 港)

附录:盘县特有植物的形态特征

1. 小檗科 Berberidaceae

(1)毕节小檗 *Berberis guizhouensis* T. S. Ying

常绿灌木,高约1.2m。老枝圆柱形,灰黑色,无疣点,幼枝具棱槽,淡灰色,无毛;通常老枝无

刺，幼枝具刺，三分叉，长约1.2cm，淡黄色。叶革质，椭圆形，狭椭圆形或矩圆形，长2~6.5cm，宽8~16mm，先端急尖或近渐尖，基部楔形，上面暗绿色，中脉凹陷，侧脉和网脉微显，背面干后褐色，不被白粉，中脉和侧脉明显隆起，网脉微显；叶缘明显向背面反卷，呈深波状，每边具13~20刺齿；叶柄长2~3mm。花3~6朵簇生，花未见。果柄长1~1.5cm，干后棕褐色，无毛；浆果椭圆形，长7~9mm，直径4~4.5mm，顶端无宿存花柱，不被白粉；含种子3~4枚。

标本采集地点：普古乡厂上村下寨海拔1 744m、1 750m、1 810m。

(2)盘县小檗 *Berberis panxianensis* Hsiao et S. Z. He

落叶灌木，叶边缘具一细齿，花一朵簇生。生于海拔1 600－1 800m的山坡林缘。

(3)永思小檗 *Berberis tsienii* T. S. Ying

落叶灌木，高约1.5m。老枝及幼枝明显具槽，暗棕褐色，无毛；茎刺细弱，淡黄色，三分叉，长2~5mm。叶纸质，椭圆形或倒卵状椭圆形，有时倒卵形，长7~15mm，宽3~6mm，先端急尖，基部楔形，叶缘中部以上每边具1~3细小刺齿，上面亮暗绿色，脉序不明显，背面黄绿色，中脉稍突起，侧脉和网脉不明显，不被白粉；近无柄。花未见。果序由果3~6颗簇生；果梗长3~4mm，紫红色，无毛；浆果椭圆形，长6~8mm，直径约3mm，具短宿存花柱，不被白粉。种子1枚。花期6~7月，果期7~8月。

标本采集地点：普古乡厂上村下寨海拔1 750m；大冲头海拔1 840m。

(4)威宁小檗 *Berberis weiningensis* T. S. Ying

常绿灌木，高约1m。老枝灰褐色，幼枝淡黄色，具条棱，密被短柔毛；茎刺细弱，三分叉，长5~10mm，淡黄色。叶纸质，狭倒卵状椭圆形，狭椭圆形或倒卵形，长4~20mm，宽2~5mm，先端急尖或圆钝，具1刺尖，基部楔形，上面深绿色，中脉和侧脉隆起，网脉不显，不被白粉，叶缘增厚，略向背面反卷，全缘或每边具1~6刺齿；近无柄。近伞形花序，由4~6朵花组成，长2~3cm，包括总梗长1.3~2.3cm；苞片卵形，先端长渐尖或3齿裂；花梗细弱，长3~4mm，无毛；花金黄色，直径4~5mm；小苞片三角状卵形，长1~1.7mm，宽0.8~1.1mm；萼片2轮，外萼片椭圆形，长3.2mm，宽约2.5mm，内萼片阔倒卵形，长3.5mm，宽3.2mm；花瓣倒卵形，长3.1mm，宽2mm，先端锐裂，裂片锐尖，基部渐狭，不呈爪，具2枚分离披针形腺体；雄蕊长约2.5mm，药隔延伸，先端圆形；胚珠3，近无柄。浆果幼时绿色，后变为红色，卵状长圆形，长7~9mm，直径4~6mm，顶端具宿存花柱，长约0.5mm，不被白粉。花期5月，果期7~9月。

标本采集地点：普古乡厂上村下寨海拔1 810m

2. 金缕梅科 Hamamelidaceae

桤叶蜡瓣花 *Corylopsis alnifolia*（H. Léveillé）C. K. Schneider

落叶灌木，高2m；嫩枝无毛，暗灰色，老枝有皮孔；芽体长卵圆形，外面无毛。叶薄革质，倒卵状圆形或近于圆形，长3.5~5.5cm，宽3~5cm；先端圆形，有1小尖头，基部心形，不等侧；上面无毛，下面秃净，仅在脉上有毛；侧脉7~8对，在上面下陷，在下面突起，第一对侧脉很靠近基部，第二次分支相当弱；边缘仅在靠近尖端处有小齿突，下半部全缘，干后稍反卷；叶柄长1~1.5cm，无毛；托叶矩圆状卵形，长5~7mm，外面无毛。总状花序长3~4cm，花序柄长1.5cm，无毛；花序轴长2~2.5cm，亦秃净无毛，总苞状鳞片及苞片早落，有花12朵；萼筒长1mm，无毛；萼齿广卵形，与萼筒等长，无毛；花瓣及雄蕊未见；退化雄蕊较萼齿为短，先端钝或微凹入，简单不分裂；子房无毛，花柱长3mm；蒴果卵圆形，长6~7mm，无毛。

3. 蔷薇科 Rosaceae

(1)毛梗长叶悬钩子 *Rubus dolichophyllus* var. *pubescens* T. T. Yu et L. T. Lu

藤状灌木，高达7m；枝褐色或紫褐色，无毛，具白粉，具稀疏钩状小皮刺。单叶，近革质，披针形，长7~16cm，宽1.5~3cm，顶端长渐尖，基部圆形至浅心形，上面无毛，下面密被灰白色绒毛，沿叶脉常无毛，边缘有浅锐细锯齿，叶脉8~11对，在上面下陷，下面 突起；叶柄长5~7mm，上面稍有柔毛；托叶离生，上半部掌状分裂，裂片披针形，无毛。花成大型圆锥花序，顶生或腋生，长达20cm；花序轴和花梗具柔毛；花梗长约1cm，具稀 疏腺毛；苞片比托叶狭小，顶端掌状分裂，裂片线形或近钻形；花直径不到1cm；花萼紫 红色，外被灰白色绒毛和疏腺毛；萼片披针形，顶端钻状长渐尖，全缘，在果期直立；无花瓣；雄蕊多数，花丝线形，红色，无毛；雌蕊较少数，子房无毛，花柱长约4mm，几与雄蕊近等长，紫红色。果实紫黑色，由少数小核果组成，无毛；核具粗皱纹。花期5～6月，果期7～8月。

(2)贵州刺梨 *Rosa kweichowensis* T. T. Yu et T. C. Ku

常绿或半常绿攀援小灌木；小枝圆柱形，弯曲，无毛，有短扁皮刺。小叶7～9，连叶柄 长5～10cm；小叶片椭圆形、倒卵形或卵形，长1.5～3.5cm，宽8～20mm，先端渐尖或急尖，基部宽楔形或近圆形，边缘有锐锯齿，两面无毛，下面中脉和侧脉均突起；小叶柄和叶轴有散生小皮刺；托叶1/3部分贴生于叶柄，离生部分披针形，先端渐尖，边缘有带腺锯齿，最后脱落。花7～17朵，成复伞房状花序；花梗长7～10mm，总花梗和花梗外被柔毛；花直径2.5～3cm，萼筒扁圆形，萼筒和萼片外面近无毛，密被针刺；萼片有不规则羽状裂片，内面密被柔毛；花瓣白色，倒卵形，先端凹凸不平，基部楔形，比萼片稍长；雄蕊多数，花柱离生，稍伸出，有柔毛。果未见。

标本采集地点：格所洼子头海拔1 504m；石包地海拔1 780m；榕树村海拔970m；黄家麻窝海拔1 598m；普古乡厂上村下寨海拔1 810m。

(3)独山石楠 *Photinia tushanensis* T. T. Yu

常绿灌木，高5m；小枝粗壮，幼时密生灰色绒毛，以后脱落，老时无毛，灰褐色或灰黑色。叶片厚革质，长圆椭圆形，长11～17cm，宽3～5cm，先端急尖或圆钝，具短尖头，基部圆形，边缘稍外卷，全缘或波状缘，上面初生绒毛，后脱落无毛或近无毛，下面密生黄褐色绒毛，逐渐脱落但有部分残存，中脉粗壮，在上面深陷，在下面显著隆起，侧脉13～15对；无叶柄或有短粗叶柄，长3～5mm，密生绒毛，或脱落无毛。花多数，密集成顶生复伞房花序，直径9cm；总花梗和花梗密生灰色绒毛；花梗长2mm或近无梗；花直径5～6mm；萼筒筒状，长3～5mm，外面密生灰色绒毛；萼片卵形，长约1mm，先端钝，外面有绒毛，内面无毛；花瓣倒卵形，长2mm，无毛，基部具短爪；雄蕊20。较花瓣短；花柱2，离生，子房外有绒毛。花期7月。

标本采集地点：杨宝地海拔1 911m。

4. 豆科 Leguminosae

(1)岩生红豆 *Ormosia saxatilis* K. M. Lan

常绿乔木，树干端直，高达15m，胸径可达44cm；树皮灰绿色，幼时平滑，老则有圆形凸起皮孔或纵裂。小枝密被黄褐色绒毛；冬芽裸露，密被黄褐色绒毛。奇数羽状复叶，长14～17(－23)cm，叶柄、叶轴密被黄褐色绒毛；小叶8～11对，薄革质，长椭圆状披针形或卵状披针形，长2.7～5(－7)cm，宽1.1～1.5cm，先端渐尖，钝圆或微凹，基部圆形或宽楔形，上面微被毛或无毛，下面密被黄褐色绒毛，中脉上面凹陷，下面凸起，侧脉5～6(－7)对；小叶柄短，长约2mm，果序顶生及腋生；荚果长方形或菱形，压扁，长4～6cm，宽1.6～2.3cm，无毛，果瓣厚木质，成熟时黑色，有种子1～3粒；种子近圆形，长约10mm，宽约8mm，种皮鲜红色，种脐长约3mm。

5. 唇形科 Labiatae

(1)贵州四轮香 *Hanceola cavaleriei*（H. Léveillé）Kud？

植株全无毛。茎粗壮，具沟，稍具翅。叶长2～5cm，宽1～3cm，先端渐尖，基部长楔状渐狭下延至具翅的柄，边缘近基部全缘，向上有具短尖头的深牙齿，上面深绿色，下面苍白色。花紫堇色，组成稀疏短总状花序；苞片披针形，具牙齿。花萼明显8脉，二唇形，下唇较伸长，有粗壮2齿，上唇有1齿较宽，2短齿着生于二唇之间。花冠伸长，长超过花萼10倍，冠筒直或弯曲，冠檐二唇形，唇片圆形，近于全缘。雌、雄蕊近于伸出。小坚果褐色，具不明显脉纹，卵珠状，微粗糙。花、果期9月。

标本采集地点：老马冲大包后面 2080；划龙船 2015；黄家麻窝 1598m。

6. 禾本科 Gramineae

(1)乳纹方竹 *Chimonobambusa lactistriata* W. D. Li et Q. X. Wu

秆高 4～5m，粗 2～4cm，中下部各节环生刺状气生根 4～19 条；节间有钝四棱，略呈方形，长 11～13cm，幼时绿色并具紫色小斑点，疏生短的疣基刺毛，以后因疣基存于竿上而粗糙；箨环留有箨鞘基部及具紫色柔毛；竿环在具分枝之各节强烈隆起而呈脊状；枝实心，其节强烈隆起呈脊状。箨鞘脱落性，长于其节间，纸质(鞘的中上部逐渐变薄并有皱褶)，幼笋时呈暗紫色，以后呈黄褐色，有淡绿色或乳白色的纵条纹，除竿下部箨鞘在背面疏生向上的淡褐色疣基刺毛外，竿中上部者均无毛，鞘缘密生淡黄色纤毛，小横脉明显，紫色；箨耳不发达；箨舌极矮小，拱形；箨片由箨鞘顶端向上收缩而成，呈小锥形。末级小枝具 4～6 (9)叶；叶鞘疏松包裹，背部无毛，边缘有少量白色纤毛；叶耳不发达，鞘口繸毛仅数条，苍白色，脱落性，劲直，长 3～5mm；叶舌拱形，边缘生微小纤毛；叶片椭圆状披针形，长 8～17cm，宽 8～20mm，下表面具稀疏柔毛，向主脉的基部则密生细柔毛，次脉 4～6 对，小横脉尚明显，呈长方格状；叶柄短，两面密被细柔毛。笋期 10 月。

第十四节　野生红豆杉资源调查报告

红豆杉为红豆杉科(Taxaceae)红豆杉属(*Taxus*)植物，我国有 5 个种。是十分珍贵的用材树种和药用植物。盘县的红豆杉分布面积之大和数量之多是比较罕见的，为了摸清其种类、种群数量、分布、生境状况，以便加强对野生红豆杉资源的保护、管理和利用；为科学规划，建立布局合理、规模适当的红豆杉良种繁育基地和种质资源保护区提供了决策依据，达到管好、开发和合理利用红豆杉资源的目的。

一、调查区基本情况

(一)地理位置及地形地貌

盘县位于贵州西部，六盘水市西南部，地处滇、黔、桂三省结合部，介于东径 104°17′46″－104°57′46″、北纬 25°19′26″－26°17′31″之间，东邻普安县，南连兴义市，西与云南省宣威和富源县交界，北与水城县接壤，全境东西宽 66km，南北长 107km，全县国土总面积 4 056.7km^2。

盘县地形地貌属云贵高原向黔中高原过渡的斜坡部位和南、北盘江支流的分水岭地带，山峦叠嶂、谷岭相间、陡坡谷深、地面破碎。地势为西北高、东南低、中南部隆起，一般海拔在 1 400 － 1 900m 之间，最高海拔 2 807m，最低海拔 740m，相对高差 2 067m。

(二)地质及土壤条件

盘县是贵州省喀斯特地貌发育最典型的县区之一，境内出露的岩性主要有碳酸岩、碎屑岩、喷出岩、侵入岩和松散沉积物等，呈交错分布，其中碳酸岩类比较发育，分布广泛，占总土地面积的 59.7%。土壤具有明显的山地土壤垂直带谱和隐性水平分布规律，土壤类型共有 21 个亚类、56 个土属、89 个土种。主要土壤类型有：黄壤、山地黄棕壤、山地灌丛草甸土、石灰土、紫色土、潮土、沼泽土和水稻土。其中黄壤是本县主要土壤类型，其次是山地黄棕壤、山地灌丛草甸土、石灰土、紫色土、潮土、沼泽土和水稻土。

(三)气候及水文条件

盘县属于亚热带春干夏湿温和气候区，热量丰富，雨日较多，雨热基本同季，干湿季节明显，春秋季长，冬无严寒，夏无酷暑，多年平均气温为 15.2℃，多年极端最高气温 36.7℃，多年极端最低气温 －7.9℃，历年平均日照时数为 1 594.3h。年平均无霜期为 271 天，空气相对湿度平均为 76.0%。

(四)自然植被条件

盘县生物资源种类多，分布广。自然植被属中亚热带云贵高原半干性常绿阔叶林地带，滇黔边缘高原山地常绿栎林、云南松林植物区。目前，县域内原生植被已残留不多，主要的植被类型是广泛分布在海拔1 900m以下的常绿针叶、落叶阔叶混交林带。在海拔1 900 ~ 2 400m的西部、北部，分布着面积较广的滇榜、滇黄栎、石栎以及杜鹃、山茶、红花油茶等，在海拔2 400m以上的高原山地分布高山灌丛草甸带。

二、调查方法

(一)调查时间

调查组由盘县林业局及乡镇林业站技术人员组成。外业工作时间在2012年5月6 ~ 20日，之后进行内业。

(二)调查范围

在盘县辖区范围内，全面查清盘县37个乡镇及国营老厂林场有野生红豆杉资源分布的区域。重点查清相对集中连片(1 000m^2以上)的野生红豆杉种群和散生资源。

(三)方法

1. 初步调查

根据已发现的野生红豆杉分布区域自然环境，走访重点区域护林员及村民，通过用红豆杉实物照片结合生长环境讲解，初步了解其分布详细情况，确定调查区域。

2. 路线调查

根据初步掌握情况，筛选确定可能有红豆杉分布的区域，确定调查路线。对集中分布区域采取线路调查法，选择2 ~ 3条调查线路，沿调查线路进入林区，对可视范围内观察到的红豆杉数量进行清点测量，按照所统计的数量占该区域林分比例计算，并综合各条线路的比例，从而求算出该调查片区红豆杉数量，若调查点地形复杂，面积较大，采取以山头为调查斑块，将调查地点划分为若干个斑块，用上述方法逐个斑块进行调查。对零星分布的采取定点调查法逐株进行调查。在数量调查的同时，一并对调查内容的其它各项因子进行调查，并认真详实地填写野生红豆杉调查表。

3. 外业勾绘

根据外业调查结果，对相对集中连片分布区域，用1: 10 000地形图进行对坡勾绘。

4. 面积测算及定位

结合外业勾绘图，录入计算机，计算各小班面积。并用GPS定位，填记纵横坐标及海拔等。

5. 摄像

对调查对象进行数码拍摄，包含整株树、叶、果。记录拍摄时间、地点、树木生长的立地条件及有关测树因子，并采集相应的标本。

6. 调查内容

调查内容包含种群数量及面积；树龄结构：成林(含最高树龄、最大胸径、平均胸径)、幼树、幼苗；分布区域：横纵坐标、海拔；生境描述：生长环境及土壤状况等；生长量调查：树高、胸径、树龄(估算)、冠幅等；健康状况；生境因子：伴生的乔木、灌木和草本植物状况。

三、调查成果

(一)种类和分布

经过调查和鉴定，盘县分布的红豆杉属于红豆杉 *Taxus chinensis* (Pilger) Rehd. 。集中分布在海拔1 850 ~ 2 500m之间，生长在石灰岩及玄武岩地区，海拔较高，大部分生长地段的土层深厚、土壤肥沃，生长在各种乔木林或灌木林中。一些植株受到多次砍伐或不同程度破坏，普遍长势较差(见图5-2)。

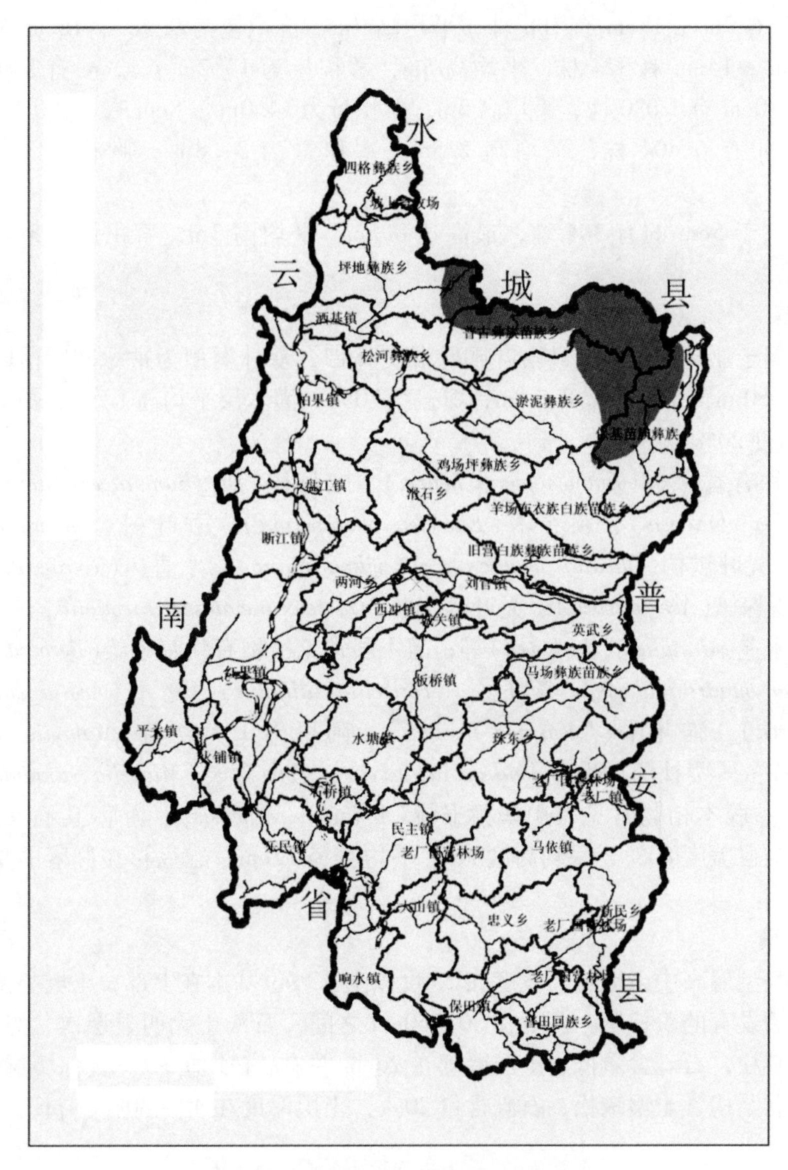

图 5-2 盘县野生红豆杉分布示意图

经过统计，海拔在 1 850 ~ 1 950m 之间有 200 株，海拔 1 950 ~ 2 050m 之间有 7 400 株，海拔 2 050 ~ 2 150m 之间有 18 250 株，海拔 2 150 ~ 2 250m 之间有 28 020 株，2 250 ~ 2 350m 之间有 1 140 株，海拔 2 350 ~ 2 450m 之间有 470 株，海拔大于 2 450m 有 40 株；共有 55 520 株。

(二)资源状况

通过外业调查，在盘县的普古乡、保基乡、淤泥乡、坪地乡等 4 个乡不同程度分布有野生红豆杉，主要分布在海拔 1 850 ~ 2 250m 的碳酸岩和海拔 2 225 ~ 2 500m 的玄武岩地区，共有野生红豆杉分布 1 569hm^2。蓄积量 119. 8M^3。其中：集中连片分布有 730hm^2，蓄积量 115. 5 m^3，集中分布株数超过 54 000 株、蓄积量 115. 5m^3。散生分布超过 1 524 株，蓄积量 4. 3m^3，最大胸径达 34cm、最高树高超过 8. 5m、最大树龄超过 100 年。最大一株的蓄积量 0. 4m^3，其中：保基乡集中连片分布有 234hm^2，分布于雨那洼和冷风等两个村；普古乡集中连片分布有 251hm^2，分布于厂上村；散生分布在嘎木、播秋、勒米、哈麻猪克、坡脚等 5 个村，区域面积 740hm^2；淤泥乡散生分布有 99hm^2，分布在嘿白、山峰两个村；坪地乡集中连片分布有 245hm^2，分布在小树林、王家寨两个村。

集中分布区胸径大于 5cm 的有 10 800 株，蓄积量为 115. 5m^3。其中：平均胸径 20cm 有 54 株，平均高 8m，蓄积量为 6.9m^3；18cm 有 108 株，平均高 7m，蓄积量为 9.9m^3；16cm 有 130 株，平均高 6m，蓄积量为 8.2m^3；14cm 有 324 株，平均高 5m，蓄积量为 13.2m^3；12cm 有 540 株，平均高 4m，蓄积量为 13.2m^3；10cm 有 1 080 株，平均高 3m，蓄积量为 14.0m^3；8cm 有 2 160 株，平均高 3m，蓄积量为 18.4m^3；5cm 有 6 404 株，平均高 2.5m，蓄积量为 31.8m^3；胸径小于 5cm 的幼树及幼苗43 200 株。

散生分布胸径大于 5cm 的有 304 株，最高达 8.5m，平均高 3m，蓄积量 4.3m^3。小于 5cm 的有 1 220株。

(三)植被状况

分布区的植被属于亚热带常绿阔叶落叶阔叶混交林带，森林类型为常绿阔叶落叶阔叶混交林。其中：乔木层平均高 3.0 m，平均胸径 8.0 cm，覆盖度 70%。灌木层平均高 1.5m，覆盖度 60%。草本层平均高 0.5m，覆盖度 20%。

常见乔木层树种有香果树(*Emmenopterys henryi*)、蚊母树(*Distylium racemosum*)、黄檀(*Dalbergia hupeana*)、冬青(*Ilex chinensis*)、领春木(*Euptelea pleiosperma*)、香叶树(*Lindera communis*)、润楠(*Machilus nanmu*)、光叶珙桐(*Davidia involucrate* var. *vilmoriniana*)、水青树(*Tetracentron sinense*)、中华槭(*Acer sinense*)、青榨槭(*Acer davidii*)、光叶高山栎(*Quercus pseudosemecarpifolia*)、刺叶高山栎(*Quercus spinosa*)、川滇木莲(*Manglietia duclouxii*)等；灌木层常见植物有壮刺小檗(*Berberis deinacantha*)、方竹(*Chimonobambusa quadrangularis*)、鞘柄木(*Toricellia tiliifolia*)、楤木(*Aralia chinensis*)、化香树(*Platycarya strobilacea*)、猫儿屎(*Decaisnea insignis*)、阿里山十大功劳(*Mahonia oiwakensis*)、箭竹(*Fargesia spathacea*)、马缨杜鹃(*Rhododendron delavayi*)、云南含笑(*Michelia yunnanensis*)、西南绣球(*Hydrangea davidii*)；藤本植物常见有中华猕猴桃(*Actinidia chinensis*)、游藤卫矛(*Euonymus vagans*)；草本植物稀少。植被覆盖度 80%，平均高度 3m，平均胸径 12cm，红豆杉在群落中受乔灌影响，属弱势种群。

(四)地貌和土壤

分布地的地貌类型属高中山地貌，坡度在 20 度以上，坡位基本在上部，土壤类型主要为碳酸岩发育的石灰土和玄武岩发育的黄棕壤，深度在 20~60cm 之间，石灰土无明显层次，黑色，质地为壤土，团粒状结构，土壤疏松，石砾含量低，土层厚度在 20cm 左右，pH 值 >7。黄棕壤层次分明，暗棕色，质地为壤土，团粒状结构，土壤疏松，石砾含量 20%，土层厚度在 40~80cm，pH 值 <7。

(五)保护现状

现在，全部植株都已纳入保护，大部分进入了规划的保护区，禁止砍伐等破坏野生红豆杉的活动；禁止采挖、出售、收购野生红豆杉行为；禁止将野生红豆杉活体带出分布区外；禁止单位和个人采收野生红豆杉的繁殖材料。

盘县林业局从 2012 年 5 月开始安排资金落实 9 名管护人员对野生红豆杉集中分布区进行全天候管护。

四、资源评价

(一)资源现状

红豆杉的分布范围较窄，资源十分有限，主要表现在：①天然分布区狭窄，面积小；②冠形不规则，多丛枝，散生于其它群落中，不成为建群种；③幼龄林比例大，中、成熟龄林比例小，仍是一个濒危树种。④长势差，大多为砍伐后萌发植株，主杆不明显，单位蓄积量小。

(二)红豆杉资源致濒因素

红豆杉树种是一个慢生树种，天然更新能力差，种群竞争能力弱，在天然状态下，环境的任何破坏都不利于种群自身的发展。红豆杉资源致濒的因素：一是以经济效益为主的掠夺式挖采，自发现红豆杉树种中的药用价值以来，红豆杉受到了社会各界的重视和广泛关注。近几年来，在金钱的驱使下，当地个别群众也置国家法令于不顾，上山采挖、砍伐，致使红豆杉资源遭到一定破坏。二是分布区农民生产性活动的破坏，由于山区群众文化素质低，森林保护意识差，毁林时有发生，而毁林也将导致红豆杉资源的减少。

五、保护对策及建议

通过对盘县野生红豆杉资源的现状、保护及开发利用的比较分析，认为以下几方面是缓解红豆杉产业化发展过程中资源不足的有效对策：

（一）建立红豆杉繁殖基地

在红豆杉资源重点和集中分布区建立野生红豆杉繁殖基地和优质野生红豆杉基因库，保护优良的基因资源。首先要对保护区的红豆杉种群数量、年龄结构、更新情况、生长情况及种群动态等方面进行研究监测；其次，对其进行人工抚育除杂，为红豆杉种群的自然增长提供有利条件。选择划分出优良种源区和优良种群，确定优良单株，加以特殊保护、建立保护区，建立无性系繁殖基地。

（二）加强管理

林业主管部门要依法护林、严格管理，广泛宣传保护红豆杉的重要性，让社会公民对红豆杉有科学正确的认识。依法治林，要建立健全管理措施。实行红豆杉采集、运输专项审批和收购、加工、经营专项许可证制度。在普查工作基础上建立资源管理档案，实行动态监测，实行科学管理。

（三）积极发展原料林基地

规模化建立红豆杉原料林基地，培育优质苗木，营造红豆杉纯林、混交林。利用现有的科技成果，在相应地区不同环境条件下进行集中栽培，逐步摸索掌握切实可行的栽培技术，促进人工发展。

（四）提高利用率

红豆杉以药用为主，取皮挖根破坏资源，显然不可取，只有利用枝、叶，才可以持续发展，这是当今世界上利用红豆杉的主流。并且，利用枝、叶，可使人工林提早收获，可以缩短经营周期，提高营林经济效益。

（张建华　郭　应　路元礼　杨成华）

参考文献

郑万钧，傅立国．1978．中国植物志．第七卷．北京：科学出版社，439－446．
李永康．贵州植物志．第一卷．贵阳：贵州人民出版社，33－34．
徐来富，杨成华．贵州野生木本花卉．贵阳：贵州科技出版社．

第十五节　贵州种子植物的一个新分布科

一、发现过程

2012 年 7 月下旬和 10 月，我们在进行贵州盘县八大山和纳雍珙桐保护区综合科学考察中，在两个地点的沟谷沼泽湿地中采到一个多年生草本植物标本，经过研究鉴定，属于被子植物的单子叶植物，是黄眼草科 Xyridaceae 黄眼草属 *Xyris* Linn. 植物，再根据其叶干燥后没有短而突起的横肋与纵脉相连接，苞片上没有斑点状的乳突区，叶宽 0.5～3mm 等形态特征，属于贵州迄今为止没有记载的植物种——黄谷精 *Xyris capensis* Thunb. var. *schoenoides*（Mart.）Nilsson（吴国芳，1997；Wu Guofang and Robert Kral，2000）；因为黄眼草科的植物在贵州还未有记载，所以，该新分布种的发现，其所属的科和属也是贵州种子植物的新分布。标本保存于贵州省林业科学研究院树木标本室（GF）；在之后的科学调查中，在黔西南州贞丰县龙头大山保护区也发现有该种的分布。

二、标本记录

贵州（Guizhou）；盘县（Panxian），普古乡播秋村蚂蚁寨娘娘山（Niangniangshan），沟谷湿地（wetplaces in valleys), alt. 2170m, 10 October 2012; 杨成华(Yang Cheng - hua)6410 号标本，果期(flowering and fruiting)；地理位置为 N26°06′12″、E104°50′35″。贵州(Guizhou)；纳雍县(Nayong)，纳雍林场红煤冲(Nayong forestry station, Hongmeichong)，沟谷湿地(wetplaces in valleys), alt. 1, 640m, 14 Octuber 2012; Yang Chenghua, Li Mao(杨成华，李茂)6447 号标本，果期(fruiting)；地理位置为 N26°45′01″、E105°23′40″；主要伴生植物有泥炭藓、谷精草 *Eriocaulon buergerianum*、牛毛毡 *Eleocharis yokoscensis*、云贵水韭 *Isoetes yunguiensis* 等。贵州(Guizhou)；水城(Shuicheng)，龙场乡茅草村丫口地(Yakoudi)，山谷湿地(wetplaces in valleys), alt. 2010m, 29 July 2012; 杨成华(Yang Cheng - hua)6 227 号标本，花期、果期(flowering and fruiting)；地理位置为 N26°05′06″、E104°47′40″；主要伴生植物有泥炭藓 *Sphagnum palustre*、卵叶泥炭藓 *S. ovatum*、金发藓 *Polytrichum commne*、野灯心草 *Juncus setchuensis*、柳叶箬 *Isachne globosa*、心叶稷 *Panicum notatum*、小二仙草 *Gonocarpus micrantha*、绶草 *Spiranthes sinensis*、朝天罐 *Osbeckia opipara* 等。贵州(Guizhou)；贞丰县(zhengfen)，龙头大山(Longtoudashan)，沟谷湿地(wetplaces in valleys)；杨成华(Yang Cheng - hua)6509 号标本，花期(flowering), alt. m, 10 July 2013。

生境属于典型的高原沟谷沼泽湿地，盘县分布点的面积约 1 hm^2，纳雍分布点的面积约 0.5 hm^2，水城分布点的面积约 20hm^2，贞丰分布点面积约 0.5 hm^2。在生境中，该种呈小团状的聚群分布，属于沼泽湿地中的常见种，不见于水体中，但是，在水分条件差的沼泽地段也未见出现，说明对水位变化比较敏感。

三、形态特征

多年生丛生草本，高达 43 ~ 110cm；具根状茎，有多数褐色须根。叶坚硬，剑状线形，长 8 ~ 25cm，中部宽 0.5 ~ 3mm，基部宽达 5mm，顶端尖或稍钝，上部有时镰刀状弯曲；叶鞘长 6 ~ 15cm，基部宽达 6mm；叶舌长 0.3 ~ 0.5mm。花葶长 32 ~ 65cm 或更长，粗 1.5 ~ 2mm，中下部呈棕红色，上部浅绿色，有细棱；头状花序近球形至倒卵形，直径 5 ~ 6mm；基部苞片向上，不开展，近圆形；中部苞片长圆形或椭圆形，长 5.1 ~ 6mm，宽 4 ~ 6.5mm，革质，棕色，顶端圆钝，边缘膜质，常具 5 ~ 7 脉，中部向外拱出，有时背部中央向外突出成脊；萼片 3 枚，侧生的 2 片舟状，长 5 ~ 6.5mm，宽 1 ~ 1.5mm，半透明膜质，顶端钝，背部隆起成脊，脊上无齿；中间的萼片风帽状，长约 5mm，宽约 2mm，顶端钝，膜质；花冠在开花时伸出苞片外，黄色，花瓣在花蕾时逆时针方向螺旋状排列，檐部倒卵形，长 4 ~ 5mm，爪部长 6 ~ 6.5mm；雄蕊花药长圆形，长 1.2 ~ 1.4mm，顶端钝，药隔狭；花丝长约 0.5mm；退化雄蕊较正常雄蕊短，顶端 2 裂，上部撕裂成细丝状；子房倒卵状长圆形，长 3.5 ~ 5.5mm，1 室具 3 个侧膜胎座；花柱长 2.6 ~ 3.2mm，顶端 3 分叉，长约 2mm；柱头漏斗状。蒴果倒卵状长圆形，长 4 ~ 5mm，黑褐色，腹面有浅沟，被细微毛。种子卵圆形，长达 0.8mm，两端尖，棕褐色，表面有许多纵条纹。花期 7 ~ 9 月，果期 8 ~ 10 月。

与相关的记录特征相比较，没有明显的差异，我们的标本补充了蒴果的部分形态特征。

四、科学意义

黄眼草科共有 4 属约 270 种，在世界上主要分布于热带和亚热带地区，尤其以美洲最多；常生长于沼泽和潮湿之地；其中黄眼草属的种类最多，约 250 种，分 3 个亚属，主要分布于南美洲和北美洲，少数见于澳大利亚、亚洲和非洲；我国有只有黄眼草属的 6 种，分布于西南部至东部。黄谷精 *Xyris capensis* var. *schoenoides* 是南非黄眼草 *Xyris capensis* 的变种，原种产热带非洲地区，该变种原记载产只于我国的福建、四川、云南；生于海拔 2 400 ~ 2 700m 的开阔坡地及山谷潮湿处。我们发现的分布地最低海拔 1640m，大大降低了该种的分布下限。

该科属种新分布的发现，使贵州种子植物的科属种分别增加了 1 个，达到了 193 个科(按照 Engle 植物分类系统)(邓伦秀，2009)、1608 个属(邓伦秀，2009)、7421 个种(邓伦秀，2009)；该科的发现，是贵州在1989年由贵州大学的熊源新教授发现川苔草科 Podostemaceae 新分布后（熊源新，1989），时隔23年的又一个新分布科的发现，对于贵州植物研究具有比较重要的意义；由于该种属于湿地植物中的标志种，对于贵州湿地的植物区系研究和保护等也具有重要价值。

（郭　应　杨成华　李　茂　张　娅　邓伦秀）

参考文献

吴国芳，1997. 中国植物志[M]. 北京：科学出版社，13(3)：11－19

Wu Guofang, Robert Kral, 2000. Flora of China[M], 24：4－6

邓伦秀，陈景艳，杨成华，等. 2009. 贵州种子植物"科"的界定之比较研究[J]. 种子，28(5)：60－66

邓伦秀，陈景艳，杨成华，等. 2009. 贵州种子植物"属"的整理研究[J]. 种子，28(10)：71－75

邓伦秀，陈景艳，杨成华，等. 2009. 贵州种子植物"种"的整理研究[J]. 贵州林业科技，37(1)：1－5

陈谦海. 贵州植物志[M]，1989. 贵阳：贵州科技出版社. 10：74－75

第十六节　种子植物分布特点

一、前言

植被作为重要的自然地理要素，其分布在很大程度上受地形条件的制约，空间分布格局受光、热、水、土等自然因素及人类活动的影响，表现出一定的规律性。因此，掌握某一地区植物的分布规律、特点，对制定适宜的生态保护和管理策略具有积极的促进作用。

盘县八大山位于盘县东北部，是云贵高原的核心区，区域内沟壑纵横，山高谷深。海拔相对高差大，生物多样性丰富，由于历史上植被多遭破坏，现存植被主要为次生林和少量人工林，人工林仅出现在房前屋后或近年来的退耕还林地上，以杉木 *Cunninghamia lanceolata*、柳杉 *Cunninghamia fortunei* 常见，四旁有香椿 *Toona sinensis*、柿树 *Diospyros kaki*、核桃 *Juglans regia* 及桂花 *Osmanthus fragrans* 等，种类、数量少。摸清八大山区域植物资源及其分布特点，在一定程度上可为制定有效的资源保护、利用措施供基础数据。

二、植被类型及重要组成物种

该区处于中亚热带季风湿润气候区域，地带性植被为常绿阔叶林。由于人类活动干扰和破坏，区内植被的组成、结构和外貌受到较大的影响，现存植被主要为次生植被，且群落破碎分散，总体森林植被为常绿落叶阔叶混交林。

重要组成物种有：杉木、三尖杉 *Cephalotaxus fortunei*、云南穗花杉 *Amentotaxus yunnanensis*、红豆杉 *Amentotaxus chinensis*、领春木 *Euptelea pleiosperma*、香叶树 *Lindera communis*、云南樟 *Cinnamomum glanduliferum*、美脉花楸 *Sorbus caloneura*、大果花楸 *Sorbus megalocarpa*、湖北紫荆 *Ceris glabra*、滇鼠刺 *Itea yunnanensis*、灯台树 *Corus controversa*、刺楸 *Kalopanax septemlobus*、旱禾树 *Viburnum odoratissimum*、枫香 *Liquidambar formosana*、山枫香 *L. formosana* var. *monticola*、响叶杨 *Populus adenopoda*、光皮桦 *Betula luminifera*、滇青冈 *Cyclobalanopsis glaucoides*、青冈栎 *Cyclobalanopsis glauca*、硬斗石栎 *Lithocarpus hancei*、麻栎 *Quercus acutissima*、乌冈栎 *Quercus phillyraeoides*、光叶高山栎 *Q. rehderiana*、云贵鹅耳枥 *Carpinus pubescens*、化香 *Platycarya strobilacea*、黄葛榕 *Ficus virens*、山羊角树 *Carrierea calycina*、野桐 *Mallotus japonicus* var. *floccosus*、油茶 *Camellia oleifera*、贵州毛柃 *Eurya kweichowensis*、厚皮香 *Ternstroemia gymnanthera*、大白杜鹃 *Rhododendron decorum*、马缨花 *Rh. delavayi*、大果冬青 *Ilex macrocarpa*、香椿 *Toona sinensis*、青榨槭 *Acer davidii*、罗浮槭 *A. fabri*、香果树 *Emmenopterys henryi* 等。

三、植物分布特点

（一）物种丰富，群落破碎且次生性较强

据调查统计，该区有种子植物 161 科 612 属 1 569 种，资源较丰富，是良好的天然基因库。但由于长期的人为干扰和破坏，区内植被的组成、结构和外貌均受到较大影响，具有次生植被的典型特征。加之大部分区域成土母岩为石灰岩，土层薄，且土被不连续，常有大面积母岩裸露，因此，群落整体外观破碎且分散。

（二）珍稀植物种类多、分布集中

据调查，该区共有珍稀植物 76 种，其中国家Ⅰ级保护植物有云南穗花杉、红豆杉、光叶珙桐等 3 种；国家Ⅱ级保护植物有西康玉兰、香樟、楠木、水青树、榉树、香果树等 7 种；贵州省省级保护植物有三尖杉、红花木莲、领春木、川桂、檫木 *Sassafras tzumu*、青檀 *Pteroceltis tatarinowic*、刺楸、青钱柳 *Cyclocarya paliurus*、银鹊树 *Tapiscia sinensis*、蓝果树 *Nyssa sinensis*、清香木 *Pistacia weinmannifolia*、八角莲 *Dysosma versipellis* 等 12 种；列为《濒危野生动植物种国际贸易公约》（CITES）附录Ⅰ兰科 Orchidaceae 兜兰属 *Paphiopedilum* 3 种，附录Ⅱ兰科白芨 *Bletilla striata*、虾脊兰 *Calanthe discolor* 等 52 种。

以上保护种在本区域内分布范围广，数量多，分布集中，如老马冲的红豆杉、水青树，刘家庙和磨牙谷的云南穗花杉，这些共同形成了该区域的一大特色。

（三）垂直分布有规可循

受调查区域限制，物种在水平分布上无明显差异，山体相对高差大，在垂直分布上差异虽不十分明显，但仍有一定规律可循。

1. 海拔 1 400m 以下

海拔 1 400m 以下主要为沟谷，谷底开阔平缓的地段为村寨，周围农地多，该区间受人为干扰严重，在 1 150 ~ 1 300m 的一些陡峭地段残存较好的森林植被，种类丰富。总体上该区域森林主要组成树种以落叶阔叶树占优势。如陆家寨村沟边寨至雨那洼村罗朋新寨一带，主要乔木种类有：翅荚香槐 *Cladrastis platycarpa*、梾木 *Corus macrphylla*、枫香、山枫香、板栗 *Castanea mollissima*、青冈栎、麻栎、槲栎 *Quercus aliena*、短柄枹栎 *Q. glandulifera* var. *brevipetiolata*、化香、紫弹朴 *Celtis biondii*、构树 *Broussonatia papyrifera*、、油桐 *Vernicia fordii*、枳椇 *Hovenia acerba*、楝叶吴萸 *Evodia meliaefolia*、苦楝 *Melia azdarach*、香椿 *Toona sinensis*、苦枥木 *Fraxiuus floribunda* 等，除村寨旁的黄葛榕作为风水树得以较好保存外，其他树种的树形多处于中、小乔木状，几乎没有大乔木，这显然是受人为破坏所致。灌木种类主要有香叶树、马桑 *Coriaria sinica*、火棘 *Pyracantha fortuneana*、悬钩子蔷薇 *R. rubus*、红毛悬钩子 *R. pinfaensis*、云实 *Caesalpinia decapetala*、老虎刺 *Pterolobium punctatum*、腊莲绣球 *Hydrangea strgosa*、八角枫 *Alangium chinense*、白簕 *Acanthopanax trifoliatus*、穗序鹅掌紫 *Schefflera delavayi*、直角荚蒾 *Viburnum foetidum* var. *restangulatum*、汤饭子 *V. setigerum*、西域旌节花 *Stahyurus himalaicus*、青篱柴 *Tirpitzia sinensis*、长叶水麻 *Debregeasis longifolia*、毛桐 *Mallotus barbatus*、贵州毛柃、灰毛浆果楝 *Cipadessa cinerascens*、清香木、盐肤木 *Rhus chinensis*、玉叶金花 *Mussaenda pubescens*、紫珠 *Callicarpa bodinieri* 等。

2. 海拔 1 400 ~ 1 600m

该区域也是居民聚集区，保基乡至花嘎乡公路沿线的黄兴村、格所、刘家庙、瑶坪等多个村寨就在该区域，森林植被受影响较大，植被残破。有香叶树、山胡椒 *Lindera glauca*、山鸡椒 *Litsea cubeba*、灯台树、水红木 *Viburnum cylindricum*、枫香、响叶杨、光皮桦、麻栎、化香等形成的次生林，也有相当一部分区域为小果蔷薇 *Rosa cymosa*、滇鼠刺、火棘、红毛悬钩子等为主的藤刺灌丛和以五节芒 *Miscanthus floridulus*、荩草 *Arthraxon hispidus*、紫茎泽兰 *Eupatorium adenophorum*、蕨类等为主的草坡。

其他种类还有杉木、柏木 *Cupressus funebris*、云南樟、川桂 *C. wilsonii*、光枝楠 *Phoebe neuranthoides*、马桑、湖北紫荆、野茉莉 *Styrax japonicus*、中华青荚叶 *Helwingia chinensis*、八角枫、刺楸、异叶梁五茶 *Nothopanax davidii*、珍珠荚蒾 *V. foetidum* var. *ceanothoides*、汤饭子、栓皮栎 *Quercus variabilis*、圆果化香

Platycarya longipes、序叶苎麻 *Boehmeria clidemioides* var. *diffusa*、杜仲 *Eucommia wlmoides*、湖北算盘子 *Glochidion wilsonii*、野桐、厚皮香、光枝勾儿茶 *Berchemia polyphylla* var. *leioclada*、皱叶雀梅藤 *Sageretia rugosa*、香椿、盐肤木等。

3. 海拔 1 600 ~ 1 800m

该海拔段下部 1 600 ~ 1 650m 地势平缓，有少量针阔混交林，在洞口寨大庆门，针叶树种为杉木、华山松 *Pinus armandi*，阔叶树种以麻栎、槲栎、短柄枹栎、紫树为主，林下整齐分布映山红 *Rhododendron simsii*、杨梅 *Myrica rubra* 及柃木 *Eurya japonica* ，林相整齐。随着海拔升高，开始出现以乌冈栎 *Quercus phillyraeoides* 和光叶高山栎等为主的常绿阔叶林，在地势陡峭之处得以完好保存。此外，多种珍稀植物在本区域开始少量出现，如云南穗花杉、红豆杉、香果树等。

其他种类主要有柏木、三尖杉 *Cephalotaxus fortunei*、云南樟、香叶树、山鸡椒、光枝楠、马桑、桃 *Amygdalus persica*、山樱花 *Cerasus serrulata* var. *spontanea*、枇杷 *Eriobotrya japonica*、大叶桂樱 *Laurocerasus zippeliana*、独山石楠 *Photinia tushanensis*、火棘 *Pyracantha fortuneana*、红毛悬钩子、川莓 *Rubus setchuenensis*、美脉花楸、中华绣线菊 *Spiraea chinensis*、湖北紫荆、合欢、藤黄檀 *Dalbergia hancei*、滇鼠刺、野茉莉、水红木、倒卵叶旌节花 *Stahyurus obovatus*、响叶杨、麻栎、滇榛 *Corylus yunnanensis*、化香、杜仲、山羊角树、小果南烛 *Lyonia ovatifolia* var. *elliptica*、大白杜鹃、马缨花、大果冬青、金丝桃 *Hypericum monogynu*、冻绿 *Rhamnus utilis*、罗浮槭等。

4. 海拔 1 800 ~ 2 000m

该区域原生森林植被保存相对较好，以杨堡地至石包地、菜子冲、黄家麻窝至老马冲中部、八大山中上部等地保存有较好的常绿、落叶阔叶混交林，具有代表性。建群植物主要有鹅耳枥属 *Carpinus*、化香属 *Platycarya*、青冈属 *Cyclobalanopsis*、石栎属 *Lithocarpus*、石楠属 *Photinia*、山胡椒属 *Lindera* 等，区系成分复杂。

主要种类有云南穗花杉、红花木莲 *Manglietia insignis*、山胡椒、领春木、西南栒子 *Cotoneaster franchetii*、细齿稠李 *Padus obtusata*、独山石楠、滇鼠刺、灯台树、异叶梁五茶、旱禾树、圆叶蜡瓣花 *Corylopsis rotundifolia*、杨梅叶蚊母树 *Distylium myricoides*、皂柳 *Salix wallichiana*、西南米槠 *Castanopsis carlesii* var. *spinulosa*、甜槠栲 *C. eyrei*、滇青冈、青冈栎、包石栎 *L. cleistocarpus*、硬斗石栎、乌冈栎、光叶高山栎、多脉鹅耳枥 *Carpinus polyneura*、岩生鹅耳枥 *C. rupestris*、雷公鹅耳枥 *C. viminea*、化香、山羊角树、山桐子 *Idesia polycarpa*、油茶、细枝柃 *Eurya loquaina*、大白杜鹃、长叶冻绿 *Rhamnus crenata*、黄连木 *Pistacia chinensis*、青榨槭、罗浮槭、壮刺小檗 *Berberis deinacantha*、珠光香青 *Anaphalis margaritacea*、野鸦椿 *Euscaphis japonica* 等。

5. 海拔 2 000m 以上

该区土层瘠薄而干燥，但人为干扰少，腐殖层深厚，以红豆杉、领春木、独山石楠、大果花楸、水青树 *Tetracentron sinense*、化香、青榨槭、木荷 *Schima superba* 等为建群树种，红豆杉就广泛分布在该区域，尤其以老马冲上部分布最多，化香 - 青榨槭 - 红豆杉林是该区主要的植被类型之一，伴生有水青树、光叶珙桐 *Davidia involucrata* var. *vilmoriniana*、西康玉兰 *Magnolia wilsonii* 等珍稀植物，其他伴生种还有野茉莉、云南又双盾木 *Dipelta yunnanensis*、翻白柳 *Salix hypoleuca*、野核桃 *Juglans cathayensis*、中华猕猴桃 *Actinidia chinensis*、中华槭 *Acer sinense* 等。林下灌木层以波叶红果树 *Stranvaesia davidiana* var. *undulata*、紫药荚蒾 *Viburnum eruboscens* var. *prattii*、旱禾树、华山矾 *Symplocos chinensis*、山矾 *S. sumuntia*、窄叶野扇花 *Sarcococca ruscifolia* var. *chinensis*、映山红、刺叶冬青 *Ilex bioritsensis*、方竹 *Chimonobambusa quadrangularis* 等为主。

八大山山体上部(2 300m 以上)，主要为常绿杜鹃灌丛和由禾本科 Gramineae、莎草科 Cyperaceae 和金丝桃科 Hypericaceae 为主构成的灌草丛，结构简单，杜鹃灌丛建群种主要有桃叶杜鹃 *Rhododendron annae*、马缨花、露珠杜鹃 *Rhododendron irroratum*、锈叶杜鹃 *Rh. siderophyllum* 等。

四、评价

八大山区域森林植物资源丰富，植被总体上虽以次生林为主，但其森林生态系统对区域水土保持和水源涵养具有重要作用。本区域生物气候条件优越，减少或停止人为干扰必然能加速森林群落的正向演替，这可以说是研究群落演替规律及植被自然恢复途径的重要场所。同时，对具有代表本地特色的云南穗花群落、红豆杉群落等进行系统定位研究，可为扩大种群数量提供科学依据。此外，众多不同种类的植被景观、奇特河谷、峭壁、雾浪等景观若能引起足够重视，对当地从依靠不可再生资源到走可持续发展道路，有重要意义。

（杨加文　冯邦贤）

参考文献：

黄威廉，屠玉麟，杨龙．1988. 贵州植被[M]．贵阳：贵州人民出版社．

张华海，周庆，张金国．2006. 湄潭百面水自然保护区综合科学考察集[M]．贵阳：贵州科技出版社．

周政贤．1992. 贵州森林[M]．贵阳：贵州科技出版社．

第六章　贵州盘县八大山自然保护区动物资源

第一节　昆虫资源种类及区系成分分析

一、昆虫种类

通过对保护区昆虫资源调查，经鉴定共有649种，隶属于15个科130个属(见附录：盘县八大山及周边昆虫名录)。

二、区系分析

保护区有昆虫649种，根据所掌握的种类分布记录，参照世界动物地理区划和中国动物地理区划，对已知649种昆虫在世界和中国动物地理区的区系归属作了简单的分析。详情见表6-1。

表6-1　盘县昆虫区系归属

种名	世界地理区系归属						中国动物地理区系归属						
	古北区	新北区	东洋区	非洲区	新热带区	澳洲区	东北区	华北区	蒙新区	青藏区	西南区	华中区	华南区
1. 家白蚁 *Coptoermes formosanus* Shirake	√		√					√			√	√	√
2. 台湾乳白蚁 *Coptotermes formosanus* Shiraki	√		√					√				√	√
3. 花坪散白蚁 *Reticulitermes huapingensis* Li			√									√	
4. 尖唇散白蚁 *Reticulitermes aculabialis* Tsai *et* Hwang			√									√	
5. 黑翅土白蚁 *Odontotermes formosciius* (Shimki)			√								√	√	√
6. 稻蓟马 *Stenchaetothrips biformis* (Bagnall)	√		√				√				√	√	√
7. 烟蓟马 *Trips tabaci* Lindeman	√	√	√	√	√	√	√	√	√	√	√	√	√
8. 致痒蚤 *Pulex irritans* Linnaeus	√	√	√	√	√	√	√	√	√	√	√	√	√
9. 华球螋 *Forficula sinica* (Bey－bienko)			√								√	√	
10. 广腹螳 *Hierodula patellifera* Serville	√		√				√	√			√	√	√
11. 薄翅螳螂 *Mantis religiosa* Linnaeus	√		√				√	√	√	√	√	√	√
12. 中华大刀螳 *Tenodera aridlfolia* Sinensls	√		√				√	√	√	√	√	√	√
13. 丽眼斑螳 *Creobroter gemmatus* Stoll			√									√	√
14. 东亚飞蝗 *Locusta migratoria manilensis* (Meyen)	√		√					√			√	√	√
15. 日本黄脊蝗 *Patanga japonica* (Bolivar)	√		√					√		√	√	√	√
16. 中华稻蝗 *Oxya chinensis*(Thunberg)	√	√	√		√	√		√	√		√	√	√
17. 短额负蝗 *Atractomorpha sinensis* Bolivar	√		√				√	√	√	√	√	√	√
18. 青脊网蝗 *Ceracris nigricornis* Walker			√								√	√	√
19. 奇异负蝗 *Atractomorpha peregrina* Bi *et* Xia	√		√					√				√	
20. 云贵希蝗 *Shirakiacris yunkweiensis* (Chang)	√		√					√			√	√	

（续）

种名	世界地理区系归属						中国动物地理区系归属						
	古北区	新北区	东洋区	非洲区	新热带区	澳洲区	东北区	华北区	蒙新区	青藏区	西南区	华中区	华南区
21. 四川突额蝗 *Traulia szetschuanensis* Ramme	√		√					√			√	√	√
22. 方异距蝗 *Heteropternis respondens* (Walker)	√		√					√			√	√	√
23. 非洲车蝗 *Gastrimargus africanus* (Sauss)	√		√	√						√	√	√	√
24. 疣蝗 *Trilophidia annulata* (Thunb.)	√		√					√	√	√	√	√	√
25. 云南蝗 *Yunnanites coriacea* Uvarov			√								√	√	
26. 中华蚱蜢 *Acrida cinerea* Thunber	√		√					√			√	√	√
27. 日本蚱 *Tetrix japonica* (Bolivar)	√		√				√	√	√	√	√	√	√
28. 中华螽斯 *Tettigonia chinensis* Willemse			√								√	√	√
29. 刺平背露螽 *Isopsera spinosa* Ingrisch			√								√	√	
30. 日本条螽 *Ducetia japonica* (Thunberg)	√		√								√	√	
31. 截叶糙颈螽 *Ruidocollaris truncatolobata* (Brunner - Wattenwyl)	√		√					√				√	
32. 中华翡螽斯 *Phyllomimus sinicus* Beier	√		√					√				√	√
33. 油葫芦 *Cryllus testaceus* Wallker	√		√							√	√	√	√
34. 非洲蝼蛄 *Gryllotalpa africana* Palisot *et* Beauvois	√		√					√			√	√	√
35. 东方蝼蛄 *Gryllotalpa orientalis* Burmeister	√		√					√			√	√	√
36. 黑胸大蠊 *Periplaneta fuliginosa* (Serville)	√		√				√	√	√	√	√	√	√
37. 美洲大蠊 *Periplaneta Americana* (Linnaeus)	√	√	√	√			√	√	√	√	√	√	√
38. 大光蠊 *Rhabdoblatta takakashii* Asahina			√								√	√	√
39. 凹缘大光蠊 *Rhabdoblatta incise* Bey - Bienko			√								√	√	
40. 德国小蠊 *Blattella germanica* (Linnaeus)	√	√	√	√	√	√	√	√	√	√	√	√	√
41. 拟德国小蠊 *Blattella lituricollis* Walker	√	√	√	√	√	√	√	√	√	√	√	√	√
42. 双纹小蠊 *Blattella bisignata* Brunner	√	√	√	√	√	√	√	√	√	√	√	√	√
43. 中华拟歪尾蠊 *Episymploce sinensis* (Walker)	√		√					√			√	√	√
44. 黄缘拟截尾蠊 *Hemithyrsocera lateralis* (Walker)			√								√	√	√
45. 褐斑异痣蟌 *Ischnura senegalensis* (Rambur)			√								√	√	√
46. 长尾黄蟌 *Ceriagrion fallax* Ris			√								√	√	√
47. 短尾黄蟌 *Ceriagrion melanurum* Selys	√		√					√			√	√	√
48. 瘦蟌 *Ischnura denticollis* Burmeister	√	√	√				√	√	√	√	√	√	√
49. 透顶单脉色蟌 *Matrona basilaris basilaris* (Selys)	√		√					√		√	√	√	√
50. 条纹色蟌 *Calopteryx virgo* (Linnaeus)	√		√									√	√
51. 碧伟蜓 *Anax parthenope* Julius(Brauer)	√		√					√	√	√	√	√	√
52. 梅利蜻 *Libellula melli* Schmidt			√									√	√
53. 红蜻 *Crocothemis servilia*(Drury)	√		√				√	√		√	√	√	√
54. 红小蜻 *Nannophya pygmaea* Rambur			√			√						√	√
55. 赤褐灰蜻 *Nannophya pruinosum* Rambur			√								√	√	√
56. 白尾灰蜻 *Orthetrum albistylum* (Selys)	√		√				√	√	√		√	√	√
57. 吕宋蜻蜓 *Orthetrum luzonicum* (Brauer)			√								√	√	√

（续）

种名	世界地理区系归属						中国动物地理区系归属						
	古北区	新北区	东洋区	非洲区	新热带区	澳洲区	东北区	华北区	蒙新区	青藏区	西南区	华中区	华南区
58. 黄蜻 *Pantala flavescens*（Fabricius）	√		√				√	√		√	√	√	√
59. 广斑曲缘蜻 *Palpopleura sexmaculata*（Fabricius）			√								√	√	√
60. 大赤卒 *Sympetrum baccha*（Selys）			√									√	√
61. 半黄赤蜻 *Sympetrum croceolum*（Selys）	√		√					√		√		√	√
62. 小黄赤蜻 *Sympetrum kunckeli*（Selys）	√		√					√				√	
63. 大黄赤蜻 *Sympetrum uniforms* Selys	√		√				√	√				√	
64. 褐顶赤蜻 *Sympetrum infuscatum* Selys	√		√				√	√				√	√
65. 中华斜痣蜻 *Tramea chinesis* De Geer			√								√	√	√
66. 紫红蜻蜓 *Trithemis aurosa* Burmeister			√								√	√	√
67. 蚱蝉 *Cryptotympana atrata*（Fabricius）	√		√					√	√		√	√	√
68. 螂蝉 *Pomponia linearis*（Walker）			√									√	√
69. 蟪蛄 *Platypleura kaempferi* Fabricius	√		√									√	√
70. 红蝉 *Cicada sauguinea* De Geer	√		√					√			√	√	√
71. 绿草蝉 *Magannia hebes*（Walker）			√								√	√	√
72. 峨嵋红眼蝉 *Talainga sinensis* Yuan			√									√	
73. 雷鸣蝉 *Oncotympana macnlaticollis* Mctsch	√		√				√	√	√			√	
74. 带耳叶蝉 *Ledra serrulata* Fabricius			√								√	√	
75. 棉叶蝉 *Empoasca biguttula*（Ishida）	√		√					√	√		√	√	√
76. 小绿叶蝉 *Empoasca flavescens* Fabricius	√		√					√	√		√	√	√
77. 烟翅小绿叶蝉 *Empoasca limbifera* Matsumura	√		√					√			√	√	√
78. 假眼小绿叶蝉 *Empoasca vitis*（Gothe）	√		√								√	√	
79. 黑胸斑叶蝉 *Erythroneura hirayamella*（Matsumura）	√		√					√				√	
80. 黑唇斑叶蝉 *Empoascanara maculifrons*（Motschulsky）			√									√	√
81. 黑尾叶蝉 *Nephotettix cincticeps*（Uhler）	√		√					√		√	√	√	√
82. 一点木叶蝉 *Phlogotettix cyclops*（Mulsant *et* Rey）	√		√				√				√	√	
83. 电光叶蝉 *Inazuma dorsalis*（Motschulsky）	√		√				√					√	
84. 稻叶蝉 *Inemadara oryzae*（Matsumura）	√		√				√					√	
85. 柿零叶蝉 *Limassolla diospyri* Chou *et* Ma			√									√	
86. 白翅叶蝉 *Thaia rubiginosa* kuoh			√								√	√	√
87. 黑尾大叶蝉 *Bothrogonia ferruginea* Fabricius	√		√	√			√	√				√	√
88. 水凹大叶蝉 *Bothrogonia shuichengana* Li			√									√	
89. 白边拟大叶蝉 *Ishidaella albomarginata*（Signoret）	√		√				√	√				√	√
90. 顶斑边大叶蝉 *Kolla paulula*（Walker）	√		√					√					√
91. 绿斑大白叶蝉 *Cofana unimaculata*（Signoret）			√	√									√
92. 大青叶蝉 *Cicadella viridis*（Linnaeus）	√	√	√	√	√	√	√	√	√	√	√	√	√
93. 窗翅叶蝉 *Millewa margheritae* Distant	√		√				√	√			√	√	
94. 白斑尖胸沫蝉 *Aphrophora quadriguttata* Melichar	√		√					√				√	

（续）

种名	世界地理区系归属						中国动物地理区系归属						
	古北区	新北区	东洋区	非洲区	新热带区	澳洲区	东北区	华北区	蒙新区	青藏区	西南区	华中区	华南区
95. 赤斑禾沫蝉 *Callitettix versicolor* Fabricius	√		√									√	
96. 中国隆沫蝉 *Cosmoscarta madarina* Distant			√									√	
97. 拟背斑沫蝉 *Cosmoscarta fictilis* Butl			√								√	√	
98. 黑斑丽沫蝉 *Cosmoscarta dorsimacula* (Walker)			√									√	√
99. 中华高冠角蝉 *Hypsauchertia chinensis* Chou			√									√	
100. 油桐三刺角蝉 *Tricentrus aleuritis* Chou			√									√	
101. 碧蛾蜡蝉 *Ceisha distinctissima* (Walker)	√		√					√			√	√	√
102. 褐缘蛾蜡蝉 *Salurnis marginella* (Guerin)			√								√	√	√
103. 丽纹广翅蜡蝉 *Ricanula pulverosa* (Stal)			√								√	√	√
104. 八点广翅蜡蝉 *Ricanula speculum* (Walker)			√								√	√	√
105. 斑衣蜡蝉 *Lycorma delicatula* (White)	√		√					√	√		√	√	√
106. 灰飞虱 *Laodelphax striatellus* (Fallen)	√		√					√	√	√	√	√	√
107. 钩突淡脊飞虱 *Neuterthron hamuliferum* Ding			√								√	√	√
108. 长绿飞虱 *Saccharosydne procerus* (Matsumura)	√		√				√	√			√	√	√
109. 白背飞虱 *Sogatella furcifera* (Horvath)	√		√				√	√			√	√	√
110. 白条飞虱 *Terthron albovittata* (Matsumura)	√		√				√	√			√	√	√
111. 白脊飞虱 *Unkanodes sapporona* (Matsumura)	√		√				√	√		√	√	√	√
112. 拟褐飞虱 *Nilaparvata bakeri* (Muir)	√		√				√				√	√	√
113. 褐飞虱 *Nilaparvata lugens* (Stal)	√		√				√	√		√	√	√	√
114. 伪褐飞虱 *Nilaparvata muiri* China	√		√				√	√			√	√	√
115. 台湾叶角飞虱 *Purohita taiwanensis* Muir			√								√	√	√
116. 柑橘木虱 *Diaphorina citri* Kuwayama			√								√	√	√
117. 梧桐木虱 *Thysanogyna limbata* Enderlein	√		√					√				√	√
118. 豌豆蚜 *Acyrthosiphon pisum* (Harris)	√	√	√	√	√	√	√	√	√	√	√	√	√
119. 甘蓝蚜 *Brevicoryne brassicae* (Linnaeus)	√	√	√	√	√	√	√	√	√	√	√	√	√
120. 麦二叉蚜 *Schizaphis graminum* (Rondani)	√		√				√	√	√	√	√	√	√
121. 麦长管蚜 *Macrosiphum avenae* (Fabricius)	√		√				√	√	√	√	√	√	√
122. 萝卜蚜 *Lipaphis erysimi* (Kaltenbach)	√		√				√	√	√		√	√	√
123. 桃蚜 *Myzus persicae* (Sulzer)	√		√				√	√	√	√	√	√	√
124. 禾谷缢蚜 *Rhopalosiphum padi* Linnaeus	√		√				√	√	√		√	√	√
125. 角倍蚜 *Melaphis chinensis* Bell	√		√					√			√	√	√
126. 角蜡蚧 *Ceroplastes ceriferus* (Anderson)	√		√					√			√	√	√
127. 龟网蜡蚧 *Euoalymuatus lessellatus* (Signoret)			√									√	
128. 日本蜡蚧 *Ceroplastes japonicas* Guaind	√		√				√	√	√		√	√	√
129. 红蜡蚧 *Ceroplastes rubens* (Maskell)	√		√					√			√	√	√
130. 茶牡蛎盾蚧 *Paralepidosaphes tubulorμm* (Ferris)			√								√	√	√
131. 椰圆蚧 *Temnaspidiotus destructor* (Signoret)	√		√					√				√	√

（续）

种名	世界地理区系归属						中国动物地理区系归属						
	古北区	新北区	东洋区	非洲区	新热带区	澳洲区	东北区	华北区	蒙新区	青藏区	西南区	华中区	华南区
132. 矢尖蚧 *Unaspis yanonensis* (Kuwana)	√		√					√			√	√	√
133. 长春藤蚧 *Aspidiotus hederae* (Vallot)			√								√	√	√
134. 茶白囊蚧 *Phenacaspis cockerelli* Cooley			√									√	
135. 蛇目蚧 *Pseudaonidia duplex* (Cokerell)	√		√					√			√	√	√
136. 桑白蚧 *Pseudaulacaspls pentagona* (Targioni - Tozzctti)	√		√				√				√	√	√
137. 草履蚧 *Drosicha contrahens* Walker	√		√					√	√	√	√	√	√
138. 吹绵蚧 *Icerya purchasi* Maskell	√	√	√	√			√	√	√		√	√	√
139. 长尾粉蚧 *Pseudococcus longispinus* Targioni - Tozzetti			√								√	√	√
140. 大田鳖 *Lethocerus deyrollei* Vuillefroy	√		√					√				√	√
141. 黑刺同蝽 *Acanthosoma nigrospina* Hsiao *et* Liu	√		√					√				√	
142. 黑须棘缘蝽 *Cletus punctulatus* Westwood	√		√					√		√	√	√	√
143. 稻棘缘蝽 *Cletus punctiger* Dallas			√									√	
144. 波原缘蝽 *Coreus potanini* Jakovlev	√		√					√	√	√	√	√	
145. 异稻缘蝽 *Leptocorisa acuta* Thunberg			√								√	√	√
146. 山赭缘蝽 *Ochrochira monticola* Hsiao			√									√	
147. 波赭缘蝽 *Ochrochira potanini* Kirishenko	√		√					√			√	√	
148. 小点筒缘蝽 *Homoeocerus marginellus* Herrich - Schaffer			√								√	√	√
149. 条蜂缘蝽 *Riptortus linearis* Fabricius	√		√					√			√	√	√
150. 宽肩达缘蝽 *Dalader planiventris* Westwood			√								√	√	
151. 红蝽 *Crocothemis servilia* Drury	√		√								√	√	√
152. 棉红蝽 *Dvsdercus cinqulatus* (Fabricius)			√								√	√	√
153. 蓝蝽 *Zicrona caerula* (Linnaeus)	√	√	√				√	√	√		√	√	√
154. 蠋蝽 *Arma chinensis* Fallou	√		√				√	√	√		√	√	
155. 茶翅蝽 *Halyomorpha picus* (Fabricius)	√		√				√	√	√		√	√	
156. 弯角蝽 *Lelia decempunctata* Motshulsky	√		√				√	√	√		√	√	
157. 二星蝽 *Eysarcoris guttiger* (Thunberg)	√		√					√		√	√	√	√
158. 谷蝽 *Gonopsis affinis* (Uhler)	√		√				√	√			√	√	√
159. 广二星蝽 *Stullia ventralis* (Westwood)	√		√					√			√	√	√
160. 中华岱蝽 *Dalpada cinctipes* Walker	√		√					√			√	√	√
161. 绿岱蝽 *Dalpada smaragdina* (Walker)	√		√				√	√			√	√	√
162. 全蝽 *Homalogonia obtusa* (Walker)	√		√				√	√		√		√	
163. 玉蝽 *Hoplistodera fergussoni* Distant	√		√							√	√	√	√
164. 硕蝽 *Eurostus validus* Dallas	√		√					√			√	√	√
165. 长硕蝽 *Enrostus ochraceus* Montandon			√								√	√	
166. 荔枝蝽 *Tessaratoma papillosa* Drury			√								√	√	√
167. 方肩荔蝽 *Tessaratoma quadrata* Distant			√								√	√	√
168. 辉蝽 *Carbula obtusangula* Reuter	√		√					√		√	√	√	√

（续）

种名	世界地理区系归属						中国动物地理区系归属						
	古北区	新北区	东洋区	非洲区	新热带区	澳洲区	东北区	华北区	蒙新区	青藏区	西南区	华中区	华南区
169. 珀蝽 *Plautia fimbriata* (Fabricius)	√		√	√				√		√	√	√	√
170. 菜蝽 *Eurydemadominulus* (Socopoli)	√		√				√	√	√	√	√	√	√
171. 横纹菜蝽 *Eurydema geblema* Kolenati	√		√				√	√	√	√	√	√	
172. 斑须蝽 *Dolycoris baccaram* (Linnaeus)	√	√	√				√	√	√	√	√	√	√
173. 短角瓜蝽 *Megymeum brevicornis* Fabricius	√		√					√			√	√	√
174. 紫蓝曼蝽 *Menida violacea* Motshulsky	√		√				√	√	√		√	√	√
175. 大臭蝽 *Metonymia glandulosa* (Wolff)	√		√				√	√			√	√	√
176. 麻皮蝽 *Erthesina full* (Thunberg)	√		√					√			√	√	√
177. 九香虫 *Coridius chinensis* (Dallas)	√		√							√	√	√	√
178. 稻绿蝽黄肩型 *Nezara viridula forma torquata* (Fabricius)	√	√	√	√	√	√		√		√	√	√	√
179. 稻绿蝽全绿型 *Nezara viridula forma typical* (Linnaeus)	√	√	√	√	√	√		√		√	√	√	√
180. 稻褐蝽 *Niphe elongate* (Dallas)			√									√	
181. 黑益蝽 *Picromerus griseus* (Dallas)			√									√	
182. 赤条蝽 *Graphosoma rubrolineata* Westwood	√		√				√	√		√		√	√
183. 角盾蝽 *Cantao ocallatus* Thunderg			√								√	√	√
184. 油茶宽盾蝽 *Poecilocoris latus* Dallas			√								√	√	√
185. 山字宽盾蝽 *Poecilocoris sanszesignatus* Yang			√							√	√	√	
186. 红脊长蝽 *Trpidothorax elegans* (Distant)	√		√					√			√	√	√
187. 狄豆龟蝽 *Megacopta distanti* (Montandon)	√		√					√				√	√
188. 云斑真猎蝽 *Harpactor incertus* Distant			√									√	
189. 褐菱猎蝽 *Isyndus obscurus* (Dallas)	√		√				√	√		√	√	√	√
190. 蚊猎蝽 *Myiophanes tipulina* Reuter	√		√					√		√		√	
191. 黑角嗯猎蝽 *Endochus nigricornis* Stal			√							√	√	√	√
192. 环斑猛猎蝽 *Sphedanolestes impressicollis* (Stal)	√		√					√			√	√	√
193. 红缘猛猎蝽 *Sphdanolestes gularis* Hsiao	√		√					√		√	√	√	√
194. 齿缘刺猎蝽 *Sclomina erinacea* Stal			√								√	√	√
195. 红彩端猎蝽 *Rhynocoris fuscipes* Fabricius			√							√	√	√	√
196. 黑脂猎蝽 *Velinus nodipes* Uhler	√		√					√			√	√	√
197. 中黑盲蝽 *Adelphocoris suturalis* Jakovlev	√		√				√		√			√	
198. 牧草盲蝽 *Lygus pratenszs* (Linnaeus)	√		√				√	√	√			√	
199. 梨网蝽 *Stephanitis nashi* Esaki *et* Takeya	√		√				√	√	√	√	√	√	√
200. 茶脊冠网蝽 *Stephanitis chinensis* Drake			√									√	
201. 杜鹃冠网蝽 *Stephanitis pyriodes* (Scott)			√				√					√	√
202. 山地狭盲蝽 *Stenodema alpestris* Reuter	√		√					√			√	√	√
203. 越南臀鱼蛉 *Anachauliodes tonkinicus* Kimmins			√								√	√	
204. 中华斑鱼蛉 *Neochauliodes rotundatus* Tjder	√		√				√	√	√	√	√	√	√
205. 花边星齿蛉 *Protohermes costalis* (Walker)			√								√	√	√

（续）

种名	世界地理区系归属						中国动物地理区系归属						
	古北区	新北区	东洋区	非洲区	新热带区	澳洲区	东北区	华北区	蒙新区	青藏区	西南区	华中区	华南区
206. 普通齿蛉 *Neoneuromus ignobilis* Navás	√		√					√			√	√	√
207. 普通草蛉 *Chrysoperla carnea* (Stephens)	√	√	√				√	√	√			√	√
208. 中华草蛉 *Chrysoperla sinica* Tjeder	√		√				√	√			√	√	√
209. 大草蛉 *Chrysopa septempunctata* Wesmael	√		√				√	√	√			√	√
210. 日意草蛉 *Italochrysa japonica* (McLachlan)	√		√					√			√	√	√
211. 核桃扁叶甲 *Gastrolina depressa* Baly	√		√				√	√			√	√	√
212. 泡桐叶甲 *Basiprionota bisignata* (Boheman)	√		√					√				√	
213. 柳蓝叶甲 *Plagiodera versicolora* (Laicharting)	√		√				√	√			√	√	
214. 漆黄叶甲 *Podontia lutea* Clirier			√								√	√	
215. 白杨叶甲 *Chrysomela populi* Linnaeus	√		√				√	√	√			√	
216. 蒿金叶甲 *Chrysolina aurichalcea* (Mannerheim)	√		√					√	√		√	√	
217. 大猿叶虫 *Colaphellus bowringi* Baly	√		√				√	√	√	√	√	√	√
218. 小猿叶虫 *Phaedon brassicae* Baly	√		√				√	√	√	√	√	√	√
219. 何首乌叶甲 *Gallerucida ornatipennis* Duvivier			√									√	
220. 葡萄十星叶甲 *Oides decempunctata* Billberg	√		√				√	√				√	√
221. 蓝翅瓢萤叶甲 *Oides bowringii* (Baly)			√								√	√	√
222. 黑跗瓢萤叶甲 *Oides tarsata* (Baly)	√		√					√				√	√
223. 双斑萤叶甲 *Monolepta hieroglyphica* (Motschulsky)	√		√				√	√			√	√	√
224. 黄缘米萤叶甲 *Mimastra limbata* Baly			√								√	√	√
225. 二纹柱萤叶甲 *Gallerucida bifasciata* Motschulsky	√		√				√	√			√	√	√
226. 黄足黄守瓜 *Aulacophora femoralis* Motschulsky	√		√				√	√	√	√	√	√	√
227. 黄曲条跳甲 *Phyllotreta vittata* (Fabricius)	√		√				√	√	√	√	√	√	√
228. 蓝色蚤跳甲 *Psylliodes punctifrons* Baly	√		√					√			√	√	√
229. 茄跳甲 *Psylliodes balyi* Jacoby			√								√	√	√
230. 苹龟甲 *Cassida versicolor* (Boheman)			√									√	
231. 甘薯蜡龟甲 *Laccoptera quadrimaculata* (Thunberg)			√									√	√
232. 水稻铁甲虫 *Dicladispa armigera* Olivier			√								√	√	√
233. 黑翅厚缘叶甲 *Aoria nigripennis* Gressitt *et* Kimoto	√		√				√	√	√		√	√	√
234. 甘薯叶甲 *Colasposoma dauricum* Mannerhein	√		√				√	√	√	√	√	√	√
235. 五斑棒角甲 *Platyrhopalus davidis* Fairmaire	√		√					√				√	
236. 喀氏丽花萤 *Themus cavaleriei* (Pic)			√									√	
237. 沟金针虫 *Pleonomus canaliculatus* Faldermann	√		√				√	√	√	√		√	
238. 丽叩甲 *Campsosternus auratus* (Drury)	√		√								√	√	√
239. 云南松脊吉丁 *Chalcophora yunnana* Fairmaire	√		√								√	√	√
240. 月斑圆翅锹甲 *Neducanus oberthur* Leuther			√								√	√	
241. 短腿水叶甲 *Donacia frontalis* Jacoby	√		√				√	√				√	√
242. 稻食根叶甲 *Donacia provosti* Fairmaire	√		√				√	√				√	√

（续）

种名	世界地理区系归属						中国动物地理区系归属						
	古北区	新北区	东洋区	非洲区	新热带区	澳洲区	东北区	华北区	蒙新区	青藏区	西南区	华中区	华南区
243. 红胸负泥虫 *Lema fortunei* Baly	√		√					√				√	√
244. 水稻负泥虫 *Oulema oryzae*（Kuwayama）	√		√				√	√			√	√	√
245. 红头豆芫菁 *Epicauta ruficeps* Illiger			√								√	√	√
246. 密齿锯天牛 *Macrotoma fisheri* Waterhouse			√							√	√	√	
247. 大牙土天牛 *Dorysthenes paradoxus*（faldermann）	√		√					√	√			√	
248. 桔狭胸天牛 *Philus antennatus*（Gyllenhal）	√		√					√				√	√
249. 黑须天牛 *Cyrtonops asahinai* Mitono			√									√	√
250. 咖啡锦天牛 *Acalolepta cervina*（Hope）	√		√				√				√	√	
251. 栗灰锦天牛 *Acalolepta degener*（Bates）	√		√					√	√			√	
252. 长锦天牛 *Acalolepta elongata* Breuning			√									√	
253. 南方锦天牛 *Acalolepta speciosa*（Gahan）			√									√	
254. 灿绒闪光天牛 *Aeolesthes chrysothrix*（Gressitt）	√		√					√			√	√	
255. 楝闪光天牛 *Aeolesthes induta*（Newman）			√									√	√
256. 赤杨花天牛 *Aeolesthes rabra dichroa*（Blan－chard）	√		√				√	√				√	
257. 星天牛 *Anoplophora chinensis*（Forster）√		√				√	√			√	√	√	
258. 光肩星天牛 *Anoplophora glahripennis* Motsch	√		√				√	√	√		√	√	√
259. 桃红颈天牛 *Aromia bungii*（Fald）	√		√				√	√	√		√	√	√
260. 黑跗眼天牛 *Bacchisa atritarsis* Pic	√		√				√					√	√
261. 梨眼天牛 *Bacchisa fortunei*（Thomson）	√		√				√	√				√	√
262. 云斑天牛 *Batocera horsfields*（Hope）	√		√				√	√			√	√	√
263. 橙斑白条天牛 *Batocera davidis* Deyrolle	√		√					√			√	√	√
264. 中华薄翅天牛 *Megopis sinica sinica*（White）	√		√				√	√	√		√	√	
265. 桃褐天牛 *Nadezhdiella aurea* Gressitt			√									√	
266. 咖啡脊虎天牛 *Xylotrechus grayii* White	√		√					√			√	√	√
267. 油茶红颈天牛 *Erythrus blairi* Gressitt			√									√	√
268. 锚斑紫天牛 *Purpuricenus petasifer* Fairmaire	√		√				√	√			√	√	
269. 椎天牛 *Spondylis buprestoides*（Linnaeus）	√		√				√	√	√		√	√	√
270. 家茸天牛 *Trichoferus campestris*（Faldermann）	√		√				√	√	√	√	√	√	
271. 松褐天牛 *Monochamus alternatus* Hope	√		√					√		√	√	√	√
272. 蓝墨天牛 *Monochamus guerryi* Pic			√								√	√	√
273. 锈色粒肩天牛 *Apriona swainsoni*（Hope）	√		√					√			√	√	√
274. 双条杉天牛 *Semanotus bifasciatus* Motschulsky	√		√				√	√	√			√	√
275. 黑须天牛 *Cyrtonops asahinai* Mitono			√									√	√
276. 樟彤天牛 *Eupromus rubber*（Dalman）	√		√									√	√
277. 白网污天牛 *Moechotypa alboannulata* Pic			√									√	
278. 素鞘污天牛 *Moechotypa asiatica*（Pic）			√								√	√	
279. 黄颈柄天牛 *Aphrodisium faldermannii*（Saunders）	√		√					√	√			√	√

（续）

种名	世界地理区系归属						中国动物地理区系归属						
	古北区	新北区	东洋区	非洲区	新热带区	澳洲区	东北区	华北区	蒙新区	青藏区	西南区	华中区	华南区
280. 皱绿柄天牛 *Aphrodisium gibbicolle* (White)	√		√					√			√	√	√
281. 稀点侧沟天牛 *Obrium complanatum* Gressitt			√									√	
282. 双纹梨天牛 *Cataphrodisium rubripenne* (hope)			√									√	
283. 细足长绿天牛 *Chlorodolum tenuipes* (Fairmaire)			√									√	
284. 斜尾虎天牛 *Clytus raddensis* Pic	√		√				√					√	
285. 弧纹绿虎天牛 *Chlorophorus miwai* Gressitt	√		√				√	√				√	√
286. 竹绿虎天牛 *Chlorophorus annularis* (Fabricius)	√		√				√	√			√	√	√
287. 裂纹绿虎天牛 *Chlorophorus separtus* Gressitt			√								√	√	√
288. 红缝草天牛 *Eodorcadion chianganicum* Suvorv	√		√				√		√			√	
289. 中华粒翅天牛 *Lamiomimus chinensis* Breuning			√								√	√	
290. 双带粒翅天牛 *Lamiomimus gottschei* Kolbe	√		√					√				√	
291. 白盾筛天牛 *Cribragapanthia scutellata* Pic			√								√	√	
292. 隆突天牛 *Agriomorpha ochreomaculata* Breuning			√									√	
293. 榕指角天牛 *Imamtocera penicillata* (Hope)			√							√	√	√	
294. 二斑象天牛 *Mesosa bipunctata* Chiang			√									√	
295. 粗脊天牛 *Trachylophus sinensis* Gahan			√									√	√
296. 丽并脊天牛 *Glenea pulchra* Aurivillius			√							√	√	√	√
297. 黑翅脊筒天牛 *Nupserha infantula* Ganglbaner	√		√					√			√	√	√
298. 黄缘瘤筒天牛 *Linda apicalis* Pic			√							√	√	√	
299. 台湾筒天牛 *Oberea formosana* Pic			√									√	√
300. 瘦筒天牛 *Oberea atropunctata* Pic	√		√					√			√	√	√
301. 红绵天牛 *Sophronica chinensis* Breuning			√									√	
302. 华南蜢天牛 *Tetraglenes insignis* Newman			√									√	√
303. 灰翅粉天牛 *Olenecamptus griseipennis* (Pic)			√								√	√	
304. 小灰长角天牛 *Acanthocinus griseus*(Fabricius)	√		√				√	√	√			√	√
305. 伪昏天牛 *Pseudanaesthetis langana* Pic			√									√	√
306. 双叉犀金龟 *Allomyrina dichotoma* Linnaeus	√		√				√	√			√	√	√
307. 棕色鳃金龟 *Holotrichia titanis* Reitter	√		√				√	√	√	√	√	√	√
308. 黑绒鳃金龟 *Serica orientalis* Motschulsky	√		√					√	√			√	√
309. 大头霉鳃金龟 *Microtrichia cephalotes* Burm			√								√	√	
310. 斑喙丽金龟 *Adoretus ternuimaculatus* Waterhouse	√		√					√				√	√
311. 铜绿丽金龟 *Anomala corpulenta* Motschulsky	√		√				√		√			√	√
312. 深绿异丽金龟 *Anomala heydeni* Frivaldszky	√		√				√	√				√	
313. 亮绿彩丽金龟 *Mimela splendens* Ctyllenhal	√		√				√	√			√	√	√
314. 琉璃弧丽金龟 *Popillia atrocoerulea* Bates	√		√				√	√			√	√	√
315. 蓝亮弧丽金龟 *Popillia cyanea splendicolis* Fairmaire			√									√	
316. 无斑弧丽金龟 *Popillia mutans* Newman	√		√				√	√	√	√	√	√	√

（续）

种名	世界地理区系归属						中国动物地理区系归属						
	古北区	新北区	东洋区	非洲区	新热带区	澳洲区	东北区	华北区	蒙新区	青藏区	西南区	华中区	华南区
317. 中华弧丽金龟 *Popillia quadriguttata* Fabricius	√		√				√	√	√	√	√	√	√
318. 曲带弧丽金龟 *Popillia pustulata* Fairmaire			√								√	√	√
319. 小青花金龟 *Oxycetonia jucunda* Faldermann	√	√	√				√	√			√	√	√
320. 斑青花金龟 *Oxycetonia bealiae* (Gory *et* Percheron)			√								√	√	√
321. 白星花金龟 *Protaetia brevitarsis* Lewis	√		√				√	√	√	√	√	√	√
322. 雅唇花金龟 *Trgonophorus gracilipes* Westw			√									√	
323. 绽蓝罗花金龟 *Rhomborrhina hyacinthine* (Hope)			√							√		√	
324. 日铜罗花金龟 *Rhomborrhina japonica* Hope	√		√								√	√	√
325. 亮丽罗花金龟 *Rhomborrhina resplendens* Swartz			√								√	√	
326. 绿罗花金龟 *Rhomborrhina unicolor* Motschulsky	√		√									√	√
327. 黄毛罗花金龟 *Torynorrhina fulvopilosa* Moser			√								√	√	√
328. 神农粪蜣 *Catharsius molossus* Linnaeus	√		√					√		√	√	√	√
329. 孔蜣螂 *Copris confucius* Harold	√		√								√	√	√
330. 黑利蜣螂 *Liatongus gagatinus* (Hope)			√							√	√	√	
331. 孟加拉粪蜣 *Copris bengalensis* (Gillet)			√							√	√	√	
332. 日本司嗡蜣螂 *Onthophagus Japonicus* (Harold)	√		√				√					√	
333. 黑裸蜣螂 *Paragymnopleurus melanarius* (Harold)			√								√	√	√
334. 核桃长足象 *Alcidodes juglans* Chao	√		√					√			√	√	
335. 马尾松角颈象 *Shirahoshizo patruelis* (Voss)			√									√	√
336. 栗实象甲 *Curculio davidi* Fairmaire	√		√					√	√		√	√	
337. 剪枝栗实象 *Gryllorhynobites ursulus* Roelofs	√		√				√	√				√	
338. 米象 *Sitophilus oryzae* Linnaeus	√	√	√	√	√	√	√	√	√	√	√	√	√
339. 玉米象 *Sitophilus zeamaiz* Motschulsky	√	√	√	√	√	√	√	√	√	√	√	√	√
340. 松瘤象 *Sipalus gigas* (Fabricius)	√		√									√	
341. 稻象甲 *Echinocnemus squameus* Billberg	√		√				√	√			√	√	√
342. 中国癞象 *Episomus chinensis* Faust			√								√	√	√
343. 多瘤雪片象 *Niphades verrcosus* (Voss)	√		√								√	√	
344. 山茶象 *Curculio chinensis* Chevrolat			√								√	√	√
345. 皂荚豆象 *Bruchidius dorsalis* (Fabricius)	√		√					√	√	√	√	√	√
346. 豌豆象 *Bruchus pisorum* (Linnaeus)	√		√			√			√			√	
347. 蚕豆象 *Bruchus rufimanus* Boheman	√		√					√	√		√	√	√
348. 绿豆象 *Callosobruchus chinensis* (Linnaeus)	√	√	√	√	√	√	√	√	√	√	√	√	√
349. 茶丽纹象甲 *Myllocerinus aurolineatus* Voss			√								√	√	√
350. 泥翅象甲 *Piazomias lewisi* Roelofs			√									√	
351. 桃虎 *Rhynchites confragrossicollis* Voss	√		√					√				√	
352. 梨虎 *Rhynchites foveipennis* Fairm			√				√	√	√		√	√	
353. 纵坑切梢小蠹 *Blastophagus piniperda* Linnaeus	√		√				√	√			√	√	

（续）

种名	世界地理区系归属						中国动物地理区系归属						
	古北区	新北区	东洋区	非洲区	新热带区	澳洲区	东北区	华北区	蒙新区	青藏区	西南区	华中区	华南区
354. 横坑切梢小蠹 *Tomicus minor* Hartig	√		√				√	√			√	√	
355. 中华虎甲 *Cicindela chinenesis* Degeer	√		√					√			√	√	√
356. 寡行步甲 *Anoplogenius cyanescens*（Hope）	√		√				√	√				√	
357. 气步甲 *Brachinus incomptus* Bates	√		√				√	√			√	√	√
358. 耶气步甲 *Pheropsophus jessoensis* Morawitz	√		√				√	√	√		√	√	√
359. 蜀步甲 *Dolicuhs halensis*（Schalller）	√		√				√	√	√	√	√	√	√
360. 毛婪步甲 *Harpalus griseus*(Panzer)	√		√	√			√	√	√		√	√	√
361. 中华婪步甲 *Harpalus sinicus* Hope	√		√				√	√			√	√	√
362. 黄斑青步甲 *Chlaenius micans*（Fabeicius）	√		√				√	√	√	√	√	√	√
363. 黄缘青步甲 *Chlaenius spoliatus*（Rossi）	√		√					√	√		√	√	√
364. 脊青步甲 *Chlaenius costiger* Chaudoir	√		√									√	√
365. 双斑青步甲 *Chlaenius bioculatus* Motschulsky	√		√				√	√				√	√
366. 中华广肩步甲 *Calosoma maderae* Fabricius	√		√				√	√	√	√	√	√	
367. 三斑大唇步甲 *Macrochilus trimaculatus* Olivier			√									√	√
368. 奇裂跗步甲 *Dischissus mirandus* Bates	√		√									√	√
369. 侧带宽颚步甲 *Parena latecincta*（Bates）	√		√				√	√			√	√	
370. 普通角伪叶甲 *Cerogria poularis* Borchmann			√								√	√	
371. 黑胸伪叶甲 *Lagria nigricollis* Hope	√		√					√	√			√	
372. 异色瓢虫 *Harmonia axyridis*(Pallas)	√		√				√	√				√	
373. 隐斑瓢虫 *Harmonia yedoensis*（Takizawa）	√		√					√				√	√
374. 红肩瓢虫 *Leis dimidiata*（Fabricius）	√	√	√				√	√	√			√	
375. 四斑裸瓢虫 *Calvia muiri*（Timberlake）	√		√					√			√	√	√
376. 七星瓢虫 *Coccinella septempunctata* Linnaeus	√		√				√	√	√	√	√	√	√
377. 茄二十八星瓢虫 *Epilachna vigintioctopunctata*（Fabricius）	√		√				√	√	√	√	√	√	√
378. 黄斑盘瓢虫 *Lemnia saucia* Mulsant	√		√					√			√	√	√
379. 黄宝盘瓢虫 *Propylea luteopustulata*（Mulsant）	√		√							√	√	√	
380. 稻红瓢虫 *Micraspis discolor*（Fabricius）			√								√	√	√
381. 龟纹瓢虫 *Propylaea japonica*（Thunberg）	√		√				√	√	√		√	√	√
382. 素鞘瓢虫 *Illeis cincta*（Fabricius）	√		√					√				√	√
383. 六斑月瓢虫 *Menochilus sexmaculata*（Fabriciys）			√									√	
384. 大头金蝇 *Chrysomyia megacephala*（Fabricius）	√		√			√	√	√	√	√	√	√	√
385. 家蝇 *Musca domestica* Linnaeus	√	√	√	√	√	√	√	√	√	√	√	√	√
386. 蓝翠蝇 *Neomyia timorensis*（Robineau – Desvoidy）	√		√				√	√		√	√	√	√
387. 异长足寄蝇 *Dexia divergens* Walker	√		√			√	√	√	√	√	√	√	√
388. 紫黑长角沼蝇 *Sepedon sphegeus* Fabricius	√		√									√	
389. 灰地种蝇 *Delia platura* Meigen	√	√	√	√	√		√	√	√	√	√	√	√
390. 豌豆潜叶蝇 *phytomyza horticola* Goureau	√		√				√	√	√	√	√	√	√

（续）

种名	世界地理区系归属						中国动物地理区系归属						
	古北区	新北区	东洋区	非洲区	新热带区	澳洲区	东北区	华北区	蒙新区	青藏区	西南区	华中区	华南区
391. 小黄粪蝇 *Scathophaga stercoraria* (Linnaeus)	√		√				√	√	√	√	√	√	√
392. 橘小实蝇 *Dacus dorsalis*(Hendel)			√								√	√	√
393. 具条实蝇 *Dacus scutellatus* (Hendel)	√		√								√	√	√
394. 橘大实蝇 *Bactrocera minax* (Enderlein)			√								√	√	√
395. 紫额异巴蚜蝇 *Allobaccha apicalis* loew	√		√				√				√	√	√
396. 黄腹狭口蚜蝇 *Asarkina porcina* Coquillett	√		√				√	√	√	√	√	√	√
397. 黑带食蚜蝇 *Epistrophe balteata* De Geer	√		√	√	√	√	√	√	√	√	√	√	√
398. 斑眼食蚜蝇 *Eristalis arvorum* (Fabricius)			√			√						√	
399. 灰带管尾蚜蝇 *Eristalis cerealis* Fabricius	√		√				√	√	√	√	√	√	√
400. 长尾管蚜蝇 *Eristalis tenax*(Linnaeus)	√	√	√	√	√	√	√	√	√	√	√	√	√
401. 大灰食蚜蝇 *Metasyrphus corollae* (Fabricius)	√		√	√				√			√	√	√
402. 黄颜蚜蝇 *Syrphus ribesii* (Linnaeus)	√		√					√				√	
403. 羽芒宽盾蚜蝇 *Phytomia zonata* (Fabricius)	√		√				√	√				√	√
404. 短刺刺腿蚜蝇 *Ischiodon scutellaris* Fabricius	√		√				√	√	√	√	√	√	
405. 梯斑蚜蝇 *Melanostoma scalare* Fabricius	√		√							√	√	√	√
406. 双色小蚜蝇 *Paragus bicolor* Latreille	√		√				√	√	√	√	√	√	√
407. 黑蜂蚜蝇 *Volucella nigricans* Coquillett	√		√				√	√	√	√	√	√	√
408. 中华斑虻 *Chrysops sinensis* Walker	√		√				√	√			√	√	√
409. 范氏斑虻 *Chrysops vanderwulpi* Kroeber	√		√				√	√	√	√	√	√	√
410. 华广虻 *Tabanus amaenus* Walker	√		√				√	√				√	√
411. 金条虻 *Tabanus aurotestaceus* Walker			√								√	√	√
412. 缅甸虻 *Tabanus birmanicus* (Bigot)			√								√	√	√
413. 贵州虻 *Tabanus guizhouensis* Chen *et* Xu			√									√	
414. 昆明虻 *Tabanus kunmingensis* Wang			√								√	√	
415. 江苏虻 *Tabanus kiangsuensis* Kroeber	√		√				√	√			√	√	√
416. 曼尼普虻 *Tabanus manipurensis* Ricardo	√		√							√	√	√	
417. 日本虻 *Tabanus nipponicus* Murdoch *et* Takahasi	√		√				√	√				√	
418. 大野虻 *Tabanus onoi* Murdoch *et* takahasi	√		√				√	√				√	
419. 灰土虻 *Tabanus pallidiventris* Olsoufiev	√		√				√	√				√	
420. 五带虻 *Tabanus quinquecinctus* Ricardo			√									√	√
421. 高斑虻 *Tabanus signatipennis* Portschinsky	√		√				√	√				√	√
422. 台湾麻虻 *Haematopota formosana* Shiraki			√									√	√
423. 拟云南麻虻 *Haematopota yunnanoides* Xu			√									√	
424. 黄山阿水虻 *Adoxomyia hungshanensis ôuchi*			√									√	
425. 金黄指突水虻 *Ptecticus aurifer* (Walker)	√		√				√	√	√	√	√	√	√
426. 南方指突水虻 *Ptecticus australis* Schiner			√								√	√	√
427. 丽瘦腹水虻 *Sargus metallinus* Fabricius	√		√				√	√	√	√	√	√	√

（续）

种名	世界地理区系归属						中国动物地理区系归属						
	古北区	新北区	东洋区	非洲区	新热带区	澳洲区	东北区	华北区	蒙新区	青藏区	西南区	华中区	华南区
428. 黄腹小丽水虻 *Microchrysa flaviventris* (Wiedemann)	√	√	√	√		√		√		√	√	√	√
429. 亮斑扁角水虻 *Hermetia illucens* (Linnaeus)	√	√	√	√	√	√	√	√	√	√	√	√	√
430. 四川粘水虻 *Parastratiosphecomyia szechuanensis* Lindner			√								√	√	√
431. 白蚊伊蚊 *Aedes albopictus* (Ckuse)	√		√				√	√	√	√	√	√	√
432. 贪食库蚊 *Culex halifaxii* Theobald	√	√	√	√	√		√	√	√	√	√	√	√
433. 褐尾库蚊 *Culex fuscanus* Wiedemann	√		√				√	√	√	√	√	√	√
434. 斑翅库蚊 *Culex mimeticus* Noe	√		√				√	√	√	√	√	√	√
435. 小斑翅库蚊 *Culex mimulus* Edwards	√		√			√	√	√		√	√	√	√
436. 致倦库蚊 *Culex pipiens quinuefacitatus* Say	√		√				√	√		√	√	√	√
437. 薛氏库蚊 *Culex shebbarei* Brarraud	√		√				√			√	√	√	√
438. 迷走库蚊 *Culex vegans* Wiedemann	√		√				√	√	√	√	√	√	√
439. 稻瘿蚊 *Orseolia oryzae* (Wood – Mason)			√								√	√	√
440. 斑腹鹿蛾 *Eressa cinfinis* (Walker)			√								√	√	√
441. 相思拟木蠹蛾 *Arbela baibarana* Mats			√									√	√
442. 多斑豹蠹蛾 *Zeuzera multistrigata* Moore			√								√	√	√
443. 豹蠹蛾 *Zeuzera pyrina* (Linnaeus)	√	√	√	√	√							√	
444. 一点缀螟 *Paralipsa gularis* Zeller	√	√	√					√			√	√	
445. 茶须野螟 *Analthes semitritalis* Lederer	√		√								√	√	√
446. 二化螟 *Chilo suppressalis* (Walker)	√		√	√			√	√			√	√	√
447. 桃蛀野螟 *Conogethes punctiferalis* (Gueneé)	√		√				√	√			√	√	
448. 桃蛀螟 *Dichocrocis punctiferalis* Guenee	√		√				√	√	√	√	√	√	√
449. 三化螟 *Tryporyza incertulas* (walker)			√								√	√	√
450. 稻纵卷叶螟 *Cnaphalocrocis medinalis* Guenee	√		√				√	√	√	√	√	√	√
451. 瓜绢野螟 *Diaphania indica* (Saunders)	√		√			√					√	√	√
452. 黄杨绢野螟 *Diaphania perspectals* Walker	√		√					√		√		√	√
453. 华山松球果螟 *Dioryctria rubella* Hampson			√								√	√	
454. 松梢螟 *Dioryctria splendidella* Herrich – Schaeffer	√		√				√				√	√	√
455. 甜菜白带野螟 *Hymenia recurvalis* (Fabricius)	√	√	√	√		√	√	√		√	√	√	√
456. 菜螟 *Hellula undalis* (Fabricius)	√		√				√	√			√	√	√
457. 豆荚野螟 *Maruca testulalis* (Geyer)	√		√	√		√	√	√	√	√	√	√	√
458. 豆野螟 *Maruca vitrata* (Fabricius)	√	√	√	√	√	√	√	√	√	√	√	√	√
459. 梨大食心虫 *Nephopteryx pirivorella* Matsumura	√		√				√	√	√	√	√	√	√
460. 玉米螟 *Ostrinia furnacalis* (Gueneé)	√		√				√	√			√	√	√
461. 楸螟 *Omphisa plagialis* Wileman	√		√				√	√			√	√	
462. 大螟 *Sesamia inferens* (Walker)	√		√								√	√	√
463. 山茶叶螟 *Samaria ardentella* Ragonot	√		√									√	
464. 马尾松毛虫 *Dendrolimus Punctatus* Walker	√		√					√			√	√	√

（续）

种名	世界地理区系归属						中国动物地理区系归属						
	古北区	新北区	东洋区	非洲区	新热带区	澳洲区	东北区	华北区	蒙新区	青藏区	西南区	华中区	华南区
465. 李枯叶蛾 *Gastropacha quercifolia* Linnaeus	√		√				√	√	√		√	√	√
466. 栗黄枯叶蛾 *Trabala vihnow* Lefebure	√		√					√			√	√	√
467. 天幕毛虫 *Malacosoma neustria testacea* Motsch	√		√				√	√	√		√	√	√
468. 麦蛾 *Silotroga cereatella* Olivier	√		√				√	√	√	√	√	√	√
469. 红铃虫 *Platydera gossypiella*（Saund）	√		√					√				√	
470. 甘薯麦蛾 *Brachmia triannuella* Herrich – Schaffer	√		√					√			√	√	√
471. 葡萄透翅蛾 *Paranthrene regalis* Butler	√		√				√	√				√	
472. 菜蛾 *Plutella xylostella*（Linnaeus）	√		√				√	√	√	√	√	√	√
473. 小地老虎 *Agrotis ypsilon*（Rottemberg）	√	√	√	√	√	√	√	√	√	√	√	√	√
474. 八字地老虎 *Agrotis c – nigrum*（Linnaeus）	√	√	√				√	√	√	√	√	√	√
475. 黄地老虎 *Agrotis segetum* Schiffermüller	√		√	√			√	√	√		√	√	√
476. 银纹夜蛾 *Argyrogramma agnata*（Staudinger）	√		√				√	√	√	√	√	√	√
477. 烟青虫 *Helicoverpa assulta* Guenée	√		√				√	√	√	√	√	√	√
478. 粘虫 *Leucania separate* Walker	√		√			√	√	√	√	√	√	√	√
479. 间纹德夜蛾 *Lepidodelta intermedia* Bremer	√		√	√			√				√	√	
480. 斜纹夜蛾 *Prodenia litura*（Fabricius）	√	√	√	√	√	√	√	√	√	√	√	√	√
481. 俊夜蛾 *Westermannia superba* Hübner	√		√								√	√	√
482. 臭椿皮蛾 *Eligma narcissus*（Cramer）	√		√					√			√	√	√
483. 浅翅凤蛾 *Epicopeia hainesii* Holland			√									√	
484. 舟形毛虫 *Phalera flavescens*（Bremer *et* Grey）	√		√				√	√			√	√	√
485. 黄掌舟蛾 *Phalera fuscescens* Butler	√		√				√	√			√	√	√
486. 苹掌舟蛾 *Plalera flavescens*（Bremer *et* Grey）	√		√				√	√			√	√	√
487. 肖黄掌舟蛾 *Phalera assimilis*（Bremer *et* Grey）	√		√				√	√				√	
488. 杨二尾舟蛾 *Cerura menciana* Moore	√		√				√	√	√	√		√	
489. 杨扇舟蛾 *Clostera anachoreta*（Fabricius）	√		√				√	√	√	√	√	√	√
490. 黑蕊舟蛾 *Ceura tattakana* Matsumura	√		√								√	√	√
491. 白斑胯白舟蛾 *Quadricalcarifera fasciata*（Moore）	√		√							√	√	√	√
492. 著蕊尾舟蛾 *Dudusa nobilis* Walker			√									√	√
493. 茶枝镰蛾 *Casmara patrona* Meyrick			√								√	√	√
494. 优美苔蛾 *Barsine striata*（Bremer *et* Grey）	√		√									√	√
495. 优雪苔蛾 *Cyana hamata*（Walker）			√									√	√
496. 粉鳞土苔蛾 *Eilema moorei*（Leech）	√		√					√			√	√	
497. 日土苔蛾 *Eilema japonica*（Leech）	√		√					√		√	√	√	
498. 长斑土苔蛾 *Eilema tetragona* Walker			√								√	√	
499. 红缘灯蛾 *Amsacta lactinea*（Cramer）	√		√				√	√			√	√	√
500. 乳白斑灯蛾 *Pericallia galactina*（Hoeven）			√								√	√	√
501. 大丽灯蛾 *Callimorpha histrio* Walker			√								√	√	√

（续）

种名	世界地理区系归属						中国动物地理区系归属						
	古北区	新北区	东洋区	非洲区	新热带区	澳洲区	东北区	华北区	蒙新区	青藏区	西南区	华中区	华南区
502. 尘白灯蛾 *Spilarctia obliqua* (Walker)			√								√	√	
503. 仿污白灯蛾 *Spilarctia lubricipeda* (Linnaeus)	√		√				√				√	√	
504. 星白灯蛾 *Spilosoma menthastri* (Esper)	√		√					√	√		√	√	
505. 茶袋蛾 *Clania minuscula* Butler			√									√	√
506. 大袋蛾 *Clania vartegata* Snellen	√		√					√			√	√	√
507. 褐袋蛾 *Mahasena colona* Sonan			√								√	√	√
508. 杨白潜蛾 *Leucoptera susinella* Herrich – Schaffer	√		√				√	√	√			√	
509. 烟潜叶蛾 *Gnorimoschema operculella* (Zeller)	√		√					√			√	√	√
510. 茶细蛾 *Caloptilia theivora* (Walsingham)	√		√					√			√	√	√
511. 黄刺蛾 *Cnidocampa flavescens* (Walker)	√		√				√	√	√		√	√	√
512. 白痣姹刺蛾 *Chalcocelis albiguttata* Snellen			√									√	√
513. 窃达刺蛾 *Darna trima* (Moore)	√		√				√	√	√		√	√	√
514. 褐边绿刺蛾 *Latoia consocia* Walker	√		√				√	√	√		√	√	√
515. 桑褐刺蛾 *Setora postornata* (Hampson)	√		√					√			√	√	√
516. 绒刺蛾 *Phocoderma velutina* Kollar	√		√					√			√	√	√
517. 丽绿刺蛾 *Parasa lepida* (Cramer)	√		√				√	√			√	√	√
518. 显脉球须刺蛾 *Scopelodes venosa kwangtungensis* Hering			√								√	√	√
519. 扁刺蛾 *Thosea sinensis* (Walker)	√		√				√	√			√	√	
520. 缺角天蛾 *Acosmeryx castanea* Rothschild *et* Jordan	√		√									√	√
521. 葡萄缺角天蛾 *Acosmeryx naga* (Moore)	√		√					√				√	√
522. 旋花天蛾 *Herse convolvuli* (Linnaeus)	√		√					√		√	√	√	√
523. 鹰翅天蛾 *Oxyambulyx ochracea* (Butler)	√		√				√	√				√	√
524. 鬼脸天蛾 *Acherontia lahesis* (Fabricius)	√		√					√		√	√	√	√
525. 榆绿天蛾 *Callambulyx poecilus formosana* Clark	√		√				√	√				√	
526. 南方豆天蛾 *Clanis bilineata bilineata* (Walker)	√		√				√	√	√	√	√	√	√
527. 红天蛾 *Deilephila elpenor* (Linnaeus)	√		√					√			√	√	√
528. 紫光盾天蛾 *Langia zenzeroides* Moore			√								√	√	√
529. 桃六点天蛾 *Marumba gaschkewitschi* (Bremer et Gray)	√		√				√	√	√	√	√	√	√
530. 蓝目天蛾 *Smerithus planus planus* Walker	√		√				√	√	√	√	√	√	√
531. 构月天蛾 *Paeum colligata* (Walker)	√		√				√	√				√	√
532. 斜纹天蛾 *Theretra clotho* (Drury)			√								√	√	
533. 雀纹双线天蛾 *Theretra oldenlandiae* (Fabricius)	√		√				√	√	√		√	√	√
534. 雀纹天蛾 *Theretra japonica* (Orza)	√		√				√	√				√	√
535. 小豆长喙天蛾 *Macroglossum stellatarum* Linnaeus	√	√	√	√			√	√				√	
536. 交让木钩蛾 *Hypsomadius insigis* Butler			√								√	√	√
537. 焦边尺蠖 *Bizia aexaria* (Walker)	√		√				√	√	√	√		√	√
538. 云尺蛾 *Buzura thibetaria* Oberthür			√								√	√	

（续）

种名	世界地理区系归属						中国动物地理区系归属						
	古北区	新北区	东洋区	非洲区	新热带区	澳洲区	东北区	华北区	蒙新区	青藏区	西南区	华中区	华南区
539. 油桐尺蠖 *Buzura suppressaria* Guenee			√									√	√
540. 木橑尺蠖 *Culcula panternaria* Bremer *et* Grey	√		√					√				√	
541. 中国巨青尺蛾 *Limbatochlamys rosthorni* Rothschild			√								√	√	√
542. 大鸢尺蠖 *Ectropis excellens* Butler			√									√	√
543. 枯斑翠尺蛾 *Ochrogensia difficta* Walker	√		√				√	√			√	√	√
544. 拟柿星尺蠖 *Percnia albinigrata* Warren	√		√					√				√	√
545. 槐尺蠖 *Semiothisa cinerearia* (Bremer *et* Grey)	√		√				√	√		√		√	√
546. 黄尾尺蛾 *Sirinopteryx parallela* Wehrli	√		√							√	√	√	
547. 枯球箩纹蛾 *Brahmaea wallichii* (Gray)			√								√	√	
548. 茶长卷叶蛾 *Homona coffearia* Nietner	√		√								√	√	√
549. 杉梢小卷叶蛾 *Polychrosis cunninhamiacola* Lin *et* Pai			√									√	
550. 茶毛虫 *Euproctis pseudoconspersa* Strand	√		√							√	√	√	√
551. 舞毒蛾 *Lymantria dispar* Linnaeus	√		√				√	√	√			√	√
552. 柳毒蛾 *Stilprotia salicis* (Linnaeus)	√		√				√	√	√	√	√	√	
553. 双线盗毒蛾 *Porthesia scintillans* (Walker)			√								√	√	√
554. 黄纹旭锦斑蛾 *Campyfotes pratti* Leech			√									√	√
555. 云南旭锦斑蛾 *Campyfotes desgodinsi yunnanensis* Joicey *et* Talbot	√		√							√	√	√	
556. 茶斑蛾 *Eterusia aedea* Linnaeus	√		√								√	√	√
557. 三线茶蚕 *Andraca bipunctata* Walker			√								√	√	√
558. 乌桕大蚕蛾 *Attacus atlas* (Linnaeus)			√									√	√
559. 丹顶点天蚕蛾 *Cricula jordani* Bryk			√								√	√	
560. 点目大蚕蛾 *Cricula andrei* Jordan	√		√							√	√	√	√
561. 黄豹大蚕蛾 *Leopa katinka* Westwood			√								√	√	√
562. 绿尾大蚕蛾 *Actias selene ningpoana* Felder	√		√					√				√	√
563. 樗蚕 *Philosamia Cynthia* Walker *et* Felder	√		√				√	√	√	√	√	√	√
564. 王氏樗蚕 *Samia wangi* Naumann *et* Peigler	√		√							√	√	√	√
565. 褐脉粉蝶 *Pieris malete* Menetries			√								√	√	
566. 菜粉蝶 *Pieris rapae* Linnaeus	√	√	√	√	√	√	√	√	√	√	√	√	√
567. 斑粉蝶 *Pontia daplidice* Linnaeus	√		√				√	√	√	√	√	√	√
568. 东方菜粉蝶 *Pieris canidia* Sparrman	√		√					√		√	√	√	√
569. 黑脉粉蝶 *Cepora nerissa cibyra* (Fruhstorfer)	√		√				√	√		√	√	√	√
570. 橙黄豆粉蝶 *Colias fieldi* Menetries	√		√					√	√	√	√	√	√
571. 黑角方粉蝶 *Dercas lycorias* (Doubleday)			√								√	√	√
572. 钩粉蝶 *Gonepteryx rhamni* (Linnaeus)	√		√				√	√	√		√	√	√
573. 尖钩粉蝶 *Gonepteryx mahaguru* Gistel	√		√				√	√		√		√	√
574. 檗黄粉蝶 *Eurema blanda* (Boisduval)			√									√	√
575. 无标黄粉蝶 *Eurema brigitta* (Stoll)	√		√	√							√	√	√

（续）

种名	世界地理区系归属						中国动物地理区系归属						
	古北区	新北区	东洋区	非洲区	新热带区	澳洲区	东北区	华北区	蒙新区	青藏区	西南区	华中区	华南区
576. 斑粉蝶 *Pontia daplidice* Linnaeus	√		√				√	√		√	√	√	
577. 虎斑蝶 *Danaus genutia* (Cramer)			√			√				√	√	√	√
578. 啬青斑蝶 *Tirumala septetrions* (Butler)	√		√								√	√	√
579. 异丽紫斑蝶 *Euploea mulciber* (Cramer)	√		√							√	√	√	√
580. 异型紫斑蝶 *Euploea mulciber* (Cramer)	√		√							√	√	√	√
581. 黑绢斑蝶 *Parantica melaneus* (Cramer)			√							√		√	√
582. 麝凤蝶 *Byasa alcinous* (Klug)	√		√							√	√	√	√
583. 粗绒麝凤蝶 *Byasa nevilli* (Wood－Mason)			√								√	√	
584. 青凤蝶 *Graphium sarpedon* (Linnaeus)	√		√			√				√	√	√	√
585. 碧凤蝶 *Papilio bianor* Cramer	√		√				√	√		√	√	√	√
586. 达摩凤蝶 *Papilio demoleus* Linnaeus	√		√								√	√	√
587. 玉斑凤蝶 *Papilio helenus* Linnaeus	√		√									√	√
588. 黄凤蝶 *Papilio machaon* Linnaeus	√		√				√	√				√	√
589. 玉带凤蝶 *Papilio pollutes* Linnaeus	√		√					√		√	√	√	√
590. 柑橘凤蝶 *Papilio xuthus* Linnaeus	√		√				√	√	√	√	√	√	√
591. 华夏剑凤蝶 *Pazala eurous* (Leech)			√								√	√	
592. 紫闪蛱蝶 *Apatura iris* Linnaeus			√				√	√			√	√	
593. 斐豹蛱蝶 *Argyreus hyperbius* (Linnaeus)	√		√				√	√	√	√	√	√	√
594. 珍蛱蝶 *Clossiana gong* (Oberthor)	√		√					√		√	√	√	
595. 褐色拟斑蛱蝶 *Hestina persimilis* Westwood			√								√	√	
596. 云豹蛱蝶 *Nephargynnis anadyomene* (Felder et Felder)	√		√				√	√				√	√
597. 美眼蛱蝶 *Junonia almana* (Linnaeus)	√		√					√		√	√	√	√
598. 翠蓝眼蛱蝶 *Junonia orithya* (Linnaeus)	√	√	√	√	√			√			√	√	√
599. 钩翅眼蛱蝶 *Junania iphita* Cramer			√							√		√	√
600. 三线蛱蝶 *Neptis hylas* Linnaeus	√		√					√		√	√	√	√
601. 大红蛱蝶 *Vanessa indiaca* (Herbst)	√		√	√			√	√	√	√	√	√	√
602. 小红蛱蝶 *Vanessa cardui* (Linnaeus)	√	√	√	√		√	√	√	√	√	√	√	√
603. 幸福带蛱蝶 *Athyma fortuma* Leech			√									√	√
604. 重环蛱蝶 *Neptis alwina* (Bremer et Grey)	√		√					√				√	√
605. 珂环蛱蝶 *Neptis clinia* Moore	√		√							√	√	√	√
606. 链环蛱蝶 *Neptis pryeri* Butler	√		√				√	√				√	√
607. 纵条林眼蝶 *Aulocera marlina* Oberthur			√								√	√	
608. 幽矍眼蝶 *Ypthima conjuncta* Leech			√								√	√	√
609. 矍眼蝶 *Ypthima balda* (Fabricius)	√		√				√	√		√	√	√	√
610. 完璧矍眼蝶 *Ypthima perfecta* Leech			√								√	√	√
611. 魔女矍眼蝶 *Ypthima medusa* Leech	√		√						√	√	√	√	√

（续）

种名	世界地理区系归属						中国动物地理区系归属						
	古北区	新北区	东洋区	非洲区	新热带区	澳洲区	东北区	华北区	蒙新区	青藏区	西南区	华中区	华南区
612. 深山黛眼蝶 *Lethe insana* Kollar			√								√	√	√
613. 玉带黛眼蝶 *Lethe verma* Kollar			√								√	√	√
614. 白带黛眼蝶 *Lethe confuse* (Aurivillius)			√								√	√	√
615. 棕黛眼蝶 *Chonala praeusta* (Leech)			√								√	√	
616. 稻眉眼蝶 *Mycalesis gotama* Moore	√		√					√		√	√	√	√
617. 大艳眼蝶 *Collerebia suroia* Tyler			√								√	√	
618. 波蚬蝶 *Zemeros flegyas* (Cramer)	√		√							√	√	√	√
619. 钮灰蝶 *Acyiolepis puspa* (Horsfield)			√			√					√	√	√
620. 蓝灰蝶 *Everes argiades* Pallas	√		√				√	√	√	√	√	√	√
621. 赭灰蝶 *Ussuriana michaelis* (Oberthur)	√		√				√	√	√		√	√	√
622. 蓝燕灰蝶 *Rapala caerulea* (Bremer *et* Grey)	√		√				√	√			√	√	√
623. 琉璃灰蝶 *Celastrina argiolus* Linnaeus	√		√	√			√	√	√	√	√	√	√
624. 弄蝶 *Hesperia comma* (Linaeus)	√		√				√	√		√		√	
625. 白斑赫弄蝶 *Ochlides subhyalina* (Bremer *et* Grey)	√		√				√	√		√	√	√	√
626. 直纹稻弄蝶 *Parnara guttata* Bremer *et* Grey	√		√				√	√			√	√	√
627. 花弄蝶 *Pyrgus malvae* (Bremer *et* Grey)	√		√				√	√			√	√	√
628. 旖弄蝶 *Isoteinon lamprospilus* C. *et* R. Felder			√								√	√	√
629. 黄斑银弄蝶 *Carteracephalus alcinaides* Lee			√								√	√	
630. 黄蚂蚁 *Dorylus orientalis* Westwood			√								√	√	√
631. 黑褐举腹蚁 *Crematogaster rogenhoferi* Mayr			√								√	√	√
632. 敏捷扁头猛蚁 *Pachycondyla astute* Smith	√		√			√		√			√	√	√
633. 眼斑驼盾蚁蜂 *Trogaspidia oculata* Fabricius			√									√	√
634. 中华蜜蜂 *Apis cerana* Fabricius	√		√				√	√	√	√	√	√	√
635. 黑足熊蜂 *Bombus atripes* (Smith)	√		√					√	√		√	√	√
636. 油茶地蜂 *Andrena camellia* Wu			√								√	√	
637. 中华木蜂 *Xylocopa sinensis* Smith	√		√				√	√			√	√	√
638. 金环胡蜂 *Vespa mandarinia* Smith			√									√	√
639. 墨胸胡蜂 *Vespa velutina nigrithorax* Buysson			√								√	√	√
640. 变侧异腹胡蜂 *Parapolybia varia* (Mulsant)			√								√	√	√
641. 稻苞虫凹眼姬蜂 *Casinaria colacae* Sonan			√								√	√	√
642. 螟蛉悬茧姬蜂 *Charops bicolor* (Szepligeri)	√		√				√	√	√		√	√	√
643. 稻苞虫黑瘤姬蜂 *Coccygomimus parnanae* (Viereck)			√					√			√	√	√
644. 螟黄抱缘姬蜂 *Temelucha biguttula* Murakata			√								√	√	√
645. 夜蛾大铗姬蜂 *Eutanyacra picta* Schrank	√		√					√	√			√	
646. 无斑黑斑瘤姬蜂 *Xanthopimpla flavolineata* Cameron			√								√	√	√
647. 广黑点瘤姬蜂 *Xanthopimpla punctata* Fabricius	√		√					√		√	√	√	√
648. 栗瘿蜂 *Dryocosmus kuriphilus* Yasumatsu	√		√				√	√	√	√	√	√	√
649. 驼腹壁泥蜂 *Sceliphron deforme* (Smith)	√		√				√	√			√	√	√

(一)区系归属

表6-2　盘县八大山自然保护区昆虫在世界动物地理区划中各区系种数及比重

序号	区系型	种数	比重(%)
1	东洋界	203	31.28
2	古北界+东洋界	381	58.7
3	东洋界+非洲界	2	0.30
4	东洋界+澳洲界	3	0.46
5	古北界+新北界+东洋界	8	1.23
6	古北界+东洋界+非洲界	12	1.84
7	古北界+东洋界+澳洲界	8	1.23
8	古北界+新北界+东洋界+非洲界	3	0.46
9	古北界+东洋界+非洲界+澳洲界	1	0.15
10	古北界+新北界+东洋界+非洲界+新热带界	4	0.62
11	古北界+新北界+东洋界+非洲界+澳洲界	3	0.46
12	古北界+东洋界+非洲界+新热带界+澳洲界	1	0.15
13	古北界+新北界+东洋界+非洲界+新热带界+澳洲界	20	3.08
合计		649	100
含特定区的跨区区系型	跨区区系型数	复计种数	复计比重(%)
纯东洋界区系型		202	31.12
含古北界的跨区区系型	10	441	68.00
含新北界的跨区区系型	5	37	5.7
含非洲界的跨区区系型	8	46	7.09
含新热带界的跨区区系型	3	24	3.70
含澳洲界的跨区区系型	6	35	5.40

由表6-2可以看出，盘县八大山自然保护区昆虫在世界动物地理区划中，共包含有13种类型，其中“东洋界—古北界”的跨区区系型成分最多，计381种，占58.70%；东洋界次之，计203种，占31.28%；其他各式区系型所占比重均较小，共计65种，约占10.01%。因此，盘县八大山自然保护区地理位置应属东洋界，且“东洋界—古北界”的跨区类型占了近60%，由此可见，盘县八大山的区系类型主要以东洋界为主，但与古北界具有密切的联系。

表6-3　盘县八大山自然保护区昆虫在中国动物地理区划中各区系种数及比重

序号	区系型	种数	比重(%)
1.	华中区	44	6.78
2.	华中区+华北区	13	2.00
3.	华中区+东北区	4	0.62
4.	华中区+蒙新区	1	0.15
5.	华中区+青藏区	1	0.15
6.	华中区+西南区	38	5.86
7.	华中区+华南区	43	6.63
8.	华中区+东北区+华北区	13	2.00
9.	华中区+东北区+蒙新区	2	0.03

（续）

序号	区系型	种数	比重(%)
10.	华中区 + 东北区 + 西南区	4	0. 62
11.	华中区 + 东北区 + 华南区	2	0. 30
12.	华中区 + 华北区 + 蒙新区	4	0. 62
13.	华中区 + 华北区 + 青藏区	1	0. 15
14.	华中区 + 华北区 + 西南区	6	0. 92
15.	华中区 + 华北区 + 华南区	16	2. 47
16.	华中区 + 青藏区 + 西南区	10	1. 54
17.	华中区 + 青藏区 + 华南区	2	0. 30
18.	华中区 + 西南区 + 华南区	99	15. 25
19.	华中区 + 东北区 + 华北区 + 蒙新区	5	0. 77
20.	华中区 + 东北区 + 华北区 + 青藏区	2	0. 30
21.	华中区 + 东北区 + 华北区 + 西南区	10	1. 54
22.	华中区 + 东北区 + 华北区 + 华南区	18	2. 77
23.	华中区 + 东北区 + 蒙新区 + 华南区	1	0. 15
24.	华中区 + 东北区 + 西南区 + 华南区	5	0. 77
25.	华中区 + 华北区 + 蒙新区 + 西南区	3	0. 46
26.	华中区 + 华北区 + 蒙新区 + 华南区	2	0. 30
27.	华中区 + 华北区 + 青藏区 + 西南区	2	0. 30
28.	华中区 + 华北区 + 青藏区 + 华南区	2	0. 30
29.	华中区 + 华北区 + 西南区 + 华南区	53	8. 17
30.	华中区 + 青藏区 + 西南区 + 华南区	19	2. 93
31.	华中区 + 东北区 + 华北区 + 蒙新区 + 青藏区	2	0. 30
32.	华中区 + 东北区 + 华北区 + 蒙新区 + 西南区	5	0. 77
33.	华中区 + 东北区 + 华北区 + 蒙新区 + 华南区	5	0. 77
34.	华中区 + 东北区 + 华北区 + 青藏区 + 西南区	1	0. 15
35.	华中区 + 东北区 + 华北区 + 青藏区 + 华南区	3	0. 46
36.	华中区 + 东北区 + 华北区 + 西南区 + 华南区	41	6. 32
37.	华中区 + 东北区 + 青藏区 + 西南区 + 华南区	1	0. 15
38.	华中区 + 华北区 + 蒙新区 + 青藏区 + 西南区	1	0. 15
39.	华中区 + 华北区 + 蒙新区 + 西南区 + 华南区	8	1. 23
40.	华中区 + 华北区 + 青藏区 + 西南区 + 华南区	21	3. 24
41.	华中区 + 蒙新区 + 青藏区 + 西南区 + 华南区	1	0. 15
42.	华中区 + 东北区 + 华北区 + 蒙新区 + 青藏区 + 西南区	5	0. 77
43.	华中区 + 东北区 + 华北区 + 蒙新区 + 青藏区 + 华南区	1	0. 15
44.	华中区 + 东北区 + 华北区 + 蒙新区 + 西南区 + 华南区	24	3. 70
45.	华中区 + 东北区 + 华北区 + 青藏区 + 西南区 + 华南区	13	2. 00
46.	华中区 + 华北区 + 蒙新区 + 青藏区 + 西南区 + 华南区	6	0. 92
47.	华中区 + 东北区 + 华北区 + 蒙新区 + 青藏区 + 西南区 + 华南区	86	13. 25
合计		649	100

（续）

序号	区系型	种数	比重(%)
含特定区的跨区区系型	跨区区系型数	复计种数	复计比重(%)
纯华中区系型		44	6.78
含东北区的跨区区系型	18	229	35.29
含华北区的跨区区系型	28	315	48.54
含蒙新区的跨区区系型	18	163	25.27
含青藏区的跨区区系型	20	181	27.89
含西南区的跨区区新型	24	460	70.88
含华南区的跨区区系型	24	472	72.73

（二）区系结构

如表6-3可见，盘县八大山自然保护区649种昆虫在我国动物地理区系中的归属共计47种，其中华中区+系南区+华南区所占比例最大，计99种，所占比例为15.25%；其次是东北区+华北区+蒙新区+青藏区+系南区+华中区+华南区，计87种，占13.25%；华中区+华北区+西南区+华南区计53种，占8.15%；华中区计44种，占6.78%；华中区+华南区计43种，占6.63%；华中区+东北区+华北区+西南区+华南区计41种，占6.32%；华中区+系南区计38种，占5.86%；其它类型所占比例明显较小，约在0.15%~3.70%之间。结果表明，该区昆虫主要以华中区+系南区+华南区种类最为丰富，东北区+华北区+蒙新区+青藏区+系南区+华中区+华南区次之。

按跨区区系分析复计种数和复计比重表明，所有种类均含所在区域华中区，含华南区的跨区区系型复计种数为472种，复计比重72.73%；其次是含西南区的跨区区系型，复计种数为460种，复计比重为70.88%；含华北区的跨区区系型，复计种数为315种，复计比重为48.54%；含东北区的跨区区系型，复计种数为229种，复计比重为35.29%；含青藏区的跨区区系型，复计种数为181种，复计比重为27.89%；含蒙新区的跨区区系型，复计种数为163种，复计比重为25.27%；而纯华中的区系型种数仅为44种，复计比重为6.78%。

三、结论

结果表明，盘县八大山自然保护区在世界动物地理区划以古北界+东洋界为主，纯东洋界种类次之，在中国动物地理区划中以华中区+西南区+华南区所占比例最大，华中区+东北区+华北区+蒙新区+青藏区+西南区+华南区的种数次之，复计种数以华中区最大，华南区次之，然后是西南区，且复计种数所占比重也较大，说明该区昆虫种类与华南区和西南区关系较为密切，这可能与盘县地理位置与气候有一定关系。

（杨再华　余金勇　朱秀娥）

参考文献

陈汉彬，许荣满.1992. 贵州虻类志[M]. 贵阳：贵州科技出版社.

陈世骧 等.1959. 中国经济昆虫志第一册(鞘翅目 天牛科)[M]. 北京：科学出版社

戴仁怀等.2010. 贵州望谟苏铁自然保护区昆虫资源种类及区系成分分析.//罗扬，刘浪主编. 贵州望谟苏铁自然保护区科学考察集[M]. 贵阳：贵州科技出版社.

郭振中.1987. 贵州农林昆虫志(卷1)[M]. 贵阳：贵州人民出版社.

贵州动物志编委会.1984. 贵州农林昆虫分布名录. 贵阳：贵州人民出版社.

郭振中.1989. 贵州农林昆虫志(卷2)[M]. 贵阳：贵州人民出版社.

郭振中.1991. 贵州农林昆虫志(卷3)[M]. 贵阳：贵州人民出版社.

郭振中.1992. 贵州农林昆虫志(卷4)[M]. 贵阳：贵州人民出版社.

蒋书楠，蒲富基，华立中.1985. 中国经济昆虫志 第三十五册(鞘翅目 天牛科)[M]. 北京：科学出版社 1-189.

金道超，李子忠主编. 2005. 习水景观昆虫[M]. 贵阳：贵州科技出版社.
李子忠，金道超主编. 2002. 茂兰景观昆虫[M]. 贵阳：贵州科技出版社.
李子忠，金道超主编. 2006. 梵净山景观昆虫[M]. 贵阳：贵州科技出版社.
李子忠，杨茂发，金道超主编. 2007. 雷公山景观昆虫[M]. 贵阳：贵州科技出版社.
刘崇乐. 1985. 中国经济昆虫志 第五册 (瓢虫科)[M]. 科学出版社.
谭娟杰，虞佩玉. 1980. 中国经济昆虫志 第五十四册 鞘翅目 叶甲总科[M]. 北京：科学出版社.
王敏，范骁凌. 2002. 中国灰蝶志[M]. 郑州：河南科学技术出版社.
杨茂发，金道超主编. 2005. 贵州大沙河昆虫[M]. 贵阳：贵州人民出版社.
杨茂发，徐芳龄，旺廉敏. 2004. 宽阔水保护区昆虫初步调查// 喻理飞，谢双喜，吴太伦. 宽阔水自然保护区综合科学考察集[M]. 贵阳：贵州科技出版社.
杨惟义. 1962. 中国经济昆虫志 第二册 (半翅目 蝽科) [M]. 北京：科学出版社.
袁锋，周尧. 2002. 中国动物志 昆虫纲 第二十八卷 同翅目(角蝉总科：犁胸蝉科 角蝉科)[M]. 北京：科学出版社.
张广学，钟铁森. 1983. 中国经济昆虫志 第二十五册(半翅目 蚜虫科)[M]. 北京：科学出版社.
周尧. 1994. 中国蝴蝶志 (上、下) [M]. 郑州：河南科学技术出版社.

附录：盘县八大山及周边昆虫名录

一、等翅目 ISOPTERA

(一)鼻白蚁科

1. 家白蚁 *Coptoermes formosanus* Shirake

寄主：柳、杨、桑、槐、樟、松、柏、杉、臭椿、合欢、梧桐、桉、悬铃木、卫矛、棕榈、枫香、龙眼、竹、茶。

分布：贵州(盘县等)，山东，江苏，安徽，浙江，上海，江西，福建，广东，广西，湖南，湖北，云南，台湾。

2. 台湾乳白蚁 *Coptotermes formosanus* Shiraki

分布：贵州(盘县等)，北京，广东，广西，海南，湖北，江苏，四川，台湾。

(二)白蚁科

3. 花坪散白蚁 *Reticulitermes huapingensis* Li

寄主：伐桩、枯腐倒木

分布：贵州(盘县等)，广西。

4. 尖唇散白蚁 *Reticulitermes aculabialis* Tsai *et* Hwang

寄主：马尾松、云南松、铁尖杉、寻铃木、泡桐、栲

分布：贵州(盘县等)，江苏，广西等。

5. 黑翅土白蚁 *Odontotermes formosciius* (Shimki)

分布：贵州(全省)，长江以南地区。

二、缨翅目 THYSANOPTERA

(三)蓟马科

6. 稻蓟马 *Stenchaetothrips biformis* (Bagnall)

寄主：水稻

分布：贵州(全省)，全国稻区。

7. 烟蓟马 *Trips tabaci* Lindeman

分布：贵州(全省)，全国分布；世界性分布。

三、蚤目 SIPHONAPTERA

(四)蚤科

8. 致痒蚤 *Pulex irritans* Linnaeus

寄主：犬、豹、豺、狐、鼬獾、山羊、刺猬、旱獭、黄胸鼠、人等

分布：贵州(全省)，全国性分布；世界性分布。

四、革翅目 DERMAPTERA

（五）球螋科

9. 华球螋 *Forficula sinica*（Bey – bienko）

分布：贵州（盘县等），江苏，安徽，湖北，湖南，广西，四川，重庆，云南。

五、螳螂目 MANTODAE

（六）螳螂科

10. 广腹螳 *Hierodula patellifera* Serville

分布：贵州（全省），安徽，江苏，北京，河北，江西，福建，河南，上海，浙江，广东，湖北，台湾，广西，湖南，天津，吉林，山东。

11. 薄翅螳螂 *Mantis religiosa* Linnaeus

分布：贵州（盘县等），全国性分布。

12. 中华大刀螳 *Tenodera aridlfolia* Sinensls

分布：贵州（全省），全国性分布。

13. 丽眼斑螳 *Creobroter gemmatus* Stoll

分布：贵州（盘县等），江西，福建，四川，重庆，海南，广东等。

六、直翅目 ORTHOPTERA

（七）蝗科

14. 东亚飞蝗 *Locusta migratoria manilensis*（Meyen）

分布：贵州（盘县等），河北，山西，陕西，福建，广东，广西，海南，广西，云南，浙江，江苏，江西，安徽，河南，湖南，湖北，上海，山东，重庆，四川，甘肃。

15. 日本黄脊蝗 *Patanga japonica*（Bolivar）

寄主：杉木、茶树

分布：贵州（盘县等），湖南，四川，重庆，陕西，甘肃，西藏，云南，山东，江苏，安徽，浙江，江西，福建，台湾，广东，广西；日本；伊朗；朝鲜；斯里兰卡；印度。

16. 中华稻蝗 *Oxya chinensis*（Thunberg）

寄主：水稻、玉米、高粱、麦类、甘蔗和豆类等

分布：贵州（盘县等），内蒙古，甘肃，河北，山西，陕西，山东，河南，江苏，浙江，安徽，湖北，江西，湖南，福建，台湾，广东，海南，四川，广西，云南；东南亚；美洲；澳大利亚等。

17. 短额负蝗 *Atractomorpha sinensis* Bolivar

分布：贵州（盘县等），全国；日本；越南。

18. 青脊网蝗 *Ceracris nigricornis* Walker

分布：贵州（盘县等），中国南方各省。

19. 奇异负蝗 *Atractomorpha peregrina* Bi *et* Xia

寄主：竹类

分布：贵州（盘县等），甘肃。

（八）斑腿蝗科

20. 云贵希蝗 *Shirakiacris yunkweiensis*（Chang）

寄主：禾本科杂草

分布：贵州（盘县等），四川，云南，甘肃。

21. 四川突额蝗 *Traulia szetschuanensis* Ramme

分布：贵州（盘县等），陕西，湖南，四川，甘肃。

(九)斑翅蝗科

22. 方异距蝗 *Heteropternis respondens* (Walker)

分布：贵州(全省)，江苏，浙江，湖北，江西，福建，广东，广西，海南，陕西，云南，四川，台湾；印度；尼泊尔；孟加拉；斯里兰卡；缅甸；日本；菲律宾；印度尼西亚；马来西亚；泰国。

23. 非洲车蝗 *Gastrimargus africanus* (Sauss)

分布：贵州(盘县等)，广西，福建，广东，海南，四川，云南，西藏；东洋界；非洲界。

24. 疣蝗 *Trilophidia annulata* (Thunb.)

分布：贵州(盘县等)，内蒙古，宁夏，甘肃，河北，山西，陕西，江苏，浙江，安徽，湖北，江西，湖南，福建，台湾，广东，海南，四川，广西，云南，西藏；印度尼西亚；马来西亚；菲律宾；日本；朝鲜；越南；泰国；斯里兰卡；尼泊尔；印度；缅甸；孟加拉国。

(十)瘤锥蝗科

25. 云南蝗 *Yunnanites coriacea* Uvarov

寄主：烟草、蔬菜及禾本科植物

分布：贵州(盘县等)，云南，四川。

(十一)剑角蝗科

26. 中华蚱蜢 *Acrida cinerea* Thunber

寄主：水稻、玉米、大豆，烟草等

分布：贵州(盘县等)，四川，重庆，陕西，甘肃，山西，河北，北京，山东，江苏，安徽，浙江，湖南，湖北，江西，广东，云南。

(十二)蚱科

27. 日本蚱 *Tetrix japonica* (Bolivar)

分布：贵州(盘县等)，全国各地；日本；俄罗斯；朝鲜。

(十三) 螽斯科

28. 中华螽斯 *Tettigonia chinensis* Willemse

分布：贵州(盘县等)，南方各省。

(十四)露螽科

29. 刺平背露螽 *Isopsera spinosa* Ingrisch

分布 ：贵州(盘县)，四川，福建，云南，湖北。

30. 日本条螽 *Ducetia japonica* (Thunberg)

分布：贵州(盘县)，重庆，四川，云南，广西等；日本。

31. 截叶糙颈螽 *Ruidocollaris truncatolobata* (Brunner - Wattenwyl)

分布：贵州(盘县)，甘肃，河南，广东。

(十五)拟叶螽科

32. 中华翡螽斯 *Phyllomimus sinicus* Beier

分布：陕西，湖北，四川，江西，重庆，广东，安徽，福建，台湾；日本。

(十六)蟋蟀科

33. 油葫芦 *Cryllus testaceus* Wallker

分布：贵州(全省)，安徽，江苏，浙江，江西，福建，河北，山东，山西，陕西，广东，广西，云南，西藏，海南等。

(十七)蝼蛄科

34. 非洲蝼蛄 *Gryllotalpa africana* Palisot *et* Beauvois

分布：贵州(全省)，山西，陕西，宁夏，山东，江苏，浙江，湖北，湖南，福建，台湾，江西，广东，海南，广西，四川等；国外印度；斯里兰卡；日本；菲律宾；马来西亚；印度尼西亚；夏威夷以及大洋洲和非洲均有分布。

35. 东方蝼蛄 *Gryllotalpa orientalis* Burmeister

分布：贵州(盘县等)，广布于我国南方；朝鲜；日本；菲律宾；马来西亚；印度尼西亚等。

七、蜚蠊目 BLATTARIA

(十八)蜚蠊科

36. 黑胸大蠊 *Periplaneta fuliginosa* (Serville)

分布：贵州(盘县等)，全国性分布。

37. 美洲大蠊 *Periplaneta Americana* (Linnaeus)

分布：贵州(全省)，全国性分布；非洲热带亚热带地区；美国南部。

(十九)光蠊科

38. 大光蠊 *Rhabdoblatta takakashii* Asahina

分布：贵州(盘县等)，云南，四川，重庆，湖北，江西，广西，广东，江苏，浙江，福建，海南；越南；缅甸；新加坡。

39. 凹缘大光蠊 *Rhabdoblatta incise* Bey - Bienko

分布：贵州(全省)，全国性分布。

(二十)姬蠊科

40. 德国小蠊 *Blattella germanica* (Linnaeus)

分布：贵州(全省)，世界性分布。

41. 拟德国小蠊 *Blattella lituricollis* Walker

分布：贵州(全省)，世界性分布。

42. 双纹小蠊 *Blattella bisignata* Brunner

分布：贵州(盘县等)，世界性分布。

(二十一)鳖蠊科

43. 中华拟歪尾蠊 *Episymploce sinensis* (Walker)

分布：贵州(盘县等)，北京，云南，四川，广西，广东，香港，江西，湖北，安徽，海南。

44. 黄缘拟截尾蠊 *Hemithyrsocera lateralis* (Walker)

分布：贵州(盘县等)，云南，广西，广东，福建；印度；马来西亚；缅甸；泰国。

八、蜻蜓目 ODONATA

(二十二)蟌科

45. 褐斑异痣蟌 *Ischnura senegalensis* (Rambur)

分布：贵州(盘县)，福建，广东，广西，四川，云南，湖南。

46. 长尾黄蟌 *Ceriagrion fallax* Ris

分布：贵州(盘县等)，湖南，福建，广东，广西，云南。

47. 短尾黄蟌 *Ceriagrion melanurum* Selys

分布：贵州(盘县等)，河南，湖北，湖南，浙江，福建，广东，广西，四川，重庆，云南，台湾。

48. 瘦蟌 *Ischnura denticollis* Burmeister

分布：贵州(全省)，广西，黑龙江等；美国。

(二十三)色蟌科

49. 透顶单脉色蟌 *Matrona basilaris basilaris* (Selys)

分布：贵州(盘县等)，河北，山西，浙江，江西，湖南，福建，广西，云南，西藏。

50. 条纹色蟌 *Calopteryx virgo* (Linnaeus)

分布：贵州(全省)，华南等；欧洲。

(二十四)蜓科

51. 碧伟蜓 *Anax parthenope Julius* (Brauer)

分布：贵州(盘县等)，北京，江苏，云南，新疆，河北，河南，浙江，台湾，广东，湖南，广西，四川，西藏；日本；韩国；东亚。

(二十五)蜻科

52. 梅利蜻 *Libellula melli* Schmidt

分布：贵州(盘县)，四川，浙江，广东。

53. 红蜻 *Crocothemis servilia*(Drury)

分布：贵州(全省)，黑龙江，河南，山东，甘肃，安徽，江西，浙江，台湾，香港，海南，湖南，西藏，河北，山西，江苏，湖北，福建，广东，广西，四川，云南；日本；菲律宾；印度；缅甸；马来西亚；斯里兰卡；非洲；澳大利亚。

54. 红小蜻 *Nannophya pygmaea* Rambur

分布：贵州(全省)，广东，浙江，香港，台湾等；澳洲；东南亚。

55. 赤褐灰蜻 *Nannophya pruinosum* Rambur

分布：贵州(盘县等)，南方各省。

56. 白尾灰蜻 *Orthetrum albistylum* (Selys)

分布：贵州(盘县等)，黑龙江，河北，河南，湖北，新疆，安徽，江苏，海南，山西，浙江，湖南，福建，广东，广西，四川，云南；日本。

57. 吕宋蜻蜓 *Orthetrum luzonicum* (Brauer)

分布：贵州(盘县等)，广东，广西，云南，台湾。

58. 黄蜻 *Pantala flavescens* (Fabricius)

分布：贵州(全省)，辽宁，吉林，陕西，河北，河南，湖北，湖南，山西，江西，江苏，浙江，福建，广东，海南，四川，广西，云南，西藏；日本；印度尼西亚；马来西亚；缅甸；印度；斯里兰卡。

59. 广斑曲缘蜻 *Palpopleura sexmaculata* (Fabricius)

分布：贵州(盘县等)，南方各省。

60. 大赤卒 *Sympetrum baccha* (Selys)

分布：贵州(全省)，浙江，江西，河南，湖北，湖南，福建，四川，广东，广西，台湾。

61. 半黄赤蜻 *Sympetrum croceolum* (Selys)

分布：贵州(全省)，福建，江西，广西，西藏，四川，华北。

62. 小黄赤蜻 *Sympetrum kunckel i* (Selys)

分布：贵州(全省)，河北，山西，山东，江苏，江西，上海，北京等。

63. 大黄赤蜻 *Sympetrum uniforms* Selys

分布：贵州(全省)，河北，北京，吉林，黑龙江，四川，浙江等。

64. 褐顶赤蜻 *Sympetrum infuscatum* Selys

分布：贵州(全省)，黑龙江，四川，吉林，北京，陕西，河南，福建，江西，浙江，广西，广东等；朝鲜；韩国；日本；俄罗斯等。

65. 中华斜痣蜻 *Tramea chinesis* De Geer

分布：贵州(全省)，江苏，江西，湖南，四川，云南，广东，福建，台湾等。

66. 紫红蜻蜓 *Trithemis aurosa* Burmeister

分布：贵州(全省)，浙江，云南，海南，广东，香港，广西，福建，台湾等。

九、半翅目 HEMITERA

(二十六)蝉科

67. 蚱蝉 *Cryptotympana atrata*(Fabricius)

寄主：柳、杨、榆、桑、楝、桃、樱、梨、苹果、悬铃等41科77属144种植物。

分布：贵州(盘县等)，广东，广西，福建，江苏，江西，湖南，湖北，陕西，四川，云南，重庆，安徽，山东，山西，陕西，内蒙古，上海，甘肃等。

68. 螂蝉 *Pomponia linearis* (Walker)

分布：贵州(盘县等)，广西，四川，重庆，海南，广东，福建，台湾，江西，湖南等。

69. 蟪蛄 *Platypleura kaempferi* Fabricius

分布：贵州(盘县等)，广东，广西，湖南，重庆，福建，浙江，四川等；前苏联；日本；朝鲜；马来西亚等。

70. 红蝉 *Cicada sauguinea* De Geer

分布：贵州(全省)，湖南，湖北，河南，河北，江苏，浙江，安徽，福建，台湾，广东，广西，江西，四川，云南等。

71. 绿草蝉 *Magannia hebes* (Walker)

分布：贵州(盘县等)，南方大部分地区。

72. 峨嵋红眼蝉 *Talainga sinensis* Yuan

贵州(盘县)，四川，重庆。

73. 雷鸣蝉 *Oncotympana macnlaticollis* Mctsch

寄主：柳、杨、槐、榆、桑、栎、松、梅、桃、李、桔、梨、苹果、梧桐、悬铃木。

分布：贵州(盘县等)，北京，山西，山东，河南，陕西，天津，甘肃，吉林，新疆，江苏，浙江，江西，湖北，上海，湖南，四川。

(二十七)叶蝉科

74. 带耳叶蝉 *Ledra serrulata* Fabricius

寄主：杂灌

分布：贵州(盘县等)，云南，印度。

75. 棉叶蝉 *Empoasca biguttula* (Ishida)

寄主：棉、茄、木棉、木芙蓉、锦葵、马铃薯、番茄、甘薯、向日葵、萝卜、芝麻、桑。

分布：贵州(全省)，广东，广西，台湾，福建，安徽，江西，江苏，浙江，湖南，湖北，山东，陕西，甘肃，河北，东北，内蒙古，云南，四川；非洲；欧洲；北美；朝鲜；土耳其；日本；印度；斯里兰卡。

76. 小绿叶蝉 *Empoasca flavescens* Fabricius

寄主：水稻、玉米、甘蔗、大豆、马铃薯、苜蓿、绿豆、菜豆、桃、李、梨、桑、苹果、杏、葡萄、梅、山楂、山荆子、柑橘、杨梅、木芙蓉、棉、茶。

分布：贵州(盘县等)，广东，广西，台湾，福建，安徽，江西，江苏，浙江，湖南，湖北，山东，陕西，甘肃，河北，东北，内蒙古，云南，四川；非洲；欧洲；北美；朝鲜；土耳其；日本；印度；斯里兰卡。

77. 烟翅小绿叶蝉 *Empoasca limbifera* Matsumura

寄主：小麦、南瓜、茄、蚕豆、葛藤、蒿、禾本科植物。

分布；贵州(全省)，河南，安徽，浙江，湖北，福建，四川，云南，甘肃；日本。

78. 假眼小绿叶蝉 *Empoasca vitis* (Gothe)

寄主：茶。

分布：贵州(全省)，云南，四川，湖北，湖南，安徽，江苏，浙江，福建，江西；日本。

79. 黑胸斑叶蝉 *Erythroneura hirayamella* (Matsumura)

寄主：葡萄、桑、落花生、萝卜。

分布：贵州(全省)，北京，安徽，甘肃；日本。

80. 黑唇斑叶蝉 *Empoascanara maculifrons* (Motschulsky)

寄主：水稻、大豆、芝麻

分布：贵州(全省)，海南，广东，福建，浙江，江西，台湾；印度；马来西亚；斯里兰卡；日本。

81. 黑尾叶蝉 *Nephotettix cincticeps* (Uhler)

寄主：水稻、玉米 、小米、甘蔗、茭白、茶、白菜、萝卜、芥菜、柑橘、水稻及其他禾本科植物。

分布：贵州(盘县等)，广西，广东，四川，云南，湖南，湖北，陕西，甘肃，青海，辽宁，吉林；朝鲜；日本。

82. 一点木叶蝉 *Phlogotettix cyclops* (Mulsant et Rey)

寄主：榆树、柑橘、芝麻、水稻。

分布：贵州(全省)，福建，浙江，云南，四川，陕西，湖南，辽宁，吉林；日本；朝鲜及欧洲。

83. 电光叶蝉 *Inazuma dorsalis* (Motschulsky)

寄主：水稻、玉米、小麦、高粱、甘蔗、柑橘

分布：贵州(全省)，浙江，安徽，陕西，东北；日本；朝鲜。

84. 稻叶蝉 *Inemadara oryzae* (Matsumura)

寄主：水稻、玉米、小麦、大麦及其它禾本科植物。

分布：贵州(盘县等)，浙江，安徽，陕西，东北；日本；朝鲜。

85. 柿零叶蝉 *Limassolla diospyri* Chou *et* Ma

寄主：柿树

分布：贵州(盘县等)，陕西。

86. 白翅叶蝉 *Thaia rubiginosa* kuoh

寄主：水稻、小麦、玉米、甘蔗、高粱、小米。

分布：贵州(全省)，海南，广东，四川，广西，江西，江苏，福建，湖北，浙江，安徽，河南，云南。

87. 黑尾大叶蝉 *Bothrogonia ferruginea* Fabricius

寄主：甘蔗、桑、茶等。

分布：贵州(盘县等)，东北，华中，华东以及台湾，广东，海南；朝鲜；日本；缅甸；菲律宾；印度；印度尼西亚；非洲南部。

88. 水凹大叶蝉 *Bothrogonia shuichengana* Li

分布：贵州(盘县等)。

89. 白边拟大叶蝉 *Ishidaella albomarginata* (Signoret)

分布：贵州(盘县等)，东北，河北，江苏，浙江，湖北，福建，海南。

90. 顶斑边大叶蝉 *Kolla paulula*(Walker)

分布：贵州(盘县等)，河北，四川，安徽，河南，重庆，四川，广西，海南，浙江，福建，广东，台湾，陕西，香港；越南；印度；斯里兰卡；缅甸；马来西亚；印度尼西亚。

91. 绿斑大白叶蝉 *Cofana unimaculata* (Signoret)

寄主：水稻、玉米、高粱、花生

分布：贵州(全省)；菲律宾；老挝；大洋界；非洲界。

92. 大青叶蝉 *Cicadella viridis*（Linnaeus）

寄主：杨、柳、白蜡、刺槐、苹果、桃、梨、桧柏、梧桐、扁柏、粟(谷子)、玉米、水稻、大豆、马铃薯等

分布：贵州(全省)，黑龙江，吉林，辽宁，内蒙古，河北，河南，山东，江苏，浙江，安徽，江西，台湾，福建，湖北，湖南，广东，海南，四川，陕西，甘肃，宁夏，青海，新疆等；俄罗斯；日本；朝鲜；马来西亚；印度；加拿大；欧洲。

93. 窗翅叶蝉 *Millewa margheritae* Distant

寄主：玉米、艾、蒿。

分布：贵州(盘县等)，福建，台湾，江西，湖南，陕西，吉林，云南；印度；印度尼西亚；缅甸；日本；朝鲜。

(二十八)尖胸沫蝉科

94. 白斑尖胸沫蝉 *Aphrophora quadriguttata* Melichar

分布：贵州(盘县等)，甘肃，陕西，湖北，江西，四川。

(二十九)沫蝉科

95. 赤斑禾沫蝉 *Callitettix versicolor* Fabricius

寄主：水稻及禾本科杂草

分布：贵州(盘县等)，四川，重庆，湖南，安徽等；日本；印度；东南亚各国。

96. 中国隆沫蝉 *Cosmoscarta madarina* Distant

寄主：五角枫、杏、刺梨

分布：贵州(盘县等)，河南。

97. 拟背斑沫蝉 *Cosmoscarta fictilis* Butl

寄主：玉米

分布：贵州(盘县等)，云南等；越南；印度。

98. 黑斑丽沫蝉 *Cosmoscarta dorsimacula*（Walker）

分布：贵州(盘县等)，江苏，江西，四川，广西，广东，重庆。

(三十)角蝉科

99. 中华高冠角蝉 *Hypsauchertia chinensis* Chou

分布：贵州(盘县等)。

100. 油桐三刺角蝉 *Tricentrus aleuritis* Chou

寄主：油桐、榆树

分布：贵州(盘县等)，四川，陕西，福建，广西。

(三十一)蛾蜡蝉科

101. 碧蛾蜡蝉 *Ceisha distinctissima*（Walker）

寄主：油茶、荔枝、油桐、龙眼等

分布：贵州(盘县等)，山东，江苏，上海，浙江，江西，湖南，福建，广东，广西，海南，四川，云南等。

102. 褐缘蛾蜡蝉 *Salurnis marginella*（Guerin）

分布：贵州(盘县等)，云南，广西，海南，四川，重庆。

(三十二)广翅蜡蝉科

103. 丽纹广翅蜡蝉 *Ricanula pulverosa*（Stal）

分布：贵州(盘县等)，云南，四川，广西。

104. 八点广翅蜡蝉 *Ricanula speculum*（Walker）

寄主：大丽菊、木槿、悬铃木、木芙蓉、蜀葵、青桐、梧桐、海棠、杨树、女贞等

分布：贵州(盘县等)，四川，云南。

(三十三)蜡蝉科

105. 斑衣蜡蝉 *Lycorma delicatula* (White)

寄主：臭椿、樱、梅、珍珠梅、海棠、桃、葡萄、石榴等花木

分布：贵州(盘县等)，华北，华东，西北，西南，华南以及台湾等地区。

(三十四)飞虱科

106. 灰飞虱 *Laodelphax striatellus* (Fallen)

寄主：小麦、大麦、青稞、高粱、谷子、玉米、稗、鹅冠草、冰草

分布：贵州(全省)，甘肃，海南，广东，广西，云南，四川，江西，湖北，湖南，福建，浙江，江苏，安徽，河南，山东，河北，陕西，新疆，西藏，宁夏，山西，吉林，黑龙江；朝鲜；日本；德国；英国；原苏联；菲律宾；密克罗尼西亚；印度尼西亚；土耳其；保加利亚；匈牙利。

107. 钩突淡脊飞虱 *Neuterthron hamuliferum* Ding

寄主：香附子、狗尾草、爬根草

分布：贵州(全省)，四川，云南，重庆，浙江，湖北。

108. 长绿飞虱 *Saccharosydne procerus* (Matsumura)

寄主：茭白

分布：贵州(全省)，甘肃，黑龙江，吉林，辽宁，河北，山东，陕西，江苏，安徽，浙江，湖南，江西，福建，云南，广东，广西，海南，台湾；日本；朝鲜；俄罗斯。

109. 白背飞虱 *Sogatella furcifera* (Horvath)

寄主：水稻及禾本科杂草

分布：分布：贵州(盘县等)、甘肃，黑龙江，吉林，辽宁，河北，山西，陕西，宁夏，青海，山东，河南，江苏，安徽，浙江，湖北，湖南，江西，四川，西藏，云南，广东，广西，海南，台湾；朝鲜；日本；尼泊尔；巴基斯坦；沙特阿拉伯；菲律宾；印度尼西亚；马来西亚；印度；斯里兰卡；泰国；越南；斐济；密克罗尼西亚；瓦努阿图；澳大利亚；俄罗斯；蒙古。

110. 白条飞虱 *Terthron albovittata* (Matsumura)

寄主：禾本科杂草

分布：贵州(全省)，甘肃，吉林，江苏，安徽，浙江，湖北，湖南，福建，云南，广东，广西；日本；朝鲜；印度；马来西亚；越南；斯里兰卡。

111. 白脊飞虱 *Unkanodes sapporona* (Matsumura)

寄主：玉米、麦

分布：贵州(全省)，甘肃，黑龙江，吉林，辽宁，河北，陕西，江苏，安徽，浙江，湖北，江西，四川，西藏，云南，广东，海南，台湾；日本；俄罗斯。

112. 拟褐飞虱 *Nilaparvata bakeri* (Muir)

寄主：游草

分布：贵州(全省)，吉林，河南，安徽，江苏，浙江，江西，福建，湖北，湖南，四川，云南，广西，广东，海南，台湾；日本；韩国；菲律宾；斯里兰卡。

113. 褐飞虱 *Nilaparvata lugens* (Stål)

寄主：水稻及其他禾本科杂草

分布：贵州(全省)，吉林，辽宁，甘肃，陕西，河南，河北，山东，山西，四川，江西，湖北，湖南，江苏，上海，安徽，浙江，福建，云南，广东，海南，广西，台湾，西藏；朝鲜；日本；菲律宾；马来西亚；越南；斯里兰卡；爪哇；印度尼西亚；澳大利亚。

114. 伪褐飞虱 *Nilaparvata muiri* China

寄主：游草

分布：贵州(全省)，吉林，河南，江苏，上海，安徽，浙江，湖北，江西，湖南，福建，重庆，四川，云南，广东，广西，海南，台湾；朝鲜；日本；越南。

115. 台湾叶角飞虱 Purohita taiwanensis Muir

寄主：竹

分布：贵州(盘县等)，台湾，海南，云南。

(三十五)木虱科

116. 柑橘木虱 *Diaphorina citri* Kuwayama

分布：贵州(盘县等)，浙江，台湾，广东，广西，江西，湖南，四川，云南。

117. 梧桐木虱 *Thysanogyna limbata* Enderlein

寄主：梧桐、楸树、梓树等

分布：贵州(盘县等)，陕西，河北，河南，山西，山东，江苏，浙江，安徽，福建等。

(三十六)蚜科

118. 豌豆蚜 *Acyrthosiphon pisum* (Harris)

寄主：豌豆、蚕豆、苜蓿、草木樨、荠菜等

分布：贵州(全省)，全国各地；世界各地。

119. 甘蓝蚜 *Brevicoryne brassicae* (Linnaeus)

寄主：茄子、辣椒、烟草、棉、薯类、麻类、甜菜、桃、李、杏等

分布：贵州(全省)，全国分布；世界性分布。

120. 麦二叉蚜 *Schizaphis graminum* (Rondani)

寄主：小麦、大麦、燕麦、高粱、水稻、狗尾草、莎草等禾本科植物

分布：贵州(全省)，全国分布。

121. 麦长管蚜 *Macrosiphum avenae* (Fabricius)

寄主：小麦、大麦、燕麦，南方偶害水稻、玉米、甘蔗、荻草等

分布：贵州(盘县等)，中国大部分地区。

122. 罗卜蚜 *Lipaphis erysimi* (Kaltenbach)

寄主：油菜、白菜、萝卜等

分布：贵州(盘县等)，北京，辽宁，内蒙古，河北，山东，宁，甘肃，上海，江苏，浙江，湖南，四川，台湾，广东，云南；朝鲜；日本；印度；印度尼西亚；伊拉克；以色列；埃及；非洲；美国。

123. 桃蚜 *Myzus persicae* (Sulzer)

寄主：梨、桃、李、梅、樱桃、白菜、甘蓝、萝卜、芥菜、芸苔、芜菁、甜椒、辣椒、菠菜等

分布：贵州(全省)，中国大部分地区。

124. 禾谷缢蚜 *Rhopalosiphum padi* Linnaeus

寄主：绣线菊、美人蕉、西府海棠、梅花、碧桃、樱花、月季等

分布：贵州(盘县等)，华北，东北，西北，西南，华南，华东地区；朝鲜；日本；北美；欧洲；埃及；新西兰等。

(三十七)瘿绵蚜科

125. 角倍蚜 *Melaphis chinensis* Bell

寄主：盐夫木、红麸杨

分布：贵州(盘县等)，陕西，河南，云南，广西，江西，安徽，广东，福建，浙江，湖北，湖南，四川，云南等；日本；朝鲜。

(三十八)蚧科

126. 角蜡蚧 *Ceroplastes ceriferus* (Anderson)

寄主：寄主于茶、桑、柑橘、枇杷、无花果、荔枝、杨梅、杧果、石榴、苹果、梨、桃、李、杏、

樱桃等

分布：贵州(全省)，浙江，安徽，四川，江苏，江西，福建，海南，湖北，台湾，广东，海南，云南，山东，河北，河南，陕西等。

127. 龟网蜡蚧 *Euoalymuatus lessellatus* (Signoret)

寄主：茶、油茶、柑橘

分布：贵州(全省)。

(三十九)蜡蚧科

128. 日本蜡蚧 *Ceroplastes japonicas* Guaind

寄主：苹果、柿、枣、梨、桃、杏、柑橘、杧果、枇杷等

分布：贵州(全省)，黑龙江，辽宁，内蒙古，甘肃，北京，河北，山西，陕西，山东，河南，安徽，上海，浙江，江西，福建，湖北，湖南，广东、广西，四川，云南；日本。

129. 红蜡蚧 *Ceroplastes rubens* (Maskell)

寄主：月桂、栀子花、桂花、蔷薇等

分布：贵州(全省)，华南，西南，华中，华东，华北。

(四十)盾蚧科

130. 茶牡蛎盾蚧 *Paralepidosaphes tubulorμm* (Ferris)

寄主：油茶、桑、柿、乌桕、柳等

分布：贵州(盘县等)，安徽，浙江，上海，福建，台湾，广东，广西，四川，云南等。

131. 椰圆蚧 *Temnaspidiotus destructor* (Signoret)

寄主：茶、油茶、柑橘、杧果、葡萄、番荔枝、无花果、香蕉、椰子、棕榈等

分布：贵州(全省)，河北，山东，陕西，上海，安徽，江苏，浙江，福建，江西，湖南，湖北，台湾，广东，四川。

132. 矢尖蚧 *Unaspis yanonensis* (Kuwana)

寄主：柑橘、茶、金橘、大叶黄杨、百日红、瓜子黄杨、香橼、柑橘、木瓜、枸骨、白蜡树、龙眼

分布：贵州(全省)，河北，山西，陕西，江苏，浙江，福建，湖北，湖南，河南，山东，江西，广东，广西，四川，云南，安徽。

133. 长春藤蚧 *Aspidiotus hederae* (Vallot)

寄主：常春藤、苏铁、夹竹桃、文竹、棕榈、女贞、柳叶桃、栎、柑橘、桃、李、苹果、葡萄等。

分布：贵州(全省)，四川，浙江，上海，江苏，安徽，广东，广西，云南等。

134. 茶白囊蚧 *Phenacaspis cockerelli* Cooley

寄主：茶、棕榈、白兰

分布：贵州(全省)，湖北，湖南等。

135. 蛇目蚧 *Pseudaonidia duplex* (Cokerell)

寄主：杜鹃、山茶、含笑、桂花、月季、蔷薇、茉莉、香樟、夹竹桃、梅花、芍药，桃花等

分布：贵州(全省)，上海，江苏，浙江，安徽，福建，山东，台湾，湖南，湖北，广东，广西，重庆，四川，云南，河南，河北等。

136. 桑白蚧 *Pseudaulacaspls pentagona* (Targioni - Tozzctti)

分布：贵州(盘县等)，海南，台湾，辽宁，广东，广西，福建，江西，华东、华中、西南地区。

(四十一)绵蚧科

137. 草履蚧 *Drosicha contrahens* Walker

寄主：海棠、樱花、无花果、紫薇、月季、红枫、柑橘、油茶、茶、油桐、刺槐等

分布：贵州(全省)，河北，山西，山东，陕西，河南，青海，内蒙古，浙江，江苏，上海，福

建，湖北，云南，重庆，四川，西藏等。

（四十二）硕蚧科

138. 吹绵蚧 *Icerya purchasi* Maskell

寄主：樟、金合欢、柳、橘

分布：贵州（盘县等），东北，华北，西北，华中，华东，华南，西南；日本；朝鲜；菲律宾；印度尼西亚；斯里兰卡；欧洲；非洲；北美洲。

（四十三）粉蚧科

139. 长尾粉蚧 *Pseudococcus longispinus* Targioni – Tozzetti

寄主：报春花、扶桑、海桐、樱花、变叶木、夹竹桃、仙人掌、杜鹃、石楠等

分布：贵州（盘县等），福建，广东，广西，云南，台湾。

（四十四）田鳖科

140. 大田鳖 *Lethocerus deyrollei* Vuillefroy

分布：贵州（盘县等），天津，山西，陕西，上海，江西，浙江，江苏，湖北，台湾；日本；朝鲜；俄罗斯。

（四十五）同蝽科

141. 黑刺同蝽 *Acanthosoma nigrospina* Hsiao *et* Liu

寄主：核桃、漆树

分布：贵州（盘县等），山西，四川，甘肃等。

（四十六）缘蝽科

142. 黑须棘缘蝽 *Cletus punctulatus* Westwood

寄主：水稻、四季豆

分布：贵州（盘县等），甘肃，浙江，湖北，福建，广东，广西，云南，西藏，重庆。

143. 稻棘缘蝽 *Cletus punctiger* Dallas

分布：贵州（全省），上海，江苏，浙江，安徽，河南，福建，江西等。

144. 波原缘蝽 *Coreus potanini* Jakovlev

分布：贵州（盘县等），内蒙古，湖北，湖南，甘肃，河北，山西，陕西，四川，云南，西藏。

145. 异稻缘蝽 *Leptocorisa acuta* Thunberg

寄主：水稻、玉米、豆类、小麦等，

分布：贵州（全省），广东，广西，海南，云南，台湾省区。

146. 山赭缘蝽 *Ochrochira monticola* Hsiao

寄主：油茶、白杨、马尾松、华山松、栎类

寄主：贵州（盘县等），浙江等。

147. 波赭缘蝽 *Ochrochira potanini* Kirishenko

分布：贵州（盘县等），山东，陕西，云南，浙江等。

148. 小点筒缘蝽 *Homoeocerus marginellus* Herrich – Schaffer

分布：贵州（盘县等），湖南，江西，福建，广东，四川，云南；越南；印度尼西亚。

149. 条蜂缘蝽 *Riptortus linearis* Fabricius

分布：贵州（盘县等），广东，河北，河南，安徽，湖北，福建，台湾，浙江，江西，广西，四川，云南等。

150. 宽肩达缘蝽 *Dalader planiventris* Westwood

分布：贵州（盘县等），广西，云南。

(四十七)红蝽科

151. 红蝽 *Crocothemis servilia* Drury

分布：贵州(盘县等)，浙江，四川，云南，广东等；朝鲜，日本。

152. 棉红蝽 *Dysdercus cinqulatus* (Fabricius)

寄主：木棉、棉花、木槿、野棉花、木芙蓉、蜀葵等

分布：贵州(盘县等)，湖北，福建，广东，广西，云南，四川，重庆，海南，台湾等。

(四十八)蝽科

153. 蓝蝽 *Zicrona caerula* (Linnaeus)

分布：贵州(盘县等)，黑龙江，吉林，辽宁，河北，天津，北京，内蒙古，山西，陕西，宁夏，河南，甘肃，新疆，四川，重庆，云南，广东，广西，福建，上海，江苏，江西，浙江，安徽，湖北，湖南，福建，台湾，海南；日本；缅甸；印度；马来西亚；印度尼西亚；欧洲；北美。

154. 蠋蝽 *Arma chinensis* Fallou

分布：贵州(盘县等)，黑龙江，吉林，辽宁，内蒙古，河北，河南，北京，山东，江苏，浙江，江西，湖南，湖北，四川，云南，陕西，甘肃，新疆；日本；朝鲜。

155. 茶翅蝽 *Halyomorpha picus* (Fabricius)

寄主：梨、苹果、桃、杏、李等果树及部分林木和农作物

分布：贵州(盘县等)，东北，华北，华东和西北和西南地区。

156. 弯角蝽 *Lelia decempunctata* Motshulsky

寄主：葡萄、糖槭、核桃楸、榆、杨、醋栗、刺槐等。

分布：贵州(盘县等)，东北，华北，华东；俄罗斯(西伯利亚东部)；朝鲜；日本等。

157. 二星蝽 *Eysarcoris guttiger* (Thunberg)

寄主：桑、稻、小麦、玉米、高粱、甘薯、大豆、无花果、榕树、茄子、竹类。

分布：贵州(盘县等)，河北，山西，陕西，山东，河南，江苏，安徽，浙江，湖北，湖南，江西，四川，福建，台湾，广东，广西，海南，青海，云南，甘肃，西藏；日本；越南；缅甸；印度；锡金；斯里兰卡。

158. 谷蝽 *Gonopsis affinis* (Uhler)

分布：贵州(全省)，福建，辽宁，陕西，山东，河南，江苏，安徽，湖北，浙江，江西，湖南，广东，广西，四川，云南，海南；日本。

159. 广二星蝽 *Stullia ventralis* (Westwood)

寄主：水稻、小麦、高粱、玉米、小米、甘薯、棉花、大豆、芝麻、花生、稗、狗尾草、马兰、牛皮冻、老鹳草。

分布：贵州(盘县等)，北京，河北，山西，浙江，福建，江西，河南，湖北，湖南，广东，广西，云南，陕西；日本；越南；菲律宾；缅甸；印度；马来西亚；印度尼西亚。

160. 中华岱蝽 *Dalpada cinctipes* Walker

分布：贵州(盘县等)，甘肃，河北，陕西，河南，江苏，安徽，浙江，江西，湖南，福建，广东，海南，广西，云南。

161. 绿岱蝽 *Dalpada smaragdina* (Walker)

分布：贵州(盘县等)，湖南，黑龙江，陕西，河南，江苏，浙江，安徽，江西，湖北，四川，台湾，福建，广东，广西，云南。

162. 全蝽 *Homalogonia obtusa* (Walker)

分布：贵州(盘县等)，黑龙江，吉林，辽宁，甘肃，河北，陕西，湖北，福建，广西，西藏；日本。

163. 玉蝽 *Hoplistodera fergussoni* Distant

寄主：酸模、廖科植物

分布：贵州(全省)，陕西，安徽，浙江，湖北，福建，广西，四川，云南，西藏。

164. 硕蝽 *Eurostus validus* Dallas

寄主：板栗、白栎、苦槠、麻栎、梨树、梧桐、油桐、乌桕等

分布：贵州(盘县等)，山东，河南，陕西，广东，广西，福建，江西，浙江，四川，云南，台湾，重庆，湖南，湖北；越南；缅甸。

165. 长硕蝽 *Enrostus ochraceus* Montandon

分布：贵州(盘县等)，云南，安徽。

166. 辉蝽 *Carbula obtusangula* Reuter

分布：贵州(盘县等)，湖南，甘肃，青海，河北，山西，陕西，河南，浙江，安徽，江西，湖北，四川，福建，广东，广西，云南。

167. 珀蝽 *Plautia fimbriata* (Fabricius)

寄主：水稻、大豆、菜豆、玉米、芝麻、苎麻、茶、柑橘、梨、桃、柿、李、泡桐、马尾松、枫杨、盐肤木等

分布：贵州(盘县等)，北京，江苏，福建，河南，广西，四川，云南，西藏等；日本；缅甸；印度；马来西亚；菲律宾；斯里兰卡；印度尼西亚；西非和东非。

168. 菜蝽 *Eurydemadominulus* (Socopoli)

分布：贵州(盘县等)，全国性分布。

169. 横纹菜蝽 *Eurydema geblema* Kolenati

寄主：甘蓝、紫甘蓝、青花菜、花椰菜、白菜、萝卜、樱桃萝卜、白萝卜、油菜、芥菜、板蓝根、白屈菜等。

分布：贵州(盘县等)，云南，黑龙江，吉林，辽宁，内蒙古，甘肃，新疆，河北，陕西，山东，江苏，安徽，湖北，四川，西藏。

170. 斑须蝽 *Dolycoris baccaram* (Linnaeus)

寄主：枸杞、苹果、梨、桃、石榴、山楂、梅、柑橘、杨梅

分布：贵州(盘县等)，全国性分布；中亚；朝鲜；日本；前苏联；印度；北美。

171. 短角瓜蝽 *Megymeum brevicornis* Fabricius

寄主：南瓜、黄瓜等

分布：贵州(盘县等)，北京，河北，浙江，福建，江西，广东，广西，四川，云南；缅甸；印度；印尼。

172. 紫蓝曼蝽 *Menida violacea* Motshulsky

寄主：水稻、大豆、玉米、梨、榆及小麦等

分布：贵州(盘县等)，吉林，辽宁，内蒙古，甘肃，河北，陕西，山西，山东，河南，江苏，安徽，浙江，湖北，江西，湖南，福建，广东，广西，四川，云南；俄罗斯；朝鲜；日本。

173. 大臭蝽 *Metonymia glandulosa* (Wolff)

分布：贵州(盘县等)，湖南，辽宁，甘肃，山东，河南，江苏，浙江，安徽，江西，四川，台湾，福建，广东，海南，广西，云南；印度；越南；缅甸；泰国；斯里兰卡；印度尼西亚。

174. 麻皮蝽 *Erthesina full* (Thunberg)

寄主：苹果、枣、沙果、李、山楂、梅、桃、杏、石榴、柿、海棠、板栗、龙眼、柑橘、杨、柳、榆等及林木植物

分布：贵州(盘县等)，河北，天津，北京，河南，山东，陕西，山西，江苏，江西，浙江，湖北，湖南，重庆，四川，云南，广东，广西，海南，福建，台湾等；日本；印度；缅甸；斯里兰卡及

安达曼群岛。

175. 九香虫 *Coridius chinensis* (Dallas)

寄主：瓜、柑桔、花生、豇豆、菜豆、烟草等

分布：贵州(盘县等)，河南，江苏，浙江，湖南，四川，台湾，福建，广东，广西，云南，西藏；东南亚。

176. 稻绿蝽黄肩型 *Nezara viridula f torquata* (Fabricius)

分布：贵州(盘县等)，宁夏，河北，山西，山东，河南，安徽，浙江，湖北，江西，湖南，福建，台湾，广东，海南，广西，四川，云南，西藏；朝鲜；日本；东南亚；中亚；欧洲；非洲；北美洲南部；南美洲；大洋洲。

177. 稻绿蝽全绿型 *Nezara viridula f typical* (Linnaeus)

分布：贵州(盘县等)，宁夏，河北，山西，山东，河南，安徽，浙江，湖北，江西，湖南，福建，台湾，广东，海南，广西，四川，云南，西藏；朝鲜；日本；东南亚；中亚；欧洲；非洲；北美洲南部；南美洲；大洋洲。

178. 稻褐蝽 *Niphe elongate* (Dallas)

寄主：水稻

分布：贵州(盘县等)，湖南，湖北，江西，浙江，福建等。

179. 黑益蝽 *Picromerus griseus* (Dallas)

分布：贵州(盘县等)，浙江，福建，四川等。

180. 赤条蝽 *Graphosoma rubrolineata* Westwood

寄主：胡萝卜、茴香、萝卜、白菜、洋葱、葱、、栎、榆、黄波罗等。

分布：贵州(盘县等)，黑龙江，吉林，辽宁，北京，河北，天津，山西，山西，宁夏，青海，甘肃，河南，山东，江苏，安徽，江西，浙江，湖南，广西，海南，等；朝鲜；日本等。

181. 角盾蝽 *Cantao ocallatus* Thunderg

分布：贵州(盘县等)，河南，浙江，安徽，江西，湖北，湖南，台湾，福建，广东，海南，广西，云南；印度；越南；缅甸；菲律宾；马来西亚；斯里兰卡；印度尼西亚。

182. 油茶宽盾蝽 *Poecilocoris latus* Dallas

分布：贵州(盘县等)，浙江，福建、江西，湖南，广东，广西，云南；印度；越南；缅甸。

183. 山字宽盾蝽 *Poecilocoris sanszesignatus* Yang

分布：贵州(盘县等)，湖南，四川，广东，云南，西藏。

(四十九)荔蝽科

184. 荔枝蝽 *Tessaratoma papillosa* Drury

分布：贵州(盘县等)，台湾，广东，广西，江西，云南。

185. 方肩荔蝽 *Tessaratoma quadrata* Distant

寄主：荔枝、龙眼、柑橘等

分布：贵州(盘县等)，广东，广西，云南等；越南；印度；尼泊尔。

(五十)长蝽科

186. 红脊长蝽 *Trpidothorax elegans* (Distant)

分布：贵州(盘县等)，北京，天津，河南，江苏，四川，广东，广西，云南，台湾。

(五十一)龟蝽科

187. 狄豆龟蝽 *Megacopta distanti* (Montandon)

分布：贵州(盘县等)，湖南，北京，江西，四川，福建，广西；印度。

(五十二)猎蝽科

188. 云斑真猎蝽 *Harpactor incertus* Distant

分布：贵州(盘县等)，陕西，安徽，浙江，湖北，江西，湖南，福建，四川；日本。

189. 褐菱猎蝽 *Isyndus obscurus* (Dallas)

分布：贵州(盘县等)，吉林，辽宁，北京，河北，山东，河南，安徽，湖北，浙江，江苏，江西，四川，福建，广西，广东，海南，云南，西藏；甘肃。朝鲜；日本；印度；不丹；越南。

190. 蚊猎蝽 *Myiophanes tipulina* Reuter

分布：贵州(全省)，上海，河北，西藏，山西等。

191. 黑角嗯猎蝽 Endochus *nigricornis* Stal

分布：贵州(盘县等)，云南，湖北，浙江，四川，福建，广西，广东，海南，西藏。

192. 环斑猛猎蝽 *Sphedanolestes impressicollis* (Stal)

分布：贵州(盘县等)，陕西，山东，江苏，浙江，湖北，江西，湖南，福建，广东，广西，四川，云南；日本。

193. 红缘猛猎蝽 *Sphdanolestes gularis* Hsiao

分布：贵州(盘县等)，甘肃，河南，安徽，湖北，江西，湖南，西藏，四川，云南，重庆，福建，广西，广东。

194. 齿缘刺猎蝽 *Sclomina erinacea* Stal

分布：贵州(盘县等)，安徽，江西，湖南，浙江，福建，台湾，广东，海南，广西，云南。

195. 红彩端猎蝽 *Rhynocoris fuscipes* Fabricius

分布：贵州(盘县等)，浙江，云南，四川，广西，湖南，广东，海南，福建，江西，西藏。

196. 黑脂猎蝽 *Velinus nodipes* Uhler

分布：贵州(全省)，河南，江苏，浙江，江西，四川，福建，广东，广西，福建，云南；日本；印度。

(五十三)盲蝽科

197. 中黑盲蝽 *Adelphocoris suturalis* Jakovlev

寄主：棉花、甜菜、大豆、桑、胡萝卜、马铃薯、大麦、小麦、杞柳、聚合草、黄花、苜蓿等

分布：贵州(盘县等)，黑龙江，内蒙古，新疆，江苏，安徽，江西，湖北，四川等。

198. 牧草盲蝽 *Lygus pratenszs* (Linnaeus)

寄主：玉米、小麦、棉花、豆类、蔬菜等

分布：贵州(盘县等)，东北，华北，西北等。

(五十四)网蝽科

199. 梨网蝽 *Stephanitis nashi* Esaki *et* Takeya

分布：贵州(盘县等)，全国各地普遍分布。

200. 茶脊冠网蝽 *Stephanitis chinensis* Drake

分布：贵州(全省)，四川，湖南等。

201. 杜鹃冠网蝽 Stephanitis pyriodes (Scott)

分布：贵州(全省)，吉林，浙江，江西，湖北，湖南，广东，台湾等。

202. 山地狭盲蝽 *Stenodema alpestris* Reuter

分布：贵州(盘县等)，浙江，湖北，江西，福建，广西，四川，云南，陕西，甘肃。

十、广翅目

(五十五)鱼蛉科

203. 越南臀鱼蛉 *Anachauliodes tonkinicus* Kimmins

分布：贵州(盘县)，云南等；越南。

204. 中华斑鱼蛉 *Neochauliodes rotundatus* Tjder

贵州(盘县等)，全国各地；印度；蒙古。

(五十六)齿蛉科

205. 花边星齿蛉 *Protohermes costalis* (Walker)

分布：贵州(盘县等)，云南，河南，湖北，湖南，江西，安徽，浙江，台湾，广西，广东，福建。

206. 普通齿蛉 *Neoneuromus ignobilis* Navás

分布：贵州(盘县等)，云南，广西，广东，重庆，四川，湖北，江西，福建，浙江，安徽，陕西，山西。

十一、脉翅目 NEUROPTERA

(五十七)草蛉科

207. 普通草蛉 *Chrysoperla carnea* (Stephens)

分布：贵州(盘县等)，东北，华北，西北地区及湖南，四川，台湾；古北区；东洋区；新北区。

208. 中华草蛉 *Chrysoperla sinica* Tjeder

寄主：棉铃虫、棉红蜘蛛、蚜虫

分布：贵州(盘县等)，黑龙江，吉林，辽宁，河北，北京，陕西，山西，山东，河南，湖北，湖南，四川，江苏，江西，安徽，上海，广东，云南。

209. 大草蛉 *Chrysopa septempunctata* Wesmael

分布：贵州(全省)，黑龙江，吉林，辽宁，河北，北京，河南，新疆，陕西，山西，甘肃，山东，湖北，湖南，四川，上海，安徽，江西，福建，广东，广西。

210. 日意草蛉 *Italochrysa japonica* (McLachlan)

分布：贵州(盘县等)，甘肃，四川，云南，广西，湖北，湖南，江西，安徽，江苏，浙江，福建，台湾，广东。

十二、鞘翅目 COLEOPTERA

(五十八)叶甲科

211. 核桃扁叶甲 *Gastrolina depressa* Baly

寄主：核桃

分布：贵州(盘县等)，甘肃，江苏，湖北，湖南，广西，四川，陕西，河南，浙江，福建，广东，黑龙江，吉林，辽宁，河北等。

212. 泡桐叶甲 Basiprionota *bisignata* (Boheman)

寄主：泡桐、梓树、楸树等林木

分布：贵州(全省)，河南，重庆，云南，广西，山东，福建等。

213. 柳蓝叶甲 *Plagiodera versicolora* (Laicharting)

寄主：玉米、大豆、棉花、桑、各种柳树

分布：贵州(盘县等)，黑龙江，吉林，辽宁，内蒙古，甘肃，宁夏，河北，山西，陕西，山东，江苏，河南，湖北，安徽，浙江，四川，安徽，云南。

214. 漆黄叶甲 *Podontia lutea* Clirier

寄主：漆树

分布：贵州(盘县等)，湖北，云南，重庆，安徽等。

215. 白杨叶甲 *Chrysomela populi* Linnaeus

寄主：杨、柳树

分布：贵州(全省)，河北，山西，内蒙古，辽宁，吉林，黑龙江，山东，河南，湖北，湖南，四川，陕西，宁夏；日本；朝鲜；印度等。

216. 蒿金叶甲 *Chrysolina aurichalcea* (Mannerheim)

分布：贵州(盘县等)，东北，甘肃，新疆，河北，陕西，山东，河南，湖北，湖南，福建，广西，四川，云南。

217. 大猿叶虫 *Colaphellus bowringi* Baly

寄主：大白菜、油菜、白菜、菜薹、荠菜、萝卜、芜菁等

分布：贵州(全省)，全国分布。

218. 小猿叶虫 *Phaedon brassicae* Baly

寄主：油菜、白菜、萝卜、芥菜、花椰菜、莴苣、胡萝卜、洋葱、葱等

分布：贵州(全省)，黑龙江，内蒙古，新疆，河北，天津，吉林，宁夏，山西，陕西，甘肃，青海，四川，重庆，云南，广西，广东、江苏，江西，安徽，上海，湖北，湖南，浙江，海南。

219. 何首乌叶甲 *Gallerucida ornatipennis* Duvivier

分布：贵州(盘县等)。

220. 葡萄十星叶甲 *Oides decempunctata* Billberg

寄主：葡萄、野葡萄及五敛莓等

分布：贵州(全省)，吉林，河北，山西，陕西，甘肃，山东，河南，江苏，安徽，浙江，福建，广东，海南，广西，四川；朝鲜；越南。

221. 蓝翅瓢萤叶甲 *Oides bowringii* (Baly)

分布：贵州(盘县等)，浙江，湖北，江西，湖南，福建，广东，广西，四川，云南。

222. 黑跗瓢萤叶甲 *Oides tarsata* (Baly)

寄主：葡萄、野葡萄

分布：贵州(全省)，江苏，湖北，湖南，广西，四川，河北，陕西，浙江，江西，福建，广东。

223. 双斑萤叶甲 *Monolepta hieroglyphica* (Motschulsky)

寄主：豆类、十字花科蔬菜、花生

分布：贵州(全省)，江苏，浙江，湖北，江西，福建，广东，广西，宁夏，甘肃，陕西，四川，云南，台湾，东北，华北等。

224. 黄缘米萤叶甲 *Mimastra limbata* Baly

分布：贵州(盘县等)，陕西，浙江，湖北，湖南，福建，广西，四川，云南。

225. 二纹柱萤叶甲 *Gallerucida bifasciata* Motschulsky

分布：贵州(盘县等)，黑龙江，吉林，辽宁，甘肃，河北，陕西，河南，江苏，浙江，湖北，江西，湖南，福建，台湾，广西，四川，云南。

226. 黄足黄守瓜 *Aulacophora femoralis* Motschulsky

寄主：葫芦科瓜类

分布：贵州(全省)，全国各地。

227. 黄曲条跳甲 *Phyllotreta vittata* (Fabricius)

寄主：甘蓝、花椰菜、白菜、菜薹、萝卜、芜菁、油菜、茄果类、瓜类、豆类

分布：贵州(全省)，全国性分布。

228. 蓝色蚤跳甲 *Psylliodes punctifrons* Baly

寄主：油菜及多种十字花科植物

分布：贵州(全省)，甘肃，江西，湖南，福建，广西，云南，四川等。

229. 茄跳甲 *Psylliodes balyi* Jacoby

寄主：茄

分布：贵州(全省)，云南，台湾等。

（五十九）铁甲科

230. 苹龟甲 *Cassida versicolor*（Boheman）

分布：贵州（盘县等）。

231. 甘薯蜡龟甲 *Laccoptera quadrimaculata*（Thunberg）

寄主：甘薯、小旋花、楸树

分布：贵州（全省），江苏，浙江，湖北，福建，台湾，广东，海南，广西，四川。

232. 水稻铁甲虫 *Dicladispa armigera* Olivier

寄主：水稻、麦类、甘蔗、茭白、芦草等

分布：贵州（全省），江西，湖南，湖北，湖南，浙江，江西，广东，广西，福建，重庆，四川，云南，海南等。

（六十）肖叶甲科

233. 黑翅厚缘叶甲 *Aoria nigripennis* Gressitt *et* Kimoto

分布：贵州（盘县等），吉林，内蒙古，河北，江苏，浙江、湖北、江西、福建，台湾，广东，香港，海南，广西，四川，云南；越南；老挝；柬埔寨；缅甸；泰国；印度；印度尼西亚。

234. 甘薯叶甲 *Colasposoma dauricum* Mannerhein

寄主：害蕹菜、甘薯、小麦等。

分布：贵州（全省），黑龙江，内蒙古，新疆，河北，天津，吉林，宁夏，山西，陕西，甘肃，青海，四川，重庆，云南，广西，广东、江苏，江西，安徽，上海，湖北，湖南，浙江，海南。

235. 五斑棒角甲 *Platyrhopalus davidis* Fairmaire

分布：贵州（盘县等），北京，山西，山东，上海，江西，江苏，湖南，四川，重庆。

（六十一）花萤科

236. 喀氏丽花萤 *Themus cavaleriei*（Pic）

分布：贵州（盘县等），湖北。

（六十二）叩甲科

237. 沟金针虫 *Pleonomus canaliculatus* Faldermann

寄主：禾谷类、薯类、豆类、甜菜、棉花和各种蔬菜和林木幼苗等

分布：贵州（盘县等），辽宁，河北，内蒙古，山西，河南，山东，江苏，安徽，湖北，陕西，甘肃，青海等。

238. 丽叩甲 *Campsostermnus* auratus（Drury）

分布：贵州（盘县等），浙江，湖北，江西，湖南，福建，台湾，广东，广西，海南，四川，云南；越南；柬埔寨；日本。

（六十三）吉丁甲科

239. 云南松脊吉丁 *Chalcophora yunnana* Fairmaire

寄主：松类

分布：贵州（盘县等），云南，广西，湖南，湖北，江西，福建，广西，四川；日本。

（六十四）锹甲科

240. 月斑圆翅锹甲 *Neducanus oberthur* Leuther

分布：贵州（盘县），广西，云南；越南。

（六十五）负泥甲科

241. 短腿水叶甲 *Donacia frontalis* Jacoby

寄主：眼子菜、水稻、稗等

分布：贵州（全省），黑龙江，河北，山西，江苏，福建，广西。

242. 稻食根叶甲 *Donacia provosti* Fairmaire

寄主：食稗、游草、莲、长叶泽泻、矮慈姑、鸭舌草和眼子菜等

分布：贵州(全省)，黑龙江，辽宁，北京，河北，陕西，山东，河南，江苏，安徽，浙江，湖北，江西，福建，台湾，广东，海南，四川。

243. 红胸负泥虫 *Lema fortunei* Baly

分布：贵州(盘县等)，河北，陕西，山东，江苏，安徽，浙江，湖北，福建，台湾，广东，广西，四川。

244. 水稻负泥虫 *Oulema oryzae* (Kuwayama)

寄主：水稻

分布：贵州(全省)，黑龙江，吉林，辽宁，浙江，江西，湖北，湖南，台湾，广东，广西，四川，云南，陕西等。

(六十六)芫菁科

245. 红头豆芫菁 *Epicauta ruficeps* Illiger

寄主：幼虫捕食蝗虫的卵，成虫取食蕨类等

分布：贵州(盘县等)，福建，江西，湖南，广西，重庆，四川，云南。

(六十七)天牛科

246. 密齿锯天牛 *Macrotoma fisheri* Waterhouse

寄主：栗、沙梨、苹果、黄连木、杏、桃、柿等

分布：贵州(全省)，四川，西藏，云南等；缅甸；越南；中亚等。

247. 大牙土天牛 *Dorysthenes paradoxus* (faldermann)

寄主：玉米、高粱

分布：贵州(全省)，四川，浙江，宁夏，安徽，内蒙古，河北，山西，甘肃，东北，四川等；朝鲜；日本。

248. 桔狭胸天牛 *Philus antennatus* (Gyllenhal)

寄主：柑桔、桑、茶

分布：贵州(全省)，河北，湖南，江西，浙江，福建，香港，海南等。

249. 黑须天牛 *Cyrtonops asahinai* Mitono

分布：贵州(盘县等)，陕西，台湾，四川。

250. 咖啡锦天牛 *Acalolepta cervina* (Hope)

分布：贵州(全省)，四川，云南，东北；俄罗斯；日本；越南；印度；老挝；尼泊尔；朝鲜。

251. 栗灰锦天牛 *Acalolepta degener* (Bates)

分布：贵州(全省)，辽宁，内蒙古，甘肃；外蒙古。

252. 长锦天牛 *Acalolepta elongata* Breuning

分布：贵州(全省)。

253. 南方锦天牛 *Acalolepta speciosa* (Gahan)

分布：贵州(全省)。

254. 灿绒闪光天牛 *Aeolesthes chrysothrix* (Gressitt)

寄主：柳、杨、栎槠。

分布：贵州(全省)，山东，河北，安徽，陕西，云南。

255. 楝闪光天牛 *Aeolesthes induta* (Newman)

寄主：人面子、楝树、凤凰木、乌桕、茶树、油茶、松

分布：贵州(全省)，广东，台湾等；缅甸；泰国；苏门答腊；爪哇；婆罗洲；菲律宾。

256. 赤杨花天牛 *Aeolesthes rabra dichroa*(BIan – chard)

寄主：柳、杨、栋、赤杨、青冈栎、松、柏

分布：贵州(全省)，山东，山西，河北，陕西，吉林，黑龙江，四川，浙江，湖南，湖北，江西。

257. 星天牛 *Anoplophora chinensis* (Forster)

寄主：多种乔木

分布：贵州(盘县等)，辽宁，北京，天津，河北，陕西，河南，河北，宁夏，安徽，浙江，湖北，湖南，四川，重庆，广东，广西，福建，云南，海南，江苏，上海，江西等；日本；朝鲜；缅甸。

258. 光肩星天牛 *Anoplophora glahripennis* Motsch

寄主：柳、杨、槭、榆、槐、桑、桉、桦、桤、松、杉、樟、梨、李、栎、泡桐、苹果、核桃、枫杨、悬铃木、木麻黄。

分布：贵州(全省)，山东，山西，河南，河北，北京，天津，辽宁，吉林，黑龙江，陕西，甘肃，宁夏，内蒙古，江苏，安徽，浙江，福建，江西，湖南，湖北，四川，上海，广西。

259. 桃红颈天牛 *Aromia bungii* (Fald)

寄 主：柳、杨、榆、栎、桃、李、梅、柿、杏、樱、楝、松、石榴、枫杨、核桃、海棠、木荷、油橄榄、青皮竹。

分 布：贵州(全省)，山东，山西，河南，河北，北京，天津，陕西，内蒙古，辽宁，吉林，黑龙江，江苏，安徽，浙江，上海，福建，江西，湖南，湖北，四川，云南，甘肃，广东。

260. 黑跗眼天牛 *Bacchisa atritarsis* Pic

寄主：柳、杨、枫杨、榆、梨、桃、茶、木荷。

分布：贵州(盘县等)，湖南，湖北，四川，江西，福建，浙江，河南，辽宁，广东，广西。

261. 梨眼天牛 *Bacchisa fortunei* (Thomson)

寄主：苹果、梨、梅、杏、桃、李、海棠、石榴、野山楂、槟沙果、山里红等

分布：贵州(全省)，东北，山西，陕西，山东，江苏，江西，浙江，安徽，福建，台湾等。

262. 云斑天牛 *Batocera horsfields* (Hope)

寄主：柳、杨、榆、桑、桉、栗、桦、梓、栎、榕、白蜡、乌桕、桤木、油桐、泡桐、女贞、槠、油茶、银杏、杜梨、漆、臭椿、悬铃木、油橄榄、山毛榉、苦檀、枇杷、木麻黄。

分布：贵州(全省)，山东，山西，河南，河北，吉林，陕西，甘肃，江苏，安徽，浙江，福建，广东，广西，上海，江西，湖南，湖北，四川。

263. 橙斑白条天牛 *Batocera davidis* Deyrolle

寄 主：柳、杨、榆、香椿、栋、槐、栎、桑、桉、悬铃木、梧桐、泡桐、油桐、乌桕、板栗、核桃、苹果。

分 布：贵州(盘县等)，河南，陕西，四川，湖北，云南，浙江，江西，湖南，广西，广东。

264. 中华薄翅天牛 *Megopis sinica sinica* (White)

寄主：柳、杨、榆、栎、栗、枣、枫杨、泡桐、梧桐、苦楝、油桐、白蜡、乌桕、枫香、银杏、苹果、桤木、松、杉。

分布：贵州(盘县等)，山东，北京，上海，天津，山西，河南，河北，陕西，甘肃，内蒙古，吉林，辽宁，黑龙江，江苏，安徽，江西，福建，湖南，湖北，四川，云南。

265. 桃褐天牛 *Nadezhdiella aurea* Gressitt

寄主：核桃

分布：贵州(全省)，浙江，四川，广西。

266. 咖啡脊虎天牛 *Xylotrechus grayii* White

寄主：咖啡、柚木、榆、梧桐、毛泡桐

分布：贵州(全省)，甘肃，四川，江苏，福建，云南，广西，广东，海南，台湾；日本。

267. 油茶红颈天牛 *Erythrus blairi* Gressitt

寄主：油茶、茶树

分布：贵州(全省)，湖南，福建，浙江，广西等。

268. 锚斑紫天牛 *Purpuricenus petasifer* Fairmaire

寄主：苹果

分布：贵州(全省)，吉林，辽宁，河北，甘肃，江苏，云南；前苏联；朝鲜；日本。

269. 椎天牛 *Spondylis buprestoides* (Linnaeus)

寄主：松类

分布：贵州(盘县等)，黑龙江，内蒙古，河北，陕西，江苏，安徽，浙江，湖北，湖南，福建，台湾，广东，广西，四川，云南；俄罗斯；朝鲜；日本；中亚及欧洲。

270. 家茸天牛 *Trichoferus campestris* (Faldermann)

寄主：刺槐、油松、枣、丁香、杨树、柳树、黄芪、苹果、柚、桦木和云杉。

分布：贵州(盘县等)，黑龙江，吉林，辽宁，内蒙古，甘肃，青海，新疆，河北，山西，陕西，山东，河南，江苏，安徽，浙江，湖北，湖南，四川，云南；蒙古；俄罗斯；朝鲜；日本；中亚地区。

271. 松褐天牛 *Monochamus alternatus* Hope

寄主：马尾松、黑松、雪松、落叶松、华山松、云南松、思茅松、冷杉、云杉、桧、栎、鸡眼藤、苹果、花红。

分布：贵州(盘县等)，河北，河南，山东，陕西，江苏，浙江，江西，福建，湖南，四川，云南，西藏，广东，广西等。

272. 蓝墨天牛 *Monochamus guerryi* Pic

寄主：板栗等栎类植物和油茶

分布：贵州(盘县等)，云南，湖南，广西，广东。

273. 锈色粒肩天牛 *Apriona swainsoni* (Hope)

寄主：槐树、柳树、云实、黄檀、三叉蕨等

分布：贵州(盘县等)，河南，山东，福建，广西，四川，云南，江苏，湖北，浙江等；越南；老挝；印度；缅甸等。

274. 双条杉天牛 *Semanotus bifasciatus* Motschulsky

寄主：罗汉松、桧柏、扁柏、侧柏、龙柏、千头柏、杉、柳杉、松等

分布：贵州(盘县等)，辽宁，甘肃，陕西，内蒙古，山西，北京，河北，山东，安徽，江苏，上海，浙江，福建，广东，广西，湖北，重庆，四川等。

275. 黑须天牛 *Cyrtonops asahinai* Mitono

寄主：油桐

分布：贵州(全省)，陕西，台湾，四川。

276. 樟彤天牛 *Eupromus rubber* (Dalman)

寄主：樟树、楠木等

分布：贵州(全省)，四川，广西，广东，台湾，福建，浙江，江苏，江西；日本。

277. 白网污天牛 *Moechotypa alboannulata* Pic

分布：贵州(全省)，四川。

278. 素鞘污天牛 *Moechotypa asiatica* (Pic)

分布：贵州(全省)，云南，广西；越南；老挝；缅甸；印度。

279. 黄颈柄天牛 *Aphrodisium faldermannii* (Saunders)

寄主：桃

分布：贵州(全省)，内蒙古，华北，陕西，江苏，海南，上海，陕西，台湾，浙江，江西，福建，广东；东西伯利亚。

280. 皱绿柄天牛 *Aphrodisium gibbicolle* (White)

寄主：柑橘类

分布：贵州(全省)，华北，陕西，江苏，安徽，江西，湖南，台湾，广东，四川，云南；老挝；印度。

281. 稀点侧沟天牛 *Obrium complanatum* Gressitt

分布：贵州(全省)。

282. 双纹梨天牛 *Cataphrodisium rubripenne* (hope)

寄主：梨子、苹果、山林果、花红、棠梨、海棠、枇杷

分布：贵州(全省)。

283. 细足长绿天牛 *Chlorodolum tenuipes* (Fairmaire)

分布：贵州(全省)。

284. 斜尾虎天牛 *Clytus raddensis* Pic

分布：贵州(全省)，东北；朝鲜；日本。

285. 弧纹绿虎天牛 *Chlorophorus miwai* Gressitt

分布：贵州(全省)，东北，河北，河南，安徽，浙江，江西，福建，四川，广西，广东，台湾，湖南等。

286. 竹绿虎天牛 *Chlorophorus annularis* (Fabricius)

寄主：竹、枫香、柚木、棉、苹果

分布：贵州(盘县等)，辽宁，河北，陕西，江苏，浙江，福建，台湾，广东，广西，海南，云南。

287. 裂纹绿虎天牛 *Chlorophorus separtus* Gressitt

寄主：栎

分布：贵州(全省)，湖北，江西，台湾，海南，广西，云南，河南，四川，广东。

288. 红缝草天牛 *Eodorcadion chianganicum* Suvorv

寄主：碱草

分布：贵州(全省)，辽宁，吉林，内蒙古，陕西。

289. 中华粒翅天牛 *Lamiomimus chinensis* Breuning

分布：贵州(全省)，云南。

290. 双带粒翅天牛 *Lamiomimus gottschei* Kolbe

寄主：柳树、槲树、板栗、槐、椿

分布：贵州(盘县等)，河北，北京，江苏，浙江，安徽，江西，湖北，四川；前苏联。

291. 白盾筛天牛 *Cribragapanthia scutellata* Pic

分布：贵州(全省)，四川，云南；越南；缅甸。

292. 隆突天牛 *Agriomorpha ochreomaculata* Breuning

分布：贵州(全省)，广西；斯里兰卡。

293. 榕指角天牛 *Imamtocera penicillata* (Hope)

分布：贵州(全省)，西藏，云南；印度；尼泊尔；缅甸；越南；老挝；马来西亚。

294. 二斑象天牛 *Mesosa bipunctata* Chiang

分布：贵州(全省)。

295. 粗脊天牛 *Trachylophus sinensis* Gahan

分布：贵州(盘县等)，浙江，湖南，福建，台湾，广东，海南，香港，广西，四川。

296. 丽并脊天牛 *Glenea pulchra* Aurivillius

分布：贵州(全省)，云南，西藏，广西；越南；老挝；缅甸；印度尼西亚；泰国；印度；马来西亚。

297. 黑翅脊筒天牛 *Nupserha infantula* Ganglbaner

分布：贵州(全省)，甘肃，陕西，河南，湖北，浙江，福建，广东，四川，云南。

298. 黄缘瘤筒天牛 *Linda apicalis* Pic

分布：贵州(全省)，云南，四川，西藏。

299. 台湾筒天牛 *Oberea formosana* Pic

分布：贵州(全省)，湖北，陕西，江西，台湾，广东，福建，湖北，广西，海南；朝鲜。

300. 瘦筒天牛 *Oberea atropunctata* Pic

分布：贵州(全省)，山东，河南，安徽，四川，浙江，江西，湖北，广东，广西，云南。

301. 红绵天牛 *Sophronica chinensis* Breuning

分布：贵州(全省)。

302. 华南蜢天牛 *Tetraglenes insignis* Newman

分布：贵州(全省)，广西，浙江，福建，广东，海南。

303. 灰翅粉天牛 *Olenecamptus griseipennis* (Pic)

分布：贵州(全省)，云南，四川。

304. 小灰长角天牛 *Acanthocinus griseus*(Fabricius)

分布：贵州(全省)，东北，华南，内蒙古，甘肃，新疆，河南，山东，福建，广东，江西，河北，陕西；俄罗斯；朝鲜；日本。

305. 伪昏天牛 *Pseudanaesthetis langana* Pic

分布：贵州(全省)，福建，陕西，浙江，江西，湖南，广东，四川，海南；越南。

(六十八)金龟科

306. 双叉犀金龟 *Allomyrina dichotoma* Linnaeus

分布：贵州(盘县等)，吉林，辽宁，河北，山东，河南，江苏，安徽，浙江，湖北，江西，湖南，福建，台湾，广东，海南，广西，四川，云南，陕西；朝鲜；日本。

(六十九)鳃金龟科

307. 棕色鳃金龟 *Holotrichia titanis* Reitter

寄主：棉花、玉米、高粱、谷子等禾本科作物和豆类、花生等

分布：贵州(盘县等)，全国分布。

308. 黑绒鳃金龟 *Serica orientalis* Motschulsky

寄主：苹果、桃、梨等

分布：贵州(盘县等)，内蒙古，甘肃，青海，陕西，四川，河北，山东，河南，宁夏，江西，台湾，东北，华北，及华东部分地区。

309. 大头霉鳃金龟 *Microtrichia cephalotes* Burm.

寄主：玉米、水稻、菜豆、甘蔗、高粱、苹果、梨、灌木、大理菊

分布：贵州(盘县等)，广西，云南等。

(七十)丽金龟科

310. 斑喙丽金龟 *Adoretus ternuimaculatus* Waterhouse

寄主：葡萄、刺槐、板栗、玉米、丝瓜、菜豆、芝麻、黄麻、棉花，次为油桐、榆、梧桐、枫杨、梨、苹果、杏、柿、李、樱桃等

分布：贵州(盘县等)，陕西，河北，山东，安徽，江苏，上海，浙江，江西，福建，广东，广西，湖南，湖北，四川，重庆等；朝鲜；日本；夏威夷。

311. 铜绿丽金龟 *Anomala corpulenta* Motschulsky

寄主：苹果、沙果、花红、海棠、杜梨、梨、桃、杏、樱桃、核桃、板栗、栎、杨、柳、榆、槐、柏、桐、茶、松、杉等

分布：贵州(盘县等)，黑龙江，吉林，辽宁，内蒙古，宁夏，陕西，山西，北京，河北，河南，山东，安徽，江苏，上海，浙江，福建，台湾，广西，重庆，四川等地。

312. 深绿异丽金龟 *Anomala heydeni* Frivaldszky

寄主：油茶、花生、苹果等

分布：贵州(盘县等)，吉林，山东，浙江等。

313. 亮绿彩丽金龟 *Mimela splendens* Ctyllenhal

寄主：核桃、甘蔗、刺梨、女贞、苹果、桐树、杂灌。

分布：贵州(盘县等)，东北，河北，陕西，山东，安徽，浙江，湖北，江西，湖南，福建，台湾，广东，广西，四川，云南。

314. 琉璃弧丽金龟 *Popillia atrocoerulea* Bates

寄主：棉花、胡萝卜、草莓、黑莓、葡萄、玫瑰、合欢、菊科植物、玉米、小麦、谷子、花生等。

分布：贵州(盘县等)，辽宁，河南，河北，山东，江苏，浙江，湖北，江西，台湾，广东，四川，云南。

315. 蓝亮弧丽金龟 *Popillia cyanea splendicolis* Fairmaire

分布：贵州(盘县等)。

316. 无斑弧丽金龟 *Popillia mutans* Newman

寄主：水稻、棉花、青冈、刺梨等杂灌的花

分布：贵州(盘县等)，全国均有分布。

317. 中华弧丽金龟 *Popillia quadriguttata* Fabricius

寄主：花生、大豆、玉米、高粱等

分布：贵州(盘县等)，黑龙江，吉林，辽宁，内蒙古，甘肃，陕西，河北，山西，山东，福建，河南等省；朝鲜和越南北部也有分布。

318. 曲带弧丽金龟 *Popillia pustulata* Fairmaire

分布：贵州(盘县等)，陕西，山东，江苏，浙江，湖北，江西，湖南，福建，广东，广西，四川，云南。

(七十一)花金龟科

319. 小青花金龟 *Oxycetonia jucunda* Faldermann

寄主：苹果、梨、桃、杏、山楂、板栗、杨、柳、榆、海棠、葡萄、柑橘、葱、玉米、甘蓝、菊科、松、油橄榄等

分布：贵州(全省)，黑龙江，辽宁，吉林，北京，天津，河北，山东，河南，山西，陕西，四川，云南，重庆，广东，广西，海南，福建，江西，浙江，安徽，湖北，湖南等；俄罗斯；朝鲜；日本；尼泊尔；印度；孟加拉国；北美洲。

320. 斑青花金龟 *Oxycetonia bealiae* (Gory *et* Percheron)

寄主：白蜡、柑桔、栎、杂木、女贞等

分布：贵州(盘县等)，江苏，浙江，安徽，湖北，江西，湖南，福建，广东，广西，海南，四川，云南，西藏；印度；越南。

321. 白星花金龟 *Protaetia brevitarsis* Lewis

寄主：小麦、玉米、果树、蔬菜等

分布：贵州(盘县等)，全国各地。

322. 雅唇花金龟 *Trgonophorus gracilipes* Westwood

分布：贵州(盘县等)，四川；不丹；印度。

323. 绽蓝罗花金龟 *Rhomborrhina hyacinthine* (Hope)

分布：贵州(盘县等)，西藏；印度；缅甸。

324. 日铜罗花金龟 *Rhomborrhina japonica* Hope

分布：贵州(盘县等)，河南，江苏，安徽，浙江，江西，湖北，湖南，福建，广东，广西，四川，贵州，云南；朝鲜；日本。

325. 亮丽罗花金龟 *Rhomborrhina resplendens* Swartz

分布：贵州(盘县等)，云南；越南。

326. 绿罗花金龟 *Rhomborrhina unicolor* Motschulsky

寄主：柑橘、栎类

分布：贵州(盘县等)，浙江，湖北，江西，湖南，福建，台湾，广东，海南，广西，四川；日本。

327. 黄毛罗花金龟 *Torynorrhina fulvopilosa* Moser

分布：贵州(盘县等)，湖北，湖南，四川，江苏，浙江，江西，广东，广西，海南，云南。

(七十二)粪金龟科

328. 神农粪蜣 *Catharsius molossus* Linnaeus

寄主：哺乳动物的粪便

分布：贵州(全省)，河北，山西，山东，河南，江苏，安徽，浙江，湖北，江西，湖南，福建，台湾，广东，广西，四川，云南和西藏；越南；老挝；柬埔寨；尼泊尔；印度；泰国；斯里兰卡；阿富汗；印度尼西亚。

329. 孔蜣螂 *Copris confucius* Harold

寄主：哺乳动物的粪便

分布：贵州(全省)，华南，华中，西南；东洋界。

330. 黑利蜣螂 *Liatongus gagatinus* (Hope)

分布：贵州(盘县等)，云南，四川，西藏；越南；老挝。

331. 孟加拉粪蜣 *Copris bengalensis* (Gillet)

分布：贵州(盘县等)，云南，西藏；缅甸；孟加拉国。

332. 日本司嗡蜣螂 *Onthophagus Japonicus* (Harold)

分布：贵州(盘县等)，黑龙江；朝鲜；日本；韩国；俄罗斯。

333. 黑裸蜣螂 *Paragymnopleurus melanarius* (Harold)

分布：贵州(盘县等)，上海，江西，四川，福建，台湾，广东，广西，云南；越南；老挝；泰国；老挝；缅甸；印度；斯里兰卡；马来西亚。

(七十三)象甲科

334. 核桃长足象 *Alcidodes juglans* Chao

寄主：核桃

分布：贵州(盘县等)，四川，山西，重庆，陕西，河南，湖北，云南等。

335. 马尾松角颈象 Shirahoshizo *patruelis* (Voss)

寄主：马尾松、黑松、华山松、金钱松、湿地松和火炬松。

分布：贵州(盘县等)，江苏，安徽，浙江，江西，福建，台湾，湖南，湖北，四川等地。

336. 栗实象甲 *Curculio davidi* Fairmaire

寄主：壳斗科植物果实

分布：贵州(全省)，华北，西北，华中，华东，西南；日本。

337. 剪枝栗实象 *Gryllorhynobites ursulus* Roelofs
寄主：板栗、茅栗
分布：贵州(盘县等)，辽宁，河北，河南，山东，江苏，湖北，湖南等。
338. 米象 *Sitophilus oryzae* Linnaeus
寄主：储粮
分布：贵州(全省)，中国南方；世界性分布。
339. 玉米象 *Sitophilus zeamaiz* Motschulsky
分布：贵州(全省)，全国性分布；世界性分布。
340. 松瘤象 *Sipalus gigas* (Fabricius)
寄主：马尾松、华山松
分布：贵州(盘县等)。江苏，福建，江西，湖南；朝鲜；日本等
341. 稻象甲 *Echinocnemus squameus* Billberg
寄主：稻、稗
分布：贵州(全省)，黑龙江，广东，海南，陕西，甘肃，四川，云南，台湾等。
342. 中国癞象 *Episomus chinensis* Faust
分布：贵州(盘县等)，陕西，安徽，浙江，湖北，江西，湖南，福建，广东，广西，四川，云南。
343. 多瘤雪片象 *Niphades verrcosus* (Voss)
分布：贵州(盘县等)，云南，浙江，安徽等；日本；俄罗斯；韩国等。
344. 山茶象 *Curculio chinensis* Chevrolat
寄主：茶、油茶
分布：贵州(全省)，湖北，陕西，上海，江苏，安徽，浙江，江西，湖南，福建，广东，广西，四川，云南；东洋界。
345. 皂荚豆象 *Bruchidius dorsalis* (Fabricius)
寄主：皂荚
分布：贵州(全省)，福建，甘肃，新疆，青海，河北，陕西，山东，江苏，台湾，广西，四川，云南；日本；印度。
346. 豌豆象 *Bruchus pisorum* (Linnaeus)
寄主：豌豆、扁豆
分布：贵州(全省)，江苏，安徽，山东，陕西等；澳大利亚。
347. 蚕豆象 *Bruchus rufimanus* Boheman
寄主：蚕豆
分布：贵州(全省)，西北，华北，华中，华南，中南，华东，西南等。
348. 绿豆象 *Callosobruchus chinensis* (Linnaeus)
寄主：菜豆、豇豆、扁豆、豌豆、蚕豆、绿豆、赤豆等。
分布：贵州(全省)，全国分布；世界性分布。
349. 茶丽纹象甲 *Myllocerinus aurolineatus* Voss
寄主：油茶、山茶、柑橘、梨、桃
分布：贵州(全省)，浙江，四川，云南，湖南，广东，广西，福建，海南等。
350. 泥翅象甲 *Piazomias lewisi* Roelofs
寄主：茶、油茶
分布：贵州(全省)。

351. 桃虎 *Rhynchites confragrossicollis* Voss.

寄主：桃

分布：贵州(盘县等)，山东，湖北，湖南，江西，安徽，河南，江苏，浙江，四川，陕西等。

352. 梨虎 *Rhynchites foveipennis* Fairm

寄主：梨、苹果、花红、山按、杏、桃等

分布：贵州(盘县等)，内蒙古，河北，山西，陕西，山东，浙江，福建，四川，云南，东北。

(七十四)小蠹科

353. 纵坑切梢小蠹 *Blastophagus piniperda* Linnaeus

寄主：华山松、高山松、油松、云南松及其他松属树种

分布：贵州(全省)，辽宁，河南，陕西，江苏，浙江，湖南，四川，云南等；日本；朝鲜；蒙古；前苏联及部分西欧国家。

354. 横坑切梢小蠹 *Tomicus minor* Hartig

寄主：油松、华山松、马尾松、云南松、黑松、唐松、红松。

分布：贵州(全省)，黑龙江，吉林，辽宁，陕西，河南，江西，四川，云南等。

(七十五)虎甲科

355. 中华虎甲 *Cicindela chinenesis* Degeer

分布：贵州(盘县等)，甘肃，河北，山东，江苏，浙江，江西，福建，四川，广东，广西，云南。

(七十六)步甲科

356. 寡行步甲 *Anoplogenius cyanescens* (Hope)

分布：贵州(全省)，湖北，东北，华北，华东。

357. 气步甲 *Brachinus incomptus* Bates

寄主：蝼蛄、蜗牛、蜘蛛、蟋蟀、菜青虫、螽斯、蝗虫、蚳蝓等

分布：贵州(盘县等)，吉林，辽宁，黑龙江，河北，江苏，山东，江西，湖南，湖北，四川，云南，广东，广西，福建，浙江；朝鲜；日本；印度。

358. 耶气步甲 *Pheropsophus jessoensis* Morawitz

分布：贵州(盘县等)，河北，辽宁，内蒙古，山东，江苏，湖北，浙江，福建，台湾，江西，广东，海南，广西，四川，云南；印度；缅甸；马来西亚；菲律宾；印度尼西亚。

359. 蜀步甲 *Dolicuhs halensis* (Schalller)

分布：贵州(盘县等)，中国大部分地区；日本；韩国；俄罗斯；中亚；欧洲。

360. 毛婪步甲 *Harpalus griseus*(Panzer)

分布：贵州(盘县等)，黑龙江，吉林，辽宁，甘肃，新疆，河北，山东，山西，陕西，河南，江苏，安徽，浙江，湖北，湖南，江西，福建，台湾，四川，广西，云南；北非；欧洲；亚洲。

361. 中华婪步甲 *Harpalus sinicus* Hope

寄主：鳞翅目幼虫、蛴螬、叶蜂幼虫等

分布：贵州(盘县等)，吉林，黑龙江，辽宁，河北，江苏，安徽，山东，浙江，江西，湖北，湖南，四川，云南，广西，台湾，西伯利亚，朝鲜，日本，越南。

362. 黄斑青步甲 *Chlaenius micans* (Fabeicius)

分布：贵州(盘县等)，辽宁，内蒙古，宁夏，青海，河北，陕西，山东，河南，江苏，安徽，湖北，江西，湖南，福建，台湾，广东，广西，四川，云南；朝鲜；日本；印度；斯里兰卡；印度尼西亚。

363. 黄缘青步甲 *Chlaenius spoliatus* (Rossi)

分布：贵州(盘县等)，河北，北京，甘肃，新疆，河南，安徽，湖北，湖南，江西，江苏，福

建，台湾，广西，四川，云南，海南；朝鲜；日本；俄罗斯；东南亚。

364. 脊青步甲 *Chlaenius costiger* Chaudoir

分布：贵州(盘县等)，四川，湖北，湖南，台湾；朝鲜；日本；爪哇岛。

365. 双斑青步甲 *Chlaenius bioculatus* Motschulsky

分布：贵州(盘县等)，吉林，黑龙江，辽宁，河北，山西，天津，河南，宁夏，甘肃，陕西，湖南，湖北，山东，上海，江苏，浙江，安徽，台湾；日本；斯里兰卡；缅甸等。

366. 中华广肩步甲 *Calosoma maderae* Fabricius

寄主：鳞翅目幼虫

分布：贵州(盘县等)，吉林，辽宁，黑龙江，新疆，青海，湖北，江西，湖北，四川，云南；日本；朝鲜；东南亚。

367. 三斑大唇步甲 Macrochilus trimaculatus Olivier

分布：贵州(盘县等)，海南，广东，广西，福建，香港；越南；缅甸；印度；斯里兰卡。

368. 奇裂跗步甲 *Dischissus mirandus* Bates

分布：贵州(盘县等)，陕西，江苏，浙江，湖北，江西，湖南，福建，台湾，广东，广西，四川；日本。

369. 侧带宽颚步甲 *Parena latecincta* (Bates)

分布：贵州(盘县等)，辽宁，北京，山西，山东，河南，浙江，四川，重庆，福建，云南；日本；韩国；东南亚。

(七十七)伪叶甲科

370. 普通角伪叶甲 *Cerogria poularis* Borchmann

分布：贵州(盘县等)，山东，福建，广西，重庆，四川，云南。

371. 黑胸伪叶甲 *Lagria nigricollis* Hope

分布：贵州(盘县等)，四川，新疆，河南，福建，湖北，湖南；日本；俄罗斯；朝鲜。

(七十八)瓢甲科

372. 异色瓢虫 *Harmonia axyridis*(Pallas)

分布：贵州(盘县等)，黑龙江，吉林，辽宁，河北，山东，山西，河南，陕西，甘肃，湖南，江苏，浙江，江西；朝鲜；蒙古；日本。

373. 隐斑瓢虫 *Harmonia yedoensis* (Takizawa)

分布：贵州(盘县等)，甘肃，北京，河北，河南，山西，浙江，福建，台湾，四川，香港；日本；朝鲜；越南。

374. 红肩瓢虫 *Leis dimidiata* (Fabricius)

寄主：蚜虫、小麦、水稻

分布：贵州(盘县等)，北京，吉林，河北，山东，河南，新疆，浙江；前苏联；欧洲；北美洲。

375. 四斑裸瓢虫 *Calvia muiri* (Timberlake)

分布：贵州(盘县等)，陕西，北京，河北，河南，山西，浙江，福建，广东，香港，广西，四川，云南，台湾；日本；朝鲜；俄罗斯。

376. 七星瓢虫 *Coccinella septempunctata* Linnaeus

分布：贵州(全省)，北京，辽宁，吉林，黑龙江，河北，山东，山西，河南，陕西，江苏，浙江，上海，湖北，湖南，江西，福建，广东，四川，云南，青海，新疆，西藏，内蒙古等。

377. 茄二十八星瓢虫 *Epilachna vigintioctopunctata* (Fabricius)

寄主：以茄子为主，还见马铃薯、茄子、番茄、青椒、黄瓜、冬瓜、丝瓜、害龙葵、酸浆、曼陀罗、烟草等

分布：贵州(盘县等)，黑龙江、内蒙古，河北，山西，陕西，宁县，天津，北京，吉林，辽宁，

甘肃，广东，广西，云南，福建，台湾，海南，江苏，江西，安徽，湖北，湖南，浙江，上海，重庆，四川，西藏。

378. 黄斑盘瓢虫 *Lemnia saucia* Mulsant

分布：贵州(盘县等)，湖北，四川，广东，广西，云南，福建，浙江，江苏，河南，山东。

379. 黄宝盘瓢虫 *Propylea luteopustulata* (Mulsant)

分布：贵州(盘县等)，陕西，福建，河南，台湾，广东，广西，四川，西藏；云南；缅甸；泰国；尼泊尔；不丹；印度。

380. 稻红瓢虫 *Micraspis discolor* (Fabricius)

分布：贵州(全省)，浙江，江西，湖北，湖南，四川，福建，广东，广西，云南。

381. 龟纹瓢虫 *Propylaea japonica* (Thunberg)

寄主：贵州(盘县等)，黑龙江，吉林，辽宁，新疆，甘肃，宁夏，北京，河北，河南，陕西，山东，湖北，江苏，上海，浙江，湖南，四川，台湾，福建，广东，广西，云南；日本；朝鲜。

382. 素鞘瓢虫 *Illeis cincta* (Fabricius)

分布：贵州(盘县等)，河北，江苏，福建，湖南，广东，海南，四川，云南，甘肃；印度；马来西亚；印度尼西亚；东南亚；澳大利亚等。

383. 六斑月瓢虫 *Menochilus sexmaculata* (Fabriciys)

寄主：麦蚜、桃蚜、烟蚜、菜蚜、桔蚜、木虱等

分布：贵州(盘县等)，江西等。

十三、双翅目 DIPTERA

(七十九)蝇科

384. 大头金蝇 Chrysomyia *megacephala* (Fabricius)

分布：贵州(全省)，全国分布；日本；越南；东洋界；大洋洲界普遍分布。

385. 家蝇 *Musca domestica* Linnaeus

分布：贵州(全省)，全世界分布。

386. 蓝翠蝇 *Neomyia timorensis* (Robineau - Desvoidy)

分布：贵州(盘县等)，辽宁，内蒙古，北京，河北，陕西，山东，河南，江苏，上海，安徽，浙江，湖北，湖南，江西，福建，台湾，海南，广西，四川，云南，西藏。

(八十)寄蝇科

387. 异长足寄蝇 Dexia divergens Walker

分布：贵州(盘县等)，黑龙江，辽宁，吉林，天津，北京，河北，陕西，山西，宁县，内蒙古，新疆，西藏，青海，甘肃，山东，河南，安徽，江苏，江西，浙江，福建，湖北，重庆，四川，云南，海南，广东，广西，台湾。

(八十一)沼蝇科

388. 紫黑长角沼蝇 *Sepedon sphegeus* Fabricius

分布：贵州(盘县等)，亚洲；欧洲。

(八十二)花蝇科

389. 灰地种蝇 *Delia platura* Meigen

寄主：花生、豆类、瓜类、棉花、十字花科蔬菜等

分布：贵州(全省)，全国各地；朝鲜；日本；非洲；欧洲；西伯利亚；北美。

(八十三)潜叶蝇科

390. 豌豆潜叶蝇 *phytomyza horticola* Goureau

寄主：豌豆、油菜、十字花科蔬菜等

分布：贵州(盘县等)，全国各地。

（八十四）粪蝇科

391. 小黄粪蝇 *Scathophaga stercoraria*（Linnaeus）

分布：贵州（盘县等），全国各地。

（八十五）实蝇科

392. 橘小实蝇 *Dacus dorsalis*（Hendel）

寄主：橘类植物

分布：贵州（盘县等），四川，广东，广西，福建，云南，台湾等。

393. 具条实蝇 *Dacus scutellatus*（Hendel）

寄主：南瓜属植物等

分布：贵州（盘县等），上海，安徽，浙江，湖北，江西，湖南，广东，广西，福建，四川，云南，台湾；泰国；日本；韩国；马来西亚。

394. 橘大实蝇 *Bactrocera minax*（Enderlein）

寄主：橘类植物

分布：贵州（盘县等），四川，云南，广西，江苏，湖南，湖北；印度；不丹。

（八十六）食蚜蝇科

395. 紫额异巴蚜蝇 *Allobaccha apicalis* loew

分布：贵州（盘县等），吉林，浙江，湖北，湖南，福建，广东，广西，四川，云南。

396. 黄腹狭口蚜蝇 *Asarkina porcina* Coquillett

分布：贵州（盘县等），全国各地。

397. 黑带食蚜蝇 *Epistrophe balteata* De Geer

分布：贵州（盘县等），全国各地；日本；印度；欧洲；非洲北部；澳大利亚。

398. 斑眼食蚜蝇 *Eristalis arvorum*（Fabricius）

分布：贵州（盘县等），江西等；澳大利亚；马里亚纳群岛；密克罗尼西亚。

399. 灰带管尾蚜蝇 *Eristalis cerealis* Fabricius

分布：贵州（全省），全国各地；俄罗斯；印度；印度尼西亚；泰国等。

400. 长尾管蚜蝇 *Eristalis tenax*（Linnaeus）

分布：贵州（全省），全国各地；全世界各地均有分布。

401. 大灰食蚜蝇 Metasyrphus *corollae*（Fabricius）

分布：贵州（盘县等），甘肃，河北，北京，河南，上海，江苏，浙江，福建，云南；日本；印度东部；马来西亚；亚洲北部；小亚细亚；欧洲；北非。

402. 黄颜蚜蝇 *Syrphus ribesii*（Linnaeus）

分布：贵州（盘县等），甘肃，重庆，四川，云南等；乌克兰；印度；蒙古；俄罗斯；欧洲。

403. 羽芒宽盾蚜蝇 *Phytomia zonata*（Fabricius）

分布：贵州（盘县等），湖北，四川，云南，辽宁，甘肃，河北，山东，江苏，浙江，湖南，福建，广东；日本；韩国；朝鲜；新几内亚等。

404. 短刺刺腿蚜蝇 *Ischiodon scutellaris* Fabricius

分布：贵州（盘县等），全国各地。

405. 梯斑蚜蝇 *Melanostoma scalare* Fabricius

分布：贵州（盘县等），湖北，四川，浙江，福建，云南，西藏等。

406. 双色小蚜蝇 *Paragus bicolor* Latreille

分布：贵州（盘县等），全国各地。

407. 黑蜂蚜蝇 *Volucella nigricans* Coquillett

分布：贵州（盘县等），全国各地。

(八十七)虻科

408. 中华斑虻 *Chrysops sinensis* Walker

寄主：喜欢牛、马

分布：贵州(全省)，河北，山西，辽宁，山东，江苏，安徽，浙江，江西，福建，台湾，河南，湖北，湖南，广东，广西，宁夏，甘肃，四川，云南等。

409. 范氏斑虻 *Chrysops vanderwulpi* Kroeber

寄主：幼虫孳生于水稻，成虫嗜吸牛血

分布：贵州(全省)，全国分布；前苏联；日本；朝鲜。

410. 华广虻 *Tabanus amaenus* Walker

寄主：家畜

分布：贵州(盘县等)；河北，辽宁，江苏，山东，浙江，江西，福建，台湾，河南，湖北，湖南，广东，广西，四川，重庆等；日本；朝鲜。

411. 金条虻 *Tabanus aurotestaceus* Walker

寄主：牛

分布：贵州(盘县等)，江苏，浙江，四川，福建，台湾，广东，广西，云南；缅甸；印度。

412. 缅甸虻 *Tabanus birmanicus* (Bigot)

寄主：家畜

分布：贵州(盘县等)，甘肃，浙江，福建，台湾，广东，广西，云南，湖北，四川；缅甸；马来西亚；印度。

413. 贵州虻 *Tabanus guizhouensis* Chen *et* Xu

寄主：牛

分布：贵州(盘县等)。

414. 昆明虻 *Tabanus kunmingensis* Wang

寄主：牛

分布：贵州(盘县等)，云南。

415. 江苏虻 *Tabanus kiangsuensis* Kroeber

分布：贵州(盘县等)，北京，河北，吉林，辽宁，上海，江苏，浙江，江西，福建，台湾，河南，湖南，湖北，广东，广西，四川，云南。

416. 曼尼普虻 *Tabanus manipurensis* Ricardo

寄主：牛

分布：贵州(盘县等)，四川，云南，西藏。

417. 日本虻 *Tabanus nipponicus* Murdoch *et* Takahasi

分布：贵州(盘县等)，辽宁，浙江，河南，甘肃，四川；日本。

418. 大野虻 *Tabanus onoi* Murdoch *et* takahasi

分布：贵州(盘县等)，河北，辽宁，河南，湖北，甘肃；日本。

419. 灰土虻 *Tabanus pallidiventris* Olsoufiev

分布：贵州(盘县等)，河北，黑龙江，吉林，辽宁，浙江，河南，陕西，宁夏，甘肃，山东，江苏，湖北，广东；朝鲜；俄罗斯；日本。

420. 五带虻 *Tabanus quinquecinctus* Ricardo

分布：贵州(盘县等)，台湾，福建，广东，海南，广西，四川。

421. 高斑虻 *Tabanus signatipennis* Portschinsky

分布：贵州(盘县等)，吉林，辽宁，黑龙江，山东，江苏，浙江，福建，台湾，河南，湖北，广东，广西，四川；日本；朝鲜；俄罗斯。

422. 台湾麻虻 *Haematopota formosana* Shiraki

分布：贵州(盘县等)，安徽，湖北，浙江，福建，台湾，广东，广西。

423. 拟云南麻虻 *Haematopota yunnanoides* Xu

分布：贵州(盘县等)。

(八十八)水虻科

424. 黄山阿水虻 *Adoxomyia hungshanensis* Ôuchi

分布：贵州(盘县等)，重庆，陕西，安徽，浙江。

425. 金黄指突水虻 *Ptecticus aurifer* (Walker)

分布：贵州(盘县等)，湖南，重庆，陕西，河南，江西，宁夏，海南，北京，陕西，安徽，江苏，浙江，四川，吉林，内蒙古，河北，山西，江西，湖北，福建，云南，广西，西藏，台湾；日本；俄罗斯；印度；印度尼西亚；马来西亚；越南。

426. 南方指突水虻 *Ptecticus australis* Schiner

分布：贵州(盘县等)，浙江，陕西，河北，广西，云南，台湾；斯里兰卡；泰国；尼科巴群岛。

427. 丽瘦腹水虻 *Sargus metallinus* Fabricius

分布：贵州(盘县等)，甘肃，四川，云南，浙江，湖南，天津，吉林，北京，河北，内蒙古，陕西，山西，上海，江西，福建，广西，广州，西藏；日本；韩国；俄罗斯；印度；印度尼本亚；马来西亚；缅甸；菲律宾；斯里兰卡；泰国；大洋界。

428. 黄腹小丽水虻 *Microchrysa flaviventris* (Wiedemann)

分布：贵州(盘县等)，江西，陕西，安徽，河南，云南，重庆，四川，广东，上海，广西，海南，浙江，江苏，台湾；日本；俄罗斯；马来西亚；印度；印度尼西亚；巴基斯坦；菲律宾；斯里兰卡；泰国；马达加斯加；喀麦隆岛；塞舌尔群岛；美国；大洋界。

429. 亮斑扁角水虻 *Hermetia illucens* (Linnaeus)

分布：贵州(盘县等)，全国各地；世界各大陆地动物区。

430. 四川粘水虻 *Parastratiosphecomyia szechuanensis* Lindner

分布：贵州(盘县等)，江西，广西，云南，海南，四川，福建。

(八十九)蚊科

431. 白蚊伊蚊 *Aedes albopictus* (Ckuse)

分布：贵州(盘县等)，全国各地；国外东洋区。

432. 贪食库蚊 *Culex halifaxii* Theobald

分布：贵州(盘县等)，全国各地；国外广布于古北界；东洋界；埃塞俄比亚界；新热带界。

433. 褐尾库蚊 *Culex fuscanus* Wiedemann

分布：贵州(盘县等)，全国各地；国外广布于东洋界。

434. 斑翅库蚊 *Culex mimeticus* Noe

分布：贵州(盘县等)，全国各地；南欧；前苏联；日本；朝鲜；阿尔及利亚；伊朗；伊拉克；尼泊尔；印度；缅甸；马来西亚；越南。

435. 小斑翅库蚊 *Culex mimulus* Edwards

分布：贵州(盘县等)，辽宁，陕西，甘肃，浙江，安徽，江西，湖北，湖南，四川，台湾，福建，广东，广西，云南，西藏；印度；斯里兰卡；马来西亚；新加坡；泰国；印度尼西亚；菲律宾；大洋洲北部。

436. 致倦库蚊 *Culex pipiens quinuefacitatus* Say

分布：贵州(盘县等)，上海，江苏，安徽，河南，陕西，西藏以及这些地区以南中国广大地区；印度；孟加拉国；缅甸；泰国；越南；柬埔寨；老挝；马来西亚；新加坡；印度尼西亚；菲律宾；日本。

437. 薛氏库蚊 *Culex shebbarei* Brarraud

分布：贵州(盘县等)，甘肃，江苏，浙江，安徽，江西，湖北，湖南，四川，福建，广东，广西，云南，西藏；印度；斯里兰卡；缅甸。

438. 迷走库蚊 *Culex vegans* Wiedemann

分布：贵州(盘县等)，全国各地；主分布于古北区(包括前苏联，日本，朝鲜，印度)。

(九十)瘿蚊科

439. 稻瘿蚊 *Orseolia oryzae* (Wood – Mason)

寄主：水稻

分布：贵州(盘县等)，广东，广西，江西，湖南，云南等。

十四、鳞翅目 LEPIDOPTERA

(九十一)鹿蛾科

440. 斑腹鹿蛾 *Eressa cinfinis* (Walker)

分布：贵州(盘县)，广东，广西，云南，台湾；不丹；印度；斯里兰卡；缅甸。

(九十二)拟木蠹蛾科

441. 相思拟木蠹蛾 *Arbela baibarana* Mats

寄主：台湾相思、柑橘、龙眼、荔枝、茶、油茶等

分布：贵州(全省)，台湾，广东，福建，广西等。

(九十三)木蠹蛾科

442. 多斑豹蠹蛾 *Zeuzera multistrigata* Moore

寄主：核桃等。

分布：贵州(盘县等)，陕西，湖北，浙江，江西，湖南，广西，福建，重庆，四川，云南。

443. 豹蠹蛾 *Zeuzera pyrina* (Linnaeus)

寄主：杨、柳、桦、榆、花椒、白蜡树、丁香花等

分布：贵州(盘县等)，四川，甘肃，陕西；欧洲；亚洲；非洲；美洲。

(九十四)螟蛾科

444. 一点缀螟 *Paralipsa gularis* Zeller

分布：贵州(全省)，河北，河南，江苏，江西，浙江，福建，四川，云南；朝鲜，日本，印度，英国，美国。

445. 茶须野螟 *Analthes semitritalis* Lederer

寄主：常春藤、木槿、冬葵、大叶黄杨等

分布：贵州(盘县等)，浙江，湖北，湖南，福建，台湾，广东，四川，云南；日本；缅甸；锡金；印度；菲律宾；印度尼西亚。

446. 二化螟 *Chilo suppressalis* (Walker)

分布：贵州(盘县等)，黑龙江，辽宁，河北，陕西，山东，河南，江苏，安徽，浙江，湖北，江西，湖南，福建，台湾，广东，广西，云南；朝鲜；日本；印度；菲律宾；马来西亚；埃及。

447. 桃蛀野螟 *Conogethes punctiferalis* (Guеneé)

分布：贵州(盘县等)，华北，华东，华中，华南，西南；朝鲜；日本；印度；斯里兰卡；印度尼西亚。

448. 桃蛀螟 *Dichocrocis punctiferalis* Guenee

寄主：高粱、玉米、粟、向日葵、蓖麻、姜、棉花、桃、柿、核桃、板栗、无花果、松树等

分布：贵州(盘县等)，黑龙江，内蒙古，台湾，海南，云南、山西，陕西，甘肃，西藏，四川；朝鲜；前苏联。

449. 三化螟 *Tryporyza incertulas* (walker)

分布：贵州(盘县等)，我国长江以南地区。

450. 稻纵卷叶螟 *Cnaphalocrocis medinalis* Guenee

分布：贵州(全省)，全国分布；朝鲜；日本；泰国；缅甸；印度；巴基斯坦；斯里兰卡等。

451. 瓜绢野螟 *Diaphania indica* (Saunders)

分布：贵州(盘县等)，华东，华中，华南，西南；朝鲜；日本；越南；泰国；印度；印度尼西亚；澳大利亚。

452. 黄杨绢野螟 *Diaphania perspectals* Walker

寄主：黄杨、大叶黄杨、小叶黄杨、瓜子黄杨、雀舌黄杨、匙叶黄杨、朝鲜黄杨、冬青、卫矛等。

分布：贵州(盘县等)，青海，陕西，河北，山东，江苏，上海，浙江，江西，福建，湖北，湖南，广东，广西，重庆，四川，西藏。

453. 华山松球果螟 *Dioryctria rubella* Hampson

寄主：华山松

分布：贵州(盘县等)，云南。

454. 松梢螟 *Dioryctria splendidella* Herrich - Schaeffer

寄主：马尾松、油松、黑松、赤松、黄山松、五针松、云杉、湿地松、红松

分布：贵州(盘县等)，黑龙江，河南，安徽，浙江，福建，湖南，广东，四川，云南等。

455. 甜菜白带野螟 *Hymenia recurvalis* (Fabricius)

寄主：甜菜、大豆、玉米、甘薯、甘蔗、茶、向日葵等

分布：贵州(盘县等)，东北，华北，陕西，湖北，江西，湖南，福建，台湾，广东，广西，四川，云南，西藏；朝鲜；日本；缅甸；印度；斯里兰卡；南亚；澳大利亚；非洲；北美洲。

456. 菜螟 *Hellula undalis* (Fabricius)

寄主：十字花科蔬菜

分布：贵州(全省)，黑龙江，吉林，辽宁，北京，天津，河北，陕西，山西，宁夏，河南，山东，上海，江苏，江西，安徽，湖北，湖南，浙江，广东，广西，海南，福建，云南等。

457. 豆荚野螟 *Maruca testulalis* (Geyer)

寄主：豇豆、菜豆、扁豆、四季豆、豌豆、蚕豆

分布：贵州(全省)，全国各地；朝鲜；日本；印度；斯里兰卡；澳大利亚；非洲。

458. 豆野螟 *Maruca vitrata* (Fabricius)

分布：贵州(盘县等)，全国分布；全球分布。

459. 梨大食心虫 *Nephopteryx pirivorella* Matsumura

寄主：梨

分布：贵州(全省)，国内各梨产区。

460. 玉米螟 *Ostrinia furnacalis* (Guneeé)

分布：贵州(盘县等)，东北，华北，华东，华中，广东，广西，四川；日本。

461. 楸螟 *Omphisa plagialis* Wileman

寄主：楸树

分布：贵州(全省)，辽宁，北京，河北，河南，山东，山西，江苏，浙江，湖南，湖北，四川，云南，陕西，甘肃；日本；朝鲜。

462. 大螟 *Sesamia inferens* (Walker)

分布：贵州(盘县等)，江苏，浙江，台湾，湖北，西南；日本；印度；斯里兰卡；缅甸；南太平洋诸岛。

463. 山茶叶螟 *Samaria ardentella* Ragonot

寄主：茶

分布：贵州(全省)，日本；韩国。

(九十五)枯叶蛾科

464. 马尾松毛虫 *Dendrolimus Punctatus* Walker

寄主：马尾松、黑松、湿地松、火炬松

分布：贵州(盘县等)，海南，广东，广西，福建，台湾，浙江，江苏，湖南，湖北，四川，云南，重庆，江西，河南，安徽，陕西。

465. 李枯叶蛾 *Gastropacha quercifolia* Linnaeus

分布：贵州(盘县等)，东北，华北，西北，华东，华中，华南，西南；欧洲；前苏联；朝鲜；日本。

466. 栗黄枯叶蛾 *Trabala vihnow* Lefebure

寄主：核桃、栎类、板栗、苹果等

分布：贵州(盘县等)，河北，河南，山西，陕西，江苏，浙江，江西，甘肃，四川，云南，福建，台湾等；印度；缅甸；斯里兰卡；印度尼西亚。

467. 天幕毛虫 *Malacosoma neustria testacea* Motsch

寄主：梨、苹果、海棠、桃、李、杏等果树和杨、柳、榆等林木。

分布：贵州(盘县等)，黑龙江，吉林，辽宁，北京，内蒙古，宁夏，甘肃，青海，新疆，陕西，河北，河南，山东，山西，湖北，江苏，浙江，湖南，广东，云南等地。

(九十六)麦蛾科

468. 麦蛾 *Silotroga cereatella* Olivier

寄主：小麦、玉米、稻谷、高粱、荞麦、禾本科杂草种子、食用菌等

分布：贵州(全省)，全国各地。

469. 红铃虫 *Pectinophora gossypiella* (Saund)

分布：贵州(盘县等)，河北，天津，山西，陕西，山东，河南，安徽，江苏，四川，湖南等。

470. 甘薯麦蛾 *Brachmia triannuella* Herrich – Schaffer

寄主：甘薯

分布：贵州(盘县等)，华北，华东，华中，华南，西南。

(九十七)透翅蛾科

471. 葡萄透翅蛾 *Paranthrene regalis* Butler

寄主：葡萄

分布：贵州(盘县等)，辽宁，河北，河南，山东，山西，四川，重庆，江苏，浙江，北京，天津等。

(九十八)菜蛾科

472. 菜蛾 *Plutella xylostella* (Linnaeus)

寄主：十字花科蔬菜

分布：贵州(全省)，国内蔬菜分布区。

473. 小地老虎 *Agrotis ypsilon* (Rottemberg)

分布：贵州(全省等)，全国及世界各地。

474. 八字地老虎 *Agrotis cnigrum* (Linnaeus)

分布：贵州(全省等)，全国；亚洲；欧洲；美洲。

475. 黄地老虎 *Agrotis segetum* Schiffermüller

分布：贵州(全省等)，东北，西北，华北，华中，华东，西南；亚洲；欧洲；非洲。

476. 银纹夜蛾 *Argyrogramma agnata* (Staudinger)

寄主：油菜、甘蓝、花椰菜、白菜、萝卜等十字花科蔬菜、豆类作物、茄子等

分布：贵州(盘县等)，全国各地。

477. 烟青虫 *Helicoverpa assulta* Guenée

寄主：辣椒等蔬菜

分布：贵州(全省)，全国性分布；日本；朝鲜；印度；缅甸；印度尼西亚等

478. 粘虫 *Leucania separate* Walker

寄主：稻、麦、杂粮

分布：贵州(盘县等)，全国各地；古北区东部；印度；澳大利亚；东南亚。

479. 间纹德夜蛾 *Lepidodelta intermedia* Bremer

分布：贵州(盘县)，湖南，黑龙江，陕西，浙江，湖北，四川，云南；日本；朝鲜；印度；斯里兰卡；非洲。

480. 斜纹夜蛾 *Prodenia litura* (Fabricius)

寄主：甘薯、棉花、芋、莲、田菁、大豆、烟草、甜菜和十字花科和茄科蔬菜等

分布：贵州(盘县等)，全国性分布；世界性分布。

481. 俊夜蛾 *Westermannia superba* Hübner

分布：贵州(盘县)，湖南，广东，云南；日本；印度；印度尼西亚；新加坡；斯里兰卡。

(九十九)皮蛾科

482. 臭椿皮蛾 *Eligma narcissus* (Cramer)

寄主：臭椿、香椿、红椿、桃和李等

分布：贵州(盘县等)，浙江，江苏，上海，河北，云南，山东，河南，四川，福建，湖北，湖南，陕西，甘肃等。

(一百)凤蛾科

483. 浅翅凤蛾 *Epicopeia hainesii* Holland

分布：贵州(盘县)，福建，湖北，浙江，广西，四川，重庆。

(一百零一)舟蛾科

484. 舟形毛虫 *Phalera flavescens* (Bremer *et* Grey)

分布：贵州(盘县等)，北京，黑龙江，吉林，辽宁，河北，河南，山东，山西，陕西，四川，广东，云南，湖南，湖北，安徽，江苏，浙江，福建，台湾；日本；朝鲜；俄罗斯。

485. 黄掌舟蛾 *Phalera fuscescens* Butler

分布：贵州(盘县等)，辽宁，北京，浙江，山西，河北，江苏，福建，江西，河南，湖北，湖南，广西，云南，四川，陕西，甘肃，海南，台湾；朝鲜；日本；俄罗斯。

486. 苹掌舟蛾 *Plalera flavescens* (Bremer *et* Grey)

分布：贵州(盘县等)，北京，山西，黑龙江，辽宁，浙江，福建，山东，上海，江苏，江西，湖北，湖南，广东，广西，海南，四川，云南，陕西，甘肃，台湾；朝鲜；日本；俄罗斯；缅甸。

487. 肖黄掌舟蛾 *Phalera assimilis* (Bremer *et* Grey)

寄主：尖柞、白栎、蒙古柞、辽东柞、榆树等

分布：贵州(盘县)，辽宁，吉林，黑龙江，河南，河北，陕西，山东，湖南，湖北，江苏，江西，四川等。

488. 杨二尾舟蛾 *Cerura menciana* Moore

分布：贵州(盘县等)，东北，河北，内蒙古，宁夏，甘肃，西藏，四川，陕西，山东，河南，湖北，江苏，浙江，湖南，福建，台湾；朝鲜；日本。

489. 杨扇舟蛾 *Clostera anachoreta* (Fabricius)

寄主：杨、柳

分布：贵州(盘县等)，黑龙江，辽宁，吉林，天津，北京，内蒙古，河北，河南，陕西，山西，福建，浙江，宁夏，甘肃，青海，四川，重庆，云南，广东，江苏，江西，上海，浙江，安徽；欧洲；

日本；朝鲜；印度；斯里兰卡；印度尼西亚等。

490. 黑蕊舟蛾 *Ceura tattakana* Matsumura

分布：贵州（盘县等），江苏，湖北，湖南，浙江，云南，陕西，四川，台湾；日本；越南。

491. 白斑胯白舟蛾 *Quadricalcarifera fasciata*（Moore）

分布：贵州（盘县等），湖北，江西，福建，湖南，广东，四川，云南，西藏，台湾，甘肃等。

492. 著蕊尾舟蛾 *Dudusa nobilis* Walker

分布：贵州（盘县），重庆，河北，浙江，湖北，江西，台湾，广东，广西，四川。

（一百零二）镰蛾科

493. 茶枝镰蛾 *Casmara patrona* Meyrick

寄主：茶树、油茶

分布：贵州（全省），江苏，安徽，浙江，福建，江西，河南，湖南，广东，四川，云南，湖北，台湾。

（一百零三）灯蛾科

494. 优美苔蛾 *Barsine striata*（Bremer *et* Grey）

分布：贵州（盘县），江苏，浙江，江西，福建，湖南，广东，陕西，四川，重庆；日本。

495. 优雪苔蛾 *Cyana hamata*（Walker）

分布：贵州（盘县等），河南，江苏，浙江，湖北，江西，湖南，福建，台湾，广东，广西，四川。

496. 粉鳞土苔蛾 *Eilema moorei*（Leech）

分布：分布：贵州（盘县），湖南，北京，山西，陕西，浙江，江西，湖北，四川，云南。

497. 日土苔蛾 *Eilema japonica*（Leech）

分布：贵州（盘县），青海，陕西，北京，山西，浙江，云南，四川，甘肃；日本。

498. 长斑土苔蛾 *Eilema tetragona* Walker

分布：贵州（盘县等），云南，江西等。

499. 红缘灯蛾 *Amsacta lactinea*（Cramer）

寄主：玉米、大豆、谷子、棉花、向日葵等

分布：贵州（盘县），浙江，河南，湖南，四川，华东，陕西，华北，华南，辽宁，云南。

500. 乳白斑灯蛾 *Pericallia galactina*（Hoeven）

分布：贵州（盘县等），湖南，广东，广西，四川，云南；锡金；印度；印度尼西亚。

501. 大丽灯蛾 *Callimorpha histrio* Walker

分布：贵州（盘县），江苏，浙江，湖北，江西，湖南，福建，台湾，四川，云南等。

502. 尘白灯蛾 *Spilarctia obliqua*（Walker）

寄主：十字花科、茄科、葫芦科、豆科等蔬菜，也可为害桑、茶、稻、棉、花生等

分布：贵州（盘县），江苏，福建，四川，云南，湖北等。

503. 仿污白灯蛾 *Spilarctia lubricipeda*（Linnaeus）

分布：贵州（盘县等），东北，陕西，四川，云南。

504. 星白灯蛾 Spilosoma menthastri（Esper）

分布：贵州（盘县等），东北，河北，内蒙古，陕西，江苏，浙江，安徽，福建，湖北，四川，云南；日本；朝鲜；欧洲。

（一百零四）袋蛾科

505. 茶袋蛾 *Clania minuscula* Butler

寄主：悬铃木、杨、柳、女贞、榆、枸橘、紫荆等

分布：贵州（盘县等），广西，广东，福建，台湾，浙江，江苏，安徽，江西，湖北，湖南，四

川；日本。

506. 大袋蛾 *Clania vartegata* Snellen

寄主：法桐、枫杨、柳树、榆树、柏树、槐树、银杏、油茶、茶树、栎树、梨树、枇杷及玉米、棉花等

分布：贵州(盘县等)，云南，四川，湖北，湖南，广东，广西，台湾，福建，江西，浙江，江苏，安徽，河南，山东等。

507. 褐袋蛾 *Mahasena colona* Sonan

寄主：茶、油茶

分布：贵州(全省)，江苏，浙江，安徽，江西，福建，台湾，湖南，广东，四川，云南等省。

(一百零五)潜蛾科

508. 杨白潜蛾 *Leucoptera susinella* Herrich - Schaffer

寄主：杨树

分布：贵州(盘县等)，黑龙江，吉林，辽宁，河北，内蒙古，宁夏，江西，山东，河南等；前苏联；日本；西欧。

(一百零六)潜叶蛾科

509. 烟潜叶蛾 *Gnorimoschema operculella* (Zeller)

寄主：烟草

分布：贵州(盘县等)，云南，广西，广东，四川，陕西，甘肃，山西等。

510. 茶细蛾 *Caloptilia theivora* (Walsingham)

寄主：油茶、茶

分布：贵州(盘县等)，江苏，浙江，安徽，江西，台湾，湖南，广东，云南，山东，福建等。

(一百零七)刺蛾科

511. 黄刺蛾 *Cnidocampa flavescens*(Walker)

寄主：枣、核桃、柿、枫杨、苹果、杨等

分布：贵州(全省)，黑龙江，内蒙古，吉林，辽宁，河北，北京，山西，陕西，河南，天津，山东，甘肃，重庆，四川，云南，湖北，湖南，江苏，浙江，江西，上海，安徽，福建，广东，广西，台湾，海南；日本；朝鲜；前苏联等。

512. 白痣蛇刺蛾 *Chalcocelis albiguttata* Snellen

寄主：茶、油茶、桐、泡桐

分布：贵州(全省)，福建，江西，广西，广东；缅甸；印度；新加坡；印度尼西亚。

513. 窃达刺蛾 *Darna trima*(Moore)

寄主：茶、油茶、咖啡、桂花、玉兰、柑橘等

分布：贵州(全省)，黑龙江，吉林，辽宁，甘肃，陕西，山西，河南，北京，天津，上海，江苏，内蒙古，浙江，安徽，江西，福建，湖南，湖北，广东，海南，广西，四川，云南，台湾等；日本；朝鲜；西伯尼亚。

514. 褐边绿刺蛾 *Latoia consocia* Walker

寄主：大叶黄杨、月季、海棠、桂花、牡丹、芍药、苹果、梨、桃、李、杏、梅、樱桃、枣、柿、核桃、珊瑚、板栗、山楂等

分布：贵州(盘县等)，黑龙江，辽宁，内蒙古，陕西，山西，北京，河北，河南，山东，安徽，江苏，上海，浙江，江西，广东，广西，湖南，湖北，重庆，四川，云南等。

515. 桑褐刺蛾 *Setora postornata* (Hampson)

寄主：茶、桑、柑橘、桃、梨、柿、栗、白杨等。

分布：贵州(全省)，山东，河北，陕西，安徽，江苏，浙江，江西，湖南，福建，台湾，广东，

广西，四川，云南。

516. 绒刺蛾 *Phocoderma velutina* Kollar

寄主：麻栎、杧果，茶

分布：贵州(全省)，河南，湖北，山东，陕西，四川，重庆，云南，广西，广东，福建，江西，江苏，上海，安徽，浙江，湖南，海南。

517. 丽绿刺蛾 *Parasa lepida* (Cramer)

寄主：茶、油茶、油桐、苹果、梨、柿、杧果、桑、核桃等

分布：贵州(盘县等)，黑龙江，辽宁，吉林，北京，天津，山东，河北，河南，海南，台湾，广东，广西，云南，福建，江西，浙江，安徽，湖北，湖南，重庆，陕西，甘肃，四川等。

518. 显脉球须刺蛾 *Scopelodes venosa kwangtungensis* Hering

寄主：枣、柿、咖啡和玫瑰等

分布：贵州(盘县)，江西，福建，广东，四川，重庆，云南，浙江，台湾；缅甸；尼泊尔；印度；斯里兰卡；印度尼西亚。

519. 扁刺蛾 *Thosea sinensis* (Walker)

寄主：山茶、白杨、栀子花、海棠、月季、枫杨、大叶黄杨、樟树、悬铃木、榆、柳、紫荆、梅、牡丹、芍药、桂花、广玉兰、紫薇、紫藤、白兰、榕树、木波罗、桃花心木、人面果、槐树、刺桐、油桐、柑橘等

分布：贵州(全省)，黑龙江，吉林，辽宁，河北，山东，安徽，江苏，浙江，湖北，湖南，江西，福建，四川，云南，陕西等。

(一百零八)天蛾科

520. 缺角天蛾 *Acosmeryx castanea* Rothschild et Jordan

分布：贵州(盘县)，浙江，福建，台湾等；日本。

521. 葡萄缺角天蛾 *Acosmeryx naga* (Moore)

分布：贵州(盘县)，河北，浙江，湖北，湖南，广东，海南等。

522. 旋花天蛾 *Herse convolvuli* (Linnaeus)

寄主：甘薯

分布：贵州(盘县等)，国内甘薯产区。

523. 鹰翅天蛾 *Oxyambulyx ochracea* (Butler)

分布：贵州(盘县等)，河北，辽宁，山西，陕西，山东，河南，湖北，江苏，浙江，福建，台湾及华南各省；日本；印度。

524. 鬼脸天蛾 *Acherontia lahesis* (Fabricius)

分布：贵州(盘县等)，河北，北京，山东，陕西，河南，江苏，安徽，上海，浙江，湖北，四川，重庆，西藏，湖南，福建，广东，广西，台湾，香港，云南；日本；缅甸；斯里兰卡。

525. 榆绿天蛾 *Callambulyx poecilus formosana* Clark

寄主：榆树、柳树、杨树、槐树、构树、桑树

分布：贵州(盘县等)，黑龙江，吉林，辽宁，河北，河南，山西，宁夏，山东等地；日本；朝鲜；前苏联。

526. 南方豆天蛾 *Clanis bilineata bilineata* (Walker)

分布：贵州(盘县等)，全国分布；朝鲜；日本；印度。

527. 红天蛾 *Deilephila elpenor* (Linnaeus)

分布：贵州(盘县等)，中国大部分省市；朝鲜；日本。

528. 紫光盾天蛾 *Langia zenzeroides* Moore

分布：贵州(盘县等)，重庆，四川，浙江，江西，台湾，云南，福建；日本；印度。

529. 桃六点天蛾 *Marumba gaschkewitschi* (Bremer *et* Gray)

寄主：碧桃、苹果、樱花、海棠、葡萄、梨、杏、桃、枣等园林植物

分布：贵州(盘县等)，全国各地。

530. 蓝目天蛾 *Smerithus planus planus* Walker

分布：贵州(盘县等)，全国各地；朝鲜，日本。

531. 构月天蛾 *Paeum colligata* (Walker)

分布：贵州(盘县等)，东北，华北，河南，湖北，台湾，重庆，四川等。

532. 斜纹天蛾 *Theretra clotho* (Drury)

分布：贵州(盘县)，江西，浙江，云南。

533. 雀纹双线天蛾 *Theretra oldenlandiae* (Fabricius)

寄主：葡萄、芋、爬山虎、绣球、白粉藤、虎耳草等

分布：贵州(盘县等)，黑龙江，内蒙古，辽宁，吉林，陕西，山西，北京，天津，河北，河南，山东，甘肃，宁夏，湖北，安徽，江苏，上海，重庆，江苏，江西，福建，台湾，广东，广西，四川，云南等。

534. 雀纹天蛾 *Theretra japonica* (Orza)

分布：贵州(盘县等)，东北，华北，华中，华东，华南，台湾；朝鲜；日本；前苏联。

535. 小豆长喙天蛾 *Macroglossum stellatarum* Linnaeus

分布：贵州(盘县等)，湖南，河北，河南，河南，河北，北京，云南，黑龙江，吉林，辽宁，山东，陕西，宁夏，江苏，江西，安徽等省；亚洲；南欧；北非和北美。

(一百零九)钩蛾科

536. 交让木钩蛾 *Hypsomadius insigis* Butler

分布：贵州(盘县)，湖北，江西，福建，广西，四川，云南。

(一百一十)尺蛾科

537. 焦边尺蠖 *Bizia aexaria* (Walker)

分布：贵州(盘县等)，黑龙江，辽宁，吉林，陕西，内蒙古，北京，河北，河南，山西，山东，安徽，浙江，湖北，湖南，江西，福建，台湾，广西，四川，西藏，甘肃；日本；朝鲜。

538. 云尺蛾 *Buzura thibetaria* Oberthür

寄主：茶、油茶，槐

分布：贵州(盘县等)，浙江，湖北，湖南，四川，云南。

539. 油桐尺蠖 *Buzura suppressaria* Guenee

寄主：油桐、茶、油茶等

分布：贵州(盘县等)，四川，湖南，浙江，福建，广西；印度；缅甸。

540. 木橑尺蠖 *Culcula panternaria* Bremer *et* Grey

分布：贵州(盘县等)，四川、河南、河北、山西、山东、台湾，江西，浙江。

541. 中国巨青尺蛾 *Limbatochlamys rosthorni* Rothschild

分布：贵州(盘县)，湖南，浙江，湖北，四川，福建，广西，云南。

542. 大鸢尺蠖 *Ectropis excellens* Butler

寄主：茶、油茶

分布：贵州(盘县等)，湖南，广东等。

543. 枯斑翠尺蛾 *Ochrogensia difficta* Walker

分布：贵州(盘县等)，陕西，甘肃，安徽，湖北，江西，湖南，福建，四川，云南，东北，华北。

544. 拟柿星尺蠖 *Percnia albinigrata* Warren

分布：贵州(盘县等)，湖北，湖南，四川，河南，甘肃，江苏，安徽，福建，台湾，广西。

545. 槐尺蠖 *Semiothisa cinerearia* (Bremer *et* Grey)

寄主：槐

分布：贵州(盘县等)，湖南，北京，黑龙江，甘肃，浙江，湖北，台湾，广西，西藏等；朝鲜；日本。

546. 黄尾尺蛾 *Sirinopteryx parallela* Wehrli

分布：贵州(盘县等)，湖南，四川，云南，西藏。

(一百一十一)箩纹蛾科

547. 枯球箩纹蛾 *Brahmaea wallichii* (Gray)

分布：贵州(盘县)，台湾，云南，重庆，四川，湖北；印度。

(一百一十二)卷叶蛾科

548. 茶长卷叶蛾 *Homona coffearia* Nietner

寄主：山茶、牡丹、蔷薇、樱花、紫藤等花

分布：贵州(全省)，江苏，浙江，安徽，江西，福建，台湾，湖南，广东，广西，四川，云南等；日本等地。

549. 杉梢小卷叶蛾 *Polychrosis cunninhamiacola* Lin *et* Pai

寄主：杉木

分布：贵州(全省)，福建，江西，浙江，四川等。

(一百一十三)毒蛾科

550. 茶毛虫 *Euproctis pseudoconspersa* Strand

寄主：茶树、油茶、柿、梨、乌桕、玉米

分布：贵州(全省)，陕西，甘肃，浙江，安徽，河南，山东，湖北，湖南，四川，重庆，云南，广东，广西，福建，台湾，海南，江西，江苏，西藏，

551. 舞毒蛾 *Lymantria dispar* Linnaeus

分布：贵州(盘县等)，东北，内蒙古，陕西，河北，山东，山西，江苏，四川，宁夏，甘肃，青海，新疆，河南，台湾。

552. 柳毒蛾 *Stilprotia salicis* (Linnaeus)

寄主：棉花、茶树、杨、柳、栎树、栗、樱桃、梨、梅、杏、桃等

分布：贵州(盘县等)，黑龙江，内蒙古，新疆，河南，河北，陕西，山西，青海，山东，安徽，江苏，四川，重庆，天津，辽宁，吉林，浙江，江西，湖南，云南等。

553. 双线盗毒蛾 *Porthesia scintillans* (Walker)

分布：贵州(盘县)，广西，广东，福建，台湾，海南，云南，四川等。

(一百一十四)斑蛾科

554. 黄纹旭锦斑蛾 *Campyfotes pratti* Leech

分布：贵州(盘县等)，湖南，湖北，福建，广西。

555. 云南旭锦斑蛾 *Campyfotes desgodinsi yunnanensis* Joicey *et* Talbot

分布：贵州(盘县)，四川，云南，西藏；印度。

556. 茶斑蛾 *Eterusia aedea* Linnaeus

寄主：茶、油茶

分布：贵州(全省)，浙江，江苏，安徽，江西，福建，台湾，湖南，广东，海南，四川，云南等；国外分布于日本；印度；斯里兰卡。

(一百一十五)蚕蛾科

557. 三线茶蚕 *Andraca bipunctata* Walker

寄主：茶、油茶、山茶

分布：贵州(盘县等)，浙江，安徽，江西，湖南，四川，广东，海南，广西，云南，福建，台湾；印度；印度尼西亚。

558. 乌桕大蚕蛾 *Attacus atlas* (Linnaeus)

寄主：乌桕、樟、柳、大叶合欢、小檗、甘薯、狗尾草、苹果、冬青、桦木。

分布：贵州(盘县等)，江西，福建，广东，广西，湖南，台湾；印度；缅甸；印度尼西亚。

559. 丹顶点天蚕蛾 *Cricula jordani* Bryk

分布：贵州(盘县)，云南；越南；缅甸；泰国；老挝。

560. 点目大蚕蛾 *Cricula andrei* Jordan

分布：贵州(盘县)，四川，广东，海南，云南，西藏；印度尼西亚。

561. 黄豹大蚕蛾 *Leopa katinka* Westwood

分布：贵州(盘县等)，华南，西南；印度。

562. 绿尾大蚕蛾 *Actias selene ningpoana* Felder

寄主：山茱萸、丹皮、杜仲及部分果树、林木

分布：贵州(盘县等)，河北，河南，江苏，江西，浙江，湖南，湖北，安徽，广西，四川，台湾等；东亚；南亚。

563. 樗蚕 *Philosamia Cynthia* Walker *et* Felder

分布：贵州(盘县等)，全国各地；朝鲜；日本。

564. 王氏樗蚕 *Samia wangi* Naumann *et* Peigler

分布：贵州(盘县等)，四川，西藏，陕西，福建，云南，湖南，江西，浙江，重庆，海南，台湾，香港，澳门；越南。

(一百一十六)粉蝶科

565. 褐脉粉蝶 *Pieris malete* Menetries

分布：贵州(盘县等)，西南。

566. 菜粉蝶 *Pieris rapae* Linnaeus

分布：贵州(全省)，全国各地；世界各地。

567. 斑粉蝶 *Pontia daplidice* Linnaeus

分布：贵州(盘县等)，黑龙江，吉林，辽宁，天津，北京，河北，内蒙古，陕西，山西，甘肃，宁夏，重庆，四川，湖北，安徽，江苏，江西，浙江，上海，广西，云南，新疆，青海，西藏。

568. 东方菜粉蝶 *Pieris canidia* Sparrman

分布：贵州(盘县等)，河南，陕西，山东，湖南，浙江，江西，四川，福建，广东，海南，广西，云南，西藏；印度；缅甸等。

569. 黑脉粉蝶 *Cepora nerissa cibyra* (Fruhstorfer)

分布：贵州(盘县等)，黑龙江，吉林，辽宁，陕西，河南，江苏，浙江，江西，四川，福建，广西，云南，西藏；日本等。

570. 橙黄豆粉蝶 *Colias fieldi* Menetries

寄主：苜蓿、大豆、百脉根等豆科植物

分布：贵州(盘县等)，甘肃，青海，陕西，山东，山西，内蒙古，河南，湖北，四川，广西，云南等。

571. 黑角方粉蝶 *Dercas lycorias* (Doubleday)

分布：贵州(盘县等)，陕西，浙江，福建，四川，云南，广西；锡金；印度；尼泊尔等。

572. 钩粉蝶 *Gonepteryx rhamni* (Linnaeus)

分布：贵州(盘县等)，北京，黑龙江，吉林，河南，新疆，宁夏，陕西，甘肃，云南，浙江，江西，福建，湖北；日本；朝鲜；欧洲。

573. 尖钩粉蝶 *Gonepteryx mahaguru* Gistel

分布：贵州(盘县)，东北，华北，浙江，陕西，河南，西藏，台湾；朝鲜；日本等。

574. 檗黄粉蝶 *Eurema blanda* (Boisduval)

分布：贵州(盘县)，海南，广东，台湾，福建，广西，湖南；东南亚各岛屿至印度南部。

575. 无标黄粉蝶 *Eurema brigitta* (Stoll)

分布：贵州(盘县)，台湾，海南，香港，云南等；朝鲜；日本；越南；缅甸；泰国；马来西亚；印度；非洲等。

576. 斑粉蝶 *Pontia daplidice* Linnaeus

寄主：油菜、甘蓝、花椰菜、白菜等十字花科蔬菜及野生植物。

分布：贵州(盘县等)，东北，华北，西北，华中，西南地区。

(一百一十七)斑蝶科

577. 虎斑蝶 *Danaus genutia* (Cramer)

分布：贵州(盘县等)，河南，西藏，江西，浙江，福建，四川，云南，广西，广东，海南，台湾；缅甸；越南；印度；印度尼西亚；马来西亚；菲律宾；澳大利亚；新几内亚。

578. 啬青斑蝶 *Tirumala septetrions* (Butler)

分布：贵州(盘县)，江西，海南，广东，广西，四川，云南，台湾；阿富汗；印度；缅甸；泰国；越南；马来西亚；印度尼西亚。

579. 异丽紫斑蝶 Euploea mulciber (Cramer)

分布：贵州(盘县)，中国南部，西南部，台湾，西藏；印度；尼泊尔；不丹；孟加拉国；缅甸；马来西亚；印度尼西亚；菲律宾。

580. 异型紫斑蝶 *Euploea mulciber* (Cramer)

分布：贵州(盘县等)，广东，四川，云南，广西，重庆，西藏；印度；尼泊尔；不丹；孟加拉国；缅甸；马来西亚；印度尼西亚；菲律宾。

581. 黑绢斑蝶 *Parantica melaneus* (Cramer)

分布：贵州(盘县等)，广东，广西，西藏，台湾；印度；尼泊尔；不丹；孟加拉国；缅甸；泰国；越南；老挝；柬埔寨；马来西亚；印度尼西亚。

(一百一十八)凤蝶科

582. 麝凤蝶 *Byasa alcinous* (Klug)

分布：贵州(盘县等)，四川，云南，重庆，浙江，广东，广西，江西，陕西，福建，台湾，西藏，甘肃，山西，海南等；越南；缅甸；泰国；印度。

583. 粗绒麝凤蝶 *Byasa nevilli* (Wood – Mason)

分布：贵州(盘县)，云南，四川。

584. 青凤蝶 *Graphium sarpedon* (Linnaeus)

寄主：潺槁木姜子、小梗黄木姜子、樟树、沉水樟、假肉桂、天竺桂、红楠、香楠、大叶楠、山胡椒等植物。

分布：贵州(盘县等)，陕西，四川，西藏，云南，湖北，湖南，江西，江苏，浙江，海南，广东，江西，福建，台湾，香港；日本；尼泊尔；不丹；印度；缅甸；泰国；马来西亚；印度尼西亚；斯里兰卡；菲律宾；澳大利亚。

585. 碧凤蝶 *Papilio bianor* Cramer

寄主：茱萸、飞龙掌血、柑橘、花椒、黄檗等。

分布：贵州(盘县等)，国内大部分地区；日本；朝鲜；越南北部；印度；缅甸等。

586. 达摩凤蝶 *Papilio demoleus* Linnaeus

寄主：柑橘等

分布：贵州(盘县等)，广东，广西，云南，四川，海南，福建，台湾，浙江，江西，湖北等；日本；菲律宾；越南；印度；斯里兰卡；马来西亚；澳大利亚；巴布亚新几内亚等。

587. 玉斑凤蝶 *Papilio helenus* Linnaeus

寄主：柑橘、双面刺、食茱萸、飞龙血掌、楝叶吴茱萸等。

分布：贵州(盘县等)，浙江，江西，重庆，四川，广东，广西，福建，台湾，海南等；日本；朝鲜；印度；缅甸；斯里兰卡；印度尼西亚；泰国等。

588. 黄凤蝶 *Papilio machaon* Linnaeus

寄主：胡萝卜、芹菜

分布：贵州(盘县等)，浙江，江西，四川，福建，广东，广西，辽宁，黑龙江，吉林，北京，河北，陕西，陕西，河南，山东，甘肃等。

589. 玉带凤蝶 *Papilio pollutes* Linnaeus

寄主：桔梗、柑橘类、双面刺、过山香、花椒、山椒等

分布：贵州(全省)，河南，浙江，江西，重庆，四川，云南，广东，广西，福建，台湾，海南，甘肃，青海，陕西，河北，湖南，湖北，山东，山西等；印度；泰国；马来西亚；印度尼西亚；日本。

590. 柑橘凤蝶 *Papilio xuthus* Linnaeus

寄主：柑橘、枸橘、黄檗花椒、吴茱萸、佛手、枳壳、山椒、柑橘、黄梁、黄波罗等。

分布：贵州(全省)，黑龙江，吉林，北京，天津，辽宁，河北，陕西，山西，河南，内蒙古，宁夏，青海，甘肃，四川，重庆，西藏，云南，湖南，湖北，江苏，江西，安徽，上海，浙江，福建，广东，广西，海南，台湾；朝鲜；日本。

591. 华夏剑凤蝶 *Pazala eurous* (Leech)

分布：贵州(盘县等)，四川，浙江，云南；尼泊尔；缅甸。

(一百一十九)蛱蝶科

592. 紫闪蛱蝶 *Apatura iris* Linnaeus

分布：贵州(盘县等)，黑龙江，辽宁，河南，陕西，湖南，云南。

593. 斐豹蛱蝶 *Argyreus hyperbius* (Linnaeus)

分布：贵州(全省)，全国各地，日本；朝鲜；菲律宾；印度尼西亚；缅甸；泰国；不丹；尼泊尔；阿富汗；印度；巴基斯坦；孟加拉国；斯里兰卡等。

594. 珍蛱蝶 *Clossiana gong* (Oberthor)

分布：贵州(盘县)，山西，四川，云南，西藏。

595. 褐色拟斑蛱蝶 *Hestina persimilis* Westwood

分布：贵州(盘县等)，云南等；缅甸；泰国；不丹；印度。

596. 云豹蛱蝶 *Nephargynnis anadyomene* (Felder et Felder)

分布：贵州(盘县等)，黑龙江，吉林，辽宁，山东，山西，陕西，河南，宁夏，甘肃，湖北，湖南，江西，浙江，福建；日本；朝鲜；俄罗斯；中亚。

597. 美眼蛱蝶 *Junonia almana* (Linnaeus)

分布：贵州(盘县等)，河北，河南，陕西，西藏，云南，四川，湖北，湖南，江苏，浙江，福建，江西，广东，广西，海南，香港，台湾；日本；巴基斯坦；斯里兰卡；印度；不丹；尼泊尔；孟加拉国；缅甸；泰国；老挝；越南；柬埔寨；马来西亚；新加坡；印度尼西亚。

598. 翠蓝眼蛱蝶 *Junonia orithya* (Linnaeus)

分布：贵州(盘县等)，陕西，河南，江西，湖北，湖南，浙江，云南，广西，广东，香港，福建，台湾；日本；印度；斯里兰卡；尼泊尔；柬埔寨；马来西亚；缅甸；泰国；越南；菲律宾；非洲；美洲。

599. 钩翅眼蛱蝶 *Junania iphita* Cramer

分布：贵州(盘县)，江苏，浙江，湖南，四川，江西，广西，广东，海南，台湾，西藏；斯里兰

卡；印度；尼泊尔；不丹；孟加拉国；缅甸；泰国；马来西亚；越南；印度尼西亚。

600. 三线蛱蝶 *Neptis hylas* Linnaeus

分布：贵州（盘县等），陕西，甘肃，河南，浙江，江西，福建，湖南，台湾，广东，云南，西藏；日本；朝鲜；越南；缅甸；泰国；斯里兰卡；马来西亚。

601. 大红蛱蝶 *Vanessa indiaca*（Herbst）

分布：贵州（盘县等），中国各省分布；亚洲东部；欧洲；非洲西北部。

602. 小红蛱蝶 *Vanessa cardui*（Linnaeus）

分布：贵州（盘县等），中国各省分布；世界广布（除南美洲外）。

603. 幸福带蛱蝶 *Athyma fortuma* Leech

分布：贵州（盘县），河南，陕西，江西，湖北，四川，浙江，福建，台湾。

604. 重环蛱蝶 *Neptis alwina*（Bremer *et* Grey）

寄主：寄主：桃、梅、李、杏

分布：贵州（盘县等），浙江，北京，黑龙江，宁夏，甘肃，河南，山东，陕西，湖北，云南等；朝鲜；日本；蒙古。

605. 珂环蛱蝶 *Neptis clinia* Moore

分布：贵州（盘县），四川，西藏，云南，福建，浙江等；印度；缅甸；越南；马来西亚。

606. 链环蛱蝶 *Neptis pryeri* Butler

分布：贵州（盘县），台湾，陕西，河南，吉林等；日本；朝鲜等。

（一百二）眼蝶科

607. 纵条林眼蝶 *Aulocera marlina* Oberthur

分布：贵州（盘县等），云南，四川。

608. 幽矍眼蝶 *Ypthima conjuncta* Leech

分布：贵州（盘县等），河南，云南，陕西，四川，浙江，湖北，湖南，福建，广东，广西，海南。

609. 矍眼蝶 *Ypthima balda*（Fabricius）

分布：贵州（盘县等），黑龙江，山西，甘肃，青海，河南，云南，陕西，四川，浙江，湖北，湖南，福建，广东，广西，海南，西藏；尼泊尔；不丹；巴基斯坦；缅甸；马来西亚。

610. 完壁矍眼蝶 *Ypthima perfecta* Leech

分布：贵州（盘县），云南，福建，广东，江西，海南；印度；缅甸；不丹；泰国；老挝；越南；马来西亚。

611. 魔女矍眼蝶 *Ypthima medusa* Leech

分布：贵州（盘县），四川，云南及中国西部。

612. 深山黛眼蝶 *Lethe insana* Kollar

分布：贵州（盘县），江西，福建，云南，台湾。

613. 玉带黛眼蝶 *Lethe verma* Kollar

分布：贵州（盘县），江西，广东，广西，云南，台湾，海南，四川；印度；马来西亚；越南。

614. 白带黛眼蝶 *Lethe confuse*（Aurivillius）

分布：贵州（盘县等），四川，广东，福建，广西，海南，云南；印度；尼泊尔；孟加拉国；泰国；缅甸；柬埔寨；老挝；马来西亚；印度尼西亚。

615. 棕黛眼蝶 Chonala praeusta（Leech）

分布：贵州（盘县），云南，四川。

616. 稻眉眼蝶 *Mycalesis gotama* Moore

分布：贵州（盘县等），河南，陕西，西藏，四川，云南，江苏，安徽，湖北，浙江，湖南，福建，江西，广东，广西，海南，台湾；越南；朝鲜；日本。

617. 大艳眼蝶 *Callerebia suroia* Tyler

分布：贵州(盘县)，浙江，云南，四川。

(一百二十一)蚬蝶科

618. 波蚬蝶 *Zemeros flegyas* (Cramer)

分布：贵州(盘县等)，浙江，江西，湖北，福建，广东，云南，西藏等。

(一百二十二)灰蝶科

619. 钮灰蝶 *Acyiolepis puspa* (Horsfield)

分布：贵州(盘县等)，四川，云南，重庆，广东，广西，海南，福建，台湾，湖南，湖北，浙江，江西等；印度；斯里兰卡；巴布亚新几内亚；澳大利亚。

620. 蓝灰蝶 *Everes argiades* Pallas

分布：贵州(盘县等)，中国大部分地区；朝鲜；日本；欧洲。

621. 赭灰蝶 *Ussuriana michaelis* (Oberthur)

分布：贵州(盘县等)，东北，西北，华北，西南，华东，华南。

622. 蓝燕灰蝶 *Rapala caerulea* (Bremer *et* Grey)

分布：贵州(盘县等)，东北，华北，华东，华南，中南，西南。

623. 琉璃灰蝶 *Celastrina argiolus* Linnaeus

分布：贵州(盘县等)，中国大部分地区；朝鲜；日本；欧洲；北非

(一百二十三)弄蝶科

624. 弄蝶 *Hesperia comma* (Linaeus)

分布：贵州(盘县等)，四川，青海，陕西，山东，吉林，黑龙江，新疆，西藏；土耳其；俄罗斯；欧洲西部。

625. 白斑赫弄蝶 *Ochlides subhyalina* (Bremer *et* Grey)

分布：贵州(盘县等)，黑龙江，山东，陕西，河南，浙江，湖北，江西，福建，台湾，四窜，云南，西藏；朝鲜；日本；缅甸；印度。

626. 直纹稻弄蝶 *Parnara guttata Bremer et* Grey

寄主：水稻、茭白、稗、游草、芦苇等

分布：贵州(全省)，黑龙江，辽宁，吉林，江苏，江西，安徽，湖南，湖北，四川，重庆，陕西，云南，广东，广西，浙江，福建，台湾等；日本；朝鲜；马来西亚。

627. 花弄蝶 *Pyrgus malvae* (Bremer *et* Grey)

分布：贵州(盘县)，黑龙江，河北，陕西，山西，山东，浙江，河南，江西，湖北，福建，广东，四川，云南；日本；朝鲜；蒙古；俄罗斯。

628. 旖弄蝶 *Isoteinon lamprospilus* C. *et* R. Felder

分布：贵州(盘县等)，华中，华南，西南，华东。

629. 黄斑银弄蝶 *Carteracephalus alcinaides* Lee

分布：贵州(盘县)，河南，陕西，云南。

十五、膜翅目 HYMENOPTERA

(一百二十四)蚁科

630. 黄蚂蚁 *Dorylus orientalis* Westwood

分布：贵州(全省)，华东，华中，华南，西南等。

631. 黑褐举腹蚁 *Crematogaster rogenhoferi* Mayr

分布：贵州(盘县)，云南，海南，广东，广西，江西，安徽，江苏，四川，湖南，福建，浙江，东南亚各国。

632. 敏捷扁头猛蚁 *Pachycondyla astute* Smith

分布：贵州(盘县等)，北京，安徽，福建，浙江，四川，湖南，云南，海南，台湾，香港；亚洲；大洋洲。

633. 眼斑驼盾蚁蜂 *Trogaspidia oculata* Fabricius

分布：贵州(盘县)，中国中东部，南部；泰国；越南。

(一百二十五)蜜蜂科

634. 中华蜜蜂 *Apis cerana* Fabricius

分布：贵州(全省)，全国均有分布；朝鲜；日本；印度等。

分布：贵州(盘县等)，云南，海南，广东，广西，江西，安徽，江苏，四川，湖南，

635. 黑足熊蜂 *Bombus atripes* (Smith)

分布：贵州(盘县等)，河北，安徽，江苏，浙江，江西，湖南，湖北，福建，广东，广西，四川，云南，新疆。

636. 油茶地蜂 *Andrena camellia* Wu

分布：贵州(盘县等)，云南，江西，湖南等。

(一百二十六)条蜂科

637. 中华木蜂 *Xylocopa sinensis* Smith

分布：贵州(盘县等)，辽宁，河北，浙江，湖北，江西，广东，广西，云南等。

(一百二十七)胡蜂科

638. 金环胡蜂 *Vespa mandarinia* Smith

分布：贵州(盘县等)，湖北，湖南，江苏，浙江，四川，广西，江西，福建等。

639. 墨胸胡蜂 *Vespa velutina nigrithorax* Buysson

分布：贵州(盘县等)，浙江，重庆，四川，江西，广东，广西，福建，云南，西藏；印度；印度尼西亚。

640. 变侧异腹胡蜂 Parapolybia varia (Mulsant)

分布：贵州(盘县等)，江苏，福建，湖北，广东，云南，台湾；印度；缅甸；孟加拉国；马来西亚；菲律宾；印度尼西亚。

(一百二十八)姬蜂科

641. 稻苞虫凹眼姬蜂 *Casinaria colacae* Sonan

寄主：稻苞虫

分布：贵州(盘县等)，浙江，湖南，四川，台湾，福建，广东，广西，云南。

642. 螟蛉悬茧姬蜂 *Charops bicolor* (Szepligeri)

寄主：稻苞虫、螟蛉虫、粘虫、稻纵卷叶螟、查毒蛾、尺蛾等

分布：贵州(全省)，陕西，辽宁，北京，山东，河南，江苏，甘肃，新疆，江西，安徽，重庆，山西，宁夏，湖北，四川，福建，台湾，广东，云南等；朝鲜；日本；斯里兰卡。

643. 稻苞虫黑瘤姬蜂 *Coccygomimus parnanae* (Viereck)

寄主：稻苞虫、稻纵卷叶螟、粘虫、大螟、稻眼蝶、茶蓑蛾、桑螟、亚洲蓑蛾、野蚕、天幕毛虫、赤松毛虫、竹叶虫、银纹夜蛾等

分布：贵州(盘县等)，河北，江苏，浙江，安徽，江西，湖北，湖南，四川，台湾，广东，福建，广西，云南。

644. 螟黄抱缘姬蜂 *Temelucha biguttula* Murakata

寄主：二化螟、稻纵卷叶螟、三化螟、大螟

分布：贵州(盘县等)，江苏，上海，浙江，安徽，江西，湖北，湖南，台湾，福建，广东，广西，云南。

645. 夜蛾大铗姬蜂 *Eutanyacra picta* Schrank

寄主：夜蛾幼虫

分布：贵州(盘县等)，辽宁，河北，北京，山西，内蒙古，甘肃。

646. 无斑黑斑瘤姬蜂 *Xanthopimpla flavolineata* Cameron

寄主：稻苞虫、稻纵卷叶螟、二化螟、大螟、袋蛾

分布：贵州(盘县等)，浙江，江西，江苏，湖南，四川，山东，广东，福建，广西，云南。

647. 广黑点瘤姬蜂 *Xanthopimpla punctata* Fabricius

寄主：稻白脉夜蛾、粘虫、稻苞虫、稻纵卷叶螟、玉米螟、二化螟等鳞翅目昆虫

分布：贵州(盘县等)，江苏，上海，浙江，安徽，江西，湖北，湖南，四川，台湾，福建，广东，广西，云南，北京，天津，河北，山东，西藏。

(一百二十九)瘿蜂科

648. 栗瘿蜂 *Dryocosmus kuriphilus* Yasumatsu

寄主：板栗、茅栗、锥栗

分布：贵州(全省)，全国各地。

(一百三)泥蜂科

649. 驼腹壁泥蜂 *Sceliphron deforme* (Smith)

分布：贵州(盘县等)，云南，山东，河北，甘肃，浙江，湖北，湖南，广西，江苏，广东，黑龙江，内蒙古，北京等。

第二节　蜘蛛区系研究

一、前言

蜘蛛目 Araneae 是动物界的七大目之一，为小型到大型捕食性动物，分布广泛，生活在农作物间、洞穴、地表、水中、树穴、山林间和苔藓中等各种环境中。蜘蛛是农林昆虫的主要天敌之一，有些种类个体数量大，食量大，生活稳定，能捕食大量的农林害虫，在自然界的食物链中和对维护生态平衡作用均占有重要地位。蜘蛛目动物目前全球已知有 112 科 3905 属 44032 种。

二、结果

(一)种类

通过鉴定历次采集的标本，分析整理相关八大山蜘蛛研究资料，保护区蜘蛛目动物种类较为丰富，目前已知有 23 科，其中优势科为园蛛科 Araneidae(8 属 17 种)、球蛛科 Theridiidae(9 属 14 种)、狼蛛科 Lycosidae(7 属 13 种)、跳蛛科 Salticidae(11 属 13 种)和肖蛸科 Tetragnathidae(4 属 10 种)。由此说明了该区蜘蛛生态类群以空间拉网型(园蜘科、球蛛科、肖蛸科)的蜘蛛为主，主要因为该区的植被覆盖较好，生物多样性丰富，给此类蜘蛛提供了较多的适宜生境。

生物特有种(endemic species)是因历史、生态或生理因素等原因，造成其分布仅局限于某一特定的地理区域或大陆，而未在其他地方中出现的物种。特有种的特有性是评价一个地区生物多样性的重要指标，特有种负载着适应特殊环境的基因，这些基因对物种的进化、新种的产生和物种的绝灭都具有重要意义，因为特有种的丧失意味着该种在整个地球上的丧失，应该列为保护对象。

据目前资料表明，八大山保护区蜘蛛种类中，盘县特有种有 5 种，贵州特有种有 3 种，贵州新记录种有 18 种，中国新记录种有 1 种(窗暗蛛 *Amaurobius fenestralis*)。

(二)功能类群

“功能类群”是描述蜘蛛生物多样性的一个术语。不同种类的蜘蛛由于身体构造条件和生物学因素

的限制而共同生活于一定的环境，形成功能类群(Foelix 1996)。功能类群的划分可以从环境的差异反映其生活策略。目前，有两种主要的功能类群被大多数人认可，“游猎类”和“织网类”，而“叶面游猎类”还存在一定的争议，本节按三种类型划分(见表6-4)。

表6-4　蜘蛛功能类群划分

功能类群	缩　写	备　注
地面游猎类	GW	在地面上自由生活的种类，包括洞栖类和半洞栖类。
叶面游猎类	PW	在植物表面游走捕猎。
结网类	WB	包括漏斗网类、圆网类、皿网类、乱网类。

调查研究期间，共采集了458头成熟蜘蛛标本。经实验室鉴定，隶属于23科63属102种。

蜘蛛被分为3个主要的功能类群：地面游猎型、叶面游猎型和结网型。其中地面游猎型(8科，19属，28种，165头，占总头数的36.04%)与结网型(8科，26属，48种，245头，占总头数的53.49%)比较，结网型较丰富，丰富度较差的是叶面游猎型(7科，18属，26种，48头，占总头数的10.48%)(见表6-5)。

表6-5　调查地蜘蛛科、属、种和个体数量统计

功能类群	科　名	属　数	种　数	个体数	占总头数(%)
地面游猎型 GW	漏斗蛛科	5	7	39	8.52
	暗蛛科	1	1	1	0.22
	栅蛛科	1	1	1	0.22
	拟壁钱科	1	1	1	0.22
	管网蛛科	1	1	5	1.09
	平腹蛛科	2	3	5	1.09
	巨蟹蛛科	1	1	2	0.44
	狼蛛科	7	13	111	24.24
合　计	8	19	28	165	36.04
叶面游猎型 PW	管巢蛛科	1	2	4	0.87
	米图蛛科	1	1	1	0.22
	栉足蛛科	1	1	1	0.22
	跳蛛科	11	13	21	4.59
	猫蛛科	1	3	10	2.18
	盗蛛科	1	1	1	0.22
	蟹蛛科	2	5	10	2.18
合　计	7	18	26	48	10.48
结网型 WB	园蛛科	8	17	93	20.31
	皿蛛科	1	3	16	3.49
	络新妇科	1	1	10	2.18
	弱蛛科	1	1	7	1.53
	肖蛸科	4	10	43	9.39
	妩蛛科	1	1	1	0.22
	派模蛛科	1	1	5	1.09
	球蛛科	9	14	70	15.28
合　计	8	26	48	245	53.49

结网型中，园蛛科(93 头)最为丰富，占总头数的 20. 31%；其次为球蛛科(70 头)、肖蛸科(43 头)，分别占总头数的 15. 28%、9. 39%；其余科数量较少。

地面游猎型中，狼蛛科(111 头)最为丰富，占总头数的 24. 24%；其次为漏斗蛛科(39 头)，占总头数的 8. 52%；其余科数量较少。

叶面游猎型中，跳蛛科(21 头)最为丰富，占总头数的 4. 59%；其次为猫蛛科(10 头)和蟹蛛科，分别占总头数的 2. 16%。该区蜘蛛生态类群以结网型的蜘蛛为主。

三、盘县八大山蜘蛛名录

(注：▲为盘县特有种，◆为贵州特有种，★为贵州新记录种，●中国新记录种。)

(一)漏斗蛛科 Agelenidae

鉴别特征：小到中型蜘蛛，8 眼，大小近相等；2 列，强烈前曲、平直或稍前曲。跗节具一排听毛，末端长。头胸部、腹部、步足具羽状毛。后纺器末节长为基节长的 2/3 至 2 倍。皿状网具一向后收缩的漏斗状管道。

模式属：*Agelena* Walckenaer, 1805.

种类和分布：全球已知 68 属，1156 种，中国 308 种(Platnick 2013)。全球均有分布，主要分布于全北区、新热带区、澳洲区。

生物学：漏斗蛛通常在草丛中，低矮植被间，有时也在洞穴中，建筑物中及其它人工建筑里，建造平坦稍凹的非黏性漏斗网。漏斗开口较宽，平时蜘蛛静候在开口处捕食猎物，当受到干扰时迅速向后撤退。漏斗蛛主要在夜里活动，但在白天也能活动和捕食猎物。一般在夏季和早秋成熟，一些种类要一年多才能成熟；在一些地区，一些种类一年可发生两代；成熟的雄蛛通常在晚秋即死亡；一些雌蛛的成体可越冬到第二年。一般在晚秋或早春产卵。

1. 机敏异漏斗蛛 *Allagelena difficilis* (Fox, 1936)

分布：贵州(盘县、纳雍、茂兰、雷公山、大沙河、宽阔水、习水)，北京，河北，河南，山东，湖北，湖南，陕西，四川，重庆，云南；韩国。

2. 森林漏斗蛛 *Agelena silvatica* Oliger, 1983

分布：贵州(盘县、纳雍、梵净山、湄潭、松桃、茂兰、铜仁、道真、习水、宽阔水、麻阳河)，河南、湖北、湖南，重庆，四川，江苏，安徽，福建，广西，广东，台湾，辽宁，吉林，黑龙江；俄罗斯；日本；缅甸。

3. 迷宫漏斗蛛 *Agelena labyrinthica* (Clerck, 1757)

分布：贵州(盘县、茂兰、大沙河、宽阔水、草海)，河北，山东，辽宁，吉林，黑龙江，内蒙古，新疆，甘肃，青海，陕西，贵州，四川，云南；古北区。

4. 阴暗科林蛛 *Pireneitega luctuosa* (L. Koch, 1878)

分布：贵州(盘县、习水、贵阳、湄潭、雷公山)，河南，湖北，湖南，重庆，四川，云南，安徽，浙江；俄罗斯；中亚；韩国；日本。

5. 新平科林蛛 *Pireneitega xinping* Zhang, Zhu *et* Song, 2002

分布：贵州(盘县、大沙河、湄潭、绥阳)，河南，湖北，四川，云南。

6. 羊形龙隙蛛 *Draconarius ovillus* Xu *et* Li, 2007 ▲

分布：根据 Xu *et* Li, 2007, 1♀，盘县梯子洞(北纬 25°48′，东经 104°36′)，2001 年 5 月 24 日，缺少详细的采集记录。可能八大山也有分布。

7. 短平隙蛛 *Platocoelotes brevis* Liu *et* Li, 2008 ◆

分布：盘县城关镇碧云洞、盘县珠东乡十里坪大洞、盘县板桥镇赵官村梓木洞；荔波县玉屏镇水浦村水江洞。八大山可能也有分布。

(二)暗蛛科 Amaurobiidae

鉴别特征：小到大型蜘蛛，8 眼 2 列；前中眼常最小，少数种类无。跗节和后跗节背面具一排末端延长的听毛。有筛器种类筛器分开。无筛器种类体长超过 5，后侧纺器长于前侧纺器，无羽状毛。雄蛛触肢具简单的后侧突和径节背突。

模式属：*Agelena* Walckenaer，1805.

种类和分布：全球已知 52 属，285 种，中国 10 种(Platnick 2013)。全球均有分布。

生物学：地面型蜘蛛，常生活于黑暗潮湿的地方。建小型漏斗网。大多数暗蛛常栖息于森林中的僻静处的腐朽木头中，枯枝落叶下，岩石下等。一些种类生活于树皮和树洞中，也有的生活在草地、建筑物、洞穴等环境。大多数种类的网具一后退孔。建小型片状网。雌蛛守护卵囊，卵囊附在网上。

8. 窗暗蛛 *Amaurobius fenestralis*（Ström，1768）●

分布：贵州(盘县)；欧洲到中亚。中国新记录种。

(三)园蛛科 Araneidae

鉴别特征：小到大型蜘蛛，跗节具 3 爪，无筛器类。8 眼 2 横列，侧眼远离中眼且相互靠近。额高通常小于前中眼直径的 2 倍。螯肢具侧结节，至少具 5 强齿。跗节无听毛。大多数园蛛结圆网捕食猎物。与多数蜘蛛不同，它们咀嚼食物。

模式属：*Araneus* Clerck，1757.

种类和分布：全球已知 169 属，3030 种，中国 295 种(Platnick 2013)。园蛛科是一个大科，全球均有分布，一些种类是早期阻隔区域的入侵种(Ubick *et al.*，2005)。

生物学：大多数园蛛结垂直圆网。夜间结网类早晨将圆网拆卸吃掉，到傍晚时重新建造；白天结网类在早晨重建圆网为白天使用(Ubick *et al.*，2005)。

9. 黄斑园蛛 *Araneus ejusmodi* Bösenberg *et* Strand，1906

分布：贵州(盘县、纳雍、茂兰、雷公山、草海、大沙河、宽阔水、梵净山)，山东，上海，江苏，安徽，浙江，湖北，江西，湖南，福建，四川；韩国；日本。

10. 舜皇园蛛 *Araneus shunhuangensis* Yin *et al.*，1990

分布：贵州(盘县、纳雍)，湖南。

11. 大腹园蛛 *Araneus ventricosus*（L. Koch，1878）

分布：贵州(盘县、纳雍、茂兰、习水、赤水、雷公山、草海、大沙河、宽阔水、梵净山、湄潭、台江、麻江)，北京，黑龙江，吉林，内蒙古，青海，新疆，河北，山西，陕西，山东，河南，江苏，安徽，浙江，湖北，江西，湖南，福建，台湾，广东，广西，海南，云南，四川；俄罗斯；韩国；日本。

12. 银斑艾蛛 *Cyclosa argenteoalba* Boes. *et* Str.，1906

分布：贵州(盘县、茂兰、宽阔水、雷公山、大沙河、赤水、习水、梵净山、老蛇冲、南宫、麻阳河)，台湾，广东，福建，广西，云南，江西，浙江，安徽，湖南，四川，河南；俄罗斯。

13. 浊斑艾蛛 *Cyclosa confusa* Bösenberg et Strand，1906 ★

分布：贵州(盘县)，福建，湖南，云南，台湾。

14. 日本艾蛛 *Cyclosa japonica* Bösenberg et Strand，1906

分布：贵州(盘县、茂兰、大沙河、麻阳河)，台湾，福建，江西，浙江，云南，湖南，四川；俄罗斯；韩国；日本。

15. 黑腹艾蛛 *Cyclosa nigra* Yin et al.，1990

分布：贵州(盘县、雷公山)，云南。

16. 长脸艾蛛 *Cyclosa omonaga* Tanikawa，1992

分布：贵州(盘县、雷公山、大沙河、赤水、习水)，台湾，浙江，安徽，云南，湖南，四川；韩国；日本。

17. 桔云斑蛛 *Cyrtophora citricola*（Forsskål, 1775）★

分布：贵州(盘县)，云南，四川。

18. 库氏棘腹蛛 *Gasteracantha kuhli* C. L. Koch, 1837

分布：贵州(盘县、纳雍、茂兰)，北京，辽宁，山东，河南，江苏，安徽，湖南，福建，台湾，香港，广东，广西，云南；印度至日本；菲律宾。

19. 短棘乳蛛 *Thelacantha brevispina*（Doleschall, 1857）★

分布：贵州(盘县)，广东，湖南，广西，云南，台湾；马达加斯加；印度到菲律宾。

20. 华南高亮腹蛛 *Hypsosinga alboria* Yin et al. , 1990

分布：贵州(盘县、茂兰、习水)，湖南，福建。

21. 环隆肥蛛 *Larinia cyclera* Yin et al. , 1990 ★

分布：贵州(盘县)，湖南，江西。

22. 三省肥蛛 *Larinia triprovina* Yin et al. , 1990

分布：贵州(盘县、麻阳河)、江西、湖南、云南。

23. 多刺新园蛛 *Neoscona polyspinipes* Yin et al. , 1990

分布：贵州(盘县、大沙河、习水、南宫)，湖北，湖南。

24. 青新园蛛 *Neoscona scylla*（Karsch, 1879）

分布：贵州(盘县、纳雍、茂兰、雷公山、草海、宽阔水、大沙河、赤水、梵净山、南宫、湄潭、麻阳河)，湖北，湖南，台湾，福建，江西，四川，云南；俄罗斯；韩国；日本。

25. 警戒新园蛛 *Neoscona vigilans*（Blackwall, 1865）★

分布：贵州(盘县)，四川，广东，湖南，西藏，湖北，台湾，海南，山东，青海；非洲到菲律宾，新几内亚。

(四)管巢蛛科 Clubionidae

鉴别特征：中型无筛器蜘蛛，8 眼 2 列，眼小，大小一致，后眼列稍长于前眼列。螯肢相当长，细或粗壮；有些种类，尤其是雄蛛，螯牙强大。颚叶长大于宽，端部钝而有毛丛。下唇长大于宽。腹部卵圆形，雄蛛有的具小的背盾。前纺器圆锥或圆柱形，并相互靠接；中纺器圆柱形；后纺器 2 节，末节短。雄蛛触肢的后侧突起各异；插入器短；跗舟有的基部有突起，无中突。

模式属：*Clubiona* Latreille, 1804.

种类和分布：全球已知 16 属，581 种，中国 86 种(Platnick 2013)。园蛛科是一个大科，全球均有分布，一些种类是早期阻隔区域的入侵种(Ubick *et al.* , 2005)。

生物学：管巢蛛夜出性猎食，常见于植物丛中，把叶卷成粽状，或把草拆起来，或在疏松的树皮下织成丝巢，白天藏匿其中。卵囊扁而藏在巢内，雌蛛在旁守候(Ubick *et al.* , 2005)。

26. 千岛管巢蛛 *Clubiona kurilensis* Bösenberg et Strand, 1906

分布：贵州(盘县、纳雍、麻江、贵阳、江口、湄潭、铜仁)，北京，吉林，辽宁，陕西，山东，浙江，江苏，湖南，湖北，四川，安徽，福建，广东，河南，河北；俄罗斯；韩国；日本。

27. 通道管巢蛛 *Clubiona tongdaoensis* Zhang *et al.* , 1997

分布：贵州(盘县、纳雍)，湖南。

(五)栉足蛛科 Ctenidae

鉴别特征：中到大型蜘蛛，无筛器类。腹部有成行斑点图，背甲卵圆形，在中窝区高。8 眼，两眼列强烈后凹。螯肢粗壮，两齿堤均有齿。两颚叶稍汇合，端部横截。下唇有稠密的长毛。步足粗壮，有刺和毛丛。前足胫节腹面有许多对刺；转节有深刻。两书肺，气管限于腹部，气孔靠近纺器。前纺器相接；中纺器扁平；后纺器长，分 2 节。外雌器有宽的中隔，有侧角。雄蛛触肢有胫节突，中突常杯状。

模式属：*Ctenus* Walckenaer, 1805.

种类和分布：全球已知40属，490种，中国9种(Platnick, 2013)。除了新西兰外，其他国家和地区均有分布。

生物学：多数在树叶上游猎，夜出捕食，或在土壤表面，在较高活动的较少。螯肢衔带卵囊或纺器携带卵囊(Jocqué et Dippenaar－Schoeman, 2006)。

28. 简安蛛 *Anahita samplexa* Yin, Tang *et* Gong, 2000 ★

分布：贵州(盘县)，湖南。

(六)平腹蛛科 Gnaphosidae

鉴别特征：小到中型蜘蛛，无筛器类。眼小，成两横列。前中眼圆形，其余眼形状因属而异，后中眼扁形，不规则。螯肢短而粗壮，从基部向端部趋窄，前面多毛；前齿堤齿有或无，或有一嵴；后齿堤有齿1个或多个，或有一嵴，或一圆形叶，或皆无。胸板平，卵圆形，前端截平，后端尖。步足前行性，常短粗，多毛。纺器单节，前纺器平行，大而圆柱形，左右相互远离；前纺器上梨状腺的纺管增大，开口裂缝状。

模式属：*Gnaphosa* Latreille, 1804.

种类和分布：全球已知121属，2147种，中国143种(Platnick, 2013)。全球广泛分布。

生物学：夜行性，主要见于土表，仅少数种类在植物上。地面种类多数在石下或碎屑下筑隐蔽所，居于其中，不结网。捕食蚂蚁、白蚁及其他昆虫和蜘蛛。卵囊藏于地表下(Jocqué et Dippenaar－Schoeman, 2006)。

29. 赵氏平腹蛛 *Gnaphosa zhaoi* Ovtsharenko, Platnick *et* Song, 1992

分布：贵州(盘县、纳雍)，湖北，四川。

30. 亚洲狂蛛 *Zelotes asiaticus* (*Bösenberg et Strand*, 1906)

分布：贵州(盘县、纳雍、茂兰、雷公山、梵净山)，河北，浙江，安徽，河南，湖北，四川，台湾，香港；东亚。

31. 朱氏狂蛛 *Zelotes zhui* Yang *et* Tang, 2003

分布：贵州(盘县、纳雍)，云南。

(七)栅蛛科 Hahniidae

鉴别特征：小型蜘蛛，无筛器类。背甲长大于宽，淡褐色到深褐色，头区较窄，中窝短。8眼等大，成两列，稍前凹。螯肢在两齿堤各有2齿；侧面有发声嵴，在雄蛛较发达。下唇宽大于长。步足短粗，腹面的刺退化；腹面常无毛丛。舌状体常退化，成对或单个。所有纺器排成一横列。外雌器简单而平，进入的管道常强烈盘曲。雄蛛触肢胫节常有一端突，膝节基端有一钩。

模式属：*Hahnia* C. L. Koch, 1841.

种类和分布：全球已知27属，250种，中国22种(Platnick, 2013)。全球广泛分布。

生物学：常在地表结纤细平网，蜘蛛藏于网边的土下。生活在阴湿处，靠水边的灌木下层，树干的苔藓中，石下或洞穴内，也见于树林和草原(Jocqué *et* Dippenaar－Schoeman, 2006)。

32. 喜马拉雅栅蛛 *Hahnia himalayaensis* Hu *et* Zhang, 1990

分布：贵州(盘县、纳雍)，西藏。

(八)皿蛛科 Linyphiidae

鉴别特征：较小型蜘蛛，无筛器类。背甲形状不一。额高通常超过中眼域的高。背甲的额部常抬起。8眼两列，前中眼稍暗。螯肢粗壮，齿堤常有壮齿，无侧结节，侧部有发声嵴。下唇前缘加厚。左右颚叶常平行。雄蛛触肢无胫节突，副跗舟发达，知状体小。前后纺器短，圆锥状，遮住中纺器。

模式属：*Linyphia* Latreille, 1840.

种类和分布：全球已知589属，4461种，中国239种(Platnick，2013)。广泛分布，尤其是温带和较冷地区种类较多。

生物学：在树枝间、灌木间，草间或靠近地面处结精细的片网。片网的中部高起，在片网上方有架状网的游离丝。蜘蛛倒悬在网下，无隐蔽处。蜘蛛在网下方透过网用螯肢捕食昆虫，然后把捕获物拉到网的下方(Jocqué et Dippenaar－Schoeman，2006)。

33. 丽带盖蛛 *Neriene calozonata* Chen et Zhu，1989

分布：贵州(盘县、纳雍)，湖北，陕西。

34. 卡氏盖蛛 *Neriene cavaleriei* (Schenkel，1963)

分布：贵州(盘县、雷公山、草海、茂兰、大沙河、赤水、习水、麻阳河)，广西，福建，浙江，湖南，湖北，四川，甘肃；越南。

35. 晋胄盖蛛 *Neriene jinjooensis* Paik，1991 ★

分布：贵州(盘县)，山西。

(九)狼蛛科 Lycosidae

鉴别特征：小到大型蜘蛛，无筛器类，8眼，全暗色，后眼列强烈后凹，前中眼小，其余各眼大，第三眼列长于第二眼列。螯肢后齿堤具2～4齿。步足通常强壮，具刺，第四足最长，转节在远端下方有缺刻。腹部椭圆形，后端常圆形。雄蛛触肢无任何突起。

模式属：*Lycosa* Latreille，1804.

种类和分布：全球已知120属，2396种，中国241种(Platnick，2013)。广泛分布。

生物学：游猎性蜘蛛，生活于草丛、石下，是真正的地栖蜘蛛，其生境包括从高山到海滨的许多生态环境。不建巢穴，仅在编织卵囊时使用丝。一些种类，如水狼蛛属，生活于水体旁边，可在水面上行走，当受到惊吓时，可潜入水中躲避。

36. 湄潭熊蛛 *Arctosa meitanensis* Yin et al.，1993

分布：贵州(盘县、纳雍、湄潭)，河南。

37. 猴马蛛 *Hippasa holmerae* Thorell，1895

分布：贵州(盘县、茂兰)，海南，广东，台湾，广西，福建，云南，江西，湖南；印度至菲律宾。

38. 黑腹狼蛛 *Lycosa coelestis* L. Koch，1878

分布：贵州(盘县、大沙河、宽阔水、草海、麻阳河、遵义)，福建，云南，江西，浙江，湖南，湖北，四川；韩国；日本。

39. 星豹蛛 *Pardosa astrigera* L. Koch，1878

分布：贵州(盘县、纳雍、雷公山、草海、大沙河、老蛇冲、麻阳河、遵义)，除了广东、福建和海南的其它省区；俄罗斯；韩国；日本。

40. 查氏豹蛛 *Pardosa chapini* (Fox，1935)

分布：贵州(盘县、纳雍、大沙河、习水、茂兰)，云南，湖南，湖北，四川，陕西，山西，河北，北京，甘肃，山东。

41. 沟渠豹蛛 *Pardosa laura* Karsch，1879

分布：贵州(盘县、纳雍、茂兰、雷公山、草海、大沙河、赤水、宽阔水、习水、梵净山、老蛇冲、南宫、麻阳河、湄潭)，福建，云南，江西，浙江，江苏，安徽，湖南，湖北，四川，陕西，宁夏，辽宁，吉林，台湾；俄罗斯；韩国；日本。

42. 雾豹蛛 *Pardosa nebulosa* (Thorell，1872) ★

分布：贵州(盘县)，新疆，广东，浙江，江西，海南；古北区。

43. 东方豹蛛 *Pardosa oriens* (Chamberlin, 1924)

分布：贵州(盘县、茂兰)，海南，广东，福建，云南，江西，浙江，江苏，湖北，四川，西藏。

44. 拟环纹豹蛛 *Pardosa pseudoannulata* (Bösenberg et Strand, 1906)

分布：贵州(盘县、茂兰、草海、习水、湄潭、宽阔水)，海南，广东，广西，福建，云南，江西，浙江，江苏，安徽，湖南，湖北，四川；巴基斯坦至日本；菲律宾；爪哇岛。

45. 桑植豹蛛 *Pardosa sangzhiensis* Yin *et al.*, 1995

分布：贵州(盘县、老蛇冲)，湖南。

46. 前凹小水狼蛛 *Piratula procurva* (Bösenberg *et* Strand, 1906)

分布：贵州(盘县、纳雍、大沙河、赤水、梵净山、老蛇冲)，广东，广西，福建，江西，浙江，安徽，湖南，湖北，陕西，北京，山东；韩国；日本。

47. 长獾蛛 *Trochosa longa* Qu, Peng et Yin, 2010

分布：贵州(盘县、纳雍)，云南。

48. 旋囊脉狼蛛 *Venonia spirocysta* Chai, 1991

分布：贵州(盘县、湄潭)，广西，福建，江西，浙江，湖南，台湾。

(十)米图蛛科 Miturgidae

鉴别特征：小到大型蜘蛛，具毛丛，头胸部卵圆形，背甲具或多或少的毛，背甲有或无条纹。中窝有或无。8只眼排成2列，眼相似，反光色素层壁炉形；背面观前眼列平直或微前凹，后眼列微前凹、平直直至后凹。颚叶略呈直角形，具有斜向的短沟；步足跗节具两爪，一般具毛簇，出现或延伸的毛丛环绕呈簇状。后侧纺器端节长而圆锥形，触角胫节突具有一不硬化的弱化带。

模式属：*Miturga* Thorell, 1870.

种类和分布：全球已知28属，371种，中国31种(Platnick, 2013)。主要分布于中东、澳大利亚、新西兰、南美、北美。

生物学：夜行自由生活，生活较隐蔽。

49. 岛红螯蛛 *Cheiracanthium insulanum* (Thorell, 1878)

分布：贵州(盘县、纳雍、湄潭、贵阳)，台湾；缅甸；摩鹿加群岛；菲律宾。

(十一)络新妇科 Nephilidae

鉴别特征：体大型。雌蛛体长17~50mm，雄蛛体长3~9mm。雌蛛背甲密被白色毛，腹部腹面具一对浅色纵条斑，或呈大理石状；外雌器具1条横褶和1条横沟，近后缘具1个长方形中隔。雄蛛触肢器的引导器近顶部前侧无小齿，并呈45度弯曲。雌蛛的背甲暗褐色，密被白色细毛，头部后端中央通常具1对角状突起。两眼列均后凹，后眼列稍宽于前眼列，前后侧眼稍分离，并在同一眼丘上。中眼域长等于或小于宽，后边大于前边。

模式属：*Nephila* Leach, 1815.

种类和分布：全球已知4属，61种，中国5种(Platnick, 2013)。主要分布于热带。

生物学：结宽大圆网于灌木林及森林边缘。

50. 棒络新妇 *Nephila clavata* L. Koch, 1878

分布：贵州(盘县、纳雍、茂兰、雷公山、草海、宽阔水、麻阳河)，山西，北京，山东，辽宁，四川；印度至日本。

(十二)拟壁钱科 Oecobiidae

鉴别特征：小到中型蜘蛛，背甲亚圆形，宽大于长，边缘圆。眼6~8个。中窝无。螯肢细，无牙沟和齿；两螯肢全部靠接；无侧结节及毛丛；螯牙小，弯曲而尖。胸板心形，宽大于长，后端尖，把第四足左右基节分开。雄蛛在胸板边缘有特殊的抹刀状刚毛组成的缨。下唇游离。颚叶发达，无端相接，无毛丛。雌蛛触肢粗壮，有一具齿的爪。步足上少刺或无刺；有3爪，多少扁平，卵圆至圆形，稍覆盖住背甲。肛丘长，两节，有两列长毛组成的缨。书肺孔一对；气管气孔一个，接近纺器，气管局限于腹部。前纺器短，后纺器末节长，基节短；中纺器中等大小。

模式属：*Oecobius* Lucas, 1846.

种类和分布：全球已知6属，110种，中国2属8种(Platnick, 2013)。全球分布。

生物学：生活于室内墙缝或室外石缝，结星形的筛网或多层网。一些种类与人类关系密切。

51. 华南壁钱 *Uroctea compactilis* L. Koch, 1878

分布：贵州(盘县、茂兰、雷公山、宽阔水、草海、大沙河、赤水、老蛇冲、南宫、麻阳河)，福建，浙江，湖南，云南，四川；韩国；日本。

(十三)猫蛛科 Oxyopidae

鉴别特征：小型到大型，无筛器蜘蛛。体色亮绿、淡黄褐色或深褐色。背甲长大于宽，前端隆起，向后渐低。额很高，垂直，有醒目的斑纹。体表有疏毛或彩鳞片。头窄。8眼排成亚圆形，即前眼列后凹，后眼列强烈前凹，前中眼小。螯肢长，螯牙短，牙沟无齿或齿不发达。颚叶和下唇非常长。步足长，有黑色长刺，无毛丛，3爪。腹部卵圆形，向后趋尖。纺器短，大小相近。有一小舌状体。外雌器随属而异。雄蛛触肢常有副跗舟和胫节突。

模式属：*Oxyopes* Latreille, 1804.

种类和分布：全球已知9属，447种，中国54种(Platnick, 2013)。全球分布。

生物学：主要生物在植物上。视力好，可跳起数厘米捕食正在飞行的昆虫。卵囊固定在树枝或树叶上，或悬挂在一不规则小网上。雌蛛护卵。

52. 缅甸猫蛛 *Oxyopes birmanicus* Thorell, 1887 ★

分布：贵州(盘县)，湖南，西藏，云南，海南，福建；印度；孟加拉国；缅甸；苏门答腊岛。

53. 爪哇猫蛛 *Oxyopes javanus* Thorell, 1887 ★

分布：贵州(盘县)，湖南，湖北，四川，广东，云南；印度；菲律宾；爪哇岛。

54. 拟斜纹猫蛛 *Oxyopes sertatoides* Xie *et* Kim, 1996

分布：贵州(盘县、雷公山、大沙河、梵净山)，广东，福建，湖南。

(十四)盗蛛科 Pisauridae

鉴别特征：中到大型蜘蛛，无筛器。背甲长大于宽，常在褐色或灰色的底色上装饰有白色纵带或对称的黑色斑纹。8眼2列、3列或4列，至少有一对眼在眼丘上。螯肢有齿。下唇长大于宽。步足相对地较长，有时稍侧行性。在腿、膝、胫和后跗节上有毛，跗节上有听毛。转节有深缺刻。腹部长，向后趋窄，常有羽状毛；有侧带、叶状斑或点斑。外雌器有2个皮褶，形成2个侧隆起和一个中区。雄蛛触肢胫节常有突起。跗舟在前方常延长，生殖球卵形，纵轴常内斜，有中突，插入器自短而简单到长而弯曲不等。

模式属：*Pisaura* Simon, 1885.

种类和分布：全球已知48属，333种，中国37种(Platnick, 2013)。全球分布。

生物学：有不同的生活方式，自结网转向自由猎食。以螯肢和触肢把卵囊携带在胸板下方。在幼蛛即将孵出前，雌蛛织一网以安置卵。

55. 梨形狡蛛 *Dolomedes chinesus* Chamberlin, 1924

分布：贵州(盘县、宽阔水、草海)，江苏，湖北，湖南，广东，云南，陕西。

(十五)跳蛛科 Salticidae

鉴别特征：体小到大型，体长2~12mm。无筛器。背甲前端方形。眼区常有成簇的刚毛。8只眼排成3列，眼域占背甲的整个宽度；前列4只眼朝向前方，前中眼很大，前侧眼稍小。螯肢的后齿堤有单齿、多齿和裂齿3种类型；有的种类雄蛛的螯肢大而突出。步足较短，跗节有2个爪，爪下有毛簇。腹部形状在不同属间变化较大。外雌器形状各异。雄蛛触肢胫节有突起，有时腿节还有突起。善跳跃，多为游猎型。

模式属：*Salticus* Latreille, 1804.

种类和分布：全球已知592属，5615种，中国356种(Platnick, 2013)。全球分布。

生物学：为昼行性游猎蜘蛛，视力好。由于眼大，视网膜复杂而有独特的分辨能力，前中眼能分辨不同的物体，如食物、配偶或本种的同性个体。较小的前眼能察觉运动，使蜘蛛能对物体定向。以潜行、追逐和跳跃等到不同动物捕捉猎物。栖息在多种生境。大多数不织网，丝只用于强囊状隐蔽所，在其中蜕皮、产卵，有的也在其中交配。

56. 白斑猎蛛 *Evarcha albaria* (L. Koch, 1878)

分布：贵州(盘县、纳雍、大沙河、赤水、习水、雷公山、贵阳、梵净山、麻阳河)，广东，广西，福建，浙江，江苏，安徽，湖南，湖北，云南，四川，河南，陕西，山西，河北，山东，新疆，辽宁，吉林；俄罗斯；韩国；日本。

57. 长腹门道蛛 *Mendoza elongata* (Karsch, 1879)

分布：贵州(盘县、大沙河)，台湾，福建，浙江，江苏，湖南，湖北，四川，陕西，山西，北京，黑龙江；俄罗斯；韩国；日本。

58. 显门道蛛 *Mendoza nobilis* (Grube, 1861) ★

分布：贵州(盘县)，湖北；俄罗斯；韩国。

59. 粗脚盘蛛 *Pancorius crassipes* (Karsch, 1881)

分布：贵州(盘县、茂兰、雷公山、大沙河)，台湾，福建，广西，四川，湖南；古北区。

60. 角拟蝇虎 *Plexippoides cornutus* Xie et Peng, 1993 ◆

分布：贵州[盘县、(原始文献只标注"贵州", Xie et Peng, 1993)]。

61. 黑色蝇虎 *Plexippus paykulli* (Audouin, 1826)

分布：贵州(盘县、茂兰、宽阔水、梵净山)，湖南，广东，广西，云南，海南，安徽，浙江，福建，湖北，四川，江苏，山东，江西；全球分布。

62. 条纹蝇虎 *Plexippus setipes* Karsch, 1879

分布：贵州(盘县、茂兰、雷公山、宽阔水)，新疆，山东，江苏，安徽，浙江，湖北，江西，湖南，福建，广东，广西，四川，云南；韩国；越南；日本；土库曼斯坦。

63. 山形兜跳蛛 *Ptocasius montiformis* Song, 1991 ★

分布：贵州(盘县)，云南。

64. 暗色西菱头蛛 *Sibianor pullus* (Bösenberg et Strand, 1906)

分布：贵州(盘县、赤水、雷公山)，福建，湖南，湖北，云南；俄罗斯；韩国；日本。

65. 蓝翠蛛 *Siler cupreus* Simon, 1889

分布：贵州(盘县、茂兰、宽阔水、雷公山、大沙河、南宫、麻阳河)，福建，浙江，江苏，四川，湖北，陕西，山西，山东，台湾；韩国；日本。

66. 普氏散蛛 *Spartaeus platnicki* Song, Chen et Gong, 1991

分布：贵州(盘县，雷公山、大沙河、南宫、麻阳河、梵净山、安顺、赤水)，湖南。

67. 卡氏金蝉蛛 *Synagelides cavaleriei* (Schenkel, 1963)

分布：贵州(盘县、茂兰、雷公山、大沙河、赤水、习水、梵净山、南宫、麻阳河)，福建，浙江，江西，湖南，广西，四川，甘肃；韩国。

68. 山地雅蛛 *Yaginumaella montana* Zabka, 1981 ★

分布：贵州(盘县)，湖南；不丹。

(十六)肖蛸科 Tetragnathidae

鉴别特征：体长2~40mm。背甲长大于宽，具中窝。8只眼两列，通常均后凹。有些种类的螯肢延长，多齿并具与交配有关的婚距。下唇前缘增厚，通常宽大于长。有些种类的胸板向背面扩展包围步足基节。步足细长，通常第4步足腿节的前侧面有2列听毛；跗节具3个爪及1对副爪。纺器3对，具舌状体。外雌器通常较简单，有些种类无外雌器。雄蛛的插入器和引导器位于盾板的顶部，插入器常被引导器包裹，无中突和根部，具副跗舟。

模式属：*Tetragnatha* Latreille, 1804.

种类和分布：全球已知47属，957种，中国95种(Platnick, 2013)。全球分布。

生物学：生活在草丛、灌木丛、林间、林缘以及稻田、旱田、溪流、河岸等生境的植物上，通常结水平或稍倾斜的圆网。

69. 森林桂齐蛛 *Guizygiella salta* (Yin et Gong, 1996)

分布：贵州(盘县、雷公山、大沙河)，湖南，广西，云南。

70. 肩斑银鳞蛛 *Leucauge blanda* (L. Koch, 1878)

分布：贵州(盘县、雷公山、宽阔水、梵净山、南宫、赤水、茂兰、贵阳、铜仁、麻阳河)，浙江，安徽，山东，湖北，湖南，广东，四川，云南，陕西，台湾；俄罗斯；韩国；日本。

71. 西里银鳞蛛 *Leucauge celebesiana* (Walckenaer, 1841)

分布：贵州(盘县、纳雍、雷公山、草海、大沙河、习水、梵净山、老蛇冲、南宫、茂兰、麻阳河)，浙江，江西，湖北，湖南，广西，海南，四川，云南，西藏；印度；日本；苏拉威西岛；新几内亚岛。

72. 大银鳞蛛 *Leucauge magnifica* Yaginuma, 1954

分布：贵州(盘县、纳雍、茂兰、雷公山、宽阔水、大沙河、赤水、习水、贵阳、麻阳河)，吉林，浙江，安徽，福建，山东，湖北，湖南，广西，海南，四川，云南，陕西，台湾；韩国；日本。

73. 射肖蛸 *Tetragnatha jaculator* Tullgren, 1910 ★

分布：贵州(盘县)，云南；非洲到中国；新几内亚岛；巴巴多斯岛；特立尼达岛。

74. 羽斑肖蛸 *Tetragnatha pinicola* L. Koch, 1870

分布：贵州(盘县、纳雍、大沙河、茂兰)，河北，山西，内蒙古，吉林，湖北，海南，四川，西藏，陕西，新疆；古北区。

75. 丰肖蛸 *Tetragnatha plena* Chamberlin, 1924

分布：贵州(盘县、赤水、习水)，山西，江苏，湖北，广西。

76. 前齿肖蛸 *Tetragnatha praedonia* L. Koch, 1878

分布：贵州(盘县、纳雍、茂兰、雷公山、草海、大沙河、梵净山、老蛇冲、南宫、毕节、赤水、贵阳、麻阳河)，河北，山西，江苏，安徽，福建，江西，湖北，湖南，广东，广西，四川，云南，西藏，台湾；俄罗斯；韩国；日本。

77. 伴侣肖蛸 *Tetragnatha sociella* Chamberlin, 1924

分布：贵州(盘县、习水)，江苏，四川。

78. 双窝冲绳蛛 *Okileucauge geminuscavum* Chen *et* Zhu, 2009 ▲

分布：贵州(盘县)。目前仅知分布于盘县珠东乡十里坪神仙洞，为盘县特有种，可能八大山也有分布。

(十七)球蛛科 Theridiidae

鉴别特征：体长2~8mm。多数种类具8只眼，排成2列，少数无眼。螯肢无侧结节，后齿堤多数无齿或仅具2~3枚齿。下唇前缘不增厚。颚叶微斜。第4步足跗节腹面有1列锯齿毛。雄蛛触肢的膝节和胫节均无突起，副跗舟位于跗舟远端或腔窝内。

模式属：*Theridion* Walckenaer, 1805.

种类和分布：全球已知121属，2357种，中国244种(Platnick, 2013)。全球分布。

生物学：生活在不同的生境，常结不规则网，有在此基础上演变的钟形巢和三角形网等。

79. 阿尔千国蛛 *Chikunia albipes* (Saito, 1935)

分布：贵州(盘县、纳雍)，吉林；俄罗斯；韩国；日本。

80. 黑丽蛛 *Chrysso nigra*（O. P. –Cambridge, 1880）

分布：贵州（盘县、纳雍、雷公山），台湾，海南，广西；斯里兰卡；印尼。

81. 三斑丽蛛 *Chrysso trimaculata* Zhu, Zhang *et* Xu, 1991

分布：贵州（盘县、茂兰、雷公山、梵净山），湖南，福建，海南，台湾。

82. 拟黄圆腹蛛 *Dipoena submustelina* Zhu, 1998

分布：贵州（盘县、纳雍、大沙河），海南。

83. 翘腹肥蛛 *Parasteatoda clsabdomina*（Zhu, 1998）★

分布：贵州（盘县），海南；泰国；老挝。

84. 日本肥蛛 *Parasteatoda japonica*（Bösenberg et Strand, 1906）

分布：贵州（盘县、纳雍、茂兰、雷公山、草海、大沙河、梵净山、麻阳河），浙江，湖南，四川，海南，台湾；韩国；日本。

85. 佐贺肥蛛 *Parasteatoda kompirensis*（Bösenberg et Strand, 1906）

分布：贵州（盘县、纳雍、麻阳河），台湾，浙江，湖南，湖北，四川，山东；日本。

86. 温室肥蛛 *Parasteatoda tepidariorum*（C. L. Koch, 1841）

分布：贵州（纳雍、茂兰、雷公山、草海、宽阔水、大沙河），我国南北均有分布；全球广布。

87. 大岛费蛛 *Phycosoma amamiense*（Yoshida, 1985）★

分布：贵州（盘县），海南，湖南，福建；韩国；日本；琉球群岛。

88. 胸斑普蛛 *Platnickina sterninotata*（Bösenberg *et* Strand, 1906）★

分布：贵州（盘县），浙江，湖北，陕西，辽宁；俄罗斯；韩国。

89. 半月肥腹蛛 *Steatoda cingulata*（Thorell, 1890）

分布：贵州（盘县、大沙河、草海、南宫），甘肃，浙江，安徽，四川，台湾，广东，广西；韩国；老挝；日本；苏门答腊；爪哇岛。

90. 怪肥腹蛛 *Steatoda terastiosa* Zhu, 1998

分布：贵州（盘县、纳雍、草海、茂兰），广西。

91. 渡口球蛛 *Theridion dukouense* Zhu, 1998 ★

分布：贵州（盘县），四川。

92. 圆尾银板蛛 *Thwaitesia glabicauda* Zhu, 1998

分布：贵州（盘县、纳雍、雷公山、大沙河），海南，四川。

（十八）蟹蛛科 Thomisidae

鉴别特征：体小到中型，体长 2～12mm。身体壮实，头胸部和腹部多较短宽，步足向两侧伸展，能横行或后退。前、后侧眼位于突出的眼丘上，明显大于中眼。第 1、2 步足明显较第 3、4 步足粗而长。跗节具 2 个爪。无筛器，具舌状体。

模式属：*Thomisus* Walckenaer, 1805.

种类和分布：全球已知 174 属，2153 种，中国 249 种（Platnick, 2013）。全球分布。

生物学：游猎型蜘蛛，主要生活于树叶上、或地表。

93. 合生花蟹蛛 *Xysticus concretus* Utochkin, 1968

分布：贵州（盘县、纳雍），吉林。

94. 波纹花蟹蛛 *Xysticus croceus* Fox, 1937

分布：贵州（盘县、纳雍、茂兰、宽阔水、草海、赤水、雷公山、习水、南宫、麻阳河），山东，山西，陕西，四川，湖北，湖南，江西，安徽，浙江，广东，云南，台湾；印度，尼泊尔，不丹，韩国，日本。

95. 鞍形花蟹蛛 *Xysticus ephippiatus* Simon, 1880

分布：贵州(盘县、纳雍、茂兰、宽阔水、草海、赤水、习水)，吉林，辽宁，内蒙古，新疆，甘肃，河北，山西，山东，陕西，湖北，湖南，江西，安徽，江苏，浙江，西藏；俄罗斯，中亚，蒙古，韩国，日本。

96. 千岛花蟹蛛 *Xysticus kurilensis* Strand, 1907

分布：贵州(盘县、茂兰、雷公山、大沙河、梵净山、麻阳河)，甘肃，浙江，四川；俄罗斯，韩国，日本。

97. 角红蟹蛛 *Thomisus labefactus* Karsch, 1881

分布：贵州(盘县、茂兰、雷公山、梵净山、大沙河、麻阳河)，河北，新疆，甘肃，山东，山西，河南，湖北，四川，云南，安徽，浙江，福建，广东，台湾；韩国，日本。

(十九)妩蛛科 Uloboridae

鉴别特征：小到中型蜘蛛，有筛器蜘蛛。背甲形状不一。螯肢有突出的侧结节。无毒腺。步足的腿节背面具听毛，第四足后跗节弧曲，侧扁，具单列毛的栉器。腹部背面具1~4对隆丘。

模式属：*Uloborus* Latreille, 1806.

种类和分布：全球已知18属，266种，世界性分布，在热带种类较多，中国33种(Platnick, 2013)。

生物学：结完整的圆网，或结的网简化，从仅相当于圆网的一个扇面到只有一根丝。

98. 鼻状喜妩蛛 *Philoponella nasuta* (Thorell, 1895)

分布：贵州(盘县、草海、梵净山、赤水、江口、湄潭、凤冈)，云南，湖南，湖北，四川，浙江；缅甸。

(二十)管网蛛科 Filistatidae

鉴别特征：小到中型蜘蛛，三爪，有筛器，下唇和胸板愈合；8眼，丛生于一个中丘上；腹部后圆，向后延伸超过后纺器；筛器分隔；步足于膝节和胫节间有自脱现象。

模式属：*Filistata* Latreille, 1810.

种类和分布：已知17属，115种；中国3属18种(Platnick 2013)。分布于热带、亚热带和北美南部干旱地区，南美，南欧，澳大利亚和热带非洲。

生物学：管网蛛为典型的营缝隙生活蜘蛛。常生活于岩石下，枯倒木下，偶尔也生活于枯枝落叶层中，在建筑物的墙缝里较常见。成熟时间较长，有几年，在这期间雌蛛持续换毛直到成熟。

99. 碧云三栉毛蛛 *Tricalamus biyun* Zhang, Chen et Zhu, 2009 ▲

分布：贵州(盘县)。目前仅知分布于盘县城关镇碧云洞，为盘县特有种，可能八大山也有分布。

(二十一)弱蛛科 Leptonetidae

鉴别特征：微小蜘蛛，体长1~2mm，简单生殖器类蜘蛛。6眼，前眼列4个，后凹；后眼列2个，相互接近。一些种类的眼睛退化，仅留4眼、2眼、或无眼。螯肢无侧结节。齿堤具齿。下唇与胸板不愈合。胸板大，微隆起。步足细长。(Ubick *et al.*, 2005; Jocquae and Dippenaar - Schoeman, 2007)。

模式属：*Leptoneta* Simon, 1872.

种类和分布：全球已知22属，271种，中国64种(Platnick, 2013)。分布于地中海地区，中美，北美，中国，日本，东南亚，新几内亚，北澳大利亚(Jocquae et Dippenaar - Schoeman, 2007)。

生物学：弱蛛科蜘蛛生活于偏僻的潮湿地，如岩石下，枯枝落叶层，朽木中，洞穴中。在适合的环境中种类较丰富。建小型乱网或片状网，蜘蛛常倒挂于网下。当受到惊扰时，立刻从网上掉下，折叠起步足于腹面假死避免被发现。(Ubick *et al.*, 2005)。

100. 马蹄黔弱蛛 *Qianleptoneta lycotropa* Chen, Jia et Zhu, 2010 ▲

分布：贵州(盘县)。目前仅知分布于盘县珠东乡十里坪神仙洞，为盘县特有种，可能八大山也有分布。

（二十二）巨蟹蛛科 Sparassidae

鉴别特征：步足横行，后跗节端部具三角形膜片。

模式属：*Micrommata* Latreille，18054

种类和分布：已知84属，1132种；中国86种（Platnick 2013）。除了 *Micrommata* 属，从北纬40°至南纬40°均有分布。

生物学：巨蟹蛛为游猎性的捕食者，其扁平的身体和侧行的步足使它们适合栖息于狭窄的缝隙中。

101. 三角中遁蛛 *Sinopoda triangula* Liu，Li *et* Jaeger，2008 ◆

分布：贵州（盘县、兴仁）。

（二十三）派模蛛科 Pimoidae

鉴别特征：中到小型新蛛类。无筛器，生殖板类，8眼，3爪。雄蛛触肢在跗舟突或在跗舟背侧面具1个后侧跗舟骨片（派模蛛跗舟骨片）、1个背侧跗舟突和一些疣突（特化的大刚毛），靠近跗舟具1个副跗舟。雌蛛生殖板具1个柄，远端具交配孔。

模式属：*Pimoa* Chamberlin *et* Ivie，1943

种类和分布：已知4属37种；中国12种（Platnick 2013）。主要分布于北美西部，阿尔卑斯山和亚平宁山，坎塔布连山脉（西班牙北部），喜马拉雅山，日本及其邻近岛屿。

生物学：结较大网，并居于下面，大多生活于潮湿、阴暗环境，包括洞穴中。

102. 双刺文蛛 *Weintrauboa bispiipes* Yang *et* Chen，2009 ▲

分布：贵州（盘县）。目前仅知分布于盘县城关镇碧云洞，为盘县特有种，可能八大山也有分布。

（蒋玄空　王　东　王露雨　陈会明　张志升　孟祥伟）

参考文献

张俊霞，陈会明，朱明生．贵州肥腹蛛属3新种记述（蜘蛛目：球蛛科）[J]．河北大学学报（自然科学版），2001，21（3）：305～309.

Zhang Jun Xia，Chen Huiming and Zhu Ming Sheng. Three New Species of the Genus*Steatoda* from Guizhou（Araneae：Theridiidae）[J]. Journal of Hebei University（Natural Science Edition），2001，21（3）：305～309（in Chinese）.

朱明生，宋大祥，张俊霞．中国动物志，蛛形纲：蜘蛛目，肖蛸科[M]．北京：科学出版社，2003，1～402.

Zhu Ming Sheng，Song Da Xiang and Zhang Jun Xia. The Fauna of China，Arachnida，Araneae，Tetragnathidae[M]. Beijing：Science Publishing House，2003，1～402（in Chinese）.

金道超，李子忠．习水景观昆虫[M]．贵阳：贵州科技出版社，2005，532～551.

Jing Dao Chao，Li Zhi Zhong. Insects from Xhishui Nature Reserve of Guizhou [M]. Guiyang：Guizhou Science and Technology Publishing House，2005. 532～551（in Chinese）.

Liu Jie，Li Shuqiang. Four new cave－dwelling *Platocoelotes* species（Araneae：Amaurobiidae）from Guangxi and Guizhou，China [J]. Zootaxa，1778：48～58.

Chen Hui Ming，Zhang Feng and Zhu Ming Sheng. Four new troglophilous species of the genus *Belisana* Thorell，1898（Araneae，Pholcidae）from Guizhou Province，China [J]. Zootaxa，2009，2092：58～68.

Chen Hui Ming. Karstia，a new genus of troglophilous theridiosomatid（Araneae，Theridiosomatidae）from southwestern China [J]. Guizhou Science，2010，28（4）：1～10.

Chen Hui Ming，Jia Qiang，and Wang Shi Jie. A revision of the genus *Qianleptoneta*（Araneae：Letptonetidae）[J]. Journal of Natural History，2010，44：2873～2915.

第三节　鸟类资源初步研究

盘县位于贵州省西部，地处云贵高原乌蒙山区东侧，为滇东高原向黔中山原过渡的斜坡地带。八大山自然保护区位于盘县北部，包括八大山和文阁大山两部分。八大山保护区地理位置约为北纬25°53′35″~26°6′12″和东经104°41′31″~104°57′47″之间，文阁大山保护点地理位置约为北纬26°4′34″~26°5′48″，东经104°42′6″~104°49′1″之间。区内高山台地耸峙，河流槽谷深切，岭谷相间，相对高差大，卡斯特地貌发育，地形复杂多样。区内最高处八大山海拔2556m，最低处格所河谷海拔725m。气候属亚热带高原半湿润春干夏润温暖气候，年平均气温在9.1~17.3℃之间，年降水量为1 200~1 400mm，无霜期270d左右。区内原生植被大多已被破坏，仅在部分沟谷陡峭处有少量留存，现存植被主要为次生性阔叶林和针阔混交林以及灌丛草坡，在高海拔的山顶台地上有大面积的草甸草地和杜鹃矮灌丛。

涉及盘县八大山地区的鸟类，贵州省博物馆于1982年曾在该区附近地区进行过调查采集，以后至今的时间内，六盘水师专曾多次组织学生在该地及周边地区进行生物学野外实习和采集标本。2008年10月，我们在紧邻八大山保护区的牛棚梁子进行过鸟类调查。2012年7月，我们参加盘县八大山自然保护区综合科学考察，对该区鸟类进行了专门调查。

一、工作区域和方法

野外工作区分为八大山和文阁大山两个区域，按照本次综合考察方案，共设16条考察路线。鸟类调查主要在考察区进行，调查范围最高海拔达2 600m，最低位750m。根据不同鸟类的生态习性和生境分布特征，调查地点及路线的安排除按综合考察布点方案考虑外，不一定局限于考察区范围，在一些局部地方和线路上也根据鸟类活动性以及生境连续性和调查需要适当向外有所扩展，而对部分海拔高度相近和生境相似的区域则归类作统一处理，以便能在有限的考察时间内，得到尽可能反映保护区鸟类资源状况的调查结果。

调查主要采用路线法进行。根据区域生境状况，调查路线设置尽量覆盖不同类型生境。调查中行进速度保持1.5~2km/h，通过目视和用10×42倍双筒望远镜观察，长焦距(≥400mm)镜头照相机拍摄，识别调查路线沿途(路线两侧不限定宽度)和前方所遇见的鸟类，记录所见鸟类的种类、数量及活动状况和生境。调查中听见鸟类鸣叫声而未能看见鸟类，但根据其叫声能确定识别的种类，也予以记录。对观察不及详细，确定种类有困难的鸟类个体，以及凭鸟叫声难于识别种类的，则不予记录。此外，对于林栖性强活动隐蔽的雉科鸟类，并访问当地熟悉本地野生动物的村民，了解当地雉类的种类及种群现状。

鸟类资源采用相对数量统计法予以估计，即以路线调查中记录的某种鸟的个体数占全部种类的个体总数的百分率进行数量等级划分，将记录的鸟类划分为优势种(>10%)、常见种(<10%，>1%)、稀有种(<1%)和偶见种(仅有1~2次单个记录)，以表示每种鸟的资源数量等级。

二、结果

(一)种类和区系

通过调查，结合2008年在牛棚梁子的调查结果，并参考相关文献，本次调查共记录八大山保护区鸟类154种，隶属31科13目(表6-6)，鸟种数占目前所知贵州鸟类483种的31.9%。

表6-6 盘县八大山保护区鸟类名录

目、科、种名	居留情况	区系从属	栖息生境	资源状况	备注
一、鹳形目 CICONIIFORMES					
(一)鹭科 Ardeidae					
1. 苍鹭 *Ardea cinerea jouyi* Clark	R	广	水	+	
2. 池鹭 *Ardeola bacchus* (Bonaparte)	S	东	水	+	

（续）

目、科、种名	居留情况	区系从属	栖息生境	资源状况	备注
3. 白鹭 *Egretta garzetta garzetta* (Linnaeus)	R	东	水	+	
二、隼形目 FALCONIFORMES					
(二)鹰科 Accipitridae					
4. [黑]鸢 *Milvus migrans lineatus* (G. E. Gray)	R	广	林	+	
5. 苍鹰 *Accipiter gentilis schvedowi* (Menzbier)	W		林	–	
6. 赤腹鹰 *Accipiter soloensis* (Horsfield)	S	广	林	+	
7. 雀鹰 *Accipiter nisus nisosimilis* (Tickell)	W		林	–	
8. 普通鵟 *Buteo buteo japonicus* Temminck *et* Schlegel	W		林	+	
(三)隼科 Falconidae					
9. 游隼 *Falco peregrinus peregrinator* Sundevall	R	广	林	–	
10. 红隼 *Falco tinnunculus interstinctus* McClelland	R	古	林、灌、耕	+ +	
三、鸡形目 GALLIFORMES					
(四)雉科 Phasianidae					
11. 鹧鸪 *Francolinus pintadeanus* (Scopoli)	R	东	灌	+	
12. 日本鹌鹑 *Coturnix japonica* Temminck *et* Schlegel	W		灌	–	
13. 雉鸡 *Phasianus colchicus elegans* Elliot	R	古	灌	+ +	
14. 白腹锦鸡 *Chrysolophus amherstiae* (Leadbeater)	R	东	林	+	
四、鹤形目 GRUIFORMES					
(五)秧鸡科 Rallidae					
15. 普通秧鸡 *Rallus aquaticus indicus* Blyth	W		水	–	
五、鸻形目 CHARADRIIFORMES					
(六)鹬科 Scolopacidae					
16. 白腰草鹬 *Tringa ochropus* Linnaeus	W		水	–	
17. 丘鹬 *Scolopax rusticola rusticola* Linnaeus	W		水	–	
六、鸽形目 COLUMBIFORMES					
(七)鸠鸽科 Columbidae					
18. 山斑鸠 *Streptopelia orientalis orientalis* (Latham)	R	广	村、林	+ +	
19. 珠颈斑鸠 *Streptopelia chinensis chinensis* (Scopoli)	R	东	村、林	+ +	
七、鹃形目 CUCULIFORMES					
(八)杜鹃科 Cuculidae					
20. 鹰鹃 *Cuculus sparverioides sparverioides* Vigors	S	东	林	+	
21. 大杜鹃 *Cuculus canorus bakeri* Hartert	S	广	林	+	
22. 小杜鹃 *Cuculus poliocephalus poliocephalus* Latham	S	广	林	+	
23. 八声杜鹃 *Cuculus merulinus querulus* (Heine)	S	东	林	–	
24. 噪鹃 *Eudynamys scolopacea chinensis* Cabanis *et* Heine	S	东	林	+	
25. 褐翅鸦鹃 *Centropus sinensis sinensis* (Stephens)	R	东	灌	+	
八、鸮形目 STRIGIFORMES					
(九)鸱鸮科 Strigidae					
26. 领角鸮 *Otus bakkamoena erythrocampe* (Swinhoe)	R	广	林	–	

（续）

目、科、种名	居留情况	区系从属	栖息生境	资源状况	备注
27. 鵰鸮 *Bubo bubo kiautschensis* Reichenow	R	古	林	+	
28. 领鸺鹠 *Glaucidium brodiei brodiei*(Burton)	R	东	林	-	
29. 斑头鸺鹠 *Glaucidium cuculoides whiteleyi* (Blyth)	R	东	林	+	
30. 灰林鸮 *Strix aluco nivicola* (Blyth)	R	广	林	+	
九、雨燕目 APODIFORMES					
(十)雨燕科 Apodidae					
31. 白腰雨燕 *Apus pacificus kanoi* (Yamashina)	S	古	林	+ +	
32. 小白腰雨燕 *Apus affinis subfurcatus*(Blyth)	S	东	林	-	
十、佛法僧目 CORACIIFORMES					
(十一)翠鸟科 Alcedinidae					
33. 普通翠鸟 *Alcedo atthis bengalensis* Gmelin	R	广	水	+	
34. 白胸翡翠 *Halcyon smyrnensis perpulchra* Madarász	R	东	水	-	
十一、戴胜目 UPUPIFORMES					
(十二)戴胜科 Upupidae					
35. 戴胜 *Upupa epops saturata* Lonnberg	R	广	村、林	+	
十二、䴕形目 PICIFORMES					
(十三)啄木鸟科 Picidae					
36. 蚁䴕 *Jynx torquilla chinensis* Hesse	M		林	-	
37. 黑枕绿啄木鸟 *Picus canus setschuanus* Hesse	R	广	林	+	
38. 大斑啄木鸟 *Dendrocopos major mandarinus* (Malherbe)	R	广	林	+	
39. 星头啄木鸟 *Dendrocopos canicapillus nagamichii* (La Touche)	R	东	林	-	
40. 黄嘴栗啄木鸟 *Blythipicus pyrrhotis sinensis* (Rickett)	R	东	林	-	
十三、雀形目 PASSERIFORMES					
(十四)百灵科 Alaudidae					
41. 小云雀 *Alauda gulgula vernayi* Mayr	R	东	灌	+ + +	
(十五)燕科 Hirundinidae					
42. 家燕 *Hirundo rustica gutturalis* Scopoli	S	古	村	+ +	
43. 金腰燕 *Hirundo daurica japonica* (Temminck *et* Schlegel)	S	广	村	+ +	
44. 烟腹毛脚燕 *Delichon dasypus cashmeriensis* (Gould)	S	东	林	+ +	
(十六)鹡鸰科 Motacillidae					
45. 黄鹡鸰 *Motacilla flava angarensis* (Sushkin)	M		水、耕	-	
46. 灰鹡鸰 *Motacilla cinerea robusta* (Brehm)	R	古	水、村	+ +	
47. 白鹡鸰 *Motacilla alba alboides* Hodgson	R	广	水、村	+ +	
48. 田鹨 *Anthus novaeseelandiae sinensis* (Bonaparte)	M		灌、耕	+ +	
49. 树鹨 *Anthus hodgsoni hodgsoni* Richmond	W		灌、耕	+ +	
50. 粉红胸鹨 *Anthus roseatus* Blyth	R	古	林	+	
51. 山鹨 *Anthus sylvanus* (Hodgson)	R	东	林	-	
(十七)山椒鸟科 Campephagidae					
52. 暗灰鹃鵙 *Coracina melaschistos avensis* (Blyth)	S	东	林	+	

（续）

目、科、种名	居留情况	区系从属	栖息生境	资源状况	备注
53. 灰山椒鸟 *Pericrocotus divaricatus divaricatus* (Raffles)	M		林	-	
54. 长尾山椒鸟 *Pericrocotus ethologus ethologus* Bangs *et* Phillips	R	东	林	+	
55. 赤红山椒鸟 *Pericrocotus flammeus fohkiensis* Buturlin	R	东	林	+	
（十八）鹎科 Pycnonotidae					
56. 绿鹦嘴鹎 *Spizixos semitorques semitorques* Swinhoe	R	东	林、灌、村	+ + +	
57. 黄臀鹎 *Pycnonotus xanthorrhous andersoni* (Swinhoe)	R	东	林、灌、村	+ + +	
58. 绿翅短脚鹎 *Hypsipetes mcclellandii holtii* Swinhoe	R	东	林	+	
59. 黑鹎 *Hypsipetes madagascariensis leucocephalus* (Gmelin)	R	东	林	+ +	
（十九）伯劳科 Laniidae					
60. 虎纹伯劳 *Lanius tigrinus* Drapiez	S	古	林、耕	-	
61. 牛头伯劳 *Lanius bucephalus bucephalus* Temminck *et* Schlegel	W		林		文献记录
62. 红尾伯劳 *Lanius cristatus lucionensis* Linnaeus	S	古	林、耕	+ +	
63. 棕背伯劳 *Lanius schach schach* Linnaeus	R	东	耕、村	+ +	
64. 灰背伯劳 *Lanius tephronotus tephronotus* (Vigors)	R	东	林、耕	+	
（二十）黄鹂科 Oriolidae					
65. 黑枕黄鹂 *Oriolus chinensis diffusus* Sharpe	S	东	林	-	
（二十一）卷尾科 Dicruridae					
66. 黑卷尾 *Dicrurus macrocercus cathoecus* Swinhoe	S	东	林	+	
67. 灰卷尾 *Dicrurus leucophaeus hopwoodi* Stuart Baker	S	东	林	+	
68. 发冠卷尾 *Dicrurus hottentottus brevirostris* (Cabanis et Heine)	S	东	林	-	
（二十二）椋鸟科 Sturnidae					
69. 八哥 *Acridotheres cristatellus cristatellus* (Linnaeus)	R	东	村	+	
（二十三）鸦科 Corvidae					
70. 松鸦 *Garrulus glandarius sinensis* Swinhoe	R	古	林	+ +	
71. 红嘴蓝鹊 *Urocissa erythrorhyncha erythrorhyncha* (Boddaert)	R	东	林	+ +	
72. 喜鹊 *Pica pica sericea* Gould	R	古	村、耕、林	-	
73. 灰树鹊 *Dendrocitta formosae sinica* (Stresemann)	R	东	林	+	
74. 大嘴乌鸦 *Corvus macrorhynchos colonorum* Swinhoe	R	广	林、村	+	
75. 白颈鸦 *Corvus torquatus* Lesson	R	广	林、村		
（二十四）河乌科 Cinclidae					
76. 褐河乌 *Cinclus pallasii pallasii* Temminck	R	东	水	+	
（二十五）鹟科 Muscicapidae					
（1）鸫亚科 Turdinae					
77. 红胁蓝尾鸲 *Tarsiger cyanurus cyanurus* (Pallas)	W		灌	-	
78. 鹊鸲 *Copsychus saularis prosthopellus* Oberholser	R	东	村	+ +	
79. 蓝额红尾鸲 *Phoenicurus frontalis* Vigors	R	古	林		文献记录
80. 北红尾鸲 *Phoenicurus auroreus auroreus* (Pallas)	R	古	灌	+ +	
81. 红尾水鸲 *Rhyacornis fuliginosus fuliginosus* (Vigors)	R	东	水	+ +	
82. 白尾蓝地鸲 *Cinclidium leucurum leucurum* (Hodgson)	R	东	林、灌		文献记录

（续）

目、科、种名	居留情况	区系从属	栖息生境	资源状况	备注
83. 小燕尾 *Enicurus scouleri* Vigors	R	东	水	+	
84. 黑背燕尾 *Enicurus leschenaulti sinensis* Gould	R	东	水	+	
85. 黑喉石䳭 *Saxicola torquata przewalskii* (Pleske)	R	广	灌	+ +	
86. 灰林䳭 *Saxicola ferrea haringtoni* (Hartert)	R	东	灌、耕	+ +	
87. 白顶溪鸲 *Chaimarrornis leucocephalus* (Vigors)	R	东	水	-	
88. 栗腹矶鸫 *Monticola rufiventris* (Jardine *et* Selby)	R	东	林	+ +	
89. 蓝矶鸫 *Monticola solitarius pandoo* (Sykes)	R	古	林	+ +	
90. 紫啸鸫 *Myiophoneus caeruleus eugenei* Hume	R	东	灌、村	+ +	
91. 黑胸鸫 *Turdus dissimilis* Blyth	R	东	林	+	
92. 乌鸫 *Turdus merula mandarinus* Bonaparte	R	广	村、灌	+	
93. 白腹鸫 *Turdus pallidus obscurus* Gmelin	M		林		文献记录
94. 斑鸫 *Turdus naumanni eunomus* Temminck	W		林	-	
95. 宝兴歌鸫 *Laubmann*	R	古	林、村	+	
(2)画眉亚科 Timaliinae					
96. 锈脸钩嘴鹛 *Pomatorhinus erythrogenys odicus* Bangs *et* Phillips	R	东	灌、林	+ +	
97. 棕颈钩嘴鹛 *Pomatorhinus ruficollis styani* Seebohm	R	东	灌、林	+ +	
98. 红头穗鹛 *Stachyris ruficeps davidi* (Oustalet)	R	东	林	+ +	
99. 矛纹草鹛 *Babax lanceolatus lanceolatus* (Verreaux)	R	东	灌、林	+ +	
100. 画眉 *Garrulax canorus canorus* (Linnaeus)	R	东	灌、林	+	
101. 白颊噪鹛 *Garrulax sannio sannio* Swinhoe	R	东	灌	+ + +	
102. 橙翅噪鹛 *Garrulax elliotii elliotii* (Verreaux)	R	东	林、灌	+ +	
103. 红嘴相思鸟 *Leiothrix lutea lutea* (Scopoli)	R	东	林、灌	+	
104. 蓝翅希鹛 *Minla cyanouroptera wingatei* (Ogilvie - Grant)	R	东	林、灌	+	
105. 棕头雀鹛 *Alcippe ruficapilla danisi* Delacour *et* Greenway	R	东	灌、林		文献记录
106. 褐头雀鹛 *Alcippe cinereiceps cinereiceps* (Verreaux)	R	东	灌、林	+	
107. 褐胁雀鹛 *Alcippe dubia genestieri* Oustalet	R	东	灌	+	
108. 灰眶雀鹛 *Alcippe morrisonia schaefferi* La Touche	R	东	灌	-	
109. 白领凤鹛 *Yuhina diademata* Verreaux	R	东	林	+ +	
110. 点胸鸦雀 *Paradoxornis guttaticollis* David	R	东	林	+	
111. 灰喉鸦雀 *Paradoxornis alphonsianus* (Yen)	R	广	灌	+ +	
112. 棕头鸦雀 *Paradoxornis webbianus suffusus* (Swinhoe)	R	广	灌	+ +	
113. 暗色鸦雀 *Paradoxornis zappeyi* (Thayer *et* Bangs)	R	东	灌	-	
(3)莺亚科 Sylviinae					
114. 强脚树莺 *Cettia fortipes davidiana* (Verreaux)	R	东	灌、林	+ +	
115. 黄腹树莺 *Cettia acanthizoides acanthizoides* (Verreaux)	R	东	灌	+	
116. 棕褐短翅莺 *Bradypterus luteoventris luteoventris* (Hodgson)	R	东	灌、林	+	
117. 棕腹柳莺 *Phylloscopus subaffinis subaffinis* Ogilvie - Grant	R	东	林	+	
118. 褐柳莺 *Phylloscopus fuscatus fuscatus* (Blyth)	W		林、灌	+	
119. 黄眉柳莺 *Phylloscopus inornatus inornatus* (Blyth)	W		林	+	

（续）

目、科、种名	居留情况	区系从属	栖息生境	资源状况	备注
120. 黄腰柳莺 *Phylloscopus proregulus proregulus* (Pallas)	W		林	+	
121. 冠纹柳莺 *Phylloscopus reguloides claudiae* (La Touche)	S	东	林	+	
122. 戴菊 *Regulus regulus yunnanensis* Rippon	R	古	林		文献记录
123. 栗头鹟莺 *Seicercus castaniceps sinensis* (Rickett)	S	东	林、灌	-	
124. 金眶鹟莺 *Seicercus burkii valentini* (Hartert)	R	东	林	+ +	
125. 棕扇尾莺 *Cisticola juncidis tinnabulans* (Swinhoe)	R	广	林		
126. 纯色鹪莺 *Prinia subflava extensicauda* (Swinhoe)	R	东	灌	+	
127. 山鹪莺 *Prinia criniger catharia* Reichenow	R	东	灌	+	
(4)鹟亚科 Muscicapinae					
128. 白腹蓝鹟 *Cyanoptila cyanomelana cumatilis* (Thayer *et* Bangs)	W		林		文献记录
129. 棕腹仙鹟 *Niltava sundara denotata* Bangs *et* Phillips	R	东	林	-	
130. 北灰鹟 *Muscicapa dauurica dauurica* Pallas	M		林	-	
131. 铜蓝鹟 *Muscicapa thalassina thalassina* Swainson	S	东	林、灌	+	
132. 方尾鹟 *Culicicapa ceylonensis calochrysea* Oberholser	S	东	林	+	
(二十六)山雀科 Paridae					
133. 大山雀 *Parus major subtibetanus* Kleinschmidt *et* Weigold	R	广	林、灌	+ +	
134. 绿背山雀 *Parus monticolus yunnanensis* La Touche	R	东	林	+ +	
135. 红头长尾山雀 *Aegithalos concinnus talifuensis* (Rippon)	R	东	林	+ +	
136. 黑眉长尾山雀 *Aegithalos iouschistos bonvaloti* (Oustalet)	R	东	林	-	
(二十七)䴓科 Sittidae					
137. 普通䴓 *Sitta europaea montium* La Touche	R	古	林	-	
(二十八)太阳鸟科					
138. 蓝喉太阳鸟 *Aethopyga gouldiae dabryii* (Verreaux)	R	东	林	+	
(二十九)绣眼鸟科 Zosteropidae					
139. 暗绿绣眼鸟 *Zosterops japonica simplex* Swinhoe	S	东	林	+ +	
140. 红胁绣眼鸟 *Zosterops erythropleura* Swinhoe	W		林	+	
(三十)文鸟科 Ploceidae					
141. 树麻雀 *Passer montanus malaccensis* Dubois	R	广	村、耕	+ +	
142. 山麻雀 *Passer rutilans intensior* Rothschild	R	东	村、耕	+ +	
143. 白腰文鸟 *Lonchura striata swinhoei* (Cabanis)	R	东	村、灌	+ +	
(三十一)雀科 Fringillidae					
144. 金翅 *Carduelis sinica sinica* (Linnaeus)	R	广	林、耕	+ + +	
145. 黑头金翅雀 *Carduelis ambigua ambigua* (Oustalet)	R	东	林	-	
146. 酒红朱雀 *Carpodacus vinaceus vinaceus* Verreaux	R	古	林、灌	+	
147. 普通朱雀 *Carpodacus erythrinus roseatus* (Blyth)	R	古	灌、林	+	
148. 黄喉鹀 *Emberiza elegans elegantula* Swinhoe	R	古	灌、耕	+ +	
149. 灰眉岩鹀 *Emberiza cia omissa* Rothschild	R	古	灌、耕	+ +	
150. 灰头鹀 *Emberiza spodocephala sordida* Blyth	R	古	耕、灌	+ +	
151. 三道眉草鹀 *Emberiza cioides castaneiceps* Moore	R	古	耕、灌	+	

（续）

目、科、种名	居留情况	区系从属	栖息生境	资源状况	备注
152. 栗耳鹀 *Emberiza fucata arcuata* Sharpe	S	广	灌	+	
153. 小鹀 *Emberiza pusilla* Pallas	W		耕		
154. 凤头鹀 *Melophus lathami lathami* (J. E. Gray)	R	东	耕、灌	+	

注：分类系统主要依《中国鸟类种和亚种分类名录大全》(第二版)；区系从属依《中国动物地理》

居留情况：R——留鸟

S——夏候鸟

W——冬候鸟

M——旅鸟

区系从属：广——广布种

古——古北界种

东——东洋界种

栖息生境：林——各类森林、树林

灌——灌木 - 草丛

水——湖泊水域及沼泽湿地、河流

村——村寨、田园

耕——各类农耕地

资源现状：－：偶见种，仅有过一次或两次记录，且种群数量稀少

+：少见种，有过数次记录，种群数量较少

+ +：常见种，经常能记录到，种群数量较多

+ + +：优势种，总是能记录到，且种群数量大

文献记录种类不作资源数量估计

由表6-6统计，本次记录的154种鸟类中，有留鸟106种，占记录全部种类的68.8%，夏候鸟25种，占16.2%，冬候鸟17种，占11.1%，旅鸟6种，占3.9%。留鸟和夏候鸟均为繁殖鸟，它们的区系从属关系是鸟类区系分析的主要依据。在记录的154种鸟类中，有繁殖鸟131种，其中区系从属于东洋界种类有82种，占繁殖鸟总数的62.6%，从属于古北界的种类有23种，占繁殖鸟总数的17.6%，分布于东洋、古北两界的广布种有26种，占繁殖鸟总数的19.8%。由此分析可见，繁殖鸟中东洋界种类占优，说明八大山自然保护区的鸟类区系成分主要富于东洋界特征。

依照我国动物地理区划系统的划分，贵州鸟类区系总体上被归为东洋界华中区西部山地高原亚区，同时，贵州位于东洋界在我国南方三大动物地理分区(华中区、华南区和西南区)的中部，鸟类区系具有三大分区区系成分交互混杂的过渡特征，在省的西南部及南部的部分地区趋向于华南区，在省的东部地区趋向于华中区，在省的西部地区则主要趋向于西南区。从八大山保护区现记录的130种繁殖鸟的分布型看，东洋型和南中国型种类较多，其次为喜马拉雅 - 横断山型种类，其他分布型的很少，多数种类属于华中区、华南区和西南区三区共有分布，且华中区代表性成分稍多，总体上表现出华中区西部山地高原亚区的特征。同时，分析这些繁殖鸟在八大山地区种群分布的特点，低海拔河谷地带有华南区东洋型种类如鹧鸪和褐翅鸦鹃等渗入，随着海拔高度增加，南中国型和东洋型中的华中区成分占优势，到高海拔区域则西南区喜马拉雅 - 横断山型的种类增加较多。由此可见，八大山保护区一带的鸟类区系呈现出较为复杂的过渡特征。从八大山地区所处地理位置看，盘县地区地处北盘江中游的高山峡谷区，该地又位于华中区西部山地高原亚区的西南边缘，其西、南两面紧邻西南区和华南区，西南区种类沿乌蒙山高原山地区域顺势而下，南区种类则沿北盘江水系低海拔河谷溯流而上，由此，使得八大山地区的鸟类区系呈现出从华中区西部山地高原亚区分别向西南区和华南区过渡的特征。

（二）珍稀濒危受胁种类

在本次调查记录的154种鸟类中，属于国家重点保护野生动物的有14种，因种群生存受到不同程度威胁而被纳入《中国动物红皮书－鸟类》的有4种，被《中国物种红色名录》评估为"近危"的有3种，被IUCN红色名录（2010）评估为"易危"的有1种，被列入濒危野生动植物种国际贸易公约（CITES 2010）附录限制贸易的有14种（附录Ⅰ1种，附录Ⅱ13种）（表6-7）。

表6-7　珍稀濒危受胁种类

种　名	国家重点保护	中国红皮书	中国红色名录	IUCN红色名录	CITES附录
1. ［黑］鸢 *Milvus migrans lineatus*	Ⅱ				Ⅱ
2. 苍鹰 *Accipiter gentilis schvedowi*	Ⅱ				Ⅱ
3. 赤腹鹰 *Accipiter soloensis*	Ⅱ				Ⅱ
4. 雀鹰 *Accipiter nisus nisosimilis*	Ⅱ				Ⅱ
5. 普通鵟 *Buteo buteo japonicus*	Ⅱ				Ⅱ
6. 游隼 *Falco peregrinus peregrinator*	Ⅱ				Ⅰ
7. 红隼 *Falco tinnunculus interstinctus*	Ⅱ				Ⅱ
8. 白腹锦鸡 *Chrysolophus amherstiae*	Ⅱ	易危			
9. 褐翅鸦鹃 *Centropus sinensis sinensis*	Ⅱ	易危	近危		
10. 领角鸮 *Otus bakkamoena erythrocampe*	Ⅱ				Ⅱ
11. 鵰鸮 *Bubo bubo kiautschensis*	Ⅱ	稀有			Ⅱ
12. 领鸺鹠 *Glaucidium brodiei brodiei*	Ⅱ				Ⅱ
13. 斑头鸺鹠 *Glaucidium cuculoides whiteleyi*	Ⅱ				Ⅱ
14. 灰林鸮 *Strix aluco nivicola*	Ⅱ				Ⅱ
15. 画眉 *Garrulax canorus canorus*			近危		Ⅱ
16. 红嘴相思鸟 *Leiothrix lutea lutea*			近危		Ⅱ
17. 暗色鸦雀 *Paradoxorni zappeyi*		稀有		易危	

注：Ⅰ、Ⅱ：国家重点保护野生动物Ⅰ级、Ⅱ级，CITES（2010）附录Ⅰ、附录Ⅱ。

此外，本次调查记录到的宝兴歌鸫、橙翅噪鹛和暗色鸦雀是仅分布于我国的中国特有种。其中特别是暗色鸦雀，其地理分布极为狭窄，仅在我国四川西部和贵州西部有两个范围不大的分布区，且种群数量十分稀少，属于珍稀物种。

（三）垂直分布

八大山保护区范围内岭高谷深，相对高差达1 800m以上，该区域从西、南两面分别紧邻西南区和华南区，这种特殊的地理位置和自然条件使得该地鸟类的区系组成和群落分布呈现独特的垂直分布状况。属于喜马拉雅－横断山分布型以西南区分布为主的种类，如白腹锦鸡、灰背伯劳、白顶溪鸲、宝兴歌鸫、橙翅噪鹛、黑眉长尾山雀、黑头金翅雀、酒红朱雀、白领凤鹛、黑头长尾山雀、黑头金翅雀、酒红朱雀等，沿高原山地分布至保护区内的高海拔区域，橙翅噪鹛、黑头金翅雀、黑眉长尾山雀、酒红朱雀等基本只见于海拔2 000m以上的高山台地，只分布于高海拔的暗色鸦雀也只见于娘娘山上，其余种类则可向下分布至1 000m以上不同高度，但均不见于更低的海拔高度。而属于华南区分布为主的东洋型种类鹧鸪、褐翅鸦鹃、凤头鹀等，则顺着北盘江水系河谷深入到本区域的低海拔地带，且仅见于海拔1 000m以下。其余许多三区共有分布的种类，一般多见于海拔约800～2 100m地段。由此可见，八大山地区鸟类的垂直分布，不仅反映了不同种鸟类在生态适应性方面的差异，同时也表现出该区域属于华中、华南、西南三大鸟类区系过渡地带的特征，鸟类区系在高山台地区域呈趋向西南区趋势，在低海拔河谷呈趋向华南区趋势。

三、资源评价

八大山保护区位于贵州西部，境内岭高谷深，地形复杂，立体气候条件较为独特，由此形成的多样化生境，以及该区紧邻西南区和华南区的地理位置，为当地鸟类区系的复杂多样提供了必要的基础条件。

本次调查记录鸟类 13 目 31 科 154 种。区系分析表明，八大山地区属于东洋界华中区系分别向西南区系和华南系区过渡的区域。区内拔高差大，鸟类区系较为复杂，垂直分布分异明显。从高海拔 2 000m 以上到低海拔 1 000m 以下(最低处 750m 左右)，鸟类区系呈现出西南区、华中区、华南区间的过渡特征，反映了该地的地理位置处在华中区并分别邻近西南区和华南区的特点。西南区喜马拉雅－横断山分布型种类，顺着乌蒙山分布至本区域的高原山地区域，而华南区东洋分布型种类，沿北盘江水系深切河谷延伸进入本区域的低海拔河谷地带，从而在水平距离有限的区域内，由于海拔高差巨大变化对不同分布型种类的影响，使得不同区系成分呈现出较为明显的垂直分异，同时又具有明显的区系过渡特征。其独特的地理区位和自然条件，是贵州省不可多得的鸟类区系研究地。

本次调查记录的 154 种鸟类，大多属于本省广泛分布的常见种类，但其中的雕鸮、灰林鸮和暗色鸦雀是少见于其他区的种类。特别是暗色鸦雀，属中国特有种，仅见于我国贵州西部和四川西部的局部地方，目前种群数量极为稀少，是受国际关注的珍稀濒危物种。

就鸟类而言，本保护区较为独特的鸟类区系特点和暗色鸦雀在本区的发现，在目前贵州省各自然保护区中都是独有的，建议今后在保护区的建设和管理方面，对本区鸟类区系的完整性和暗色鸦雀及其栖息地的保护予以特别关注。

（李筑眉　江亚猛　匡中帆　郭　应　路元礼）

参考文献

吴志康，等．贵州鸟类志[M]．贵阳，贵州人民出版社，1986，1～474.

杨炯蠡，田应洲．六盘水野钟黑叶猴自然保护区鸟类生态研究及资源评价．见：贵州省环境保护局 六盘水市环境保护局，编，六盘水野钟黑叶猴自然保护区科学考察集．贵阳，贵州民族出版社，1990，148～159.

郑作新．中国鸟类种和亚种分类名录大全[M]．北京，科学出版社，2000，1～318.

张荣祖．中国动物地理[M]．北京，科学出版社，1999，1～502.

张荣祖．中国动物地理[M]．北京，科学出版社，2011，1～330.

郑作新．中国鸟类区系纲要[M]．北京，科学出版社，1987，1～1167.

郑光美，王岐山．中国濒危动物红皮书・鸟类[M]．北京，科学出版社，1998.

汪松，解焱．中国物种红色名录－第一卷：红色名录[M]．北京，高等教育出版社，2004，222～271

第四节　鱼类资源初步研究

一、自然概况

贵州盘县八大山自然保护区，位于乌蒙山山脉，地处滇、黔、桂三省结合部的盘县境内。境内气候温和，冬无严寒，夏无酷暑，年均温 15.2℃，年均降水量 1 390mm，属我国亚热带湿润季风气候，地貌特征多变，全境地势西北高，东部和南部较低，中南部降起。北部的牛棚梁子主峰海拔 2 865m，东北部的格所河谷海拔 735m。相对高差 2 130m。由于地势的间隙抬升和南北盘江支流的切割，形成了境内层峦叠嶂，山高谷深的高原山地地貌。

二、调查方法

鱼类资源的两次调查包括盘县八大山自然保护区周边的羊场水库、格所河、淤泥河、马场河、六车河等，基本覆盖了盘县八大山自然保护区内及周边的溪流、河谷、水库等水体。调查采用走访、雇请渔民捕捞和自捕的方式采集鱼类标本，调查渔具包括：电鱼机、小钩、定置刺网、拦河网4种。采集的鱼类标本现场鉴定种类，并进行体长、体重等生物学测量，拍摄照片，同时记录数量、采集地的生境描述以及GPS定位等相关数据。现场未能鉴定的种类，用10%福尔马林溶液固定，带回室内鉴定，标本鉴定及分类依据伍律的贵州鱼类志、陈宜瑜的中国动物志硬骨鱼纲鲤形目、褚新洛的云南鱼类志、乐佩琦的中国动物志硬骨鱼纲的鲤形目、伍汉霖的中国动物志硬骨鱼纲的鲈形目。

利用资料对北盘江下游的望谟自然保护区的鱼类进行了对比。采用平均动物地理区系相似性(Average Faunal Resemblance)，简称AFR系数，计算不同水域的鱼类共同区系的关系。其 $r_{AFR} = C(N_1 + N_2)/2\ N_1N_2$，式中 r_{AFR} 为相似性系数，C 为两个水域共有的鱼类物种数；N_1 为第1个水域的鱼类物种数；N_2 为第2个水域的鱼类物种数。当 r_{AFR} 值为80%～100%时，两个水域为共同区系关系；当 r_{AFR} 值为60%～79%时，两个水域的鱼类区系关系为密切关系；当 r_{AFR} 值为40%～59%时，区系关系为周缘关系；小于40%时，为疏远关系。

三、调查结果

贵州盘县八大山自然保护区及周边的鱼类资源和水体情况，过去未见有关报道。2012年7月，随贵州盘县八大山保护区科学考察团，对贵州盘县八大山自然保护区的鱼类资源及水体情况进行了初步调查。2013年5月，再次对盘县八大山自然保护区及周边的鱼类资源进行了补充调查。调查以区内的大小溪流、水库、河流以及保护区附近的河段为主。共采获标本400余号，计39种，隶属于4目，11科，36属。占贵州省鱼类种类数202种和亚种的19.3%，均为淡水鱼类，其中主要经济鱼类计有泥鳅、草鱼、宽鳍鱲、马口鱼、唇䱻等25种。

(一)种类及区系组成特点

贵州盘县八大山自然保护区鱼类全属于硬骨鱼纲鱼类，其各目种类详见表6-8，该区鱼类的主要组成有下列特点。

1. 保护区的鱼类基本上以鲤形目、鲇形目、鲈形目为主要组成。鲤形目种类最多，有3科26属29种，占保护区鱼类总数的73.4%；鲇形目次之，有4科6属6种，占保护区鱼类总数的15.4%，鲈形目第三，有3科3属3种，占保护区鱼类总数的7.7%；合鳃目仅有黄鳝一个代表性种类(见表6-9)。

2. 贵州盘县八大山自然保护区鱼类区系组成中，鲤形目的鲤科的种类是该区鱼类区系组成的主体，与我国及贵州鱼类区系组成是基本一致的，鲤形目中鲤科为最大的一个科，有9个亚科23属26种，占保护区鱼类总数的66.7%，中国的鲤科鱼类有12个亚科，贵州盘县八大山自然保护区采集到的有9个亚科，缺少鳅鮀亚科、鲴亚科和裂腹鱼亚科的种类，在9个亚科中，种类最多的鲌亚科有7属7种占保护区鲤科金融业总数的26.92%，其次为鮈亚科的4属6种，占保护区鲤科鱼类总数的23.08%，鲤亚科2属3种排名第三，占保护区鲤科鱼类总数的11.54%，Dan鲋亚科、鲢亚科、鱊亚科、野鲮亚科均为2属2种，占保护区鲤科鱼类总数的7.69%，雅罗鱼亚科和鲃亚科均为单属单种，各占保护区鲤科鱼类总数的3.85%(见表6-10)。

3. 贵州盘县八大山自然保护区鱼类区系组成中的鲤科鱼类主要以东亚类群鱼类为主，如雅罗鱼亚科、鲌亚科、鲢亚科、鮈亚科、鱊亚科、鲤亚科的鲤属、鲫属等种类，共计22属25种，而南亚类群仅有鲃亚科的1属1种。

4. 保护区溪流属于峡谷、险滩颇多，河床纵坡较大，水流湍急，因而适应水急滩多环境生活的鱼类，如鲤科的鲃亚科，还有平鳍鳅科的鱼类。该区的鱼类多数种类为小型鱼类，喜居流水，急流险滩、高氧、低温环境、山区型中小型鱼类，如鮈亚科、鲃亚科等，有的类群具有适应急流环境的特殊结构和功能，如平鳍鳅科和鳅科的种类。由于格所河下游和羊场河水库均形成了较宽阔的水域，故该区一些喜居宽阔水域，缓流、暖水性鱼类，如雅罗鱼亚科的草鱼、鲌亚科的大眼华鳊等，因此形成了该区鱼类类群多的区系组成的特征。

5. 保护区鱼类中属于广泛分布于我省各水系中的种类，有泥鳅、草鱼、宽鳍鱲、马口鱼、大眼华鳊、鳙、鲢、麦穗鱼、棒花鱼、鲤、鲫、黄颡鱼、鲇、黄鳝、普栉鰕虎鱼等共15种，占保护区鱼类总数的38.5%。

（二）与下游望谟自然保护区的鱼类比较

根据资料：望谟自然保护区鱼类50种(表6-11)，与盘县八大山自然保护区共有种类24种。利用平均动物地理区系相似性计算，盘县八大山自然保护区与北盘江下游的望谟苏铁自然保护区鱼类rAFR值为57.1%，其鱼类区系的关系为周缘关系。

四、贵州盘县八大山自然保护区鱼类资源名录

表6-8 贵州盘县八大山自然保护区鱼类名录

中文名	拉丁名	分布地				
		羊场河	格所河	淤泥河	马场河	六车河
I. 鲤形目	Cypriniformes					
一、鳅科	Cobitidae					
1. 泥鳅属	*Misgurnus*lacepede					
※(1)泥鳅	*Misgurnus anguillicaudatus* (Cantor)	▲	▲	▲	▲	▲
二、鲤科	Cyprinidae					
(一)鿕亚科	Danioninae					
2. 鱲属	*Zacco*Jordan et Evermann					
※(2)宽鳍鱲	*Zacco platypus* (Temminck et Schlegel)	▲	▲	▲	▲	▲
3. 马口鱼属	*Opsariichthys* Bleeker					
※(3)马口鱼	*Opsariichthys bidens* Cuother	▲	▲	▲	▲	▲
(二)雅罗鱼亚科	Leuciscinae					
4. 草鱼属	*Ctenopharyngodon* Steindachner					
※(4)草鱼	*Ctenopharyngodon idellus*(Cuvier et Valenciennes)	▲	▲		▲	▲
(三)鲌亚科	Cultrinae					
5. 鳘属	*Hemiculter* Bleeker					
(5)鳘	*Hemiculter leucisculus* (Basilewsky)	▲	▲			▲
6. 飘鱼属	*Pseudolaubuca* Bleeker					
(6)银飘鱼	*Pseudolaubuca sinensis* Bleeker	▲	▲			▲
7. 拟鳘属	*Pseudohemiculter* Nichols et Pope					
(7)南方拟鳘	*Pseudohemiculter dispar*(Peters)	▲	▲			▲
8. 鲂属	*Megalobrama* Dybowsky					
(8)三角鲂	*Megalobrama termi nalis*(Richardson)		▲			
9. 华鳊属	*Hemiculterella* Warpachowsky					
※(9)大眼华鳊	*Hemiculterella sauvagei* Warpachowsky	▲	▲			
10. 红鲌属	*Erythroculter* Berg					
※(10)翘嘴红鲌	*Erythroculter ilishaeformis* (Bleeker)		▲			
11. 半鳘属	*Sinibrama* Wu					
※(11)四川半鳘	*Sinibrama macrops* (Gunther)	▲	▲			
(四)鲢亚科	Hypophthalmichthinae					

（续）

中文名	拉丁名	分布地				
		羊场河	格所河	淤泥河	马场河	六车河
12. 鳙属	*Aristichthys* Oshima					
※(12)鳙	*Aristichthys nobilis* (Richardson)	▲	▲			
13. 鲢属	*Hypophalmichthys* Bleeker					
※(13)鲢	*Hypophalmichthys molitrix* (Cuvier et Valenciennes)	▲	▲		▲	▲
(五)鮈亚科	Gobioninae					
14. 䱻属	*Hemibarbus* Bleeker					
※(14)唇䱻	*Hemibarbus labeo* (Pallas)	▲	▲			
※(15)花䱻	*Hemibarbus maculatus* Bleeker	▲	▲			
15. 麦穗鱼属	*Pseudorasbora* Bleeker					
(16)麦穗鱼	*P. parva* (Temminck et Schlegel)	▲	▲		▲	▲
16. 鳈属	*Sarcocheilichthys* Bleeker					
※(17)小鳈	*Sarcocheilichthys parvus* Nichols		▲			
(18)黑鳍鳈	*Sarcocheilichthys nigripinnis nigripinnis* (Günther)	▲	▲			
17. 棒花鱼属	*Abbottina* Jordan *et* Fowler					
(19)建德棒花鱼	*Abbottina . tafangensis*(Wang)	▲	▲			
(六)鱊亚科	Acheilognathinae					
18. 彩石鲋属	*Pseudoperilampus* Bleeker					
(20)彩石鲋	*Pseudoperilampus lighti* Wu	▲	▲			
19. 刺鳑鲏属	*Acanthorhodeus* Bleeker					
(21)越南刺鳑鲏	*Acanthorhodeus tonkinensis* Vaillant		▲			
(七)鲃亚科	Barbinae					
20. 突吻鱼属	*Varicorhinus* Rüppell					
※(22)南方白甲鱼	*Varicorhinus*(*Onychostoma*) *gerlachi* (Peters)		▲	▲	▲	▲
(八)野鲮亚科	Labeoninae					
21. 唇鲮属	*Semilabeo* Peters					
※(23)唇鲮	*Semilabeo notabilis* Peters	▲	▲			
22. 盘鮈属	*Discogobio* Lin					
※(24)云南盘鮈	*Discogobioyunnanensis* (Regan)	▲	▲			
(九)鲤亚科	Cyprininae					
23. 鲤属	*Cyprinus* Linnaeus					
※(25)鲤	*Cyprinus*(*Cyprinus*) *carpio haematopterus* Temminck	▲	▲	▲	▲	▲
※(26)华南鲤	*Cyprinus*(*Cyprinus*) *carpio rubrofuscus* Lacepede et Schlegel	▲	▲			
24. 鲫属	*Carassius* Jarocki					
※(27)鲫	*Carassius auratus* (Linnaeus)			▲	▲	▲
三、平鳍鳅科	Homalopteridae					
(一)平鳍鳅亚科	Homalopterinae					
25. 间吸鳅属	*Hemimyzon* Regan					
(28)大鳍间吸鳅	*Hemimyzon macroptera* Zheng	▲	▲	▲	▲	▲
(二)腹吸鳅亚科	Gastromyzoninae					
26. 爬岩鳅属	*Beaufortia* Hora					
(29)细尾贵州爬岩鳅	*Beaufortia kweichowensis gracilicauda* . Chen *et* Zheng	▲	▲			
Ⅱ. 鲇形目	Siluriformes					
四、鲇科	Siluridae					
27. 鲇属	*Parasilurus* Bleeker					
※(30)鲇	*Parasilurus . asotus* (Linnaeus)	▲	▲			
五、盔鲇科	Cranoglanididae					
28. 盔鲇属	*Cranoglanis* Peters					
※(31)盔鲇	*Cranoglanis sinensis* Peters	▲	▲	▲	▲	▲
六、鮡科	Sisoridae					
29. 纹胸鮡属	*Glyptothorax* Blyth					
(32)福建纹胸鮡	*Glyptothoraxfukiensis* (Rengahl)	▲	▲	▲	▲	▲
30. 鮡属	*Euchiloglans* Regan					

（续）

中文名	拉丁名	分布地				
		羊场河	格所河	淤泥河	马场河	六车河
(33)长尾鮡	*Euchiloglans longicauda* Yue	▲	▲			
七、鮠科	Bagridae					
31. 黄颡鱼属	*Pelteobagrus* Bleeker					
※(34)黄颡鱼	*Pelteobagrus fulvidraco* (Richardson)	▲	▲			
32. 鳠属	*Mystus* Scopli					
※(35)斑鳠	*Mystus. guttatus* Lacepede		▲	▲	▲	▲
Ⅲ. 合鳃鱼目	Synbranchiformes					
八. 合鳃鱼科	Synbranchidae					
33. 黄鳝属	*Monopterus* Lacepede					
※(36)黄鳝	*Monopterus albus* (Zuiew)	▲	▲			
Ⅳ. 鲈形目	Perciformes					
九. 丽鱼科	Cichlidae					
34. 罗非鱼属	*Tilapta* Smith					
※(37)罗非鱼	*Tilapta. mossambica* (Peters)		▲			
十、鰕虎鱼科	Gobiidae					
35. 栉鰕虎鱼属	*Ctenogobius* Gill					
(38)普栉鰕虎鱼	*Ctenogobiusgiurinus* (Rutter)	▲	▲			
十一、鳢科	Channidae					
36. 鳢属	*Channa* Scopoli					
※(39)乌鳢	*Channaargus* (Cantor)		▲			

注：※为主要经济鱼类；▲表示在该河流有分布。

表6-9　贵州盘县八大山自然保护区鱼类统计表

目	科	属	种
鲤形目	鳅科	1	1
	鲤科	23	26
	平鳍鳅科	2	2
鲇形目	鲇科	1	1
	盔鲇科	1	1
	鮡科	2	2
	鮠科	2	2
合鳃鱼目	合鳃鱼科	1	1
鲈形目	丽鱼科	1	1
	鰕虎鱼科	1	1
	鳢科	1	1
4目	11科	36属	39种

表6-10　贵州盘县八大山自然保护区鲤科鱼类统计表

鲤科	属数	种数	占总数(%)
Dan亚科	2	2	7.69
雅罗鱼亚科	1	1	3。85
鲌亚科	7	7	26.92
鲢亚科	2	2	7.69
鮈亚科	4	6	23.08
鱊亚科	2	2	7.69
鲃亚科	1	1	3.85
野鲮亚科	2	2	7.69
鲤亚科	2	3	11.54
9亚科	23属	26种	100

表 6-11　盘县八大山自然保护区与下游望谟苏铁自然保护区鱼类对比

分类单元		盘县八大山自然保护区		望谟苏铁自然保护区	
		属数	种数	属数	种数
鲑形目		银鱼科			1
鲤形目	鳅科	1	1	2	2
	鲤科	23	26	26	35
	平鳍鳅科	2	2	1	1
鲇形目	胡鲇科			1	1
	鲇科	1	1	1	1
	盔鲇科	1	1		
	鮡科	2	2	1	1
	鲿科	2	2	2	2
合鳃鱼目	合鳃鱼科	1	1	1	1
鲈形目	鮨科			1	1
	丽鱼科	1	1	1	1
	鰕虎鱼科	1	1	1	1
	鳢科	1	1		
	刺鳅科			1	1
合计		36	39	40	50

五、资源评价

(1)贵州盘县八大山自然保护区的鱼类 39 种分属于 4 目 11 科 36 属，占贵州鱼类总种数 202 种的 19. 31%，是鱼类资源较为丰富的地区之一。尤其是鲤科鱼类，包含了我国整个鲤科鱼类 12 个亚科中 9 个亚科的部分种类，从地理分布来说，包含了东亚类群、南亚类群和高原类群的种类。因此，对于研究贵州鱼类区系和鲤科鱼类的起源、分化及地理分布具有重要的参考价值，亦对研究自然保护区的水域环境具有重要作用。

(2)该区 39 种鱼类中，主要经济鱼类 24 种，占该区鱼类总种数的 61. 54%，具有一定的数量，资源较为丰富，因此，可合理开发利用，增加农民收入，改善当地人民的生活。

(3)该区为贵州境内的珠江水系重要支流北盘江的发源地之一，研究该区河流内鱼类物种的分布规律和特点、起源与分化，对研究珠江水系鱼类的分布特点及其区系组成，都具有一定的作用。

六、建议与讨论

(1)由于本次调查受限于缺乏专业装备，加上两次均为多雨期，许多溶洞未开展深入调查。建议对该区洞穴鱼类开展专项调查。

(2)盘县境内分布有多条溪流，得天独厚的条件给该县境内分布和栖息了较丰富的鱼类资源，建议合理利用该区的鱼类资源使之永续为当地群众造福。而在该县有鱼类分布的绝大多数河面上，有较多打鱼机，在鱼类产仔繁殖期电鱼也不例外，这种毁灭性的捕捞方式，如当地渔业等相关部门不加以有效控制，该区的许多鱼类的数量和种类将迅速下降，甚至有许多种类将面临灭绝的危险。建议各级政府和渔业部门采取有效措施，每年限定禁渔期，并限量捕捞以达到合理永续利用。

(3)河流受洗煤厂的污染，是导致该区鱼类资源下降的主要因素。造成盘县八大山自然保护区鱼类资源衰减的另一个原因是水利设施的建设阻碍了鱼类的洄游。

(4)盘县八大山自然保护区与北盘江下游的望谟苏铁自然保护区，虽然水体相连，但在鱼类的地理分布上仅为周缘关系，充分证明在鱼类的地理分布上存在较大差异，主要原因是受水利工程的影响，造成许多鱼类无法洄游，为了有效保护鱼类资源的多样性，因此建立盘县八大山自然保护区极为重要。

（雷孝平 郭 应 陈 靖）

参考文献：

伍律，等．贵州鱼类志[M]．贵阳：贵州人民出版社，1989.

陈宜瑜，等．中国动物志·硬骨鱼纲·鲤形目(中卷)[M]．北京：科学出版社，1998.

褚新洛，等．云南鱼类志(上册)[M]．北京：科学出版社，1989.

褚新洛，等．云南鱼类志(下册)[M]．北京：科学出版社，1990.

乐佩琦，等．中国动物志·硬骨鱼纲·鲤形目(下卷)[M]．北京：科学出版社，2000.

伍汉霖，等．中国动物志·硬骨鱼纲·鲈形目(五)·虾虎鱼亚目·上册[M]．北京：科学出版社，2008.

伍汉霖，等．中国动物志·硬骨鱼纲·鲈形目(五)·虾虎鱼亚目·下册[M]．北京：科学出版社，2008.

张荣祖 中国动物地理[M]．北京：科学出版社，1999.

张华海，等．雷公山国家级自然保护区生物多样性研究．贵阳：贵州科技出版社．2007

冉景丞，荔波洞穴鱼类初步研究．中国岩溶 2000，19(4)：327－332

喻庆国，等．生物多样性调查与评价．昆明：云南出版集团公司云南科技出版社，2007

第五节 两栖动物资源调查研究

2012年6月26日至7月6日，7月21日至8月1日，2013年4月15日至18日，我们考察组一行对六盘水市盘县八大山地区的两栖动物资源进行了历史上首次野外考查，考查根据实际地形采用样线法或样方法。考察的线路有：保基乡：雨那凹－大河边(海拔760 ~1 000m)，雨那凹－杨堡地(海拔1 700 ~1 900m，雨那凹－菜籽冲－黑、白雨洞、乌都河(海拔1 800 ~1 900m)；淤泥乡：淤泥－白羊山－山峰－龙滩口(海拔1 800 ~2 000m)；普古乡：黑、白洞－望羊箐－八大山(海拔1 900 ~2 500m)，雨那凹－六车河(海拔1 600 ~2 000m)，文阁大山－牛棚梁子(海拔2 500 ~2 700m)；四格乡、坪地乡：四格－平地－坡上草原(海拔1 400 ~2 865m)。共收集到两栖动物成体标本283号，蝌蚪标本23号，经鉴定，分属2目7科13属16种(表6-12)。

一、种类组成

表6-12 盘县八大山两栖动物名录

目、科、属、种	区系成分	IUCN 濒危物种红皮书	中国濒危物种红皮书	贵州特有种
Ⅰ有尾目 Urodela				
(一)隐鳃鲵科 Crptobranchidae				
1. 大鲵属 *Andris* Tschudi，1826				
大鲵 *Andrias davadainus*				
Ⅱ 无尾目 Anura				
(二)角蟾科 Megophryidae	○			
2. 齿蟾属 *Oreolalax* Myersetleviton，1962				
红点齿蟾 *Oreolalax rhodostigmatus*		极度濒危物种	濒危物种	
(三)蟾蜍科 Bufonidae				
3. 蟾蜍属 *Bufo* Llaurenti，1768	□			
中华大蟾蜍指名亚种 *Bufo gargarizans gargarizans*				
(四)雨蛙科 Hylidae				
4. 雨蛙属 *Hyla* Laurenti，1768	○			
华西雨蛙景东亚种 *Hyla goingshanensis jingdongensis*				

（续）

目、科、属、种	区系成分	IUCN 濒危物种红皮书	中国濒危物种红皮书	贵州特有种
（五）蛙科 Ranidae	※			
5. 林蛙属 *Rana* Linnaeus，1758				
昭觉林蛙 *Rana chaochiaoensis*				
6. 侧褶蛙属 *Pelophylax* Fitzinger，1843	☆			
滇蛙 *R pleuraden Boulenger*				
7. 臭蛙属 *Odorrana* Fei，Ye *et* Huang，1900	※			
无指盘臭蛙 *Odorrana. grahami*				
8. 陆蛙属 *Fejeruarya* Bolkay，1915	※			
泽陆蛙 *F. multistriata*（Hallowell）				
9. 棘蛙属 *Paa* Dubois，1975	☆			
棘胸蛙 *P. spinosa*				
棘腹蛙 *P. boulengeri*	☆			
双团棘胸蛙 *P. yunnanensis*	□			
（六）树蛙科 Rhacophoridae	※			
10. 泛树蛙属 *Polypedates* Tschudi，1838		易危物种 濒危物种		
斑腿泛树蛙 *P. megacephalus*				
11. 树蛙属 *Rhacophorus* Kuhl *et* Vanhasselt，1822	☆			
黑点树蛙 *Rhacophorus nigropunctatus*				
（七）姬蛙科 Microhylidae	▲			
11. 小狭口蛙属 *Calluella* Stoliczke，1872				
云南小狭口蛙 *Calluella yunnanensis*	※	关注	关注	特有种
12. 姬蛙属 *Microhyla* Tschudi，1838				
饰纹姬蛙 *M. ornata*	☆			
小弧斑姬蛙 *M. heymonsi*	☆			

注：○古北界东洋界广布种，□华中区种，☆华中华南区种，◇华南区种，※西南区种，▲贵州特有种。

表 6-13 盘县八大山两栖动物各科物种数

科	属数	种及亚种数	占总种数的百分比(%)
隐鳃鲵科 Crptobranchidae	1	1	6.25
角蟾科 Megophryidae	1	1	6.25
蟾蜍科 Bufonidae	1	1	6.25
雨蛙科 Hylidae	1	1	6.25
蛙科 Ranidae	5	7	43.71
树蛙科 Rhacophoridae	2	2	12.50
姬蛙科 Microhylidae	2	3	18.75
合计 7 科	13	16	100

由表 6-13 得知，两栖动物蛙科物种最多，计 5 属 7 种，占种数的 43.75%；其次是姬蛙科和树蛙科，前者 2 属 3 种，占种数的 18.75%，后者 2 属 2 种，占种数的 12.50%；隐鳃鲵科、角蟾科、蟾蜍科和雨蛙科物种数较少，各为 1 种，占种数的 6.25%。

表6-14 盘县八大山两栖动物区系

区系成分	物种数	占总种数的百分比(%)
古北界与东洋界广布种	2	12.50
华中华南亚种	6	37.50
华中亚种	2	12.50
西南亚种	5	31.25
合计	16	100

由表6-14可知，六盘水市盘县八大山地区16种两栖动物中，无华南区种。华中华南区种最多，计6种，占种数的37.50%，其次是西南区洲，计5种，占种数的31.25%；古北界与东洋界广布种和华中区种最少，均为2种，占种数的12.50%；贵州特有种黑点树蛙(*Rhacophorus nigropunctatus*)1种，，仅占总种数的6.25%。

二、两栖动物保护

(一)大鲵的保护

大鲵(*Andrias davadainus*)是《中华人民共和国野生动物保护法》所保护的Ⅱ级野生保护动物，已列入CIIES公约附录Ⅰ，是中国特有种，也是贵州省生物多样性保护行动计划中的重点保护动物。贵州有34个县有野生大鲵的分布。目前，大鲵人工繁殖已成为贵州省一大迅速发展的新兴产业。2002年3月，法国探险队和中国科学院动物所的专家在盘县保基乌都河洞穴考察时，发现离洞口2～3km的阴河中有大鲵的分布。由于该洞穴外大鲵生活的环境有10多米高的悬崖瀑布，没有专门的探险设备，不能进入大鲵生活的环境，从而使大鲵物种才得以保存下来。盘县乌都河大鲵的分布在贵州省为首次发现，建议有关部门组织科研人员进行专题调查研究，并提出专门开发与保护大鲵的措施。

(二)棘胸蛙(*Paa. spinosa*)、棘腹蛙(*P. boulengeri*)、双团棘胸蛙(*P. yunnanensis*)的保护

棘腹蛙(*Paa boulengeri*)为IUCN濒危物种，棘胸蛙(*Paa spinosa*)为IUCN易危物种。这两个物种在盘县保基乡大河边、格锁、淤泥乡的龙滩口均有少量分布，当地农民每隔一段时间到野外进行捕杀食用，特别是繁殖期捕杀了大量尚未繁殖的成体，严重威胁着物种的生存。目前，野外种群数量极度下降，建议贵州省相关部门将棘腹蛙、棘胸蛙列为省级保护动物，严禁捕杀野生棘蛙(Paa)。

双团棘胸蛙(*P. Yunnanensis*)在盘县只分布于四格乡、坪地乡的破上草原1600～2800m的高山水沟中，数量极其稀少，其外部形态特征介于四川棘蛙(*P. sichuanensis*)与双团棘胸蛙(水城、威宁等地产)之间，在分类问题上有待于更进一步的深入研究。

(三)黑点树蛙(*Rhacophorus nigropunctatus*)

黑点树蛙是中国科学院成都生物研究所刘承钊、胡淑琴和杨抚华老一辈动物学家1962年根据威宁标本所命名的新种，以后不同学者分别在安徽(岳西)、云南(龙陵、屏边、巧家)、贵州(水城、雷山)、湖南(桑植、城步)等地有黑点树蛙的分布，此次在盘县保基采集到的黑点树蛙标本，在历史上尚属首次。

(田应洲 李 松 魏 刚 徐 宁 熊荣川 陈 红 吕敬才)

参考文献

费梁，叶昌媛，黄永昭等. 1999. 中国两栖动物图鉴[M]. 郑州：河南科学技术出版社：1－432
费梁，叶昌媛，江建平等. 2005. 中国两栖动物检索及图解[M]. 成都：四川科学技术出版社：1－340
胡淑琴，赵尔宓，刘承钊. 贵州省两栖爬行动物调查及区系分析[J]. 动物学报，1973，19(2)：149－178
李德俊. 梵净山两栖爬行动物种类分布及其区系成分[A]. 载：贵州环境保护局，梵净山科学考察集[C]，1982：232－244
李德俊，李东平，王大中等. 1989. 雷公山自然保护区两栖动物物种及区系分析[A]. 雷公山自然保护区科学考察集[M]. 贵阳：贵州人民出版社：401－412
刘承钊，胡淑琴，杨抚华. 贵州西部两栖类初步调查报告[J]. 动物学报，1962，14(3)：381－392

刘承钊，胡淑琴．1961．中国无尾两栖类[M]．北京：科学出版社：1－364

伍律，董谦，须润华．贵州两栖志[M]．贵州人民出版社，1986：1－144

魏刚，陈服官，李德俊．贵州两栖类区系特征及地理区划的研究[J]．动物学研究，1989，10(3)：241－249

徐宁，高喜明，江亚猛，魏刚．贵州省8个自然保护区两栖动物分布研究[J]．四川动物，2008，27(6)：1165－1168

须润华，徐宁，魏刚，郑建州．宽阔水林区两栖动物调查[A]．宽阔水林区科学考察集[C]．贵州人民出版社，1985：188－189

郑建州，周江．佛顶山自然保护区两栖动物物种组成及区系分析[A]．佛顶山自然保护区科学考察集[C]．中国林业出版社，2000，244－247

费梁，胡淑琴，叶昌媛，黄永昭等编著．中国动物志．两栖纲(中卷)．无尾目［M］.2009，北京：科学出版社.81－870．

费梁，胡淑琴，叶昌媛，黄永昭等编著．中国动物志．两栖纲(下卷)．无尾目．蛙科［M］.2009，北京：科学出版社.967－1645.

费梁，叶昌媛，江建平编著．中国两栖动物彩色图谱[M].2010，成都：四川出版集团．四川科学技术出版社.1－491.

费梁，叶昌媛主编．四川两栖类原色图谱[M].2000，北京：中国林业出版社.1－230.

第六节　爬行动物调查报告

为摸清盘县八大山自然保护区爬行动物物种资源本底，提供该保护区的生态保护和开发利用的科学依据，作者于2012年6月26日至7月6日，7月21日至8月1日，2013年4月15日至18日对保护区进行了爬行动物调查，现将结果报告如下。

一、种类组成

调查采获爬行动物标本20号，结合原有调查资料，盘县八大山自然保护区共有爬行动物14种及亚种，隶属2目4科10属(表6-15)。

表6-15　盘县八大山自然保护区爬行动物名录

科、属、种名	中国濒危动物红皮书濒危等级	贵州分布≤3个县	区系成分
一、蜥蜴目 LACERTIFOMES			
(一)鬣蜥科 Agamidae			
1 攀蜥属 *Japalura* (Gray)			
(1)昆明攀蜥 *J. varcoae* (Boulenger)		+	※
(二) 壁虎科 Gekkonidae			
2 蜓蜥属 *Sphenomorphus* Fitzinger			
(2)铜蜓蜥 *S. indicus* (Gray)			☆
二、蛇目 SERPENTIFORMES			
(三)蝰科 Viperidae			
3 竹叶青属 *Trimeresurus* Lacepède			
(3)福建竹叶青指名亚种 *T. s. stejnegeri* Schmidt			☆
(四) 游蛇科 Colubridae			
4 腹链蛇属 *Amphiesma* Duméril，Bibron *et* Duméril			
(4)锈链腹链蛇 *A. craspedogaster* (Boulenger)			☆
(5) 八线腹链蛇 *A. octolineata* (Boulenger)			◇
5 翠青蛇属 *Cyclophiops* Boulenger			
(6)翠青蛇 *C. major* (Günther)			☆
6 锦蛇属 *Elaphe* Fitzinger			
(7)王锦蛇 *E. carinata* (Günther)	易危		☆

（续）

科、属、种名	中国濒危动物红皮书濒危等级	贵州分布≤3个县	区系成分
(8)玉斑锦蛇 *E. mandarina* (Cantor)	易危		□
(9)紫灰锦蛇指名亚种 *E. p. porphyracea* (Cantor)	易危		☆
(10)黑眉锦蛇 *E. taeniura* Cope	易危		○
7 斜鳞蛇属 *Pseudoxenodon* Boulenger			
(11)大眼斜鳞蛇中华亚种 *P. macrops sinensis* Boulenger			□
8 剑蛇属 *Sibynophis* Fitzinger			
(12)黑头剑蛇 *S. chinensis* (Günther)			☆
9 钝头蛇属 *Pareas* Wagler			
(13) 福建钝头蛇 *P. stanleyi* (Boulenger)		+	□
10 乌梢蛇属 *Zaocys* Cope			
(14)乌梢蛇 *Z. dhumnades* (Cantor)			☆

注：○古北界东洋界广布种，□华中区种，☆华中华南区种，※西南区种，◇华中及西南区种。

表 6-16 盘县八大山保护区爬行动物各科物种数统计

科	属数	种数	占总种数的百分比(%)
鬣蜥科	1	1	7.14
壁虎科	1	1	7.14
蝰科	1	1	7.14
游蛇科	7	11	78.57
合计4科	10属	14种(亚种)	99.99

由表6-16可见盘县八大山自然保护区爬行动物中游蛇科种类最多，有7属11种，占总种数的78.57%。

二、区系分析

盘县八大山自然保护区爬行动物区系成分见表6-17。

表 6-17 盘县八大山保护区爬行动物区系

区系成分	种数	%
华中华南区种	8	57.14
华中区种	3	21.43
古北界和东洋界广布种	1	7.14
华中及西南区种	1	7.14
西南区种	1	7.14
合计	14	99.99

由表6-17可见，盘县八大山自然保护区爬行动物区系成分比例大小依次为华中华南区种 > 华中区种 > 古北界东洋界广布种、华中及西南区种、西南区种。

在动物地理区划上，盘县属东洋界、中印亚界、西南区、西南山地亚区、黔西高原中山省，该动地理省爬行动物区系成分比例大小依次为华中华南区种 > 西南区种 > 华南区种 > 华中区种 > 古北界东洋界广布种(伍律等1985)。即盘县八大山保护区与其所属的黔西高原中山省的爬行动物主要区系成分吻合，均以华中华南区种为主。但盘县八大山保护区爬行动物华中区种 > 西南区种及古北界和东洋界广布种，且华南区种缺如，其原因可能是调查时间较少。

三、调查所获爬行动物简述

(一)昆明攀蜥

鉴别特征：有活动眼睑，体背腹扁，眶后无棘，头侧有一黑线纹从眼眶斜向口后角，体背部具有色略深的三角斑。

地理分布：贵州(威宁、兴义、盘县)，云南。

生活习性：生活于山区的草坡、灌木林下。

(二)福建钝头蛇

鉴别特征：前额鳞入眶，无眶前鳞，颊鳞入眶。

地理分布：贵州(雷山、盘县)，浙江，福建。

生活习性：生活在高山区。吃蜗牛、蛞蝓。

(三)王锦蛇(列入中国濒危动物红皮书易危级)

鉴别特征：大型无毒蛇。体粗壮，有异臭。头背部分鳞沟色黑，略成“王”字形；全身黑色杂以黄色花斑，略呈网状。标本鳞被量度见表6-18。

表6-18　王锦蛇标本鳞被量度

标本号	性别	体长	尾长	背鳞	腹鳞	肛鳞	尾下鳞	上唇鳞	下唇鳞	颊鳞	眶前鳞	眶后鳞	前颞鳞	后颞鳞
Wg20120726009	♂	791	143	24－23－19	218	2	98	8(3－2－3)	11	1	2	2	2	3

地理分布：省内：桐梓(新站)、绥阳(洋川镇、黄杨)、正安(安场)、务川(都濡镇、砚山、濯水、镇南、涪洋)、仁怀(中枢)、赤水(复兴)、江口(双江镇)、印江、德江(稳坪)、松桃(普觉、盘信)、兴义(七舍、棒鲜、马岭)、清镇、毕节(清水铺)、金沙(沙土)、威宁(黑石头)、榕江(乐里)、雷山(西江)、贵定(云雾)、独山(城关)、惠水(摆金)、龙里(洗马)。

国内：河南，陕西，甘肃，四川，云南，贵州，湖北，安徽，江苏，浙江，江西，湖南，福建，台湾，广东，广西。

生活习性：生活于山区及丘陵地带，以蛙、鸟、蜥蜴及其它蛇类为食，也吃鸟卵、鼠类，甚至同种幼蛇。此蛇性情凶猛，行动迅速。

经济意义：食用，野生状态数量次于黑眉锦蛇，目前属于养殖开发利用对象。

(四)八线腹链蛇

鉴别特征：背面有明显纵纹，背鳞与腹鳞交界处鳞缝黑色，形成锯齿状纹。标本鳞被量度见表6-19。

表6-19　八线腹链蛇标本鳞被量度

标本号	性别	体长	尾长	背鳞	腹鳞	肛鳞	尾下鳞	上唇鳞	下唇鳞	颊鳞	眶前鳞	眶后鳞	前颞鳞	后颞鳞
Wg20120723001	♀	455	165	19－19－17	165	2	84	8(2－3－3)	10	1	1	3	2	1
Wg20120723002	♀	360	130	19－19－17	170	2	83	8(3－2－3)	9	1	1	3	2	2

地理分布：贵州(桐梓、务川、清镇、毕节、湄潭、印江、兴义、遵义、绥阳、仁怀、赤水、江口、松桃、贵定、雷山、榕江、望谟)，北京，天津，辽宁，上海，江苏，浙江，安徽，福建，台湾，江西，湖北，湖南，广东，广西，四川，重庆，云南，西藏，陕西，甘肃。

国外：越南；缅甸。

生活习性：生活于丘陵山区林地，捕食蜥蜴和鼠类，卵生，无毒。多在夜间出来活动。

经济意义：灭鼠，观赏。

（五）翠青蛇

鉴别特征：体背草绿色，腹面黄绿色，头背大鳞片对称排列，背鳞通身15行。

形态描述：吻端略钝，吻鳞宽略大于高，头部鳞片大而对称。眼大，瞳孔圆形。前额鳞远较鼻间鳞大；额鳞长大于宽，长度约等于它到吻端的距离；顶鳞大，其长度约倍于额鳞后缘到吻尖的距离。上唇鳞8(3~2—3)，少数7(3—2—2或2—2—3)；下唇鳞6，少数标本为5、7或8，前4对切前颏片。颊鳞1，颊部稍凹。眶前鳞1；眶后鳞2，个别为3或1。前颞鳞1，个别为2；后颞鳞2。背鳞周身15行，平滑，有的个体其后部有数行起微棱，背鳞最外侧一行略大；腹鳞雄蛇160~186，雌蛇165~181。肛鳞2枚。尾下鳞雄蛇61~96对，雌蛇62~93对。

生态习性：生活于丘陵地带及林区，常活动在农田周围草地及道边或树上、或隐居石下。性较温和，活动快，为山区分布很广的一种无毒蛇，主要吃蚯蚓及昆虫的幼虫。

标本鳞被量度见表6-20。

表6-20 翠青蛇标本鳞被量度

标本号	性别	体长	尾长	背鳞	腹鳞	肛鳞	尾下鳞	上唇鳞	下唇鳞	颊鳞	眶前鳞	眶后鳞	前颞鳞	后颞鳞
Wg20120723003	♀	295	85	15-15-15	172	2	93	8(3-2-3)/7(2-2-3)	6	1	1	2	1	2
Wg20120724004	♀	575	201	15-15-15	170	2	84	8(3-2-3)	6	1	1	2	1	2

（六）福建竹叶青指名亚种

鉴别特征：通身绿色，眼红色，体侧有白色或淡黄色纵线，或白纵线下伴有一条红色纵线，尾背及尾尖焦红色，上唇鳞不是乳白色。头具小鳞片，鼻鳞与第一枚上唇鳞之间有完整的鳞缝，鼻间鳞不相接。

生态习性：生活在山区的树丛及竹林中，也栖息于山区流溪边草丛中及岩石上，常吊挂或缠绕在树上、竹上，体色与绿叶一致，不易发觉。盛夏夜间活动比白天频繁。

7月28日在路边见到一条福建竹叶青指名亚种，头部被打烂，躯尾鳞被量度见表6-21。

表6-21 福建竹叶青指名亚种标本鳞被量度

标本号	性别	体长	尾长	背鳞	腹鳞	肛鳞	尾下鳞
Wg20120728002	♀	415	88	23-21-15	167	1	67

地理分布：省内：贵阳、遵义、绥阳(宽阔水)、赤水、(蟠龙)、江口(双江镇、月亮坝)、印江(梵净山)、兴义(阿依、七舍)、盘县、安龙(龙山)、从江(丙妹镇)、雷山(方祥)、贵定(云雾山)、龙里(洗马、羊场、莲花)。

国内：吉林，甘肃，四川，云南，贵州，湖北，安徽，河南，江苏，浙江，江西，湖南，福建，台湾，广东，广西。

国外：越南；缅甸；泰国；不丹；印度。

经济意义：福建竹叶青广泛分布于我国长江以南山区。贵州不仅分布广，而且数量多，尤其是黔东南与黔南地区。福建竹叶青的栖息环境多样，从平原到山区，从丘陵到高原，从溪流边、草丛里、灌木丛中、路旁到住宅周围，都是它们的活动场所，而且有保护色，不易发现，人们往往被咬伤。它是贵州引起蛇伤的主要蛇种之一。它咬物一次排出毒液量约为27. 5mg，干毒量为5. 1mg，其蛇毒对小白鼠皮下注射的半数致死量为3. 3mg/kg。

贵州山区用全蛇泡酒，治风湿性关节炎，有一定疗效。

四、资源评价

保护区 14 种爬行动物中有 4 种列入中国濒危动物红皮书保护动物易危级，即王锦蛇、玉斑锦蛇、紫灰锦蛇指名亚种和黑眉锦蛇；2 种珍稀爬行动物在贵州行政区域分布≤3 个县，即昆明攀蜥和福建钝头蛇。

国际上划分物种濒危等级的标准为种群下降速率、分布范围、种群数量、预计种群下降速率和灭绝概率。《中国濒危动物红皮书－两栖类和爬行类》中采用的物种濒危等级为野生绝迹、国内绝迹、濒危、易危、稀有和未定，但未列物种濒危等级的数量标准，未与国际上物种濒危等级的数量标准接轨。选择编写的对象主要是那些已被广泛、大量利用的物种及该书作者认为濒危或易危的物种。而分布区狭窄、数量不多的物种很多未列入。在中国尚无确定爬行动物省级物种濒危等级的评定标准，本书建议将爬行动物物种分布县的数量作为简捷有效的省级濒危标准评估指标，建议省级濒危等级的数量标准为：濒危级分布行政区域为 1 个县；易危级分布行政区域≤3 个县；关注级分布行政区域≤5 个县。按上述标准，分布行政区域≤3 个县的爬行动物昆明攀蜥和福建钝头蛇应列为贵州省级易危爬行动物。

爬行动物是动物资源的重要组成部分。蛇类是农林害虫、害兽的天敌，在保证农、林、牧业丰产和维护自然生态平衡中起着重要的作用；蛇体通身是宝，蛇肉细嫩，味道鲜美，营养丰富，可祛风除湿。蛇胆清肝明目，蛇皮可作装饰品，亦是制作乐器的原材料之一，应合理开发利用蛇类资源。

（魏　刚　徐　宁　田应洲　李　松　吕敬才　张　倩）

参考文献

伍律，李德俊，刘积琛．贵阳：贵州爬行类志[M]，贵州人民出版社，1985，1－436.

胡淑琴，赵尔宓，刘承钊．贵州两栖爬行动物调查及区系分析[J]．动物学报，1973，19(2)：149－181.

李德俊．梵净山两栖爬行动物种类分布及其区系成分[C]．梵净山科学考察集，贵州环境保护局，1982，232－244.

李德俊，魏刚，郑建州．宽阔水林区爬行动物调查[C]．宽阔水林区科学考察集．贵阳：贵州人民出版社，1985，182～187.

李德俊，汪健，魏刚．茂兰喀斯特森林区爬行类调查报告[C]．茂兰喀斯特森林科学考察集．贵阳：贵州人民出版社，1987，323－330.

李德俊，李东平，王大忠．雷公山自然保护区爬行动物初步研究[C]．雷公山自然保护区科学考察集．贵阳：贵州人民出版社，1989，413－424.

李德俊，郑建州．赤水桫椤自然保护区爬行动物资源及其区系分析研究[C]．赤水桫椤自然保护区科学考察集．贵阳：贵州民族出版社，1990，230－239.

赵尔宓，黄美华，宋愉等．中国动物志，爬行纲第三卷[M]．北京：科学出版社，1998，1－522.

赵尔宓．中国蛇类(上)[M]．合肥：安徽科学技术出版社．2006，1－372.

赵尔宓．(2006)中国蛇类(下)[M]．合肥：安徽科学技术出版社，1－276.

赵尔宓．(2006)四川爬行动物原色图谱[M]．北京：中国林业出版社，1－292.

魏刚，李德俊．六盘水野钟黑叶猴自然保护区爬行动物调查[C]．六盘水野钟黑叶猴自然保护区科学考察集．贵阳：贵州民族出版社，1990，P143－147.

魏刚，徐宁．贵州各动物地理省爬行动物分布聚类探讨[J]．生物学杂志，2004，21(2)：38－41.

张荣祖．中国动物地理[M]．北京：科学出版社，1999，1－488.

周政贤．贵州盘县八大山中亚热带常绿阔叶林省级自然保护区综合科学考察报告．内部交流资料．1996，4.

第七节　兽类调查报告

2012 年 7 月下旬，在贵州省林业厅、贵州林业科学研究院的组织下，汇集省内各相关学科领域专家，对盘县八大山自然保护区本底资源进行了大型综合性集中考察。本组人员于 2012 年 7 月至 12 月期间，通过集中调查和后期补点，运用样线调查法、铗日法、网捕法、猎户访谈等方法对盘县八大山自然保护区兽类进行调查，在充分参考前人资料的基础上，通过外业考察，进行数据处理和整理，结合前人有关调查结果，对盘县八大山自然保护区兽类调查情况综合报告如下。

一、自然概况

盘县八大山保护区包括八大山和文阁大山保护点，总面积26 000hm^2。其中：八大山保护区25 430 hm^2，文阁大山保护点570 hm^2。

八大山保护区地理位置为北纬25°53′35″~26°6′12″，东经104°41′31″~104°57′47″之间，总面积25 430 hm^2，其中核心区7 622hm^2，缓冲区11 422 hm^2，实验区6 383 hm^2；文阁大山保护点570 hm^2(北纬26°4′34″~26°5′48″，东经104°42′6″~104°49′1″)。保护区属典型的喀斯特地貌类型，平均海拔1 650m，最低海拔格所河谷725m，最高海拔八大山2 558m，相对高差1 800m，境内地形复杂多样，地貌破碎，地形落差大、切割深，溶洞、溶沟、峰丛、峰林、石林、天坑、狭谷随处可见。年日照时数1 453~1 704h，年日照百分率为33%~39%之间，年太阳总辐射为4 125.7~4 408.8mJ/m^{2}之间，是贵州省内日照和太阳辐射较多且各月差异较小地区之一。年平均气温在9.1℃~17.3℃之间，年极端最高气温29.2~36.7℃之间，年极端最低温0.6~-18.2℃。日均温≥10℃的持续日数在118~309d之间，稳定高于10℃的积温在1 451.4~6 002.1℃-d之间；年降水量为1 200~1 400mm，保护区主体属北亚热带高原湿润季风气候并有干、湿季明显的云南高原气候特征。

八大山保护区涉及三个乡镇，其中普古彝族苗族乡6 563 hm^2，涉及塘边村、七宜客村、陈家寨村、王家寨村、水坝村、坡脚村、勒米村、哈麻朱克村、新寨村、播秋村、天桥村、卧落村、舍蒸村、嘎木村和厂上村共15个村；淤泥彝族乡8 573 hm^2，涉及中心村、中合村、山峰村、联合村、嘿白村、大拨村、岩博村、苏座村、淤泥村、落脉穴村、罗多村和清水村共12个村；保基苗族彝族乡10 864 hm^2，涉及雨那洼村、黄兴村、陆家寨村、厨子寨村、风座村、冷风村和桎腊村共7个村。

文阁大山保护点属于普古彝族苗族乡，涉及水坝村、坡脚村、勒米村、哈麻朱克村、新寨村共5个村。

二、调查方法

集中式野外调查于2012年7月下旬进行，补点调查于7月至12月间进行。分别以保护区内保基乡的雨那凹、老马冲、常山箐，淤泥乡的白雨洞、八大山龙潭口，普古乡的娘娘山等地点为考察营地，以营地为中心向四周布设调查样线、开展访谈。

(一)样线调查法

依据调查点地形地貌和各种兽类的生物学特性，按照要求的抽样强度，分层抽样布设调查线路，此次调查分两队，调查时以4~5人为一组，分别穿越不同的生境类型，沿线路行走，观察并记录线路两侧兽类个体、活动痕迹、皮毛、巢穴、粪便、食痕等以及距离线路中线距离。

(二)访谈法

对保护区内及周边村寨中有经验的猎户或对山林情况较熟悉的居民、护林员进行访谈，并通过图鉴照片指认对比，收集物种在保护区范围内被发现或被捕获的情况，访谈内容包括：捕获或发现时间、捕获或发现地点、捕获或发现频率、数量、大小(cm)、重量(kg)等等。调查期间共访问了桑麻村、苗翁村、杉木林、巴才村、江寨村等村寨的18名经常狩猎者。

(三)网捕法

网捕法主要是针对翼手目动物，根据样线法和访问法中发现有翼手类动物分布的洞穴，根据洞穴大小在洞口布上适合大小的鸟网，分别有10m×3m，10m×6m，15m×10m鸟网。在大鹰洞，秦家麻窝洞，燕家岩洞，黄家麻窝洞，噶木村洞，半截河洞，大岩洞，铜鼓山洞。

三、种类组成及区系分析

(一)兽类名录

通过野外考察，参考Andrew T Smith和解焱主编的《中国兽类野外手册》进行的新分类系统统计，统计出盘县八大山自然保护区有哺乳动物40种，隶属8目，21科，25属(表6-22)，约占贵州兽类总数(142种)的21.13%。

表6-22　盘县八大山自然保护区兽类考察表

名称	区系	分布型	保护级别				物种证据				
			国家重点保护	IUCN濒危等级	CITES附录	三有或特有种	实体	痕迹粪便	调查照片	访谈	文献资料
一、鼩形目 SORICOMORPHA											
(一)鼩鼱科 Soricidae											
灰麝鼩 *Crocidura attenuate*	东	Sd		LC			√		√	√	
二、翼手目 CHIROPTERA											
(二)蹄蝠科 Hipposideridae											
大蹄蝠 *Hipposideros armiger*	东	Wd		LC			√	√	√	√	
(三)菊头蝠科 Rhinolophidae											
皮氏菊头蝠 *Rhinolophus pearsonii*	东	Wd					√	√	√	√	
三、灵长目 PRIMATES											
(四)猴科 Cercopithecidae											
猕猴 *Macaca mulatta*	广	We	Ⅱ	LC	Ⅱ		√			√	
黑叶猴 *Presbytis francoisi*	东	Wc	Ⅰ	VU	Ⅱ		√			√	
四、鳞甲目 PHOLIDOTA											
(五)鲮鲤科 Manidae											
中国穿山甲 *Manis pentadactyla*	东	Wc	Ⅱ	EN	Ⅱ					√	√
五、兔形目 LAGOMORPHA											
(六)兔科 Leporidae											
草兔 *Lepus capensis*	广	O		LC		K		√		√	√
六、啮齿目 RODENTIA											
(七)松鼠科 Sciuridae											
红白鼯鼠 *Petaurista alborufus*	东	Wd		LC		K	√		√	√	
(八)鼠科 Muridae											
巢鼠 *Micromys minutus*	广	Uh		LC			√		√	√	
黑线姬鼠 *Apodemus agrarius*	广	Ub		LC						√	√
黄胸鼠 *Rattus tanezumi*	广	We		NE			√			√	√
大足鼠 *Rattus nitidus*	东	Wa		LC						√	√
褐家鼠 *Rattus norvegicus*	广	Ue		LC			√			√	√
北社鼠 *Niviventer confucianus*	广	We		LC		K	√			√	√
针毛鼠 *Niviventer fulvescens*	东	Wb		LC			√			√	√
(九)鼹形鼠科 Spalacidae											
银星竹鼠 *Rhizomys pruinosus*	东	Wb				K	√		√	√	
(十)豪猪科 Hystricidae											
豪猪 *Hystrix brachyura*	东	Wd		VU		K	√	√		√	
七、食肉目 CARNIVORA											
(十一)鼬科 Mustelidae											
黄腹鼬 *Mustela kathiah*	东	Sd		LC		K					
黄鼬 *Mustela sibirica*	广	Uh		LC		K		√		√	
鼬獾 *Melogale moschata*	东	Sd		LC		K				√	
狗獾 *Meles meles*	广	Uh		LC		K		√			
猪獾 *Arctonyx collaris*	广	We		NT		K	√	√		√	
(十二)灵猫科 Viverridae											
小灵猫 *Viverricula indica*	东	Wd	Ⅱ	LC				√			
斑灵狸 *Prionodon pardicolor*	东	Wc	Ⅱ	LC	Ⅰ		√	√		√	
花面狸 *Paguma larvata*	广	We		LC		K	√	√	√	√	

（续）

名称	区系	分布型	保护级别				物种证据				
			国家重点保护	IUCN 濒危等级	CITES 附录	三有或特有种	实体	痕迹粪便	调查照片	访谈	文献资料
（十三）猫科 Felidae											
豹猫 *Prionailurus bengalensis*	广	We		LC	II	K		√	√	√	
八、偶蹄目 ARTIODACTYLA											
（十四）猪科 Suidae											
野猪 *Sus scrofa*	广	Uh		LC		K	√	√	√	√	
（十五）麝科 Moschidae											
林麝 *Moschus berezovskii*		Sc	I	LR	II					√	√
（十六）鹿科 Cervidae											
小麂 *Muntiacus reevesi*	东	Sd		LC		●/K		√		√	
毛冠鹿 *Elaphodus cephalophus*	东	Sv		NT		K	√	√		√	
（十七）牛科 Bovidae											
斑羚 *Naemorhedus goral*	东	Sv	II	NT						√	

注：1. 区系：广——古北、东洋界广布种、东——东洋界物种。

2. 分布型：C——全北型、Eb——季风型（延伸至朝鲜及俄罗斯远东）、Hc——横断山脉－喜马拉雅型、Sb——南中国型（热带－南亚热带）、Sc——南中国型（热带－中亚热带）、Sd——南中国型（热带－北亚热带）、Sv——南中国型（热带－中温带）、Ub——古北型（寒温带－中温带）、Ue——古北型（北方湿润－半湿润带）、Uh——古北型（欧亚温带－亚热带）、O——不易归类型、Wa——东洋型（热带）、Wb——东洋型（热带－南亚热带）、Wc——东洋型（热带－中亚热带）、Wd——东洋型（热带－北亚热带）、We——东洋型（热带－温带）。

3. 保护级别中：国家重点保护——指《国家重点保护野生动物名录》中 I、II 级保护动物，IUCN 濒危等级——指国际自然保护联盟组织濒危物种红色名录（《The IUCN Red List of Threatened Species》）V3.1 版本对物种受危等级的划定，其中：LC－少担忧、EN－濒危、VU－易危、NT－近危、NE－未予评估；CITES 附录——指《国际濒危野生动植物贸易公约》列入其附录 I、II 的物种；三有或特有种——"三有"动物指列入国家林业局《国家保护的、有益的或有重要经济、科学研究价值的陆生野生动物名录》的物种，以 K 表示；"特有种"指中国特有（以●表示）。

4. 物种证据中：实体——指在调查中遇见或铗获动物实体；痕迹粪便——指在样线调查中遇见的各类活动痕迹或巢穴等证据；调查照片——指在调查中遇见或铗获动物的照片；访谈——指采用访谈法获取的数据。

表 6-23 盘县八大山自然保护区哺乳动物种类组成

目别	科	种	种占该区总数（%）
鼩形目	1	1	3.3
翼手目	2	2	6.4
灵长目	1	2	6.4
鳞甲目	1	1	3.3
啮齿目	4	10	32.3
兔形目	1	1	3.3
食肉目	3	9	29
偶蹄目	4	5	16
总计	17	31	

备注：鼩鼱科按新的分类系统隶属鼩形目，按原来的分类系统隶属食虫目。

（二）种类组成分析

整个保护区内 31 种兽类，鼩形目 1 种，翼手目 2 种，灵长目 2 种，兔形目 1 种，啮齿目 10 种，食肉目 9 种，偶蹄目 5 种，鳞甲目 1 种（表 6－23）。啮齿目和食肉目种类较多，分别占总数的 33.3%

和30%。

从区系来看(表6-22，有13种广布型种类，分别是猕猴、草兔、巢鼠、黑线姬鼠、黄胸鼠、褐家鼠、北社鼠、黄鼬、狗獾、猪獾、花面狸、豹猫和野猪；有13种东洋界物种，分别是灰麝鼩、大蹄蝠、黑叶猴、中国穿山甲、红白鼯鼠、大足鼠、针毛鼠、黄腹鼬、鼬獾、小灵猫、斑灵狸、小麂和毛冠鹿。

从分布型来看(表6-22)[4]，东洋型(19种)物种居多，占总数(31种)的61.2%，其次是古北型(6种)，占总数19.4%，再次是南中国型(6种)，占总数19.4%。东洋型17种，分别是大蹄蝠、皮氏菊头蝠、猕猴、黑叶猴、中国穿山甲、红白鼯鼠、黄胸鼠、大足鼠、北社鼠、针毛鼠、银星竹鼠、豪猪、猪獾、小灵猫、斑灵狸、花面狸和豹猫；古北型6种，分别是巢鼠、黑线姬鼠、褐家鼠、黄鼬、狗獾和野猪；南中国型6种，分别是灰麝鼩、黄腹鼬、鼬獾、林麝、小麂和毛冠鹿；有1种不易归类即草兔。

以保护级别来分析(表6-22)，从国家重点保护野生动物来看，有国家Ⅰ级重点保护的野生动物2种，即黑叶猴，林麝；有国家Ⅱ级重点保护的野生动物4种，即猕猴，中国穿山甲，小灵猫，斑灵狸。从国际自然保护联盟组织濒危物种红色名录(简称IUCN濒危等级)来看，濒危物种(EN)1种，中国穿山甲；易危物种(VU)2种，黑叶猴和豪猪，近危物种(NT)2种，猪獾和毛冠鹿；少担忧(LC)物种居多，有21种，灰麝鼩、大蹄蝠、猕猴、草兔、红白鼯鼠、巢鼠、黑线姬鼠、大足鼠、褐家鼠、北社鼠、针毛鼠、黄腹鼬、黄鼬、鼬獾、狗獾、小灵猫、斑灵狸、花面狸、豹猫、野猪和小麂。国际濒危野生动植物贸易公约列入其附录Ⅰ、Ⅱ的物种(简称CITES附录)，列入附录Ⅰ有斑灵狸1种，列入附录Ⅱ有猕猴、黑叶猴、中国穿山甲、豹猫和林麝5种。从列入国家林业局《国家保护的、有益的或有重要经济、科学研究价值的陆生野生动物名录》的物种(简称"三有"动物)有15种，占总数50%，分别是草兔、红白鼯鼠、北社鼠、银星竹鼠、豪猪、黄腹鼬、黄鼬、鼬獾、狗獾、猪獾、花面狸、豹猫、野猪、小麂和毛冠鹿。中国特有种1种小麂。

四、资源分析和保护建议

通过走样线、访问了解到，整个保护区内，场上箐、羊场坝一带植被较好，人口稀少，有猕猴分布，近来当地村民有见1群6只活动。格所河黄家寨一带有1群4只的猕猴活动，偶见黑叶猴活动。娘娘山一带偶见黑叶猴活动。格所河、乌都河一带有毛冠鹿、林麝活动，但数量极少，约1~3只。常山箐90年代有村民看到林麝活动。在红豆杉集中分布区、雨那一带有草兔、鼬獾、银星竹鼠分布。花嘎至街牌一带有银星竹鼠、草兔、花面狸、黄鼬分布。老马冲一带花面狸较多，有5~10只。榕树村夹沟一带有中国穿山甲活动。老马冲，八大山，小箐，常山箐一带、植被完好，常有小麂出没。那藤寨、厨子寨一带啮齿类较多，秋季常啃食农田里包谷。在白雨洞一带，八大山一带有发现豹猫粪便，八大山阳坡面发现10堆豹猫粪便，可见八大山一带豹猫数量较多。普古乡噶木村一带偶见猕猴、黑叶猴、豹猫、花面狸、水獭、猪獾、鼬獾、小麂活动，但数量极少，猕猴、黑叶猴3~5只，豹猫、花面狸、水獭、猪獾、鼬獾、小麂偶见1~2只。

保基乡陆家寨村大鹰洞采集到大蹄蝠实体，保基乡嘿白村大岩洞采集到皮氏菊头蝠实体。保基乡黄兴村秦家麻窝洞、燕家岩洞、铜鼓山洞，普古乡噶木村黄家麻窝化石矿物点、半截河溶洞、村委附近溶洞、看到蝙蝠实体，黄兴村殷家岩洞有大量蝙蝠粪便。

从动物经济方面来看，具有一定经济价值的毛皮动物，如水獭、黄腹鼬、鼬獾、豹猫、猪獾、小麂、小灵猫、狗獾等。穿山甲、林麝、有较高的药用价值，猕猴、黄鼬、草兔、水獭、小灵猫、狗獾、豹猫、野猪、小麂等也为药用兽类。

由于保护区海拔落差很大，格所河700m左右，八大山2 258m，地质地貌结构复杂，植被多样，景观类型丰富多彩，致使兽类资源分布片段化，这加大了保护和管理的工作负担。

基于保护区兽类资源特点和保护管理现状，特提出以下建议：

①加强执法管理与宣传教育，促进兽类资源健康发展。整个保护区内由于外出打工村民逐渐增多，村民对野生动物保护意识逐渐增强，野生兽类种群数量有增长的趋势。这一点成绩是与当地相关部门执法管理与宣传教育工作分不开的。

②加强兽类种群监测，合理干预自然种群发展。由于缺乏天敌制约，部分区域啮齿类种群泛滥，不仅破坏森林群落生态平衡，也对原住民农耕生产带来影响，同时应对野生动物对居民造成的损失进行有效评估并及时赔偿。应加强兽类种群长期监测，在充分进行科学论证的前提下，应用科学手段，合理干预有害种群的发展。

③加强科学研究，注重珍稀兽类保护。应加强对八大山自然保护区兽类种群动态、食物链结构、生境数量与质量等方面的长期科学研究，并重视应用科学的野生动物管理手段，促进珍稀兽类种群的保育管理，使珍稀兽类种群得到有效恢复。

（冉景丞　王青钦　杨婷婷）

参考文献

Andrew T S，解焱．中国兽类野外手册[M]．长沙：湖南教育出版社，2009.
罗　蓉，黎道洪．贵州兽类物种多样性现状及保护对策[J]．贵州科学，2001，19(1)：10－16.
罗蓉等．贵州兽类志[M]．贵阳：贵州科技出版社，1993.
张荣祖．中国动物地理[M]．北京：科学出版社，1999.

第八节　林业有害生物调查初报

一、前言

2012年7月盘县因拟建八大山自然保护区，邀请贵州林业科学研究院主持对盘县八大山进行综合科学考察，主要是摸清八大山地理环境和生物资源，此次考察是我县首次大规模综合科学考察，考察范围涉及盘县的淤泥乡、保基乡、普古乡的14个村，总面积约26 000hm^2，重点考察区域为老马冲、八大山、娘娘山。

为确保八大山森林生态安全，我县对八大山及周边地区的林有害生物进行了初步调查，为今后科学制定八大山林业有害生物可持续防控体系提供科学依据。此次共调查出林业有害生物24种，其中虫害20种，病害4种。调查工作中，采集，制作了林业有害生物标本，初步摸清了八大山及周边地区林业有害生物发生的种类、分布及危害情况。

二、自然地理、森林资源概况

（一）自然地理概况

盘县拟建的八大山自然保护区主要含淤泥乡、保基乡、普古乡的14个村，总面积约26 000hm^2，重点区域为老马冲、八大山、娘娘山。其周边地区是坪地乡、鸡场坪乡、羊场乡、松河乡，最高海拔2 865m，最低海拔735m，相对高差2 130m。

（二）森林资源概况

主要造林树种有：华山松、云南松、杉木、柳杉、核桃、板栗、银杏、榕树、梨树、花椒、桃树、刺梨、栎类等。森林覆盖率为41.3%。

三、调查范围和对象

调查范围：八大山及其周边乡的主要造林树种。调查对象：主要造林树种上的林业有害生物。

四、资料准备及调查时间

(1)资料准备：近年来八大山及其周边乡的主要树种情况(包括树种、面积、地点、种植时间、种苗来源、权属、产量等)；

(2)物质准备：野外调查工具、标本采集物品、制作工具等(包括标本夹、草纸、毒瓶、指形管、捕虫器、采集箱、高枝剪、望远镜、照相机、记录本、地形图及GPS等)

(3)调查时间：2012年7月至2013年7月。

五、调查内容与方法

(一)调查内容

调查有害生物的种类、形态、危害部位、症状和特点；有虫(病)株率、感病指数、虫口密度等危害程度；调查树种名称、平均高、平均胸(地)径、树龄、面积。所属乡村、组、地块名称、细班号等。

(二)调查方法

(1)到有关乡了解林业发展情况

(2)根据林业有害生物发生情况确定调查树种、面积、村组、细班．并编制调查方案。

(3)在调查细班中从左到右，从下到上或对角线选择有代表性的植株，查看有害生物危害情况，有害生物名称，观察基本形态和习性，是否造成危害，危害的部位、症状、特点、程度，记录危害情况并拍照，提出防控措施。

(4)有危害症状的，选择有代表性的地块设立标准地进行详细调查。标准地大小为10m×10m～20m×20m，每个细班设立标准地1个。对叶部、枝果实及干(根)林业有害生物调查，随机抽取一定数量的树干、枝梢、叶片、果实调查病害情况，统计枝梢、叶片、树干、果实的感病率，或以植株为单位进行调查，统计健康、感病和死亡的植株数量，计算感病率或感病指数。

感病指数 = $\sum$(病株级数 × 该级数代表数值) ÷ (总株数 × 最高一级代表数值) × 100

(5)食叶、枝梢及蛀干害虫调查。在标准地内调查每株植株上的害虫数量，或目测叶部害虫危害树冠、枝梢以及蛀干害虫危害树木的严重程度。

(6)标本采集：林业有害生物调查必须采集标本，并配彩色生态照片，尽可能采集生活史标本。及时鉴定所采集的有害生物标本。

六、内业资料整理及汇总

外业调查结束，对调查的情况、数据、表格、照片等进行整理、归档，对采集的林业有害生物标本进行分类、鉴定。

七、调查成果

通过本次调查初步摸清了盘县八大山及其周边乡主要造林树种林业有害生物的种类、分布面积。有害生物种类、分布、危害程度等，并建立了档案。

(一)林业有害生物种类、危害

(1)油茶象鼻虫(*Curculio chinensis* Chevr)：鞘翅目象鼻虫科，以幼虫危害油茶果实，在调查区域的油茶林均有发生，落果率可达26%。

(2)油茶地下害虫：主要是金龟子幼虫及地老虎，以幼虫在土中取食油茶刚发芽的种子及苗木根部，在油茶苗圃地中发生较为严重，对苗木的产量、质量影响很大。

(3)油茶软腐病(*Agaricodochium camelliae* Liu et Fan)：是油茶的重要病害之一，在调查区域油茶林均有发生分，危害油茶的叶片，影响油茶的生长。感病叶片最初在叶尖、叶缘或叶中部出现水渍状黄色斑点，后扩大为黄褐色或黑褐色圆形 或半圆形病斑。雨天，病斑扩展迅速，病部软腐，病叶脱落。

(4)核桃扁足叶锋(*Croesus* sp.)：膜翅目，叶蜂科，主要以幼虫取食核桃叶片，严重影响核桃生长。

(5)核桃长足象(*Alcidodes juglans* Chao)：1年发生1代，以成虫在向阳处的杂草或表土1cm处越冬。取食核桃嫩枝、幼芽、果实、叶柄，5月上旬在青果皮上钻孔产卵，5月中旬幼虫孵化后在果内蛀食。

(6)榕管蓟马(*Gynaikothrips ficorum* Marchal)：属缨翅目，管蓟马科。成虫、若虫锉吸榕树的嫩芽、嫩叶，致使形成大小不一的紫红褐色斑点，后沿中脉向叶面折叠，形成饺子状的虫瘿，数十头至上百头成虫、若虫在虫瘿内吸食为害，受害树叶成饺子状，且布满红褐色斑点，降低了观赏价值和经济价值。

(7)核桃褐点粉灯蛾(*Alphaea phasma* Leech)：为鳞翅目，灯蛾科，幼虫啃食寄主植物叶片，并吐丝织半透明的网，可将叶片表皮、叶肉啃食殆尽，叶缘成缺刻，受害叶卷曲枯黄，继变为暗红褐色。严重时叶片被吃光，严重影响核桃树生长。

(8)刺梨白粉病(*Uncinula necator* Burr.)：对刺梨为害严重，其发病高峰期在盛花期和夏梢抽生盛期，主要危害幼叶、花蕾和幼果，在雨季危害更加严重。

(9)花椒凤蝶(*Papilio xuthus* Linnaeus)：鳞翅目，凤蝶科，幼虫食芽、叶，初龄食成缺刻与孔洞，稍大常将叶片吃光，只残留叶柄。苗木和幼树受害较重。

(10)梨锈病(*Gymnosporangium haraeanum* Spd)：主要危害叶片、新梢和幼果。叶片受害，叶正面形成橙黄色圆形病斑，并密生橙黄色针头大的小点，即性孢子器。潮湿时，溢出淡黄色黏液. 即性孢子，后期小粒点变为黑色。病斑对应的叶背面组织增厚，并长出一丛灰黄色毛状物，即锈孢子器。毛状物破裂后散出黄褐色粉末，即锈孢子。果实、果梗、新梢、叶柄受害，初期病斑与叶片上的相似，后期在同一病斑的表面产生毛状物。

(11)梨小食心虫(*Grapholitha molesta* Busck)：鳞翅目，小卷叶蛾科。幼虫蛀入直达果心，蛀孔周围常变黑腐烂渐扩大。梨(刺梨)幼果被害易脱落，多危害果核附近果肉。

(12)栗蓝墨天牛(*Monochamus gerryi* Pic)：属鞘翅目，天牛科，沟胫天牛亚科，墨天牛属。是板栗树主要蛀干害虫之一。可致使板栗主干及主、侧枝枯死，破坏树冠，危及树势，影响板栗产量。

(13)星天牛(*Anoplophora chinensis* (Forster))：以幼虫蛀食寄主植物枝干造成危害，幼虫孵化后首先在树干皮下蛀食，随着虫龄增大，幼虫开始蛀入木质部，并在木质部下蛀食。

(14)漆树黄叶甲(*Podontia lutea* Olivier)：鞘翅目，叶甲科。又称漆树金花虫、漆树黄壳虫。是一个危害大，常发性的主要害虫。成、幼虫均取食叶片，轻者使漆树叶破碎，重者整株叶片全食光，致使漆树受害、生漆产量显著下降。

(15)葡萄透翅蛾(*Paranthrene regalis* Butler)：鳞翅目，透翅蛾科。以幼虫蛀食葡萄枝蔓髓部，使受害部位肿大，叶片变黄脱落，枝蔓容易折断枯死，影响当年产量及树势。

(16)桃缩叶病(*Taphrina deformans* (Berk.) Tul)：在新梢下部先长出的叶片受害较严重，新梢受害呈灰绿色或黄色，比正常的枝条短而粗，其上病叶丛生，受害严重的枝条会枯死。

(17)双条杉天牛(*Semanotus bifasciatus* Motschulsky)：是一种钻蛀性害虫，主要危害侧柏等柏科植物，幼虫取食于皮、木之间，切断水分、养分的输送，引起针叶黄化，长势衰退，重则引起风折、雪折，严重时造成整株树木死亡。

(18)松纵坑切梢小蠹(*Tomicus piniperda* Linnaeus)：主要为害华山松、云南松。成、幼虫钻蛀皮下为害，造成树势衰弱。

(19)松梢螟(*Dioryctria splendidella* Herrich - Scha)：为鳞翅目，螟蛾科。以幼虫钻蛀主梢，引起侧梢丛生，严重影响树木生长。

(20)云南木蠹象(*Pissodes yunnanesis* Langor *et* Zhang)：属鞘翅目，象甲科，木蠹象属。主要为害华山松。成、幼虫钻蛀皮下为害，引起树势衰弱。

(21)松叶蜂：至少2~3种，主要为害马尾松，云南松等，幼虫取食针叶，严重为害时，仅留基部，松针参差不齐。影响松树生长，翌年萌芽短小，树势生长衰弱。

(22)华山松球蚜(*Pineus* sp.)：是华山松中、幼林的重要害虫，其主要危害华山松嫩梢和当年生针叶，且分泌大量的蜜露，引起煤污病，影响华山松光合作用，从而削弱树势，降低林木生长量，严重时导致枯萎死亡，在幼林中尤为严重。

(23)松褐天牛(*Monochamus alternatus* Hope)：危害松树的主要蛀干害虫，其成虫补充营养，啃食嫩枝皮，造成寄主衰弱；幼虫钻蛀树干，致松树枯死。该天牛是传播松材线虫病的媒介昆虫。

(24)栎尺蛾(具体种类待鉴定)：主要危害栎类，以幼虫取食叶片，大发生时常在早春树叶刚萌发不久即被蚕食一空，严重影响林木生长。

(二)制作标本

在本次调查中共制作标本20盒，有害生物照片30张，可为我县今后八大山的林业有害生物防治、技术宣传、技术培训等提供宝贵的资料。

八、防治建议

(1)加强检疫，防止带病苗木或接穗从病区传到该区域。

(2)培育良好的树体。

(3)保护天敌可抑制林业有害生物的发展蔓延。

(4)用频振杀虫灯诱杀有害生物。

(5)将罐子里的水添加红糖、酒、醋及农药，然后把罐子挂在树上，可以诱杀有害生物。

(6)根据防治对象的生物学特性和危害的特点科学用药，尽量使用生物源农药，矿物源农药和低毒有机合成农药。

(7)在林业有害生物防治工作中，要大力提倡和推广无公害防治，最大限度地减少对环境的污染。

(致谢：在调查工作中得到贵州省林科院森保所余金勇研究员指导并帮助鉴定部分标本，在此致谢。)

(刘永林 李宗华 陈素娇 余金勇)

参考文献：

汪世泽，等. 1993. 森林昆虫学. 北京：中国林业出版社

邓时荣，等. 1997. 贵州森林病虫. 贵阳：贵州人民出版社

第七章 贵州盘县八大山自然保护区社区发展

第一节 社会经济现状与社区发展对策初探

一、盘县基本情况

盘县地处云贵高原中部过渡地带，是珠江水系南北盘江支流的分水岭，隶属贵州六盘水市，位于滇、黔、桂三省区结合部，是贵州西大门。有着独特的区位、交通、资源等优势，被誉为“滇黔锁钥”、“川黔要塞”。国土面积4 056km^2，辖37个乡镇450个行政村49个社区(居委会)，人口118万，境内聚居汉、彝、苗、白、回等27个民族，少数民族人口占全县总人口的16.53%。全境地势西北高，东部和南部较低，中南部隆起。最高海拔2 865m，最低海拔735m，相对高差2 130m。由于地势的间隙抬升和南北盘江支流的切割，形成了层峦叠嶂，山高谷深的高原山地地貌。境内山地占总面积82.4%，丘陵占9.2%，平地占2.4%。属亚热带高原季风气候区，冬无严寒，夏无酷暑，年平均气温15.2C°，年均无霜期271d，日照时数1 593h；年均降水量1 390mm，雨热基本同季。

盘县森林覆盖率达43.06%，银杏在全县广泛分布，分布有“活化石”之称的千年古银杏树群，被誉为“世界古银杏之乡”，此外，红豆杉资源也十分丰富，2013年6月，被中国野生植物协会授予“中国红豆杉之乡”的称号。同时盘县是农业大县，畜牧业是农民增收的主要来源之一。近年来，盘县成为了贵州重要劳务输出大县，每年约20万农民到昆明、浙江、广东等地务工。盘县还是一个新兴的能源原材料工业区，境内蕴藏丰富的矿产，已探明的矿产资源有煤、铁、黄金等20多种，其中煤炭资源以储量大、品种全、质量优等特点著称，是全国重点产煤县之一，素有“江南煤海”之称。县域内现已探明储量105亿t，远景储量380亿t，储量分别占全省、全市的15%和60%，境内有盘江精煤公司、盘县电厂、盘南电厂、盘南煤矿等大中型煤电企业及200余家地方煤炭企业，是贵州省重点产煤县和“黔电送粤”重要电源点，被誉为“煤电之都”。

盘县文化底蕴深厚，历史悠久，民族风情浓郁。分布有全国重点文物保护单位、远古人类文明遗址——盘县大洞；贵州省爱国主义教育基地——盘县会议会址；大洞竹海、妥乐古银杏、坡上草原3个省级风景名胜区；以及碧云洞、丹霞山、古楼城等多个自然、人文景观，还拥有彝族火把节、回族古尔邦节、布依歌节等民族节日。

二、涉及乡镇的基本情况

拟建保护区涉及淤泥彝族乡、保基苗族彝族乡、普古彝族苗族乡。各乡基本情况如下：

(一)淤泥彝族乡

位于盘县北部，距县城红果88km，全乡国土面积17 520hm^2，其中：非林地面积7 541 hm^2，林地面积9 979 hm^2，森林覆盖率56.98%。辖19个行政村，1个居委会，154个村民小组，9 085户28 446人，居住着彝、白、汉、苗、布依等8个民族，少数民族占总人口的81%，彝族占61%，是盘县境内彝族最集中地区，2000年被省文化厅、六盘水市政府命名为“歌舞之乡”。火把节、水拌酒和山歌是淤泥彝族乡最具特色的民族文化。境内群山起伏，峰峦叠嶂，地形复杂，全乡最高点八大山2 558m，最低点嘎哒河1 360m，平均海拔约1 780m。属典型的喀斯特地貌，区域性地分布着石灰岩、砂岩、砂页岩，岩石裸露，土壤以黄壤、黄棕壤和沙土为主。全年气候温凉，干湿季节明显。农作物为玉米、水稻、小麦、豆类、薯类、荞等。

境内已探明分布有多种矿产资源，其中煤最为丰富，储量大、品种多、质量优，探明可采储量1.4亿吨，煤炭工业是全乡的支柱产业，其发展是全乡财政稳步增收的保证，现境内有10对年产20万t以上的煤矿，5个年洗30万t以上的洗煤厂，1个投资近2亿元的焦化厂。2008年完成原煤产量290万t，焦炭21万t，洗精煤95万t，电煤41万吨，实现财政税收3.457亿元；2009年完成原煤产量290万t，焦炭18万t，洗精煤136万t，实现财政税收4.179亿元，位居全县第二；2010年完成原煤产量300万t，实现财政税收5.03亿元。为乡里人提供了就业机会，大部分年轻人初、高中毕业后到煤矿上班，月收入2 000~4 000元不等。全乡紧紧围绕"兴煤强乡、农业富乡、以城带乡"的工作思路，科学引导煤矿企业做大做强，不断壮大财政税收，为全乡的经济社会发展提供物质保障；同时着力改善交通、电力、农田水利等基础设施建设，特别是在乡政府所在地的基础建设上狠下了工夫，街道边一色白墙青瓦的房屋，建筑风格充分体现了彝族民居的特色。

境内喀斯特峰林、峰丛气势磅礴，随处可见。此外，还分布有具"人间奇景"美誉的落泥"石里画廊"；令人流连忘返的沙河溶洞；观云海及俯瞰峰丛的绝好去处八大山；布满各色杜鹃的坡上草原；目前世界最深的天然沉井嘿白村白雨洞，比墨西哥巴霍天然井深14m。

(二)保基苗族彝族乡

位于盘县东北部，距县城红果82km，属全省百个一类贫困乡之一，全乡国土面积14 700 hm^2，其中林地面积10 584 hm^2，非林地4 116 hm^2，森林覆盖率63.04%。辖7个行政村94个村民组，4 486户15 600人，主要民族苗、彝、布依、白族等。属典型的喀斯特地貌，地势西南高、东北低，群山连绵，地形复杂，海拔落差较大，最高海拔2 375m；最低海拔为735m。

至2007年，全乡交通网络基本形成，230县道横贯该乡南北，通村公路率达100%，全乡实现100%的通电、通电话、通电视；通过实施小水窖建设，彻底解决了人民群众的人畜饮水问题。本乡为典型农业乡镇，其中陆家寨村等河谷地带主产水稻，同时也是全乡经济作物的开发区，经济作物出主要有甘蔗、莎仁、芭蕉、橘子、黄果等；水盘东线(230县道)沿线两侧主产玉米、洋芋、大蒜、土烟等，是全乡板栗、核桃、花椒的主要产区，一些分布高海拔地区的村民组是乌洋芋的主产区。

境内多峰丛、石锥、石柱、石剑、溶洞等，主要分布有脚踩洞、龙天佑墓、箐外高山、姊妹瀑、刀砍山、枪打眼、落水洞、谷中谷、蛤蟆山、民族村寨、格所河峡谷、陆家寨古榕树群，万亩枫林等景观。

(三)普古彝族苗族乡

位于盘县北部，距县城红果95km。全乡国土面积154.94km^2，辖19个行政村，143个村民组，8 537户，24 777人，居住彝、苗、白、布依、汉等多种民族，其中，彝族占45%、苗族占12%。属典型的喀斯特地貌，地形西高东低，层峦叠嶂，沟谷纵横，最高海拔2 561m，最低海拔900m，相对高差达1 660m，土壤以黄壤、黄棕壤为主，全年的气候干湿季节明显。目前全乡主要产业是畜牧、种植和2个租山办煤矿及9个沙石厂，全乡主要生产玉米、水稻、小麦、豆类、油菜、马铃薯等农作物，厂上红米及蚂蚁地"小乌洋芋"为远近闻名的农产品。境内矿产资源丰富，有硅铁矿、铅锌矿、猛矿、海贝花石、铜矿、花岗石等，其中硅铁矿储量大，约20km^2。

近年来，普古乡稳步推进"山、水、林、田、路"的基础设施建设，加快农业、畜牧养殖、林果蔬菜、观光农业、新农村建设等产业经济的发展，围绕六车河峡谷、天生桥等景区开发构建新型休闲度假区，逐步实现"农业生态化、工业科技化、旅游特色化"。以此同时还加强农业产业化基地建设和特色农产品开发，2012年底新建娘娘山喀斯特农业生态观光园，已投资3.4亿元，计划建成"产、供、销"一条龙的盘北工业园区后花园及蔬菜供应基地。

普古乡有着丰富的民族民间文化资源，特别是普古彝族的酒令舞，在全省的少数民族文化领域享有较高的声誉，被专家誉为仅次于侗族大歌的少数民族文化精品。曾获2008年多彩贵州"中天城"杯优秀奖，获“黄果树”三等奖。此外，还有许多经耳口相传而保留至今的传说，如舍烹水爬坡的传说，七宜克道教点及海家屋基传说、状元树和状元井传说、碧波滩龙华洞传说、斩龙山传说、信兴村的阿甲藏金洞和嘎木的仙人洞的传说等等……。乡境内喀斯特地貌独具特色，充分体现出“奇、秀、险、静”的特点。其中天生桥、落水洞和六车河大峡谷被六盘水市委、市人民政府列为全市地质公园开发的旅游景点。

三、拟建保护区涉及社区的基本情况

（一）保护区各功能分区涉及社区分布情况

盘县八大山保护区地理位置为北纬25°53′35″～26°6′12″，东经104°41′31″～104°57′47″。保护区包括八大山保护区和文阁大山保护点，总面积26 000 hm^2。其中：八大山保护区25 430 hm^2。其中核心区7622 hm^2，缓冲区11422 hm^2，实验区6383 hm^2；文阁大山保护点地理位置为北纬26°4′34″～26°5′48″，东经104°42′6″～104°49′1″，保护点面积570 hm^2。

八大山保护区涉及三个乡镇，其中普古彝族苗族乡6563 hm^2，涉及塘边村、七宜客村、陈家寨村、王家寨村、水坝村、坡脚村、勒米村、哈麻朱克村、新寨村、播秋村、天桥村、卧落村、舍烹村、嘎木村和厂上村共15个村；淤泥彝族乡8573 hm^2，涉及中心村、中合村、山峰村、联合村、嘿白村、大拨村、岩博村、苏座村、淤泥村、落脉穴村、罗多村和清水村共12个村；保基苗族彝族乡10864 hm^2，涉及雨那洼村、黄兴村、陆家寨村、厨子寨村、风座村、冷风村和榁腊村共7个村。文阁大山保护点属于普古彝族苗族乡，涉及水坝村、坡脚村、勒米村、哈麻朱克村、新寨村共5个村。

拟建保护区涉及3个乡，包括39个行政村，343个自然村寨，299个村民组，15 728户，50 256人，劳动力25 000个，以彝族、苗族为主要民族，少数民族人口占总人口76%以上。定居在保护区内有137个自然村寨，129个村民组，6 117户，20 974人。在缓冲、核心区分布有114个自然村寨，包括22个行政村，103个村民组，4 914户，16 166人；实验区分布有23个自然村寨，26个村民组，1 201户，4 808人。有劳动力外出务工，据不完全统计，每年外出务工人员大15 000人以上，总收入达1.5亿元以上 。

拟建保护区内村民大多择地而居，只要地势相对平缓，有可耕种的土地，便就近建房而居。村庄分布呈分散状况，村民受教育水平普遍不高，多数有文化的村民只是小学毕业，中学毕业的人数不多。上年纪的村民多为文盲和半文盲，甚至于不懂汉话。区内有中、小学校15所，在校学生7 421人，教师421人，孩子在村里只能接受小学教育，中学必须到乡（镇）或县城就读。

（二）保护区各功能分区的林地所有权及使用权

拟建保护区总面积26 000 hm^2。林地总面积为20 594 hm^2。林地所有权均为集体。林地使用权以集体为主，核心区林地面积7 580 hm^2，集体6 732 hm^2，缓冲区林地面积8 094 hm^2，集体5 283 hm^2，实验区林地面积4 350 hm^2，集体1 319 hm^2；文阁大山保护点林地面积570 hm^2，集体570 hm^2。

表7-1 拟建自然保护区林地所有权、使用权统计表

单位：hm^2

	核心区	缓冲区	实验区	文阁大山保护点	保护区
总面积	7 580	8 094	4 350	570	20 594
按林地所有权分	7 580	8 094	4 350	570	20 594
国有	0	0	0	0	0
集体	7 580	8 094	4 350	570	20 594
按林地使有权分	7 580	8 094	4 350	570	20 594
国有	0	0	0	0	0
集体	6 732	5 283	1 319	570	13 904
个人	848	2 811	3 031	0	6 690

（三）基础设施、能源及固定资产状况

拟建保护区内村民住房基本都是砖瓦房，大部分家庭基本都有电视、电磁炉、电饭锅等。绝大多数家庭能源以电为主，做菜饭主要都用电磁炉和电饭锅，少数用煤，一些家庭已建沼气池，烧柴农户为极少数，主要是孤寡老人等困难户。

（四）医疗卫生、交通、通讯及饮水条件

拟建保护区内有医疗机构3家，下辖4个乡村诊所，93名医务人员，住院床位160个。目前，区内通乡、村级公路，但路况较差，缺少维护，小型机动车、越野车可以通行，雨天则泥泞难行。一些村组至今没有通组公路，进寨路只是一人宽的小径，搬运物品完全依靠人力。目前通讯网络覆盖了各个村寨，且通电和广播电视。部分村寨日常用水为从山中引来的泉水，水质较好，但尚有部分村寨因无常流取水点，靠雨季引水入窖解决人畜饮水困难。

（五）土地利用状况

拟建保护区内共有田土4 100 hm^2，平地少、坡地多。实施退耕还林工程后，绝大部分25°以上坡耕地已退耕，种植茶叶和果树等。

（六）经济状况

据统计，2012年拟建保护区内社区人均收入4 369元，人均产粮300kg，吃粮基本能自给，一般情况下，村民家庭收支基本平衡。若遇建房、红白喜事或家庭成员生病等情况就会出现超支。家庭收入主要是外出务工和常规种养殖业，无劳动力家庭基本靠政府性政策支助。外出务工已成为农民收入稳定的增长源，部分青壮年劳动力长年外出打工，主要打工地点包括上海、广东、浙江等省份，部分劳动力就近到当地煤矿打工。生产的粮食一般不出售，用于食用、作饲料和酿酒。家庭支出分为生产性支出和生活支出两部分。生产性支出主要用于购置农具、化肥、种子和农药等。生活支出主要用于日常支出，包括购买生活必需品、子女教育、治病养老、子女婚嫁及建房等。此外，人亲往来也是家庭一项大支出，经常都有近邻亲朋请客办酒，每年礼金都需要几千元。

四、拟建保护区涉及社区产业发展情况

（一）农业

拟建保护区内农作物以玉米为主，兼有洋芋、红薯，其中小乌洋芋为本地特产，地势较低河谷地带种植少量水稻，在保基乡一带出产红米。田间劳动主要依靠人畜力，耕地多为望天田，产量低，不具备灌溉条件。

（二）林业

拟建保护区林业基础好，发展迅速，资源保护管理有力，特别是实施退耕还林、珠防林、石漠化治理、公益林等国家林业重点工程后，石漠化得到有效遏制，所有宜林地变为有林地，绝大部分25°以上坡耕地退耕种植茶叶、柑橘、梨、桃、板栗、核桃等。森林覆盖率高于全县平均水平43.06%近36个百分点。

（三）畜牧业

拟建保护区内各村寨畜牧业一直没有形成规模和产业，各家养殖的牲畜仅供自用。养殖种类为牛、羊、猪、鸡等，管理粗放，每年4~9月，基本是以自然村寨为单位轮流放养，每年10月~翌年3月间，农户早晨把牲畜赶上山散养，傍晚时分再赶回圈或顺其自然，部分牲畜为圈养，吃干草或粉碎饲料等。

（四）旅游业

拟建保护区内及周边区域旅游资源丰富，喀斯特地貌独具特色，集“奇、秀、险、静”为一体。分布有落泥“石里画廊”、嘿白村白雨洞、沙河龙滩口溶洞、普古天生桥、坡上草原省级名胜风景区、格所河峡谷和六车河大峡谷等自然景观资源，同时民族文化也十分丰富，舍烹水爬坡的传说，海家屋基

传说、状元树和状元井传说、碧波滩龙华洞传说等为这一区域涂上神秘色彩，让人向往憧憬。由于交通等原因的制约，盘县的旅游业尚处于起步阶段，但大有后发赶超之势。

五、资源保护与当地社区的主要冲突

(一)森林资源

(1)采伐坑木及排材：盘县一直是贵州省重点产煤县，是全国重点产煤县之一，目前是“黔电送粤”重要电源点，被誉为“煤电之都”，煤炭资源的开发利用历史悠久。煤炭资源的开发利用无疑对县域经济的发展起到至关重要的作用，但同时也给全县的森林资源带来破坏。以2010年淤泥彝族乡完成原煤产量300万t计，年需采伐坑木及排材需要量为4万多m^3，尽管目前矿区在推行金属液压支柱替代坑木，对森林资源的需求大大减少。同时拟建保护区林地基本属于公益林，有公益林采伐的相关规定，林农均签订了禁止或限制采伐协议，但在经济利益驱使下，偷砍盗伐林木现象也时有发生。

(2)采集薪柴：过去，拟建保护区内大部分家庭尽管已使用电饭锅等，但薪柴仍然是主要的燃料，主要用于煮猪食、取暖、熏肉等。据调查，平均每户每天平均需干柴量为30kg左右，区内社区共15 728户，每年薪材需要量为172 221.6t。村民采集薪材具有普遍性和毁灭性，多喜欢多年生、生长缓慢的原生阔叶树种，一般直径在3～10cm，便于采集、搬运和使用等，但近年来，由于大部分劳动力外出务工，大牲畜饲养量减少等原因，生活采集薪柴用量减少，森林资源增多，仅树枝枯梢等基本能满足农民生活用柴。资源保护和利用矛盾有所缓解。

(3)火灾：拟建保护区内多有火灾发生，如八大山顶一带就有火灾痕迹，村民为了方便采蕨菜、放牧等，常不定期放火烧坡，有时仅仅是为了方便夜间行走带火把上山，因处理不当而造成火灾。近年来，各级党委政府及林业部门高度重视森林火灾的防范和宣传，森林火灾发生率有所下降。

(二)野生动物资源

狩猎：拟建保护区内多为彝族和苗族，传统上均属擅长狩猎的民族，主要采用猎枪、铁铗、套索、粘网等工具进行狩猎。过去，区域内野生动物物种丰富，有老虎、金钱豹、狼等。因动物生存环境的破坏加之人类追求经济利益的无序猎杀，造成大量的野生动物迁徙和消失，能见到的所剩无几。近年来，区域生态环境的不断改善，执法部门对非法狩猎者的严厉打击，非法狩猎活动大大减少，野生动物得到有效保护，一些动物正向此区域回迁。如猕猴等。

野生动物偶有为害庄稼的现象，因野生动物少，加之林中开垦的土地基本荒芜不再种植，人与动物矛盾不突出。

(三)文化冲突

由于受到外来文化的影响和冲击，彝族、苗族传统文化受到很大影响，民族服饰已从日常生活中退出，服饰上的民族特色已不分明，但历经几百年传承下来的一些特有风俗习惯和传统价值观尚存，多数家庭至今保留捕鸟喂养的习惯，饲养种类为画眉、八哥、黄豆雀等，多用粘网猎捕鸟类。

六、当前发展中面临的问题和困难

(一)社区基础设施落后，医疗及教育资源缺乏

虽然近年来政府加大了投入扶持力度，着力改善村组基础设施，但因历史上贫困程度较深，居住分散等原因，目前，拟建保护区内社区基础设施仍处于落后状况，基础设施薄弱已成为阻碍经济发展的一大瓶颈：其一，一些边远村组路通而不畅，还处于出行基本靠步行、动力基本靠牲口的状态，阻碍了村组与外界的联系和交流。其二，医疗条件较差，就医难。乡村诊所只能为常见病做出初步诊断和简单治疗，如有重急病则需要到县城或贵阳等地治疗。近年来，多数家庭加入农村新型合作医疗得到实惠，看病难、看不起病的现象有了明显缓解，因病造成返贫和致贫现象得到有效控制。其三、教育条件差，上学难。以保护区涉及的保基苗族彝族乡为例，拟建保护区涉及雨那洼村、黄兴村、陆家寨村、厨子寨村、风座村、冷风村和桎腊村共7个村。仅有两个小学教学点，初中只有乡所在地有一

所学校，学前教育根本无法开设。

（二）缺乏市场信息，农业科技落后

村民获取信息的渠道不多，只能通过电视、收音机了解外界，对农产品市场行情不清楚，不知道自己找市场，也不知道如何找市场。无及时、可靠和有价值的信息，无法进行正确市场判断，只能盲目跟风或一味旁观。另外，村民普遍缺乏病虫害防治、果树和农作物的科学管理知识，许多人根本不知道作物有何病害，更不知道如何防治。

（三）社区年龄结构不合理，劳动力素质低

拟建保护区内劳动力外出务工人数呈逐年上升趋势。大量劳动力外出，造成村寨留守人员多为老人、妇女和儿童，社区年龄结构不合理，缺乏劳动力，导致许多田土无人耕种。另，劳动力受教育程度普遍较低，对新事物接受能力弱，难以接受新技术和方法，缺乏市场竞争意识和应用新品种、开拓市场的意识，导致农业生产普遍沿袭传统模式，种植结构优化缓慢，制约了社区经济的发展。同时，劳动力素质低，基本为接受过职能技术培训，直接妨碍了他们对劳动技能的获取，特别是对高技术含量技能的获取，从而限制了外出打工就业机会的获取和工资的提高。据调查，大多数外出务工农民主要从事种植、养殖业，从事重体力劳动者至少占外出打工人数的90%左右，且收入不高。

七、建议

（一）采用社区共管模式进行保护区管理，缓解资源保护与利用冲突

由于拟建保护区均为集体林，如若把社区排斥在保护区管理之处，就等于将其所属的自然资源从一个完整的生态环境系统中割裂出去，必然造成生态系统完整性的破坏。因此，要实现自然资源有效管理，实行社区共管是必要的。建议保护区成立后采取小机构大社区的格局，建立开放的保护区管理体制，依靠政府与社区的力量开展保护区管护工作。可设立一个编制人数较少的保护区管理机构处理日常事务，组建由盘县政府、县林业局、县农业局等相关单位共同组成的保护区共管委员会，形成“共管委员会——乡（镇）共管领导组——村级领导小组”三级管理网络体系，只有让社区成为保护区的管理者和主人，才能缓解资源保护与利用的冲突，使自然资源和环境得到有效保护。

（二）挖掘传统产业，推进产业化发展

拟建保护区社区发展要有科学的、长期的规划，并应坚持因地制宜的原则。全面规划、合理布局是促进农林业生态良性循环的关键。要善于发现自己的传统特色产品，认真挖掘、赋予其文化内涵，做精做好，使其成为盘县的名片。应在区内社区发展本地特色农业品种——乌洋芋和红米等种植，扩大种植规模，积极推进产业化发展进程，打破以家庭经营体制为主的形式，形成区域性特色产业，推进标准化生产，建立健全深加工体系，形成产业链，增加附加值。通过申请品牌商标，进行产品生产基地认定，提高知名度和市场竞争力。

（三）加强农业科技推广，发展绿色产业

搭建农业科技推广和转化的平台，引进以资源高效利用为主的生态农业科技，建立粮食作物——经济作物——饲料——养殖一体化高效持续农业生态系统，实现农产品优质、无公害和农业生产废物的资源化。综合高效利用区内有限的土地资源与特殊的气候、环境资源，争取政策扶持，大力发展林下经济，通过实施林下放养土鸡，发展特种养殖，林药结合的种养殖模式，发展绿色食品和药材产业，改变社区农业生产、管理技术落后状况。促进增收，实现农业得发展、自然得保护的双赢目标。

（四）培养新型农民，并加强外出务工人员技能培训

拟建保护区内农、林、牧业要向结构合理化、产业效率化方向发展离不开科学技术，因此必须帮助青年劳动力掌握更多的文化知识。要对村民进行农业、林业、畜牧业技术服务指导，组织科技人员送科技下乡，为其提供科技培训、咨询，解决生产中出现的实际问题，及时为村民更新信息资源，为农村培养懂科学的新型农民。同时，针对当前打工热持续高涨的情况，组织开展务工技能培训，如进行电工、财务知识等培训，帮助其提高生存能力和个人素质。

（五）适度开展生态旅游，让当地社区受益，增进社区保护自然的主动性

拟建保护区应依托优美秀丽自然风光、众多的人文景观和农村优美的田园风光等资源优势，适度开展生态旅游，在拟建保护区实验区内扎实推进新农村建设，鼓励和支持村民以自家民居为经营场地开展农家乐，为游客提供食宿、娱乐、体验农事和简朴农家生活、品尝新鲜瓜果蔬菜等服务，展示保护区人与自然互惠互利、和谐共处的自然生态和极富特色的乡土文化，促进农村的生态效益转化为经济效益，使村民体会到生态效益与经济效益的联系，从而增强其对生态建设和生态保护的自觉性和积极性。

（鸣谢：在野外调查中，得到盘县林业局各位同志及各相关乡镇、各村委会领导和村民、六盘水市林业局杨中甫同志、省野生动物和森林植物管理站陈东升、江亚猛、张新国、梵净山国家级自然保护区雷孝平同志的帮助和大力支持，在此一并致以由衷感谢！）

（朱惊毅　郭　应　张智标　李中华）

参考文献

国家林业局野生动植物保护司．自然保护区现代管理概论．北京：中国林业出版社。
国家林业局世界银行贷款项目管理中心．自然保护区参与式社区管理手册．北京：中国环境科学出版社。
国家林业局世界银行贷款项目管理中心．自然保护区管理手册．北京：中国环境科学出版社。

第二节　保护区区划

为充分发挥保护区的多种功能，通常对自然保护区实行分区管理。这样既可以把人为活动限制在一定范围之内，又有利于有效保护主要保护对象。要对自然保护区实行分区管理，首先就要对自然保护区进行功能区划。按照八大山自然保护区自然资源的特点和主要保护对象的分布状况，区划为 3 个核心区、1 个缓冲区、3 个实验区和 1 个保护点。

一、基本情况

（一）地理位置与范围

盘县八大山保护区（以下简称“保护区”）位于贵州省西部盘县北部，地处滇、黔、桂三省结合部，东邻普安县，南连兴义市，西与云南省宣威和富源县交界，北与水城县接壤。所辖范围有盘县普古彝族苗族乡、淤泥彝族乡和保基苗族彝族乡，总面积 26 000 hm^2，地理位置为北纬 25°53′35″～26°6′12″，东经 104°41′31″～104°57′47″之间。

（二）保护区性质

保护区是亚热带常绿阔叶落叶混交林生态系统保护区，以保护亚热带较为典型的常绿阔叶落叶混交林生态系统及其丰富的物种资源和珍稀濒危动植物为主体的自然保护区。

（三）保护对象

保护区主要保护对象是亚热带常绿落叶阔叶混交林生态系统。重点保护对象有国家Ⅰ级重点保护植物红豆杉、云南穗花杉和珙桐树等 6 种，Ⅱ级保护植物 7 种；国家Ⅰ级重点保护动物 2 种。

（四）保护类型

盘县八大山保护区是以保护原生性常绿落叶阔叶林及珍稀动植物资源为主，同时保护各类植被和自然资源，进行资源管理，科学研究和综合经营利用的具有多方面保护价值的森林和野生动植物类型自然保护区。

二、区划原则

（一）科学性原则

根据主要保护对象自然环境和自然资源及社会经济等因素，采取科学的区划方法，因地制宜地确

定各功能区的空间位置和范围等。对迁徙性和洄游性野生动物为主要保护对象的自然保护区，应采取科学而灵活的区划方法。

（二）针对性原则

针对主要保护对象的分布、数量以及面临的各种干扰因素，确定各功能区的空间位置和范围。

（三）完整性原则

为保证主要保护对象的长期安全及生境的持久稳定，应确保各功能区的完整性。

（四）协调性原则

确定功能区的布局应充分考虑当地社区生产生活的基本需要和社会经济的发展需求。

三、区划依据

（一）法律法规依据

(1)《中华人民共和国森林法》；

(2)《中华人民共和国环境保护法》；

(3)《中华人民共和国野生动物保护法》；

(4)《中华人民共和国保护区管理条例》；

(5)《森林和野生动物类型自然保护区管理办法》；

(6)《自然保护区工程总体规划技术规程》(GB/T20399～2006)；

(7)《自然保护区工程项目建设标准》(试行)[林计发(2002)242 号]；

(8)《国务院办公厅关于做好自然保护区管理工作的通知》(国办发[2010]63 号)；

(9)《国家林业局关于编制国家级自然保护区总体规划有关问题的通知》(林规发[2010]172 号)；

(10)《盘县林地保护利用规划(2010～2020 年)》。

（二）基础资料依据

保护对象方面，主要包括植被类型和分布情况，野生动植物种类、种群、栖息地及分布等方面的资料；

自然环境与自然资源方面，主要包括地质、地貌、土壤、气候、水文、矿产、地热、自然灾害等资料；

社会经济方面，包括历史和文化古迹、人口、行政区划、国民经济基础设施、社区生活配套设施、经济状况、自然保护区基础设施、自然保护区土地利用状况和土地权属、自然保护区资源开发利用等方面的资料；

测绘资料方面，包括地形图和专业图，其中专业图主要指遥感影像(航片、卫片)、地下溶洞与河流测图、地下工程与管网等专业测图。

（三）各功能区划分依据

1. 核心区

将保护区内保存完好的自然生态系统、珍稀濒危野生动植物和自然遗迹的集中分布区域划入核心区。根据主要保护对象的分布及生存需求空间和自然环境状况，确定核心区的空间位置和范围；也可根据关键种及其生境的分布状况确定核心区范围。

2. 缓冲区

在核心区外围根据外界干扰因素的类型和强度确定缓冲区的空间位置和范围。自然保护区内存在的隔离网、隔离墙等物理隔离带也可以作为缓冲区。核心区外围是另一个自然保护区的核心区或缓冲区，或者核心区边界有悬崖、峭壁、河流等较好自然隔离的地段，可以不划分缓冲区。

3. 实验区

在划定自然保护区核心区和缓冲区后，其他区域为实验区。根据自然保护区建设、管理和发展的需要，确定实验区内生产经营小区、生态旅游小区、科学实验小区、宣传教育小区、生活办公小区等空间位置和范围。

四、功能区划结果

（一）核心区

盘县八大山自然保护区共区划三个核心区，分别为八大山核心区、雨那凹核心区和冷风核心区。

1. 八大山核心区

八大山核心区位于自然保护区中部，主要分布在淤泥苗族乡境内，东起厂上，南至洁水、罗多一线，西至大拨米，北到中合、山峰，面积 4 415 hm^2，包含了八大山的主要山体。大部分海拔分布在 1 900 ~2 500m，主峰最高海拔 2 560m。

本区主要分布的珍稀保护树种有云南穗花杉、红豆杉等国家一级保护植物，分布的野生动物有黑叶猴、猕猴、小灵猫等，还分布有原生性的常绿阔叶落叶林生态系统，丰富的湿地资源以及森林景观都具有极高的保护价值。

2. 雨那凹核心区

雨那凹核心区位于保护区东北部，全部位于保基苗族彝族乡境内，呈东北至西南走向的长条状。该区由雨那凹村和黄兴村的部分区域构成，两村村界将该区分成面积近似相等的两部分，面积 2 245hm^2，海拔分布在 760 ~1 000m。

本区主要保护对象有：红豆树、云南穗花杉、红豆杉等国家一级保护植物，大面积分布的古榕树群；6km 暗河、地漏等天然景观。

3. 冷风核心区

冷风核心区位于保护区东南角，全部位于保基苗族彝族乡境内冷风、垤腊、厨子寨 3 村的结合部，面积 965hm^2，海拔分布在 1 700 ~2 100m。

本区主要保护对象有：红豆杉、云南穗花杉、光叶珙桐等国家一级保护植物，天然次生林生态系统以及化石矿物等。

（二）缓冲区

根据自然保护区的自然地理、社会条件，为了有效地保护好核心区，分别在各核心区外围划出了相应的地带作为缓冲区，面积 11 422hm^2，占自然保护区总面积的 43.1%，其界线以自然界线为主。缓冲区以保护和恢复植被为主，只允许有限的野生植物标本采集，不允许从事其他生产经营性活动，确保森林植被的恢复和发展。

在淤泥彝族乡境内东起洁水，西至淤泥村的缓冲区，宽度 150 ~400m 之间，紧护在八大山核心区周围，缓冲区外围分布有较大面积的农田与零散的农户。这一带是自然保护区最特殊的一段，也是核心区保护难度最大的一段，应该做好宣传教育工作和森林保护措施，以确保核心区森林资源的安全。

（三）实验区

除核心区、缓冲区以及一个独立的保护点外，自然保护区的其余部分划定为实验区。实验区面积 6 383hm^2，占保护区总面积的 24.1%，分别为分布在普古彝族苗族乡的水坝实验区、厂上实验区以及分布在保基苗族彝族乡的厨子寨实验区。

实验区的主要任务是积极恢复原有森林植被，使整个森林生态系统得到有效恢复和发展。在保护的前提下，允许采取人为措施，开展科学实验、教学实习、参观考察、生态旅游、驯养繁殖和综合经营利用，以达到“护山富民”的目的。本次规划拟在水坝实验区内设六车河旅游小区，在不破坏保护区生态系统及动植物生存环境的前提下，适度进行生态旅游开发。六车河旅游小区位于保护区北部普古彝族苗族乡境内，峡谷水面海拔约 750m，两岸为峭岩绝壁，最新一次切割的垂直峡谷深达 300 ~500m。峡谷全长 20km，两壁拔地千尺，陡峭直立，谷底河宽约 10m，水流潺潺，清澈见底，峡谷曲折幽深，景观肃人。在谷口，两壁挂满了黄褐色的悬垂物，形态各异，千奇百怪。大自然的鬼斧神工对他们进行了锉、磨、消、刮，造就了这奇峰峥嵘、雄伟壮观的陡崖景观，领略六车河峡谷风光是一种美的享受。

（四）文阁大山保护点

文阁大山位于普古彝族苗族乡的北边境线上，东西走向呈条带状，东起新寨，西至哈麻朱克，绵延12km，面积570hm²，主峰海拔在2 500－2 700m之间。由于文阁大山与保护区主体相隔较远，不便于和保护区相连，将其设为独立的保护点。其独特、险峻的地形地貌优势，为保护点构成了天然的保护屏障。

保护点有独特的原生性高山植被景观以及丰富的湿地资源，并成片分布有珙桐、红豆杉等国家一级保护树种以及其它珍稀野生动植物资源。保护点海拔较高，峰顶长期云雾缭绕，行成了虚幻缥缈的奇妙景观(图7-1)。

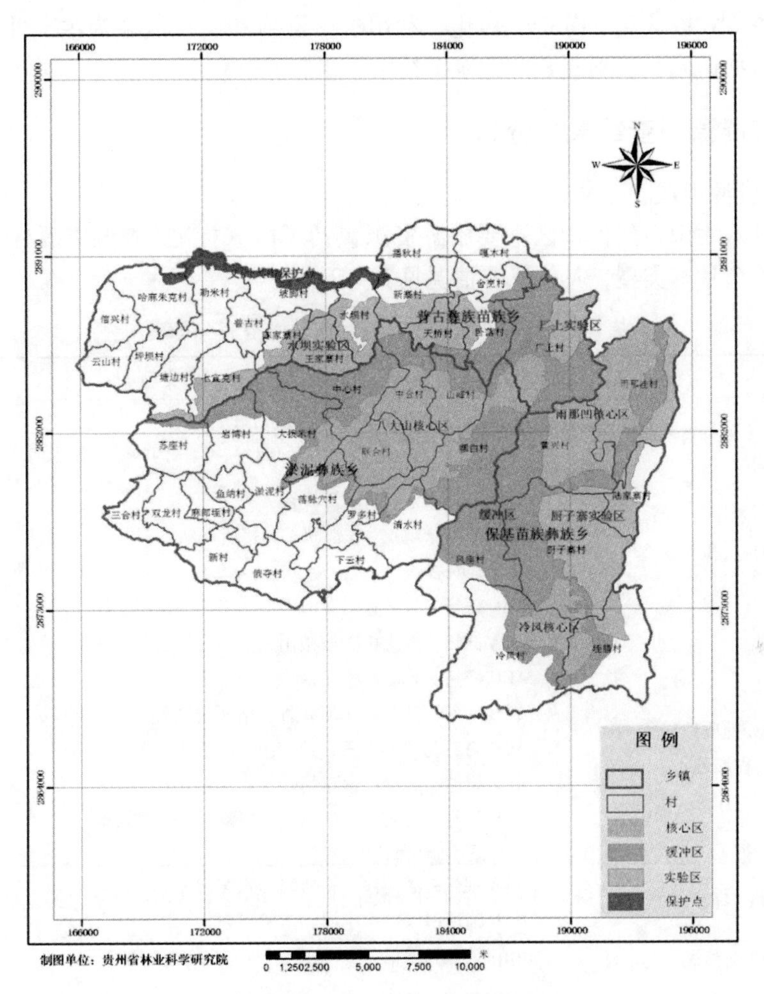

图7-1　盘县八大山自然保护区功能分区图

（王新宇　罗　扬）

第三节　生态旅游资源现状及评价

盘县八大山自然保护区境内植被保存较好，动植物资源丰富，生物景观类型多样，地质景观奇特，世居有彝族、苗族、布依族等少数民族，文化底蕴厚重，保护区地文景观、生物景观、人文景观、天象景观、水文景观丰富，构成了保护区良好的旅游资源本底。

一、保护区概况

盘县八大山保护区包括八大山保护区和文阁大山保护点，总面积26 000hm^2。其中：八大山保护区25 430 hm^2，地理位置为北纬25°53′35″～26°6′12″，东经104°41′31″～104°57′47″之间；文阁大山保护点570 hm^2，北纬26°4′34″～26°5′48″，东经104°42′6″～104°49′1″。

二、调查研究方法

依据《旅游资源分类、调查与评价》(GB/T18972—2003)开展了保护区范围内生态旅游资源调查和风景资源质量评价。旅游资源调查时，采用概查方法进行，充分利用与保护区旅游资源有关的各种资料和研究成果，调查方式以收集、分析、转化、利用这些资料和研究成果为主，并对旅游资源单体进行现场调查核实，包括访问、实地观察、记录、绘图、摄影。

三、生态旅游资源调查结果与分析

（一）生态旅游资源组成

根据调查，盘县八大山自然保护区主要旅游资源包括了国家标准《旅游资源分类、调查与评价》7个主类17个亚类35个基本类型，具体资源情况见表7-2。

表7-2　盘县八大山自然保护区旅游资源分类表

主类	亚类	基本类型
A 地文景观	AA 综合自然旅游地	AAA 山丘型旅游地：八大山、娘娘山
		AAB 谷地型旅游地：格所河峡谷、六车河峡谷、淤泥河
	AB 沉积与构造	ABA 断层景观：六车河峡谷
		ABC 节理景观：六车河峡谷、格所河峡谷、陆家寨峡谷
		ABE 钙华与泉华：六车河出口、格所河出口
	AC 地质地貌过程形迹	ACA 凸峰：八大山、娘娘山
		ACC 峰丛：陈家寨喀斯特峰丛
		ACG 峡谷段落：六车河峡谷、格所河峡谷
		ACE 奇特与象形山石：蛤蟆山、刀砍山
		ACF 岩壁与岩缝：六车河峡谷
		ACL 岩石洞与岩穴：沙河龙潭口溶洞、舍烹溶洞、枪打眼、躲反洞
B 水域风光	BA 河段	BAA 观光游憩河段：格所河、六车河
		BAB 暗河河段：六车河、格所河
	BB 天然湖泊与池沼	BBB 沼泽与湿地：娘娘山
	BC 瀑布	BCA 悬瀑：陆家寨瀑布、格所河溶洞瀑布、娘娘山瀑布
C 生物景观	CA 树木	CAA 林地：乔木林、森林湿地
		CAB 丛树：阔叶林、针叶林、针阔混交林等
		CAC 独树：香果树古树、榕树古树群
	CB 草原与草地	CBA 草地：八大山草坡
	CC 花卉地	CCA 草场花卉地：八大山草坡
		CCB 林间花卉地：八大山、娘娘山、陆家寨
	CD 野生动物栖息地	CDA 水生动物栖息地：格所河、六车河、淤泥河、普古河
		CDB 陆地动物栖息地：八大山、娘娘山
		CDC 鸟类栖息地：乔木林、灌木林

（续）

主类	亚类	基本类型
D 天象与气候景观	DA 光现象	DAA 日月星辰观察地：八大山、娘娘山
	DB 天气与气候现象	DBA 云雾多发区：八大山、娘娘山 DBB 避暑气候地：八大山、娘娘山
F 建筑与设施	FA 综合人文旅游地	FAK 景物观赏点：八大山、娘娘山、陆家寨、六车河
	FD 居住地与社区	FDA 传统与乡土建筑：彝族民居建筑、布依族民居建筑 FDC 特色社区：陆家寨
	FE 归葬地	FEB 墓(群)：龙天佑总兵墓
G 旅游商品	GA 地方旅游商品	GAA 菜品饮食：荷叶糯米鸡、冲冲糕、鸡蛋面等 GAB 农林畜产品与制品：竹工艺品、蜡染等
H 人文活动	HC 民间习俗	HCA 地方风俗与民间礼仪：要马节等 HCC 民间演艺：八音坐唱
数量统计		
7 主类	17 亚类	35 基本类型

（二）分析与评价

1. 旅游资源特征

(1)生物资源丰富

保护区现在共有各类生物 515 科 1 649 属 3 184 种(含种以下变种、亚种等，下同)，包含了各专题研究中出现的种类(相同的种只统计 1 次)，其中，大型真菌 47 科 92 属 193 种，植物种类有 245 科 801 属 1 985 种，动物种类有 45 目 223 科 756 属 987 种。其中，列为国家Ⅰ级保护的野生植物有 6 种，Ⅱ级保护的植物有 7 种；兰科植物 55 种，有其他重要保护价值的有 12 种；列为国家Ⅰ级保护的野生动物有 2 种，Ⅱ级保护的动物有 20 种。通过调查研究，发现了植物新种 1 个种(待发表)，贵州新记录科 1 个，贵州新记录 25 种；动物中中国新记录 1(蜘蛛)，贵州新记录 19 个(蜘蛛)，贵州特有 4 种(蜘蛛 3 种、两栖 1 种)，盘县特有种类 4 种，中国特有动物 2 种(两栖)。盘县八大山自然保护区森林繁茂，高差明显，生物资源丰富。

(2)地文景观奇特

保护区范围属喀斯特地貌类型，境内地形复杂多变，地貌破碎，溶洞、溶沟、峰丛、峰林、石林、竖洞、狭谷星罗棋布散布于其间，地文景观奇特丰富。

(3)气候凉爽

盘县八大山自然保护区为亚热带夏湿春干温暖湿润气候区，由于保护区地处高原面，保护区温度日变化和年变化都比较大，没有噪音和大气污染，空气负氧离子含量高，生态环境幽雅，气候凉爽。

根据考察，本保护区旅游资源以地文景观和生物景观相互融合，互为增辉。

2. 旅游资源空间布局

(1)旅游资源组合情况

保护区旅游资源分布广，按照景观资源集中程度进行划分，保护区大致可分为三个组团，即东面的格所河组团，北面的娘娘山组团，北面的六车河组团，各组团均以山、水和奇特的喀斯特景观为主要景观资源。

①格所河组团：该组团以格所河为景观连线，以格所河、梭罗山、陆家寨、岩脚、厨子寨为景域，地处格所河峡谷，地势相对较为陡峭，区域内植被丰茂，有水域风光、田园风光、喀斯特洞穴、暗河。组成该组团的森林景观有枫香林、古榕树群等，水体景观有格所河、格所河倒流水，格所河电站、格所河溶洞瀑布等；人文景观有陆家寨布依村；地文景观有溶洞、竖洞、地下河、断崖。该组团以地文景观为突出，可观可游，景观变化大，气候凉爽，可进入性较好。

②娘娘山组团：该组团以娘娘山为景域，地处高原台面，地势切割较大，台原森林景观、高原湿地、湖光山色兼有。组成该组团的森林景观有柳杉林、云南含笑灌丛、山茶灌丛等，主体水体景观为娘娘山瀑布，人文景观有彝族古老村寨，该组团交通便利，可进入性较好。

③六车河组团：该组团以六车河、舍烹、嘎木为景域，地形切割较大，陡崖、溶洞、田园风光、峡谷风光兼有。组成该组团的森林景观有次生阔叶林为主，主体水体景观为六车河、六车河电站，地文景观有舍烹溶洞、六车河陡崖、六车河峡谷，该组团交通便利，可进入性较好。

(2)旅游资源与功能区

根据已初步完成的盘县八大山自然保护区功能分区，上述旅游资源中，格所河组团、六车河组团分布于实验区，交通相对便利；娘娘山组团分布核心区，交通相对便利。

综上，保护区旅游资源丰富，集地文景观、水文景观、人文景观、生物景观、天象景观为一体，组合性较好。

3. 风景资源质量评价

参照《旅游资源分类、调查与评价》(GB/T18972—2003)的旅游资源分类系统对旅游资源单体进行评价，评价项目由资源要素、资源影响力、附加值组成，分另对每个单体和观赏游憩价值、历史文化科学艺术价值、珍稀奇特程度、规模(丰度)与几率、完整性、知名度和影响力、适游期、环境保护与环境安全等因素进行打分，根据打分评价，盘县八大山自然保护区五级旅游资源点2处，四级旅游资源点8处，分别是脚踩洞、六车河峡谷、格所河峡谷、陆家寨布依村、保基田园风光、龙天佑总兵墓、陆家寨枫香林、沙河龙潭口溶洞、娘娘山、八大山等，其余各景点均为三级以下，说明盘县八大山自然保护区旅游资源处于较好水平。五级和四级资源点评分情况见表7-3。

表7-3 盘县八大山自然保护区重点旅游资源质量等级评价结果一览表

序号	旅游资源名称	资源类型	分值	等级
1	脚踩洞	综合型	92	五级
2	六车河峡谷	综合型	88	五级
3	格所河峡谷	综合型	84	四级
4	陆家寨布依村	综合型	80	四级
5	保基田园风光	自然资源	78	四级
6	龙天佑总兵墓	人文资源	81	四级
7	陆家寨枫香林	自然资源	81	四级
8	沙河龙潭口溶洞	自然资源	82	四级
9	娘娘山	综合型	84	四级
10	八大山	综合型	84	四级

(三)旅游资源开发潜力与途径分析

1. 旅游资源优势分析

(1)资源类型较为丰富

从上述资源分类评价中，盘县八大山自然保护区旅游资源拥有8个主类的7个，占总主类的87.5%，31个亚类中的17个，占54.9%；155个基本类型中的35个，占22.6%。亚类比率占总亚类的一半，基本类型接近五分之一，有雄奇的喀斯特地文景观、茂密的森林景观、险峻的峡谷风光、恬静的田园风光，资源类型较为丰富。

(2)资源整体品质较好

保护区范围有世界级旅游资源2项，国家级旅游资源8项，说明盘县八大山自然保护区旅游资源整体品质较好，应借助保护区建设的同时，加强保护区旅游资源的保护和培育。

(3) 区位条件较好

随着盘县经济社会的发展，参加生态旅游，回归大自然的人将越来越多，保护区格所河旅游开发已纳入盘县招商引资项目目录，并有较好的公路通达，开发建设条件较好。

2. 旅游资源开发的劣势分析

(1) 自然资源同质性问题突出

保护区自然资源主要是山地、森林、河流，与周边区域的乌蒙山国家地质公园主体旅游资源存在较大的同质性。

(2) 资源开发投入需求巨大

保护区交通条件差，基础设施简陋，旅游服务接待设施总体上处于空白，投入需求量大，政府投入极其有限，可能对旅游资源开发形成较大制约。

3. 旅游资源开发利条件用评价

(1) 具有良好的旅游资源景观价值

根据《旅游资源分类、调查与评价》(GB/T18972—2003) 中旅游资源评价赋分标准评价因子，对旅游资源景观分为 8 个方面进行评价，即：观赏游憩使用价值、历史文化科学艺术价值、珍稀奇特程度、规模丰度与几率、完整性、知名度和影响力、适游期或使用范围、环境保护与环境安全。前面资源等级评价中优良级占一定比例，已体现出盘县八大山自然保护区具有良好的旅游资源景观价值。

(2) 资源有较好的互补性

盘县八大山自然保护区旅游资源组合了地文资源、人文资源、生物资源、水文资源，其中格所河将溶洞、竖洞、天坑、峡谷风光、古朴布依民居民俗、田园风光、生物景观融为一体，资源组合度高，互补性强，交通便利，可开展生态休闲、科学考察、健身、探险等旅游活动。

(3) 具有较好的开发利用条件

根据《中国森林公园风景资源质量等级评定》(GB/T18005 - 1999)，自然保护区旅游开发利用条件指标包括保护区可开发旅游区域面积、旅游适游期、区位条件、外部交通、内部交通、基础设施条件。自然保护区旅游开发利用条件评价分值由各项指标分值累加获得。自然保护区开发利用条件评价评分标准满分值为 10 分，按照评分标准，盘县八大山自然保护区旅游开发利用条件的评价得分为 6.0 分，详见下表 7-4。

表 7-4 盘县八大山自然保护区旅游开发利用条件评价表

评价项目		评价指标	评价标准分值	评价得分值
保护区面积		保护区可开展旅游规划面积大于 500 hm^2	1.0	1.0
旅游适游期		大于或等于 240 天/年	1.5	1.5
区位条件		100km 内有著名的旅游区(点)(邻近有乌蒙山国家地质公园)	1.5	1.5
外部交通	铁路	50km 内通铁路，在铁路干线上，中等或大站，客流量大	1.0	
		50km 内通铁路，不在铁路干线上，客流量小	0.5	0.5
	公路	国道或高等级公路或省道，有交通车随时可达，客流量大	1.0	
		省道或县级道路，交通车较多，有一定客流量	0.5	0.5
	水路	水路较方便，客运量大，在当地交通中占有重要地位	1.0	
		水路较方便，有客运	0.5	
	航空	100km 内有国内空港或 150km 内有国际空港	1.0	
内部交通		区域内交通方式较为单一	0.5	0.5
基础设施条件		通水、电，有通讯和接待能力，但各类基础设施条件一般	0.5	0.5
合计				6.0

四、保护性开发模式讨论及建议

1. 开发模式

(1)科学确定旅游开发区域

根据保护区有关管理规定，结合保护区的旅游资源现状，保护区功能区划分，旅游开发最好选择在格所河及六车河沿线，其中格所河地文景观、生物景观、水文景观、人文景观组合性好，资源质量等级较高，在功能分区上划分为实验区，可开发条件好。

(2)结合保护区总体规划，认真开展旅游控规或详规

认真做好保护区的总体规划，落实保护区的保护区域及对象，科学进行功能区划分，在做好保护区森林资源保护的基础上，结合可持续发展需要，认真编制保护区旅游发展规划或控制性规划，在服从保护区总体规划的基础上，适时适度开展旅游，提升保护区社区社会经济水平。

2. 建议

(1)结合自然保护区气候条件、保护区外围旅游资源开发市场、资源特色、交通区位条件，保护区宜开展生态观光、科普考察、避暑、探险等旅游项目。

(2)加强自然保护区基础能力建设，为打造旅游提供必要的基础条件。

(3)搭建格所河、六车河旅游开发的招商引资平台、有计划高水平开展格所河、六车河旅游资源的开发与利用，培育旅游市场，促进保护和旅游事业和谐发展。

（龙启德）

参考文献

董智勇 . 2002. 森林旅游学 . 北京：石油工业出版社 .
刘锋 . 2001. 中国西部旅游发展战略研究 . 北京：中国旅游出版社 .
龙启德 . 2004. 宽阔水自然保护区综合科学考察集，贵州：贵州科技出版社
龙启德 . 2003. 森林旅游与民俗 . 贵州林业科技

第八章　附　　录

第一节　考察人员概况

本次对盘县八大山自然保护区的科学考察，参加的人员涉及多个单位、部门和多个学科，其概况如表8-1。

表8-1　考察人员概况

序号	姓名	单位	职务/职称
1	向守都	贵州省林业厅	副厅长
2	陈少荣	六盘水市委、盘县县委	六盘水市市委原常委、盘县县委原书记
3	付国祥	六盘水市委、盘县县委	六盘水市市委常委、盘县县委书记
4	刘　浪	贵州省林业厅野生动植物保护与自然保护区管理处	处长
5	管彦鹤	原六盘水市市委	市委原书记
6	杨昌显	六盘水市林业局	局长
7	谢承厚	盘县人大	主任
8	邓志宏	盘县人民政府	县长
9	张礼各	盘县政协	主席
10	李瑞霞	六盘水市林业局	副局长
11	雷帮元	盘县县委	副书记
12	杨显龙	盘县人民政府	常务副县长
13	张　毅	盘县人民政府	副县长
14	张智标	盘县林业局	局长
15	朱　军	贵州省林业科学研究院	研究员
16	吴　鹏	贵州省林业科学研究院	助理研究员
17	李兴中	贵州地质勘察设计院	教授
18	穆　彪	贵州大学林学院	教授
19	邓　强	盘县电视台	原副台长
20	朱惊毅	贵州省野生动植物管理站	工程师
21	冉景丞	茂兰保护区管理局	研究员
22	王青钦	贵州师范大学	研究生
23	杨婷婷	茂兰保护区管理局	助理工程师
24	李筑眉	贵州科学院	研究员
25	江亚猛	贵州省野生动植物管理站	工程师
26	匡中帆	贵州科学院	工程师
27	雷孝平	梵净山保护区管理局	高级工程师
28	魏　刚	贵阳学院	教授
29	田应洲	六盘水师范学院	副教授

（续）

序号	姓名	单位	职务/职称
30	吕敬才	贵阳学院	研究生
31	陈会明	贵州科学院	博士
32	蒋玄空	西南大学生命科学学院	研究生
33	王　东	西南大学生命科学学院	研究生
34	余金勇	贵州省林业科学研究院	副研究员
35	杨再华	贵州省林业科学研究院	博士
36	朱秀娥	贵州省林业科学研究院	工程师
37	吴兴亮	贵州科学院	研究员
38	桂　阳	贵州科学院	助理研究员
39	龚光禄	贵州科学院	研究生
40	熊源新	贵州大学生命科学学院	教授
41	孙中文	贵州大学生命科学学院	研究生
42	韩敏敏	贵州大学生命科学学院	研究生
43	杨　冰	贵州大学生命科学学院	研究生
44	杨　林	贵州大学生命科学学院	研究生
45	苟光前	贵州大学生命科学学院	教授
46	魏　奇	贵州大学生命科学学院	研究生
47	胡晓谅	贵州大学生命科学学院	研究生
48	杨传东	梵净山保护区管理局	高工
49	李奇莲	贵州省林业科学研究院	研究生
50	左经会	六盘水师范学院	教授
51	罗忠兴	六盘水师范学院	研究生
52	杨成华	贵州省林业科学研究院	研究员
53	李　茂	贵州省林业科学研究院	工程师
54	张华海	贵州省野生动植物管理站	研究员
55	杨加文	黔东南林科所	工程师
56	冯邦贤	贵州大学	研究生
57	杨荣和	贵州师范大学地生学院	教授
58	钱长江	贵州师范学院	讲师
59	吴　宪	贵州师范大学地生学院	研究生
60	韦意平	贵州师范大学地生学院	研究生
61	王修富	贵州师范大学地生学院	研究生
62	姜运力	贵州省林业科学研究院	副研究员
63	潘德权	贵州省林业科学研究院	助理研究员
64	田　凡	贵州省林业科学研究院	研实员
65	刘　兰	贵州省林业科学研究院	助理研究员
66	魏鲁明	茂兰保护区管理局	研究员
67	余登利	茂兰保护区管理局	高工
68	邓伦秀	贵州省林业科学研究院	博士
69	王　港	贵州省林业科学研究院	助理研究员
70	李从瑞	贵州省林业科学研究院	工程师

（续）

序号	姓名	单位	职务/职称
71	谢双喜	贵州大学林学院	教授
72	陈正仁	茂兰保护区管理局	高工
73	丁章超	贵州林业学校	讲师
74	崔　凯	贵州大学林学院	研究生
75	李　应	贵州大学林学院	研究生
76	罗　扬	贵州省林业科学研究院	研究员
77	姚世雄	贵州大学林学院	研究生
78	王新宇	贵州大学林学院	研究生
79	陈东升	贵州省野生动植物管理站	工程师
80	龙启德	贵州省林业调查规划院	高工
81	李宗华	盘县林业局	高级工程师，总工
82	张　跃	盘县保基乡林业站	站长
83	刘永林	盘县林业局	高级工程师
84	封怀礼	盘县林业局	工程师
85	李兴荣	盘县林业局	工程师
86	朱增明	盘县林业局	工程师
87	陶正洪	盘县淤泥乡林业站	助理工程师
88	何龙方	盘县林业局	工程师
89	朱昌平	盘县林业局	工程师
90	张建华	盘县林业局	工程师
91	苏胜峰	盘县淤泥乡林业站	站长，工程师
92	张从明	盘县保基乡林业站	工程师
93	郭　应	盘县林业局	工程师
94	路元礼	盘县林业局	工程师
95	林　位	盘县林业局	工程师
96	陈素娇	盘县林业局森林病虫害防治检疫站	工程师
97	李　俊	盘县淤泥乡林业站	工程师）
98	杨胜江	盘县保基乡林业站	工程师
99	徐　方	盘县林业局	工程师
100	张立富	盘县林业局财审股	负责人
101	陈才礼	盘县普古乡林业站	站长，工程师
102	卢　渊	盘县淤泥乡林业站	工程师
103	甘世荣	盘县淤泥乡林业站	工程师
104	肖本荣	盘县普古乡林业站	工程师
105	彭景润	盘县普古乡林业站	工程师
106	杨　萍	盘县普古乡林业站	工程师
107	杨兆政	盘县大山镇林业站	站长，工程师
108	易正忠	盘县林业局	党组书记
109	付　迁	盘县普古乡	党委书记
110	柳修江	盘县普古乡	乡长

（续）

序号	姓名	单位	职务/职称
111	徐　鉴	盘县普古乡	副乡长
112	安　振	盘县淤泥乡	乡长
113	廖光卫	盘县淤泥乡	党委书记
114	柳远辉	盘县淤泥乡	副乡长
115	邓文专	盘县保基乡	书记
116	陈万能	盘县保基乡政府	乡长
117	张朝康	盘县林业局	副局长
118	蒋敏关	盘县林业局	副局长
119	张祥合	盘县森林公安局	局长
120	杨兆雄	盘县林业局	纪检组长
121	杜小康	盘县淤泥乡林业站	助理工程师
122	朱嘉勇	盘县森林公安局法制宣传科	科长
123	唐　实	盘县森林公安局森林消防科	负责人
124	蒋　凤	盘县林业局财审股	工作人员
125	李兴菊	盘县林业局办公室	工作人员
126	吕　庆	盘县林业局办公室	工作人员
127	曾　文	盘县木材检查站	副站长
128	杨敦福	盘县林业局办公室	工作人员
129	胡　涛	盘县林业局办公室	工作人员
130	严　凯	盘县林业局办公室	工作人员
131	徐　俊	盘县林业局办公室	工作人员
132	贺　敏	盘县森林公安刑侦治安科	干警
133	张兴娇	盘县森林公安刑侦治安科	干警
134	石　坚	盘县森林公安局淤泥派出所	所长
135	王武林	盘县淤泥乡林业站	助理工程师
136	张杰荣	盘县淤泥乡林业站	助理工程师
137	杨庆波	盘县淤泥乡政府	工作人员
138	甘文凯	盘县淤泥乡嘿白村党支部	书记
139	李自荣	盘县淤泥乡嘿白村	主任
140	何永芳	盘县淤泥乡嘿白村	文书
141	徐　厚	盘县淤泥乡嘿白村	民兵连长
142	陶加付	盘县淤泥乡中合村	支书
143	彭稳学	盘县淤泥乡中合村	主任
144	胡昌国	盘县淤泥乡清水村	民兵连长
145	段仕江	盘县普古乡政府	工作人员
146	夏　学	盘县普古乡政府	工作人员
147	刘　强	盘县普古乡政府	工作人员
148	杨流海	盘县普古乡	护林员
149	王明甫	盘县普古乡	护林员
150	赵　鹏	盘县普古乡	护林员

（续）

序号	姓名	单位	职务/职称
151	廖稳娣	盘县普古乡	护林员
152	张考米	盘县普古乡	护林员
153	李从友	盘县普古乡	护林员
154	刘家亮	盘县普古乡	护林员
155	郭丙国	盘县普古乡	护林员
156	郭丙艳	盘县普古乡	护林员
157	惠兴周	盘县普古乡	护林员
158	邓施辉	盘县保基乡政府	副乡长
159	张从文	盘县保基乡政府	纪委书记
160	罗　峰	盘县保基乡政府	政法委书记
161	李华明	盘县保基乡政府	副乡长
162	邓维学	盘县保基乡政府	副乡长
163	王　凯	盘县保基乡政府	副乡长
164	李　翔	盘县保基乡政府	副乡长
165	邓　承	盘县保基乡政府办公室	主任
166	杨　冰	盘县保基乡政府办公室	工作人员
167	姜方明	盘县保基乡政府	专职纪检员
168	李美龄	盘县保基乡政府办公室	工作人员
169	代朝勇	盘县保基乡政府	驾驶员
170	张　元	盘县保基乡政府	驾驶员
171	杨子刚	盘县保基乡政府	驾驶员
172	杜龙海	盘县保基乡政府	驾驶员
173	易　勇	盘县保基乡政府	驾驶员
174	张从海	盘县保基乡政府	驾驶员
175	邓　祥	盘县保基乡政府	驾驶员
176	易列辉	盘县保基乡政府财政所	所长
177	王清尧	盘县保基乡政府财政所	副所长
178	邓少甫	盘县保基乡政府财政所	会计
179	谢玉林	盘县保基乡政府财政所	出纳
180	赵鹏宇	盘县保基乡政府团委书记、综治办	书记、综治办主任
181	尤朝国	盘县保基乡交管站	站长
182	朱龙国	盘县保基乡交管站	工作人员
183	易列江	盘县保基乡交管站	工作人员
184	肖　俊	盘县保基乡交管站	工作人员
185	吴安翠	盘县保基乡林业站	工程师
186	李华江	盘县保基乡卫生院	员工
187	黄必文	盘县保基乡中心小校	校长
188	张智江	盘县保基乡中心小校	教师
189	罗奇林	盘县保基乡畜牧兽医站	站长
190	匡奇江	盘县保基乡派出所	所长

（续）

序号	姓名	单位	职务/职称
191	赵兴学	盘县保基乡派出所	民警
192	朱　江	盘县保基乡派出所	民警
193	姚国统	盘县保基乡派出所	民警
194	黄　熙	盘县保基乡派出所	民警
195	胡家恒	盘县保基乡派出所	民警
196	刘胜兵	盘县保基乡雨那洼村	支书
197	李跃成	盘县保基乡雨那洼村	主任
198	黄定江	盘县保基乡雨那洼村	文书
199	邓治兵	盘县保基乡老马冲	护林员
200	邓治巧	盘县保基乡老马冲	护林员
201	邓　黄	盘县保基乡老马冲	护林员
202	邓施朝	盘县保基乡老马冲	护林员
203	邓恩礼	盘县保基乡老马冲	护林员
204	秦光武	盘县保基乡黄兴村	支书
205	邓恩成	盘县保基乡陆家寨村	主任
206	黄玉琪	盘县保基乡雨那洼村小学食堂管理员	管理员
207	刘凡情	盘县保基乡雨那洼村	村民
208	陈大军	盘县保基乡雨那洼村	村民
209	李孔芬	盘县保基乡雨那洼村	村民
210	陈　康	盘县保基乡雨那洼村	村民
211	黄跃兵	盘县保基乡雨那洼村	村民
212	沈所华	盘县保基乡雨那洼村	村民
213	姜方成	盘县雨那洼村小学	校长
214	黄必贵	盘县雨那洼村小学	教师
215	姜方亮	盘县雨那洼村	村民
216	邓恩云	盘县雨那洼村小学	教师
217	杨胜勇	盘县雨那洼村小学	教师
218	王清秀	盘县雨那洼村	村民
219	阳　畅	盘县石桥镇林业站	工程师
220	周　健	盘县羊场乡林业站	工程师
221	李　鹤	贵州省林业科学研究院	助理工程师

第二节　考察工作日志

(一)考察前期准备工作

2012 年 3 月 1 日

保基乡乡长陈万能到林业局总工李宗华处称：在盘县保基乡老马冲有大量的野生植物群落，并带来红豆杉植物标本。听完介绍，看过标本，随即商定，由林业局出资，保基乡聘请了 3～4 名护林人员对野生红豆杉植物群落进行保护管理。

2012 年 3 月 4 日

林业局总工李宗华带领资源站技术人员，对野生红豆杉植物群落进行初步调查。

2012 年 3 月 28 日

林业局总工李宗华赴贵阳，将踏查情况及当地的环境等向省野生动植物保护管理站站长、研究员张华海进行了汇报，恳请组织专家到保基老马冲踏勘。并得到张华海站长的支持应允。

2012 年 4 月 10 日

林业局为迎接专家组的到来再次到老马冲等区域进行了线路踏查。

2012 年 5 月 19 日

林业局总工李宗华到贵阳接专家到盘县。

2012 年 5 月 20 ~ 25 日

省林业厅野生动植物保护管理站站长、研究员张华海、贵州师范大学地生学院教授杨荣和等一行 5 人专家小组，在六盘水市原书记管彦鹤及县林业局技术人员、保基乡领导的陪同下，对保基老马冲及相关区域进行了踏查。在踏查中，发现该区域不仅有野生红豆杉植物群落，还有濒危植物云南穗花杉等大量的国家级省级保护植物群落。资源条件有必要进行科学考察。随后，林业局局长张智标及保基乡领导将初步勘查情况向县委、县政府进行了汇报。

2012 年 5 月 29 日

林业局局长张智标、总工李宗华到贵阳找省林业厅野生动植物保护管理站副站长、研究员张华海及贵州省林科院院长研究员罗扬，商订八大山综合科考及科考合同签订等事宜。合同商订后，林业局根据初步踏查结果，制定八大山综合科学考察工作方案，会同保基乡、淤泥乡、普古乡进行科考的前期准备，迎接科考。

2012 年 7 月 20 日

受省林科院委派，杨成华研究员到盘县检查科考的前期准备工作，并会同县林业局就科考接待、工作安全防护等进行了商讨，修订完善了科考接待、工作生活等方案。

(二)考察期间

2012 年 7 月 22 日　晴

盘县人民盼望已久的一天终于来临，由贵州省林业科学院组织，由科考团团长、贵州省林业厅副厅长向守都带领的盘县八大山综合科考队一行 60 余位专家学者乘坐大巴车到达盘县，入住盘县金华大酒店。科考团将承担盘县拟建八大山自然保护区约 36 万多亩区域生态环境和生物资源等进行全面科学考察任务。考察组分为五个学科组，26 个学科。预计十天时间完成一期考察任务。

2012 年 7 月 23 日　晴

上午 8：30 在县财政局二楼县政府第三会议室召开“盘县八大山综合科学考察启动仪式”，省林业厅领导向守都、刘浪、省林科院罗扬院长、六盘水市林业局杨昌显局长、专家代表、盘县张毅副县长在主席台就坐，启动仪式由张副县长主持。在会上盘县人民政府副县长张毅同志致词，六盘水市林业局局长杨昌显同志发言，贵州省林业科学研究院院长罗扬同志发言，专家代表贵州大学林学院谢双喜教授发言，贵州省林业厅副厅长向守都同志着了重要讲话，对本次科考提出更高要求和希望。会议在一片热烈的掌声中结束，会议结束后，整个科考团队有序乘上大小十余辆汽车沿着蜿蜒盘旋的崎岖山路一路风尘仆仆，欢歌笑语，前往距县城 80 余 km 的八大山综合科考宿营地——保基乡格所小学。到达宿营地，科考队全体人员经过简单洗漱和住宿整理，急急忙忙吃过午饭，顾不上路途劳累，按照战斗路线进入了科考现场。

植物二组：在格所一带进行植物调查，没走多远就看到几个大花球，走近一看，林科院杨成华研究员说，是香果树，国家二级，个个争先恐后的拍照、采标本。惊喜之余，有一位农民大叔采了个标本过来，邓伦秀博士问在哪里采的？顺着农夫手指的方向望去，杨成华研究员说，是云南穗花杉，国家一级濒危种，大家说，这种植物还是第一次见到，农夫说，上面还多着呢！的确来到上面，看到一片面积约三亩左右范围内，集中分布有云南穗花杉50多株，大的胸径约10cm，高约2.5m，队员们认为，如此集中分布真是少见。队员们还想盼望有更多新的发现，但天色已晚，只好结束一天的行程，返回宿营地。

动物组两爬类：由贵阳学院魏刚教授带领吕敬才等先行出发，抓到小蛇两条，姬蛙一只，并分别给它们照相。魏教授一行坐车回大本营，我陪贵州科学院李筑眉、匡中帆、省野生动植物管理站江亚猛三位专家步行三公里观鸟、拍照。

资源生态组：选择了较近的一条的路线开始了这次考察之旅，我们一行10多人到了保基乡雨那凹村谢家寨祭山林考察，看到了云南穗花杉，挖土壤分析样坑3个，分别取上、中、下三层由专家组带回贵阳作土壤分析，并设置标准地对植物群落进行调查。

2012年7月24　多云转小雨

植物一组：菌类科考人员组吴兴亮教授、林业公安分局淤泥林业派出所、石坚、保基乡林业站张从明，地点是保基乡河底下，调查查发现的菌类有：灵芝、云芝、蘑菇、红边绿菇、美味牛肝菌(又叫大脚牛肝菌)、青皮菌、变色牛肝菌、栎材菌等品种。

植物二组：考察目的地是一片保存完好的常绿阔叶落叶阔叶混交林，小地名杨堡地，距宿营地约10公里，科考人员增加了草本植物组人员，科考人员与昨天一样，认真采集各种植物标本，不放过每一个物种，所有物种都一一记载，邓伦秀博士是本组唯一的女同志，行程前后她都得照应，不时提醒大家一定注意安全。时间过得真快，没过几座山，时间已过晌午，中午饭是在山上吃的，很简单，就两个鸡蛋加上一些零食而已，仅满足简单的充饥，但个个吃得津津有味，不时谈笑风生，我看到他们把午饭后的垃圾清理放入口袋，然后放到恰当的地方，让我学到专家们爱护环境意识的崇高境界。今天收获依然丰富，只是我不知道各种植物的名字而已。远方升起散居农户的炊烟，我们返回了驻地。途中美景洗净队员们跋涉的疲劳，一望无际的格所河峡谷被茫茫云海填埋，连绵群山有的系上飘带，有的露出帽子，美不胜收，队员们忍不住驻足观望，拍照留影。随着一阵感叹声达到宿营地，结束一天的行程。

资源生态组：一行12人，在谢双喜教授的带领下从保基乡雨那凹村到老马冲，一路山路崎岖，爬坡上坎，有时还得手足并用，但是不枉此行，看到了几株长势良好的珙桐和成片的红豆杉群。在珙桐树周围取土壤分析样坑3个，共土壤分析样品9个，选红豆杉分别比较集中处取土壤分析样坑3个，共土壤分析样品9个。设标准地6个对植物群落进行调查统计。

在老马冲还看到了被砍伐了的红豆杉树桩，根据树桩分析，被砍伐的红豆杉有些胸径应该在10~20cm之间，大家对之都感到惋惜。下山回来时天下起了大雨，大家都淋得像落汤鸡。由于山路雨后较滑，回到住的地方大家都浑身是泥。

动物组与基础组：同行。内容主要兽类、鸟类、鱼类、两栖爬行类、蜘蛛类、昆虫类，选择保基乡雨那凹至大河边线路，海拔1 000~760m，主要考察鱼类、兽类、鸟类、蜘蛛昆虫类等，顺便了解红豆树、古榕树、溶洞、地漏、暗河等。

下午选择的线路是雨那凹至花嘎方向，主要考察兽类、鸟类、蜘蛛类和昆虫类。

晚上两爬类专家六盘水师范学院田应洲副教授、贵阳学院吕敬才到雨夺箐沼泽湿地考察蛙类和蛇类。

路元礼带研究鱼的专家去了大河边，正好在路边看到有一家人在洗鱼，看样子也是刚打回来不久。专家上前说明来意并询问：你们这儿常见的是些什么鱼？是什么样子？你们叫它们什么名字？见过的有多少种？平时哪些人常去打鱼？这家人很纯朴，就一一告诉了专家，只是顾及其他原因，没有告诉我们哪些人常去打鱼。主人家送给专家几条鱼后，我们来到河边，想看看这儿还有没有其他人在打鱼，可是转了一大圈，都到了普安和水城地界也没有发现打鱼的。

地质科考人员主要有李兴中、朱军、保基乡林业站张跃及随行人员，路线是保基乡格所河、畔河，考查地质、河谷形成的年代、石炭系分布情况。

2012 年 7 月 25 日　小到中雨

天空下着雨，但专家们做事风雨无阻的精神。照计划，出发了。

基础组：花嘎乡六车河，地质考查组李兴中、朱军、陈东升、李宗华、杨忠甫、邓强、保基乡林业站张跃，考查：地质、河谷形成的年代、碳酸岩的分布、砂页岩的分布、石炭系分布情况。

植物一组和动物组：目的地雨夺箐，今天的收获甚微，只在路上发现几泡野猫的粪便，有几泡已经被雨淋稀了，有一泡比较新鲜且保存完好的被我们的王钦青美女小心翼翼的包了起来，作样本放到了背包里。

晚上田教授、吕敬才到垤腊村的一条沟里调查蛙类。

菌类：上午，保基乡苏家寨栎材林，考查发现的菌类有：灵芝、绿菇、白菇、中华鹅膏、毒鹅膏、鹅膏(又叫松子菌)、珊瑚菌、红菇、栎材菌等品种；下午，保基乡姜家地林场，考查发现的菌类有：绿菇、白菇、红菇、鹅膏、黑牛肝、黄牛肝、珊瑚菌、青皮菌、栎材菌等品种。

植物二组：今天去的是科考海拔最低的格所河峡谷的布依族榕树村——陆家寨，榕树村距出发地约 10km，一路上欣赏峡谷云海的美景，不时停车拍照留影，议论纷纷，或是猜测峡谷的深浅，或是感叹峡谷云海的美妙，反正不停地议论着。汽车驶过陡峭的峡谷山腰，云雾笼罩整个峡谷，像沉入云海海底，看不到远处的风光，到达榕树村时，雨越来越大，百年古榕树印撑下的少数民族布依村落显得格外美丽和幽静，小溪从古榕树下欢快的流淌，榕树根布满榕树下小桥的整个周围，顺着小溪延伸，构建成一幅天然的小桥流水人家的画面。欣赏美景的同时，队员们不忘主题，依然冒雨采集标本，细心地记录着。特别是左教授发现一种草本和鸡枞菌时，大家不顾雨水打湿衣物争先恐后拍照的镜头，让我看到专家们对待工作一丝不苟的精神。因为雨下个不停，考察组只好沿路步行慢慢返回，路途中竟然发现分布于贵州中部的岩生红豆树。

资源生态组：谢教授回贵阳开会，在陈正仁高工的带领下到陆家寨考察古榕树群和枫香。由于一直下雨，打着雨伞共挖土壤分析样坑 6 个，共土壤分析样品 18 个，标准地 4 个。

2012 年 7 月 26 日　阴有小雨

今天和往天一样，早早启程。

基础组：普古乡舍烹马场，地质考查组李兴中、朱军、陈东升、李宗华、杨忠甫、邓强、保基乡林业站张跃到舍烹马场考查。考查：地质、天生桥(形成年代有 2 亿年了)、嘎拉河、水爬坡、地下暗河形成的年代、碳酸岩的分布、砂页岩的分布、石炭系分布情况。

动物组和植物一组：考察路线是雨那凹—常山箐—小卧落一线，早餐后带上干粮集体乘车到常山箐，然后步行爬山。海拔 1 700～2 300m，沿途有森林景观、蕨类植物等，动物组收获不大，提前返回乘车地点，下午在保基乡政府附近走访、采集标本。

晚上陪田教授们到河沟里捉青蛙等。

菌类科考路线上午是保基乡石包地后面杂木林，菌类考查组吴兴亮教授、林业公安分局淤泥林业派出所、石坚、姜亚猛(鸟类专家)、保基乡林业站张从明，考查发现的菌类有：黑灵芝、白菇、黄色小皮伞(新发现)马脖(马屁包)、蝉虫菌类等品种；下午，长山箐林场，查发现的菌类有：灵芝、云芝、红边绿菇、美味牛肝菌(又叫大脚牛肝菌)、青皮菌、变色牛肝菌、奶浆菌、石灰菌、红菇、黑色牛肝菌、白色牛肝菌、黄色牛肝菌、小皮伞、虫草菌(束棒孢子)等品种。

植物二组：考察线路是菜子冲，队员们在一户农户家吃水煮洋芋当午饭，乌洋芋是这里的特产，味道极佳，队员们吃后还买些带走让家人品尝，午饭后，稍作修整，又一次马不停蹄的奔扑山林，重复着未完的故事，发现了青钱柳，属国家二级保护树种，植物学家真的会命名，青钱柳的花像一串串铜钱，挂满枝头，具有较高的观赏价值，这种树在盘县分布极少，一路上，植物种类很多，并发现了疑似黄心夜合的物种，专家未作现场定论，有待进一步明确。渐渐地，夕阳已落下地平线，我们只好打马回城。

资源生态组：早上在陈正仁高工的带领下，在保基黄兴村考察保存完好灌木林，鄂尔栗。共挖土壤分析样坑6个，共土壤分析样品18个，标准地4个。

下午谢教授赶回带领大家到达八大山，考察了箭竹、杜鹃、方竹。共挖土壤分析样坑9个，共土壤分析样品27个，标准地6个。晚上住在普古。

2012年7月27日 小雨

基础组：地点是普古乡娘娘山，地质考查组李兴中、朱军、陈东升、李宗华、杨忠甫、邓强、保基乡林业站张。考查：考查娘娘山、湿地、万峰石林的分布情况，地质、碳酸岩的分布、砂页岩的分布、石炭系分布情况。

动物组和植物一组：上午地点保基乡小卧落林场，菌类考查组吴兴亮教授、林业公安分局淤泥林业派出所、石坚、龙启德(旅游规划设计专家)、江亚猛(鸟类专家)、记者、保基乡林业站张从明。查发现的菌类有：灵芝、云芝、红边绿菇、毒鹅膏、美味牛肝菌(又叫大脚牛肝菌)、青皮菌、奶浆菌、石灰菌、红菇、黑色牛肝菌、白色牛肝菌、黄色牛肝菌、珊瑚菌、金针菇、小皮伞、虫草菌(束棒孢子)等品种；下午，保基乡河底下，发现：灵芝、云芝、红边绿菇、蘑菇取土，美味牛肝菌(又叫大脚牛肝菌)、蓝色折边牛肝菌、、红菇、黄色牛肝菌、珊瑚菌、金针菇、小皮伞、栎材菌等品种。

植物二组：经过4天的跋涉，队员们稍有些疲惫，我也一样感觉有些吃不消，不过今天去的是贵州植物名山之一——八大山，曾经许多植物学家都来此地采集过标本。徐霞客曾经登过此山，徐霞客游记有记载。八大山是此次科考海拔最高的区域，海拔2 586m，距出发地20km。八大山山高坡陡，小路崎岖，行走异常艰难，杨院长，左教授等年纪稍大的专家们只好借助拐杖帮忙前行，局部基本是趴行，稍不称就有跌下上谷的危险。八大山由于前些年过度的采伐和火灾，植被及物种已是今非昔比，许多物种已经消失。但毕竟是植物名山，物种依然较为丰富，有西康玉兰，水青树等国家二级保护树种分布。快到山顶时，天宫不着美，下起了小雨，也许是疲劳的缘故，队员们大多都下山了，剩下的几位硬把我邀约一起冒雨一路狂奔上了山顶，到达山顶时，云雾散开，发现山顶有灌丛湿地，有湿地植物泥炭藓。山顶放眼望去，一目千里密密麻麻高矮不一的峰林随处可见，的确有一览众山小的感觉。眼前的美景让人陶醉，可惜天色渐晚，其它队员已经下山，为了不让他们久等，我们一路小跑下山追赶他们，到达半山腰，我感觉到我的脚吃不消了，疼痛难耐，坚持下山后乘车返回宿营地已是晚上9点。

资源生态组：上午，普古乡播秋村蚂蚁地，考察对象是檫木和小叶杜鹃，共挖土壤分析样坑6个，共土壤分析样品18个，标准地4个。

下午到勒米村坡丘大湾头，意外发现了一片保存完好的珙桐林，对本次科考将有十分重要的意义，也取了土壤，设了标准地。

2012年7月28日 小雨

基础组：野中乡黑叶猴保护区，地质考查组李兴中、朱军、陈东升、李宗华、杨忠甫、邓强、龙启德、保基乡林业站张跃到野中乡黑叶猴保护区考查。考查：考查野中黑叶猴保护区、一级黑叶猴生存的环境情况。

植物一组和动物组：断江红山林场，菌类考查组吴兴亮教授、林业公安分局淤泥林业派出所、邓强(记者)、石坚、保基乡林业站张从明、断江林业站管省略等。考查发现的菌类有：红菇、牛肝菌、黄色牛肝菌、珊瑚菌、杯杯菌等20多个品种。

植物二组：考察路线是宿营地至老马冲，老马冲是本次科考的重点区域，是红豆杉集中分布最多的地方，也是物种最为丰富的区域，距宿营地约8公里。队员们听我介绍后，都期待着。乘车到达黄家麻窝，看到一个很大的天坑，村寨零星分布在天坑里，四周是茂密的森林，村庄很美。从黄家麻窝到老马冲，路线异常的难走，加之不停的小雨，茂密的方竹林让队员们前行十分困难，幸好有当地的护林员向导，否则会有迷路的可能，一路的艰难前行，盼望着红豆杉的出现，但是，红豆杉基本分布于半山腰以上，队员们拼命地爬到山腰，果然大大小小的红豆杉进入队员们的视线，有的还挂有红红的果实，队员们很是兴奋。拍完照继续前行，没走多远又有新的发现，发现了国家一级保护树种珙桐，国家二级保护树种水青树、香果树等。同时还有省级保护的几个品种及中药材三七和海贝化石等。要不是因为一直下雨，应该还有更多新的发现。因道路异常难走，加之时间关系，无法原路返回，只好联系车辆绕道就近来接，返程路上见到了蛇类竹叶青，可惜它已经被人打死了，回到营地已经很晚。

资源生态组：在嘎木村看六车河峡谷，具有较好的旅游开发价值。下午在塘边村土地丫口，考察马缨杜鹃、野毛栗，槲栎，同样也取了土壤，设了标准地。

2012 年 7 月 29 日　晴

基础组：社区以展专题朱惊毅一行去了普古娘娘山，有重大发现，山顶有大面积的湿地，有森林沼泽湿地、灌丛沼泽湿地、草本沼泽湿地。并有大量的泥炭藓和金发藓及多种湿地植物。

植物一、二组：约 30 人，考察地点是普古乡厂上村范围。

郭应在日记中写到：今天是我在整个考察日程中最为高兴的一天，因为我的恩师张华海老师、杨成华副院长、邓伦秀博士等 30 余位专家学者亲临我土生土长的老家。今天考察分两个组，一组由张华海老师带领去了大麻窝，主要进行对此区域集中分布的云南穗花杉生境调查，另一组由邓伦秀博士带领，对厂上村范围其他物种进行调查。午饭是在我老家吃的，吃的很简单，饭是本地特产红米饭，菜是本地陈火腿、本地乌骨鸡、水豆腐等。因为条件，没有城里吃的那么丰富，可能是这些天来中午都没吃过一顿像样的午饭，还是其他的缘故，专家们吃后都赞不绝口。因为时间的缘故，专家们未作长时间的停留，谢过我的父母就乘车慢慢返程。

资源生态组：从保基乡雨那凹村到老马冲，重点考察了仅贵州分别且较少的植物马鞍树，同样也取了土壤，设了标准地。回来途中下起了雨。

2012 年 7 月 30　晴

基础组：地质科考专题李兴中、朱军、陈东升、杨忠甫、邓强、龙启德、保基乡林业站张跃到保基乡雨那洼大岩洞。考查大岩洞里河床、淤砂的形成、河床的分层变化，体现乡雨那地质、地貌形成年代。

植物一组：上午，保基乡腊屯林场，发现：灵芝、杯杯菌、牛肝菌、新发现一株很高(20cm 左右菌杆)的球状白色粉末状菌类品种；下午，保基乡龙潭井林场，考查发现的菌类有：灵芝、杯杯菌、牛肝菌、鹅膏、红菇、绿菇等品种。

第一阶段总结会：

今天是科考一期即将告一段落的日子，整个科考队员稍稍疏口气，上午有的就近做些补充调查，有的整理标本，有的观光峡谷美景。

下午，原六盘水市市委书记管彦鹤，盘县人民政府副县长张毅，六盘水市林业局局长杨昌显，盘县林业局局长张智标以及保基乡、普古乡、淤泥乡的党政领导来到保基乡格所小学，参加盘县八大山综合科学考察小结会。会议在保基乡格所小学召开，会议由盘县人民政府副县长张毅主持。会上各学科组组长对本次科考内容及发现进行阶段性总结，并对今后补点调查作出安排，对盘县林业生态建设提出了宝贵的意见和建议。贵州林业科学研究院院长罗扬讲话：感谢管书记等领导亲临现场；感谢科考人员付出的辛勤劳动；感谢后勤人员提供周密细致的服务；感谢媒体对科考的跟踪报道。对盘县此次科考包括组织、后勤保障等给以高度评价，并对此次科考的不足之处和下一步打算作了详细的阐述，对考察区资源现状进行评价，对今后此区域生态建设和保护管理提出期望。贵州省林业厅研究员张华海对整个科考区域资源现状进行评价，经过实地考察，区域物种极为丰富，有大量的国家一级保护植物野生红豆杉、珙桐、云南穗花杉等集中和零星分布。有大量的国家二级保护植物西康玉兰、水青树、香果树等分布，科考区域属于典型的喀斯特山区，区域植被物种丰富，保存完好，且盘县党委、政府高度重视生态建设，考察区域具备建自然保护区的条件。还对区域性保护和发展提出宝贵意见。考察发现大量的红豆杉被砍伐，建议筹措资金加强对科考区域的保护，杜绝类似情况的发生。建议发展方竹种植，增加农民收入。地质专家李兴中教授对科考区域的地质地貌进行评价，区域地质是最精彩、最有品位的地质，结构复杂，因海拔高差大，地貌切割深，气温高差大，形成了季节性的格所河谷云海雾浪景观，喀斯特自然景观，悬崖峭壁景观等，具有高品位的地质旅游资源，建议把盘县纳入高品位的生态旅游规划。市林业局杨局长发言：代表市林业局向市委管书记的到来和全体科考同志表示崇高的敬意和感谢，听取各位专家的介绍，受益匪浅，如何将科考结果应用于六盘水发展，特别是林业生态建设要进行认真细致的分析，通过以点带面，本着在保护中开发，在开发中利用，人与自然和平相处的宗旨，为农民在经济发展上做出贡献。绝不辜负人民期望。

原六盘水市市委书记管彦鹤讲话：感谢各位专家到盘县八大山进行综合科学考察，介绍“八大山”地名的由来，全方位概述整个科考区域地质地貌、经济社会发展情况。对今后的发展提出建议：要以国发2号文件为契机，大力发展特色农业，喀斯特山区发展的重点是红豆杉，要把红豆杉产业发展成为今后能够替代煤炭产业的新兴接促产业。盘县人民政府副县长张毅作会议小结：对管书记的到来和各位专家付出辛勤的劳动表示崇高的敬意，八大山科考暂告一段落，希望各位专家能在规定的时间内提供考察数据。希望相关乡镇继续以昂扬的斗志支持和配合好科考工作，并请罗院长整理好科考小结材料给我们向县委汇报。会议在一片热烈的掌声中结束，大多专家相互握手告别，乘车返城。

2012年7月31日

淤泥乡八大山，地质考查组(李兴中、朱军、陈东升、杨忠甫、邓强)、植物组张华海、资源生态组龙启德、保基乡林业站张跃到淤泥乡八大山考查。考查八大山植物分布情况和八大山的形成年代。普古播秋村娘娘山调查高原湿地，保存完好，具有较好的旅游开发价值。

2012年8月1日上午

保基乡杨堡地、小黄兴、石远地、石包地、白雨洞，地质考查组(李兴中、朱军、陈东升、杨忠甫、邓强)、植物组张华海、资源生态组龙启德、保基乡林业站张跃到保基乡杨堡地、小黄兴、石远地、石包地、白雨洞，考查：考查植物分布、地质、地貌情况、溶洞的形成。

2012年10月10日 小雨

杨院长带领植物组及蜘蛛组一行5人又一次去娘娘山进行补点调查，目的重点调查娘娘山草本沼泽湿地是否分布有上次在盘县与水城交界处发现的黄金骨草，为科考区域能否增加此种而进行的一次调查，普古乡分管农业的徐乡长，林业站站长等参加了调查。几乎走遍每一个角落，但始终在属于盘县区域未发现黄金骨草的踪迹。但真正看到了大面积的沼泽湿地，分布着大量的泥炭藓和金发藓等多种湿地植物，这样面积大，包括森林沼泽、灌丛沼泽、草本沼泽湿地交叉聚集分布的湿地，在贵州来说，纯属首次发现，杨院长认为，娘娘山湿地具有较高的科研价值和保护价值。区域物种丰富，有红豆杉等国家一级保护植物，湿地内生长着云南杜鹃等多个具有较高观赏价值的杜鹃品种和云南含笑等多个具有高品位观赏价值的野生木本花卉品种，特别是湿地植物是在其它地点看不到的。建议在条件成熟的情况下，对此湿地进行一次深层次的专题调查。蜘蛛组因天气原因，未有特别发现。回到普古乡，乡党委政府的主要领导陪同吃饭，饭后来到普古乡职工之家，杨院长在乡领导的热情邀请下，用日语唱了首革命歌曲，唱得好好，赢来阵阵掌声。唱歌之余，杨院长与乡领导进行了长时间的交谈，就娘娘山湿地如何保护和开发提出了诸多宝贵意见。

2012年10月11日 阴

今天吃完早点，乡领导一一握手送别，我们第一站是去六车河峡谷，距普古乡政府20km，道路异常的湿滑，来到六车河峡谷，车子无法前行，考察人员只得徒步进入峡谷。峡谷风光的确很美，千米的悬崖峭壁，让人看了心惊胆战，峡谷时而被云海淹没，时而依稀可见，云海时而拼命从河底往悬崖上攀爬、翻滚，时而又变成白色的飘带系在悬崖腰间，真是美幻无穷。河水很急，我们无法进入峡谷一探究竟，只得沿岸调查，收获也不小，发现了许多高海拔地区没有分布的物种。下午来到保基乡大河边，这里是科考海拔最低的区域，仅735m，与普安县和水城县交界。一条用竹竿达成的约长20m、宽1.5m、高5m的桥横跨河流，成为普安联通盘县的交通要道，桥是在两颗隔河相望的大榕树之间达成的，两颗大榕树据说是仙人故意安排的，夫妻隔河相望，仅凭脚下哗哗的流水声传递着对方的情话，此桥已有百年历史，桥面腐烂不堪，成为一道见证历史传说的美丽而又沧桑的风景线。晚上住保基乡政府。

2012 年 10 月 12 日　晴

今天主要是对位于保基乡黄兴村养马寨分布的疑似黄芯夜合的树种进行调查，对在八大山发现的一种草本植物着进一步的观察及定论，同时去位于八大山脚名叫雨朵箐的草本沼泽寻找黄金骨草。在养马寨找到了疑似黄芯夜合的树种，该树种长势很好，仅此有分布，且分布较少，杨院长用放大镜细致观察标本的每一个细微特征，但最终还是未作定论，可能是新种。在八大山找到要找的草本植物，正在开花，各种特征与该植物描绘特征相符，直接作了定论。雨朵箐草本沼泽范围未发现黄金骨草。当天杨院长一行返回了省城。

2013 年 4 月 10 日 13 日 阴

省林科院杨成华等 3 人到盘县进行科考为期 3 天的外围调查，这期间正是盘县杜鹃花争奇斗艳的季节。在平关镇发现“西南马缨杜鹃王”，该株杜鹃高 8.5m，胸径 56cm，冠幅东西 8m，南北 7.5m。发现时花稍有些过，但依然繁花似锦，被当地村民誉为“神树”，摸了就会下暴雨。在坪地乡牛棚梁子发现以腋花杜鹃为主的杜鹃花海，面积约 6 000 余亩，同时发现大面积的灌丛、草本沼泽湿地，湿地内密集排列着高约 30cm、直径约 40cm 的金发藓藓丘，还有大量的泥炭藓分布，藓丘壮景在贵州绝无仅有。特别高兴的是，湿地内还发现杜鹃花新种，种名待命名。13 日到了平关镇胜镜村，发现了富源杜鹃。当日，杨院长接受了媒体记者的采访，就盘县八大山自然保护区的建设提出了自己的看法，认为八大山科考区域物种丰富，建立八大山自然保护区是盘县生态建设的里程碑，对于保护物种多样性来说具有十分重要的意义。就盘县杜鹃花分布和保护也提出自己的看法：通过初步调查，目前据不完全统计，盘县杜鹃花已有 40 多种，并有两种是现在未记录在案的新种。一种分布于坪地乡牛棚梁子，一种分布于科考区域老马冲。盘县杜鹃花分布广、集中分布面积大、品种多是盘县杜鹃花的特点。特别是坪地乡牛棚梁子发现以腋花杜鹃为主的杜鹃花海，品种多、面积大，可以黔西百里杜鹃相媲美，具有较高的观赏和开发价值。建议对盘县杜鹃花进行一次专题调查。

至此，考察调查结束！

（郭　应　路元礼　张建华）

| 乌蒙大草原的悬瀑（邓强　摄）|

| 八大山远景（陈东升　摄）|

| 八大山景观（邓强　摄）|

| 保护区景观（邓强　摄）|

云海（邓强　摄）

云雾中的八大山（邓强　摄）

保基古榕树（邓强　摄）

保基花嘎交界的天坑 1200m×800m（邓强　摄）

八大山顶部杜鹃灌丛（杨加文　摄）

八大山高山草地（龙启德　摄）

冰川擦痕（陈东升　摄）

喀斯特竖洞（龙启德　摄）

娘娘山山顶杜鹃植被（陈东升　摄）

娘娘山山顶杜鹃植被（陈东升　摄）

天生桥景观（陈东升　摄）

天生桥景观（陈东升　摄）

| 格所榕树群（陈东升　摄）|

| 普古村远景（陈东升　摄）|

| 格所晚霞（陈东升　摄）|

| 收获的季节——保基梯田（邓强　摄）|

| 格所河溶洞瀑布（龙启德　摄）|

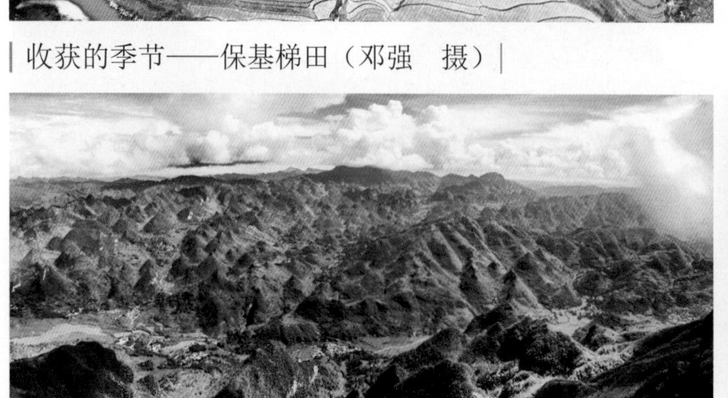

| 盘县峰林全景图（邓强　摄）|

| 雄雁岩（龙启德　摄）|

◎湿地概貌（均由陈东升　摄）

| 山顶上的湿地 |

| 娘娘山湿地 |

| 沼泽湿地水体 |

| 湿地土壤——刘棚梁子 |

◎湿地植物——新分布植物（均由杨成华　摄）

| 新分布科——黄眼草科黄谷精 *Xyris capensis* var. *schoenoides* |

◎湿地植物——泥炭藓　超级海绵（均由陈东升　摄）

| 泥炭藓 |

| 泥炭藓 - 箭竹 |

◎湿地植物——金发藓 湿地苔藓“巨人”（均由陈东升 摄）

藓丘

孢蒴

（均由吴兴亮　摄）

云芝 *Trametes versicolor*

灵芝 *Ganoderma sichuanense*

红汁乳菇 *Lactarius hatsudake*

网纹灰包 *Lycoperdon perlatum*

赭红拟口蘑 *Tricholomopsis rutilans*

（均由吴兴亮 摄）

| 栎裸伞 *Gymnopus dryophilus* |

| 松塔牛肝菌 *Strobilomyces strobilaceus* |

| 格纹鹅膏 *Amanita fritillaria* |

| 点柄乳牛肝菌 *Suillus granulatus* |

| 绒毛网褶菌 *Paxillus rubicundulus* |

| 烟色烟管菌 *Bjerkandera fumosa* |

◎苔鲜植物（均由熊源新　摄）

| 光苔 *Cyathodium smaragdinum* |

| 尖叶裂萼苔 *C. cuspidatus* |

| 刺叶羽苔 *P. sciophila* |

| 暖地大叶藓 *R. giganteum* |

| 拟纤枝真藓 *B.petelotii* |

| 比拉真藓 *B. billardieri* |

| 短月藓 *B. nepalense* |

| 紫背苔 *P. rupestre* |

| 背胞叉苔 *M. novicrassipilis* |

| 金发藓 *P. commne* |

◎新分布植物（均由杨成华　摄）

| 新分布种——川滇木莲 *Manglietia duclouxii* |

◎蕨类植物（均由苟光前　摄）

| 半月型铁线蕨 *Adiantum philippense* |

| 大瓦韦 *Lepisorus macrosphaerus* |

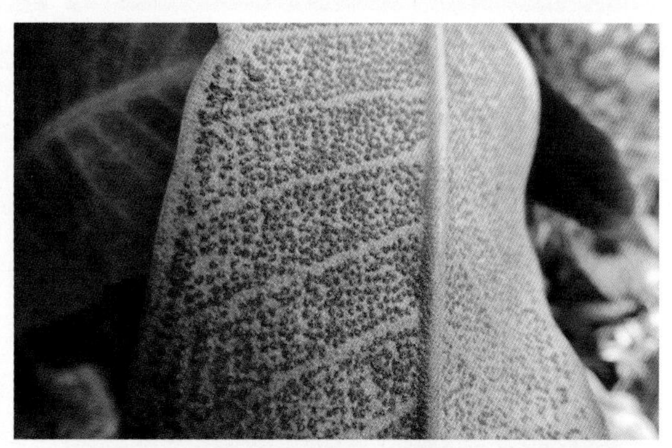

| 庐山石韦 *Pyrrosia sheareri* |

| 延羽卵果蕨 *Parathelypteris decursivepinnata* |

| 石松 *Lycopodium japonicum* |

| 蜈蚣草 *Pteris vittata* |

| 蟹爪叶盾蕨 *Neolepisorus ovatus* f. *doryopteris* |

| 角状耳蕨 *Polystichum alcicorne* |

◎国家Ⅰ级保护植物

红豆杉 *Taxus chinensis*

| 生境（郭应　摄）|

居群（路元礼　摄）|

| 建群单株（郭应　摄）|

| 更新层植株（邓强　摄）|

| 果穗（路元礼　摄）|

| 果实（路元礼　摄）|

云南穗花杉 *Amentotaxus yunnanensis*

| 群落（杨加文　摄）|

| 生境（姜运力　摄）|

| 居群（姜运力　摄）|

| 叶背面（姜运力　摄）|

光叶珙桐 *Davidia involuclata* var. *vilmoriniana*

| 生境（姜运力　摄）|

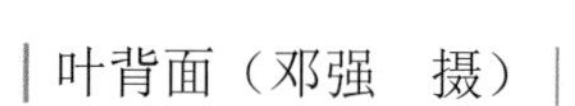

| 叶背面（邓强　摄）|

| 花（邓强　摄）|

| 果（邓强　摄）|

◎国家 II 级保护植物

西康玉兰 *Magnolia wilsonii*

| 生境（姜运力　摄）|

| 果枝（姜运力　摄）|

| 花（郭应　摄）|

| 果（杨成华　摄）|

香果树 *Emmenopterys henryi*

| 植株（杨成华　摄）|

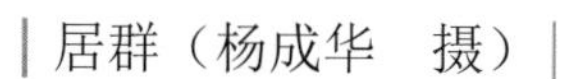

| 居群（杨成华　摄）|

| 花（杨成华　摄）|

◎兰科植物

天府虾脊兰 *Calanthe fargesii*

| 生境（魏鲁明　摄）|

| 花序（姜运力　摄）|

| 花（姜运力　摄）|

绥草 *Spiranthes sinensis*

| 花序（姜运力　摄）|

| 花（姜运力　摄）|

| 植株（姜运力　摄）|

云南石仙桃 *Pholidota yunnanensis*（魏鲁明　摄）

小花阔蕊兰 *Peristylus affinis*（魏鲁明　摄）

◎特有植物

独山石楠 *Photinia tushanensis*

果序（杨加文　摄）

生境（杨加文　摄）

◎观赏植物

云南杜鹃 *Rhododendron yunnanense*
（杨成华　摄）

富源杜鹃 *Rhododendron fuyuanense*
（杨成华　摄）

水朝阳旋辐花
Ceropegia dolichophylla
（姜运力　摄）

长叶吊灯花 *Ceropegia dolichophylla*
（左经会　摄）

秀雅杜鹃
Rhododendron concinnum（邓强　摄）

◎药用植物

七叶一枝花 *Paris polyphylla*（杨传东　摄）

川八角莲 *Dysosma veitchii*（杨传东　摄）

皱果赤爬 *Thladiantha henryi*（杨传东　摄）

石莲 *Sinocrassula.indica*（杨传东　摄）

竹叶吉祥草 *Spatholirion longifolium*（杨传东　摄）

管花党参 *Codonopsis tubulosa*（左经会　摄）

蛇菰 *Balanophora harlandii*（杨传东　摄）

马兜铃 *Aristolochia dehllis*（杨传东　摄）

◎昆虫资源（均由杨再华　摄）

| 中华蜜蜂 *Apis cerana* |

| 丽叩甲 *Campsostermnus auratus* |

| 亮斑扁角水虻 *Hermetia illucens* |

| 八点广翅蜡蝉 *Ricanula speculum* |

| 四川粘水虻 *Parastratiosphecomyia szechuanensis* |

| 大红蛱蝶 *Vanessa indiaca* |

山茶象 *Curculio chinensis*

无斑弧丽金龟 *Popillia mutans*

油茶宽盾蝽 *Poecilocoris latus*

波蚬蝶 *Zemeros flegyas* (Cramer)

碧蛾蜡蝉 *Ceisha distinctissima*

红蝉 *Cicada sauguinea*

绽蓝罗花金龟 *Rhomborrhina hyacinthine*

蓝灰蝶 *Everes argiades*

◎蜘蛛资源（均由陈会明　摄）

| 怪肥腹蛛雌蛛 *Steatoda terastiosa* |

| 波纹花蟹蛛雄蛛 *Xysticus croceus* |

| 日本肥蛛的巢及卵囊 *Parasteatoda japonica* |

| 温室肥蛛雄蛛 *Parasteatoda tepidariorum* |

| 大红蛱蝶 *Vanessa indiaca* |

◎鱼类资源（均由雷孝平 摄）

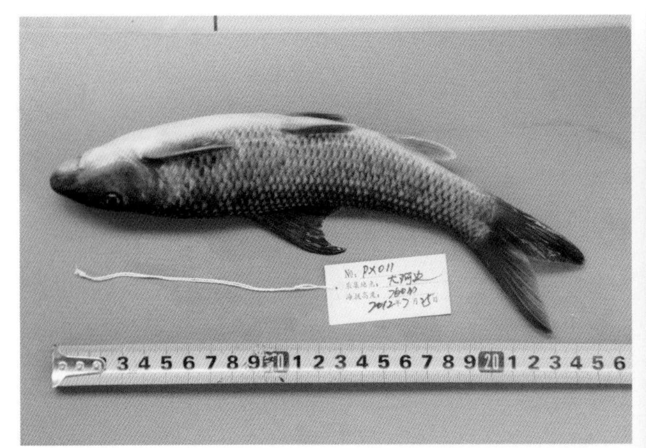

| 唇鲮 *Semilabeo notabilis* |

| 马口鱼 *Opsariichthys bidens* |

| 鳙 *Aristichthys nobilis* |

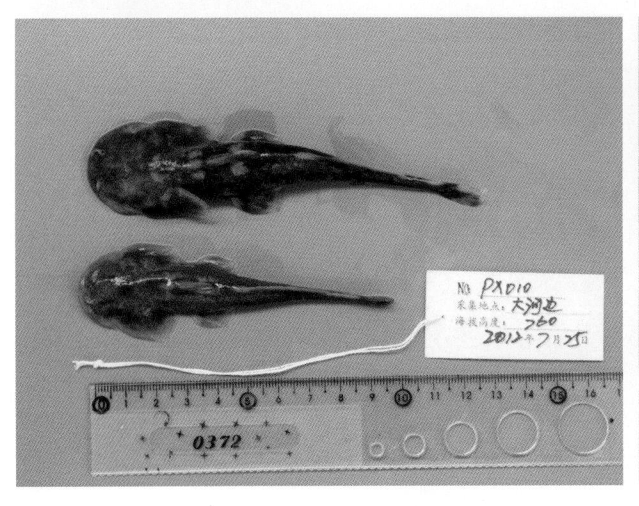

| 长尾鮡 *Euchiloglans longicauda* |

| 采集鱼类标本 |

◎两栖动物资源（均由田应洲　摄）

中华大蟾蜍
Bufo gargarizans gargarizans

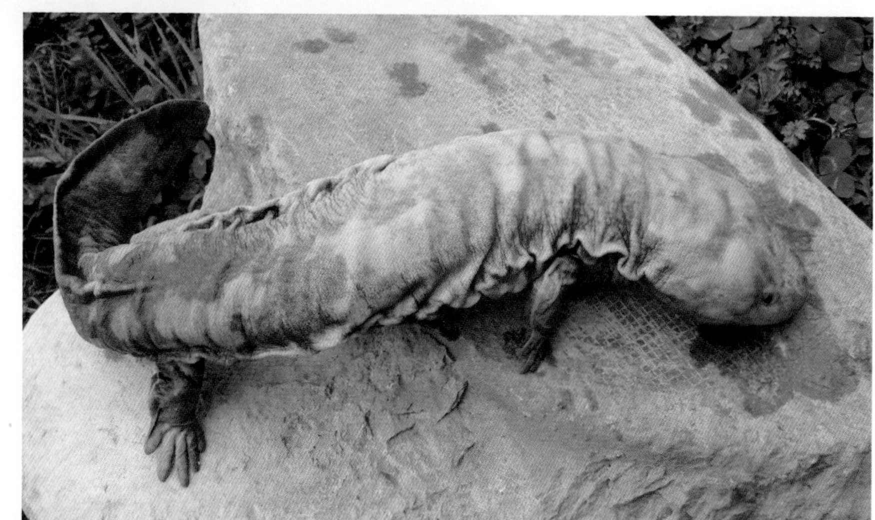

大鲵 *Andrias davadainus*

黑点树蛙
Rhacophorus nigropunctatus

华西雨蛙 *Hyla goingshanensis jingdongensis*

无指盘臭蛙 *Odorrana* (*Odporrana*) *grahami*

昭觉林蛙 *Rana chaochiaoensis*

棘胸蛙 *Paa spinosa*

滇蛙 *Rpleuraden Boulenger*

红点齿蟾 *Oreolalax rhodostigmatus*

◎爬行动物资源（均由魏刚 摄）

| 乌梢蛇 *Zaocys dhumnades* |

| 翠青蛇 *Cyclophiops major* |

| 昆明攀蜥 *Japalura varcoae* |

| 八线腹链蛇 *Amphiesma craspedogaster* |

| 福建竹叶青指名亚种 *Trimeresurus s. stejnegeri* |

| 黑头剑蛇 *Sibynophis chinensis* |

| 王锦蛇 *Elaphe carinata* |

| 八线腹链蛇 *Amphiesma craspedogaster* |

◎鸟类动物

山斑鸠 *Streptopelia orientalis orientalis*（江亚猛　摄）

金腰燕 *Hirundo daurica japonica*（匡中帆　摄）

凤头鹀（江亚猛　摄）
Melophus lathami lathami

普通朱雀（江亚猛　摄）
Carpodacus erythrinus roseatus

黑喉石䳭（江亚猛　摄）
Saxicola torquata przewalskii

粉红胸鹨 *Anthus roseatus*（江亚猛　摄）

红隼 *Falco tinnunculus interstinctus*（江亚猛　摄）

白鹡鸰 *Motacilla alba alboides*（江亚猛　摄）

北红尾鸲（雌）*Phoenicurus auroreus auroreus*（匡中帆　摄）

蓝喉太阳鸟 *Aethopyga gouldiae dabryii*（江亚猛　摄）

◎兽类动物

红白鼯鼠 *Petaurista alborufus*（冉景丞　摄）

银星竹鼠 *Rhizomys pruinosus*（王青钦　摄）

启动仪式（姜运力　摄）

出发前研究（邓强　摄）

科考队员合影（杨荣和　摄）

六盘水市市委原常委、盘县县委原书记陈少荣带领盘县林业局局长张智标等对保护区调研（邓强　摄）

六盘水市市委常委、盘县县委书记付国祥（中）一行对保护区林业产业进行调研（夏英　摄）

六盘水市市委原书记管彦鹤陪同专家科考踏查（邓强　摄）

保基黄兴石山地调查（邓强　摄）

植物调查（邓强　摄）

野外调查记录（邓强　摄）

调查途中（邓强　摄）

雨雾中前行（邓强　摄）

八大山顶基础考察（陈东升　摄）

调查行进中（陈东升　摄）

考察交流（陈东升　摄）

科考人员雨雾中合影（邓强　摄）

湿地调查（陈东升　摄）

植物调查拍照（姜运力　摄）

植物调查（邓强　摄）

考察途中（邓强　摄）

标本整理及植物鉴定（杨荣和　摄）

考察小结（姜运力　摄）